危险化学品安全实用技术手册

胡忆沩　陈　庆　杨　梅　等编著

化学工业出版社

· 北京 ·

《危险化学品安全实用技术手册》由十六章构成。主要内容包括危险化学品基本知识、生产单元操作、生产工艺过程、包装、储存、运输、管道输送、废物处理，危险化学品防火防爆、消防、危险源的辨识、风险控制、应急救援预案，危险化学品发生事故后的现场抢险概述、应急处置、泄漏事故的现场勘测及危险化学品泄漏后的带压堵漏技术；最后介绍了事故的定义、特点、分类、特征，事故的分类，与事故相关的主要法规和标准，事故报告，事故调查与处理，事故赔偿，着重介绍了危险化学品生产过程中的重大事故案例、储存中的重大事故案例、运输中的事故案例、管道输送中的事故案例及国外重大化学事故案例。书中既有理论，又有实践，配有大量插图，便于读者理解，注重实用。是目前国内危险化学品安全实用技术方面较翔实的一部著作。

本书可供从事危险化学品设计、科研、生产、包装、储存、运输、管道输送、废物处理、供销、使用、安全、环保、消防和危险化学品应急救援等工作的科技人员和管理人员使用，也可供广大危险化学品从业人员及大中专院校安全工程及相关专业师生阅读学习。

图书在版编目（CIP）数据

危险化学品安全实用技术手册/胡忆沩等编著. —北京：
化学工业出版社，2018.3
ISBN 978-7-122-31485-7

Ⅰ.①危… Ⅱ.①胡… Ⅲ.①化工产品-危险物品管
理-安全管理-技术手册 Ⅳ.①TQ086.5-62

中国版本图书馆 CIP 数据核字（2018）第 020413 号

责任编辑：袁海燕　　　　　　　　　　　　文字编辑：汲永臻
责任校对：王　静　　　　　　　　　　　　装帧设计：王晓宇

出版发行：化学工业出版社（北京市东城区青年湖南街 13 号　邮政编码 100011）
印　　装：天津盛通数码科技有限公司
787mm×1092mm　1/16　印张 42½　字数 1128 千字　2018 年 6 月北京第 1 版第 1 次印刷

购书咨询：010-64518888　　　　　　　　售后服务：010-64518899
网　　址：http://www.cip.com.cn
凡购买本书，如有缺损质量问题，本社销售中心负责调换。

定　　价：198.00 元　　　　　　　　　　　　　　　版权所有　违者必究

前　言

FOREWORD

　　2010 年中国成为世界第二大经济体，综合国力得到全面提升。 但在安全科技研发水平和资金投入方面与发达国家依然存在着一定的差距。 特别是近几年来我国在危险化学品生产、储存、运输、销售、使用和废弃危险化学品处置等环节上，仍有火灾、爆炸、泄漏、中毒事故发生。 如：2013 年吉林省"6·3"液氨特别重大火灾爆炸事故；2013 年输油管线"11·22"特别重大泄漏事故；2015 年天津港危险化学品"8·12"特别重大爆炸事故等。这些事故不仅造成了大量人员伤亡，财产损失严重，还会引发重大环境污染事故。 而安全有效地预防危险化学品事故发生和迅速、有效地控制事故蔓延，减少损失是危险化学品安全实用技术的主要内容。

　　《危险化学品安全实用技术手册》编写过程中突出了时代性、权威性、实用性。 针对国内近年颁布、修订的相关危险化学品方面法律、法规、安全技术规范及国家现行标准进行了较为系统的梳理，对国内外最新的危险化学品安全管理和工程技术经验进行了较为全面的介绍，力图满足安全技术与管理、安全健康与环保、消防安全、职业卫生与健康等行业的技术人员、管理人员学习需要。 重点介绍危险化学品事故安全抢险救援实用技术是本书的突出特点。 本书是目前国内危险化学品安全实用技术方面较翔实、实用的一部著作和技术参考书。

　　本书可供安全技术与管理、安全健康与环保、消防安全、职业卫生与健康等行业的技术人员、管理人员阅读，同时也可作为高职高专学校化学化工、环境及相关专业的教学用书和参考书。 可供从事危险化学品设计、科研、生产、包装、储存、运输、管道输送、废物处理、供销、使用、安全、环保、消防和危险化学品应急救援等工作的科技人员和管理人员使用，也可供广大危险化学品从业人员及大中专院校安全工程及相关专业师生阅读学习。

　　书中主要介绍了以下内容：

　　危险化学品的基本概念、生产、使用、储存、运输特点等；

　　燃烧的基本原理、爆炸的基本原理、火灾爆炸的形成及总体预防、防火防爆安全措施；

　　物料输送、加热、冷却等生产单元操作安全技术；

　　氧化、还原、硝化等生产工艺过程安全技术及化工工艺参数的安全控制；

　　危险化学品包装术语、定义、分类、编码，危险化学品的包装容器等；

　　危险化学品储存定义、分类，危险化学品的储存审批，危险化学品的储存方式与储存条件，危险化学品的储存安全要求，危险化学品容器储存安全技术等；

　　危险化学品运输的危险性、安全管理等；

　　管道输送的优点、管道输送的缺点、压力管道的定义、危险化学品管道涂色标识、分类与分级、压力管道安全技术、典型危险化学品管道泄漏、燃烧事故应急处置；

　　防火防爆基本措施、常用灭火剂及其灭火的基本原理、危险化学品火灾灭火常识等；

　　危险化学品废物的来源与特性、危险化学品废物与危险废物之间的区别与联系等；

　　危险化学品危险源的辨识、国家重点监管的危险化学品、化学危险源的分类、重大危险源的辨识等；

危险化学品事故现场抢险的概念等；

危险化学品火灾事故处置原则、危险化学品典型事故应急处置、液氨事故应急处置等；

泄漏的定义、泄漏分类、危险化学品泄漏介质的物理与化学特性等；

带压堵漏技术的机理、带压堵漏技术的组成、带压堵漏技术应用范围、注剂式堵漏应急技术、钢丝绳锁快速带压堵漏技术等，涵盖我国目前在危险化学品抢险技术方面的最新研究成果，特别是泄漏部位与抢险方法的对比写法及案例插图说明是本书的一大特色；

事故的定义、分类、特征，与事故相关的主要法规和标准，事故报告，事故调查与处理，事故赔偿，着重介绍了危险化学品生产过程中的重大事故案例等。

为了更好地服务读者，本书最后附有"危险化学品泄漏初始隔离距离和防护距离"、"危险化学品法规和标准识读"两个附录，供读者参考。

全书中既有理论，又有实践，配有大量插图，便于读者理解，注重实用。本书第一章、第二章、第十六章由杨梅执笔；第四章～第七章、第十章由陈庆执笔；第三章、第十三章、第十五章由李浩荣执笔；第八章、第九章、第十一章由王海波执笔；第十二章、第十四章、附录由高路执笔；全书由胡忆沩统稿。

由于作者水平所限，书中缺点和疏漏在所难免，敬请各位专家和读者给予批评指正。

胡忆沩

2018 年 1 月吉林化工学院

目录
CONTENTS

第四章　危险化学品生产工艺过程安全技术　/104

第六章 危险化学品储存安全技术 /143

第八章　危险化学品管道输送安全技术　/232

第十二章　危险化学品事故现场抢险概述　/376

第十四章 危险化学品的泄漏与现场勘测 /445

第一章

危险化学品基本知识

第一节 危险化学品概述

危险化学品，是具有各种危险性质的化学品。危险化学品就其生命周期而言，经历了生产、储存、运输、使用、废弃等环节。我国已列入危险化学品的物质有近 3000 种，它在发展生产、改变环境和改善人民生活中发挥着不可替代的积极作用。同时也因其固有的危险性，易引发人员伤亡、环境污染及物质财产损失等事故，且一旦发生事故，后果往往很严重，甚至会造成群死群伤的重特大事故，在全社会或局部地区造成强烈影响。

一、危险化学品基本概念

（一）化学品的概念

国际劳工组织为化学品所下的定义是："化学品是指各种化学元素、由元素所组成的化合物及其混合物，无论是天然的或人造的。"按此定义，可以说人类生存的地球和大气层中所有有形物质包括固体、液体和气体都是化学品。据美国化学文摘登录，目前全世界已有化学品多达 700 多万种，其中已作为商品上市的有 10 万余种，经常使用的化学品有 7 万多种。现在每年全世界新出现的化学品有 1000 多种。而不是化学品的物质则是组成元素的基本粒子等。

（二）危险化学品的概念

化学品具有易燃、易爆、有毒、有害及有腐蚀性等特性，会对人员、设施、环境造成伤害或损害，属于爆炸品、压缩气体或液化气体、易燃液体、易燃固体、自燃物品和遇湿易燃物品、氧化剂和有机过氧化物、有毒品、放射性物品和腐蚀品的化学品属于危险化学品。

1. 危险化学品国家行政法规的定义

《危险化学品安全管理条例》（国务院令第 591 号）第三条对危险化学品的定义是："指具有毒害、腐蚀、爆炸、燃烧、助燃等性质，对人体、设施、环境具有危害的剧毒化学品和其他化学品。"

2. 危险化学品的标准化定义

危险化学品的标准化定义是："化学品中符合有关危险化学品（物质）分类标准规定的化学品（物质）属于危险化学品。"

3. 危险化学品实际操作意义的定义

具有实际操作意义的定义是："国家安全生产监督管理局（现应急管理部）公布的《危险化学品名录》中的化学品是危险化学品"。除了已公认不是危险化学品的物质（如纯净食品、水、食盐等）之外，《危险化学品名录》中未列的化学品一般应经试验加以鉴别认定。

符合标准规定的危险化学品一般都以它们的燃烧性、爆炸性、毒性、反应活性（包括腐蚀性）为衡量指标。

4. 不同领域危险化学品称呼

危险化学品在不同的场合，其叫法或者说称呼略有变化。

（1）化工产品　在生产、经营和使用场所常称其为化工产品；

（2）危险货物　在铁路运输、公路运输、水上运输、航空运输过程中常称其为危险货物；

（3）危险品　在储存环节常称其为危险物品或危险品。

当然作为危险货物、危险物品，除危险化学品外，还包括一些其他货物或物品。

二、危险化学品的生产、使用、储存、运输特点

（1）生产流程长　一种化工产品的生产需要很多道工序才能完成。如化学肥料中的硝酸铵生产，从氨生产的造气（半水煤气）、脱硫（脱除硫化氢和其他硫化物）、转化（一氧化碳的变换）、氮氢气体的压缩、脱碳（二氧化碳的脱除）、净化（微量一氧化碳、二氧化碳的脱除）、氨的合成、液氨的储存。到用液氨气化为氨气、氨气的氧化（制取氧化氮）、酸的吸收制得稀硝酸。再利用稀硝酸与氨气中和制得硝酸铵溶液，再将溶液经过三级蒸发、造粒、冷却、包装才能完成整个生产过程，得到产品硝酸铵。

（2）工艺过程复杂　在化工生产过程中既有高温、高压，也会有低温、低压（负压）。如上述的硝酸铵生产过程中，氨生产中造气炉的原料用煤焦，炉内温度高达1100℃，氨合成的压力有的达到30MPa。有的氨生产需要的氧气的空气分离装置温度要低到－190℃。有的化工产品生产过程是在负压的情况下进行的。

（3）原料、半成品、副产品、产品及废弃物都具有危险特性　如有机磷农药生产，作为原料的黄磷、液氯是危险化学品，中间产品三氯化磷、五硫化二磷等是危险化学品，产品敌敌畏、敌百虫、甲胺磷等也是危险化学品。

（4）原料、辅助材料、中间产品、产品呈3种状态　即有的是气态，又有的是液态，也有的是固态，而且可互相变换。

（5）许多化工产品的整个生产过程必须在密闭的设备、管道内进行，不得有泄漏。

（6）对包装容器、包装规格以及储存、装卸、运输都有严格的要求。

基于以上特点，化工生产是一个危险性很大的行业。安全问题是危险化学品生产的首要问题。如果没有安全保障，它的生产、经营、储存、运输、使用就无法进行。也正因为如此，所以国家对它的生产、使用、经营、储存、运输以及废弃物处置6个环节都进行了严格的管理。

三、危险化学品的查询方法

危险化学品的查询可以到互联网上去查询，权威的是中华人民共和国应急管理部的网站，http://www.chinasafety.gov.cn/。

第二节　危险化学品的分类

一、危险化学品的分类原则

危险化学品目前用途较广的有数千种，其性质各不相同，每一种危险化学品往往具有多种危险性，但是在多种危险性中，必有一种是对人类危害最大的。因此，在对危险化学品进行分类时，掌握"择重归类"的原则，即根据该化学品的主要危险性进行分类。

二、危险化学品的分类

(一) 联合国《全球化学品统一分类和标签制度》

为规范各国对化学品的分类和标记，1992 年联合国在巴西里约热内卢召开的"环境与发展大会"上作出了建立《全球化学品统一分类和标签制度》（Globally Harmonized System of Classification and Labelling of Chemicals，GHS）的决定。其后由国际劳工组织（ILO）、经济合作与发展组织（OECD）和联合国危险货物运输专家委员会（TDG）等合作，历经十年努力，终于在 2001 年完成了这项任务，并于 2002 年获得通过。这个"协调制度"有三部分内容：一是分类；二是标记；三是安全数据表。它的分类比较客观科学，也很复杂。

联合国的这种分类，是按化学品的物理危险及健康和环境危害两个方面把它的危险危害分为 26 类 60 余项。

1. 按物理危险分为 16 类

①爆炸物；②易燃气体；③易燃气溶胶；④氧化性气体；⑤压力下气体；⑥易燃液体；⑦易燃固体；⑧自反应物质及其混合物；⑨自燃液体；⑩自燃固体；⑪自热物质及其混合物；⑫遇水放出易燃气体的物质及其混合物；⑬氧化性液体；⑭氧化性固体；⑮有机过氧化物；⑯金属腐蚀物。

2. 按健康和环境危害分为 10 类

①急性毒性；②皮肤腐蚀/刺激；③严重眼睛损伤/眼睛刺激性；④呼吸或皮肤过敏；⑤生殖细胞突变性；⑥致癌性；⑦生殖毒性；⑧特定靶器官系统毒性——单次暴露；⑨特定靶器官系统毒性——重复暴露；⑩对水环境的危害。

在 26 类化学品的分类之后，都设定了特殊的标记，每个标记的危险信息要素，包括符号、标记字符、危险性说明、警示性说明和象形图、产品说明、供应商名称等内容。

它的安全数据表（SDS）共列出 16 项信息（内容），即：①名称；②危险性鉴定；③组成/成分信息；④急救措施；⑤消防措施；⑥事故解除措施；⑦搬运和储存；⑧暴露控制/人员保护；⑨物理和化学性质；⑩稳定性和反应性；⑪毒理信息；⑫生态信息；⑬处置要求；⑭运输信息；⑮法规信息；⑯其他信息。

于 2002 年 9 月 2 日在约翰内斯堡召开的"联合国持续发展世界首脑会议"上，讨论"化学品分类及标记全球协调制度"议题并建议在 2008 年前实施时，中国政府投了赞成票。

(二) 我国的危险化学品分类

我国《危险化学品名录》（2002 年版）将危险化学品分为 8 大类（目前已被替代）：①爆炸品；②压缩气体和液化气体；③易燃液体；④易燃固体、自燃物品和遇湿易燃物品；⑤氧化剂和有机过氧化物；⑥有毒品；⑦放射性物品；⑧腐蚀品。

我国《危险化学品名录》（2015 年版）则将危险化学品分为 28 类。

1. 物理化学危害（共 16 类）

①爆炸物；②易燃气体；③气溶胶；④氧化性气体；⑤加压气体；⑥易燃液体；⑦易燃固体；⑧自反应物质和混合物；⑨自燃液体；⑩自燃固体；⑪自热物质和混合物；⑫遇水放出易燃气体的物质和混合物；⑬氧化性液体；⑭氧化性固体；⑮有机过氧化物；⑯金属腐蚀物。

2. 健康危害（共 10 类）

①急性毒性；②皮肤腐蚀/刺激；③严重眼损伤/眼刺激；④呼吸道或皮肤致敏；⑤生殖

细胞致突变性；⑥致癌性；⑦生殖毒性；⑧特异性靶器官毒性——一次接触；⑨特异性靶器官毒性——反复接触；⑩吸入危害。

3. 环境危害（共 2 类）

①危害水生环境；②危害臭氧层。

然而，《化学品分类和危险性公示　通则》（GB 13690—2009）与其替代的原 GB 13690—1992 及《危险化学品名录》（2002 年版）相比，虽然类别细化增加了一倍，但未包括有毒品、放射性物品等重要的危险化学品。结合我国当前的具体情况及读者传统习惯，本书仍按危险化学品分为八大类的写作顺序展开写作，更便于读者学习。

（三）实行国际通行的分类方式的优点

目前世界上有数千万种化学物质，常用的约 7 万种，且每年大约有上千种新化学物质问世。多年来，联合国有关机构以及美国、日本、欧洲各工业发达国家及地区都通过化学品立法对化学品的危险性分类、包装和标签做出明确规定。各国对化学品危险性定义的差异，可能造成某种化学品在一国被认为是易燃品，而在另一国被认为是非易燃品，从而导致该化学品在一国作为危险化学品管理而另一国却不认为是危险化学品。在国际贸易中，遵守各国法规的不同危险性分类和标签要求，既增加贸易成本，又耗费时间。为了健全危险化学品的安全管理，保护人类健康和生态环境，同时为尚未建立化学品分类制度的发展中国家提供安全管理化学品的框架，有必要统一各国化学品分类和标签制度，消除各国分类标准、方法学和术语学上存在的差异，建立全球化学品统一分类和标签制度。

（四）国际通行分类方式的起源

联合国环境发展会议（UNCED）与国际化学品安全论坛（IFCS）于 1992 年通过决议，建议各国展开国际间化学品分类标签协调工作，以减少化学品对人类和环境造成的危害，同时减少化学品跨国贸易必须符合各国不同标识规定的成本。为此，国际劳工组织（ILO）、经济合作与发展组织（OECD）、联合国危险物品运输专家委员会（UNCETDG）联合制定了《全球化学品统一分类和标签制度》（GHS）。该系统文件由联合国于 2003 年通过并正式公告，2003 年 7 月联合国经济社会委员会会议正式采用 GHS，每两年更新一次，并要求各国 2008 年前通过立法实施 GHS。

（五）新分类方法在我国的推行

为执行联合国《全球化学品统一分类和标签制度》（GHS）第二修订版（ST/SG/AC.10/30/Rec.2）对危险化学品危险性分类及公示的要求，我国于 2009 年 6 月将《常用危险化学品分类及标志》（GB 13690—92）修订为《化学品分类和危险性公示　通则》（GB 13690—2009），并于 2013 年发布了《化学品分类和标签规范》GB 30000 系列国家标准。这些标准把化学品危险性分为 28 种（原为 26 种，后来增加了两种吸入危害、臭氧层危害）95 项，其中 81 项属于危险化学品；同时将化学品的危害分为三大类，即理化危害（16 种）、健康危害（10 种）和环境危害（2 种）。如表 1-1 所示。

表 1-1 《危险化学品目录》中的化学品危害分类

编号	类	种	项	分类标准
1	理化危害	爆炸物	不稳定爆炸物、1.1、1.2、1.3、1.4	GB 30000.2
2		易燃气体	类别 1、类别 2、化学不稳定性气体类别 A、化学不稳定性气体类别 B	GB 30000.3
3		气溶胶（又称气雾剂）	类别 1	GB 30000.4

编号	类	种	项	分类标准
4	理化危害	氧化性气体	类别1	GB 30000.5
5		加压气体	压缩气体、液化气体、冷冻液化气体、溶解气体	GB 30000.6
6		易燃液体	类别1、类别2、类别3	GB 30000.7
7		易燃固体	类别1、类别2	GB 30000.8
8		自反应物质和混合物	A型、B型、C型、D型、E型	GB 30000.9
9		自燃液体	类别1	GB 30000.10
10		自燃固体	类别1	GB 30000.11
11		自热物质和混合物	类别1、类别2	GB 30000.12
12		遇水放出易燃气体的物质和混合物	类别1、类别2、类别3	GB 30000.13
13		氧化性液体	类别1、类别2、类别3	GB 30000.14
14		氧化性固体	类别1、类别2、类别3	GB 30000.15
15		有机过氧化物	A型、B型、C型、D型、E型、F型	GB 30000.16
16		金属腐蚀物	类别1	GB 30000.17
17	健康危害	急性毒性	类别1、类别2、类别3	GB 30000.18
18		皮肤腐蚀/刺激	类别1A、类别1B、类别1C、类别2	GB 30000.19
19		严重眼损伤/眼刺激	类别1、类别2A、类别2B	GB 30000.20
20		呼吸道或皮肤致敏	呼吸道致敏物1A、呼吸道致敏物1B、皮肤致敏物1A、皮肤致敏物1B	GB 30000.21
21		生殖细胞致突变性	类别1A、类别1B、类别2	GB 30000.22
22		致癌性	类别1A、类别1B、类别2	GB 30000.23
23		生殖毒性	类别1A、类别1B、类别2、附加类别	GB 30000.24
24		特异性靶器官毒性——一次接触	类别1、类别2、类别3	GB 30000.25
25		特异性靶器官毒性——反复接触	类别1、类别2	GB 30000.26
26		吸入危害	类别1	GB 30000.27
27	环境危害	危害水生环境	急性危害	类别1、类别2	GB 30000.28
			长期危害	类别1、类别2、类别3	
28		危害臭氧层	类别1	GB 30000.29

（六）新分类方法对应的危险化学品目录

2015年2月27日，根据《危险化学品安全管理条例》（国务院令第591号）的相关要求，安全监管总局会同工业和信息化部、公安部、环境保护部、交通运输部、农业部、国家卫生计生委、质检总局、铁路局、民航局正式发布修订的《危险化学品目录》。其中共2827条目属于危险化学品或剧毒化学品，此外，符合2828条目规定的条件［含易燃溶剂的合成树脂、辅助材料、涂料等制品（闭杯闪点≤60℃）］的也属于危险化学品。

2015年版目录关于化学品危害性的分类实现了与联合国GHS的接轨，尤其是将化学品致癌、生殖毒性、危害水生环境等潜在健康和环境危害纳入评估范畴，体现了我国政府对化学品危害管理力度的提升，也有利于我国在化学品进出口、生产、储存和使用等环节有效实施联合国GHS制度，切实保护人体健康和环境安全。

第三节　危险化学品的标志与标签

一、危险化学品的标志

危险化学品种类、数量较多，危险性各异，为了确保危险化学品运输、储存及使用的安全，需要对危险化学品进行标识。

危险化学品的安全标志是通过图案、文字说明、颜色等信息鲜明、形象、简单地表征危险化学品特征和类别，向作业人员传递安全信息的警示性资料。

（一）危险货物包装标志

按《危险货物分类和品名编号》（GB 6944—2012）分类，将危险货物分为 9 大类，共 21 项，其中前 8 类为危险化学品。

1. 标志规范

（1）标志的种类　　根据常用危险化学品的危险特性和类别，设主标志 16 种，副标志 11 种。

（2）标志的图形　　主标志是由表示危险特性的图案、文字说明、底色和危险品类别号四个部分组成的菱形标志。副标志图形中没有危险品类别号。

（3）标志的尺寸、颜色及印刷　　按《危险货物包装标志》（GB 190—2009）的有关规定执行。

2. 标志使用

（1）标志的使用原则　　当一种危险化学品具有一种以上的危险性时，应用主标志表示主要危险性类别，并用副标志来表示重要的其他的危险性类别。

（2）标志的使用方法　　按 GB 190—2009 的有关规定执行。

3. 标志图案

（1）主标志如表 1-2 所示。

表 1-2　危险化学品主标志

底色:橙红色 图形:正在爆炸的炸弹(黑色) 文字:黑色	底色:正红色 图形:火焰(黑色或白色) 文字:黑色或白色
 标志 1　爆炸品标志	 标志 2　易燃气体标志
底色:绿色 图形:气瓶(黑色或白色) 文字:黑色或白色	底色:白色 图形:骷髅头和交叉骨形(黑色) 文字:黑色
 标志 3　不燃气体标志	标志 4　有毒气体标志

底色:红色
图形:火焰(黑色或白色)
文字:黑色或白色

标志5　易燃液体标志

底色:红白相间的垂直宽条(红7白6)
图形:火焰(黑色)
文字:黑色

标志6　易燃固体标志

底色:上半部白色,下半部红色
图形:火焰(黑色或白色)
文字:黑色或白色

标志7　自燃物品标志

底色:蓝色
图形:火焰(黑色)
文字:黑色

标志8　遇湿易燃物品标志

底色:柠檬黄色
图形:从圆圈中冒出的火焰(黑色)
文字:黑色

标志9　氧化剂标志

底色:柠檬黄色
图形:从圆圈中冒出的火焰(黑色)
文字:黑色

标志10　有机过氧化物标志

底色:白色
图形:骷髅头和交叉骨形(黑色)
文字:黑色

标志11　有毒品标志

底色:白色
图形:骷髅头和交叉骨形(黑色)
文字:黑色

标志12　剧毒品标志

底色:上半部黄色,下半部白色
图形:上半部三叶形(黑色),下半部一条垂直的红色宽条
文字:黑色

标志 13　一级放射性物品标志

底色:上半部黄色,下半部白色
图形:上半部三叶形(黑色),下半部两条垂直的红色宽条
文字:黑色

标志 14　二级放射性物品标志

底色:上半部黄色,下半部白色
图形:上半部三叶形(黑色),下半部三条垂直的红色宽条
文字:黑色

标志 15　三级放射性物品标志

底色:上半部白色,下半部黑色
图形:上半部两个试管中液体分别向金属板和手上滴落(黑色)
文字:白色

标志 16　腐蚀品标志

（2）副标志如表 1-3 所示。

表 1-3　危险化学品副标志

底色:橙红色
图形:正在爆炸的炸弹(黑色)
文字:黑色

标志 17　爆炸品标志

底色:红色
图形:火焰(黑色)
文字:黑色或白色

标志 18　易燃气体标志

底色:绿色
图形:气瓶(黑色或白色)
文字:黑色

标志 19　不燃气体标志

底色:白色
图形:骷髅头和交叉骨形(黑色)
文字:黑色

标志 20　有毒气体标志

底色:红色
图形:火焰(黑色)
文字:黑色

标志 21　易燃液体标志

底色:红白相间的垂直宽条(红 7、白 6)
图形:火焰(黑色)
文字:黑色

标志 22　易燃固体标志

底色:上半部白色,下半部红色
图形:火焰(黑色)
文字:黑色或白色

标志 23　自燃物品标志

底色:蓝色
图形:火焰(黑色)
文字:黑色

标志 24　遇湿易燃物品标志

底色:柠檬黄色
图形:从圆圈中冒出的火焰(黑色)
文字:黑色

标志 25　氧化剂标志

底色:白色
图形:骷髅头和交叉骨形(黑色)
文字:黑色

标志 26　有毒品标志

底色:上半部白色,下半部黑色
图形:上半部两个试管中液体分别向金属板和手上滴落(黑色)
文字:白色

标志 27　腐蚀品标志

(二) 新版危险化学品标志

按照《化学品分类和危险性公示通则》(GB 13690—2009) 的定义,化学品的危险性包括三大类（hazard class），即物理化学危害、健康危害和环境危害，意思是说，健康、环境危害也都是"危险"，都涉及人类健康和人类生态环境，是以人为本的科学分类。而且对这三大类危险统一规定了使用 9 种象形图（pictogram，GHS 中应当使用的标准符号）来标示化学品危险特性。所有的危险象形图都应是设定在某一点的方块形状内，使用黑色符号加白色背景，红框要足够宽，以便醒目，如表 1-4 所示。

表 1-4　GHS 中应当使用的标准符号

序号	危险特性	象形图	序号	危险特性	象形图	序号	危险特性	象形图
1	爆炸危险		4	加压气体		7	警告	
2	燃烧危险		5	腐蚀危险		8	健康危险	
3	加强燃烧危险		6	毒性危险		9	危害水环境	

如危险化学品硫化氢（H_2S），由于它同时具有燃爆、毒性、健康危险和危害水环境四种危险，就可以使用以上象形图"统一"标识出其危险性。如图 1-1 所示。

图 1-1　危险化学品硫化氢（H_2S）的标志

　　操作人员通过这样"统一"的管理标示，可一目了然地"全面"了解硫化氢的全部"危险"特性（即 HSE 特性），包括职业危害特性，甚至环境危害特性。而按照我国原来对化学品危害特性的标识标准，则是把燃爆危险、职业危害和环境危害分开在工作场所标示，如《高毒物品作业岗位职业病危害告知规范》（GBZ/T 203—2007），重点标示的是化学品的健康危害，而淡化说明其燃爆危险性（说成是理化特性）。这么做的原因是，我国涉及化学品"危险性"的安全生产和涉及"有害特性"的职业病危害是分开管理的，前者的管理部门是国家安全生产监督管理总局，后者的管理部门是卫生部，所以在制定标准时也当然不能跨界。

可见，GHS 对危险化学品的分类和标识使我国树立了对化学品危险性"整合认知"的理念，促进了我国化学品与全球分类及标识标准方面的合规性。

二、危险化学品安全标签

危险化学品安全标签是指危险化学品在市场上流通时应由供应者提供的附在化学品包装上的，用于提示接触危险化学品的人员的一种标识。它用简单、明了、易于理解的文字、图形表述有关化学品的危险特性及其安全处置的注意事项。

我国为规范化学品安全标签内容的表述，颁布了《化学品安全标签编写规定》（GB 15258—2009），规定安全标签用文字、图形符号和编码的组合形式表示化学品所具有的危险性和安全注意事项，向作业人员传递安全信息，以预防和减少化学危害，达到保障安全和健康的目的。

（一）标签要素

标签要素包括化学品标识、象形图、信号词、危险性说明、防范说明、应急咨询电话、供应商标识、资料参阅提示语等。

（二）标签内容

1. 化学品标识

用中文和英文分别标明化学品的化学名称和通用名称。名称要求醒目清晰，位于标签的上方。名称应与化学品安全技术说明书中的名称一致。

对混合物应标注其危险性分类，有贡献的主要组分的化学名称和通用名、浓度和浓度范围。当需要标注的组分较多时，组分个数以不超过 5 个为宜。对于属于商业机密的成分可以不标明，但应列出其危险性。

2. 象形图

采用 GB 20576～GB 20599、GB 20601、GB 20602 规定的象形图。

3. 信号词

根据化学品的危险程度和类别用"危险""警告"两个词分别进行危害程度的警示。信号词位于化学品名称的下方，要求醒目清晰，根据 GB 20576～GB 20599，GB 20601、GB 20602，选择不同类别危险化学品的信号词。

4. 危险性说明

简要概述化学品的危险特性，居信号词下方。根据 GB 20576～GB 20599、GB 20601、GB 20602，选择不同类别危险化学品的危险性说明。

5. 防范说明

表述化学品在处置、搬运、储存和使用作业中所必须注意的事项和发生意外时简单有效的救护措施等，要求内容简明扼要、重点突出。该部分应包括安全预防措施、意外情况（如泄漏、人员接触或火灾等）的处理、安全储存措施及废弃处置等内容。

6. 供应商标识

供应商名称、地址、邮编和电话等。

7. 应急咨询电话

填写化学品生产商和生产商委托的 24h 化学事故应急咨询电话。

国外进口化学品安全标识上应至少有一家中国境内的 24h 化学事故应急咨询电话。

8. 资料参阅提示语

提示化学品用户应参阅化学品安全技术说明书。

9. 危险信息先后排序

当某种化学品具有两种及两种以上的危险性时，安全标签的象形图、信号词、危险性说明的先后顺序规定如下：

（1）象形图先后排序　物理危险象形图的先后排序根据 GB 12268 中的主次危险性确定，未列入 GB 12268 的化学品，以下危险性类别的危险性总是主危险：爆炸物、易燃气体、易燃气溶胶、氧化性气体、高压气体、自反应物质和混合物、发火物质、有机过氧化物。其他危险性的确定按照联合国《关于危险物质运输的建议书规章范本》危险性先后顺序规定方法确定。

对于健康危害按照以下先后顺序：如果使用了骷髅和交叉骨图形符号，则不应出现感叹号图形符号；如果使用了腐蚀图形符号，则不应出现感叹号来表示皮肤和眼睛刺激；如果使用了呼吸致敏物的健康危害图形符号，则不应出现感叹号来表示皮肤致敏物或者皮肤/眼睛刺激。

（2）信号词先后顺序　存在多种危险性时，如果在安全标签上选用了信号词"危险"，则不应出现信号词"警告"。

（3）危险性说明先后顺序　所有危险性说明都应当出现在安全标签上，按物理危险、健康危害、环境危害顺序排列。

（三）简化标签

对于小于或等于 100mL 的化学品小包装，为方便标签使用，安全标签要素可以简化，包括化学品标识、象形图、信号词、危险性说明、应急咨询电话、供应商名称及联系电话、资料参阅提示语即可。

（四）标签的使用

1. 使用方法

（1）安全标签应粘贴、挂拴和喷印在化学品包装或容器的明显位置。

（2）当与运输标识组合和使用时，运输标识可以放在安全标签的另一面，将之与其他信息分开，也可放在包装上靠近安全标签的位置。后一种情况下若安全标签中的象形图与运输标志重复，安全标签中的象形图应删掉。

（3）对组合容器，要求内包装加贴挂安全标签，外包装上加贴运输象形图。如果不需要运输标志，可以加贴安全标签。

2. 位置

安全标签的粘贴、喷印位置规定如下：

（1）桶、瓶形包装　位于桶、瓶侧身。

（2）箱状包装　位于包装端面或侧面明显处。

（3）袋捆包装　位于包装明显处。

3. 使用注意事项

（1）安全标签的粘贴、挂拴和喷印应牢固，保证在运输、储存期间不脱落、不损坏；

（2）安全标签应由生产企业在货物出厂前粘贴、挂拴和喷印，若要改装改换包装，则由改换包装单位重新粘贴、挂拴和喷印标签；

（3）盛装危险化学品的容器或包装，在经过处理并确认其危险性完全消除之后，方可撕下安全标签，否则不能撕下相应的标签。

危险化学品安全标签和简化标签如图 1-2 所示。

化学品名称　　A组分：40%；B组分：60%

危　　险　　　　

极易燃液体和蒸气，食入致死，对水生生物毒性非常大

【预防措施】
- 远离热源、火花、明火、热表面，使用不产生火花的工具作业。
- 保持容器密闭。
- 采取防止静电接触，容器和接收设备接地、连接。
- 使用防爆电器、通风、照明及其他设备。
- 戴防护手套、防护眼镜、防护面罩。
- 操作后彻底清洗身体接触部位。
- 作业场所不得进食、饮水或吸烟。
- 禁止排入环境。

【事故响应】
- 如皮肤（或头发）接触，立即脱掉所有被污染的衣服，用水冲洗皮肤、淋浴。
- 食入：催吐，立即就医。
- 收集泄漏物。
- 火灾时，使用干粉、泡沫、二氧化碳灭火。

【安全储存】
- 在阴凉、通风良好处储存。
- 上锁保管。

【废弃处置】
- 本品或其容器采用焚烧法处置。

请参阅化学品安全技术说明书

供应商：×××××××××××××××××××××　　电话：××××××
地　址：×××××××××××××××××××××　　邮箱：××××××

化学事故应急咨询电话：××××××

（a）安全标签

化学品名称

危险　　　　

**极易燃液体和蒸气，食入致死，对
水生生物毒性非常大**

请参阅化学品安全技术说明书

供应商：××××××××××××××××××××

电话：×××××

化学事故应急咨询电话：×××××

（b）简化标签

图 1-2　危险化学品标签

第四节 化学品安全技术说明书

化学品安全技术说明书（material safety data sheet，MSDS）是了解危险化学品性能，有针对性地采取安全防范预防事故和正确有效的应急救援措施的必备文件。我国于 1996 年制订了国家标准《危险化学品安全技术说明书　编写规定》（GB 16483—2000），并于其后进行了多次修订，目前采用的是《化学品安全技术说明书　编写指南》（GB/T 17519—2013）（以下称《编写指南》）。

一、化学品安全技术说明书的内容

《编写指南》规定了化学品安全技术说明书应包括的国际标准 16 项内容，分别如下。

1. 化学品及企业标识

（1）化学品标识；

（2）企业标识；

（3）应急救援咨询电话；

（4）化学品的推荐用途和限制用途。

2. 危险性概述

（1）紧急情况概述；

（2）危险性类别；

（3）标签要素；

（4）物理和化学危险；

（5）健康危害；

（6）环境危害；

（7）其他危害。

3. 成分/组成信息

（1）物质；

（2）混合物。

4. 急救措施

（1）急救措施的描述；

（2）最重要的症状和健康影响；

（3）对保护施救者的忠告；

（4）对医生的特别提示。

5. 消防措施

（1）灭火剂；

（2）特别危险性；

（3）灭火注意事项及防护措施。

6. 泄漏应急处理

（1）人员防护措施、防护装备和应急处置程序；

（2）环境保护措施；

（3）泄漏化学品的收容、消除方法及所使用的处置材料；

（4）防止发生次生灾害的预防措施。

7. 操作处置与储存

（1）操作处置；

（2）储存。

8. 接触控制/个体防护

（1）职业接触限制；

（2）生物限制；

（3）监测方法；

（4）工程控制；

（5）个体防护装备。

9. 理化特性

10. 稳定性和反应性

（1）稳定性；

（2）危险反应；

（3）应避免的条件；

（4）禁配物；

（5）危险的分解产物。

11. 毒理学信息

12. 生态学信息

13. 废弃处置

14. 运输信息

15. 法规信息

16. 其他信息

二、化学品安全技术说明书的编写和使用

1. 编写要求

安全技术说明书规定的十六大项内容在编写时不能随意删除或合并，其顺序不可随便变更。各项目填写的要求、边界和层次，按《编写指南》进行。其中十六大项必须填，而每个小项可有三种选择，标明［A］项者，必须填；标明［B］项者，若无数据，应写明无数据原因（如无资料、无意义）；标明［C］项者，若无数据，此项可略。

安全技术说明书的正文应采用简洁、明了、通俗易懂的规范汉字表述。数字资料要准确可靠，系统全面。

安全技术说明书的内容，从该化学品的制作之日算起，每五年更新一次，若发现新的危害性，在有关信息发布后的半年内，生产企业必须对安全技术说明书的内容进行修订。

2. 种类

安全技术说明书采用"一个品种一卡"的方式编写，同类物、同系物的技术说明书不能互相替代；混合物要填写有害性组分及其含量范围。所填数据应是可靠和有依据的。一种化学品具有一种以上的危害性时，要综合表述其主、次危害性以及急救、防护措施。

3. 使用

安全技术说明书由化学品的生产供应企业编印，在交付商品时提供给用户，作为用户的一种服务随商品在市场上流通。

化学品的用户在接收使用化学品时，要认真阅读技术说明书，了解和掌握化学品的危险性，并根据使用的情形制定安全操作规程，选用合适的防护器具，培训作业人员。

4. 资料的可靠性

安全技术说明书的数值和资料要准确可靠，选用的参考资料要有权威性，必要时可咨询省级以上职业安全卫生专门机构。

三、化学品安全技术说明书样例

苯

第一部分 化学品标识

化学品中文名：苯

化学品英文名：benzene；phene

分子式：C_6H_6

分子量：78.12

结构式：

化学品的推荐及限制用途：用作溶剂及合成苯的衍生物、香料、染料、塑料、医药、炸药、橡胶等。

第二部分 危险性概述

紧急情况概述：易燃液体和蒸气。其蒸气能与空气形成爆炸性混合物；重度中毒出现意识障碍、呼吸循环衰竭、猝死；可发生心室纤颤；损害造血系统；可致白血病。

GHS 危险性类别：

易燃液体：类别 2；

皮肤腐蚀/刺激：类别 2；

严重眼损伤/眼刺激：类别 2；

生殖细胞致突变性：类别 1B；

致癌性：类别 1A；

特异性靶器官毒性—反复接触：类别 1；

吸入危害：类别 1；

危害水生环境—急性危害：类别 2；

危害水生环境—长期危害：类别 3。

标签要素：

象形图：

警示词：危险。

危险性说明：高度易燃液体和蒸气，可造成皮肤刺激，造成严重眼刺激，造成遗传性缺陷，可能致癌，长时间或反复接触对器官造成损伤，吞咽及进入呼吸道可能致命，对水生生物有毒，对水生生物有害并具有长期持续影响。

防范说明：易燃物质、有毒物质。

预防措施：

远离热源、火花、明火、热表面。禁止吸烟。

保持容器密闭。

容器和接收设备接地连接。

使用防爆电器、通风、照明设备。

只能使用不产生火花的工具。

采取防止静电措施。

戴防护手套、防护眼镜、防护面罩。

避免接触眼睛、皮肤，操作后彻底清洗。

得到专门指导后操作。

在阅读并了解所有安全预防措施之前，切勿操作。

按要求使用个体防护装备。

避免吸入蒸气、雾。

操作现场不得进食、饮水或吸烟。

禁止排入环境。

事故响应：

火灾时，使用泡沫、干粉、二氧化碳、砂土灭火。

皮肤接触：用大量肥皂水和清水清洗、淋浴。如发生皮肤刺激，就医。脱去被污染的衣服，洗净后方可重新使用。

如接触眼睛：用水细心冲洗数分钟。如戴隐形眼镜并可方便地取出，取出隐形眼镜，继续冲洗。如果眼睛刺激持续，就医。

如食入：立即呼叫中毒控制中心或就医，不要催吐。

如接触或有担心，就医。

如感觉不适，就医。

安全储存：

存放在通风良好的地方；保持低温。

上锁保管。

废弃处置：本品及内装物、容器依据国家和地方法规处置。

物理和化学危险：高度易燃，其蒸气与空气混合，能形成爆炸性混合物。

健康危害：高浓度苯对中枢神经系统有麻醉作用，能引起急性中毒；长期接触苯对造血系统有损害，能引起慢性中毒。

急性中毒：轻者有头痛、头晕、恶心、呕吐、轻度兴奋、步态蹒跚等酒醉状态，可伴有黏膜刺激；重者发生烦躁不安、昏迷、抽搐、血压下降，以致呼吸和循环衰竭。可发生心室颤动。呼气苯、血苯、尿酚测定值增高。

慢性中毒：主要表现为神经衰弱综合征；造血系统改变、白细胞减少（计数低于 4×10^9 个/L）、血小板减少，重者出现再生障碍性贫血；并有易感染和（或）出血倾向。

少数病例在慢性中毒后可发生白血病（以急性粒细胞性为多见）。皮肤损害有脱脂、干燥、皲裂、皮炎。可致月经量增多与经期延长。

环境危害：对水生生物有毒，对水生生物有害并具有长期持续影响。

第三部分　成分/组成信息

物质　　　　　　　　　　混合物

组分　　　浓度　　　CAS No.71-43-2

苯

第四部分　急救措施

吸入：迅速脱离现场至空气新鲜处。保持呼吸道通畅。如呼吸困难，给输氧。呼吸、心跳停止，立即进行心肺复苏。就医。

皮肤接触：立即脱去污染的衣着，用流动清水彻底冲洗。就医。

眼睛接触：立即分开眼睑，用流动清水或生理盐水彻底冲洗。就医。

食入：饮水，禁止催吐。就医。

对保护施救者的忠告：根据需要使用个人防护设备。

对医生的特别提示：对症处理。

第五部分　消防措施

灭火剂：用泡沫、干粉、二氧化碳、砂土灭火。

特别危险性：易产生和聚集静电，有燃烧爆炸危险。蒸气比空气密度大，沿地面扩散并易积存于低洼处，遇火源会着火回燃。燃烧生成有害的一氧化碳、二氧化碳。

灭火注意事项及防护措施：消防人员必须佩戴空气呼吸器、穿全身防火防毒服，在上风向灭火。喷水冷却容器，可能的话将容器从火场移至空旷处。容器突然发出异常声音或出现异常现象，应立即撤离。用水灭火无效。

第六部分　泄漏应急处理

作业人员防护措施、防护装备和应急处置程序：消除所有点火源。根据液体流动和蒸气扩散的影响区域划定警戒区，无关人员从侧风、上风向撤离至安全区。建议应急处理人员戴正压自给式呼吸器，穿防毒、防静电服，戴橡胶耐油手套。作业时使用的所有设备应接地。禁止接触或跨越泄漏物。尽可能切断泄漏源。

环境保护措施：防止泄漏物进入水体、下水道、地下室或有限空间。

泄漏化学品的收容、清除方法及所使用的处置材料：

小量泄漏：用砂土或其他不燃材料吸收。使用洁净的无火花工具收集吸收材料。

大量泄漏：构筑围堤或挖坑收容。用泡沫覆盖，减少蒸发。喷水雾能减少蒸发，但不能降低泄漏物在有限空间内的易燃性。用防爆泵转移至槽车或专用收集器内。

第七部分　操作处置与储存

操作注意事项：密闭操作，加强通风。操作人员必须经过专门培训，严格遵守操作规程。建议操作人员佩戴自吸过滤式防毒面具（半面罩），戴化学安全防护眼镜，穿防毒物渗透工作服，戴橡胶耐油手套。远离火种、热源。工作场所严禁吸烟。使用防爆型的通风系统和设备。防止蒸气泄漏到工作场所空气中。避免与氧化剂接触。灌装时应控制流速，且有接地装置，防止静电积聚。搬运时要轻装轻卸，防止包装及容器损坏。配备相应品种和数量的消防器材及泄漏应急处理设备。倒空的容器可能残留有害物。

储存注意事项：储存于阴凉、通风的库房。远离火种、热源。库温不宜超过 37℃。保持容器密封。应与氧化剂、食用化学品分开存放，切忌混储。采用防爆型照明、通风设施。禁止使用易产生火花的机械设备和工具。储区应备有泄漏应急处理设备和合适的收容材料。

第八部分　接触控制/个体防护

职业接触限值：

中国：PC-TWA：6mg/m³；PC-STEL：10mg/m³（皮，G1）。

美国（ACGIH）：TLV-TWA：0.5mg/kg；TLV-STEL：2.5mg/kg（皮）。

生物接触限值：未制定标准。

监测方法：

空气中有毒物质测定方法：溶剂解吸-气相色谱法；热解吸-气相色谱法；无泵型采样-气相色谱法。

生物监测检验方法：未制定标准。

工程控制：生产过程密闭，加强通风。提供安全淋浴和洗眼设备。

个体防护装备：

呼吸系统防护：空气中浓度超标时，佩戴过滤式防毒面具（半面罩）。紧急事态抢救或撤离时，应该佩戴空气呼吸器。

眼睛防护：戴化学安全防护眼镜。

皮肤和身体防护：穿防毒物渗透工作服。

手防护：戴橡胶耐油手套。

第九部分　理化特性

外观与性状：无色透明液体，有强烈芳香味。

pH 值：无资料　　**熔点/℃**：5.5

沸点/℃：80.1　　**相对密度（水为 1）**：0.88

相对蒸气密度（空气为 1）：2.77　　**饱和蒸气压/kPa**：9.95（20℃）

燃烧热/(kJ/mol)：−3264.4　　**临界温度/℃**：289.5

临界压力/MPa：4.92　　**辛醇/水分配系数**：2.15

闪点/℃：−11　　**自燃温度/℃**：560

爆炸下限（体积分数）/%：1.2　　**爆炸上限（体积分数）/%**：8.0

分解温度/℃：无资料　　**黏度/mPa·s**：0.604（25℃）

溶解性：不溶于水，溶于乙醇、乙醚、丙酮等多数有机溶剂。

第十部分　稳定性和反应性

稳定性：稳定。

危险反应：与强氧化剂等禁配物接触，有发生火灾和爆炸的危险。

避免接触的条件：无资料。

禁配物：强氧化剂、酸类、卤素等。

危险的分解产物：无资料。

第十一部分　毒理学信息

急性毒性：

LD₅₀：1800mg/kg（大鼠经口）；4700mg/kg（小鼠经口）；8272mg/kg（兔经皮）。

LC_{50}：31900mg/m³（大鼠吸入，7h）。

皮肤刺激或腐蚀：家兔经皮：500mg（24h），中度刺激。

眼睛刺激或腐蚀：家兔经眼：2mg（24h），重度刺激。

呼吸或皮肤过敏：无资料。

生殖细胞突变性：DNA抑制：人白细胞2200μmol/L。姐妹染色单体交换：人淋巴细胞200μmol/L。

致癌性：IARC致癌性评论：组1，确认人类致癌物。对人类致癌性证据充分。

生殖毒性：小鼠孕后6～15d吸入最低中毒剂量（TCLo）5mg/kg，致血和淋巴系统发育畸形（包括脾和骨髓）。小鼠腹腔内吸入最低中毒剂量（TDLo）219mg/kg，致血和淋巴系统发育畸形（包括脾和骨髓）、肝胆管系统发育畸形。大鼠吸入最低中毒剂量（TCLo）150mg/kg（24h，孕7～14d），植入后引起死亡率增加和骨骼肌肉发育异常。

特异性靶器官系统毒性——一次接触：无资料。

特异性靶器官系统毒性——反复接触：家兔吸入10mg/m³，数天到几周，引起白细胞减少，淋巴细胞百分数相对增加。慢性中毒动物造血系统改变，严重者骨髓再生不良。

吸入危害：无资料。

第十二部分 生态学信息

生态毒性：

LC_{50}：46mg/L（24h）（金鱼）；20mg/L（24～48h）（蓝鳃太阳鱼）；27mg/L（96h）（小长臂虾）。

LC_{100}：12.8mmol/L（24h）（梨形四膜虫）。

LD_{100}：34mg/L（24h）（蓝鳃太阳鱼）。

TLm：36mg/L（24～96h）（虹鳟，软水）。

NOEC（FLS）：0.8mg/L（32d）（黑头呆鱼）。

持久性和降解性：

生物降解性：

OECD301F，28d降解87%，易快速生物降解。

非生物降解性：

水相光解半衰期/h：2808～16152。

光解最大光吸收波长范围/nm：239～268。

水中光氧化半衰期/h：8021～3.20×10⁵。

空气中光氧化半衰期/h：50.1～501。

潜在的生物累积性：BCF：3.5（日本鳗鲡）；4.4（大西洋鲱）；4.3（金鱼）。

土壤中的迁移性：根据K_{OC}值预测，该物质可能有一定的迁移性。

第十三部分 废弃处置

废弃化学品：用焚烧法处置。

污染包装物：将容器返还生产商或按照国家和地方法规处置。

废弃注意事项：把倒空的容器归还厂商或在规定场所掩埋。

第十四部分 运输信息

联合国危险货物编号（UN号）：1114。

联合国运输名称：苯。

联合国危险性类别： 3。

包装类别： Ⅱ类包装。

包装标志：

海洋污染物： 否。

运输注意事项： 本品铁路运输时限使用钢制企业自备罐车装运，装运前需报有关部门批准。运输时运输车辆应配备相应品种和数量的消防器材及泄漏应急处理设备。夏季最好早晚运输。运输时所用的槽（罐）车应有接地链，槽内可设孔隔板以减少震荡产生的静电。严禁与氧化剂、食用化学品等混装混运。运输途中应防曝晒、雨淋，防高温。中途停留时应远离火种、热源、高温区。装运该物品的车辆排气管必须配备阻火装置，禁止使用易产生火花的机械设备和工具装卸。公路运输时要按规定路线行驶，勿在居民区和人口稠密区停留。铁路运输时要禁止溜放。严禁用木船、水泥船散装运输。

第十五部分　法规信息

下列法律、法规、规章和标准，对该化学品的管理作了相应的规定：

中华人民共和国职业病防治法：

职业病分类和目录：苯中毒、苯所致白血病。

危险化学品安全管理条例：

危险化学品目录：列入。

易制爆危险化学品名录：未列入。

重点监管的危险化学品名录：列入。

GB 18218—2009《危险化学品重大危险源辨识》：列入。

使用有毒物品作业场所劳动保护条例：

高毒物品目录：列入。

易制毒化学品管理条例：

易制毒化学品的分类和品种目录：未列入。

国际公约：

斯德哥尔摩公约：未列入。

鹿特丹公约：未列入。

蒙特利尔议定书：未列入。

第十六部分　其他信息

编写和修订信息： 略。

缩略语和首字母缩写： 略。

培训建议： 略。

参考文献： 略。

免责声明： 略。

第五节　危险化学品术语与定义

一、术语概述

在危险化学品管理过程中，语言交流是必不可少的。在交流中涉及较多的是专业术语的定义问题，如果无法统一的定义，就会出现词义混淆、一词多义或同词不同义等现象。因此本书特增设危险化学品术语一节。

根据国家标准 GB/T 15237—2000 术语工作，术语的定义是：在特定专业领域中一般概念的词语指称。指称的定义是：概念的表达方式。概念的定义是：通过对特征的独特组合而形成的知识单元。特征的定义是：一个客体或一组客体特性的抽象结果。客体的定义是：可感知或可想象到的任何事物。而根据术语学的原理，术语和定义是可以互相替换的。两者的差异是术语应简短，而定义可冗长。

二、一般术语

1. 危险化学品

具有毒害、腐蚀、爆炸、燃烧、助燃等性质，对人体、设施、环境具有危害的剧毒化学品和其他化学品。

2. 重大危险源

长期地或临时生产、加工、搬运、使用、储存危险物质，且危险物质的数量等于或超过临界量的单元。

（1）一级重大危险源。可能造成特别重大事故的危险源。

（2）二级重大危险源。可能造成特大事故的危险源。

（3）三级重大危险源。可能造成重大事故的危险源。

（4）四级重大危险源。可能造成一般事故的危险源。

3. 特别重大事故

是指造成 30 人以上死亡，或者 100 人以上重伤（包括急性工业中毒，下同），或者 1 亿元以上直接经济损失的事故。

4. 重大事故

是指造成 10 人以上 30 人以下死亡，或者 50 人以上 100 人以下重伤，或者 5000 万元以上 1 亿元以下直接经济损失的事故。

5. 较大事故

是指造成 3 人以上 10 人以下死亡，或者 10 人以上 50 人以下重伤，或者 1000 万元以上5000 万元以下直接经济损失的事故。

6. 一般事故

是指造成 3 人以下死亡，或者 10 人以下重伤，或者 1000 万元以下直接经济损失的事故。

7. 泄漏释放源

能释放出可燃或有毒气体（含蒸气）的部位，包括法兰、阀门、排水口、采样口、压缩机、泵、液体装卸站台气体充填站，液罐顶部以及设备易损坏处等。

8. 有毒介质

按 GBZ 230—2010 及 HG/T 20660—2017，定义为极度、高度、中度危害介质的总称。

9. 可燃介质

按 GB 50016—2014，火灾危险性规定为甲、乙、丙类以及工作温度高于闪点的流体的总称。

三、爆炸品名词术语

（1）A 型爆破炸药　含有液态有机硝酸盐的物质。含液态有机硝酸盐的物质系指硝化甘油或硝化甘油与一种或几种下列成分的混合物，即硝化纤维素；硝酸铵或其他无机硝酸盐；芳香族硝基衍生物或可燃物（如木粉填料和铝粉）。这类炸药应是粉状、凝胶状或弹性体。

（2）安全导火索　这种物品由柔软的纺织品包着细粒黑火药芯体和一层或几层保护外套组成。点燃时，按预定的速度燃烧而不会发生任何外部爆炸效果。

（3）铵梯脲炸药　铵梯脲炸药指以硝酸铵为主要成分，以梯恩梯、木粉、硝酸脲混合而成的粉状炸药。

（4）铵梯炸药　铵梯炸药指以硝酸铵为氧化剂、梯恩梯为敏化剂、木粉为可燃剂和疏松剂的工业粉状炸药。

（5）铵油炸药　矿山炸药的一种。由硝酸铵和燃料油为主要成分制得的爆炸混合物。

（6）B 型爆破炸药　这种物质是：（a）硝酸铵或其他无机硝酸盐与爆炸品（如三硝基甲苯）的混合物，含有或不含其他物质，例如木粉填料和铝粉；（b）硝酸铵，或其他无机硝酸盐与其他非爆炸性可燃物质的混合物。

（7）爆炸　在极短时间内，释放出大量能量，产生高温，并放出大量气体，在周围造成高压的化学反应或状态变化的现象。

（8）爆炸品　固体或液体物质，在外界作用下（如受热、受压、撞击等）能发生剧烈的化学反应，瞬时产生大量的气体和热量，使周围压力急剧上升发生爆炸，对周围环境造成破坏的物品，也包括无整体爆炸危险，具有燃烧、抛射及较小爆炸危险的物品。

（9）爆炸性物品　含有一种或多种爆炸性物质的物品。

（10）爆炸性物质　能够通过其自身化学反应生产气体，反应时在温度、压力和速度下能对周围环境造成破坏的某一种固态或液态物质（或这些物质的混合物）。烟火物质，即使不放出气体时，也包括在内。

（11）爆炸药　受到高热、摩擦、冲击等外力作用或受其他因素激发，能在很短时间内发生剧烈化学反应，放出大量气体和热量，同时伴有巨大声响而爆炸的烟火药剂。

（12）爆竹　燃放时主体爆炸并能产生爆声、闪光等效果，以听觉效果为主的产品。

（13）C 型爆破炸药　这种炸药是氯酸钾或氯酸钠，或是高氯酸钾、高氯酸钠、高氯酸铵与有机硝基衍生物或可燃物（例如木粉填料、铝粉或碳氢化合物）的混合物。

（14）D 型爆破炸药　这种炸药是硝酸盐化合物和可燃物（例如烃类化合物、铝粉）的混合物，不应含有硝化甘油或类似的液态有机酸盐、氯酸盐或硝酸铵。

（15）导爆索　由黑索金等猛性炸药为主制成索芯，再以棉织品、金属或塑料作外包层制成，其外形与导火索相似，但略粗。导爆索用雷管起爆，其爆速约为 7000m/s。

（16）导火索　传递燃烧的索类火工品。用于引燃火焰雷管或火药。常以黑火药为芯，外缠数层棉、麻和纸。

四、应急求援专业术语

（1）事故　不希望的、未计划的事件或情况的组合，这些组合导致对人的物理伤害和财产破坏，通常是身体或物质与超过阈值的能量相接触的结果。

（2）急性影响　对于人或动物的不利影响而造成的严重征兆会迅速发展。

（3）急性危害　在未预料的事件中，由一个短暂的暴露所引起的潜在的破坏或伤害。

（4）急性毒性　由某物质单一剂量或暴露于某物质中所引起的不利影响。

（5）燃点　一个固态、液态或气态物质的燃点是在只有空气而没有其他燃烧源的情况下能够引起或引发自持续燃烧的最低温度。

（6）沸腾液体扩展蒸气爆炸　这是一种快速相变的过程，即容器所盛装的液体在大气中被快速地降压而达到沸点之上，引起物质从液体到蒸气的瞬间的转化，同时伴随有相应的能量释放。发生沸腾液体扩展蒸气爆炸时通常伴随有大火球出现。BLEVE发生的主要原因通常是由于压力容器蒸气空间遇到了外部火源。

（7）事故的界限组　指按照一些最严重的可信事故和最严重的可能事故进行分组、分类。

（8）化学品代码　化学品代码通常用来识别特定的化学品。

（9）灾难　能引起人的物理伤害、财产破坏及环境破坏的重大损失。

（10）慢性影响　对于人和动物不利影响的症状在一段很长的时间后仍发展得很慢。

（11）慢性毒性　相关的一长段时间后，由重复的剂量或是重复暴露于一个物质中所引起的不利的（慢性的）影响。

（12）易燃的　在闪点基础上，能够区分一些即将燃烧的液体的形式。美国国家消防协会（NFPA）定义易燃性的液体的闪点在37.8℃或以下。

（13）凝聚相爆炸　物质以液态或固态形式出现时发生的爆炸。

（14）受约束爆炸　在一个封闭系统中混合氧化燃料的爆炸。

（15）限制性空间　限制性空间指相当大的空间，相关人员可以进入现场并执行分配的任务，这个空间限制或约束了工作人员进入和疏散的手段。

（16）后果　危险事件的直接结果，通常用对事件影响的范围和程度进行安全评价的形式表现出来。

（17）后果分析　对与频率和可能性相独立的事故后果的影响的分析。

（18）控制区域　以安全和危险程度为基础，在危险物质事故期间被指定的区域。通常情况下可用许多形式来描述在危险事故中涉及的区域，这些区域将被限定以作为热区域、温暖区域和冷区域。

（19）腐蚀剂　腐蚀剂是在与其接触期间能够对人引起可视的破坏或不可避免的变化的液体或固体。

（20）化学工艺定量风险分析　当应用到化学工艺工业时，化学工艺定量风险分析是对事故后果和频率及它们在风险测量中的相关数字评价后的危险识别的工艺。它特别适用于偶然发生的事件。它不同于可能性危险分析，但是又与之相关，是核工业中经常使用的一个定量工具。

（21）分解　指把材料或物质（通过热、化学反应、电解、腐烂或其他过程）分成部分或简单的成分。

（22）清洁　在危险物质事故中，降低污染水平及防止人或设备使用的污染物扩散的物理或化学过程。

（23）爆燃　物质极其快速的化学反应引起能量的释放，以小于音速的速率推进到未反应物质的化学反应。

（24）对皮肤的毒性　即皮肤暴露在某物质中所引起的不利影响。

（25）爆轰　物质极其快速的化学反应引起的能量释放。这个反应以大于音速的速率推进到未反应物质。

（26）多米诺效应　即可引发第二个事件。也就是说，作为初始事件的毒物泄漏或爆炸，导致事件影响区域或影响后果的增加。通常只在最初事件后果有明显增加的情况下才被考虑。

（27）道火灾和爆炸指数　由道化学公司发展的评价与工艺相联系的火灾或爆炸风险的一种方法。该方法用物质特性和工艺特性数据来计算不同的火灾或爆炸指数。

（28）影响模型　指能够预测事故影响后果的模型，通常用来考虑人员伤害和财产损失。

（29）急救程序　危险暴露期间，工作人员在受过训练的医疗人员到来之前所采取的行动。

（30）应急情况暴露指南限度　应急情况暴露指南中的限度指为紧急情况管理计划预先提供作为参考的污染物的最大浓度水平。

（31）应急人员　参与应急情况的任何人员，包括消防员、警察、保卫人员或紧急情况管理官员、生产人员、运输工业人员、州长等。

（32）应急计划指南　应急计划指导的原则，应急计划指南应该由应急计划委员会制定并组织实施。

（33）事件树　通过逻辑树描绘事件集合及形成事故顺序的逻辑模型。

（34）隔离区　指污染存在并且发生的区域。工作人员没有合适的个人防护设备不能进入隔离区。

（35）极其危险的物质　美国环境保护局规定了大约 360 种化学品为极其危险的物质，并列出了这些化学品的物理、化学和毒性特性，它们在渗漏或其他紧急泄漏时会对公众有极其严重的危害。

（36）失效模式和影响分析　是识别危险的技术，它依次考虑所有已知系统组成的失效模式并且记录不期望的后果。

（37）事故树分析　通过逻辑树分析事故的发生、发展过程。通常由逻辑门将基本事件、中间事件和顶上事件联系起来。事故树分析通常是分析顶上事件发生的基本事件的最小割集。

（38）火球　火球是沸腾液体扩展蒸气爆炸（BLEVE）的一种后果，此时燃料与空气混合形成云状燃烧物，其能量主要以辐射热的形式散发掉。当燃料泄漏而发生燃烧时，其内核由几乎纯的燃料组成，而首先燃烧的外部层则是空气燃料混合物，随着热气的浮力逐渐占主导地位，燃烧云开始上升并成为球形。

（39）燃点　能够产生充足蒸气的液体在它的表面闪燃并开始燃烧的最低温度，通常高于闪点 10～30℃。

（40）爆燃范围　一旦有火源出现，就会在空气中发生燃烧或爆炸的气体或蒸气的浓度范围。浓度的界限通常被称为"燃烧下限"和"燃烧上限"。在燃烧下限以下，气体或蒸气浓度非常低以至于不能燃烧；在燃烧上限以上，气体或蒸气浓度非常高也不能燃烧。

（41）闪火　指易燃性气体和空气混合物形成的云状物的燃烧。燃烧产生的火焰在混合物里传播的速度低于音速，并产生可以被忽略的破坏超压。

（42）闪点　把液体之上的蒸气点燃所需的最低温度。闪点的测试方法有多种，对于相同的材料，测试闪点的方法不同它们的闪点也会有所不同。通常，依据给出的闪点，可以估计出所采用的测试方法（1500PMCC，2000TCC 等）。通常要求使用闭杯类型的测试。

（43）泡沫　在燃烧的液体表面上能够自由流动的小泡的稳定集合。它是能够密封可燃性蒸气的连续覆盖物，因此能够灭火。

（44）频率　在单位时间内观测到的事件发生或预测事件发生的次数。

（45）危险　事物能潜在地对人员、财产、环境产生破坏的固有的化学或物理特性。在本书中它是能够导致事故的危险材料、操作环境或某些未计划事件的综合。

（46）危险物质　能对人员、财产、环境产生危害的物质（液态、气态、固态）。

（47）危险物质应急队　一组受过训练的人员，他们可以依照紧急情况、应急计划和适当的标准操作程序进行操作以控制或减小泄漏危险材料对人员、财产、环境的危害。

（48）危险废物　在自然中不可降解的、能够被生物放大的、致命的、具有可引起有害累积性影响趋势的、能够潜在地对人类健康和有机体造成危害的废物或废物的集合。

（49）对生命和健康及时危害的浓度　通常由有毒物质的浓度确定，指能够在 30min 内逃离，而没有任何影响症状或任何不可避免的对健康产生影响的最大的随空气传播的污染物浓度。

（50）事故指挥系统　在管理和指挥紧急事物操作中使用的有组织的标准操作程序系统。

（51）火灾早期　火灾的初始阶段或开始时期。这时不需要保护服或呼吸防护装置就能够控制或扑灭火灾。

（52）事故指挥者　负责全面管理危险事故应急的人。

（53）内在安全系统　通常操作条件下，在不期望的突发事件发生后仍保持安全状况的系统。

（54）伤害　由于人体与外界部分接触或是暴露于环境因素中而造成的物理伤害或破坏。

（55）瞬时的喷射泄漏　与传送到某个特定位置所需的时间相比较，它是一个在极短暂时间内的喷射泄漏。

（56）减缓系统　用来减缓事故的传播或降低事故后果的设备或程序。

（57）半致死浓度 LC_{50}　以实验室的测定为基础，能够杀死 50% 的受试动物的试剂在空气中的浓度。LC_{50} 通常被表述为每百万单位空气中含有试剂的单位，对于气体和蒸气用 mL/L 或每升空气中含有试剂的微克量表示；对于微粒用每立方米空气中含有试剂的微克量表示。

（58）半致死剂量 LD_{50}　以实验室测试为基础，预计能杀死 50% 的受试动物的单一试剂的剂量。LD_{50} 通常被表述为每千克动物身体中所含试剂的克数或毫克数。

（59）燃烧下限　蒸气或气体的燃烧下限指一旦火源出现，产生闪火的蒸气或气体的最低浓度。

（60）重大事故　指事故（例如重大火灾、泄漏事故）的影响范围即使是很大的时候，仍然被限制在事故现场的区域，而没有波及社会。

（61）毒性水平 A　毒性水平 A 是非常危险的毒性水平点。具有毒性水平 A 特性的有毒的气体或液体，即使很少剂量与空气混合对生命都有致命性危险。例如：碳酰氯、氰、过氧化氮等。

（62）毒性水平 B　毒性水平 B 是液体、固体、黏糊状或半固体物质的毒性水平点。通常拥有毒性水平 B 的物质不具有毒性水平 A，也不是刺激性材料，但在运输期间它们会对人体产生毒性，因此对于健康有危害。这是已知的（或是根据动物实验猜测的）。

（63）池火灾　燃烧发生在池表面液体层的液池的火灾。

（64）扩散因素　在泄漏发生后，对扩散产生影响的人、工艺和环境等。

（65）公众紧急情况暴露限　在紧急事故发生期间公众可能暴露在有毒物质中，该物质没有产生对人体有明显的不利影响的有毒物质在空气中的最大浓度。

（66）风险　某种损失或伤害后果出现的概率，即不幸事件发生的概率。

（67）伦琴　伦琴是测量电离辐射的国际单位，伦琴射线也称为 X 射线。

（68）失控　指温度和反应速率不稳定地快速升高的反应系统。失控反应最后能导致爆炸。失控反应可分为三个时期：第一个时期，温度升高的很慢，几乎没有气体产生；第二个时期开始产生气体，热梯度可能开始出现；第三个时期温度快速升高，反应和分解速率极快，此时系统中有很大的温度梯度，压力急剧增大。

（69）安全　在所限定的条件下，系统不会对人类的生命、经济或环境带来危险的期望。

（70）密封源　在集装箱内部以固定的形态存在的，包括至少一个放射性物质的放射源。

（71）避难所　减缓事故后果的物理性防护场所（例如一个封闭的建筑物）。

（72）短期暴露限值　工人持续暴露一小段时间而没有受到慢性或不可避免地对组织的破坏以及没有增加事故伤害可能的浓度。

（73）短期公众应急指导水平　指以 60min 的暴露浓度为参考来考察一个暴露人群有可逆影响的发生率。这对任何一个人的暴露事故都是很少起作用的。

（74）源数据　源数据用于说明泄漏，是对扩散云的温度、气溶胶体积、密度大小的估计，应被输入到扩散模型中。

（75）短期暴露限值　工人持续地暴露一小段时间而没有受到慢性的、对组织的破坏或增加事故伤害的可能性的浓度。

（76）热不稳定　在通常状况下，化学品或物质通常会分解、降解或反应，则这种化学品或物质有热不稳定性。

（77）阈值上限　在任何工作暴露期间，有毒物质在空气中都不能超过的浓度。在美国它由美国政府和工业卫生会议所制定。

（78）短期暴露阈值　对每天至少暴露 4 次、每次 15min 的暴露者不产生有害影响的污染物质的平均浓度水平。这个值是对 TLV/TWA 的补充，通常是由慢性暴露引起。

（79）平均暴露时间浓度阈值　指身体健康的人每天 8h、每周 40h 暴露在危险物质中而没有对健康产生不利影响的该有毒物质的浓度。

（80）顶上事件　沿着在事故树顶上的一个不期望的事件使用逻辑门向下追踪到多个基本失效事件，以确定这些事件的起因和影响。

（81）毒性剂量　在一定时间内，生命体吸入的能够产生特定有害影响的有毒物质的量。

（82）燃烧上限　气体或蒸气的燃烧上限指当点火源出现时会产生闪火的气体或蒸气的最高浓度。

（83）无间断电源　当主要动力供应失效时，通过主要的或次要的设备（通常是电池或柴油发电机）能自动提供动力的装置。有时当线路出现问题时，这类动力供应装置也能够提供动力。

（84）非受限的蒸气云爆炸　在非限制空间内蒸气云的爆炸性氧化作用（例如不在容器中或建筑物中）。能够严重影响现场区域（管线、单元等）的蒸气云爆炸可能加速燃烧速度和冲击波的强度。

（85）（相对）蒸气密度　与相同体积的空气相比较的蒸气或气体的质量表述为蒸气或气体的密度。比空气轻的物质的蒸气相对密度小于 1（例如乙炔、甲烷、氢气等）。比空气重的物质的蒸气相对密度大于 1（例如硫化氢、二氧化硫、氯、丁烷、乙烷、丙烷等）。

（86）蒸气压力　在密闭容器中，某液体之上的饱和的蒸气所产生的压力。

（87）通风口　容器的紧急通道。物质通过通风口后压力降低，因此，可以避免容器因过压而失效。通风流可能是一相或多相流，每一相都可导致不同的流和压力特性。

（88）风向玫瑰图　用半径的方向表示风向，以半径的长短表示这个风向的风占全年总风量的百分含量比的玫瑰形图表。

（89）工作场所环境的暴露水平　与 TLV 相似，身体健康的人暴露在危险物质中而没有对健康产生不利影响的浓度，在美国，该值由美国工业卫生协会制定。

（90）最严重的可信事故　只考虑事故后果的情况下，在所有已识别的事故及其后果中最严重的事故通常被合理地认为是可信的。

（91）最严重的可能事故　只考虑事故后果的情况下，在所有已识别的事故及其后果中最严重的可能事故。

第六节　危险化学品的特性

危险化学品具有多样性的特征。一种危险化学品也可有多种危险特性。常见的危险特性有爆炸性、燃烧性、毒害性、腐蚀性等。

一、危险特性

（一）基本危险特性

根据每种危险化学品易发生的危险，综合归纳为以下多种基本危险特性。对每种危险化学品应选用适当的基本危险特性来表示它们易发生的危险。

（1）与空气混合能形成爆炸性混合物。

（2）与氧化剂混合能形成爆炸性混合物。

（3）与铜、汞、银能形成爆炸性混合物。

（4）与还原剂及硫、磷混合能形成爆炸性混合物。

（5）与乙炔、氢气、甲烷等易燃气体能形成有爆炸性的混合物。

（6）蒸气与空气易形成爆炸性混合物。

（7）遇强氧化剂会引起燃烧爆炸。

（8）与氧化剂发生反应，有燃烧危险。

（9）与氧化剂会发生强烈反应，遇明火、高热会引起燃烧爆炸。

（10）与氧化剂会发生反应，遇明火、高热易引起燃烧。

（11）遇明火极易燃烧爆炸。

（12）遇明火、高热易引起燃烧爆炸。

（13）遇明火、高热会引起燃烧爆炸。

（14）遇明火、高热能燃烧。

（15）遇高温剧烈分解，会引起爆炸。

（16）遇高热分解。

（17）受热时分解。

（18）受热、光照会引起燃烧爆炸。

（19）受热、遇酸分解并放出氧气，有燃烧爆炸危险。

（20）受热后瓶内压力增大，有爆炸危险。

（21）暴热、遇冷有引起爆炸的危险。

（22）遇高热、明火及强氧化剂易引起燃烧。

（23）遇水或潮湿空气会引起燃烧爆炸。

（24）遇水或潮湿空气会引起燃烧。

（25）受热、遇潮气分解并放出氧气，有燃烧爆炸危险。

（26）遇潮气、酸类会分解并放出氧气，助燃。

（27）遇水会分解。

（28）遇水爆溅。

（29）遇酸会引起燃烧。

（30）遇酸发生剧烈反应。

（31）遇酸发生分解反应。

（32）遇酸或稀酸会引起燃烧爆炸。

（33）遇硫酸会引起燃烧爆炸。

（34）与发烟硫酸、氯磺酸发生剧烈反应。

（35）与硝酸发生剧烈反应或立即燃烧。

（36）与盐酸发生剧烈反应，有燃烧爆炸危险。

（37）遇碱发生剧烈反应，有燃烧爆炸危险。

（38）遇碱发生反应。

（39）与氢氧化钠发生剧烈反应。

（40）与还原剂能发生反应。

（41）与还原剂发生剧烈反应，甚至引起燃烧。

（42）与还原剂接触有燃烧爆炸危险。

（43）遇卤素会引起燃烧爆炸。

（44）遇卤素会引起燃烧。

（45）遇胺类化合物会引起燃烧爆炸。

（46）遇 H_2，发泡剂会引起燃烧。

（47）遇金属粉末增加危险性或有燃烧爆炸危险。

（48）见光、受热或久储易聚合，有燃烧爆炸危险。

（49）遇油脂会引起燃烧爆炸。

（50）遇双氧水会引起燃烧爆炸。

（51）与酸类、卤素、醇类、胺类发生强烈反应，会引起燃烧。

（52）遇易燃物、有机物会引起燃烧。

（53）遇易燃物、有机物会引起爆炸。

（54）遇乙醇、乙醚会引起爆炸。

（55）遇硫、磷会引起爆炸。

（56）遇甘油会引起燃烧或强烈燃烧。

（57）撞击、摩擦、振动有燃烧爆炸危险。

（58）在干燥状态会引起燃烧爆炸。

（59）能使油脂剧烈氧化，甚至燃烧爆炸。

（60）在空气中久置后能生成有爆炸性的过氧化物。

（61）遇金属钠及钾有爆炸危险。

（62）与硝酸盐及亚硝酸盐发生强烈反应，会引起爆炸。

（63）在日光下与易燃气体混合时会发生燃烧爆炸。

（64）遇微量氧易引起燃烧爆炸。

（65）与多数氧化物发生强烈反应，易引起燃烧。

（66）接触铝及其合金能生成自燃性的铝化合物。

（67）接触空气能自燃或干燥品久储变质后能自燃。

（68）与氯酸盐或亚硝酸钠能组成爆炸性混合物。

（69）接触遇水燃烧物品有燃烧危险。

（70）与硫、磷等易燃物、有机物、还原剂混合，经摩擦、撞击有燃烧爆炸危险。

（71）受热分解放出有毒气体。

（72）受高热或燃烧发生分解放出有毒气体。

（73）受热分解放出腐蚀性气体。

（74）受热升华产生剧毒气体。

（75）受热后容器内压力增大，泄漏物质可导致中毒。

（76）遇明火燃烧时放出有毒气体。

（77）遇明火、高温时产生剧毒气体。

（78）接触酸或酸雾产生有毒气体。

（79）接触酸或酸雾产生剧毒气体。

（80）接触酸或酸雾产生剧毒、易燃气体。

（81）受热、遇酸或酸雾产生有毒、易燃气体，甚至爆炸。

（82）受热、遇酸或酸雾产生有毒、易燃气体。

（83）遇发烟硫酸分解，放出剧毒气体，在碱和乙醇中加速分解。

（84）与水和水蒸气发生反应，放出有毒的腐蚀性气体。

（85）遇水产生有毒的腐蚀性气体，有时会引起爆炸。

（86）受热、遇水及水蒸气能生成有毒、易燃气体。

（87）遇水或水蒸气会产生剧毒、易燃气体。

（88）遇水、潮湿空气、酸放出能自燃的剧毒气体。

（89）遇水分解产生有毒气体。

（90）与还原剂发生激烈反应，放出有毒气体。

（91）遇氰化物会产生剧毒气体。

（92）见光分解，放出有毒气体。

（93）遇乙醇发生反应产生有毒的、腐蚀性气体。

（94）对眼、黏膜或皮肤有刺激性，有烧伤危险。

（95）对眼、黏膜或皮肤有强烈刺激性，会造成严重烧伤。

（96）触及皮肤有强烈刺激作用而造成灼伤。

（97）触及皮肤易经皮肤吸收或误食、吸入蒸气、粉尘，会引起中毒。

（98）有强腐蚀性。

（99）有腐蚀性。

（100）可燃，有腐蚀性。

（101）有催泪性。

（102）有麻醉性或其蒸气有麻醉性。

（103）有毒、有窒息性。

（104）有刺激性气味。

（105）剧毒。

（106）剧毒，可燃。

（107）有毒，不燃烧。

（108）有毒，遇明火能燃烧。

（109）有毒，易燃。

（110）有毒或其蒸气有毒。

（111）有特殊的刺激性气味。

（112）有吸湿性或易潮解。

（113）极易挥发，露置空气中立即冒白烟，有燃烧爆炸危险。

（114）助燃。

（115）有强氧化性。

（116）有氧化性。

（117）有强还原性。

（118）有放射性。

（119）易产生或聚集静电，有燃烧爆炸危险。

（120）与一水合氨发生强烈反应，有燃烧危险。

（121）水解后产生腐蚀性产物。

（122）接触空气、氧气、水发生剧烈反应，能引起燃烧，分解时放出有毒气体。

（123）遇氨、硫化氢、卤素、磷、强碱以及遇水燃烧物品等有燃烧爆炸危险。

（124）遇过氯酸、氯气、氧气、臭氧等易发生燃烧爆炸危险。

（125）与铝、锌、钾、氟、氯、叠氮化合物等反应剧烈，有燃烧爆炸危险。

（126）碾磨、摩擦或有静电火花时，能自燃。

（127）与空气、氧、溴强烈反应，会引起爆炸。

（128）遇碘、乙炔、四氯化碳易发生爆炸。

（129）遇二氧化碳、四氯化碳、二氯甲烷、氯甲烷等会引起爆炸。

（130）与氯气、氧气、硫黄、盐酸反应剧烈，有燃烧爆炸危险。

（131）与铝粉发生猛烈反应，有燃烧爆炸危险。

（132）与镁、氟发生强烈反应，有燃烧爆炸危险。

（133）与氟、钾发生强烈反应，有燃烧爆炸危险。

（134）与磷、钾、过氧化钠发生强烈反应，有燃烧爆炸危险。

（135）强烈振动、受热或遇无机碱类、氧化剂、烃类、胺类、三氯化铝、六甲基苯等均能引起燃烧爆炸。

（136）遇氨水、氟化氢、酸有爆炸危险。

（137）遇水分解为盐酸、亚碲酸和有很强刺激性、腐蚀性、爆炸性的氧氯化物。

（138）与酸类、碱类、胺类、二氧化硫、硫脲、金属盐类、氧化剂类等猛烈反应，遇光和热有加速作用，会引起爆炸。

（139）遇三硫化二氢有爆炸危险。

（140）与过氯酸银、硫酸甲酯反应剧烈，有燃烧爆炸危险。

（141）能在二氧化碳及氮气中燃烧。

（142）遇磷、氯会引起燃烧爆炸。

（143）遇二氧化铅发生强烈反应。

（144）会缓慢分解放出氧气，接触金属（铝除外）分解速率亦增加。

（145）遇水时对金属和玻璃有腐蚀性。

从以上这些基本危险特性可以归纳为两个方面：一是物理化学的危险；二是健康的危害。

（二）物质危险的多重性

1. 物质本身的易燃性、易爆性和氧化性

任何一种危险化学品都不会只有一种危险特性，往往其兼有数种危险特性。物质本身能否燃烧或燃烧的难易程度和氧化能力的强弱，是决定物品火灾危险性大小的最基本条件。一个仓库有火灾危险，那么它储存的物品一定是可燃性的或氧化性很强的物质。储存一堆钢材或水泥，量再多也构不成火灾危险。构成火灾危险性类别的基础是物质本身所具有的可燃性和氧化性。一般而言，物质越易燃，或氧化性越强，其火灾危险性也就越大。如汽油比柴油易燃，那么汽油就比柴油的火灾危险性大。物质所处的状态不同，其燃烧的难易程度也有不

同。处于不同状态的物质，会有不同的反映该物质的可燃性的测定方法和参数。通常情况下，液体主要用闪点的高低来表示；气体、蒸气、粉尘主要用爆炸浓度极限来表示；固体主要用引燃温度（自燃点）或氧指数的大小来衡量。另外，物质的最小点火能量也可用来衡量物质的可燃性。如防爆电器的防爆性能和等级，都是依据物质引燃温度高低和最小点火能量大小以及传播间隙的大小来确定的。

2. 可燃性或氧化性物质兼有毒害性、放射性或腐蚀性

当一种物质在具有可燃性或氧化性的同时，若还具有毒害性、放射性或腐蚀性等危险性，那么它的火灾危险性和危害性会更大。例如磷化锌具有遇湿易燃性，又有很强毒害性；硝酸具有很强氧化性，又有强烈的腐蚀性；硝酸铀有很强的放射性，又有很强的易燃性，这些物质的危险性则更大一些。

3. 物品的盛装条件和存在状态与危险性的关系

物品的盛装条件是制约其火灾危险性的一个重要因素。同一种物品在不同状态、温度、压力、浓度下，其火灾危险性的大小是不同的。实验观察发现，氧气在高压气瓶内充装比在胶皮囊中充装的火灾危险性要大；氢气在高压气瓶中充装比在气球中充装的火灾危险性要大。苯在 0.1MPa 下的自燃点为 587℃，而在 2.5MPa 下的自燃点为 490℃；甲烷在浓度为 2％时自燃点为 710℃，在浓度为 5.85％时自燃点为 695℃。这些实例都说明物品所处的条件不同，其火灾危险性也不同。

4. 物品与灭火剂相抵触或相忌的危险性

一种物品一旦失火后，它若与灭火剂相抵触或相忌，那么它的火灾危险性就加大。尤其与水相抵触的物品。因为水是一种最常用、最普遍的灭火剂。如果该物品着火后不能用水或含水的灭火剂扑救，那么就会增加扑救火灾的难度和损失，也就加大了火灾扩大和蔓延的危险。所以此类物品的火灾危险性比其他物品大得多。

有些危险化学品遇水或受潮时能发生剧烈的化学反应，并能释放出大量的热和（或）可燃气体，使附近的可燃物着火。如磷化铝、磷化锌等。此类物品必须单独储存，不能与可燃物质混放。否则，仓库一旦失火，用水扑救反会加大火灾和损失。

二、爆炸品定义及特性

（一）爆炸品定义

爆炸类化学品是指在外界作用下（如受热、受压、撞击等），能发生剧烈的化学反应，瞬时产生大量的气体和热量，使周围压力急骤上升，发生爆炸，对周围环境造成破坏的物品，包括无整体爆炸危险，但具有燃烧、抛射及较小爆炸危险的物品。

爆炸是物质从一种状态通过物理的或化学的变化突然变成另一种状态，并放出巨大的能量而做机械功的过程。

爆炸可分为核爆炸、物理爆炸、化学爆炸三种形式。

核爆炸是由核反应引起的爆炸，例如：原子弹或氢弹的爆炸。

物理爆炸是由物理原因所引起的爆炸，例如：蒸汽锅炉因水快速汽化，压力超过设备所能承受的强度而产生的锅炉爆炸；装有压缩气体的钢瓶受热爆炸等。

化学爆炸是物质发生化学反应而引起的爆炸。化学爆炸可以是可燃气体和助燃气体的混合物遇明火或火源而引起的（如煤矿的瓦斯爆炸）；也可以是可燃粉末与空气的混合物遇明火或火源而引起（粉尘爆炸）的；但更多的是炸药及爆炸性物品所引起的爆炸。

化学爆炸的主要特点是：反应速率极快，放出大量的热，产生大量的气体，只有上述三者都同时具备的化学反应才能发生爆炸。

（二）爆炸品特性

1. 爆炸性强

爆炸品都具有化学不稳定性，在一定外因的作用下，能以极快的速度发生猛烈的化学反应，产生的大量气体和热量在短时间内无法逸散，致使周围的温度迅速升高并产生巨大的压力而引起爆炸。

例如，黑火药的爆炸反应：$2KNO_3 + S + 3C = K_2S + N_2\uparrow + 3CO_2\uparrow +$ 热量。

显然，黑火药的爆炸反应就具备化学爆炸的三个特点：反应速率极快，瞬间即进行完毕；产生大量气体（280L/kg）；放出大量的热（3015kJ/kg），火焰温度达2100℃以上。

煤在空气中点燃后，虽然也能放出大量的热和气体：$C + O_2 = CO_2\uparrow +$ 热量，但由于煤的燃烧速度比较慢，产生的热量和气体逐渐地扩散开，不能在其周围产生高温和巨大压力，所以只是燃烧而不是爆炸。

2. 敏感度高

各种爆炸品的化学组成和性质决定了它具有发生爆炸的可能性，但如果没有必要的外界作用，爆炸是不会发生的。也就是说，任何一种爆炸品的爆炸都需要外界供给它一定的能量——起爆能。

不同的炸药所需的起爆能不同，某一炸药所需的最小起爆能，即为该炸药的敏感度（简称感度）。起爆能与敏感度成反比，起爆能越小，敏感度越高。

从储运的角度来讲，希望敏感度低些，但实际上如果炸药的敏感度过低，则需要消耗较大的起爆能，造成使用不便，因而各使用部门对炸药的敏感度都有一定的要求。了解各种爆炸品的敏感度，在生产、储存、运输、使用中适当控制，确保安全。

爆炸品的感度主要分为热感度（如加热、火花、火焰等）、机械感度（如冲击、针刺、摩擦、撞击等）、静电感度（如静电、电火花等）、起爆感度（如雷管、炸药等）等；不同的爆炸品的各种感度数据是不同的。爆炸品在储运中必须满足防震及远离火种、热源等要求，就是根据它的热感度和机械感度来确定的。

决定爆炸品敏感度的内在因素是它的化学组成和结构，影响敏感度的外在因素还有温度、杂质、结晶、密度等。

（1）化学组成和化学结构　爆炸品的化学组成和化学结构是决定其具有爆炸性质的主要因素。具体地讲是由于分子中含有某些"炸性基团"引起的。例如：叠氮化合物中的 —N=N≡N基；雷汞、雷银中的 —O—N=C基；硝基化合物中的—NO_2基；重氮化合物中的 —N=N—基等。

另外，爆炸品分子中含有的"炸性基团"数目对敏感度也有明显的影响，例如芳香族硝基化合物，随着分子中硝基（—NO_2）数目的增加，其敏感度亦增高。硝基苯只含有一个硝基，它在加热时虽然分解，但不易爆炸，因其毒性突出定为毒害品；（邻、间、对）二硝基苯虽然具有爆炸性，但不敏感，由于它的易燃性比爆炸性更突出，所以定为易燃固体；三硝基苯所含硝基的数目在三者中最多，其爆炸性突出，非常敏感，故定为爆炸品。

（2）温度　不同爆炸品的温度敏感度是不同的，例如：雷汞为165℃，黑火药为270～300℃，苦味酸为300℃。同一爆炸品随着温度升高，其机械感度也升高。原因在于其本身具有的内能也随温度相应的增高，对起爆所需外界供给的能量则相应地减少。因此，爆炸品在储存、运输中绝对不允许受热，必须远离火种、热源，避免日光照射，在夏季要注意通风降温。

（3）杂质　杂质对爆炸品的敏感度也有很大影响，而且不同的杂质所起的影响也不同。在一般情况下，固体杂质，特别是硬度高、有尖棱的杂质能增加爆炸品的敏感度。因为这些杂质能使冲击能量集中在尖棱上，产生许多高能中心，促使爆炸品爆炸。例如梯恩梯炸药中混进砂粒后，敏感度就显著提高。因此，在储存、运输中，特别是在撒漏后收集时，要防止砂粒、尘土混入。相反，松软的或液态杂质混入爆炸品后，往往会使敏感度降低。例如：雷汞含水大于 10% 时可在空气中点燃而不爆炸；苦味酸含水量超过 35% 时就不会爆炸。因此，在储存中，对加水降低敏感度的爆炸品如苦味酸等，要经常检查有无漏水情况，含水量少时应立即添加，包装破损时要及时修理。

（4）结晶　有些爆炸品由于晶型不同，它的敏感度也不同。例如：液体硝化甘油炸药在凝固、半凝固时，结晶多呈三斜晶系，属不安定型。不安定型结晶比液体的机械感度更高，对摩擦非常敏感，甚至微小的外力作用就足以引起爆炸。因此，硝化甘油炸药在冷天要做防冻工作，储存温度不得低于 15℃，以防止冻结。

（5）密度　爆炸品随着密度增大，通常敏感度均有所下降。粉碎、疏松的爆炸品敏感度高，是因为密度不仅直接影响冲击力、热量等外界作用在爆炸品中的传播，而且对炸药颗粒之间的相互摩擦也有很大影响。在储运中应注意包装完好，防止破裂致使炸药粉碎而导致危险。

3. 着火危险性

凡是炸药，百分之百的都是易燃物质，而且着火不需外界供给氧气。因为许多炸药本身就是含氧的化合物或者是可燃物与氧化剂的混合物，受激发能源作用即能发生氧化还原反应而形成分解式燃烧。此外，许多爆炸品本身具有毒害性［如梯恩梯（TNT）、雷汞、苦味酸等］、静电危险性等。

4. 其他特性

爆炸品除具有以上所述的爆炸性强和敏感度高的特性外，还有以下一些性质：

（1）很多炸药，例如梯恩梯、硝化甘油、雷汞等都具有一定的毒性。

（2）有些爆炸品与某些化学药品如酸、碱、盐发生化学反应的生成物是更容易爆炸的化学品。例如：苦味酸遇某些碳酸盐能反应生成更易爆炸的苦味酸盐；雷汞遇盐酸或硝酸能分解，遇硫酸会爆炸。

（3）某些爆炸品与一些重金属（铅、银、铜等）及其化合物的生成物，敏感度更高。例如：苦味酸受铜、铁等金属撞击，立即发生爆炸；雷汞与铜作用的生成物具有更大的敏感度等；因此苦味酸等不得用金属容器包装。

（4）某些爆炸品受光照易于分解。如雷酸银等。

（5）某些爆炸品具有较强的吸湿性，受潮或遇湿后会降低爆炸能力，甚至无法使用。如硝铵炸药等应注意防止受潮失效。

（三）爆炸品举例

1. 导火索

理化性质：导火索以黑火药为芯体，外层包有棉线，外形与棉绳相似，制成卷状，每卷长 50m。对火焰敏感，爆燃点 290～300℃，爆温 2200～2380℃，燃速约 1cm/s。能用明火或拉火管点燃。

危险特性：接触火焰、电火花或受到猛撞和摩擦，均能引起燃烧。

灭火剂：大量水。禁用砂土压盖。

2. 三硝基甲苯（干的或含水＜30%）

别名：梯恩梯；茶色炸药。

分子式：$CH_3C_6H_2(NO_2)_3$。

理化性质：白色或淡黄色针状结晶。无嗅，有毒，几乎不溶于水，微溶于乙醇，溶于苯、甲苯和丙酮。遇碱则生成不安定的爆炸物。撞击敏感度 14.7N·m。暴露在日光下颜色会变深。是猛性炸药，亦是多种混合炸药的组分。

危险特性：撞击、摩擦、明火、高温均能引起燃烧爆炸。

灭火剂：大量水。禁用砂土盖压。

三、压缩气体和液化气体定义及特性

(一) 压缩气体和液化气体定义

本类化学品系指压缩、液化或加压溶解的气体，并应符合下述两种情况之一：

(1) 临界温度低于 50℃，或在 50℃时，其蒸气压力大于 294kPa 的压缩或液化气体；

(2) 温度在 21.1℃时，气体的绝对压力大于 275kPa，或在 54.4℃时，气体的绝对压力大于 715kPa 的压缩气体；或在 37.8℃时，雷德蒸气压力大于 275kPa 的液化气体或加压溶解的气体。

为了便于储运和使用，常将气体用降温加压法压缩或液化后储存于钢瓶内。由于各种气体的性质不同，有的气体在室温下，无论对它加多大的压力也不会变为液体，而必须在加压的同时使温度降低至一定数值才能使它液化（该温度叫临界温度），在临界温度下，使气体液化所必需的最低压力叫临界压力。有的气体较易液化，在室温下，单纯加压就能使它呈液态，例如氯气、氨气、二氧化碳。有的气体较难液化，如氦气、氢气、氮气、氧气。因此，有的气体容易加压成液态，有的仍为气态，在钢瓶中处于气体状态的称为压缩气体，处于液体状态的称为液化气体。此外，本类还包括加压溶解的气体，例如乙炔。

(二) 压缩气体和液化气体特性

1. 可压缩性

一定量的气体在温度不变时，所加的压力越大其体积就会变得越小，若继续加压会压缩成液态。

2. 容器破裂性

此类气体都是充装在高压容器内，其容器可因损伤、腐蚀、热的或机械的碰撞作用等而导致破裂，这时其内部的高压气体会迅速膨胀、冲出，并在大气中形成压力波，一般称其为气浪或爆风。高压容器破裂时除形成空气压力波外，还会把容器撕成小而数量多的碎片，犹如爆轰一样，所以人们常把高压容器破裂称作爆炸。高压容器的此种爆炸属于"物理爆炸"的范畴。由于容器受损而致使高压气体冲出，呈现出与爆炸相似的现象，更确切地说此现象应叫高压气体容器的破裂。

3. 泄漏性和扩散性

生产实践表明，压缩气体和液化气体在许多意外事故中发生大量泄漏和迅速扩散，往往可引发火灾、爆炸和中毒事故。尤其易燃、可燃气体与空气能形成爆炸性混合物，遇明火可发生燃烧爆炸。

4. 其他特性

除具有易燃性、毒性外，还有刺激性、致敏性、腐蚀性、窒息性等，如氨、氯、硫化氢等。

(三) 压缩气体和液化气体举例

根据压缩气体和液化气体的理化性质，分为三项：易燃气体、不燃气体、有毒气体。

1. 易燃气体

此类气体极易燃烧，与空气混合能形成爆炸性混合物。

(1) 正丁烷

分子式：$CH_3CH_2CH_2CH_3$。

理化性质：无色易燃气体或液体，有轻微的不愉快气味。易溶于水、醇、氯仿。相对密度0.58（水为1），2.05（空气为1），饱和蒸气压106.39kPa，闪点−60℃，爆炸极限1.5%～8.5%。

危险特性：与空气混合能形成爆炸性混合物，遇火星、高温有燃烧爆炸危险。与氧化剂接触会猛烈反应。气体比空气重，能沿低处扩散相当远，遇明火会回燃。

灭火剂：水、雾状水、二氧化碳、泡沫、干粉。

储运注意事项：储存于阴凉通风库房内，库温不宜超过30℃。远离火种、热源，防止阳光直射。应与氧气、压缩空气、卤素、氧化剂等分开存放。库房的照明、通风设施应采用防爆型，开关设在库外。搬运时轻装轻卸，防止钢瓶及附件损坏。

（2）氢

别名：氢气。

分子式：H_2。

理化性质：无色无臭气体。不溶于水、乙醇、乙醚。无毒、无腐蚀性。相对密度0.07（空气为1）。极易燃烧，燃烧时火焰呈蓝色。爆炸极限4.1%～74.1%。氢气、氧气混合燃烧火焰温度为2100～2500℃。用于合成氨和甲醇、石油精馏、有机物氢化及火箭燃料。

危险特性：氢气与空气混合能形成爆炸性混合物，爆炸极限范围较大，遇火星、高温能引起燃烧爆炸。它比空气轻，在室内使用或储存氢气，当有漏气时，氢气上升滞留屋顶，不易自然排出，遇到火星时会引起爆炸。与氟、氯、溴等卤素能发生剧烈的化学反应。

灭火剂：雾状水、泡沫、二氧化碳、干粉。灭火时要先切断气源，否则不许熄灭正在燃烧的气体。

储运注意事项：储存于阴凉通风库房内，库温不宜超过30℃。远离火种、热源，防止阳光直射。应与氧气、压缩空气、卤素、氧化剂等分开存放。库房的照明、通风设施应采用防爆型，开关设在库外。搬运时轻装轻卸，防止钢瓶及附件损坏。

（3）乙炔

别名：电石气。

分子式：C_2H_2。

理化性质：无色无味气体，大部分工业品含有硫化物、磷化物等杂质，使其有大蒜气味。微溶于水及乙醇，溶于氯仿、苯，极易溶于丙酮，12atm下一体积丙酮可溶解300体积乙炔。爆炸极限为2.1%～80%。相对密度0.91（空气为1）。是有机合成的重要原料之一，亦是合成橡胶、合成纤维和塑料的单体，也用于氧炔焊接和切割金属。

危险特性：极易燃烧爆炸，与空气或氧气形成爆炸性混合物，是各类危险气体中爆炸极限范围最宽的一种，也是各类危险物品中点火能量最小的（0.02MJ）。遇高温、明火有燃烧爆炸危险。与铜、汞、银反应形成爆炸性化合物。与氧化剂、氟和氯发生爆炸性反应。所以乙炔的燃烧爆炸危险性是很突出的。

灭火剂：雾状水、泡沫、二氧化碳、干粉。灭火时要先切断气源，否则不许熄灭正在燃烧的气体。

储运注意事项：储存于阴凉通风库房内，库温不宜超过30℃，远离火种、热源，防止阳光直射。应与氧气、压缩空气、卤素、氧化剂等分开存放。库房的照明、通风设施应采用防爆型，开关设在库外。搬运时轻装轻卸，防止钢瓶及附件损坏。

2. 不燃气体

常见的有氮、二氧化碳、氙、氩、氖、氨等。还包括助燃气体氧、压缩空气等。

（1）二氧化碳

别名：碳酸酐，干冰（固体）。

分子式：CO_2。

理化性质：无色无臭不燃的气体。正常大气中含有的体积分数为 0.03％。能溶于水及多数有机溶剂。相对密度 1.53（空气为1），1.56（水为1，-79℃）。容易液化和固化。临界温度 31℃。临界压力 7387kPa。

危险特性：受热后瓶内压力增大，有爆炸危险。高浓度时抑制或麻痹呼吸中枢，严重者可发生窒息导致休克或死亡。固态（干冰）和液态二氧化碳常压下迅速气化，大量吸热，能造成-43℃以下的低温，可致皮肤冻伤。

储运注意事项：储存于阴凉通风库房内，库温不宜超过 30℃。远离火种、热源，防止阳光直射。搬运时轻装轻卸，防止钢瓶及附件损坏。

（2）氧

别名：氧气。

分子式：O_2。

理化性质：无色无味助燃性气体，正常大气中含有的体积分数为 21％。相对密度 1.43（空气为1），熔点-218.40℃，沸点-183℃，饱和蒸气压 506.62kPa（-164℃），临界温度-118.4℃，临界压力 5080kPa。能被液化和固化。1L 液态氧为 1.14kg，在 200℃、101.3kPa 下能蒸发成 860L 氧气。

危险特性：是易燃物、可燃物燃烧爆炸的基本要素之一，能氧化大多数活性物质。与乙炔、氢、甲烷等易燃气体能形成爆炸性混合物。能使活性金属粉末、油脂剧烈氧化引起燃烧。常压下，吸入 40％以上氧时，可能发生氧中毒，长期吸入可发生眼损害甚至失明。

灭火剂：水。

储运注意事项：储存于阴凉通风库房内，库温不宜超过 30℃。远离火种、热源，防止阳光直射。与易燃气体、金属粉末分开存放。搬运时轻装轻卸，防止钢瓶及附件损坏。

3. 有毒气体

此类气体吸入后能引起人畜中毒，甚至死亡，有些还能燃烧。常见的有氯气、二氧化硫、氨气、氰化氢等。

（1）二氧化硫

别名：亚硫酸酐。

分子式：SO_2。

理化性质：无色气体或液体。具有窒息性，特臭。易溶于水、乙醇，与水及水蒸气作用生成有毒及腐蚀性的亚硫酸蒸气。能被氧化成三氧化硫。相对密度 1.43（水为1），2.26（空气为1），熔点-75.5℃，沸点-10℃，饱和蒸气压 338.42kPa（21.1℃）。用于制造硫酸、保险粉等。

危险特性：不燃。受热后瓶内压力增大，有爆炸危险。有毒，车间空气中最高容许浓度为 $15mg/m^3$，漏气可致附近人畜中毒。对眼和呼吸道黏膜有强烈刺激作用，大量吸入可引起肺水肿、喉水肿、声带痉挛而窒息。

灭火剂：雾状水、泡沫、二氧化碳。消防人员须戴防毒面具，穿防护服，在上风处灭火。

储运注意事项：储存于阴凉通风库房，库温不宜超过 30℃，远离火种、热源，防止阳光直射。应与其他类危险物品分开存放，特别要与易燃、易爆的危险物品分库房存放。搬运时轻装轻卸，防止钢瓶及附件损坏。平时要经常检查是否有漏气情况。运输按规定路线行驶，勿在居民区和人口稠密区停留。

（2）氯

别名：氯气。

分子式：Cl_2。

理化性质：黄绿色有刺激性气味的气体。常温下加压到 $608\sim811kPa$，或在常压下降温至 $-40\sim-35℃$ 可液化，液化后为黄绿色透明液体。易溶于水和碱溶液。相对密度 1.47（水为 1），2.48（空气为 1），沸点 $-34.5℃$，饱和蒸气压 $506.62kPa$（$10.3℃$）。用于漂白、制造氯化合物、盐酸、聚氯乙烯等。

危险特性：本身虽不燃，但有助燃性，一般可燃物大都能在氯气中燃烧。在日光下与易燃气体混合时会发生燃烧爆炸。几乎对金属和非金属都有腐蚀作用。有剧毒，车间空气中最高容许浓度为 $30mg/m^3$。大鼠吸入半数致死量（LC_{50}）为 $850mg/m^3$。气体对眼、呼吸道有刺激作用，严重时会使人畜中毒，甚至死亡。受热时瓶内压力增大，危险性增加。

灭火剂：泡沫、干粉。消防人员须戴防毒面具，穿防护服，在上风处灭火。

储运注意事项：储存于阴凉通风仓库内，库温不宜超过 $30℃$。应与易燃气体、金属粉末、氨分开储运。搬运时轻拿轻放，切勿损坏钢瓶及瓶阀。如钢瓶漏气严重无法修理，可浸入过量的石灰乳水中，以防人畜中毒。运输按规定路线行驶，勿在居民区和人口稠密区停留。

（3）氨

别名：氨气（液氨）。

分子式：NH_3。

理化性质：无色、有刺激性脓臭的气体，易溶于水、乙醇和乙醚，水溶液呈碱性。熔点 $-77.7℃$，沸点 $-33.5℃$，自燃点 $651℃$，爆炸极限 $15.7\%\sim27.4\%$，饱和蒸气压 $506.62kPa$（$4.7℃$）。容易加压液化成液氨，液化时放出大量的热，当压力减低时液氨则气化而同时吸收周围大量的热，故常用作冷冻机和制冰机的循环制冷剂。也用于制造铵盐、氮肥。

危险特性：受热后瓶内压力增大，有爆炸危险。空气中氨蒸气浓度达 $15.7\%\sim27.4\%$ 时，遇火星会引起燃烧爆炸，有油类存在时更增加燃烧危险。有毒，车间空气中最高容许浓度为 $30mg/m^3$。气体外溢对黏膜有刺激作用，高浓度可造成组织溶解坏死。液氨有腐蚀性，可灼伤皮肤。

灭火剂：雾状水、抗溶性泡沫、二氧化碳、沙土。消防人员须戴防毒面具，穿防护服，在上风处灭火。

储运注意事项：可放在阴凉通风库棚内，远离火种、热源，防止阳光直射。应与氟、氯、溴、碘及酸类物品分开存放。搬运时轻拿轻放，防止钢瓶及瓶阀受损，槽车运送时要灌装适量，不可超压超量运输。按规定路线行驶，中途不得停留。

四、易燃液体定义及特性

（一）易燃液体定义

本类化学品系指易燃的液体、液体混合物或含有固体物质的液体，但不包括由于其危险特性已列入其他类别的液体。其闭杯实验闪点等于或低于 $61℃$。

所谓闪点，即在规定条件下，可燃性液体加热到它的蒸气和空气组成的混合气体与火焰接触时，能产生闪燃的最低温度。闪点是表示易燃液体燃爆危险性的一个重要指标，闪点越低，燃爆危险性越大。

易燃液体是在常温下极易着火燃烧的液态物质，如汽油、乙醇、苯等。这类物质大都是有机化合物，其中很多属于石油化工产品。

(二) 易燃液体特性

1. 高度易燃性

易燃液体的主要特性是具有高度易燃性，其原因主要是：

（1）易燃液体几乎全部是有机化合物，分子组成中主要含有碳原子和氢原子，易和氧反应而燃烧。

（2）由于易燃液体的闪点低，其燃点也低（燃点一般高于闪点 $1\sim5℃$），因此易燃液体接触火源极易着火而持续燃烧。

2. 易爆性

易燃液体挥发性大，当盛放易燃液体的容器有某种破损或不密封时，挥发出来的易燃蒸气扩散到存放或运载该物品的库房或车厢的整个空间，与空气混合，当浓度达到一定范围，即达到爆炸极限时，遇明火或火花即能引起爆炸。

易燃和可燃的气体、液体蒸气、固体粉尘与空气混合后，遇火源能够引起燃烧爆炸的浓度范围称为爆炸极限，一般用该气体或蒸气在混合气体中的体积百分比（％）来表示，粉尘的爆炸极限用 mg/m^3 表示。能引起燃烧爆炸的最低浓度称为爆炸下限。能引起燃烧爆炸的最高浓度称为爆炸上限。当可燃气体或易燃液体的蒸气在空气中的浓度小于爆炸下限时，由于可燃物量不足，并因含有较多的空气，燃烧不会发生也就不会爆炸；当浓度大于爆炸上限时，则因空气量不足，燃烧不能发生，也不会爆炸。只有在上限与下限浓度范围内，遇到火种才会爆炸。因此，凡是爆炸极限范围越大，爆炸下限越低的物质，它的危险性就越大。

3. 高度流动扩散性

易燃液体的分子多为非极性分子，黏度一般都很小，不仅本身极易流动，还因渗透、浸润及毛细现象等作用，即使容器只有极细微裂纹，易燃液体也会渗出容器壁外，扩大其表面积，并源源不断地挥发，使空气中的易燃液体蒸气浓度增高，从而增加了燃烧爆炸的危险性。

4. 受热膨胀性

易燃液体的膨胀系数比较大，受热后体积容易膨胀，同时其蒸气压亦随之升高，从而使密封容器中内部压力增大，造成"鼓桶"，甚至爆裂，在容器爆裂时会产生火花而引起燃烧爆炸。因此，易燃液体应避热存放，灌装时容器内应留有 5％ 以上的空隙，不可灌满。

5. 忌与氧化剂和酸接触

易燃液体与氧化剂或有氧化性的酸类（特别是硝酸）接触，能发生剧烈反应而引起燃烧爆炸。这是因为易燃液体都是有机化合物，能与氧化剂发生氧化反应并产生大量的热，使温度升高到燃点引起燃烧爆炸。例如乙醇与氧化剂高锰酸钾接触会发生燃烧，与氧化性酸——硝酸接触也会发生燃烧，松节油遇硝酸立即燃烧。因此，易燃液体不得与氧化剂及有氧化性的酸类接触。

6. 毒性

大多数易燃液体及其蒸气均有不同程度的毒性，例如甲醇、苯、二硫化碳等。不但吸入其蒸气会中毒，有的经皮肤吸收也会造成中毒事故。应注意劳动防护。

(三) 易燃液体举例

按易燃液体闪点的高低分为低闪点液体、中闪点液体、高闪点液体三项。

1. 低闪点液体

闪点低于 -18℃ 的液体。例如汽油、乙硫醇、二乙胺、乙醚、丙酮等。

（1）汽油

分子式：$C_5H_{12}\sim C_{12}H_{26}$。

理化性质：无色或淡黄色易挥发液体，具有特殊的气味。不溶于水，易溶于苯、二硫化碳、醇等。相对密度 0.7～0.79（水为 1），3.5（空气为 1），沸点 40～200℃，闪点 −50℃，爆炸极限 1.3%～6%。

危险特性：易燃，其蒸气与空气可形成爆炸性混合物。遇明火、高热极易燃烧爆炸。与氧化剂能发生强烈反应。其蒸气比空气重，能沿低处扩散到相当远处，遇明火会引起回燃。

灭火剂：泡沫、干粉、二氧化碳。用水灭火无效。

储运注意事项：桶装储存于阴凉通风库房中，库温不宜超过 30℃，远离火种、热源，保持容器密封。须与氧化剂分开存放。库房的照明、通风等设施应采用防爆型，开关设在库外。桶装堆垛不可过大，应留有墙距、顶距、柱距及防火检查通道。用储罐储存时，要有防火、防爆技术措施。禁止使用易产生火花的机械设备和工具。灌装时应控制流速（不超过 3m/s），且有接地装置，防止静电积聚。

泄漏时应切断火源，撤离人员。小量泄漏时，可用砂土、蛭石等惰性材料吸收，在保证安全情况下，焚烧处理。大量泄漏时，应构筑围堤或挖坑收容，用泡沫覆盖避免大量挥发蒸气，用防爆泵转移至槽车或专用容器内，再行回收或处置。

（2）二乙胺

分子式：$(C_2H_5)_2NH$。

理化性质：无色液体，易挥发，具有氨臭。能溶于水、醇、醚，其水溶液呈碱性。相对密度 0.71（水为 1），凝固点 −38.9℃，沸点 55.5℃，闪点 −23℃，自燃点 312℃，爆炸极限 1.7%～10.1%，蒸气压 53.33kPa（38℃）。用于有机合成及作为环氧树脂固化剂。

危险特性：其蒸气与空气混合能成为爆炸性混合物。易燃，遇高温、明火、强氧化剂有引起燃烧的危险。其蒸气比空气重，能沿低处扩散相当远，遇明火会回燃。有毒，LD_{50} 为 540mg/kg。对眼、气管有刺激性。有腐蚀性，能腐蚀玻璃。

灭火剂：泡沫、干粉、二氧化碳、黄砂。用水灭火无效。

储运注意事项：储存于阴凉通风库房，远离火种、热源，库温不超过 30℃。与氧化剂、酸类隔离存放。夏季应早晚运输，防止日光曝晒。搬运时轻装轻卸，防止包装破损。本品触及皮肤应及时用水冲洗。

2. 中闪点液体

闪点在 −18～23℃ 的液体。例如无水乙醇、苯、甲苯、乙苯、乙酸乙酯、乙酰氯、丙烯腈、丙烯酸清漆、硝基清漆及磁漆等。

（1）甲基苯

别名：甲苯。

分子式：$C_6H_5CH_3$。

理化性质：无色液体，能与苯、醇和醚相混合，不溶于水。相对密度 0.87（水为 1），3.14（空气为 1），沸点 110.60℃，闪点 4℃，自燃点 535℃，爆炸极限 1.2%～7%。

危险特性：易燃，与空气混合能成为爆炸性混合物。遇到火种、高温、强氧化剂时有引起燃烧爆炸的危险。其蒸气比空气重，能沿低处扩散相当远，遇明火会回燃。对皮肤、黏膜有轻度的刺激作用，对中枢神经系统有麻醉作用。有低毒，车间空气中最高容许浓度 100mg/m³。

灭火剂：泡沫、干粉、二氧化碳、砂土。用水灭火无效。

储运注意事项：储存于阴凉通风库房内，库温不超过 30℃，远离火种、热源，防止阳光直射。应与氧化剂分开存放。桶装堆垛不可过高、过密或过大，应留有墙距、顶距、柱距及防火检查、消防施救必要的走道。切不可将整个库房堆成一个或两个大垛。搬运时轻装轻卸，防止包装破损。如是储罐存放，气温超过 30℃ 时要采取淋水降温。划出禁火区。机械设备要有防火防爆技术措施。管道阀门密封完好。灌装要控制流速（不超过 3m/s），同时要有良好的接地装置。

（2）丙烯腈（抑制了的）

别名：氰基乙烯。

分子式：CH_2CHCN。

理化性质：无色易燃液体，有刺激气味。微溶于水，易溶于一般有机溶剂。丙烯腈遇光和热能自行聚合，遇水能分解产生有毒气体。相对密度0.81（水为1）、1.83（空气为1），沸点77.3℃，闪点-5℃，自燃点480℃，爆炸极限2.8%～28%。

危险特性：其蒸气与空气混合能成为爆炸性混合物。遇火种、高温、氧化剂有燃烧爆炸的危险。遇强酸、强碱、胺类、溴反应猛烈。本品有毒，大鼠经口半数致死量（LD_{50}）为78mg/kg，车间空气允许浓度为2mg/m³。泄漏物能污染水体。

灭火剂：抗溶性泡沫、干粉、砂土。用水灭火无效。

储运注意事项：包装必须完整，防止接触空气和挥发出有毒蒸气。库温宜在30℃以下，通风要好，应远离火种及热源。不得与氧化剂、酸类、碱类、氨类混储混运。夏季运输要早晚进行。搬运时要轻，防止包装容器破损。桶装堆垛不可过大、过密，应留有墙距、顶距、柱距及防火检查、消防施救的必要走道。

3. 高闪点液体

闪点在23～61℃的液体。例如二甲苯、氯苯、正丁醇、环己酮、糠醛、松节油、醇酸清漆、环氧清漆等。

（1）二甲苯。

别名：邻二甲苯。

分子式：$C_6H_4(CH_3)_2$。

理化性质：无色透明液体，有类似甲苯的臭味。相对密度0.88（水为1）、3.66（空气为1），凝固点-25.5℃，沸点144.4℃，闪点30℃，自燃点463℃，爆炸极限1%～7%。用作溶剂和涂料生产。

危险特性：易燃。其蒸气能与空气形成爆炸性混合物。遇热、明火、强氧化剂有引起燃烧爆炸的危险。其蒸气比空气重，能沿低处扩散相当远，遇明火会回燃。有麻醉性，有毒，车间空气中容许浓度为100mg/m³。生产上常为邻位、间位、对位三种二甲苯的混合物，其危险性可参照本品。

灭火剂：泡沫、干粉、二氧化碳、砂土。

储运注意事项：基本同甲苯。

（2）正丁醇

分子式：$CH_3(CH_2)_2OH$。

理化性质：无色透明液体。易燃，易挥发。微溶于水，能溶于酒精、醚及大多数有机溶剂。能溶解生物碱、樟脑、树胶、树脂。相对密度0.81（水为1）、2.55（空气为1），闪点35℃，自燃点340℃，爆炸极限1.4%～11.2%。用于制取酯类、塑料增塑剂、医药、油漆及作为溶剂。

危险特性：易燃。其蒸气能与空气形成爆炸性混合物。遇明火、高温、强氧化剂有燃烧危险。有毒，车间空气中最大容许浓度为200mg/m³。

灭火剂：泡沫、二氧化碳、干粉、雾状水、砂土。

五、易燃固体、自燃物品和遇湿易燃物品定义及特性

（一）易燃固体

1. 易燃固体定义

易燃固体系指燃点低，对热、撞击、摩擦敏感，易被外部火源点燃，燃烧迅速，并可能

散发出有毒烟雾或有毒气体的固体，但不包括已列入爆炸品的物品。

2. 易燃固体特性

（1）易燃固体的主要特性是容易被氧化，受热易分解或升华，遇火种、热源常会引起强烈、连续的燃烧。

（2）易燃固体与氧化剂接触，反应剧烈而发生燃烧爆炸。例如：赤磷与氯酸钾接触，硫黄粉与氯酸钾或过氧化钠接触，均易立即发生燃烧爆炸。

（3）易燃固体对摩擦、撞击、震动也很敏感。例如：赤磷、闪光粉等受摩擦、震动、撞击等也能起火燃烧甚至爆炸。

（4）有些易燃固体与酸类（特别是氧化性酸）反应剧烈，会发生燃烧爆炸。例如：发泡剂 H 与酸或酸雾接触会迅速着火燃烧，萘遇浓硝酸（特别是发烟硝酸）反应猛烈会发生爆炸。

（5）许多易燃固体有毒，或燃烧产物有毒或有腐蚀性。例如：二硝基苯、二硝基苯酚、硫黄、五硫化二磷等。

3. 易燃固体举例

（1）二硝基萘

分子式：$C_{10}H_6(NO_2)$。

理化性质：黄色结晶。不溶于水，溶于丙酮、苯、二甲苯。自燃点 318℃。

危险特性：遇明火、高温或接触氧化剂有引起燃烧爆炸的危险。

灭火剂：二氧化碳、砂土、雾状水、泡沫。

（2）红磷

别名：赤磷。

分子式：P_4。

理化性质：紫红色粉末，无臭，无毒。在暗处不发磷光。微溶于无水酒精，不溶于水、二硫化碳。相对密度 2.20（水为 1），自燃点 260℃。用于制造火柴、农药及有机合成。

危险特性：遇热、火种、摩擦、撞击或溴、氯气及氧化剂都有引起燃烧的危险。与氯酸钾混合后，即使在含水分的情况下，稍经摩擦或撞击也会燃烧爆炸，燃烧时放出有毒的刺激性烟雾。

灭火剂：冒烟及初起火苗时用黄砂、干粉、石粉，大火时用水。但应注意水的流向以及赤磷散失后的场地处理，防止复燃。

储运注意事项：储存于阴凉、干燥的库房内，应专库专储。与酸类、氟、氯、溴等氧化剂分开存放。远离火种、热源，防止日光曝晒。搬运时应轻拿轻放，禁止震动、撞击、摩擦，保持包装完整。

（二）自燃物品

1. 自燃物品定义

自燃物品系指自燃点低，在空气中易发生氧化反应，放出热量，而自行燃烧的物品。

2. 自燃物品特性

（1）极易氧化　自燃物品多具有容易氧化、分解的性质，且燃点较低。在未发生自燃前，一般都经过缓慢的氧化过程，同时产生一定热量，当产生的热量越来越多，积热使温度达到该物质的自燃点时便会自发的着火燃烧。自燃物品接触氧化剂和其他氧化性物质反应更加剧烈，甚至发生爆炸。所以此类物品的包装必须保证密闭，充氮气保护或根据其特性用液封密闭，如黄磷须存放于水中等。

（2）易分解　某些自燃物品的化学性质很不稳定，在空气中会自行分解，积蓄的分解热使该物质温度上升，当达到自燃点时即会引起燃烧。如硝化纤维的胶片、废影片、X射线片等，由于自身含有硝酸根，化学性质很不稳定。在常温下会缓慢分解，当堆积在一起或仓库不通风，分解反应产生的热量无法散失，放出的热量越积越多，便会自动升温达到其自燃点而着火，火焰温度可达1200℃。

3. 自燃物品举例

（1）连二亚硫酸钠

别名：保险粉；低亚硫酸钠。

分子式：$Na_2S_2O_4 \cdot 2H_2O$。

理化性质：白色砂状结晶或淡黄色粉末。能溶于冷水，在热水中分解，不溶于乙醇。其水溶液性质不安定，有极强的还原性。暴露于空气中易吸收氧气而氧化，同时也易吸收潮气而发热变质。用作印染工业的还原剂，丝、毛的漂白，还用于医药、选矿、硫脲及硫化物合成等。

危险特性：250℃时能自燃。有极强的还原性，遇氧化剂、水、酸类、有机物能发热而引起冒黄烟燃烧甚至爆炸，本品亦属遇湿易燃物品。

灭火剂：干砂、干粉、二氧化碳。禁止用水灭火。

储运注意事项：储存于干燥、阴凉通风的库房内，注意库房开关窗户，要防止温度、湿度变化。应与氧化剂、潮湿物质、酸类、易燃物品分库房存放。包装要完好密封，防止吸潮，以免变质、结块、发热。雨天不可运输。

（2）黄磷

别名：白磷。

分子式：P_4。

理化性质：纯品为无色蜡状固体，受光和空气氧化后表面变为淡黄色。在黑暗中可见到淡绿色磷光。低温时发脆，随温度上升而变柔软。不溶于水，稍溶于苯、氯仿，易溶于二硫化碳。相对密度1.82（水为1），熔点44.1℃，沸点280℃，自燃点30℃。用于特种火柴、磷酸、磷酸盐、农药、信号弹等的制造。

危险特性：剧毒，大鼠经口半数致死量（LD_{50}）3.03mg/kg，车间空气中最高容许浓度0.03mg/m³。在空气中会冒白烟燃烧。受撞击、摩擦或与氯酸钾等氧化剂接触能立即燃烧甚至爆炸。

灭火剂：雾状水、砂土（火熄灭后应仔细检查现场，将剩下的黄磷移入水中，防止复燃）。

储运注意事项：黄磷应保存在水中，且必须浸没在水下以隔绝空气。远离火种、热源。禁止与氧化剂、强酸、卤素、硫黄等混储混运。库温应保持在28℃以下，同时经常检查库温及包装情况，防止水漏失。搬运时轻拿轻放，防止包装破损。

（三）遇湿易燃物品

1. 遇湿易燃物品定义

遇湿易燃物品系指遇水或受潮时，发生剧烈化学反应，放出大量易燃气体和热量的物品。有的不需明火，即能燃烧或爆炸。

2. 遇湿易燃物品特性

（1）与水或潮湿空气中的水分能发生剧烈化学反应，放出易燃气体和热量。例如：

$$2K + 2H_2O \Longrightarrow 2KOH + H_2\uparrow + 热量$$

$$CaC_2 + 2H_2O \Longrightarrow Ca(OH)_2 + CH\equiv CH\uparrow + 热量$$

即使当时不发生燃烧爆炸，但放出的易燃气体积集在容器或室内与空气亦会形成爆炸性混合物而导致危险。

（2）与酸反应比与水反应更加剧烈，极易引起燃烧爆炸。例如：

$$NaH + HCl == NaCl + H_2\uparrow + 热量$$

（3）有些遇湿易燃物品本身易燃或放置在易燃的液体中（如金属钾、钠等均浸没在煤油中保存以隔绝空气），它们遇火种、热源也有很大的危险。

此外，一些遇湿易燃物品还具有腐蚀性或毒性，如硼氢类化合物有剧毒，应当引起注意。

3. 遇湿易燃物品举例

① 碳化钙。

别名：电石

分子式：CaC_2

理化性质：黄褐色或黑色硬块，其结晶断面为紫色或灰色。相对密度 2.22（水为 1）。暴露于空气中极易吸潮而失去光泽变为灰色，放出乙炔气而变质失效。用于产生乙炔气，也用于有机合成、氧炔焊接等。

危险特性：与水作用而分解出乙炔气，因本品往往含有磷、硫等杂质，与水作用也会放出磷化氢和硫化氢，当磷化氢含量超过 0.08%，硫化氢含量超过 0.15% 时，容易引起自燃爆炸。乙炔气与银、铜等金属接触能生成敏感度高的爆炸性物质。乙炔气与氟、氯等气体和酸类接触发生剧烈反应，能引起燃烧爆炸。

灭火剂：干粉、干石粉、干黄砂。严禁用水和泡沫灭火。

储运注意事项：储存在干燥的库房内，库房不允许漏水，平时开关门窗要注意防止潮湿空气进入库内，包装要密封并应远离潮湿物质，与酸类隔离。不可与易燃物品混储混运，最好专库专储。不得与灭火方法相抵触的物质同库储存。雨天禁止运输。在运输中受到撞击、震动、摩擦或遇火星极易引起爆炸。不宜用小船装运。

② 三氯硅烷

别名：硅仿、硅氯仿

分子式：$SiHCl_3$

理化性质：无色液体，极易挥发。遇水分解。溶于苯、醚等。相对密度 1.37（水为 1）、4.7（空气为 1），沸点 31.8℃，闪点 -13.9℃，蒸气压 53.33kPa（14.5℃）。用于制造硅酮化合物。

危险特性：有毒，车间空气中最高容许浓度 $3mg/m^3$。遇明火强烈燃烧，受热分解放出含氯化物的有毒烟雾。遇水或水蒸气能产生热和有毒的腐蚀性烟雾。能与氧化剂起反应，有燃烧危险。

灭火剂：干石粉、干砂。禁止用水、泡沫、二氧化碳、酸碱灭火剂。

储运注意事项：包装必须密封，储存于阴凉干燥库房内，库温不超过 25℃，远离火种、热源，避光保存。应与氧化剂、碱类、酸类分库房存放。搬运时轻装轻卸，防止包装破损。

六、氧化剂和有机过氧化物定义及特性

（一）氧化剂和有机过氧化物定义

氧化剂系指处于高氧化态，具有强氧化性，易分解并放出氧和热量的物质。包括含有过氧基的无机物，其本身不一定可燃，但能导致可燃物的燃烧，与松软的粉末状可燃物能组成爆炸性混合物，对热、振动或摩擦较敏感。

有机过氧化物系指分子组成中含有过氧基的有机物，其本身易燃易爆，极易分解，对热、振动或摩擦极为敏感。化学上把有电子转移的反应叫做氧化还原反应。在反应过程中，

能获得电子的物质称为氧化剂；失去电子的物质称为还原剂。氧化剂具有较强的获得电子的能力，有较强的氧化性能，遇酸、碱、高温、振动、摩擦、撞击、受潮或与易燃物品、还原剂等接触能迅速分解，有引起燃烧、爆炸的危险。

（二）氧化剂和有机过氧化物特性

1. 强烈的氧化性

氧化剂多为碱金属、碱土金属的盐或过氧化基所组成的化合物。其特点是氧化价态高，易分解，有极强的氧化性；本身不燃烧，但与可燃物作用能发生着火和爆炸。如无机过氧化物均含有过氧基（—O—O—），很不稳定，易分解放出原子氧，其他氧化剂则分别含有高价态的氯、溴、氮、硫、锰、铬等元素，这些高价态的元素都有较强的获得电子的能力。因此当氧化剂遇到易燃物品、可燃物品、有机物、还原剂等会发生剧烈化学反应引起燃烧爆炸。

2. 易分解性

氧化剂遇高温易分解放出氧和热量，极易引起燃烧爆炸。特别是有机过氧化物分子组成中的过氧基很不稳定，易分解放出原子氧，而且有机过氧化物本身就是可燃物，易着火燃烧，受热分解的生成物均为气体，更易引起爆炸。所以，有机过氧化物比无机氧化物有更大的火灾爆炸危险。

3. 对摩擦、振动的极敏感性

许多氧化剂如氯酸盐类、硝酸盐类、有机过氧化物等对摩擦、振动、撞击极为敏感。因此在储运中要做到轻装轻卸，在车上要捆紧扎实，车辆在行驶中应避免振动、碰撞，以免发生爆炸的危险。

4. 与酸反应剧烈

大多数氧化剂，特别是碱性氧化剂，遇酸反应剧烈，甚至发生爆炸。如过氧化钠（钾）、氯酸钾、高锰酸钾、过氧化二苯甲酰等，遇硫酸立即发生爆炸。这些氧化剂不得与酸类接触，也不可用酸碱灭火剂灭火。

5. 与水作用分解性

有些氧化剂，特别是活泼金属的过氧化物如过氧化钠（钾）等，遇水分解放出氧气和热量，有助燃作用，能使可燃物燃烧，甚至爆炸。此外，次氯酸钙吸水后，不仅能放出原子氧，还能放出大量氯；高锰酸锌吸水后形成液体，接触纸张、棉花等有机物能立即引起燃烧。所以，这类氧化剂在储运中，要严密包装，防止受潮、雨淋。着火时禁止用水扑救，也不能用二氧化碳扑灭。

6. 毒害性和腐蚀性

有些氧化剂本身具有不同程度的毒性和腐蚀性。例如铬酸酐、重铬酸盐等既有毒性，又会烧伤皮肤；活性金属的过氧化物有较强的腐蚀性。操作时要做好个人防护。

7. 复分解反应

有些氧化剂与其他氧化剂接触后能发生复分解反应，放出大量热而引起燃烧爆炸。如亚硝酸盐、次亚氯酸盐等遇到比它们强的氧化剂时显示还原性，发生剧烈反应而导致危险。所以，各种氧化剂不可以任意混储混运。

8. 腐蚀性与毒害性

绝大多数氧化剂都具有一定的腐蚀性和毒害性，能毒害人体，烧伤皮肤。如二氧化铬既有毒害性又有腐蚀性，故储运这类物品时应特别注意安全防护。

（三）氧化剂和有机过氧化物举例

氧化剂按化学组成分为氧化剂和有机过氧化物两项。

1. 氧化剂

主要有以下几类化合物：过氧化物，如过氧化钠、过氧化氢等；氯的高价含氧酸及其盐，如高氯酸、高氯酸钾、氯酸钾等；硝酸盐，如硝酸钾、硝酸铵等；高锰酸盐，如高锰酸钾、高锰酸钠等；过氧酸盐类，如过硫酸铵、过硼酸钠等；高价金属盐类，如重铬酸钠等；高价金属氧化物，如三氧化铬、二氧化铅等。

（1）过氧化钠

别名：双氧化钠，二氧化钠

分子式：Na_2O_2

理化性质：米黄色粉末或颗粒，加热后则变为黄色，有吸湿性。露置在空气中能吸收水分，放出氧气。遇水发生强烈反应，生成氢氧化钠及过氧化氢，后者会很快分解成水和氧，并放出大量的热。本品有较强的腐蚀性和氧化性。相对密度 2.80（水为 1），熔点 460℃（分解）。主要用于医药、印染、漂白及分析试剂。

危险特性：是强氧化剂。与有机物、易燃物如硫、磷等接触能引起燃烧，甚至爆炸。与水起剧烈反应，产生高温，量大时能发生爆炸。有较强的腐蚀性。

灭火剂：干砂、干土、干石粉。禁止用水、二氧化碳、泡沫灭火。

储运注意事项：包装必须完整密封，不得露天存放。库房要干燥，相对湿度 75% 以下。与有机物、还原剂、易燃物如硫、磷等应严格分开存放，切勿混储混运。雨天不宜搬运，防止受潮。搬运时应轻装轻卸，保持包装完整。泄漏物应收集于密闭容器，进行处理。

（2）过氧化氢溶液（40% 以下）

别名：双氧水

分子式：H_2O_2

理化性质：纯过氧化氢是无色黏稠液体，易分解放出氧气和热量，是强氧化剂。市售商品一般都是它的水溶液，含量为 27.5%、35% 两种，相对密度 1.11～1.13（水为 1），沸点 106～108℃，凝固点 -32.8～-26℃，均系无色透明液体。医用消毒多为 3% 溶液。主要用于漂白、作医药和分析试剂。

危险特性：受热或遇有机物易分解放出氧气，加热到 100℃ 则剧烈分解。遇铬酸酐、高锰酸钾、金属粉末会起剧烈作用，甚至爆炸。对皮肤和呼吸道有刺激作用。本品触及皮肤会使皮肤发白并感到疼痛，可用水冲洗后涂擦甘油或酒精。

灭火剂：水、雾状水、黄砂、二氧化碳。（火灾后被抢救下来的双氧水，必须在包装外面用雾状水淋过，才能重新进入仓库，以防包装外面沾有双氧水及有机物而重新燃烧起来）。

储运注意事项：储存于阴凉清洁的库房内，远离热源，防止阳光直射，库温不超过 30℃。夏季宜早晚运输。应与有机物、铬酸酐、高锰酸钾、金属粉末隔离存放。搬运时轻装轻卸，防止包装破损。泄漏物可用大量水冲洗稀释后放入废水系统。

2. 有机过氧化物

这类物品是分子组成中含有过氧基（—O—O—）的有机物，其本身易燃易爆，易分解，对热、振动、摩擦极为敏感。

（1）过乙酸（含量≤43%）

别名：过醋酸；过氧乙酸

分子式：CH_3COOOH

理化性质：无色液体。有强烈刺激性气味。易溶于水、乙醇、乙醚、硫酸。相对密度 1.15（水为 1），熔点 0.1℃，沸点 105℃，闪点 41℃。一般商品为 35% 和 18%～23% 这两种过氧乙酸溶液。用于漂白、作消毒剂、催化剂、氧化剂及环氧化作用。

危险特性：纯的过氧乙酸极不稳定，在 -20℃ 时也会爆炸。浓度大于 45% 就具有爆炸性。有金属离子存在，或与还原剂、促进剂、有机物、可燃物接触，有引起燃烧爆炸的危险。性质不稳定，在存放过程中逐渐分解，放出氧气。易燃，加热至100℃时即猛烈分解，遇火源可燃烧爆炸。有强腐蚀性。

灭火剂：雾状水、二氧化碳、泡沫。

储运注意事项：40%以下的过氧乙酸可储放在不超过30℃的库房内，最好放在0℃左右的冷库中。远离火种及热源，避光保存。应与还原剂、氨类、碱类、易燃物、硫、磷等分库房存放。搬运时应轻装轻卸，保持包装完整，防止灰尘落入加速分解。不宜久储。泄漏物用大量水冲洗稀释。

（2）过氧化十二酰（工业纯）

别名：过氧化月桂酰；引发剂B

分子式：$(C_{11}H_{23}CO)_2O_2$

理化性质：白色细粉。稍有异臭。不溶于水，微溶于醇类，能溶于油和多数有机溶剂。分解温度为70～80℃，常温下稳定。干燥品受热易爆炸。熔点53～55℃。

危险特性：受热、撞击有引起燃烧爆炸的危险。与还原剂及硫、磷等混合，能成为爆炸性混合物。

灭火剂：雾状水、砂土、二氧化碳。

储运注意事项：储存于阴凉通风库房内，并须远离火种及热源，库温不宜超过30℃。应与有机物、还原剂、易燃物、硫、磷等分库房存放。搬运时应轻装轻卸，严禁震动、撞击。保持包装完整。

七、有毒品定义及特性

（一）有毒品定义

有毒类化学品系指进入肌体后，累积达一定的量，能与体液和器官组织发生生物化学作用或生物物理学作用，扰乱或破坏肌体的正常生理功能，引起某些器官和系统暂时性或持久性的病理改变，甚至危及生命的物品。大鼠经口摄取半数致死量：固体 $LD_{50} \leqslant 500mg/kg$，液体 $LD_{50} \leqslant 2000\ mg/kg$，经皮肤接触24h，半数致死量 $LD_{50} \leqslant 1000\ mg/kg$；粉尘、烟雾及蒸气吸入半数致死量 $LD_{50} \leqslant 10\ mg/L$ 的固体或液体。不同有毒品的毒性大小是各不相同的。有毒品的毒性通常分急性毒性和慢性毒性两个方面。

急性毒性是指一定量的毒物一次对动物所产生的毒害作用。急性毒性的大小，常用"半数致死量"（LD_{50}）来表示。它的含义是指能使一组被实验的动物（家兔、白鼠等）死亡50%的剂量，其单位为 mg/kg（体重）。例如：剧毒品氰化钠的大鼠经口半数致死量（LD_{50}）为 6.4mg/kg。有毒品的半数致死量越小，说明它的急性毒性越大。但是，不能仅根据半数致死量的数值来判断有毒品慢性毒性的大小。因为某些有毒品，尽管其半数致死量的数值较大（即急性毒性较低），但小量长期摄入时，因其有积蓄作用等因素，表现为慢性毒性较高。列入《危险货物品名表》（GB 12268—2012）的农药也都属有毒品。

（二）有毒品分项

有毒品分为剧毒品和毒害品两项。

2001年世界卫生组织、国际劳工组织、联合国环境规划署等七家联合国机构，联合推出并推荐《化学品分类和标签全球协调系统》（GHS），其中列出毒性化学品的毒性分级标准。

1. 剧毒品

具有非常剧烈毒性危害、食入致死的化学品。包括人工合成的化学品及其混合物（含农药）和天然毒素。

判定界限采用 GHS 中的二级毒性指标：大鼠实验，经口 $LD_{50} \leqslant 50mg/kg$，经皮 $LD_{50} \leqslant 200mg/kg$，吸入 $LD_{50} \leqslant 500\mu g/kg$（气体）或 $2.0mg/L$（蒸气）或 $0.5mg/L$（尘、雾）。

2. 毒害品

危险化学品分类第 6 类有毒品中除剧毒品以外的均为毒害品。有毒品的品种很多，按化学组成又可分为无机和有机两类。

（三）有毒品特性

毒害品的毒害性大小是由多种因素所决定，主要影响因素有以下几个。

1. 化学组成和化学结构

这是决定物品毒害性的根本因素，其影响因素如下所示。

（1）有机化合物的饱和程度，如乙炔的毒性大于乙烯，乙烯的毒性比乙烷大等。

（2）分子上烃基的碳原子数，如甲基内吸磷比乙基内吸磷的毒性小 50%。

（3）硝基化合物中硝基的多少，硝基增加而毒性增强，若将卤原子引入硝基化合物中其毒性随着卤原子的增加而增强。

（4）硝基在苯环上的位置（间、对、邻）不同，其毒性大小相差很多。

2. 多数溶解性毒害品的水溶性或脂溶性较大

毒害品在水中溶解度越大，其毒性越大。因为易溶于水的物品，更易被人体吸收而引起中毒。如氯化钡易溶于水，对人体危害大；而硫酸钡不溶于水和脂肪，故无毒。但有的毒害品虽不溶于水但可溶于脂肪，这类物质对人体易产生一定毒害。

3. 挥发性毒害品的挥发速度越快，越容易引起中毒

一般沸点越低的物质，挥发性越强，空气中存在的浓度越高，越易发生中毒。环境气温越高则挥发性毒物的蒸发越快，使空气中的浓度增大，易引起中毒。

4. 分散性

固体毒物的颗粒越小，分散性越大，特别是一些能悬浮于空气中的毒物颗粒，很易吸入肺泡中被吸收而引起中毒。颗粒细小的有毒粉尘易穿透不严密的包装物而扩散到空气中，尤其包装稍有破损时更易扩散，被吸入而引起中毒。

（四）毒害品举例

（1）氰化钠

别名：山奈；山奈钠。

分子式：NaCN。

理化性质：白色粉末状结晶，通常加工成煤球形、丸状或块状。易溶于水，水溶液呈碱性。稍溶于乙醇、乙醚、苯。有潮解性，并有腐蚀性。相对密度 1.60（水为 1）。用于提炼金、银等贵金属，电镀和淬火，也用于做塑料、农药、医药、染料等有机合成工业。

危险特性：剧毒，易经皮肤吸收中毒，接触皮肤伤口极易侵入人体而造成死亡。大鼠经口半数致死量（LD_{50}）为 $6.4mg/kg$。车间空气中最高容许浓度（以氰化氢计算）为 $0.3mg/m^3$。本身不会燃烧，但遇潮湿空气或与酸类接触则会放出剧毒、易燃的氰化氢气体，与硝酸盐、亚硝酸盐、氯酸盐反应强烈，有发生爆炸的危险。

灭火剂：干粉、砂土。禁用酸碱和二氧化碳灭火剂。消防人员应戴防毒面具，穿全身消防服。

储运注意事项：容器必须密封，宜专仓专储，按"五双"管理制度管理。切忌与酸类混储混运。应远离食用物资、百货及易燃物品。搬运工人除应戴防护用具外，在操作过程中或操作结束后未经清洗手脸不准进食。散失品应尽可能收集以减少中毒因素。如无法收集时，

可用漂白粉加 15 倍水调成浆状后（要保持碱性或中性）进行清洗分解处理。也可用硫酸亚铁反应成相对无毒的亚铁氰化物。

（2）三氧化二砷

别名：砒霜；亚砷酸酐；白砒。

分子式：As_2O_3。

理化性质：无臭、无味的白色粉末。微溶于水，溶于乙醇、酸类、碱类及甘油。相对密度 3.86（水为 1）。用于玻璃、搪瓷、颜料工业和杀虫剂、皮革保存剂等。

危险特性：剧毒，大鼠经口半数致死量（LD_{50}）为 14.6mg/kg。车间空气最高容许浓度为 0.3mg/m³。本品虽不会燃烧，但一旦发生火灾时，由于 193℃时开始升华，会产生剧毒气体。

灭火剂：水、干粉、砂土。

储运注意事项：容器必须密封，宜专库专储于干燥清洁的库房内，远离热源，按"五双"管理制度管理。应与食品添加剂、酸、碱类物资分开存放。搬运时轻装轻卸，防止包装损坏和粉尘飞扬。工人除应戴防护用具外，在操作过程中或操作结束后未经清洗手脸不准进食。散失品应尽可能收集利用，减少中毒因素。一旦发生火灾，消防人员应戴防毒面具。

（3）四乙基铅

分子式：$Pb(C_2H_5)_4$。

理化性质：无色油状液体，有香味。能溶于有机溶剂，不溶于水、稀酸和稀碱液。室温时缓慢分解，125℃以上迅速分解。相对密度 1.66（水为 1），闪点 93.3℃。用作汽油抗震添加剂、提高辛烷值及用于有机合成。现推广无铅汽油，汽油中已不使用。

危险特性：剧毒，易被皮肤吸收，车间空气中最高容许浓度 0.1mg/m³。大鼠经口半数致死量（LD_{50}）12.3mg/kg，可燃，遇明火、高温有燃烧危险，受热分解放出有毒气体。遇氧化剂反应剧烈。

灭火剂：雾状水、泡沫、二氧化碳、砂土。

储运注意事项：储存于阴凉通风库房，远离火种、热源，应与食品添加剂、酸类、氧化剂分开储存和运输。泄漏物不许排入下水道，可用砂土、石灰吸附后收集处理。

（4）氯化钡

分子式：$BaCl_2 \cdot 2H_2O$。

理化性质：无色无臭片状透明结晶。溶于水，不溶于醇、丙酮。加热至 113℃失去结晶水。相对密度 3.1（结晶），3.86（无水物）。用于钡盐制造、人造丝的消光剂及色淀颜料制造，也用作杀虫剂。

危险特性：本品有毒，大鼠经口半数致死量（LD_{50}）150mg/kg。

储运注意事项：储存于干燥库房。与食用化工原料分开存放。

（5）四氧化三铅

别名：红丹、锚丹。

分子式：Pb_3O_4。

理化性质：橘红色粉末或块状固体。不溶于水，溶于热碱溶液和稀硝酸、醋酸、盐酸。有氧化性。500℃以上分解。相对密度 9.1（水为 1）。用作防锈颜料，有机合成的氧化剂，蓄电池原料。

危险特性：有毒，车间空气中最高容许浓度为 0.03mg/m³。不燃，受热分解产生有毒气体。

储运注意事项：储存于干燥库房。与食用化工原料、酸类、还原剂分开储运。

（6）乙二酸

别名：草酸。

分子式：$(COOH)_2 \cdot 2H_2O$。

理化性质：稍溶于冷水，易溶于热水、酒精，微溶于醚，不溶于苯。在干燥空气中或加热会失去结晶水变为白色粉末。是有机强酸，具有还原性。相对密度 1.653（水为 1），熔点 101℃（水合物），189℃（无水）。用于金属表面清洗和处理、稀土元素提取、纺织印染、皮革加工、催化剂制备等。

危险特性：有毒，车间空气容许浓度 $1mg/m^3$。大鼠经口半数致死量（LD_{50}）$1.0g/kg$。不易燃烧。

储运注意事项：储存于干燥库房，应与食用原料及氧化剂、碱类隔离。

（7）四氯乙烯

别名：全氯乙烯。

分子式：C_2Cl_4。

理化性质：无色液体，有氯仿样气味。性质稳定，不溶于水，能与乙醇、乙醚混溶。相对密度 1.63（水为 1），熔点 −22.20℃，沸点 121.2℃。用作溶剂。

危险特性：有毒，车间空气最高容许浓度 $200mg/m^3$，大鼠经口半数致死量（LD_{50}）为 $3005mg/kg$。对眼、皮肤有刺激性，遇热能分解出有毒的氯化氢和光气。

灭火剂：雾状水、泡沫、二氧化碳、砂土。

储运注意事项：储存于阴凉通风库房。远离火种、热源。与氧化剂、食用物质隔离存放。

八、放射性物品定义及特性

（一）放射性物品定义

放射性物品类化学品系指放射性比活度大于 $7.4 \times 10^4 Bq/kg$ 的物品。

（二）放射性物品特性

1. 放射性

放射性物品能自发、不间断地放出人们感觉器官觉察不到的射线。放射性物质放出的射线分为四种：α 射线，也叫甲种射线；β 射线，也叫乙种射线；γ 射线，也叫丙种射线；还有中子流。但是各种放射性物品放出的射线种类和强度是不尽一致的。如果上述射线从人体外部照射时，β 射线、γ 射线和中子流对人的危害很大，达到一定剂量致使人患放射病，甚至死亡。如果放射性物质进入体内时，则 α 射线的危害最大。所以要严防放射性物品对人体的危害。

2. 毒害性

许多放射性物品的毒害性很大。如钋 210、镭 228、钍 230 等都是剧毒的放射性物品；钠 22、钴 60、碘 131、铅 210 等均为高毒的放射性物品。

3. 可屏蔽性

放射性物品不能用化学方法中和或者其他方法使它不放出射线，但可以用适当的材料予以吸收屏蔽其射线，防止其对人体的危害。

（三）放射性物品举例

1. 按物理形态

（1）固体放射性物品：如钴 60、独居石等；

（2）粉末状放射性物品：如夜光粉、铈钠复盐等；

（3）液体放射性物品：如发光剂、医用同位素制剂磷酸二氢钠等；

（4）晶粒状放射性物品：如硝酸钍等；

（5）气体放射性物品：如氪 85、氩 41 等。

2. 按放出的射线类型

（1）放出 α、β、γ 射线的放射性物品：如镭 226；

（2）放出 α、β 射线的放射性物品：如天然铀；

（3）放出 β、γ 射线的放射性物品：如钴 60。

3. 按放射性大小

分为一级放射性物品、二级放射性物品、三级放射性物品。

九、腐蚀品定义及特性

（一）腐蚀品定义

腐蚀品类化学品系指能灼伤人体组织并对金属等物品造成损坏的固体或液体。与皮肤接触在 4h 内出现可见坏死现象，或温度在 55℃时，对 20 钢的表面均匀年腐蚀率超过 6.25mm/a 的固体或液体。其主要品类是酸类和碱类。

（三）腐蚀品分项

腐蚀品分为酸性腐蚀品、碱性腐蚀品、其他腐蚀品三项。

1. 酸性腐蚀品

酸性腐蚀品危险性较大，它能使动物皮肤受腐蚀，它也腐蚀金属。其中强酸可使皮肤立即出现坏死现象。这类物品主要包括各种强酸和遇水能生成强酸的物质，常见的有硝酸、硫酸、盐酸、五氯化磷、二氯化硫、磷酸、甲酸、氯乙酰氯、冰醋酸、氯磺酸、溴素等。

2. 碱性腐蚀品

碱性腐蚀品危险性较大。其中强碱易起皂化作用，故易腐蚀皮肤，可使动物皮肤很快出现可见坏死现象。本类腐蚀品常见的有氢氧化钠、硫化钠、乙醇钠、二乙醇胺、二环己胺、水合肼等。

（三）腐蚀品特性

1. 强烈的腐蚀性

（1）对人体有腐蚀作用，造成化学灼伤。腐蚀品使人体细胞受到破坏所形成的化学灼伤，与火烧伤、烫伤不同。化学灼伤在开始时往往不太痛，当发觉时，部分组织已经灼伤坏死，所以较难治愈。

（2）对金属有腐蚀作用。腐蚀品中的酸和碱甚至盐类都能引起金属不同程度的腐蚀。

（3）对有机物质有腐蚀作用。能和布匹、木材、纸张、皮革等发生化学反应，使其遭受腐蚀损坏。

（4）对建筑物有腐蚀作用。如酸性腐蚀品能腐蚀库房的水泥地面，而氢氟酸能腐蚀玻璃。

腐蚀品之所以具有强烈的腐蚀性，其基本原因主要是由于这类物品具有酸性、或碱性、或氧化性、或吸水性等所致。例如：

盐酸、稀硫酸等强酸能和钢铁反应，从而使钢铁制品遭受腐蚀。

$$2HCl + Fe \Longrightarrow FeCl_2 + H_2 \uparrow$$

$$H_2SO_4 + Fe \Longrightarrow FeSO_4 + H_2 \uparrow$$

氢氧化钠等强碱能和油脂起皂化反应，因而能灼伤动植物机体。

$$(C_{17}H_{35}COO)_3C_3H_5 + 3NaOH \longrightarrow 3C_{17}H_{35}COONa + C_3H_5(OH)_3$$

生石灰（氧化钙）具有很强的吸水性，能和水发生反应，生成强碱并产生大量的热，能灼伤皮肤。

$$CaO + H_2O \longrightarrow Ca(OH)_2 + 热量$$

2. 毒性

多数腐蚀品有不同程度的毒性，有的还是剧毒品，如氢氟酸、溴素、五溴化磷等。

3. 易燃性

部分有机腐蚀品遇明火易燃烧，如冰醋酸、醋酸酐、苯酚等。

4. 氧化性

部分无机酸性腐蚀品，如浓硝酸、浓硫酸、高氯酸等具有氧化性能，遇有机化合物如食用糖、稻草、木屑、松节油等易因氧化发热而引起燃烧。高氯酸浓度超过72％时遇热极易爆炸，属爆炸品；高氯酸浓度低于72％时属无机酸性腐蚀品，但遇还原剂、受热等也会发生爆炸。

（四）腐蚀品举例

1. 酸性腐蚀品

（1）硝酸

分子式：HNO_3。

理化性质：无色透明发烟液体，工业品常呈黄色或红棕色。能与水以任何比例相混合。有硝化作用，能在有机化合物中引入硝基而生成硝基化合物。相对密度1.41（68％）、1.5（无水），沸点86℃（无水）、120.5℃（68％）。用途极广，主要用于化肥、染料、国防、炸药、冶金、医药等工业。

危险特性：是强氧化剂，遇金属粉末、H发孔剂、松节油立即燃烧，甚至爆炸。与还原剂、可燃物，如糖、纤维素、木屑、棉花、稻草等接触可引起燃烧。遇氰化物则产生剧毒气体。有强腐蚀性，其蒸气刺激眼和上呼吸道，皮肤接触能引起灼伤，误触皮肤应立即用苏打水冲洗，再作医治。

灭火剂：砂土、二氧化碳、雾状水（禁用加压的柱状水，以防飞溅影响消防人员安全）。

储运注意事项：储存于铝罐、陶瓷坛或玻璃瓶中，陶瓷坛可放露天或棚下，下垫砂土，上盖瓦钵。远离易燃、可燃物，并与碱类、氧化物、金属粉末隔离储存。泄漏物可用砂土或白灰吸附中和，再用雾状水冷却稀释后处理。

（2）硫酸

分子式：H_2SO_4。

理化性质：无色透明黏稠液体。能与水以任意比例混合同时发热，浓硫酸有氧化性。与有机化合物起磺化作用。稀硫酸无氧化性，与金属反应放出氢气。相对密度1.83（100％），1.84（98％），1.8（92％），沸点330℃（98％），凝固点10.5℃（100％），0.1℃（98％）、－25.6℃（92％）。用于化肥、化工、医药、石油提炼等。

危险特性：遇H发孔剂能立即燃烧，遇氰化物产生剧毒气体，遇可燃物、有机物能引起炭化甚至燃烧。遇电石、高氯酸盐、雷酸盐、硝酸盐、苦味酸盐、金属粉末等猛烈反应，引起燃烧或爆炸。遇水大量放热，故绝不可将水加入浓硫酸中，因发热引起爆溅伤人。有强腐蚀性，易灼伤皮肤损坏衣物。有强烈的吸水性，可使木材、稻草、碳水化合物脱水而炭化。

灭火剂：干砂、二氧化碳。禁用柱状水灭火，以防飞溅伤人。

储运注意事项：储罐、坛装、瓶装的一般均可露天或棚内存放，下垫砂土，坛装的须上盖瓦钵。每天需防止凝固。远离易燃可燃物、氰化物、碱。避免接触皮肤，误触皮肤应立即用苏打水冲洗，再作医治。泄漏物处理同硝酸。

（3）盐酸

别名：氢氯酸。

分子式：HCl。

理化性质：澄清无色或微黄色发烟液体，是氯化氢的水溶液，有刺激性臭味。无氧化性。相对密度 1.2（38％）、1.15（30％）、1.127（25％）。广泛用于染料、医药、食品、印染、皮革、冶金等行业。

危险特性：与 H 发孔剂接触立即燃烧。与氰化物接触会放出剧毒气体。遇碱发生中和反应并放热。有毒，车间空气最大容许浓度为 $15mg/m^3$。有强腐蚀性。

灭火剂：雾状水、砂土。

储运注意事项：基本同硫酸。

（4）氢氟酸

分子式：HF。

理化性质：是氟化氢 40％的水溶液，极易挥发，露置空气中即冒白烟。用于分析试剂、高纯氟化物的制备、玻璃蚀刻及电镀表面处理等。

危险特性：极毒，车间空气中最高容许浓度为 $1mg/m^3$。除金、铂、铅、石蜡及塑料外，腐蚀大多金属及物质。特别是与硅及硅化合物反应生成剧毒的气态四氟化硅，故不能用玻璃及陶瓷做容器。常温下极易挥发出剧毒氟化氢气体。触及皮肤极为疼痛，伤口治愈极慢并能腐烂指甲、骨头。

灭火剂：雾状水、泡沫。禁用柱状水灭火，以防飞溅伤人。

储运注意事项：存于通风阴凉库房。远离火种、热源。与 H 发孔剂、氧化物、金属粉末、碱类分开储运。搬运人员应戴防护用具，切勿接触皮肤。

2. 碱性腐蚀品

（1）氢氧化钠

别名：烧碱；苛性钠。

分子式：NaOH。

理化性质：白色易潮解的固体，有块、片、棒、粒等形状。溶于水并大量放热，水溶液呈强碱性。易吸收空气中的二氧化碳而变质。不溶于丙酮。相对密度 2.12（水为 1），熔点 318.4℃。用于石油精炼、造纸、肥皂、人造丝、染色、制革、医药、有机合成等。

危险特性：不燃。溶于水大量放热并成为腐蚀性液体能破坏有机组织，伤害皮肤和毛织物。与酸起中和反应并放热。

灭火剂：砂土、水。但须防止遇水发热而飞溅伤人。

储运注意事项：储存于干燥库房或货棚，防止雨水浸入。远离可燃物及酸类。

（2）硫化钠

别名：硫化碱；臭碱。

分子式：$Na_2S \cdot 5H_2O$。

理化性质：工业品常为红褐色块状或片状固体，易潮解。具腐蛋臭味。易溶于水，水溶液呈强碱性，不溶于乙醚。与酸作用放出硫化氢有毒气体。用于制造硫化染料、皮革脱毛剂，金属冶炼、照相、人造丝脱硝等。

危险特性：产生硫化氢有毒气体。水溶液有腐蚀性。无水硫化钠为无色或米黄色结晶固体，有可燃性，受撞击或急速受热能引起爆炸，属自燃物品。

灭火剂：水、砂土。

储运注意事项：储存于干燥库房或货棚，防止受潮变质。远离酸类及氧化剂。

第七节　危险化学品经营

危险化学品经营单位在组织商品流通过程中，要始终把危险化学品安全管理放在重要位置，认真抓好。经营活动中商品的购进、销售、储存、运输、废弃物处置要按照国家法律及法规和标准规范的要求认真执行。

一、经营单位的条件和要求

(一) 危险化学品经营许可制度

《危险化学品安全管理条例》（以下简称《条例》）第二十七条规定：国家对危险化学品经营销售实行许可制度。未经许可，任何单位和个人都不得经营销售危险化学品。

《条例》明确危险化学品经营许可证的发证主体与以前有了根本的调整。《条例》第二十九条明确危险化学品许可证的发证主体为省、自治区、直辖市人民政府经济贸易管理部门或者设区的市级人民政府负责危险化学品安全监督管理综合工作的部门。

《危险化学品经营许可证管理办法》已经于 2012 年 5 月 21 日国家安全生产监督管理总局局长办公会议审议通过，并规定：国家安全生产监督管理局负责全国危险化学品经营许可证审批、发放工作的监督管理。

省级发证机关（省、自治区、直辖市人民政府经济贸易主管部门或其委托的安全生产监督管理部门）和市级发证机关（设区的市级人民政府负责危险化学品安全监督管理综合工作的部门）分别负责本行政区域内的危险化学品经营许可证的审批、发放工作及监督管理。危险化学品经营许可证由国家安全生产监督管理局统一印制。

《条例》规定了危险化学品经营许可证的发证程序。一是申请，经营剧毒化学品和其他危险化学品的，应当分别向省、自治区、直辖市人民政府经济贸易管理部门或者设区的市级人民政府负责危险化学品安全监督管理综合工作的部门提出申请，并附送《条例》第二十八条规定的危险化学品经营企业必须具备条件的相关证明材料。二是审查，省、自治区、直辖市人民政府经济贸易管理部门或者设区的市级人民政府负责危险化学品安全监督管理综合工作的部门接到申请后，依照《条例》的规定对申请人提交的证明材料和经营场所进行审查。三是颁证，经审查符合条件的，颁发危险化学品经营许可证，并将颁布危险化学品经营许可证的情况通报同级公安部门和环境保护部门；对不符合条件的，书面通知申请人并说明理由。四是申请人凭危险化学品经营许可证向工商行政管理部门办理登记注册手续。

(二) 经营条件

《条例》第二十八规定：危险化学品经营企业，必须具备下列条件：①经营场所和储存设施符合国家标准；②主管人员和业务人员经过专业培训，并取得上岗资格；③有健全的安全管理制度；④符合法律、法规规定和国家标准要求的其他条件。

1. 经营场所和储存设施符合国家标准

《危险化学品经营企业开业条件和技术要求》（GB 18265—2000）规定：

① 危险化学品经营企业的经营场所应坐落在交通便利、便于疏散处；

② 危险化学品经营企业的经营场所的建筑物应符合 GB 50016—2014 的要求；

③ 从事危险化学品批发业务的企业应将危险化学品存放在经政府管理部门批准的专用危险化学品仓库（自有或租用），所经营的危险化学品不得存放在业务经营场所；

④ 零售业务的店面应与繁华商业区或居住人口稠密区保持 500m 以上距离；

⑤ 零售业务的店面经营面积（不含库房）应不少于 $60m^2$，其店面内不得有生活设施；

⑥ 零售业务的店面内只许存放民用小包装的危险化学品，其存放总质量不得超过 1t；

⑦ 零售业务的店面内危险化学品的摆放应布局合理，禁忌物料不能混放，综合性商场（含建材市场）所经营的危险化学品应有专柜存放；

⑧ 零售业务的店面与存放危险化学品的库房（或罩棚）应有实墙相隔，单一品种存放量不能超过 500kg，总质量不能超过 2t；

⑨ 零售店面备货库房应根据危险化学品的性质与禁忌，分别采用隔离储存或隔开储存或分离储存等不同方式进行储存。

2. 主管人员和业务人员经过专业培训，并取得上岗资格

《安全生产法》第十九条规定：矿山、建筑施工单位和危险物品的生产、经营、储存单位，应当设置安全生产管理机构或者配置专职安全生产管理人员。

《安全生产法》第二十条规定：生产经营单位的主要负责人和安全生产管理人员必须具备与本单位所从事的生产经营活动相应的安全生产知识和管理能力。

危险物品的生产、经营、储存单位以及矿山、建筑施工单位的主要负责人和安全生产管理人员，应当由有关主管部门对其安全生产知识和管理能力考核合格后方可任职。

GB 18265—2000对危险化学品经营单位负责人的条件做出了具体规定：危险化学品经营企业的法定代表人或经理应经过国家授权部门的专业培训，取得合格证书方能从事经营活动。对业务经营人员的从业条件明确了具体规定：企业业务经营人员应经国家授权部门的专业培训，取得合格证书方能上岗。

3. 有健全的安全管理制度

一般要有危险化学品购销管理制度、剧毒物品购销管理制度、危险化学品经营手续环节交接责任管理制度、危险化学品运输管理制度、经营人员岗位责任制、商品储存保管管理制度等。

4. 符合法律、法规规定和国家标准要求的其他条件

《安全生产法》第三十四条规定：生产、经营、储存、使用危险物品的车间、商店、仓库不得与员工宿舍在同一座建筑物内，并应当与员工宿舍保持安全距离。

生产经营场所和员工宿舍应当设有符合紧急疏散要求、标志明显、保持畅通的出口。禁止封闭、堵塞生产经营场所或者员工宿舍的门口。

GB 18265—2000明确零售业务的范围：零售业务只许经营除爆炸品、放射性物品、剧毒物品以外的危险化学品。

① 零售业务的店面内显著位置应设有"禁止明火"等警示标志。

② 零售业务的店面内应放置有效的消防、急救安全设施。

③ 零售业务的店面备货库应报公安、消防部门批准。

④ 运输危险化学品的车辆应专车专用（按《条例》只能委托有危险化学品运输资质的运输企业承运），并有明显标志。

（三）经营危险化学品的规定

《条例》第三十条对危险化学品经营作了规定。

（1）经营危险化学品，不得有下列行为：

① 从未取得危险化学品生产许可证或者危险化学品经营许可证的企业采购危险化学品；

② 经营国家明令禁止的危险化学品和用剧毒化学品生产的灭鼠药以及其他可能进入人民日常生活的化学产品和日用化学品；

③ 销售没有化学品安全技术说明书和化学品安全标签的危险化学品。

（2）危险化学品生产企业不得向未取得危险化学品经营许可证的单位或者个人销售危险化学品。

（3）危险化学品经营单位储存危险化学品，应当遵守《条例》第二章的有关规定。危险化学品商店内只能存放民用小包装的危险化学品，其总量不得超过国家规定的限量。

二、剧毒化学品的经营

经营剧毒化学品的企业要申领剧毒化学品经营许可证。经营剧毒品要设专人，并经过专业培训。剧毒品的经营人员要了解所经营的剧毒品的具体性质，了解其主要用途，了解防护措施，了解剧毒品经营、储存、运输的有关规定，严格认真执行岗位职责。

（一）购买剧毒化学品应遵守的规定

《条例》第三十四条明确了购买剧毒化学品应当遵守下列规定：

① 生产、科研、医疗等单位经常使用剧毒化学品的，应当向设区的市级人民政府公安部门申请领取购买凭证，凭购买凭证购买；

② 单位临时需要购买剧毒化学品的，应当凭本单位出具的证明（注明品名、数量、用途）向设区的市级人民政府公安部门申请领取准购证，凭准购证购买；

③ 个人不得购买农药、灭鼠药、灭虫药以外的剧毒化学品。

剧毒化学品生产企业、经营企业不得向个人或者无购买凭证、准购证的单位销售剧毒化学品。剧毒化学品购买凭证、准购证不得伪造、变造、买卖、出售或者以其他方式转让，不得使用作废的剧毒化学品购买证、准购证。

剧毒化学品购买凭证的式样和具体申领办法由国务院公安部门制定。

（二）销售剧毒化学品应遵守的规定

《条例》第三十三条规定：剧毒化学品经营企业销售剧毒化学品，应当记录购买单位的名称、地址和购买人员的姓名、身份证号码及所购剧毒化学品的品名、数量、用途。记录应当至少保存一年。

剧毒化学品经营企业应当每天核对剧毒化学品的销售情况；发现被盗、丢失、误售等情况时，必须向当地公安部门报告。

剧毒品的发运要按《条例》规定：委托有资质认定的运输企业。通过公路运输剧毒化学品的，委托人应当向目的地的县级人民政府公安部门申请办理剧毒化学品公路运输通行证。

办理剧毒化学品公路运输通行证，委托人应当向公安部门提交有关危险化学品的品名、数量、运输始发地和目的地、运输路线、运输单位、驾驶人员、押运人员、经营单位和购买单位资质情况的材料。

三、汽车加油加气站的经营

加油加气站是石化销售企业的最基层单位，是成品油和气的销售终端环节，是连接零售企业和消费者的桥梁和纽带；是展示石化企业形象的窗口。加油加气站也是城镇建设的基础设施，与我国交通运输事业的发展有着十分密切的关系。截止到 2012 年年底，全国共有加油站 96313 座，2014 年我国的加油站为 97700 家，截止到 2015 年年底，这一数字达到 98400。其中，中石油自营及特许加油站占全国加油站总数近两成；中石化自营及特许加油站数量占全国加油站总数的 1/3 左右；其他国有、民营、外资加油站约占全国加油站总数的 50%。民营企业发展迅速，外资企业加快进入，我国加油站行业呈现国企、民企、外企"三足鼎立"的发展态势。2014 年我国加油站商品销售额为 15885.21 亿元。但是，也应看到在迅猛发展的同时，一些社会加油加气站、边远山区的加油站（点）设备简陋，工作人员少，又没有经过专门的安全技术知识及操作技能的培训，安全素质较差，一旦发生火灾爆炸事故，将会给国家财产和人身安全带来不可估量的损失。因此，加油加气站的安全绝不能忽视，应引起高度的重视。

四、经营许可证管理办法

《危险化学品经营许可证管理办法》已经于 2012 年 5 月 21 日国家安全生产监督管理总局局长办公会议审议通过，现予公布，自 2012 年 9 月 1 日起施行。

《许可证管理办法》规定：本办法生效之前已取得经营许可证的单位，应当在本办法生效之日起 6 个月内重新办理经营许可证。逾期不办理的，不得继续经营销售危险化学品。

《许可证管理办法》根据《安全生产法》、《条例》的规定，对危险化学品经营许可证的适用范围、发证机构、经营许可证的申请与审批、经营许可证的监督管理、罚则等作了具体规定。

（一）申领范围

在中华人民共和国境内从事危险化学品经营销售活动，适用本办法。民用爆炸品、放射性物品、核能物质和城镇燃气的经营不适用本办法。

（二）危险化学品经营许可证

危险化学品经营许可证是危险化学品经营单位的合法经营凭证。国家对危险化学品经营销售实行许可制度。经营销售危险化学品的单位，应当依照本办法取得危险化学品经营许可证（以下简称经营许可证），并凭经营许可证依法向工商行政管理部门申请办理登记注册手续，未取得经营许可证和未经工商登记注册，任何单位和个人不得经营销售危险化学品。

危险化学品生产单位销售本单位生产的危险化学品，不再办理经营许可证。但销售非本单位生产的危险化学品或在厂外设立销售网点，仍需办理经营许可证。

（三）危险化学品经营许可证的分类

危险化学品经营许可证分为甲、乙两种。取得甲种经营许可证的单位可经营销售剧毒化学品和其他危险化学品；取得乙种经营许可证的单位只能经营销售除剧毒化学品以外的危险化学品。

（四）发证机关

甲种经营许可证由省、自治区、直辖市人民政府经济贸易主管部门或其委托的安全生产监督管理的部门（以下称省级发证机关）审批、颁发；乙种经营许可证由设区的市级人民政府负责危险化学品安全监督管理综合工作的部门（以下称市级发证机关）审批、颁发。成品油的经营许可纳入甲种经营许可证管理。

（五）经营许可证的申请与审批

1. 危险化学品经营销售单位应当具备的基本条件

① 经营和储存场所、设施、建筑物符合国家标准《建筑设计防火规范》（GB 50016—2014）、《爆炸危险场所安全规定》或《仓库防火安全管理规则》等规定，建筑物应当经公安消防机构验收合格。

② 经营条件、储存条件符合《危险化学品经营企业开业条件和技术要求》（GB 18265—2000）、《常用化学危险品储存通则》（GB 15603—1995）的规定。

③ 单位主要负责人和主管人员、安全生产管理人员和业务人员经过专业培训，并经考核，取得上岗资格。

④ 有健全的安全管理制度和岗位安全操作规程。

⑤ 有本单位事故应急救援预案。

2. 安全评价

申请经营许可证的单位自主选择具有资质的安全评价机构，对本单位的经营条件进行安全评价。

安全评价机构应当对申请经营许可证的单位是否符合《许可证管理办法》第六条规定的条件逐项进行评价，并出具安全评价报告。

3. 申请

申请甲种和乙种经营许可证的单位，应当分别向省级发证机关和市级发证机关提出申请，提交下列材料：

① 《危险化学品经营许可证申请表》；

② 安全评价报告；

③ 经营和储存场所建筑物消防安全验收文件的复印件；

④ 经营和储存场所、设施产权或租赁证明文件复印件；

⑤ 单位主要负责人和主管人员、安全生产管理人员和业务人员专业培训合格证书的复印件；

⑥ 安全管理制度和岗位安全操作规程。

经营单位改建、扩建或者迁移经营、储存场所、扩大许可经营范围，应当事前重新申请办理经营许可证。

经营单位变更单位名称、经济类型或者注册的法定代表人或负责人，应当于变更之日起20日内，向原发证机关申办变更手续，换发新的经营许可证。

4. 审批

发证机关应当在接到申请之日起，30日内对申请人提交的材料进行审查和现场核查，对符合条件的，颁发经营许可证；对不符合条件的，应当书面通知申请人并说明理由。

经营许可证有效期三年。有效期满后，经营单位继续从事危险化学品经营活动的，应当在经营许可证有效期满前3个月内向原发证机关提出换证申请，经审查合格后换领新证。

经营单位不得转让、买卖、出租、出借或者变造经营许可证。

发证机关应将经营许可证的发放情况，及时向同级公安、环保部门通报。

（六）监督与管理

发证机关应当坚持公开、公平、公正的原则，严格依照法律、法规、规章和标准规定的条件及程序，审批、发放经营许可证。

发证机关应当加强对经营许可证的监督管理，建立、健全经营许可证审批、发放档案管理制度。

市级发证机关应当将本行政区年度经营许可证审批、发放情况报告省级发证机关备案。省级发证机关应当将本行政区内年度审批、发放经营许可证的情况报告国家安全生产监督管理局。

发证机关应当对本行政区内已取得经营许可证的单位进行监督检查。经营单位应当接受发证机关依法实施的监督检查，无正当理由不得拒绝、阻挠。

（七）罚则

（1）发证机关的工作人员徇私舞弊、滥用职权、弄虚作假、玩忽职守的，依据《危险化学品安全管理条例》第五十五的规定给予降级或者撤职的行政处分；构成犯罪的，依法追究刑事责任。

（2）未取得经营许可证，擅自从事危险化学品经营的，由省级发证机关或市级发证机关依照《危险化学品安全条例》第五十七条的规定予以处罚。

（3）经营单位违反本办法规定，有以下行为之一的，由发证机关吊销经营许可证：

① 提供虚假证明文件或采取其他欺骗手段，取得经营许可证的；

② 不再具备经营销售危险化学品基本条件的；

③ 转让、买卖、出借、伪造或者变造经营许可证的。

（4）承担安全评价的单位出具虚假评价报告的，由省级以上安全生产监督管理部门没收非法所得并处以 3 万元以下处罚；没有非法所得的，处以 2 万元以下罚款；并建议授予其资质的部门吊销其资质证书；构成犯罪的，依法追究刑事责任。

第八节　危险化学品事故的危害

危险化学品危害主要包括燃爆危害、健康危害和环境危害。燃爆危害是指化学品能引起燃烧、爆炸的危险程度；健康危害是指接触后能对人体产生危害的大小；环境危害是指化学品对环境影响的危害程度。

一、危险化学品的燃爆危害

火灾、爆炸事故有很大的破坏作用，化工、石化企业由于生产中使用的原料、中间产品及产品多为易燃、易爆物，一旦发生火灾、爆炸事故，会造成严重后果。资料显示，由于危险化学品的火灾、爆炸所导致的事故占危险化学品事故的 50% 左右，伤亡人数占所有事故伤亡人数的 50% 左右。这些事故都是由于危险化学品自身的火灾爆炸危险造成的。因此，了解危险化学品的火灾、爆炸危害，对及时采取防范措施，搞好安全生产，防止事故具有重要意义。

1. 可燃气体、可燃蒸气、可燃粉尘的燃烧危险性

可燃气体、可燃蒸气或可燃粉尘与空气组成的混合物，当遇点火源时极易发生燃烧爆炸，但并非在任何混合比例下都能发生，而是有固定的浓度范围，在此浓度范围内，浓度不同，放热量不同，火焰蔓延速度（即燃烧速度）也不相同。在混合气体中，所含可燃气体为化学计量浓度时，发热量最大，稍高于化学计量浓度时，火焰蔓延速度最大，燃烧最剧烈；可燃物浓度增加或减少，发热量都要减少，蔓延速度降低。当浓度低于某一最低浓度或高于某一最高浓度时，火焰便不能蔓延，燃烧也就不能进行，在火源作用下，可燃气体、可燃蒸气或粉尘在空气中，恰足以使火焰蔓延的最低浓度称为该气体、蒸气或粉尘的爆炸下限，也称燃烧下限。同理，恰足以使火焰蔓延的最高浓度称为爆炸上限，也称燃烧上限。上限和下限统称为爆炸极限或燃烧极限，上限和下限之间的浓度称为爆炸范围。浓度在爆炸范围以外，可燃物不着火，更不会爆炸。但是，在容器或管道中的可燃气体浓度在爆炸上限以上，若发生泄漏或空气能补充或渗漏进去，遇火源则随时有燃烧爆炸的危险。因此，对浓度在上限以上的混合气，通常仍认为它们是危险的。

爆炸范围通常用可燃气体、可燃蒸气在空气中的体积百分数表示，可燃粉尘则用 mg/m³ 表示。例如：乙醇爆炸范围为 4.3%～19.0%，4.3% 称为爆炸下限，19.0% 称为爆炸上限。爆炸极限的范围越宽，爆炸下限越低，爆炸危险性越大。通常的爆炸极限是在常温、常压的标准条件下测定出来的，它随温度、压力的变化而变化。

另外，某些气体即使没有空气或氧存在时，同样可以发生爆炸。如乙炔即使在没有氧的情况下，若被压缩到 2atm 以上，遇到火星也能引起爆炸。这种爆炸是由物质的分解引起的，称为分解爆炸。乙炔发生分解爆炸时所需的外界能量随压力的升高而降低。试验证明，若压力在 1.5MPa 以上，需要很少能量甚至无需能量即会发生爆炸，表明高压下的乙炔是非常危险的。针对乙炔分解爆炸的特性，目前采用多孔物质，即把乙炔压缩溶解在多孔物质上。除乙炔外，其他一些分解反应为放热反应的气体，也有同样性质，如乙烯、环氧乙烷、丙烯、联氨、一氧化氮、二氧化氮、二氧化氯等。

2. 液体的燃烧危险性

易（可）燃液体在火源或热源的作用下，先蒸发成蒸气，然后蒸气氧化分解进行燃烧。开始时燃烧速度较慢，火焰也不高，因为这时的液面温度低，蒸发速度慢，蒸气量较少。随着燃烧时间延长，火焰向液体表面传热，使表面温度上升，蒸发速度和火焰温度则同时增加，这时液体就会达到沸腾的程度，使火焰显著增高。如果不能隔断空气，易（可）燃液体就可能完全烧尽。

液体的表面都有一定数量的蒸气存在，蒸气的浓度取决于该液体所处的温度，温度越高则蒸气浓度越大。在一定的温度下，易（可）燃液体表面上的蒸气和空气的混合物与火焰接触时，能闪出火花，但随即熄灭，这种瞬间燃烧的过程叫闪燃。液体能发生闪燃的最低温度叫闪点。在闪点温度，液体蒸发速度较慢，表面上积累的蒸气遇火瞬间即已烧尽，而新蒸发的蒸气还来不及补充，所以不能持续燃烧。当温度升高至超过闪点一定温度时，液体蒸发出的蒸气在点燃以后足以维持持续燃烧，能维持液体持续燃烧的最低温度称为该液体的着火点（燃点）。液体的闪点与着火点相差不大，对易燃液体来说，一般在 1～5℃ 之间；而可燃液体可能相差几十摄氏度。

闪点是评价液体危险化学品燃烧危险性的重要参数，闪点越低，它的火灾危险性越大。

3. 固体的燃烧危险性

固体燃烧分两种情况，对于硫、磷等低熔点简单物质，受热时首先熔化，继之蒸发变为蒸气进行燃烧，无分解过程，容易着火；对于复杂物质，受热时首先分解为物质的组成部分，生成气态和液态产物，然后气态和液态产物的蒸气再发生氧化而燃烧。

某些固态化学物质一旦点燃将迅速燃烧，例如镁，一旦燃烧将很难熄灭；某些固体对摩擦、撞击特别敏感，如爆炸品、有机过氧化物，当受外来撞击或摩擦时，很容易引起燃烧爆炸，故对该类物品进行操作时，要轻拿轻放，切忌摔、碰、拖、拉、抛、掷等；某些固态物质在常温或稍高温度下即能发生自燃，如白磷若露置空气中可很快燃烧，因此生产、运输、储存等环节要加强对该类物品的管理，这对减少火灾事故的发生具有重要意义。

工业事故中，引发固体火灾事故较多的是危险化学品自热自燃和受热自燃。

（1）自热自燃　可燃固体因内部所发生的化学、物理或生物化学过程而放出热量，这些热量在适当条件下会逐渐积累，使可燃物温度上升，达到自燃点而燃烧，这种现象称自热自燃。

在常温的空气中能发生化学、物理、生物化学作用放出氧化热、吸附热、聚合热、发酵热等热量的物质均可能发生自热自燃。例如，硝化棉及其制品（如火药、硝酸纤维素、电影胶片等）在常温下会自发分解放出分解热，而且它们的分解反应具有自催化作用，容易导致燃烧或爆炸；植物和农副产品（如稻草、木屑、粮食等）含有水分，会因发酵而放出发酵热，若积热不散，温度逐渐升高至自燃点，则会引起自燃。典型物质的自燃温度如表 1-5 所示，典型液体的自燃温度如表 1-6 所示。

表 1-5　典型物质的自燃温度

名　称	自燃温度/℃	名　称	自燃温度/℃
黄（白）磷	60	木材	250
三硫化四磷	100	硫	260
纸张	130	沥青	280
赛璐珞	140	木炭	350
棉花	150	煤	400
布匹	200	蒽	470
赤磷	200	萘	515
松香	240	焦炭	700

表 1-6　典型液体的自燃温度表

序　号	名　称	自燃温度/℃	序　号	名　称	自燃温度/℃
1	二硫化碳	102	7	甲酸丁酯	320
2	乙醚	170	8	乙醇	425
3	苯甲醛	190	9	乙酸乙酯	460
4	煤油	220	10	甲苯	535
5	汽油	260	11	丙酮	540
6	环己烷	260	12	苯	555

注：自燃温度的数值与测量方法有关，各文献给出的数值常有出入。

引起自热自燃是有一定条件的：①必须是比较容易产生反应热的物质，例如那些化学上不稳定的容易分解或自聚合并发生放热反应的物质；能与空气中的氧作用而产生氧化热的物质以及由发酵而产生发酵热的物质等；②此类物质要具有较大的比表面积或是呈多孔隙状的，如纤维、粉末或重叠堆积的片状物质，并有良好的绝热和保温性能；③热量产生的速度必须大于向环境散发的速度。满足了这三个条件，自热自燃才会发生。因此，预防自热自燃的措施，也就是设法防止这三个条件的形成。

（2）受热自燃　可燃物质在外界热源作用下，温度逐渐升高，当达到自燃点时，即可着火燃烧，称为受热自燃。物质发生受热自燃取决于两个条件：一是要有外界热源；二是有热量积蓄的条件。在化工生产中，由于可燃物料靠近或接触高温设备、烘烤过度、熬炼油料或油溶温度过高、机械转动部件润滑不良而摩擦生热、电气设备过载或使用不当造成温升而加热等，都有可能造成受热自燃的发生。如合成橡胶干燥工段，若橡胶长期积聚在蒸汽加热管附近，则极易引起橡胶的自燃；合成橡胶干燥尾气用活性炭纤维吸附时，尾气中往往含有少量的防老剂，由于某些防老剂不易解吸，长期吸附后，活性炭纤维中防老剂含量逐渐增多，当达到一定量时，若用水蒸气高温解吸后不能立即降温，某些防老剂则极易发生自燃事故，导致吸附装置烧毁。

接触或混合能引起燃烧的物质如表 1-7 所示。

表 1-7　接触或混合能引起燃烧的物质

序号	能引起燃烧的物质	序号	能引起燃烧的物质
1	溴、磷、锌粉、镁粉	10	甲烷与氟化氢
2	浓硫酸、浓硝酸与木材、织物、松节油、乙醇等	11	铬酸酐遇甲醚、乙醇、丙酮、醋酸或某些有机物
3	铝粉、氯仿	12	重铬酸钠、甘油、硫酸
4	王水与有机物	13	三乙磷、氧及氯
5	高温金属磨屑、油性织物	14	对亚硝基苯酚遇到酸、碱
6	过氢化钠与醋酸、甲醇、丙酮、7-醇等	15	高锰酸钾与硫酸、硫黄甘油、乙二醇或其他有机物
7	硝酸钠与亚硝酸钠	16	松节油、氯、浓硫酸、硝酸
8	氟气体、碘、硫、硼、磷、硅等	17	松脂酸钙与氧化剂及酸
9	亚硝基酚遇到酸、碱		

4. 火灾与爆炸的破坏作用

火灾与爆炸都会带来生产设施的重大破坏和人员伤亡，但两者的发展过程显著不同。火灾是在起火后火势逐渐蔓延扩大，随着时间的延续，损失数量迅速增长，损失大约与时间的平方成比例，如火灾时间延长一倍，损失可能增加四倍。爆炸则是猝不及防，可能仅在一秒钟内爆炸过程已经结束，设备损坏、厂房倒塌、人员伤亡等巨大损失也将在瞬间发生。

爆炸通常伴随发热、发光、压力上升、真空和电离等现象，具有很强的破坏作用。它与爆炸物的数量和性质、爆炸时的条件以及爆炸位置等因素有关。主要破坏形式有以下几种：

（1）直接的破坏作用　机械设备、装置、容器等爆炸后产生许多碎片，飞出后会在相当大的范围内造成危害。一般碎片在 100~500m 内飞散。如 1979 年浙江温州电化厂液氯钢瓶爆炸，钢瓶的碎片最远飞离爆炸中心 830m，其中碎片击穿了附近的液氯钢瓶、液氯计量槽、储槽等，导致大量氯气泄漏，发展成为重大恶性事故，死亡 59 人，伤 779 人。

（2）冲击波的破坏作用　物质爆炸时，产生的高温高压气体以极高的速度膨胀，像活塞一样挤压周围空气，把爆炸反应释放出的部分能量传递给压缩的空气层，空气受冲击而发生扰动，使其压力、密度等产生突变，这种扰动在空气中传播就称为冲击波。冲击波的传播速度快，在传播过程中，可以对周围环境中的机械设备和建筑产生破坏作用和使人员伤亡。冲击波还可以在它的作用区域内产生震荡作用，使物体因震荡而松散，甚至破坏。

冲击波的破坏作用主要是由其波阵面上的超压引起的。在爆炸中心附近，空气冲击波波阵面上的超压可达几个甚至十几个大气压，在这样高的超压作用下，建筑物被摧毁，机械设备、管道等也会受到严重的破坏。

图1-3　"8·12"天津滨海新区
爆炸事故现场照片

当冲击波大面积作用于建筑物时，波阵面压强在20～30kPa内，就足以使大部分砖木结构建筑物受到强烈破坏。压强在100kPa以上时，除坚固的钢筋混凝土建筑外，其余部分将全部破坏。2015年8月12日23：30左右，位于天津滨海新区的某物流有限公司所属危险化学品仓库发生爆炸，造成165人死亡，仍有8人失联。直接经济损失近70亿元。如图1-3所示。

在这次爆炸中，在距离爆炸现场南侧不到400m处，四五个约足球场大小的停车场上，停放的上千辆全新汽车，几乎全被焚毁仅剩框架，仿佛一片汽车坟墓。事故震惊世界。

1986年4月26日，切尔诺贝利核电站的4号反应堆发生爆炸，造成16.7万人死亡，损失120亿美元，是世界上最严重的核电站事故。如图1-4所示。

图1-4　切尔诺贝利核电站的4号反应堆发生爆炸现场照片　　　图1-5　氯气爆炸现场照片

当冲击波大面积作用于建筑物时，波阵面压强在20～30kPa内，就足以使大部分砖木结构建筑物受到强烈破坏。压强在100kPa以上时，除坚固的钢筋混凝土建筑外，其余部分将全部破坏。2004年4月16日凌晨，重庆某化工总厂氯氢分厂氯气泄漏，随后引发爆炸事故，造成9人死亡，3人受伤，罐区100m范围部分建筑物被损坏，如图1-5所示。大量氯气泄漏致使周围15万居民疏散，事故震惊世界。

（3）造成火灾　爆炸发生后，爆炸气体产物的扩散只发生在极短促的瞬间内，对一般可燃物来说，不足以造成起火燃烧，而且冲击波造成的爆炸风还有灭火作用。但是爆炸时产生的高温高压，可能将易燃液体的蒸气点燃，也可能把其他易燃物点燃引起火灾。

当盛装易燃物的容器、管道发生爆炸时，爆炸抛出的易燃物有可能引起大面积火灾，这种情况在油罐、液化气瓶爆破后最易发生。正在运行的燃烧能设备或高温的化工设备被破球，其灼热的碎片可能飞出，点燃附近储存的燃料或其他可燃物，引起火灾。1989年8月12日9时55分，中国石油总公司管道局胜利输油公司某油库发生特大火灾爆炸事故，19人死亡，100多人受伤，直接经济损失3540万元。如图1-6所示。

2008年8月26日6时45分广西宜州市某公司有机车间发生危险化学品泄漏，随后引爆直径为6～7m、高度为20m的液体库，将罐场区夷为平地，20人死亡，60多人受伤。如图1-7所示。

图 1-6　油库特大火灾事故现场照片　　　　　　　　图 1-7　广西宜州市某公司
燃爆事故现场照片

（4）造成中毒和环境污染　在实际生产中，许多物质不仅是可燃的，而且是有毒的，发生
爆炸事故时，会使大量有害物质外泄，造成人员中毒和环境污
染。1984 年 12 月 4 日美国联合碳化物公司在印度博帕尔
（Bhopal，Indian）的农药厂发生异氰酸甲酯（CH_3NCO，简称
MIC）毒气泄漏事故，造成 12.5 万人中毒，6495 人死亡、20
万人受伤，5 万多人终身受害的让世界震惊的重大事故。

2003 年 12 月 23 日，重庆市某矿井发生特别重大天然
气泄漏事故，造成 243 人中毒死亡，59790 名群众不同程
度中毒和受灾，1000 多人住院，9 万多人被迫离开家园，
并造成大量牲畜、家禽、野生动物、鱼类死亡和严重环境
污染。图 1-8 是泄漏井口通过点火燃烧的方式排除毒气现

图 1-8　某矿井天然气泄漏点
火燃烧现场照片

场照片。本次事故是我国石油行业化学事故伤亡人数最多的一次。直接经济损失已达
6432 万元。

二、危险化学品健康危害

由于危险化学品的毒性、刺激性、致癌性、致畸性、致突变性、腐蚀性、麻醉性、窒息
性等特性，导致人员中毒的事故每年都发生多起。2000～
2002 年化学事故统计显示，由于危险化学品的毒性危害导
致的人员伤亡占化学事故伤亡的 49.9%，关注危险化学品
的健康危害，是危险化学品安全管理的一项重要内容。
2005 年 3 月 29 日在京沪高速公路淮安段发生的特大液氯槽
车泄漏事故。泄漏的氯气造成大面积环境污染，死亡 29
人，350 多人中毒入院治疗。受灾农作物面积 20620 亩（图
1-9），畜禽死亡 15000 头（只），直接经济损失达到 2901
万元。

图 1-9　农作物受损现场照片

1. 刺激

（1）皮肤　当某些危险化学品和皮肤接触时，危险化学品可使皮肤保护层脱落，而引起
皮肤干燥、粗糙、疼痛，这种情况称作皮炎，许多危险化学品能引起皮炎。

（2）眼睛　危险化学品和眼部接触导致的伤害轻至轻微的、暂时性的不适，重至永久性
的伤害，伤害严重程度取决于中毒的剂量，采取急救措施的快慢。

（3）呼吸系统　雾状、气态、蒸气化学刺激物和上呼吸系统（鼻和咽喉）接触时，会导
致火辣辣的感觉，这一般是由可溶物引起的，如氨水、甲醛、二氧化硫、酸、碱，它们易被
鼻咽部湿润的表面所吸收。

一些刺激物对气管的刺激可引起气管炎，甚至严重损害气管和肺组织，如二氧化硫、氯气、煤尘。一些化学物质将会渗透到肺泡区，引起强烈的刺激或导致肺水肿。表现有咳嗽、呼吸困难（气短）、缺氧以及痰多。例如二氧化氮、臭氧以及光气等。

2. 过敏

（1）皮肤　皮肤过敏是指接触后在身体接触部位或其他部位产生的皮炎（皮疹或水疱）。如环氧树脂、胺类硬化剂、偶氮染料、煤焦油衍生物和铬酸等。

（2）呼吸系统　呼吸系统对化学物质的过敏引起职业性哮喘，这种症状的反应常包括咳嗽，特别是夜间，以及呼吸困难，如气喘和呼吸短促，引起这种反应的危险化学品有甲苯、聚氨酯、福尔马林。

3. 缺氧（窒息）

窒息涉及对身体组织氧化作用的干扰。这种症状分为三种：单纯窒息、血液窒息和细胞内窒息。

（1）单纯窒息　这种情况是由于周围大气中氧气被惰性气体所代替，如氮气、二氧化碳、乙烷、氢气或氦气，而使氧气量不足以维持生命的继续。一般情况下，空气中含氧21％。如果空气中氧含量降到17％以下，机体组织的供氧不足，就会引起头晕、恶心，调节功能紊乱等症状。这种情况一般发生在空间有限的工作场所，缺氧严重时导致昏迷，甚至死亡。

（2）血液窒息　这种情况是由于化学物质直接影响机体传送氧的能力，典型的血液窒息性物质就是一氧化碳。空气中一氧化碳含量达到0.05％时就会导致血液携氧能力严重下降。

（3）细胞内窒息　这种情况是由于化学物质直接影响机体和氧结合的能力，如氰化氢、硫化氢等。这些物质影响细胞和氧的结合能力，尽管血液中含氧充足。

4. 昏迷和麻醉

接触高浓度的某些危险化学品，如乙醇、丙醇、丙酮、丁酮、乙炔、烃类、乙醚、异丙醚会导致中枢神经抑制。这些危险化学品有类似醉酒的作用，一次大量接触可导致昏迷甚至死亡。但也会导致一些人沉醉于这种麻醉品。

5. 全身中毒

全身中毒是指化学物质引起的对一个或多个系统产生有害影响并扩展到全身的现象，这种作用不局限于身体的某一点或某一区域。

6. 致癌

长期接触一定的化学物质可能引起人体细胞的无节制生长，形成癌性肿瘤。这些肿瘤可能在第一次接触这些物质以后许多年才表现出来，这一时期被称为潜伏期，一般为4～40年。造成职业肿瘤的部位是变化多样的，未必局限于接触区域，如砷、石棉、铬、镍等物质可能导致肺癌；鼻腔癌和鼻窦癌是由铬、镍、木材、皮革粉尘等引起的；膀胱癌与接触联苯胺、萘胺、皮革粉尘等有关；皮肤癌与接触砷、煤焦油和石油产品等有关；接触氯乙烯单体可引起肝癌；接触苯可引起再生障碍性贫血。

7. 致畸

接触化学物质可能对未出生胎儿造成危害，干扰胎儿的正常发育。在怀孕的前三个月，脑、心脏、胳膊和腿等重要器官正在发育，一些研究表明，化学物质可能干扰正常的细胞分裂过程，如麻醉性气体、水银和有机溶剂，从而导致胎儿畸形。

8. 致突变

某些危险化学品对工人遗传基因的影响可能导致后代发生异常，试验结果表明，80％～85％的致癌化学物质对后代有影响。

9. 尘肺

尘肺是由于在肺的换气区域发生了微小尘粒的沉积以及肺组织对这些沉积物的反应，很难在早期发现肺的变化，当 x 射线检查发现这些变化的时候病情已经较重了。尘肺病患者肺的换气功能下降，在紧张活动时将发生呼吸短促症状，这种作用是不可逆的，能引起尘肺病的物质有石英晶体、石棉、滑石粉、煤粉等。

三、危险化学品的环境危害

随着化学工业的发展，各种危险化学品的产量大幅度增加，新危险化学品也不断涌现。
人们在充分利用危险化学品的同时，也产生了大量的化学废物，其中不乏有毒有害物质。随意排放及危险化学品其他途径的泄放，使环境状况日益恶化，严重污染了环境，如何认识危险化学品的污染危害，最大限度地降低危险化学品的污染，加强环境保护力度，已是急待解决的重大问题。2005 年 11 月 13 日 13 时 30 分许，吉林某双苯厂苯胺装置发生爆炸着火特别重大化学事故，直径 2km 范围内的建筑物玻璃全部破碎，10km 范围内有明显震感。据吉林市地震局测定，爆炸当量相当于 1.9 级地震。如图 1-10 所示。事故死亡 8 人，重伤 1 人，轻伤 59 人，疏散群众 1 万多人，泄漏的苯类污染物

图 1-10　吉林某双苯厂苯胺装置爆炸事故现场照片

进入松花江，是一起特大安全生产责任事故和特别重大水污染责任事件，给下游人民群众的生产生活造成了严重的影响，同时引发国际争端。如图 1-11 所示。

图 1-11　松花江被污染照片

1. 危险化学品进入环境的途径

危险化学品进入环境的途径主要有四种：

（1）事故排放，在生产、储存和运输过程中由于着火、爆炸、泄漏等突发性化学事故，致使大量有害危险化学品外泄进入环境。

（2）废物排放在生产、加工、储存过程中，以废水、废气、废渣等形式排放进入环境。

（3）人为施用直接进入环境，如农药、化肥的施用等。

（4）人类活动中废弃物的排放，在石油、煤炭等燃料燃烧过程中以及家庭装饰等日常生活使用中直接排入或者使用后作为废弃物进入环境。

2. 危险化学品的污染危害

（1）对大气的危害

1）破坏臭氧层　研究结果表明，含氯化学物质，特别是氯氟烃进入大气会破坏同温层的臭氧，另外，N_2O、CH_4 等对臭氧也有破坏作用。

臭氧可以减少太阳紫外线对地表的辐射，臭氧减少导致地面接收的紫外线辐射量增加，从而导致皮肤癌和白内障的发病率大量增加。

2）导致温室效应　大气层中的某些微量组分能使太阳的短波辐射透过加热地面，而地面增温后所放出的热辐射，都被这些组分吸收，使大气增温，这种现象称为温室效应。这些能使地球大气增温的微量组分，称为温室气体。主要的温室气体有 CO_2、CH_4、N_2O、氟氯烷烃等，其中 CO_2 是造成全球变暖的主要因素。

温室效应产生的影响主要有使全球变暖和海平面的上升。如全球海平面，在过去的一百年里平均上升了 14.4cm，我国沿海的海平面也平均上升了 11.5cm，海平面的升高将严重威胁低地势岛屿和沿海地区人民的生产和生活。

3）引起酸雨　由于硫氧化物（主要为 SO_2）和氮氧化物的大量排放，在空气中遇水蒸气形成酸雨。对动物、植物、人类等均会造成严重影响。

4）形成光化学烟雾　光化学烟雾主要有两类：

① 伦敦型烟雾。大气中未燃烧的煤尘、SO_2，与空气中的水蒸气混合并发生化学反应所形成的烟雾，称伦敦型烟雾，也称为硫酸烟雾。1952年12月5～8日，英国伦敦上空因受冷高压的影响，出现了无风状态和低空逆温层，致使燃煤产生的烟雾不断积累，造成严重空气污染事件，在一周之内导致4000人死亡。伦敦型烟雾由此而得名。

② 洛杉矶型烟雾。汽车、工厂等排入大气中的氮氧化物或碳氢化合物，经光化学作用生成臭氧、过氧乙酰硝酸酯等，该烟雾称洛杉矶型烟雾。美国洛杉矶市20世纪40年代初有汽车250多万辆，每天耗油约$1.600×10^4$L，向大气排放大量的碳氢化合物、氮氧化物、一氧化碳，汽车排出的尾气在日光作用下，形成臭氧、过氧乙酰硝酸酰为主的光化学烟雾。1946年夏发生过一次危害；1954年又发生过一次很严重的大气污染危害；在1955年的一次污染事件中仅65岁以上的老人就死亡400多人。

在我国兰州西固地区，氮肥厂排放的NO_2、炼油厂排放的碳氢化合物，在光作用下，也发生过光化学烟雾。

（2）对土壤的危害　据统计，我国每年向陆地排放有害化学废物$2.242×10^7$t，由于大量化学废物进入土壤，导致土壤酸化、土壤碱化和土壤板结。

（3）对水体的污染　水体中的污染物概括地说可分为四大类：无机无毒物、无机有毒物、有机无毒物和有机有毒物。无机无毒物包括一般无机盐和氮、磷等植物营养物；无机有毒物包括各类重金属（汞、镉、铅、铬）和氧化物、氟化物等；有机无毒物主要是指在水体中的比较容易分解的有机化合物，如碳水化合物、脂肪、蛋白质等；有机有毒物主要为苯酚、多环芳烃和多种人工合成的具有积累性的稳定有机化合物，如多氯醛苯和有机农药等。有机物的污染特征是耗氧，有毒物的污染特性是生物毒性。

① 含氮、磷及其他有机物的生活污水、工业废水排入水体，使水中养分过多，藻类大量繁殖，海水变红，称为"赤潮"，由于造成水中溶解氧的急剧减少，严重影响鱼类生存。

② 重金属、农药、挥发酚类、氧化物、砷化合物等污染物可在水中生物体内富集，造成其损害、死亡、破坏生态环境。

③ 石油类污染可导致鱼类、水生生物死亡，还可引起水上火灾。

1995年全国工业企业通过工业三废向江河湖泊排放的石油类54150t，硫化物41554t，挥发酚5335t，铅1250t。化工废水中氰化物、砷、汞、铅和挥发酚1994年达24274t。

（4）对人体的危害　一般来说，未经污染的环境对人体功能是适合的，在这种环境中人能够正常地吸收环境中的物质而进行新陈代谢。但当环境受到污染后，污染物通过各种途径侵入人体，将会毒害人体的各种器官组织，使其功能失调或者发生障碍，同时可能会引起各种疾病，严重时将危及生命。

① 急性危害　在短时间内（或者是一次性的），有害物大量进入人体所引起的中毒为急性中毒。急性危害对人体影响最明显，较为典型的是1952年12月发生在英国伦敦的烟雾事件，死亡者达4000余人。

② 慢性危害　小量的有害物质经过长时期的侵入人体所引起的中毒，称为慢性中毒。慢性中毒一般要经过长时间之后才逐渐显露出来，对人的危害是慢性的，如由镉污染引起的骨痛病便是环境污染慢性中毒的典型例子。

③ 远期危害　化学物质往往会通过遗传影响到子孙后代，引起胎儿致畸致突变等。我国每年癌症新发病人有150万人，死亡110万人，而造成人类癌症的原因80%～85%与化学因素有关。我国每年由于农药中毒死亡约1万人，急性中毒约10万人。

第二章

危险化学品防火防爆安全技术

在危险化学品生产中，所采取的原料或生产出的中间体和化工产品，大都是可燃或易燃的物质。这些物质以不同的状态与空气形成爆炸性混合物，在较小的着火能源作用下，便能引起严重的燃烧和爆炸事故。一旦这些事故发生，将会威胁到千百万劳动者的生命和健康，造成国家财产的巨大损失。因此，掌握火灾和爆炸的基本知识以及防火与防爆技术措施，具有非常重要的意义。

第一节　燃烧的基本原理

一、燃烧及其条件

（一）燃烧

燃烧是可燃物质（气体、液体或固体）与氧或氧化剂发生伴有发光和放热的一种激烈的化学反应。

发光、放热和生成新物质是燃烧反应的三个特征。可燃物质不仅是和氧化合的反应属于燃烧，在某些情况下，和氯、硫的蒸气等所起的化合反应也属于燃烧，如灼热的铁能在氯气中燃烧等，它虽没有同氧化合，但所发生的反应却是一种激烈的伴有放热和发光的化学反应。燃烧反应与一般氧化反应不同，其特点是燃烧反应激烈，放出热量多，放出的热量足以把燃烧产物加热至灼热发光的程度，并进行化学反应形成新的物质。电灯泡内的钨丝在照明时既发光，又放出热量，但这不是燃烧现象，因为这是物理现象，不是化学现象，更不是氧化反应；乙醇与氧作用生成乙酸是放热的化学反应，但其反应不激烈，放出的热量尚不足以使产物发光，因而这也不是燃烧现象；而煤、木柴等点燃后即发生碳、氢的氧化反应，同时放出热和产生发光的火焰，这才是燃烧。

（二）燃烧的条件

燃烧必须具备三个条件，即可燃物质、助燃物质和着火源。这三个条件必须同时存在并相互作用才能发生燃烧。

1. 可燃物质

凡是能与空气、氧气和其他氧化剂发生剧烈氧化反应的物质，都称为可燃物质。它的种类繁多，按其状态不同可分为气态、液态和固态三类；按其组成不同，可分为无机可燃物质和有机可燃物质两类。无机可燃物质如氢气、一氧化碳等，有机可燃物质如甲烷、乙烷、丙酮等。

2. 助燃物质

凡是具有较强氧化性能，能与可燃物质发生化学反应并引起燃烧的物质称为助燃物或氧化剂，如空气、氧气、氯气等。

3. 着火源

具有一定温度和热量的能源，或者说能引起可燃物质着火的能源称为着火源。常见的着火源有明火、电火花和高温物体等。

在研究燃烧条件时还应当注意到，上述燃烧的三个基本条件在数量上的变化，也会使燃烧速度改变甚至停止燃烧。例如，氧在空气中的浓度降低到 $14\%\sim16\%$ 时，木材的燃烧即行停止。如果在可燃气体与空气混合物中，减少可燃气体的比例，那么燃烧速度会减慢，甚至会停止燃烧；着火源如果不具备一定的温度和足够的热量，燃烧也不会发生。例如，飞溅出的火星可以点燃油棉丝或刨花，但锻造加热炉燃煤炭时的火星如果溅落在大块木材上，会发现它很快就熄灭了，不能引起燃烧。这是因为这种着火源虽然有超过木材着火的温度，但却缺乏足够热量。

二、燃烧的种类

燃烧现象按其发生瞬间的特点，分为着火、自燃、闪燃、爆燃四种。

（一）着火

可燃物质受到外界火源的直接作用而开始的持续燃烧现象叫着火。这是日常生活中最常见的燃烧现象。例如，用火柴点燃柴草，就会引起着火。

可燃物质开始持续燃烧所需的最低温度叫作该物质的燃点或着火点。物质的燃点越低，越容易着火。可燃物质在一定温度 T_c 下开始氧化反应，放出热量。物质进一步受热，氧化反应加剧，这时吸收的热量消耗于物质的升温、熔化、分解或蒸发及向周围的散热上。如果反应继续加快，氧化反应放出的热量大于散失的热量，此时即使不再加热，氧化反应也能加速进行，物质的温度很快达到 T_c，在此温度下或稍高于此温度，物质就开始燃烧。T_c 就是燃点。例如木柴的着火过程是加热到 110℃ 以前是木柴干燥（失去自由水分）的过程；到 175℃ 是分解出化学固定水；到 185℃ 开始分解，230℃ 开始炭化，300℃ 以上开始燃烧。我们说木柴的燃点为 300℃，当然这个过程是在局部进行的。

（二）自燃

可燃物质虽没有受到外界点火源的直接作用，但受热达到一定温度，或由于物质内部的物理（辐射、吸附等）、化学（分解、化合等）或生物（细菌、腐败作用等）反应过程所提供的热量聚积起来使其达到一定的温度，从而发生自行燃烧的现象叫自燃。例如黄磷暴露于空气中时，即使在室温下它与氧发生氧化反应放出的热量也足以使其达到自行燃烧的温度，故黄磷在空气中很容易发生自燃。可燃物质无需直接的点火源就能发生自行燃烧的最低温度叫作该物质的自燃点。物质的自燃点越低，发生火灾的危险性越大。

（三）闪燃

这是液体可燃物的特征之一。当火焰或炽热物体接近易燃和可燃液体时，其液面上的蒸气与空气的混合物会发生一闪即灭的燃烧，这种燃烧现象叫作闪燃。闪燃是短暂的闪火，不是持续的燃烧。这是因为液体在该温度下蒸发速度不快，液体表面上聚积的蒸气一瞬间燃尽，而新的蒸气还未来得及补充，故闪燃一下就熄灭了。尽管如此，闪燃仍然是引起火灾事故的危险因素之一。

在规定的条件下，使易燃和可燃液体蒸发出足够的蒸气，以致在液面上能发生闪燃的最低温度，叫作物质的闪点。闪点与物质的饱和蒸气压有关，饱和蒸气压越大，闪点越低。同一液体的饱和蒸气压随其温度的增高而变大，所以温度较高时容易发生闪燃。如果可燃液体的温度高于它的闪点，随时都有接触点火源而被点燃的危险。所以把闪点低于 45℃ 的液体叫易燃液体，表明它比可燃液体危险性高。

（四）爆燃（或燃爆）

爆燃是火炸药或燃爆性气体混合物的快速燃烧。一般燃料的燃烧需要外界供给助燃的氧，没有氧燃烧反应就不能进行，而火炸药或燃爆性气体混合物中含有较丰富的氧元素或氧气、氧化剂等，它们燃烧时无需外界的氧参与反应，所以它们是能够发生自身燃烧反应的物质，燃烧时若非在特定条件下，其燃烧是迅猛的甚至会从燃烧转变为爆炸。例如，黑火药的燃烧爆炸，煤矿井下巷道甲烷气或煤尘与空气混合物发生燃烧爆炸事故（即所谓瓦斯爆炸）等情况就是这样。

使火炸药或燃爆性气体混合物发生爆燃时所需的最低点火温度叫作该物质的发火点。由于从点火到爆燃有个延滞时间，通常都规定采用 5s 或 5min 作延滞期，以比较不同物质在相同延滞期下的发火点。例如含 8% 的甲烷-空气混合物在 5s 延滞期下的发火温度为 725℃，2♯岩石铵梯炸药的发火点为 186～230℃。

三、燃烧过程及形式

由于可燃物质形态（如固体、液体和气体）不同，当其接近火源或受热时，发生不同的变化，形成不同的燃烧过程。

可燃气体、液体和固体（包括粉尘等），在空气中燃烧时，可以分成扩散燃烧、蒸发燃烧、分解燃烧和表面燃烧四种燃烧形式。

（1）扩散燃烧是指可燃气体分子和空气分子相互扩散、混合，当其浓度达到燃烧极限范围时，在外界火源作用下，使燃烧继续蔓延和扩大。如氢、乙炔等可燃气体从管口等处流向空气所引起的燃烧现象。

（2）蒸发燃烧是指液体蒸发产生蒸气，被点燃起火后，形成的火焰温度进一步加热液体表面，从而加速液体的蒸发，使燃烧继续蔓延和扩大的现象。如酒精、乙醚等液体的燃烧。萘、硫黄等在常温下虽然是固体，但在受热后会升华或熔化而产生蒸发，因而同样能引起蒸发燃烧。

（3）分解燃烧是指在受热过程中伴随有热分解现象，由于热分解而产生可燃性气体，把这种气体的燃烧称为分解燃烧。如具有爆炸性物质缓慢热分解引起的燃烧；木材、煤等固体分解的可燃性气体，再进行燃烧；低熔点的固体烃、蜡等也可进行分解燃烧。

（4）表面燃烧系指可燃物表面接受高温燃烧产物放出的热量，而使表面分子活化，可燃物表面被加热后发生燃烧。燃烧以后的高温气体以同样方式将热量传送给下一层可燃物，这样继续燃烧下去。

在扩散燃烧、蒸发燃烧和分解燃烧的过程中，可燃物虽然是气体、液体或固体，但它们经过流出、蒸发、升华、分解等过程，最后还是归结于可燃气体或蒸气的燃烧。即上述燃烧过程，其燃烧反应总是全部的或者部分的在气相中进行。同时，燃烧现象总是伴有火焰传播和流动。而有的燃烧过程就是在流动系统中发生的。在燃烧过程中，气体是多组分的。比如，有燃料气体、氧化剂、燃烧产物、惰性气体以及各种自由基等。因此，从连续介质角度分析，研究燃烧问题，就是研究多组分的带化学反应的流体力学问题。

因此，可以认为，可燃物质的燃烧过程是吸热和放热化学过程及传热的物理过程的综合。固态和液态可燃物质的燃烧，实际上在凝聚相开始，在气相（火焰）中结束。在凝聚相中，可燃物质开始燃烧，其主要是吸热过程，而在气相中燃烧则是放热过程。大多数凝聚相中产生的反应过程，是靠气相燃烧所放出的热量来实现的。在反应的所有区域内，吸热量与放热量的平衡遭受破坏时，若放热量大于吸热量，则燃烧持续进行。反之，则燃烧熄灭。

四、燃烧特性

（一）完全燃烧

有机可燃气体燃烧，可燃气分子中所含的碳全部氧化成二氧化碳，氢全部氧化生成水，这样的过程称为完全燃烧。可燃气发生完全燃烧所需的氧量称为理论氧量。

(二) 燃烧热

燃烧热的数值是用热量计在常压下测得的，是单位质量或单位体积的可燃物完全燃烧后冷却到18℃时所放出的热量。其中，若把生成的水蒸气冷凝成水所放出的热量计算在内，则称为高发热值；若不把生成的水蒸气冷凝成水所放出的热量计算在内，则称为低发热值。

(三) 燃烧温度

1. 理论燃烧温度

理论燃烧温度是指可燃物与空气在绝热条件下完全燃烧，所释放出来的热量全部用于加热燃烧产物，使燃烧产物达到的最高燃烧温度。某些可燃物在空气中的燃烧温度如表2-1所示。

2. 实际燃烧温度

可燃物燃烧的完全程度与可燃物在空气中的浓度有关，燃烧放出的热量也会有一部分散失于周围环境，燃烧产物实际达到的温度称为实际燃烧温度，也称火焰温度。显然，实际燃烧温度不是固定的值，它受可燃物浓度和一系列外界因素的影响。

表 2-1　可燃物在空气中的燃烧温度

物质	燃烧温度/℃	物质	燃烧温度/℃	物质	燃烧温度/℃
甲醇	1100	丁烷	1982	一氧化碳	1680
乙醇	1180	天然气	2020	二硫化碳	2195
乙炔	2325	石油气	2120	氨	700
乙烯	2102	原油	1100	木材	1000～1177
丙烯	2065	汽油	1200	烟煤	2000～2250
甲烷	1963	重油	1000	褐煤	1400～1950
乙烷	1971	氢	2130		
丙烷	1977	煤气	1600～1850		

(四) 燃烧速度

1. 气体的燃烧速度

可燃气体燃烧不需要像固体、液体那样经过熔化、蒸发过程，而是在常温下就具备了气相的燃烧条件，所以燃烧速度较快。可燃气体的组成、浓度、初温、燃烧形式和管道尺寸对燃烧速度有重要影响，分述如下：

(1) 气体的组成和结构　组成简单的气体比组成复杂的气体燃烧速度快。氢的组成最简单，热值也较高，所以燃烧速度快。

(2) 可燃气体含量　从理论上说，可燃气体含量为化学计算含量，混合气体的热值最大，燃烧温度最高，燃烧速度也最快。可燃气体含量高于或低于此含量时，燃烧速度都会变慢。

(3) 初温　可燃混合气体的燃烧速度随初始温度的升高而加快，混合气体的初始温度越高，则燃烧速度越快。危险化学品生产过程中，各种工艺中可燃气体温度都很高，也就是说这些可燃气体的初始温度很高，一旦由于某种原因起火，就会在极短的瞬间因燃烧速度快而导致爆炸。

(4) 燃烧形式　由于气体分子间扩散速度比较慢，所以采取扩散燃烧形式的气体燃烧速度是比较慢的，它的速度取决于气体分子间的扩散速度。

(5) 管道直径对火焰的传播速度有明显的影响　一般情况下，火焰传播速度随着管道直径的增加而加快。当管道直径增加到某个极限尺寸时，速度就不再增加。同样，传播速度随着管道直径减小而减慢，当管径小到某种程度时，火焰在管道中就不能传播。

可燃气体火焰在25.4mm管道中的燃烧速度如表2-2所示。

表 2-2 可燃气体火焰在 25.4mm 管道中的燃烧速度

气体名称	含量/%	最大火焰传播速度/(m/s)	气体名称	含量/%	最大火焰传播速度/(m/s)
氢	38.5	4.83	丁烷	3.6	0.82
一氧化碳	45.0	1.25	乙烯	7.1	1.42
甲烷	9.8	0.67	炼焦煤气	17.0	1.70
乙烷	6.5	0.85	焦炭发生煤气	48.5	0.37
丙烷	4.6	0.82	水煤气	43.0	3.10

气体的压力和流动状态（如层流、紊流、湍流等）对燃烧速度有很大影响。增高压力会使燃烧速度加快，处于紊流、湍流状态的气流会极大地提高燃烧速度。

2. 液体的燃烧速度

液体的燃烧速度工业上有两种表示方法：一种是以单位面积上单位时间内烧掉的液体质量来表示，叫作液体燃烧的质量速度；另一种是以单位时间内烧掉液层的高度来表示，叫作液体燃烧的直线速度。液体燃烧的初始阶段是蒸发，然后蒸气分解、氧化达到自燃点而燃烧。液体蒸发需要吸收热量，它的速度是比较慢的，所以液体的燃烧速度主要取决于它的蒸发速度。

易燃液体的燃烧速度高于可燃液体的燃烧速度。易燃液体的燃烧速度受到很多因素影响：

（1）初始温度对液体的燃烧速度有影响。初温越高，燃烧速度越快。

（2）液体的含水量影响着燃烧速度。通常不含水的液体比含水的液体燃烧速度快，对重质石油产品（如重油、润滑油等）着火初期的影响尤为显著。

（3）如果液体燃烧在罐内进行，其速度与罐直径、罐内液面高低有关。一般来说，燃烧速度随储罐直径的增加而加快。储罐内液面较高时，因上部空间较少，燃烧时火焰根部离液面较近，辐射传热较多，所以储罐液面较高时比液面较低时的燃烧速度快。

（4）风对液体的燃烧速度有一定的影响。一般来说，风速越高储罐内液体的燃烧速度越快。

3. 固体物质的燃烧速度

固体物质的燃烧速度一般小于可燃气体和液体的燃烧速度。不同组成、不同结构的固体物质，燃烧速度有很大差别，例如萘的衍生物、石蜡、三硫化磷、松香等固体物质，燃烧过程要经过熔化、蒸发、分解氧化、起火燃烧等几个阶段，一般速度较慢。又如硝基化合物、硝化纤维及其制品等，因本身含有不稳定的含氧基团，燃烧是分解式的，所以比较激烈，速度很快。对于同种固体物质，燃烧速度还和固体物质含水量、比表面积（表面积对体积的比值）有关，固体物质的比表面积越大，燃烧速度越快。

五、防火技术基本理论

燃烧必须是可燃物、助燃物和着火源三个基本条件相互作用才能发生的，因此采取措施，防止燃烧三个基本条件的同时存在或者避免它们的相互作用，则是防火技术的基本理论。所有防火技术措施都是在这个基本理论的指导下采取的，或者可以这样说，全部防火技术措施的实质，即是防止燃烧基本条件的同时存在或者避免它们的相互作用。例如，在汽油库里或操作乙炔发生器时，由于空气和可燃物（汽油和乙炔）存在，所以，规定必须严禁烟火，这是防止燃烧条件之一火源存在的一种措施。又如，安全规则规定气焊操作点（火焰）与乙炔发生器或氧气瓶之间的距离必须在 10m 以上，乙炔发生器与氧气瓶之间的距离必须在 5m 以上等，采取这些防火技术措施是为了避免燃烧三个基本条件的相互作用。

一般情况下，防止火灾发生的基本技术措施主要有：

（一）消除着火源

研究和分析燃烧的条件可知，防火的基本原则主要应建立在消除火源的基础上。人们不管是在自己家中或办公室里还是在生产线上，都经常处在各种或多或少的可燃物质包围之中，而这些物质又是存在于人们生活所必不可少的空气中。这就是说，具备了引起火灾的上述燃烧基本条件中的两个条件。结论很简单，消除火源。只有这样，才能在绝大多数情况下满足预防火灾和爆炸的基本要求。火灾原因调查实际上就是查出是哪种着火源引起的火灾。

消除着火源的措施很多，如安装防爆灯具、禁止烟火、接地避雷、隔离和控温等。

（二）控制可燃物

防止燃烧三个基本条件中的任何一条，则可防止火灾的发生。如果采取消除燃烧条件中的第一条，就更具安全可靠性。例如，在电石库防火条例中，通常采取防止火源和防止产生可燃物乙炔的各种有关措施。

控制可燃物的措施主要有：在生活和生产中的可能条件下，以难燃和不燃材料代替可燃材料，如用水泥代替木材建筑房屋；降低可燃物质（可燃气体、蒸气和粉尘）在空气中的浓度，如在车间或库房采取全面通风或局部排风，使可燃物不易积聚，从而不会超过最高允许浓度，防止可燃物质的跑、冒、滴、漏；对于那些相互作用能产生可燃气体或蒸气的物品应加以隔离，分开存放，如电石与水接触会相互作用产生乙炔气体，所以，必须采取防潮措施，禁止自来水管道、热水管道通过电石库等。

（三）隔离空气

在必要时可以使生产置于真空条件下进行，在设备容器中充装惰性介质保护。如水入电石式乙炔发生器在加料后，应采取惰性介质氮气吹扫；燃料容器在检修焊补（动火）前，用惰性介质置换等。也可将可燃物隔离空气储存，如钠存于煤油中，磷存于水中，二硫化碳用水封存放等。

（四）防止形成新的燃烧条件，阻止火灾范围的扩大

设置阻火装置，如在乙炔发生器上设置水封回火防止器或水下气割时在割炬与胶管之间设置阻火器。一旦发生回火，可阻止火焰进入乙炔罐内或阻止火焰在管道里蔓延；在车间或仓库里筑防火墙或在建筑物之间留防火间距，一旦发生火灾，使之不能形成新的燃烧条件，从而防止扩大火灾范围。综上所述，一切防火措施都包括两个方面，一是防止燃烧基本条件的产生，二是避免燃烧基本条件的相互作用。

第二节　爆炸的基本原理

一、爆炸

爆炸是物质在瞬间突然发生物理或化学变化，同时释放出大量气体和能量（光能、热能和机械能）并伴有巨大声音的现象。爆炸的主要特征是物质的状态或成分瞬间发生变化，能量突然释放，温度和压力骤然升高，产生强烈的冲击波并发出巨大的响声。

上述所谓"瞬间"，就是说爆炸发生于极短的时间内。例如，乙炔罐的乙炔与氧气混合发生爆炸时，大约是在 $1/100s$ 内完成下列化学反应的：

$$2C_2H_2 + 5O_2 \Longrightarrow 4CO_2 + 2H_2O + 热量$$

同时释放出大量热能和二氧化碳、水蒸气等气体，能使罐内压力升高 $10 \sim 13$ 倍，其爆炸威力可以使罐体升空 $20 \sim 30m$。

生产中某些完全密闭的耐压容器，如果其中的可燃混合气发生爆炸，但由于容器是足够耐压的，所以，容器并没有被破坏，这与上述乙炔罐里可燃混合气爆炸时的结果是不相同的。这说明爆炸和容器设备的破坏不是必然的联系，容器的破坏不仅可以由爆炸引起，也同

样可以由其他物理原因（如容器内介质的体积膨胀，使压力上升）引起。

二、爆炸的分类

（一）按照爆炸的性质分类

按照爆炸的性质不同，爆炸可分为物理性爆炸、化学性爆炸和核爆炸。

1. 物理性爆炸

物理性爆炸是由物理变化（温度、体积和压力等因素）引起的，在爆炸的前后，爆炸物质的性质及化学成分均不改变。

锅炉的爆炸是典型的物理性爆炸；其原因是过热的水迅速蒸发出大量蒸汽，使蒸汽压力不断提高，当压力超过锅炉的极限强度时，就会发生爆炸。又如，氧气钢瓶受热升温，引起气体压力增高，当压力超过钢瓶的极限强度时即发生爆炸。发生物理性爆炸时，气体或蒸汽等介质潜藏的能量在瞬间释放出来，会造成巨大的破坏和伤害。上述这些物理性爆炸是蒸汽和气体膨胀力作用的瞬时表现，它们的破坏性取决于蒸汽或气体的压力。

2. 化学性爆炸

化学爆炸是由化学变化造成的。化学爆炸的物质不论是可燃物质与空气的混合物，还是爆炸性物质（如炸药），都是一种相对不稳定的系统，在外界一定强度的能量作用下，能产生剧烈的放热反应，产生高温高压和冲击波，从而引起强烈的破坏作用。

爆炸性物品的爆炸与气体混合物的爆炸有下列异同。

① 爆炸的反应速率非常快。爆炸反应一般在 $10^{-5} \sim 10^{-6}$ s 间完成，爆炸传播速度（简称爆速）一般在 $2000 \sim 9000$ m/s 之间。由于反应速率极快，瞬间释放出的能量来不及散失而高度集中，所以有极大的破坏作用。

气体混合物爆炸时的反应速率比爆炸物品的爆炸速率要慢得多，数百分之一至数十秒内完成。所以爆炸功率要小得多。

② 反应放出大量的热。爆炸时反应热一般为 $2900 \sim 6300$ kJ/kg，可产生 $2400 \sim 3400$℃的高温。

气态产物依靠反应热被加热到数千度，压力可达数万个兆帕，能量最后转化为机械功，使周围介质受到压缩或破坏。

气体混合物爆炸后，也有大量热量产生，但温度很少超过 1000℃。

③ 反应生成大量的气体产物。1kg 炸药爆炸时能产生 $700 \sim 1000$L 气体，由于反应热的作用，气体急剧膨胀，但又处于压缩状态，数万个兆帕压力形成强大的冲击波使周围介质受到严重破坏。

气体混合物爆炸虽然也放出气体产物，但是相对来说气体量要少，而且因爆炸速度较慢，压力很少超过 2MPa。

根据爆炸时的化学变化，爆炸可分为四类。

（1）简单分解爆炸　这类爆炸没有燃烧现象，爆炸时所需要的能量由爆炸物本身分解产生。属于这类物质的有叠氮铅、雷汞、雷银、三氯化氮、三碘化氮、三硫化二氮、乙炔银、乙炔铜等。这类物质是非常危险的，受轻微震动就会发生爆炸，如叠氮铅的分解爆炸反应为：

$$Pb(N_3)_2 \xrightarrow{震动} Pb + 3N_2 + 热量$$

（2）复杂分解爆炸　这类爆炸伴有燃烧现象，燃烧所需要的氧由爆炸物自身分解供给。所有炸药如三硝基甲苯、三硝基苯酚、硝化甘油、黑色火药等均属于此类。

如硝化甘油炸药的爆炸反应

$$C_3H_5(ONO_2)_3 \xrightarrow{\text{引爆}} 3CO_2 + 2.5H_2O + 1.5N_2 + 0.25O_2$$

1kg硝化甘油炸药的分解热为6688kJ，温度可达4697℃，爆炸瞬间体积可增大1.6×10^4倍，速度达8625m/s，故能产生强大的破坏力。

这类爆炸物的危险性与简单分解爆炸物相比，危险性稍小。

（3）爆炸性混合物的爆炸　可燃气体、蒸气或粉尘与空气（或氧）混合后，形成爆炸性混合物，这类爆炸的爆炸破坏力虽然比前两类小，但实际危险要比前两类大，这是由于石油化工生产形成爆炸性混合物的机会多，而且往往不易察觉。因此，石油化工生产的防火防爆是一项十分重要的安全工作内容。

爆炸混合物的爆炸需要有一定的条件，即可燃物与空气或氧达到一定的混合浓度，并具有一定的激发能量。此激发能量来自明火、电火花、静电放电或其他能源。

爆炸混合物可分为：

① 气体混合物，如甲烷、氢、乙炔、一氧化碳、烯烃等可燃气体与空气或氧形成的混合物；

② 蒸气混合物，如汽油、苯、乙醚、甲醇等可燃液体的蒸气与空气或氧形成的混合物；

③ 粉尘混合物，如铝粉尘、硫黄粉尘、煤粉尘、有机粉尘等与空气或氧气形成的混合物；

④ 遇水爆炸的固体物质，如钾、钠、碳化钙、三异丁基铝等与水接触，产生的可燃气体与空气或氧气混合形成爆炸性混合物。

（4）分解爆炸性气体的爆炸　分解爆炸性气体分解时产生相当数量的热量，当物质的分解热为80kJ/mol以上时，在激发能源的作用下，火焰就能迅速地传播开来，其爆炸是相当激烈的。

在一定压力下容易引起该种物质的分解爆炸，当压力降到某个数值时，火焰便不能传播，这个压力称为分解爆炸的临界压力。如乙炔分解爆炸的临界压力为0.137MPa，在此压力下储存装瓶是安全的，但是若有强大的点火能源，即使在常压下也具有爆炸危险。

爆炸性混合物与火源接触，便有自由基生成，成为连锁反应的作用中心，点火后，热以及链锁载体都向外传播，促使邻近一层的混合物起化学反应，然后这一层又成为热和链锁载体源泉而引起另一层混合物的反应。在距离火源0.5～1m处，火焰速度只有每秒若干米或者还要小一些，但以后即逐渐加速，到每秒数百米（爆炸）以至数千米（爆轰），若火焰扩散的路程上有障碍物，则由于气体温度的上升及由此而引起的压力急剧增加，可造成极大的破坏作用。

3. 核爆炸

由物质的原子核在发生"裂变"或"聚变"的连锁反应瞬间放出巨大能量而产生的爆炸，如原子弹、氢弹的爆炸就属于核爆炸。

（二）按照爆炸反应的相分类

按照爆炸反应的相的不同，爆炸可分为气相爆炸、液相爆炸和固相爆炸。

（1）气相爆炸　包括可燃性气体和助燃性气体混合物的爆炸；气体的分解爆炸；液体被喷成雾状物引起的爆炸，飞扬悬浮于空气中的可燃粉尘引起的爆炸等。

（2）液相爆炸　包括聚合爆炸、蒸发爆炸以及由不同液体混合所引起的爆炸。例如，硝酸和油脂、液氧和煤粉等混合时引起的爆炸；熔融的矿渣与水接触或钢水包与水接触时，由于过热发生快速蒸发引起的蒸汽爆炸等。

（3）固相爆炸　包括爆炸性化合物及其他爆炸性物质的爆炸（如乙炔铜的爆炸）；导线因电流过载，由于过热，金属迅速气化而引起的爆炸等。

（三）按照爆炸的瞬时爆炸速度分类

（1）轻爆　物质爆炸时的燃烧速度为每秒数米，爆炸时无多大破坏力，声响也不太大。如无烟火药在空气中的快速燃烧，可燃气体混合物在接近爆炸浓度上限或下限时的爆炸即属于此类。

（2）爆炸　物质爆炸时的燃烧速度为每秒十几米至数百米，爆炸时能在爆炸点引起压力激增，有较大的破坏力，有震耳的声响。可燃性气体混合物在多数情况下的爆炸以及火药遇火源引起的爆炸等即属于此类。

（3）爆轰　物质爆炸的燃烧速度为 $1000\sim7000m/s$。爆轰时能在爆炸点突然引起极高压力，并产生超声速的"冲击波"。由于在极短时间内发生的燃烧产物急速膨胀，像活塞一样挤压其周围气体，反应所产生的能量有一部分传给被压缩的气体层，于是形成的冲击波由它本身的能量所支持，迅速传播并能远离爆轰的发源地而独立存在，同时可引起该处的其他爆炸性气体混合物或炸药发生爆炸，从而发生一种"殉爆"现象。

（四）按炸药物的状态分类

（1）气体、蒸气爆炸；

（2）雾滴爆炸；

（3）粉尘、纤维爆炸；

（4）炸药爆炸（无需与空气、氧气混合）。

另外，还有核爆炸。

三、爆炸性混合物

在易燃、易爆物质的生产、运输、储存、使用过程中，能够产生可燃性气体（包括易燃气体、可燃性液体的蒸气或薄雾）、爆炸性粉尘、可燃性粉尘和纤维等物质，与空气混合后，形成在爆炸极限范围内的混合物，称为爆炸性混合物。形成爆炸性混合物的物质，称为爆炸性物质。爆炸性物质与空气混合的形式，有直接混合和间接混合两种。

（一）直接混合

直接混合是指直接与空气混合形成爆炸性混合物。如可燃性气体、可燃性蒸气或薄雾、可燃性粉尘和爆炸性粉尘、可燃性纤维。

（二）间接混合

间接混合是指间接与空气形成爆炸性混合物。如电石、电影胶片等与空气接触不能直接形成爆炸性混合物，但当其与水、空气、热源、氧化剂作用时，可反应分解释放出可燃性气体或可燃性蒸气，继而与空气形成爆炸性混合物，遇火（热源），即发生爆炸。

四、爆炸过程

以化学性爆炸的爆炸性混合物为例，其爆炸过程大致分为三个阶段：

（1）爆炸性混合物的形成阶段，即爆炸开始阶段；

（2）连锁反应阶段，即爆炸范围扩大与爆炸威力升级阶段；

（3）爆炸完成阶段，即爆炸造成灾害性的后果。

五、爆炸极限

（一）定义

可燃物质（可燃气体、蒸气、粉尘或纤维）与空气（氧气或氧化剂）均匀混合形成爆炸性混合物，其浓度达到一定的范围时，遇到明火或一定的引爆能量立即发生爆炸，这个浓度范围称为爆炸极限（或爆炸浓度极限）。形成爆炸性混合物的最低浓度称为爆炸浓度下限，最高浓度称为爆炸浓度上限，爆炸浓度的上限、下限之间称为爆炸浓度范围。

例如，由一氧化碳与空气构成的混合物在火源作用下的燃爆实验情况如表2-3。

从表2-3可见，可燃性混合物有一个发生燃烧和爆炸的浓度范围，即有一个最低浓度和一个最高浓度，混合物中的可燃物只有在其之间才会有燃爆危险。

可燃物质的爆炸极限受诸多因素的影响。如可燃气体的爆炸极限受温度、压力、氧含量、能量等影响，可燃粉尘的爆炸极限受分散度、湿度、温度和惰性粉尘等影响。

可燃气体和蒸气爆炸极限是以其在混合物中所占体积的百分比（%）来表示的，表2-3中一氧化碳与空气的混合物的爆炸极限为12.5%～80%。可燃粉尘的爆炸极限是以其在混合物中的密度（g/m³）来表示的，例如，木粉的爆炸下限为40g/m³，煤粉的爆炸下限为35g/m³，可燃粉尘的爆炸上限，因为浓度太高，大多数场合都难以达到，一般很少涉及。例如，糖粉的爆炸上限为13500g/m³，煤粉的爆炸上限为13500g/m³，一般场合不会出现。可燃性混合物处于爆炸下限和爆炸上限时，爆炸所产生的压力不大，温度不高，爆炸威力也小。当可燃物的浓度大致相当于反应当量浓度（表2-3中的30%）时，具有最大的爆炸威力。反应当量浓度可根据燃烧反应式计算出来。

表 2-3　一氧化碳与空气混合在火源作用下燃爆实验

CO在混合气体中所占体积/%	燃爆情况	CO在混合气体中所占体积/%	燃爆情况
<12.5	不燃不爆	30～80	燃爆逐渐减弱
12.5	轻度燃爆	80	轻度燃爆
12.5～30	燃爆逐渐加强	>80	不燃不爆
30	燃爆最强烈		

可燃性混合物的爆炸极限范围越宽，其爆炸危险性越大，这是因为爆炸极限越宽则出现爆炸条件的机会越多。爆炸下限越低，少量可燃物（如可燃气体稍有泄漏）就会形成爆炸条件；爆炸上限越高，则有少量空气渗入容器，就能与容器内的可燃物混合形成爆炸条件。生产过程中，应根据各种可燃物所具有爆炸极限的不同特点采取严防跑、冒、滴、漏和严格限制外部空气渗入容器与管道内等安全措施。应当指出，可燃性混合物的浓度高于爆炸上限时，虽然不会着火和爆炸，但当它从容器里或管道里逸出，重新接触空气时却能燃烧，因此，仍有发生着火的危险。

（二）爆炸反应当量浓度的计算

爆炸性混合物中的可燃物质和助燃物质的浓度比例恰好能发生完全化合反应时，爆炸所析出的热量最多，产生的压力也最大，实际的反应当量浓度稍高于计算的反应当量浓度。当混合物中可燃物质超过化学反应当量浓度时，空气就会不足，可燃物质就不能全部燃尽，于是混合物在爆炸时所产生的热量和压力就会随着可燃物质在混合物中浓度的增加而减小；如果可燃物质在混合物中的浓度增加到爆炸上限，那么其爆炸现象与在爆炸下限时所产生的现象大致相同。因此，我们说的可燃物质的化学当量浓度也就是理论上完全燃烧时在混合物中该可燃物质的含量。

根据化学反应计算可燃气体或蒸气的反应当量浓度。

例如，求一氧化碳在空气中的反应当量浓度。

解：写出一氧化碳在空气中燃烧的反应式：

$$2CO + O_2 + 3.76N_2 =\!=\!= 2CO_2 + 3.76N_2$$

根据反应式得知，参加反应的物质的总体积为 $2+1+3.76=6.76$。若以这个总体积为100，则两个体积的一氧化碳在总体积中所占比例为

$$X = \frac{2}{6.76} \times 100\% = 29.6\%$$

（三）爆炸极限的影响因素

爆炸极限通常是在常温常压等标准条件下测定出来的数据，它不是固定的物理常数。同一种可燃气体、蒸气的爆炸极限也不是固定不变的，它随温度、压力、含氧量、惰性气体含量、火源强度等因素的变化而变化。

1. 初始温度

混合气着火前的初温升高，会使分子的反应活性增加，导致爆炸范围扩大，即爆炸下限降低，上限提高，从而增加了混合物的爆炸危险性。

2. 初始压力

增加混合气体的初始压力，通常会使上限显著提高，爆炸范围扩大。增加压力还能降低混合气的自燃点，这样使得混合气在较低的着火温度下能够发生燃烧。原因在于，处在高压下的气体分子比较密集，浓度较大，这样分子间传热和发生化学反应比较容易，反应速率加快，而散热损失却显著减少。压力对甲烷爆炸极限的影响如表 2-4 所示。在已知的气体中，只有 CO 的爆炸范围是随压力增加而变窄的。

表 2-4　压力对甲烷爆炸极限的影响

初始压力/Pa	爆炸下限/%	爆炸上限/%	初始压力/Pa	爆炸下限/%	爆炸上限/%
100	5.6	14.3	5000	5.4	29.4
1000	5.9	17.2	12500	5.7	45.7

混合气在减压的情况下，爆炸范围会随之减小。压力降到某一数值，上限与下限重合，这一压力称为临界压力。低于临界压力，混合气则无燃烧爆炸的危险。在一些化工生产中，对爆炸危险性大的物料的生产、储运往往采用在临界压力以下的条件下进行，如环氧乙烷的生产和储运。

3. 含氧量

混合气中增加氧含量，一般情况下对下限影响不大，因为可燃气在下限浓度时氧是过量的。由于可燃气在上限浓度时含氧量不足，所以增加氧含量使上限显著增高，爆炸范围扩大，增加了发生火灾爆炸的危险性。若减少氧含量，则会起到相反的效果。例如甲烷在空气中的爆炸范围为 5.3%～14%，而在纯氧中的爆炸范围则放大到 5.0%～61%。甲烷的极限氧含量为 12%，若低于极限氧含量，可燃气就不能燃烧爆炸了。

4. 惰性气体含量

爆炸性混合气体中加入惰性气体，如氮、氩、水蒸气、二氧化碳、四氯化碳等，可以使可燃气分子和氧分子隔离，在它们之间形成一层不燃烧的屏障。这层屏障可以吸收能量，使游离基消失，连锁反应中断，阻止火焰蔓延到其他可燃气分子上去，抑制燃烧进行，起到防火和灭火的作用。

混合气体中增加惰性气体含量，会使爆炸上限显著降低，爆炸范围缩小。惰性气体增加到一定浓度时，可使爆炸范围为零，混合物不再燃烧。惰性气体含量对上限的影响较之对下限的影响更为显著是因为在爆炸上限时，混合气中缺氧使可燃气不能完全燃烧，若增加惰性气体含量，会使含氧量更加不足，燃烧更不完全，由此导致爆炸上限急剧下降。

5. 点火源与最小点火能量

点火源的强度高，热表面的面积大，火源与混合物的接触时间长，会使爆炸范围扩大，增加燃烧、爆炸的危险性。

最小点火能量是指能引起一定浓度可燃物燃烧或爆炸所需要的最小能量。混合气体的浓度对点火能量有较大的影响，通常可燃气浓度稍高于化学计量浓度时，所需的点火能量为最小。若点火源的能量小于最小能量，可燃物就不能着火。所以最小点火能量也是一个衡量可燃气、蒸气、粉尘燃烧爆炸危险性的重要参数。对于释放能量很小的撞击摩擦火花、静电火花，其能量是否大于最小点火能量，是判定其能否作为火源引发火灾爆炸事故的重要条件。表 2-5 列出了一些可燃气、蒸气的最小点火能量。

表 2-5　可燃气、蒸气的最小点火能量

可燃气或蒸气	浓度/%	最小点火能量/mJ	可燃气或蒸气	浓度/%	最小点火能量/mJ
二硫化碳	7.8	0.009	丁烷	4.7	0.25
氢	28.0	0.019	己烷	3.4	0.24
硫化氢	12.2	0.077	环氧乙烷	7.72	0.105
氨	21.8	680	环氧丙烷	7.5	0.13
乙炔	7.7	0.019	甲醇	14.7	0.14
乙烯	6.52	0.096	乙醚	5.1	0.19
丙烯	4.44	0.282	乙醛	7.72	0.376
甲烷	8.5	0.28	丙酮	4.97	1.15
乙烷	6.5	0.25	苯	4.7	0.20
丙烷	5.2	0.25	甲苯	2.27	2.5

6. 消焰距离

实验证明，通道尺寸越小，通道内混合气体的爆炸浓度范围越小，燃烧时火焰蔓延速度越慢。这是因为燃烧在一通道中进行时，通道的表面要散失热量，通道越窄，比表面积越大（通道表面积和通道容积的比值），中断连锁反应的机会就越多，相应的热损失也越大。当通道窄到一定程度时，通道内燃烧反应的放热速率就会小于通道表面的散热速率，这时燃烧过程就会在通道内停止进行，火焰也就停止蔓延，因此把火焰蔓延不下去的最大通道尺寸叫消焰距离。

各种可燃气有不同的消焰距离，消焰距离还与可燃气的浓度有关，也受气体流速、压力的影响。所以，消焰距离是可燃物火焰蔓延能力的一个度量参数，也是度量可燃物危险程度的一个重要参数。

六、粉尘混合物的爆炸

（一）粉尘爆炸的危险性

凡是呈细粉状态能较长时间悬浮于空气中的固体物质称为粉尘。大多数粉尘具有可燃性。即它具有与空气中的氧发生反应而放热的性质。粉尘颗粒直径在 10^{-3}cm 以下呈气溶胶而悬浮在空气中，当其分布相当均匀和稠密时，可燃性粉尘也具有爆炸的危险性。例如煤尘、麻棉纤维尘、机械化磨粉的粉尘、谷仓的粉尘、铝、镁等金属粉尘以及以粉体为原料的塑料、有机合成等生产粉尘，均易出现悬浮状态，使这类生产存在极大的爆炸危险性。

粉尘爆炸是粉尘粒子表面分子和氧产生反应所引起的。其爆炸过程可归纳为以下：热能加在粒子表面，使其温度逐渐上升；粒子表面的分子由于热分解或干馏作用，而变为气体分布在粒子周围；这种气体与空气混合而形成爆炸性混合气体，进而发生火焰而燃烧；由于燃烧产生的热量，加速了粉尘粒子的分解，如此循环往复地形成可燃性气体物质与空气混合，从而加速燃烧波的传播。

（二）粉尘爆炸的特征

粉尘爆炸时首先产生压力，经过 0.05～0.1s 后，火焰蔓延。通常在常温、常压下，燃烧波的速率为 2～3m/s，由于燃烧粉尘的膨胀以及压力上升，燃烧波也很快的具有了加速度，随着燃烧波的传播，压力上升速度和爆炸压力虽比气体小，但因燃烧的时间长及产生的能量大，所以造成破坏及烧毁的程度要严重得多；爆炸时因为粒子一边燃烧一边飞散，而使周围可燃物的局部发生严重的碳化，尤其对人体，当受到燃烧的粒子冲击时，则容易受到严重的灼伤。

最初局部爆炸形成的冲击波，使周围的粉尘飞扬起来，从而连续引起二次、三次爆炸，使得危害扩大；与气体混合物爆炸相比，粉尘与空气混合物的燃烧和爆炸容易引起不完全反应。又因在生成气体中含有大量的一氧化碳，引起人体中毒的危险。

（三）粉尘的爆炸极限

粉尘与空气混合物和可燃气体与空气混合物在一定的浓度范围内，才具有爆炸危险性。许多工业可燃粉尘的爆炸下限位于 $20 \sim 60 g/m^3$ 之间，爆炸上限位于 $2 \sim 6 kg/m^3$ 之间。爆炸下限的数据对工业生产具有特别重要的意义。粉尘爆炸的临界浓度，都是以某一种试验方法，在某些条件下获得的数据。

至于粉尘爆炸上限浓度，因在试验时很难造成所需的分散条件，所以一般是较难测准的，因为数据是离散的。鉴于上述原因，通常用爆炸概率表示爆炸极限浓度，而所谓临界浓度，则系指其爆炸概率为百分之几情况下的浓度。

（四）粉尘的爆炸压力与压力上升速度

为了防止粉尘爆炸灾害，应当挖掘其爆炸的激烈程度。通常使粉尘浓度控制在爆炸下限以下是难做到的。但是根据爆炸的激烈程度采取相应的安全措施则是可能的。例如为了防止灾害的扩大，可设计适当的爆炸压力的泄压装置。

爆炸压力和压力上升速度和其他的特性参数一样，也会受到很多因素的影响。如粉尘的种类、粒度、浓度、点火源种类、试验容器大小、气流干扰、氧浓度以及惰性粉尘杂质含量等，都使其发生很大的变化。系统考虑以上因素，确定爆炸的激烈程度是有必要的。

（五）粉尘的最小点燃能量

粉尘的最小点燃能量可解释为最易点燃的粉尘与空气混合物的浓度下，在数次连续试验时，不能点燃的能量值。在一定条件下，可燃粉尘最小点燃能量指标，可以确定安全防护措施的规模。因此，了解该参数对判断粉尘加工设备的危险性是十分重要的。

（六）沉积在热表面上的粉尘的可燃性

沉积在加热表面上的粉尘因受热，经过一段时间会发生阻燃现象。试验证明，粉尘最易燃烧的层厚在 $10 \sim 20 mm$ 范围内，沉积的阻燃粉尘甚至在极轻微的震动下，也能引起着火和爆炸。如果沉积粉尘的阴燃温度超过悬浮粉尘的燃烧温度，则在悬浮状态下燃烧温度低的粉尘，也可能燃烧。阴燃粉尘的燃烧（如在搅动时）会产生火焰。为采取必要的预防措施，必须及时和定期清扫沉积在热表面上的粉尘。

（七）粉尘燃源的特性和能量

粉尘燃烧和爆炸的危险性取决于两个因素的结合，即存在悬浮状态的粉尘或沉积粉尘和足够强的燃烧源。因此，粉尘的爆炸危险性在很大程度上取决于与粉尘接触的燃烧源的特性和能量。通常粉尘爆炸所需要的引爆能量比起气体爆炸、炸药爆炸所需要的引爆能量大很多。根据粉尘生产的操作经验和对粉尘燃烧和爆炸的分析，必须对下列燃烧源引起重视：明火（气体火焰、气焊嘴和喷灯火焰、电弧）；火花（切割和焊接产生的火花，摩擦产生的火花，电火花，静电放电，燃烧炉和其他火源产生的火花）；加热的炽热的物体（电器灯具、焊铁、加热区）；加热表面（干燥炉的热表面，过载的电线和电器仪表，蒸气管线、法兰）；摩擦热；自燃、化学放热反应；热射线（放大镜）的聚热作用；燃烧热源。在每种具体条件下，都必须采取措施预防引燃引爆能源对粉尘起燃烧作用。

七、防爆技术基本理论

可燃物质的化学性爆炸必须同时具备下列三个条件，且三个条件共同作用。

（1）存在着可燃物质，包括可燃气体、蒸气或薄雾、可燃性粉尘和爆炸性粉尘、可燃性纤维。

（2）可燃物质与空气（或氧气）混合，形成爆炸性混合物并且达到爆炸极限。

（3）必须有足够引燃爆炸性混合物的引爆能量。引爆能源有明火火源、机械能、高温热体热能、化学能、电能、光能、宇宙射线、放射线的高速粒子束和电磁波能量，原子弹、炮弹、炸药等爆炸的冲击波能量等。

在实际工程和日常生活中，要防止化学性爆炸，就必须避免爆炸的三个基本条件同时存在和共同作用，这是预防可燃物质产生化学性爆炸的基本理论，也是防止可燃物质发生化学性爆炸的实质。

第三节　火灾爆炸的形成及总体预防

一、火灾发生的条件

（一）燃烧的条件

从前面的知识我们已经知道，燃烧是有条件的，它必须是可燃物、助燃物和点火源这三个基本条件同时存在并且相互作用才能发生。

1. 可燃物质

物质被分成可燃物质、难燃物质和不可燃物质三类。一般说来，可燃物质是指在火源作用下能被点燃，并且移去火源后能继续燃烧、直到燃尽的物质，如汽油、木材、纸张等。难燃物质是指在火源作用下能被点燃并阴燃，当火源移去后不能继续燃烧的物质，如聚氯乙烯、酚醛塑料等。不可燃物质是指在正常情况下不会被点燃的物质，如钢筋、水泥、砖、石等。可燃物质是防爆与防火的主要研究对象。可燃物的种类繁多，按其组成可分为无机可燃物和有机可燃物两大类。其中，绝大部分可燃物是有机物，小部分是无机物。按常温状态来分又可分为气态、液态和固态三类，一般是气体较易燃烧，其次是液体，再次是固体。不同状态的同一种物质燃烧性能是不同的，同一状态但组成不同的物质其燃烧能力也是不同的。

2. 助燃物质

人们常常又把助燃物质称为氧化剂。氧化剂的种类很多，氧气是一种最常见的氧化剂，它存在于空气中，所以一般可燃物质在空气中均能燃烧。此外，生产中的许多元素和物质如氯、氟、溴、碘以及硝酸盐、氯酸盐、高锰酸盐、双氧水等都是氧化剂，部分氧化剂的分子中含氧较多，当受到光、热或摩擦、撞击等作用时，都能发生分解放出氧气，使可燃物质氧化燃烧。

3. 点火源

点火源是指具有一定能量，能够引起可燃物质燃烧的能源，有时也叫着火源或火源。点火源这一燃烧条件的实质是提供一个初始能量，在这能量的激发下，使可燃物质与氧气发生剧烈的氧化反应，引起燃烧。

可燃物、助燃物和点火源是构成燃烧的三个要素，缺一不可。但仅仅有这三个条件还不够，还要有"量"的方面的条件，如可燃物的数量不够、助燃物不足或点火源的能量不够大，燃烧也不能发生。因此，燃烧条件应作进一步明确的叙述。

（1）一定的可燃物含量　在一定条件下，可燃物只有达到一定的含量，燃烧才会发生。例如在同样温度（20℃）下，用明火瞬间接触汽油和煤油时，汽油会立刻燃烧而煤油则不会燃烧。这是因为汽油的蒸气量已经达到了燃烧所需的浓度量，而煤油蒸气量没有达到燃烧所需的浓度量。由于煤油的蒸发量不够，虽有足够的空气（氧气）和点火源的作用，也不会发生燃烧。

（2）一定的含氧量　要使可燃物质燃烧或使可燃物质不间断地燃烧，必须供给足够数量的空气（氧气），否则燃烧不能持续进行。实验证明，氧气在空气中的浓度降低到 14％～18％时，一般的可燃物质就不能燃烧。

（3）点火源要达到一定的能量　要使可燃物发生燃烧，点火源必须具有能引起可燃物燃烧的最小着火能量。对不同的可燃物来说，这个最小着火能量也不同。如一根火柴可点燃一张纸而不能点燃一块木头；又如电、气焊火花可以将达到一定浓度的可燃气与空气的混合气体引燃爆炸，但却不能将木块、煤块引燃。

总之，要使可燃物发生燃烧，不仅要同时具有三个基本条件，而且每一个条件都须具有一定的"量"，并彼此相互作用。缺少其中任何一个，燃烧便不会发生。火灾发生的条件实质上就是燃烧的条件，一切防火与灭火的基本原理就是防止燃烧的三要素同时存在、相互结合、相互作用。

（二）火灾发展的阶段

通过对大量的火灾事故的研究分析得出，一般火灾事故的发展过程可分为四个阶段，即初期阶段、发展阶段、猛烈阶段和衰灭阶段。

1. 初期阶段

指物质在起火后的十几秒里，可燃物质在着火源的作用下析出或分解出可燃气体，发生冒烟、阴燃等火灾苗子，燃烧面积不大，用较少的人力和应急的灭火器材就能将火控制住或扑灭。

2. 发展阶段

在这个阶段，火苗蹿起，燃烧面积扩大，燃烧速度加快，需要投入较多的力量和灭火器才能将火扑灭。

3. 猛烈阶段

在这个阶段，火焰包围所有可燃物质，使燃烧面积达到最大限度。此时，温度急剧上升，气流加剧，并放出强大的辐射热，是火灾最难扑救的阶段。

4. 衰灭阶段

在这个阶段，可燃物质逐渐烧完或灭火措施奏效，火势逐渐衰落，熄灭。

从火势发展的过程来看，初期阶段易于控制和消灭，所以要千方百计抓住这个有利时机，扑灭初期火灾。如果错过了初期阶段再去扑救，就会付出很大的代价，造成严重的损失和危害。

二、火灾与爆炸事故

（一）火灾及其分类

凡是在时间或空间上失去控制的燃烧所造成的灾害，都叫火灾。

（1）国家标准对火灾的分类　在国家技术标准《火灾分类》（GB/T 4968—2008）中，根据物质燃烧特性将火灾分为四类。

① A 类火灾。指固体物质火灾。如木材、棉、毛、麻、纸张火灾等。

② B 类火灾。指液体火灾和可熔化的固体物质的火灾。如汽油、煤油、柴油、乙醇、沥青、石蜡火灾等。

③ C 类火灾。指气体火灾。如煤气、天然气、甲烷、乙烷、氢气火灾等。

④ D 类火灾。指金属火灾。如钾、钠、镁、铝镁合金火灾等。

（2）按照一次火灾事故损失划分火灾等级　按照一次火灾事故损失的严重程度，将火灾等级划分为三类。

① 具有下列情形之一的为特大火灾：死亡 10 人以上（含本数，下同），重伤 20 人以上，死亡、重伤 20 人以上，受灾户 50 户以上，直接财产损失 100 万元以上。

② 具有下列情形之一的为重大火灾：死亡 3 人以上，重伤 10 人以上，死亡、重伤 10 人以上，受灾户 30 户以上，直接财产损失 30 万元以上。

③ 不具有前列两项情形的为一般火灾。

（二）爆炸事故及其特点

（1）常见爆炸事故类型

① 混合气体爆炸。

② 气体分解爆炸。

③ 粉尘爆炸。

④ 危险性混合物的爆炸。

⑤ 蒸气爆炸。

⑥ 雾滴爆炸。

⑦ 爆炸性化合物的爆炸。

（2）爆炸事故的特点

① 严重性。爆炸事故的破坏性大，往往是摧毁性的，造成惨重损失。

② 突发性。爆炸往往在瞬间发生，难以预料。

③ 复杂性。爆炸事故发生的原因、灾害范围及后果各异，相差悬殊。

爆炸事故的破坏作用有冲击波破坏、灼烧破坏、由于爆炸而飞散的固体碎片砸坏人员或砸坏物体，由于爆炸还可能形成地震波的破坏等。其中冲击波的破坏最为主要，作用也最大。

（三）火灾与爆炸事故的关系

一般情况下，火灾起火后火势逐渐蔓延扩大，随着时间的增加，损失急剧增加。对于火灾来说，初期的救火尚有意义。而爆炸则是突发性的，在大多数情况下，爆炸过程在瞬间完成，人员伤亡及物质损失也在瞬间造成。火灾可能引发爆炸，因为火灾中的明火及高温能引起易燃物爆炸。如油库或炸药库失火可能引起密封油桶、炸药的爆炸；一些在常温下不会爆炸的物质，如醋酸，在火场的高温下有变成爆炸物的可能。爆炸也可以引发火灾，爆炸抛出的易燃物可能引起大面积火灾。如密封的燃料油罐爆炸后由于油品的外泄引起火灾。因此，发生火灾时，要防止火灾转化为爆炸；发生爆炸时，又要考虑到引发火灾的可能，及时采取防范抢救措施。

三、预防火灾与爆炸事故的基本措施

预防事故发生，限制灾害范围，消灭火灾，撤至安全地方是防火防爆的基本原则。根据火灾、爆炸的原因，一般可以从以下两方面加以预防。

（一）火源的控制与消除

引起火灾的着火源一般有明火、冲击与摩擦、热射线、高温表面、电气火花、静电火花等，严格控制这几类火源的使用范围，对于防火防爆是十分必要的。

1. 明火

主要是指生产过程中的加热用火、维修焊割用火及其他火源。明火是引起火灾与爆炸最常见的原因，一般从以下几方面加以控制。

（1）加热用火的控制。加热易燃物料时，要尽量避免采用明火而采用蒸气或其他载热体加热。明火加热设备的布置，应远离可能泄漏易燃液体或蒸气的工艺设备和储罐区，并应布置在其上风向或侧风向。如果存在一个以上的明火设备，应将其集中布置在装置的边缘，并有一定的安全距离。

（2）维修焊割用火的控制。焊接切割时，飞散的火花及金属熔融温度高达2000℃左右，高空作业时飞散距离可达20m远。此类用火除停工、检修外，还往往被用来处理生产过程中的临时堵漏，所以这类作业多为临时性的，容易成为起火原因。因此，使用时必须注意在输送、盛装易燃物料的设备与管道上，或在可燃可爆区域将系统和环境进行彻底的清洗或清理；动火现场应配备必要的消防器材，并将可燃物品清理干净；气焊作业时，应将乙炔发生器放置在安全地点，以防止爆炸伤人或将易燃物引燃；电焊线破残应及时更换或修理，不得利用与易燃易爆生产设备有关的金属构件作为电焊地线，以防止在电路接触不良的地方产生高温或电火花。

（3）其他明火。用明火熬炼沥青、石蜡等固体可燃物时，应选择在安全地点进行；要禁止在有火灾爆炸危险的场所吸烟；为防止汽车、拖拉机等机动车排气管喷火，可在排气管上安装火星熄灭器，对电瓶车应严禁进入可燃可爆区。

2. 冲击与摩擦

机器中轴承等转动的摩擦、铁器的相互撞击或铁制工具打击混凝土地面等都可能发生火花。因此，对轴承要保持良好的润滑；危险场所要用铜制工具替代铁器；在搬运盛有可燃气体或易燃液体的金属容器时，不要抛掷，要防止互相撞击，以免产生火花；在易燃易爆车间，地面要采用不发火的材质铺成，不准穿带钉子的鞋进入车间。

3. 热射线

紫外线有促进化学反应的作用。红外线虽肉眼看不到，但长时间局部加热也会使可燃物起火。直射阳光通过凸透镜、圆形烧瓶会发生聚焦作用，其焦点可成为火源。所以遇阳光曝晒有火灾爆炸危险的物品，应采取避光措施，为避免热辐射，可采用喷水降温、将门窗玻璃涂上白漆或采用磨砂玻璃。

4. 高温表面

要防止易燃物质与高温的设备、管道表面接触。高温物体表面要有隔热保温措施，可燃物料的排放口应远离高温表面，禁止在高温表面烘烤衣物，还要注意经常清洗高温表面的油污，以防止它们分解自燃。

5. 电气火花

电气火花分高压电的火花放电、短时间的弧光放电和接点上的微弱火花。电火花引起的火灾爆炸事故发生率很高，所以对电器设备及其配件要认真选择防爆类型和仔细安装，特别注意对电动机、电缆、电缆沟、电气照明、电气线路的使用、维护和检修。

6. 静电火花

在一定条件下，两种不同物质相互接触、摩擦就可能产生静电，比如生产中的挤压、切割、搅拌、流动以及生活中的起立、脱衣服等都会产生静电。静电能量以火花形式放出，则可能引起火灾爆炸事故。消除静电的方法有两种：一是抑制静电的产生，二是迅速把产生的静电排出。

（二）爆炸控制

爆炸造成的后果大多非常严重，科学防爆是非常重要的一项工作。防止爆炸的主要措施如下。

1. 惰性介质保护

化工生产中，采取的惰性气体主要有氮气、二氧化碳、水蒸气、烟道气等。一般有如下情况需考虑采用惰性介质保护：易燃固体物质的粉碎、筛选处理及其粉末输送时，采用惰性气体进行覆盖保护；处理可燃易爆的物料系统，在进料前，用惰性气体进行置换，以排除系统中原有的气体，防止形成爆炸性混合物；将惰性气体通过管线与有火灾爆炸危险的设备、储槽等连接起来，在万一发生危险时使用；易燃液体利用惰性气体充压输送；在有爆炸性危险的生产场所，对有可能引起火灾危险的电器、仪表等采用充氮气保护；易燃易爆系统检修动火前，使用惰性气体进行吹扫置换；发现易燃易爆气体泄漏时，采用惰性气体（也可用水蒸气）冲淡，用惰性气体进行灭火。

2. 系统密闭，防止可燃物料泄漏和空气进入

为了保证系统的密闭性，对危险设备及系统应尽量采用焊接接头，少用法兰连接；为防止有毒或爆炸性危险气体向容器外逸散，可以采用负压操作系统，对于在负压下生产的设备，应防止空气吸入；根据工艺温度、压力和介质的要求，选用不同的密封垫圈；特别注意检测试漏，设备系统投产前和大修后开车前应结合水压试验，用压缩氮气或压缩空气做气密性检验，如有泄漏应采用相应的防泄漏措施；还要注意平时的维修保养，发现配件、填料破损要及时维修或更换，发现法兰螺丝松弛要设法紧固。

3. 通风置换，使可燃物质达不到爆炸极限

通过通风置换可以有效地防止易燃易爆气体积聚而达到爆炸极限。通风换气次数要有保障，自然通风不足的要加设机械通风。排除含有燃烧爆炸危险物质的粉尘的排风系统，应采用不产生火花的除尘器。含有爆炸性粉尘的空气在进入风机前，应进行净化处理。

4. 安装爆炸遏制系统

爆炸遏制系统由能检测出初始爆炸的传感器和压力式的灭火剂罐组成，灭火剂罐通过传感装置动作。在尽可能短的时间里，把灭火剂均匀地喷射到需要保护的容器里，于是，爆炸燃烧被扑灭，从而控制住爆炸的发生。在爆炸遏制系统里，能自行检测爆炸燃烧，并在停电后的一定时间里仍能继续进行工作。

第四节　防火防爆安全措施

一、灭火措施

灭火剂是能够有效地破坏燃烧条件，中止燃烧的物质。选择灭火剂的基本要求是灭火效率高，使用方便，资源丰富，成本低廉，对人和环境基本无害。常用灭火剂详见第九章内容。

二、防火防爆安全装置

（一）阻火装置

阻火装置的作用是防止火焰窜入设备、容器与管道内，或阻止火焰在设备和管道内扩展。常见的阻火设备包括安全液（水）封、水封井、阻火器和单向阀。

1. 安全液封

一般装设在气体管线与生产设备之间，以水作为阻火介质。其作用原理是由于液封中装有不燃液体，无论在液封的两侧中任一侧着火，火焰至液封即被熄灭，从而阻止火势的蔓延。

2. 水封井

水封井是安全液封的一种，一般设置在含有可燃气体或油污的排污管道上，以防止燃烧爆炸沿排污管道蔓延。其高度一般在 250mm 以上。

3. 阻火器

燃烧开始后，火焰在管中的蔓延速度随着管径的减小而减小。当管径小到某个极限值时，管壁的热损失大于反应热，火焰就不能传播，从而使火焰熄灭，这就是阻火器的原理。在管路上连接一个内装金属网或砾石的圆筒，则可以阻止火焰从圆筒的一端蔓延到另一端。

4. 单向阀

又叫止逆阀、止回阀，是仅允许流体向一定方向流动，遇有回流时自动关闭的一种器件，可防止高压燃烧气流逆向窜入未燃低压部分引起管道、容器、设备爆裂。如液化石油气的气瓶上的调压阀就是一种单向阀。

（二）火灾自动报警装置

它的作用是将感烟、感温、感光等火灾探测器接收到的火灾信号，用灯光显示出火灾发生的部位并发出报警声，唤起人们尽早采取灭火措施。火灾自动报警装置主要由检测器、探测器和探头组成，按其结构的不同，大致可分为感温报警器、感光报警器、感烟报警器和可燃气体报警器。如某个房间出现火情，既能在该层的区域报警器上显示出来，又可在总值班室的中心报警器上显示出来，以便及早采取措施，避免火势蔓延。

1. 感温报警器

是一种利用起火时产生的热量，使报警器中的感温元件发生物理变化，作用于警报装置而发出警报的报警器。此种报警器种类繁多，可按其敏感元件的不同分为定温式、差温式和差定组合式三类。

2. 感光报警器

是利用火焰辐射出来的红外、紫外及可见光探测元件接收了火焰的闪动辐射后随之产生出电信号来报警的报警装置。该报警器能检测瞬间燃烧的火焰，适用于输油管道、燃料仓库、石油化工装置等。

3. 感烟报警器

是利用着火前或着火时产生的烟尘颗粒进行报警的报警装置。主要用来探测可见或不可见的燃烧产物，尤其有阴燃阶段，产生大量的烟和少量的热，很少或没有火焰辐射的初期火灾。

4. 可燃气体报警器

主要用来检测可燃气体的浓度，当气体浓度超过报警点时，便能发出警报。主要用于易燃易爆场所的可燃性气体检测。如日常生活中的煤气、石油气，工业生产中产生的氢、一氧化碳、甲烷、硫化氢等，如果泄漏可燃气体的浓度超过爆炸下限的 $1/6 \sim 1/4$，就会发出报警信号，必须立即采取应急措施。

（三）防爆泄压装置

防爆泄压装置包括安全阀、防爆片、防爆门和放空管等。安全阀主要用于防止物理性爆炸；防爆片和防爆门主要用于防止化学性爆炸；放空管用来紧急排泄有超温、超压、爆聚和分解爆炸危险的物料。

1. 安全阀

安全阀是为了防止非正常压力升高超过限度而引起爆炸的一种安全装置。设置安全阀时要注意：安全阀应垂直安装，并应装设在容器或管道气相界面上；安全阀用于泄放易燃可燃液体时，宜将排泄管接入储槽或容器；安全阀一般可就地排放，但要考虑放空口的高度及方向的安全性；安全阀要定期进行检查。

2. 防爆片

防爆片的作用是排出设备内气体、蒸气或粉尘等发生化学性爆炸时产生的压力，以防设备、容器炸裂。防爆片的爆破压力不得超过容器的设计压力，对于易燃或有毒介质的容器，应在防爆片的排放口装设放空导管，并引至安全地点。防爆片一般装设在爆炸中心的附近效果比较好，并且一般 $6 \sim 12$ 个月更换一次。

3. 防爆门

防爆门一般设置在使用油、气或煤粉作燃料的加热炉燃烧室外壁上，在燃烧室发生爆燃或爆炸时用于泄压，以防止加热炉的其他部分遭到破坏。

4. 放空管

放空管是在紧急情况下，用来排泄超温、超压、爆聚和分解爆炸危险性物料的专用管道。但不属于压力管道范畴。

三、火灾爆炸事故的处置要点

（一）火灾事故处置要点

（1）发生火灾事故后，首先要正确判断着火部位和着火介质，立足于现场的便携式、移动式消防器材，立足于在火灾初起时及时扑救。

（2）如果是电器着火，则要迅速切断电源，保证灭火的顺利进行。

（3）如果是单台设备着火，在甩掉和扑灭着火设备的同时，改用和保护备用设备，继续维持生产。

（4）如果是高温介质漏出后自燃着火，则应首先切断设备进料，尽量安全地转移设备内储存的物料，然后采取进一步的生产处理措施。

（5）如果是易燃介质泄漏后受热着火，则应在切断设备进料的同时，降低高温物体表面的温度，然后再采取进一步的生产处理措施。

（6）如果是大面积着火，要迅速切断着火单元的进料，切断与周围单元生产管线的联系，停机、停泵，迅速将物料倒至罐区或安全的储罐，做好蒸汽掩护。

（7）发生火灾后，要在积极扑灭初起之火的同时迅速拨打火警电话向消防队报告，以得到专业消防队伍的支援，防止火势进一步扩大和蔓延。

（二）泄漏事故处置要点

（1）临时设置现场警戒范围。发生泄漏、跑冒事故后，要迅速疏散泄漏污染区人员至安全区，临时设置现场警戒范围，禁止无关人员进入污染区。

（2）熄灭危险区内一切火源。可燃液体物料泄漏的范围内，首先要绝对禁止使用各种明火。特别是在夜间或视线不清的情况下，不要使用火柴、打火机等进行照明；同时也要注意不要使用刀闸等普通型电器开关。

（3）防止静电的产生。可燃液体在泄漏的过程中，流速过快就容易产生静电。为防止静电的产生，可采用堵洞、塞缝和减少内部压力的方法，通过减缓流速或止住泄漏来达到防静电的目的。

（4）避免形成爆炸性混合气体。当可燃物料泄漏在库房、厂房等有限空间时，要立即打开门窗进行通风，以避免形成爆炸性混合气体。

（5）如果是油罐液位超高造成跑、冒，应急人员要按照规定穿防静电的防护服，佩带自给式呼吸器，立即关闭进料阀门，将物料输送到相同介质的待收罐。

（三）爆炸事故处置要点

（1）发生重大爆炸事故后，岗位人员要沉着、镇静，不要惊慌失措，在班长的带领下，迅速安排人员报警，同时积极组织人员查找事故原因。

（2）在处理事故过程中，岗位人员要穿戴防护服，必要时佩戴防毒面具和采取其他防护措施。

（3）如果是单个设备发生爆炸，首先要切断进料，关闭与之相邻的所有阀门，停机、停泵、停炉、除净塔器及管线的存料，做好蒸汽掩护。

（4）当爆炸引起大火时，在岗人员应要利用岗位配备的消防器材进行扑救，并及时报警，请求灭火和救援，以免事态进一步恶化。

（5）爆炸发生后，要组织人员对临近的设备和管线进行仔细检查，避免再次发生灾害。

第三章

危险化学品生产单元操作安全技术

危险化学品单元操作指各种化学品生产过程中具有共同物理变化特点的通用物理操作，例如物料输送、传热、蒸馏、粉碎、冷冻等。任何化学产品的生产都离不开化工单元操作，它在化工生产中的应用十分普遍。本章重点讨论常见化工单元操作的基本安全技术。

第一节 物 料 输 送

在化工生产过程中，经常需将各种原材料、中间体、产品以及副产品和废弃物，由前一个工序输往后一个工序，或由一个车间输往另一个车间或输往储运地点。这些输送过程在现代化工企业中，是借助于各种输送机械设备实现的。由于所输送物料的形态不同，危险特性不同，采用的输送设备各异，因而保证其安全运行的操作要点及注意事项也就不同。

一、固体块状物料和粉状物料输送

块状物料与粉状物料的输送，在实际生产中多采用皮带输送机、螺旋输送器、刮板输送机、链斗输送机、斗式提升机以及气力输送（风送）等形式。

1. 输送设备的安全注意事项

皮带、刮板、链斗、螺旋、斗式提升机这类输送设备连续往返运转，可连续加料，连续卸载。存在的危险性主要有设备本身发生故障以及由此造成的人身伤害。

（1）防止人身伤害事故

① 在输送设备的日常维护中，润滑、加油和清扫工作是操作者致伤的主要情况。在设备没有安装自动注油和清扫装置的情况下，一律停车进行维护操作。

② 特别关注设备对操作者严重危险的部位。例如：皮带同皮带轮接触的部位，齿轮与齿轮、齿条、链带相啮合的部位。严禁随意拆卸这些部位的防护装置，避免重大人身伤亡事故。

③ 注意链斗输送机下料器的摇把反转伤人。

④ 不得随意拆卸设备突起部位的防护罩，避免设备高速运转时突起部分将人刮倒。

（2）防止设备事故

① 防止皮带运行过程中，因高温物料烧坏皮带，或因斜偏刮挡撕裂皮带的事故发生。

② 严密注意齿轮负荷的均匀，物料的粒度以及混入其中的杂物。防止因为齿轮卡料，拉断链条、链板，甚至拉毁整个输送设备的机架。

③ 防止链斗输送机下料器下料过多，料面过高，造成链带拉断。

2. 气力输送系统的安全注意事项

气力输送即风力输送，它主要凭借真空泵或风机产生的气流动力以实现物料输送，常用于粉状物料的输送。气力输送系统除设备本身因故障损坏外，最大的安全问题是系统的堵塞和由静电引起的粉尘爆炸。

（1）避免管道堵塞引起爆炸

① 具有黏性或湿度过高的物料较易在供料处及转弯处黏附在管壁上，最终造成堵塞。悬浮速度高的物料比悬浮速度低的物料较易沉淀堵塞。

② 管道连接不同心、连接偏错或焊渣突起等易造成堵塞。

③ 大管径长距离输送管比小管径短距离输送管更易发生堵塞。

④ 输料管的管径突然扩大，物料在输送状态中突然停车易造成堵塞。

⑤ 最易堵塞的是弯管和供料附近的加速段，水平向垂直过渡的弯管部位。

（2）防止静电引起燃烧　粉料在气力输送系统中，因管壁摩擦而使系统产生静电，这是导致粉尘爆炸的重要原因之一，因此，必须采取下列措施加以消除。

① 粉料输送应选用导电性材料制造管道，并应良好接地。如采用绝缘材料管道且能防静电时，管外采取接地措施。

② 应对粉料的粒度、形状与管道直径大小，物料与管道材料进行匹配，优选产生静电小的配置。

③ 输送管道直径要尽量大些，力求使管路的弯曲和管道的变径缓慢。管内应平滑，不要装设网格之类部件。

④ 输送速度不应超过规定风速，输送量不应有急剧的变化。

⑤ 粉料不要堆积管内，要定期使用空气或惰性气体进行管壁清扫。

二、液态物料输送

危险化学品生产中，经常遇到液态物料在管道内的输送。高处物料可借其位能自动输往低处。将液态物料由低处输往高处、由一处水平输往另一处、由低压处输往高压处以及为保证克服阻力所需要的能量时，都要依靠泵这种设备去完成。充分认识被输送的液态物料的易燃性，正确选用和操作泵，对化工安全生产十分重要。

危险化学品生产中被输送的液态物料种类繁多，性质各异，温度、压力又有高低之分，因此，所用泵的种类较多。通常可分为离心泵、往复泵、旋转泵（齿轮泵、螺杆泵）、流体作用泵四类。其中，离心泵在化工生产中应用最为普遍。

1. 离心泵的安全要点

（1）避免物料泄漏引发事故

① 保证泵的安装基础坚固，避免因运转时产生机械振动造成法兰连接处松动和管路焊接处破裂，使物料泄漏。

② 操作前及时压紧填料函（松紧适度），以防物料泄漏。

（2）避免空气吸入导致爆炸

① 开动离心泵前，必须向泵壳内充满被输送的液体，保证泵壳和吸入管内无空气积存，同时避免"气缚"现象。

② 吸入口的位置应适当，避免吸入口产生负压，空气进入系统导致爆炸或抽瘪设备。一般情况下泵入口设在容器底部或液体深处。

（3）防止静电引起燃烧

① 在输送可燃液体时，管内流速不应大于安全流速。

② 管道应有可靠的接地措施。

（4）避免轴承过热引起燃烧

① 填料函的松紧应适度，不能过紧，以免轴承过热。

② 保证运行系统有良好的润滑。

③ 避免泵超负荷运行。

（5）防止绞伤

由于电机的高速运转，泵和电机的联轴节处容易发生对人员的绞伤。因此，联轴节处应安装防护罩。

2. 往复泵、旋转泵的安全要点

往复泵和旋转泵（齿轮泵、螺杆泵）用于流量不大、扬程较高或对扬程要求变化较大的场合，齿轮泵一般用于输送油类等黏性大的液体。

往复泵和旋转泵，均属于正位移泵，开车时必须将出口阀门打开，严禁采用关闭出口管路阀门的方法进行流量调节。否则，将使泵内压力急剧升高，引发爆炸事故。一般采用安装回流支路进行流量调节。

3. 流体作用泵的安全要点

流体作用泵是依靠压缩气体的压力或运动着的流体本身进行流体的输送，如常见的酸蛋、空气升液器、喷射泵。这类泵无活动部件且结构简单，在化工生产中有着特殊的用途，常用于输送腐蚀性流体。

空气升液器等是以空气为动力的设备，必须有足够的耐压强度，必须有良好的接地装置。输送易燃液体时，不能采用压缩空气压送，要用氮气、二氧化碳等惰性气体代替空气，以防止空气与易燃液体的蒸气形成爆炸性混合物，遇点火源造成爆炸事故。

三、气体物料输送

1. 气体输送设备的分类

气体输送设备在化工生产中主要用于输送气体、产生高压气体或使设备产生真空，由于各种过程对气体压力变化的要求很不一致，因此，气体输送设备可按其终压（出口压力）或压缩比的大小分为四类：

通风机——终压不大于 14.7kPa（表压），压缩比为 $1 \sim 1.15$；

鼓风机——终压为 $14.7 \sim 300$kPa（表压），压缩比不大于 4；

压缩机——终压为 300kPa（表压）以上，压缩比大于 4；

真空泵——造成真空的气体输送设备，终压为大气压，压缩比根据所造成的真空度而定，一般较大。

2. 气体物料输送的安全要点

气体与液体不同之处是具有可压缩性，因此在其输送过程中当气体压强发生变化，其体积和温度也随之变化。对气体物料的输送必须特别重视在操作条件下气体的燃烧爆炸危险。

（1）通风机和鼓风机

① 保持通风机和鼓风机转动部件的防护罩完好，避免人身伤害事故。

② 必要时安装消音装置，避免通风机和鼓风机对人体的噪声伤害。

（2）压缩机

① 保证散热良好。压缩机在运行中不能中断润滑油和冷却水，否则，将导致高温，引发事故。

② 严防泄漏。气体在高压条件下，极易发生泄漏，应经常检查阀门、设备和管道的法兰、焊接处和密封等部位，发现问题应及时修理更换。

③ 严禁空气与易燃性气体在压缩机内形成爆炸性混合物，必须彻底置换压缩机系统中空气后，方能启动压缩机。在压送易燃气体时，进气吸入口应该保持一定余压，以免造成负压吸入空气。

④ 防止静电。管内易燃气体流速不能过高，管道应良好接地，以防止产生静电引起事故。

⑤ 预防禁忌物的接触。严禁油类与氧压机的接触，一般采用含甘油10%左右的蒸馏水作润滑剂。严禁乙炔与压缩机铜制部件的接触。

⑥ 避免操作失误。经常检查压缩机调节系统的仪表，避免因仪表失灵发生错误判断，操作失误引起压力过高，发生燃烧爆炸事故。避免因操作失误使冷却水进入气缸，发生水锤现象，引发事故。

（3）真空泵

① 严格密封。输送易燃气体时，确保设备密封，防止负压吸入空气引发爆炸事故。

② 输送易燃气体时，尽可能采用液环式真空泵。

第二节　加　　热

加热指将热能传给较冷物体而使其变热的过程，是促进化学反应和完成蒸馏、蒸发、干燥、熔融等单元操作的必要手段。加热的方法一般有直接火加热、水蒸气或热水加热、载体加热以及电加热等。

一、直接火加热

直接火加热是采用直接火焰或烟道气进行加热的方法，其加热温度可达到1030℃。主要以天然气、煤气、燃料油、煤等作燃料，采用的设备有反应器、管式加热炉等。

1. 直接火加热的主要危险性

利用直接火加热处理易燃易爆物质时，危险性非常大，温度不易控制，可能造成局部过热烧坏设备。由于加热不均匀易引起易燃液体蒸气的燃烧爆炸，所以在处理易燃易爆物质时，一般不采用此方法。但由于生产工艺的需要亦可能采用，操作时必须注意安全。

2. 直接火加热的安全要点

① 将加热炉门同加热设备间用砖墙完全隔离，不使厂房内存在明火。炉膛应采用烟道气辐射方式加热，避免火焰直接接触设备，以防止因高温烧穿加热锅和管子。

② 加热锅内残渣应经常清除，以免局部过热引起锅底破裂。

③ 加热锅的烟囱、烟道等灼热部位，要定期检查、维修。

④ 容量大的加热锅发生漏料时，可将锅内物料及时转移。

⑤ 使用煤粉为燃料的炉子，应防止煤粉爆炸，在制粉系统上安装爆破片。煤粉漏斗应保持一定储量，不许倒空，避免因空气进入形成爆炸性混合物。

⑥ 使用液体或气体燃烧的炉子，点火前应吹扫炉膛，排除可能积存的爆炸性混合气体，以免点火时发生爆炸。

二、水蒸气、热水加热

对于易燃易爆物质，采用水蒸气或热水加热，温度容易控制，比较安全，其加热温度可达到100～140℃。在处理与水会发生反应的物料时，不宜用水蒸气或热水加热。

1. 水蒸气、热水加热的主要危险性

利用水蒸气、热水加热易燃易爆物质相对比较安全，存在的主要危险在于设备或管道超压爆炸，升温过快引发事故。

2. 水蒸气、热水加热的安全要点

① 应定期检查蒸气夹套和管道的耐压强度，装设压力计和安全阀，以免容器或管道

炸裂。

② 加热操作时，要严密注意设备的压力变化，通过排气等措施，及时调节压力，以免在升温过程中发生超压爆炸事故。

③ 加热操作时，应保持适宜的升温速度，不能过快，否则可能失去控制，使加热温度超过工艺要求的温度上限，发生冲料、过热燃烧等事故。

④ 高压水蒸气加热的设备和管道应很好保温，避免烤着易燃物品以及发生烫伤事故。

三、载体加热

当采用水蒸气、热水加热难以满足工艺要求时，可采用矿物油、有机物、无机物作为载体进行加热，其加热温度一般可达到 230～540℃，最高可达 1000℃。所采用载体的种类很多，常用的有机油、锭子油、二苯混合物（73.5％二苯醚和 26.5％联苯）、熔盐（7％硝酸钠、40％亚硝酸钠和 53％硝酸钾）、金属熔融物等。

1. 载体加热的主要危险性

无论采用哪一类载体进行加热时，都具有一定的危险性。载体加热的主要危险性在于载体物质本身的危险特性，在操作中必须予以充分重视。

2. 载体加热的安全要点

① 油类作载体加热时，若直接用火通过充油夹套进行加热，且在设备内处理有燃烧、爆炸危险的物质，则需将加热炉门与反应设备用砖墙隔绝，或将加热炉设于车间外面，将热油输送到需要加热的设备内循环使用。油循环系统应严格密闭，不准热油泄漏，要定期检查和清除油锅、油管上的沉积物。

② 使用二苯混合物作载体加热时，特别注意不得混入低沸点杂质（如水等），也不准混入易燃易爆杂质，否则在升温过程中极易产生爆炸危险。因此必须杜绝加热设备内胆或加热夹套内水的渗漏，在加热系统进行水压试验、检修清洗时严禁混入水。还要妥善存放二苯混合物，严禁混入杂质。

③ 使用无机物作为载体加热时，操作时特别注意在熔融的硝酸盐浴中，如加热温度过高、或硝酸盐漏入加热炉燃烧室中或有机物落入硝酸盐浴内，均能发生燃烧或爆炸。水、酸类物质流入高温盐浴或金属浴中，会产生爆炸危险。采用金属浴加热，操作时还应防止金属蒸气对人体的危害。

四、电加热

电加热即采用电炉或电感进行加热。是比较安全的一种加热方式，一旦发生事故，尚可迅速切断电源。

1. 电加热的主要危险性

电加热的主要危险是电炉丝绝缘受到破坏，受潮后线路的短路以及接点不良而产生电火花电弧，电线发热等引燃物料；物料过热分解产生爆炸。

2. 电加热的安全要点

① 用电炉加热易燃物质时，应采用封闭式电炉。电炉丝与被加热的器壁应有良好的绝缘，以防短路击穿器壁，使设备内易燃的物质漏出，产生着火、爆炸。

② 用电感加热时应保证设备的安全可靠程度。如果电感线圈绝缘破坏或受潮发生漏电、短路，产生电火花、电弧，或接触不良发热，均能引起易燃易爆物质着火、爆炸。

③ 注意被加热物料的危险特性，严禁物料过热分解发生爆炸。热敏性物料不应选择电加热。

④ 加强通风以防止形成爆炸性混合物。加强检查维护，及时发现问题，及时处理。

第三节　冷却、冷凝与冷冻

一、冷却、冷凝

1. 冷却、冷凝操作概述

冷却指使热物体的温度降低而不发生相变化的过程；冷凝则指使热物体的温度降低而发生相变化的过程，通常指物质从气态变成液态的过程。

在化工生产中，实现冷却、冷凝的设备通常是间壁式换热器，常用的冷却、冷凝介质是冷水、盐水等。一般情况，冷水所达到的冷却效果不低于 0℃；浓度约为 20% 盐水的冷却效果为 −15～0℃。

冷却、冷凝操作在化工生产中易被人们所忽视。实际上它很重要，而且严重影响安全生产。

2. 冷却、冷凝的安全要点

① 根据被冷却物料的温度、压力、理化性质以及所要求冷却的工艺条件，正确选用冷却剂和冷却设备。

② 严格检查冷却设备的密闭性，不允许物料窜入冷却剂中，也不允许冷却剂窜入被冷却的物料中（特别是酸性气体）。

③ 冷却操作时，冷却介质不能中断，否则会造成热量积聚，系统温度压力骤增，引起爆炸。

④ 开车前首先清除冷凝器中的积液，然后通入冷却介质，最后通入高温物料。停车时，应首先停止通入被冷却的高温物料，再关闭冷却系统。

⑤ 有些凝固点较高的物料，被冷却后变得黏稠，甚至凝固，在冷却时要注意控制温度，防止物料卡住搅拌器或堵塞设备及管道，造成事故。

⑥ 不凝缩可燃气体排空时，应充惰性气体保护。

⑦ 检修冷却、冷凝器必须彻底清洗、置换。

二、冷冻

1. 冷冻操作概述

在化工生产过程中，气体或蒸气的液化，某些组分的低温分离，某些产品的低温储藏与输送等，常需要使用冷冻操作。

冷冻指将物料的温度降到比周围环境温度更低的操作。冷冻操作的实质是借助于某种冷冻剂（如氟里昂、氨、乙烯、丙烯等）蒸发或膨胀时直接或间接地从需要冷冻的物料中取走热量。适当选择冷冻剂和操作过程，可以获得由摄氏零度至接近于绝对零度的任何程度的冷冻。凡冷冻温度范围在 −100℃ 以内的称一般冷冻（冷冻），而冷冻温度范围在 −100℃ 以下的则称为深度冷冻（深冷）。

在化工生产中，通常采用冷冻盐水（氯化钠、氯化钙、氯化镁等盐类的水溶液）间接制冷。冷冻盐水在被冷冻物料与冷冻剂之间循环，从被冷冻物料中吸取热量，然后将热量传给制冷剂。间接制冷所用的主要设备有压缩机、冷凝器、节流阀和蒸发器等。

2. 冷冻的主要危险性

冷冻过程的主要危险来自于冷冻剂的危险性、被冷冻物料潜在的危险性以及制冷设备在恶劣操作条件下的危险性。

3. 冷冻的安全要点

（1）注意冷冻剂的危险　冷冻剂的种类较多，但是目前尚无一种理想的冷冻剂能够满足所有的安全技术条件。选择冷冻剂应从技术、经济、安全等角度去综合考虑，常见的冷冻剂有氨、氟里昂（氟氯烷）、乙烯、丙烯，目前化工生产中使用最广泛的冷冻剂是氨。

① 氨的危险特性。氨具有强烈的刺激性臭味，在空气中超过 $30mg/m^3$ 时，长期作业即会对人体产生危害。氨属于易燃、易爆物质，其爆炸极限为 $15.7\%\sim27.4\%$，当空气中氨浓度达到其爆炸下限时，遇到点火源即产生爆炸危险。氨的温度达 $130℃$ 时，开始明显分解，至 $890℃$ 时全部分解。含水的氨，对铜及铜的合金具有强烈的腐蚀作用。因此，氨压缩机不能使用铜及其合金的零件。

② 氟里昂的危险特性。最常用的氟里昂冷冻剂是氟里昂-11（CCl_3F）和氟里昂-12（CCl_2F_2），它们是一种对心脏毒害作用强烈而又迅速的物质，受高热分解，放出有毒的氟化物和氯化物气体。若遇高热，容器内压增大，有开裂和爆炸的危险。氟里昂应储存于阴凉、通风仓间内，仓内温度不宜超过 $30℃$，远离火种、热源，防止阳光直射。应与易燃物、可燃物分开存放，搬运时轻装轻卸，防止钢瓶及附件破损。氟里昂对大气臭氧层的破坏极大，目前世界各国已限制生产和使用。

③ 乙烯、丙烯的危险特性。乙烯和丙烯均为易燃液体，闪点都很低，其爆炸极限分别为 $2.75\%\sim34\%$ 和 $2\%\sim11.1\%$，与氯气混合后遇点火源极易发生爆炸。乙烯和丙烯积聚静电的能力很强，在使用过程中注意导出静电，同时它们对人的神经有麻醉作用，丙烯的毒性是乙烯的两倍。

（2）氨冷冻压缩机的安全要点

① 电气设备采用防爆型。

② 在压缩机出口方向，应在汽缸与排气阀之间设置一个能使氨通到吸入管的安全装置，以防压力超高。为避免管路爆裂，在旁通管路上不应有任何阻气设施。

③ 易于污染空气的油分离器应设于室外。压缩机要采用低温不冻结且不与氨发生化学反应的润滑油。

④ 制冷系统压缩机、冷凝器、蒸发器以及管路，应有足够的耐压程度且气密性良好，防止设备、管路产生裂纹、泄漏。同时要加强安全阀、压力表等安全装置的检查、维护。

⑤ 制冷系统因发生事故或停电而紧急停车，应注意其对被冷冻物料的排空处理。

⑥ 装冷料的设备及容器，应注意其低温材质的选择，防止低温脆裂。

⑦ 避免含水物料在低温下冻结堵塞管线，造成增压的爆炸事故。

第四节　加压与负压

一、加压

凡操作压力超过大气压的都属于加压操作。加压操作所使用的设备要符合压力容器的要求。加压系统不得泄漏，否则在压力下物料以高速喷出，产生静电，极易发生火灾爆炸。所用的各种仪表及安全设施（如爆破泄压片、紧急排放管等）都必须齐全好用。

二、负压操作

负压操作即低于大气压下的操作。负压系统的设备也和压力设备一样，必须符合强度要求，以防在负压下把设备抽瘪。

负压系统必须有良好的密封，否则一旦空气进入设备内部，形成爆炸混合物，易引起爆炸。当需要恢复常压时，应待温度降低后，缓缓放进空气，以防自燃或爆炸。

第五节　粉碎与筛分

一、粉碎

1. 粉碎操作概述

通常将大块物料变成小块物料的操作称为破碎，将小块物料变成粉末的操作称为研磨。粉碎在化工生产中主要有三个方面的应用：为满足工艺要求，将固体物料粉碎或研磨成粉末，以增加其接触面积来缩短化学反应时间，提高生产效率；使某些物料混合更均匀，使其分散度更好；将成品粉碎成一定粒度，满足用户的需要。

粉碎的方法有挤压、撞击、研磨、劈裂等，可根据被粉碎物料的物理性质和形状大小以及所需的粉碎度来选择进行粉碎的方法。一般对于特别坚硬的物料，挤压和撞击有效；对韧性物料用研磨较好；而对脆性物料则用劈裂为宜。实际生产中，通常联合使用以上四种方法，如挤压与研磨、挤压与撞击等。常用的粉碎设备有圆锥式破碎机、滚碎机、锤式粉碎机、球磨机、环滚研磨机及气流粉碎机等。

2. 粉碎的安全要点

粉碎操作最大的危险性是可燃粉尘与空气形成爆炸性混合物，遇点火源发生粉尘爆炸事故，需注意如下安全事项。

① 保持操作室通风良好，以减少粉尘含量。

② 在粉碎、研磨时料斗不得卸空，盖子要盖严。

③ 应消除粉末输送管道的粉末沉积。

④ 要注意设备的润滑，防止摩擦发热。对研磨易燃易爆物料的设备要通入惰性气体进行保护。

⑤ 可燃物研磨后，应先行冷却，然后装桶，以防发热引起燃烧。

⑥ 发现粉碎系统中粉末阴燃或燃烧时，需立即停止送料，并采取措施断绝空气来源，必要时通入二氧化碳或氮气等惰性气体保护。但不宜使用加压水流或泡沫进行扑救，以免可燃粉尘飞扬，引起事故扩大。

⑦ 粉碎操作应注意定期清洗机器，避免由于粉碎设备高速运转、挤压产生高温使机内存留的原料熔化后结块堵塞进出料口，形成密闭体发生爆炸事故。

二、筛分

1. 筛分操作概述

筛分即用具有不同尺寸筛孔的筛子将固体物料依照所规定的颗粒大小分开的操作。通过筛分将固体颗粒按照粒度（块度）大小分级，选取符合工艺要求的粒度。筛分所用的设备是筛子，筛子分为固定筛和运动筛两类。

2. 筛分的安全要点

筛分最大的危险性是可燃粉尘与空气形成爆炸性混合物，遇点火源发生粉尘爆炸事故。操作者无论进行人工筛分还是机械筛分，都必须注意以下安全问题。

① 在筛分操作过程中，粉尘如具有可燃性，需注意因碰撞和静电而引起燃烧、爆炸。

② 如粉尘具有毒性、吸水性或腐蚀性，需注意呼吸器官及皮肤的保护，以防引起中毒或皮肤伤害。

③ 要加强检查，注意筛网的磨损和避免筛孔堵塞、卡料，以防筛网损坏和混料。

④ 筛分设备的运转部分应加防护罩，以防绞伤人体。

⑤ 振动筛会产生大量噪声，应采取隔离等消声措施。

第六节　熔融与混合

一、熔融

1. 熔融操作概述

熔融是将固体物料通过加热使其熔化为液态的操作。如将氢氧化钠、氢氧化钾、萘、磺酸钠等熔融之后进行化学反应，将沥青、石蜡和松香等熔融之后便于使用和加工。熔融温度一般为 $150\sim350℃$，可采用烟道气、油浴或金属浴加热。

2. 熔融的安全要点

从安全技术角度出发，熔融的主要危险决定于被熔融物料的危险性、熔融时的黏稠程度、中间副产物的生成、熔融设备、加热方式等方面。因此，操作时应从以下方面考虑其安全问题。

(1) 避免物料熔融时对人体的伤害　被熔融固体物料固有的危险性对操作者的安全有很大的影响。例如，碱熔过程中的碱，它可使蛋白质变成胶状碱性蛋白化合物，又可使脂肪变为胶状皂化物质。所以，碱比酸具有更强的渗透能力，且深入组织较快。因此，碱灼伤比酸灼伤更为严重。在固碱的熔融过程中，碱液飞溅至眼部，其危险性非常大，不仅使眼角膜和结膜立即坏死糜烂，同时向深部渗入损坏眼球内部，致使视力严重减退、失明或眼球萎缩。

(2) 注意熔融物中杂质的危害　熔融物的杂质量对安全操作是十分重要的。在碱熔过程中，碱和磺酸盐的纯度是影响该过程安全的最重要的因素之一。碱和磺酸盐中若含有无机盐杂质，应尽量除去，否则，杂质不熔融，呈块状残留于熔融物内。块状杂质的存在，妨碍熔融物的混合，并能使其局部过热、烧焦，致使熔融物喷出烧伤操作人员。因此，必须经常消除锅垢。如沥青、石蜡等可燃物中含水，熔融时极易形成喷油而引发火灾。

(3) 降低物质的黏稠程度　熔融设备中物质的黏稠程度与熔融的安全操作有密切的关系。熔融时黏度大的物料极易黏结在锅底，当温度升高时易结焦，产生局部过热引发着火爆炸。为使熔融物具有较大的流动性，可用水将碱适当稀释。当氢氧化钠或氢氧化钾有水存在时，其熔点就显著降低，从而使熔融过程可以在危险性较小的低温下进行。如用煤油稀释沥青时，必须注意在煤油的自燃点以下进行操作，以免发生火灾。

(4) 防止溢料事故　进行熔融操作时，加料量应适宜，盛装量一般不超过设备容量的三分之二，并在熔融设备的台子上设置防溢装置，防止物料溢出与明火接触发生火灾。

(5) 选择适宜加热方式和加热温度　熔融过程一般在 $150\sim350℃$ 下进行，通常采用烟道气加热，也可采用油浴或金属浴加热。加热温度必须控制在被熔融物料的自燃点以下，同时应避免所用燃料的泄漏引起爆炸或中毒事故。

(6) 熔融设备　熔融设备分为常压设备和加压设备两种。常压设备一般采用铸铁锅，加压设备一般采用钢制设备。对于加压熔融设备，应安装压力表、安全阀等必要的安全设施及附件。

(7) 熔融过程的搅拌　熔融过程中必须不间断地搅拌，使其加热均匀，以免局部过热、烧焦，导致熔融物喷出，造成烧伤。对于液体熔融物可用桨式搅拌，对于非常黏稠的糊状熔融物，则采用锚式搅拌。

二、混合

1. 混合操作概述

混合是指用机械或其他方法使两种或多种物料从相互分散而达到均匀状态的操作。包括液体与液体的混合、固体与液体的混合、固体与固体的混合。在化工生产中，混合是用以加速传热、传质和化学反应（如硝化、磺化等），也用以促进物理变化，制取许多混合体，如溶液、乳浊液、悬浊液、混合物等。

用于液态的混合装置有机械搅拌、气流搅拌。机械搅拌装置包括桨式搅拌器、螺旋桨式搅拌器、涡轮式搅拌器、特种搅拌器。气流搅拌装置是用压缩空气、蒸汽以及氮气通入液体介质中进行鼓泡，以达到混合目的的一种装置。用于固态糊状的混合装置有捏和机、螺旋混合器和干粉混合器。

2. 混合的安全要点

混合操作是一个比较危险的过程。易燃液态物料在混合过程中蒸发速度较快，产生大量可燃蒸气，若泄漏，将与空气形成爆炸性混合物；易燃粉状物料在混合过程中极易造成粉尘漂浮而导致粉尘爆炸。对强放热的混合过程，若操作不当也具有极大的火灾爆炸危险，须注意以下安全事项。

① 混合易燃、易爆或有毒物料时，混合设备应很好密闭，并通入惰性气体进行保护。

② 混合可燃物料时，设备应很好接地，以导除静电，并在设备上安装爆破片。

③ 混合设备不允许落入金属物件。

④ 利用机械搅拌进行混合的操作过程，其桨叶必须具备足够的强度。

⑤ 不可随意提高搅拌器的转速，尤其搅拌非常黏稠的物质。否则，极易造成电机超负荷、桨叶断裂及物料飞溅等。

⑥ 混合过程中物料放热时，搅拌不可中途停止。否则，会导致物料局部过热，可能产生爆炸。因此，在安装机械搅拌的同时，还要辅助以气流搅拌或增设冷却装置。危险物料的气流搅拌混合，尾气应该回收处理。

⑦ 进入大型机械搅拌设备检修时，其设备应切断电源并将开关加锁，以防设备突然启动造成重大人身伤亡。

第七节 过 滤

一、过滤操作概述

过滤是借助重力、真空、加压及离心力的作用，使含固体微粒的液体混合物或气体混合物，通过具有许多细孔的过滤介质，将固体悬浮微粒截留，使之从混合物中分离的单元操作。

过滤操作依其推动力可分为重力过滤、加压过滤、真空过滤、离心过滤，按操作方式分为间歇过滤和连续过滤。一个完整的悬浮溶液的过滤过程应包括过滤、滤饼洗涤、去湿和卸料等几个阶段。常用的液-固过滤设备有板框压滤机、转筒真空过滤机、圆形滤叶加压叶滤机、三足式离心机、刮刀卸料离心机、旋液分离器等。常用的气-固过滤设备有降尘室、袋滤器、旋风分离器等。

二、过滤的安全要点

过滤的主要危险来自于所处理物料的危险特性，如悬浮液中有机溶剂的易燃易爆特性或挥发性、气体的毒害性或爆炸性、有机过氧化物滤饼的不稳定性。因此，操作时必须注意如下几点。

（1）在有爆炸危险的生产中，最好采用转鼓等真空过滤机。

（2）处理有害或爆炸性气体时，采用密闭式的加压过滤机操作，并以压缩空气或惰性气体保持压力。在取滤渣时，应先释放压力，否则会发生事故。

（3）离心过滤机超负荷运转，工作时间过长，转鼓磨损或腐蚀、启动速度过高均有可能导致事故的发生。当负荷不均匀时运转会发生剧烈振动，不仅磨损轴承，且能使转鼓撞击外壳而发生事故。转鼓高速运转也可能由外壳中飞出造成重大事故。

（4）离心过滤机无盖或防护装置不良时，工具或其他杂物有可能落入其中，并以很大速度飞出伤人。杂物留在转鼓边缘也可能引起转鼓振动造成其他危险。

（5）开停离心过滤机时，不要用手帮忙以防发生事故。操作过程力求加料均匀。

（6）清理器壁必须待过滤机完全停稳后，否则，铲勺会从手中脱飞，使人致伤。

（7）有效控制各种点火源。

第八节　蒸发与干燥

一、蒸发

1. 蒸发操作概述

蒸发是借加热作用使溶液中的溶剂不断汽化，以提高溶液中溶质的浓度或使溶质析出的物理过程。例如，氯碱工业中的碱液提浓、海水的淡化等。蒸发过程的实质就是一个传热过程。

蒸发设备即蒸发器，它主要由加热室和蒸发室两部分组成。常见蒸发器的种类有循环型和单程型两种。循环型蒸发器由于其结构差异使循环的速度不同，有很多种形式，其共同的特点是使溶液在其中做循环运动，物料在加热室内的滞料量大，高温下停留的时间较长，不宜处理热敏性物料。单程型蒸发器又称膜式蒸发器，按溶液在其中的流动方向和成膜原因不同分为不同的形式，其共同的特点是溶液只通过加热室一次即可达到所需的蒸发浓度，特别宜于处理热敏性物料。

2. 蒸发的安全要点

蒸发操作的安全技术要点就是控制好蒸发的温度，防止物料产生局部过热及分解导致事故。根据蒸发物料的特性选择适宜的蒸发压力、蒸发器形式和蒸发流程是十分关键的。

（1）被蒸发的溶液，皆具有一定的特性。如溶质在浓缩过程中可能有结晶、沉淀和污垢生成。这些将导致传热效率的降低，并产生局部过热，促使物料分解、燃烧和爆炸。因此，对加热部分需经常清洗。

（2）对热敏性物料的蒸发，须考虑温度控制问题。为防止热敏性物料的分解，可采用真空蒸发，以降低蒸发温度，或尽量缩短溶液在蒸发器内停留时间和与加热面的接触时间，可采用单程型蒸发器。

（3）由于溶液的蒸发产生结晶和沉淀，而这些物质又是不稳定的，则更应注意严格控制蒸发温度。

二、干燥

1. 干燥操作概述

干燥是利用干燥介质所提供的热能除去固体物料中的水分（或其他溶剂）的单元操作。

干燥所用的干燥介质有空气、烟道气、氮气或其他惰性介质。

根据传热的方式不同，可以分为对流干燥、传导干燥和辐射干燥。所用的干燥器有厢式干燥器、气流干燥器、沸腾干燥器、转筒干燥器、喷雾干燥器、滚筒干燥器、真空盘架式干燥器、红外线干燥器、远红外线干燥器、微波干燥器。

2. 干燥的安全要点

干燥过程的主要危险有干燥温度、时间控制不当造成物料分解爆炸，以及操作过程中散发出来的易燃易爆气体或粉尘与点火源接触而产生燃烧爆炸等。因此干燥过程的安全技术主要在于严格控制温度、时间及点火源。

（1）易燃易爆物料干燥时，干燥介质不能选用空气或烟道气。同时，采用真空干燥比较安全，因为在真空条件下易燃液体蒸发速度快，干燥温度可适当控制低一些，防止了由于高温引起物料局部过热和分解，大大降低了火灾、爆炸危险性。注意真空干燥后清除真空时，一定要使温度降低后方能放入空气。否则，空气过早放入，会引起干燥物着火或爆炸。

（2）易燃易爆及热敏性物料的干燥要严格控制干燥温度及时间，保证温度计、温度自动调节装置、超温超时自动报警装置以及防爆泄压装置的灵敏运转。

（3）正压操作的干燥器应密闭良好，防止可燃气体及粉尘泄漏至作业环境中，并要定期清理墙壁积灰。干燥室不得存放易燃物。

（4）干燥物料中若含有自燃点很低的物质和其他有害杂质，必须在干燥前彻底清除。

（5）在操作洞道式、滚筒式干燥器时，须防止机械伤害，应设有联系信号及各种防护装置。

（6）在气流干燥中，应严格控制干燥气流风速，并将设备接地，避免物料迅速运动相互激烈碰撞、摩擦产生静电。

（7）滚筒干燥应适当调整刮刀与筒壁间隙，将刮刀牢牢固定。尽量采用有色金属材料制造的刮刀，以防止刮刀与滚筒壁摩擦产生火花。用烟道气加热的滚筒式干燥器，应注意加热均匀，不可断料，滚筒不可中途停止运转，如有断料或停转，应切断烟道气，并通入氮气保护。

第九节　蒸　馏

一、蒸馏操作概述

蒸馏是利用均相液态混合物中各组分挥发度的差异使混合液中各组分得以分离的操作。通过塔釜的加热和塔顶的回流实现多次部分汽化、多次部分冷凝，气液两相在传热的同时进行传质，使气相中的易挥发组分的浓度从塔底向上逐渐增加，使液相中的难挥发组分的浓度从塔顶向下逐渐增加。

蒸馏操作可分为间歇蒸馏和连续精馏。挥发度差异大、容易分离或对产品纯度要求不高时，通常采用间歇蒸馏；挥发度接近、难于分离或对产品纯度要求较高时，通常采用连续精馏。间歇蒸馏所用的设备为简单蒸馏塔。连续精馏采用的设备种类较多，主要有填料塔和板式塔两类。根据物料的特性，可选用不同材质和形状的填料，选用不同类型的塔板。塔釜的加热方式可以是直接火加热，水蒸气直接加热，蛇管、夹套及电感加热等。

蒸馏按操作压力又可分为常压蒸馏、减压蒸馏、加压蒸馏。处理中等挥发性（沸点为100℃左右）物料，采用常压蒸馏较为适宜；处理低沸点（沸点低于30℃）物料，采用加压蒸馏较为适宜。处理高沸点（沸点高于150℃）物料，易发生分解、聚合及热敏性物料，则应采用真空蒸馏。

二、蒸馏的安全要点

蒸馏涉及加热、冷凝、冷却等单元操作，是一个比较复杂的过程，其危险性较大。蒸馏过程的主要危险性有：易燃液体蒸气与空气形成爆炸性混合物遇点火源发生爆炸；塔釜复杂的残留物在高温下发生热分解、自聚及自燃；物料中微量的不稳定杂质在塔内局部被蒸浓后分解爆炸，低沸点杂质进入蒸馏塔后瞬间产生大量蒸气造成设备压力骤然升高而发生爆炸；设备因腐蚀泄漏引发火灾，因物料结垢造成塔盘及管道堵塞发生超压爆炸；蒸馏温度控制不当，有液泛、冲料、过热分解、超压、自燃及淹塔的危险；加料量控制不当，有沸溢的危险，同时造成塔顶冷凝器负荷不足，使未冷凝的蒸气进入产品受槽后，因超压发生爆炸；回流量控制不当，造成蒸馏温度偏离正常，同时出现淹塔使操作失控，造成出口管堵塞发生爆炸。

在安全技术上，除应根据蒸馏的加热方法采取相应的安全措施外（见本章第二节），还应按物料的性质和工艺要求正确选择蒸馏方法、蒸馏设备及操作压力，严格遵守工艺规程。特别要注意以下安全要点。

1. 常压蒸馏

（1）在常压蒸馏中，易燃液体的蒸馏不能采用明火作热源，采用水蒸气或过热水蒸气加热较为安全。

（2）蒸馏腐蚀性液体，应防止塔壁、塔盘腐蚀致使易燃液体或蒸气逸出，遇明火或灼热炉壁产生燃烧。

（3）蒸馏自燃点很低的液体，应注意蒸馏系统的密闭，防止因高温泄漏遇空气产生自燃。

（4）对于高温的蒸馏系统，应防止冷却水突然漏入塔内。否则，水迅速汽化致使塔内压力突然增高，而将物料冲出或发生爆炸。开车前应将塔内和蒸汽管道内的冷凝水放尽，然后使用。

（5）在常压蒸馏系统中，还应注意防止管道被凝固点较高的物质凝结堵塞，使塔内压力增加而引起爆炸。

（6）直接用火加热蒸馏高沸点物料时，应防止产生自燃点很低的树脂油状物，它们遇空气会自燃。还应防止因蒸干、残渣酯化结垢引起局部过热产生的着火、爆炸事故。油焦和残渣应经常清除。

（7）塔顶冷凝器中的冷却水或冷冻盐水不能中断。否则，未冷凝的易燃蒸气逸出后使系统温度增高，窜出的易燃蒸气遇明火还会引起燃烧。

2. 减压蒸馏

（1）真空蒸馏设备的密闭性是很重要的。蒸馏设备中温度很高，一旦吸入空气，对于某些易爆物质（如硝基化合物）有引起爆炸或着火的危险。因此，真空蒸馏所用的真空泵应安装单向阀，防止突然停泵造成空气进入设备。

（2）当易燃易爆物质蒸馏完毕，待其蒸馏锅冷却，充入氮气后，再停止真空泵运转，以防空气进入热的蒸馏锅引起燃烧或爆炸。

（3）真空蒸馏应注意其操作顺序，先打开真空活门，然后开冷却器活门，最后打开蒸汽阀门。否则，物料会被吸入真空泵，并引起冲料，使设备受压甚至产生爆炸。

（4）易燃物质进行真空蒸馏的排气管，应通至厂房外，管道上应安装阻火器。

3. 加压蒸馏

（1）加压蒸馏设备的气密性和耐压性十分重要，应安装安全阀和温度、压力调节控制装置，严格控制蒸馏温度与压力。

（2）在蒸馏易燃液体时，应注意系统的静电消除。特别是苯、丙酮、汽油等不易导电液体的蒸馏，更应将蒸馏设备、管道良好接地。室外蒸馏塔应安装可靠的避雷装置。

（3）蒸馏设备应经常检查、维修。

第十节　气体吸收与解吸

一、概述

气体吸收按溶质与溶剂是否发生显著的化学反应，可分为物理吸收和化学吸收。按被吸收组分的不同，可分为单组分和多组分吸收；按吸收体系（主要是液相）的温度是否显著变化，可分为等温吸收和非等温吸收。在选择吸收剂时，应注意溶解度、选择性、挥发度、黏度。危险化学品生产中使用的吸收塔的主要类型有板式塔、填料塔、湍球塔、喷洒塔和喷射式吸收器等。

危险化学品生产中的吸收操作大部分与用洗油吸收苯的操作相同，即气液两相在塔内逆流流动、直接接触，物质的传递发生在上升气流与下降液流之中。因此，气体吸收是利用气体混合物各组分在液体溶剂中溶解度的差异来分离气体混合物的单元操作，其逆过程就是脱吸或解吸。混合气体中，能够溶解的组分称为吸收质，以 A 表示；不被吸收的组分称为惰性组分或载体；吸收操作所用的溶剂称为吸收剂，以 S 表示；吸收操作所得的溶液称为吸收液，其成分为溶剂是 S 和溶质 A；排出的气体称为吸收尾气，其主要成分为惰性气体，还含有残余的溶质 A。吸收过程是使混合气中的溶质溶解于吸收剂中而得到一种溶液，即溶质由气相转移到液相的相际传质过程，解吸过程是使溶质从吸收液中释放出来，以使得到的纯净的溶质或使吸收剂循环使用。

（1）混合气体如用硫酸处理焦炉气以回收其中的氨，用液态烃处理裂解气以回收其中的乙烯、丙烯等。

（2）除去有害组分以净化气体，如用水或碱液脱除合成氨原料气中的二氧化碳，用丙酮脱除裂解气中的乙炔等。

（3）制备某种气体的溶液，如用水吸收二氧化氮以制取硝酸，用水吸收甲醛以制取福尔马林，用水吸收氯化氢以制取盐酸等。

（4）工业有害气体的处理，在工业生产中所排放的废气常含有 SO_2、NO、HF 等有害的成分，其含量一般都很低，但若直接排入大气，则对人体和自然环境的危害都很大。因此，在排放之前必须加以治理，这样既得到了副产品，又保护了环境。如磷肥生产中，放出含氟的废气具有强烈的腐蚀性，即可采用水及其他盐类制成有用的氟硅酸钠、冰晶石等；如硝酸厂尾气中含氮的氧化物，可以用碱吸收制成硝酸钠等有用的物质。

二、气体吸收的种类

气体吸收可以分以下三类：

（1）按溶质与溶剂是否发生显著的化学反应，可分为物理吸收和化学吸收。如水吸收二氧化碳、用洗油吸收芳烃等过程属于物理吸收；用硫酸吸收氨、用碱液吸收二氧化碳属于化学吸收。

（2）按被吸收组分的不同，可分为单组分吸收和多组分吸收。如用碳酸丙烯酮吸收合成气中的二氧化碳属于单组分吸收；如用洗油处理焦炉气时，气体中的苯、甲苯等几种组分在洗油中都有显著的溶解，则属于多组分吸收。

（3）按吸收体系（主要是液相）的温度是否显著变化，可分为等温吸收和非等温吸收。

三、吸收剂选择分析

吸收过程是依靠气体吸收剂中的溶解来实现的，因此，吸收剂性能的优劣往往是决定吸收操作效果和过程经济性的关键。在选择吸收剂时，应注意以下几个问题：

（1）溶解度 吸收剂对溶质组分的溶解度要尽可能的大，这样可以提高吸收速率和减少吸收剂用量。

（2）选择性 吸收剂对溶质要有良好的吸收能力，而对混合气体中的惰性组分不吸收或吸收甚微，这样才能有效地分离气体混合物。

（3）挥发性 操作温度下吸收剂的蒸气压要低，以减少吸收和再生过程中吸收剂的挥发损失。

（4）黏度 吸收剂黏度要低，这样可以改善吸收塔内的流动状况，提高吸收速率，且有利于减少吸收剂输送时的动力消耗。

（5）其他 所选用的吸收剂还应尽可能满足无毒性、无腐蚀性、不易燃易爆、不发泡、冰点低、价廉易得以及化学性质稳定等要求。

气体吸收过程安全运行涉及以下内容：

① 溶解相平衡与吸收过程的关系；

② 影响吸收速率的因素与提高吸收速率的方法；

③ 吸收的物料平衡；

④ 吸收操作分析；

⑤ 吸收设备。

解吸又称脱吸，是脱除吸收剂中已被吸收的溶质，而使溶质从液相逸出到气相的过程。在生产中解吸过程用来获得所需较纯的气体溶质，使溶剂得以再生，返回吸收塔循环使用。危险化学品生产上常采用的解吸方法有加热解吸、减压解吸、在惰性气体中解吸、精馏解吸。

第十一节 结 晶

结晶是一种历史悠久的分离技术，是化工、制药、轻工等工业生产常用的精制技术，可从均质液相中获得一定形状和大小的晶状固体。在氨基酸、有机酸和抗生素等生物制品行业，结晶已经成为重要的分离纯化手段。

结晶是从液相或气相生成形状一定、分子（原子、离子）有规则排列的晶体的现象。但工业结晶操作主要以液体原料为对象，结晶是新相生成的过程。作为一种化工单元操作过程，结晶过程没有其他物质的引入，结晶操作的选择性高，可制取高纯或超纯产品。近年来随着对晶体产品要求的提高，不仅要求纯度高、产率大，还对晶形、晶体的主体颗粒、粒度分布、硬度等都加以规定。因此，人们寻求各种外界条件来促进并控制晶核的形成和晶体的生长，以期得到理想的产品。溶液结晶技术是一个重要的化工单元操作，是跨学科的分离与生产技术。

一、结晶方法

结晶方法一般为两种：一种是蒸发结晶；另一种是降温结晶。

1. 蒸发结晶

蒸发溶剂，使溶液由不饱和变为饱和，继续蒸发，过剩的溶质就会呈晶体析出，叫蒸发结晶。例如：当 NaCl 和 KNO_3 的混合物中 NaCl 多而 KNO_3 少时，即可采用此法，先分离出 NaCl，再分离出 KNO$_3$。

2. 降温结晶

先加热溶液，蒸发溶剂成饱和溶液，此时降低热饱和溶液的温度，溶解度随温度变化较大的溶质就会呈晶体析出，叫降温结晶。例如当 NaCl 和 KNO$_3$ 的混合物中 KNO$_3$ 多而 NaCl 少时，即可采用此法，先分离出 KNO$_3$，再分离出 NaCl。

二、结晶单元操作安全事项

结晶过程常采用搅拌装置，搅动液体使之发生某种方式的循环流动，从而使物料混合均匀或促使物理、化学过程加速操作。

结晶过程的搅拌器要注意如下安全问题：

（1）当结晶设备内存在易燃液体蒸气和空气的爆炸性混合物时，要防止产生静电，避免火灾和爆炸事故的发生。

（2）避免搅拌轴的填料函漏油，因为填料函中的油漏入反应器会发生危险。例如硝化反应时，反应器内有浓硝酸，如有润滑油漏入，则油在浓硝酸的作用下氧化发热，使反应物料温度升高，可能发生冲料和燃烧爆炸事故。当反应器内有强氧化剂存在时，也有类似的危险。

（3）对于危险易燃物料不得中途停止搅拌。因为搅拌停止时，物料不能充分混合均匀，反应不良，且大量积聚；而当搅拌恢复时，则大量未反应的物料迅速混合，反应剧烈，往往造成冲料，有燃烧、爆炸危险。如因故障而搅拌停止时，应立即停止加料，迅速冷却；恢复搅拌时，必须待温度平稳、反应正常后方可继续加料，恢复正常操作。

（4）搅拌器应定期维修，严防搅拌器断落造成物料混合不匀，最后突然反应而发生猛烈冲料，甚至爆炸起火；搅拌器应灵活，防止卡死引起电动机升温过高而起火；搅拌器应有足够的机械强度，以防止因变形而与反应器器壁摩擦造成事故。

第十二节 萃 取

萃取时溶剂的选择是萃取操作的关键，萃取剂的性质决定了萃取过程的危险性大小和特点。萃取剂的选择性、物理性质（密度、界面张力、黏度）、化学性质（稳定性、热稳定性和抗氧化稳定性）、萃取剂回收的难易和萃取的安全问题（毒性、易燃性、易爆性）是选择萃取剂时需要特别考虑的问题。工业生产中所采用的萃取流程有多种，主要有单级和多级之分。

萃取设备的主要性能是为两液相提供充分混合与充分分离的条件，使用两相之间具有很大的接触面积中，这种界面通常是将一种液相分散在另一种液相中所形成的，两相流体在萃取设备内以逆流流动方式进行操作。萃取的设备有填料萃取塔、筛板萃取塔、转盘萃取塔、往复振动筛板塔和脉冲萃取塔等。

萃取剂就是用于萃取的溶剂。两种液体互不相溶，需要萃取的物质在两相液体中溶解度差别很大的时候可以进行萃取。如四氯化碳加溴水，溴单质就会从水中溶解入四氯化碳。

一、选用的萃取剂的原则

（1）和原溶液中的溶剂互不相溶；

（2）对溶质的溶解度要远大于原溶剂；

（3）易于挥发；

（4）萃取剂不能与原溶液的溶剂反应。

常用的萃取剂：苯、四氯化碳、酒精、煤油、自馏汽油、己烷、环己烷等。不要忘记，水是最廉价、最易得的萃取剂。

以上的萃取剂主要为物理萃取剂，在目前工业生产中，特别是冶金工业中，大量使用的是化学萃取剂，它广泛应用于除杂净化、分离、产品制备等过程中。

危险化学品生产中的萃取剂，大多溶解于有机溶剂，常见的有机溶剂是磺化煤油。因为它廉价易得，并且对萃取剂有协萃作用，因为里面含有少量的芳香烃，溶于有机溶剂后，可提高萃取剂的萃取能力、增强其金属萃合物的溶解性、降低黏度，降低其挥发性能、降低其在水中的溶解性。

萃取剂主要在有色金属湿法冶金行业应用广泛，比如铜、锌、钴、镍、镉、金、银、铂系金属、稀土等行业。

二、萃取剂的应用

萃取与其他分离溶液组分的方法相比，优点在于常温操作，节省能源，不涉及固体、气体，操作方便。萃取在如下几种情况下应用，通常是有利的。

（1）料液各组分的沸点相近，甚至形成共沸物，为精馏所不易奏效的场合，如石油馏分中烷烃与芳烃的分离，煤焦油的脱酚。

（2）低浓度高沸组分的分离，用精馏能耗很大，如稀醋酸的脱水。

（3）多种离子的分离，如矿物浸取液的分离和净制，若加入化学品作分部沉淀，不但分离质量差，又有过滤操作，损耗也大。

（4）不稳定物质（如热敏性物质）的分离，如从发酵液抽取青霉素。萃取的应用目前仍在发展中，元素周期表中绝大多数的元素，都可以用萃取法提取和分离。萃取剂的选择和研制、工艺和操作条件的确定以及流程和设备的设计计算，都是开发萃取操作的课题。

三、萃取的操作

（1）调节料液 pH 值　如在钴镍冶金中，一般料液 pH 值调节为 3.4～4.0。

（2）萃取剂的配制　按萃取剂与有机溶剂的一定比例（体积比）来配制萃取剂。如 P204 萃取剂，一般以 P204 萃取剂与磺化煤油有机溶剂体积比 4∶1 来配制萃取剂。

（3）萃取金属离子　工业一般应用逆流萃取工艺，也就是有机相与水相按相反的方向流动。这样可以保证萃取的收率。

（4）洗涤　这主要是从除杂方面考虑，把萃取顺序在后的金属离子洗涤到水相，保证有机金属离子的纯度。

（5）水洗　主要考虑萃取分相夹带的问题。

（6）反萃　用一定的酸、碱或盐溶液把金属从有机相中再次转移到水相中。皂化不能中和 pH 值。

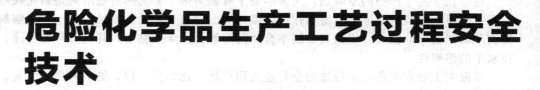

第四章

危险化学品生产工艺过程安全技术

危险化学品的生产过程可以看成是由原料预处理过程、反应过程和反应产物后处理过程三个基本环节构成的。其中，反应过程是化工生产过程的中心环节。各种化学品的生产过程中，以化学为主的处理方法可以概括为具有共同化学反应特点的典型化学反应，如氧化、还原、硝化、磺化、聚合等。

化学反应是有新物质形成的一种变化类型。在发生化学反应时，物质的组成和化学性质都发生了改变。化学反应以质变为其最重要的特征，还伴随着能的变化。化学反应过程必须在某种适宜条件下进行，例如反应物料应有适宜的组成、结构和状态，应要在一定的温度、压强、催化剂以及反应器内的适宜流动状况下进行。

用于实现化学反应过程的设备，其结构型式与化学反应过程的类型和性质有密切的关系。设备内部常有各种各样的装置，如搅拌器、流体分配装置、换热装置、催化剂支承装置等。常见的反应设备有搅拌釜式反应器、固定床反应器、沸腾床反应器和管式反应器等。

由于化学反应过程物质变化多样，反应条件要求严格，反应设备结构复杂，所以其安全技术要求较高。本章重点讨论常见的危险性比较大的一些典型化学反应的基本安全技术，同时对化工生产中主要工艺参数的安全控制进行综述。

第一节　氧　　化

一、氧化反应及其应用

1. 定义

广义地讲，氧化是指失去电子的作用；狭义地讲，氧化是指物质与氧的化合作用。本节主要讨论狭义的氧化反应。

氧化剂指能氧化其他物质而自身被还原的物质，也就是在氧化还原反应中得到电子的物质。常见的氧化剂有氧气（或空气）、重铬酸钠、重铬酸钾、双氧水、氯酸钾、铬酸酐以及高锰酸钾等。

2. 工业应用

氧化反应在化学工业中的应用十分普遍，如硫酸、硝酸、醋酸、苯甲酸、苯酐、环氧乙烷、甲醛等基本化工原料的生产均是通过氧化反应制备的。

（1）硫黄氧化制备硫酸。硫酸是化学工业主要原料之一，应用很广，如制造硫酸铵、过磷酸钙、磷酸、硫酸铝、钛白粉，合成药物、合成洗涤剂、金属冶炼、精炼石油制品等。其氧化反应过程为：

$$S+O_2 \longrightarrow SO_2$$

$$2SO_2+O_2 \xrightarrow{V_2O_3} 2SO_3$$

$$SO_3+H_2O \longrightarrow H_2SO_4$$

（2）氨氧化制备稀硝酸。硝酸是化学工业主要原料之一，用途极广，可供制备氮肥、王水、硝酸盐、硝化甘油、硝化纤维素、硝基苯、苦味酸、TNT 等。其氧化反应过程为：

$$4NH_3+5O_2 \xrightarrow{Pt} 4NO+6H_2O$$

$$2NO+O_2 \longrightarrow 2NO_2$$

$$3NO_2+H_2O \longrightarrow 2HNO_3+NO$$

（3）甲醇氧化制备甲醛。甲醛用作农药和消毒剂，也用于制备酚醛树脂、脲醛树脂、维纶、乌洛托品、季戊四醇和染料等。氧化反应式为：

$$CH_3OH+\frac{1}{2}O_2 \xrightarrow{Ag} HCHO+H_2O$$

（4）乙醇氧化制备醋酸。醋酸用于制醋酸纤维素、醋酐、金属醋酸盐、染料和药物等，也可用作制造橡胶、塑料、染料等的溶剂。其氧化反应过程为：

$$C_2H_5OH+\frac{1}{2}O_2 \xrightarrow{Ag} CH_3CHO+H_2O$$

$$CH_3CHO+\frac{1}{2}O_2 \xrightarrow{Mn(Ac)_2} CH_3COOH$$

（5）甲苯氧化制备苯甲酸。苯甲酸主要用于制备苯甲酸钠防腐剂，并用于制杀菌剂、增塑剂、香料等。其化学反应过程为：

$$\text{⬡—CH}_3 +\frac{3}{2}O_2 \xrightarrow{MnO_2} \text{⬡—COOH} +H_2O$$

（6）萘氧化制备苯酐。苯酐应用很广，用于制染料、药物、聚酯树脂、醇酸树脂、塑料、增塑剂和涤纶等。氧化反应式为：

$$\text{⬡⬡} +\frac{9}{2}O_2 \xrightarrow{V_2O_5} \text{⬡} \begin{matrix} CO \\ CO \end{matrix} O +2CO_2+2H_2O$$

（7）乙烯氧化制备环氧化乙烷。环氧化乙烷用于制乙二醇、抗冻剂、合成洗涤剂、乳化剂、塑料等，并可用作仓库熏蒸剂。氧化反应式为：

$$CH_2\!=\!CH_2 +\frac{1}{2}O_2 \longrightarrow \underset{O}{CH_2\!-\!CH_2}$$

二、氧化的危险性分析

（1）氧化反应初期需要加热，但反应过程又会放热，这些反应热如不及时移去，将会使温度迅速升高甚至发生爆炸。特别是在 250～600℃高温下进行的气相催化氧化反应以及部分强放热的氧化反应，更需特别注意其温度控制，否则会因温度失控造成火灾爆炸危险。

（2）有的氧化过程，如氨、乙烯和甲醇蒸气在空气中的氧化，其物料配比接近于爆炸下限，倘若配比失调，温度控制不当，极易爆炸起火。

（3）被氧化的物质大部分是易燃易爆物质。如氧化制取环氧乙烷的乙烯、氧化制取苯甲酸的甲苯、氧化制取甲醛的甲醇等。

（4）氧化剂具有很大的火灾危险性。如氯酸钾、高锰酸钾、铬酸酐等，如遇点火源以及与有机物、酸类接触，皆能引起着火爆炸。有机过氧化物具有更大的危险，不仅具有很强的氧化性，而且大部分是易燃物质，有的对温度特别敏感，遇高温则爆炸。

（5）部分氧化产品也具有火灾危险性。如环氧乙烷是可燃气体，36.7%的甲醛水溶液是易燃液体等。此外，氧化过程还可能生成危险性较大的过氧化物，如乙醛氧化生产醋酸的过程中有过氧乙酸生成。过醋酸是有机过氧化物，性质极不稳定，受高温、摩擦或撞击便会分解或燃烧。

三、氧化的安全技术要点

（1）必须保证反应设备的良好传热能力。可以采用夹套、蛇管同时冷却，以及外循环冷却等方式；同时采取措施避免冷却系统发生故障，如在系统中设计备用泵和双路供电等；必要时应有备用冷却系统。为了加速热量传递，要保证搅拌器安全可靠运行。

（2）反应设备应有必要的安全防护装置。设置安全阀等紧急泄压装置，超温、超压、含氧量高限报警装置和安全联锁及自动控制等。为了防止氧化反应器万一发生爆炸或着火时危及人身和系统安全，进出设备的物料管道上应设阻火器、水封等防火装置，以阻止火焰蔓延，防止回火。在设备系统中宜设置氮气、水蒸气灭火装置，以便能及时扑灭火灾。

（3）氧化过程中如以空气或氧气作氧化剂时，反应物料的配比应严格控制在爆炸范围之外。空气进入反应器之前，应经过气体净化装置，消除空气中的灰尘、水汽、油污以及可使催化剂活性降低或中毒的杂质，以保持催化剂的活性，减少着火和爆炸的危险。

（4）使用硝酸、高锰酸钾等氧化剂时，要严格控制加料速度、加料顺序，杜绝加料过量、加料错误。固体氧化剂应粉碎后使用，最好呈溶液状态使用。反应中要不间断地搅拌，严格控制反应温度，决不许超过被氧化物质的自燃点。

（5）使用氧化剂氧化无机物时，如使用氯酸钾氧化生成铁蓝颜料时，应控制产品烘干温度不超过其燃点。在烘干之前应用清水洗涤产品，将氧化剂彻底清洗干净，以防止未完全反应的氯酸钾引起已烘干物料起火。有些有机化合物的氧化，特别是在高温下氧化，在设备及管道内可能产生焦状物，应及时清除，以防止局部过热或自燃。

（6）氧化反应使用的原料及产品，应按有关危险品的管理规定，采取相应的防火措施，如隔离存放、远离火源、避免高温和日晒、防止摩擦和撞击等。如果是电介质的易燃液体或气体，应安装除静电的接地装置。

第二节　还　原

一、还原反应及其应用

1. 定义

广义地讲，还原是指得到电子的作用；狭义地讲，还原是指物质被夺去氧或得到氢的反应。本节主要讨论狭义的还原反应。

还原剂指能还原其他物质而自身被氧化的物质，也就是在氧化还原反应中失去电子的物质。常用的还原剂有氢气、硫化氢、硫化钠、锌粉、铁屑、氯化亚锡、甲醛、连二亚硫酸钠（保险粉）、甲基次硫酸氢钠（雕白粉）等。

2. 工业应用

还原反应在化学工业中的应用十分普遍，如通过还原反应可以制备苯胺、环己烷、硬化油、萘胺等化工产品。

（1）硝基苯还原制备苯胺。苯胺应用很广，主要用于染料、药物、橡胶硫化促进剂等。还原反应式为：

$$4\langle\!\!\langle\rangle\!\!\rangle-NO_2 +9Fe+4H_2O \longrightarrow 4\langle\!\!\langle\rangle\!\!\rangle-NH_2 +3Fe_3O_4$$

（2）苯催化加氢制备环己烷。环己烷用作有机合成，医药上用作麻醉剂。还原反应式为：

$$\bigcirc + 3H_2 \xrightarrow{Ni} \bigcirc$$

（3）植物油催化加氢制备硬化油。硬化油用于食品、肥皂、脂肪酸等工业。还原反应式为：

$$\begin{array}{l} C_{17}H_{33}COOCH_2 \\ | \\ C_{17}H_{33}COOCH \\ | \\ C_{17}H_{35}COOCH_2 \end{array} + 3H_2 \xrightarrow{Ni} \begin{array}{l} C_{17}H_{35}COOCH_2 \\ | \\ C_{17}H_{35}COOCH \\ | \\ C_{17}H_{35}COOCH_2 \end{array}$$

（4）硝基萘用保险粉还原制备萘胺。萘胺是一种重要的染料中间体，也用作紫浆色基B。还原反应式为：

$$\text{萘}-NO_2 + Na_2S_2O_4 + 2NaOH \longrightarrow \text{萘}-NH_2 + 2Na_2SO_4$$

二、还原的危险性分析

（1）还原过程都有氢气存在，氢气的爆炸极限为 $4.1\% \sim 75\%$，特别是催化加氢还原，大都在加热、加压条件下进行，如果操作失误或因设备缺陷有氢气泄漏，极易与空气形成爆炸性混合物，如遇火源就会爆炸。高温高压下，氢气对金属有渗碳作用，易造成腐蚀。

（2）还原反应中所使用的催化剂雷氏镍吸潮后在空气中有自燃危险，即使没有点火源存在，也能使氢气和空气的混合物着火爆炸。

（3）固体还原剂保险粉、硼氢化钾（钠）、氢化铝锂等都是遇湿易燃危险品。其中保险粉遇水发热，在潮湿空气中能分解析出硫，硫蒸气受热具有自燃的危险。同时，保险粉自身受热到190℃也有分解爆炸的危险。硼氢化钾（钠）在潮湿空气中能自燃，遇水或酸，分解放出大量氢气，同时产生高热，可使氢气着火而引起爆炸事故。以上还原剂如遇氧化剂会猛烈反应，产生大量热量，也有发生燃烧爆炸的危险。

（4）还原反应的中间体，特别是硝基化合物还原反应的中间体，亦有一定的火灾危险。如生产苯胺时，如果反应条件控制不好，可能生成燃烧危险性很大的环己胺。

三、还原的安全技术要点

（1）由于有氢气的存在，必须遵守国家爆炸危险场所安全规定。车间内的电气设备必须符合防爆要求，且不能在车间顶部敷设电线及安装电线、接线；厂房通风要好，采用轻质屋顶，设置天窗或风帽，防止氢气的积聚；加压反应的设备要配备安全阀，反应中产生压力的设备要装设爆破片；最好安装氢气浓度检测和报警装置。

（2）能造成氢腐蚀的场合，设备、管道的选材要符合要求，并应定期检测。

（3）用雷氏镍来活化氢气进行还原反应时，必须先用氮气置换反应器内的全部空气，并经过测定证实器内含氧量降到标准，才可通入氢气。反应结束后应先用氮气把反应器内的氢气置换干净，才可打开孔盖出料，以免外界空气与反应器内氢气相遇，在雷氏镍自燃的情况下发生着火爆炸。雷氏镍应当储存于酒精中。回收钯碳时应用酒精及清水充分洗涤，抽真空过滤时不能抽得太干，以免氧化着火。

（4）用还原剂时应注意相应的安全问题。当保险粉用于溶解使用时，要严格控制温度，可以在搅拌的情况下，将保险粉分批加入水中，待溶解后再与有机物接触反应；应妥善储藏保险粉，防止受潮。当使用硼氢化钠（钾）作还原剂时，在工艺过程中调节酸、碱度时要特别注意，防止加酸过快、过多；硼氢化钾（钠）应储存于密闭容器中，置于干燥处，防水防潮并远离火源。在使用氢化锂铝作还原剂时，要特别注意必须在氮气保护下使用；氢化锂铝遇空气和水都能燃烧，氢化锂铝平时浸没于煤油中储存。

（5）操作中必须严格控制温度、压力、流量等反应条件及反应参数，避免生成爆炸危险性很大的中间体。

（6）尽量采用危险性小、还原效率高的新型还原剂代替火灾危险性大的还原剂。例如：用硫化钠代替铁粉进行还原，可以避免氢气产生，同时还可消除铁泥堆积的问题。

第三节 硝 化

一、硝化反应及其应用

硝化通常是指在有机化合物分子中引入硝基（—NO_2）取代氢原子而生成硝基化合物的反应。常用的硝化剂是浓硝酸或混酸（浓硝酸和浓硫酸的混合物）。

硝化是染料、炸药及某些药物生产中的重要反应过程。通过硝化反应可生产硝基苯、TNT、硝化甘油、对硝基氯苯、苦味酸、1-氨基蒽醌等重要化工医药原料。

（1）苯硝化制取硝基苯。硝基苯用途甚广，如制苯胺、联苯胺、偶氮苯、染料等。硝化反应式为：

$$\text{苯} + HNO_3 \longrightarrow \text{硝基苯} + H_2O$$

（2）甲苯硝化制取 TNT。TNT 可单独或与其他炸药混合使用，也用作制染料和照相药品等的原料。硝化反应式为：

$$\text{甲苯} + 3HNO_3 \xrightarrow{H_2SO_4} \text{TNT} + 3H_2O$$

（3）甘油硝化制取硝化甘油。硝化甘油主要用作炸药，也是硝酸纤维素的良好胶化剂，医药上用其溶液作为冠状动脉扩张药。硝化反应式为：

$$
\begin{array}{c} CH_2{-}OH \\ | \\ CH{-}OH \\ | \\ CH_2{-}OH \end{array}
+ 3HNO_3 \xrightarrow{H_2SO_4}
\begin{array}{c} CH_2{-}ONO_2 \\ | \\ CH{-}ONO_2 \\ | \\ CH_2{-}ONO_2 \end{array}
+ 3H_2O
$$

（4）氯苯硝化制取对硝基氯苯。对硝基氯苯是偶氮染料和硫化染料的中间体。硝化反应式为：

$$\text{氯苯} + HNO_3 \xrightarrow{H_2SO_4} \text{对硝基氯苯} + H_2O$$

（5）2,4-二硝基苯酚硝化制取苦味酸。苦味酸是军事上最早用的一种烈性炸药，常用于有机碱的离析和提纯，本身是一种酸性染料，也可用于制其他染料和照相药品，医药上用作外科收敛剂。其化学反应过程为：

$$O_2N\text{—}C_6H_3(OH)(NO_2) + HNO_3 \xrightarrow{H_2SO_4} O_2N\text{—}C_6H_2(OH)(NO_2)_2 + H_2O$$

二、硝化的危险性分析

（1）硝化是一个放热反应，所以硝化需要在降温条件下进行。在硝化反应中，倘若稍有疏忽，如中途搅拌停止、冷却水供应不良、加料速度过快等，都会使温度猛增、混酸氧化能力增强，并有多硝基物生成，容易引起着火和爆炸事故。

（2）常用硝化剂都具有较强的氧化性、吸水性和腐蚀性。它们与油脂、有机物，特别是不饱和的有机化合物接触即能引起燃烧。在制备硝化剂时，若温度过高或落入少量水，会促使硝酸的大量分解和蒸发，不仅会导致设备的强烈腐蚀，还可造成爆炸事故。

（3）被硝化的物质大多易燃，如苯、甲苯、甘油、氯苯等，不仅易燃，有的还有毒性，如使用或储存管理不当，很易造成火灾及中毒事故。

（4）硝化产物大都有着火爆炸的危险性，如 TNT、硝化甘油、苦味酸等，当受热摩擦、撞击或接触点火源时，极易发生爆炸或着火。

三、硝化的安全技术要点

（1）硝化设备应确保严密不漏，防止硝化物料溅到蒸气管道等高温表面上而引起爆炸或燃烧，同时严防硝化器夹套焊缝因腐蚀使冷却水漏入硝化物中。如果管道堵塞时，可用蒸汽加温疏通，千万不能用金属棒敲打或明火加热。

（2）车间厂房设计应符合国家爆炸危险场所安全规定。车间内电气设备要防爆，通风良好。严禁带入火种。检修时尤其注意防火安全，报废的管道不可随便拿用，避免意外事故发生。必要时硝化反应器应采取隔离措施。

（3）采用多段式硝化器可使硝化过程达到连续化，使每次投料少，减少爆炸中毒的危险。

（4）配制混酸时，应先用水将浓硫酸稀释，稀释应在搅拌和冷却情况下将浓硫酸缓慢加入水中，以免发生爆溅。浓硫酸稀释后，在不断搅拌和冷却条件下加浓硝酸。应严格控制温度以及酸的配比，直至充分搅拌均匀为止。配制混酸时要严防因温度猛升而冲料或爆炸，更不能把未经稀释的浓硫酸与硝酸混合，以免引起突然沸腾冲料或爆炸。

（5）硝化过程中一定要避免有机物质的氧化。仔细配制反应混合物并除去其中易氧化的组分，硝化剂加料应采用双重阀门控制好加料速度，反应中应连续搅拌，搅拌机应当有自动启动的备用电源，并备有保护性气体搅拌和人工搅拌的辅助设施，随时保持物料混合良好。

（6）往硝化器中加入固体物质，必须采用漏斗等设备使加料工作机械化，从加料器上部的平台上使物料沿专用的管子加入硝化器中。

（7）硝基化合物具有爆炸性，形成的中间产物（如二硝基苯酚盐，特别是铅盐）有巨大的爆炸威力。在蒸馏硝基化合物（如硝基甲苯）时，防止热残渣与空气混合发生爆炸。

（8）避免油从填料函落入硝化器中引起爆炸，硝化器搅拌轴不可使用普通机油或甘油作润滑剂，以免被硝化形成爆炸性物质。

（9）对于特别危险的硝化产物（如硝化甘油），则需将其放入装有大量水的事故处理槽中。在万一发生事故时，将物料放入硝化器附设的相当容积的紧急放料槽。

（10）分析取样时应当防止未完全硝化的产物突然着火，防止烧伤事故。

第四节 磺 化

一、磺化反应及其应用

1. 定义

磺化是在有机化合物分子中引入磺（酸）基（$-SO_3H$）的反应。

常用的磺化剂有发烟硫酸、亚硫酸钠、焦亚硫酸钠、亚硫酸钾、三氧化硫、氯磺酸等。

2. 工业应用

磺化是有机合成中的一个重要过程，在化工生产中的应用较为普遍。如苯磺酸、磺胺、快速渗透剂 T、太古油等重要化工医药原料。

（1）苯与硫酸直接磺化制备苯磺酸。苯磺酸主要用于经碱熔制苯酚，也用于制间苯二酚等。其磺化反应式为：

$$\bigcirc + H_2SO_4 \longrightarrow \bigcirc^{SO_3H} + H_2O$$

（2）乙酰苯胺（退热冰）经磺化可制取磺胺。磺胺是合成消炎类药物的母液。其生产过程为：退热冰加入氯磺酸磺化，再经氨化、水解、中和得到对氨基苯磺酰胺（磺胺）。

（3）顺丁烯二酸酐经磺化可制取快速渗透剂 T。快速渗透剂 T 是渗透力极强的阴离子表面活性剂，润湿性、乳化性和起泡性均佳，广泛用于染料、农药、石棉、石油及天然气开采和金属选矿等方面。其化学反应过程为：

$$2 \begin{array}{l} CH-COOC_8H_{17} \\ \| \\ CH-COOC_8H_{17} \end{array} + Na_2S_2O_5 + H_2O \longrightarrow 2 \begin{array}{l} CH_2-COOC_8H_{17} \\ | \\ CH-COOC_8H_{17} \\ | \\ SO_3Na \end{array}$$

（4）蓖麻油为原料经磺化可制取蓖麻油磺酸钠（太古油）。太古油可用作肥皂、助染剂、皮革整理剂。其生产过程为：蓖麻油加硫酸磺化后，与氢氧化钠中和得到蓖麻油磺酸钠。

二、磺化的危险性分析

（1）常用的磺化剂浓硫酸、三氧化硫、氯磺酸等都是氧化剂。特别是三氧化硫，它一旦遇水则生成硫酸，同时会放出大量的热量，使反应温度升高造成沸溢、使磺化反应导致燃烧反应而起火或爆炸；同时，由于硫酸极强的腐蚀性增加了对设备的腐蚀破坏作用。

（2）磺化反应是强放热反应，若在反应过程温度超高，可导致燃烧反应，造成爆炸或起火事故。

（3）苯、硝基苯、氯苯等可燃物与浓硫酸、三氧化硫、氯磺酸等强氧化剂进行的磺化反应非常危险，因其已经具备了可燃物与氧化剂作用发生放热反应的燃烧条件。对于这类磺化反应，操作稍有疏忽都可能造成反应温度升高，使磺化反应变为燃烧反应，引起着火或爆炸事故。

三、磺化的安全技术要点

（1）使用磺化剂必须严格防水防潮、严格防止接触各种易燃物，以免发生火灾爆炸；经常检查设备管道，防止因腐蚀造成穿孔泄漏，引起火灾和腐蚀伤害事故。

（2）保证磺化反应系统有良好的搅拌和有效的冷却装置，以及时移走反应热，避免温度失控。

（3）严格控制原料纯度（主要是含水量），投料操作时顺序不能颠倒、速度不能过快，以控制正常的反应速率和反应热，以免正常冷却失效。

（4）反应结束，注意放料安全，避免烫伤及腐蚀伤害。

（5）磺化反应系统应设置安全防爆装置和紧急放料装置，一旦温度失控，立即紧急放料，并进行紧急冷处理。

第五节　烷　基　化

一、烷基化反应及其应用

1. 定义

烷基化亦称为烃化，是在有机化合物分子的氮、氧、碳等原子上引入烷基（R—）的反应。

常用的烷基化剂有烯烃、卤代烷、硫酸烷酯和饱和醇类等。

2. 工业应用

烷基化是有机合成的重要反应之一。如制备 N,N-二甲基苯胺、苯甲醚等化工原料都是通过烷基化反应而实现的。

（1）苯胺和甲醇用作制备 N,N-二甲基苯胺。N,N-二甲基苯胺是合成盐基性染料的主要中间体，也是合成医药、香料、炸药的重要原料。其烷基化反应式为：

$$\begin{array}{c} NH_2 \\ \end{array} +2CH_3OH \xrightarrow{H_2SO_4} \begin{array}{c} N(CH_3)_2 \\ \end{array} +2H_2O$$

（2）苯酚与硫酸二甲酯进行烷基化反应可制备苯甲醚（茴香醚）。苯甲醚主要用于配制香精和有机合成。其烷基化反应式为：

$$\begin{array}{c} OH \\ \end{array} +(CH_3)_2SO_4 \longrightarrow \begin{array}{c} O-CH_3 \\ \end{array} +CH_3HSO_4$$

二、烷基化的危险性分析

（1）被烷基化的物质以及烷基化剂大都具有着火爆炸危险。如苯是中闪点易燃液体，闪点 $-11℃$，爆炸极限 $1.2\%\sim8\%$；苯胺是毒害品，闪点 $70℃$，爆炸极限 $1.3\%\sim11.0\%$；丙烯是易燃气体，爆炸极限 $1\%\sim15\%$；甲醇是中闪点易燃液体，闪点 $11℃$，爆炸极限 $5.5\%\sim44\%$。

（2）烷基化过程所用的催化剂易燃。如三氯化铝是遇湿易燃物品，有强烈的腐蚀性，遇水（或水蒸气）会发生热分解，放出氯化氢气体，有时能引起爆炸，若接触可燃物则易着火。三氯化磷遇水（或乙醇）会剧烈分解，放出大量的热和氯化氢气体。氯化氢有极强的腐蚀性和刺激性，有毒，遇水及酸（硝酸、醋酸）发热、冒烟，有发生起火爆炸的危险。

（3）烷基化的产品亦有一定的火灾危险性。

（4）烷基化反应都在加热条件下进行，若反应速率控制不当，可引起跑料，造成着火或爆炸事故。

三、烷基化的安全技术要点

（1）车间厂房设计应符合国家爆炸危险场所安全规定。应严格控制各种点火源，车间内电气设备要防爆，通风良好。易燃易爆设备和部位应安装可燃气体监测报警仪，设置完善的消防设施。

（2）妥善保存烷基化催化剂，避免与水、水蒸气以及乙醇等物质接触。

（3）烷基化的产品存放时需注意防火安全。

（4）烷基化反应操作时应注意控制反应速率。例如，保证原料、催化剂、烷基化剂等的正常加料顺序与速度，保证连续搅拌等，避免发生剧烈反应引起跑料，造成着火或爆炸事故。

第六节 氯　　化

一、氯化反应及其应用

1. 定义

氯化是指以氯原子取代有机化合物中氢原子的反应。根据氯化反应条件的不同，有热氯化、光氯化、催化氯化等，在不同条件下，可得不同产品。

广泛使用的氯化剂有液态氯、气态氯、气态氯化氢、各种浓度的盐酸、磷酰氯、硫酰氯、三氯化磷、次氯酸钙等。

2. 工业应用

工业生产通常采用天然气（甲烷）、乙烷、苯、萘、甲苯及戊烷等原料进行氯化，制取溶剂、各种杀虫剂等产品。如氯仿、四氯化碳、氯乙烷、苯酚、1-氯萘等产品。

（1）天然气（甲烷）氯化生产氯仿和四氯化碳等产品。氯仿用作脂肪、树脂、橡胶、磷、碘等的溶剂，在医药上用作麻醉剂；四氯化碳用作溶剂、有机物的氯化剂、香料的浸出剂、纤维的脱脂剂、灭火剂、分析试剂，并用于制药工业等。氯化反应式分别为：

$$CH_4 + 3Cl_2 \longrightarrow CHCl_3 + 3HCl$$

$$CH_4 + 4Cl_2 \longrightarrow CCl_4 + 4HCl$$

（2）乙烷氯化生产氯乙烷。氯乙烷用作硫、磷、油脂、树脂、蜡等的溶剂，农业上用作杀虫剂，医药上用作外科局部麻醉剂。氯化反应式为：

$$CH_3CH_3 + Cl_2 \longrightarrow CH_3CH_2Cl + HCl$$

（3）苯经过氯化生产氯苯。氯苯主要用于制造苯酚、一硝基氯苯、二硝基氯苯、二硝基苯酚和苦味酸等。氯化反应式为：

（4）萘氯化生产 1-氯萘。1-氯萘用作高沸点溶剂、增塑剂等。氯化反应式为：

二、氯化的危险性分析

（1）氯化反应的各种原料、中间产物及部分产品都具有不同程度的火灾危险性。

（2）氯化剂具有极大的危险性。氯气为强氧化剂，能与可燃气体形成爆炸性气体混合物；能与可燃烃类、醇类、羧酸和氯代烃等形成二元混合物，极易发生爆炸。氯气与烯烃形成的混合物，在受热时可自燃；与二硫化碳混合，会出现自行突然加速过程而增加爆炸危险；与乙炔的反应极为剧烈，有氧气存在时，甚至在 −78℃ 的低温也可发生爆炸。三氯化磷、三氯氧磷等遇水会发生快速分解，导致冲料或爆炸。漂白粉、光气等均具有较大的火灾危险性。有些氯化剂还具有较强的腐蚀性，损坏设备。

（3）氯化反应是放热反应，有些反应温度高达 500℃，如温度失控，可造成超压爆炸。某些氯化反应会发生自行加速过程，导致爆炸危险。在生产中如果出现投料配比差错，投料速度过快，极易导致火灾或爆炸性事故。

（4）液氯汽化时，高热使液氯剧烈汽化，可造成内压过高而爆炸。工艺、操作不当使反应物倒灌至液氯钢瓶，则可能与氯发生剧烈反应引起爆炸。

三、氯化的安全技术要点

（1）车间厂房设计应符合国家爆炸危险场所安全规定。应严格控制各种点火源，车间内电气设备要防爆，通风良好。易燃易爆设备和部位应安装可燃气体监测报警仪，设置完善的消防设施。

（2）最常用的氯化剂是氯气。在化工生产中，氯气通常液化储存和运输，常用的容器有储罐、气瓶和槽车等。储罐中的液氯进入氯化器之前必须先进入蒸发器使其汽化。在一般情况下不能把储存氯气的气瓶或槽车当储罐使用，否则有可能使被氯化的有机物质倒流进气瓶或槽车，引起爆炸。一般情况下，氯化器应装设氯气缓冲罐，以防止氯气断流或压力减小时形成倒流。氯气本身的毒性较大，须避免其泄漏。

（3）液氯的蒸发汽化装置，一般采用水汽混合作为热源进行升温，加热温度一般不超过 50℃。

（4）氯化反应是一个放热过程，氯化反应设备必须具备良好的冷却系统；必须严格控制投料配比、进料速度和反应温度等，必要时应设置自动比例调节装置和自动联锁控制装置。尤其在较高温度下进行氯化，反应更为剧烈。例如在环氧氯丙烷生产中，丙烯预热至 300℃左右进行氯化，反应温度可升至 500℃，在这样的高温下，如果物料泄漏就会造成燃烧或引起爆炸；若反应速率控制不当，正常冷却失效，温度剧烈升高亦可引起事故。

（5）反应过程中存在遇水猛烈分解的物料如三氯化磷、三氯氧磷等，不宜用水作为冷却介质。

（6）氯化反应几乎都有氯化氢气体生成，因此所用设备必须防腐蚀，设备应保证严密不漏，且应通过增设吸收和冷却装置除去尾气中的氯化氢。

第七节 电 解

一、电解及其应用

1. 定义
电解是电流通过电解质溶液或熔融电解质时，在两个电极上所引起的化学变化。

2. 工业应用
电解在工业上有着广泛的作用。如氢气、氯气、氢氧化钠、双氧水、高氯酸钾、二氧化锰、高锰酸钾等许多基本工业化学产品的制备都是通过电解来实现的。

（1）电解氯化钠可得到氢气、氯气、氢氧化钠。氢气可用作高能热量；氯气主要用于制农药、漂白剂、消毒剂、溶剂、塑料、合成纤维以及其他氯化物等；氢氧化钠是化学工业主要原料之一，用途很广，如制造肥皂、纸浆、人造丝，整理棉制品，精炼石油，提炼煤焦油产物等。氯化钠电解反应式为：

$$2NaCl + 2H_2O \xrightarrow{\text{电解}} 2NaOH + H_2 \uparrow + Cl_2 \uparrow$$

（2）硫酸氢铵的电解产物，经水解制备过氧化氢（双氧水）。双氧水大量用于棉布针织、合成纤维、羊毛、纸浆等的漂白，医药用作消毒剂，高浓度的过氧化氢可作火箭液体燃料推动剂。电解及反应过程为：

$$2NH_4HSO_4 \xrightarrow{\text{电解}} (NH_4)_2S_2O_8 + H_2\uparrow$$

$$(NH_4)_2S_2O_8 + 2H_2O \longrightarrow 2NH_4HSO_4 + H_2O_2$$

（3）电解氯酸钠的产物与氯化钾反应生产高氯酸钾。高氯酸钾用于炸药、照相、焰火，在医药上用作解热、利尿等药剂。电解及反应过程为：

$$NaClO_3 + H_2O \xrightarrow{\text{电解}} NaClO_4 + H_2\uparrow$$

$$NaClO_4 + KCl \longrightarrow KClO_4 + NaCl$$

（4）电解硫酸锰制备二氧化锰。二氧化锰大量用于炼钢，并用于制玻璃、陶瓷、搪瓷等。电解反应式为：

$$MnSO_4 + 2H_2O \xrightarrow{\text{电解}} MnO_2 + H_2SO_4 + H_2\uparrow$$

（5）电解锰酸钾制备高锰酸钾。高锰酸钾主要用作消毒剂、氧化剂、水净化剂、漂白剂、毒气吸收剂、二氧化碳精制剂等。电解反应式为：

$$2K_2MnO_4 + 2H_2O \xrightarrow{\text{电解}} 2KMnO_4 + 2KOH + H_2\uparrow$$

二、食盐水电解的危险性分析

（1）氯气泄漏的中毒危险。
（2）氢气泄漏及氯氢混合的爆炸危险。
（3）杂质、反应产物的分解爆炸危险。
（4）碱液灼伤及触电危险。

三、食盐水电解的安全技术要点

（1）保证盐水质量。盐水中如含有铁杂质，则能够产生第二阴极而放出氢气。盐水中带入铵盐，在适宜条件下 pH<4.5 时，铵盐和氯作用可生成氯化铵，氯作用于浓氯化铵溶液还可生成黄色油状的三氯化氮。三氯化氮是一种爆炸性物质，与许多有机物接触或加热至90℃以上及被撞击，即发生剧烈的分解爆炸。因此，盐水配制必须严格控制质量，尤其是铁、钙、镁和无机铵盐的含量。应尽可能采用盐水纯度自动分析装置，这样可以观察盐水成分的变化，随时调节碳酸钠、苛性钠、氯化钡和丙烯酸铵的用量。

（2）盐水高度应适当。在操作中向电解槽的阳极室内添加盐水，如盐水液面过低，氢气有可能通过阳极网渗入到阳极室内与氯气混合；若电解槽盐水装得过满，在压力下盐水会上涨。因此，盐水添加不可过少或过多，应保持一定的安全高度。采用盐水供应器应间断供给盐水，以避免电流的损失，防止盐水导管被电流腐蚀。

（3）阻止氢气与氯气混合。氢气是极易燃烧的气体，氯气是氧化性很强的有毒气体，一旦两种气体混合极易发生爆炸。当氯气中含氢量达到 5% 以上，则随时可能在光照或受热情况下发生爆炸。造成氯气和氢气混合的原因主要有：阳极室内盐水液面过低；电解槽氢气的出口堵塞引起阳极室压力升高；电解槽的隔膜吸附质量差；石棉绒质量不好，在安装电解槽时破坏隔膜，造成隔膜局部脱落或送电前注入的盐水量过大将隔膜冲坏等，这些都可能引起氯气中含氢量增高。此时应对电解槽进行全面检查，将单槽氯含氢浓度以及总管氯含氢浓度控制在规定值内。

（4）严格遵守电解设备的安装要求。由于电解过程中氢气存在，故有着火爆炸的危险。所以电解槽应安装在自然通风良好的单层建筑物内，厂房应有足够的防爆泄压面积。

（5）掌握正确的应急处理方法。在生产中，当遇突然停电或其他原因突然停车时，高压阀不能立即关闭，以免电解槽中氯气倒流而发生爆炸。应在电解槽后安装放空管，及时减压，并在高压阀门上安装单向阀，有效地防止跑氯，避免污染环境和带来火灾危险。

第八节　裂　　解

广义地说，凡是有机化合物在高温下分子发生分解的反应过程都称为裂解。而石油化工中所谓的裂解是指石油烃（裂解原料）在隔绝空气和高温条件下，分子发生分解反应而生成小分子烃类的过程。在这个过程中还伴随着许多其他的反应（如缩合反应等），生成一些别的反应物（如由较小分子的烃缩合成较大分子的烃等）。

裂解是总称，不同的情况，可以有不同的名称。如单纯加热不使用催化剂的裂解称为热裂解；使用催化剂的裂解称为催化裂解；使用添加剂的裂解，随着添加剂的不同，有水蒸气裂解、加氢裂解等。

石油化工中的裂解与石油炼制工业中的裂化有共同点，即都符合前面所说的广义定义。但是也有不同，主要区别有两个：一是所用的温度不同，一般大体以 600℃ 为分界，在 600℃ 以上所进行的过程为裂解，在 600℃ 以下的过程为裂化；二是生产的目的不同，前者的目的产物为乙烯、丙烯、乙炔、联产丁二烯、苯、甲苯、二甲苯等化工产品，后者的目的产物是汽油、煤油等燃料油。

在石油化工中用的最为广泛的是水蒸气热裂解。其设备为管式裂解炉。

裂解反应在裂解炉的炉管内并在很高的温度（以轻柴油裂解制乙烯为例，裂解气的出口温度近 800℃）很短的时间内（0.7s）完成，以防止裂解气体二次反应而使裂解炉管结焦。

炉管内壁结焦会使流体阻力增加，影响生产。同时影响传热，当焦层达到一定厚度时，因炉管壁温度过高，而不能继续运行下去，必须进行清焦，否则会烧穿炉管，裂解气外泄，引起裂解炉爆炸。

裂解炉运转中，一些外界因素可能危及裂解炉的安全。主要不安全因素如表 4-1 所示，必须有针对性地进行防范。

表 4-1　裂解炉运转中的主要不安全因素

不安全因素	说　明
引风机故障	引风机是不断排除炉内烟气的装置。在裂解炉正常运行中，如果由于断电或引风机机械故障而使引风机突然停转，则炉膛内很快变成正压，会从窥视孔或烧嘴等处向外喷火，严重时会引起炉膛爆炸。为此，必须设置联锁装置，一旦引风机故障停车，则裂解炉自动停止进料并切断燃料供应。但应继续供应稀释蒸汽，以带走炉膛内的余热
燃料气压力降低	裂解炉正常运行中，如燃料系统大幅度波动，燃料气压力过低，则可能造成裂解炉烧嘴回火，使烧嘴烧坏，甚至会引起爆炸 裂解炉采用燃料油作燃料时，如燃料油的压力降低，也会使油嘴回火。因此，当燃料油压降低时应自动切断燃料油的供应，同时停止进料 当裂解炉同时用油和气为燃料时，如果油压降低，则在切断燃料油的同时，将燃料气切入烧嘴，裂解炉可继续维持运转
其他公用工程故障	裂解炉其他公用工程（如锅炉给水）中断，则废热锅炉汽包液面迅速下降，如不及时停炉，必然会使废热锅炉炉管、裂解炉对流段锅炉给水预热管损坏
其他因素	水、电、蒸汽出现故障，均可能使裂解炉造成事故。在这种情况下，裂解炉应能自动停车

第九节 裂　化

一种使烃类分子分裂为几个较小分子的反应过程。烃类分子可能在碳碳键、碳氢键、无机原子与碳或氢原子之间的键处分裂。在工业裂化过程中，主要发生的是前两类分裂。在中国，习惯上把从重质油生产汽油和柴油的过程称为裂化；而把从轻质油生产小分子烯烃和芳香烃的过程称为裂解。

工业上，烃类裂化过程是在加热，或同时有催化剂存在，或在临氢的条件下进行，这就是石油炼制过程中常用的热裂化、催化裂化和加氢裂化。

一、热裂化

热裂化在加热和加压下进行，根据所用压力的高低分高压热裂化和低压热裂化。高压热裂化在较低温度（450～550℃）和较高压力（2～7MPa）下进行。低压热裂化在较高温度（550～750℃）和较低的压力（0.1～0.5MPa）下进行。处于高温下的裂解，要直接喷水急冷，假如因停水或水压不足，及因操作失误，气体压力大于水压而冷却不下来，会烧坏设备从而引起火灾。为了防止此类事故发生，应配备两种电源和水源，操作时，要保证水压大于气压，发现停水或气压大于水压时要紧急放空。裂解后的产品多数是以液态储存，在一定的压力，如有不严之处，储槽中的物料就会散发出来，遇明火发生爆炸。高压容器和管线要求不泄漏，并应安装安全装置和事故放空装置。压缩机厂房应安装固定的蒸汽灭火装置，其开关设在外边人员易接近的地方。机械设备，管线必须安装完备的静电接地和避雷装置。

分离主要是在气相下进行的。所分离的气体均有火灾爆炸危险，假如设备系统不严密或操作失误，造成可燃气体泄漏，与空气混合形成爆炸性气体混合物，遇火源就会燃烧或爆炸。分离都是在一定压力下进行的。原料经压缩机压缩有较高的压力，若设备材质不良，误操作造成负压或超压，或者因压缩机冷却不好，设备因腐蚀、裂缝而泄漏物料，就会发生设备爆炸或油料着火。分离大都在低温下进行，操作温度有的低至-30～100℃。在这样的低温条件下，假如原料气或设备系统含水，就会发生冻结堵塞，以至爆炸起火。

分离的物质在装置系统内活动，尤其在压力下输送，易产生静电火花，引起燃烧，因此应该有完善的消除静电的措施。分离塔设备均应安装安全阀和放空管；低压系统和高压系统应有止逆阀；配备固定的氮气装置、蒸汽灭火装置。操作过程中要严格控制温度和压力。发生事故需要停车时，要停压缩机、关闭阀门，切断与其他系统的通路，并迅速开启系统放空阀，再用氮气或水蒸气、压力水等扑救。放空时应当先放液相后，再放气相。

二、催化裂化

催化裂化装置主要由3个系统组成，即反应再生系统、分馏系统以及吸收稳定系统。在生产过程中，这3个系统是紧密相连的整体。反应系统的变化很快地影响到分馏和吸收稳定系统。后两个系统的变化反过来又影响到反应部分。在反应器和再生器间，催化剂悬浮在气流中，整个床层要保持均匀，避免局部过热，造成事故。

两器压差保持稳定，是催化裂化反应中最重要的安全问题，两器压差一定不能超过规定的范围。目的就是要使两者之间的催化剂沿一定方向活动，避免倒流，造成油气与空气混合发生爆炸。当维持不住两器压差时，应迅速启动保护系统。封闭两器间的单动滑阀。当两器内存有催化剂的情况下，必须通过以流化介质维持活动状态，防止造成死床。正常操作时，主风量和进料量不能低于流化所需的最低值，否则应通进一定量的事故蒸汽，以保护系统内正常流化温度，保证压差的稳定。当主风量由于某种原因停止时，应当自动切断反应器进料,同时启动主风与原料及增压风自动保护系统。向再生器与反应器、提升管内通进流化介质,而原料则经事故旁通线进回炼罐或分馏塔,切断进料,并应保持系统的热量。催化裂化装置关键设备应当具有两路以上的供电电源,自动切换装置应经常检查,保持灵敏好用,当其中一路停电时,另一路能在几秒内自动合闸送电,保证装置的正常运行。

三、加氢裂化

加氢裂化是在有催化剂及氢气存在下,使蜡油通过裂化反应转化为质量较好的汽油、煤油和柴油等轻质油。它与催化裂化不同的是在进行裂化反应时,同时伴有烃类加氢反应、异构化反应等,所以称加氢裂化。

由于反应温度和压力均较高,又接触大量氢气,火灾爆炸危险性较大。加热炉来稳操作对整个装置安全运行十分重要,要防止设备局部过热。防止加热炉的炉管烧穿或者高温管线、反应器漏气。高压下钢与氢气接触易产生氢脆。因此应加强检查,定期更换管道和设备。

第十节 聚 合

一、聚合反应及其应用

1. 定义

聚合反应是将若干个分子结合为一个较大的组成相同而分子量较高的化合物的反应。按照聚合的方式可分为个体聚合、悬浮聚合、溶液聚合、乳液聚合以及缩合聚合。

2. 工业应用

聚合反应广泛应用于塑料及合成树脂工业中,如合成聚氯乙烯、氯丁橡胶、聚酯、有机玻璃、顺丁橡胶、丁苯橡胶等各种合成橡胶以及乳胶、化学纤维等重要化学品的生产都离不开聚合反应。

(1) 氯乙烯聚合生产聚氯乙烯。聚氯乙烯用于制塑料、涂料和合成纤维等。根据所加增塑剂的多少,可制得软质及硬质塑料,分别用于制透明薄膜、人造革、电线套层以及板材、管道、阀门等。聚合反应式为:

$$n\ CH_2=CH_2 \longrightarrow \left[\begin{array}{c} CH_2-CH \\ | \\ Cl \end{array}\right]_n$$

(2) 氯丁二烯聚合生产氯丁橡胶。氯丁橡胶用于制造运输带、胶管、印刷胶辊、电缆和飞机油箱等橡胶制品,也可用于制造涂料和胶黏剂。聚合反应式为:

$$n\ CH_2=\overset{\overset{\displaystyle Cl}{|}}{C}-CH=CH_2 \longrightarrow \left[\begin{array}{c} CH_2-\overset{\overset{\displaystyle Cl}{|}}{C}-CH-CH_2 \end{array}\right]_n$$

(3) 己二酸、苯二甲酸酐和甘油缩聚生产聚酯。聚酯主要用于制作聚氨酯黏合剂,应用于金属、玻璃、塑料、纸张、皮革的粘接,粘接铝板效果较佳,故广泛应用于飞机制造工业。

(4) 甲基丙烯酸甲酯聚合生产有机玻璃(聚甲基丙烯酸甲酯)。有机玻璃主要用于仪器、仪表部件,电器绝缘材料,飞机、船舶、汽车的座窗,建筑材料,光学镜片和各种文具与生活用品等。其化学反应式为:

$$n\left(CH_2=\overset{\overset{\displaystyle CH_3}{|}}{\underset{\underset{\displaystyle COOCH_3}{|}}{C}}\right) \longrightarrow \left[\begin{array}{c} CH_2-\overset{\overset{\displaystyle CH_3}{|}}{\underset{\underset{\displaystyle COOCH_3}{|}}{C}} \end{array}\right]_n$$

二、聚合的危险性分析

（1）个体聚合是在没有其他介质的情况下，用浸于冷却剂中的管式聚合釜（或在聚合釜中设盘管、列管冷却）进行聚合的一种方法。如高压下乙烯的聚合、甲醛的聚合等。个体聚合的主要危险性是由于聚合热不易传导散出而导致危险。例如在高压聚乙烯生产中，每聚合1kg 乙烯会放出 3.8MJ 的热量。倘若这些热能未能及时移去，则每聚合 1% 的乙烯，即可使釜内温度升高 12～13℃，待升到一定温度时，就会使乙烯分解，强烈放热，有发生爆聚的危险。

（2）溶液聚合是选择一种溶剂，使单体溶成均相体系，加入催化剂或引发剂后生成聚合物的一种聚合方法。溶液聚合只适于制造低分子量的聚合体，该聚合体的溶液可直接用作涂料。如氯乙烯在甲醇中聚合，醋酸乙烯酯在醋酸乙酯中聚合。溶液聚合一般在溶剂的回流温度下进行，可以有效地控制反应温度，同时可借助溶剂的蒸发来排散反应热。这种聚合方法的主要危险性是在聚合和分离过程中，易燃溶剂容易挥发和产生静电火花。

（3）悬浮聚合是在机械搅拌下用分散剂（如磷酸镁、明胶）使不溶的液态单体和溶于单体中的引发剂分散在水中，悬浮成珠状物而进行聚合的反应。如苯乙烯、甲基丙烯酸甲酯、氯乙烯的聚合等。这种聚合方法若工艺条件控制不好，极易发生溢料，可能导致未聚合的单体和引发剂遇到火源而引发着火和爆炸事故。

（4）乳液聚合是在机械搅拌或超声波振动下，用乳化剂（如肥皂）使不溶于水的液态单体在水中被分散成乳液而进行聚合的反应。如丁二烯与苯乙烯的共聚，以及氯乙烯、氯丁二烯的聚合等。乳液聚合常用无机过氧化物（如过氧化氢）作引发剂，聚合速度较快。若过氧化物在水中的配比控制不好，将导致反应速率过快、反应温度太高而发生冲料。同时，在聚合过程中有可燃气体产生。

（5）缩合聚合是具有两个或两个以上官能团的单体化合成为聚合物，同时析出低分子副产物的聚合反应。如己二酸、苯二甲酸酐以及甘油缩合聚合生产聚酯，精双酚 A 与碳酸二苯酯缩合聚合生产聚碳酸酯等。缩合聚合是吸热反应，但由于反应温度过高，也会导致系统的压力增加，甚至引起爆裂，泄漏出易燃易爆的单体。

（6）聚合物的单体大多是易燃易爆物质，如乙烯、丙烯等。聚合反应又多在高压下进行，因此，单体极易泄漏并引起火灾、爆炸。

（7）聚合反应的引发剂为有机过氧化物，其化学性质活泼，对热、震动和摩擦极为敏感，易燃易爆，极易分解。

（8）聚合反应多在高压下进行，多为放热反应，反应条件控制不当就会发生爆聚，使反应器压力骤增而发生爆炸。采用过氧化物作为引发剂时，如配料比控制不当就会产生爆聚。高压下乙烯聚合、丁二烯聚合以及氯乙烯聚合具有极大的危险性。

（9）聚合的反应热量如不能及时导出，如搅拌发生故障、停电、停水、聚合物粘壁而造成局部过热等，均可使反应器温度迅速增加，导致爆炸事故。

三、聚合的安全技术要点

（1）反应器的搅拌和温度应有控制和联锁装置，设置反应抑制剂添加系统，出现异常情况时能自动启动抑制剂添加系统，自动停车。高压系统应设爆破片、导爆管等，要有良好的静电接地系统。

（2）严格控制工艺条件，保证设备的正常运转，确保冷却效果，防止爆聚。冷却介质要充足，搅拌装置应可靠，还应采取避免粘壁的措施。

（3）控制好过氧化物引发剂在水中的配比，避免冲料。

（4）设置可燃气体检测报警仪，以便及时发现单体泄漏，采取对策。

（5）特别重视所用溶剂的毒性及燃烧爆炸性，加强对引发剂的管理。电气设备采取防爆措施，消除各种火源。必要时，对聚合装置采取隔离措施。

（6）乙烯高压聚合反应，压力为 $100\sim300MPa$、温度为 $150\sim300℃$、停留时间为 10s 至数分钟。操作条件下乙烯极不稳定，能分解成碳、甲烷、氢气等。乙烯高压聚合的防火安全措施有：添加反应抑制剂或加装安全阀来防止爆聚反应；采用防黏剂或在设计聚合管时设法在管内周期性地赋予流体以脉冲，防止管路堵塞；设计严密的压力、温度自动控制联锁系统；利用单体或溶剂气化回流及时清除反应热。

（7）氯乙烯聚合反应所用的原料除氯乙烯单体外，还有分散剂（明胶、聚乙烯醇）和引发剂（过氧化二苯甲酰、偶氮二异庚腈、过氧化二碳酸等）。主要安全措施有：采取有效措施及时除去反应热，必须有可靠的搅拌装置；采用加水相阻聚剂或单体水相溶解抑制剂来减少聚合物的粘壁作用，减少人工清釜的次数，减小聚合岗位的毒物危害；聚合釜的温度采用自动控制。

（8）丁二烯聚合反应，聚合过程中接触和使用酒精、丁二烯、金属钠等危险物质，不能暴露于空气中；在蒸发器上应备有联锁开关，当输送物料的阀门关闭时（此时管道可能引起爆炸），该联锁装置可将蒸汽输入切断；为了控制猛烈反应，应有适当的冷却系统，冷却系统应保持密闭良好，并严格地控制反应温度；丁二烯聚合釜上应装安全阀，同时连接管安装爆破片，爆破片后再连接一个安全阀；聚合生产系统应配有纯度保持在 99.5％以上的氮气保护系统，在危险可能发生时立即向设备充入氮气加以保护。

第十一节　催　化

一、催化反应及应用

催化反应是在催化剂的作用下所进行的化学反应，分为单相催化反应和多相催化反应。单相催化反应中催化剂和反应物处于同一个相，多相催化反应中催化剂和反应物处于不同的相。

催化剂是指在化学反应中能改变反应速率而本身的组成和质量在反应前后保持不变的物质。常用的催化剂主要有金属、金属氧化物和无机酸等。

工业上绝大多数化学反应都是催化反应，本节主要讨论非均相催化反应。比较典型的工业催化反应有：在铁系催化剂作用下进行的合成氨反应（催化加氢）；在钒系催化剂作用下二氧化硫转化为三氧化硫；在钼铝、铬铝、铂、镍催化剂作用下进行汽油馏分的催化重整；在合成硅酸铝、活性白土催化剂作用下进行石油产品的催化裂化。

二、催化反应的危险性分析

（1）在多相催化反应中，催化作用发生于两相界面及催化剂的表面上，这时温度、压力较难控制。若散热不良、温度控制不好等，很容易发生超温爆炸或着火事故。

（2）在催化过程中，若选择催化剂不正确或加入不适量，易形成局部反应剧烈。

（3）催化过程中有的产生硫化氢，有中毒和爆炸危险；有的催化过程产生氢气，着火爆炸的危险性更大，尤其在高压下，氢的腐蚀作用可使金属高压容器脆化，从而造成破坏性事故；有的产生氯化氢，氯化氢有腐蚀和中毒危险。

（4）原料气中某种杂质含量增加，若能与催化剂发生反应，可能生成危害极大的爆炸危险物。如在乙烯催化氧化合成乙醛的反应中，由于催化剂体系中常含大量的亚铜盐，若原料气中含乙炔过高，则乙炔会与亚铜反应生成乙炔铜。乙炔铜为红色沉淀，自燃点 260～270℃，是一种极敏感的爆炸物，干燥状态下极易爆炸；在空气作用下易氧化成暗黑色，并易于起火。

三、常见催化反应的安全技术要点

（1）催化加氢反应一般是在高压下有固相催化剂存在下进行的，这类过程的主要危险性有：由于原料及成品（氢气、氨、一氧化碳等）大都易燃、易爆、有毒，高压反应设备及管道易受到腐蚀，操作不当亦会导致事故。因此，需特别注意防止压缩工段的氢气在高压下泄漏，产生爆炸。为了防止因高压致使设备损坏，造成氢气泄漏达到爆炸浓度，应有充足的备用蒸汽或惰性气体，以便应急；室内通风应当良好，宜采用天窗排气；冷却机器和设备用水不得含有腐蚀性物质；在开车或检修设备、管线之前，必须用氮气进行吹扫，吹扫气体应当排至室外，以防止窒息或中毒；由于停电或无水而停车的系统，应保持余压，以免空气进入系统。无论在任何情况下，对处于压力下的设备不得进行拆卸检修。

（2）催化裂化在生产过程中主要由反应再生系统、分馏系统以及吸收稳定系统三个系统组成，这三个系统是紧密相连、相互影响的整体。在反应器和再生器间，催化剂悬浮在气流中，整个床层温度应保持均匀，避免局部过热造成事故。两器压差保持稳定，是催化裂化反应中最主要的安全问题。两器压差一定不能超过规定的范围，目的就是要使两器之间的催化剂沿一定方向流动，避免倒流，造成油气与空气混合发生爆炸。可降温循环用水应充足，应备有单独的供水系统。若系统压力上升较高时，必要时可启动气压放空火炬，维持系统压力平衡。催化裂化装置关键设备应当备有两路以上的供电，当其中一路停电时，另一路能在几秒钟内自动合闸送电，保持装置的正常运行。

（3）催化重整所用的催化剂有钼铬铝催化剂、铂化剂、镍催化剂等。在装卸催化剂时，要防破碎和污染，未再生的含碳催化剂卸出时，要预防自燃超温烧坏；加热炉是热的来源，在催化剂重整过程中，加热炉的安全和稳定非常重要，应采用温度自动调节系统；催化重整装置中，对于重要工艺参数，如温度、压力、流量、液位等均应采用安全报警，必要时采用联锁保护装置。

第十二节　化工工艺参数的安全控制

化工工艺参数主要指温度和压力，投料的速度、配比、顺序以及物料的纯度和副反应等。严格控制工艺参数，使之处于安全限度内，是化工装置防止发生火灾爆炸事故的根本要求。

一、准确控制反应温度

温度是化工生产的主要控制参数之一，不同的化学反应过程都有其最适宜的反应温度。在进行化学反应装置设计时，按照一定的目标并考虑到多种因素设计了最佳反应温度，这个工艺温度一定是一个稳定的定态温度，只有严格按照这个温度操作，才能获得最大的生产效益，并且安全可靠。因此，正确控制反应温度不仅是工艺的要求，也是化工生产安全所必需的。

温度控制不当存在的主要危险有：温度过高，可能引起剧烈反应，使反应失控发生冲料或爆炸；反应物有可能分解着火，造成压力升高，导致爆炸；可能导致副反应，生成新的危险物或过反应物；可能导致液化气体和低沸点液体介质急剧蒸发，引发超压爆炸。温度过低，可能引起反应速率减慢或停滞，一旦反应温度恢复正常，因未反应物料积累过多导致反应剧烈引起爆炸；可能使某些物料冻结，造成管路堵塞或破裂，致使易燃物泄漏引起燃烧、爆炸。

准确控制反应温度的基本措施就是及时从反应装置中移去反应热。做到正确选择和维护换热设备，正确选择和使用传热介质，防止搅拌中断。

二、严格控制操作压力

压力是化工生产的基本参数之一。化工生产中为达到加速化学反应、提高平衡转化率等目的，普遍采用加压或负压操作，使用的反应设备大部分是压力容器。准确控制压力，是化工安全生产的迫切要求。加压或负压操作的主要危险有：加压能够强化可燃物料的化学活性，扩大爆炸极限的范围；久受高压作用的设备容易脱碳、变形、渗漏，以致破裂和爆炸；高压可燃气体若从设备、系统的连接薄弱处泄漏，极易导致火灾爆炸。压力过低，可能使设备变形；负压操作系统，空气容易渗入设备内与可燃物料形成爆炸性混合物。

严格控制压力的基本措施在于必须保证受压系统中的所有设备和管道等的设计耐压强度和气密性；必须有安全阀等泄压设施；必须按照有关规定正确选择、安装和使用压力计，并保证其运行期间的灵敏性、准确性和可靠性。

三、精心控制投料的速度、配比和顺序

化工生产中，投料的速度、配比和顺序将影响反应进行的速度、反应的放热速率和反应产物的生成等。按照工艺规程，正确控制投料的速度、配比和顺序是安全生产的必然要求。

投料控制不当的主要危险性有：投料速度过快，使设备的移热速率随时间的变化率小于反应的放热速率随时间的变化率，出现完全偏离定态的操作，温度失去控制，可能引起物料的分解、突沸而发生事故；投料速度过快还可能造成尾气吸收不完全，引起毒气和易燃气体外移，导致事故。投料速度过慢，往往造成物料积累，温度一旦适宜，反应便会加剧进行，使反应放热不能及时导出，温度及压力超过正常指标，造成事故。

投入物料配比十分重要，需精心控制。能形成爆炸混合物的生产，其配比必须严格控制在爆炸极限范围以外，否则将发生燃烧爆炸事故；催化剂对化学反应的速率影响很大，如果催化剂过量，可能发生危险。某些反应若投料发生遗漏，可能生成热敏性物质，发生分解爆炸。投料过少，使温度计接触不到料面，造成判断错误，也可能引发事故。随意采用补加反应物的方法来提高反应温度亦是十分危险的。

某些反应的投料顺序要求十分严格，投料顺序颠倒亦可能发生爆炸。

四、有效控制物料纯度和副反应

许多化学反应，由于反应物料中危险杂质的增加导致副反应、过反应的发生而造成燃烧和爆炸。化工生产原料和成品的质量及包装的标准化是保证生产安全的重要条件。

物料纯度和副反应的有效控制是十分重要的。原料中某些杂质含量过高，生产过程中极易发生燃烧爆炸；循环使用的反应原料气中，如果其中有害杂质气体不清除干净，在循环过程中就会越积越多，最终可能导致爆炸；若反应进行得不完全，使成品中含有大量未反应的半成品，或发生过反应，生成不稳定的或化学活性较高的过反应物，均有可能导致严重事故。

第五章

危险化学品包装安全技术

工业产品的包装是现代工业中不可缺少的组成部分。一种产品从生产到使用者手中，一般经过多次装卸、储存、运输的过程。在这个过程中，产品将不可避免地受到碰撞、跌落、冲击和振动。为了保护产品，防止流失，避免发生危险，便于储存和安全运输，产品都必须进行包装。一个好的包装，将会很好地保护产品，减少运输过程中的破损，使产品安全地到达用户手中。这一点对于危险化学品显得尤为重要。包装方法得当，就会降低储存、运输中的事故发生率，否则，就有可能导致重大事故。因此，化学品包装是化学品储运安全的基础，为此，各部门、各企业对危险化学品的包装越来越重视，对危险化学品的包装不断改进，开发新型包装材料，使危险化学品的包装质量不断提高。国家也不断加强包装方面的监管力度，制定了一系列相关法律、法规和标准，使危险化学品的包装更加规范。

第一节 危险化学品的包装概述

包装有多种含义。通常所说的包装是指盛装商品的容器。一般分运输包装和销售包装。运输包装又称为外包装，销售包装又称为内包装。危险化学品包装主要是用来盛装危险化学品并保证其安全运输的容器。

一、危险化学品包装术语

（1）危险货物运输包装　根据危险货物的特性，按照有关标准和法规，专门设计制造的运输包装。

（2）气密封口　容器经过封口后，封口处不外泄气体的封闭形式。

（3）液密封口　容器经过封口后，封口处不渗漏液体的封闭形式。

（4）严密封口　容器经过封口后，封口处不外漏固体的封闭形式。

（5）小开口桶　桶顶开口直径不大于 70mm 的桶，称为小开口桶。

（6）全开口桶　桶顶可以全开的桶，称为全开口桶。

（7）复合包装　由一个外包装和一个内容器（或复合层）组成一个整体的包装，称为复合包装。

二、危险化学品的包装定义

危险品包装是指盛装危险货物的包装容器，为确保危险货物在储存运输过程中的安全，除其本身的质量符合安全规定、其流通环节的各种条件正常合理外，最重要的是危险货物必须具有适运的运输包装。包装对于保证危险品的危险特性不发生危险具有十分重要的保护作用，同时也便于危险品的保管、储存、运输和装卸。也就是说，没有合格的包装，也就谈不上危险品的保管、储存、运输和装卸，更谈不上危险品的贸易。

危险品包装从使用角度分为销售包装和运输包装，本章所讲的危险品包装是指危险品的运输包装。危险品包装通常包括盛装危险品的常规包装容器（最大容量≤450L且最大净重≤400kg）、中型散装容器、大型容器等，另外还包括压力容器、喷雾罐和小型气体容器、便携式罐体和多元气体容器等。

不同的国家或地区对同一种包装可能有不同的叫法，而对于同一个名词或术语又可能有不同的命名或定义。国际上依据联合国危险货物运输专家委员会制定的《关于危险货物运输的建议书·规章范本》（橘皮书）来规范和指导危险货物包装的定义。按照这个规定，危险品包装及相关的术语定义如下。

（1）袋是由纸张、塑料薄膜、纺织品、编织材料或其他适当材料制作的柔性容器。

（2）箱是由金属、木材、胶合板、再生木、纤维板、塑料或其他适当材料制作的完整矩形或多角形容器；为了诸如便于搬动或开启，或为了满足分类的要求，允许有小的洞口，只要洞口不损害容器在运输时的完整性。

（3）散装货箱是用于运输固体物质的装载系统（包括所有衬里或涂层），其中的固体物质与装载系统直接接触。容器、中型散装货箱（中型散货箱）、大型容器和便携式罐体不包括在内。

散装货箱的特点如下：

① 具有长久性，也足够坚固，适合多次使用；
② 专门设计便于以一种或多种运输手段运输货物而无需中途装卸；
③ 装有便于装卸的装置；
④ 容量不小于1.0m³。

散装货箱包括货运集装箱、近海散装货箱、翻斗车、散料箱、交换车体箱、槽型集装箱、滚筒式集装箱、车辆的载货箱等。

（4）气瓶捆包是捆在一起用一根管道互相连接并作为一个单元运输的一组气瓶。总的水容量不得超过3000L，但拟用于运输毒性气体（不包括气溶胶）的捆包的水容量限值是1000L。

（5）封闭装置是用于封住储器开口的装置。

（6）组合容器是为了达到运输目的而组合在一起的一组容器，由按照规定固定在一个外容器中的一个或多个内容器组成。

（7）主管当局系指为主管与本规章有关的任何事宜而指定的或以其他方式认可的一个国家机构或部门。

（8）遵章保证系指主管当局施行的系统性措施方案，其目的是保证本规章的各项规定在实践中得到遵守。

（9）复合容器是由一个外容器和一个内储器组成的容器，其构造使内储器和外容器形成一个完整容器。这种容器经装配后，便成为单一的完整装置，整个用于装料、储存、运输和卸空。

（10）板条箱是表面不完整的外容器。

（11）低温储器是用于装冷冻液化气体的可运输隔热储器，其水容量不大于1000L。

（12）气瓶是水容量不超过150L的可运输压力储器。

（13）圆桶（桶）是由金属、纤维板、塑料、胶合板或其他适当材料制成的两端为平面或凸面的圆柱形容器。本定义还包括其他形状的容器，例如圆锥形颈容器或提桶形容器。木制琵琶桶或罐不属于此定义范围。

（14）装载率是气体质量与装满准备好供使用的压力储器的15℃水质量之比。

（15）货运集装箱是一件永久性运输设备，因此足够坚固，适于多次使用；专门设计用来便利地以一种或他种运输方式运输货物，而无需中间装卸；设计安全且便于操作，装有用于上述目的的装置，并根据修订的 1972 年《国际集装箱安全公约》得到批准。"货运集装箱"一词既不包括车辆，也不包括容器，但包括在底盘上运载的货运集装箱，用于运输第 7 类物质的货运集装箱。

（16）GHS 即联合国《全球化学品统一分类和标签制度》。

（17）检查机构是主管当局核可的独立检查和试验机构。

（18）中型散货集装箱（中型散货箱）。

1）中型散货箱　是指硬质或软体可移动容器，这种容器的特点如下。

① 具有下列容量

（a）装 Ⅱ 类包装和 Ⅲ 类包装的固体和液体时不大于 3.0m³（3000L）；

（b）Ⅰ 类包装的固体装入软性、硬塑料、复合、纤维板和木质中型散货箱时不大于 1.5m³；

（c）Ⅰ 类包装的固体装入金属中型散货箱时不大于 3.0m³；

（d）装第 7 类放射性物质时不大于 3.0m³。

② 设计用机械方法装卸。

③ 能经受装卸和运输中产生的应力，该应力由试验确定。

2）改制的中型散货箱是如下情况的金属、硬塑料或复合中型散货箱。

① 从一种非联合国型号改制为一种联合国型号；

② 从一种联合国型号转变为另一种联合国型号。

3）修理过的中型散货箱是金属、硬塑料或复合中型散货箱由于撞击或任何其他原因（例如腐蚀、脆裂或与设计型号相比强度减小的其他迹象）而被修复到符合设计型号并且能够经受设计型号试验的容器。把复合中型散货箱的硬内储器换成符合原始制造商规格的储器算是修理。

4）软体中型散货箱的例行维修是对塑料或纺织品制的软体中型散货箱进行的下述作业。

① 清洗；

② 更换非主体部件，如非主体的衬里和封口绳锁，换之以符合原制造厂家规格的部件。但上述作业不得有损于软体中型散货箱的装载功能，或改变设计类型。

5）硬质中型散货箱的例行维修是对金属、硬塑料或复合中型散货箱进行的下述作业。

① 清洗；

② 符合原始制造商规格的箱体封闭装置（包括连带的垫圈）或辅助设备的除去和重新安装或替换，但须检验中型散货箱的密封性；

③ 将不直接起封装危险货物或阻挡卸货压力作用的结构装置修复到符合设计型号的状态（例如矫正箱脚或起吊附件）；但中型散货箱的封装作用不得受到影响。

（19）内容器是运输时需用外容器的容器。

（20）内储器是需要有一个外容器才能起容器作用的储器。

（21）中间容器是置于内容器或物品和外容器之间的容器。

（22）罐是横截面呈矩形或多角形的金属或塑料容器。

（23）大型容器是由一个内装多个物品或内容器的外容器组成的容器并且设计用机械方法装卸；超过净重 400kg 或容量 450L 但体积不超过 3m³。

（24）衬里是指另外放入容器（包括大型容器和中型散货箱）但不构成其组成部分，包括其开口的封闭装置的管或袋。

（25）液体是在 50℃时蒸气压不大于 300kPa（3bar）、在 20℃和 101.3kPa 压力下不完全是气态、在 101.3kPa 压力下熔点或起始熔点等于或低于 20℃的危险货物。

（26）《试验和标准手册》是题为《关于危险货物运输的建议书，试验和标准手册》的联合国出版物第四修订版（ST/SG/AC.10/11/Rev.4）。

（27）最大容量　指的是储器或容器的最大内部体积，以升（L）表示。

（28）最大净重是一个容器内装物的最大净重，或者是多个内容器及其内装物的最大总和质量，以千克（kg）表示。

（29）多元气体容器是气瓶、气筒和气瓶捆包用一根管道互相连接并且装在一个框架内的多式联运组合。多元气体容器包括运输气体所需的辅助设备和结构装置。

（30）近海散装货箱指专门用来往返近海设施或在其之间运输危险货物多次使用的散装货箱。近海散装货箱的设计和建造，需符合国际海事组织在文件MFC/Circ.860中具体规定的批准公海作业离岸集装箱的准则。

（31）外容器是复合或组合容器的外保护装置连同为容纳和保护内储器或内容器所需要的吸收材料、衬垫和其他部件。

（32）外包装是指一个发货人为了方便运输过程中的装卸和存放将一个或多个包件装在一起以形成一个单元所用的包装物。外包装的例子是若干包件以下述方法装在一起。

① 放置或堆叠在诸如货盘的载重板上并用捆扎、收缩包装、拉伸包装或其他适当手段紧固；

② 放在诸如箱子或板条箱的保护性外容器中。

（33）包件是包装作业的完结产品，包括准备好供运输的容器和其内装物。

（34）容器是储器或储器为实现储放作用所需要的其他部件或材料。

（35）便携式罐体是指：

① 用于运输第1类和第3类至第9类物质的多式联运罐体。其罐壳装有运输危险物质所需的辅助设备和结构装置；

② 用于运输非冷冻液化第2类气体、容量大于450L的多式联运罐体。其罐壳装有运输气体所需的辅助设备和结构装置；

③ 用于运输冷冻液化气体、容量大于450L的隔热罐体，装有运输冷冻液化气体所需的辅助设备和结构装置。

便携式罐体在装货和卸货时不需去除结构装置。罐壳外部必须具有稳定部件，并可在满载时吊起。便携式罐体必须主要设计成可吊装到运输车辆或船舶上，并配备便利机械装卸的底垫、固定件或附件。公路罐车、铁路罐车、非金属罐体、气瓶、大型储器及中型散货箱不属于本定义范围。

（36）压力桶是水容量大于150L但不大于1000L的焊接可运输压力储器（例如装有滚动环箍、滑动球的圆柱形储器）。

（37）压力储器是包括气瓶、气筒、压力桶、封闭低温储器和气瓶捆包的集合术语。

（38）质量保证系指任何组织或机构施行的系统性管制和检查方案，其目的是为在实践中达到联合国《关于危险货物运输的建议书·规章范本》所规定的安全标准提供充分的可信性。

（39）储器是用于装放和容纳物质或物品的封闭器具，包括封口装置。

（40）修整过的容器包括如下情况。

1）金属桶

① 把所有以前的内装物、内外腐蚀痕迹以及外涂层和标签都清除掉，露出原始建造材料；

② 恢复到原始形状和轮廓，并把凸边矫正封好、把所有外加密封垫换掉；

③ 洗净上漆之前经过检查，剔除了有肉眼可见的凹痕、材料厚度明显降低、金属疲劳、织线或封闭装置损坏、或者有其他明显缺陷的容器。

2）塑料桶和罐

① 把所有以前的内装物、外涂层和标签都清除掉，露出原始建造材料；

② 把所有外加密封垫换掉；

③ 洗净后经过检查，剔除了有可见的磨损、折痕或裂痕、织线或封闭装置损坏、或者有其他明显缺陷的容器。

（41）回收塑料是指从使用过的工业容器回收的、经洗净后准备用于加工成新容器的材料。用于生产新容器的回收材料的具体性质必须定期查明并记录，作为主管当局承认的质量保证方案的一部分。质量保证方案必须包括正常的预分拣和检验记录，表明每批回收塑料都有与用这种回收材料制造的设计型号一致的正常熔体指数、密度和抗拉强度。这必然包括了解回收塑料来源的容器材料以及了解这些容器先前的内装物，这些先前的内装物可能降低用该回收材料制造的新容器的性能。

（42）改制的容器包括如下情况。

1）金属桶

① 从一种非联合国型号改制为一种联合国型号；

② 从一种联合国型号转变为另一种联合国型号；

③ 更换组成结构部件（例如非活动盖）。

2）塑料桶

① 从一种联合国型号转变为另一种联合国型号（例如 1H1 变成 1H2）；

② 更换组成结构部件。

（43）改制的圆桶须符合联合国《关于危险货物运输的建议书·规章范本》适用于同一型号的新圆桶的同样要求。

（44）再次使用的容器是准备重新装载货物的容器，经过检查后没有发现影响其装载能力和承受性能试验的缺陷；本用语包括重新装载相同的或类似的相容内装物、并且在产品发货人控制的销售网范围内运输的容器。

（45）救助容器是用于放置为了回收或处理而运输的损坏、有缺陷、渗漏或不符合规定的危险货物包件，或者溢出或漏出的危险货物的特别容器。

（46）稳定压力是压力储器内装物在热和弥散平衡时的压力。

（47）防筛漏的容器是指所装的干物质，包括在运输中产生的细粒固体物质不向外渗漏的容器。

（48）固体是不符合本段所载液体定义的非气体危险货物。

（49）罐体系指便携式罐体，包括罐式集装箱、公路罐车、铁路罐车或拟盛装固体、液体或气体的储器，当用来运输第 2 类物质时，容量不小于 450L。

（50）试验压力是为鉴定或重新鉴定进行压力试验时所需施加的压力。

（51）气筒是水容量大于 150L 但不大于 3000L 的无接缝可运输压力储器。

（52）木制琵琶桶是由天然木材制成的容器，其截面为圆形，桶身外凸，由木板条和两个圆盖拼成，用铁圈箍牢。

（53）工作压力是压缩气体在参考温度 15℃下在装满的压力储器内的稳定压力。

（54）箱体（适用于复合中型散货箱以外的所有类别中型散货箱）是指储器本身，包括开口及其封闭装置，但不包括辅助设备。

（55）装卸装置（适用于软体中型散货箱）是指固定在中型散货箱箱体上或由箱体材料延伸形成的各种吊环、环圈、钩眼或框架。

（56）最大许可总重是指中型散货箱及任何辅助设备或结构装置的质量加上最大净重。

（57）防护（适用于金属中型散货箱）是指另外配备防撞击的防护装置，其形式可能是多层（夹心）或双壁结构或金属网格外罩。

（58）辅助设备是指装货和卸货装置，以及视中型散货箱类别而定，降压或排气、安全、加热及隔热装置和测量仪器。

（59）结构装置（适用于软体中型散货箱以外的所有类别中型散货箱）是指箱体的加强、紧固、握柄、防护或稳定构件，包括带塑料内储器的复合中型散货箱、纤维板和木质中型散货箱的箱底托盘。

（60）编织塑料（适用于软体中型散货箱）是指由适宜的塑料拉长带或单丝制成的材料。

三、危险化学品的包装分类

为了包装目的，第 1 类、第 2 类、第 7 类、5.2 项和 6.2 项物质以及 4.1 项自反应物质以外的物质，按照它们具有的危险程度划分为下列三个包装类别。

Ⅰ类包装：显示高度危险性的物质；

Ⅱ类包装：显示中等危险性的物质；

Ⅲ类包装：显示轻度危险性的物质。

另外，对于第 1 类、5.2 项有机过氧化物和 4.1 项的自反应物质，除联合国《关于危险货物运输的建议书·规章范本》另作不同具体规定的外，其包装所用容器（包括中型散装容器和大包装）应符合中等危险（Ⅱ类包装）规定。

四、危险品包装类型的编码

（一）常规包装容器编码

编码包括：

① 一个阿拉伯数字，表示容器的种类，如桶、罐等，后接；

② 一个大写拉丁字母，表示材料的性质，如钢、木等，必要时后接；

③ 一个阿拉伯数字，表示容器在其所属种类中的类别。

如果是复合容器，用两个大写拉丁字母顺次地写在编码的第二个位置中。第一个字母表示内储器的材料，第二个字母表示外容器的材料。如果是组合容器，只使用外容器的编码。

容器编码后面可加上字母"T"、"V"或"W"。字母"T"表示符合要求的救助容器。字母"V"表示符合危险化学品试验要求的特别容器，字母"W"表示容器的类型虽与编码所表示的相同，但其制造的规格则不同。

（1）下述数字用于表示容器的种类。

1——桶

2——木制琵琶桶

3——罐

4——箱

5——袋

6——复合容器

（2）下述大写字母用于表示材料的种类。

A——钢（一切型号及表面处理）

B——铝

C——天然木

D——胶合板

F——再生木

G——纤维板

H——塑料

L——纺织品

M——多层纸

N——金属（钢或铝除外）

P——玻璃、陶瓷或粗陶瓷

编码取决于容器的种类、其建造所用的材料及其类别。如：1A1 表示桶装，钢制，非活动盖；3B2 表示罐装，铝制，活动盖。

（二）中型散货箱的指示性编码

编码必须包括表 5-1 中规定的两个阿拉伯数字；随后是后文规定的一个或几个大写字母，再后是某一节中具体提到的表明中型散货箱类型的一个阿拉伯数字。

表 5-1　中型散货箱的指示性编码

类型	装固体，装货或卸货		装液体
	靠重力	靠施加 10kPa(0.1bar)以上的压力	
硬质	11	21	31
软体	13	—	—

对于复合中型散货箱，必须把两个大写拉丁字母依次写在编码的第二个位置上。第一个字母表示中型散货箱内储器的材料，第二个字母表明中型散货箱外容器的材料。

中型散货箱编码之后可加"W"字母。字母"W"表示中型散货箱虽然是与编码所示者相同的型号，但制造规程则有所不同。

（三）表示大型容器类型的编码

用于大型容器的编码包括：

① 两个阿拉伯数字 50 表示硬质大型容器；51 表示软体大型容器。

② 大写拉丁字母表示材料的性质，例如木材、钢等。

（四）散装货箱类型的编码

标记散装货箱类型使用的编码如下：

① 帘布式散装货箱 BK1；

② 封闭式散装货箱 BK2。

第二节　危险化学品的包装容器

一、危险化学品包装容器的定点生产

《安全生产法》第三十条规定，生产经营单位使用的涉及生命安全、危险性较大的特种设备，以及危险物品的容器、运输工具，必须按照国家有关规定，由专业生产单位生产，并经取得专业资质的检测、检验机构检测、检验合格，取得安全使用证或者安全标志，方可投入使用。检测、检验机构对检测、检验结果负责。

《危险化学品安全管理条例》也对危险化学品包装的生产和使用作出了明确规定。危险化学品的包装物、容器（包括用作运输工具的槽罐）必须由省、自治区、直辖市人民政府经济贸易管理部门审查合格的专业生产企业定点生产，并经国务院质检部门认可的专业检测、检验机构检测、检验合格，方可使用。

危险化学品生产、分装企业和单位必须使用定点企业生产并经国家法定检测、检验机构

检验合格的包装物和容器，不得采购和使用非定点企业生产的产品或未经检验合格的产品。

重复使用的危险化学品包装物、容器在使用前，应当进行检查，并做出记录；检查记录应当至少保存 2 年。

为了加强危险化学品包装物、容器生产的管理，保证危险化学品包装物、容器的质量，保障危险化学品储存、搬运、运输和使用安全，根据《危险化学品安全管理条例》，国家安全生产监督管理总局令第 32 号令颁布了《危险化学品包装物、容器定点生产管理办法》共五章二十二条，自 2010 年 8 月 7 日起施行。

国家安全生产监督管理局负责全国危险化学品包装物、容器定点生产的监督管理；省、自治区、直辖市人民政府经济贸易主管部门或其委托的安全生产监督管理机构负责本行政区域内包装物、容器定点生产的监督管理，并审批发放危险化学品包装物、容器定点生产企业证书。

取得定点证书的企业，应当在其生产的包装物、容器上标注危险化学品包装物、容器定点生产标志。

二、包装分类与包装性能试验

根据国家标准《危险货物运输包装通用技术条件》（GB 12463—2009）规定，除了爆炸品、气体、感染性物品和放射性物品外，其他危险货物按其呈现的危险程度，按包装结构强度和防护性能，将危险品包装分成三类。

Ⅰ类包装：货物具有较大危险性，包装强度要求高；

Ⅱ类包装：货物具有中等危险性，包装强度要求较高；

Ⅲ类包装：货物具有的危险性小，包装强度要求一般。

物质的包装类别决定了包装物或接收容器的质量要求。Ⅰ类包装表示包装物的最高标准；Ⅱ类包装可以在材料坚固性稍差的装载系统中安全运输；而使用最为广泛的Ⅲ类包装可以在包装标准进一步降低的情况下安全运输。由于各种《危险货物品名表》对所列危险品都具体指明了应采用的包装等级，实质上即表明了该危险品的危险等级。

《危险货物运输包装通用技术条件》（GB 12463—2009）规定了危险品包装的四种试验方法，即堆码试验、跌落试验、气密试验、液压试验。

堆码试验：将坚硬载荷平板置于试验包装件的顶面，在平板上放置重物，定堆码高度（陆运 3m、海运 8m）和一定时间下（一般 24h），观察堆码是否稳定、包装是否变形和破损。

跌落试验：按不同跌落方向及高度跌落包装，观察包装是否破损和洒漏。如钢桶的跌落方向为：第一次，以桶的凸边呈斜角线撞击在地面上，如无凸边则以桶身与桶底接缝处撞击。第二次，第一次没有试验到的最薄弱的地方，如纵向焊缝、封闭口等。Ⅰ类包装件跌落高度为 1.8m，Ⅱ类包装件跌落高度为 1.2m，Ⅲ类包装件跌落高度为 0.8m。

气密试验：将包装浸入水中，对包装充气加压，观察有无气泡产生，或在桶接缝处或其他易渗漏处涂上皂液或其他合适的液体后向包装内充气加压，观察有无气泡产生。Ⅰ类包装应承受不低于 30kPa（0.3kgf/cm²）压力，Ⅱ类、Ⅲ类包装应承受不低于 20kPa（0.2kgf/cm²）压力。容器不漏气，视为合格。

液压试验：在测试容器上安装指标压力表，拧紧桶盖，接通液压泵，向容器内注水加压，当压力表指针达到所需压力时，塑料容器和内容器为塑料材质的复合包装，应经受 30min 的压力试验。

其他材质的容器和复合包装应经受 5min 压力实验。试验压力应均匀连续地施加，并保持稳定。试样如用支撑，不得影响其试验的效果。

试验压力：采用温度 50℃时，以蒸发压力的 1.75 倍减去 100kPa（1kgf/cm²），但是最小试验压力不得低于 100kPa（1kgf/cm²）。容器不渗漏，视为合格。

盛装化学品的包装，必须到指定部门检验，满足有关试验标准后方可启用。

三、包装的基本要求

由于包装伴随危险品运输全过程，情况复杂，直接关系危险化学品运输的安全，因此各国都重视对危险化学品包装进行立法。我国自 1985 年以后相继颁布了有关危险化学品包装的标准《危险货物包装标志》（GB 190—2009）、《危险货物运输包装通用技术条件》（GB 12463—2009）等。《危险化学品安全管理条例》也对危险化学品包装的生产和使用作出了明确规定。

具体要求如下：

（1）危险货物运输包装应结构合理，具有一定强度，防护性能好。包装的材质、形式、规格、方法和单件质量（重量）应与所装危险货物的性质和用途相适应，并便于装卸、运输和储存。

（2）包装应质量良好，其构造和封闭形式应能承受正常运输条件下的各种作业风险，不应因温度、湿度或压力的变化而发生任何渗（洒）漏，包装表面应清洁，不允许黏附有害的危险物质。

（3）包装与内装物直接接触部分，必要时应有内涂层或进行防护处理，包装材质不得与内装物发生化学反应而形成危险产物或导致削弱包装强度。

（4）内容器应予固定。如属易碎性的应使用与内装物性质相适应的衬垫材料或吸附材料衬垫妥实。

（5）盛装液体的容器，应能经受在正常运输条件下产生的内部压力。灌装时必须留有足够的膨胀余量（预留容积），除另有规定外，并应保证在温度 55℃时内装液体不致完全充满容器。

（6）包装封口应根据内装物性质采用严密封口、液密封口或气密封口。

（7）盛装需浸湿或加有稳定剂的物质时，其容器封闭形式应能有效地保证内装液体（水、溶剂和稳定剂）的百分比，在储运期间保持在规定的范围以内。

（8）有降压装置的包装，其排气孔设计和安装应能防止内装物泄漏和外界杂质进入，排出的气体量不得造成危险和污染环境。

（9）复合包装的内容器和外包装应紧密贴合，外包装不得有擦伤内容器的凸出物。

（10）无论是新型包装、重复使用的包装、还是修理过的包装均应符合危险货物运输包装性能试验的要求。

（11）盛装爆炸品包装的附加要求：

① 盛装液体爆炸品容器的封闭形式，应具有防止渗漏的双重保护。

② 除内包装能充分防止爆炸品与金属物接触外，铁钉和其他没有防护涂料的金属部件不得穿透外包装。

③ 双重卷边接合的钢桶，金属桶或以金属做衬里的包装箱，应能防止爆炸物进入隙缝。钢桶或铝桶的封闭装置必须有合适的垫圈。

④ 包装内的爆炸物质和物品包括内容器，必须衬垫妥实，在运输中不得发生危险性移动。

⑤ 盛装有对外部电磁辐射敏感的电引发装置的爆炸物品，包装应具备防止所装物品受外部电磁辐射源影响的功能。

危险货物包装产品出厂前必须通过性能试验，各项指标符合相应标准后，才能打上包装标记投入使用。如果包装设计、规格、材料、结构、工艺和盛装方式等有变化，都应分别重复作试验。试验合格标准由相应包装产品标准规定。

质检部门应当对危险化学品的包装物、容器的产品质量进行定期的或者不定期的检查。

四、包装标志

1. 包装储运图示标志

为了保证化学品运输中的安全，《包装储运图示标志》（GB/T 191—2008）规定了运输包装件上提醒储运人员注意的一些图示符号。如小心轻放、禁用手钩、向上、怕热、怕湿、重心点等，供操作人员在装卸时能针对不同情况进行相应的操作。

2. 危险货物包装标志

危险货物的标志是用于铁路、水路、公路和航空储运危险货物的外包装上，表达特定含义。不同化学品的危险性、危险程度不同，为了使接触者对其危险性一目了然，《危险货物包装标志》（GB/T 190—2009）规定了危险货物图示标志的类别、名称、尺寸和颜色，共有危险品标志图形 21 种、19 个名称。

3. 包装标记

危险货物运输包装的标记代号是根据储存、运输和装卸的需要按有关规定采用的标识记号。包装的标记代号分为：包装级别标记代号，包装容器标记代号，包装容器的材质标记代号，包装件组合类型标记代号，以及其他标记代号等，它们分别用阿拉伯数字、英文大小写字母、阿拉伯数字与英文字母的组合来表示。比如，阿拉伯数字"1"表示桶的标记代号，"4"表示箱、盒的标记代号，"7"表示压力容器的标记代号；小写英文字母"x"表示符合Ⅰ、Ⅱ、Ⅲ级包装要求的标记代号；大写英文字母"A"、"H"、"L"分别表示包装容器材质为"钢"、"塑料材料"、"编织材料"的标记代号。"1A"表示包装件组合类型为"钢桶"的标记代号；"6HA1"表示内包装为塑料容器，外包装为钢桶的复合包装的标记代号。

钢桶（新桶）的标记代号"$1A_1/y/1.4/160/2010$"表示何种意思？

其中"$1A_1$"表示包装类型是小开口钢桶，"y"表示包装级别符合Ⅱ、Ⅲ级包装要求，"1.4"表示包装内物品的相对密度为 1.4，"160"表示试验压力为 160kPa，"2010"表示制造年份为 2010 年。

4. 包装标志、标记的制作和使用

包装标志、标记可以印刷、粘贴、涂打、钉附。钢制品容器可以打钢印。

包装标志、标记的使用方法：

粘贴的标志——箱状包装，粘贴于包装两端或两侧的明显处；袋、捆包装，粘贴于包装明显的一面；桶形包装，粘贴于桶盖或桶身。

涂打的标志——用油漆、油墨或墨汁，以镂模、印模等方式，按粘贴标志标打的位置涂打或者书写。

钉附的标志——用涂打有标志的金属板或木板，钉在包装的两端或两侧的明显处。如"由此吊起"和"重心点"两种标志，使用时要根据要求粘贴、涂打或钉附在货物外包装的实际位置上。

标志的文字书写与底边平行。出口的货物要按外贸的有关规定办理。粘贴的标志要保证在货物储运期间内不脱落。储运的货物其包装应按有关规定确定打某种或某几种标志。标志由生产单位在货物出厂前标打；出厂后如果改换包装，包装则由发货单位标打。

第三节　危险化学品包装安全要求

一、危险品使用容器包括中型散货箱和大型容器包装的一般规定

危险货物必须装在质量良好的容器包括中型散货箱和大型容器中，容器必须足够坚固能

够承受得住运输过程中通常遇到的冲击和荷载，包括运输装置之间和运输装置与仓库之间的转载以及搬离托盘或外包装供随后人工或机械操作。容器包括中型散货箱和大型容器的结构和封闭状况必须能防止准备运输时可能因正常运输条件下由于振动或由于温度、湿度或压力变化（例如海拔不同产生的）造成的任何内装物损失。容器包括中型散货箱和大型容器必须按照制造商提供的资料封闭。在运输过程中不得有任何危险残余物黏附在容器、中型散货箱和大型容器外面。这些规定酌情适用于新的、再次使用的、修整过的或改制的容器以及新的、再次使用的、修理过的或改制的中型散货箱和新的或再次使用的大型容器。

容器包括中型散货箱和大型容器与危险货物直接接触的各个部位：

（1）不得受到危险货物的影响或强度被危险货物明显地减弱；

（2）不得在包件内造成危险的效应，例如促使危险货物起反应或与危险货物起反应。

必要时，这些部位必须有适当的内涂层或经过适当的处理。

除非另有规定，每个容器包括中型散货箱和大型容器，内容器除外，必须酌情按照第 4 章的要求成功地与通过试验的设计型号一致。若容器包括中型散货箱和大型容器内装的是液体，必须留有足够的未满空间，以保证不会由于在运输过程中可能发生的温度变化造成的液体膨胀而使容器泄漏或永久变形。除非规定有具体要求，否则，液体不得在 55℃ 下装满容器。但中型散货箱必须留有足够的未满空间，以确保在平均整体温度为 50℃ 时，中型散货箱的装载率不超过其水容量的 98%。在空运时，拟装液体的容器也必须按照国际空运规章的规定，能够承受一定的压差而不泄漏。

内容器在外容器中的置放方式，必须做到在正常运输条件下，不会破裂、被刺穿或其内装物漏到外容器中。对于那些易于破裂或易被刺破的内容器，例如，用玻璃、陶瓷、粗陶瓷或某些塑料制成的，必须使用适当衬垫材料固定在外容器中。如果内装物有泄漏，衬垫材料或外容器的保护性能不得遭到重大破坏。危险货物不得与其他货物或其他危险货物放置在同一个外容器或在大型容器中，如果它们彼此会起危险反应并造成：①燃烧和/或放出大量的热；②放出易燃、毒性或窒息性气体；③产生腐蚀性物质；④产生不稳定物质，则是有危险的。

装有潮湿或稀释物质的容器的封闭装置必须使液体（水、溶剂或减敏剂）的百分率在运输过程中不会下降到规定的限度以下。如中型散货箱上串联地安装两个以上的封闭系统，离所运物质最近的那个系统必须先封闭。液体只能装入对正常运输条件下可能产生的内压具有适当承受力的内容器。在包件由于内装物释放气体（由于温度增加或其他原因）而可能产生压力的情况下，容器包括中型散货箱，可安装一个通风口。如果由于物质的正常分解可能形成压力过大的危险，须安装通风装置。但所释放的气体不得因其毒性、易燃性和排放量等问题而造成危险。通风口的设计须保证容器包括中型散货箱，在正常运输条件下，在容器处于运输中的状态时，不会有液体泄露或异物进入等情况发生。空运时，不允许包件排气。

新的、改制的、再次使用的容器包括中型散货箱和大型容器或修整过的或经过定期检修的容器和修理过的中型散货箱必须能酌情通过第 4 章规定的试验。在装货和移交运输之前，必须对每个容器包括中型散货箱和大型容器进行检查，确保无腐蚀、污染或其他破损，每个中型散货箱必须检查其辅助设备是否正常工作。当容器显示出的强度与批准的设计型号比较有下降的迹象时，不得再使用，或必须予以整修使之能够通过设计型号试验。任何显示出与经测试过的设计型号相比强度已有下降的中型散货箱，不得再使用，或者必须经过整修或定期检修，使之能够承受设计型号试验。

液体仅能装入对正常运输条件下可能产生的内部压力具有适当承受力的容器，包括中型散货箱。标有分别规定的液压试验压力的容器和中型散货箱，仅能装载有下述蒸气压力的液体：

（1）根据 15℃ 的装载温度和最大装载度确定的容器或中型散货箱内的总表压（即装载物质的蒸气压加空气或其他惰性气体的分压，减去 100kPa），在 55℃ 时不超过标记试验压力的 2/3；

（2）在 50℃ 时，小于标记试验压力加 100kPa 之和的 4/7；

（3）在 55℃ 时，小于标记试验压力加 100kPa 之和的 2/3。

拟装运液体的金属中型散货箱不得用于装运蒸气压力在 50℃ 时大于 110kPa（1.1bar）或在 55℃ 时大于 130kPa（1.3bar）的液体。

二、使用中型散货箱的附加一般规定

当中型散货箱用于运输闪点等于或低于 60.5℃（闭杯）的液体时，或运输易于引起粉尘爆炸的粉末物质时，必须采取措施防止危险的静电放电。中型散货箱在要求的最近一次定期试验期满之日或要求的最近一次定期检查期满之日后不得装货并提交运输。不过，在最近一次定期试验或检查期满之日前装货的中型散货箱可在最近一次定期试验或检查期满之日后不超过 3 个月的期间内交运。此外，在下列情况下中型散货箱可在最近一次定期试验或检查期满之日后交运。

（1）在卸空后清洗前，以便在重新装货前进行所要求的试验或检查；

（2）除非主管当局另有批准，在最近一次定期试验或检查期满之日后不超过 6 个月的期间内，以便将危险货物或残余物运回作适当处置或回收。这一情况应在运输票据中注明。

31HZ2 型号的中型散货箱，必须装至外壳体积的至少 80%，并始终用封闭的运输装置运载。除非金属、硬塑料、复合和软体中型散货箱的例行维修是由其国家和名称或指定代号已耐久地标记在中型散货箱上的中型散货箱所有人进行的，否则进行例行维修的当事方必须在中型散货箱上靠近制造商的联合国设计型号标记处耐久地作如下标记：

（1）在其境内进行例行维修的国家；

（2）进行例行维修的当事方名称或指定代号。

三、有关包装规范的一般规定

适用于第 1 类至第 9 类危险货物的包装规范载于联合国《关于危险货物运输的建议书规章范本》（以下简称（规章范本）。除非另有规定，每个容器必须符合可适用要求。包装规范一般不提供关于相容性的指导，因此，使用者如未核对物质是否与所选择的容器材料相容，则不应选定容器（例如，大多数氟化物不适合用玻璃储器）。如果包装规范允许使用玻璃储器，那么陶瓷、陶器和粗陶瓷容器也允许使用。联合国《规章范本》"危险货物一览表"出了每个物品或物质必须使用的包装规范和适用于特定物质或物品的特殊包装规定。每一包装规范酌情列出了可接受的单容器和组合容器。对于组合容器，列出了可接受的外容器、内容器和适用时每个内容器或外容器中允许的最大数量。

如果联合国《规章范本》的包装规范允许使用某一特定型号的容器（例如 4G；1A2），带有相同容器识别编码的容器，按照要求在后面附加字母 "V"、"U" 或 "W" 者（例如 4GV、4GU 或 4GW；1A2V、1A2U 或 1A2W），也可按照有关包装规范，在适用于使用该型号容器的相同条件和限制下使用。例如，只要标有 "4G" 的组合容器允许使用，标有 "4GV" 的组合容器就可以使用，但必须遵守有关包装规范对内容器型号和数量限制的要求。符合包装规范制造要求的所有气瓶、气桶、压力桶和气瓶捆包，允许用于运输任何液态或固态物质，除非包装规范中另有说明，或 "危险货物一览表" 中另有特殊规定。气瓶捆包和气筒容量不得超过 1000L。

适用的包装规范中未明确地允许使用的容器或中型散货箱，不得用于运输物质或物品，除非得到主管当局特别批准并且符合下列条件。

　　（1）代替容器符合本部分的一般要求；

　　（2）如危险货物一览表所示的包装规范如此规定，代替容器符合第6部分的要求；

　　（3）主管当局确定代替容器提供的安全程度至少与物质按照危险货物一览表所示的特定包装规范中规定的方法包装时相同；

　　（4）伴随每一托运货物或运输票据的主管当局批准书列有代替容器得到主管当局批准的说明。

　　对于第1类物品以外的无包装物品，如果大型坚固物品不能够按照要求包装而且必须空着、未清洗和无包装运输，主管当局可以批准这种运输。主管当局这样做时须考虑到：

　　① 大型坚固物品必须很坚固足以承受运输过程中通常碰到的冲击和装卸，包括运输装置之间和运输装置与仓库之间的转运，以及从托盘卸下供随后用手或机械搬动；

　　② 所有封闭装置和孔口必须密封以便不致发生在正常运输条件下因震动或因温度、湿度或压力变化（例如因高度不同造成的）可能引起的内装物漏失，不得有危险的残余物黏附在大型坚固物品外部；

　　③ 与危险货物直接接触的大型坚固物品部位：必须不受这些危险货物的影响或明显地变弱；必须不造成危险的效应，例如促使危险货物起反应或与危险货物起反应；

　　④ 装有液体的大型坚固物品必须仔细地堆装和紧固以确保物品在运输过程中不会发生渗漏或永久变形；

　　⑤ 它们必须固定在托架上或装入板条箱或其他搬运装置，使其在正常运输条件下不会松动。

四、第1类货物的特殊包装规定

　　必须符合上述"一、危险品使用容器包括中型散货箱和大型容器包装的一般规定"。

　　第1类货物的所有容器的设计和建造必须达到以下要求。

　　（1）能够保护爆炸品，使它们在正常运输条件下，包括在可预见的温度、湿度和压力发生变化时，不会漏出，也不会增加无意引燃或引发的危险；

　　（2）完整的包件在正常运输条件下可以安全地搬动；

　　（3）包件能够经受得住运输中可预见的堆叠在它们之上的任何荷重，不会因此而增加爆炸品具有的危险性，容器的保护功能不会受到损害，容器变形的方式或程度不至于降低其强度或造成堆垛的不稳定。

　　所有爆炸性物质和物品必须按照规定的程序加以分类。第1类货物必须按照"危险货物一览表"中所示的详细规定的适当包装规范包装。容器包括中型散货箱和大型容器必须符合第四章的要求，达到Ⅱ类包装试验要求。为了避免不必要的密封，不得使用Ⅰ类包装的金属容器。可以使用符合Ⅰ类包装试验标准的金属容器以外的容器。装液态爆炸品的容器的封闭装置必须有防渗漏的双重保护设备。金属桶的封闭装置必须包括适宜的垫圈；如果封闭装置包括螺纹，必须防止爆炸性物质进入螺纹。可溶于水的物质的容器应是防水的。减敏或退敏物质的容器必须封闭以防止浓度在运输过程中发生变化。当容器包括中间充水的双包层，而水在运输过程中可能结冰时，必须在水中加入足够的防冻剂以防结冰。不得使用由于其固有的易燃性而可能引起燃烧的防冻剂。

　　钉子、钩环和其他没有防护涂层的金属制造的封闭装置，不得穿入外容器内部，除非内容器能够防止爆炸品与金属接触。内容器、连接件和衬垫材料以及爆炸性物质或物品在包件内的放置方式必须能使爆炸性物质或物品在正常运输条件下不会在外容器内散开。必须防止物品的金属部件与金属容器接触。含有没有用外壳封装的爆性物质的物品必须互相隔开以防止摩擦和碰撞。内容器或外容器、模件或储器中的填塞物、托盘、隔板可用于这一目的。制造容器的材料必须是与包件所装的爆炸品相容的，并且是该爆炸品不能透过的，以防爆炸品与容器材料之间的相互作用或渗漏造成爆炸品不能安全运输，或者造成危险项别或配装组的改变。必须防止爆炸性物质进入有接缝金属容器的凹处。塑料容器不得容易产生或积累足够的静电，以致放电时可能造成包件内的爆炸性物质或物品引发、引燃或启动。

五、第 2 类危险货物的特殊包装规定

本节规定适用于使用压力储器运输第 2 类气体和装在压力储器的其他危险货物（例如 UN1051 氰化氢，稳定的）的一般要求。压力储器的结构和封闭状况必须能防止在正常运输条件下可能因包括振动或者因温度、湿度或压力变化（例如海拔不同产生的）造成的任何内装物损失。压力储器与危险货物直接接触的部位必须不受这些危险货物的影响或强度被减弱并且不会造成危险的效应（例如促使危险货物起反应或与危险货物起反应）。用于 UN1001（溶解乙炔）和 UN3374（乙炔，无溶剂）的压力储器必须充满均匀分布的多孔物质，这种材料必须是符合主管当局规定的要求和试验的型号，并且必须：

（1）与压力储器相容，不与乙炔或与溶剂（如果是 UN1001）形成有害的或危险的化合物；

（2）能够防止乙炔分解在多孔物质内扩散。

如果是 UN1001，溶剂必须是与压力储器相匹配的。

用于装某一种气体或气体混合物的压力储器，包括其封闭装置，必须按照具体包装规范要求选择。本节也适用于构成多元气体容器的压力储器。可再充装的压力储器，不得充装与原先所装者不同的气体或气体混合物，除非经过必需的改变装载气体检修作业。改装压缩和液化气体的检修作业，应根据情况按 ISO 11621：2005 进行。此外，原先装过第 8 类腐蚀性物质或具有次要腐蚀危险性的另一类物质的压力储器，除非已经过规定的必要检查和试验，否则不得用于运输第 2 类物质。

在装货之前，装货的人必须对压力储器进行检查，确保压力储器允许用于装运该气体并且符合本规章的规定。阀门在装货之后必须封闭并且在运输过程中保持封闭。发货人必须验证封闭装置和设备无泄漏。压力储器必须按照适用于待装具体物质的包装规范规定的工作压力、装载率装货。活性气体和气体混合物的装载必须是气体完全分解情况发生时的压力不得超过压力储器的工作压力。气瓶捆包的装载不得超过捆包中任一气瓶的最低工作压力。压力储器包括其封闭装置必须符合其规定的设计、制造、检查和试验要求。如规定要有外容器，压力储器必须紧固在外容器内。除非详细的包装规范另有规定，一个或多个内容器可装入一个外容器内。

阀门的设计和制造必须使之本身能够承受损坏而不泄露内装物，或通过下列方法之一加以保护，以防损坏造成压力储器的内装物意外泄漏。

（1）将阀门放置在压力储器的颈部内面并用螺纹塞或帽加以保护；

（2）阀门用帽盖加以保护，帽盖必须有截面积够大的排气孔能在阀门漏气时将气体排空；

（3）阀门有护罩或保护装置；

（4）压力储器放在框架中运输（例如捆包）；

（5）压力储器放在外容器中运输。供运输的容器必须能够通过规定的 I 类包装性能水平的跌落试验。配有上述（3）和（4）所述阀门的压力储器，必须符合 ISO 11117：2008 的要求；本身有保护的阀门，必须符合 ISO 10297：2006 附件 B 的要求。

六、进出口危险品包装规定

（一）海运、空运、铁路运输、汽车运输等有关管理制度

《中华人民共和国进出口商品检验法》（简称商检法）关于出口危险品包装检验的规定，奠定了出口危险品包装检验在中国的法律地位，其中，《海运出口危险货物包装检验管理办法》《空运出口危险货物包装检验管理办法》《铁路运输出口危险货物包装容器检验管理办法（试行）》《汽车运输出口危险货物包装容器检验管理办法》是《商检法》关于出口危险品包装检验管理规定的具体化、规范化和制度化。

由于关于危险品运输及包装的国际规章，均源于联合国《关于危险货物运输的建议书》以下简称（《建议书》）及其《规章范本》，中国关于危险品包装检验的各种类型管理办法也是基于有关国际规章而制定。因此，这些管理办法在对危险品包装检验与管理的职责划分、人员要求，检验、管理、查验模式及要求等方面具有很大共同点，具体体现在以下方面。

（1）各种运输方式的危险品包装检验管理办法均依据《商检法》及《建议书》的有关规定而制定 各种运输方式的出口危险品包装检验的主管机关均为检验检疫部门，即国家质检总局；各地检验检疫机构负责管理和办理所辖地区出口危险品包装的检验工作。从事各种运输方式的出口危险品包装检验的人员必须经国家质检总局考核并取得国家质检总局颁发的资格证书后，方准上岗。国家对出境危险品包装容器生产企业实行质量许可制度。出境危险品包装容器生产企业取得出口危险货物包装容器质量许可证后，才允许从事出境危险货物包装容器生产。

（2）出境危险品包装容器的检验包括性能鉴定、使用鉴定 性能鉴定由取得许可证的包装生产企业申请，使用鉴定由出口危险品包装使用企业或出口单位（包括出口代理）申请。出口危险品包装生产企业申请出境危险货物包装容器性能鉴定在厂检合格的基础上进行，必须提供厂检合格单。首次申请性能鉴定的，或者性能鉴定合格后包装的设计、材质、加工工艺发生改变的，在申请性能鉴定时应当同时提供包装容器的设计、制造工艺及原材料检验合格单等。出境危险货物包装容器性能鉴定采取周期检验和不定期抽查相结合的方式。检验周期（检验周期指上次容器性能鉴定与下次容器性能鉴定之间的间隔时间）之内，企业可凭周期检测报告、厂检合格单、企业质量声明办理性能检验结果单。

性能检验结果单的有效期根据包装容器的材料性质和所装货物的性质确定。钢桶、复合桶、纤维板桶、纸桶盛装固体货物的性能检验结果单有效期为 18 个月，盛装液体货物的有效期为 12 个月；其他包装容器的性能检验结果单有效期为 12 个月；所有包装容器如果盛装腐蚀性货物，从灌装之日起性能检验结果单有效期不应超过 6 个月。

性能检验结果单有效期即为包装容器的使用有效期，包装容器如未能在有效期内使用完毕，需重新进行性能鉴定。

（3）包装容器生产单位应依据有关国际危规及中国技术法规的强制要求，在经检验合格的包装容器上铸压或者印刷包装标记、工厂代号及生产批号。出境危险货物包装容器使用单位或出口单位，在对包装容器使用情况自检合格的基础上，凭企业厂检合格单、性能检验结果单逐批向检验检疫机构申请包装容器的使用鉴定。首次出口的危险货物应同时提供危险货物的危险特性评价报告，首次使用的出口危险货物包装容器（塑料容器、带内涂或渡层容器）同时应提供相容性报告。使用单位使用进口的包装容器或者国外客户自备的包装容器，必须附有生产国主管部门认可的检验机构出具的符合《建议书》要求的包装性能检验证书，否则不允许使用该包装容器。

由于运输方式不同、涉及的出口环节不同，因此，海运、空运、铁路运输、汽车运输在对危险货物的包装管理方面，也存在一些细微差别，具体体现在以下方面。

由于航空运输的特殊性，申请空运危险货物包装性能检验时，对于盛装液体的包装容器还需提供每个包装容器的气密试验合格单。《铁路运输出口危险货物包装容器检验管理办法（试行）》《汽车运输出口危险货物包装容器检验管理办法》分别适用于由铁路口岸、公路口岸直接出口的危险货物。海运出口危险货物包装性能检验周期分1个月、3个月、6个月三个档次：各获许可证企业起始周期为3个月，连续三次周期检验合格者，则其检验周期升一挡；凡出现一次周期检验不合格，则其检验周期降一挡。汽运出口危险货物包装性能检验周期为3个月，汽运常压危险货物罐体及附件检验周期为12个月。在出境危险货物包装查验方面，海运出口危险货物包装由海事或港监部门负责核查性能鉴定结果单、使用鉴定结果单；港务部门凭以上两种证单安排装运，并负责进行现场查验。空运出口危险货物包装由民航总局所属各航空运输企业货运部门负责核查性能鉴定结果单、使用鉴定结果单，并对出口危险货物包装进行现场查验。铁路运输出口危险货物包装由铁路承运部门负责核查使用鉴定结果单，并在承运前对出口危险货物包装容器进行现场查验。汽车运输出口危险货物包装由交通部门设立的交通运输管理站负责核查使用鉴定结果单，并对出口危险货物包装容器进行现场查验。交通运输管理站将每批出口危险货物包装使用鉴定结果单留存一年。

（二）小型气体容器、烟花爆竹、打火机管理制度

随着世界各国安全、卫生意识的加强以及中国外贸出口的扩大，中国对出口危险货物的管理逐步由包装检验管理扩大到一些危险物品的管理，目前以正式实施检验的包括出口小型气体容器、烟花爆竹、打火机三种。

（1）海运出口危险货物小型气体容器根据国检务联〔1995〕第229号《关于对海运出口危险货物小型气体容器包装实施检验和管理的通知要求》，对小型气体容器包装实施检验的范围包括：

① 充灌有易燃气体的打火机、点火器、气体充灌容器；

② 容量不超过1000cm³，工作压力大于0.1MPa（100kPa）的气体喷雾器及其他充灌有气体的容器。

检验检疫机构对出口危险货物小型气体容器的生产企业实行注册登记管理，并按总局《出口商品质量许可证管理办法》进行考核。

检验检疫机构对出口危险货物小型气体容器的检验包括性能检验和使用鉴定。企业在厂检合格的基础上，凭性能检验报告、包装件厂检单、包装容器性能鉴定结果单，向检验检疫机构申请小型气体容器包装检验。检验检疫机构依据《国际海运危险货物规则》及《海运出口危险货物小型气体容器包装检验规程》（SN/T 0324—2014），对出口危险货物小型气体容器逐批实施检验，经检验鉴定合格的签发海运出口危险货物小型气体容器包装检验结果单。各地海事或港监部门对申报小型气体容器出口的危险货物核查海运出口危险货物小型气体容器包装检验结果单及其外包装的性能鉴定结果单。港务部门凭以上两单对包装件进行查验，查验合格后给予装卸和承运。

（2）出口烟花爆竹根据《出口烟花爆竹检验管理办法》的规定，检验检疫机构对出口烟花爆竹的生产企业实施登记管理制度。各地检验检疫机构按《出口烟花爆竹生产企业登记细则》对出口烟花爆竹包装企业进行考核，并对经考核合格的企业发放登记代码，并报国家局备案。出口烟花爆竹包装生产企业登记有效期为3年。检验检疫机构对出口烟花爆竹的检验和监督管理工作采用产地检验与口岸查验相结合的原则。企业申请出口烟花爆竹检验时，应当向检验检疫机构提供出口烟花爆竹生产企业声明，对出口烟花爆竹的质量和安全作出承诺。

出口烟花爆竹的产地检验包括以下方面。

① 烟花爆竹的烟火药剂安全稳定性能检测。检验检疫机构对首次出口或者原材料、配

方发生变化的烟花爆竹实施烟火药剂安全稳定性能检测；对长期出口的烟花爆竹产品，每年进行至少一次的烟火药剂安全稳定性能检测。

② 烟花爆竹品质安全项目（常规项目）检验。烟花爆竹品质安全项目检验在其烟火药剂安全稳定性能检测合格的基础上逐批进行，检验合格后出具出口换证凭单。凡经检验合格的出口烟花爆竹，由检验检疫机构在其运输包装的明显部位加贴验讫标志。出口烟花爆竹的检验有效期为 12 个月。

③ 出口烟花爆竹的包装使用鉴定。检验检疫机构对出口烟花爆竹包装实行逐批使用鉴定，一般可结合常规项目检验同时进行。盛装出口烟花爆竹的运输包装，应达到Ⅱ类危险品包装要求，并应标有联合国规定的危险货物包装标记和出口烟花爆竹生产企业的登记代码标记。经使用鉴定合格的烟花爆竹运输包装，检验检疫机构出具包装使用鉴定结果单，否则不予放行。

出口烟花爆竹的口岸查验按以下方式进行。口岸局应按《出口烟花爆竹检验管理办法》的规定，检查烟花爆竹运输包装上的标记，凡不符合要求的，一律不予签发出境货物通关单。凡由产地以集装箱运至口岸直接出口的烟花爆竹，由产地局负责监装、施加集装箱封识，并在出口换证凭单备注栏上注明集装箱号码和封识序码，口岸局查验时核查集装箱号码和封识序码即可。经查验合格的出口烟花爆竹，口岸局予以签发《出境货物通关单》。

（3）出口打火机、点火枪类商品根据《关于对出口打火机、点火枪类商品实施法定检验有关问题的补充通知》（国检检函［2001］231 号）的规定，检验检疫机构对出口打火机、点火枪类商品的生产企业实施登记管理制度。各地检验检疫机构按《出口打火机、点火枪类商品生产企业登记细则》对出口打火机、点火枪类商品企业进行考核，由各直属局对经考核合格的企业颁发《出口打火机、点火枪类商品生产企业登记证》和登记代码，并报国家局备案。出口打火机、点火枪类商品生产企业登记证书有效期为 3 年。

（三）出口危险品包装质量许可管理

《关于公布出口危险货物包装容器质量许可管理有关事项的通知》（国质检检函［2004］838 号）（以下简称《管理办法》）是由原国家进出口商品检验局根据《商检法》的有关规定而制定的，适用于在中国境内生产出口危险货物包装的所有企业。

根据《管理办法》的规定，国家质检总局负责全国出口危险货物包装质量许可证的管理工作，负责制定管理办法、认可检测试验室、审批质量许可证考核实施细则、管理资格证书和检查考核工作。各直属检验检疫机构负责受理本地区出口危险货物包装质量许可证申请和后续管理工作。

出口危险货物包装生产企业向所在地直属局或分局提出出口危险货物包装质量许可证申请，经所在地直属局或分局依据《出口危险货物包装生产企业质量许可证考核实施细则》（以下简称《实施细则》）预审，并对其生产的包装抽样、封样送国家质检局认可的包装检测试验室进行检测。上述工作合格后，由质检总局组织 3～5 名具备资格的人员组成考核小组，依据《实施细则》进行考核评定工作。凡考核不合格的企业，6 个月后方可再次提出申请。质量许可证书有效期为3 年，如 3 年后企业将继续生产应在期满前 6 个月提出复查申请。

检验检疫机构应对获证企业加强监督管理，定期或不定期对企业质量体系运行情况及包装质量进行监督审查。对于变更质量体系，改变产品设计，增加新类型产品或迁移生产地址须报发证机关审核或重新考核。检验检疫机构在获证企业发生下列情况时，可吊销其质量许可证：一年内发生因包装质量索赔、退货或发生运输事故的；半年内累计检验合格率低于80％或连续两次抽样检验不合格的；限期整改仍达不到要求的；对企业年度自查情况进行抽查发现不符合《实施细则》的，并逾期或改进后仍达不到要求的；转让出口质量许可证的。

被吊销的企业在 6 个月后方可重新提出申请。

第四节 包 装 要 求

一、包装分类

通常所说的包装是指盛装商品的容器，一般分运输包装和销售包装。

危险化学品包装主要是用来盛装危险化学品并保证其安全运输的容器。包装的主要作用是：

① 防止危险品因不利气候或环境影响造成变质或发生反应；

② 减少运输中各种外力的直接作用；

③ 防止危险品洒漏、挥发和不当接触；

④ 便于装卸、搬运。

根据国家标准《危险货物运输包装通用技术条件》（GB 12463—2009）规定，除了爆炸品、气体、感染性物品和放射性物品外，其他危险货物按其呈现的危险程度，按包装结构强度和防护性能，将危险品包装分为三类。

Ⅰ类包装：货物具有较大危险性，包装强度要求高；

Ⅱ类包装：货物具有中等危险性，包装强度要求较高；

Ⅲ类包装：货物具有的危险性小，包装强度要求一般。

物质的包装类别决定了包装物或接受容器的质量要求。Ⅰ类包装表示包装物的最高标准；Ⅱ类包装可以在材料坚固性稍差的装载系统中安全运输；而使用最为广泛的Ⅲ类包装可以在包装标准进一步降低的情况下安全运输。由于各种《危险货物品名表》对所列危险品都具体指明了应采用的包装等级，实质上即表明了该危险品的危险等级。

二、包装的规章、标准要求

国家对危险化学品的包装有着严格的要求，先后制定了相关的规章和标准。

危险化学品包装的有关规章、标准有：

《危险化学品包装物、容器定点生产管理办法》（国家安全生产监督管理总局令第 32 号令）；

《危险货物包装标志》（GB 190—2009）；

《包装储存图示标志》（GB 191—2008）；

《危险货物运输包装通用技术条件》（GB 12463—2009）；

《危险货物运输包装类别划分方法》（GB/T 15098—2008）。

三、危险化学品包装材料、容器的定点生产

1. 定点生产企业的基本条件

① 具有营业执照。

② 具有能够满足生产需要的固定场所。

③ 具有能够保证产品质量的专业生产、加工设备和检测、检验手段。

④ 具有完善的管理制度、操作规程、工艺技术规程和产品质量标准。

⑤ 具有完善的产品质量管理体系。

⑥ 具有满足生产需要的专业技术人员、技术工人和特种作业人员。生产压力容器的，还应当取得压力容器制造许可证。

2. 申请及审批程序

申请定点生产的企业应当提交下列申报材料。

① 危险化学品包装物、容器定点生产申请表。

② 营业执照副本。

③ 企业生产条件评价报告书。

④ 生产、加工设备和检测、检验仪器清单。

⑤ 企业质量管理手册。

⑥ 产品质量标准复印件。

⑦ 有关特种作业人员资格证书复印件。

⑧ 生产压力容器的，还应当提交压力容器制造许可证复印件。

国家安全生产监督管理局负责全国危险化学品包装物、容器定点生产的监督管理；省、自治区、直辖市人民政府经济贸易主管部门或其委托的安全生产监督管理机构（以下简称发证机关）负责本行政区域内包装物、容器定点生产的监督管理，并审批发放危险化学品包装物、容器定点生产企业证书。

申请包装物、容器生产定点的企业应将申报材料报所在地发证机关。发证机关应当在30个工作日内进行审查和现场核查，符合条件的，颁发定点证书，并向社会公布；不符合条件的，书面通知申报企业并说明理由。

取得定点证书的企业，应当在其生产的包装物、容器上标注危险化学品包装物、容器定点生产标志。

用于运输危险化学品的船舶的本载容器应当按照国家关于船舶检验的规范进行生产，并经国家海事管理机构认可的船舶检验部门检验合格后方可出厂。

四、危险化学品包装的安全技术要求

危险化学品包装的基本要求如下。

（1）危险货物运输包装应结构合理，具有一定强度，防护性能好。包装的材质、形式、规格、方法和单件质量（重量），应与所装危险货物的性质和用途相适应，并便于装卸、运输和储存。

（2）包装应质量良好，其构造和封闭形式应能承受正常运输条件下的各种作业风险，不应因温度、湿度或压力的变化而发生任何渗（洒）漏，包装表面应清洁，不允许黏附有害的危险物质。

（3）包装与内装物直接接触部分，必要时应有内涂层或进行防护处理，包装材质不得与内装物发生化学反应而形成危险产物或导致削弱包装强度。

（4）内容器应予固定。如属易碎性的应使用与内装物性质相适应的衬垫材料或吸附材料衬垫妥实。

（5）盛装液体的容器，应能经受在正常运输条件下产生的内部压力。灌装时必须留有足够的膨胀余量（预留容积），除另有规定外，并应保证在温度55℃时，内装液体不致完全充满容器。

（6）包装封口应根据内装物性质采用严密封口、液密封口或气密封口。

（7）盛装需浸湿或加有稳定剂的物质时，其容器封闭形式应能有效地保证内装液体（水、溶剂和稳定剂）的含量，在储运期间保持在规定的范围以内。

（8）有降压装置的包装，其排气孔设计和安装应能防止内装物泄漏和外界杂质进入，排出的气体量不得造成危险和环境污染。

（9）复合包装的内容器和外包装应紧密贴合，外包装不得有擦伤内容器的凸出物。

（10）无论是新包装、重复使用的包装、还是修理过的包装均应符合《危险货物运输包装通用技术条件》（GB 12463—2009）中第八章危险货物运输包装性能试验的要求。

（11）盛装爆炸品包装的附加要求：

① 盛装液体爆炸品容器的封闭形式，应具有防止渗漏的双重保护；

② 除内包装能充分防止爆炸品与金属物接触外，铁钉和其他没有防护涂料的金属部件不得穿透外包装；

③ 双重卷边接合的钢桶，金属桶或以金属做衬里的包装箱，应能防止爆炸物进入隙缝。钢桶或铝桶的封闭装置必须有合适的垫圈；

④ 包装内的爆炸物质和物品，包括内容器，必须衬垫妥实，在运输中不得发生危险性移动；

⑤ 盛装有对外部电磁辐射敏感的电引发装置的爆炸物品，包装应具备防止所装物品受外部电磁辐射源影响的功能。

（12）常用危险货物运输包装的组合形式、标记代号、限制重量等参数。

五、包装标志及标记代号

1. 包装标志

根据《化学品分类和危险性公示 通则》（GB 13690—2009）确定常用危险化学品的危险特性和类别，它们的标志分为16种主标志、11种副标志。

① 危险化学品的包装，必须根据其危险特性，选用国家统一规定的包装标志。

② 一种危险化学品具有一种以上的危险性时，应用主标志表示主要危险性类别，并用副标志来表示重要的其他的危险性类别。

③ 在危险化学品包装上必须粘贴化学品安全标签。安全标签的制作必须符合《化学品安全标签编写规定》（GB 15258—2009）的要求。

④ 危险化学品的包装标志和安全标签，在出厂前由生产单位完成。凡是没有包装标志和安全标签的危险化学品不准出厂、储存或运输。

2. 包装标记代号

（1）包装级别的标记代号　用下列小写英文字母表示。

x—符合Ⅰ、Ⅱ、Ⅲ级包装要求；

y—符合Ⅱ、Ⅲ级包装要求；

z—符合Ⅲ级包装要求。

（2）包装容器的标记代号　用表 5-2 所列阿拉伯数字表示。

表 5-2　包装容器的标记代号

表示数字	包装形式	表示数字	包装形式
1	桶	6	复合包装
2	木琵琶桶	7	压力容器
3	罐	8	筐、篓
4	箱、盒	9	瓶、坛
5	袋、软管		

（3）包装容器的材质标记代号　用表 5-3 所列大写英文字母表示。

表 5-3　包装容器的材质标记代号

表示字母	包装材质	表示字母	包装材质
A	钢	H	塑料材料
B	铝	L	编织材料
C	天然木	M	多层纸
D	胶合板	N	金属（钢、铝除外）
F	再生木板（锯末板）	P	玻璃、陶瓷
G	硬质纤维板、硬纸板、瓦楞纸板、钙塑板	K	柳条、荆条、藤条及竹篾

（4）包装件组合类型标记代号的表示方法　包装件分单一包装和复合包装。

① 单一包装。单一包装型号由一个阿拉伯数字和一个英文字母组成，英文字母表示包装容器的材质，其左边平行的阿拉伯数字代表包装容器的类型。英文字母右下方的阿拉伯数字，代表同一类型包装容器不同开口的型号。

例如：1A 表示钢桶；$1A_1$ 表示小开口钢桶；$1A_2$ 表示中开口钢桶；$1A_3$ 表示全开口的钢桶。

其他包装容器开口型号的表示方法，详见国家有关标准的附件。

② 复合包装。复合包装型号由一个表示复合包装的阿拉伯数字"6"和一组表示包装材质和包装形式的字符组成。这组字符为两个大写英文字母和一个阿拉伯数字。第一个英文字母表示内包装的材质，第二个英文字母表示外包装的材质，右边的阿拉伯数字表示包装形式。

例如：6HA1 表示内包装为塑料容器，外包装为铜桶的复合包装。

（5）其他标记代号　S 表示拟装固体的包装标记；L 表示拟装液体的包装标记；R 表示修复后的包装标记；GB 表示符合国家标准要求；$\boxed{\begin{array}{c}U\\N\end{array}}$ 表示符合联合国规定的要求。

钢桶标记代号及修复后标记代号示例如下。

示例 1：新桶

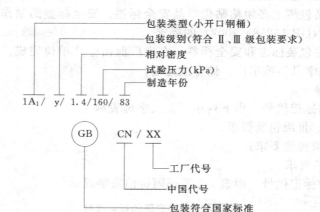

示例 2：修复后的桶

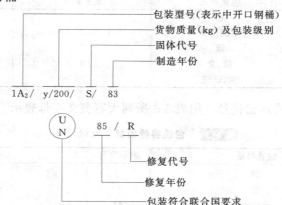

第六章

危险化学品储存安全技术

第一节　危险化学品的储存概述

一、危险化学品储存定义

储存是指产品在离开生产领域而尚未进入消费领域之前，在流通过程中形成的一种停留。生产、经营、储存、使用危险化学品的企业都存在危险化学品的储存问题。储存是化学品流通过程中非常重要的一个环节，处理不当，就会造成事故。如 8.12 天津滨海新区危险化学品储存仓库爆炸事故给国家财产和人民生命造成了特别巨大的损失。为了加强对危险化学品的管理，国家制定了一系列法规和标准。

危险化学品的储存根据物质的理化性质和储存量的多少分为整装储存和散装储存两类。整装储存是将物品装于小型容器或包件中储存。如各种瓶装、袋装、桶装、箱装或钢瓶装的物品。这种储存往往存放的品种多，物品的性质复杂，比较难管理。散装储存是指物品不带外包装的净货储存。量比较大，设备、技术条件比较复杂，如有机液体危险化学品甲醇、苯、乙苯、汽油等，一旦发生事故难以施救。

无论整装储存还是散装储存都潜在很大的危险，所以经营、储存保管人员必须用科学的态度从严管理，万万不能马虎从事。

二、储存危险化学品的分类

根据危险化学品的特性和仓库建筑要求及养护技术要求将危险化学品归为三类：易燃易爆性物品、毒害性物品和腐蚀性物品。

（一）易燃易爆性物品的分类

易燃易爆性物品包括爆炸品、压缩气体和液化气体、易燃液体、易燃固体、自燃物品、遇湿易燃物品氧化剂和有机过氧化物。

在储存过程中按照危险化学品储存火灾危险性的建设设计防火规范分为五类。

1. 甲类

（1）闪点＜28℃的液体，如丙酮闪点为－20℃、乙醇闪点为－12℃。

（2）爆炸下限＜10%的气体以及受到水或空气中水蒸气的作用，能产生爆炸下限＜10%气体的固体物质。如爆炸下限＜10%的气体丁烷，爆炸下限是 1.9%、甲烷爆炸下限是 5.0%；固体物质碳化钙（电石）遇到水发生反应产生爆炸下限＜10%气体乙炔（电石气），乙炔的爆炸极限是 2.8%～80%。

（3）常温下能自行分解或在空气中氧化即能导致迅速自燃或爆炸的物质，如硝化棉、黄磷。

（4）常温下受到水或空气中水蒸气的作用能产生可燃气体并引起燃烧或爆炸的物质，如金属钠、金属钾。

（5）遇酸、受热、撞击、摩擦以及遇有机物或硫黄等易燃的无机物，极易引起燃烧或爆炸的强氧化剂，如氯酸钾、氯酸钠。

（6）受撞击、摩擦或与氧化剂、有机物接触时能引起燃烧或爆炸的物质，如五硫化磷、三硫化磷等。

2. 乙类

（1）28℃≤闪点＜60℃的液体，如松节油闪点为35℃、异丁醇闪点为28℃。

（2）爆炸下限＞10％的气体，如氨气、液氨等。

（3）不属于甲类的氧化剂，如重铬酸钠、铬酸钾等。

（4）不属于甲类的化学易燃危险固体，如硫黄、工业萘等。

（5）助燃气体，如氧气。

（6）常温下与空气接触能缓慢氧化、积热不散引起自燃的物品。

3. 丙类

（1）闪点≥60℃的液体，如糠醛闪点为75℃、环己酮闪点为9℃、苯胺闪点为70℃。

（2）可燃固体，如天然橡胶及其制品。

4. 丁类

难燃烧物品。

5. 戊类

非燃烧物品。

（二）毒害性物品的分类

毒害性物品按毒性大小划分标准如下。

1. 一级毒害品

经口摄取半数致死量：固体 LD_{50}≤50mg/kg，液体 LD_{50}≤200mg/kg；经皮肤接触24h半数致死量 LD_{50}≤200mg/kg；粉尘、烟雾吸入半数致死质量浓度 LD_{50}≤2mg/L；及蒸气吸入半数致死质量浓度 LC_{50}≤2mg/L；及蒸气吸入半数致死体积分数 LC_{50}≤200mL/m³。

一级毒害品又分为两种，一种为一级无机毒害品如氰化钾、三氧化（二）砷等；另一种为一级有机毒害品如有机磷、硫的化合物（农药）等。

凡是一级毒害品都属于剧毒品。

2. 二级毒害品

经口摄取半数致死量：固体 LD_{50}＝50～500mg/kg，液体 LD_{50}＝200～2000mg/kg；经皮肤接触24h半数致死量 LD_{50}＝200～1000mg/kg；粉尘、烟雾吸入半数致死质量浓度 LD_{50}＝2～10mg/L；及蒸气吸入半数致死体积分数 LD_{50}＝200～1000mL/m³。

二级毒害品又分为两种，一种为二级无机毒害品，如汞、铅、钡、氟的化合物等；另一种为二级有机毒害品，如二苯汞等。

（三）腐蚀性物品的分类

按腐蚀强度和化学组成可分为三类，第一类为酸性腐蚀品，一级酸性腐蚀品、二级酸性腐蚀品；第二类为碱性腐蚀品，一级碱性腐蚀品、二级碱性腐蚀品；第三类为其他腐蚀品，一级其他腐蚀品、二级其他腐蚀品。

（1）一级腐蚀品　能使动物皮肤在3min内出现可见坏死现象，并能在3～60min再现可见坏死现象的，同时产生有毒蒸气的物品。

一级无机酸性腐蚀品，如硝酸、硫酸、五氯化磷、二氯化硫等。

一级有机酸性腐蚀品，如甲酸、氯乙酰氯等。

一级无机碱性腐蚀品，如氢氧化钠、硫化钠等。

一级有机碱性腐蚀品，如乙醇钠、二丁胺等。

一级其他腐蚀品，如苯酚钠、氟化铬等。

（2）二级腐蚀品　能使动物皮肤在4h内出现可见坏死现象，并在55℃时对钢或铝的表面年腐蚀率超过6.25mm的物品。

二级无机酸性腐蚀品，如正磷酸、四溴化锡等。

二级有机酸性腐蚀品，如冰醋酸、醋酸酐等。

二级碱性腐蚀品，如氧化钙、二环己胺等。

二级其他腐蚀品，如次氯酸钠溶液等。

三、危险化学品的储存审批

（一）危险化学品储存的规划

（1）《危险化学品安全管理条例》第七条规定：国家对危险化学品的生产和储存实行统一规划、合理布局和严格控制，并对危险化学品生产、储存实行审批制度；未经审批，任何单位和个人都不得生产、储存危险化学品。

设区的市级人民政府根据当地经济发展的实际需要，在编制总体规划时，应当按照确保安全的原则规划适当区域专门用于危险化学品的生产、储存。

（2）《危险化学品安全管理条例》第十条规定：除运输工具加油站、加气站外，危险化学品的生产装置和储存数量构成重大危险源的储存设施，与下列场所、区域的距离必须符合国家标准或者国家有关规定。

① 居民区、商业中心、公园等人口密集区域；

② 学校、医院、影剧院、体育场（馆）等公共设施；

③ 供水水源、水厂及水源保护区；

④ 车站、码头（按照国家规定，经批准，专门从事危险化学品装卸作业的除外）、机场以及公路、铁路、水路交通干线、地铁及其出入口；

⑤ 基本农田保护区、畜牧区、渔业水域和种子、种畜、水产苗种生产基地；

⑥ 河流、湖泊、风景名胜区和自然保护区；

⑦ 军事禁区、军事管理区；

⑧ 法律、行政法规规定予以保护的其他区域。

已建危险化学品的生产装置和储存数量构成重大危险源的储存设施不符合前款规定的，由所在地设区的市级人民政府负责危险化学品安全监督管理综合工作的部门监督其在规定期限内进行整顿；需要转产、停产、搬迁、关闭的，报本级人民政府批准后实施。

（二）危险化学品储存的审批条件

《危险化学品安全管理条例》第八条明确规定危险化学品生产、储存企业，必须具备下列条件：

① 有符合国家标准的生产工艺、设备或者储存方式、设施；

② 工厂、仓库的周边防护距离符合国家标准或者国家有关规定；

③ 有符合生产或者储存需要的管理人员和技术人员；

④ 有健全的安全管理制度；

⑤ 符合法律、法规规定和国家标准要求的其他条件。

（三）危险化学品储存的申请和审批程序

危险化学品储存的申请和审批程序在《危险化学品安全管理条例》第九条和第十一条有

明确的规定。

第二节　危险化学品的储存方式与储存条件

一、危险化学品储存的基本要求

（1）危险化学品的储存必须遵照国家法律、法规和其他有关的规定。

（2）危险化学品必须储存在经有关部门批准设置的专门的危险化学品仓库中，经销部门自管仓库储存危险化学品及储存数量必须经有关部门批准，未经批准不得随意设置危险化学品储存仓库。

（3）危险化学品露天堆放，应符合防火、防爆的安全要求，爆炸物品、一级易燃物品、遇湿燃烧物品、剧毒物品不得露天堆放。

（4）储存危险化学品的仓库必须配备有专业知识的技术人员，其库房及场所应设专人管理，同时必须配备可靠的个人防护用品。

（5）储存危险化学品可按爆炸品、压缩气体和液化气体、易燃液体、易爆固体、自燃物品和遇湿易燃物品、氧化剂和有机过氧化物、毒害品、放射性物品、腐蚀品等分类。

（6）储存危险化学品应有明显的标志，标志应符合 GB 190—2009 的规定。如同一区域储存两种以上不同级别的危险品时，应按最高等级危险物品的性能标示。

（7）储存危险化学品应根据危险品性能分区、分类、分库储存。各类危险品不得与禁忌物料混合储存。

（8）储存危险化学品的建筑物、区域内严禁吸烟和使用明火。

二、危险化学品储存的条件

危险化学品储存的条件按照易燃易爆物品、腐蚀性物品和毒害性物品三类介绍。

（一）易燃易爆物品储存条件

（1）建筑条件　应符合《建筑设计防火规范》（GB 50016—2014）的要求，库房耐火等级不低于三级。

（2）库房条件　储存易燃易爆物品的库房，应冬暖夏凉、干燥、易于通风、密封和避光。根据各类物品的不同性质、库房条件、灭火方法等进行严格的分区、分类、分库存放。

① 爆炸品宜储存于一级轻顶耐火建筑的库房内。

② 低、中闪点液体、一级易燃固体、自燃物品、压缩气体和液化气体类宜储存于一级耐火建筑的库房内。

③ 遇湿易燃物品、氧化剂和有机过氧化物可储存于一、二级耐火建筑的库房内。

④ 二级易燃固体、高闪点液体可储存于耐火等级不低于三级的库房内。

（3）安全条件　应符合避免阳光直射，远离火源、热源、电源，无产生火花的条件。对于以下品种应专库储存。

① 爆炸品。黑色火药类、爆炸性化合物分别专库储存。

② 压缩气体和液化气体。易燃气体、不燃气体和有毒气体分别专库储存。

③ 易燃液体均可同库储存，但甲醇、己醇、丙酮等应专库储存。

④ 易燃固体可同库储存；但发泡剂 H 与酸或酸性物品分别储存；硝酸纤维素酯、安全

火柴、红磷及硫化磷、铝粉等金属粉类应分别储存。

⑤ 自燃物品。黄磷，烃基金属化合物，浸动、植物油制品须分别专库储存。

⑥ 遇湿易燃物品专库储存。

⑦ 氧化剂和有机过氧化物，一、二级无机氧化剂与一、二级有机氧化剂必须分别储存，但硝酸铵、氯酸盐类、高锰酸盐、亚硝酸盐、过氧化钠、过氧化氢等必须分别专库储存。

（4）环境卫生条件　库房周围无杂草和易燃物；库房内清洁，地面无漏撒物品，保持地面与货垛清洁卫生。

（5）温湿度条件　各类物品适宜储存的温湿度如表 6-1 所示。

表 6-1　易燃易爆物品储存的温湿度条件

类别	品名	温度/℃	相对湿度/%	备注
爆炸品	黑火药、化合物	≤32	≤80	
	水作稳定剂的	≥1	<80	
压缩气体和液化气体	易燃、不燃、有毒	≤30		
易燃液体	低闪点	≤29		
	中高闪点	≤37		
易燃固体	易燃固体	≤35		
	硝酸纤维素酯	≤25	≤80	
	安全火柴	≤35	≤80	
	红磷、硫化磷、铝粉	≤35	<80	
自燃物品	黄磷	>1		
	烃基金属化合物	≤30	≤80	
	含油制品	≤32	≤80	
遇湿易燃物品	遇湿易燃物品	≤32	≤75	
氧化剂和有机过氧化物	氧化剂和有机过氧化物	≤30	≤80	
	过氧化钠、镁、钙等	≤30	≤75	
	硝酸锌、钙、镁等	≤28	≤75	袋装
	硝酸铵、亚硝酸钠	≤30	≤75	袋装
	盐的水溶液	>1		
	结晶硝酸锰	<25		
	过氧化苯甲酰	2~25		含稳定剂
	过氧化丁酮等有机氧化剂	≤25		

（二）腐蚀性物品储存条件

（1）库房条件　库房应是阴凉、干燥、通风、避光的防火建筑。建筑材料最好经过防腐蚀处理。储存发烟硝酸、溴素、高氯酸的库房应是低温、干燥通风的一、二级耐火建筑。溴氢酸、磺氢酸要避光储存。

（2）货棚、露天货场条件　货棚应阴凉、通风、干燥，露天货场应高于地面、干燥。

（3）安全条件　物品避免阳光直射、曝晒，远离热源、电源、火源，库房建筑及各种设备符合《建筑设计防火规范》（GB 50016—2014）的规定。按不同类别、性质、危险程度、灭火方法等分区分类储存，性质相抵的禁止同库储存。

（4）环境卫生条件　库房周围杂物、易燃物应及时清理，排水沟畅通；房内地面、门窗、货架应经常打扫，保持清洁。

（5）温湿度条件　温湿度条件应符合表 6-2 规定。

表 6-2 腐蚀性物品储存的温湿度条件

类别	主要品种	适宜温度/℃	适宜相对湿度/%
酸性腐蚀品	发烟硫酸、亚硫酸	0～30	≤80
	硝酸、盐酸及氢卤酸、氟硅(硼)酸、氯化硫、磷酸等	≤30	≤80
	磺酰氯、氯化亚砜、氧氯化磷、氯磺酸、溴乙酰、三氯化磷等多卤化物	≤30	≤75
	发烟硝酸	≤25	≤80
	溴素、溴水	0～28	
	甲酸、乙酸、乙酸酐等有机酸类	≤32	≤80
碱性腐蚀品	氢氧化钾(钠)、硫化钾(钠)	≤30	≤80
其他腐蚀品	甲醛溶液	10～30	

(三) 毒害性物品储存条件

（1）**库房条件**　库房结构完整、干燥、通风良好。机械通风排毒要有必要的安全防护措施，库房耐火等级不低于二级。

（2）**安全条件**

① 仓库应远离居民区和水源。

② 物品避免阳光直射、曝晒、远离热源、电源、火源，库内在固定方便的地方配备与毒害品性质适应的消防器材、报警装置和急救药箱。

③ 不同种类的毒品要分开存放，危险程度和灭火方法不同的要分开存放，性质相抵的禁止同库混存。

④ 剧毒品应专库储存或存放在彼此间隔的单间内，需安装防盗报警器，库门装双锁。

（3）**环境卫生条件**　库区和库房内要经常保持整洁，对散落的毒品、易燃、可燃物品和库区的杂草应及时清除。用过的工作服、手套等用品必须放在库外安全地点，妥善保管或及时处理。更换储存毒品品种时，要将库房清扫干净。

（4）**温湿度条件**　库区温度不超过35℃为宜，易挥发的毒品应控制在32℃以下，相对湿度应在85%以下，对于易潮解的毒品应控制在80%以下。

三、危险化学品储存方式

危险化学品储存方式分为三种：隔离储存、隔开储存和分离储存。

1. 隔离储存

在同一房间同一区域内，不同的物料之间分开一定距离，非禁忌物料间用通道保持空间的储存方式。

2. 隔开储存

在同一建筑或同一区域内，用隔板或墙，将其与禁忌物料分离开的储存方式。

3. 分离储存

在不同建筑物或远离所有建筑的外部区域内的储存方式。

四、危险化学品堆垛

(一) 易燃易爆性物品堆垛

根据库房条件、商品性质和包装形态采取适当的堆码和垫底方法。

各种物品不允许直接落地存放。根据库房地势高低加垫高度，一般应垫15cm以上。遇湿易燃物品、易吸潮溶化和吸潮分解的物品应根据情况加大下垫高度。

各种物品应码行列式压缝货垛，做到牢固、整齐、美观，出入库方便，一般垛高不超过 3m。

堆垛间距：

（1）全通道大于等于 180cm；

（2）支通道大于等于 80cm；

（3）墙距大于等于 30cm；

（4）柱距大于等于 10cm；

（5）垛距大于等于 10cm；

（6）顶距大于等于 50cm。

（二）腐蚀性物品堆垛

库房、货棚或露天货场储存的物品，货垛不应有隔潮设施，库房一般不低于 15cm，货场不低于 30cm。根据物品性质、包装规格采用适当的堆垛方法，要求货垛整齐、堆码牢固、数量准确，禁止倒置。按出厂先后或批号分别堆码。

（1）堆垛高度：

① 大铁桶液体立码，固体平放，一般不超过 3m；

② 大箱（内装坛、桶）1.5m；

③ 袋装 3～3.5m。

（2）堆垛间距：

① 主通道≥180cm；

② 支通道≥80cm；

③ 墙距≥30cm；

④ 柱距≥10cm；

⑤ 垛距≥10cm；

⑥ 顶距≥50cm。

（三）毒害性物品堆垛

毒害性物品不得就地堆码，货垛下应有隔潮设施，垛底一般不低于 15cm。一般性毒品可堆存大垛，挥发性液体毒品不宜堆大垛，可堆存行列式。要求货垛牢固、整齐、美观，垛高不超过 3m。

堆垛间距：

① 主通道≥180cm；

② 支通道≥80cm；

③ 墙距≥30cm；

④ 柱距≥10cm；

⑤ 垛距≥10cm；

⑥ 顶距≥50cm。

五、危险化学品储存安排

（1）危险化学品储存安排取决于危险化学品分类、分项、容器类型、储存方式和消防的要求。

（2）储存量及储存安排如表 6-3 所示。

表 6-3　储存量及储存安排

储存类别 储存要求	露天储存	隔离储存	隔开储存	分离储存
单位面积储存量/(t/m²)	1.0～1.5	0.5	0.7	0.7
单一储存区最大储量/t	2000～2400	200～300	200～300	400～600
垛距限制/m	2	0.3～0.5	0.3～0.5	0.3～0.5
通道宽度/m	4～6	1～2	1～2	5
墙距宽度/m	2	0.3～0.5	0.3～0.5	0.3～0.5
与禁忌品距离/m	10	不得同库储存	不得同库储存	7～10

（3）遇火、遇热、遇潮能引起燃烧、爆炸或发生化学反应，产生有毒气体的危险化学品不得在露天或在潮湿、积水的建筑物中储存。

（4）受日光照射能发生化学反应引起燃烧、爆炸、分解、化合或能产生有毒气体的危险化学品应储存在一级建筑物中，其包装应采取避光措施。

（5）爆炸物品不准和其他类物品同时储存，必须单独隔离限量储存，仓库不准建在城镇，还应与周围建筑、交通干道、输电线路保持一定安全距离。

（6）压缩气体和液化气体必须与爆炸物品、氧化剂、易燃物品、自燃物品、腐蚀性物品隔离储存。易燃气体不得与助燃气体、剧毒气体同时储存；氧气不得与油脂混合储存，盛装液化气体的容器属压力容器的，必须有压力表、安全阀、紧急切断装置，并定期检查，不得超装。

（7）易燃液体、遇湿易燃物品、易燃固体不得与氧化剂混合储存，具有还原性的氧化剂应单独存放。

（8）有毒物品应储存在阴凉、通风、干燥的场所，不要露天存放，不要接近酸类物质。

（9）腐蚀性物品包装必须严密，不允许泄漏，严禁与液化气体和其他物品共存。

六、危险化学品储存养护

危险化学品入库后应采取适当的养护措施，在储存期内，定期检查，发现其品质变化、包装破损、渗漏、稳定剂短缺等，应及时处理。库房温湿度应严格控制、经常检查，发现变化及时调整。下面分三类进行详细介绍。

（一）易燃易爆性物品

1. 温湿度管理

（1）库房内设温湿度表，按规定时间观测和记录。

（2）根据商品不同的性质，采取密封、通风和库内吸潮相结合的温湿度管理办法，严格控制并保持库房内的温湿度，使之符合表 6-2 的要求。

2. 库房检查

（1）安全检查　每天对库房内外进行安全检查，检查易燃物是否清理，货垛牢固程度和异常现象等。

（2）质量检查　根据商品性质，定期进行以感官为主的在库质量检查，每种商品抽查1～2 件，主要检查商品自身变化，商品容器、封口、包装和衬垫等在储存期间的变化。

① 爆炸品。一般不易拆包检查，主要检查外包装。爆炸性化合物可拆箱检查。

② 压缩气体和液化气体。用称量法检查其重量；检查钢瓶是否漏气，可用气球将瓶嘴扎紧，也可用棉球蘸稀盐酸液（用于氨）、稀氨水（用于氯）涂在瓶口处。如果漏气会立即产生大量烟雾。

③ 易燃液体。主要检查封口是否严密，有无挥发或渗漏，有无变色、变质和沉淀现象。

④ 易燃固体。查有无溶（熔）化、升华和变色、变质现象。

⑤ 自燃物品、遇湿易燃物品。查有无挥发、渗漏、吸潮溶化；含稳定剂的稳定剂要足量，否则立即添足补满。

⑥ 氧化剂和有机过氧化物。主要检查包装封口是否严密，有无吸潮溶化，变色变质；有机过氧化物、含稳定剂的稳定剂要足量，封口严密有效。

⑦ 按重量计的商品应抽查重量，以控制商品保管损耗。

⑧ 每次质量检查后，外包装上均应做出明显的标记，并做好记录。

（3）检查结果问题处理

① 检查结果逐项记录，在商品外包装上做出标记。

② 检查中发现的问题，及时填写有问题商品通知单通知存货方。如问题严重或危及安全时立即汇报和通知存货方，采取应急措施。

③ 有效期接近的商品应在有效期内一个月通知存货方。

④ 超过储存期限或长期不出库的商品应填写在库商品催调单，转存货方。

（二）腐蚀性物品

1. 温湿度管理

（1）库内设置温湿度计，按时观测、记录。

（2）根据库房条件、商品性质、采用机械（要有防护措施）自控、自燃等方法通风、去湿、保温，控制与调节库内温湿度在适宜范围之内，温湿度应符合表 6-2 的要求。

2. 库房检查

（1）安全检查

① 每天对库房内外进行检查，检查易燃物是否清理，货垛是否牢固，有无异常，库内有无过浓刺激性气味。

② 遇特殊天气及时检查商品有无水湿受损，货场货垛苫垫是否严密。

（2）质量检查

① 根据商品性质，定期进行感官质量检查，每种商品抽查 1~2 件，发现问题，扩大检查比例。

② 检查商品包装、封口、衬垫有无破损或渗漏，商品外观有无质量变化。

③ 入库检斤的商品，抽检其重量以计算保管损耗。

（3）检查结果问题处理

① 检查结果逐项记录，在商品外包装上做出标记。

② 发现问题积极采取措施进行防治，同时通知存货方及时处理。

③ 对接近有效期的商品和冷背残次商品应填写催调单，报存货方，督促解决。

（三）毒害性物品

1. 温湿度管理

（1）库房内设置温湿度表，按时观测、记录。

（2）严格控制库内温湿度，保持在适宜范围之内。

（3）易挥发液体毒品库要经常通风排毒，若采用机械通风要有必要的安全防护措施。

2. 库房检查

（1）安全检查

① 每天对库区内进行检查，检查易燃物等是否清理，货垛是否牢固，有无异常。

② 遇特殊天气及时检查商品有无受损。

③ 定期检查库内设施、消防器材、防护用具是否安全有效。

（2）质量检查

① 根据商品性质，定期进行质量检查，每种商品抽查 1～2 件，发现问题扩大检查比例。

② 检查商品包装、封口、衬垫有无破损，商品外观和质量有无变化。

（3）检查结果问题处理

① 检查结果项记录，在商品外包装上做出标记。

② 对发现的问题做好记录，通知存货方，同时采取措施进行防治。

③ 对有问题商品和冷背残次商品应填写催调单，报存货方，督促解决。

第三节　危险化学品的储存安全要求

一、危险化学品入库安全要求

（一）验收原则

（1）入库商品必须附有生产许可证和产品检验合格证，进口商品必须附有中文安全技术说明书或其他说明。

（2）商品性状、理化常数应符合产品标准，由存货方负责检验。

（3）保管方对商品外观、内外标志、容器包装及衬垫进行感官检验，验收后做验收记录。

（4）验收在库外安全地点或验收室进行。

（5）每种商品拆箱验收 2～5 箱（免检商品除外），发现问题扩大验收比例，验收后将商品包装复原，并做标记。

（二）验收项目

应按照合同进行检查验收、登记。验收内容包括数量、包装、危险标志。经核对后方可入库，当物品性质未弄清时不得入库。

（三）入库的基本程序

填制入库单、建立明细账、立卡、建档。

二、危险化学品出库安全要求

（1）保管员发货必须以手续齐全的发货凭证为依据。

（2）按生产日期和批号顺序先进先出。

（3）对毒害性物品还应执行双锁、双人复核制发放，做详细记录以备查用。

三、其他要求

（1）进入危险化学品储存区域人员、机动车辆和作业车辆，必须采取防火措施。

（2）装卸、搬运危险化学品时应按有关规定进行，做到轻装、轻卸，严禁摔、碰、撞、击、拖拉、倾倒和滚动。

（3）装卸对人身有毒害及腐蚀性的物品时，操作人员应根据危险性，穿戴相应的防护用品。

（4）不得用同一车辆运输互为禁忌的物料。

（5）修补、换装、清扫、装卸易燃易爆物料时，应使用不产生火花的铜制、合金制或其他工具。

四、危险化学品储存安全操作

储存危险化学品的操作人员，搬进或搬出物品必须按不同商品性质进行操作，在操作过程中应遵守以下规定。

（一）易燃易爆性物品操作

（1）作业人员应穿工作服、戴手套、口罩等必要的防护用具，操作中轻搬轻放，防止摩擦和撞击。

（2）各种操作不得使用能产生火花的工具，作业现场应远离热源与火源。

（3）操作易燃液体需穿防静电工作服，禁止穿带钉鞋，大桶不得直接在水泥地面滚动。

（4）各种桶装氧化剂不得在水泥地面滚动。

（5）库房内不准分装、改装、开箱、开桶，验收和质量检查等须在库房外进行。

（二）腐蚀性物品操作

（1）操作人员必须穿工作服，戴护目镜、胶皮手套、胶皮围裙等必要的防护用具。

（2）操作时必须轻搬轻放，严禁背负肩扛，防止摩擦震动和撞击。

（3）不能使用沾染异物和能产生火花的机具，作业现场远离热源和火源。

（4）分装、改装、开箱质量检查等在库房外进行。

（三）毒害性物品操作

（1）装卸人员应具有操作毒品的一般知识，操作时轻拿轻放，不得碰撞、倒置，防止包装破损，商品外溢。

（2）作业人员要佩戴手套和相应的防毒口罩或面具，穿防护服。

（3）作业中不得饮食，不得用手擦嘴、脸、眼睛。每次作业完毕，必须及时用肥皂（或专用洗涤剂）洗净面部、手部、用清水漱口，防护用具应及时清洗，集中存放。

第四节　危险化学品容器储存安全技术

危险化学品压力容器的主体通常由筒体、封头、法兰、密封元件、开孔和接管、支座等六大部分构成。此外，还配有安全装置、计量仪表及完成不同生产工艺要求的内部构件，并广泛应用于石油化学工业、能源工业、科研和军工等国民经济的各个部门。

一、压力容器的定义

压力容器是用于盛装气体或者液体，承载一定压力的密闭设备，其范围规定为最高工作压力大于或者等于 0.1MPa（表压）的气体、液化气体和最高工作温度高于或者等于标准沸点的液体、容积大于或者等于 30L 且内直径（非圆形截面指截面内边界最大几何尺寸）大于或者等于 150mm 的固定式容器和移动式容器；盛装公称工作压力大于或者等于 0.2MPa（表压），且压力与容积的乘积大于或者等于 1.0MPa·L 的气体、液化气体和标准沸点等于或者低于 60℃ 液体的气瓶；氧舱。其中固定式压力容器指安装在固定位置使用的压力容器，对于为了某一特定用途、仅在装置或者场区内部搬动、使用的压力容器，以及移动式空气压缩机的储气罐按照固定式压力容器进行监督管理。

二、压力容器术语

（1）压力　垂直作用在物体单位面积上的力，即物理学中的压强。

（2）温度　表示物体（包括流体）冷热程度的物理量。

（3）介质、物料　容器使用过程中的内部盛装物。

（4）压力容器　压力作用下盛装流体介质的密闭容器。

（5）常压容器　与环境大气直接连通或工作（表）压力为零的容器。

（6）固定式压力容器　安装在固定位置处使用的压力容器。

（7）移动式压力容器　安装固定在交通工具上、作为运输装备的压力容器。

（8）腔室　容器中介质所在的相对独立的密闭空间。

（9）元件　组成压力容器的基本单元零件，如各种形状壳体、封头、法兰、垫板、支承圈等。

（10）容积　对于某容器或容器腔室，是指在其对外连接的第一个密封面或第一道焊缝坡口面范围内的内部体积，扣除不可拆内件的体积。

（11）工作压力　在正常工作情况下，容器顶部可能达到的最高压力。

（12）工作温度　在规定的正常工作情况下，容器内物料的温度。

（13）设计压力　设定的容器顶部最高压力，与相应的设计温度一起作为该容器的基本设计条件，其值不低于工作压力。

（14）设计温度　容器在正常操作情况下，设定的元件金属温度（沿元件金属截面的温度平均值）。设计温度与设计压力一起作为设计载荷条件。

（15）试验压力　在进行压力试验时容器顶部的压力。

（16）试验温度　在进行压力试验时容器壳体的金属温度。

（17）最大允许工作压力　在指定的相应温度下，容器顶部所允许承受的最大压力。该压力是根据容器各受压元件的有效厚度，考虑了该元件承受的所有载荷而计算得到的，且取最小值。

三、压力容器的分类

压力容器的分类方法有多种。归结起来，常用的分类方法有如下几种。

1. 按制造方法分

根据制造方法的不同，压力容器可分为焊接容器，铆接容器，铸造容器，锻造容器，热套容器，多层包扎容器和绕带容器等。

2. 按承压方式分

内压容器和外压容器。

3. 按设计压力（P）分

① 低压容器（代号 L）：$0.1\text{MPa} \leq P < 1.6\text{MPa}$。

② 中压容器（代号 M）：$1.6\text{MPa} \leq P < 10\text{MPa}$。

③ 高压容器（代号 H）：$10\text{MPa} \leq P < 100\text{MPa}$。

④ 超高压容器（代号 U）：$P \geq 100\text{MPa}$。

4. 按容器的设计温度（$T_设$-壁温）分

① 低温容器：$T_设 \leq -20℃$。

② 常温容器：$-20℃ < T_设 < 150℃$。

③ 中温容器：$150℃ \leq T_设 < 400℃$。

④ 高温容器：$T_设 \geq 400℃$。

5. 按容器的制造材料分

钢制容器、铸铁容器、有色金属容器和非金属容器等。

6. 按容器外形分

圆筒形（或称圆柱形）容器，球形容器，矩（方）形容器和组合式容器等。

7. 按容器在生产工艺过程中的作用原理分

① 反应容器（代号 R）：用于完成介质的物理、化学反应。

② 换热容器（代号 E）：用于完成介质的热量交换。

③ 分离容器（代号 S）：用于完成介质的流体压力平衡缓冲和气体净化分离。

④ 储存容器（代号 C，其中球罐代号 B）：用于储存、盛装气体、液体、液化气体等介质。

8. 按容器的使用方式分

① 固定式容器：有固定安装和使用地点，工艺条件和操作人员也较固定的压力容器。

② 移动式容器：使用时不仅承受内压或外压载荷，搬运过程中还会受到由于内部介质晃动引起的冲击力，以及运输过程带来的外部撞击和振动载荷，因而在结构、使用和安全方面均有其特殊的要求。

9. 按制造许可分

根据制造能力、工艺水平、人员条件等，国家质量监督检验检疫总局令（第 22 号）《锅炉压力容器制造监督管理办法》将压力容器分为 A（1～4）、B（1～3）、C（1～3）、D（1、2）四级。

（1）A 级分为　A1：超高压容器、高压容器（单层、多层）；A2：第三类低、中压容器；A3：球形容器；A4：非金属压力容器；A5：医用氧舱。

（2）B 级分为　B1：无缝气瓶；B2：焊接气瓶；B3：特种气瓶。

（3）C 级分为　C1：铁路罐车；C2：汽车罐车、长管拖车；C3：罐式集装箱。

（4）D 级分为　D1：第一类压力容器；D2：第二类压力容器。

10. 按特种设备安全技术规范分

我国特种设备安全技术规范将压力容器分为：固定式压力容器、移动式压力容器、非金属压力容器、气瓶。

11. 按危险程度分

在我国最新颁布的 TSG—21—2016《固定式压力容器安全技术监察规程》中，根据国内压力容器设计、制造和检验检测的现状，确定了新的Ⅰ、Ⅱ、Ⅲ类压力容器的划分原则。

（1）Ⅰ、Ⅱ、Ⅲ类压力容器的划分原则　根据危险程度的不同，《固定式压力容器安全技术监察规程》仍将压力容器划分为三类。考虑到第Ⅲ类压力容器设计、制造及监管与第Ⅰ类、第Ⅱ类压力容器的差别较大，为降低因分类方法改变而增加管理成本，新旧容规两者分类方法得到的第Ⅲ类容器比例不应当有太大的差距。

《固定式压力容器安全技术监察规程》采用Ⅰ类、Ⅱ类和Ⅲ类罗马数字的写法，具有不易与其他词汇意义混淆的优点（如一类、三类等词还有其他许多含义），含义清楚。同时，也方便外文翻译（Ⅰ、Ⅱ、Ⅲ属于罗马数字，国际通用，不需翻译。而一、二、三是中文，外文无法直接引用，若翻译，又会出现歧义），便于国际交流。

由设计压力、容积和介质危害性三个因素决定压力容器类别，不再考虑容器在生产过程中的作用、材料强度等级、结构形式等因素，简化分类方法，强化危险性原则，从单一理念上对压力容器进行分类监管，突出本质安全思想。根据危险程度的不同，利用设计压力和容积在不同介质分组坐标图上查取相应的类别，简单易行、科学合理、准确唯一。

（2）压力容器分类时应考虑的因素

① 设计压力。设定的容器顶部的最高压力，与相应的设计温度一起作为设计载荷条件，其值不低于工作压力。

② 容积。指压力容器的几何容积，即由设计图样标注的尺寸计算（不考虑制造公差）并且圆整。应当扣除永久连接在容器内部的内件的体积。永久连接是指需要通过破坏方式分开的连接。

③ 介质分组。压力容器的介质包括气体、液化气体或者最高工作温度高于或者等于其标准沸点的液体，分为两组：

a. 第一组介质：毒性危害程度为极度、高度危害的化学介质，易爆介质，液化气体；

b. 第二组介质：除第一组以外的介质。如毒性程度为中度危害以下的化学介质，包括水蒸气、氮气等。

④ 介质危害性。介质危害性指压力容器在生产过程中因事故致使介质与人体大量接触，发生爆炸或者因经常泄漏引起职业性慢性危害的严重程度，用介质毒性危害程度和爆炸危险程度表示。

a. 毒性介质。综合考虑急性毒性、最高容许浓度和职业性慢性危害等因素，极度危害介质最高容许浓度小于 $0.1mg/m^3$；高度危害介质最高容许浓度 $0.1\sim1.0mg/m^3$；中度危害介质最高容许浓度 $1.0\sim10.0mg/m^3$；轻度危害介质最高容许浓度大于或者等于 $10.0mg/m^3$。

b. 易爆介质。指气体或者液体的蒸气、薄雾与空气混合形成的爆炸混合物，并且其爆炸下限小于 10%，或者爆炸上限和爆炸下限的差值大于或者等于 20% 的介质。

c. 介质毒性危害程度和爆炸危险程度的确定。按照 HG 20660—2000《压力容器中化学介质毒性危害和爆炸危险程度分类》确定。HG 20660 没有规定的，由压力容器设计单位参照 GBZ 230—2010《职业性接触毒物危害程度分级》的原则，确定介质组别。

对于有色金属、石油化工等行业，第Ⅲ类压力容器所占比例有所提高，特别是石油化工行业的大规模装置中第Ⅲ类压力容器所占比例有较大提高。主要原因在于《固定式压力容器安全技术监察规程》分类方法将易爆介质归为第一组介质，提高了对于易爆介质的安全管理要求，因而原 1999 年版《压力容器安全技术监察规程》分类方法中相应的第一类、第二类容器按《固定式压力容器安全技术监察规程》分类后类别普遍提高，其中高 PV 值的中压易爆介质容器普遍由原第二类提高为第Ⅲ类。

四、压力容器的基本结构和特点

压力容器因工艺要求的不同，其结构形状也各有差异。图 6-1 给出了四种常用压力容器的基本结构情况。分析这些典型容器的结构形状，可归纳出以下几个共同的结构特点。

1. 基本结构以回转体为主

容器多为壳体容器，要求承压性能好，制作方便、省料。因此其主体结构如筒体、封头等，以及一些零部件（人孔、手孔、接管等）多由圆柱、圆锥、圆球和椭球等构成。

2. 各部结构尺寸大小相差悬殊

容器的总高（长）与直径、容器的总体尺寸（长、高及直径）与壳体壁厚或其他细部结构尺寸大小相差悬殊。大尺寸大至几十米，小的只有几毫米。

3. 壳体上开孔和管口多

容器壳体上，根据化工工艺的需要，有众多的开孔和管口，如进（出）料口、放空口、清理孔、观察孔、人（手）孔以及液面、温度、压力、取样等检测口。

4. 广泛采用标准化零部件

容器中较多的通用零部件都已标准化、系列化了，如封头、支座。管法兰、容器法兰、人（手）孔、视镜、液面计、补强圈等。一些典型容器中部分常用零部件如填料箱、搅拌器、波形膨胀节、浮阀及泡罩等也有相应的标准。在设计时可根据需要直接选用。

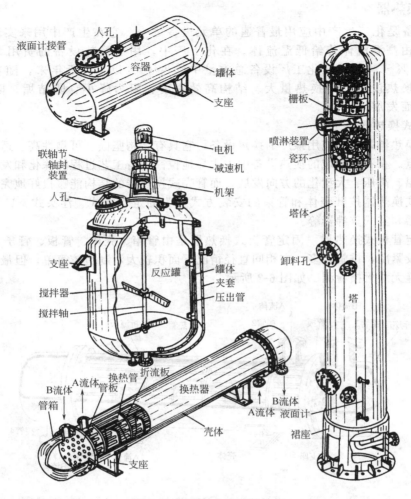

图 6-1　常见压力容器的结构

5. 广泛采用焊接结构

化工设备中较多的零部件如简体、支座、人（手）孔等都是焊接成形的。零部件间连接，如简体与封头，简体、封头与容器法兰、壳体与支座、人（手）孔、接管等大都采用焊接结构。焊接结构多是容器一个突出的特点。

6. 对材料有特殊要求

容器的材料除考虑强度、刚度外，还应当考虑耐腐蚀、耐高温（最高达 1500℃）、耐深冷（最低为－269℃）、耐高压（最高达 300MPa）、高真空。因此，常使用碳钢、合金钢、有色金属、稀有金属（钛、钽、锆等）及非金属材料（陶瓷、玻璃、石墨、塑料等）作为结构材料或衬里材料，以满足各种容器的特殊要求。

7. 防泄漏安全结构要求高

在处理有毒、易燃、易爆的介质时，要求密封结构好，安全装置可靠，以免发生"跑、冒、滴、漏"及爆炸。因此，除对焊缝进行严格的检验外，对于各连接面的密封结构也提出了较高要求。

五、常见压力容器

(一) 换热器

换热设备是化工生产中应用最普遍的单元设备之一。它在生产中用来实现热量的传递，使热量由高温流体传给低温流体。在化工厂中，用于换热设备的费用大约占总投资费用的 10%～20%，在化工厂设备总重量中约占 40% 以上。近年来，随着化工装置的大型化，换热设备朝着换热量大、结构高效紧凑、阻力降小、防结垢、防止流体诱导振动等方面发展。

1. 管壳式换热器

管壳式换热器是目前应用最广的换热设备，它具有结构坚固、可靠性高、适用性强、选材广泛等优点。在石化领域的换热设备中占主导地位。随着工艺过程的深化和发展，换热设备正朝着高温、高压、大型化的方向发展，而管壳式换热器的结构能够很好地完成这一工艺过程。管壳式换热器按其壳体和管束的安装方式分为固定管板式、浮头式、U形管式、填料函式换热器和釜式重沸器等。

（1）固定管板式换热器　固定管板式换热器是由管箱、壳体、管板、管子等零部件组成。其结构较紧凑，排管较多，在相同直径情况下面积较大，制造较简单，但最后一道壳体与管板的焊缝无法无损检测。如图 6-2 所示。

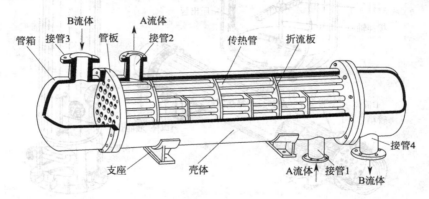

图 6-2　固定管板式换热器

（2）浮头式换热器　浮头式换热器是由管箱、壳体、管束、浮头盖、外头盖等零部件组成。最大的特点是管束可以抽出来，管束在使用过程中由于温差膨胀而不受壳体约束，不会产生温差应力。如图 6-3 所示。

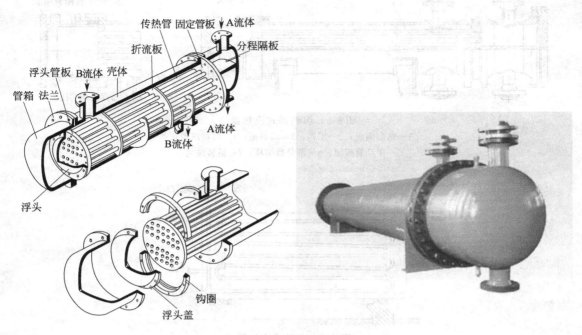

图 6-3　浮头式换热器

（3）U 形管式换热器　U 形管换热器是由管箱、壳体、管束等零部件组成，只需一块管板，质量较轻。同样直径情况下，换热面积最大，结构较简单、紧凑，在高温、高压下金属耗量最小。如图 6-4 所示。

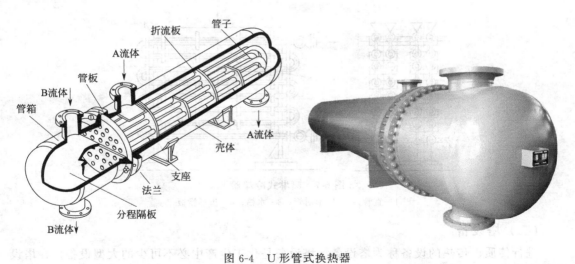

图 6-4　U 形管式换热器

（4）填料函式换热器　填料函式换热器是由管箱、壳体、管束、浮头盖、压盖、密封圈等零部件组成。管束可抽出，壳体与管束间可自由滑动，从而降低了壳体与管束壁温差而引起的热膨胀。其结构如图 6-5 所示。

2. 水浸式冷却器

水浸式冷却器也称箱式冷却器，其结构如图 6-6 所示。

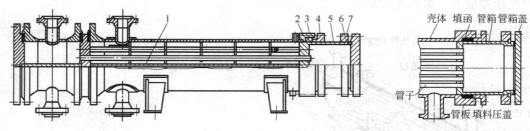

图 6-5　填料函式换热器

1—纵向隔板；2—填料；3—填料函；4—填料压盖；
5—浮动管板裙；6—剖分剪切环；7—活套法兰

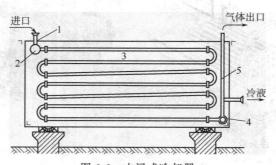

图 6-6　水浸式冷却器

1—进口；2，4—集合管；3—蛇管；5—气体出口

3. 喷淋式冷却器

喷淋式冷却器是将蛇管成排固定在钢架上，如图 6-7 所示。

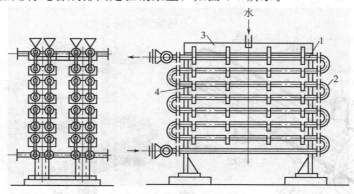

图 6-7　喷淋式冷却器

1—直管；2—U 形肘管；3—水槽；4—齿形檐板

（二）塔设备

进行传质、传热的设备称为塔设备。塔设备是化工生产中必不可少的大型设备。在塔设备内气液或液液两相充分接触，进行相间的传质和传热，因此在生产过程中常用塔设备进行精馏、吸收、解吸、气体的增湿及冷却等单元操作过程。

塔设备在生产过程中维持一定的压力、温度和规定的气、液流量等工艺条件，为单元操作提供了外部条件。塔设备的性能对产品质量、产量、生产能力和原材料消耗，以及三废处理与环境保护等方面，都有重要的影响。据统计，一般塔设备的投资费用占化工装备投资总费用的 25%～35%，有时高达 50%，钢材消耗占全厂设备总重量的 25%～30%。

塔设备的分类方法很多，如根据单元操作的功能可把塔设备分为吸收塔、解吸塔、精馏塔和萃取塔等，根据操作压力可把塔设备分为减压塔、常压塔和加压塔等。

1. 按用途分类

（1）精馏塔　利用液体混合物中各组分挥发度的不同来分离其各液体组分的操作称为蒸馏，反复多次蒸馏的过程称为精馏，实现精馏操作的塔设备称为精馏塔。如常减压装置中的常压塔、减压塔，可将原油分离为汽油、煤油、柴油及润滑油等；铂重整装置中的各种精馏塔，可以分离出苯、甲苯、二甲苯等。

（2）吸收塔、解吸塔　利用混合气中各组分在溶液中溶解度的不同，通过吸收液体来分离气体的工艺操作称为吸收；将吸收液通过加热等方法使溶解于其中的气体释放出来的过程称为解吸。实现吸收和解吸操作过程的塔设备称为吸收塔、解吸塔。如催化裂化装置中的吸收塔、解吸塔，从炼厂气中回收汽油、从裂解气中回收乙烯和丙烯，以及气体净化等都需要吸收塔、解吸塔。

（3）萃取塔　对于各组分间沸点相差很小的液体混合物，利用一般的分馏方法难以奏效，这时可在液体混合物中加入某种沸点较高的溶剂（称为萃取剂）；利用混合液中各组分在萃取剂中溶解度的不同，将它们分离，这种方法称为萃取（也称为抽提）。实现萃取操作的塔设备称为萃取塔。如丙烷脱沥青装置中的抽提塔等。

（4）洗涤塔　用水除去气体中无用的成分或固体尘粒的过程称为水洗，所用的塔设备称为洗涤塔。

2. 按操作压力分类

根据设备及操作成本综合考虑，有时可在常压下操作、有时则需要在加压下操作，有时还需要减压操作。相应的塔设备分别称为常压塔、加压塔和减压塔。

3. 按结构形式分类

塔设备尽管其用途各异，操作条件也各不相同，但就其构造而言都大同小异，主要由塔体、支座、内部构件及附件组成。根据塔内部构件的结构可将其分为板式塔和填料塔两大类。具体结构如图 6-8 所示。

（三）反应釜

反应釜（或称反应器）是通过化学反应得到反应产物的设备，或者是为细胞或酶提供适宜的反应环境以达到细胞生长代谢和进行反应的设备。几乎所有的过程装备中，都包含有反应釜，因此如何选用合适的反应器形式，确立最佳的操作条件和设计合理可靠的反应器，对满足日益发展的过程工业的需求具有十分重要的意义。

1. 反应釜的分类

反应釜一般可根据用途、操作方式、结构等不同方法进行分类。例如根据用途可把反应釜分为催化裂化反应器、加氢裂化反应器、催化重整反应器、氨合成塔、管式反应炉、氯乙烯聚合釜等类型。根据操作方式又可把反应釜分为连续式操作反应器、间歇式操作反应釜和半间歇式操作反应釜等类型。

最常见的是按反应釜的结构来分类，可分为釜式反应器、管式反应器、塔式反应器、固定床反应器、流化床反应器等类型。

2. 反应釜的结构

反应釜主要由釜体、釜盖、传动装置、搅拌器、密封装置等组成。常见的有桨式搅拌器、框式搅拌器、锚式搅拌器。如图 6-9 所示。

（四）球形容器

球形容器又称球罐，壳体呈球形，是储存各种气体、液体、液化气体的一种有效、经济

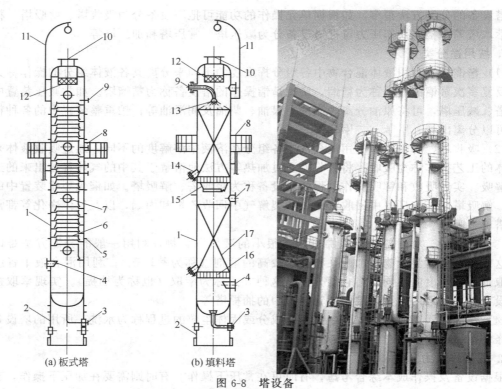

(a) 板式塔　　　　　(b) 填料塔

图 6-8　塔设备

1—塔体；2—裙座；3—液体出口；4—气体进口；5—保温层支持圈；
6—塔板；7—人孔；8—平台；9—液体进口；10—气体出口；11—塔
顶吊柱；12—除沫器；13—液体分布装置；14—卸料口；15—液体再分
布装置；16—栅板；17—填料

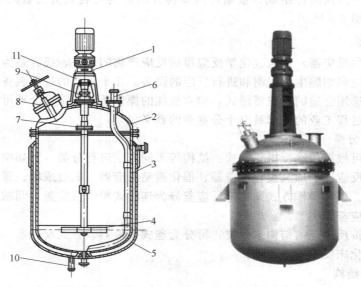

图 6-9　反应釜结构

1—传动装置；2—釜盖；3—釜体；4—搅拌装置；5—夹套；
6—工艺接管；7—联轴器；8—人孔；9—密封装置；10—蒸
汽接管；11—减速机支架

的压力容器。主要储存的危险化学品介质有液化石油气、液化天然气、液态烃、液氨、液氮、液氧和液氢等。工作压力一般均低于 3MPa，但在特殊情况下也可高达 100MPa。当用作储罐时，其容积一般为 100~1000m³，但少数的容积也可达数万立方米。

1. 球形容器结构简介

球形容器由球罐本体、支座及附属设备组成，如图 6-10 所示。

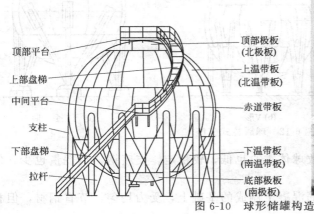

顶部平台 —— 顶部极板（北极板）
上部盘梯 —— 上温带板（北温带板）
中间平台 —— 赤道带板
支柱
下部盘梯 —— 下温带板（南温带板）
拉杆 —— 底部极板（南极板）

图 6-10　球形储罐构造

（1）球罐本体　由球壳板（分赤道板、温带板及极板等）拼焊而成，还包括直接与球壳焊接的接管及人孔等。

球壳体因其直径很大，故需多块预制成一定形状的钢板拼焊而成。球罐的排板主要有环带式（瓜瓣式）及足球式两种形式。国内均采用瓜瓣式，如图 6-11(a)，即把球体分成赤道带板，上、下温带板（北、南温带板）及顶部和底部极板（北、南极板），且均由多块瓜瓣组成。分带多少，分瓣的大小及数量需视球罐直径、使用钢板宽度和压延性能以及压制设备生产能力而定。足球式即将球体表面按足球分瓣的方法分成若干块形状及尺寸完全相同的球壳板拼焊而成，如图 6-11(b)所示，其优点是只有一种尺寸和形状的球壳板，从而大大简化了球壳板的预制工序。

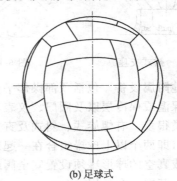

(a) 瓜瓣式　　　　　　　　　　(b) 足球式

图 6-11　球壳板的排板方式

（2）球罐支座　目前国内外球罐支座有下列四种形式。

① 柱式支座　即由若干支柱组成的支座，支柱数目通常为赤道带分瓣数目的一半。支柱的排列形式有三种：

a. 赤道正切柱式支座。各支柱正切于球罐的赤道带如图 6-12(a) 所示。支柱数目一般为赤道带分瓣数目的一半，支柱间有拉杆。

b. V 形柱式支座。支柱呈 V 形，等距离的和球体赤道圈相切，支承载荷在赤道区域上分布均匀，受力也较好。支柱间无拉杆，安装检修也较方便。如图 6-12(b) 所示。

c. 三柱会一形支座。三根支柱在地基处会于一处，如图 6-12(c) 所示。由于支柱与球体接触不均匀，故此形式只用于小直径球罐。

  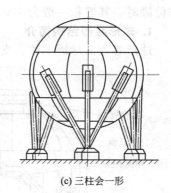

(a) 赤道正切　　　　　　　　　(b) V形　　　　　　　　　(c) 三柱会一形

图 6-12　球罐柱式支座

② 裙式支座　裙式支座较低，故球体重心也低，较稳定。支座钢材消耗量也少，但其操作、检修不便。如图 6-13 所示。

③ 半埋式支座　球体支承于钢筋混凝土制成的基础上，受力均匀，节省钢材，但相应增加了土建工程量。如图 6-14 所示。

④ 高架式支座　支座本身也是容器，合理地利用了钢材，但施工困难。如图 6-15 所示。

 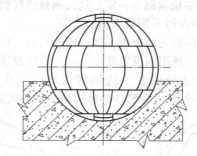 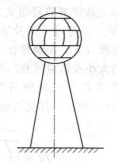

图 6-13　裙式支座　　　　　图 6-14　半埋式支座　　　　　图 6-15　高架式支座

（3）其他附属设备　包括顶部操作平台、外部扶梯（下部直梯、上部盘梯，中间平台）、内部盘梯、保温或保冷层以及阀门、仪表等。

扶梯种类很多，有螺旋式、斜式及直立式等。螺旋式及直立式用于单个球罐，斜式多用于组合球罐（即两个以上球罐组合在一起）。

对受压或真空的球形罐须设置安全阀或真空阀，一般大容量的球形罐都安装两个相同类型的安全阀，其中一个备用。

2. 球形容器特点

球罐与立式圆筒形储罐相比，在相同容积和相同压力下，球罐的表面积最小，故所需钢材面积少；在相同直径情况下，球罐壁内应力最小，而且均匀，其承载能力比圆筒形容器大一倍，故球罐的板厚只需相应圆筒形容器壁板厚度的一半。由上述特点可知，采用球罐，可大幅度减少钢材的消耗，一般可节省钢材 30%～45%；此外，球罐占地面积较小，基础工程量小，可节省土地面积。

球形压力容器常采用强度级别较高的低合金高强度钢，以尽量减薄壁厚，但这类钢的焊接性一般较差，故须采取可靠的焊接工艺措施；球形压力容器由多块球瓣拼装而成，须严格保证装配尺寸精度，以防止在球壳局部产生过高的附加应力；很多球形压力容器因体积大，只能在现场拼装焊接，需要更为严格的现场施工质量管理。球形压力容器用作储罐时，常储存大量的易燃、易爆或有毒介质，一旦泄漏或破裂就会造成严重的恶果。历史上发生的破坏事故曾造成重大的人身伤亡和经济损失。因此，对球形压力容器的制造和运行，必须进行严格的检验和监督。

（五）储罐

储罐的种类虽然多种多样，但可以大致分为储藏气体的气体储罐和储藏液体的液体储罐以及储藏固体的筒仓。

1. 气体储罐

按其内部压力分为低压储罐和中高压储罐。

在气体企业法实施规则中，把压力低于1MPa的储罐定为低压，把压力在1MPa以上的储罐定为中高压，这是气体储罐在安全方面的标准。另外，对于不包含在气体企业法中的气体储罐，压力在2MPa以上者，根据所储藏气体种类，可参照压力容器安全规则或高压气体管制法实行。

气体储罐的种类，如表6-4所示，有高压气体用和低压气体用两大类，后者又分为湿式和干式两种。

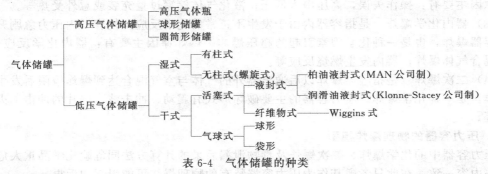

表6-4　气体储罐的种类

2. 液体储罐

按照外观、开关和内部储存液的温度，液体储罐各类如表6-5所示。

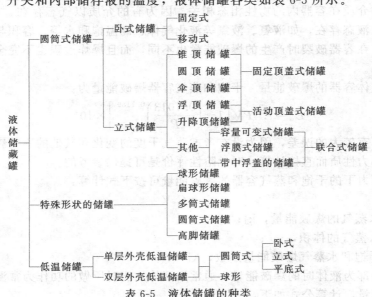

表6-5　液体储罐的种类

大致分为圆筒形储罐、球形和类球形以及低温储罐等。按其设置位置还有称作地下储罐等。圆筒形储罐用于液体储存最为广泛，分卧式和立式两种。立式储罐有锥形顶盖储罐和移动式顶盖储罐，通常用于常压下的大容量的液体储存，卧式储罐则只限定用于小容量低压或高状况下储存。关于可燃性液体的储罐，按消防法规定实行。

3. 筒仓

广泛使用于谷物、水泥、矿石类、砂石或家畜的饲料等固体物质的储存。所以，通常呈塔形，上部设有储存物投放口，下部有排卸口。为了有效地卸料，多数筒仓都把底部设计成漏斗状。用钢筋混凝土、钢板、料石等建造。几乎都是密封式的，以减小外部气温、湿度的影响。尤其是面粉的储存，由于产生粉尘，故发生粉尘爆炸的事故屡有发生。

六、压力容器的安全特性分析

压力容器的主要破坏形式是爆炸。压力容器爆炸按其爆炸的原因和性质可分为4种。

（1）正常压力下爆炸　是指容器在工作压力下发生的爆炸。爆炸的原因有：因介质腐蚀造成容器壁减薄或设计壁厚过薄；因缺陷造成低应力脆性破坏；发生了疲劳破坏、应力腐蚀破坏或蠕变破坏。

（2）超压爆炸　是指容器在超过工作压力（一般超过耐压试验的压力）下发生的爆炸。爆炸原因主要有：操作失误，高压串入低压；液化气体储罐过量充装或意外受热等。

（3）器内化学爆炸　是指容器内由于发生不正常的化学反应，使容器内压力急剧升高导致的容器爆炸，也是一种化学因素引起的超压爆炸。爆炸原因主要有：器内化学反应失控；器内混合气体爆炸；器内发生燃烧反应等。

（4）二次爆炸　是指容器爆炸以后逸出器外的气体与空气混合达到爆炸极限后发生的空间爆炸，是一种化学爆炸。压力容器的主要破坏形式有震动、冲击波、碎片的冲击、火灾和毒害等。

1. 压力容器的物理爆炸模型

压力容器中的化学爆炸、二次爆炸及毒物泄漏后果的计算方法同危险化学品重大危险源的相关内容一致，在此只考虑其作为压力容器特有的物理爆炸可能引起的后果。

在压力容器破裂时，气体膨胀所释放的能量（即爆破能量）不仅与气体压力和容器的容积有关，而且与介质在容器内的物性相态相关。因为有的介质以气态存在，如空气、氧气、氢气等；有的以液态存在，如液氨、液氯等液化气体、高温饱和水等。容积与压力相同而相态不同的介质，在容器破裂时产生的爆破能量也不同，而且爆炸过程也不完全相同，其能量计算公式也不同。

（1）压缩气体容器的爆破能量　干饱和蒸气容器爆破能量为：

$$E_s = 7.4PV\left[1 - \left(\frac{0.1013}{P}\right)^{0.1189}\right] \times 10^3 \tag{6-1}$$

用上式计算有较大的误差，因为没有考虑蒸气干度的变化和其他的一些影响，但它可以不用查明蒸气热力性质而直接计算，对危险性评价是可提供参考的。

对于常用压力下的干饱和蒸气容器的爆破能量可按下式计算：

$$E_s = C_s V \tag{6-2}$$

式中　E_s——水蒸气的爆破能量，kJ；

$\quad\quad V$——水蒸气的体积，m^3；

$\quad\quad C_s$——干饱和水蒸气爆破能量系数，kJ/m^3。

（2）介质全部为液体时的爆破能量　通常用液体加压时所做的功作为常温液体压力容器爆炸时释放的能量，计算公式如下：

$$E_L = \frac{(P-1)^2 V \beta_t}{2} \tag{6-3}$$

式中 E_L——常温液体压力容器爆炸时释放的能量，kJ；

P——液体的压力（绝），Pa^{-1}；

V——容器的体积，m^3；

β_t——液体在压力 P 和 $T_下$ 整体的压缩系数，Pa^{-1}。

（3）液化气体的爆破能量

液化气体一般在容器内以气液两态存在，当容器破裂发生爆炸时，除了气体的急剧膨胀做功外，还有过热液体激烈的蒸发过程。在大多数情况下，这类容器内的饱和液体占有容器介质重量的绝大部分，它的爆破能量比饱和气体大得多，一般计算时考虑气体膨胀做的功。过热状态下液体在容器破裂时释放出爆破能量可按下式计算：

$$E = [(H_1 - H_2) - (S_1 - S_2)T_1]W \tag{6-4}$$

式中 E——过热状态液体的爆破能量，kJ；

H_1——爆炸前液化气体的焓，kJ/kg；

H_2——在大气压力下饱和液体的焓，kJ/kg；

S_1——爆炸前饱和液体的熵，$kJ/(kg \cdot ℃)$；

S_2——在大气压力下饱和液体的熵，$kJ/(kg \cdot ℃)$；

T_1——介质在大气压力下的沸点，$kJ/(kg \cdot ℃)$；

W——饱和液体的质量，kg。

2. 压力容器重大危险源辨识指标

根据压力容器重大危险源的特性，压力容器重大危险源可定义为：盛装易燃、易爆或有毒介质，且最高工作压力（或设计压力）、容器体积乘以最高工作压力（或设计压力）均超过临界值的单元。

下面对定义作如下说明：

（1）一台压力容器或一组压力容器构成一个单元。

（2）辨识指标主要为介质的危险特性，另外考虑最高工作压力（或设计压力）、容器体积乘以最高工作压力（或设计压力）两个指标的临界值。

符合以下两个条件之一的为压力容器重大危险源。

① 介质毒性程度为极度、高度或中度危害的三类压力容器。

② 易燃介质，最高工作压力大于等于 0.1MPa，且 PV（压力×体积）大于等于 $100MPa \cdot m^3$ 的压力容器（群）。

七、压力容器的安全使用管理与定期检验

（一）压力容器的使用管理

要做好压力容器的安全技术管理工作，首先要从组织上保证。这就要求企业要有专门的机构，并配备专业人员负责压力容器的技术管理及安全监察工作。压力容器的技术档案是我们正确使用容器的主要依据，它可以使我们全面掌握压力容器的情况，摸清压力容器的使用规律，防止发生事故。压力容器调入或调出时，其技术档案必须随同压力容器一起调入或调出。对技术资料不齐全的压力容器，使用单位应对其所缺项目进行补充。

压力容器的技术档案应包括压力容器的产品合格证、质量证明书、登记卡片、检查鉴定记录、验收单、检修记录、运行累计时间表、年运行记录、理化检验报告、竣工图以及中高压反应容器和储运容器的主要受压元件强度计算书等。

压力容器的使用单位，在压力容器投入使用前，应按质量技术监督局颁布的《压力容器使用登记管理规则》的要求，向地、市质量技术监督锅炉压力容器安全监察机构申报和办理使用登记手续。

压力容器使用单位应在工艺操作规程中明确提出压力容器安全操作要求。其主要内容有：操作工艺指标（含介质状况、最高工作压力、最高或最低工作温度）；岗位操作法（含开停车操作程序和注意事项）；运行中应重点检查的项目和部位，可能出现的异常现象和防止措施，紧急情况的处理、报告程序等。

压力容器使用单位应对其操作人员进行安全教育和考核，操作人员应持安全操作证上岗操作。

压力容器发生下列异常现象之一时，操作人员应立即采取紧急措施，并按规定程序报告本单位有关部门。这些现象主要有：

（1）工作压力、介质急剧变化、介质温度或壁温超过许用值，采取措施仍不能得到有效控制；

（2）主要受压元件发生裂缝、鼓包、变形、泄漏等危及安全的缺陷；

（3）安全附件失效；

（4）接管、紧固件损坏，难以保证安全运行；

（5）发生火灾直接威胁到压力容器安全运行；

（6）过量充装；

（7）液位失去控制；

（8）压力容器与管道严重振动，危及安全运行等。

压力容器内部有压力时，不得进行任何修理或紧固工作。对于特殊的生产过程，需在开车升（降）温过程中带压、带温紧固螺栓的，必须按设计要求制定有效的操作和防护措施，并经使用单位技术负责人批准，在实际操作时，单位安全部门应派人进行现场监督。以水为介质产生蒸汽的压力容器，必须做好水质管理和监测，没有可靠的水处理措施，不应投入运行。

运行中的压力容器，还应保持容器的防腐、保温、绝热、静电接地措施完好。

（二）压力容器的定期检验

1. 压力容器定期检验的意义

压力容器的定期检验是指在压力容器使用的过程中每隔一定期限采用各种适当而有效的方法，对压力容器的各个承压部件和安全装置进行检查和必要的试验。通过检验，发现压力容器存在缺陷，使它们在还没有危及压力容器安全之前即被消除或采取适当措施进行特殊监护，以防压力容器在运行中发生事故。

压力容器在生产中不仅长期承受压力，而且还受到介质的腐蚀或高温流体的冲刷磨损，以及操作压力、温度波动的影响。因此，在使用过程中会产生缺陷。有些压力容器在设计、制造和安装过程中存在着一些原有缺陷，这些缺陷将会在使用中进一步扩展。显然，无论是原有缺陷，还是在使用过程中产生的缺陷，如果不能及早发现或消除，任其发展扩大，势必在使用过程中导致严重爆炸事故。

压力容器实行定期检验，是及时发现缺陷，消除隐患，保证压力容器安全运行的重要的必不可少的措施。

2. 定期检验的要求

压力容器的使用单位，必须认真安排压力容器的定期检验工作，按照《在用压力容器检验规程》的规定，由取得检验资格的单位和人员进行检验。并将年检计划报主管部门的锅炉压力容器安全监察机构。主管锅炉压力容器的安全监察机构负责监督检查。

3. 定期检验的分类及周期

压力容器的定期检验分为：

（1）外部检查　指专业人员在压力容器运行中定期的在线检查，每年至少一次；

（2）内外部检验　指专业检验人员在压力容器停机时的检验。其期限分为：安全状况等级为1~2级的，每6年至少一次；安全状况等级为3级的，每三年至少一次；

（3）耐压试验　是指压力容器停机检验时，进行的超过最高工作压力的液压或气压试验，对固定式压力容器，每两次内外部检验期间内，至少进行一次耐压试验，对移动式压力容器，每六年至少进行一次耐压试验。

外部检查和内外部检验内容及安全状况等级的评定，见《在用压力容器检验规程》。

有下列情况之一的，内外部检验期限应适当缩短。

① 介质对压力容器材料的腐蚀情况不明或介质对材料的腐蚀速率大于0.25mm/a，以及设计者所确定的腐蚀数据与实际不符的；

② 材料表面质量差或内部有缺陷、材料焊接性能不好、制造时曾多次返修的；

③ 使用条件恶劣或介质中硫化氢及硫元素含量较高的（一般指大于100mg/L）；

④ 使用期超过20年，经技术鉴定后或由检验员确定按正常检验周期不能保证安全使用的；

⑤ 停止使用时间超过两年的；

⑥ 经缺陷安全评定合格后继续使用的；

⑦ 经常改变使用介质的；

⑧ 搪玻璃设备；

⑨ 球形储罐；

⑩ 介质为液化石油气且有氢鼓包等应力腐蚀倾向的，每年或根据需要进行内外部检验；

⑪ 采用"亚铵法"造纸工艺，且无防腐措施的容器每年至少一次或根据实际情况需要缩短内外部检验周期。

有下列情况之一的，内外部检验期限可以适当延长。

① 非金属衬里层完好，但其检验周期不应超过9年；

② 介质对材料腐蚀速率低于0.1mm/a，或有可靠的耐腐蚀金属衬里，通过一至两次内外部检验，确认符合原要求，但不应超过12年；

③ 装有触媒的反应容器以及装有充填物的大型压力容器，其检验周期由使用单位根据设计图样和实际使用情况确定。

有下列情况之一的，内外检验合格后，必须进行耐压试验。

① 用焊接方法修理或更换主要受压元件；

② 改变使用条件且超过原设计参数；

③ 更换新衬里前；

④ 停止使用两年重新复用；

⑤ 使用单位从外单位拆来新安装的或本单位内部移装的；

⑥ 使用单位对压力容器的安全性能有怀疑。

因特殊情况，不能按期进行内外部检验或耐压试验的夜用单位必须申明理由，提前3个月提出申报，经单位技术负责人批准，由原检验单位提出处理意见，省级主管部门审查同意，发放《压力容器使用证》的主管部门锅炉压力容器安全监察机构备案后，方可延长，但一般不应超过12个月。

大型关键性在用压力容器，确需进行缺陷评定的，由使用单位提供书面申请，经所在地区省级劳动部门压力容器安全监察机构同意后，委托具有资格的缺陷评定单位承担；负责缺陷评定的单位，必须对缺陷的检查结果、评定结论和压力容器的安全性能负责；最终评定报告和结论，须经承担评定单位的技术负责人审查批准，在主送委托单位的同时，报送企业主管部门和委托单位所在地省级和地市级劳动部门锅炉容器安全监察机构备案。经检验、评定认为存在缺陷的压力容器，按压力容器管理的有关规范和标准进行维修，直至检验合格后，方准投入运行。

（三）压力容器的安全附件

压力容器在运行过程中，由于种种原因，可能出现器内压力超过它的最高许用压力（一般为设计压力）的情况。为了防止超压，确保压力容器安全运行，一般都装有安全泄压装置，以自动、迅速地排出容器内的介质，使容器内压力不超过它的最高许用压力。

压力容器常见的安全泄压装置有以下几种。

1. 安全阀

压力容器在正常工作压力运行时，安全阀保持严密不漏；当压力超过设定值时，安全阀在压力作用下自行开启，使容器泄压，以防止容器或管线的破坏；当容器压力泄至正常值时，它又能自行关闭，停止泄放。

（1）安全阀的种类 安全阀按其整体结构及加载机构形式来分，常用的有杠杆式和弹簧式两种。在石油化工装置中，普遍使用弹簧式安全阀。弹簧式安全阀的加载装置是一个弹簧，通过调节螺母，可以改变弹簧的压缩量，调整阀瓣对阀座的压紧力，从而确定其开启压力的大小。弹簧式安全阀结构紧凑，体积小，动作灵敏，对震动不太敏感，可以装在移动式容器上，缺点是阀内弹簧受高温影响时，弹性有所降低。

（2）安全阀的选用 《压力容器安全技术监察规程》规定，安全阀的制造单位，必须有国家劳动部颁发的制造许可证才可制造。产品出厂应有合格证，合格证上应有质量检查部门的印章及检验日期。

安全阀的选用，应根据容器的工艺条件及工作介质的特性，从安全阀的安全泄放量、加载机构、封闭机构、气体排放方式、工作压力范围等方面考虑。安全阀的排放量是选用安全阀的关键因素，安全阀的排量必须不小于容器的安全泄放量。

从气体排放方式来看，对盛装有毒、易燃或污染环境的介质容器，应选用封闭式安全阀。

选用安全阀时，要注意它的工作压力范围，要与压力容器的工作压力范围相匹配。

（3）安全阀的安装 安全阀应垂直向上安装在压力容器本体的液面以上气相空间部位，或与连接在压力容器气相空间上的管道相连接。安全阀确实不便装在容器本体上，而用短管与容器连接时，则接管的直径必须大于安全阀的进口直径，接管上一般禁止装设阀门或其他引出管。压力容器一个连接口上装设数个安全阀时，则该连接口入口的面积，至少应等于数个安全阀的面积总和。压力容器与安全阀之间，一般不宜装设中间截止阀门，对于盛装易燃、毒性程度为极度、高度、中高度危害或黏性介质的容器，为便于安全阀更换、清洗，可装截止阀，但截止阀的流通面积不得小于安全阀的最小流通面积，并且要有可靠的措施和严格的制度，以保证在运行中截止阀保持全开状态并加铅封。

选择安装位置时，应考虑到安全阀的日常检查、维护和检修的方便。安装在室外露天的安全阀，要有防止冬季阀内水分冻结的可靠措施。装有排气管的安全阀排气管的最小截面积应大于安全阀的出口截面积，排气管应尽可能短而直，并且不得装阀。安装杠杆式安全阀时，必须使它的阀杆保持在铅垂的位置。所有进气管、排气管连接法兰的螺栓必须均匀上紧，以免阀体产生附加应力，破坏阀体的同心度，影响安全阀的正常动作。

（4）安全阀的调整、维护和检验　安全阀在安装前应由专业人员进行水压试验和气密性试验，经试验合格后进行调整校正。安全阀的开启压力不得超过容器的设计压力。校正调整后的安全阀应进行铅封。要使安全阀动作灵敏可靠和密封性能良好，必须加强日常维护检查。安全阀应经常保持清洁，防止阀体弹簧等被油垢脏物所黏住或被锈蚀。还应经常检查安全阀的铅封是否完好，气温过低时，有无冻结的可能性，检查安全阀是否有泄漏。对杠杆式安全阀，要检查其重锤是否松动或被移动等。如发现缺陷，要及时校正或更换。

《压力容器安全技术监察规程》规定，安全阀要定期检验，每年至少校验一次。定期检验工作包括清洗、研磨、试验和校正。

2. 防爆片

防爆片又称防爆膜、防爆板，是一种断裂型的安全泄压装置。防爆片具有密封性能好，反应动作快以及不易受介质中黏污物的影响等优点。但它是通过膜片的断裂来泄压的，所以泄后不能继续使用，容器也被迫停止运行。因此它只是在不宜装设安全阀的压力容器上使用。

防爆片的结构比较简单。它的主零件是一块很薄的金属板，用一副特殊的管法兰夹持着装入容器的引出短管中，也有把膜片直接与密封垫片一起放入接管法兰的。容器在正常运行时，防爆片虽可能有较大的变形，但它能保持严密不漏。当容器超压时，膜片即断裂排泄介质，避免容器因超压而发生爆炸。

防爆片的设计爆破压力一般为工作压力的 1.25 倍，对压力波动幅度较大的容器，其设计破裂压力还要相应大一些。但在任何情况下，防爆片的爆破压力都不得大于容器设计压力。

3. 防爆帽

防爆帽又称爆破帽，也是一种断裂型安全泄压装置。它的样式较多，但基本作用原理一样。它的主要元件是一个一端封闭、中间具有干薄弱断面的厚壁短管。当容器的压力超过规定时，防爆帽即从薄弱断面处断裂，气体从管孔中排出。为了防止防爆帽断裂后飞出伤人，在它的外面应装有保护装置。

4. 压力表

压力表是测量压力容器中介质压力的一种计量仪表。压力表的种类较多，有液柱式、弹性元件式、活塞式和电量式四大类。压力容器大多使用弹性元件式的单弹簧管压力表。

装在压力容器上的压力表，其表盘刻度极限值应为容器最高工作压力的 1.5～3 倍，最好为 2 倍。压力表量程越大，允许误差的绝对值也越大，视觉误差也越大。选用压力表，还要根据容器的压力等级和工作需要。按容器的压力等级要求，低压容器一般不低于 2.5 级，中压及高压容器不应低于 1.5 级。为便于操作人员能清楚准确地看出压力指示，压力表盘直径不能太小。在一般情况下，表盘直径不应小于 100mm。如果压力表距离观察地点远，表盘直径增大，距离超过 2m 时，表盘直径最好不小于 150mm；距离超过 5m 时，不要小于 250mm。超高压容器压力表的表盘直径应不小于 150mm。

安装压力表时，为便于操作人员观察，应将压力表安装在最醒目的地方，并要有充足的照明，同时要注意避免受辐射热、低温及震动的影响。装在高处的压力表应稍微向前倾斜，但倾斜角不要超过 30°。压力表接管应直接与容器本体相接。为了便于卸换和校验压力表，压力表与容器之间应装设三通旋塞。旋塞应装在垂直的管段上，并要有开启标志，以便核对与更换。蒸汽容器在压力表与容器之间应装有存水弯管。盛装高温、强腐蚀及凝结性介质的容器，压力表与容器之间应装有隔离缓冲装置。

使用中的压力表，应根据设备的最高工作压力，在它的刻度盘上划明警戒红线，但不要涂画在表盘玻璃上，以免玻璃转动使操作人员产生错觉，造成事故。

未经检验合格和无铅封的压力表均不准安装使用。

压力表应保持洁净，表盘上玻璃要明亮透明，使表内指针指示的压力值能清楚易见。压力表的接管要定期吹洗。在容器运行期间，如发现压力表指示失灵，刻度不清，表盘玻璃破裂，泄压后指针不回零位，铅封损坏等情况，应立即校正或更换。

压力表的维护和校验应符合国家计量部门的有关规定。压力表上应有校验标记，注明下次校验日期或校验有效期。校验后的压力表应加铅封。

5. 液面计

液面计是压力容器的安全附件。一般压力容器的液面显示多用玻璃板液面计。石油化工装置的压力容器，如各类液化石油气体的储存压力容器，选用各种不同作用原理、构造和性能的液位指示仪表。介质为粉体物料的压力容器，多数选用放射性同位素料位仪表，指示粉体的料位高度。

不论选用何种类型的液面计或仪表，均应符合《压力容器安全技术监察规程》的安全要求，主要有以下几方面。

（1）应根据压力容器的介质、最高工作压力和温度正确选用。

（2）在安装使用前，低、中压容器液面计，应进行 1.57 倍液面计公称压力的水压试验；高压容器液面计，应进行 1.25 倍液面计公称压力的水压试验。

（3）盛装 0℃ 以下介质的压力容器，应选用防霜液面计。

（4）寒冷地区室外使用的液面计，应选用夹套型或保温型结构的液面计。

（5）易燃、毒性程度为极度、高度危害介质的液化气体压力容器；应采用板式或自动液面指示计，并应有防止泄漏的保护装置。

（6）要求液面指示平稳的，不应采用浮子（标）式液面计。

（7）液面计应安装在便于观察的位置。如液面计的安装位置不便于观察，则应增加其他辅助设施。大型压力容器还应有集中控制的设施和警报装置。液面计的最高和最低安全液位，应做出明显的标记。

（8）压力容器操作人员，应加强液面计的维护管理，使其经常保持完好和清晰。应对液面计实行定期检修制度，使用单位可根据运行实际情况，在管理制度中具体规定。

（9）液面计有下列情况之一的，应停止使用。

① 超过检验周期；

② 玻璃板（管）有裂纹、破碎；

③ 阀件固死；

④ 经常出现假液位。

（10）使用放射性同位素料位检测仪表，应严格执行国务院发布的《放射性同位素与射线装置放射防护条例》的规定，采取有效保护措施，防止使用现场放射危害。

另外，石油化工生产过程中，有些反应压力容器和储存压力容器还装有液位检测报警、温度检测报警、压力检测报警及联锁等，既是生产监控仪表，也是压力容器的安全附件，都应该按有关规定的要求，加强管理。

第五节　危险化学品气瓶储存安全技术

气瓶是盛装气体、液化气体，可以运输到异地的，搬运、滚动，有时还要经受震动冲击等外界的作用力的一种特殊的压力容器。

一、气瓶的定义

我国 TSG R0006—2014《气瓶安全技术监察规程》定义的气瓶是指在正常环境（－40

～60℃）下使用的；公称容积为 0.4～3000 L；公称工作压力为 0.2～35MPa 且压力与容积的乘积大于或等于 1.0MPa·L；盛装压缩气体、高（低）压液化气体、低温液化气体、溶解气体、吸附气体、标准沸点等于或低于 60℃ 的液体以及混合气体（两种或两种以上气体）的可重复充气的可搬运的压力容器。包括无缝气瓶、焊接气瓶、焊接绝热气瓶、缠绕气瓶。

二、气瓶的分类

1. 按充装介质的性质分类

（1）永久气体气瓶　永久气体（压缩气体）因其临界温度小于－10℃，常温下呈气态，所以称为永久气体，如氢、氧、氮、空气、煤气及氩、氖、氙、氦等。这类气瓶一般都以较高的压力充装气体。目的是增加气瓶的单位容积充气量，提高气瓶利用率和运输效率。常见的充装压力为 15MPa，也有充装 20～30MPa 的。

（2）液化气体气瓶　液化气体气瓶充装时都以低温液态灌装。有些液化气体的临界温度较低装入瓶内后受环境温度的影响而全部气化。有些液化气体的临界温度较高，装瓶后在瓶内始终保持气液平衡状态，因此可分为高压液化气体和低压液化气体。

① 高压液化气体。临界温度大于或等于－10℃，且小于或等于 70℃。常见的有乙烯、乙烷、二氧化碳、氧化亚氮、六氟化硫、氯化氢、三氟氯甲烷（F-13）、三氟甲烷（F-23）、六氟乙烷（F-116）、氟己烯等。常见的充装压力有 15MPa 和 12.5MPa 等。

② 低压液化气体。临界温度大于 70℃。如溴化氢、硫化氢、氨、丙烷、丙烯、异丁烯、1,3-丁二烯、1-丁烯、环氧乙烷、液化石油气等。《气瓶安全监察规程》规定，液化气体气瓶的最高工作温度为 60℃。低压液化气体在 60℃ 时的饱和蒸汽压都在 10MPa 以下，所以这类气体的充装压力都不高于 10MPa。

2. 按制造方法分类

（1）钢制无缝气瓶　以钢坯为原料，经冲压拉伸制造，或以无缝钢管为材料，经热旋压收口收底制造的气瓶。瓶体材料为采用碱性平炉、电炉或吹氧碱性转炉冶炼的镇静钢，如优质碳钢、锰钢、铬钼钢或其他合金钢。这类气瓶用于盛装永久气体（压缩气体）和高压液化气体。如图 6-16 所示。

（2）钢制焊接气瓶　以钢板为原料，经冲压卷焊制造的气瓶。瓶体及受压元件材料为采用平炉、电炉或氧化转炉冶炼的镇静钢，要求有良好的冲压和焊接性能。这类气瓶用于盛装低压液化气体。

常见的氯气瓶和氨气瓶主要由筒体、1个大护罩、1个小护罩、2根防震圈、2个瓶帽、2只瓶阀、3个螺塞、2根内壁管组成。瓶体则由一条纵向焊缝和两条环向焊缝组成。如图 6-17 所示。

（3）缠绕玻璃纤维气瓶　是以玻璃纤维加黏结剂缠绕或碳纤维制造的气瓶。一

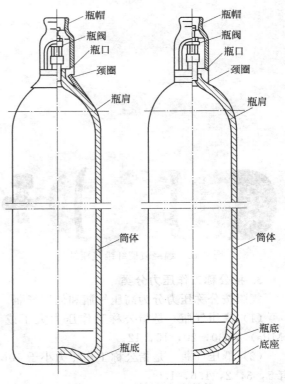

图 6-16　钢制无缝气瓶结构

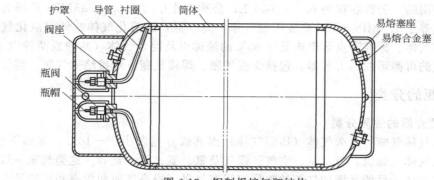

图 6-17　钢制焊接气瓶结构

般有一个铝制内筒，其作用是保证气瓶的气密性，承压强度则依靠玻璃纤维缠绕的外筒。这类气瓶由于绝热性能好、质量轻，多用于盛装呼吸用压缩空气，供消防、毒区或缺氧区域作业人员随身背挎并配以面罩使用。一般容积较小（1～10L），充气压力多为 15～30MPa。如图 6-18 所示。

（4）焊接绝热气瓶　焊接绝热气瓶作为一种低温绝热压力容器，DPL（立式）与 DPW（卧式）气瓶主要用于存储和运输液氮、液氧、液氩、液态二氧化碳或液化天然气，并能自动提供连续的气体。气瓶设计有双层（真空）结构，内胆用来储存低温液体，其外壁缠有多层绝热材料，具有超强的隔热性能，同时夹层（两层容器之间的空间）被抽成高真空，共同形成良好的绝热系统。如图 6-19 所示。

图 6-18　缠绕玻璃纤维气瓶结构

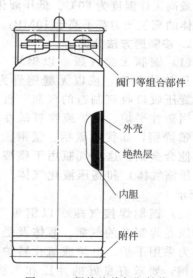

图 6-19　焊接绝热气瓶结构

3. 按公称工作压力分类

气瓶按公称压力分为高压气瓶和低压气瓶。

（1）高压气瓶　是指公称工作压力大于或者等于 10MPa 的气瓶。高压气瓶公称压力（MPa）有 30，20，15，12。

（2）低压气瓶　是指公称工作压力小于 10MPa 的气瓶。低压气瓶公称工作压力（MPa）有 5，3，2，1.6，1.0。

4. 按公称容积分类

气瓶分为小容积、中容积、大容积气瓶。

(1) 小容积气瓶是指公称容积小于或者等于12L的气瓶；

(2) 中容积气瓶是指公称容积大于12L，并且小于或者等于150L气瓶；

(3) 大容积气瓶是指公称容积大于150L的气瓶。

气瓶公称容积和公称直径如表6-6所示。

表 6-6 气瓶公称容积和公称直径

公称容积 V/L	10	16	25	40	50	60	80	100	150	200	400	600	800	1000
公称直径 DN/mm	200			250			300			400		600		800

三、瓶装气体介质

瓶装气体介质分为以下几种。

(1) 压缩气体　是指在-50℃下加压时完全是气态的气体，包括临界温度（T_c）低于或者等于-50℃的气体，亦称永久气体；

(2) 高（低）压液化气体　是指在温度高于-50℃下加压时部分是液态的气体，包括临界温度（T_c）在-50~65℃的高压液化气体和临界温度（T_c）高于65℃的低压液化气体；

(3) 低温液化气体　是指在运输过程中由于温度低而部分呈液态的气体，临界温度（T_c）一般低于或者等于-50℃，也称为深冷液化气体或者冷冻液化气体；

(4) 溶解气体　在压力下溶解于溶剂中的气体；

(5) 吸附气体　在压力下吸附于吸附剂中的气体。

盛装单一气体的气瓶必须专用，只允许充装与制造标记相一致的气体，不得更改气瓶制造标记及其用途，也不得混装其他气体或加入添加剂。

盛装混合气体的气瓶必须按照气瓶标志确定的气体特性充装相同特性（毒性、氧化性、燃烧性和腐蚀性）的混合气体，不得改装单一气体或不同特性的混合气体。

四、气瓶公称工作压力

(1) 盛装压缩气体气瓶的公称工作压力　是指在基准温度（20℃）下，瓶内气体达到完全均匀状态时的限定（充）压力。

(2) 盛装液化气体气瓶的公称工作压力　是指温度为60℃时瓶内气体压力的上限值。

(3) 盛装溶解气体气瓶的公称工作压力　系指瓶内气体达到化学、热量以及扩散平衡条件下的静置压力（15℃）。

(4) 焊接绝热气瓶的公称工作压力　是指在气瓶正常工作状态下，内胆顶部气相空间可能达到的最高压力。

(5) 盛装标准沸点等于或者低于60℃的液体以及混合气体气瓶的公称工作压力　按照相应标准的规定。

气瓶设计时，公称工作压力的选取一般应当优先考虑整数系列。盛装常用气体气瓶的公称工作压力如表6-7规定，对用于特殊需求的气瓶，允许其公称工作压力超出表6-7范围，但应当满足下列规定。

① 盛装高压液化气体的气瓶，在规定充装系数下，其公称工作压力不得小于所充装气体在60℃时的最高温升压力，且不得小于8MPa；盛装低压液化气体的气瓶，其公称工作压力不得小于所充装气体在60℃时的饱和蒸气压并不得小于1MPa；盛装剧毒危害的低压液化气体的气瓶，其公称工作压力的选取应在60℃时的饱和蒸汽压值之上再适当提高；

② 低压液化气体60℃时的饱和蒸汽压值按附件C或相应气体标准的规定，附件C或相应气体标准没有规定时，可按得到的气体制造商或供应商正式确认的相关数据；

③ 盛装低温液化气体的气瓶，其公称工作压力按工艺要求确定但应大于等于0.2MPa，且小于等于3.5MPa；

④ 盛装氟和二氟化氧的气瓶，公称工作压力不应小于15MPa；

⑤ 盛装混合气体的气瓶，应当根据混合气体的物理及化学性质、充装压力及用途，选取适用的材料；对低压液化气体的混合气体，应当根据相应气体标准确定混合气体在60℃的饱和蒸气压；对用于消防灭火系统的压缩气体与低压液化气体组成的混合气体，其公称工作压力应当不小于相应标准规定的灭火系统在相应温度下的最大工作压力。

表 6-7 常用气体气瓶的公称工作压力

气体类别	公称工作压力/MPa	常用气体
压缩气体 $T_c \leq -50℃$	35	空气、氢、氮、氩、氖、氚等
	30	空气、氢、氮、氩、氖、氚、甲烷、天然气等
	20	空气、氧、氢、氮、氩、氖、氚、甲烷、天然气等
	15	空气、氧、氢、氮、氩、氖、氚、甲烷、一氧化碳、一氧化氮、氦、氚（重氢）、氟、二氟化氧等
高压液化气体 $-50℃ < T_c \leq 65℃$	20	二氧化碳（碳酸气）、乙烷、乙烯
	15	二氧化碳（碳酸气）、一氧化二氮（笑气、氧化亚氮）、乙烷、乙烯、硅烷（四氢化硅）、磷烷（磷化氢）、乙硼烷（二硼烷）等
	12.5	氙、一氧化二氮（笑气、氧化亚氮）、六氟化硫、氯化氢、乙烷、乙烯、三氟甲烷（R23）、六氟乙烷（R116）、1,1-二氟乙烯（偏二氟乙烯）（R1132a）、氟乙烯（乙烯基氟）（R1141）、三氟化氮等
低压液化气体 及混合气体 $T_c > 65℃$	5	溴化氢（无水氢溴酸）、硫化氢、碳酰二氯（光气）、硫酰氟等
	4	二氟甲烷（R32）、五氟乙烷（R125）、R410A、三溴氟甲烷（R13B1）等
	3	氨、二氯氟甲烷（R22）、1,1,1-三氟乙烷（R143a）、R407C、R404A、R507A等
	2.5	丙烯
	2.2	丙烷
	2.1	液化石油气
	2	氯、二氧化硫、二氧化氮（四氧化二氮）、环丙烷、六氟丙烯（R1216）、偏二氟乙烷（R152a）、三氟氯乙烯（R1113）、氯甲烷（甲基氯）、氟化氢（无水氢氟酸）、1,1,1,2-四氟乙烷（R134a）、七氟丙烷（R227e）、2,3,3,3-四氟丙烯（R1234yf）、R406A、R401A等
	1.6	二甲醚
	1	正丁烷（丁烷）、异丁烷、异丁烯、1-丁烯、1,3-丁二烯（联丁烯）、二氯氟甲烷（R21）、二氯氟乙烷（R142b）、溴氯二氟甲烷（R12B1）、氯乙烷（乙基氯）、氯乙烯、溴甲烷（甲基溴）、溴乙烯（乙烯基溴）、甲胺、二甲胺、三甲胺、乙胺（氨基乙烷）、甲基乙烯基醚（乙烯基甲醚）、环氧乙烷（氧化乙烯）、（顺）2-丁烯、（反）2-丁烯、八氟环丁烷（RC318）、三氯化硼（氯化硼）、甲硫醇（硫基甲烷）、三氯氟乙烷（R133a）等
低温液化气体 $T_c \leq -50℃$	—	液化空气、液氩、液氪、液氖、液氮、液氧、液氢、液化天然气

五、气瓶的安全附件

气瓶附件包括气瓶专用爆破片、安全阀、易熔合金塞、瓶阀、瓶帽、液位计、防震圈、紧急切断和充装限位装置等。

气瓶的安全泄压装置是为了防止气瓶在遇到火灾等高温时，瓶内气体受热膨胀而发生破裂爆炸。

气瓶专用的安全泄压装置有易熔合金塞装置、爆破片装置（或者爆破片）、安全阀、爆破片-易熔合金塞复合装置、爆破片-安全阀复合装置等类型。

1. 安全泄压装置的设置原则

（1）车用气瓶或其他可燃气体气瓶、呼吸器用气瓶、消防灭火器用气瓶、溶解乙炔气瓶、盛装低温液化气体的焊接绝热气瓶、盛装液化气体的气瓶集束装置、长管拖车及管束式集装箱用大容积气瓶，应当装设安全泄压装置；

（2）盛装剧毒气体的气瓶，禁止装设安全泄压装置；

（3）液化石油气钢瓶，不宜装设安全泄压装置。

2. 安全泄压装置的选用原则

（1）盛装有毒气体的气瓶，不应当单独装设安全阀；盛装低压有毒气体的气瓶允许装设易熔合金塞装置；

（2）盛装溶解乙炔的气瓶，应当装设易熔合金塞装置；

（3）盛装易于分解或聚合的可燃气体的气瓶，宜装设易熔合金塞装置；

（4）盛装液化天然气及其他可燃气体的焊接绝热气瓶（含车用易熔绝热气瓶），应当装设两级安全阀，盛装其他低温液化气体的焊接绝热气瓶应当装设爆破片和安全阀；

（5）机动车用液化石油气瓶，应装设带安全阀的组合阀或分立的安全阀；车用压缩天然气气瓶应当装设爆破片-易熔合金塞串联复合装置；其他车用气瓶的安全泄压装置应当符合相应标准的规定；安全泄压装置上气体泄放出口的设置不得对气瓶本体的安全性能造成影响；

（6）工业用非重复充装焊接钢瓶，应当装设爆破片装置；

（7）长管拖车、管束式集装箱用大容积气瓶，一般需要装设爆破片或爆破片-易熔合金塞串联复合装置；

（8）爆破片-易熔合金塞复合装置或爆破片-安全阀复合装置中的爆破片应当被放置在与瓶内介质接触的一侧。

3. 安全泄压装置的设计要求

（1）额定排量和实际排量。气瓶安全泄压装置的泄放量及泄放面积的设计计算应当符合相应标准的规定，其额定排量和实际排量均不得小于气瓶的安全泄放量。

（2）爆破片装置的公称爆破压力。爆破片装置的公称爆破压力为气瓶的水压试验压力。

（3）安全阀的动作压力。安全阀的开启压力不得小于气瓶水压试验压力的75％或者相应标准的规定，也不得大于气瓶水压试验压力；安全阀的额定排放压力不超过气瓶的水压试验压力，其回座压力不应小于气瓶在最高使用温度下的温升压力，且应当符合相应标准的规定。

（4）易熔合金塞的动作温度。易熔合金塞的动作温度应当符合（GB 8337—2011）《气瓶用易熔合金塞装置》及相关标准的规定。

（5）装置的结构应当与使用环境与使用条件相适应，在正常的使用条件下应当具有良好的密封性能。

（6）在安全泄压装置打开时产生的反作用力不应对气瓶产生不良影响。

（7）盛装可燃气体的气瓶，装置的结构与装设都应当使所排出的气体直接排向大气空间，不会被阻挡或冲击到其他设备上。

4. 安全泄压装置的材料选用要求

（1）制造安全泄压装置的材料，其化学成分与物理性能应当均匀；

（2）在规定的操作条件下，任何与充装气体接触的安全泄压装置的材料应当与气瓶内充装的气体具有相容性；

（3）爆破片应当用质地均匀的纯金属片（镍、紫铜）或合金片（如镍铬不锈钢、黄铜、青铜）制造；

（4）易熔合金塞宜采用共晶合金，其配方应当符合（GB 8337—2011）《气瓶用易熔合金塞装置》及相关标准的规定。

5. 安全泄压装置的装设部位要求

（1）不应妨碍气瓶的正常使用和搬运；

（2）无缝气瓶应当装设在瓶阀上；

（3）焊接气瓶可以装设在瓶阀上，也允许单独装设在气瓶的封头部位；

（4）工业用非重复充装焊接钢瓶，应当将爆破片直接焊接在气瓶封头部位；

（5）溶解乙炔气瓶，应当将易熔合金塞装设在气瓶封头部位或瓶阀上；

（6）对长管拖车及管束式集装箱用大容积气瓶、集束装置上的气瓶，每个气瓶上均应当装设安全泄压装置。

6. 安全泄压装置标志

每个安全泄压装置都应当有明显的标志，注明其使用的技术条件及制造单位。

7. 其他安全保护装置

气瓶上若安装压力表、液位计、紧急切断装置、限充限流装置等附件的，应当符合相应标准的规定。所用的密封件不得与所盛装的介质发生化学反应。

六、气瓶的其他附件（防震圈、瓶帽、瓶阀）

（一）防震圈

气瓶装有的两个防震圈是气瓶瓶体的保护装置。气瓶在充装、使用、搬运过程中，常常会因滚动、震动、碰撞而损伤瓶壁，以致发生脆性破坏。这是气瓶发生爆炸事故常见的一种直接原因。

（二）瓶帽和保护罩

瓶帽和保护罩是瓶阀的防护装置，它可避免气瓶在搬运过程中因碰撞而损坏瓶阀，保护出气口螺纹不被损坏，防止灰尘、水分或油脂等杂物落入阀内。

（1）公称容积大于等于 5L 的钢质无缝气瓶，应当配有螺纹连接的快装式瓶帽或者固定式保护罩；

（2）公称容积大于等于 10L 的钢质焊接气瓶（含溶解乙炔气瓶），应当配有不可拆卸的保护罩或者固定式瓶帽；

（3）瓶帽应当有良好的抗撞击性，不得用灰口铸铁制造。

（三）瓶阀

瓶阀是控制气体出入的装置，一般是用黄铜或钢制造。

瓶阀制造单位应当取得相应的特种设备制造许可，瓶阀制造单位应当保证其瓶阀产品至少可以安全使用一个气瓶检验周期，瓶阀制造单位以外的其他人不得对瓶阀进行修理或者更换受压零部件。

充装可燃气体的气瓶的瓶阀，其出气口螺纹为左旋，盛装助燃气体和不可燃气体的气瓶，其出气口螺纹为右旋。瓶阀的这种结构可有效地防止可燃气体与非可燃气体的错装。瓶阀还应满足下列要求。

（1）阀材料应符合相应标准的规定，在规定的操作条件下，任何与气体接触的金属或非金属瓶阀材料应当与气瓶内所充装的气体具有相容性；

（2）与乙炔接触的瓶阀材料，选用含铜量小于 70% 的铜合金（质量比）；

（3）瓶阀上与气瓶连接的螺纹，必须与瓶口内螺纹匹配，并符合相应标准的规定。瓶阀出气口的结构，应有效地防止气体错装、错用；

（4）氧气和强氧化性气体气瓶的瓶阀非金属密封材料，具有阻燃性和抗老化性；

（5）易燃气体气瓶阀门的手轮，选用阻燃材料制造；

（6）瓶阀阀体上如装有爆破片，其公称爆破压力应为气瓶的水压试验压力；

（7）同一规格、型号的阀座，重量差值不允许超过5%；

（8）非重复充装瓶阀必须采用不可拆卸方式与非重复充装气瓶装配；

（9）阀出厂时，应逐个出具合格证。

七、气瓶颜色

（一）气瓶的漆膜颜色名称和鉴别

气瓶的漆膜颜色应符合 GB/T 3181—2008 的规定（铝白、黑、白除外）。气瓶的漆膜颜色编号、名称如表 6-8 所示。

表 6-8 气瓶的漆膜颜色编号、名称和色卡

GB/T 3181	颜色编号、名称	GB/T 3181	颜色编号、名称
P 01	淡紫	YR 05	棕
PB 06	淡（酞）兰	R 01	铁红
B 04	银灰	R 03	大红
G 02	淡绿	RP 01	粉红
G 05	深绿		铝白
Y 06	淡黄		黑
Y 09	铁黄		白

注：漆膜色卡见 GB/T 7144。

（二）气瓶颜色标志

气瓶外表面的颜色标志、字样和色环，应当符合 GB/T 7144—2016《气瓶颜色标志》的规定，常见气瓶的颜色举例如表 6-9 所示。对颜色标志、字样和色环有特殊要求的，应当符合相应气瓶产品标准的规定。并在瓶体上以明显字样注明充装单位和气瓶编号。

表 6-9 气瓶颜色标志一览表

序号	充装气体名称	化学式（或符号）	瓶色	字样	字色	色环
1	空气	Are	黑	空气	白	$P=20$，白色单环
2	氩	Ar	银色	氩		$P=30$，白色双环
3	氟	F_2	白	氟	黑	
4	氦	He	银灰	氦	深绿	$P=20$，白色单环
5	氪	Kr	银灰	氪	深绿	$P=30$，白色双环
6	氖	Ne	银灰	氖	深绿	
7	一氧化氮	NO	白	一氧化氮	黑	
8	氮	N_2	黑	氮	淡黄	$P=20$，白色单环
9	氧	O_2	淡（酞）兰	氧	黑	$P \geqslant 30$，白色双环
10	二氟化氧	OF_2	白	二氟化氧	大红	
11	一氧化碳	CO	银灰	一氧化碳	大红	
12	氘	D_2	银灰	氘	大红	

序号	充装气体名称	化学式(或符号)	瓶色	字样	字色	色环
13	氢	H_2	淡绿	氢	大红	$P=20$,淡黄色单环 $P\geqslant30$,淡黄色双环
14	甲烷	CH_4	棕	甲烷	白	$P=20$,白色单环 $P\geqslant30$,白色双环
15	天然气	GNG	棕	天然气	白	
16	空气(液体)	Air	黑	液化空气	白	
17	氩(液体)	Ar	银灰	液氩	深绿	
18	氦(液体)	He	银灰	液氦	深绿	
19	氢(液体)	H_2	淡绿	液氢	大红	
20	天然气(液体)	GNG	棕	液化天然气	白	

注：1. 色环栏内的 P 是气瓶的公称工作压力，单位为兆帕（MPa），车用压缩天然气钢瓶可不涂色环。

2. 充装液氧、液氮、液化天然气等不涂敷颜色的气瓶，其体色和字色指瓶标签的底色和字色。

3. 本表只给出了 GB/T 7144—2016《气瓶颜色标志》部分标志，其余详见 GB/T 7114—2016 表2。

八、气瓶标记

气瓶标志包括制造标志和定期检验标志。制造标志通常有制造钢印标记（含铭牌上的标记）、标签标记（粘贴于瓶体上或透明的保护层下）、印刷标记（印刷在气瓶瓶体上）以及气瓶颜色标志等；定期检验标志通常有检验钢印标记、标签标记、检验标志环以及检验色标等。在用于出租车车用燃料的气瓶上，应当有永久性的出租车识别标志。

（一）气瓶制造标志

气瓶的制造标志是识别气瓶的依据，标记的排列方式和内容应当符合（TSG R0006—2014）《气瓶安全技术监察规程》以及相应标准的规定，其中，制造单位代号（如字母、图案等标记）应当报气瓶标准化机构备查。

制造单位应当按照相应标准的规定，在每个气瓶上做出永久性标志，钢质气瓶或铝合金气瓶采用钢印、缠绕气瓶采用塑封标签、非重复充装焊接气瓶采用瓶体印字、焊接绝热气瓶（含车用焊接绝热气瓶）、液化石油气钢瓶采用压印凸字或者封焊铭牌等方法进行标记。

1. 钢印标记位置

气瓶的钢印标记，包括制造钢印标记和定期检验钢印标记。钢印标记打在瓶肩上时，其位置如图 6-20(a) 所示，打在护罩上时，如图 6-20(b) 所示，打在铭牌时，如图 6-20(c) 所示。

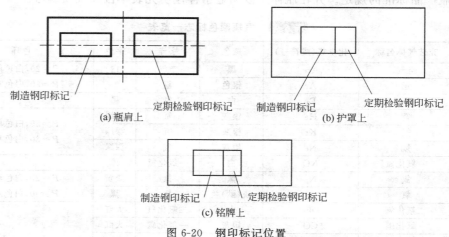

图 6-20　钢印标记位置

2. 钢印标记的项目和排列

制造钢印标记的项目和排列如图 6-21 所示，具体的形式和含义见表 6-10～表 6-12。

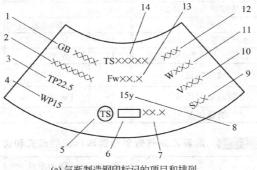

(a) 气瓶制造钢印标记的项目和排列

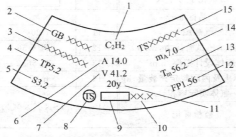

(b) 溶解乙炔气瓶制造钢印标记的项目和排列

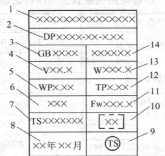

(c) 焊接绝热气瓶制造钢印标记的项目和排列

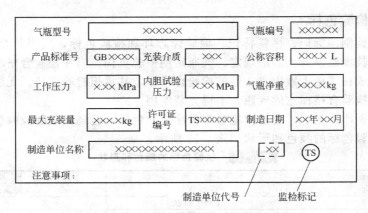

(d) 焊接绝热气瓶制造钢印标记的项目和排列（铭牌）

图 6-21　制造钢印标记的项目和排列

表 6-10 气瓶制造钢印标记的形式和含义

编号	钢印形式	含义	编号	钢印形式	含义
1	GB××××	产品标准号(注 B-3)	8	15y	设计使用年限,y
2	×××××××	气瓶编号	9	S×.×	瓶体设计壁厚,mm
3	TP22.5	水压试验压力,MPa	10	V××.×	实际容积,L
4	WP15	公称工作压力,MPa	11	W××.×	实际重量,kg
5	⑪TS	监检标记	12	×××	充装气体名称或化学分子式
6	[□]	制造单位代号	13	Fw××.×	液化气体最大充装量,kg
7		制造年月	14	TS××××	气瓶制造许可证编号

表 6-11 溶解乙炔气瓶制造钢印标记的形式和含义

编号	钢印形式	含义	编号	钢印形式	含义
1	C_2H_2	乙炔化学分子式	9	[□]	制造单位代号
2	GB××××	产品标准号	10	××.×	制造年月
3	×××××××	气瓶编号	11	20y	设计使用年限,y
4	TP5.2	瓶体水压试验压力,MPa	12	FP1.56	在基准温度15℃时的限定压力,MPa
5	S3.2	瓶体设计壁厚,mm	13	$T_m56.2$	皮重,kg
6	A14.0	丙酮标志及丙酮规定充装量,kg	14	$m_A7.0$	最大乙炔量,kg
7	V41.2	瓶体实际容积,L	15	TS××××	气瓶制造许可证编号
8	⑪TS	监检标记			

表 6-12 焊接绝热气瓶制造钢印标记的形式和含义

编号	钢印形式	含义	编号	钢印形式	含义
1	×××××××× ×××××××	制造单位名称	8	××年××月	制造年月
			9	⑪TS	监检标记
2	DP××××- ××-××	气瓶型号	10	××	制造单位代号
3	GB××××	产品标准号	11	Fw×××.×	最大充装量,kg
4	V××.×	内胆公称容积,L	12	TP×.××	内胆试验压力,MPa
5	WP×.××	工作压力,MPa	13	W×××.×	气瓶净重,kg
6	×××	允许充装介质(仅限一种)	14	×××××××	气瓶编号
7	TS×××××××	气瓶制造许可证编号			

(二)气瓶检验色标

气瓶定期检验钢印标记、标签标记、检验标志环和检验色标,应当符合 TSG R0006—2014《气瓶安全技术监察规程》的规定。气瓶定期检验机构应当在检验合格的气瓶上逐个打印检验合格钢印或在气瓶上做出永久性的检验合格标志并承担检验责任。无法辨识有效气瓶检验合格钢印或检验合格标志的气瓶,不得充装使用。

在定期检验钢印标记上,应当按检验年份涂检验色标,缠绕气瓶的检验色标应当印刷在检验标签上;检验色标的颜色和形状如表 6-13 所示。

表 6-13 检验色标的颜色和形状

检验年份	颜 色	形 状
2014 年	G05 深绿	椭圆形
2015 年	RP01 粉红	
2016 年	R01 铁红	
2017 年	Y09 铁黄	矩形
2018 年	P01 淡紫	
2019 年	G05 深绿	

检验年份	颜　色	形　状
2020 年	RP01 粉红	
2021 年	R01 铁红	
2022 年	Y09 铁黄	椭圆形
2023 年	P01 淡紫	
2024 年	G05 深绿	
2026 年	R01 粉红	矩形
2027 年	R01 铁红	

九、气瓶的实际爆破安全系数

气瓶的实际爆破安全系数为实际水压爆破试验压力与公称工作压力的比值，其应当大于或者等于表 6-14 的规定。知道了气瓶的品种、实际爆破安全系数和公称工作压力，就可以通过计算得出理论爆破压力值。

表 6-14　气瓶的实际爆破安全系数

主要品种	实际爆破安全系数
钢质无缝气瓶（包括汽车用压缩天然气钢瓶、消防灭火器用钢质无缝气瓶）	2.4
铝合金无缝气瓶（包括消防灭火器用铝合金无缝气瓶）	2.4
长管拖车及管束式集装箱用大容积钢质无缝气瓶	2.5
钢质焊接气瓶（包括消防灭火器用钢质焊接气瓶，不含焊接绝热气瓶）	2.0
工业用非重复充装焊接钢瓶	2.0
呼吸器用铝合金内胆碳纤维全缠绕气瓶	3.4
车用压缩氢气铝合金内胆碳纤维全缠绕气瓶	2.35
车用压缩天然气钢质内胆玻璃纤维环向缠绕气瓶	2.5
车用压缩天然气钢质内胆碳纤维及芳纶纤维环向缠绕气瓶	2.35

十、气瓶设计使用年限

制造单位应当明确气瓶的设计使用年限并将其注明在气瓶的设计文件和气瓶标记上，气瓶的设计使用年限不应小于表 6-15 的规定。如制造单位确定的设计使用年限大于表 6-15 的规定，应当通过相应的形式试验、腐蚀试验进行验证，或者增加设计腐蚀裕量并且进行验证。

表 6-15　常用气瓶设计使用年限

序号	气瓶品种	设计使用年限/年
1	钢质无缝气瓶	30
2	钢质焊接气瓶	
3	铝合金无缝气瓶	20
4	长管拖车及管束式集装箱用大容积钢质无缝气瓶	
5	溶解乙炔气瓶及吸附式天然气焊接钢瓶	
6	车用压缩天然气钢瓶	
7	车用液化石油气钢瓶及车用液化二甲醚钢瓶	
8	钢质内胆玻璃纤维环向缠绕气瓶	15
9	铝合金内胆纤维环向缠绕气瓶	
10	铝合金内胆纤维全缠绕气瓶	
11	盛装腐蚀性气体或者在海洋等易腐蚀环境中使用的钢质无缝气瓶、钢质焊接气瓶	12

十一、气瓶的管理与检验

（一）充装安全

气瓶充装单位应当按照《气瓶充装许可规则》（TSG R4001—2006）的要求，取得气瓶充装许可证、接受有关部门的监督管理。

气瓶产权单位应当按照《气瓶使用登记管理规则》（TSG R5001—2005）的规定申请办理气瓶使用登记。

（1）气瓶充装过量，是气瓶破裂爆炸的常见原因之一。因此必须加强管理，严格执行《气瓶安全监察规程》的安全要求，防止充装过量。充装永久气体的气瓶，要按不同温度下的最高允许充装压力进行充装，防止气瓶在最高使用温度下的压力超过气瓶的最高许用压力。充装液化气体的气瓶，必须严格按规定的充装系数充装，不得超量，如发现超装时，应设法将超装量卸出。

（2）防止不同性质气体混装。气体混装是指在同一气瓶内灌装两种气体（或液体）。如果这两种介质在瓶内发生化学反应，将会造成气瓶爆炸事故。如原来装过可燃气体（如氢气等）的气瓶，未经置换、清洗等处理，甚至瓶内还有一定量余气，又灌装氧气，结果瓶内氢气与氧气发生化学反应，产生大量反应热，瓶内压力急剧升高，气瓶爆炸，酿成严重事故。

（3）属下列情况之一的，应先进行处理，否则严禁充装。

① 钢印标记、颜色标记不符规定及无法判定瓶内气体的；
② 附件不全、损坏或不符合规定的；
③ 瓶内无剩余压力的；
④ 超过检验期的；
⑤ 外观检查存在明显损伤，需进一步进行检查的；
⑥ 氧化或强氧化性气体气瓶沾有油脂的；
⑦ 易燃气体气瓶的首次充装，事先未经置换和抽空的。

（二）气瓶的安全使用常识培训

气瓶充装单位应当向瓶装气体经销单位、使用单位和使用者提供符合安全技术规范及相应标准要求的气瓶，并负责对其进行安全教育，利用签订合同、办培训班、制作光盘、印发小册子和招贴画等方式对瓶装气体经销单位、使用单位和使用者进行气瓶安全存放、使用等知识培训和宣传，培训或宣传内容至少应包括如下事项。

（1）气体使用单位应当建立相应的安全管理制度和操作规程，配备必要的防护用品，指派掌握相关知识和技能的人员使用气瓶，同时对相关人员进行安全教育和培训；

（2）经销单位、使用单位和使用者应当经销、购买和使用有《气瓶充装许可证》的充装单位充装的合格瓶装气体，不允许使用超期未检验的气瓶；

（3）使用前进行安全状况检查，同时对盛装气体进行确认，严格按照使用说明书的要求使用气瓶，不得改变充装介质；

（4）气瓶的放置地点，不得靠近热源和明火，严禁用任何热源对气瓶加热，夏季防止曝晒；

（5）气瓶应当整齐放置，横放时，头部朝同一方向；立放时要妥善固定，采取防止气瓶倾倒的措施；

（6）严禁在气瓶上进行电焊引弧，不得对瓶体进行挖补、焊接修理；

（7）开启或关闭瓶阀的力矩不应超过相应标准的规定；

（8）瓶内气体不得用尽，压缩气体、溶解乙炔气气瓶的剩余压力不小于 0.05MPa；液化气体、低温液化气体以及低温液体气瓶应当留有不少于 0.5%～1.0%规定充装量的剩余气体；

（9）在可能造成回流的使用场合，使用设备上应当配置防止倒灌的装置，如单向阀、止回阀、缓冲罐等；

（10）佩戴好瓶帽（有防护罩的气瓶除外）、防震圈（集装气瓶除外），轻装轻卸，严禁抛、滑、滚、碰、撞、敲击气瓶；

（11）吊装时，严禁使用电磁起重机和金属链绳；

（12）盛装易起聚合反应或分解反应气体的实瓶，应当根据气体的性质控制仓库内的最高温度、规定储存期限，并应当避开放射线源；储存乙炔实瓶的仓库室内温度不得超过40℃，否则应当采用喷淋等冷却措施；

（13）空瓶与实瓶应分开放置，并有明显标志，毒性气体实瓶和瓶内气体相互接触能引起燃烧、爆炸、产生毒物的实瓶，应当分室存放，并在附近设置防毒用具和灭火器材；储存实瓶的仓库室内温度不得超过40℃，否则应当采用喷淋等冷却措施；

（14）车用液化天然气焊接绝热气瓶的安全管理

① 使用液化天然气作为燃料的车辆，不得进入地下停车场或封闭建筑物内的停车场；

② 液化天然气车辆必须实行集中管理，车辆的个体拥有者应挂靠到能够实行液化天然气车辆集中管理的单位；

③ 拥有液化天然气车辆的单位，应对液化天然气焊接绝热气瓶的安全使用进行统一管理，管理内容应当包括充放气操作规范、液化天然气焊接绝热气瓶日常维护、应急处置等方面。

（15）使用过程中发现气瓶出现异常情况时，应当立即与充装单位联系。

（三）气瓶的检验

气瓶定期检验机构应当按照《特种设备检验检测机构核准规则》（TSG Z7001）的要求，取得气瓶检验核准证，严格校准检验的范围，定期从事气瓶检验工作，并严格遵守质监部门的监督。

气瓶检验检测人员应当取得气瓶检验人员资格证书，气瓶无损检测的人员应当取得无损检测资格证书。

各类气瓶的定期检验周期不得超过表 6-16 的规定。焊接绝热气瓶、车用液化天然气焊接绝热气瓶不实施定期检验，原则上由用户根据气瓶绝热性能及使用状况确定是否应当送专业机构或制造厂进行检查和维护保养。对焊接绝热气瓶，如果有明显外部损伤的，应当及时送专业机构或制造厂进行检查和维护保养。

表 6-16 气瓶定期检验周期

序号	气瓶品种	检验周期
1	钢质无缝气瓶和铝合金无缝气瓶	（1）盛装氮、六氟化硫、惰性气体及纯度大于等于99.999%的无腐蚀性高纯气体的气瓶，每五年检验一次； （2）盛装腐蚀性气体的气瓶、潜水气瓶以及常与海水接触的气瓶，每两年检验一次； （3）盛装其他气体的气瓶，每三年检验一次； （4）盛装混合气体的气瓶，其检验周期应当由混合气体召开检验周期最短的气体确定
2	溶解乙炔气瓶	每三年检验一次
3	车用液化石油气钢瓶、车用二甲醚钢瓶	每五年检验一次
4	液化石油气钢瓶、液化二甲醚钢瓶	每四年检验一次
5	车用纤维环缠绕气瓶	按照 GB 24162《汽车用压缩天然气金属内胆纤维环缠绕气瓶定期检验与评定》的规定
6	车用压缩天然气钢瓶	按照 GB 19533《汽车用压缩天然气钢瓶定期检验与评定》的规定
7	焊接绝热气瓶（含车用焊接绝热气瓶）	每三年检验一次

第六节　危险化学品储存装置的安全评价及储罐区作业安全通则

一、危险化学品储存装置的安全评价

依据 2002 年《危险化学品管理条例》第 17 条的规定，生产、储存、使用剧毒化学品的单位，应当对本单位的生产、储存装置每年进行一次安全评价；生产、储存其他危险化学品的单位，应当对本单位的生产、储存装置每两年进行一次安全评价。2011 年修订的《危险化学品管理条例》第 22 条规定生产、储存危险化学品的企业，应当委托具备国家规定的资质条件的机构，对本企业的安全生产条件每三年进行一次安全评价，提出安全评价报告。

《危险化学品安全管理条例》第十六条、第十七条、第十八条提出了储存危险化学品的安全设施、设备、防护、通信、报警装置要求。明确了实行储存危险化学品装置的安全评价的规定。

生产、储存、使用危险化学品的，应当根据危险化学品的种类、特性，在车间、库房等作业场所设置相应的监测、通风、防晒、调温、防火、灭火、防爆、泄压、防毒、消毒、中和、防潮、防雷、防静电、防腐、防渗漏、防护围堤或者隔离操作等安全设施、设备，并按照国家标准和国家有关规定进行维护、保养，保证符合安全运行要求。

危险化学品的生产、储存、使用单位，应当在生产、储存和使用场所设置通信、报警装置，并保证在任何情况下处于正常使用状态。生产、储存、使用剧毒化学品的单位，应当对本单位的生产、储存装置每年进行一次安全评价；生产、储存、使用其他危险化学品的单位，应当对本单位的生产、储存装置每两年进行一次安全评价。

安全评价报告应当对生产、储存装置存在的安全问题提出整改方案。安全评价中发现生产、储存装置存在现实危险的，应当立即停止使用，予以更换或者修复，并采取相应的安全措施。

安全评价报告应当报所在地设区的市级人民政府负责危险化学品安全监督管理综合工作的部门备案。

二、危险化学品储罐区作业安全通则

为加强危险化学品储罐区的安全生产管理，防止安全生产事故的发生，确保危险化学品储存、装卸环节的安全（生产），特制定本通则。

1. 基本要求

（1）作业前应对作业全过程进行风险评估，制定作业方案、安全措施和应急预案。

（2）作业前应确认作业单位资质和作业人员的操作能力，确认特种作业人员资质。

（3）应为作业提供必要的安全可靠的机械、工具和设备，并保证完好。

（4）应按 GB 16179 和 GB 2894 的规定设置安全标志，同时设置危险危害告知牌。

2. 安全培训

（1）作业人员应定期进行专门的安全培训，经考试合格后上岗。特种作业人员应按有关规定经专业培训，考试合格后持证上岗，并定期参加复审。

（2）储存的危险化学品品种改变时以及检维修作业前，应根据风险评估的结果及应采取的控制措施对作业人员进行有针对性的培训。

（3）外来作业人员在进入作业现场前，应由作业现场所在单位组织进行进入现场前的安全培训教育。

3．个体防护

（1）应根据接触的危险化学品特性和 GB 11651 的要求，选用适宜的劳动防护用品。

（2）作业人员应佩戴适合作业场所安全要求和作业特点的劳动防护用品。

（3）现场定点存放的防护器具应有专人负责保管，经常检查、维护和定期校验。

4．应急预案及应急器材

（1）应组织从业人员进行应急培训，定期演练、评审并改进。

（2）应按规定配备足够的应急救援器材，并进行经常性的维护保养，保证其处于完好状态。

（3）接触腐蚀性等有毒有害的场所应设置应急冲淋装置。

（4）应经常检查应急通信设施。

5．安全监护

（1）作业时应根据作业方案的要求设立安全监护人，安全监护人应对作业全过程进行现场监护。

（2）安全监护人应经过相关作业安全培训，有该岗位的操作资格，应熟悉安全监护要求。

（3）安全监护人员应到告知作业人员危险点，交代安全措施和安全注意事项。

（4）作业前安全监护人应到现场逐项检查应急救援器材、安全防护器材和工具的配备及安全措施的落实。

（5）安全监护人应佩戴安全监护标志。

（6）安全监护人发现所监护的作业与作业票不相符合或安全措施不落实时应立即制止作业，作业中出现异常情况时应立即要求停止相关作业，并立即报告。

（7）作业人员发现安全监护人不在现场，应立即停止作业。

6．作业前的准备

（1）应确认相关工艺设备符合安全要求。

（2）应确认品种、数量、储罐有效容积和工艺流程。

（3）应确认安全设施、监测监控系统完好。

（4）输送危险化学品的流速和压力应符合安全要求。

（5）不得在未采取安全保障措施的情况下采用同一条管道输送不同品种、牌号的危险化学品。

（6）作业过程中作业人员不得擅离岗位。

（7）遇到雷雨、六级以上大风（含六级风）等恶劣气候时应停止检维修和需人工上罐的作业。

（8）未经批准不得在罐区进行收货、发货作业，同时进行任何检维修作业。

（9）实施管线吹扫作业前应办作业票，应根据物料特性选用适用的吹扫工艺。

7．检维修作业

（1）检维修作业应符合上述 6 中（1）～（9）的要求。

（2）作业前应办理相应的检维修作业的作业票。

（3）检维修作业应设立现场监护人，作业时现场监护人不得离开作业现场。

（4）应对检维修作业的作业现场设置警戒区域、警示标志和危险危害告知牌。

（5）应根据作业场所危险危害的特点，现场配置消防、气体防护等安全器具。

（6）在作业过程中，如有人员变动，作业负责人必须及时通知作业主管部门，并按规定进行安全教育，办理有关手续后，方可进入施工现场。

（7）罐区内不宜进行不同的施工作业，如必要时应采取可靠有效的安全控制措施。

（8）作业前应根据需要采取通风、置换、吹扫、隔断和检测等安全措施，并采取相应的预防措施。

（9）清线作业

① 作业前确认并现场复核确认管线号和储罐号。

② 作业前确认机具符合安全要求。

③ 需要进行盲板封堵作业时应办理作业票，经审批后方可进行作业，作业前作业负责人应对需要进行盲板封堵的部位现场复核确认，盲板处应设有明显标志。

④ 根据物料特性不同选择清线工艺，确认清线工艺符合安全要求。

⑤ 采取管线吹扫作业时应按照 6 中（9）的要求执行。

（10）清罐作业

① 清罐作业应办理作业票，经审批后方可进行作业。

② 作业前应现场复核并确认管线号和储罐号。

③ 清罐前清空余料，所有与储罐相连的管线、阀门应加盲板断开。对储罐进行吹扫、蒸煮、置换、通风等工艺处理后，应经分析检测确认符合安全要求。

④ 应由作业负责人进行全面检查复核无误后，方可开始入罐作业。

⑤ 作业人员进罐作业罐外应有两人以上监护。

⑥ 作业人员应严格按照 GB 11651—2008 规定着装并佩戴保证安全要求的劳动防护用品。

⑦ 清罐作业采用的设备、机具和仪器应满足相应的防火、防爆、防静电的要求。

（11）作业结束后，所有动用的设备设施应按要求全部复位，并清理现场。

第七章

危险化学品运输安全技术

第一节　危险化学品运输管理概述

运输是危险化学品流通过程中的一个重要环节，具有数量集中、位置移动，管理责任单位多变，安全防范措施相对较弱，自然环境复杂，与人们的社会生活更加密切的特点，存在着发生各类安全事故的危险，对人类自身或生存环境的有潜在危害，较生产性环节事故多发且事故的概率和危害更大。据统计，我国每年通过公路运输的危险化学品约有 2 亿多吨、3000 多个品种，其中易燃易爆油品 1 亿吨以上，液氯 400 万吨以上，液氨 300 万吨以上，而且 95％以上是异地运输。

加强对危险化学品运输环节的安全管理，首先要认识危险化学品的性质，掌握危险化学品的标志和技术说明书。

一、危险化学品运输的危险性

我国危险化学品运输事故频繁发生，后果相当严重，其主要原因分析如下。

（1）认识不到位，疏于管理。一些地方政府和有关主管部门对危险化学品车辆、船舶、码头和仓库安全管理问题重视不够，尚未把危险化学品运输安全管理工作提到重要议事日程上来。一些企业领导只顾赚钱，安全生产意识淡漠。

（2）体制不顺、职责不清、监管不力。长期以来，中国在危险化学品生产、经营、运输、储存和使用等方面一起没有一个统一协调管理的部门。目前，尽管体制问题已引起重视，但理顺现有体制还需要一个过程。体制不顺必然造成多头管理、职能交叉或职责不清的问题。单是运输就分属公路、水路、铁路和民航等几大部门管理，甚至在同一个部门里也不统一。由于体制不顺，管理力量分散，因而对危险化学品整个运输过程难以实施不间断的强有力的监督。有时一些管理部门相互扯皮或推诿，直接影响生产或安全。

（3）法规和制度建设不够完善。尽管《危险化学品安全管理条例》已经修订颁布，但从总体上看，中国的危险品立法体系尚不健全，不仅缺少相关法律，而且现有的危险货物运输规章存在层次低、修订不及时以及部门之间规章相互矛盾等问题。技术规范、技术标准体系不健全，制定修订不及时，影响相关法律制度的落实。有关国际国内危险物品运输法规和规章的宣传贯彻执行力度也不够。

（4）人员素质低，教育培训制度尚未建立和健全。一些危险化学品运输企业缺少培训，无证上岗；由于从业人员业务技术素质差，对危险化学品性质、特点、鉴别方法和应急防护措施不了解、不掌握，造成事故频发；某些货主对危险货物危险性认识不足，在托运时，为图省钱、省事，存在不报、瞒报情况，甚至将危险货物冒充普通货物。

（5）危险化学品运输、储存设施缺乏合理的规划，设备条件较差，消防应急能力弱。一些城市从事危险化学品作业的码头、车站和库场的建设缺乏通盘考虑，布局分散零乱，对城市和港口安全构成威胁。从事国内危险化学品运输的车辆和船舶，大部分是改装而来，又由乡镇、个体经营，安全技术状况较差。相当一部分专用危险化学品船舶又是从国外购进的老龄船或超龄船，安全技术状况也比较差。在危险化学品运输消防方面，公共消防力量薄弱，特别是水上消防力量贫乏，消防设施配备不到位，不能应付特大恶性事故发生时的需要。一部分老旧船舶消防设备失修、失养或形同虚设；一部分散装危险化学品码头和仓库系在普通码头或在简陋条件基础上改建，消防设施不足，存在隐患。人身防护和应急设施也存在不足和缺损。

（6）包装质量差，近年来危险货物包装质量呈下降趋势。由于包装不符合安全运输标准的要求，加之包装检验工作刚刚起步，管理工作没有完全到位，导致各种危险货物泄漏、污染、燃烧等事故频频发生。这些事故不仅造成经济上的重大损失，也影响了我国对外声誉。每天穿梭往返于城市、工厂或港口的大量危险化学品运输车辆，有的是整车缺少标志或标志不清，有的是载运的危险化学品外包装标志不清、包装质量也较差。

二、危险化学品运输的安全管理

危险化学品运输安全与否，直接关系到社会的稳定和人民生命财产的安全。对危险化学品安全运输的一般要求是认真贯彻执行《危险化学品安全管理条例》以及其他有关法律和法规规定，管理部门要把好市场准入关，加强现场监管，在整顿和规范运输秩序的同时，加强行业指导和改善服务；企业要建立健全规章制度，依法经营，加强管理，重视培训，努力提高从业人员安全生产的意识和技术业务水平，从本质上提升危险化学品运输企业的素质。

1. 运输单位资质认定

《条例》规定，国家对危险化学品的运输实行资质认定制度；未经资质认定，不得运输危险化学品。危险化学品运输企业必须具备的条件由国务院交通部门规定。通过公路运输危险化学品的，需委托有危险化学品运输资质的运输企业承运。对利用内河以及其他封闭水域等航运渠道运输剧毒化学品以外危险化学品的，需委托有危险化学品运输资质的水运企业承运。本条还规定，运输危险化学品的船舶及其配载的容器必须按照国家关于船舶检验的规范进行生产，并经海事管理机构认可的船舶检验机构检验合格，方可投入使用。

交通部门要按照《条例》和运输企业资质条件的规定，从源头抓起，对从事危险货物运输的车辆、船舶、车站和港口码头及其工作人员实行资质管理，严格执行市场准入和持证上岗制度，保证符合条件的企业及其车辆或船舶进入危险化学品运输市场。针对当前从事危险化学品运输的单位和个人参差不齐、市场比较混乱的情况，要通过开展专项整治工作，对现有市场进行清理整顿，进一步规范经营秩序和提高安全管理水平。同时，要结合对现有企业进行资质评定，采取积极的政策措施，鼓励那些符合资质条件的单位发展高度专业化的危险化学品运输。对那些不符合资质条件的单位要限期整改或请其出局。交通部门已颁发有关管理规定，要求经营危险化学品运输的企业应具备相应的企业经营规模、承担风险能力、技术装备水平、管理制度、员工素质等条件。从事水路危险货物运输的企业要求具备一定的资金条件、安全管理能力、自有适航船舶和适任船员等，另外还有船龄要求。对从事公路危险货物运输的企业单位要求有相应的资金条件，车辆设备应符合《汽车危险货物运输规则》规定的条件，作业人员和营运管理人员应经过培训合格方可上岗，有健全的管理制度以及危险品专用仓库等。

在开展的危险化学品专项整治工作中，结合贯彻《条例》精神，从加强管理入手，以实现危险化学品运输安全形势明显好转为目标，全面整治现行危险化学品运输市场。交通部门要按照《条例》规定，认真履行职责，严格各种资质许可证书的审核发放。同时加强监督，严格把关，严禁使用不符合安全要求的车辆、船舶运输危险化学品，严禁个体业主从事危险化学品的运输。要加强与安全管理综合部门以及公安、消防、质量监督等部门的协作与配合，加大对危险化学品非法运输的打击力度。通过对包括装卸和储存等环节在内的危险化学品运输全过程的严格管理和突击整治，全面落实有关危险化学品安全管理的法规和制度，还要积极研究、探讨利用 ITS、GPS 等高新技术对剧毒化学品运输实行全过程跟踪管理的方法和措施。

2. 加强现场监督检查

企业、单位托运危险化学品或从事危险化学品运输，应按照《条例》和国务院交通主管部门的规定办理手续，并接受交通、港口、海事管理等其他有关部门的监督管理和检查。各有关部门应加强危险化学品运输、装卸、储存等现场的安全监督，严格把好危险货物申报关和进出口关，并根据实际情况需要实施监装工作。督促有关企业、单位认真贯彻执行有关法律、法规和规章以及国家标准的要求，重点做好以下现场管理工作：

（1）加强运输、生产现场的科学管理和技术指导，并根据所运输危险化学品的特殊危险性，采取必要的针对性的安全防护措施；

（2）搞好重点部位的安全管理和巡检，保证各种生产设备处于完好和有效状态；

（3）严格执行岗位责任制和安全管理责任制；

（4）坚持对车辆、船舶和包装容器进行检验，不合格、无标志的一律不得装卸和启运；

（5）加强对安全设施的检查，制定本单位事故应急救援预案，配备应急救援人员和设备器材，定期演练，提高对各种恶性事故的预防和应急反应能力。

通过公路运输危险化学品，《条例》第四十三条规定必须配备押运人员，并随时处于抽运人员的监督之下。车辆不得超载或进入危险化学品运输车辆禁止通行的区域。确需进入禁行区域的，应当事先向当地公安部门报告，并由公安部门为其指定行车时间和路线，运输车辆必须严格遵守。危险化学品运输车辆中途停留住宿或者遇有无法正常运输情况时，应当及时向当地公安部门报告，以便加强安全监管。

3. 严格剧毒化学品运输的管理

剧毒化学品运输分公路运输、水路运输和其他形式的运输。《条例》从保护内河水域环境和饮用水安全角度规定，禁止利用内河以及其他封闭水域等水路运输渠道运输剧毒化学品。内河一般指海运船舶不能到达的水域。如地处黄浦江的上海港、珠江上的广州港，都属于海港，而不是内河港，其所在水域属于海的延伸，类似情况还有长江南京以下各港。《条例》第三条规定，内河禁运剧毒化学品目录由国务院经济贸易综合管理部门会同国务院公安、环境保护、卫生、质检、交通部门确定并公布。按联合国橘皮书的规定，剧毒化学品为列入该规章范本危险货物品名表主副危险为 6.1 类且包装类别为Ⅰ类的化学物质。而内河禁运剧毒化学品目录正在抓紧研究制定中。

除剧毒化学品外，内河禁运的其他危险化学品，《条例》明确由国务院交通部门规定。禁运危险化学品种类及范围的设定，以既不影响工业生产和人民生活又能遏制恶性事故发生为原则。

虽然剧毒化学品海上运输不在禁止之列，但也必须按照有关规定严格管理。《条例》对公路运输剧毒化学品分别从托运和承运的角度做出了严格的规定。第三十九条规定，通过公路运输剧毒化学品的，托运人应当向目的地的县级人民政府公安部门申请办理剧毒化学品公路运输通行证。托运人向公安部门申请办理剧毒化学品公路运输通行证时应当提交所运输危险化学品的品名、数量、运输始发地和目的地、运输路线、运输单位、驾驶人员、押运人员、经营单位和购买单位资质等情况的材料。剧毒化学品在公路运输途中发生被盗、丢失、流散、泄漏等情况时，承运人及押运人员必须立即向当地公安部报告，并采取一切的警示措施。公安部门接到报告后，应当立即向其他有关部门通报情况。获知情况后各部门应当及时采取必要的安全措施。

4. 实行从业人员培训制度

狠抓技术培训，努力提高从业人员素质，是提高危险化学品运输安全质量的重要一环。《条例》第三十七条规定，危险化学品运输企业，应当对其驾驶员、船员、装卸管理人员、押运人员进行有关安全知识培训；驾驶员、船员、装卸管理人员、押运人员必须掌握危险化学品运输的安全知识，并经所在地设区的市级人民政府交通部门考核合格，船员经海事管理机构考核合格，取得上岗资格证，方可上岗作业。为确保危险化学品运输安全质量，还应对与危险化学品运输有关的托运人进行培训。

通过培训使托运人了解托运危险化学品的程度和办法，并能向承运人说明运输的危险化学品的品名、数量、危害、应急措施等情况，做到不在托运的普通货物中夹带危险化学品，不将危险化学品匿报或者谎报为普通货物托运。通过培训使承运人了解所运载的危险化学品的性质、危害特性、包装容器的使用特性、必须配备的应急处理器材和防护用品以及发生意外时的应急措施等。

为了搞好培训，主管部门要指导并通过行业协会制定教育培训计划，组织编写危险化学品运输应知应会教材和举办专业培训班，分级组织落实。为增强培训效果，把培训和实行岗位在职资质制度结合起来，由主管部门批准认可的机构组织统一培训考试发证。对培训机构要制定教育培训责任制度，确保培训质量。对只收费不负责任的培训机构应取消其培训资格。对企业管理和现场工作人员必须实行持证上岗，未经培训或者培训不合格的，不能上岗。对虽有证上岗但不严格按照规定和技术规范进行操作的人员应有严格的处罚制度。主管部门、行业协会和运输企业应加大这方面的工作力度。

第二节　危险化学品道路运输安全管理

1994 年 3 月 1 日起施行的《道路危险货物运输管理规定》，为加强道路运输危险化学品货物的管理，提供了法律依据。

随着我国道路运输的发展，该规定进行过多次修改，目前执行的是交通运输部 2016 年 4 月 11 日颁布的第 36 号令《交通运输部关于修改〈道路危险货物运输管理规定〉的决定》。

该规定是为规范道路危险货物运输市场秩序，保障人民生命财产安全，保护环境，维护道路危险货物运输各方当事人的合法权益，根据《中华人民共和国道路运输条例》和《危险化学品安全管理条例》等有关法律、行政法规而制定的。

一、道路危险货物运输许可

（一）申请从事道路危险货物运输经营的条件

1. 有符合下列要求的专用车辆及设备

① 自有专用车辆（挂车除外）5 辆以上；运输剧毒化学品、爆炸品的，自有专用车辆（挂车除外）10 辆以上。

② 专用车辆的技术要求应当符合《道路运输车辆技术管理规定》有关规定。

③ 配备有效的通信工具。

④ 专用车辆应当安装具有行驶记录功能的卫星定位装置。

⑤ 运输剧毒化学品、爆炸品、易制爆危险化学品的，应当配备罐式、厢式专用车辆或者压力容器等专用容器。

⑥ 罐式专用车辆的罐体应当经质量检验部门检验合格，且罐体载货后总质量与专用车辆核定载重相匹配。运输爆炸品、强腐蚀性危险货物的罐式专用车辆的罐体容积不得超过

20m³，运输剧毒化学品的罐式专用车辆的罐体容积不得超过 10m³，但符合国家有关标准的罐式集装箱除外。

⑦ 运输剧毒化学品、爆炸品、强腐蚀性危险货物的非罐式专用车辆，核定载重不得超过 10t，但符合国家有关标准的集装箱运输专用车辆除外。

⑧ 配备与运输的危险货物性质相适应的安全防护、环境保护和消防设施设备。

2. 有符合下列要求的停车场地

① 自有或者租借期限为 3 年以上，且与经营范围、规模相适应的停车场地，停车场地应当位于企业注册地市级行政区域内。

② 运输剧毒化学品、爆炸品专用车辆以及罐式专用车辆，数量为 20 辆（含）以下的，停车场地面积不低于车辆正投影面积的 1.5 倍，数量为 20 辆以上的，超过部分，每辆车的停车场地面积不低于车辆正投影面积；运输其他危险货物的，专用车辆数量为 10 辆（含）以下的，停车场地面积不低于车辆正投影面积的 1.5 倍；数量为 10 辆以上的，超过部分，每辆车的停车场地面积不低于车辆正投影面积。

③ 停车场地应当封闭并设立明显标志，不得妨碍居民生活和威胁公共安全。

3. 有符合下列要求的从业人员和安全管理人员

① 专用车辆的驾驶人员取得相应机动车驾驶证，年龄不超过 60 周岁。

② 从事道路危险货物运输的驾驶人员、装卸管理人员、押运人员应当经所在地设区的市级人民政府交通运输主管部门考试合格，并取得相应的从业资格证；从事剧毒化学品、爆炸品道路运输的驾驶人员、装卸管理人员、押运人员，应当经考试合格，取得注明为"剧毒化学品运输"或者"爆炸品运输"类别的从业资格证。

③ 企业应当配备专职安全管理人员。

4. 有健全的安全生产管理制度

① 有企业主要负责人、安全管理部门负责人、专职安全管理人员安全生产责任制度。

② 有从业人员安全生产责任制度。

③ 有安全生产监督检查制度。

④ 有安全生产教育培训制度。

⑤ 有从业人员、专用车辆、设备及停车场地安全管理制度。

⑥ 有应急救援预案制度。

⑦ 有安全生产作业规程。

⑧ 有安全生产考核与奖惩制度。

⑨ 有安全事故报告、统计与处理制度。

（二）自备专用车辆从事为本单位服务的非经营性道路危险货物运输的条件

符合下列条件的企事业单位，可以使用自备专用车辆从事为本单位服务的非经营性道路危险货物运输。

（1）属于下列企事业单位之一。

① 省级以上安全生产监督管理部门批准设立的生产、使用、储存危险化学品的企业。

② 有特殊需求的科研、军工等企事业单位。

（2）具备场地规定的条件，但自有专用车辆（挂车除外）的数量可以少于 5 辆。

二、专用车辆、设备管理

（1）道路危险货物运输企业或者单位应当按照《道路运输车辆技术管理规定》中有关车辆管理的规定，维护、检测、使用和管理专用车辆，确保专用车辆技术状况良好。

（2）设区的市级道路运输管理机构应当定期对专用车辆进行审验，每年审验一次。审验按照《道路运输车辆技术管理规定》进行，并增加以下审验项目。

① 专用车辆投保、危险货物承运人责任险的情况；

② 必需的应急处理器材、安全防护设施设备和专用车辆标志的配备情况；

③ 具有行驶记录功能的卫星定位装置的配备情况。

（3）禁止使用报废的、擅自改装的、检测不合格的、车辆技术等级达不到一级的和其他不符合国家规定的车辆从事道路危险货物运输。

除铰接列车、具有特殊装置的大型物件运输专用车辆外，严禁使用货车、列车从事危险货物运输；倾卸式车辆只能运输散装硫黄、萘饼、粗蒽、煤焦沥青等危险货物。

禁止使用移动罐体（罐式集装箱除外）从事危险货物运输。

（4）装卸危险货物的机械及工具的技术状况应当符合行业标准《汽车运输危险货物规则》（JT 617）规定的技术要求。

（5）罐式专用车辆的常压罐体应当符合国家标准《道路运输液体危险货物罐式车辆第1部分：金属常压罐体技术要求》（GB 18564.1）、《道路运输液体危险货物罐式车辆第2部分：非金属常压罐体技术要求》（GB 18564.2）等有关技术要求。

使用压力容器运输危险货物的，应当符合国家特种设备安全监督管理部门制订并公布的《移动式压力容器安全技术监察规程》（TSG R0005）等有关技术要求。

压力容器和罐式专用车辆应当在质量检验部门出具的压力容器或者罐体检验合格的有效期内承运危险货物。

（6）道路危险货物运输企业或者单位对重复使用的危险货物包装物、容器，在重复使用前应当进行检查；发现存在安全隐患的，应当维修或者更换。

道路危险货物运输企业或者单位应当对检查情况作记录，记录的保存期限不得少于两年。

（7）道路危险货物运输企业或者单位应当到具有污染物处理能力的机构对常压罐体进行清洗（置换）作业，将废气、污水等污染物集中收集，消除污染，不得随意排放，污染环境。

三、道路危险货物运输

（1）道路危险货物运输企业或者单位应当严格按照道路运输管理机构决定的许可事项从事道路危险货物运输活动，不得转让、出租道路危险货物运输许可证件。

严禁非经营性道路危险货物运输单位从事道路危险货物运输经营活动。

（2）危险货物托运人应当委托具有道路危险货物运输资质的企业承运。危险货物托运人应当对托运的危险货物种类、数量和承运人等相关信息予以记录，记录的保存期限不得少于一年。

（3）危险货物托运人应当严格按照国家有关规定妥善包装并在外包装上设置标志，并向承运人说明危险货物的品名、数量、危害、应急措施等情况。需要添加抑制剂或者稳定剂的，托运人应当按照规定添加，并告知承运人相关注意事项。

危险货物托运人托运危险化学品的，还应当提交与托运的危险化学品完全一致的安全技术说明书和安全标签。

（4）不得使用罐式专用车辆或者运输有毒、感染性、腐蚀性危险货物的专用车辆运输普通货物。其他专用车辆可以从事食品、生活用品、药品、医疗器具以外的普通货物运输，但应当由运输企业对专用车辆进行消除危害处理，确保不对普通货物造成污染、损害。不得将危险货物与普通货物混装运输。

（5）专用车辆应当按照国家标准《道路运输危险货物车辆标志》（GB 13392）的要求悬挂标志。

（6）运输剧毒化学品、爆炸品的企业或者单位，应当配备专用停车区域，并设立明显的警示标牌。

（7）专用车辆应当配备符合有关国家标准以及与所载运的危险货物相适应的应急处理器材和安全防护设备。

（8）道路危险货物运输企业或者单位不得运输法律、行政法规禁止运输的货物。

法律、行政法规规定的限运、凭证运输货物，道路危险货物运输企业或者单位应当按照有关规定办理相关运输手续。

法律、行政法规规定托运人必须办理有关手续后方可运输的危险货物，道路危险货物运输企业应当查验有关手续齐全有效后方可承运。

（9）道路危险货物运输企业或者单位应当采取必要措施，防止危险货物脱落、扬散、丢失以及燃烧、爆炸、泄漏等。

（10）驾驶人员应当随车携带《道路运输证》。驾驶人员或者押运人员应当按照《汽车运输危险货物规则》（JT 617）的要求，随车携带《道路运输危险货物安全卡》。

（11）在道路危险货物运输过程中，除驾驶人员外，还应当在专用车辆上配备押运人员，确保危险货物处于押运人员监管之下。

（12）道路危险货物运输途中，驾驶人员不得随意停车。因住宿或者发生影响正常运输的情况需要较长时间停车的，驾驶人员、押运人员应当设置警戒带，并采取相应的安全防范措施。运输剧毒化学品或者易制爆危险化学品需要较长时间停车的，驾驶人员或者押运人员应当向当地公安机关报告。

（13）危险货物的装卸作业应当遵守安全作业标准、规程和制度，并在装卸管理人员的现场指挥或者监控下进行。

危险货物运输托运人和承运人应当按照合同约定指派装卸管理人员；若合同未予约定，则由负责装卸作业的一方指派装卸管理人员。

（14）驾驶人员、装卸管理人员和押运人员上岗时应当随身携带从业资格证。

（15）严禁专用车辆违反国家有关规定超载、超限运输。道路危险货物运输企业或者单位使用罐式专用车辆运输货物时，罐体载货后的总质量应当和专用车辆核定载重相匹配；使用牵引车运输货物时，挂车载货后的总质量应当与牵引车的准牵引总质量相匹配。

（16）道路危险货物运输企业或者单位应当要求驾驶人员和押运人员在运输危险货物时，严格遵守有关部门关于危险货物运输线路、时间、速度方面的有关规定，并遵守有关部门关于剧毒、爆炸危险品道路运输车辆在重大节假日通行高速公路的相关规定。

（17）道路危险货物运输企业或者单位应当通过卫星定位监控平台或者监控终端及时纠正和处理超速行驶、疲劳驾驶、不按规定线路行驶等违法违规驾驶行为。

监控数据应当至少保存 3 个月，违法驾驶信息及处理情况应当至少保存 3 年。

（18）道路危险货物运输从业人员必须熟悉有关安全生产的法规、技术标准和安全生产规章制度、安全操作规程，了解所装运危险货物的性质、危害特性、包装物或者容器的使用要求和发生意外事故时的处置措施，并严格执行《汽车运输危险货物规则》（JT 617）、《汽车运输、装卸危险货物作业规程》（JT 618）等标准，不得违章作业。

（19）道路危险货物运输企业或者单位应当通过岗前培训、例会、定期学习等方式，对从业人员进行经常性安全生产、职业道德、业务知识和操作规程的教育培训。

（20）道路危险货物运输企业或者单位应当加强安全生产管理，制定突发事件应急预案，配备应急救援人员和必要的应急救援器材、设备，并定期组织应急救援演练，严格落实各项安全制度。

（21）道路危险货物运输企业或者单位应当委托具备资质条件的机构，对本企业或单位的安全管理情况每 3 年至少进行一次安全评估，出具安全评估报告。

（22）在危险货物运输过程中发生燃烧、爆炸、污染、中毒或者被盗、丢失、流散、泄漏等事故，驾驶人员、押运人员应当立即根据应急预案和《道路运输危险货物安全卡》的要求采取应急处置措施，并向事故发生地公安部门、交通运输主管部门和本运输企业或者单位报告。运输企业或者单位接到事故报告后，应当按照本单位危险货物应急预案组织救援，并向事故发生地安全生产监督管理部门和环境保护、卫生主管部门报告。道路危险货物运输管理机构应当公布事故报告电话。

（23）在危险货物装卸过程中，应当根据危险货物的性质，轻装轻卸，堆码整齐，防止混杂、撒漏、破损，不得与普通货物混合堆放。

（24）道路危险货物运输企业或者单位应当为其承运的危险货物投保承运人责任险。

（25）道路危险货物运输企业异地经营（运输线路起讫点均不在企业注册地市域内）累计 3 个月以上的，应当向经营地设区的市级道路运输管理机构备案并接受其监管。

四、监督检查

（1）道路危险货物运输监督检查按照《道路货物运输及站场管理规定》执行。道路运输管理机构工作人员应当定期或者不定期对道路危险货物运输企业或者单位进行现场检查。

（2）道路运输管理机构工作人员对在异地取得从业资格的人员监督检查时，可以向原发证机关申请提供相应的从业资格档案资料，原发证机关应当予以配合。

（3）道路运输管理机构在实施监督检查过程中，经本部门主要负责人批准，可以对没有随车携带《道路运输证》又无法当场提供其他有效证明文件的危险货物运输专用车辆予以扣押。

（4）任何单位和个人对违反本规定的行为，有权向道路危险货物运输管理机构举报。

道路危险货物运输管理机构应当公布举报电话，并在接到举报后及时依法处理；对不属于本部门职责的，应当及时移送有关部门处理。

第三节　危险化学品汽车运输安全管理

道路运输的主要工具是汽车，为了加强危险货物汽车运输的管理，1988 年由交通部颁布并施行的《汽车危险货物运输规则》，规定了汽车危险货物运输的技术管理规章、制度、要求与方法，为危险化学品货物汽车运输的安全管理，提供了法律依据。目前执行的是交通部 2004 年 12 月 30 日发布，2005 年 3 月 1 日实施的《汽车危险货物运输规则》（JT 617—2004）（以下简称《规则》）。

《规则》规定，危险货物是具有爆炸、易燃、毒害、腐蚀、放射性等性质，在运输、装卸和储存保管过程中，容易造成人身伤亡和财产损毁而需要特别防护的货物。

显然，危险化学品的汽车运输属于危险货物运输管理的范围。

一、包装和标志

（1）包装　危险货物的包装应符合 GB 12463、GB 11806 和 GB 18564 的规定。

（2）标志　危险货物的标志应符合 GB 190 和 GB/T 191 的规定。

（3）安全标签　危险货物的安全标签应符合 GB 15258 的规定。

（4）安全技术说明书　危险货物的安全技术说明书应符合国家有关规定。

二、托运

（1）托运人应向具有汽车运输危险货物经营资质的企业办理托运，且托运的危险货物应与承运企业的经营范围相符合。

（2）托运人应如实详细地填写运单上规定的内容，运单基本内容见《规则》附录A，并应提交与托运的危险货物完全一致的安全技术说明书和安全标签。

（3）托运未列入GB 12268的危险货物时，应提交与托运的危险货物完全一致的安全技术说明书、安全标签和危险货物鉴定表。

（4）危险货物性质或消防方法相抵触的货物应分别托运。

（5）盛装过危险货物的空容器，未经消除危险处理、有残留物的，仍按原装危险货物办理托运。

（6）使用集装箱装运危险货物的，托运人应提交危险货物装箱清单。

（7）托运需控温运输的危险货物，托运人应向承运人说明控制温度、危险温度和控温方法，并在运单上注明。

（8）托运食用、药用的危险货物，应在运单上注明"食用""药用"字样。

（9）托运放射性物品，按GB 11806办理。

（10）托运需要添加抑制剂或者稳定剂的危险化学品，托运人交付托运时应当添加抑制剂或者稳定剂，并在运单上注明。

（11）托运凭证运输的危险货物，托运人应提交相关证明文件，并在运单上注明。

（12）托运危险废物、医疗废物，托运人应提供相应识别标识。

三、承运

（1）承运人应按照道路运输管理机构核准的经营范围受理危险货物的托运。

（2）承运人应核实所装运危险货物的收发货地点、时间以及托运人提供的相关单证是否符合规定，并核实货物的品名、编号、规格、数量、件重、包装、标志、安全技术说明书、安全标签和应急措施以及运输要求。

（3）危险货物装运前应认真检查包装的完好情况，当发现破损、撒漏，托运人应重新包装或修理加固，否则承运人应拒绝运输。

（4）承运人自接货起至送达交付前，应负保管责任。货物交接时，双方应做到点收、点交，由收货人在运单上签收。发生剧毒、爆炸、放射性物品货损、货差的，应及时向公安部门报告。

（5）危险货物运达卸货地点后，因故不能及时卸货的，应及时与托运人联系妥善处理；不能及时处理的，承运人应立即报告当地公安部门。

（6）承运人应拒绝运输托运人应派押运人员而未派的危险货物。

（7）承运人应拒绝运输已有水渍、雨淋痕迹的遇湿易燃物品。

（8）承运人有权拒绝运输不符合国家有关规定的危险货物。

四、车辆和设备

（1）基本要求

① 车辆安全技术状况应符合GB 7258的要求。

② 车辆技术状况应符合JT/T 198规定的一级车况标准。

③ 车辆应配置符合GB 13392的标志，并按规定使用。

④ 车辆应配置运行状态记录装置（如行驶记录仪）和必要的通信工具。

⑤ 运输易燃易爆危险货物车辆的排气管，应安装隔热和熄灭火星装置，并配装符合JT 230规定的导静电橡胶拖地带装置。

⑥ 车辆应有切断总电源和隔离电火花装置，切断总电源装置应安装在驾驶室内。

⑦ 车辆车厢底板应平整完好，周围栏板应牢固；在装运易燃易爆危险货物时，应使用木质底板等防护衬垫措施。

⑧ 各种装卸机械、工、属具，应有可靠的安全系数；装卸易燃易爆危险货物的机械及工、属具，应有消除产生火花的措施。

⑨ 根据装运危险货物性质和包装形式的需要，应配备相应的捆扎、防水和防散失等用具。

⑩ 运输危险货物的车辆应配备消防器材并定期检查、保养，发现问题应立即更换或修理。

（2）特定要求

① 运输爆炸品的车辆，应符合国家《爆破器材运输车辆安全技术条件》规定的有关要求。

② 运输爆炸品、固体剧毒品、遇湿易燃物品、感染性物品和有机过氧化物时，应使用厢式货车运输，运输时应保证车门锁牢；对于运输瓶装气体的车辆，应保证车厢内空气流通。

③ 运输液化气体、易燃液体和剧毒液体时，应使用不可移动罐体车、拖挂罐体车或罐式集装箱；罐式集装箱应符合GB/T 16563的规定。

④ 运输危险货物的常压罐体，应符合GB 18564规定的要求。

⑤ 运输危险货物的压力罐体，应符合GB 150规定的要求。

⑥ 运输放射性物品的车辆，应符合GB 11806规定的要求。

⑦ 运输需控温的危险货物的车辆，应有有效的温控装置。

⑧ 运输危险货物的罐式集装箱，应使用集装箱专用车辆。

五、危险化学品运输安全要求

（1）危险货物运输车辆严禁超范围运输，严禁超载、超限。

（2）运输危险货物时应随车携带"道路运输危险货物安全卡"。

（3）运输不同性质危险货物，其配装应按规定的要求执行。

（4）运输危险货物应根据货物性质，采取相应的遮阳、控温、防爆、防静电、防火、防震、防水、防冻、防粉尘飞扬、防撒漏等措施。表7-1为危险货物鉴定表。

（5）运输危险货物的车厢应保持清洁干燥，不得任意排弃车上残留物；运输结束后被危险货物污染过的车辆及工、属具，应按表7-2的方法到具备条件的地点进行车辆清洗消毒处理。

表7-1　危险货物鉴定表

品名		别名	
英文名		分子式	
理化性能			
主要成分			
包装方法			
中毒急救措施			
洒漏处理和消防方法			
运输注意事项			
鉴定单位意见	属于＿＿＿＿＿类＿＿＿＿＿项危险货物 比照＿＿＿＿＿＿＿＿＿＿品名办理 比照危规第＿＿＿＿＿号包装		

鉴定单位联系人：　　　　　　　电话：　　　　　　　传真：

地址：　　　　　　　　　　　邮编：

鉴定单位及鉴定人：_____（盖章）

年　　　月　　　　日

申请单位联系人：　　　　　　　电话：　　　　　　　传真：

地址：　邮编：

申请鉴定单位：_____（盖章）

年　　　月　　　　日

注：1. 鉴定单位由国家安全生产监督管理局指定。

2. 性能包括色、味、形态、密度、熔点、沸点、闪点、燃点、爆炸极限、急性中毒极限及危险程度。

3. 凡危险货物系混合物，应该详细填写所含危险货物的主要成分。

4. 包装方法应注明材质、形状、厚度、封口、内部衬垫物、外部加固情况及内包装单位质量（重量）等。

5. 对该种货物遇到何种物质可能发生的危险，提出防护措施。

表 7-2　车辆清洗消毒方法

编号	用品	方法
1	水(具有一定压力的水,如自来水)	用大量水冲刷
2	稀盐酸(如浓盐酸用水冲淡 20 倍)	药剂浸湿车辆木板后, 用大量一定压力的水冲刷
3	碱或肥皂水、烧碱或纯碱(用水冲淡 50 倍)	
4	硫代硫酸钠(用水冲淡 30 倍)	
5	硫酸铜(用水冲淡 30 倍)	
6	高温高压水蒸气	冲熏,尤其注意木板缝隙内的残留物
7	高压空气(5kgf 左右)(1kgf＝9.8N)	
8	放射性货物用大量水冲洗,遇有放射性物质散落污染时,应用肥皂水洗刷后,再用大量水冲洗	

注：1. 凡装过危险货物的车辆，装卸后应进行清扫、洗刷和消毒工作。

2. 对洗刷、消毒的车辆，车辆四周根据原装危险货物的性质，对渗流的残货彻底清扫后，分别用水（一定压力的水）、酸、碱溶液或其他药剂以及高压空气、水蒸气进行洗刷、消毒等。

3. 凡经洗刷、消毒的车辆，应达到水清无异味、无污染的痕迹。

4. 检查方法，用眼看、鼻嗅；对放射性货物污染的车辆，洗后用仪器测定。

5. 车辆洗刷、消毒后应作好记录，注明原装危险货物品名和洗刷消毒方法及日期。

6. 经常办理危险货物的车队，应备有一定设备和材料，指定专人负责，建立责任制度。

7. 洗刷、消毒作业应在指定的地点进行，对洗刷消毒后的污水，应妥善处理。

8. 在远离车队的运输途中需对车辆洗刷消毒时，收货单位或货主单位应提供水源、污水处理等。

（6）运输危险废物时，应采取防止污染环境的措施，并遵守国家有关危险货物运输管理的规定。

（7）运输医疗废物时，应使用有明显医疗废物标识的专用车辆；医疗废物专用车辆应达到防渗漏、防遗撒以及其他环境保护和卫生要求；专用车辆使用后，应当在医疗废物集中处置场所内及时进行消毒和清洁；运送医疗废物的专用车辆不得运送其他物品。

（8）夏季高温期间限制运输的危险货物，应按有关规定执行。

（9）运输危险货物的车辆禁止搭乘无关人员。

（10）运输危险货物的车辆不得在居民聚居点、行人稠密地段、政府机关、名胜古迹、风景游览区停车。如需在上述地区进行装卸作业或临时停车，应采取安全措施。

（11）运输爆炸物品、易燃易爆化学物品以及剧毒、放射性等危险物品，应事先报经当地公安部门批准，按指定路线、时间、速度行驶。

六、从业人员

（1）运输危险货物的驾驶人员、押运人员和装卸管理人员应持证上岗。

（2）从业人员应了解所运危险货物的特性、包装容器的使用特性、防护要求和发生事故时的应急措施，熟练掌握消防器材的使用方法。

（3）运输危险货物应配备押运人员。押运人员应熟悉所运危险货物特性，并负责监管运输全过程。

（4）驾驶人员和押运人员在运输途中应经常检查货物装载情况，发现问题及时采取措施。

（5）驾驶人员不得擅自改变运输作业计划。

七、劳动防护

（1）运输危险货物的企业（单位），应配备必要的劳动防护用品和现场急救用具；特殊的防护用品和急救用具应由托运人提供。

（2）危险货物装卸作业时，应穿戴相应的防护用具，并采取相应的人身肌体保护措施；防护用具使用后，应按照国家环保要求集中清洗、处理；对被剧毒、放射性、恶臭物品污染的防护用具应分别清洗、消毒。

（3）运输危险货物的企业（单位），应负责定期对从业人员进行健康检查和事故预防、急救知识的培训。

（4）危险货物一旦对人体造成灼伤、中毒等危害，应立即进行现场急救，并迅速送医院治疗。

八、事故应急处理

运输危险货物的企业（单位），应建立事故应急预案和安全防护措施。

第四节　危险化学品槽车运输安全管理

危险化学品槽车的专业术语的称谓是移动式压力容器，是指行驶在铁路、公路及水路上的盛装介质为气体、液化气体和最高工作温度高于或者等于标准沸点的液体，承载一定压力的一种特殊的压力容器。移动式压力容器在运输中占有很重要的地位，约占货车总数的18%。由于盛装介质的易燃、有毒、腐蚀以及可能发生的分解、氧化、聚合，加之流动范围大，使用条件变化大，接触外界能量（如火灾、机械碰撞等）的机会多，因此在结构和使用方面都有一些不同于固定式压力容器的特殊要求。根据资料统计，罐式汽车数量约占移动式压力容器总量的90%以上。

移动式压力容器盛装的绝大多数是危险化学品介质，是流动的重大危险源，一旦出现泄漏事故，极易发生燃烧、爆炸、毒气扩散等严重的后果，造成经济财产损失、环境污染、生态破坏、人员伤亡等一系列问题，严重威胁社会的公共安全，直接影响着社会的稳定。

一、移动式压力容器的定义

TSG R0005—2011《移动式压力容器安全技术监察规程》定义的移动压力容器是指由罐体或者大容积钢质无缝气瓶与走行装置或者框架采用永久性连接组成的运输装备，包括铁路罐车、汽车罐车、长管拖车、罐式集装箱和管束式集装箱等。

（1）罐体　是指铁路罐车、汽车罐车、罐式集装箱中用于充装介质的压力容器。

（2）气瓶　是指长管拖车、管束式集装箱中用于充装介质的压力容器。

移动式压力容器必须同时具备下列条件：

（1）具有充装与卸载（以下简称装卸）介质功能，并且参与铁路、公路或者水路运输；

（2）罐体工作压力大于或者等于0.1MPa，气瓶公称工作压力大于或者等于0.2MPa；

（3）罐体容积大于或者等于450L，气瓶大于或者等于1000L；

（4）充装介质为气体以及最高工作温度高于或者等于其标准沸点的液体。

上述四个条件中，相关术语说明：

（1）具有装卸介质功能，仅在装置或者场区内移动使用，不参与铁路、公路或者水路运输的压力容器按照固定式压力容器管理。

（2）工作压力　是指移动式压力容器在正常工作情况下，罐体或者瓶式容器顶部可能达到的最高压力。本规程所指压力除注明外均为表压力。

（3）容积　是指移动式压力容器单个罐体或者单个瓶式容器的几何容积，按照设计图样标注的尺寸计算（不考虑制造公差）并且圆整，一般需要扣除永久连接在容器内部的内件的体积。

（4）气体　是指在50℃时，蒸气压力大于0.3MPa（绝压）的物质或者20℃时在0.1013MPa（绝压）标准压力下完全是气态的物质。按照运输时介质物理状态的不同，气体可以为压缩气体、高（低）压液化气体、冷冻液化气体等。其中：

① 压缩气体　是指在-50℃下加压时完全是气态的气体，包括临界温度低于或者等于-50℃的气体；

② 高（低）压液化气体　是指在温度高于-50℃下加压时部分是液态的气体，包括临界温度在-50～65℃之间的高压液化气体和临界温度高于65℃的低压液化气体（以下通称为液化气体）；

③ 冷冻液化气体　是指在运输过程中由于温度低而部分呈液态的气体（临界温度一般低于或者等于-50℃）。

（5）液体　是指在50℃时蒸气压小于或者等于0.3MPa（绝压），或者在20℃和0.1013MPa（绝压）压力下不完全是气态，或者在0.1013MPa（绝压）标准压力下熔点或者起始熔点等于或者低于20℃的物质。

（6）移动式压力容器罐体内介质为最高工作温度低于其标准沸点的液体时，如果气相空间的容积与工作压力的乘积大于或者等于2.5MPa·L时，也属于移动式压力容器范畴。

二、移动式压力容器的分类

1. 按移动方式分类

移动式压力容器分为：铁路罐车（介质为液化气体、低温液体）；罐式汽车［液化气体运输（半挂）车、低温液体运输（半挂）车、永久气体运输（半挂）车］；罐式集装箱（介质为液化气体、低温液体）等。

2. 按设计温度分类

移动式压力容器按设计温度划分为三种：

（1）常温型：罐体为裸式，设计温度为-20～50℃。

（2）低温型：罐体采用堆积绝热式，设计温度为-70～-20℃。

（3）深冷型：罐体采用真空粉末绝热式或真空多层绝热式，设计温度低于-150℃。

3. 按《移动式压力容器安全技术监察规程》分类

（1）铁路罐车　将在本章第五节介绍。

（2）汽车罐车　汽车罐车是指由压力容器罐体与定型汽车底盘或者无动力半挂行走机构等部件组成，并且采用永久性连接，适用于公路运输的机动车。汽车罐车按用途可以分为油罐车、气罐车、液罐车、液化气体罐车、粉罐车、水泥搅拌罐车、加油罐车等。

① 油罐车　主要用作石油的衍生品（汽油、柴油、原油、润滑油及煤焦油等油品）的运输和储藏。如图7-1所示。

根据运输的介质、配置和各个地方叫法的不同，有多种不同的称谓，如：油槽车、槽罐车、运油车、供油车、拉油车、流动加油车、税控加油车、电脑加油车、柴油运输车、汽油运输车、煤焦油运输车、润滑油运输车、食用油运输车、原油运输车、重油运输车、油品运输车等。

油罐车根据其外观又可分为 平头油罐车、尖头油罐车、齐头油罐车、单桥油罐车、后双桥油罐车、双桥油罐车、双后桥油罐车、轻型油罐车、小型油罐车、中型油罐车、大型油罐车、半挂运油车、小三轴油罐车、前双后单油罐车、前四后四油罐车、前四后八油罐车等。

油罐车根据品牌，又可分为 跃进油罐车、东风油罐车、解放运油车、福田油罐车、重汽油罐车、欧曼油罐车、北奔油罐车、江淮运油车、陕汽油罐车、华菱运油车、五十铃油罐车、庆铃油罐车、江铃油罐车、红岩油罐车等。

② 气罐车。用来装运氢气、氮气、氩气、石油等气态物品的罐式汽车。如图 7-2 所示。

图 7-1　油罐车

图 7-2　气罐车

③ 液罐车。用来装运燃油、润滑油、重油、酸类、碱类、液体化肥、水、食品饮料等液态物品的罐式汽车。如图 7-3 所示。

④ 液化气体罐车，又称为 LPG 运输车。是用来运输丙烷、丙烯、二甲醚、液氨、甲胺、乙醛、液化石油气等液化气体的专用汽车。如图 7-4 所示。

图 7-3　液罐车

图 7-4　液化气体罐车

（3）长管拖车　指将几个或十几个大容积钢质无缝气瓶组装在框架里并固定在汽车拖车底盘上，将气瓶头部连通在一起，用于运送压缩气体的移动式压力容器。如图 7-5 所示。

图 7-5　长管拖车

（4）罐式集装箱和管束式集装箱

① 罐式集装箱　是一种安装于紧固外部框架内的钢制压力容器。如图 7-6 所示。

② 管束集装箱　是由框架、大容积无缝钢瓶、前端安全仓、后端操作仓四部分组成的移动式压力容器。如图 7-7 所示。

图 7-6　罐式集装箱　　　　　　　　　　　图 7-7　管束集装箱

三、移动式压力容器结构

以罐式汽车为例，主要由汽车和储液罐两部分构成。根据储液罐与汽车的连接情况，罐式汽车可分为固定式罐式汽车、半拖式罐式汽车和活动式罐式汽车。目前使用的主要是固定式罐式汽车，它是采用螺栓连接结构将储液罐永久性地固定在载重汽车的底盘上，使罐体与汽车底盘成为一个整体，因而具有坚固、美观、稳定、安全等特性。如图 7-8 所示。罐式汽车的管路系统如图 7-9 所示。

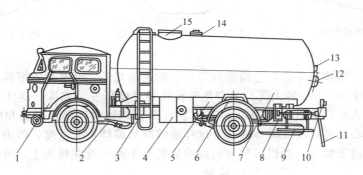

图 7-8　罐式汽车结构

1—驾驶室；2—气路系统；3—梯子；4—阀门箱；5—支架；
6—挡泥板；7—罐体；8—固定架；9—围栏；10—后保险杠尾灯；
11—导静电接地装置；12—液面计；13—铭牌；14—安全阀；15—人孔

1. 筒体与封头

罐式汽车的罐体，是一个承受内压的钢制焊接压力容器。它包括筒体、封头、人孔、气相与液相接管、安全阀接管、液面计接管、温度计接管、径向防冲板、支座、排污孔和吊装环（吊耳）等部件。如图 7-10 所示。罐体一般有三种断面形状。椭圆形筒体的主要优点是支撑面大，在相同容积时降低重心高度，以利于安全运输，如图 7-11 所示；带圆弧矩形筒体的主要优点是充分利用空间，适用于载重较大而车体相对较小的运输，如图 7-12 所示；圆形筒体是一种较好的受力形式，也是相同容积下最节约材料的结构，如图 7-13 所示。

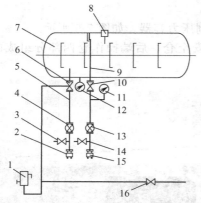

图 7-9　罐式汽车的管路系统

1—手摇泵；2—DN50 快装接头；3—放散管；
4—DN50 球阀；5—液相管；6—DN50
紧急切断阀；7—罐体；8—安全阀；9—气相管；
10—DN25 紧急切断阀；11—压力表；12—温
度计；13—DN25 球阀；14—放散管；
15—DN25 快装接头；16—卸压阀

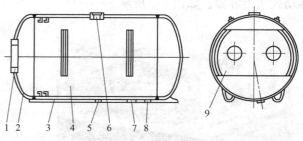

图 7-10　罐体结构

1—人孔；2—封头；3—V 形支座；
4—筒体；5—温度计接管；
6—安全阀接管；7—液相管接管；
8—气相管接管；9—防冲板

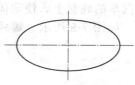

图 7-11　椭圆形筒体

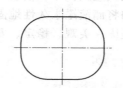

图 7-12　带圆弧矩形筒体

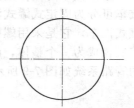

图 7-13　圆形筒体

2. 人孔

人孔主要用于罐体的工艺制造检验和运行后的定期检验。通常要求罐体上应至少设置一个公称直径不小于 400mm 的人孔。为避免开孔补强及降低安装高度，罐体上的人孔采用非标准凸缘平板式人孔，如图 7-14 所示。其位置可设在罐体的顶部，拆装和内部检修较为方便，但增加了重心高度；设在罐体底部，这样能够降低罐体重心高度，但由于离汽车底盘零部件较近，位置过于紧凑，所以拆装和内部检修极为不便；设在封头上，可兼具上述优点。

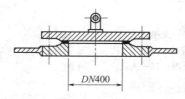

图 7-14　罐式汽车人孔结构

3. 接管

接管主要用于连接液面计、安全阀等。罐体上常用的接管有三种型式。螺纹短管式接管是一段带有内螺纹或外螺纹的短管，短管插入并焊接在罐体的罐壁上，短管螺纹用来与外部管件连接，用于连接直径较小的管道，如安装测量仪表用管等。如图 7-15（a）所示；法兰短管式接管的一端有管法兰，另一端插入并焊接在罐体罐壁上，法兰用来与外部管件

连接。短管的长度不小于 100mm，以便短管法兰与外部管件连接时能够顺利穿进螺栓和上紧螺母，多用于直径稍大的接管，如气相管、液相管、排污管、安全阀等。如图 7-15（b）所示；平面法兰接管是法兰短管式接管除掉短管的一种特殊型式，它实际上就是直接焊在容器开孔上的一个管法兰，与容器的连接有贴合式和插入式两种结构。贴合式接管有一面加工成圆柱形（或环状），使之与容器的外壁贴合，并焊接在容器开孔的外壁上。插入式法兰接管两面都是平面，它插入到容器壁内表面，并进行两面焊接。平面法兰式接管的优点是既可

以作接口管与外部管件连接，又可以作补强圈，对罐壁的开孔起补强作用，罐体开孔不需另外再补强；缺点是装在法兰螺孔内的螺栓容易被碰撞而折断，而且一旦折断后要取出来则相当困难。该种接管主要用于安装液面计和安全阀等。如图 7-15(c) 所示。由于接管部位都高于筒体，在遭受外部撞击和刮碰时，最容易发生损伤，造成切断、撕裂、界面破坏等，导致泄漏事故的发生。

4. 安全附件

移动式压力容器的安全附件包括安全泄放装置（内置全启式安全阀、爆破片装置、易熔塞、带易熔塞的爆破片装置等）、紧急切断装置、液面测量装置、压力测量装置、导静电装置、温度测量装置和阻火器等。

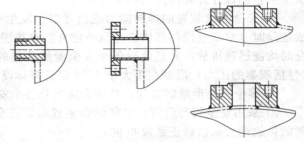

(a) 螺纹短管　　(b) 法兰短管　　(c) 平面法兰接管

图 7-15　罐式汽车筒体接管形式

（1）安全泄放装置

1）安全泄放装置的设置

① 移动式压力容器罐体顶部应当装设安全泄放装置，安全泄放装置中的安全阀应当选用全启式弹簧安全阀。如图 7-16 所示。它的作用是当移动式压力容器罐体内的压力超过规定要求时自动开启，释放超过的压力，使罐体回到正常工作压力状态。压力正常后，安全阀自动关闭。

② 真空绝热罐体至少应当设置两个相互独立的安全泄放装置。

③ 充装毒性程度为极度、高度危害类介质或者强腐蚀性介质的罐体应当设置安全阀与爆破片串联组合装置，在非泄放状态下首先与介质接触的应当是爆破片；安全阀与爆破片之间的腔体应当设置排气阀、压力表或者其他合适的报警指示器。

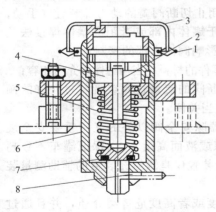

图 7-16　移动式压力容器
全启式弹簧安全阀

1—铅封；2—固定支座；3—调节螺帽；
4—弹簧座；5—弹簧；
6—衬套；7—阀瓣；8—阀体

④ 充装腐蚀性介质或者液化石油气类有硫化氢应力腐蚀倾向介质的罐体，选用的弹簧安全阀的弹性元件应当与罐体内介质隔离。

⑤ 真空绝热罐体外壳应当设置外壳防爆破装置。

2）安全泄放装置的动作压力

① 罐体安全泄放装置单独采用安全阀时，安全阀的整定压力应当为罐体设计压力的 1.05～1.10 倍，额定排放压力不得大于罐体设计压力的 1.20 倍，回座压力不得小于整定压力的 0.90 倍；

② 采用安全阀与爆破片串联组合装置作为罐体安全泄放装置时，安全阀的整定压力、额定排放压力、回座压力按照本条第①项的要求确定，爆破片的最小爆破压力应当大于安全阀的整定压力，但其最大爆破压力不得大于安全阀整定压力的 1.10 倍；

③ 采用安全阀与爆破片并联组合装置或者爆破片装置为辅助安全泄放装置时，安全阀的整定压力、额定排放压力、回座压力按照本条第①项的要求确定，爆破片的最小爆破压力应当大于安全阀的整定压力，但其设计爆破压力不得大于罐体设计压力的 1.20 倍，最大爆破压力不得大于罐体的耐压试验压力；

④ 真空绝热罐体外壳爆破装置的性能参数应当符合引用标准的规定；

⑤ 罐体设计图样或者产品铭牌、产品数据表上标注有最高允许工作压力时，也可以用最高允许工作压力确定安全阀或者爆破片的动作压力，但是罐体的耐压试验压力和气密性试验压力等参数应当按照引用标准的规定进行调整。

3）安全泄放装置的排放能力

① 安全泄放装置的总排放能力应当大于或者等于罐体需要的最小安全泄放量，罐体安全泄放量的设计计算按照引用标准进行；

② 安全泄放装置的排放能力应当考虑在发生火灾时或者接近不可预料的外来热源而酿成危险时（对真空绝热罐体还应当考虑真空绝热层被破坏时），以及罐体内压力出现异常情况时均能迅速排放，并且此时各个安全泄放装置的组合排放能力应当足以将罐体内的压力（包括积累的压力）限制在不大于1.20倍的罐体设计压力的范围内；

③ 多个安全泄放装置的排放能力应当是各个安全泄放装置排放能力之和；

④ 采用安全阀与爆破片串联组合装置时，安全阀的排放能力应当按照安全阀单独作用时的排放能力乘以修正系数0.90；

⑤ 安全泄放装置排放能力的设计计算按照引用标准的规定进行。

（2）紧急切断装置　紧急切断装置是指在遇到突发情况的时候，阀门会迅速的关闭或者打开，避免造成泄漏事故的发生。如图7-17所示。

1）充装易燃、易爆介质以及毒性程度为中度危害以上（含中度危害）类介质的移动式压力容器，其罐体的液相管、气相管接口处应当分别装设一套紧急切断装置，并且其设置应当尽可能靠近罐体；

2）紧急切断装置一般由紧急切断阀、远程控制系统、过流控制阀以及易熔合金塞等装置组成，紧急切断装置应当动作灵活、性能可靠、便于检修，紧急切断阀阀体不得采用铸铁或者非金属材料制造；

3）紧急切断阀与罐体液相管、气相管的接口，应当采用螺纹或者法兰的连接形式；

4）紧急切断装置应当具有能够提供独立的开启或者闭止切断阀瓣的动力源装置（手动，液压或者气动），其阀门和罐体之间的密封部件必须内置于罐体内部或者距离罐体焊接法兰（凸缘）外表面的25mm处，碰撞受损的紧急切断阀不能影响阀体内部的密封性；

5）所有内置于罐体或者罐体焊接法兰（凸缘）内部的零件的材料应当与罐体内介质相容；

6）当连接紧急切断阀的管路破裂，流体通过紧急切断阀的流量达到或者超过允许的额定流量时，装卸管路或者紧急切断阀上的过流保护装置应当关闭。

（3）液位测量装置　液位测量装置是移动式压力容器除安全阀以外的又一重要安全装置。它的作用主要是用来观测和控制罐体的充装量（容积或液面高度），以保证罐车不致超装和超载，另一方面避免亏装造成经济损失。但液位测量装置仅是罐体充装量的辅助测量装置，罐体的最大允许充装量以衡器称重为准。

1）液位测量装置的设置条件。除充装毒性程度为极度或者高度危害类介质，并且通过称重来控制最大允许充装量的罐式集装箱允许不设置液位测量装置外，其他罐体均应当设置一个或者多个液位测量装置。

2）液位测量装置的设置要求。

① 液位计应当设置在便于观察和操作的位置，其允许的最高安全液位应当有明显的标志；

② 充装易燃、易爆介质罐体上的液位计，应当设置防止泄漏的密封式保护装置。

3）液位测量装置的选用。液位测量装置是移动式压力容器罐体上又一重要安全附件，其作用是观察和控制移动式压力容器的充装量（容量、液面高度或质量），以保证移动式压力容器不超装超载。

① 根据罐体充装介质、设计压力和设计温度等设计参数正确选用液位计，液位计应当

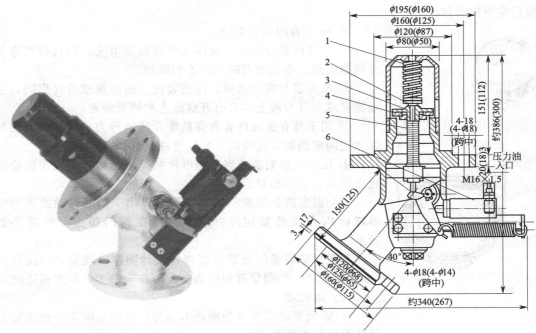

图 7-17　移动式压力容器紧急切断阀
1—弹簧；2—先导阀瓣；3—主阀瓣；4—阀杆；5—弹簧；6—油缸

符合相应国家标准或者行业标准的规定，并且灵敏准确、结构牢固、观察使用方便，液位计的精度等级不得低于 2.5 级，如图 7-18 所示；

② 移动式压力容器不得设置玻璃板（管）式液面计。

（4）压力测量装置　压力测量装置用于监测移动式压力容器罐体内介质的压力，一般多装设在阀门箱内。如图 7-19 所示。

图 7-18　移动式压力容器液位计

图 7-19　移动式压力容器压力表

1）压力表的选用。

① 选用的压力表应当与罐体内的介质相适应；

② 应当选用符合相应国家标准或者行业标准要求的抗震压力表；

③ 压力表精度不得低于 1.6 级；

④ 压力表表盘刻度极限值应当为工作压力的 1.5～3.0 倍。

2）压力表的校验。压力表的校验和维护应当符合国家计量部门的有关规定，压力表安装前应当进行校验，在刻度盘上划出指示最高工作压力的红线，注明下次校验日期。压力表校验后应当加铅封。

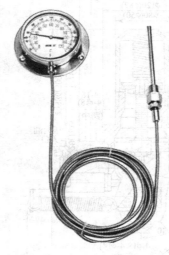

图 7-20　移动式压
力容器温度计

3）压力表的安装要求。

① 装设位置应当便于操作人员观察和清洗，并且应当避免受到辐射热、冻结或者震动的不利影响；

② 压力表与罐体之间，应当装设三通旋塞或者针形阀，三通旋塞或者针形阀上应当有开启标志和锁紧装置；

③ 用于具有腐蚀性或者高黏度介质的压力表，在压力表与罐体之间应当装设能隔离介质的缓冲装置；

④ 压力表的安装应当采用可靠的固定结构，防止在运输过程中压力表发生相对运动。

（5）温度测量装置　温度测量装置用于监测移动式压力容器罐体内介质的温度，一般多装设在阀门箱内。如图 7-20 所示。

温度测量装置的设置应当符合设计图样的规定，测温仪表（或者温度计）的测量范围应当与充装介质的工作温度相适应。

（6）阻火器

1）阻火器的设置应当满足本规程附件中专项安全技术要求及其引用标准的规定；

2）选用的阻火器应当具有可靠的安全阻火功能，其安全阻火速度大于安装位置可能达到的火焰传播速度；

3）设置在安全泄放装置排放管路排放口的阻火器不得影响安全泄放装置的正常排放功能；

4）阻火器与管路的连接应当采用螺纹或者法兰的连接形式；

5）阻火器的制造许可、型式试验等按照压力管道元件相应安全技术规范的规定执行。

（7）导静电装置　移动式压力容器在装卸作业时，高速运动的危险化学品由于摩擦作用或者是车辆在运行过程中将会产生数千伏甚至上万伏的静电电压，如果不及时消除，有可能引起火灾酿成大祸。我国《液化气体汽车罐车安全监察规程》规定，装运易燃、易爆介质的罐车，必须装设可靠的导静电接地装置，罐体、管路、阀门和车辆底盘之间连接处的电阻不应超过 10MΩ。在停车和装卸作业时，必须接地良好。严禁使用接地铁链。装卸操作时，连接罐体和地面设置的接地导线的截面积应不小于 $5.5mm^2$。

我国 TSG R0005—2011《移动式压力容器安全技术监察规程》规定：

① 充装易燃、易爆介质的移动式压力容器（铁路罐车除外），必须装设可靠的导静电接地装置；

② 移动式压力容器在停车和装卸作业时，必须接地良好，严禁使用铁链、铁线等金属替代接地装置；

③ 罐体与接地导线末端之间的电阻值应当符合引用标准的规定。

四、装卸附件

移动式压力容器的装卸附件包括装卸阀门、装卸软管和快速装卸接头等。

1. 装卸阀门

移动式压力容器的装卸阀门安装在阀门箱内，分为液相阀和气相阀，如图 7-21 所示。

① 装卸阀门的公称压力应当高于或者等于罐体的设计压力，阀门阀体的耐压试验压力为阀体公称压力的 1.5 倍，阀门的气密性试验压力为阀体公称压力，阀门应当在全开和全闭

工作状态下进行气密性合格试验；

②　阀体不得选用铸铁或者非金属材料制造；

③　手动阀门应当在阀门承受气密性试验压力下全开、全闭操作自如，并且不得感到有异常阻力、空转等；

④　装卸阀门出厂时应当随产品提供质量证明文件，并且在产品的明显部位装设牢固的金属铭牌。

2. 装卸软管和快装接头

①　装卸软管和快装接头的设置应当符合设计图样和引用标准的规定；

②　装卸软管和快装接头与充装介质接触部分应当有良好的耐腐蚀性能；

③　装卸软管的公称压力不得小于装卸系统工作压力的两倍，其最小爆破压力大于 4 倍的公称压力；

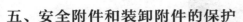

图 7-21　移动式压力容器装卸阀门

④　装卸软管和快装接头组装完成后应当逐根进行耐压试验和气密性试验，耐压试验压力为装卸软管公称压力的 1.5 倍，气密性试验压力为装卸软管公称压力的 1.0 倍；

⑤　装卸软管出厂时应当随产品提供质量证明文件，并且在产品的明显部位装设牢固的金属铭牌。

五、安全附件和装卸附件的保护

罐体和管路上所有装卸阀门、安全泄放装置、紧急切断装置、仪表和其他附件应当设置适当的、具有一定强度的保护装置，如保护罩、防护罩等，用于在意外事故中保护安全附件和装卸附件不被损坏。

六、SDY9400GDYT 型低温液体运输半挂车简介

SDY9400GDYT 型低温液体运输半挂车主要由半挂车、罐体、管路系统、操作室等组成。

罐体是由一个碳钢真空外筒和一个与其同心的奥氏体不锈钢制内筒组成，内外筒之间缠绕了几十层铝箔纸并抽真空，为使真空得以长期保持，夹层中还设置有吸附室。

罐体后部设置有操作室，操作阀门和仪表一般都布置在操作室中。如图 7-22 所示。

SDY9400GDYT 型低温液体运输半挂车充装卸液系统如图 7-23 所示。

图 7-22　SDY9400GDYT 型低温液体运输半挂车操作室

图 7-23　SDY9400GDYT 型低温液体运输半挂车充装卸液系统

SDY9400GDYT 型低温液体运输半挂车增压减压系统如图 7-24 所示。

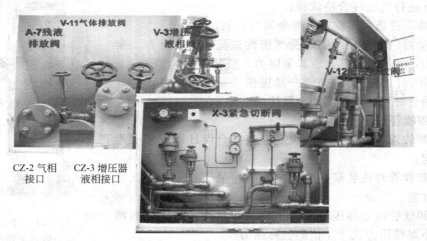

图 7-24　SDY9400GDYT 型低温液体运输半挂车充装增压减压系统

SDY9400GDYT 型低温液体运输半挂车安全系统如图 7-25 所示。

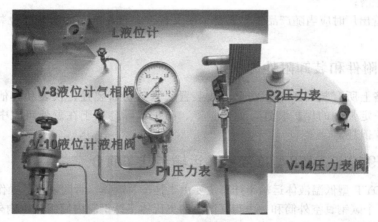

图 7-25　SDY9400GDYT 型低温液体运输半挂车安全系统

SDY9400GDYT 型低温液体运输半挂车紧急控制系统如图 7-26 所示。

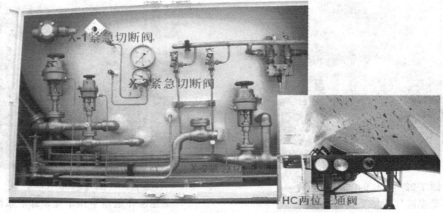

图 7-26　SDY9400GDYT 型低温液体运输半挂车紧急控制系统

七、盛装的介质、压力及充装量

移动式压力容器罐体常见介质、设计压力及充装量如表 7-3 所示。当移动式压力容器（常温型）装运表 7-3 以外的介质时，其设计压力和单位容积充装量的确定，必须由设计单位提出介质的主要物理、化学性质数据和设计说明及依据，报国家安全监察机构批准。某液氯移动式压力容器事故的主要起因就是充装量严重超标。因此，移动式压力容器的过载保护和报警装置应写入设计标准及法规。

表 7-3　常见介质、设计压力及充装量

介质		设计压力/MPa	单位容积充装量/(t/m³)	介质	设计压力/MPa	单位容积充装量/(t/m³)
液氧		2.16	0.52	正丁烷	0.79	0.51
液氯		1.62	1.20			
液态二氧化硫		0.98	1.20	异丁烷	0.79	0.49
丙烯		2.16	0.43			
丙烯		1.77	0.42	丁烯、异丁烯	0.79	0.50
石油液化气	50℃饱和蒸气压大于 1.62MPa	2.16	0.42			
	其余情况	1.77	0.42	丁二烯	0.79	0.55

八、移动式压力容器的漆色与标志

移动式压力容器的漆色与标志主要是为了便于区分移动式压力容器的类型和盛装的危险化学品种类。

1. 移动式压力容器的漆色

① 罐体颜色。一般移动式压力容器罐体外表面为银灰色（符合 GB 3181《漆膜颜色标准样本》规定的编号）；低温型汽车罐车罐体外表面为铝白色。

② 环形色带。沿通过罐体中心线的水平面与罐体外表面的交线对称均匀涂刷的一条表示液化气体介质种类的环形色带，在罐体两侧中央部位留空处涂刷标志图形。色带宽度为 150mm。

③ 字样、字色。在罐体两侧后部色带的上方书写装运介质名称、字色为大红（R03），字高为 200mm，字样为仿宋体。在介质名称对应的色带下方书写"罐体下次全面检验日期：××年××月"，字色为黑色，字高为 100mm，字样为仿宋体。

④ 图形标志。在罐体两侧中央环形色带留空处，按 GB190《危险货物包装标志》规定的图形、字样、颜色，涂刷标志图形。图形尺寸为 250mm×250mm。

⑤ 其余裸露部分涂色。安全阀——大红色（R03）；气相管（阀）——大红色（R03）；液相管（阀）——淡黄色（Y06）；其他阀门——银灰色（B04）；其他——不限。

2. 移动式压力容器罐体标志

为了确保移动式压力容器的安全行驶和便于充装前的检查，移动式压力容器的罐体采用不同的色带进行特殊标志。如图 7-27 所示。

九、移动式压力容器定期检验周期

定期检验是指移动式压力容器停运时由检验机构进行的检验和安全状况等级评定，其中汽车罐车、铁路罐车和罐式集装箱的定期检验分为年度检验和全面检验。

1. 汽车罐车、铁路罐车和罐式集装箱的定期检验周期

年度检验每年至少一次；首次全面检验应当于投用后 1 年内进行，下次全面检验周期，

图 7-27　移动式压力容器罐体标志

由检验机构根据移动式压力容器的安全状况等级，按照表 7-4 全面检验周期要求确定。罐体安全状况等级的评定按照《压力容器定期检验规则》的规定执行。

表 7-4　汽车罐车、铁路罐车和罐式集装箱全面检验周期

罐体安全状况等级	定期检验周期		
	汽车罐车	铁路罐车	罐式集装箱
1～2 级	5 年	4 年	5 年
3 级	3 年	2 年	2.5 年

2. 长管拖车、管束式集装箱的定期检验周期

按照所充装介质不同，定期检验周期见表 7-5。对于已经达到设计使用年限的长管拖车和管束式集装箱瓶式容器，如果要继续使用，充装 A 组中介质时其定期检验周期为 3 年，充装 B 组中介质时定期检验周期为 4 年。除本规程表 7-5 中 B 组的介质和其他惰性气体和无腐蚀性气体外，其他介质（如有毒、易燃、易爆、腐蚀等）均为 A 组。

表 7-5　长管拖车、管束式集装箱定期检验周期

介质组别	充装介质	定期检验周期	
		首次定期检验	定期检验
A	天然气（煤层气）、氢气	3 年	5 年
B	氮气、氦气、氩气、氖气、空气		6 年

3. 定期检验的内容

移动式压力容器定期检验的内容与要求按照《压力容器定期检验规则》进行。

检验机构应当根据移动式压力容器的使用情况、失效模式制定检验方案。定期检验的方法以宏观检验、壁厚测定、表面无损检测为主，必要时可以采用超声检测、射线检测、硬度检测、金相分析、材料分析、强度校核或者耐压试验、声发射检测、气密性试验等。

十、危险化学品移动式压力容器泄漏事故应急处置

详见第十五章第十一节　危险化学品移动式压力容器泄漏事故应急处置。

第五节　危险化学品铁路运输安全要求

铁路运输是一种最有效的陆上交通方式。铁轨能提供极光滑及坚硬的媒介让火车的车轮

在上面以很小的摩擦力滚动。这样，在火车上面的人会感到很舒适，而且节省能量。如果配置得当，铁路运输可以比路面运输运载同一重量客货物时节省 5～7 成能量。而且，铁轨能平均分散火车的重量，令火车的载重量大大提高。

一、铁路罐车简介

铁路罐车是铁路物流中应用的主要的铁道车辆之一。是铁道上用于装运气、液、粉等货物的主要专用车型，主要是横卧圆筒形，也有立置筒形、槽形、漏斗形。如图 7-28 所示。

图 7-28 铁路罐车

铁路罐车按运输货物性质分为轻油罐车、黏油罐车、酸碱类罐车、液化气体罐车、粉状货物罐车；按罐车结构特点分为有空气包罐车、无空气包罐车；有底架罐车、无底架罐车；上卸式罐车、下卸式罐车。

（1）轻油铁路罐车 轻油罐车可以运输汽油、煤油、轻柴油等轻质油类的石油产品。轻油罐车一律采用上卸式，尽可能排除事故隐患。罐体外部涂成银色，以减少太阳热辐射的影响，避免罐内液体温升过高，也减少油类货物的蒸发。如图 7-29 所示。

图 7-29 轻油铁路罐车

（2）黏油铁路罐车 黏油罐车是运输原油、重柴油、润滑油等黏度较大油类的罐车。此类罐车采用下卸方式，在罐体下部设有排油装置。为了加快卸货速度，黏油罐车罐体上设有加温装置。如图 7-30 所示。

（3）酸碱类铁路罐车 酸碱类罐车专门用于运送浓硝酸、浓硫酸、液碱（氢氧化钠）等货物。由于酸碱类化工产品具有较强的腐蚀作用且密度较大，所以罐体的容积较小，而且要有耐腐蚀性。一般要求在罐体内壁衬以橡胶、铅、塑料等抗腐蚀材料，也有一些罐体采用铝

图 7-30 黏油铁路罐车

合金、不锈钢及玻璃等耐酸碱腐蚀的材料制作。如图 7-31 所示。

图 7-31 酸碱类铁路罐车

（4）液化气体铁路罐车 液化气体罐车主要用以运送液化石油气、液氨、液氯、丙烷、丁烷等液化气体。此类罐车工作压力较高，罐体属于压力容器，所以采用高强度钢板制造，除满足一般的罐车要求外，还须按照压力容器的要求进行设计、试验和检测。如图 7-32 所示。

图 7-32 液化气体铁路罐车

二、铁路运输的危险因素

1. 人员影响因素

人在运输工作中的重要地位使得人的因素在运输安全中起关键作用。影响铁路运输安全的人员包括运输系统内人员和运输系统外人员。

运输系统内人员主要指车务、机务、工务、电务、车辆、安监、客运、货运等部门的各级领导人员、专职管理人员和基层工作人员，他们是保证运输安全的最关键因素，应具有良好的思想品质、技术水平及心理素质。

运输系统外人员主要指旅客、货主以及铁路沿线居民、机动车驾驶人员等。他们对运输安全的影响主要表现在旅客携带"三品"上车而酿成事故；货主托运危险品而不如实申报导致事故；在铁路-公路平交道口，车辆行人强行过道导致事故；铁路沿线人员拆卸铁路设备以及在线路上放置障碍物威胁铁路运输安全。

2. 设备影响因素

铁路运输设备是影响运输安全的另一个重要因素。影响运输安全的铁路运输设备包括运输基础设备和运输安全技术设备两类。

运输基础设备有线路（路基、桥隧建筑物、轨道）、车站、信号设备、机车、车辆、通信设备等；运输安全技术设备包括安全监控设备、检测设备、自然灾害预报与防治设备、事故救援设备等。

铁路运输事故按性质及所造成的损失，可分为特别重大事故、重大事故、大事故、险性事故和一般事故五个级别。典型的铁路运输事故有机动车辆冲突脱轨事故、机动车辆伤害事故电气化铁路触电伤害事故以及营业线施工事故等。

3. 环境影响因素

各类不良的气象条件如风雨、雷暴、冰雪、霜冻、大雾等以及各类自然灾害如地震、泥石流等可能成为危险源，造成铁路运输事故。

三、铁路危险货物运输管理规则

1995 年由铁道部颁布，并于 1996 年 1 月 1 日起施行的《铁路危险货物运输管理规则》，对加强铁路运输危险化学品货物的管理，提供了法律依据。

后经多次修订，目前执行的是铁运〔2008〕174 号颁布的《铁路危险货物运输管理规则》（以下简称《规则》），该文件自 2008 年 12 月 1 日起施行。

(一) 铁路运输安全管理基本要求

(1) 铁路危险货物运输管理，坚持安全第一、以人为本、依法行政、预防为主的方针。

(2) 在铁路运输中，凡具有爆炸、易燃、毒害、感染、腐蚀、放射性等特性，在运输、装卸和储存保管过程中，容易造成人身伤亡和财产毁损而需要特别防护的货物，均属危险货物。

(3) 根据国家公布的《危险货物分类与品名编号》（GB 6944）和《危险货物品名表》（GB 12268），结合铁路运输实际情况，铁路运输危险货物按其主要危险性和运输要求划分为 9 类 24 项（其中"第 9 类杂项危险物质和物品"分为：第 9.1 项危害环境的物质；第 9.2 项高温物质；第 9.3 项经过基因修改的微生物或组织，不属感染性物质，但可以以非正常地天然繁殖结果的方式改变动物、植物或微生物物质）。

(4) 根据国家公布的《危险货物品名表》，结合铁路危险货物运输实际，制定《铁路危险货物品名表》。未列入《危险货物品名表》中的危险货物品名，由铁道部确定并公布。

(5) 铁路危险货物运输各相关单位应当认真执行铁路危险货物承运人、托运人资质许可制度，依法加强管理，促进铁路危险货物运输法治化、系列化、规范化、科学化。

(6) 对设置不合理以及安全不符合国家规定的危险货物办理站（专用线、专用铁路），各铁路安全监督管理办公室应当及时督促企业实施必要的合并、调整或关闭等措施。

（7）危险货物运输管理工作技术要求高，安全责任重，管理难度大，相关企业必须认真落实领导负责制、专业负责制、岗位负责制、逐级负责制，确保铁路危险货物运输安全。

（8）从事危险货物运输的各有关单位应当建立健全铁路危险货物运输事故应急预案和信息网络，完善预警预防应急措施，有效处置铁路危险货物运输突发事故，最大限度地减少人员伤亡、财产损失和社会负面影响。

（9）从事危险货物运输的各有关单位应当加强危险货物运输从业人员的技术业务培训，切实提高危险货物运输人员的技术管理水平，适应铁路运输现代化发展的需要。

（10）从事危险货物运输的各有关单位应当积极推进铁路危险货物运输现代科技手段的开发和应用，充分运用危险货物运输安全监控系统实现危险货物运输源头控制、过程控制、在途控制和综合管理；大力发展危险货物集装箱运输，稳步进行铁路危险货物运输方式改革，不断提高铁路危险货物运输现代化管理水平。

（11）铁道部和铁路局有关部门应当建立和完善安全责任追究制度，对危险货物运输中发生的各种问题，按照"事故原因未查清不放过，事故责任者未处理不放过，整改措施未落实不放过，事故教训未吸取不放过"的原则，查明原因，追究责任，吸取教训，防微杜渐。

（二）承运人及专用线要求

1. 承运人管理

铁路危险货物运输的承运人、托运人，必须具有铁路危险货物承运人资质或铁路危险货物托运人资质。有关资质的许可程序及监督管理，按《铁路危险货物承运人资质许可办法》（铁道部第 17 号令，《规则》附录 1）、《铁路危险货物托运人资质许可办法》（铁道部第 18 号令，《规则》附录 2）执行。

危险货物承运人和托运人资质每年应进行复审。

2. 专用线管理

危险货物办理站是指站内、专用线、专用铁路办理危险货物发送、到达业务的车站。按类型分为五种：

（1）专办站：指主要办理危险货物运输的车站。

（2）兼办站：指主要办理普通货物运输，兼办危险货物运输的车站。

（3）集装箱办理站：指在站内办理危险货物集装箱运输的车站。

（4）专用线接轨站：指仅在接轨的专用线、专用铁路办理危险货物作业的车站。

（5）综合办理站：指前四项中两项以上的车站。

危险货物办理站要根据危险货物运输需求和铁路运力资源配置的情况，统一规划，合理布局。

铁路对危险货物运输的品名、发到站（专用线、专用铁路）、运输方式、作业能力、安全计量等实行明细化管理。凡是具有承运人、托运人资质的单位在办理危险货物运输时，按《铁路危险货物运输办理站（专用线、专用铁路）办理规定》（以下简称《办理规定》）执行。

专用线（专用铁路）应与设计时办理危险货物运输内容一致，装运和接卸危险货物运输品类，要有专门的仓库、雨棚、栈桥、鹤管、输送管线、储罐等附属设施和安全防护设备，达不到上述要求的（如无上述仓库、雨棚等，或无栈桥采用罐车、汽车对装对卸方式等），不得办理危险货物运输。

危险货物总发到年运量 5 万吨以下的，原则上不再新增专用线开办危险货物运输发到业务。

专用线原则上不进行危险货物运输共用。危险货物到达确需共用时，年到达量须在 3 万吨以上，并由产权单位、共用单位、车站三方签订《危险货物专用线共用协议》（见《规则》附件13），经运输安全综合分析达到安全要求。

（三）托运和承运要求

（1）危险货物仅办理整车和10t及以上集装箱运输。

（2）国内运输危险货物禁止代理。

（3）禁止运输国家禁止生产的危险物品。

禁止运输本规则未确定运输条件的过度敏感或能自发反应而引起危险的物品。如：叠氮铵、无水雷汞、高氯酸（＞72％）、高锰酸铵、4-亚硝基苯酚等。

对易发生爆炸性分解反应或需控温运输等危险性大的货物，须由铁道部确定运输条件。如乙酰过氧化磺酰环己烷、过氧重碳酸二仲丁酯等。

凡性质不稳定或由于聚合、分解在运输中能引起剧烈反应的危险货物，托运人应采用加入稳定剂或抑制剂等方法，保证运输安全。如乙烯基甲醚、乙酰乙烯酮、丙烯醛、丙烯酸、醋酸乙烯、甲基丙烯酸甲酯等。

（四）包装和标志要求

（1）危险货物包装是指以保障运输、储存安全为主要目的，根据危险货物性质、特点，按国家有关法规、标准，专门设计制造的包装物、容器和采取的防护技术。

① 危险货物包装根据其内装物的危险程度划分为三种包装类别：

Ⅰ类包装——盛装具有较大危险性的货物，包装强度要求高；

Ⅱ类包装——盛装具有中等危险性的货物，包装强度要求较高；

Ⅲ类包装——盛装具有较小危险性的货物，包装强度要求一般。

② 有特殊要求的另按国家有关规定办理。

（2）危险货物运输包装不得重复使用。性质特殊，须采取特殊包装的，如盛装气体危险货物的钢瓶等不受本条限制。

（3）危险货物的运输包装和内包装应按《品名表》及《包装表》的规定确定，同时还须符合下列要求：

① 包装材料材质、规格和包装结构应与所装危险货物性质和重量相适应。包装材料不得与所装物产生危险反应或削弱包装强度。

② 充装液态货物的包装容器内至少留有5％的余量（罐车及罐式集装箱装运的液体危险货物应符合《规则》第十五章有关规定）。

③ 液态危险货物要做到气密封口。对须装有通气孔的容器，其设计和安装应能防止货物流出和杂质、水分进入。其他危险货物的包装应做到严密不漏。

④ 包装应坚固完好，能抗御运输、储存和装卸过程中正常的冲击、振动和挤压，并便于装卸和搬运。

⑤ 包装的衬垫物不得与所装货物发生反应而降低安全性，应能防止内装物移动和起到减震及吸收作用。

⑥ 包装表面应保持清洁，不得黏附所装物质和其他有害物质。

（4）危险货物运输包装应取得国家规定的包装物、容器生产许可证及检验合格证。

铁路运输时，应根据铁路运输特点、状况、条件，由符合国家规定条件且铁道部认定的包装检测机构进行包装性能试验。试验要求、方法、合格标准须符合《铁路危险货物运输包装性能试验规定》。

钢瓶应符合《气瓶安全监察规程》规定；放射性物质包装应按照《放射性物质安全运输规程》（GB 11806）的要求进行设计和试验。

（5）采用集装化运输的危险货物，包装需符合本规则规定，使用的集装器具必须有足够的强度，能够经受堆码和多次搬运，并便于机械装卸。

（6）货物包装上应牢固、清晰地标明《危险货物包装标志》和《包装储运图示标志》。进出口危险货物在国内段运输时必须粘贴或拴挂、喷涂相应的中文危险货物包装标志和储运标志。

（五）运输及签认制度

（1）危险货物限使用棚车装运（《危险货物品名表》第11栏内有特殊规定除外）。装运时，限同一品名、同一铁危编号。

爆炸品、硝酸铵、氯酸钠、氯酸钾、黄磷和钢桶包装的一级易燃液体应选用车况良好的P64、P64A、P64AK、P64AT、P64GK、P64GT等竹底棚车或木底棚车装运，并须对门口处金属磨耗板，端、侧墙的金属部分采用非破坏性措施进行衬垫隔离处理。如使用铁底棚车，须经铁路局批准。

毒性物质限使用毒品专用车，如毒品专用车不足，经铁路局批准可使用铁底棚车装运（剧毒品除外）。铁路局应指定毒品专用车保管（备用）站。毒品专用车回送时，使用"特殊货车及运送用具回送清单"。

（2）危险货物装卸作业使用的照明设备及装卸机具必须具有防爆性能，并能防止由于装卸作业摩擦、碰撞产生火花。装卸作业前，应对车辆和仓库进行必要的通风和检查，向装卸工组说明货物品名、性质、作业安全事项并准备好消防器材和安全防护用品。作业时要轻拿轻放，堆码整齐稳固，防止倒塌，严禁倒放、卧装（钢瓶等特殊容器除外）。

（3）爆炸品、硝酸铵、剧毒品（非罐装、有特殊规定67号）、气体类和其他另有规定的危险货物运输作业实行签认制度。作业应按规定程序和作业标准进行并签认。

（六）危险货物运输押运管理

（1）爆炸品（烟花爆竹除外）、硝酸铵实行全程随货押运。剧毒品、罐车装运气体类（含空车）危险货物实行全程随车押运。装运剧毒品的罐车和罐式箱不需押运。其他危险货物需要押运时按有关规定办理。

（2）押运员必须取得《培训合格证》。运输气体类的危险货物时，押运员还须取得《押运员证》。

（3）押运员应了解所押运货物的特性，押运时应携带所需安全防护、消防、通信、检测、维护等工具以及生活必需品，应按规定穿着印有红色"押运"字样的黄色马甲，不符合规定的不得押运。押运间仅限押运员乘坐，不允许闲杂人员随乘，执行押运任务期间，严禁吸烟、饮酒及做其他与押运工作无关的事情。

押运员在押运过程中必须遵守铁路运输的各项安全规定，并对所押运货物的安全负责。

发站要对押运工具、备品、防护用品以及押运间清洁状态等进行严格检查，不符合要求的禁止运输。

（4）气体危险货物押运员应对押运间进行日常维护保养，破损严重的要及时向所在车站报告，由车站通知所在地货车车辆段按规定予以扣修。对门窗玻璃损坏等能自行修复的，必须及时修复。

押运间内必须保持清洁，严禁存放易燃易爆物品及其他与押运无关的物品。对未乘坐押运员的押运间应使用明锁锁闭，车辆在沿途作业站停留时，押运员必须对不用的押运间进行巡检，发现问题，及时处理。

（5）押运员在途中要严格执行全程押运制度，认真按照"全程押运签认登记表"要求进行签认，严禁擅自离岗、脱岗。严禁押运员在区间或站内向押运间外投掷杂物。运行时，押运间的门不得开启。对押运期间产生的垃圾要收集装袋，到沿途有关站后，可放置在车站垃圾存放点集中处理。

（七）消防、劳动安全及防护

（1）办理站要建立健全消防、安全防护责任制，针对本站危险货物业务特点，对职工进行消防、安全防护教育和培训；确定重点危险源，按照国家有关规定，配置消防、安全防护设施和器材，设置消防、安全防护标志。消防、安全防护设施、器材需由专人管理，负责进行检查、维修、保养、更换和添置，确保消防、安全防护设施和器材齐全完好有效。

（2）办理站要建立义务应急救援队伍，制定事故处置和应急预案，设置醒目的安全疏散标志，保持疏散通道安全畅通；定期组织事故救援演练，开展预防自救工作，并对活动进行记录和总结，并对巡查情况进行完整记录。

（3）危险货物办理站和货车洗刷所必须建立健全劳动保护制度，劳动安全与环保设施必须符合国家和铁道部等有关规定。对从事危险货物运输的作业人员应进行劳动安全保护教育，严格执行国家劳动安全卫生规程和标准，有效预防作业过程中的人身伤害事故。

（八）危险货物集装箱运输

（1）铁路危险货物集装箱（以下简称危货箱）限装同一品名、同一铁危编号的危险货物，包装须与本规则规定一致。装箱须采取安全防护措施，防止货物在运输中倒塌、窜动和撒漏。运输时只允许办理一站直达并符合《办理规定》要求。

（2）危货箱办理站（专用线、专用铁路）应设置专用场地，并按货物性质和类项划分区域；场地须具备消防、报警和避雷等必要的安全设施；配备装卸设备设施及防爆机具和检测仪器。危货箱的堆码存放应符合《配放表》中的有关规定。

（3）危货箱仅办理《品名表》中下列品类：

1）铁路通用箱。

① 二级易燃固体（41501～41559）。

② 二级氧化性物质（51501A～51530）。

③ 腐蚀性物质。即二级酸性腐蚀性物质（81501～81535，81601A～81647）；二级碱性腐蚀性物质（82501～82524）；二级其他腐蚀性物质（83501～83514）。

2）自备危货箱。

① 本条1）项规定的品名。

② 毒性物质（61501～61940）。

3）集装箱装运上述1）、2）项以外的危险货物，以及改变包装的需经铁道部批准。

（九）剧毒品运输

（1）剧毒品系指一级毒性物质（61001～61499）。剧毒品运输采用剧毒品黄色专用运单，并在运单上印有骷髅图案。未列入剧毒品跟踪管理范围的剧毒品不采用剧毒品黄色专用运单，不实行全程押运，但仍按剧毒品分类管理。

（2）整列运输剧毒品由铁道部确定有关运输条件。

（3）同一车辆只允许装运同一品名、铁危编号的剧毒品。装车前，货运员要认真核对剧毒品到站、品名是否符合《办理规定》；要检查品名填写是否正确，包装方式、包装材质、规格尺寸、车种车型、包装标志等是否符合《规则》规定。

（4）各铁路局要根据专用线办理剧毒品运输的情况，配齐专用线货运员。装卸作业时，货运员要会同托运人确认品名、清点件数（罐车除外），监督托运人进行施封，并检查施封是否有效。须在车辆上门扣用加固锁加固并安装防盗报警装置。

剧毒品运输过程须进行签认。

（5）剧毒品运输安全要作为重点纳入车站日班计划、阶段计划。车站编制日班计划、阶段计划时要重点掌握，优先安排改编和挂运。车站要根据作业情况建立剧毒品车辆登记、检查、报告和交接制度，值班站长要按技术作业过程对剧毒品车辆进行跟踪监控。

（十）放射性物质运输

（1）在托运货物中任何含有放射性核素并且其放射性比活度和总放射性活度都超过《规则》附录7或附录8相应限值者属于放射性物质。

（2）托运人托运放射性物质或放射性物质空容器时，应出具经铁路卫生防疫部门核查签发的《铁路运输放射性物质包装件表面污染及辐射水平检查证明书》或《铁路运输放射性物质空容器检查证明书》一式两份，一份随货物运交收货人，一份发站留存。

对辐射水平相等、重量固定、包装件统一的放射性物质（如化学试剂、化学制品、矿石、矿砂等）再次托运时，可出具证明书复印件。

托运封闭型固体块状辐射源，如果当地无核查单位时，托运人可凭原有辐射水平检查证明书托运。

（3）放射性物质的包装除应符合本规则包装和标志的有关规定外，还必须满足下列要求：

① 包装件应有足够的强度，保证内容物不泄漏和散失。内、外容器必须封严、盖紧，能有效地减弱放射线强度至允许水平并使放射性物质处于次临界状态。

② 便于搬运、装卸和堆码，重量在5kg以上的包装件应有提手；袋装矿石、矿砂袋口两角应扎结抓手；30kg以上的应有提环、挂钩；50kg以上的包装件应清晰耐久地标明总重。

③ 应在包装件两侧分别粘贴、喷涂或拴挂放射性货物包装标志（见《规则》附录3）。

（4）托运B型包装件、气体放射性物质、国家管制的核材料以及"危险货物品名索引表"内未列载的放射性物质时，须由托运人的主管部门与铁道部商定运输条件。

第六节　危险化学品水路运输安全管理

水路运输是以船舶为主要运输工具，以港口或港站为运输基地，以水域包括海洋、河流和湖泊为运输活动范围的一种运输方式。水运至今仍是世界许多国家最重要的运输方式之一。

中国水路运输发展很快，特别是近30多年来，水路客、货运量均增加16倍以上，目前中国的商船已航行于世界100多个国家和地区的400多个港口。中国当前已基本形成一个具有相当规模的水运体系。在相当长的历史时期内，中国水路运输对经济、文化发展和对外贸易交流起着十分重要的作用。

一、水路运输的形式和特点

1. 水路运输的形式

水路运输有四种形式：

（1）沿海运输　是使用船舶通过大陆附近沿海航道运送客货的一种运输形式，一般使用中、小型船舶。

（2）近海运输　是使用船舶通过大陆邻近国家海上航道运送客货的一种运输形式，视航程可使用中型船舶，也可使用小型船舶。

（3）远洋运输　是使用船舶跨大洋的一种长途运输形式，主要依靠运量大的大型船舶。

（4）内河运输　是使用船舶在陆地内的江、河、湖、川等水道进行运输的一种运输形式，主要使用中、小型船舶。

2. 水路运输的特点

水路运输与其他运输方式相比，具有如下特点：

（1）水路运输运载能力大、成本低、能耗少、投资省，是一些国家国内和国际运输的重要方式之一。例如一条密西西比河相当于 10 条铁路，一条莱茵河抵得上 20 条铁路。此外，修筑 1km 铁路或公路约占地 3hm² 多，而水路运输利用海洋或天然河道，占地很少。在我国的货运总量中，水运所占的比例仅次于铁路和公路。

（2）受自然条件的限制与影响大。即受海洋与河流的地理分布及其地质、地貌、水文与气象等条件和因素的明显制约与影响；水运航线无法在广大陆地上任意延伸。所以，水运要与铁路、公路和管道运输配合，并实行联运。

（3）开发利用涉及面较广。如天然河流涉及通航、灌溉、防洪排涝、水力发电、水产养殖以及生产与生活用水的来源等；海岸带与海湾涉及建港、农业围垦、海产养殖、临海工业和海洋捕捞等。

二、水路危险货物运输规则

1996 年 11 月由交通部颁布，并于 1996 年 12 月起施行的《水路危险货物运输规则》（以下简称《规则》），为加强水路危险货物运输管理，保障运输安全提供了法律依据。要求水路运输危险货物有关托运人、承运人、作业委托人、港口经营人以及其他各有关单位和人员，严格执行。

（一）包装和标志

（1）除爆炸品、压缩气体、液化气体、感染性物品和放射性物品的包装外，危险货物的包装按其防护性能分为：

① Ⅰ类包装：适用于盛装高度危险性的货物；

② Ⅱ类包装：适用于盛装中度危险性的货物；

③ Ⅲ类包装：适用于盛装低度危险性的货物。

各类包装应达到的防护性能要求见《规则》附件三"包装型号、方法、规格和性能试验"。各种危险货物所要求的包装类别见该货物明细表。

（2）危险货物的包装（压力容器和放射性物品的包装另有规定）应按规定进行性能试验。申报和托运危险货物应持有交通部认可的包装检验机构出具的"危险货物包装检验证明书"，符合要求后，方可使用。

（3）盛装危险货物的压力容器和放射性物品的包装应符合国家主管部门的规定，压力容器应持有商检机构或锅炉压力容器检测机构出具的检验合格证书；放射性物品应持有卫生防疫部门出具的"放射性物品包装件辐射水平检查证明书"。

（4）根据危险货物的性质和水路运输的特点，包装应满足以下基本要求。

① 包装的规格、形式和单件质量（重量）应便于装卸或运输。

② 包装的材质、形式和包装方法（包括包装的封口）应与拟装货物的性质相适应。包装内的衬垫材料和吸收材料应与拟装货物性质相容，并能防止货物移动和外漏。

③ 包装应具有一定强度，能经受住运输中的一般风险。盛装低沸点货物的容器，其强度须具有足够的安全系数，以承受住容器内可能产生的较高的蒸气压力。

④ 包装应干燥、清洁、无污染，并能经受住运输过程中温、湿度的变化。

⑤ 容器盛装液体货物时，必须留有足够的膨胀余量（预留容积），防止在运输中因温度

变化而造成容器变形或货物渗漏。

　　⑥ 盛装下列危险货物的包装应达到气密封口的要求。

　　a. 产生易燃气体或蒸气的货物；

　　b. 干燥后成为爆炸品的货物；

　　c. 产生毒性气体或蒸气的货物；

　　d. 产生腐蚀性气体或蒸气的货物；

　　e. 与空气发生危险反应的货物。

　　（5）采用与《规则》不同的其他包装方法（包括新型包装），应符合本段（1）、（2）和（4）的规定，由起运港的港务（航）监督机构和港口管理机构共同依据技术部门的鉴定审核同意并报交通部批准后，方可作为等效包装使用。

　　（6）危险货物包装重复使用时，应完整无损，无锈蚀，并应符合本段（2）、（4）条的规定。

　　（7）危险货物的成组件应具有足够的强度，并便于用机械装卸作业。

　　（8）使用可移动罐柜盛装危险货物，可移动罐柜应符合《规则》"可移动罐柜"的要求。对适用于集装箱条款定义的罐柜还应满足船检部门《集装箱检验规范》的有关要求。

　　（9）每一盛装危险货物的包装上均应标明所装货物的正确运输名称，名称的使用应符合"危险货物明细表"（见《规则》附件一）的规定。包装明显处、集装箱四侧、可移动罐柜四周及顶部应粘贴或印刷符合"危险货物标志"的规定。

　　具有两种或两种以上危险性的货物，除按其主要危险性标贴主标志外，还应标贴《规则》危险货物明细表中规定的副标志（副标志无类别号）。

　　标志应粘贴、刷印牢固，在运输过程中清晰、不脱落。

　　（10）除因包装过小只能粘贴或印刷较小的标志外，危险货物标志不应小于 100mm×100mm；集装箱、可移动罐柜使用的标志不应小于 250mm×250mm。

　　（11）集装箱内使用固体二氧化碳（干冰）制冷时，装箱人应在集装箱门上显著标明"危险！内有二氧化碳（干冰），进入前需彻底通风"字样。

　　（12）集装箱、可移动罐柜和重复使用的包装，其标志应符合本段的规定，并除去不适合的标志。

　　（13）按《规则》规定属于危险货物，但国际运输时不属于危险货物，外贸出口时，在国内运输区段包装件上可不标贴危险货物标志，由托运人和作业委托人分别在水路货物运单和作业委托单特约事项栏内注明"外贸出口，免贴标志"；外贸进口时，在国内运输区段，按危险货物办理。

　　国际运输属于危险货物，但按《规则》规定不属于危险货物，外贸出口时，国内运输区段，托运人和作业委托人应按外贸要求标贴危险货物标志，并应在水路货物运单和作业委托单特约事项栏内注明"外贸出口属于危险货物"；外贸进口时，在国内运输区段，托运人和作业委托人应按进口原包装办理国内运输，并应在水路货物运单和作业委托单特约事项栏内注明"外贸进口属于危险货物"。

　　如《规则》对货物的分类与国际运输分类不一致，外贸出口时，在国内运输区段，其包装件上可粘贴外贸要求的危险货物标志；外货进口时，国内运输区段按《规则》的规定粘贴相应的危险货物标志。

（二）托运

　　（1）危险货物的托运人或作业委托人应了解、掌握国家有关危险货物运输的规定，并按有关法规和港口管理机构的规定，向港务（航）监督机构办理申报并分别同承运人和起运、到达港港口经营人签订运输、作业合同。

（2）办理危险货物运输、装卸时，托运人、作业委托人应向承运人、港口经营人提交以下有关单证和资料。

① "危险货物运输声明"或"放射性物品运输声明"；

② "危险货物包装检验证明书"或"压力容器检验合格证书"或"放射性物品包装件辐射水平检查证明书"；

③ 集装箱装运危险货物，应提交有效的"集装箱装箱证明书"；

④ 托运民用爆炸品应提交所在地县、市公安机关根据《中华人民共和国民用爆炸物品管理条例》核发的"爆炸物品运输证"；

⑤ 除提交上述①～④条的有关单证外，对可能危及运输和装卸安全或需要特殊说明的货物还要提交有关资料。

（3）运输危险货物应使用红色运单；港口作业应使用红色作业委托单。

（4）托运《规则》未列名的危险货物，托运前托运人应向起运港港口管理机构和港务（航）监督机构提交经交通部认可的部门出具的"危险货物鉴定表"，由港口管理机构会同港务（航）监督机构确定装卸、运输条件，经交通部批准后，按《规则》相应类别中"未另列名"项办理。

（5）托运装过有毒气体、易燃气体的空钢瓶，按原装危险货物条件办理。

托运装过液体危险货物、毒害品（包括有毒害品副标志的货物）、有机过氧化物、放射性物品的空容器，如符合下列条件，并在运单和作业委托单中注明原装危险货物的品名、编号和"空容器清洁无害"字样，可按普通货物办理。

① 经倒净、洗清、消毒（毒害品），并持有技术检验部门出具的检验证明书，证明空容器清洁无害。

② 盛装过放射性物品的空容器，其表面清洁无污染，或按可接近非固定污染程度，β 或 γ 发射体低于 $4Bq/cm^2$，α 发射体低于 $0.4Bq/cm^2$，并持有卫生防疫部门出具的"放射性物品空容器检查证明书"。

托运装过其他危险货物的空容器，经倒净、洗清，并在运单中和作业委托单中注明原装危险货物的品名和编号和"空容器，清洁无害"字样，可按普通货物办理。

（6）符合下列条件之一的危险货物，可按普通货物条件运输。

① 成套设备中的部分配件或部分材料属于危险货物（只限不能单独包装），托运人确认在运输中不致发生危险，经起运港港口管理机构和港务（航）监督机构认可后，并在运单和作业委托单中注明"不作危险货物"字样。

② 危险货物品名索引中注有 * 符号的货物，其包装、标志符合规定，且每个包装件不超过 10kg，其中每一小包件内货物净重不超过 0.5kg，并由托运人在运单和作业委托单中注明"小包装化学品"字样；但每批托运货物总净重不得超过 100kg，并按本段的有关规定办理申报或提交有关单证。

（7）性质相抵触或消防方法不同的危险货物应分票托运。

（8）个人托运危险货物，还须持本人身份证件办理托运手续。

（三）承运

（1）装运危险货物时，承运人应选派技术条件良好的适载船舶。船舶的舱室应为钢质结构。电气设备、通风设备、避雷防护、消防设备等技术条件应符合要求。

总吨位在 500t 以下的船舶以及乡镇运输船舶、水泥船、木质船装运危险货物，按国家有关规定办理。

（2）客船和客渡船禁止装运危险货物。客货船和客混船载客时，原则上不得装运危险货物。确需装运时，船舶所有人（经营人）应根据船舶条件和危险货物的性能制定限额要求，部属航运企业报交通部备案，地方航运企业报省、自治区、直辖市交通主管部门和港务（航）监督机构备案。并严格按限额要求装载。

（3）船舶装运危险货物前，承运人或其代理应向托运人收取（二）托运中所规定的有关单证。

（4）载运危险货物的船舶，在航行中要严格遵守避碰规则。停泊、装卸时应悬挂或显示规定的信号。除指定地点外，严禁吸烟。

（5）装运爆炸品、一级易燃液体和有机过氧化物的船、驳，原则上不得与其他驳船混合编队、拖带。必须混合编队、拖带时，船舶所有人（经营人）要制定切实可行的安全措施，经港务（航）监督机构批准后，报交通部备案。

（6）装载易燃、易爆危险货物的船舶，不得进行明火、烧焊或易产生火花的修理作业。如有特殊情况，应采用相应的安全措施。在港时，应经港务（航）监督机构批准并向港口公安消防监督机关备案；在航时应经船长批准。

（7）除客货船外，装运危险货物的船舶不准搭乘旅客和无关人员。搭乘押运人员时，需经港务（航）监督机构批准。

（8）船舶装载危险货物应严格按照《规则》附件四"积载和隔离"的规定和《规则》附件一"各类危险货物引言和明细表"中的特殊积载要求合理积载、配装和隔离。积载处所应清洁、阴凉、通风良好。

遇有下列情况，应采用舱面积载：

① 需要经常检查的货物；

② 需要近前检查的货物；

③ 能生成爆炸性气体混合物，产生剧毒蒸气或对船舶有强烈腐蚀性的货物；

④ 有机过氧化物；

⑤ 发生意外事故时必须投弃的货物。

（9）船舶危险货物的积载，要确保其安全和应急消防设备的正常使用及过道的畅通。

（10）发生危险货物落入水中或包装破损溢漏等事故时，船舶应立即采取有效措施并向就近的港务（航）监督机构报告详情并做好记录。

（11）滚装船装运"只限舱面"积载的危险货物，不应装在封闭和开敞式车辆甲板上。

（12）纸质容器（如瓦楞纸箱和硬纸板桶等）应装在舱内，如装在舱面，应妥加保护，使其在任何时候都不会因受潮湿而影响其包装性能。

（13）危险货物装船后，应编制危险货物清单，并在货物积载图上标明所装危险货物的品名、编号、分类、数量和积载位置。

（14）承运人及其代理人应按规定做好船舶的预、确报工作，并向港口经营人提供卸货所需的有关资料。

（15）对不符合承运要求的船舶，港务（航）监督机构有权停止船舶进、出港和作业，并责令有关单位采取必要的安全措施。

（四）装卸

（1）船舶载运危险货物，承运人应按规定向港务（航）监督机构办理申报手续，港口作业部门根据装卸危险货物通知单安排作业。

（2）装卸危险货物的泊位以及危险货物的品种和数量，应经港口管理机构和港务（航）监督机构批准。

（3）装卸危险货物应选派具有一定专业知识的装卸人员（班组）担任。装卸前应详细了解所装卸危险货物的性质、危险程度、安全和医疗急救等措施，并严格按照有关操作规程作业。

（4）装卸危险货物，应根据货物性质选用合适的装卸机具。装卸易燃、易爆货物，装卸机械应安置火星熄灭装置，禁止使用非防爆型电器设备。装卸前应对装卸机械进行检查，装卸爆炸品、有机过氧化物、一级毒害品、放射性物品，装卸机具应按额定负荷降低25%使用。

（5）装卸危险货物，应根据货物的性质和状态，在船-岸，船-船之间设置安全网，装卸人员应穿戴相应的防护用品。

（6）夜间装卸危险货物，应有良好的照明，装卸易燃、易爆货物应使用防爆型的安全照明设备。

（7）船方应向港口经营人提供安全的在船作业环境。如货舱受到污染，船方应说明情况。对已被毒害品、放射性物品污染的货舱，船方应申请卫生防疫部门检测，采取有效措施后方可作业。

起卸包装破损的危险货物和能放出易燃、有毒气体的危险货物前，应对作业处所进行通风，必要时应进行检测。

如船舶确实不具备作业环境，港口经营人有权停止作业，并书面通知港务（航）监督机构。

（8）船舶装卸易燃、易爆危险货物期间，不得进行加油、加水（岸上管道加水除外）等作业；装卸爆炸品时，不得使用和检修雷达、无线电电报发射机。所使用的通信设备应符合有关规定。

（9）装卸易燃、易爆危险货物，距装卸地点50m范围内为禁火区。内河码头、泊位装卸上述货物应划定合适的禁火区，在确保安全的前提下，方可作业。作业人员不得携带火种或穿铁掌鞋进入作业现场，无关人员不得进入。

（10）没有危险货物库场的港口，一级危险货物原则上以直接换装方式作业。特殊情况，需经港口管理机构批准，采取妥善的安全防护措施并在批准的时间内装上船或提离港口。

（11）装卸危险货物时，遇有雷鸣、电闪或附近发生火警，应立即停止作业，并将危险货物妥善处理。雨雪天气禁止装卸遇湿易燃物品。

（12）装卸危险货物，现场应备有相应的消防、应急器材。

（13）装卸危险货物，装卸人员应严格按照计划装卸，不得随意变更。装卸时应稳拿轻放，严禁撞击、滑跌、摔落等不安全作业。堆码要整齐、稳固，桶盖、瓶口朝上，禁止倒放。

包装破损、渗漏或受到污染的危险货物不得装船，理货部门应做好检查工作。

（14）爆炸品、有机过氧化物、一级易燃液体、一级毒害品、放射性物品，原则上应最后装最先卸。

装有爆炸品的舱室内，在中途港不应加载其他货物，确需加载时，应经港务（航）监督机构批准并按爆炸品的有关规定作业。

（15）对温度较为敏感的危险货物，在高温季节，港口应根据所在地区气候条件确定作业时间，并不得在阳光直射处存放。

（16）装卸可移动罐柜，应防止罐柜在搬运过程中因内装液体晃动而产生静电等不安全因素。

（17）危险货物集装箱在港区内拆、装箱，应在港口管理机构批准的地点进行，并按有关规定采取相应的安全措施后方可作业。

（18）对下列各种情况，港口管理机构有权停止船舶作业，并责令有关方面采取必要的安全处置措施：

① 船舶设备和装卸机具不符合要求；

② 货物装载不符合规定；

③ 货物包装破损、渗漏、受到污染或不符合有关规定。

（五）储存和交付

（1）经常装卸危险货物的港口，应建有存放危险货物的专用库（场）；建立健全管理制度，配备经过专业培训的管理人员及安全保卫和消防人员，配有相应的消防器材。库（场）区域内，严禁无关人员进入。

（2）非危险货物专用库（场）存放危险货物，应经港口管理机构批准，并根据货物性质安装安全电气照明设备，配备消防器材和必要的通风、报警设备。库内应保持干燥、阴凉。

（3）危险货物入库（场）前，应严格验收。包装破损、撒漏、外包装有异状、受潮或沾污其他货物的危险货物应单独存放，及时妥善处理。

（4）危险货物堆码要整齐，稳固，垛顶距灯不少于 1.5m；距垛不少于 1m；性质不相容的危险货物、消防方法不同的危险货物不得同库存放，确需存放时应符合《规则》附件四中的隔离要求。消防器材、配电箱周围 1.5m 内禁止存放任何物品。堆场内消防通道不少于 6m。

（5）存放危险货物的库（场）应经常进行检查，并做好检查记录，发现异常情况迅速处理。

（6）危险货物出运后，库（场）应清扫干净，对存放危险货物而受到污染的库（场）应进行洗刷，必要时应联系有关部门处理。

（7）抵港危险货物，承运人或其代理人应提前通知收货人做好接运准备，并及时发出提货通知。交付时按货物运单（提单）所列品名、数量、标记核对后交付。对残损和撒漏的地脚货应由收货人提货时一并提离港口。

收货人未在港口规定时间内提货时，港口公安部门应协助做好货物催提工作。

（8）对无票、无货主或经催提后收货人仍未提取的货物，港口可依据国家《关于港口、车站无法交付货物的处理办法》的规定处理。对危及港口安全的危险货物，港口管理机构有权及时处理。

（六）消防和泄漏处理

（1）港口经营人、承运船舶应建立健全危险货物运输安全规章制度，制订事故应急措施，组织建立相应的消防应急队伍，配备消防、应急器材。

（2）承运船舶、港口经营人在作业前应根据货物性质配备《船舶装运危险货物应急措施》有关应急表中要求的应急用具和防护设备，并应符合《规则》附件一"各类危险货物引言和明细表"中的特殊要求。作业过程中（包括堆存、保管）发现异常情况，应立即采取措施，消除隐患。一旦发生事故，有关人员应按《危险货物事故医疗急救指南》的要求在现场指挥员的统一指挥下迅速开展施救，并立即报告公安消防部门、港口管理机构和港务（航）监督机构等有关部门。

（3）船舶在港区、河流、湖泊和沿海水域发生危险货物泄漏事故，应立即向港务（航）监督机构报告，并尽可能将泄漏物收集起来，清除到岸上的接收设备中去，不得任意倾倒。

船舶在航行中，为保护船舶和人生命安全，不得不将泄漏物倾倒或将冲洗水排放到水中时，应尽快向就近的港务（航）监督机构报告。

（4）泄漏货物处理后，对受污染处应进行清洗，消除危害。船舶发生强腐蚀性货物泄漏，应仔细检查是否对船舶造成结构上的损坏，必要时应申请船舶检验部门检验。

（5）危险货物运输中有关防污染要求，应符合我国有关环境保护法规的规定。

第七节　危险化学品航空运输安全管理

航空运输又称飞机运输，它是在具有航空线路和飞机场的条件下，利用飞机作为运输工具进行货物运输的一种运输方式。航空运输在我国运输业中，其货运量占全国运输量比例还比较小，主要是承担长途客运任务。随着物流的快速发展，航空运输在货运方面将会扮演重要角色。

航空运输的主要优点是速度非常快，缺点是运输费用相当高，投资额度和运输成本都比较高，固定成本方面包括开拓航线、修建机场和机场维护需要大量资金；可变成本也比较高，主要是由于燃料、飞行员薪水、飞机的维护保养等方面的支出很大。

为了加强危险品航空运输的安全管理，2004 年 5 月由中国民用航空总局颁布，并于 2004 年 9 月 1 日起施行的《中国民用航空危险品运输管理规定》（CCAR-276），为民用航空危险品运输的安全管理，提供了法律依据。其中"危险品"是指列在《危险物品安全航空运输技术细则》（以下简称《技术细则》）危险品清单中或者根据该细则归类的能对健康、安全、财产或者环境构成危险的物品或者物质。危险化学品属于危险品的管理范围。

后经多次修订，目前执行的是中国民用航空局令第 216 号颁布的《中国民用航空危险品运输管理规定》（CCAR-276-R1，以下简称《规定》），自 2014 年 3 月 1 日起施行。

一、危险品航空运输许可程序

（1）经营人从事危险品航空运输，应当取得危险品航空运输许可并根据许可内容实施。

（2）国内经营人申请危险品航空运输许可的，应当符合下列条件。

① 持有公共航空运输企业经营许可证；

② 危险品航空运输手册符合危险品运输的要求；

③ 危险品培训大纲符合危险品运输的要求；

④ 按危险品航空运输手册建立了危险品航空运输管理和操作程序、应急方案；

⑤ 配备了合适的和足够的人员并按危险品培训大纲完成培训并合格；

⑥ 有能力按《规定》《技术细则》和危险品航空运输手册实施危险品航空运输。

（3）危险品航空运输许可的有效期最长不超过两年。出现下列情形之一的，危险品航空运输许可失效。

① 经营人书面声明放弃；

② 许可依法被撤销或者吊销；

③ 有效期届满后未申请延期。

二、危险品航空运输手册

（1）国内经营人的危险品航空运输手册应当至少包括以下内容。

① 进行危险品航空运输的总政策；

② 有关危险品航空运输管理和监督的机构和职责；

③ 旅客和机组人员携带危险品的限制；

④ 危险品事故、危险品事故征候的报告程序；

⑤ 货物和旅客行李中隐含危险品的识别；

⑥ 使用自营航空器运输本经营人危险品的要求；

⑦ 人员的培训；

⑧ 危险品航空运输应急响应方案；

⑨ 紧急情况下危险品运输预案；

⑩ 其他有关安全的资料或者说明。

（2）从事危险品运输经营人的危险品航空运输手册还应当包括以下内容。

① 危险品航空运输的技术要求及其操作程序；

② 通知机长的信息。

国内经营人应当采取措施保持危险品航空运输手册所有内容的实用性和有效性。

三、危险品航空运输的准备

航空运输的危险品所使用的包装物应当符合下列要求。

（1）包装物应当构造严密，能够防止在正常运输条件下由于温度、湿度或者压力的变化，或者由于振动而引起渗漏。

（2）包装物应当与内装物相适宜，直接与危险品接触的包装物不能与该危险品发生化学反应或者其他反应。

（3）包装物应当符合《技术细则》中有关材料和构造规格的要求。

（4）包装物应当按照《技术细则》的规定进行测试。

（5）对用于盛装液体的包装物，应当能承受《技术细则》中所列明的压力而不渗漏。

（6）内包装应当以防止在正常航空运输条件下发生破损或者渗漏的方式进行包装、固定或者垫衬，以控制其在外包装物内的移动。垫衬和吸附材料不得与包装物的内装物发生危险反应。

（7）包装物应当在检查后证明其未受腐蚀或者其他损坏时，方可再次使用。再次使用包装物时，应当采取一切必要措施防止随后装入的物品受到污染。

（8）如果由于之前内装物的性质，未经彻底清洗的空包装物可能造成危害时，应当将其严密封闭，并按其构成危害的情况加以处理。

（9）包装件外部不得黏附构成危害数量的危险物质。

四、托运人的责任

按《规定》和《技术细则》要求接受相关危险品知识的培训并合格。

托运人将危险品的包装件或者集合包装件提交航空运输前，应当按照《规定》和《技术细则》的规定，保证该危险品不是航空运输禁运的危险品，并正确地进行分类、包装、加标记、贴标签，提供真实准确的危险品运输相关文件。

托运国家法律、法规限制运输的危险品，应当符合相关法律、法规的要求。

五、经营人及其代理人的责任

（1）经营人应当在民航地区管理局颁发的危险品航空运输许可所载明的范围和有效期内开展危险品航空运输活动。

（2）经营人应当制定措施防止行李、货物、邮件及供应品中隐含危险品。

（3）经营人接收危险品进行航空运输至少应当符合下列要求。

① 附有完整的危险品运输文件，《技术细则》另有要求的除外；

② 按照《技术细则》的接收程序对包装件、集合包装件或者装有危险品的专用货箱进行检查；

③ 确认危险品运输文件的签字人已按本规定及《技术细则》的要求培训并合格。

六、危险品航空运输信息

（1）经营人在其航空器上载运危险品，应当在航空器起飞前向机长提供《技术细则》规定的书面信息。

（2）经营人应当在运行手册中提供信息，使机组成员能履行其对危险品航空运输的职责，同时应当提供在出现涉及危险品的紧急情况时采取的行动指南。

（3）经营人应当确保在旅客购买机票时，向旅客提供关于禁止航空运输危险品的信息。通过互联网提供的信息可以是文字或者图像形式，但应当确保只有在旅客表示已经理解行李中的危险品限制之后，方可完成购票手续。

（4）在旅客办理乘机手续前，经营人应当在其网站或者其他信息来源向旅客提供《技术细则》关于旅客携带危险品的限制要求。通过互联网办理乘机手续的，经营人应当向旅客提供关于禁止旅客航空运输的危险品种类的信息。信息可以是文字或者图像形式，但应当确保只有在旅客表示已经理解行李中的危险品限制之后，方可完成办理乘机手续。

旅客自助办理乘机手续的，经营人应当向旅客提供关于禁止旅客航空运输的危险品种类的信息。信息应当是图像形式，并应确保只有在旅客表示已经理解行李中的危险品限制之后，方可完成办理乘机手续。

（5）经营人、机场管理机构应当保证在机场每一售票处、办理旅客乘机手续处、登机处以及其他旅客可以办理乘机手续的任何地方醒目地张贴数量充足的布告，告知旅客禁止航空运输危险品的种类。这些布告应当包括禁止用航空器运输的危险品的直观示例。

（6）经营人、货运销售代理人和地面服务代理人应当在货物、邮件收运处的醒目地点展示和提供数量充足、引人注目的关于危险品运输信息的布告，以提醒托运人及其代理人注意到托运物可能含有的任何危险品以及危险品违规运输的相关规定和法律责任，这些布告必须包括危险品的直观示例。

（7）与危险品航空运输有关的经营人、托运人、机场管理机构等其他机构应当向其人员提供信息，使其能履行与危险品航空运输相关的职责，同时应当提供在出现涉及危险品的紧急情况时采取的行动指南。

（8）发生危险品事故或者危险品事故征候，经营人应当向经营人所在国及事故、事故征候发生地所在国有关当局报告。

初始报告可以用各种方式进行，但应当尽快完成一份书面报告。若适用，书面报告应当包括下列内容，并将相关文件的副本与照片附在书面报告上。

① 事故或者事故征候发生日期；

② 事故或者事故征候发生的地点、航班号和飞行日期；

③ 有关货物的描述及货运单、邮袋、行李标签和机票等的号码；

④ 已知的运输专用名称（包括技术名称）和联合国编号；

⑤ 类别或者项别以及次要危险性；

⑥ 包装的类型和包装的规格标记；

⑦ 涉及数量；

⑧ 托运人或者旅客的姓名和地址；

⑨ 事故或者事故征候的其他详细情况；

⑩ 事故或者事故征候的可疑原因；

⑪ 采取的措施；

⑫ 书面报告之前的其他报告情况；

⑬ 报告人的姓名、职务、地址和联系电话。

第八节　港口危险化学品货物安全管理

港口是船舶停泊、装卸货物、上下旅客、补充给养的场所，是船舶安全进出和停泊的运输枢纽，也是水陆交通的集结点。港口具有工农业产品和外贸进出口物资的集散地、综合物流的中心的功能。

港口也经常是危险化学品的重要中转地。由于处于转运中的危险化学品需要管理责任的交接，常常因"责任空缺"而发生安全管理上的相互推脱，发生各类安全事故。2015年天津某公司危险品仓库发生特别重大火灾爆炸事故，其中一个重要原因就是安全管理责任缺失。

为了加强港口危险货物安全管理，2003年8月7日由交通部颁布，并于2004年1月1日起施行的《港口危险货物管理规定》，为加强港口危险化学品货物的管理，提供了法律依据。

一、危险货物港口基本要求

危险货物，即具有爆炸、易燃、毒害、腐蚀、放射性等特性，在水路运输、港口装卸和储存等过程中，容易造成人身伤亡和财产毁损而需要特别防护的货物。

危险货物港口作业，即在港口装卸、过驳、储存、包装危险货物或者对危险货物集装箱进行装拆箱等项作业。

1. 危险货物港口作业基本要求

（1）禁止在港口装卸、储存国家禁止通过水路运输的危险货物。

（2）新建、改建、扩建危险货物作业码头、库场、储罐、锚地等港口设施，应当符合港口总体规划和国家有关建造规范和标准，经所在地港口行政管理部门批准后，按照国家有关基本建设程序办理审批手续。

（3）港口行政管理部门在批准新建、改建、扩建危险货物码头、锚地时，应当事先征得海事管理机构同意。

（4）危险货物港口作业的码头、库场、储罐、锚地等港口设施投入作业前，应当按照国家有关规定组织验收。验收合格后，方可交付使用。

（5）港口经营人从事危险货物港口作业，应当具备港口作业经营人的条件，并向所在地港口行政管理部门申请危险货物港口作业资质认定。未取得危险货物港口作业资质的，不得从事危险货物港口作业。

2. 从事危险货物港口作业经营人的条件

（1）符合《港口法》规定的港口经营许可条件。

（2）具有符合国家标准的应急设备、设施。

（3）具有健全的安全管理制度和操作规程。

（4）至少有一名企业主要负责人应当具备与本单位所从事的危险货物港口作业相关的安全生产知识和管理技能。

（5）配备足够的具有上岗资格证书的管理、作业人员。

（6）具备事故应急预案。主要内容应当包括危险货物作业码头、库场、储罐、锚地等港口设施的概况、重点部位、应急队伍的组成及职责、应急措施、应急救援流程图、指挥序列表、通信方式、应急人员联络表等。

（7）取得消防、环保部门核准意见。

二、危险货物港口作业安全管理

（1）从事危险货物港口作业的企业，应当在由所在地港口行政管理部门发放的危险货物港口作业认可证上核定的危险货物港口作业范围内从事危险货物港口作业活动。

（2）从事危险货物港口作业的企业，应当对从事危险货物港口作业的人员进行有关安全作业知识的培训。

（3）从事危险货物港口作业的管理、作业人员，必须接受有关法律、法规、规章和安全知识、专业技术、职业卫生防护和应急救援知识的培训，并经交通部或其授权的机构组织考核。考核合格，取得上岗资格证后，方可上岗作业。

（4）船舶载运危险货物进出港口，应当将危险货物的名称、理化性质、包装和进出港口的时间等事项，在预计到、离港24h前向海事管理机构报告。但定船舶、定航线、定货种的船舶可以按照有关规定向海事管理机构定期申报。海事管理机构接到上述报告后应当及时将上述信息通报港口所在地港口行政管理部门。

（5）作业委托人应当向从事危险货物港口作业的企业提供正确的危险货物名称、国家或联合国编号、适用包装、危害、应急措施等资料，并保证资料正确、完整。作业委托人不得在委托作业的普通货物中夹带危险货物，不得将危险货物匿报或者谎报为普通货物。

（6）从事危险货物港口作业的企业，在危险货物港口装卸、过驳、储存、包装、集装箱装拆箱等作业开始前24h，应当将作业委托人以及危险货物品名、数量、理化性质、作业地点和时间、安全防范措施等事项向所在地港口行政管理部门报告。港口行政管理部门应当在接到报告后24h内做出是否同意作业的决定，通知报告人，并及时将有关信息通报海事管理机构。未经港口行政管理部门同意，不得进行危险货物港口作业。

（7）从事危险货物港口作业的企业，应当按照安全管理制度和操作规程组织危险货物港口作业。

（8）从事危险货物港口作业的人员应当按照企业安全管理制度和操作规程进行危险货物的操作。

（9）从事危险货物港口作业的企业，应当对危险货物包装进行检查，发现包装不符合国家有关规定的，不得予以作业，并应当及时通知作业委托人处理。

港口行政管理部门应当根据国家有关规定对危险货物包装进行抽查。不符合规定的，可责令作业委托人处理。

（10）爆炸品、压缩气体和液化气体、易燃液体、易燃固体、自燃物品和遇湿易燃物品的港口作业，企业应当划定作业区域，明确责任人并实行封闭式管理。作业区域应当设置明显标志，禁止无关人员进入和无关船舶停靠。作业期间严禁烟火，杜绝一切火源。

（11）发生下列情况，从事危险货物港口作业的企业应当及时处理并报告所在地港口行政管理部门：

① 发现未申报或者申报不实、申报有误的危险货物；

② 在普通货物或集装箱中发现性质相抵触的危险货物。

（12）从事危险货物港口作业的企业应当按照事故应急预案进行定期演练，做好演练记录，并根据实际情况对事故应急预案进行修订。

（13）当危险货物港口作业发生事故时，从事危险货物港口作业的企业应迅速启动事故应急预案，采取应急行动，排除事故危害，控制事故进一步扩散。并按照国家有关规定立即向港口行政管理部门和有关部门报告。

第八章

危险化学品管道输送安全技术

　　危险化学品生产中，管道和设备同样重要。因此，加强管道的使用、管理，也是实现安全生产的一项重要工作。由于管道输送代表了最先进的运输方式，运输能力大、成本低、效率高、损耗小、安全性强、管理方便、计量交接简便，因此，在我国的油气运输中占有相当大的比重。截至 2016 年年底，中国已建成油气管道总里程 11.64 万公里，其中天然气管道 6.8 万公里，原油管道 2.29 万公里，成品油管道 2.55 万公里，新建成投产的油气管道以延续"十二五"期间开工的管道为主，并已基本形成连通海外、覆盖全国、横跨东西、纵贯南北、区域管网紧密跟进的油气骨干管网布局。根据有关预测，到"十三五"末的 2020 年，我国长输油气管道总里程将超过 16 万公里。

第一节　危险化学品管道输送概论

　　压力管道是用来输送流体介质的一种设备。这些管道的输送介质和操作参数不尽相同，其危险性和重要程度差别很大，特别是输送危险化学品介质，其危险程度更加不可忽视。为了保证各类管道在设计条件下均能安全可靠地运行，对不同重要程度的管道应当提出不同的设计、制造和施工检验要求。目前在工程上主要采用对压力管道分类或分级的办法来解决这一问题。

一、管道输送的优点

　　管道运输不仅运量大、连续、迅速、经济、安全、可靠、平稳以及投资少、占地少、费用低，并可实现自动控制。除广泛用于石油、天然气的长距离运输外，还可运输矿石、煤炭、建材、化学品和粮食等。管道运输可省去水运或陆运的中转环节，缩短运输周期，降低运输成本，提高运输效率。当前管道运输的发展趋势是管道的口径不断增大，运输能力大幅度提高；管道的运距迅速增加；运输物资由石油、天然气、化工产品等流体逐渐扩展到煤炭、矿石等非流体。中国已建成大庆至秦皇岛、胜利油田至南京等多条原油管道运输线。

　　在五大运输方式中，管道运输有着独特的优势。在建设上，与铁路、公路、航空相比，投资要省得多。就石油的管道运输与铁路运输相比，交通运输协会的有关专家曾算过一笔账：沿成品油主要流向建设一条长 7000km 的管道，它所产生的社会综合经济效益，仅降低运输成本、节省动力消耗、减少运输中的损耗 3 项，每年可节约资金数十亿元。

　　在油气运输上，管道运输有其独特的优势，首先在于它的平稳、不间断输送，对于现代化大生产来说，油田不停地生产，管道可以做到不停地运输，炼油化工工业可以不停地生产成品，满足国民经济需要；二是实现了安全运输，对于油气来说，汽车、火车运输均有很大的危险，国外称之为"活动炸弹"，而管道在地下密闭输送，具有极高的安全性；三是保质，管道在密闭状态下运输，油品不挥发，质量不受影响；四是经济，管道运输损耗少、运费低、占地少、污染低。

　　成品油作为易燃易爆的高危险性流体，最好的运输方式应该是管道输送。与其他运输方式相比，管道运输成品油有运输量大，劳动生产率高；建设周期短，投资少，占地少；运输损耗少，无"三废"排放，有利于环境生态保护；可全天候连续运输，安全性高，事故少；以及运输自动化，成本和能耗低等明显优势。

主要优点可大概概括为：

1. 运量大

一条输油管线可以源源不断地完成输送任务。根据其管径的大小不同，其每年的运输量可达数百万吨到几千万吨，甚至超过亿吨。

2. 占地少

运输管道通常埋于地下，其占用的土地很少；运输系统的建设实践证明，运输管道埋藏于地下的部分占管道总长度的95%以上，因而对于土地的永久性占用很少，分别仅为公路的3%，铁路的10%左右，在交通运输规划系统中，优先考虑管道运输方案，对于节约土地资源，意义重大。

3. 管道运输建设周期短、费用低

国内外交通运输系统建设的大量实践证明，管道运输系统的建设周期与相同运量的铁路建设周期相比，一般来说要短1/3以上。历史上，中国建设大庆至秦皇岛全长1152km的输油管道，仅用了23个月的时间，而若要建设一条同样运输量的铁路，至少需要3年的时间，新疆至上海市的全长4200km的天然气运输管道，预期建设周期不会超过2年，但是如果新建同样运量的铁路专线，建设周期在3年以上，特别是地质地貌条件和气候条件相对较差，大规模修建铁路难度将更大，周期将更长，统计资料表明，管道建设费用比铁路低60%左右。

天然气管道输送与其液化船运（LNG）的比较。以输送$300m^3/a$的天然气为例，如建设6000km管道投资约120亿美元；而建设相同规模（2×10^7t）LNG厂的投资则需200亿美元以上；另外，需要容量为12.5万立方米的LNG船约20艘，一艘12.5万立方米的LNG船造价在2亿美元以上，总的造船费约40亿美元。仅在投资上，采用LNG就大大高于管道。

4. 管道运输安全可靠、连续性强

由于石油天然气易燃、易爆、易挥发、易泄漏，采用管道运输方式既安全，又可以大大减少挥发损耗，同时由于泄漏导致的对空气、水和土壤的污染也可大大减少，也就是说，管道运输能较好地满足运输工程的绿色化要求，此外，由于管道基本埋藏于地下，其运输过程恶劣多变的气候条件影响小，可以确保运输系统长期稳定地运行。

5. 管道运输耗能少、成本低、效益好

发达国家采用管道运输石油，每吨每千米的能耗不足铁路的1/7，在大量运输时的运输成本与水运接近，因此在无水条件下，采用管道运输是一种最为节能的运输方式。管道运输是一种连续工程，运输系统不存在空载行程，因而系统的运输效率高，理论分析和实践经验已证明，管道口径越大，运输距离越远，运输量越大，运输成本就越低，以运输石油为例，管道运输、水路运输、铁路运输的运输成本之比为1∶1∶1.7。

二、管道输送的缺点

1. 专用性强

运输对象受到限制，承运的货物比较单一。只适合运输诸如石油、天然气、化学品、碎煤浆等气体和液体货物。

2. 灵活性差

管道运输不如其他运输方式（如汽车运输）灵活，除承运的货物比较单一外，它也不能随便扩展管线。实现"门到门"的运输服务，对一般用户来说，管道运输常常要与铁路运输或汽车运输、水路运输配合才能完成全程输送。

3. 固定投资大

为了进行连续输送，还需要在各中间站建立储存库和加压站，以促进管道运输的畅通。

4. 专营性强

管道运输属于专用运输，其成产与运销混为一体，不提供给其他发货人使用。

三、压力管道的定义

质检总局关于修订《特种设备目录》的公告（2014 年第 114 号），对压力管道进行了新定义。

根据《中华人民共和国特种设备安全法》《特种设备安全监察条例》的规定，质检总局修订了《特种设备目录》，经国务院批准，现予以公布施行。同时，《关于公布<特种设备目录>的通知》（国质检锅［2004］31 号）和《关于增补特种设备目录的通知》（国质检特［2010］22 号）予以废止。《特种设备目录》由质检总局负责解释。

压力管道的最新定义是指利用一定的压力，用于输送气体或者液体的管状设备，其范围规定为最高工作压力大于或者等于 0.1MPa（表压），介质为气体、液化气体、蒸汽或者可燃、易爆、有毒、有腐蚀性、最高工作温度高于或者等于标准沸点的液体，且公称直径大于或者等于 50mm 的管道。公称直径小于 150mm，且其最高工作压力小于 1.6MPa（表压）的输送无毒、不可燃、无腐蚀性气体的管道和设备本体所属管道除外。其中，石油天然气管道的安全监督管理还应按照《安全生产法》《石油天然气管道保护法》等法律法规实施。

四、管道专业术语

在管道工程领域，经常要进行语言交流。在交流中涉及较多的是专业术语的定义问题，如果无法统一的定义，就会出现词义混淆、一词异义或一义异词等现象。由于管道工程领域所涉及的行业较多，所以其术语的风格略有差异。

（一）管道设计部分

（1）流体输送管道　系指设计单位在综合考虑了流体性质、操作条件以及其他构成管理设计等基础因素后，在设计文件中所规定的输送各种流体的管道。流体可分为剧毒流体、有毒流体、可燃流体、非可燃流体和无毒流体。

（2）GA 类长输管道　是指产地、储存库、使用单位间的用于输送商品介质（油、气等），并跨省、市，穿、跨越江河、道路等，中间有加压泵站的长距离（一般大于 50km）管道。

（3）GB 类公用管道　是指城市、乡镇、工业厂矿生活区范围内用于公用事业或民用的燃气管道和热力管道。

（4）GC 类工业管道　指企、事业单位所属的用于输送工艺介质的管道，公用工程管道及其他辅助管道。包括延伸出工厂边界线，但归属企、事业单位管辖的工艺管道。

（5）GD 类动力管道　是火力发电厂用于输送蒸汽、汽水两相介质的管道。

（6）工程设计　由操作要求发展而来的，并符合 GB 50316—2008《工业金属管道设计规范》要求的详细设计，包括用以指导管道安装的全部必要的图纸和说明书。

（7）设计压力　在正常操作过程中，在相应设计温度下，管道可能承受的最高工作压力。

（8）工作压力　工作压力是为了保证管路工作时的安全，而根据介质的各级最高工作温度所规定的一种最大压力。最大工作压力是随着介质工作温度的升高而降低的。用 P 表示，单位为 MPa。

（9）波动压力　由管道系统中液体的流速发生突然变化所产生的大于工作压力的瞬时压力，亦称水锤压力，通常发生在突然关闭阀门或停泵的情况。

（10）静水压力　在静止状态下由水位高差产生的作用在管内壁或外壁上的压力。

（11）动水作用力 由管外部水的流动产生的作用在水下管道上的推力、吸力及浮力等作用力。

（12）真空压力 压力运行管道在突然降压导致管道内瞬时真空状态下，由大气压力作用在管外壁的压力。

（13）设计温度 在正常操作过程中，在相应设计压力下，管道可能承受的最高或最低温度。

（14）工作温度 管道在正常操作条件下的温度。

（15）适用介质 在正常操作条件下，适合于管道材料的介质。

（16）设计寿命 设计计算的使用时间，来验证一种可调换的或永久性的部件是否适宜于预期的使用时间。设计寿命不是管线系统的寿命，因为经适当维护和保护的管线系统可以长期地进行液体输送。

（17）管道荷载 设计时应考虑的各种可能出现的施加在管道结构上的集中力或分布力的统称，包括恒（永久）荷载、活（可变）荷载和其他荷载。

（18）计算壁厚（理论壁厚） 计算壁厚是根据压力，按强度条件计算得到的壁厚。

（19）压力试验 以液体或气体为介质，对管道逐步加压，达到规定的压力，以检验管道强度和严密性的试验。

（20）强度试验压力 管道强度试验的规定压力。

（21）泄漏性试验 以气体为介质，在设计压力下，采用发泡剂、显色剂、气体分子感测仪或其他专门手段检查管道系统中泄漏点的试验。

（22）密封试验压力（严密性试验压力） 管道密封试验的规定压力。

(二) 管子与管道

（1）管子 用以输送流体或传递流体压力的密封中空连续体称为管子。管道用管子按国际标准分为两类：

① 按照相关标准规格制造的圆截面管子，其规格用"公称尺寸"表示，同一公称尺寸的管子，壁厚可以不同，但其外径均相同，国际上称为"pipe"。

② 不按上述标准制造的，可以是圆截面也可以是任意其他截面（如矩形、多边形等）的管子。圆管的规格由外径、内径和壁厚三者之二确定，国际上称为"tube"。

（2）钢管 由铁和碳等元素炼制的圆管的统称。

（3）无缝钢管 钢坯经穿孔轧制或拉制成的管子。

（4）有缝钢管 由钢板、钢带等卷制，经焊接或熔接而成的管子。

（5）不锈钢管 用少量铬和镍等金属元素炼制的合金钢制作的圆管。具有高度抗腐蚀能力，并耐高温和高压，属合金钢管范畴。

（6）管道 用以输送、分配、混合、分离、排放、计量或截止流体流动的管道组成件总称。管道除管道组成件外，还包括管道支承件，但不包括支承构筑物，如建筑框架、管架、管廊和底座（管墩或基础）等。

① 管道组成件。用于连接或装配成压力密封的管道系统机械元件，包括管子、管件、法兰、垫片、紧固件、阀门、安全保护设施以及膨胀节、挠性接头、耐压软管、过滤器、管路中的仪表（如孔板）和分离器等。

② 安装件。将负荷从管子或管道附着件上传递至支承结构或设备上的元件。它包括吊杆、弹簧支吊架、斜拉杆、平衡锤、松紧螺栓、支撑杆、链条、导轨、锚固件、鞍座、垫板、滚柱、托座和滑动支架等。

③ 管道支承件。是将管道荷载，包括管道的自重、输送流体的重量、由于操作压力和温差所造成的荷载以及振动、风力、地震、雪载、冲击和位移应变引起的荷载等传递到管架

结构上去的元件。

（7）工业管道　由金属管道元件连接或装配而成，在生产装置中用于输送工艺介质的工艺管道、公用工程管道及其他辅助管道。

（8）工艺管道　输送原料、中间物料、成品、催化剂、添加剂等工艺介质的管道。

（9）公用系统管道　工艺管道以外的辅助性管道，包括水、蒸汽、压缩空气、惰性气体等的管道。

（10）长输管道　指产地、储存库、使用单位间的用于输送商品介质的管道。

（11）副管　为增加管道输量，在输油站间的瓶颈段敷设与原有线路相平行的管段。

（12）输油管道工程　用管道输送油品的建设工程，一般包括钢管、管道附件和输油站等。

（13）输气管道工程　用管道输送天然气或人工煤气的工程，一般包括输气管道、输气站、管道穿越及辅助生产设施等工程内容。

（14）压力管道　指利用一定的压力，用于输送气体或者液体的管状设备，其范围规定为最高工作压力大于或者等于 0.1MPa（表压）的气体、液化气体、蒸汽介质或者可燃、易爆、有毒、有腐蚀性、最高工作温度高于或者等于标准沸点的液体介质，且公称直径大于 25mm 的管道。

（15）在用压力管道　已经投入运行的压力管道。

（16）高压管道　管内介质表压力大于 9.81MPa（100kgf/cm²）管道。

（17）中压管道　管内介质表压力 1.57～9.81MPa（16～100kg f/cm²）的管道。

（18）低压管道　管内介质表压力为 0～1.57MPa（0～16kg f/cm²）的管道。

（19）无压管道　指输送的液体是在其自重作用下运行的管道，且其管内液体的最高运行液面不超过管道截面内顶。

（20）真空管道　管内压力低于绝对压力 0.1MPa（一个标准大气压）的管道。

（21）输油管道　由生产、储存等供油设施向用户输送原油或成品油的管道及其附属设施的统称。

（22）输气管道　由生产、储存等供气设施向用户输送天然气、煤气等燃气的管道及其附属设施的统称。

（三）管件

（1）管件　管道系统中用于直接连接、转弯、分支、变径以及用作端部等的零部件，包括弯头、三通、四通、异径管接头、管箍、内外螺纹接头、活接头、快速接头、螺纹短节、加强管接头、管堵、管帽、盲板等（不包括阀门、法兰、紧固件）。

（2）管道附件　管件、补偿器、阀门及其组合件等管道专用部件的统称。

（3）管道特殊件　指非普通标准组成件，系按工程设计条件特殊制造的管道组成件，包括膨胀节、补偿器、特殊阀门、爆破片、阻火器、过滤器、挠性接头及软管等。

（4）焊接钢管件　焊接钢管件是管件加工厂用无缝钢管或焊接钢管（大小头也可用钢板）经下料焊接加工而成的管件。常见的焊接钢管件有焊接弯头、焊接弯头管段、焊接三通和焊接大小头等。

（5）锻制管件　利用锻压机械的锤头、砧块、冲头或通过模具对管件坯料施加压力，使之产生塑性变形，从而获得所需形状和尺寸的管件。

（6）弯头　管道转向处的管件。

（7）异径弯头　两端直径不同的弯头。

（8）长半径弯头　弯曲半径等于 1.5 倍管子公称直径的弯头。

（9）短半径弯头　弯曲半径等于管子公称直径的弯头。

（10）45°弯头　使管道转向45°的弯头。

（11）90°弯头　使管道转向90°的弯头。

（12）180°弯头（回弯头）　使管道转向180°的弯头。

（13）三通　一种可连接三个不同方向管道的呈T形的管件。

（14）等径三通　直径相同的三通。

（15）异径三通　直径不同的三通。

（16）四通　一种可连接四个不同方向管道的呈十字形的管件。

（17）活接头　由几个元件组成的，用于连接管段，便于装拆管道上其他管件的管接头。

（18）快速接头　可迅速连接软管的管接头。

（19）盲板　插在一对法兰中间，将管道分隔开的圆板。

（四）管法兰、垫片及紧固件

（1）法兰　用于连接管子、设备等的带螺栓孔的突缘状元件。

（2）平焊法兰　须将管子插入法兰内圈焊接的法兰。

（3）对焊法兰　带颈的、有圆滑过渡段的、与管子为对焊连接的法兰。

（4）承插焊法兰　带有承口的、与管子为承插焊连接的法兰。

（5）螺纹法兰　带有螺纹，与管子为螺纹连接的法兰。

（6）松套法兰　活套在管子上的法兰，与翻边短节组合使用。

（7）特殊法兰　非圆形的法兰，如菱形法兰、方形法兰等。

（8）异径法兰（大小法兰）　同标准法兰连接，但接管公称直径小于该标准法兰接管公称直径的法兰。

（9）平面法兰　密封面与整个法兰面为同一平面的法兰。

（10）凸台面法兰（光滑面法兰）　密封面略高出整个法兰面的法兰。

（11）凹凸面法兰　一对法兰，其密封面，一呈凹型，一呈凸型。

（12）榫槽面法兰　一对法兰其密封面，一个有榫，一个有与榫相配的槽。

（13）环连接面法兰　法兰的密封面上有一环槽。

（14）法兰盖（盲法兰）　与管道端法兰连接，将管道封闭的圆板。

（15）紧固件　紧固法兰等用的机械零件。

（16）螺栓　一端有头，一端有螺纹的紧固件，如六角头螺栓等。

（17）螺柱　两端或全长均有螺纹的柱形紧固件。

（18）螺母　与螺栓或螺柱配合使用，有内螺纹的紧固件，如六角螺母等。

（19）垫圈　垫在连接件与螺母之间的零件，一般为扁平形的金属环。

（20）垫片　为防止流体泄漏设置在静密封面之间的密封元件。

（21）非金属垫片　用石棉、橡胶、合成树脂等非金属材料制成的垫片。

（22）非金属包垫片　在非金属垫外包一层合成树脂的垫片。

（23）半金属垫片　用金属和非金属材料制成的垫片，如缠绕式垫片、金属包垫片等。

（24）缠绕式垫片　由V形或W形断面的金属带夹非金属带螺旋缠绕而成的垫片。

（25）内环　设置在缠绕式垫片内圈的金属环。

（26）外环　设置在缠绕式垫片外圈的金属环。

（27）金属包垫片　在非金属内芯外包一层金属的垫片。

（28）金属垫片　用钢、铜、铝、镍或蒙乃尔合金等金属制成的垫片。

（五）阀门

（1）阀门　用以控制管道内介质流动的、具有可动机构的机械产品的总称。

（2）闸阀　启闭件为闸板，由阀杆带动，沿阀座密封面做升降运动的阀门。

（3）截止阀　启闭件为阀瓣，由阀杆带动，沿阀座（密封面）轴线做升降运动的阀。

（4）节流阀　通过启闭件（阀瓣）改变通路截面积，以调节流量、压力的阀门。

（5）球阀　启闭件为球体，绕垂直于通路的轴线转动的阀门。

（6）蝶阀　启闭件为蝶板，绕固定轴转动的阀门。

（7）隔膜阀　启闭件为隔膜，由阀杆带动，沿阀杆轴线做升降运动，并将动作机构与介质隔开的阀门。

（8）旋塞阀　启闭件呈塞状，绕其轴线转动的阀门。

（9）止回阀　启闭件为阀瓣，能自动阻止介质逆流的阀门。

（10）安全阀　当管道或设备内介质的压力超过规定值时，启闭件（阀瓣）自动开启排放，低于规定值时自动关闭，对管道或设备起保护作用的阀门。

（11）减压阀　通过启闭件（阀瓣）的节流，将介质压力降低，并借阀后压力的直接作用，使阀后压力自动保持在一定范围内的阀门。

（12）疏水阀　自动排放凝结水并阻止蒸汽通过的阀门。

（13）调节阀　根据外来信号或流体压力的传递推动调节机构，以改变流体流量的阀门。

（14）换向阀　能改变管内流体流动方向的阀门。

（六）管道腐蚀

（1）管道腐蚀　由于化学或电化学作用，引起管道的消损破坏。

（2）化学腐蚀　不导电的液体及干燥的气体造成的腐蚀。

（3）电化学腐蚀　由有电子转移的化学反应（即有氧化和还原的化学反应）造成的腐蚀。

（4）应力腐蚀　金属在特定腐蚀性介质和应力的共同作用下所引起的破坏。

（5）晶间腐蚀　沿金属晶粒边界发生的腐蚀现象。

（6）均匀腐蚀　在与腐蚀环境接触的整个金属表面上几乎以相同速度进行的腐蚀。

（7）局部腐蚀　在金属管道等的某些部位的腐蚀。

（8）沟状腐蚀　具有腐蚀性的某种腐蚀产物由于重力作用流向某个方向时所产生的沟状局部腐蚀。

（9）点蚀　产生点状的腐蚀且从金属表面向内部扩展，形成孔穴。

（10）缝隙腐蚀　由于狭缝或间隙的存在，在狭缝内或近旁发生的腐蚀。

（11）轻微腐蚀　年腐蚀速率不超过 0.1mm 的腐蚀。

（12）中等腐蚀　年腐蚀速率在 0.1mm 以上、1.0mm 以下的腐蚀。

（13）强腐蚀　年腐蚀速率等于或大于 1.0mm 的腐蚀。

（14）气体腐蚀　在金属表面上无任何水相条件下所发生的腐蚀。

（15）大气腐蚀　在环境温度下，以地球大气作为腐蚀环境的腐蚀。

（16）微生物腐蚀　与腐蚀体系中存在的微生物作用有关的腐蚀。

（17）海洋腐蚀　在海洋环境中所发生的腐蚀。

（18）土壤腐蚀　在环境温度下，以土壤作为腐蚀环境的腐蚀。

（19）腐蚀裕度（腐蚀裕量）　在确定管子等壁厚时，为腐蚀减薄而预留的厚度。

五、管道元件的公称尺寸和公称压力

在压力管道设计、制作、安装和验收工程中，涉及最多的两个术语就是公称压力和公称直径。但常有人将公称压力理解为管道所能承受的最大压力，而将公称直径（公称尺寸）理解为管道的内径、外径、平均直径、平均外径等。这些理解在有些情况下可能是准确的，而在另一情况下则可能是错误的。

公称压力是为了设计、制造和使用方便，而人为地规定的一种名义压力。这种名义上的压力的单位实际是压强，压力则是中文的俗称，其单位是 Pa 而不是 N。

公称直径与公称尺寸是同义术语。但在不同的专业领域，公称尺寸与公称直径所表达的概念并非完全一致。在管道工程中，公称尺寸是首选术语。

（一）管道元件的公称尺寸

管道元件公称尺寸在现行国家标准 GB/T 1047—2005《管道元件 DN（公称尺寸）的定义和选用》做出了准确的定义，该标准采用了 ISO 6708：1995《管道元件 DN（公称尺寸）的定义和选用》的内容。管道元件公称尺寸术语适用于输送流体用的各类管道元件。

1. 管道元件公称尺寸术语定义

DN：用于管道元件的字母和数字组合的尺寸标识。它由字母 DN 和后跟无因次的整数数字组成。这个数字与端部连接件的孔径或外径（用 mm 表示）等特征尺寸直接相关。

应当注意的是并非所有的管道元件均须用公称尺寸标记，例如钢管就可用外径和壁厚进行标记。

2. 标记方法

公称尺寸的标记由字母"DN"后跟一个无因次的整数数字组成，如外径为 89mm 的无缝钢管的公称尺寸标记为 DN80。

3. 公称尺寸系列规定

公称尺寸的系列规定如表 8-1 所示。表中黑体字为 GB/T 1047—2005 优先选用的公称尺寸。

表 8-1　管道元件公称尺寸 DN 优先选用数值　　　　单位：mm

公称通径系列 DN							
3	50	225	450	750	1200	2000	3800
6	65	250	475	800	1250	2200	4000
8	80	275	500	850	1300	2400	
10	90	300	525	900	1350	2600	
15	100	325	550	950	1400	2800	
20	125	350	575	1000	1450	3000	
25	150	375	600	1050	1500	3200	
32	175	400	650	1100	1600	3400	
40	200	425	700	1150	1800	3600	

GB/T 1047—2005 对原标准名称、范围、定义进行了修改，对 PN 的数值进行了简化，删去了原标准中的标记方法。

管道元件的公称尺寸在我国工程界也有称其为公称通径或公称直径，但三者的含意完全相同。与国际标准接轨后，将逐步采用"公称尺寸"这一国际通用术语。

ISO 6708 和 GB/T 1048 也允许采用 NPS、外径等标识方法。NPS（nominal pipe size）是公称尺寸采用以英寸单位计量时的标识代号。无论是采用 DN 或者 NPS，管道元件标准应给出 DN（或 NPS）与外径（如管子、管件），或 DN（或 NPS）与内径或通径（如阀门）的关系。

美国的工程公司一般采用 NPS 表达，其 PDS 数据库也是以 NPS 为基础建立的。日本标准采用 DN 和 NPS 并列的办法。前者为 A 系列，后者为 B 系列。

我国和欧洲各国一般采用 DN。但与国外合作设计时也采用 NPS。应当说明的是，采用英寸单位仅限于公称直径（以及管螺）。而其他尺寸计量单位还是采用国际单位制。如以 DN400 为例，即相当于美标的 NPS16，日本的 400A 或 16B。

一般情况下公称尺寸的数值既不是管道元件的内径，也不是管道元件的外径，更不是管道元件的内外径的平均值，而是与管道元件的外径相接近的一个整数值。而目前相当多国家现行标准中还是使用"公称直径"这一术语。但应当指出的是，不论英文还是汉语，"尺寸表示东西的长短或大小，是一个模糊名词；而直径不论英文还是汉语中表示通过圆心连接圆周上的两点或通过球心并连接球面上两点的线段，是一个确切的名词，在实际的管道元件中根本就不存在"公称直径"这一尺寸，在教学和实践中易产生歧义。况且国际标准 ISO 6708：1995 及现行国家标准《管道元件 DN（公称尺寸）的定义和选用》（GB/T 1047—2005）中均选用了"公称尺寸"。因此，"公称尺寸"比"公称直径"更适宜，是首选术语。因此，具有确切含义的可实测值的尺寸，称为公称直径，如压力容器的公称直径；无具体可测值的尺寸，称为公称尺寸，如管道元件的公称尺寸。

（二）管道元件的公称压力

管道元件公称压力在国家标准 GB/T 1048—2005《管道元件 PN（公称压力）的定义和选用》做出了准确的定义，该标准采用了 ISO 7268：1996《管道元件 PN 的定义和选用》的内容。

1. 管道元件公称压力术语定义

PN：与管道元件的力学性能和尺寸特性相关、用于参考的字母和数字组合的标识。它由字母 PN 的后跟无因次的数字组成。

由字母 PN 和无因次数字组合而成，表示管道元件名义压力等级的一种标记方法。英文名称 nominal pressure for pipework components。

（1）字母 PN 后跟的数字不代表测量值，不应用于计算目的，除非在有关标准中另有规定。

（2）除与相关的管道元件标准有关联外，术语 PN 不具有意义。

（3）管道元件允许压力取决于元件的 PN 数值、材料和设计以及允许工作温度等，允许压力在相应标准的压力-温度等级中给出。

（4）具有同样 PN 数值的所有管道元件同与其相配的法兰应具有相同的配合尺寸。

2. 标记方法

公称压力的标记由字母 PN 后跟一个数值组成，如公称压力为 1.6MPa 的管道元件，标记为 PN16。

3. 公称压力系列

公称压力 PN 的数值应从表 8-2 中选择。必要时允许选用其他 PN 数值。

表 8-2　管道元件公称压力系列

DIN(德国)	ANSI(美国)
PN2.5	PN20
PN6	PN50
PN10	PN110
PN16	PN150
PN25	PN260
PN40	PN420
PN63	
PN100	

GB/T 1048—2005 删去了原标准中的公称压力的标记方法，删去了 PN 数值的单位（MPa），明确了 PN（公称压力）只是"与管道元件的力学性能和尺寸特性相关、用于参考的字母和数字组合的标识"的基本概念，并在注解进一步说明了字母 PN 后跟的数字不代表测量值，不应用于计算。

目前国内许多标准还处于新旧交替阶段，GB/T 1048—2005《管道元件 *PN*（公称压力）的定义和选用》已经与国际标准 ISO 7268：1996《管道元件 *PN* 的定义和选用》接轨，一些与公称压力相关的管道元件的国家现行标准将随之修订，应当引起读者的高度关注。

在国家最新的标准 GB/T 1048 中的公称压力是由字母及后跟无因次的数字组成。这一点是与被替代标准的本质区别。

第二节　危险化学品管道涂色标识

一、概述

输送气体和液体的工业管道涂色是为了安全、防腐、醒目、美观和整洁。国家标准 GB 7231—2003《工业管道的基本识别色、识别符号和安全标识》对管道工程做了统一规定，颜色按 GB 2893—2008《安全色》规定施行。管道标识只适用于工业生产中的非地下埋设的气体和液体输送管道。

二、基本识别色

1. 识别色规定

根据管道内物质的一般性能，分为八类，并相应规定了八种基本识别色和相应的颜色标准编号，如表 8-3 所示。

表 8-3　八种基本识别色和色样及颜色标准编号

物质种类	基本识别色	颜色标准编号
水	艳绿	G03
水蒸气	大红	R03
空气	淡灰	B03
气体	中黄	Y07
酸或碱	紫	P02
可燃液体	棕	YR05
其他液体	黑	
氧	淡蓝	PB06

2. 基本识别色标识方法

工业管道的基本识别色标识方法，使用方法应从以下五种方法中选择。如图 8-1 所示。说明如下：

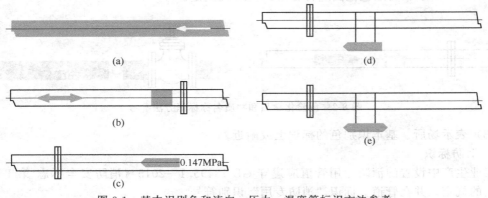

图 8-1　基本识别色和流向、压力、温度等标识方法参考

a. 管道全长上标识；

　　b. 在管道上以宽为 150mm 的色环标识；

　　c. 在管道上以长方形的识别色标牌标识；

　　d. 在管道上以带箭头的长方形识别色标牌标识；

　　e. 在管道上以系挂的识别色标牌标识。

　　当采用图 8-1(b)～(e) 方法时，两个标识之间的最小距离应为 10m；图 8-1(c)～(e) 的标牌最小尺寸应以能清楚观察识别色来确定；当管道采用图 8-1(b)～(e) 基本识别色标识方法时，其标识的场所应该包括所有管道的起点、终点、交叉点、转弯处、阀门和穿墙孔两侧等的管道上和其他需要标识的部位。

三、识别符号

　　工业管道的识别符号由物质名称、流向和主要工艺参数等组成，其标识应符合下列要求。

　　1. 物质名称的标识

　　（1）用物质全称标识　例如氮气、硫酸、甲醇。

　　（2）用化学分子式标识　例如 N_2、H_2SO_4、CH_3OH。

　　2. 物质流向的标识

　　（1）工业管道内物质的流向用箭头表示，如图 8-1(a) 所示；如果管道内物质的流向是双向的，则以双向箭头表示，如图 8-1(b) 所示。

　　（2）当基本识别色的标识方法采用图 8-1(d)、(e) 时，则标牌的指向就作为表示管道内的物质流向。

　　3. 其他要求

　　（1）物质的压力、温度、流速等主要工艺参数的标识，使用方可按需自行确定采用。

　　（2）标识中的字母、数字的最小字体，以及箭头的最小外形尺寸，应以能清楚观察识别符号来确定。

四、安全标识

　　1. 危险标识

　　（1）适用范围　管道内的物质，凡属于《化学品分类和危险性公示通则》（GB 13690—2009）中所列的危险化学品，其管道应设置危险标识。

　　（2）表示方法　在管道上涂 150mm 宽黄色，在黄色两侧各涂 25mm 宽黑色的色环或色带，如图 8-2 所示。安全色范围应符合 GB 2893 的规定。

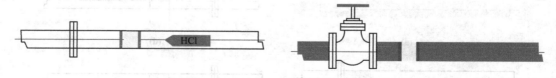

图 8-2　危险化学品和物质名称标识方法参考

　　（3）表示场所　基本识别色的标识上或附近。

　　2. 消防标识

　　工业生产中设置的消防专用管道应遵守 GB 13495.1—2015《消防安全标志 第 1 部分：标志》的规定，并在管道上标识"消防专用"识别符号。

第三节　管道的分类与分级

一、管道分类

现代工业装置中安装了大量不同规格、不同用途的管道。这些管道的输送介质和操作参数不尽相同，其危险性和重要程度差别很大。为了保证各类管道在设计条件下均能安全可靠地运行，对不同重要程度的管道应当提出不同的设计、制造和施工检验要求。目前在工程上主要采用对管道分类或分级的办法来解决这一问题。

（1）管道工程按其服务对象的不同，可大体分为两大类。

① 一类是在工业生产中输送介质的管道，称为工业管道；

② 另一类是在设施中或为改变劳动、工作或生活条件而输送介质的管道，主要指暖卫管道或水暖管道，有时又统称卫生工程管道。

（2）工业管道有些则是按照产品生产工艺流程的要求，把生产设备连接成完整的生产工艺系统，成为生产工艺过程中不可分割的组成部分。因此，通常有些又可称其为工艺管道。

（3）输送的介质是生产设备的动力媒介（动力源）的，这类工业管道又叫作动力管道。生产或供应这些动力媒介物的站房，称为动力站。

（4）工业管道和水暖管道在企业生产区里有时很难区分，常常既为生活服务，又承担输送生产过程中的介质。例如上水管，它既输送饮用和卫生用水，又是表面处理用水和冷却水供应系统。

（5）根据我国特种设备安全技术规范 TSG D3001—2009《压力管道安装许可规则》，管道的类别和级别划分如表 8-4 所示。

二、压力管道分级

工业管道输送的介质种类繁多、性质差异大，其分级不仅要考虑操作参数的高低，而且还要考虑介质危险程度的差别。

目前我国管道分级是根据美国标准 ANSI/ASME B31.3，并结合我国的习惯做法来进行分级的。目前有效的管道分级依据是国家标准、国家行业标准及国家特种设备技术规范，如 TSG R1001—2008《压力容器压力管道设计许可规则》，压力管道分为长输管道、公用管道、工业管道、动力管道。

（1）长输管道　是指产地、储存库、使用单位间的用于输送商品介质（油、气等），并跨省、市，穿、跨越江河、道路等，中间有加压泵站的长距离（一般大于 50km）管道。如图 8-3 所示。

图 8-3　长输管道

长输管道用字母"GA"表示，划分为 GA1 级和 GA2 级。如表 8-4 所示。

表 8-4　压力管道的类别和级别

名称	类别	级别		级别划分的范围
长输管道	GA	GA1	GA1 乙	(1)输送有毒、可燃、易爆气体或者液体介质，设计压力大于 10MPa 的； (2)输送距离大于或者等于 1000km 且公称尺寸大于等于 1000mm 的
			GA1 甲	(1)输送有毒、可燃、易爆气体介质，设计压力大于 4.0MPa，小于 10MPa 的； (2)输送有毒、可燃、易爆液体介质，设计压力大于或者等于 6.4MPa、但小于 10MPa 的； (3)输送距离小于 200km 且公称尺寸大于或者等于 500mm 的
		GA2		GA1 级以外的长输(油气)管道
公用管道	GB	GB1		燃气管道
		GB2		(1)设计压力大于 2.5MPa 的热力管道 (2)设计压力小于或者等于 2.5MPa 的热力管道
工业管道	GC	GC1		(1)输送 GBZ 230—2010《职业性接触毒物危害程度分级》中规定的毒性程度为极度危害介质、高度危害气体介质和工作温度高于标准沸点的高度危害液体介质的管道； (2)输送 GB 50160—2008《石油化工企业设计防火规范》及 GB 50016—2014《建筑设计防火规范》中规定的火灾危险性为甲、乙类可燃气体或甲类可燃液体(包括液化烃)，并且设计压力大于或者等于 4.0MPa 的管道； (3)输送流体介质，并且设计压力大于或者等于 10.0MPa，或者设计压力大于或者等于 4.0MPa，且设计温度大于等于 400℃的管道
		GC2		除 GC3 级管道外，介质毒性危害程度、火灾危害(可燃性)、设计压力和设计温度低于 GC1 级的管道
		GC3		输送无毒、非可燃流体介质，设计压力小于或者等于 1.0MPa，且设计温度大于 −20℃，但是不高于 186℃的管道
动力管道	GD	GD1		设计压力大于或者等于 6.3MPa，设计温度高于或等于 400℃的管道
		GD2		设计压力小于 6.3MPa，且设计温度低于 400℃的管道

（2）公用管道　是指城市、乡镇、工业厂矿生活区范围内用于公用事业或民用的燃气管道和热力管道。如图 8-4 所示。

图 8-4　公用管道

公用管道用字母"GB"表示，划分为 GB1 级和 GB2 级。如表 8-4 所示。

（3）工业管道　指企、事业单位所属的用于输送工艺介质的管道，公用工程管道及其他辅助管道。包括延伸出工厂边界线，但归属企、事业单位管辖的工艺管道。如图 8-5 所示。

工业管道用字母"GC"表示，划分为 GC1 级、GC2 级、GC3 级。如表 8-4 所示。

图 8-5　公用管道

（4）动力管道　是火力发电厂用于输送蒸汽、汽水两相介质的管道。如图 8-6 所示。

图 8-6　动力管道

动力管道用字母"GD"表示，划分为 GD1 级、GD2 级。如表 8-4 所示。

第四节　压力管道安全技术

一、压力管道的安全使用管理

压力管道与压力容器一样，危险性较大。因此，做好日常的检查维护及检修十分重要。压力管道的维护管理主要有以下几方面。

1. 外部检查

管道外部检查每年一次。外部检查的主要项目有：

① 有无裂纹、腐蚀、变形、泄漏等情况；

② 紧固件是否齐全，有无松动，法兰有无偏斜，吊卡、支架是否完好等；

③ 绝热层、防腐层是否完好；

④ 管道震动情况，管道与相邻物件有无摩擦；

⑤ 阀门填料有无泄漏、操作机构是否灵活；

⑥ 易燃易爆介质管道，每年必须检查一次防静电接地电阻，法兰间接接触电阻应小于 0.03Ω，管道对地电阻不得大于 100Ω。

停用两年以上需重新启用的，外部检查合格后方可使用。

2. 定点测厚

定点测厚主要用于检查高压、超高压管道，一般每年至少进行一次，主要检查管道易冲刷、腐蚀、磨损的焊缝弯管、角管、三通等部位。定点测厚部位的测点数量，按管道腐蚀、冲刷、磨损情况及直径大小、使用年限等确定。定点测厚发现时，应扩大检测范围，做进一步检测。定点测厚数据记入设备档案中。

3. 全面检查

Ⅰ、Ⅱ、Ⅲ类管道的全面检查，每 3～6 年进行一次，可根据实际技术状况和检测情况，延长或缩短检查周期，但最长不得超过 9 年。高压、超高压管道全面检查，一般 6 年进行一次。使用期限超过 15 年的Ⅰ、Ⅱ、Ⅲ类管道，经全面检查，技术状况良好，经单位技术总负责人批准，仍可按原定周期检查，否则应缩短检查周期。

全面检查的主要项目有：

① 外部检查的全部项目；

② 定点测厚，Ⅰ、Ⅱ类管道的弯头应 100% 测厚，Ⅲ类管道弯点 50% 测厚，每个测厚部位至少选 3 点进行；

③ 管道焊缝进行射线或超声波探伤抽查，Ⅰ类管道抽查 20%，Ⅱ类管道抽查 10%，Ⅲ类管道的石油气、氢气、液化气管道抽查 5%，抽查中发现超标缺陷应及时处理；

④ 高温及受交变应力部位的管道，应进行宏观检查，并做磁粉探伤抽查；

⑤ 对出现超温、超压，可能影响金属材料和结构强度的管道，以蠕变率控制使用寿命、使用期限已接近设计寿命的管道，有可能引起氢腐蚀的管道等，还必须进行全面理化检查，必要时取样检验，检验内容包括化学成分、力学性能、焊接及热影响的硬度、冲击韧性和金相，根据检验结果确定能否继续使用；

⑥ 管道严密性试验，试验压力为操作压力的 1.0 倍，可与装置停工检修后的试压一并进行。

4. 非定期的特别检查

① 生产流程的受害部位，如加热炉出口、塔类设备底部、高温高压机泵、压缩机的进出口等处的管道；

② 管道上易被忽视的部位、"盲肠"部位；

③ 管道发生超温、超压或其他异常情况后。

压力管道是可能引起燃烧爆炸或中毒等危险性较大的特种设备，因此，使用单位必须做好压力管道的安全管理工作。详见国家质量技术监督局发《压力管道文件汇编》[1999] 272 号文件。

二、压力管道安全技术

压力管道造成泄漏而引起火灾、爆炸事故在化工行业常有发生，其原因主要是由于介质腐蚀磨损使管壁变薄。因此，防止压力管道事故，应着重从防腐入手。

1. 管道的腐蚀及预防

工业管道的腐蚀以全面腐蚀最多，其次是局部腐蚀和特殊腐蚀。遭受腐蚀最为严重的装置通常为换热设备、燃烧炉的配管。工业管道的腐蚀一般易出现在以下部位，需特别予以关注。

① 管道的弯曲、拐弯部位，流线型管段中有液体流入而流向又有变化的部位。

② 在排液管中经常没有液体流动的管段易出现局部腐蚀。

③ 产生汽化现象时，与液体接触的部位比与蒸气接触的部位更易遭受腐蚀。

④ 液体或蒸汽管道在有温差的状态下使用，易出现严重的局部腐蚀。

⑤ 埋设管道外部的下表面容易产生腐蚀。

防止管道腐蚀应从三个方面入手。

① 设计足够强度的管道，管道设计应根据管内介质的特性、流速、压力、管道材质、使用年限等，计算出介质对管材的腐蚀速率，在此基础上选取适当的腐蚀裕度。

② 合理选择管材，即依据管道内部介质的性质，选择对该种介质具有耐腐蚀性能的管道材料。

③ 采用合理防腐措施，如采用涂层防腐、衬里防腐、电化学防腐及使用缓蚀剂等。其中用得最为广泛的涂层防腐，涂料涂层防腐最常见。

2. 管道的绝热

工业生产中，由于工艺条件的需要，很多管道和设备都要加以保温、保冷和加热保护，均属于管道和设备的绝热。

① 保温保冷。管道、设备在控制或保持热量的情况下应予保温、保冷；为了避免介质因为日晒或外界温度过高而引起蒸发的管线、设备应予保温；对于温度高于 65℃ 的管道、设备，如果工艺不要求保温，但为避免烫伤，在操作人员可能触及的范围内也应保温；为了避免低温介质因为日晒或外界温度过高而引起冷损失的管线、设备应予保冷。

② 加热保护。对于连续或间断输送具有下列特性的流体的管道，应采取加热保护。凝固点高于环境温度的流体管道；流体组分中能形成有害操作的冰或结晶；含有 H_2S、HCl、Cl_2 等气体，能出现冷凝或形成水合物的管道；在环境温度下黏度很大的介质。加热保护的方式有蒸汽伴管、夹套管及电热带三种。

③ 绝热材料。无论是管道保温、保冷，还是加热保护，都离不开绝热材料。材料的热导率越小、单位体积的质量越大、吸水性越低，其绝热性能就越好。此外，材质稳定、不可燃、耐腐蚀、有一定的强度也是绝热材料所必备的条件。工业管道常用的绝热材料有毛毡、石棉、玻璃棉、石棉水泥、岩棉及各种绝热泡沫塑料等。

第五节　典型危险化学品管道泄漏、燃烧事故应急处置

一、危险化学品压力管道常见事故原因

可能引起压力管道泄漏的主要原因有：

(1) 压力管道设计不当造成管系在设计寿命内无法满足运行工况要求，使得管道及附属设备损坏。

(2) 压力管道材料失效，如内外部腐蚀及应力腐蚀开裂等。

(3) 压力管道制造、安装缺陷在运行中扩展造成管道失效。

(4) 压力管道或附件密封元件选型不当、老化等造成管道泄漏。

(5) 违章作业、误操作、第三方破坏等造成的管道破坏。

(6) 自然灾害（包括地震、滑坡、雷击）造成的管道破坏。

(7) 违章占压，导致地基下沉，引发埋地管道破坏。

二、压力管道应急处置基本注意事项

(1) 防止泄漏物进入排水系统、下水道、地下室等受限空间，可用沙袋等封堵。

(2) 根据介质特性和现场情况佩戴个体防护装备。

(3) 在应急处置过程中，应尽量减小有毒有害介质及应急处置的废水对水源和周围环境的污染危害，避免发生二次灾害。

（4）有毒有害、易燃易爆介质泄漏应保持通风，隔离泄漏区直至散尽。

（5）埋地管道开挖时须派专人密切关注地下管网情况，防止机械开挖时破坏事故管线和其他管线、电缆等。

（6）可燃介质管道泄漏时，①应急处置时应消除事故隔离区内所有点火源。②应急处置人员必须穿防静电护具，不得穿化学纤维或带铁钉鞋，现场需备有石棉布、棉布套及灭火器（干粉、二氧化碳）。③处置漏气必须使用不产生火星的工具，机电仪器设备应防爆或可靠接地，以防止引燃泄漏物。④检查泄漏部位，必须使用可燃气体检测器或肥皂水涂液法，严禁用明火去查漏。⑤及时清除周围可燃、易燃、易爆危险物品。

（7）事故向不利方面发展时，应请求上级支援，并向当地政府部门报告，同时根据现场情况，积极采取有效措施防止事故扩大。

（8）除公安、消防人员外，其他警戒保卫人员以及抢险人员、医疗人员等参与应急处置行动人员，须有标明其身份的明显标志。

（9）必要时实施交通管制，疏散周围非抢险人员。

三、输油管道泄漏、燃烧事故应急处置

1. 原油介质特性

原油介质特性如表 8-5 所示。

表 8-5　原油介质特性

危险性类别	(1)闪点<23℃和初沸点≤35℃；易燃液体，类别1 (2)闪点<23℃和初沸点>35℃；易燃液体，类别2 (3)23℃≤闪点≤60℃；易燃液体，类别3
理化性质	· 视组分的不同具有不同的颜色，如黄色、黑色、褐色等的黏稠状液体 · 主要成分为石油或其沉淀物一起产生的碳氢化合物以及氮硫化合物的混合物 · 沸点：从常温到500℃以上 · 相对密度（水为1）：0.75~0.95 · 闪点：-20~100℃ · 爆炸极限：1.1%~8.7% · 微溶于水，溶于三氯甲烷 · 禁配物：强氧化剂
火灾爆炸危险性	· 易燃 · 遇到高热、火星、火苗极易引起燃烧爆炸 · 受热分解成轻质烃类
对人体健康危害	· 原油中芳香烃以及杂原子化合物具有一定的毒性 · 皮肤危害：对皮肤具有过敏性影响 · 眼睛接触：视原油中芳香烃化合物和氮的化合物的含量的不同具有不同程度的刺激性 · 吸入：会刺激呼吸道和呼吸器官，引起恶心，头晕等症状
个体防护	· 佩戴全防型滤毒罐 · 穿简易防化服 · 戴防化手套 · 穿防化安全靴
隔离与公共安全	· 泄漏 · 污染范围不明的情况下，初始隔离至少50m，下风向疏散至少300m · 发生大量泄漏时，初始隔离至少300m，下风向疏散至少1000m · 进行气体浓度监测，根据有毒蒸气的实际浓度，调整隔离、疏散距离 · 火灾 · 火场内如有储罐、槽车或罐车，隔离800m · 考虑撤离隔离区内的人员、物资

急救措施	·皮肤接触:用清水清洗15min,衣服与鞋子在再次穿用之前要彻底清洗干净,如果仍出现不适,就医 ·眼睛接触:立即用大量清水冲洗至少15min ·吸入:迅速脱离现场至空气新鲜处,保持呼吸道通畅;如呼吸困难,给输氧;如呼吸心跳停止,立即进行人工呼吸和胸外按压术 ·食入:给饮牛奶或用植物油洗胃和灌肠
灭火	灭火剂:雾状水、泡沫、干粉、二氧化碳

2. 输油管道简介

（1）结构　输油管道多为埋地敷设,包括管子、管件、法兰、螺栓连接、垫片、阀门、其他组成件或受压部件和支承件（地上管道）等。一般设有阴极保护装置和外防腐层。管道沿线还设有阀门井、标志牌、标志桩和测试桩,便于管道的检测和维护。

（2）用途　输油管道由管子及其附件组成,并按照工艺流程的需要,配备相应的油泵机组,设计安装成一个完整的管道系统,用以完成油料接卸及输转任务。

（3）参数　输油管道的设计压力一般为1.0～4.0MPa,设计温度为常温,但因敷设环境和供油需要而相应变化。

3. 输油管道事故原因

详见本节一、危险化学品压力管道常见事故原因。

4. 输油泄漏应急处置

（1）迅速撤离泄漏污染区人员至上风处,并进行隔离,严格限制出入。

（2）现场应急处置

① 当接报有管道泄漏时,应立即安排人员查找泄漏点。

② 使用防爆的通信工具。

③ 根据泄漏点的实际情况,可采用卡具堵漏或管道封堵换管等措施,如果现场不允许长时间停输,应首先架设旁通线方式,恢复燃油输送,并采取进一步抢险措施。详见第十五章第八节内容。

④ 构筑围堤或挖沟槽收容泄漏物,并在内部放置耐油防渗布,收集泄漏物,防止进入水体、下水道、地下室等限制性空间;必要时应对周边下水道等限制性空间的可燃介质进行监测,防止发生大范围燃爆事故。

⑤ 喷雾状水稀释泄漏物挥发的气体,禁止用直流水冲击泄漏物。

⑥ 用泡沫覆盖泄漏物,减少挥发。

⑦ 用砂土或其他不燃材料吸收泄漏物。

⑧ 如果海上或水域发生溢油事故,可布防围油栏引导或遏制溢油,防止溢油扩散,使用撇油器、吸油棉或消油剂消除溢油。

⑨ 及时用油罐车等回收泄漏物。

5. 输油管道燃烧应急处置

（1）应在保证安全的情况下关闭阀门。

（2）用水幕、雾状水或常规泡沫灭火。不得使用直流水扑救。

（3）尽可能远距离灭火或使用遥控水枪或水炮扑救。

6. 输油管道应急处置注意事项

（1）参见本节二、压力管道应急处置基本注意事项。

（2）进入密闭空间之前必须先通风。

（3）在危险区域还要通知电力或附近企业立即断电。

四、天然气管道泄漏、燃烧事故应急处置

1. 天然气介质特性

天然气介质特性见表 8-6。

表 8-6　天然气介质特性

危险性类别	易燃气体,类别 1;加压气体
理化性质	· 主要成分是甲烷,为无色、无味、无毒且无腐蚀性气体 · 沸点:−162.5℃ · 爆炸极限(体积分数):5%~14% · 相对密度(水为 1):约 0.45 · 相对蒸气密度(空气为 1):0.7~0.75
火灾爆炸危险性	· 易燃、易爆 · 甲烷的最大燃烧速度为 0.38m/s,燃烧速度快 · 火焰温度高,辐射热高,对人体伤害大 · 爆炸速度快,冲击波威力大,破坏性强 · 天然气气体比空气轻,容易逸散 · 与空气混合能形成爆炸性混合物,遇明火、高热极易燃烧爆炸,且爆炸下限低,最小着火能量小
对人体健康危害	天然气对人基本无毒,但浓度过高时,使空气中氧含量明显降低,使人窒息。当空气中甲烷达 25%~30%(体积分数)时,可引起头痛、头晕、乏力、注意力不集中、呼吸和心跳加速、共济失调。若不及时脱离,可致窒息死亡
个体防护	· 泄漏状态下佩戴正压式空气呼吸器,火灾时可佩戴简易滤毒罐 · 穿简易防化服 · 处理液化气体时,应穿防寒服
隔离与公共安全	泄漏 · 污染范围不明的情况下,初始隔离至少 100m,下风向疏散至少 800m · 大口径输气管线泄漏时,初始隔离至少 1000m,下风向疏散至少 1500m · 进行气体浓度监测,根据气体的实际浓度,调整隔离、疏散距离 火灾 · 火场内如有储罐、槽车或罐车,隔离 1600m · 考虑撤离隔离区内的人员、物资
急救措施	吸入:迅速脱离现场至空气新鲜处,保持呼吸道通畅;如呼吸困难,给输氧;如呼吸心跳停止,立即进行人工呼吸和胸外心脏按压术
灭火	灭火剂:雾状水、泡沫、二氧化碳

2. 天然气管道简介

（1）结构　长输和城镇天然气管道多为埋地敷设，包括管子、管件、法兰、螺栓连接、垫片、阀门、其他组成件或受压部件和支承件（地上管道）等。钢制管道一般设有阴极保护装置和外防腐层。长输天然气管道一般管径较大（管径 $DN400$ 以上）、距离长（一般从几百公里至几千公里），管道材质均为钢管。城镇天然气管道一般是由高、中、低压管网组成，遍布在整个城市和近郊，成环形布置，组成输配管网，管道材质有钢管和 PE 管。管道沿线还设有阀门井、标志牌、标志桩和测试桩，便于管道的检测和维护。

（2）用途　天然气管道是由管子及其附件所组成，将天然气（包括油田生产的伴生气）从开采地或处理厂输送到城市配气中心或工业企业用户的管道，又称输气管道。

（3）参数　长输天然气管道设计压力一般为 4.0~10.0MPa，设计温度一般为常温；城镇天然气管道设计压力一般为 0.1~4.0MPa，设计温度一般为常温。

3. 天然气管道事故原因

参见一、危险化学品压力管道常见事故原因。

4. 天然气泄漏应急处置

（1）当接报有管道泄漏时，应立即安排人员查找泄漏点，使用防爆的通信工具。

（2）分析判断事故管段位置，通知有关场站操作流程，关闭事故管段两端阀门，启动相关场站紧急放空，减少事故段天然气泄漏量。

（3）立即通知地方政府、公安、消防、医疗救护等部门协助抢修、人员疏散、警戒、消防监护。若此时地方政府未到现场，由先到场的应急人员协助事故现场地方基层的行政单位疏散事故周边人员，划定警戒区。若地方政府到现场，告知隔离防护范围，由地方政府进行人员疏散、隔离和警戒。

（4）联系相关单位或附近居民，了解在天然气泄漏区域内是否有其他密闭空间（如地下室、地下窨井等），同时检查管线附近居民室内是否窜入泄漏天然气，并采取相应措施。

（5）立即通知供用气单位及相关部门，及时启动气量调配应急方案。

（6）当天然气浓度在爆炸极限范围以内时，应强制通风，降低浓度后方可作业。作业现场应保证人员疏散通道及消防通道畅通，灭火器材专人到位。

（7）根据现场提供的情况，制订抢修方案。如是管线本体、焊缝、阀门及连接法兰因出现砂眼、细微裂缝、密封不严等而引起的程度不很严重的漏气，这类问题可采用不停气、不放空，用带压堵漏的方法解决（运行压力能够满足施工要求的情况下），其主要器具是用半圆顶丝管卡或柔性钢带顶丝管卡。详见第十五章第八节内容。

（8）如是管段破裂大量漏气，则可将事故管段进行氮气置换或两端进行减压并封堵，在氮气保护下用切管机切掉事故管段。

（9）按要求进行不停输换管施工。

（10）当处置中无法消除漏气现象或不能切断气源时，禁止动火作业，并作好事故现场的安全防护工作。喷雾状水稀释泄漏天然气，改变蒸气云流向。

5. 天然气管道燃烧应急处置

（1）应在保证安全的情况下关闭阀门。

（2）天然气泄漏还没有得到控制时，切勿盲目将火全部扑灭，否则，火灭后天然气泄漏出来继续与空气混合，遇火源易发生爆炸。正确的扑火方法是先扑灭外围的可燃物大火，切断火势蔓延的途径，控制燃烧范围，等到天然气泄漏得到控制时，再将火完全扑灭。

（3）视情况适时划定警戒区域。

（4）喷雾水枪快速出水降低热辐射，对下风向建筑物实施重点保护。

（5）若火源上方有高压线和电话等通信线路，水枪手穿绝缘靴戴绝缘手套，将水流从高压线旁边垂直喷射到高压线上方，散落水花对裸露的通信线路起降温保护。

（6）若火势已使邻近建筑物外墙广告牌、装饰面起火，应立即铺设水带深入建筑物内部，将水枪阵地设置于直接靠近火点的楼层窗口。

（7）发生电线断落，应由专业人员尽快处置。

（8）待压力降低后用喷雾水枪适时灭火，视情况逐步缩小警戒区域直至撤销。

（9）尽可能远距离灭火或使用遥控水枪或水炮扑救。

6. 天然气应急处置注意事项

（1）参见本节二、压力管道应急处置基本注意事项。

（2）在危险区域还要通知电力或附近企业立即断电。

（3）管道修复后，要确认天然气设施完好无泄漏，阀门启闭也符合要求后才能供气，并用便携式可燃气体报警器对周围阀井、建（构）筑物、地下沟渠等进行天然气浓度检测，确认不存在不安全因素后，撤离现场。

第九章

危险化学品消防技术

任何一起火灾爆炸的发生，无论其起因如何，由火灾爆炸的成灾机理可知，都是由于可燃物的燃烧所致，所以，要防止火灾爆炸的发生，首要措施就是对可燃物进行有效的控制和管理。而在所有可以燃烧的物质当中，火灾爆炸危险性和危害性最大的物质就是具有易燃易爆、氧化等特性的各类危险化学品。危险化学品防火原理就是要了解危险化学品的类别，掌握危险化学品本身的危险特性和防火措施。

第一节　防火防爆基本措施

防火防爆基本措施，是根据科学原理和实践经验，对火灾爆炸危险所采取的预防、控制和消除措施。根据物质燃烧爆炸原理，防止发生火灾爆炸事故的基本点为：

① 控制可燃物和助燃物的浓度、温度、压力及混触条件，避免物料处于燃爆的危险状态；

② 消除一切可以导致起火爆炸的点火源；

③ 采取各种阻隔手段，阻止火灾爆炸事故灾害的扩大。

从理论上讲，不使物质处于燃爆的危险状态和消除各种点火源，这两项措施只要控制其一，就可以防止火灾爆炸事故的发生。但在实践中，由于受到生产、储存条件的限制，或受某些不可控制的因素影响，仅采取一种措施是不够的，往往需要同时采取上述两方面的措施，以提高安全度。此外，还应考虑某种辅助措施，以便万一发生火灾爆炸事故时，减少危害，将损失降到最低限度。

一、控制可燃物的措施

控制可燃物，就是使可燃物达不到燃爆所需的数量、浓度，或使可燃物难燃烧或用不燃材料取而代之，从而消除发生燃爆的物质基础。这主要通过以下措施来实现。

（一）利用爆炸极限、相对密度等特性控制气态可燃物

① 当容器或设备中装有可燃气体或蒸气时，根据生产工艺要求，可增加可燃气体浓度或用可燃气体置换容器或设备中的原有空气，使其中的可燃气体浓度高于爆炸上限。

② 散发可燃气体或蒸气的车间或仓房，应加强通风换气，防止形成爆炸性气体混合物。其通风排气口应根据气体的相对密度设在房间的上部或下部。

③ 对有泄漏可燃气体或蒸气危险的场所，应在泄漏点周围设立禁火警戒区，同时用机械排风或喷雾水枪驱散可燃气体或蒸气。若撤销禁火警戒区，则须用可燃气体测爆仪检测该场所可燃气体浓度是否处于爆炸浓度极限之外。

④ 盛装可燃液体的容器需要焊接动火检修时，一般需排空液体、清洗容器，并用可燃气体测爆仪检测容器中可燃蒸气浓度是否达到爆炸下限，在确认无爆炸危险时才能动火进行检修。

（二）利用闪点、自燃点等特性控制液态可燃物

① 根据需要和可能，用不燃液体或闪点较高的液体代替闪点较低的液体。例如，用三氯乙烯、四氯化碳等不燃液体代替酒精、汽油等易燃液体作溶剂；用不燃化学混合剂代替汽油、煤油作金属零部件的脱脂剂等。

② 利用不燃液体稀释可燃液体，会使混合液体的闪点、自燃点提高，从而减小火灾危险性。如用水稀释酒精，就会起到这一作用。

③ 对于在正常条件下有聚合放热自燃危险的液体（如异戊二烯、苯乙烯、氯乙烯、丙烯腈等），在储存过程中应加入阻聚剂（如对苯二酚、苯醌等），以防止该物质暴聚而导致火灾爆炸事故。

（三）利用燃点、自燃点等特性控制一般的固态可燃物

① 选用砖石等不燃材料代替木材等可燃材料作为建筑材料，可以提高建筑物的耐火极限。例如，截面为 20cm×20cm 的砖柱和钢筋混凝土柱，其耐火极限为 2h；而截面为20cm×20cm 的实心木柱（外有 2cm 厚的抹灰粉刷层），其耐火极限只有 1h。

② 选用燃点或自燃点较高的可燃材料或难燃材料代替易燃材料或可燃材料。例如，用醋酸纤维素代替硝酸纤维素制造胶片，燃点由 180℃提高到 475℃，可以避免硝酸纤维胶片在长期储存或使用过程中的自燃危险。

③ 用防火涂料或阻燃剂浸涂木材、纸张、织物、塑料、纤维板、金属构件等可燃材料，可以提高这些材料的耐燃性和耐火极限。

（四）利用负压操作对易燃物料进行安全干燥、蒸馏、过滤或输送

因为负压操作能够降低液体物料的沸点和烘干温度，缩小可燃物料的爆炸极限，所以通常应用于以下场合。

① 真空干燥和蒸馏在高温下易分解、聚合、结晶的硝基化合物、苯乙烯等物料，可减小火灾爆炸危险性。

② 减压蒸馏原油，分离汽油、煤油、柴油等，可防止高温引起油料自燃。

③ 真空过滤有爆炸危险的物料，可免除爆炸危险。

④ 负压输送干燥、松散、流动性好的粉状可燃物料，有利于安全生产。

二、控制助燃物的措施

控制助燃物，就是使可燃性气体、液体、固体、粉体物料不与空气、氧气或其他氧化剂接触，或将它们隔离开来，即使有点火源作用，也因为没有助燃物参混而不致发生燃烧、爆炸。

（一）密闭设备系统

将可燃性气体、液体或粉体物料放在密闭设备或容器中储存或操作，可以避免它们与外界空气接触而形成燃爆体系。为保证设备系统的密闭性，有以下一些要求。

① 对有燃爆危险物料的设备和管道，尽量采用焊接，减少法兰连接。如必须采用法兰连接，应根据操作压力的大小，分别采用平面、榫槽面和凸凹面等不同形状的法兰，同时衬垫要严密，螺丝要拧紧。

② 所采用的密封垫圈，必须符合工艺温度、压力和介质的要求。一般工艺可用石棉橡胶垫圈；有高温、高压或强腐蚀性介质的工艺，宜采用聚四氟乙烯塑料垫圈。近几年来，有些机泵改为端面机械密封，防腐密封效果较好。如果采用填料密封仍达不到要求，可加水封或油封。

③ 输送燃爆危险性大的气体、液体管道，最好采用无缝钢管。盛装腐蚀性物料的容器尽可能不设开关和阀门，可将物料从顶部抽吸排出。

④ 接触高锰酸钾、氯酸钾、硝酸钾、漂白粉等粉状氧化剂的生产传动装置，应严加密封，经常清洗，定期更换润滑油，以防止粉尘漏进变速箱中与润滑油混触而引起火灾。

⑤ 对于加压和减压设备，在投入生产前和做定期检修时，应做气密性检验和耐压强度试验。在设备运行中，可用皂液、pH 值试纸或其他方法检验气密状况。

（二）惰性气体保护

惰性气体是指那些化学活泼性差、没有燃爆危险的气体。如氮气、二氧化碳、水蒸气、烟道气等，其中使用最多的是氮气。其作用是隔绝空气，冲淡氧含量，缩小以致消除可燃物与助燃物形成的燃爆浓度。

惰性气体保护，主要应用于以下几个方面：

① 覆盖保护易燃固体的粉碎、研磨、筛分和混合及粉状物料的输送；

② 压送易燃液体和高温物料；

③ 充装保护有爆炸危险的设备和储罐；

④ 保护可燃气体混合物的处理过程；

⑤ 封锁可燃气体发生器的料口及废气排放系统的尾部；

⑥ 吹扫置换设备系统内的易燃物料或空气；

⑦ 充氮保护非防爆型电器和仪表；

⑧ 稀释泄漏的易燃物料，扑救火灾。

（三）隔绝空气储存

遇空气或受潮、受热极易自燃的物品，可以隔绝空气进行安全储存。例如，金属钠存于煤油中，黄磷存于水中，活性镍存于酒精中，烷基铝封存于氮气中，二硫化碳用水封存等。

（四）隔离储运与酸、碱、氧化剂等助燃物混触能够燃爆的可燃物和还原剂

对于氧化剂和有机过氧化物的生产、储存、运输和使用，应严格按照国务院发布的《危险化学品安全管理条例》的有关规定执行。

三、控制点火源的措施

在多数场合，可燃物和助燃物的存在是不可避免的，因此，消除或控制点火源就成为防火防爆的关键。但是，在生产加工过程中，点火源常常是一种必要的热能源，故需科学地对待点火源，既要保证安全利用有益于生产的点火源，又要设法消除能够引起火灾爆炸的点火源。

能够引起火灾爆炸事故的点火源主要有明火源、摩擦与撞击、高温物体、电气火花、光线照射、化学反应热等。

（一）消除和控制明火源

明火源，是指物质燃烧的裸露之火。如吸烟用火、加热用火、检修用火、高架火炬以及烟囱、机械排放火星等。这些明火源是引起火灾爆炸事故的常见原因，必须严加防范。

① 在有火灾爆炸危险的场所，应有醒目的"禁止烟火"标志，严禁动火吸烟。吸烟应到专设的吸烟室，不准乱扔烟头和火柴余烬。

② 生产用明火、加热炉宜集中布置在厂区的边缘，且应位于有易燃物料的设备全年最小频率风向的下风侧，并与露天布置的液化烃设备和甲类生产厂房保持不小于 15m 的防火间距。加热炉的钢支架应覆盖耐火极限不小于 1.5h 的耐火层。烧燃料气的加热炉应设长明

灯和火焰监测器。

③ 使用气焊、电焊、喷灯进行安装和维修时，必须按危险等级办理动火批准手续，领取动火证，并消除物体和环境的危险状态，备好灭火器材，在采取防护措施、确保安全无误后，方可动火作业。焊割工具必须完好。操作人员必须有合格证，作业时必须遵守安全技术规程。

（二）防止撞击火星和控制摩擦热

当两个表面粗糙的坚硬物体相互猛烈撞击或剧烈摩擦时，有时会产生火花，这种火花可认为是撞击或摩擦下来的高温固体微粒。该微粒所带的热能超过大多数可燃物的最小点火能量，足以点燃可燃性的气体、蒸气和粉尘，故应严加防范。

① 机械轴承缺油、润滑不均等，会摩擦生热，具有引起附着可燃物着火的危险。要求对机械轴承等转动部位及时加油，保持良好润滑，并经常注意清扫附着的可燃污垢。

② 物料中的金属杂质以及金属零件、铁钉等落入反应器、粉碎机、提升机等设备内，由于铁器与机件的碰击，能产生火花而导致易燃物料着火或爆炸。要求在有关机器设备上装设磁力离析器，以捕捉和剔除金属硬质物；对于研磨、粉碎特别危险物料的机器设备，宜采用惰性气体保护。

③ 金属机件磨碰、钢铁工具相互撞击或与混凝土地面撞击，均能产生火花，引起火灾爆炸事故。所以，对摩擦或撞击能产生火花的两部分，应采用不同的金属制造，如搅拌机和通风机的轴瓦或机翼采用有色金属制作；扳手等钢铁工具改成铍青铜或防爆合金材料制作等。在有爆炸危险的甲、乙类生产厂房内，禁止穿带钉子的鞋，地面应用磨碰撞击不产生火花的材料铺筑。

④ 在倾倒或抽取可燃液体时，由于铁制容器或工具与铁盖（口）相碰能迸发火星引起可燃蒸气燃爆。为防止此类事故的发生，应用铜锡合金或铝皮等不易着火的材料将容易磨碰的部位覆盖起来。搬运盛装易燃易爆化学物品的金属容器时，严禁抛掷、拖拉、摔滚，有些可加防护橡胶套垫。

⑤ 金属导管或容器突然开裂时，内部可燃的气体或溶液高速喷出，其中夹带的铁锈粒子与管（器）壁冲击摩擦变为高温粒子，也能引起火灾爆炸事故。因此，对于有可燃物料的金属设备系统内壁表面应做防锈处理，定期进行耐压试验，经常检查其完好状况，若发现缺陷，应及时处置。

（三）防止和控制高温物体作用

高温物体，一般是指在一定环境中能够向可燃物传递热量并能导致可燃物着火的具有较高温度的物体。常见的高温物体有加热装置（加热炉、裂解炉、蒸馏塔、干燥器等）、蒸汽管道、高温反应器、输送高温物料的管线和机泵，以及电气设备和采暖设备等。这些高温物体温度高、体积大、散发热量多，能引起与其接触的可燃物着火。预防措施如下。

① 禁止可燃物料与高温设备、管道表面接触。在高温设备、管道上不准搭晒可燃衣物。可燃物料的排放口应远离高温物体表面。沉积在高温物体表面上的可燃粉尘、纤维应及时清除。

② 高温设备和管道应有隔热保护层。隔热材料应为不燃材料，并应定期检查其完好状况，若发现隔热材料被泄漏介质浸蚀破损，应及时更换。

③ 在散发可燃粉尘、纤维的厂房内，集中采暖的热媒温度不应过高。一般要求热水采暖不应超过 130℃，蒸气采暖不应超过 110℃。采暖设备表面应光滑不沾灰尘。在有二硫化碳等低温自燃物的厂（库）房内，采暖的热媒温度不应超过 90℃。

④ 加热温度超过物料自燃点的工艺过程，应严防物料外泄或空气渗入设备系统。如需

排送高温可燃物料，不得使用压缩空气，应使用氮气压送。

（四）防止电气火花

电气火花是一种常见的电能转变为热能的点火源。电气火花有：电气线路和电气设备在开关断开、接触不良、短路、漏电时产生的火花，静电放电火花和雷电放电火花等。电气火花防范措施主要有：采用安全防爆设备、消除静电、降低接地电阻等。

（五）防止日光照射和聚光作用

直射的日光通过凸透镜、圆烧瓶或含有气泡的玻璃时，聚集的光束形成高温而引起可燃物着火。某些化学物质，如氯与氢、氯与乙烯或乙炔的混合物在光线照射下能发生爆炸。乙醚在阳光下长期存放，能生成有爆炸危险的过氧化物。硝化棉及其制品在日光下暴晒，分解聚热，会自行着火。在烈日下储存低沸点易燃液体的铁桶，能爆裂起火。压缩和液化气体的储罐和钢瓶在烈日暴晒下，会使内部压力激增而引起爆炸及发生火灾。因此，应采取以下措施加以防范，保证安全。

① 不准使用椭圆形玻璃瓶盛装易燃液体，用玻璃瓶储存时，不准露天放置。

② 乙醚必须存放在金属桶内或暗色的玻璃瓶中，并在每年 4～9 月以冷藏运输。

③ 受热易蒸发分解气体的易燃易爆物质不得露天存放，应存放在可以遮挡阳光的专门房内。

④ 储存液化气体和低沸点易燃液体的固定储罐表面，无绝热措施时应涂以银灰色，并设冷却喷淋设备，以便夏季防暑降温。

⑤ 易燃易爆化学物品仓库的门窗外部应设置遮阳板，其窗户玻璃宜采用毛玻璃或涂刷白漆。

⑥ 在用食盐电解法制取氯气和氢气时，应控制单槽、总管和液氯废气中的氢含量。在用电石法制备乙炔时，如用次氯酸钠作清净剂，其有效氯含量应有所限制。

第二节　常用灭火剂及其灭火的基本原理

灭火剂是用来在燃烧区破坏燃烧条件的物质。凡是能够灭火的物质，均可称为灭火剂。目前，广泛应用的灭火剂主要有水、泡沫、二氧化碳、干粉、卤代烷、惰性气体等，在这一节中主要介绍几种常用的灭火剂。

一、水

水是最常用的灭火剂，取用方便，来源丰富。因此，在火场中获得了广泛应用。水可以扑救一般建筑物火灾和木材等可燃固体火灾，还可以扑救闪点在 120℃ 以上，常温下呈半凝固状态的重油火灾。但不能扑救闪点低于 37.8℃ 以下可燃液体火灾。作为灭火剂，水可以四种形态出现，即直流水、开花水（滴状水）、喷雾水（雾状水）和水蒸气，不同形态的水可以用于扑救不同种类的火灾。特别是现今开发的细水雾灭火系统，可以部分地替代哈龙灭火技术。

（一）水的灭火作用

水的灭火作用是由其性质决定的，水具有以下灭火作用。

① 水能够冷却燃烧物质。因为水的热能和汽化热都比较大，加热 1kg 水，使其温度升高 1℃，需要 4.2kJ 热量。因此水能够从燃烧物质中吸收大量的热，降低燃烧区物质的温度。

② 水蒸气能隔绝空气，使燃烧窒息。1L 水能生成 1720L 水蒸气。水蒸气能阻止空气进

入燃烧区，并减少燃烧区中氧的含量，使其因氧气不足而灭火。

③ 水在机械作用下有很大的冲击力，水流强烈地冲击火焰，使火源中断而熄灭。

④ 水能够稀释某些液体，冲淡燃烧区内的可燃气体浓度，降低燃烧程度，并能浸湿未燃烧物质，使其难以燃烧。

（二）水不能扑救下列物质和设备的火灾

① 相对密度小于水和不溶于水的易燃液体，不可以用水扑救，如汽油、煤油、柴油、丙烯腈等。相对密度大于水的可燃液体二硫化碳，可以用喷雾水扑救或用水密封，严禁用强大的水流冲击。

② 高压电气装置火灾，在没有切断电源的情况下，一般是不能用水扑救的。因为水具有导电能力，容易造成扑救人员触电。但研究表明，细水雾具有良好的绝缘性，可有效地扑救电气火灾，尤其适用于小型有障碍火灾。

③ 碱金属（钠、钾等）、碳化碱金属、氢化碱金属，不用水扑救。如碳化钙（电石），遇水后生成乙炔和氢氧化钙，并放出大量的热，可能引起爆炸。

④ 硫酸、硝酸、盐酸不能用强大的水流冲击，因为强大的水流能使酸液飞溅、流出伤人，遇可燃物质，有引起爆炸的危险。在扑救粉尘火灾时也不能用强大的水流冲击，以防粉尘击起而爆炸。

⑤ 高温容器炉膛、管线遇水后易变形破裂。

二、不燃性气体

利用不燃性气体将可燃物周围的氧气浓度降低到一定程度即可达到灭火的目的，通常称为稀释灭火。所用气体灭火剂需具备稳定的理化性及不燃性。如使用 N_2、CO_2、Ar 等惰性气体时周围的氧气浓度逐渐被稀释，所以需注意勿使周围的生物窒息。

（一）氮气

以不燃性气体稀释空气中的氧气浓度时，火焰随氧气浓度的降低而逐渐熄灭，以 N_2 灭火为例，氧气浓度降至 11％～12％时燃烧则不再进行。氮与氧化合时属于吸热反应，而通常的火焰温度及无催化剂存在时该反应无从产生。

（二）氩

此物不形成化合物，以稀释方式使用时可当做灭火剂，但价格昂贵，用途受限制。只有当金属在极高的温度下燃烧时与 CO_2 或 N_2 易形成 CO 或 NO 等化合物时，可使用氩达到灭火的目的。因高温下不起反应之故，储存放射性同位素的场所应使用氩或氮气。

（三）二氧化碳

气体灭火剂中最常用的即为二氧化碳。7kg 装的二氧化碳灭火器可灭 8000cm² 的汽油火灾，50kg 装的可灭 40000cm² 的汽油火灾。其特点为纯度高，及在国内盛产大理石的条件下 CO_2 的使用极为普遍。CO_2 加压时易液化，故较气体易储存且使用后无残留物。通常可用于可燃性液体火灾。对木材火灾虽可使用但效果不佳，金属火灾时因高温下金属能还原二氧化碳故不宜使用，但因其具有良好的绝缘性故适用于电气火灾。二氧化碳在高压下易成为液化状态，钢瓶中的二氧化碳在储存时应避免日光的直射及震动，并置于低温处为宜。

二氧化碳属于良好的灭火剂，液化后的二氧化碳在蒸发时部分变为固体干冰，升华时能吸收大量热能，故尚有冷却作用。灭火时用量较气体少。在高温下与火焰中的炭起下列反应：

$$CO_2 + C \longrightarrow 2CO + 38.4kcal/mol$$

产生的一氧化碳的毒性为 MAC 100，一般火灾常由于不完全燃烧而产生一氧化碳。

二氧化碳不导电，不含水分，不污损仪器设备，因此，适用于扑救电气设备、精密仪器和图书档案火灾。

二氧化碳不能扑救金属钾、钠、镁、铝和金属氢化物等物质的火灾，也不能扑救某些在惰性介质中燃烧的物质火灾（如硝酸纤维）。

三、卤代烃类化合物灭火剂

卤代烃类化合物的灭火作用主要是指烃类化合物结构中一部分或全部的氢以卤原子置换时可得到易蒸发的蒸发性液体灭火剂，俗称哈龙（halogenated hydrocarbon，Halon）。主要灭火对象是可燃性液体火灾及电气火灾。该灭火剂灭火与二氧化碳相同，不导电且易蒸发，其灭火作用属于抑制自由基，冷却及稀释作用。灭火时需将火焰完全抑制，以免再燃。金属火灾时卤化物易与金属反应，故不宜使用。有水分共存时对金属有腐蚀作用。此类灭火剂虽有多方面优点，但使用过程中易产生卤素及光气等有毒气体，故应避免在狭小的室内使用，其密度较其他灭火剂大，以储存体积而言较为经济。鉴于该系化合物破坏臭氧层，其使用及制造已受管制，以后会有替代品出现。

四、泡沫灭火剂

泡沫中所含水分既有冷却效果又可覆盖于燃料表面的泡沫层能遮断可燃物与空气中的氧作用（即遮断效果），此种灭火剂对扑救可燃性液体火灾最为有效。

泡沫灭火剂根据发泡机构可分为化学泡沫与空气泡沫（亦称为机械泡沫）。化学泡沫开发较空气泡沫早，其原理为 $NaHCO_3$ 与 $Al_2(SO_4)_3 \cdot 18H_2O$ 溶液混合后经化学反应产生含有 CO_2 的泡沫，故称为化学泡沫。空气泡沫以蛋白质的水解液为主要成分，另加界面活性剂及防腐剂。发泡原理与化学泡沫不同，将高浓度发泡液（空气泡原液）稀释至一定浓度后只用机械方法与空气混合而产生泡沫。因此，泡沫中的气体是空气，此点与肥皂或合成洗剂的泡沫相同，故称为空气泡或机械泡。空气泡沫剂依据所产生泡沫的膨胀率分为低发泡型（膨胀率 4～12 倍）及高发泡型（膨胀率 1000～2000 倍）。目前对可燃性液体的火灾使用低发泡型为多。

1. 化学泡沫剂

内容物由产生二氧化碳的用药剂（A～B）及泡沫稳定剂（C）组成。

（1）A 剂　纯度 98％ 以上的 $NaHCO_3$。

（2）B 剂　JIS-K1423 一级 $Al_2(SO_4)_3$。

（3）C 剂　胶等稳定剂。

化学泡沫对油类火灾有效，但对具有消泡性的醇类、酮类等水溶性溶剂无效。

化学泡沫通常应用于 $1.5m \times 1.5m$ 以下的小规模油类火灾，大规模火灾仍以空气泡为主。其主要原因除经济因素外，还因为化学泡沫剂在混合时的操作不易进行，其流动性较空气泡小，对大面积火灾的扑救效果较差。但对固体表面的黏着力高，所以对固体可燃物的火灾扑救效果佳。

2. 空气泡沫剂

对于石油火灾的灭火常用以蛋白质水解液为主要成分的空气泡沫剂。空气泡沫分为普通蛋白泡沫、氟蛋白泡沫、水成膜泡沫、抗溶性泡沫、高倍数泡沫等。

五、干粉

干粉（dry chemicals）灭火剂的优点是操作方便，但粉末易吸湿而结块，当用管道如同流体的方式注入现场时流动性不易控制。

（一）干粉灭火剂的原理和效果

依据火灾的种类选择适当种类的干粉灭火剂，其灭火原理以火焰的抑制作用为主。当粉末灭火剂能以适当的浓度分布于火焰中时，火焰立即被抑制而熄灭。

气体在燃烧时一定有火焰，火焰为气体在高温下进行化学反应并在发光的状态。因此，火焰中将产生多种反应的中间生成物，如 H· 及 OH·。

（二）主要干粉灭火剂

1. 碳酸氢钠

可用于油类火灾，但不适用于木材火灾。

2. 碳酸氢钾

以 $KHCO_3$ 为主要成分的灭火剂其灭火效果较 $NaHCO_3$ 佳，但易吸湿。据消防化学试验结果显示，使用于小规模火灾时其效果较 $NaHCO_3$ 高两倍。大规模火灾时亦可得到约有 1.5 倍的灭火效果。碳酸盐价廉易得，本身亦无毒性，故属于一种理想的灭火剂。

3. 磷酸一铵

磷酸铵盐具有防焰作用，因价高，故加入硫酸铵或硝酸铵以粉末状使用。此类灭火剂均对木材及油类火灾有效，4kg 装灭火器可灭 $20000cm^2$ 的汽油火灾。

六、其他固体灭火物质

固体灭火物质，除化学干粉外，还有砂、土、石粉、碳酸钙、石棉被、石棉毯等。其中以黄沙使用最为普遍，它可用来扑灭小量易燃液体和某些不宜用水扑救的化学物品火灾，但不能用来扑救点燃的爆炸物，以免引起爆炸。黄沙也不能用来扑救大量的镁合金火灾。因为黄沙的主要成分是二氧化硅，二氧化硅与燃烧的镁反应能放出大量的热，反而促进镁继续燃烧。镁合金火灾应采用专用的灭火剂，该灭火剂的成分为氯化镁 38%～40%、氯化钾 32%～40%、氯化钡 5%～8%、氯化钙 3%～5%。使用石棉被、石棉毯来扑灭小量易燃液体和固体化学物品的初起火灾也是很有效的。

第三节　危险化学品火灾灭火常识

危险化学品易发生火灾、爆炸事故，但不同的化学品以及在不同情况下发生火灾时，其扑救方法差异很大，若处置不当，不仅不能有效地扑灭火灾，反而会使灾情进一步扩大。此外，由于化学品本身及其燃烧产物大多具有较强的毒害性和腐蚀性，极易造成人员中毒、灼伤。因此，扑救危险化学品火灾是一项极其重要且非常危险的工作。

一、灭火注意事项

扑救化学品火灾时，应注意以下事项：灭火人员不应单独灭火；出口应始终保持清洁和畅通；选择正确的灭火剂。灭火时还应考虑人员的安全，参与灭火人员要做好个人防护。

二、灭火对策

扑救初期火灾：迅速关闭火灾部位的上下游阀门，切断进入火灾事故地点的一切物料；在火灾尚未扩大到不可控制之前，应使用移动式灭火器或现场其他各种消防设备、器材扑灭初期火灾和控制火源。

三、采取保护措施

为防止火灾危及相邻设施，可采取以下保护措施：对周围设施及时采取冷却保护措施；迅速疏散受火势威胁的物资；有些火灾可能造成易燃液体外流，这时可用砂袋或其他材料筑堤拦截飘散流淌的液体或挖沟导流将物料导向安全地点；用毛毡、海草帘堵住下水井、阴井口等处，防止火焰蔓延。

四、火灾扑救

扑救危险化学品火灾绝不可盲目行动，应针对每一类化学品，选择正确的灭火剂和灭火方法来安全地控制火灾。化学品火灾的扑救应由专业消防队来进行。其他人员不可盲目行动，待消防队到达后，介绍物料介质，配合扑救。

第四节　常用灭火器

一、灭火器的种类

灭火器按充装灭火剂的类型划分为清水灭火器、酸碱灭火器、化学泡沫灭火器、空气泡沫灭火器、二氧化碳灭火器和卤代烷灭火器。

（1）清水灭火器：这类灭火器内充入的灭火剂主要是清洁水。有些加入适量的防冻剂，以降低水的冰点。有些加入适量的润湿剂、阻燃剂、增稠剂等，以增强灭火能力。

（2）酸碱灭火器：这类灭火器内充入的灭火剂是工业硫酸和碳酸氢钠水溶液。

（3）化学泡沫灭火器：这类灭火器内充装的灭火剂是硫酸铝水溶液和碳酸氢钠水溶液，再加入适量的蛋白泡沫液。如果再加入少量氟表面活性剂，可增强泡沫的流动性，提高了灭火能力，故称高效化学泡沫灭火器。

（4）空气泡沫灭火器：这类灭火器内充装的灭火剂是空气泡沫液与水的混合物。空气泡沫的发泡是由空气泡沫混合液与空气借助机械搅拌混合生成的，又称空气机械泡沫。空气泡沫灭火剂有许多种，如蛋白泡沫、氟蛋白泡沫、轻水泡沫（又称水成膜泡沫）、抗溶泡沫、聚合物泡沫等。由于空气泡沫灭火剂的品种较多，因此空气泡沫灭火器又按充入的空气泡沫灭火剂的名称加以区分，如蛋白泡沫灭火器、轻水泡沫灭火器、抗溶泡沫灭火器等。

（5）二氧化碳灭火器：这类灭火器内充入的灭火剂是液化二氧化碳气体。

（6）干粉灭火器：这类灭火器内充入的灭火剂是干粉。干粉灭火剂的品种较多，因此干粉灭火器根据内部充入的不同干粉灭火剂的名称加以区别，如碳酸氢钠干粉灭火器、磷酸铵盐干粉灭火器、氨基干粉灭火器。由于碳酸氢钠干粉只适用于灭 B、C 类火灾，因此又称 BC 干粉灭火器。磷酸铵盐干粉适用于 A、B、C 类火灾，因此又称 ABC 干粉灭火器。

（7）卤代烷灭火器：这类灭火器内充装的灭火剂是卤代烷灭火剂。该类灭火剂品种较多，而我国只发展两种，一种是二氟一氯一溴甲烷，简称 1211 灭火器、1301 灭火器。

二、各种灭火器的使用

1. 泡沫灭火器

此类灭火器是通过筒体内酸性溶液与碱性溶液混合发生化学反应，将生成的泡沫压出喷嘴，喷射出去进行灭火的。它除了用于扑救一般固体物质火灾外，还能扑救油类等可燃液体火灾，但不能扑救带电设备和醇、酮、酯、醚等有机溶剂的火灾。泡沫灭火器有 MP 型手提式、MPZ 型手提舟车式和 MPT 型推车式三种类型。下面以 MP 型手提式为例简要说明其使用方法和注意事项。

MP型手提式泡沫灭火器主要由筒体、瓶盖、瓶胆和喷嘴等组成。筒体内装碱性溶液，瓶胆内装酸性溶液，瓶胆用瓶盖盖上，以防酸性溶液蒸发或因振荡溅出而与碱性溶液混合。使用灭火器时，应一手握提环，一手抓底部，将灭火器颠倒过来，轻轻抖动几下，喷出泡沫，进行灭火。

2. 干粉灭火器

干粉灭火器是利用二氧化碳气体或氮气气体作动力，将筒内的干粉喷出灭火的。干粉是一种干燥的、易于流动的微细固体粉末，由能灭火的基料和防潮剂、流动促进剂、结块防止剂等添加剂组成。主要用于扑救石油、有机溶剂等易燃液体、可燃气体和电气设备的初起火灾。干粉灭火器按移动方式分为手提式、推车式和背负式三种。

使用手提式灭火器时，一只手握住喷嘴，另一只手向上提起提环，干粉即可喷出。

使用推车式灭火器时，将其后部向着火源（在室外应置于上风方向），先取下喷枪，展开出粉管（切记不可有拧折现象），再提起进气压杆，使二氧化碳进入储罐，当表压升至0.7～1MPa时，放下进气压杆停止进气。这时打开开关，喷出干粉，由近至远扑火。如扑救油类火灾时，不要使干粉气流直接冲击油渍，以免溅起油面使火势蔓延。

使用背负式灭火器时，应站在距火焰边缘5～6m处，右手紧握干粉枪握把，左手扳动转换开关到"3"号位置（喷射顺序为3、2、1），打开保险机，将喷枪对准火源，扣扳机，干粉即可喷出。如喷完一瓶干粉未能将火扑灭，可将转换开关拨到2号或1号位置，连续喷射，直至射完为止。

3. 清水灭火器

常用清水灭火器为MSQ9型，主要是用筒内喷出的清水进行灭火，因此主要适用于纺织品、棉麻、纸张、粮草等一般固体物质的初起火灾，不适于扑救油类、电气、轻重金属、可燃气体的火灾。该灭火器由筒体、钢瓶、提圈、保险帽和喷嘴等组成。保险帽下部为灭火器的器头，器头中央装有一个弹簧打击机构，器头下连接一个钢瓶（储气用）。

使用方法：灭火时，在距燃烧物10m左右处，将灭火器直立放稳，取下器头的保护帽，用力打击一下凸头，这样，弹簧打击机构刺穿储气瓶口的密封片，储存的二氧化碳气体就会喷到筒体内，产生压力，使清水从喷嘴喷出灭火。此时，应立即用一只手提起灭火器的提圈，另一只手托住灭火器底部，将喷射的水流对准火焰喷射。使用清水灭火器时，千万不可倒置或横卧，否则，将喷不出水来。另外，清水灭火器喷射出的柱状水流不能用于扑救带电设备火灾，否则有触电危险；也不能扑救可燃液体和轻金属火灾。

4. 二氧化碳灭火器

本类灭火器是充装液态二氧化碳，利用气化的二氧化碳气体降低燃烧区温度，隔绝空气并降低空气中的氧含量来进行灭火的。主要用于扑救贵重设备、档案资料、仪器仪表、600V以下的电气设备及油类初起火灾，不能扑救钾、钠等轻金属火灾。

二氧化碳灭火器主要由钢瓶、启闭阀、虹吸管和喷嘴等组成。常用的二氧化碳灭火器又分为MT型手轮式和MTZ型鸭嘴式两种。

使用手轮式灭火器时，应手提提把，翘起喷嘴，打开启闭阀即可。

使用鸭嘴式灭火器时，用右手拔出鸭嘴式开关的保险销，握住喷嘴根部，左手将上鸭嘴向下压，二氧化碳即可从喷嘴喷出。

使用二氧化碳灭火器时，一定要注意安全措施。因为空气中二氧化碳含量达到8.5%时，会使人血压升高、呼吸困难；当含量达到20%时，人就会呼吸衰弱，严重者可窒息死亡。所以，在狭窄空间使用后应迅速撤离或戴呼吸器。其次，要注意勿逆风使用。因为二氧化碳灭火器喷射距离较短，逆风使用可使灭火剂很快被吹散而妨碍灭火。此外，二氧化碳喷出后迅速排出气体并从周围空气中吸取大量热，因此，使用中应防止冻伤。

5. 卤代烷灭火器

卤代烷灭火器主要由简体和简盖两部分组成，卤代烷灭火剂填充氮气装在承压的简体内。简体由钢板卷压焊接而成，简盖一般用铝合金制造，简盖上装有喷嘴、阀门和虹吸管。有些简盖装有压把、压杆、弹簧、喷嘴、密封圈、虹吸管和安全销等。其中 1211 灭火器根据充装灭火剂数量的不同，有 MY1 型、MY2 型、MY4 型手提式灭火器和 25～50kg 的推车式灭火器等各种规格。

使用卤代烷灭火器时，手提灭火器的上部（不要颠倒），用力紧握压把，开启阀门，储存在钢瓶内的灭火剂即可喷出。灭火时，将喷嘴对准火源，左右扫射，并向前推进。火扑灭后，手放开压把，压把在弹力的作用下恢复原位，阀门闭封，喷射停止。如遇零星小火时，可重复开启灭火器阀门，点射灭火。

第五节　爆炸品着火应急措施

一、爆炸品的危险特性

爆炸物品的火灾危险性主要表现在它受到摩擦、撞击、震动、高热或其他能量激发后，就能产生剧烈的化学反应，并在极短时间内释放大量热量和气体而发生爆炸性燃烧。

爆炸物品具有爆炸突然、爆炸破坏作用强，而造成火势发展迅速的危险。

爆炸物品一旦发生爆炸（燃烧）事故，爆炸中心的高温高压气体产物就会迅速向外膨胀，剧烈地冲击压缩周围原处于平静状态的空气，使其压力、温度突然升高，形成冲击波，迅速向四处传播。冲击波在传播过程中具有相当大的破坏力，可使邻近的建（构）筑及人员受到严重损害。

1. 爆炸性

爆炸物品都具有化学不稳定性，在一定外因的作用下，能以极快的速度发生猛烈的化学反应，产生的大量气体和热量在短时间内无法散逸，致使周围的温度迅速升高和产生巨大的压力而引起爆炸。

爆炸物品爆炸与气体混合物爆炸或粉尘爆炸有所不同，前者具备化学爆炸的三个特点，破坏力很大，后者虽然同样放出气体产物、产生热量，但相对来说要少，且爆炸速度较慢，破坏力较爆炸物品小。

2. 敏感度

各种爆炸物品的爆炸，除由于自身的化学组成和性质决定其具有发生爆炸的可能性外，如果没有必要的外界作用，爆炸是不会发生的。也就是说，任何一种爆炸品的爆炸都需要外界供给它一定的能量——起爆能。不同的炸药所需的起爆能也不同。某一炸药所需的最小起爆能，即为该炸药的敏感度。

3. 殉爆

殉爆是指炸药 A 爆炸后，能够引起与其相距一定距离的炸药 B 爆炸，该现象称为炸药的殉爆。能引起从爆药百分之百殉爆的两炸药之间的最大距离 L 称为殉爆距离；而百分之百不能引起从爆药殉爆的两炸药之间的最小距离 R 称为最小不殉爆距离，或称殉爆安全距离。殉爆安全距离大于殉爆距离。

主爆药爆炸后，其爆炸能量通过介质传递给从爆药。由于以下原因，可能引起从爆药殉爆。

① 主爆药的爆轰产物直接冲击从爆药。从爆药在炽热爆轰气团和冲击波的作用下达到

起爆条件，于是发生殉爆。

② 冲击波冲击从爆药。在两炸药相距较远，或从爆药装在某种外壳内，从爆药主要受到主爆药爆炸冲击波作用的情况下，若作用在从爆药上的冲击波速大于或等于从爆药的临界爆速时，就可能引起殉爆。

③ 主爆药爆炸时，抛掷出的固体破片（如炮弹弹片或包装材料破片等）冲击从爆药，也可能引起殉爆。

4. 毒害性

有些炸药，如苦味酸、TNT、硝化甘油、雷汞、氮化铅等本身都具有一定的毒性，且绝大多数炸药爆炸时能够产生诸如 CO、CO_2、NO、HCN、N_2 等有毒或窒息性气体，可以由呼吸道、食道甚至皮肤等进入体内，引起中毒。这是因为它们本身含有形成这些有毒或窒息性气体的元素，在爆炸的瞬间，这些元素的原子相互之间重新结合而组成一些有毒或窒息性气体。

二、爆炸品着火应急措施

爆炸品着火可用水、空气泡沫（高倍数泡沫较好）、二氧化碳、干粉等灭火剂施救，但最好的灭火剂是水。因为水能够渗透到炸药内部在炸药的结晶表面形成一层可塑性的柔软薄膜，将结晶包围起来使其钝感。由于炸药本身既含有可燃物，又含有氧化剂，着火后不需要空气中氧的作用就可持续燃烧，而且在一定条件下会由着火转为爆炸，所以炸药着火不可用窒息法灭火，首要的就是用大量的水进行冷却，禁止用砂土覆盖，也不可用蒸汽和酸碱泡沫灭火剂灭火；如在房间内或在车厢、船舱内着火时，要迅速将门窗、厢门、舱盖打开，向内射水冷却，万万不可关闭门窗、厢门、舱盖窒息灭火；要注意利用掩体，在火场中，墙体、低洼处、树干等均可利用。

由于有些爆炸品不仅本身有毒，而且燃烧产物也有毒，所以灭火时应注意防毒；有毒爆炸品着火时应佩戴隔绝式氧气或空气呼吸器，以防中毒。

第六节　压缩气体和液化气体溢漏、着火的应急措施

一、压缩气体和液化气体的概念

压缩气体和液化气体系指压缩、液化或加压溶解的气体，并应符合下述两种情况之一。

（1）临界温度低于 50℃，或在 50℃ 时，其蒸气压力大于 294kPa 的压缩气体和液化气体。

（2）温度在 21.1℃，气体的绝对压力大于 275kPa；或在 54.4℃ 时，气体的绝对压力大于 715kPa 的压缩气体；或在 37.8℃，雷德蒸气压大于 275kPa 的液化气体或加压溶解气体。该类物品当受到热、撞击或强烈震动时会增大容器的内压力，使容器破裂爆炸或致气瓶阀门松动漏气导致火灾、中毒事故。

二、压缩气体和液化气体的危险特性

压缩气体和液化气体包括在周围环境温度下不能液化的永久性气体，在环境温度下经加压能变为液体的液化气体，以及经加压溶解在溶剂中的溶解气体和液态空气、液态氧气等冷冻的永久性气体。其区分标准是指临界温度低于 50℃ 或在 50℃ 时蒸气压大于 300kPa 的气体。

1. 易燃易爆性

在现行列入《危险货物品名表》的 165 种压缩气体和液化气体中，约有 54.1％ 的是可

燃气体，有 61％的气体具有火灾危险。可燃气体的主要危险性是易燃易爆，所有处于燃烧浓度范围之内的可燃气体，遇着火源都能发生着火或爆炸，有些可燃气体遇到极微小能量着火源的作用即可引爆。

可燃气体着火或爆炸的难易程度，除受火源能量大小的影响外，还取决于其化学组成，而其化学组成又决定着可燃气体燃烧浓度范围的大小、自燃点的高低、燃烧速度的快慢和发热量的多少。综合可燃气体的燃烧现象，其易燃易爆性具有以下三个特点。

(1) 较液体、固体易燃，且燃速快，一燃即尽。这是因为一般气体分子间力小，容易断键，无需熔化分解过程，也无需熔化、分解以消耗热量。

(2) 一般规律是由简单成分组成的气体较复杂成分组成的气体易燃，燃速快，火焰速度高，着火爆炸危险性大。如氢气（H_2）较甲烷（CH_4）、一氧化碳（CO）等组成复杂的可燃性气体易燃，且爆炸浓度范围大。这是因为单一成分的气体不需受热分解的过程和分解所消耗的热量。

(3) 价键不饱和的可燃性气体较相对应的价键饱和的可燃性气体的火灾危险性大，这是因为不饱和的可燃性气体的分子结构中含有双键或三键，化学活性强，在通常条件下，即能与氯、氧等氧化剂起反应而发生着火或爆炸，所以火灾危险性大。

2. 扩散性

处于气体状态的任何物质都没有固定的形状和体积，且能自发地充满任何容器。由于气体的分子间距大，相互作用力小，所以非常容易扩散。压缩液化气体也毫无例外地具有这种扩散性。压缩、液化气体的扩散性受气体自身相对密度的影响。气体的相对密度是指气体与空气分子量之比。

3. 可缩性和膨胀性

气体的体积会因温度的升降而胀缩，其胀缩的幅度较液体大得多。气体的胀缩性主要是气体状态的变化，其特点如下。

(1) 当压力不变时，气体的温度与体积成正比，即温度越高，体积越大。

(2) 当温度不变时，气体的体积与压力成反比，即压力越大，体积越小。根据这一特性，气体在一定压力下可以压缩，甚至可以压缩成液态。所以气体通常都是经过压缩后存于钢瓶中。

(3) 在体积不变时，气体的温度与压力成正比。也就是说，气体在固定容积的容器内被加热的温度越高，其膨胀后形成的压力就越大。如果盛装压缩、液化气体的容器（钢瓶）在储运过程中受到高温、暴晒等热源作用，容器、钢瓶内的气体就会急剧膨胀，产生较原来更大的压力，当压力超过容器的耐压强度时，就会引起容器的膨胀或爆炸，造成伤亡事故。因此，压缩气体和液化气体，在储存、运输和使用过程中，一定要注意防火、防晒、隔热等措施。在向容器、气瓶内充装时，应注意极限温度和压力，严格控制充装装置，防止超装、超温、超压造成事故。

4. 带电性

任何物体的摩擦都会产生静电，压缩气体或液化气体也不例外，如氢气、乙烯、乙炔、天然气、液化石油气等从管口或破损处高速喷出时同样也能产生静电。其主要原因是气体中含有固体颗粒或液体杂质，在压力下高速喷出时与喷嘴产生强烈的摩擦作用。影响其静电荷的因素如下。

(1) 气体中所含的液体或固体杂质越多，多数情况下产生的静电荷也会越多。

(2) 气体的流速越快，产生的静电荷也越多。

据试验，液化石油气喷出时，产生的静电电压可达 9000V，其放电火花足以引起燃烧。因此，压力容器内的可燃压缩、液化气体，在容器管道破损时，或放空速度过快时都易产生静电，引起着火或爆炸事故。

带电性也是评定可燃气体火灾危险性的参数之一，掌握了可燃气体的带电性，可据以采取相应的防范措施，如设备接地、控制流速等。

5. 腐蚀毒害性和窒息性

（1）腐蚀性　主要是一些含氢、硫元素的气体具有腐蚀性。如硫化氢、硫氧化碳、氨、氢等，都能腐蚀设备，削弱设备的耐压强度，严重时可导致设备系统裂隙、漏气，引起火灾等事故。危险性最大的是氢。氢在高压下能渗透到碳素中去，使金属容器发生"氢脆"变疏，因此，对盛装这类气体的容器，要采取一定的防腐措施。如采用高压合金钢制造并含一定量的铬、钼等稀有金属，要定期检验其耐压强度，以防万一。

（2）毒害性　压缩、液化气体，除氧气和压缩空气外，大多具有一定的毒害性。我国《危险货物品名表》列入管理的有 51 种剧毒气体，其中毒性最大的是氰化氢，当空气中氰化氢浓度达到 $300mg/m^3$ 时，能够使人立即死亡；$200mg/m^3$ 时，10min 后死亡；$100mg/m^3$ 时，一般在 1h 后死亡。其中有些气体不仅剧毒，而且易燃，如氰化氢、硫化氢、二甲胺、氨、溴甲烷、二硼烷、三氟氯乙烯等，除具有相当的毒害性外，还具有一定的着火爆炸性，这一点是消防人员万万忽略不得的，切忌只看标志是有毒气体而忽视了它们的火灾危险性。

（3）窒息性　压缩、液化气体除氧气和压缩空气外，都具有窒息性。一般压缩、液化气体的易燃易爆性和毒害性易引起人们的注意，而其窒息性往往易被忽视，尤其是那些不燃无毒的气体，如氮气、二氧化碳及氦、氖、氩、氪、氙等惰性气体，虽然它们无毒不燃，但都必须充装在容器内，并必须有一定的压力，如二氧化碳、氮气、氦、氩、氪等惰性气体气瓶的工作压力均可达 15MPa，设计压力有时可达 20～30MPa，这些气体一旦泄漏于房间或大型设备或装置内时均会使现场人员窒息死亡。另外，充装这些气体的气瓶，也是压力容器，在受热或受到火场的热辐射时，会使气瓶压力升高，当超过其强度时即发生物理爆炸，现场人员也会被伤害。这是消防人员务必应注意的。

6. 氧化性

氧化性也就是常说的助燃性（这是人们习惯了的不正确的说法），可燃性物质只有与氧化性物质作用，遇着火源时才能发生燃烧，所以，氧化性气体是燃烧得以发生的最重要的要素之一。氧化性气体主要包括两类：一类是明确列为助燃气体的，如氧气、压缩空气、一氧化二氮、三氟化氮等；一类是列为有毒气体的，如氯气、氟气等。这些气体本身都不可燃，但氧化性很强，与可燃气体混合时都能着火或爆炸。如氯气与乙炔接触即可爆炸，氯气与氢气混合见光可爆炸，氟气遇氢气即爆炸，油脂接触氧气能自燃，铁在氧气中也能燃烧。因此，在实施消防监督管理时不可忽略这些气体的氧化性，尤其是列为有毒气体管理的氯气和氟气，除了应注意毒害性外，还应注意其氧化性，在储存、运输和使用时与其他可燃气体分开储存，运输和装卸。

三、压缩气体和液化气体溢漏、着火的应急措施

1. 漏气处理

钢瓶漏气应及时设法拧紧气嘴，氨瓶漏气应浸入水中，其他剧毒气体漏气应浸入石灰水或水中，操作人员应佩戴防毒面具。

2. 着火处理

当漏出的气体着火时，如有可能，应将毗邻的气瓶移至安全距离以外，并设法阻止逸漏。必须注意，若漏出的气体已着火，不得在气体停止逸漏之前将火扑灭，否则可燃气体就会聚集，从而形成爆炸性或毒性和窒息性混合气体，因此，在停止逸漏之前应先对容器进行冷却，在能够设法停止逸漏时将火扑灭。

当逸漏着火的气瓶是在地面上，且有利于气体的安全消散时，可用正常的方法将火扑灭；否则，应大量喷水冷却，防止气瓶的内压力升高。

当其他物质着火威胁气瓶的安全时，应用大量水喷洒气瓶，使其保持冷却，如有可能，应将气瓶从火场或危险区移走；对已受热的乙炔瓶，即使在冷却之后，也有可能发生爆炸，故应长时间冷却至环境温度时的允许压力，且不再升高时为止；如在水上运输时，可投于水中。

第七节　易燃液体着火应急措施

易燃液体是指闭杯试验闪点≤61℃的液体、液体混合物或含有固体混合物的液体。但不包括由于存在其他危险已列入其他类别管理的液体。

一、易燃液体的危险特性

（一）高度的易燃性

液体的燃烧是通过其挥发出的蒸气与空气形成可燃性混合物，在一定的比例范围内遇火源点燃而实现的，因此实质上是液体蒸气与氧化合的剧烈反应。

易燃液体蒸气点燃所需的能量很小，一般只需要 0.5mJ 左右的能量。由于易燃液体的沸点都很低，易于挥发出易燃蒸气，液体表面的蒸气浓度较大且着火所需的能量极小，因此，易燃液体都具有高度的易燃性。如二硫化碳的闪点为 −30℃，最小点火能量为 0.015mJ；甲醇的闪点为 11.11℃，最小点火能量为 0.215mJ。烃类易燃液体燃烧的难易程度，即火灾危险性的大小，主要取决于它们的分子量和分子结构。

1. 分子量

分子量越小，闪点越低，燃烧范围越大，着火的危险性也就越大。分子量越大，自燃点越低，受热时越容易自燃起火。这是因为分子量小，分子间隔大，易蒸发，沸点、闪点低，易达到爆炸极限范围；但自燃点则不同，因为物质的分子量大，分子间隔小，黏度大，蓄热条件好，所以易自燃。

2. 分子结构

（1）烃的含氧衍生物　烃的含氧衍生物燃烧的难易程度，一般是醚＞醛＞酮＞酯＞醇＞羧酸。

（2）饱和与不饱和烃类　不饱和的有机液体较饱和的有机液体的火灾危险性大。这是因为不饱和烃类的密度小，分子量小，分子间作用力小，沸点低，闪点低，所以不饱和烃类的火灾危险性大于饱和烃类。

3. 同系物中的异构体和正构体

在同系物中，异构体较正构体的火灾危险性大，受热自燃危险性则小。这是因为正构体链长，受热时易断，而异构体的氧化初温高，链短，受热不易断。

4. 芳香烃的衍生物

在芳香烃的衍生物中，易燃液体火灾危险性的大小主要取决于取代基的性质和数量。

① 以甲基（—CH₃）、氯基（—Cl）、羟基（—OH）、氨基（—NH₂）等取代时，取代基的数量越多，其着火爆炸的危险性越小。这是因为它们的密度和沸点随着取代基数量的增加而增加的缘故。

② 以硝基（—NO₂）取代时，取代基数量越多，则着火爆炸的危险性越大。这是因为硝基中的氮为高价态，硝基极不稳定，易于分解而爆炸的缘故。

（二）蒸气的爆炸性

由于任何液体在任一温度下都能蒸发，所以，在存放易燃液体的场所也都有大量的易燃蒸气，如石油储运的各种场合，都能嗅到各种油品的气味，这说明从液体中挥发出的分子在向各个方向运动。由于易燃液体具有这种蒸发性，所以其蒸气常在作业场所或储存场地弥漫，当挥发出的这种易燃蒸气与空气混合，达到爆炸浓度范围时，遇明火即发生爆炸。易燃液体的挥发性越强，爆炸危险性就越大。同时，这些易燃蒸气可以任意飘散，或在低洼处聚积（油品蒸气的相对密度为 1.59～4），这就使易燃液体的储存工作具有更大的火灾危险性。

不同液体的蒸发速度随其所处状态的不同而变化。影响其蒸发速度的因素如下。

1. 温度

液体的蒸发随着温度（液体温度和空气温度）的上升而加快。易燃液体的特点一般是沸点越低，其蒸发速度越快，越易与空气形成爆炸性混合物而发生爆炸，所以火灾危险性也就越大。掌握易燃液体沸点的意义有以下几点。

① 选择储存和运输的形式。沸点低于全年平均气温的液体，如丁二烯沸点为 -4℃，应储存在冰窖中，并用专门的绝热容器运输。沸点低于或接近夏季气温的液体，如乙醚的沸点为 34.5℃，应储存于有降温设备的库房或贮罐中，并在每年 4～9 月份限以冷藏运输。

② 确定易燃液体的储存温度。如沸点在 50℃ 以下的易燃液体，库温一般应保持在 26℃以下；沸点在 51℃ 以上的易燃液体，库温应保持在 30℃ 以下；其他易燃液体，库温一般应保持在 32℃ 以下，最高不宜超过 35℃。

③ 确定桶装易燃液体的储存场所。沸点在 38℃ 以下的桶装易燃液体应存放在建筑物内，并有冷却降温设备。沸点在 38℃ 以上的桶装易燃液体，不宜露天存放，如在露天或敞开式建筑物内存放时，应有冷却喷淋或气体回流冷凝设施。

2. 暴露面

液体的暴露面越大，蒸发量也就越大。因为暴露面越大，从液体中挥发出来的分子数目也就越多；暴露面越小，挥发出来的分子也就越少。所以汽油放在小口、深度大的容器中较倒在地面上蒸发要慢得多就是这个缘故。

3. 密度

液体密度与蒸发速度的关系，一般是密度越小蒸发得越快；反之则越慢。因为密度小的液体质轻，在同一条件下，轻质馏分首先蒸发，而油品密度越大，所需的蒸发温度也就越高。这就是汽油蒸发损耗大，而润滑油却极少蒸发的道理。

掌握易燃液体密度的意义有以下几点。

（1）选择灭火剂。如比水轻的易燃液体，一般不能用直流水扑救，最好用惰性不燃气体和泡沫扑救。

（2）确定储存形式。比水重的易燃液体，如二硫化碳，可以在水的保护下储存，这样不仅经济方便，而且利于防火安全。

（3）根据其蒸气密度，确定库房的建筑防火设计易燃液体的蒸气，一般都比空气重，能在地面上飘浮不易被吹散，遇着火源易发生火灾，所以在设计通风时，要按蒸气的密度合理地布置通风排气口，以防易燃液体的蒸气聚积而发生火灾。

4. 压力

液面上的压力越大，蒸发越慢；反之则越快。蒸气压力是一切液体温度的函数。因此，蒸气压力的大小，决定于液体的温度。即随着温度的升高而增加。

对石油产品来说，压力则是密度与温度的函数，即随着密度的减小和温度的升高而增加。

对易燃液体来说，蒸气压力越大，表明蒸发速度越快，在气相空间中的蒸气分子数目越多，故闪点越低，火灾危险性越大。

5. 流速

液体流速越快，蒸发越快；反之则越慢。

（三）受热膨胀性

易燃液体与其他液体一样，具有受热膨胀性。储存于密闭容器中的易燃液体受热后，自身体积膨胀同时蒸气压力增加。若超过该容器所能承受的压力限度，就会造成容器膨胀，以至爆破。夏季盛装易燃液体的桶，常出现"鼓桶"现象以及玻璃容器发生爆裂，就是由于受热膨胀所致。所以，对于盛装易燃液体的容器，应留有不少于 5% 的空隙，夏天应储存于阴凉处或采用淋冷水降温的方法加以防护。

（四）流动性

流动性是任何液体的通性，由于易燃液体易着火，故其流动性的存在更增加了火灾危险性。如易燃液体渗漏会很快向四周扩散。且由于毛细管和浸润作用，能扩大其表面积，加快挥发速度，提高空气中的蒸气浓度，易于起火蔓延。如在火场中储罐（容器）一旦爆裂，液体会四处流散，造成火势蔓延，扩大着火面积，给施救工作带来一定困难。所以，为了防止液体泄漏、流散，在储存工作中应备事故槽（罐）、构筑防火堤、设水封井等。液体着火时，应设法堵截流散的液体，防止其蔓延扩散。

液体流动性的强弱取决于液体自身的黏度。液体的黏度越小，其流动性越强；反之就越弱。黏度大的液体随着温度升高而增强其流动性，即液体的温度升高，其黏度减小，流动性增强。

（五）带电性

多数易燃液体都是电介质，在灌注、输送、喷流过程中能够产生静电，当静电荷聚集到一定程度，则放电发火，有引起着火或爆炸的危险。

液体的带电能力取决于介电常数和电阻率。一般来说，介电常数小于 10（特别是小于 3）、电阻率大于 $10^6\Omega\cdot cm$ 的易燃液体都有较大的带电能力。醚、酯、芳烃、二硫化碳、石油及石油产品等液体的介电常数均小于 10，电阻率又都大于 $10^6\Omega\cdot cm$，所以带电能力较强。而醇、醛、羧酸等液体的介电常数一般都大于 10，电阻率一般也都低于 $10^6\Omega\cdot cm$，则它们的带电能力较弱。

液体产生静电的多少，还与输送管道的材质和流速有关。管道内表面越光滑，产生的静电荷越少；流速越快，产生的静电荷越多。石油及其产品在作业中静电产生与聚积的特点经测试表现如下。

1. 在管道中流动时

① 流速愈大，产生的静电荷愈多。

② 管道内壁越粗糙，流经的弯头、阀门愈多，产生的静电荷愈多。

③ 非金属管道，如帆布、橡胶、石棉、水泥、塑料等管道较金属管道产生的静电荷多。

④ 在管道上安装过滤网，其网栅愈密，产生的静电荷愈多，绸毡过滤网产生的静电荷更多。

2. 在向车、船灌装油品时

① 油品与空气摩擦在容器中呈旋涡状运动和飞溅产生静电，当灌装到 1/2～3/4 的高度时，产生的静电压最高。所产生的静电大多聚积在喷流出的油柱周围。

② 油品装入车船，在运输过程中因振荡、冲击所产生的静电，大多聚积在油桶中的漂浮物和金属构件上。

③ 多数油品温度越低，产生静电越少；但柴油温度降低，则产生的静电荷反而增加。同品种新旧油品搅混，静电压会显著增高。

④ 油泵等的机械传动皮带与飞轮因摩擦，压缩空气或蒸气的喷射都会产生静电。

⑤ 油品产生静电的大小还与介质空气湿度有关。湿度越小，聚积电荷程度越大；湿度越大，聚积电荷程度越小。据测试，当空气湿度为 $47\%\sim48\%$ 时，接地设备电位达 1100V；空气湿度为 56% 时，电位为 300V；空气湿度接近 72% 时，带电现象实际上终止。

⑥ 油品产生静电的大小还与容器、导管中的压力有关。压力越大，产生的静电荷越多。当静电聚积到一定程度时，就会发生放电现象。如积聚电荷大于 4V 时，放电火花就足以引燃汽油蒸气。

掌握易燃液体的带电能力，不仅可以确定其火灾危险性大小，而且可以采取相应的防范措施，如选用材质好而光滑的管道输送易燃液体；设备、管道接地；限制流速等以消除静电带来的火灾危害。

(六) 毒害性

易燃液体大多自身或其蒸气具有毒害性，有些还具有刺激性和腐蚀性。其毒性的大小与其化学结构、蒸发快慢有关。不饱和碳氢化合物、芳香族碳氢化合物和易蒸发的石油产品较饱和碳氢化合物、不易蒸发的石油产品的毒性要大。易燃液体对人体的毒害性主要表现在蒸发气体上。它们通过人体的呼吸道、消化道、皮肤三个途径进入体内，造成人身中毒。中毒程度与蒸气浓度、作用时间的长短有关。浓度小、时间短则轻，反之则重。

掌握易燃液体的毒性和腐蚀性，其目的在于能够采取相应的防毒和防腐蚀措施，特别是在火灾条件下和平时的消防检查时注意防止人员的灼伤和中毒。

二、易燃液体着火应急措施

易燃液体一旦着火，发展迅速而且猛烈，有时甚至发生爆炸且不易扑救，所以平时要做好充分的灭火准备，根据不同液体的特性、易燃程度和灭火方法，配备足够、相应的消防器材，并加强消防知识教育。

灭火方法主要是根据易燃液体相对密度的大小、能否溶于水和灭火剂来确定。一般来说，对于比水轻且不溶于水或微溶于水的烃基化合物，如石油、汽油、煤油、柴油、苯、乙醚、石油醚等液体的火灾，可用泡沫、干粉和卤代烷等灭火剂扑救；当火势初燃，且面积不大或可燃物不多时，也可用二氧化碳扑救；对于重质油品，有蒸气源的还可选择蒸气扑救。

对于能溶于水或部分溶于水的易燃液体，如甲醇、乙醇等醇类，乙酸乙酯、乙酸戊酯等酯类，丙酮、丁酮等酮类液体着火时，可用雾状水或抗溶性泡沫、干粉和卤代烷等灭火剂进行扑救；对于不溶于水，且相对密度大于水的易燃液体如二硫化碳等着火时，可用水扑救，因为水能覆盖在这些易燃液体的表面上使之与空气隔绝，但水层必须要有一定的厚度。

易燃液体大多具有麻醉性和毒害性，灭火时应站在上风向处，穿戴必要的防护用具，采用正确的灭火方法和战术。救火中如有头晕、恶心、发冷等症状，应立即离开现场，安静休息，严重者速送往医院诊治。

第八节　易燃固体、自燃物品和遇湿易燃物品着火应急措施

一、易燃固体、自燃物品和遇湿易燃物品概述

(1) 易燃固体指燃点低，对热、撞击、摩擦敏感，易被外部火源点燃，燃烧迅速，并可能散发出有毒烟雾或有毒气体的固体。但不包括已列入爆炸品的物质。

(2) 自燃物品指自燃点低，在空气中易发生氧化反应，放出热量而自行燃烧的物品。

(3) 遇湿易燃物品指遇水或受潮时，发生剧烈化学反应，放出大量易燃气体和热量的物

品。有些不需明火，即能燃烧或爆炸。

二、易燃固体着火应急措施

易燃固体着火，绝大多数可以用水扑救，尤其是湿的爆炸品和通过摩擦可能起火或促成起火的固体以及丙类易燃固体等均可用水扑救，对就近可取的泡沫灭火器、二氧化碳、干粉等灭火器也可用来应急。

脂肪族偶氮化合物、芳香族硫代酰肼化合物、亚硝基类化合物和重氮盐类化合物等自反应物质（如偶氮二异丁腈、苯磺酰肼等）着火时，不可用窒息法灭火，最好用大量的水冷却灭火。因为此类物质燃烧时，不需要外部空气中氧的参与。镁粉、铝粉、钛粉、锆粉等金属元素粉末类火灾，不可用水施救，也不可用二氧化碳等施救。因为这类物质着火时，可产生相当高的温度，高温可使水分子或二氧化碳分子分解，从而引起爆炸或使燃烧更加猛烈。如金属镁燃烧时可产生 2500℃的高温，将烧着的镁条放在二氧化碳气体中时，燃烧的高温就会将 CO_2 分解成 O_2 和 C，镁便与二氧化碳中的氧生成氧化镁和无定型炭。所以，金属元素类物质着火不可用水和二氧化碳扑救。由于三硫化四磷、五硫化二磷等硫的磷化物遇水或潮湿空气，可分解产生易燃有毒的硫化氢气体，所以也不可用水施救。

三、自燃物品着火的应急措施

对于烷基镁、烷基铝、烷基铝氢化物、烷基铝卤化物以及硼、锌、锑、锂的烷基化物和铝导线焊接药包等有遇湿易燃危险的自燃物品着火时，不可用二氧化碳、水或含水的任何物质施救（如化学泡沫、空气泡沫、氟蛋白泡沫等）；黄磷、651 除氧催化剂等可用水施救，且最好浸于水中；潮湿的棉花、油纸、油绸、油布、赛璐珞碎屑等有积热自燃危险的物品着火时一般都可用水扑救。

综上所述，遇湿易燃物品必须盛装在密闭容器中，置于干燥通风处，与性质相互抵触的物品隔离储存。注意防水、防潮、防雨、防酸、严禁火种接触等，切实保证储存、运输和经营的安全。

四、遇湿易燃物品着火应急措施

在危险化学品中，有一类危险化学品——遇湿易燃物品的性质比较特殊，其遇水或受潮时会发生剧烈化学反应，放出大量易燃气体和热量，当热量达到可燃气体的自燃点或接触外来火源时，会立即着火或爆炸。

（一）遇湿易燃物品处置概述

遇湿易燃物品着火绝对不可用水和含水的灭火剂施救，对于二氧化碳、氮气、卤代烷等不含水的灭火剂也是不可使用的。因为遇湿易燃物品都是碱金属、碱土金属以及这些金属的化合物，它们不仅遇水易燃，而且在燃烧时可产生相当高的温度，在高温下这些物质大部分可与二氧化碳、卤代烷反应，故不能用其扑救遇湿易燃品火灾。例如，用四氯化碳与燃烧着的钠接触，会立即生成一团碳雾，使燃烧更加猛烈；氮气不燃、无毒、不含水，用来扑救遇湿易燃品火灾应该说是可以的，但是由于氮能与金属锂直接化合生成氮化锂，氮与金属钙在500℃时可生成氮化钙，所以不能用氮气施救。综上，遇湿易燃品着火不可使用水、泡沫（各种泡沫灭火剂）、二氧化碳、卤代烷和氮气等灭火剂施救。从目前研究成果看，遇湿易燃物品着火的最佳灭火剂是偏硼酸三甲酯（7150），也可用干砂、黄土、干粉、石粉等。对于金属钾、钠火灾，用干燥的食盐、碱面、石墨、铁粉等效果也很好。但应注意，金属锂着火时，如用含有 SiO_2 的干砂扑救，其燃烧产物 Li_2O 能与 SiO_2 起反应；若用碳酸钠或食盐扑救，其燃烧的高温能使碳酸钠和氯化钠分解，放出比锂更危险的钠。故金属锂着火，不可用砂、碳酸钠干粉和食盐扑救。另外，由于金属铯能与石墨反应生成铯碳化物，故金属铯着火不可用石墨扑救。

由于国内学术领域和消防领域对遇湿易燃物品泄漏事故的应急处置研究较欠缺，基层消防部队处置此类事故没有一定的理论指导和实战经验，而有效灭火剂及特殊装备的欠缺，使得基层消防部队处置此类事故的效率和成功率降低，从而给消防人员带来一定的安全隐患。所以，在现有人员和装备的条件下，加强对遇湿易燃物品泄漏事故应急处置对策与方法的研究，对提高消防部队应急救援能力和保障国民经济又好又快发展有着十分重要的意义。

（二）遇湿易燃物品的分类

1. 按反应的剧烈程度分类

遇湿易燃物品根据遇水或受潮后发生化学反应的剧烈程度，产生可燃气体和放出热量的多少，划分为两级。

一级遇湿易燃物品是指遇水或受潮后立即发生剧烈反应，单位时间内产生可燃气体多而且放出大量热量，容易引起燃烧爆炸。典型的代表有碱金属、碳化钙（电石）、连二亚硫酸钠（保险粉）等。

二级遇湿易燃物品是指遇水或受潮后发生的反应比较缓慢，放出的热量比较少，产生的可燃气体一般需在火源作用下才能引起燃烧。典型的代表有氰氨化钙、锌粉等。

2. 按反应后的危险特性分类

在《常用危险化学品的分类及标志》常用危险化学品分类明细表中列出了 29 种遇湿易燃危险化学品。本文从消防抢险救援角度出发，根据遇湿易燃物品泄漏后遇水或潮湿空气可能产生的危害，把遇湿易燃物品分为：A 类遇湿易燃物品、B 类遇湿易燃物品。

（1）A 类遇湿易燃物品　A 类遇湿易燃物品是指遇水或潮湿空气后引起燃烧，甚至发生爆炸，产生了大量有毒有害气体。常见的有磷化物、连二亚硫酸盐、氰化物、汞齐、非金属卤化物、氨基化物和金属有机化合物等。

（2）B 类遇湿易燃物品　B 类遇湿易燃物品是指遇水或潮湿空气后引起燃烧，还会引起爆炸，但不产生大量有毒有害气体。常见的有碱金属、金属合金、金属粉末、氢化物、盐型碳化物等。

（三）遇湿易燃物品泄漏事故处置的基本对策

遇湿易燃物品泄漏后遇水或潮湿空气不但产生易燃易爆、有毒有害物质，而且其泄漏事故造成的危害往往具有突发性强、灾害范围广、污染程度大、处置难度大等特点，因此加强此类泄漏事故处置基本对策的研究是当前消防部队急需解决的一个难点问题。

1. 准确接警，合理调度

当消防调度指挥中心接到危险化学品泄漏事故报警时，应向报警人询问清楚是什么物质泄漏，当确认是遇湿易燃物品时，应尽量多询问一些有关泄漏事故的详细情况，如遇湿易燃物品的泄漏量；泄漏还是火灾；灾害现场周围环境等。受理火警后应迅速启动化学危险品处置救援预案，科学合理调度救援力量，第一时间赶赴灾害现场，同时迅速调集社会其他联动部门赶赴灾害现场协同处置。

2. 封控现场，疏散人员

消防部门在到达事故现场前，可以提前通知公安交警部门在通往事故现场的主要干道上实行交通管制。待消防部门到达后可根据情况封锁事故现场，合理建立警戒区域。建立警戒区域时应根据泄漏后产生的危害来划分，当判定泄漏物质为 A 类遇湿易燃物品时，应根据现场气体浓度大小科学合理的把警戒区域划分为重度危险区、中度危险区、低度危险区；当判定泄漏物质为 A 类遇湿易燃物品或 B 类遇湿易燃物品时，警戒区域应结合当时的气象天气情况及泄漏量科学合理的划分，警戒区域内严禁一切火种，同时迅速将警戒区域内及污染区内与事故处置无关的人员撤离，以减少不必要的人员伤亡。

3. 侦察检测，区域控制

根据灾害事故现场情况，派出侦查小组对事故现场进行侦查，侦查小组一般由 2～3 人组成，配备必要的检测仪器和个人安全防护措施。当泄漏物质为 A 类遇湿易燃物品或 B 类遇湿易燃物品时处置人员必须携带可燃气体检测仪并穿纯棉防静电内衣；当泄漏物质为 A 类遇湿易燃物品时必须携带有毒气体检测仪，佩戴防毒面罩并穿着防化服。侦查人员对如下内容进行检测：遇湿易燃物品的性质；现场可燃气体浓度；有毒气体浓度；泄漏情况（泄漏位置、泄漏原因、泄漏性质、泄漏程度）；现场气象；周围环境等。对于泄漏量大，泄漏面积大的灾害现场，一时无法进行有效控制时，可以采取穿插分割分区域控制，然后再分区域各个处置。

4. 消除泄漏，控制火势

消除泄漏，控制火势是处置此类事故的关键点，也是难点所在。遇湿易燃物品泄漏后，有的并不会引发火灾，而仅仅是泄漏后暴露在外，此时应迅速切断遇湿易燃物品与水发生接触反应的一切条件，并及时收集密封好泄漏的遇湿易燃物品。处理少量金属钠、钾等遇湿易燃物品泄漏时，应避免扬尘，把金属钠、钾收入金属容器并保存在煤油或液体石蜡中；处理少量电石等物质泄漏时应用砂土、干燥石灰或纯碱混合，使用无火花工具收集于干燥、洁净、有盖的容器中，转移至安全场所。处置大量遇湿易燃物品泄漏时应用塑料布、帆布覆盖，减少飞散，并在专家指导下清除泄漏物。遇湿易燃物品泄漏后引发火灾的，则应迅速将未燃烧的遇湿易燃物品进行疏散隔离，防止火势进一步蔓延扩大，然后再根据泄漏事故现场实际情况科学合理地进行灭火。当只有极少量（一般 50g 以内）遇湿易燃物品泄漏着火，那么仍可用大量的水或泡沫扑救；如果有较多遇湿易燃物品泄漏发生火灾，则绝对禁止用水和泡沫等湿性灭火剂扑救，应用干粉、二氧化碳等灭火剂扑救。当泄漏着火的遇湿易燃物品为电石、保险粉等物质时，应用水泥、干砂、干粉、硅藻土和蛭石等覆盖灭火，当泄漏着火的遇湿易燃物品为钾、钠、锂等轻金属时，应用石墨粉、氯化钠以及专用的轻金属灭火剂扑救，特别要注意的是金属铯的火灾只能用干燥氯化钠粉末、碳酸钠干粉、碳酸钙干粉灭火；当泄漏着火的遇湿易燃物品为金属粉末则切忌使用有压力的灭火剂，以防止将粉尘吹扬起来，与空气形成爆炸性混合物而导致爆炸发生。

5. 现场洗消，清理移交

遇湿易燃物品泄漏事故处置结束后，事故现场救援的车辆、救援人员及附近的道路、水源都可能受到严重的污染，若不及时进行洗消，污染会迅速蔓延，造成更大危害。洗消是消除现场残留有毒物质的有效方法。洗消时可用大量的水对人员和事故发生区域进行反复清洗，必要时可以用特殊的洗消剂进行洗消。待洗消工作结束后，应对周围环境再次检测，检测合格后，对现场残留物进行全面清理，清理完毕后向有关部门或者相关负责人做好交接工作。

（四）遇湿易燃物品泄漏事故应急处置方法

遇湿易燃物品发生泄漏事故后，为了把危害和损失降低到最低限度，必须在最短的时间内用科学、有效的方法进行处置。因此加强此类泄漏事故处置基本方法的研究对基层消防部队成功处置此类事故具有重大的指导意义。

1. 隔离疏散法

遇湿易燃物品泄漏遇水或受潮后易产生易燃易爆或有毒有害气体，在确保安全的前提下，现场指挥员必须优先考虑的是将未燃烧、未泄漏的遇湿易燃物品实施强行疏散隔离，以防止灾情的进一步扩大蔓延，然后再处置燃烧或泄漏物品。如果其他物品火灾威胁到相邻的遇湿易燃物品，应先将遇湿易燃物品迅速转移至安全地带。如遇湿易燃物品较多一时难以转移，应先用油布或塑料膜等防水布将遇湿易燃物品遮盖好，然后再在上面盖上毛毡、石棉网、棉被并淋上水。

2. 窒息吸附法

遇湿易燃物品一旦泄漏，无论是固体还是液体，很多情况下发生燃烧并伴有有毒气体。此时，应视情况采用合适的灭火剂，如水泥、干砂、干粉、硅藻土等，实施强行窒息灭火或吸附的方法，将燃烧的火焰先予以窒息或将泄漏物质予以吸附。待灾情控制后，再将未燃烧的物品疏散转移。

3. 筑堤（挖坑）收容法

当遇湿易燃物品泄漏量较大时，可以采取筑堤围堵的方法将泄漏的遇湿易燃物品围控在一定范围内，也可以在现场挖坑将泄漏物导入坑中，再用泵将其转移至槽车或储罐内，不能转移时，可视情况在现场采取中和处理或就地掩埋等措施。这种处置方法，一方面可以避免泄漏出的遇湿易燃物品流入有水源的地方和减少与空气中水分的接触面积，防止灾情扩大；另一方面也能很好地减少其对环境的污染，也有利于泄漏物的集中处理。

4. 快速反应法

当只有极少量遇湿易燃物品发生泄漏或火灾事故时，可以出大量的水或泡沫，实施快速反应法，让泄漏的物品快速与水反应，然后实施疏散清理；也可以先疏散转移，再出水快速反应。当水或泡沫刚接触着火点时，短时间内可能会使火势增大，但只要确保正常供水，待少量遇湿易燃物品燃尽后，火势很快就会熄灭或减小。此外，当大量遇湿易燃物品发生火灾，且现场火势不能得到有效控制时，为了避免事态的进一步扩大或人员伤亡，在条件许可的情况下，也可采用与水快速反应的方法实施灭火。

5. 稀释中和法

有些遇湿易燃物品泄漏后遇水或受潮会产生大量有毒有害气体，且易溶于水，当事故现场周围人员较密集，一时无法进行有效疏散时，应在下风、侧下风方向以及人员较多方向设置水幕或喷雾水，形成大范围水雾对有毒有害气体进行稀释消毒。此外，由于遇湿易燃物品生成的有毒有害气体大多数呈酸性，可在消防车水箱中加入碱性物质，使用喷雾水予以中和。当一时找不到合适的碱性物质时，也可以在水箱内加入干粉、洗衣粉等，同样可以起到不错的中和效果。

6. 处置地点转移法

当遇湿易燃物品泄漏事故发生在雨天或潮湿空气下时，在条件允许不威胁救援人员安全的情况下，可将事故车辆转移至安全的地点进行处置，这样可以有效提高安全系数和处置成功率。

7. 搭建遮雨棚防止淋雨法

当遇湿易燃物品泄漏事故发生在下雨天时，为了避免雨水和遇湿易燃物品继续接触反应扩大危害，可以在现场条件允许的情况下快速搭建临时遮雨棚，从而切断遇湿易燃物品继续反应的条件，为救援人员迅速处置泄漏事故打下坚实的基础。

第九节　氧化剂和有机过氧化物溢漏、着火应急措施

氧化剂和有机过氧化物类物品具有强烈的氧化性，在不同条件下，遇酸、碱、受热、受潮或接触有机物、还原剂即能分解放出氧，发生氧化还原反应，引起燃烧。有机过氧化物更

具有易燃甚至爆炸的危险性，储运时须加入适量的抑制剂或稳定剂，有些会在环境温度下自行加速分解，因此必须控温储运。有些氧化剂还具有毒性或腐蚀性。

一、氧化剂的危险性

1. 强烈的氧化性

氧化剂多为碱金属、碱土金属的盐或过氧化基所组成的化合物。其特点是氧化价态高，金属活泼性强，易分解，有极强的氧化性，本身不燃烧，但与可燃物作用能发生着火和爆炸。

2. 受热撞击分解性

在现行列入氧化剂管理的危险化学品中，除有机硝酸盐类外，都是不燃物质，但当受热、撞击或摩擦时易分解出氧，若接触易燃物、有机物，特别是与木炭粉、硫黄粉、淀粉等混合时，能引起着火和爆炸。

3. 可燃性

绝大多数氧化剂是不燃的，但也有少数氧化剂具有可燃性。在氧化剂中，主要是有机硝酸盐类，如硝酸胍、硝酸脲等。另外，还有过氧化氢尿素、高氯酸醋酐溶液、二氯或三氯异氰尿素、四硝基甲烷等。这些有机氧化剂不仅具有很强的氧化性，与可燃性物质相结合均可引起着火或爆炸，而且本身也可燃，也就是说，这些氧化剂着火不需要外界的可燃物参与即可燃烧。因此，有机氧化剂除防止与任何可燃物质相混外，还应隔离所有火种和热源，防止阳光暴晒和任何高温的作用。储存时也应与无机氧化剂和有机过氧化物分开堆放。

4. 与可燃液体作用的自燃性

有些氧化剂与可燃液体接触能引起自燃。如高锰酸钾与甘油或乙二醇接触，过氧化钠与甲醇或乙酸接触，铬酸与丙酮或香蕉水接触等，都能自燃起火。

所以，在储存上述氧化剂时，一定要与可燃液体隔绝，分仓储存，分车运输。

5. 与酸作用的分解性

氧化剂遇酸后，大多数能发生反应，而且反应常常是剧烈的，甚至引起爆炸。由此可知，氧化剂不可与硫酸、硝酸等酸类物质混储混运。这些氧化剂着火时，也不能用泡沫和酸碱灭火器扑救。

6. 与水作用的分解性

有些氧化剂，特别是活泼金属的过氧化物，遇水或吸收空气中的水蒸气和二氧化碳能分解放出原子氧，致使可燃物质燃爆。

高锰酸锌吸水后形成的液体，接触纸张、棉布等有机物时，能立即引起燃烧。所以，这类氧化剂在储运中，应严密包装，防止受潮、雨淋，着火时禁止用水扑救。对于过氧化钠、过氧化钾等活泼金属的过氧化物也不能用二氧化碳灭火剂扑救。

7. 强氧化剂与弱氧化剂作用的分解性

在氧化剂中强氧化剂与弱氧化剂相互之间接触能发生复分解反应，产生高热而引起着火或爆炸。因为弱氧化剂虽然有较强的氧化性，但遇到比其氧化性强的氧化剂时，又呈还原性。如漂白粉、亚硝酸盐、亚氯酸盐、次氯酸盐等氧化剂，当遇到氯酸盐、硝酸盐等氧化剂时，即显示还原性，发生剧烈反应，引起着火或爆炸。

8. 腐蚀毒害性

不少氧化剂还具有一定的毒性和腐蚀性，能毒害人体，烧伤皮肤。如二氧化铬（铬酸）既有毒性，也有腐蚀性。故储运这类物品时，应注意安全防护。

二、有机过氧化物的危险性

有机过氧化物是一种含有过氧基（—O—O—）结构的有机物质，也可能是过氧化氢的衍生物。如过甲酸（HCOOOH），过乙酸（CH$_2$COOOH）等。

有机过氧化物是热稳定性较差的物质，并可发生放热的加速分解过程。其危险特性如下。

1. 分解爆炸性

由于有机过氧化物都含有—O—O—，而—O—O—是极不稳定的结构，对热、震动、冲击或摩擦都极为敏感。所以当受到轻微外力作用时即分解。如过氧化二乙酰，纯品制成后存放 24h 就可能发生强烈的爆炸；当过氧化二苯甲酰含水量在 1% 以下时，稍有摩擦即能引起爆炸；过氧化二碳酸二异丙酯在 10℃ 以上时不稳定，达到 17.22℃ 时即分解爆炸；过乙酸（过乙酸）纯品极不稳定，在零下 20℃ 时也会爆炸。这就不难看出，有机过氧化物对温度和外力作用是十分敏感的，其危险性和危害性较其他氧化剂更大。

过氧基如此不稳定是由于过氧基断裂所得的两个基团均含有未成对的电子，这两个基团称为自由基，自由基的独特性质为不稳定性，具有较低的活化能。因此，具有显著的反应性，且只能暂时存在，当自由基周围有其他基团和分子时，自由基能迅速与其他基团和分子作用，并放出能量，这时自由基被破坏形成新的分子和基团。由于自由基具有较高的能量，当在某一反应系统中大量存在自由基时，则自由基之间相互碰撞或自由基与器壁碰撞，就会释放出大量的热，加之有机过氧化物本身自燃，因此就会由于高温引起有机过氧化物的燃烧，而燃烧又会产生更高的热量，使整个反应体系的反应速率加快，体积迅速膨胀，最后导致反应体系的爆炸。

2. 易燃性

有机过氧化物不仅极易分解爆炸，而且特别易燃，有些非常易燃。如过氧化叔丁醇的闪点为 26.67℃，过氧化二叔丁酯的闪点只有 12℃。

有机过氧化物因受热、与杂质（如酸、重金属化合物、胺等）接触或摩擦、碰撞而发热分解时，可能产生有害、易燃气体或蒸气，许多有机过氧化物易燃，而且燃烧迅速而猛烈，当封闭受热时极易由迅速的爆燃转为爆轰，所以扑救有机过氧化物火灾时应特别注意爆炸的危险性。

3. 伤害性

有机过氧化物的危害性是易伤害眼睛。如过氧化环己酮、叔丁基过氧化氢、过氧化二乙酰等，都对眼睛有伤害作用。其中有些即使与眼睛短暂地接触，也会对眼角膜造成严重的伤害。因此，应避免眼睛接触有机过氧化物。

综上所述，有机过氧化物的火灾危险性主要取决于物质本身的过氧基含量和分解温度。有机过氧化物的过氧基含量越多，其热分解温度越低，则火灾危险性就越大。因此，在储存或运输时，应根据它们的危险特性（特别要注意它们的氧化性和着火爆炸并存的双重危险性），采取正确的防火防爆措施，严禁受热，防止摩擦、撞击，避免与可燃物、还原剂、酸、碱和无机氧化剂接触。

三、氧化剂和有机过氧化物溢漏、着火应急措施

1. 溢漏处理

氧化剂和有机过氧化物如有溢漏，应小心地收集起来，或（液体）使用惰性材料作为吸收剂将其吸收起来，然后在尽可能远的地方用大量的水冲洗残留物。严禁使用锯末、废棉纱等可燃材料作为吸收材料，以免发生氧化反应而着火。

对于收集起来的溢漏物，切不可重新装入原包装或装入完好的包件内，以免混入杂质而引起危险。应针对其特性采用安全可行的办法处理或考虑埋入地下。

2. 着火处理

① 氧化剂着火或被卷入火中时，会放出氧而加剧火势，即使在惰性气体中，火仍然会自行延烧；无论是将货舱、容器、仓房封死，或是用蒸汽、二氧化碳及其他惰性气体灭火都是无效的；如果用少量的水灭火，还会引起物品中过氧化物的剧烈反应。因此，应使用大量的水或用水淹浸的方法灭火，这是控制氧化剂火灾的最为有效的方法。

② 有机过氧化物着火或被卷入火中时，可能导致爆炸。所以，应迅速将这些包件从火场中移开，人员应尽可能远离火场，并在有防护的位置用大量的水来灭火。任何曾卷入火中或暴露于高温下的有机过氧化物包件，会随时发生剧烈分解，即使火已扑灭，在包件未完全冷却之前，也不应接近这些包件，应用大量的水冷却，如有可能，应在专业人员的技术指导下，对这些包件进行处理；如果没有这种可能，在水上运输时，若情况紧急应考虑将其投弃于水中。

第十节　毒害品着火应急措施

一、毒害品概述

毒害品系指进入肌体后，累积达一定的量，能与体液组织发生生物化学作用或生物物理学变化，扰乱或破坏肌体的正常生理功能，引起暂时性或持久性的病理状态，甚至危及生命的物品。区分标准为：经口摄取半数致死量 $LD_{50} \leqslant 500mg/kg$ 的固体；$LD_{50} \leqslant 2000mg/kg$ 或经皮肤接触 24h，$LD_{50} \leqslant 1000mg/kg$ 的液体；粉尘、烟雾及蒸气吸入半数致死浓度 $LC_{50} \leqslant 10mg/L$ 的固体或液体，以及列入《危险货物品名表》的农药。

二、毒害品的危险特性

（一）毒害性

1. 中毒的途径

毒害品的主要危险性是毒害性。毒害性主要表现为对人体及其他动物的伤害，但伤害是有一定途径的。引起人体及其他动物中毒的主要途径是呼吸道、消化道和皮肤三方面。

（1）呼吸中毒　毒害物品中挥发性液体的蒸气和固体毒害品的粉尘，最容易通过呼吸器官进入人体。尤其是在火场上和抢救疏散毒害物品过程中，接触毒害品的时间较长，消防人员吸入量大，很容易中毒。如氰化氢、溴甲烷、苯胺、西力生、赛力散、三氧化二砷等的蒸气和粉尘，经过人的呼吸道进入肺部，被肺泡表面所吸收，随血液循环引起中毒。此外，呼吸道的鼻、喉、气管黏膜等，也具有相当大的吸收能力，容易中毒。呼吸中毒比较快，而且严重，因此，扑救毒害品火灾的消防人员，应佩戴必要的防毒用具，以免中毒。

（2）消化中毒　是指毒害品的粉尘或蒸气侵入人的消化器官引起中毒。通常是在进行毒害品操作后，未经漱口、洗手就饮食、吸烟，或在操作中误将毒品吸入消化器官，进入胃肠引起中毒。由于人的肝脏对某些毒物具有解毒功能，所以消化中毒较呼吸中毒缓慢。有些毒害品如砷及其化合物，在水中不溶或溶解度很低，但通过胃液后则变为可溶物被人体吸收，引起人身中毒。

（3）皮肤中毒　一些能溶于水或脂肪的毒物，接触皮肤后，都易侵入皮肤引起中毒。很多毒物能通过皮肤破裂的地方侵入人体，并随血液循环而迅速扩散，如一些芳香族的衍生物、硝基苯、苯胺、联苯胺、农药中的有机磷一六〇五、一〇五九等和有机汞、西力生、赛力散。特别是氰化物的血液中毒，能够极其迅速地导致死亡。此外，有些毒物对人体的黏膜如眼角膜有较大的危害，如氯苯乙酮等。

2. 影响毒害性的因素

毒害品毒性的大小，主要决定于它们的化学组成和化学结构。如有机化合物的饱和程度对毒性有一定的影响，乙炔的毒性较乙烯大，乙烯的毒性较乙烷大等。有些毒害品毒性的大小，则与分子上烃基的碳原子数相关。如甲基内吸磷较乙基内吸磷的毒性小50％；硝基化合物中随着硝基的增加而毒性增强，若将卤原子引入硝基化合物中，毒性随着卤原子的增加而增强。毒害品结构的变化，对毒性的影响也很大，如当同一硝基（—NO_2）在苯环上的位置改变时，其毒性相差数倍。如间硝基对硫磷的毒性较对硝基对硫磷的毒性大6～8倍。

（二）火灾危险性

从列入毒害品管理的物品分析，约89％的毒害品都具有火灾危险性。

1. 遇湿易燃性

无机毒害品中金属氰化物和硒化物大多自身不燃，但都有遇湿易燃性。如钾、钠、钙、锌、银、汞、钡、铜等金属的氰化物，遇水或受潮都能放出极毒且易燃的氰化氢气体；硒化镉遇酸或酸雾能放出易燃且有毒的硒化氢气体。

2. 氧化性

在无机毒害品中，锑、汞和铅等金属的氧化物大多自身不燃，但都具有氧化性。如五氧化二锑（锑酐）自身不燃，但氧化性很强，380℃时即分解；四氧化铅（红丹）、红降汞（红色氧化汞）、黄降汞（黄色氧化汞）等，自身均不燃，但都是弱氧化剂，它们于500℃时分解，当与可燃物接触后，易引起着火或爆炸，并产生毒性极强的气体。

3. 易燃性

在《危险货物品名表》所列的1049种毒害品中有很多是透明或油状的易燃液体，有些系低闪点或中闪点液体。如溴乙烷闪点小于－20℃，三氟丙酮闪点小于－1℃，三氟乙酸乙酯闪点为－1℃，异丁基腈闪点为3℃，四羰基镍闪点小于4℃。卤代烷及其他卤代物如卤代醇、卤代酮、卤代醛、卤代酯类以及有机磷、硫、氯、砷、硅、腈、胺等都是甲、乙类或丙类液体，可燃粉剂马拉硫磷、一六〇五、一〇五九等农药都是丙类液体，这些毒害品既具有相当的毒害性，又有一定的易燃性。

4. 易爆性

毒害品当中的芳香族含2、4位两个硝基的氯化物，萘酚、酚钠等化合物，遇高热、撞击等都可引起爆炸，并分解放出有毒气体。如2,4-二硝基氯化苯，毒性很强，遇明火或受热至150℃以上有引起爆炸或着火的危险性。

由此可以看出，毒害品的火灾危险性是不可低估的。

三、着火应急措施

因为绝大部分有机毒害品都是可燃物，且燃烧时能产生大量的有毒或极毒的气体，所以，做好毒害品着火时的应急灭火措施是十分重要的。在一般情况下，如液体毒害品着火，可根据液体的性质（有无水溶性和相对密度的大小）选用抗溶性泡沫或机械泡沫及化学泡沫灭火，或用砂土、干粉、石粉等施救；如固体毒害品着火可用水或雾状水扑救；无机毒害品中的氰、磷、砷或硒的化合物遇酸或水后能产生极毒的易燃气体氰化氢、磷化氢、砷化氢、硒化氢等，因此着火时，不可使用酸碱灭火剂和二氧化碳灭火剂，也不宜用水施救，可用干粉、石粉、砂土等；如氰化物用大量水灭火时，应有措施防止灭火人员接触含有氰化物的水，特别是皮肤的破伤处不得接触，并应防止有毒的水流入河道，污染环境；灭火时一定要戴好各种防毒防护用具。

第十一节　放射性物品着火应急措施

放射性物品系指放射性比活度＞$7.0×104Bq/kg$ 的物品。

一、放射性物品的危险特性

(一) 放射性

放射性物品的主要危险特性在于其放射性。其放射性强度越大，危险性也就越大。放射性物质所放出的射线可分为 α、β、γ 和中子流四种。α 射线，也称甲种射线；β 射线，也称乙种射线；γ 射线，也称丙种射线。这三种射线是放射性同位素的核自发地发生变化（衰变）所放射出来的，中子流只有在原子核发生分裂时才能产生。如果把镭的同位素放在带有小孔的铅盒中，并将铅盒放在正、负两片极板之间，则由小孔放射出来的射线明显地分为三束。一束向阴极偏转，即 α 射线；一束向阳极偏转，即 β 射线；还有一束不受磁场的影响，即 γ 射线。

1. α 射线

α 射线是带正电的粒子（氦原子核）流。α 射线通过物质时，由于 α 粒子与原子中的电子相互作用，使某些原子电离成为离子。因此，当 α 粒子通过物质时，沿途发生电离作用而损耗能量，其速度也就随之减慢，在将全部能量损耗完时，就会停止前进，并与空气中的自由电子结合而成为氦原子。粒子在物质中穿行的距离称为"射程"。射程主要取决于电离作用，电离作用越强，粒子每前进 1cm 损失的能量就越大，因而射程就越短。带电离子在物质中电离作用的强弱，主要取决于粒子的种类、能量及被穿透物质的性质。α 粒子在物质中的电离本领很强而射程却很短，如 ^{235}U 放射出的 α 射线，在空气中能走 2.7cm，在生物体中能走 0.035mm，在铝中只能走 0.017mm。α 射线的穿透能力很弱，用一张纸、一张薄铝片、普通的衣服或几十厘米厚的空气层都可以"挡住"。但是，由于它的电离本领很强，进入人体后会引起较大的伤害。所以对于放射 α 射线的放射性物品来说，主要应防止进入人体造成内照射。

2. β 射线

β 射线是带负电的离子流。β 粒子也就是电子，在磁场中会剧烈的偏转，具有很快的速度，通常可达 $2×10^8$m/s。速度越高，其能量也就越大，从而射程也就越远。例如 ^{32}P 放射出来的射线，在空气中能走 7m，在生物体中能走 8mm，在铝中能走 3.5mm。β 射线的穿透能力较 α 射线要强，射程比 α、γ 射线要长。所以，在外照射的情况下，危害性较 α 射线大。一般说来，用几米厚的空气层，几毫米厚的铝片、塑料板或多层纸就可以"挡住"β 射线。但是，由于 β 粒子比 α 粒子质量小、速度快、电荷少，因而电离作用也就比 α 射线小得多，其电离本领约为 α 射线的 1%。

3. γ 射线

γ 射线是一种波长较短的电磁波（即光子流），不带电，所以它在磁场中不发生偏转。它以光的速度，即 $3×10^8$m/s 在空间中传播。由于其能量大、速度快、不带电，所以，穿透能力较 β 射线大 50~100 倍，较 α 射线大 10000 倍。因为光子通过物质时能量的损失只是其数目逐渐减少，而剩余的光子速度不变，所以，γ 射线的穿透能力很强，要使任何物质完全吸收 γ 射线是很困难的。如要把 ^{60}Co 的 γ 射线减弱为原来的 1/10，则阻隔它的铝板厚度须达 5cm，混凝土层厚须达 20~30cm，泥土层厚须达 50~60cm。γ 射线的电离能力最弱，只有 α 射线的 1/1000，β 射线的 1/10。因此，对于 γ 射线来说，主要是防护外照射。γ 射线能破坏人体细胞，造成机体伤害，所以，通常将射线源放在特制的铅罐或铸铁罐中，以减少射线对人体的伤害。

4. 中子流

在自然界中，中子并不单独存在，只有在原子核分裂时才能从原子核中释放出来。

放射性物质放射出的 α 射线、β 射线、γ 射线、中子流的种类和强度不尽一致。人体受到各种射线照射时，因射线性质不同而造成的危害程度也不同。

如果上述射线从人体外部照射时，β、γ 射线和中子流对人的危害很大，剂量大时易使人患放射病，甚至死亡。如果放射性物质进入体内时，则 α 射线的危害最大，其他射线的危害也很大，所以应严防放射性物品进入体内。

（二）毒害性

许多放射性物品的毒性很大。如 ^{210}Po、^{226}Ra 等都是剧毒的放射性物品；^{22}Na、^{60}Co 等为高毒的放射性物品，均应注意。

（三）不可抑制性

不能用化学方法中和使其不放出射线，而只能设法将放射性物质清除或使用适当的材料予以吸收屏蔽。

（四）易燃性

放射性物品除具有放射性外，多数具有易燃性，有些燃烧十分强烈，甚至引起爆炸。如独居石遇明火能燃烧。硝酸铀、硝酸钍等遇高温分解，遇有机物、易燃物都能引起燃烧，且燃烧后均可形成放射性灰尘，污染环境，危害人身健康。

（五）氧化性

有些放射性物品不仅具有易燃性，而且大部分兼有氧化性。如硝酸铀、硝酸钍都具有氧化剂性质。硝酸铀的醚溶液在阳光的照射下能引起爆炸。

二、着火应急措施

在运输、储存、生产或经营过程中，当发生着火、爆炸或其他事故可能危及仓库、车间以及经营地点的放射性物品时，应迅速将放射性物品转移到远离危险源和人员的安全地点存放，并适当划出安全区迅速将火扑灭；当放射性物品的内容器受到破坏，使放射性物质可能扩散到外面，或剂量较大的放射性物品的外容器受到严重破坏时，必须立即通知当地公安部门和卫生、科学技术管理部门协助处理，并在事故地点划出适当的安全区，悬挂警告牌，设置警戒线等。

当放射性物品着火时，可用雾状水扑救；灭火人员应穿戴防护用具，并站在上风向处，向包件上洒水，这样有助于防止辐射和屏蔽材料（如铅）的熔化，但注意不能使消防用水流失过多，以免造成大面积污染；放射性物品沾染人体时，应迅速用肥皂水洗刷至少 3 次；灭火结束时要很好的淋浴冲洗，使用过的防护用品应在防疫部门的监督下进行清洗。

第十二节　腐蚀性物品着火应急措施

腐蚀品系指能灼伤人体组织，并对金属等物品造成损坏的固体或液体。其区分标准是：与皮肤接触在 4h 内出现可见坏死现象；或温度在 55℃时，对 20 钢的表面均匀年腐蚀率超过 6.25mm/a 的固体或液体。

腐蚀破坏是自然界的一种普遍现象。腐蚀作用可分为化学腐蚀和电化学腐蚀两大类。单纯由化学作用而引起的腐蚀称为化学腐蚀。能够引起化学腐蚀的化合物很多，包括各种有机或无机的酸和碱，特别是各种强酸和强碱，以及一些无机盐和单质。当金属与电解质溶液接触时，由电化学作用而引起的腐蚀称为电化学腐蚀。

一、腐蚀品的分类

腐蚀品的特点是能灼伤人体组织，并对动物、植物体、纤维制品、金属等造成较为严重的损坏。腐蚀品按酸碱性分为以下三类。

1. 酸性腐蚀品

如硝酸、发烟硝酸、发烟硫酸、溴酸、含酸≤50%的高氯酸、五氯化磷、己酰氯、溴乙酸等均属此类。

2. 碱性腐蚀品

如氢氧化钠、烷基醇钠类（乙醇钠）、含肼≤64%的水合肼、环己胺、二环己胺、蓄电池（含有碱液的）均属此类。

3. 其他腐蚀品

如木馏油、蒽、塑料沥青、含有效氯＞5%的次氯酸盐溶液（如次氯酸钠溶液）等均属此类。

二、腐蚀品的危险特性

（一）腐蚀性

腐蚀性物品与其他物质接触时，发生化学变化，使该物质受到破坏，这种性质就称为腐蚀性。

1. 对人体的伤害

腐蚀性物品的形态有液体和固体（晶体、粉状）。当人们直接触及这些物品后，会引起灼伤或发生破坏性创伤，以至溃疡等。当人们吸入这些挥发出来的蒸气或飞扬到空气中的粉尘时，呼吸道黏膜便会受到腐蚀，引起咳嗽、呕吐、头痛等症状。特别是接触氢氟酸时，能发生剧痛，使组织坏死，如不及时治疗，会导致严重后果。人体被腐蚀性物品灼伤后，伤口往往不容易愈合，在储存、运输过程中，应注意防护。

2. 对有机物质的破坏

腐蚀性物品能夺取木材、衣物、皮革、纸张及其他一些有机物质中的水分，破坏其组织成分，甚至使之炭化。如有时封口不严的浓硫酸坛中混入杂草、木屑等有机物，浅色透明的酸液会变黑就是这个道理。浓度较大的氢氧化钠溶液接触棉质物，特别是接触毛纤维，即能使纤维组织受破坏而溶解。这些腐蚀性物品在储运过程中，若渗透或挥发出气体（蒸气）还能腐蚀仓库的屋架、门窗和运输工具等。

3. 对金属的腐蚀性

在腐蚀性物品中，不论是酸性，还是碱性，对金属均能产生不同程度的腐蚀作用。但浓硫酸不易与铁发生作用。但是，当储存日久，吸收了空气中的水分后，浓度变稀时，也能继续与铁发生作用，使铁受到腐蚀。又如冰醋酸，有时使用铝桶包装，储存日久也能引起腐蚀，产生白色的醋酸铝沉淀。有些腐蚀性物品，特别是无机酸类，挥发出来的蒸气与库房建筑物的钢筋、门窗、照明用品、排风设备等金属物料和库房结构的砖瓦、石灰等均能发生作用。

（二）毒害性

在腐蚀性物品中，有一部分能挥发出具有强烈腐蚀性和毒性的气体，如溴素、氢氟酸等。氢氟酸的蒸气在空气中浓度达到 $0.05\% \sim 0.025\%$ 时，即使短时间接触，也是有害的。甲酸在空气中的最高允许浓度为 5×10^{-6}。又如，硝酸挥发出的二氧化氮气体、发烟硫酸挥发出的三氧化硫等，都对人体有相当大的毒害作用。

（三）火灾危险性

在列入管理的（编入号码的）335 种（类）腐蚀品中，约 83% 的腐蚀品具有火灾危险性，有些还是相当易燃的液体和固体。现归纳如下。

1. 氧化性

无机腐蚀品大多自身不燃，但都具有较强的氧化性，有些还是氧化性很强的氧化剂，与可燃物接触或遇高温时，都有着火或爆炸的危险。如硫酸、浓硫酸、发烟硫酸、三氧化硫、硝酸、发烟硝酸、氯酸（浓度 40% 左右）、溴素等无机腐蚀品，氧化性都很强，与可燃物如甘油、乙醇、H 发孔剂、木屑、纸张、稻草、纱布等接触，都能氧化自燃而起火。

2. 易燃性

有机腐蚀品大多可燃，且有些非常易燃。如有机酸性腐蚀品中的溴乙酰闪点为 1℃，硫代乙酰闪点小于 1℃。甲酸、冰醋酸、甲基丙烯酸、苯甲酰氯、己酰氯遇火易燃，蒸气可形成爆炸性混合物；有机碱性腐蚀品甲基肼在空气中可自燃，1,2-丙二胺遇热可分解出有毒的氧化氮气体；其他有机腐蚀品如苯酚、甲酚、甲醛、松焦油、焦油酸、苯硫酚、蒽等，不仅自身可燃，且能挥发出具有刺激性或毒性的气体。

3. 遇水分解易燃性

有些腐蚀品，特别是多卤化合物如五氯化磷、五氯化锑、五溴化磷、四氯化硅、三溴化硼等，遇水分解、放热、冒烟，释放出具有腐蚀性的气体，这些气体遇空气中的水蒸气可形成酸雾。氯磺酸遇水猛烈分解，可产生大量的热和浓烟，甚至爆炸；有些腐蚀品遇水能产生高热，接触可燃物时会引起着火，如无水溴化铝、氧化钙等；更加危险的是烷基醇钠类，自身可燃，遇水可引起燃烧；异戊醇钠、氯化硫自身可燃，遇水分解。无水硫化钠自身可燃，且遇高热、撞击还有爆炸危险。

三、着火应急措施

腐蚀品着火，一般可用雾状水或干砂、泡沫、干粉等扑救，不宜用高压水，以防酸液四溅，伤害扑救人员；硫酸、卤化物、强碱等遇水发热、分解或遇水产生酸性烟雾的物品着火时，不能用水施救，可用干砂、泡沫、干粉扑救。

灭火人员应注意防腐蚀、防毒气，应戴防毒口罩、防护眼镜或防毒面具，穿橡胶雨衣和长筒胶鞋，戴防腐蚀手套等。灭火时人应站在上风向处，发现中毒者，应立即送往医院抢救，并说明中毒物品的品名，以便医生救治。

第十章

危险化学品废物处理技术

危险化学品废物，是指列入国家危险废物名录或者根据国家规定的危险废物鉴别标准和鉴别方法认定的具有危险特性的化学品废物。它们一般具有爆炸、易燃、毒害、腐蚀、放射性等性质，在运输、装卸过程中，易造成人身伤亡和财产损毁而需要特别防护。

第一节 危险化学品废物的来源与特性

一、危险化学品废物的来源

危险化学品废物的来源有：①从化学品的生产、配制和使用过程中产生的废物；②在生产、销售、使用过程中产生的次品、废品；③从研究和开发或教学活动中产生的中间产物、副产物以及尚未鉴定的对人类或环境有危险性的化学品废物；④因使用、储存等原因，纯度、成分发生变化，而不能再使用的危险化学品；⑤超过使用期限而过期报废的化学品。

二、危险化学品废物的特性

危险化学品废物本质上是危险化学品，所以危险化学品废物的分类也可依据 2009 年发布的国家标准《化学品分类和危险性公示通则》（GB 13690—2009）按常用危险化学品主要危险特性将其分为 8 类：第 1 类，爆炸性危险化学品废物；第 2 类，压缩气体和液化气体危险化学品废物；第 3 类，易燃液态危险化学品废物；第 4 类，易燃固态、自燃和遇湿易燃危险化学品废物；第 5 类，氧化剂和有机过氧化物危险化学品废物；第 6 类，有毒危险化学品废物；第 7 类，放射性危险化学品废物；第 8 类，腐蚀性危险化学品废物。同理，也可按表1-1 对各类危险化学品废物进行细分类。

危险化学品废物具有易燃、易爆、毒害、腐蚀、放射性等其中一种或几种危险特性，其中爆炸性、腐蚀性和放射性已在第一章中作了详细介绍，本节仅补充易燃性和毒害性、不相容性三方面的内容。

1. 易燃性

燃烧危险性是危险化学品废物的重要特征之一。化学品的燃烧危险性影响因素较多，其中，可燃化学品、点火源和助燃物是燃烧危险性的三要素，这里仅对此做统一概述。

通常来说，可燃化学品在燃烧三要素中是作为可燃物存在的。化学品根据其性质可分为可燃化学品、难燃化学品和不可燃化学品三类。凡是能与空气、氧气和其他氧化剂发生剧烈氧化反应的化学品，都称为可燃化学品。它的种类繁多，按其状态不同可分为气态、液态和固态三类。

2. 毒害性

有毒危险化学品废物的毒性在第一章已介绍了许多，这里仅补充有毒危险化学品废物对微生物的毒害性。

（1）无机化学品　卤素化学品对微生物具有极大的毒性影响，其影响与水中含有的阳离子、有机物悬浮固体及黏土有关。

（2）有机化合物　很多有机化合物对微生物的活动有害。

3. 不相容性

不同类的危险化学品废物混合在一起有可能发生化学反应。当两种或两种以上危险化学品废物混合后发生化学反应，导致不利后果并对环境和人类健康造成潜在威胁时，一般认为这些废物彼此不相容。不相容的危险化学品废物混合后，可能导致的不利后果主要包括：①大量放热，在一定条件下可能会引起火灾，甚至爆炸（如碱金属、金属粉末等）；②产生有毒气体（如砷、氰化氢、硫化氢等）；③产生易燃气体（如氢气、乙炔等）；④废物中重金属的毒性化合物的再溶出（如螯合物）。危险化学品废物的转移、临时存放、处理处置等，均要特别注意不同类危险化学品废物之间的不相容性，严禁不相容的危险化学品废物同车混装、混运，禁止不相容的危险化学品废物同地存放，不相容的危险化学品废物不得同地处理处置。

三、危险化学品废物与危险废物之间的区别与联系

危险化学品废物，是指列入国家危险废物名录或者根据国家规定的危险废物鉴别标准和鉴别方法认定的具有危险特性的化学品废物。它们一般具有爆炸、易燃、毒害、腐蚀、放射性等性质，在运输、装卸过程中，易造成人身伤亡和财产损毁而需要特别防护。

危险废物是指含有一种或一种以上有害物质或其中的各组分相互作用后会产生有害物质的废弃物，这里的有害物质是指一些对生物体、饮用水、土壤环境、水体环境以及大气环境具有直接危害或者潜在危害的物质，这些危害主要包括爆炸性、易燃性、腐蚀性、化学反应性、毒性、传染性以及某些令人厌恶的特性。危险废物形态包括固体、半固体、液体以及储存在容器中的气体。

第二节　不明危险化学品废物的判定

不明危险化学品废物，即危险性不明、化学物质种类及浓度未知的化学品废物。其可能来源有：

① 盛装危险化学品废物容器的标签因某种原因（如腐蚀）而被损坏的容器；

② 研究和开发或教学活动中产生而尚未鉴定的化学物质；

③ 多种危险化学品废物混杂在一起的；

④ 生产企业或科研单位意外泄漏的。

危险化学品废物的包装、运输、临时储存及其处理处置方法的选择，与其化学物质种类、浓度和危险性密切相关。所以一旦发现不明危险化学品废物，首先必须进行不明危险化学品废物的判定，分析其化学物质种类、浓度，鉴别其危险性类别及大小，然后根据判定结果确定包装、运输、临时储存及处理处置方法。不明危险化学品废物的判定应包括两方面的内容。

① 化学物质种类及浓度的初步分析；

② 危险性类别及大小的初步鉴别。不明危险化学品废物可能具有很大的危害性，一旦出现，要求能对其快速简单处理后马上转移，如紧急事故中需对不明危险化学品废物作出快速判别以确定其包装及转移的方式、存放的方式及地点等。所以，与传统的试验室分析方法相比，不明危险化学品废物的判定应具有所用器材、试剂简单；判定时间较短；费用低廉等特点。

对不明危险化学品废物进行化学物质种类及浓度的初步分析，主要有两类方法，借助专门的检测车和探测器检测；利用化学快速检测法检测。

一、借助专门的检测车和探测器检测

借助专门的检测车和探测器检测，对不明危险化学品废物进行化学物质种类及浓度分析，速度快、精度高，但智能检测车价格昂贵，目前我国只有少数几个城市配备，而探测器只能检测出某一类或某几种危险化学品物质，适用场所有限。常用的检测车和探测器有智能检测车、便携式智能检测仪等。

1. 利用智能检测车检测

智能检测车是利用色谱、质谱分析原理，几乎可以对所有不明危险化学品废物进行现场定性、定量分析，速度快、精度高，是比较理想的仪器，使用的方法也很简单，车内配备了专用的智能取样检测器，只需将智能取样检测器携带至现场，几分钟内就可以完成取样工作，对检测过的毒剂，智能取样检测器会直接显示其性质，对未检测过的毒剂，将样品携带至检测车，便可迅速得到结果。

2. 利用 MX2000、MX21 等便携式智能气体检测仪检测

MX2000、MX21 等便携式智能气体检测仪可以检测大部分可燃气体和氯气、氨气、一氧化碳等有毒、气态不明的危险化学品废物的性质、浓度，更换探头还可以检测其他气体。这种仪器是公安部消防局指定引进的法国产品。目前，各省会城市和部分重要城市均有配备，虽然使用上受到一定的限制，但可满足大多数场合的要求，是理想的气体检测仪器。

二、利用化学快速检测法检测

对没有能力配备专门的检测车和探测器的中小城市，可以利用化学快速检测法检测不明危险化学品废物。化学检测法是利用不同物质之间发生化学反应产生不同颜色的原理，将某种物质预先放入玻璃管或加入特种纸张，制作成检测管或检测纸，当有毒物质与这种物质接触时，检测管或检测纸的颜色会发生变化，根据变色的长度或深度，确定不明危险化学品废物的种类和浓度。这种方法成本低，使用简单，比较适合检测性质已知的不明危险化学品废物。利用这种方法检测已知不明危险化学品废物时，检测人员可以根据常见的危险化学品废物及管区内的危险化学品废物种类，预先制作好检测管，如氯气、氨气、氰化物、硫化氢等检测管。当需鉴定未知不明危险化学品废物时，检测人员可以将检测管箱全部携带至事故现场，逐个打开检测管进行检测，直至检测出不明危险化学品废物的性质和浓度为止。

国外已探讨出一套完整的利用化学快速检测法对不明危险化学品废物进行快速判别的方法，目的在于对不明危险化学品废物的特性，包括水分含量、水溶性和遇水反应性、酸碱性、氧化性、是否含有硫化物或氰化物、可燃性等，作出初步判别。不明危险化学品废物的快速判别法包括以下十个相互独立的试验，经过培训的试验人员一般可在 5min 之内完成。为了确保试验人员的人身安全，试验中废物的取样量一般很小，试验人员应事先进行过有关的安全知识教育和试验操作的培训，试验人员在试验过程中必须穿戴防护服。试验场所应不受气候条件（如刮风、下雨、阳光直射等）影响。如果不明危险化学品废物为多相混合物，应先对混合物进行相分离，然后对各相分别进行快速判别试验。

1. 水分检测

不明危险化学品废物是否含有水分，尤其对于液态化学品废物，非常重要；而对于干燥的固态危险化学品，水分检测则没必要。

水分检测，可利用试纸进行。具体操作为取一滴未知液体直接滴于试纸上，试纸颜色由白色转变为蓝色，则说明有水分存在。

方法局限性：①甲醇也可使试纸颜色由白色转变为蓝色，干扰检测；②其他液态醇（如异丙醇）和液态溶剂（如丙酮）可引起相同（轻微或延迟）的颜色变化；③一些浓溶液，如高浓度的氢氧化钠溶液，可能使试纸变为淡紫色；④一些强氧化性的溶液，如浓硝酸或次氯酸溶液，可能使试纸氧化而不出现蓝色。

2. 水溶性和遇水反应性检测

具体操作如下：往试管内加入少量（高度约为0.6cm）水，再加入少量待判别的危险化学品。如果有热量放出或有气泡产生或有蒸气（烟雾）产生或有沉淀生成，则此危险化学品具有遇水反应性。当样品溶解较慢时，可将试管摇匀，也可加热，以加快溶解。加入样品后，可仔细观察溶液的密度变化，如有明显的旋涡状的密度梯度曲线出现，对于固态样品说明是溶于水的，对于液态样品则说明是非水溶性物质。

可依据不同的试验现象对不明危险化学品作出如下初步判别：

（1）如样品完全溶于水，则不明危险化学品为水溶性（离子型/极性）物质。对于液态样品，可能为酸、碱、醇（或其他极性溶剂）或溶于水的无机盐溶液；对于固态样品，则一般为无机盐或极性有机物。

（2）如样品不溶于水且浮在水面之上，则不明危险化学品为不溶于水的非极性物质。样品为液态时，则其相对密度小于1.0，一般为烃类或石油类，通常具有可燃性。

（3）如样品不溶于水且沉于底部，则不明危险化学品为不溶于水的非极性物质。样品为液态时，则其相对密度大于1.0，一般为氯代烃类（或多种氯代烃的混合物），如干洗溶剂（三氯乙烯、四氯乙烯）和多氯联苯。

（4）对于不溶于水的固态样品，应缓慢加热，并仔细观察溶液是否有明显的密度梯度曲线出现，以进一步确定其是否溶于水。

（5）如样品溶于水时产生气泡、放热或产生其他产物（如沉淀物），则不明危险化学品为遇水反应性物质。

方法局限性：①如不明危险化学品为遇水反应性物质，应仔细观察产物的特性，以利于进一步的检测；②如不明危险化学品与水混合时产生浑浊的悬浮物，则难以判别其是否具有水溶性。

3. pH值检测

具体操作如下：取少量不明液态危险化学品置于pH试纸上，将试纸的颜色与标准色列比较。对于液态不明危险化学品，可直接检测；对于固态或不含水分的液态不明危险化学品，则应先将少量样品溶于水或与水混合，然后取少量液相进行检测；对于蒸气或气态不明危险化学品，则应先用水将试纸润湿，然后将试纸置于不明危险化学品上面，观察试纸的颜色变化。

方法局限性：①具有强氧化性的酸可能氧化pH试纸上的指示剂；②如果试纸的颜色变化难以与标准色列比较，则应加水将样品稀释后再进行检测；③如果样品本身带有颜色或呈暗色，最后进行颜色比较时应考虑样品本身的颜色。

4. 氧化性检测

具体操作如下：对于液态不明危险化学品，先用3mol/L HCl溶液将碘化钾淀粉试纸润湿，然后取一滴液态样品置于试纸上；对于固态不明危险化学品，则先用3mol/L HCl溶液将碘化钾淀粉试纸润湿，然后直接将固态样品涂抹在试纸上，如试纸的颜色由白色变为黑色、褐色或蓝色，都说明此不明危险化学品具有氧化性。如果样品置（或涂抹）于试纸上，1～2min后试纸才发生颜色变化，则说明不明危险化学品具有弱氧化性。如果检测过程中有化学反应发生，如有气泡产生或样品自身的颜色发生变化，则有可能是不明危险化学品与盐酸发生了化学反应。此时，应将不明危险化学品与盐酸单独进行反应试验，以证实二者是否发生了反应。

特别注意：当不明危险化学品含有氰化物时，此试验过程会释放出氰化氢气体，所以试验前应注意试验人员的安全防护。

方法局限性：①本试验不适用于有色不明危险化学品；②当不明危险化学品具有很强的氧化性时，如浓硝酸，试纸可能因氧化作用而遭到破坏，也有可能仅在样品与试纸接触区域的外缘发生颜色变化。此时，应先将样品进行稀释，然后再进行检测。

5. 硫化物检测

具体操作如下：先用蒸馏水将醋酸铅试纸润湿，然后取一滴液态样品置于试纸上。如试纸的颜色由白色变为黑色或褐色，则说明不明危险化学品中含有硫化物。

方法局限性：①当不明危险化学品中硫化物较稳定时，有可能数分钟后才发生颜色变化；②本试验不适用于有色不明危险化学品的检测。

6. 氰化物检测

特别注意：此试验过程可能释放出氰化氢气体，试验前应注意试验人员的安全防护，试验地点应与旁观者保持一定距离。

具体操作如下：往试管内加入少量（高度约为 0.6cm）待判别的危险化学品，再加入两滴浓硫酸。马上插入氰化物试纸并至少使 2.5cm 长的试纸露在液面之上。如果危险化学品中氰化物的浓度大于 50mg/kg，则反应释放出来的氰化氢使紧靠液面的试纸区域变为蓝色。

方法局限性：本法可检测出浓度低至 5mg/kg 的氰化物，但此时试纸变为蓝色的时间长达 4h。

7. 可燃性检测

此试验仅对不明危险化学品的可燃性作初步测试，但如果操作准确，可测得不明危险化学品闪点的大致范围。

具体操作如下：将一根铜丝的一端弯成环状，并使其冷却且保持干净，以丙烷或丁烷作燃气进行以下试验。

（1）将少量样品置于铜丝环上靠近火焰，并使其与火焰保持约 1.3cm 的距离（切勿使样品与火焰接触），如果样品发生燃烧，则此不明危险化学品极易燃烧，其闪点很可能低于 38℃。

（2）使样品与火焰短时间接触并马上移开，如果样品发生燃烧且能保持稳定燃烧状态，则此不明危险化学品为易燃性物品，其闪点大致范围为 38～60℃。

（3）将样品置于火焰中 2s 后移开，如果样品能保持燃烧状态，则此不明危险化学品介于易燃与可燃性物品之间，其闪点大致范围为 60～93℃。

（4）将样品置于火焰中，如果样品仅当与火焰接触时才发生燃烧或置于火焰中超过 2s 时间才能保持燃烧状态，则此不明危险化学品为可燃性物品，其闪点很可能高于 93℃。

特别注意：如果样品易挥发，则此样品可能极易燃烧，试验操作时应特别小心。

另外，试验同时应仔细观察样品燃烧火焰的特性。如果样品燃烧的火焰呈深蓝色（或近似深蓝色），则此不明危险化学品为醇类物质；如果火焰呈鲜黄色，则此不明危险化学品分子中含有大量的碳原子；如果火焰中有烟，则此不明危险化学品为大分子化合物（如石油类）或分子中含有氧原子（如酮、醛类）；如果火焰中有缕状或丝状烟，则此不明危险化学品可能为芳香族化合物（如苯、甲苯、二甲苯等）。

方法局限性：①所测得闪点仅为估计值，其范围可能因测试人员不同而异；②乙醇燃烧的火焰颜色肉眼很难看清，观察时应布置一黑色背景；③如果样品中含有钠原子，则钠原子可使火焰呈鲜艳的橙黄色，有可能使试验产生误差，试验时应注意。

8. 火焰颜色检测

此试验应和可燃性检测试验同时进行，在检测不明危险化学品的可燃性时，同时观察火焰颜色（或火焰稍后出现的颜色）。由于火焰的颜色可能瞬间消失，也可能在环状铜丝经较长时间加热后才出现，因此该试验难以掌握。试验时，如果不能马上观察到火焰的颜色，应将环状铜丝继续加热至其变红。此外，有可能仅在火焰的某个区域出现颜色，也有可能被其他阴离子或阳离子（如钠离子）的颜色所掩盖，如有必要，应重复试验以进一步确认火焰的颜色。为了避免因交叉污染而引起试验偏差，在进行下一种不明危险化学品试验之前，应将环状铜丝燃烧彻底，如果污染无法消除，则应将环状铜丝剪除，重新将一端弯成环状进行下一种不明危险化学品试验。

此试验特别适用于氯代（卤代）烃类化合物的鉴别，氯代化合物（如干洗溶剂、含多氯联苯的石油）燃烧火焰一般为亮绿色。此试验也适用于鉴别一些无机盐的阴、阳离子。不明危险化学品燃烧火焰的颜色及其可能含有的元素如表 10-1 所示。

表 10-1　不明危险化学品燃烧火焰的颜色与对应的可能含有元素

火焰颜色	可能含有的元素	火焰颜色	可能含有的元素
绿色	Cl、B、Cu	紫色	K
红色	Ca、Li	浅绿色	Ba
橙/黄色	Na		

方法局限性：①干扰的存在，特别是钠离子，有可能完全掩盖其他元素燃烧火焰的颜色；②如果环状铜丝受到污染，必须将铜丝彻底净化，或将受污染的部分剪除；③如果不明危险化学品具有腐蚀性，铜丝有可能析出铜离子，使燃烧火焰呈现绿色而干扰鉴别；④一些石油中的多氯联苯由于含量较低，燃烧时火焰并不能呈现出绿色，但仍可能给人体健康和环境带来危害。

9. 氢饱和试验

此试验可用来判别不明危险化学品中氢的饱和程度，仅适用于具有溶剂特性的非含水液态样品。具体操作如下：先向试管内加入极少量（相当于针尖大小）的结晶碘，然后加入约 0.6cm 深的待判别不明危险化学品，待结晶碘溶解后，观察溶液的颜色，根据表 10-2 对不明危险化学品作出初步判别。本试验并不能断定不明危险化学品为何种化学品，但能初步判别其为何类（族）化学品。

表 10-2　溶液颜色与对应可能化合物或化学物质的类别

溶液颜色	可能的化合物或化学物质类别
红色	烯烃（双键化合物）、芳香族化合物（苯、甲苯、二甲苯）、氯代化合物（三氯乙烯、四氯乙烯、氯苯）、石油（松节油、石油中的多氯联苯）
紫色	烷烃、稀释剂（煤油、干洗溶剂汽油）、己烷、氯代化合物（四氯化碳、三氯甲烷、二氯甲烷）
橙色/黄色	氧化或极性化合物、醇类（甲醇、乙醇、异丙醇）、酮类（丙酮、甲基乙基酮）、醋酸酯类（乙酸乙酯）
棕色/暗灰色	两种或两种以上化合物的混合物、汽油

方法局限性：①结晶碘的加入量必须严格控制，如果结晶碘的加入量过多，溶液的颜色将变为深红色；②当不明危险化学品试验呈棕色时，如有水混入，溶液的颜色有可能改变。

10. 烧焦试验

此试验可用来判别不明危险化学品是有机物还是无机物。具体操作如下：先向试管内加入约 0.6cm 深的液态或固态不明危险化学品，缓慢加热，使液态样品沸腾（挥发）或使固态样品烧焦，然后根据表 10-3 进行初步判别。

表 10-3 烧焦试验现象与对应的判别结果

试验样品	试验现象	判别结果
液态样品	蒸气可燃	有机液体(溶剂)
	蒸气不可燃	水
	有烧焦残渣	可溶有机物
	无烧焦残渣	可溶无机物
固态样品	蒸气可燃	有机物
	蒸气不可燃	无机物
	有烧焦残渣	有机物
	无烧焦残渣	无机物
	发生升华现象	可能为有机物(萘、酚)或无机物(硫、某些铵盐)

第三节 危险化学品废物的处理处置方法

近年来，危险废物特别是危险化学品废物造成的污染事故越来越多，环境保护的重点也已从传统污染物的治理向防治危险污染物、危险化学品废物、恶性事故造成的污染方面转移。重视危险化学品废物的污染，减少其产生数量，确保废弃危险化学品得到安全处置，防止二次污染，保护环境和居民健康，维护社会稳定是当务之急。

危险化学品废物的安全处置是一个复杂的物理化学过程，根据毒性、种类、含量和危害性等特性的不同，所采用的工艺也不同，目前常用的危险化学品废物处理处置方法除了前面所叙述的物理处理法、化学处理法和生物处理法外，还有填埋法、固化/稳定化技术等安全保证。

一、危险化学品废物的物理处理

危险固体废弃物处理通常是指通过物理、化学、生物、物化及生化方法把固体废物转化为适于运输、储存、利用或处置的过程，处理的目标是实现无害化、减量化、资源化。目前采用的主要方法包括物理、化学和生物方法，其中物理方法主要有压实、破碎、分选、脱水与干燥、蒸馏与溶剂萃取法、吸附法、膜分离等。

(一) 压实技术

压实是一种通过对废物实行减容化，降低运输成本、延长填埋场寿命的预处理技术。压实是一种普遍采用的固体废弃物预处理方法。如汽车、易拉罐、塑料瓶等通常首先采用压实处理。适于压实减少体积处理的固体废弃物还有垃圾、松散废物、纸带、纸箱及某些纤维制品等。对于那些可能使压实设备损坏的废弃物不宜采用压实处理，某些可能引起操作问题的废弃物，如焦油、污泥或液体物料，一般也不宜作压实处理。

大多数危险化学品废物与一般固体废物一样，是由不同颗粒与颗粒间的空隙组成的集合体，一堆自然堆放的固体废物，其表观体积是废物颗粒有效体积与空隙体积之和。当对固体废物实施压实操纵时，随压力强度的增大、空隙率的减少，表观体积减小，密度增大。因此，固体废物压实的实质，可以看作是消耗一定的压力能，提高废物密度的过程。当固体废物受到外界压力时，各颗粒间相互挤压，变形或破碎，从而达到重新组合的效果。

(二) 破碎技术

危险化学品废物破碎过程是减少其颗粒尺寸，使之质地均匀，从而降低空隙率、增大容重的过程。

据有关研究表明，经破碎后的危险化学品废物比未经破碎时其容重增加 $25\% \sim 60\%$，且易于压实。同时还带来其他好处，如减少臭味、防止鼠类繁殖、破坏蚊蝇滋生条件，减少火灾发生机会等。

危险化学品废物的破碎方法可参照一般固体废弃物的破碎技术，主要有冲击破碎、剪切破碎、挤压破碎、摩擦破碎等，此外还有专用的低温破碎和湿式破碎等。

在实施破碎过程时，由于危险化学品废物的特性，需考虑以下几点。

① 待破碎物的性质及其破碎后的特征；

② 废物的物理成分、外形尺寸与破碎后的粒度；

③ 破碎机进料方式与容量，为避免挂料与满足清理要求，破碎机外壳要有足够的容量；

④ 操作类型（连续或间歇）；

⑤ 操作特征，包括能源需要，维修、操作的简易性，性能的可靠性，噪声、空气与水源的污染控制，防止危险物进入破碎机的措施等；

⑥ 地点选择，包括空间、高度、通路、噪声与环境等限制因素；

⑦ 破碎后物料的储存以及与下一操作环节的衔接关系。

（三）分选技术

废物的分选是实现危险化学品废物资源化、减量化的重要手段，通过分选将有用的充分选出来加以利用，将有害的分离出去；另一种是将不同粒度级别的废弃物加以分离。

分选的基本原理是利用物料的某些性质方面的差异，将其分选开。例如利用废弃物中的磁性和非磁性差别进行分离；利用粒径尺寸差别进行分离；利用密度差别进行分离等。根据不同性质，可以设计制造各种机械对危险化学品废物进行分选。分选包括手工拣选、筛选、重力分选、磁力分选、静电分选、光学分选等。其中手工拣选法是在各国最早采用的方法，适用于废物产源地、收集站、处理中心、转运站或处置场，不需进行预处理的物品，特别是对有危险性或有毒有害的物品，必须通过人工拣选。

（四）脱水与干燥技术

对于液态的危险化学品废物常采用脱水和干燥技术。

1. 脱水技术

脱水技术有机械脱水与固定床自然干化脱水两类，下面分别进行讨论。

（1）机械脱水　机械脱水包括机械过滤与离心脱水两种类型。机械过滤脱水是以过滤介质两边的压力差为推动力，使水分强制通过过滤介质成为滤液，固体颗粒被截留成为滤饼，达到固液分离的目的，常用的设备有真空抽滤脱水机、压滤机等。离心脱水则是利用高速旋转作用产生的离心力，将密度大于水的固体颗粒与水分离的操作，常用设备为转筒式离心分离机。

（2）固定床自然干化脱水　这是城市污水处理厂处理污泥常采用的一种方法，利用自然蒸发和底部滤料、土壤过滤作用而达到脱水目的，称为污泥干化场或晒泥场。

2. 干燥技术

几种典型对流加热干燥器的操作特性如表 10-4 所示。

表 10-4　几种典型对流加热干燥器的操作特性

类型	操作特性
多膛转盘干燥器	待干燥的物料布撒于一组纵向排列的转盘的顶盘上，提高耙齿使物料逐级向下层转盘传送，高温气体由下向上流动
循环履带干燥器	待干燥的物料连续的布撒在网孔水平传送带上，使之通过逆向高温气流的水平干燥器
旋转筒干燥器	待干燥的物料连续的向慢速的倾斜圆筒干燥器上端进料口供料，由下端引入高温气流，形成逆流
流化床干燥器	物料由上向下均匀撒布于垂向圆筒干燥器，高温气体由下向上吹入，使物料颗粒形成流态化
喷洒干燥器	待干燥的物料向干燥室喷洒为雾状下落，干燥介质可以顺流、逆流后错流引入

（五）蒸馏与溶剂萃取法

1. 蒸馏法

利用气化和冷凝方法，从低挥发性物质中分离出高挥发性物质的过程称为蒸馏。当两种或多种成分的液态混合物加热到沸点时，会有气相生成。如果纯组分之间的蒸气压不同，则具有较高蒸气压的组分要比低蒸气压组分在气相中的浓度高。当蒸气冷凝形成液相后，可以得到部分分离。分离程度与组分间的相对差异有关，差异越大，分离效果越好。如果差异够大，一次分离循环过程，即一次气化和冷凝就可将该组分分离。如果差异不够大，就需要多次循环。常用的蒸馏有四种类型：批式蒸馏、分馏、水蒸气汽提和薄膜蒸发。

2. 溶剂萃取法

溶剂萃取法又称为液相萃取法或液液萃取法。如果污染物在溶剂中的溶解度比在废水中的高，则可以用溶剂萃取法将污染物从废水中萃取出来，使污染物从废水中转移到溶剂中。溶剂萃取大多用于对有机物进行分离。如果溶剂中含有与金属发生反应的物质，则该法也可用于去除金属离子。液相离子交换就是其中的方法之一。

在溶剂萃取过程中，溶剂和废水混合，使污染物从废水向溶剂转移。与水不相溶的溶剂借助于重力使其从水中分离。含有被萃取出来的污染物的溶剂溶液被称为萃出物，萃取后的剩余物称为萃余物。与蒸馏过程一样，分离过程可以经过一级，也可以经过多级完成。一般而言，多级萃取可以使萃余物更干净。设备的复杂程度可以从简单的混合器/沉降器到复杂的外部接触装置。如果萃出物浓缩到足够的程度，则可以回收有用物质。蒸馏法通常用于回收溶剂和可以再生利用的有机物，对于金属回收，离子交换材料可用酸或碱再生。

（六）吸附法

在浓度不是太高的情况下，吸附对一些废水处理更为经济有效，尤为适用处理危险化学品废液，而对不同种类危险化学品废液的去除效果不是很好，这是由于对其中组分的吸附能力的不同。

吸附除杂的基本条件是液相中的污染物浓缩在吸附剂表面并能通过过滤等方法从吸附剂系统去除（对被吸附物质而言）。易被堵塞的吸附剂必须能再生且清除吸附质，如用催化氧化或热氧化，或不用再生而是将带有吸附质的吸附剂焚化。被吸附物质的回收也是有可能实现的。常用的吸附剂有吸附水中不溶有机质的活性炭（颗粒状或粉末状）、吸附不溶有机质（如羧酸、乙醇、胺）和聚合物的少数铝氧化物，这些物质都因成分不同而能吸附一种或几种物质。

（七）膜分离技术

膜分离技术采用半透膜，半透膜允许溶剂分子穿过，但阻碍溶质分子穿过。通过在膜的溶液端施加压力，可以减少溶剂分子穿透膜。根据膜的作用机制，膜分离技术又分反渗透和超滤等方法。

与普通的过滤相反，反渗透和超滤的液体与分离膜对应，所以分离过程发生在两个不同浓度的液体之间。理想情况下所有的溶解颗粒在原液中，而渗透液由纯溶剂或水组成。离子、分子、胶体或乳化颗粒都被阻隔。浓缩物可以回收或焚烧；膜上残留的污染物可冲洗，以便于后续处理或减少浪费。这两种工艺理论上可逆，恒温处理可使一定浓度的稀溶液消耗最小能量。

（八）离子交换法

对于处理低浓度危险化学品废物，离子交换法是可行的处理方法。离子交换的单元是交换活性基团，能够交换各自的交换阳离子或阴离子（因此叫做阳离子交换剂和阴离子交换剂）。生产离子交换树脂最通常用的原料是苯乙烯和丙烯酸复合物，在加入一定量的交联剂之后，比如二乙烯苯（DVB），使它们聚合，缩聚树脂也被应用。

在交换中，活性基团的作用主要是通过各种各样的化学反应的方式产生聚合作用，在这之后，引进母体，通过磺化来生产酸性阳离子交换剂和通过氯甲基化作用及氨化作用来生产碱性阴离子树脂。

（九）电渗析法

电渗析主要用于大规模咸水和海水的脱盐。例如，日本 13％的盐需求量来自海水脱盐。该工艺在亚硫酸盐洗涤用碱液的处理、纤维素黏液生产半纤维废液中氢氧化钠的回收以及电镀和放射性废水处理方面有很大潜力，其制约因素是浓差极化和膜堵塞。

电渗析设备由铂电极和之间的选择性阴阳离子渗透膜组成。在电极区的影响下，阴离子移动到最近的阳离子膜并停留下来，同时阳离子发生相反的过程。因此，这种分隔使盐富集或耗尽。随着离子的耗尽电阻增加直至高到后续电解不再划算。由于浓度的降低，选择专门设计的膜可大大避免反向扩散。水或其他溶剂的脱盐只有在浓度为 5～10g/L 时较为经济。

（十）固化处理技术

将有害废物固定或包封在惰性固体基材终产物中的处理方法，称为稳定化或固化。稳定化是指废物的有害成分，经过化学变化或被引入某种稳定的晶体结构中的过程；固化是指废物中的有害成分，用惰性材料加以束缚的过程。

危险废物的固化/稳定化处理是危险废物安全填埋处置的必要步骤，其目的是使危险废物中的所有污染组分呈现化学惰性或被包容起来，减少废物的浸出毒性和迁移性，同时改善处理对象的工程性质，使其便于运输、利用和处置。

固化技术是通过向废弃物中添加固化基材，使有害固体废弃物固定或包容在惰性固化基材中的一种无害化处理过程。固化产物应具有良好的抗渗透性，良好的力学特性以及抗浸出性、抗干湿、抗冻融特性。这样的固化产物可直接在安全土地填埋场处置，也可用作建筑的基础材料或道路的路基材料。

二、危险化学品废物的化学处理

危险化学品废物的化学处理方法主要有化学沉淀处理法、中和、氧化反应、还原反应、焚烧、热解等，下面分别叙述。

（一）化学沉淀处理法

1. 凝聚过程

在含危险化学品废物的净化工艺中，凝聚作为一个处理过程是非常重要的。如果进行电子交换，在含胶体的废水中的颗粒会保持不变。一般来说，阴离子被吸附使得颗粒的电性被改变。假设在正、负离子的周围形成一个电子层，这个双电层结构使粒子表面与溶液内部产生了一个势能差，即 ζ 电势。胶体的稳定性取决于粒子之间的范德华力以及同性粒子之间的斥力的总和。由于这些粒子是被反离子包围在双电层结构中的，所以斥力不能简单地用 colcumb 法则来计算，与范德华力相比，斥力越大，胶体的稳定性就越强。

由于胶体的不稳定，所以可以通过负电荷的抑制如 ζ 电势来使之凝集或凝固。在实际中，要达到这种效果，还要加入各种絮凝剂。有时，这些电解质如铁、铝盐，表现为压缩散开的双层结构，并形成约束静电斥力范围的正电荷的载体。通过化学吸附反离子可以降低表面的电势。

2. 硫化沉淀法

硫化沉淀法需要相对高的成本投资和复杂的工艺技术（特别当用到 H_2S 时）。使用较低成本的化学药品会给大规模运行带来利润，并可以用于试验室的特殊情况。酸沉淀产生的 H_2S 要么从压力器罐中逸出，要么是 FeS 和 HCl 反应时产生，FeS 和 HCl 反应的优点是不会引入另外的阳离子进入水中，碱性金属硫化物或硫酸铵加入碱性溶液中将会产生沉淀。H_2S 和 S_2^- 产生不溶性沉淀物（原子数：23，25～34，42～52，74，85，92）和大量金属离子。这取决于沉淀剂和所要被沉淀的离子，需要一个比较宽的 pH 值范围。当溶液中逸出 H_2S，伴随产生 HS^- 离子，由于只有极少量的游离 HS^- 离子，硫化物离子浓度是相当小的。因为当含水 NaS 作为沉淀剂加入溶液中时，游离的 H_2S 和 HS^- 还是会存在的。

通常情况下，硫化物不会以简单、迅速的形式沉淀下来，沉淀后期会形成另外的化合物，比如说可溶性硫化物很容易产生共沉淀，完全沉淀不能认为没有进一步反应了，在 Ni、Co、Zn 和 Mn 硫化物的沉淀过程中，必须考虑到它们其中的每一种会以两种甚至更多的共沉淀形式存在。此外，硫化产物的溶解度非常低，比如硫化锰，以至于外加的盐不会对它们所产生的氢氧化物沉淀有任何影响。因此，硫化物沉淀通常在有合成剂存在的情况下产生。甚至在酸性环境下，也可以得到很好的分离。用氨水冲洗含有赤铜矿的混合物，用于生产印刷电路板。在这种情况下，去除铜的唯一方法是硫化物沉淀法。

3. 磷酸盐沉淀法

与铁盐和铝盐作为絮凝剂一样，铁盐或铝盐也可用于沉淀反应去除可溶性磷酸盐。加入三价铁盐去除磷酸盐。

当金属盐用于磷酸盐沉淀剂时也有优点：沉淀物聚集成较大的颗粒。沉淀剂的影响取决于 pH 值，因此沉淀正磷酸盐与铁离子的反应的最佳 pH 值是 5，与铝盐的 pH 值是 6，与石灰的 pH 值大于 1.0，这些 pH 值也与纯磷酸盐的最小溶解度相符合。然而，令人满意的沉淀也可能在其他的 pH 值下发生。

4. 复杂构成与氰化物沉淀法

用铁离子沉淀氰化物是古老的方法之一，它可以使含氰危险化学品废物解毒，甚至目前仍作为一个稳定的工艺来应用。

（二）危险化学品废物的中和

利用碱性中和剂不仅经常中和酸而且能生成金属沉淀。然而，氢氧化物沉淀从金属到金属离子 pH 值范围很广，而且它常常离中和点相当远。因为有些金属最佳沉淀范围在最大 pH 值之上，然而别的金属溶解在该范围内作为可溶的氢氧根的复合体。

一般常用的中和剂有以下几种：

（1）熟石灰；

（2）碳酸氢钠、碳酸钾及其溶液；

（3）纯碱 Na_2CO_3；

（4）石灰石（$CaCO_3$）、菱镁矿（$MgCO_3$）；

（5）轻烧镁（MgO）；

（6）白云石，煅烧形成的主要成分有 $CaCO_3$、$MgCO_3$、$CaCO_3$、MgO 等。

（三）氧化反应

氧化反应是一种重要的湿法化学解毒过程，对于水溶液中的各种复合物及非水溶液中的化学废物很重要。氧化剂的应用非常广泛，使用的范围从经常观察到的普通分解反应到一个分子特定部位的直接氧化或特定产物的合成。然而，化学氧化耗费较多，因为需要大量的相当昂贵的反应剂。如果目标是彻底的氧化作用，以无毒的或可以在以后的步骤中轻易地从含危险化学品的废水溶液中除去的氧化剂为佳。彻底的氧化有个优点，没有任何副产物，不用在以后的步骤中除去。除了溶液或者无机盐在某种情况下可以重复使用，仅仅是使用纯化学方法就不够，因为所需的反应时间太长，或者氧化剂太贵，或者矿石抗氧化能力很强。

1. 湿法氧化

湿法氧化是指用大气中的氧气或者纯氧在150％～370％、1～22MPa下可降解有机化合物，大量的分解反应产生CO_2和水作为最终产物。有些原料燃气必须净化。在温度100～370℃之间，依据它们的化学结构，有机废物组分可以不同程度地降解，将反应时间延长0.5h几乎没有影响。

湿法氧化的过程有：①空气中的氧在高压时导致的有机组分完全分解或者有机物部分分解；②环境中空气氧在常压下导致的有机物完全或部分氧化；③环境中的空气氧在常压下借催化剂作用使有机组分部分氧化。

2. 催化氧化

在存在特定催化剂时（特别是重金属及重金属离子的氧化物，铬、铜、钼、镍、钒和不活泼物载盐），气体的氧化作用加快以致它们可以在低于燃烧点的温度下被氧化。这意味着在这个工艺中，燃料的消耗量远远少于加热燃烧工艺的所需量。如果热值在167～1670kJ/kg。的范围内时，所需的热可以用热交换器来提供。

（四）还原反应

还原反应用于处理一些特定液态危险化学品废物的纯化、解毒问题，常用的还原剂有金属、无机盐、有机反应剂，如SO_2、Na_2S和H_2S、$Na_2S_2O_3$、Na_2S、$Fe_2(SO_4)$或甲醛等，电解还原亦可行（如铬酸盐阴极反应生成Cr^{3+}，但成本较高）。从经济角度出发，经常使用金属（如铁），可阻止废水中生成比较严重的其他污染物。Fe^{2+}能氧化成Fe^{3+}而不能使用。使用其他的还原剂也应该考虑到它们的最终去除。有机还原剂如甲醛、甲酸，可用于生化纯化。还原反应除去金属离子使用的范围有限，主要金属离子是铬酸盐。更进一步的用途如用硫代硫酸盐还原自由氯或氯化物，用氢气或铁还原硝酸复合物。

（五）焚烧处理方法

所谓焚烧处理就是在一定的装置内主要通过升温来改变危险化学品废物的化学、物理、生物特性或组成的处理方法。在国际上，焚烧法不但被人们熟知并且技术已经日趋成熟，大多数情况下（也可能在危险化学品废弃物回收原料较为困难的情况下），由于资金、技术、可靠性等条件的限制，正确设计和运行热处理系统是比较可靠的危险化学品废弃物处理选择。

此外，热处理方法还具有以下优点：①减容，特别是对可燃成分高的危险化学品废弃物；②消毒，特别适用于可燃性的致癌物、病理学污染的物质、有毒的有机物或者对环境造成污染的生物活性物质；③回收能量，特别适合于大量的废弃物的处理以及附近有副产燃料和蒸汽需求市场的情况；④通过热解过程，还可回收化学副产物。

当然，为了满足一些特殊的应用还可以开发某些复杂程度和功能各不相同的热处理技术以适应不同的需要。

热处理工艺分为很多种，每种工艺都针对一定危险废物的处理，每一种工艺分别叙述如下。

（六）热解

高温分解这一方法最初是用于在无氧状态下热解固体、液体和气体（就是人们所知的炼焦、干馏和炭化），在这一高温过程中大分子分裂成小分子并最终剩下焦炭残渣。小分子能在更高的温度下裂解，最终的产品就是低氢含量的炭化残渣和高氢含量的炭化产品。下面的过程常常在低温和中温范围内发生：干燥发生在100～200℃，脱出水分；到250℃的时候发生还原和脱硫反应，组分中的水和二氧化碳发生变化；高于250℃解聚过程发生，同时硫酸氢盐发生转变；到 380℃ 时众所周知的炭化过程发生；在 400℃ 的时候碳氧化合物和碳氮化合物开始转变；在 400～420℃ 之间时沥青材料开始转变为低熔点碳化油和焦油；到 600℃ 时沥青转变为气态短链烃和焦炭，且开始产生芳香族化合物，设想发生了如下的反应，烯（乙烯）二聚成丁烯，然后脱氢生产丁二烯，丁二烯和乙烯反应生成能被芳香化生成苯和高密度芳香族化合物的环乙烯。

一些研究者把气化过程划入高温分解处理过程，另外有的研究者则在高温分解中排除干馏过程。我们愿意采用后者的做法。

三、危险化学品废物的生物处理

危险化学品废物生物处理的原理是利用微生物新陈代谢过程中需要营养物质这一特点，把化学品废物中的有害物质转化成无害物质。按照获取营养的方式不同，用于降解有害化学品的微生物可分为两类，即自养菌和异养菌。事实上，危险化学品废物的生物处理法广泛使用的是用异养菌来净化有机化学品废物，而很少采用生长所需碳源为二氧化碳且生长缓慢的自养菌；异养菌是通过有机化合物的氧化来获取营养物和能量的，因此特别适用于有机化学品废物的净化处理。

有机化学品废物的生物转化过程实质上是一种氧化分解过程。根据微生物氧化过程是需氧还是厌氧，可将生物处理分成需氧生物氧化和厌氧生物氧化两大类。复杂有机危险化学品废物一部分经微生物分解转化成为新的细胞；而另一部分则分解产生能量以供微生物生长、繁殖和运动，这部分有机物最终彻底氧化转化成无害或少害物质。需氧氧化过程（或称好氧氧化过程）的特点是完成氧化过程必须连续供氧，好氧菌缺氧就不能生长，它们以氧为呼吸链的最终电子受体，最后与氢离子结合成水。厌氧生物氧化分为两个过程，第一步产酸细菌把有机物氧化成酸、醇、酮等；第二步甲烷细菌把这类废物酸进一步氧化成甲烷、二氧化碳、二氧化硫等。厌氧菌只是利用结合态的氧，它们若暴露在有氧的环境中会停止生长，甚至很快死亡。由于危险化学品废物的微生物处理是利用微生物的生物化学过程来进行，所以影响微生物生长的因素也就是影响危险化学品废物生物处理的因素。影响微生物生长的因素有营养物供应、溶解氧量、有毒化学品废物的浓度、温度、酸碱度等。不同的微生物由于自身生存的条件不同，各有自己最适应的温度和 pH 值。应根据微生物的种类来选择操作条件。迄今为止，微生物处理危险化学品废物主要用来降解危险化学品中的有机废物。危险化学品的微生物处理具有设备简单、能耗低、不消耗有用原料、无二次污染并可以达到无害化目的等优点。但此法不能回收利用化学品，也受到化学品废物浓度的限制。适合于微生物处理的危险化学品废物的组分主要有硫醇、酚类、脂肪酸、乙醛酮、氨等。通常某类微生物特别适合于某种危险化学品的处理。

废溶剂的生物处理法是利用各类微生物的生命活动进行物质转化的过程。通过不同生理特性和代谢类型的微生物间的协调作用，采用人工措施使微生物大量增殖，以提高对溶剂中有机物和有毒物的降解效率。为了提高微生物处理化学溶剂的能力，可以采用如下两种手段：一是通过基因工程获得高效工程菌；二是改善微生物的环境条件。危险化学品废物中的有机溶剂废物及无机溶剂废物的生物处理方法很多，可以用于废水的生物处理方法如下。

（1）好氧性处理：①活性污泥法；②生物膜法。

（2）厌氧性处理：①厌氧消化法；②厌氧生物膜法；③厌氧塘法。

（3）利用固定化微生物或其酶的处理。

（4）利用人工构建的工程菌的处理。

当然危险化学品废物的生物处理方法应该比废水的处理简单得多，毕竟它所含的成分种类比较单一，而废水则有多种类的污染成分，是极其复杂的多成分体系，在处理时用的微生物种类也多。生物处理是用混合培养的微生物去除混合污染物的过程，多种多样的微生物，如细菌、真菌、原生动物、微型后生动物等均与生物进化有关，并能构成数十种以上的混合培养体系。在处理危险化学品废物时，根据它的物理及化学性质选用相应的生物处理方法。

此外，微生物对铬、锑等重金属含有解毒作用，对碳氢化合物、有机氯溶剂、有机磷化合物、合成洗涤剂都有降解作用。

四、危险化学品废物焚烧处理

危险化学品废物的焚烧处理，其主要目的通过焚烧，最大限度地降解和去除危险化学品废物中的有毒有害物质，实现排放的物质无任何污染性。其次是通过焚烧反应来减少危险化学品废物的容积或体积或数量，最后是充分利用焚烧过程中的热能资源。危险化学品废物的焚烧过程不应该将经济效益和热能利用效益作为主要考核指标。

危险化学品废物焚烧处理就其主要工艺过程来说，与城市垃圾和一般工业废物相近，但是也有很多差别，主要有：

① 危险化学品废物焚烧要求比城市垃圾和一般工业固体废物要高得多，从设计、建造、试烧到正常运行管理都有一套严格的要求；

② 焚烧炉的兴建及运转执照必须经过复杂及严格的申请手续，设计上必须特别严谨，考虑也须周全，同时须参酌环保机构的看法及态度；

③ 废物种类众多，形态各异，成分及特性变化很大，危险化学品废物焚烧炉的设计必须考虑广泛的废物的特性，而以最坏的条件为设计的基准；

④ 焚烧炉的废物进料及残渣排放的系统较为复杂，如果设计不当会造成处理量的降低；

⑤ 焚烧炉的废气排放标准较严，尾气处理系统远较一般焚烧炉复杂及昂贵；

⑥ 一个已经建成的危险化学品废物焚烧厂只有经过严格的试烧测试，在满足有关的法规要求后，才能准予投入运行，试烧计划必须经环保机构审核及同意；

⑦ 废物焚烧系统的操作管理远较一般城市垃圾或工业废物焚烧厂复杂，除必须拟定完善的操作管理计划，提供充足的人员训练，运营时遵照操作手册所规定的标准步骤外，危险化学品废物焚烧之前，必须经过接收、特性鉴定及暂时储存等步骤。

废物焚烧处理的工艺流程及其焚烧炉的结构，主要由废物种类、形态、燃烧特性和补充燃料的种类来决定，同时还与系统的后处理以及是否设置废热回收设备等因素有关。一般说来，对于易处理、数量少、种类单一及间歇操作的废物处理，工艺系统及焚烧炉本体尽量设计得比较简单，不必设置废热回收设施。对于数量大的废物，并需连续进行焚烧处理时，焚烧炉设计要保证高温，除将废物焚毁外，应尽可能地考虑废热回收措施，以充分利用高温烟气的热能。热能利用的具体方式有热电联产、预热废物本身以及预热燃烧空气等，这将由系统热能平衡情况来决定。如果某废物焚烧后的燃烧产物中的固体物质需以湿法捕集，则就难以设置废热设备来回收高温烟气的热量，但可将低位能的热量加以回收。对于焚烧规模较大、能量利用价值高的废物，为了安全可靠地回收热能，则工艺上若有可能，可将那些低熔点物质预先分出另作处理，这样多数的废物焚烧后，所产生的烟气就较干净且可减少对废热锅炉等设备的危害。当被焚烧的废物自身不具备可维持焚烧所必需的热值时，需要补充辅助燃料。

危险化学品废物焚烧系统与城市生活垃圾和一般工业废物的焚烧系统没有本质上的差别，都是由进料系统、焚烧炉、废热回收系统、发电系统、废水处理系统、废气处理系统和灰渣收集及处理系统等组成，不同之处在于某些系统的选择和设计上。用于城市生活垃圾和一般工业废物焚烧处理的各种焚烧炉，如多段炉、旋转窑焚烧炉、流动床焚烧炉等，都可以用来焚烧处理危险化学品废物。其中，旋转窑焚烧炉是最常用的炉型，除重金属、水和无机物含量高的不可燃废物之外，各种不同形态（固态、液态和浆状态）的可燃性危险化学品废物皆可送入旋转窑中焚烧，一些剧毒物质如含多氯联苯的废物也可使用旋转窑处理。危险化学品废物焚烧系统的进料子系统较为复杂，应根据废物形态来设计和选择。液态废物一般以喷雾进料方式为主，系统由废物储槽、输送管路和喷雾装置组成。浆状态废物进料系统的选择与设计应考虑废物的热值与含水率。若含水率高且热值低，应考虑先将其干燥，再送进炉内焚烧；若含水率低且热值高，则可以直接送入炉内焚烧。至于输送方式与设备，含水率在85％以下者，可使用输送带输送；含水率在85％以上者，则可以使用螺旋输送机、离心泵等输送装置直接打入干燥或焚烧设施内。固态废物经过破碎与减容处理后，可利用螺旋输送机直接送入炉内焚烧。

（一）固态危险化学品废物的焚烧

1. 固态危险化学品废物的燃烧过程

火焰燃烧是氧化反应现象，焚烧的时候，都是从固体状态转化为气态的碳氢化合物，然后才能与氧进行燃烧。固体废物燃烧，均先经过热裂解，产生成分复杂的碳氢化合物，这些碳氢化合物继而从废物表面挥发，随之与氧气充分接触，形成火焰，快速燃烧。一般在分解燃烧中几乎看不到火焰，或火焰颜色暗淡，只有充分挥发气化与氧气接触燃烧后，才发现有光耀火焰燃烧。因此裂解是一种非常重要的过程，也是有计划控制燃烧反应的关键。一般有机固体废物受热燃烧的情形如图10-1所示。

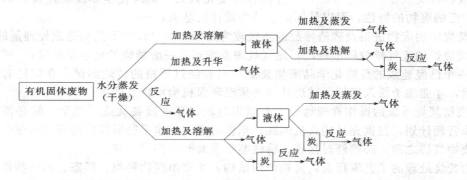

图 10-1　有机固体废物的受热燃烧

2. 固态危险化学品废物焚烧处理方式

固体废物的种类、形状有较大差别，如有块、粒状的废物，也有糨糊状的污泥；有可燃质含量多的废物，也有不能自燃，另需添加燃料助燃的废物等。它们在具体进行焚烧处理时所采用的工艺方法以及焚烧炉的选型上都有所不同。一般来说废物的形态和燃烧特性是决定焚烧工艺流程及其焚烧炉炉型的主要依据。

（二）气态危险化学品废物的焚烧

工业生产过程中常常产生一些有毒化学品，污染环境，危害人体健康。有些有毒化学品是可燃气态的有机化合物，对于这些有毒化学品的处理方法一般可采用回收法和燃烧法。回收法的特点是可以回收这些化学品，但是对于大量低浓度有毒化学品废气的处理，其净化效率不高，且带来了二次污染物的处理问题。因此，对于这些可燃气态有毒化学品往往使用燃烧法，使有毒化学品转化为 CO_2 和 H_2O 的形式释放至大气中。

焚烧法适合处置含有在高温下可急速氧化的有机气体的废气。与固体和液体危险废物相比，气体危险废物的焚烧处理要容易一些。但是，气体危险废物在焚烧过程中极易发生泄漏污染、中毒和爆炸，或者因为燃烧过程中的其他因素造成二次危害。焚烧系统有直接火焰焚烧法、热焚烧法和催化焚烧法三种基本形式。适合焚烧处理的废气可分为两种类型：一种是加热即可燃烧的纯气体，如 H_2S、HCN 和 CO 等；另一种是有毒物质（如溶剂的蒸气）或有机化合物等与大量空气或非活性气体的混合物。第一种类型气体可用直接燃烧法处置，第二类气体则可用热焚烧法或催化焚烧法处理。

气体危险废物的焚烧炉的结构较为简单，主要可以按其燃烧的喷嘴结构和气体反应特性确定燃烧的空间和燃烧的时间。通常认为，当危险气体具备足够的热值以后，才能进行正常的稳定着火、焚烧和净化工艺。热值较低时，采用预混部分可燃料（液体或气体），然后进行燃烧；热值较高时，则可以与空气混合进行焚烧。此外，必须提醒的是，危险废物与可燃气体进行混合时，经常发生爆燃事件，对焚烧过程以及设备和人员的安全造成威胁，因此对易爆危险物必须进行严格的检查和控制。气体危险废物的焚烧过程有时也类似于液体或固体焚烧炉中的二次焚烧室，有时可以引入液体或固体焚烧炉中充当二次焚烧的辅助气体。由于气体焚烧时，燃烧工况易于调节和控制，一般焚烧的效果比较好。

（三）液态危险化学品废物的焚烧

液体危险化学品废物一般可以分为油性、水性或混合性物质。按其特性，一般需在焚烧前进行预热和蒸发，随后进行焚烧，对大部分液体危险废物而言，需要加入可燃油料或燃气进行助燃焚烧。在焚烧过程中，燃烧的进行与加热特性、蒸发接触面积、气氛以及是否含有催化剂有关，也与射流流场特性有关。根据液体燃烧理论，液体危险废物也可以处理成细滴喷射或雾化，边蒸发边燃烧，在合理配置氧化剂（空气）下可以得到良好的燃烧结果。当上述过程控制不合理时常常会出现黑烟、析炭、结焦等不良现象，也使焚烧过程不能完善地进行。由于在液体物质燃烧过程中，大部分进行蒸发燃烧，会吸收大量潜热，对燃烧温度的稳定影响很大，甚至可能出现因过度蒸发产生温度急剧下降造成"熄火"现象。液体危险废物的另一种焚烧方式是使用燃料油将其"包裹"乳化，成雾状喷射焚烧。

液体危险废物焚烧过程的较关键的问题为蒸发对温度的影响、焚烧中的均匀接触以及焚烧气氛和时间的控制。液体危险废物焚烧的一般过程如图 10-2 所示。

图 10-2　液体危险废物的焚烧原理

在液体危险废物中常常含有大量有严重危害的重金属离子及剧毒有机物，其在焚烧过程中常常会随飞灰排出，甚至形成新的毒性更强的物质。因此在液体危险废物的焚烧过程中，虽然表面上看焚烧过程进行得相当完善，但其污染特性有可能十分危险，因此需要认真对待，严格管理和控制。

废液的焚烧处理方式将视废液的组分情况而定。焚烧法处置废液，应事先了解有关废液的以下资料：①废液燃烧时，单位体积废液的燃烧热；②废液中固体所占的百分比以及其微粒的大小；③水分含量；④所含无机物的种类及含量；⑤每一种废液的量；⑥重的残渣和轻的溶剂的掺合适合性；⑦废液的相对密度和在各种温度下的黏滞性等物理性质。

（四）有毒有害危险化学品废物的焚烧

有毒有害危险化学品废物的焚烧的原理是由可燃气体燃烧产生高温，使化学毒剂与氧气发生完全氧化反应，从而将化学毒剂彻底分解破坏。

有毒化学品销毁流程主要组成是有毒化学品与爆炸物分离系统、液体有毒化学品焚烧系统、金属部件煅烧消毒系统、包装材料焚烧系统、爆炸物焚烧系统、污染消除系统。在液体有毒化学品焚烧系统中，毒剂、重油、丙烷和空气混合喷入 1100℃ 的炉内进行燃烧，毒剂在 2s 停留时间内被彻底销毁，燃烧的尾气经污染消除系统（PAS）处理后排放。在爆炸物焚烧系统中，爆炸物在炉中停留时间为 15min，炉内温度为 760℃，其挥发的气体进入后燃烧室；后燃烧室的温度为 1000℃，毒剂停留时间为 5s，燃烧后经污染消除系统处理后排放。金属部件煅烧消毒系统中，金属部件先在 980℃ 的回转炉中燃烧，后在温度为 1200℃ 的后燃烧室中燃烧 2s，再经污染消除系统处理后排放。包装材料焚烧系统中，包装物、防护服等其他污染物在 760℃ 下焚烧，其气体进入温度 1200℃ 的后燃烧室中燃烧 2s，再经污染消除系统处理后排放。

五、危险化学品废物的填埋处置

从设计、选址、施工、材料和设备的选用，到运行管理及场点的环保监测等方面均符合《危险废物填埋污染控制标准》（GB 18598—2001）的安全填埋场，对废弃危险化学品进行妥善处理和处置是一个较为理想的途径。危险化学品废物的填埋处置一般采用安全填埋场，安全填埋场是一种将危险化学品废物放置或储存在土壤中的处置设施，其目的是达到尽可能将危险化学品废物与环境隔离，适用于处置不能回收利用其有用组分和其能量的危险化学品废物，尤其适用于无机盐类危险化学品废物。安全填埋场通常要求必须设置防渗层，且其渗滤系数不得大于 10^{-8} cm/s；一般要求最底层应高于地下水位；并应设置渗滤液收集、处理和检测系统；一般由若干个填埋单元构成，单元之间采用工程措施相互隔离，通常隔离层由天然黏土构成，能有效地限制有害组分纵向和水平方向渗透。典型的安全填埋场剖面如图10-3 所示。

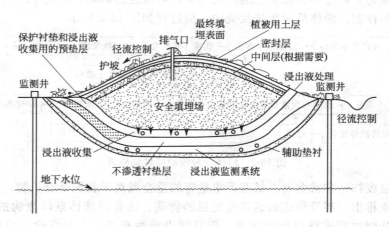

图 10-3　安全填埋场剖面

危险废物安全填埋场应包括接收与储存系统、分析与鉴别系统、预处理系统、防渗系统、渗滤液控制系统、填埋气体控制系统、监测系统、应急系统及其他公用工程等。危险化学品废物的填埋场的规划、选址、设计、运行和封场等方面在原则上与生活垃圾填埋场相同，但是，危险化学品废物处置需要有更严格的控制和管理措施，在危险化学品废物填埋处置的各个阶段均应进行认真的考虑，严格按照国家有关法律、法规和标准的要求执行。

第四节 爆炸性危险化学废品的处理

爆炸猝不及防，可能仅在1s或几秒钟内爆炸过程已经结束，设备损坏、厂房倒塌、人员伤亡等巨大损失也将在瞬间发生。爆炸通常伴随发热、发光、压力上升、真空和电离等现象，具有很大的破坏作用。破坏力的大小与爆炸物的数量和性质、爆炸时的条件以及爆炸位置等因素有关。

由于战略储备和武器更新所带来的大量过期火炸药，是一种潜在的危险物质，也是一种可以利用的资源。各国对于过期火炸药的处理及再利用方法进行了多方面的研究，其处理方法概括为三大类：物理方法、焚烧方法、化学方法。

一、物理方法

该方法通过一些物理手段（例如机械粉碎、机械压延、溶剂萃取等），使过期火炸药的不安全性降低，并转变成可以再利用的原材料或成品。

（1）利用溶剂萃取法回收废旧火炸药中的有用物质早在20世纪50年代初期，美国奥林公司所报道的从单基发射药中回收硝化纤维素的专利技术采用的就是溶剂萃取法，即利用适当的溶剂把单基发射药中除了硝化纤维素之外的其他组分萃取出来，使回收的硝化纤维素纯度达到98%~99.5%。据估价，这种硝化纤维素的回收费用仅为制造新硝化纤维素所需费用的1/10。此外，国内外研究者还利用适当的溶剂处理含有多种组分的废旧火炸药，使其中的各个组分分离开来，再通过进一步的精制处理，回收其中一些成本较高的火炸药组分并重新作为军品或民品原材料使用。例如回收复合推进剂中的氧化剂，回收混合炸药中的TNT和RDX，回收固体推进剂中价昂的卡硼烷，回收烟火剂中的共聚物黏结剂等。这种溶剂萃取法回收技术有着较成熟的化学工艺作后盾，易于实现工业化，已有少数火炸药工厂采用了这类方法处理废旧火炸药。

（2）利用熔融法使废旧火炸药组分分离，即利用废旧火炸药组成中各组分的熔点不同，将各个组分分离开来。该法典型的应用例子是分离含有TNT和RDX的混合组分炸药，由于TNT的熔点较低，可采用适当的加热方法使混合炸药中的TNT熔融，然后将其与仍呈固态的RDX分离开来，这样既处理了废旧炸药，又回收了有用的物质。

（3）用机械压延法将废旧火药改制成合格的火药通过加热及采用一定的溶剂浸泡，使过期火药软化后，用机械压延的方法可以将废旧火药重新制成合格的火药成品，在加工中可以加入适量的安定剂以提高火药成品的安定性。

（4）用机械混合法将过期火炸药制成民用炸药。过期火炸药本身是具有可爆炸性的一种潜在能源物质，而国民经济建设中又需要大量的民用炸药，因此，将过期火炸药制成民用炸药是变废为宝的一种良好措施。无论是从过期火炸药中分离出来的火炸药组分，还是经过粉碎的过期火炸药本身，都可以通过机械混合的方式，添加必要的安定剂、调节剂之后，制成各种形式的民用炸药，例如浆状炸药、乳胶炸药、粉状炸药等。而某些安定性仍有一定保证的退役火炸药，通过采用适当的方式引爆，也可以直接用于某些民用爆破场合。

二、焚烧方法

通过使过期火炸药完全燃烧而将其中所含的化学能释放出来，从而达到消除过期火炸药爆炸及燃烧隐患的目的。传统的露天焚烧法也属于此类方法，为了克服其焚烧废气污染环境的弊端，人们研制出了可以控制燃烧及洗涤尾气排放的焚烧炉。

① 焚烧炉焚烧法通过控制焚烧炉的燃烧温度、燃烧时间及燃烧气体流动状态等条件，

来保证被焚烧的过期火炸药充分地分解和氧化，使燃烧产物中氮的氧化物减至最低，同时对排入大气之前的燃烧气体进行洗涤过滤处理，使之达到环境保护要求。焚烧炉焚烧法所使用的焚烧炉种类较多，目前人们研制出的类型已有气旋焚烧炉、转窑焚烧炉、流化床焚烧炉、电焚烧炉、封闭坑焚烧炉、空气幕焚烧炉、多膛焚烧炉、简易焚烧炉等。与传统的露天焚烧法相比，焚烧炉焚烧法的主要缺点是设备投资、维修及运行费用较大，因而目前仅被一些发达国家所采用。

② 用废旧火炸药作为锅炉的辅助燃料。尽管废旧火炸药有其不安定的一面，但另一方面，它其中所含的较高能量却是可以利用的。在露天焚烧法和一部分焚烧炉焚烧法中，都是仅将废旧火炸药中的化学能以燃烧的方式释放出来，却没有利用这部分化学能。考虑到现在人类的燃料资源日趋紧张的状况，把能够燃烧的废旧火炸药作为工业锅炉的辅助燃料，显然是一种既保护环境、又能利用废旧危险物中化学能的好方法。但在实施这种方法时，首先必须保证火炸药的燃烧不转变为爆炸。为此，一般是将废旧火炸药用某种溶剂溶解，然后送入锅炉与燃料油一同稳定受控地燃烧。其中的溶剂可以让其与火炸药一同烧掉，也可以让其蒸发加以回收，循环使用。目前，用废旧火炸药作锅炉辅助燃料的技术已从试验室阶段迈向中间工厂扩试阶段，但还未见有工厂实际采用的报导。

三、化学方法

利用一定的反应条件，使过期火炸药发生一定的化学反应，变成安定性较好、对环境危害较小或无危害的产物，从而消除废旧火炸药的安全隐患。从资源回收利用的角度考虑，化学处理的反应产物最好是易于分离、精制的物质，以便作为原材料再利用。

由于废旧火炸药属于易燃易爆危险品，对于一些不易从中回收组成成分的过期火炸药以及被火炸药污染的物质，可采用一定的化学方法使之发生分解或降解，变成环境可接受的、危险性较低或无危险性的物质，有的分解或降解产物还可以通过进一步的分离处理，成为有用的化工原材料。

第五节　易燃危险化学品的处理

易燃化学品是易燃的气体、液体和容易燃烧、自燃或遇水可以燃烧的固体的统称，还包括一些可以引起其他物质燃烧的物质，如氢气、液化石油气、管道煤气、酒精、硫、磷等。该类物质常温下经机械摩擦吸湿，或自发性化学变化会着火，在运输与加工过程会发热，或在点火时燃烧剧烈地持续，以致管理期间会引起危险等性质。

一、易燃化学品废物的处理

(1) 物理处理　物理处理是通过浓缩或相变化改变易燃化学品废物的结构，使之成为便于运输、储存、利用或处置的形态。物理处理方法包括压实、破碎、分选、增稠、吸附、萃取等。物理处理也往往作为回收易燃化学品废物中有用物质的重要手段。

(2) 化学处理　化学处理是采用化学方法破坏易燃化学品废物中的有害成分从而达到无害化，或将其转变成为适于进一步处理、处置的形态。由于化学反应条件复杂，影响较多，故化学处理方法通常只用在所含成分单一或所含化学成分相似的废物处理方面。对于混合废物，化学处理可能达不到预期的目的。化学方法包括氧化、还原、中和、化学沉淀和化学溶出等。有些有害易燃化学品废物，经过化学处理还可能产生富含毒性成分的残渣，需对残渣进行堵截处理或安全处置。

(3) 生物处理　生物处理是利用微生物分解易燃化学品废物中可降解的有机物，从而达到无害化和综合利用的目的。易燃化学品废物经过生物处理，在容积、形态、组成等方面，均发生重大变化，因而便于运输、储存、利用和处置。生物处理方法包括耗氧处理、厌氧处理、兼性厌氧处理。与化学处理方法相比，生物处理在经济上一般比较便宜，应用也相当普遍，但处理过程所需时间较长，处理效率有时不够稳定。

二、易燃化学品废物的处置

终态易燃化学品废物的处理可分为海洋处置和陆地处置两大类。

（1）海洋处置　海洋处置主要分为海洋倾倒与远洋焚烧两种方法。海洋倾倒是将易燃化学品废物直接投入海洋的一种处置方法。它的根据是海洋是一个庞大的废弃物接受体，对污染物质有极大的稀释能力。进行海洋倾倒时，首先要根据有关法律规定，选择处置场地，然后再根据处置区的海洋学特性、海洋保护水质标准、处置废弃物的种类及倾倒方式进行技术可行性研究和经济分析，最后按照设计的倾倒方案进行投弃。远洋焚烧，是利用焚烧船将易燃化学品废物进行船上焚烧的处置方法。易燃废物焚烧后产生的废气通过净化装置与冷凝器、冷凝液排入海中，气体排入大气，残渣倾入海洋。这种技术适于处置易燃性废物，如含氯的有机废弃物。

（2）陆地处置　陆地处置的方法有多种，包括土地填埋、土地耕作、深井灌注等。土地填埋是从传统的堆放和填埋处置发展起来的一项处置技术，它是目前处置易燃化学品废物的主要方法。按法规可分为卫生填埋和安全填埋。卫生填埋是处置一般易燃化学品废弃物使之不会对公众健康及安全造成危害的一种处置方法。通常把运到土地填埋场的易燃废弃物在限定的区域内铺撒成一定厚度的薄层，然后压实以减少易燃废弃物的体积，每层操作之后用土壤覆盖，并压实。压实的易燃废弃物和土壤覆盖层共同构成一个单元。具有同样高度的一系列相互衔接的单元构成一个升层。完整的卫生土地填埋场是由一个或多个升层组成的。在进行卫生填埋场地选择、设计、建造、操作和封场的过程中，应该考虑防止浸出液的渗漏、降解气体的释出控制、臭味和病原菌的消除、场地的开发利用等问题。

安全土地填埋法是卫生土地填埋方法的进一步改进，对场地的建造技术要求更为严格。对土地填埋场必须设置人造或天然衬里；最下层的土地填埋物要位于地下水水位之上；要采取适当的措施控制和引出地表水；要配备浸出液收集、处理及监测系统，采用覆盖材料或衬里控制可能产生的气体，以防止气体释出；要记录所处置的废弃物的来源、性质和数量，把不相容的废弃物分开处置。

三、典型易燃化学品的处理举例

甲烷易燃危险化学品的处理过程如下：

（1）甲烷部分氧化（包括二氧化碳重整）　制合成气的常规技术中，富甲烷气（天然气、煤层气和焦炉气）制氢或合成气是通过水蒸气重整来完成的。近年来各科研机构纷纷研究低成本的工艺技术。中国科学院山西煤炭化学研究所科技人员提出了流化床煤与天然气共转化制合成气的概念和工艺思想，以煤半焦状实现甲烷催化转化，不使用金属催化剂；以煤气化调整合成气组成；以流化床反应器代替了昂贵的金属反应器。经过科研人员的多次试验，其可行性已被初步证实。

（2）甲烷直接氧化制甲醇　天然气生产甲醇，在国内外较普遍。其主要目的是利用低价的天然气资源生产成甲醇，便于运输，使天然气资源的价值得以实现。在南京地区，没有低价的天然气资源，若购置新设备用"西气东输"的天然气为原料生产甲醇，显然是不经济的，但考虑到南京化学工业园附近的中国石化扬子石油化工有限责任公司（以下简称扬子石化）制氢装置设备资源有富余生产能力，利用闲置设备的生产能力生产合成气，转产南京化学工业园醋酸装置所需的甲醇，值得分析探讨。

（3）利用酸浴处理甲烷　由于催化反应的两项突破，使天然气工程师能在气井里现场将天然气中的甲烷转化成甲醇，甲醇是一种液体，用管道输送给几百千米的消费者要容易、安全和节省得多。

第六节　腐蚀性危险化学废物的处理

一、概述

腐蚀性危险化学品系指能灼伤人体组织并对金属等物品造成损坏的固体或液体，与皮肤接触在 4h 内出现坏死现象，或温度在 55℃时，对 20 钢的表面均匀年腐蚀超过 6.25mm 的固体或液体。

该类化学品按化学性质分为三类：酸性腐蚀品、碱性腐蚀品、其他腐蚀品。

二、腐蚀性气体的处理

腐蚀性气体的代表是二氧化硫，它是一种有腐蚀作用的窒息性有毒气体。因其溶于水，在人体吸入时易被上呼吸道和支气管黏膜上的富水性黏液所吸收，故主要作用于上呼吸道和支气管。但也可吸附在飘尘的表面而进入呼吸道深部，如遇飘尘表面有亚铁、锰或钒等化合物的催化，还能使 SO_2 氧化成硫酸或亚硫酸而使毒性作用加强。当空气中二氧化硫浓度达到 $1.43mg/m^3$ 时，对人体健康已有潜在危害，表现对眼和呼吸道刺激等症状。当吸入高浓度的二氧化硫时，会引起急性支气管炎，甚至发生喉头痉挛而窒息。长期吸入低浓度的二氧化硫会引起慢性中毒，使嗅觉和味觉减退，并产生萎缩性鼻炎、慢性支气管炎和结膜炎等。

患有肺功能不全及呼吸循环系统疾病的病人、老年人、儿童对二氧化硫气体特别敏感，要特别注意。它能使体内维生素 C 的平衡失调，影响新陈代谢的活动；还能抑制破坏某些酶的活性，使糖和蛋白质代谢紊乱而影响生长发育。此外对树木、谷物及蔬菜等亦造成损害，并可引起牲畜疾病或死亡。对建筑物、桥梁及其他物体也有腐蚀作用。

三、腐蚀性液体的处理

1. 酸雨的治理

酸雨是一种全球性的污染问题，主要源于废气排放，二氧化硫、硫的氢化物（或氮的氧化物）与雨水作用生成硫酸（或硝酸）导致其 pH 值降低。它对动植物、人体、建筑都有很强的破坏功能。

我国酸雨污染也很严重，一般的重工业城市，气候潮湿，空气中弥漫着无数酸性小液滴。当地的金属制品长期遭到腐蚀，表层大多锈迹斑斑，街上行驶的汽车外皮都大片地现出暗黄色，人在这种环境下生活，生理健康必然受到极恶劣的影响。

酸雨的危害主要表现在以下几个方面：

（1）损害生物和自然生态系统　酸雨降落到地面后得不到中和，可使土壤、湖泊、河流酸化。湖水或河水的 pH 值降到 5 以下时，鱼的繁殖和发育会受到严重影响。土壤和底泥中的金属可被溶解到水中，毒害鱼类。水体酸化还可能改变水生生态系统。

酸雨还抑制土壤中有机物的分解和氮的固定，淋洗土壤中钙、镁、钾等营养因素，使土壤贫瘠化。酸雨损害植物的新生叶芽，从而影响其生长发育，导致森林生态系统的退化。

（2）腐蚀建筑材料及金属结构　酸雨腐蚀建筑材料、金属结构、油漆等，特别是许多以大理石和石灰石为材料的历史建筑物和艺术品，耐酸性差，容易受酸雨腐蚀和变色。

酸雨控制有两步，先从对目前的酸性物质排放加以消减，以求短期见效，同时考虑从根本变更能源结构，减少酸雨的产生量。

短期效果控制酸雨的措施包括限制高硫煤的开采与使用；重点治理火电厂二氧化硫污染；防治化工、冶金、有色金属冶炼和建材等行业生产过程中二氧化硫污染。

酸雨控制的根本途径是减少酸性物质向大气的排放，有效手段是使用干净能源，发展水力发电和核电站，使用锅炉固硫、脱硫、除尘新技术，发展内燃机代用燃料，安装机动车尾气催化净化器，培植耐酸雨农作物和树种等。

2. 废酸的处理

由于废酸的组成极其复杂，故其净化和利用的难度较大，虽然国内外曾进行过大量的研究试验和探索，但至今尚未找到一条技术可行的、经济合理的无二次污染的净化利用途径。国内外一些大型焦化厂，废酸通常用于硫铵和磷肥生产，但使用未经处理的废酸会给生产和操作带来一定的困难。用于硫铵生产时，易破坏一些设备的正常操作，引起母液起泡、粥化和使硫铵里面的颗粒变细、颜色变黑等，同时还影响煤气中的氨气和吡啶类物质的吸收，更危险的是，由废酸生产出的产品，会含有在环保上大量超标的酚等物质，其生产过程和产品均会造成严重的环境污染。国内一些中小焦化厂没有生产硫铵的工段，废酸只能未采取任何措施直接排放或卖给乡镇企业，不仅造成了资源的巨大浪费，也对环境造成了严重的污染。因此，废酸处理一直是困扰我国焦化行业的难题，也是急需解决的一大问题。若找到一条操作简便、经济合理、无二次污染的废酸净化的理想途径，不仅可以产生较好的经济效益，也必将产生较大的社会效益。

（1）常规废酸净化方法。废酸的治理有物理方法和化学方法两大类。物理方法主要是吸附法、萃取法。化学方法主要有燃烧法、热聚合法。

① 吸附法。吸附法是利用比表面积很大的吸附剂，如活性炭、活性炭纤维、硅胶等，在吸附废酸中有机物的同时，达到净化脱色的效果。该方法使用的吸附剂所需的时间较长，需多次吸附才能达到理想的效果，同时吸附剂来源不便，价格昂贵，特别是吸附效果极佳的活性炭纤维，很难应用于工业生产。吸附剂的回收再生存在一定的困难，因此该方法工业生产的经济性较差。

② 萃取法。萃取法是目前广泛研究但并未付诸生产的一种方法。萃取法是根据相似相溶的原理，选择一种萃取剂，使废酸中的有机物转移到萃取剂中使硫酸分离出来。选择一种高效、无毒、价廉、来源广泛的萃取剂是该方法的关键，常使用的萃取剂有二甲苯残油、重苯溶剂油、脱酚油、苯渣、粗酚等。在这些萃取剂中粗酚的萃取效果最好，它分层迅速、明显，萃取后废酸的颜色最淡、最透明，而且它是焦化厂产量较大的固定产品，当采用萃取剂比为1:1和2:1时效果较佳，用它作萃取剂较适宜。

③ 燃烧法。燃烧法是指在 $600\sim800℃$ 高温下将废酸中的硫酸分解为 SO_3 和 H_2O，有机物杂质分解为 CO_2 和 H_2O，然后用接触法吸收 SO_2，从而得到浓度为 $96\%\sim98\%$ 的硫酸。但该方法工艺操作复杂，设备投资和设备的损耗大，能耗也大，因此较少使用该法，但我国也有利用该法处理废酸的制酸厂。

④ 热聚合法。热聚合法是将废酸先浓缩至 $70\%\sim85\%$ 后，加热至 $160\sim220℃$ 使废酸中的可聚合有机物质发生聚合反应，然后以对硫酸溶液的容量比为 1:1 加入水后，加过滤助剂过滤，得到有机物含量很低的黄色透明液体，此液体可代替硫酸循环用于硫酸生产。但该法需在减压下加热浓缩，又需在高温下聚合，废酸对设备腐蚀严重，设备投资大、能耗高、经济性较差，得到的硫酸的品质较差。

（2）典型废酸的处理技术

1）合金钢硝酸-氢氟酸酸洗废液处理。不锈钢酸洗废液为 HNO_3（$7\%\sim15\%$）与 HF

（5%）的混合液，经多次反复洗涤后，待三价铁累积至 25～50g/L 后，需排弃换新。废液有较强的腐蚀作用，而且其中的 F^-、Cr^{3+}、Ni^{2+} 离子对环境危害很大。三者浓度高出排放标准 5000～60000 倍，从环保角度看，必须治理后才能排放。

① 中和回收法。中和回收法是先用石灰中和废液，然后分别加入浓硫酸，减压蒸发、冷凝得到 HNO_3 和 HF。该法泥浆量大，过滤困难，操作条件差，设备腐蚀严重。

② 减压蒸发法。减压蒸发法系在废酸中加入过量的浓硫酸，经减压蒸发。该法酸回收率高（约 95%），但一次投资大，设备维修困难，能耗较大，且蒸馏残渣残酸高达 45%，不便继续处理。

2）电厂氢氟酸洗炉废液处理。氢氟酸对氧化铁具有良好的溶解性，是一种极合适的清洗剂。它的酸洗范围可以扩大到整个热力系统，清洗面积大，临时系统少，酸洗时间短，耗资少，腐蚀速率低，并且减少了蒸汽吹管次数，汽水品质合格，因此，在汽包锅炉配国产汽轮发电机组的使用中，氢氟酸洗炉技术得到广泛的应用。但氢氟酸洗炉废液的排放亦带来严重的环境问题，而且目前电厂氢氟酸洗炉废液的处理效果并不十分理想，因此国家颁布实施了各种环保法规。按照国家工业废水排放标准，其中氟离子浓度应小于 10mg/L；对于饮用水，氟离子浓度要求在 1mg/L 以下。

目前，国内外废水除氟的方法很多，而且各有特点。常用的方法大致可分为三种：沉淀法、吸附法和电化学方法。

① 沉淀法。沉淀法是用化学品处理，形成氟化物沉淀或氟化物在生成的沉淀物上共沉淀，通过沉淀物的分离达到氟离子的去除，因此，处理效率部分取决于固液分离的效果。采用的化学品有石灰、电石渣、白云石、明矾等。

② 吸附法。吸附法是将废水通过接触床，用普通或特殊的离子交换树脂或固体填料进行物理化学反应去除氟化物。吸附法的基本机理是离子交换或表面反应，因此，它只适合于氟含量低的废水或经预处理氟含量降到 15～30mg/L 后的深度处理。经常采用的床层介质有羟基磷灰石、离子交换树脂、活性炭和活性氧化铝。

吸附法只适用于深度处理，它的除氟效果明显，但对吸附剂的要求较高，吸附剂需再生后才可重复使用，吸附法的处理费用高于沉淀法，且操作复杂。

③ 电化学方法。电化学方法是一种比较先进的除氟技术，现已在一些领域得到应用。电化学除氟方法，如电渗析、电凝聚，一般用于饮用水除氟处理。它的设备简单，操作容易，且不排放化学污染物，可连续制水，但操作运行费用高，适用于水量较小的居民用水的除氟处理。

3. 废碱的处理

（1）乙烯装置废碱液处理　乙烯装置裂解气中所含的酸性气主要是 H_2S、CO_2 以及少量 RSH、HCN 等。这些酸性气必须经过氨碱洗塔脱除至 H_2S 含量小于 $1×10^{-6}$、CO_2 含量小于 $1×10^{-6}$，裂解气才能进入后系统分离精制。在碱洗塔中，酸性气通过与 18% 左右的新鲜碱液逆流接触发生不可逆化学反应，从而生成 Na_2CO_3 和 Na_2S，实现酸性气的脱除，过剩的 NaOH 随废碱从吸收塔排出。碱洗塔排出的废碱液中含有 Na_2S、NaHS、Na_2CO_3、NaOH 和少量的 Na_2SO_3 等。另外，还含有硫醇等有机硫化物，因而废碱液具有难闻的臭味。

由于这种废碱液具有强碱性，且含有较高浓度的硫化物和有机物，很难处理，经常对下游污水处理厂造成冲击，影响污水排放达标率，因此是困扰乙烯装置的老、大、难问题。因此国内外乙烯行业在不断开发新技术、新工艺，以期达到廉价的对废碱液无害化处理或综合利用的目的。

乙烯装置废碱液的处理方法很多，效果不一，基本上分为两大类：一类是综合利用废碱液；另一类是经预处理直接进生化污水处理系统。近年来，由于乙烯原料向轻质化、多元化发展以及操作水平的不断提高，硫化物、碳酸盐、碱含量不断下降，因此废碱液的综合利用受到了一定程度的限制。加之，乙烯工程均设有相应的污水处理配套设施，因此废碱液经预处理直接进生化污水处理系统，成为各国乙烯装置，尤其是大型乙烯装置的一个发展方向。

（2）硫化物的处理　硫化物是制革行业的主要污染源之一，其主要来源于浸灰脱毛工序。由于浸灰脱毛废液的 pH 值大于 8.5，因此若将这类废液排入水体过多，则会造成水中溶解氧缺乏，影响鱼类和其他水生生物的生存，改变水体生态系统。而且，水中微生物的生长亦受到抑制，使水体的自净能力受到阻碍。与此同时，硫化物在厌氧水体中亦接受其他微生物提供的氢而形成 H_2S。若水中的 H_2S 含量超过 0.5mg/L 时，对鱼类及其他水生生物就有毒害。因此必须对硫化物进行治弹。

第七节　放射性废物的处理

一、概述

1. 放射性废物的产生

放射性废物是指在生产和使用放射性物质过程中废弃并含有放射性的物质（如发射 α、β、和 γ 射线的不稳定元素）或被放射性物质污染而又不能用简单的方法加以分离的废弃物。

放射性废物来源于以下三个方面：

（1）核武器试验的沉降物　在大气层进行核试验的情况下，核弹爆炸的瞬间，由炽热蒸气和气体形成大球（即蘑菇云）携带着弹壳、碎片、地面物和放射性烟云上升，随着与空气的混合，辐射热逐渐损失，温度渐趋降低，于是气态物凝聚成微粒或附着在其他的尘粒上，最后沉降到地面。

（2）核燃料循环的"三废"排放　原子能工业的中心问题是核燃料的产生、使用与回收、核燃料循环的各个阶段均会产生"三废"，对周围环境带来一定程度的污染。

（3）医疗照射引起的放射性污染　目前，由于辐射在医学上的广泛应用，已使医用射线源成为主要的环境人工污染源。

图 10-4 表示核废物的产生过程，核废物的主要来源是核燃料循环中和核设施退役中的各主要环节，核试验、核科学研究及应用也要产生一些核废物。核燃料循环包括铀矿开采、

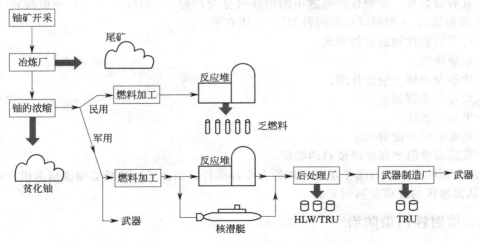

图 10-4　产生核废物的过程

加工、燃料制造、使用、乏燃料的后处理等环节。核设施退役是指关闭不再使用的核设施（如燃料制造和加工厂、反应堆等）时所采取的措施，铀矿开采和燃料加工废物的产生从开采铀矿开始，矿石中铀的含量平均仅为0.2%，相应将遗留约25000t的废矿渣，即尾矿。尾矿中含有的铀为原矿的5%～20%，含有的镭为原矿的93%～98%，此外还含有氡。

2. 放射性废物的特征

（1）按物理形态分类

① 固体放射性物品如钴，独居石等。

② 晶粒状放射性物品如硝酸钍。

③ 粉末状放射性物品如夜光粉、铈钠复盐等。

④ 液体放射性物品如发光剂，医用同位素制剂磷酸二氢钠——^{32}P 等。

⑤ 气体放射性物品如氪85、氩41。

（2）按放出的射线类型分类

① 放出 α、β、γ 射线的放射性物品如镭226等。

② 放出 α、β 射线的放射性物品如天然铀。

③ 放出 β、γ 射线的放射性物品如钴60。

④ 放出中子流（同时也放出 α、β 或 γ 射线中一种或两种）的放射性物品如镭-铍中子流，钋-铍中子流等。

（3）按其品种分类

① 放射性同位素如碳14、铁55、钴60。

② 放射性化学药品如硝酸铀、金属铀。

③ 放射性矿石和矿砂如独居石，沥青铀矿等。

④ 涂有放射性发光剂的工业物品或带有放射性物质的其他物品。

（4）放射性物品的性质 放射性废物的物理性质包括状态（固体、液体和气体）、形态（块状物、粉末、黏性流体等）、热性质（热导率、闪点、沸点、熔点等）、机械强度、流动性和均匀性等。

放射性废物的化学性质包括化学反应性、化学组成、可萃取性和自燃性等。

从化学放射的观点看，具有特征的数据是总放射性、半衰期、比活度、核素组成、毒性及其他性质。

① 具有放射性。放射性物品放出的射线可分为四种：α 射线（又叫甲种射线）；β 射线（也叫乙种射线）；γ 射线（也叫丙种射线）；还有中子流。

② 许多放射性物品毒性很大。

③ 地质单纯。

④ 地形与土壤少侵蚀作用。

⑤ 无可开发资源。

⑥ 无地表水体。

⑦ 足够的缓冲地带。

⑧ 提供多重阻绝以围堵废料的物质。

必须强调的是，没有哪个场址可以符合全部条件，因此场址选择必须谨慎考虑，将放射性废料从掩埋区的迁移量减到最低。

二、放射性污染防治

1. 放射性废料处理方式

放射性废料处理一般常使用三种基本处理方法。

① 稀释和扩散，适用于低活性放射性废料。

② 迟滞和衰变，适用于中等活性放射性废料。

③ 浓缩和固存，适用于高活性放射性废料。

2. 放射性废物治理的基本途径

① 浓缩储存（也称为永久处置），使废物与环境隔绝起来。

② 放置衰变，在不造成环境公害的前提下，为放射性核衰变提供足够的时间。

③ 稀释排放，使废物的放射性水平降低到容许水平以下，排入环境而得以消散。

三、典型放射性废物的处理

放射性废液由于其化学性质、放射性核素组成、比放射性强度的不同，处理方法也不同。分低放射性废液的处理，中、高放射性废液的处理两大类。

1. 低放射性废液的处理

低放射性废液的处理有蒸发法、离子交换法、凝聚沉淀法、电渗析和反渗透法、稀释排放法、储存衰变等。

（1）蒸发法　该法是目前核工业中使用比较广泛的废水处理方法，在废水蒸发过程中，放射性核素和盐分不能挥发，理论上全部放射性核素都应存在于体积很小的蒸发残渣（液）中，但由于雾沫夹带，冷凝液中不免带有一点放射性物质，经检测合格的可以排放，不合格的需要进一步经过离子交换法处理。当然蒸发水再行冷凝重新使用是最佳方法，而浓缩液送水泥、陶瓷或石英砂等固化，填入地下储存。通过蒸发处理系统，废液的浓缩倍数可以达到几十倍到几百倍。

（2）离子交换法　目前，国外科研机构开发出新的核垃圾处理技术。其设计思路是将离子交换体和螯合剂分别涂在粒径为 $50\mu m$ 的二氧化硅微粒表面。然后将二氧化硅微粒分别填装在两个不同的圆桶形容器里。核废料经硝酸溶液溶解后，从装有离子交换体容器的顶端流向底部，其中的钚和铀就被离子交换体所吸附；所剩溶液再流入装有螯合剂的容器，镅等衰变期长的放射性物质被螯合剂所吸附，与溶液分离。附着在吸附剂上的钚和铀还可以回收再利用。

（3）反渗透浓缩低放射性废液　采用间歇式和连续式两种不同装置醋酸纤维素膜。实验用的废液是工业生产放射性液，含盐量为 $0.5g/L$，$pH=7\sim8$，废液用凝聚和机械过滤进行预处理，有些实验用硝酸钠膜进行，实验压力为 $980Pa$，不同 pH 值，反渗透对核素和放射能的脱除率不同，所以通过调整 pH 值来处理放射性废水。

（4）稀释排放法　凡是超过露天水源限制浓度的 100 倍的放射性废水，排放必须经过稀释和专门的净化处理。但是这种方法仅着眼于控制排污口（末端），使排放的污染物通过治理达标排放的办法，虽在一定时期内或在局部地区起到一定的作用，但并未从根本上解决工业污染问题。

（5）储存衰变　有些放射性核素的半衰期较短，含这类核素的废液在储存放置一段时间后，由于不断地衰变而失去放射性。该法的放置时间通常相当于放射性核素的 10 个半衰期。这一方法简便可靠易行，在医学研究中应用较广泛。

低放射性废液经上述净化处理后可向水体排放（经城市下水道排放或直接向江、河、湖、海排放）。

2. 中、高放射性废液的处理

中、高放射性废液且半衰期较长时，一般采用永久处置法，将废液引入惰性的固体介质中。常用的固化方法有水泥固化、沥青固化、罐内蒸发固化、煅烧固化和玻璃固化等。

对于高放射性废液，含有多种超铀元素和一些放射性很强、发热和长寿命的裂变产物，常采用玻璃固化技术，并在稳定的深地质层中进行最终处置和隔离以前存放在中间储存设施内。目前，世界上使用较多的高放射性废液固化体是硼硅酸盐玻璃、磷酸盐玻璃、合成岩、水泥。世界上实现高放射性废液固化的工艺有罐式工艺、连续工艺。

第八节　固态、液态、气态危险化学品废物处理

危险化学品废物按其形态，可分为固态、液态、气态。大部分危险化学品都是固体状的，也有液态、气态。通常危险化学品处于固体状时，若是易爆炸品，碰撞后会爆炸；处于液体状态时，容易通过水循环污染环境，破坏生态，或者污染饮用水，危害人们的生命健康安全；处于气态时，一般会通过呼吸道，使人中毒。固体废物可以通过各种途径进入水体或大气，转换成液态、气态。

危险化学品废物一般通过以下途径进入大气，使之受到污染。废物中的细粒、粉末随风扬散；在废物运输及处理过程中缺少相应的防护和净化设施，释放有害气体和粉尘；堆放和填埋的废物以及渗入土壤的废物，经挥发和反应放出有害气体。如石油化工厂油渣露天堆置，有一定数量的多环芳烃生成排空。

危险化学品废物还可通过下述途径进入水体。将其直接排入江、河、湖、海等地表水；露天堆放的废物被地表径流携带进入地表水；飘入空中的细小颗粒，通过降雨的冲洗沉积和凝雨沉积以及重力沉降和干沉积而落入地表水；露天堆放和填埋的废物，其可溶性有害成分在降水淋溶、渗透作用下可经土壤达到地下水。

一、固态危险化学品废物的处理

1. 固态危险化学品废物的一般处理方法

固态化学危险废物处理方法主要有高温氧化焚烧技术、等离子体处理技术、固化技术和填埋等。

（1）高温氧化焚烧处理固态危险化学废物　高温氧化焚烧技术方法对固体化学废物适用范围广、着火稳定、运行费用低。该技术采用生物化学降解与热力焚烧相结合的原理，即将固体化学废物经生物化学的降解作用使其中部分有机物转化为腐殖质，用作土壤改良剂，将固体化学废物经高温燃烧使其中可燃物质充分氧化，转化为无害灰渣。该技术的特点是不需外加辅助燃料，它可在高温下自行维持连续燃烧。该方法适用于处理高水分、低热值的废物。

（2）等离子体处理固态危险化学废物　等离子体处理技术是研究在特定的条件下非氧等离子体热解处理有毒废物，在对环境友好的前提下，有效地处理有毒废物并形成资源化产品。其科学依据是等离子体在热解炉内持续放电，形成上万度的温度场，当被处理物进入该场后，由于等离子体的作用，分子键受到很大冲击，从而改变分子结构，形成可资源化产品。由于是热解而不是燃烧，故不会产生诸如二噁英等不良产物。因此，等离子体增强热解有毒废物技术是一种革命性的技术，这种方法对解决当前人类社会面临的非常迫切需要解决的环境保护和可持续发展的问题是极有益的探索，具有极大的社会意义和经济前景。

（3）固态危险化学废物的固化　危险废物固化是采用物理-化学方法将危险废物掺合并包容在密实的惰性基材中，使其稳定化的一种过程。固化处理机理十分复杂，目前尚在研究和发展中，其固化过程有的是将有害废物通过化学转化或引入某种稳定的晶格中的过程，有的是将有害废物用惰性材料加以包容的过程，有的是兼有上述两种过程。

目前对固化处理的基本要求主要包括：①处理后的固化体应具有良好的抗渗透性、抗浸出性、抗干湿性、抗冻融性及足够的机械强度等，最好能作为资源利用，如作建筑基础和路基材料等；②固化工厂中材料和能量消耗要低，增容比要低；③固化工艺过程简单，便于操

作；④固化剂来源丰富，廉价易得；⑤处理费用低。

（4）固态危险化学废物的填埋　由于传统的垃圾填埋污染环境，且潜在危害大，已逐渐被卫生填埋法所代替。卫生填埋法不同于传统的填埋法，它是采用严格的污染控制措施，将整个填埋过程的污染和危害减少到最低限度的处理方法。它定义为在适当的场所内应用工程技术，使固体废弃物达到减量化，并降低其对环境危害的一种土地处置方法。在进行卫生填埋时，应利用覆盖并压实表层，以达到卫生填埋的目的。

2. 典型固态危险化学品废物的处理

近年来，应用铬化合物的行业如电镀、化工、印染、皮革等，经济效益显著，大大促进了铬盐厂的规模生产，但随之而来的环境问题日益突出，如生产过程中排放的含铬废水、铬盐生产中产生的废渣中均含有六价铬，对人体、农作物、牲畜均有毒害作用，它能降低生化过程中需氧量，从而使生物缺氧，使人窒息，同时它会被胃肠等消化道器官吸收，不仅有刺激作用，而且会诱发病变，是一种常见的致癌物，也是美国 EPA 公认的 129 种重点污染物之一，且六价铬经雨水冲刷形成的污水等，对地下水、土壤、地表造成污染。目前国内外对电镀含铬废水的研究较多，而对大量堆放的铬渣尚缺乏行之有效的处理方法，发达国家主要从改革生产含铬行业的工艺出发减少排渣量及渣中铬的残余量，或采用固化安全处置的方法填埋。我国早在 20 世纪 60 年代就开始了铬渣治理的研究工作，探索出许多有广阔应用前景的治理回用方法，但这些方法因解毒不彻底、设备复杂、投资大、运行费用高，易带来二次粉尘污染等，难以应用于实际工业生产。

二、液态危险化学品废物的处理

1. 液态危险化学品废物的一般处理方法

液态危险品处理技术主要有物化法、生化法、电化学法、化学法等。

（1）物化法　物化法是在传统的胶体化学理论基础上，使无机絮凝剂在原有基础上加以复配而不断推陈出新。有单位以聚硫氯化铝和硫酸铝在原水中进行混凝试验比较，前者对浊度和色度的去除率可提高 10%，此外聚合硫酸和含镁聚合铝的混凝作用均比硫酸铝好，而且对 pH 值的影响较小。

正在推广应用的 PAN、DCD 型高分子絮凝剂是以聚丙烯腈为高分子主链，以二氰二胺在碱性条件下进行侧链改性，使不溶于水的 PAM 变成水溶性的，带有多种基团的两性型聚电解质。PAN-DCD-HYA 型高分子絮凝剂是在 PAN-DCD 型的基础上用氯化羟胺改性，使吸附脱色官能团进一步强化，通过对含酸性、中性、碱性染料的废水进行治理，COD 去除率达 50%，脱色率达 80% 以上。此外类似的研究也较多，但对产生的淤泥如何处理仍是存在的问题之一。

此外，还有活性炭吸附法，吸附是一种表面现象，活性炭的比表面积越大，其对有机物质的吸附量就越大，孔隙的巨大比表面积占颗粒总比表面积的绝大部分。

（2）生化法　生化法是向生化池中投加高效降解菌，已成为环保领域中的新兴技术之一。如国内有人研究了 7 种染料脱色降解菌，在处理含偶氮染料、三苯甲烷染料、聚乙烯醇、洗涤剂、助剂等各种难降解物的废水试验中都取得了明显的效果。然而，适合于各种染料的微生物菌株并不是容易找到的，故而生化法还应与其他的方法相结合。

（3）电化学法　电化学法处理废水不需很多化学药品、后处理简单、占地面积小、管理方便。电化学法利用直流电电解产生胶溶离子膜，吸附并沉淀染料分子、离子，适用于阴、阳离子染料。近年来出现的微电解法，其工作原理是在含有酸性电解质的水溶液中，使铁屑和炭粒之间形成无数个微小的原电池，并在其作用空间构成一个电场，通过反应生成的亚铁离子具有较强的还原能力，使某些氧化态的有机物还原成还原态，并使部分有机物开环裂解，提高了废水的可生化性，同时亚铁离子具有良好的絮凝吸附作用，新生态的氢也有较强的还原能力，对氧化态有机物有还原作用，因此其 COD、BOD 去除效果好，适用性广。

（4）化学法　化学法指在高温高压下，在液相中用氧气或空气作为氧化剂，氧化水溶解态或悬浮态的有机物或还原态的无机物的一种方法。国外已得到广泛重视和应用的湿式氧化法（WAO）是为处理高浓度有毒有害废物或废水而发展起来的行之有效的方法，由于WAO 自身的局限性，其实际推广受到限制。

在传统的湿式氧化法基础上发展起来的催化湿式氧气法能使反应在更温和的条件下和更短的时间内完成，其主要是在传统的湿式氧化工艺中加入固体或液体催化剂，以降低反应所需的温度与压力，提高氧化分解能力，缩短时间，防止设备腐蚀和降低成本。如在湿式氧化过程中加入以金属氧化物做成的催化剂，氧化降解废水中的酚，在 9min 内可使 90％以上的酚变为二氧化碳和水，因此湿式氧化法的研究重点和方向将是研制适于湿式氧化的高活性的催化剂。

2. 典型液态危险化学品废物的处理——合成氨厂氨氮排放水处理技术

合成氨厂在人工固氮的同时，氨的流失是比较严重的。氨氮是一种有毒的危险化学物品，它能引起水体富营养化，藻类过度繁殖，严重时造成水体黑臭。在 pH 值较高时对鱼类等水生动物有毒性。氨蓄积在土壤、水体等自然环境中，发展到一定程度超过了自然还原能力，就造成了对自然界的氨污染。大多数氨是通过废水排放流失的，这同时也是资源和能源的浪费。下面介绍几种去除的方法。

降低排放水中氨的浓度实际上是一个从水中脱氮（回收氨可看作其特例）的过程。排放水脱氮技术归纳起来可分为三大类：膜分离法、蒸汽汽提法和生物法。用膜分离法处理氨氮废水，尽管发展前景好，但目前技术还不成熟，应用较少。

三、气态危险化学品废物的处理

目前气态危险化学品废物的治理方法很多，主要有物理法、化学法和生物法。物理和化学法如吸附、吸收、氧化以及等离子体转化法，如同废水处理一样，生物净化法是经济有效的方法。生物净化有植物净化和微生物净化法，目前植物净化主要是绿化，主要是针对二氧化碳，这里主要介绍微生物治理。

生物法净化废气技术与常用的化学法（氧化还原、吸收、中和）和物理法（吸附、脱吸）相比较有以下特点。

① 不产生二次污染；

② 生物法净化设备能源消耗少，运行费用低；

③ 生物法净化技术、净化反应速率快，处理气量大，设备体积小，投资省；

④ 生物法净化装置运行方便，可实现全自动控制，无人值守；

⑤ 生物法净化装置适应能力强，对不同污染物质、不同浓度的废气都能有效处理，操作弹性大；

⑥ 生物法净化装置可处理气量大、低浓度的恶臭气体，而化学法和物理法对此类废气难以处理；

⑦ 微生物能自行繁殖，不断更新换代，能保护长久的高效率，微生物新陈代谢，繁殖快，每天可更换几代甚至几十代，新的微生物具有更高的生物活性，生物填料可以长期使用，不需更换；

⑧ 微生物种类繁多，几乎所有的有机物和无机物都能被某一种生物降解。在一个装置里，多种微生物在相同的条件下都能正常繁殖，因此，可以同时处理含有多种成分的废气。

微生物净化法可处理各种恶臭污染源的废气，起初对氨气，硫化氢等研究较多，还有甲硫醇（MM）、二甲基硫醚（DMS）、二甲基二硫醚（DMDS）、二甲基亚矾（DMSO）、二硫化碳、二氧化硫，现在挥发性有机污染物也成为研究的重点。

第九节　泄漏物的收集与处理

危险化学品事故泄漏物的收集与处理的目的是降低或消除泄漏物对人员及环境的毒害与污染，是危险化学品事故抢险工作的重要内容。

参加危险化学品事故泄漏物处置的人员佩戴的安全保护用品应符合相关法规和标准的要求，车辆应停于上风向，消防车、洗消车、洒水车应在保障供水的前提下，从上风向出开花或喷雾水流对泄漏出的有毒有害气体进行稀释、驱散；对泄漏的液体有毒物质可用沙袋或泥上筑堤拦截，或开挖沟坑导流、蓄积，还可向沟、坑内投入中和（消毒）剂，使其与有毒物直接起氧化、氯化作用。从而使有毒物改变性质，成为低毒或无毒的物质。对某些毒性很大的物质还可以在消防车、洗消车、洒水车水罐中加入中和剂水溶液，则驱散、稀释、中和的效果更好。目前常用的危险化学品事故泄漏物的收集与处理的方法有围堤与掘槽堵截、稀释与覆盖、收容（集）及废弃。

一、围堤与掘槽堵截

修筑围堤是控制陆地上的液体泄漏物最常用的收容方法。危险化学品事故泄漏物为液体时，泄漏到地面上会四处蔓延扩散，难以收集处理。为此需要筑堤堵截或者引流到安全地点。对于储罐区发生液体泄漏时，要及时关闭雨水阀，防止物料沿明沟外流。

（一）围堤结构设计

常用的围堤有环形、直线形、V形等。通常根据泄漏物流动情况修筑围堤拦截泄漏物。如果泄漏发生在平地上，则在泄漏点的周围修筑环形堤。如果泄漏发生在斜坡上，则在泄漏物流动的下方修筑 V 形堤。

（二）围堤地点选择

利用围堤拦截泄漏物的关键除了泄漏物本身的特性外，就是确定修筑围堤的地点，这个地点既要离泄漏点足够远，保证有足够的时间在泄漏物到达前修好围堤，又要避免离泄漏点太远，使污染区域扩大，带来更大的损失。如果泄漏物是易燃物，操作时要特别注意，避免发生火灾。

（三）掘槽收集泄漏物

挖掘沟槽是控制陆地上的液体泄漏物最常用的收容方法。

通常根据泄漏物的流动情况挖掘沟槽收容泄漏物。如果泄漏物沿一个方向流动，则在其流动的下方挖掘沟槽。如果泄漏物是四散而流，则在泄漏点周围挖掘环形沟槽。

挖掘沟槽收容泄漏物的关键除了泄漏物本身的特性外，就是确定挖掘沟槽的地点。这个地点既要离泄漏点足够远，保证有足够的时间在泄漏物到达前挖好沟槽，又要避免离泄漏点太远，使污染区域扩大，带来更大的损失。如果泄漏物是易燃物，操作时要特别小心，避免发生火灾。

（四）修筑水坝拦截泄漏物

修筑水坝是控制小河流上的水体泄漏物最常用的拦截方法。通常在泄漏点下游的某一地点横穿河床修筑水坝拦截泄漏物，拦截点的水深不能超过 $10m$。坝的高度因泄漏物的性质不同而不同。对于溶于水的泄漏物，修筑的水坝必须能收容整个水体；对于在水中下沉而又不溶于水的泄漏物，只要能把泄漏物限制在坝根就可以，未被污染的水则从坝顶溢流通过；

对于不溶于水的漂浮性泄漏物，以一边河床为基点修筑大半截坝，坝上横穿河床放置管子将出液端提升至与进液端相当的高度，这样泄漏物被拦截，未被污染的水则从河床底部流过。修筑水坝受许多因素的影响，如河流宽度、水深、水的流速、材料等，特别是客观地理条件，有时限制了水坝的使用。

（五）使用土壤密封剂避免泥土和地下水污染

使用土壤密封剂的目的是避免液体泄漏物渗入土壤中污染泥土和地下水。一般泄漏发生后，迅速在泄漏物要经过的地方使用土壤密封剂，防止泄漏物渗入土壤中。土壤密封剂既可单独使用，也可以和围堤或沟槽配合使用，既可直接撒在地面上，也可带压注入地面下。直接用在地面上的土壤密封剂分为三类：反应性的、不反应性的和表面活性的。常用的反应性密封剂有环氧树脂、脲/甲醛和尿烷，这类密封剂要求在现场临时制成，能在恶劣的气候下较容易地成膜，但有一个温度使用范围。常用的不反应性密封剂有沥青、橡胶、聚苯乙烯和聚氯乙烯，温度同样是影响这类密封剂使用的一个重要因素。表面活性密封剂通常是防护剂如硅和氟碱化合物系列，已研制出的有织品类、纸类、皮革类及砖石围砌类，最常用的是聚丙烯酸酯的氟衍生物。土壤密封剂带压注入地面下的过程称作灌浆。灌浆料由天然材料或化学物质组成。常用的天然材料有沙子、灰、膨润土及淤泥等，常用的化学物质有丙烯酰胺、尿素塑料/甲醛树脂，木素、硅酸盐类物质等。通常天然材料适用于粗质泥土，化学物质适用于较细的泥土。所有类型的土壤密封剂都受气温及降雨等自然条件的影响。土壤表层及底层的泥土组分将决定密封剂能否有效地发挥作用。操作必须由受过培训的专业技术人员完成，使用的土壤密封剂必须与泄漏物相容。

二、稀释与覆盖

稀释与覆盖是向有害泄漏物蒸气云喷射雾状水，加速气体向高空扩散。对于可燃物泄漏，也可以在现场施放大量水蒸气或氮气，破坏燃烧条件。对于液体泄漏，为降低泄漏物料在大气中的蒸发速度，可用泡沫或其他覆盖物品覆盖外泄的物料，在其表面形成覆盖层，抑制其蒸发，或者采用低温冷却来降低泄漏物的蒸发。

（一）稀释

最常用的稀释方法是消防水稀释。稀释作业时，应采用喷雾水枪，并在泄漏点附近形成封闭水幕，使其在安全地带扩散，起到稀释泄漏介质、驱散泄漏介质和降低泄漏介质毒性的目的，同时还可避免明火进入泄漏点爆炸极限区域。

喷水雾可有效地降低大气中的水溶性有害气体和蒸气的浓度，是控制有害气体和蒸气最有效的方法。对于不溶于水的有害气体和蒸气，也可以喷水雾驱赶，保护泄漏区内人员和泄漏区域附近的居民免受有害蒸气的致命伤害。喷水雾还可用于冷却破裂的容器和冲洗泄漏污染区内的泄漏物。使用此法时，将产生大量的被污染水。为了避免污染水流入附近的河流、下水道，喷水雾的同时必须修筑围堤或挖掘沟槽收容产生的大量污水。污水必须予以处理或作适当处置。

目前我国的公共危险化学品事故应急稀释工作主要由公安部消防部队来完成。

（二）泡沫覆盖

使用泡沫覆盖阻止泄漏物的挥发，降低泄漏物对大气的危害和泄漏物的燃烧性。泡沫覆盖必须和其他的收容措施如围堤、沟槽等配合使用。通常泡沫覆盖只适用于陆地泄漏物。

选用的泡沫必须与泄漏物相容。实际应用时，要根据泄漏物的特性选择合适的泡沫。常用的普通泡沫只适用于无极性和基本上呈中性的物质；对于低沸点、与水发生反应，具有强腐蚀性、放射性或爆炸性的物质，只能使用专用泡沫；对于极性物质，只能使用属于硅酸盐类的抗醇泡沫；用纯柠檬果胶配制的果胶泡沫对许多有极性和无极性的化合物均有效。

对于所有类型的泡沫，使用时建议每隔 30～60min 再覆盖一次，以便有效地抑制泄漏物的挥发。如果需要，这个过程可能一直持续到泄漏物处理完。

（三）低温冷却

低温冷却是将冷冻剂散布于整个化学泄漏物的表面上，减少有害泄漏物的挥发。在许多情况下，冷冻剂不仅能降低有害泄漏物的蒸气压，而且能通过冷冻将泄漏物固定住。

影响低温冷却效果的因素有冷冻剂的供应、泄漏物的物理特性及环境因素。

冷冻剂的供应将直接影响冷却效果。喷撒出的冷冻剂不可避免地要向可能的扩散区域分散，并且速度很快。整体挥发速率的降低与冷却效果成正比。

泄漏物的物理特性如当时温度下泄漏物的黏度、蒸气压及挥发率，对冷却效果的影响与其他影响因素相比很小，通常可以忽略不计。

环境因素如雨、风、洪水等将干扰、破坏形成的惰性气体膜，严重影响冷却效果。

常用的冷冻剂有二氧化碳、液氮和冰。选用何种冷冻剂取决于冷冻剂对泄漏物的冷却效果和环境因素。应用低温冷却时必须考虑冷冻剂对随后采取的处理措施的影响。

1. 二氧化碳

二氧化碳冷冻剂有液态和固态两种形式。液态二氧化碳通常装于钢瓶中或装于带冷冻系统的大槽罐中，冷冻系统用来将槽罐内蒸发的二氧化碳再液化。固态二氧化碳又称干冰，是块状固体，因为不能储存于密闭容器中，所以在运输中损耗很大。

液态二氧化碳应用时，先使用膨胀喷嘴将其转化为固态二氧化碳，再用雪片鼓风机将固态二氧化碳播撒至泄漏物表面。干冰应用时，先进行破碎，然后用雪片播撒器将破碎好的干冰播撒至泄漏物表面。播撒设备必须选用能耐低温的特殊材质。

液态二氧化碳与液氮相比，有以下几大优点：

（1）因为二氧化碳槽罐配备了气体循环冷冻系统，所以是无损耗储存。

（2）二氧化碳罐是单层壁罐，液氮罐是中间带真空绝缘夹套的双层壁罐，这使得二氧化碳罐的制造成本低，在运输中抗外力性能更优。

（3）二氧化碳更易播撒。

二氧化碳虽然无毒，但是大量使用，可使大气中缺氧，从而对人产生危害，随着二氧化碳浓度的增大，危害就逐步加大。二氧化碳溶于水后，水中 pH 值降低，会对水中生物产生危害。

2. 液氮

液氮温度比干冰低得多，几乎所有的易挥发性有害物（氢除外）在液氮温度下皆能被冷冻，且蒸气压降至无害水平。液氮也不像二氧化碳那样，对水中生存环境产生危害。

要将液氮有效地应用起来是很困难的。若用喷嘴喷射，则液氮一离开喷嘴就全部挥发为气态。若将液氮直接倾倒在泄漏物表面上，则局部形成冰面，冰面上的液氮立即沸腾挥发，冷冻力的损耗很大，因此，液氮的冷冻效果大大低于二氧化碳，尤其是固态二氧化碳。液氮在使用过程中产生的沸腾挥发，有导致爆炸的潜在危害。

3. 湿冰

在某些有害物的泄漏处理中，湿冰也可用作冷冻剂。湿冰的主要优点是成本低、易于制备、易播撒。主要缺点是湿冰不是挥发而是融化成水，从而增加了需要处理的污染物的量。

三、收容（集）

对于重大危险化学品事故的泄漏，可选择用隔膜泵将泄漏出的物料抽入容器内或槽车内；当泄漏量小时，可用沙子、吸附材料、中和材料等吸收中和，或者用固化法处理泄漏物。

（一）固化法处理泄漏物

通过加入能与泄漏物发生化学反应的固化剂或稳定剂使泄漏物转化成稳定形式，以便于处理、运输和处置。有的泄漏物变成稳定形式后，由原来的有害变成了无害，可原地堆放不需进一步处理；有的泄漏物变成稳定形式后仍然有害，必须运至废物处理场所进一步处理或在专用废弃场所掩埋。常用的固化剂有水泥、凝胶、石灰。

1. 水泥固化

通常使用普通硅酸盐水泥固化泄漏物。对于含高浓度重金属的场合，使用水泥固化非常有效。许多化合物会干扰固化过程，如锰、锡、铜和铅等的可溶性盐类会延长凝固时间，并大大降低其物理强度，特别是高浓度硫酸盐对水泥有不利的影响，有高浓度硫酸盐存在的场合一般使用低铝水泥。酸性泄漏物固化前应先中和，避免浪费更多的水泥。相对不溶的金属氢氧化物，固化前必须防止溶性金属从固体产物中析出。

① 水泥固化的优点：有的泄漏物变成稳定形式后，由原来的有害变成了无害，可原地堆放不需进一步处理。

② 水泥固化的缺点：大多数固化过程需要大量水泥，必须有进入现场的通道，有的泄漏物变成稳定形式后仍然有害，必须运至废物处理场所进一步处理或在专用废弃场所掩埋。

2. 凝胶固化

凝胶是由亲液溶胶和某些增液溶胶通过胶凝作用而形成的冻状物，没有流动性。可以使泄漏物形成固体凝胶体。形成的凝胶体仍是有害物，需进一步处置。

选择凝胶时，最重要的问题是凝胶必须与泄漏物相容。

使用凝胶的缺点：

① 风、沉淀和温度变化将影响其应用并影响胶凝时间；

② 凝胶的材料是有害物，必须作适当处置或回收使用；

③ 使用时应加倍小心，防止接触皮肤和吸入。

3. 石灰固化

使用石灰作固化剂时，加入石灰的同时需加入适量的细粒硬凝性材料如粉煤灰、研碎了的高炉炉渣或水泥窑灰等。

① 用石灰作固化剂的优点：石灰和硬凝性材料易得。

② 用石灰作固化剂的缺点：形成的大块产物需转移，石灰本身对皮肤和肺有腐蚀性。

（二）吸附法处理泄漏物

所有的陆地泄漏和某些有机物的水中泄漏都可用吸附法处理。吸附法处理泄漏物的关键是选择合适的吸附剂。常用的吸附剂有活性炭、天然有机吸附剂、天然无机吸附剂、合成吸附剂。

1. 活性炭

活性炭是从水中除去不溶性漂浮物（有机物、某些无机物）最有效的吸附剂。

活性炭是由各种含碳物质如木头、煤、渣油、石油焦等炭化后，再经活化制得的，有颗粒状和粉状两种形状。清除水中泄漏物用的是颗粒状活性炭。被吸附的泄漏物可以通过解吸再生回收使用，解吸后的活性炭可以重复使用。

影响吸附效率的关键因素是被吸附物分子的大小和极性。吸附速率随着温度的上升和污染物浓度的下降而降低。所以必须通过试验来确定吸附某一物质所需的炭量。试验应模拟泄漏发生时的条件进行。

活性炭是无毒物质，除非大量使用，一般不会对人或水中生物产生危害。由于活性炭易得而且实用，所以它是目前处理水中低浓度泄漏物最常用的吸附剂。

2. 天然有机吸附剂

天然有机吸附剂由天然产品如木纤维、玉米秆、稻草、木屑、树皮、花生皮等纤维素和橡胶组成，可以从水中除去油类和与油相似的有机物。

天然有机吸附剂具有价廉、无毒、易得等优点，但再生困难又成为一大缺陷。

天然有机吸附剂的使用受环境条件如刮风、降雨、降雪、水流流速、波浪等的影响。在此条件下，不能使用粒状吸附剂。粒状吸附剂只能用来处理陆上泄漏和相对无干扰的水中不溶性漂浮物。

3. 天然无机吸附剂

天然无机吸附剂是由天然无机材料制成的，常用的天然无机材料有黏土、珍珠岩、蛭石、膨胀页岩和天然沸石。根据制作材料分为矿物吸附剂（如珍珠岩）和黏土类吸附剂（如沸石）。

矿物吸附剂可用来吸附各种类型的烃、酸及其衍生物、醇、醛、酮、酯和硝基化合物；黏土类吸附剂能吸附分子或离子，并且能有选择地吸附不同大小的分子或不同极性的离子。黏土类吸附剂只适用于陆地泄漏物，对于水体泄漏物，只能清除酚。由天然无机材料制成的吸附剂主要是粒状的，其使用受刮风、降雨、降雪等自然条件的影响。

4. 合成吸附剂

合成吸附剂是专门为纯的有机液体研制的，能有效地清除陆地泄漏物和水体的不溶性漂浮物。对于有极性且在水中能溶解或能与水互溶的物质，不能使用合成吸附剂清除。能再生是合成吸附剂的一大优点。常用的合成吸附剂有聚氨酯、聚丙烯和有大量网眼的树脂。

（1）聚氨酯　有外表面敞开式多孔状、外表面封闭式多孔状及非多孔状几种形式。所有形式的聚氨酯都能从水溶液中吸附泄漏物，但外表面敞开式多孔状聚氨酯能像海绵体一样吸附液体。吸附状况取决于吸附剂气孔结构的敞开度、连通性和被吸附物的黏度、湿润力。但聚氨酯不能用来吸附处理大泄漏或高毒性泄漏物。

（2）聚丙烯　是线性烃类聚合物，能吸附无机液体或溶液。分子量及结晶度较高的聚丙烯具有更好的溶解性和化学阻抗，但其生产难度和成本费用更高。不能用来吸附处理大泄漏或高毒性泄漏物。

最常用的两种树脂是聚苯乙烯和聚甲基丙烯酸甲酯。这些树脂能与离子类化合物发生反应，不仅具有吸附特性，还表现出离子交换特性。

（三）用撇取法收容泄漏物

撇取法可收容水面上的液体漂浮物。撇取设备按功能可划分为四类：平面移动式撇取器、皮带式撇取器、堰式撇取器和吸入式撇取器。堰式和吸入式撇取器将水和泄漏物一块清除。大多数撇取器是专为油类液体而设计的，并且含有塑料部件。当用撇取器收容易燃泄漏物时，撇取器所用马达及其他电器设备必须是防爆型的。

（四）用抽取法清除泄漏物

抽取法可清除陆地上限制住的液体泄漏物、水中的固体和液体泄漏物。如果泵能快速布置好，则任何溶性、不溶性漂浮物都可用抽取法清除。对于水中的不溶性漂浮物，抽取是最常用的方法。抽取使用的设备是泵。当使用真空泵时，要清除的有害物液位垂直高度（即压头）不能超过11m。多级离心泵或变容泵在任何液位下都能用。抽取设备与有害物必须相容。

（五）设置表面水栅收容泄漏物

表面水栅可用来收容水体的不溶性漂浮物。通常充满吸附材料的表面水栅设置在水体的下游或下风向处，当泄漏物流至或被风吹至时将其捕获。当泄漏区域比较大时，可以用小船拖曳多个首尾相接的水栅或用钩子钩在一起组成一个大栅栏拦截泄漏物。为了提高收容效率，一般设置多层水栅。使用表面水栅收容泄漏物的效率取决于污染液流、风及波浪。如果液流流速大于1nmile/h（1nmile＝1852m）、浪高大于1m，使用表面水栅无效。使用表面水栅的关键是栅栏材质必须与泄漏物相容。

（六）设置密封水栅收容泄漏物

密封水栅可用来收容水体的溶性、沉降性泄漏物，也可以用来控制因挖掘作业而引起的浑浊。密封水栅结构与表面水栅相同，但能将整个水体限制在栅栏区域。密封水栅只适用于底部为平面、液流流速不大于 2nmile/h、水深不超过 8m 的场合。密封栅栏的材质必须与泄漏物相容。

（七）中和泄漏物

中和，即酸和碱的相互反应。反应产物是水和盐，有时是二氧化碳气体。现场应用中和法要求最终 pH 值控制在 6～9 之间，反应期间必须监测 pH 值变化。

只有酸性有害物和碱性有害物才能用中和法处理。对于泄入水体的酸、碱或泄入水体后能生成酸、碱的物质，也可考虑用中和法处理。对于陆地泄漏物，如果反应能控制，常常用强酸、强碱中和，这样比较经济；对于水体泄漏物，建议使用弱酸、弱碱中和。

常用的弱酸有醋酸、磷酸二氢钠，有时可用气态二氧化碳。磷酸二氢钠几乎能用于所有的碱泄漏，当氨泄入水中时，可以用气态二氧化碳处理。

常用的强碱有碳酸氢钠水溶液、碳酸钠水溶液、氢氧化钠水溶液。这些物质也可用来中和泄漏的氯。有时也用石灰、固体碳酸钠、苏打灰中和酸性泄漏物。常用的弱碱有碳酸氢钠、碳酸钠和碳酸钙。碳酸氢钠是缓冲盐，即使过量，反应后的 pH 值只是 8.3。碳酸钠溶于水后，碱性和氢氧化钠一样强，若过量，pH 值可达 11.4。碳酸钙与酸的反应速率虽然比钠盐慢，但因其不向环境加入任何毒性元素，反应后的最终 pH 总是低于 9.4 而被广泛采用。

对于水体泄漏物，如果中和过程中可能产生金属离子，必须用沉淀剂清除。中和反应常常是剧烈的，由于放热和生成气体产生沸腾和飞溅，所以抢险人员必须穿防酸碱工作服、戴防烟雾呼吸器。可以通过降低反应温度和稀释反应物来控制飞溅。

如果非常弱的酸和非常弱的碱泄入水体，pH 值能维持在 6～9 之间，建议不使用中和法处理。

现场使用中和法处理泄漏物受下列因素限制：泄漏物的量、中和反应的剧烈程度、反应生成潜在的有毒气体的可能性、溶液的最终 pH 值能否控制在要求范围内。

四、废弃

将收集的泄漏物运至废物处理场所处置。用消防水冲洗剩余的少量物料，冲洗水排入污水系统处理。

采用废弃法处置危险化学品事故泄漏物时，严禁将没有达到现行国家水污染物（浓度）排放标准和工业废水毒性排放标准的泄漏物向江、河、湖、海等直接排放。

五、危险化学品泄漏物处置举例

（一）爆炸品泄漏物的处置

由于爆炸品分子结构含有爆炸性基团，受摩擦、撞击、震动、高温等外界因素诱发，极容易发生爆炸，遇明火则更危险。因此发生爆炸品泄漏时，抢险处理人员戴自给式呼吸器，穿消防防护服，切断火源。不要直接接触泄漏物，避免震动、撞击和摩擦。小量泄漏时，使用无火花工具收集于干燥、洁净、有盖的容器中，在专家的指导下，运至空旷处引爆。大量泄漏时，必须与有关技术部门联系，确定清除方法。

（二）压缩气体和液化气体泄漏物的处置

压缩气体和液化气体与空气混合能形成爆炸性混合物，遇火星、高温有燃烧爆炸危险。

根据压缩气体和液化气体的理化性质，当压缩气体和液化气体泄漏时，应采取以下措施。

（1）易燃气体泄漏时，灭火人员穿消防防护服，切断火源和泄漏气源，并向易燃气体喷射雾状水，加速气体向高空扩散。构筑围堤或挖坑收容产生的废水，并排入污水处理系统。

（2）不燃气体泄漏时，抢险人员戴正压自给式呼吸器，穿一般工作服，切断泄漏气源。合理通风，加速扩散。

（3）有毒气体泄漏时，抢险人员戴隔离式防毒面具，穿完全隔离的化学防护服，切断泄漏气源。用工业覆盖层（石棉布等）盖住泄漏点附近的下水道等地方，设法封闭下水道，防止有毒气体进入。向有毒气体喷射雾状水，稀释、溶解泄漏气体，构筑围堤或挖坑收容产生的废水，用防爆泵转移至专用收集器内，请环保部门进行无害化处置。

（三）易燃液体泄漏物的处置

易燃液体的主要特性是具有高度易燃性，因此当易燃液体泄漏时，抢险处理人员戴正压自给式呼吸器，穿消防防护服，切断火源和泄漏源。小量泄漏时用沙土或其他材料吸附或吸收，收集于干燥、洁净、有盖的容器中回收运至废物处理场处置。污染地面用肥皂或洗涤剂刷洗，洗液经稀释后排入废水处理系统。大量泄漏时，用泡沫覆盖泄漏物，抑制其蒸发，用沙土构筑围堤或挖坑收容泄漏物，用防爆泵转移至槽车或专用容器内，请环保部门进行无害化处置。

（四）易燃固体、自燃物品和遇湿易燃物品泄漏物的处置

（1）易燃固体和自燃物品燃点低，对热、撞击、摩擦敏感，易被外部火源点燃，燃烧迅速。因此，当易燃固体和自燃物品泄漏时，灭火处理人员戴自给式呼吸器，穿一般消防防护服，切断火源。小量泄漏时，用沙土或泥土覆盖泄漏物，用无火花工具收集于洁净、有盖的塑料桶中，运至废物处理场所处置。大量泄漏时，用塑料布、帆布覆盖泄漏物，减少飞散。也可以在泄漏现场施放大量水蒸气或氮气，破坏燃烧条件，使用无火花工具收集回收泄漏物，请环保部门进行无害化处置。

（2）遇湿易燃物品遇水或潮湿时，发生剧烈化学反应，产生可燃气体和热量，有时即使没有明火也能自动着火或爆炸。因此，这类物品发生泄漏时，严禁受潮或遇水。灭火处理人员戴正压自给式呼吸器，穿消防防护服，切断火源。用水泥、干沙和蛭石等覆盖泄漏物，使用无火花工具收集于干燥、洁净、有盖的容器中，请环保部门无害化处置。当泄漏的遇湿易燃物品，发生着火、燃烧时，禁止用水、泡沫、酸碱灭火器等湿性灭火剂扑救。

（五）氧化剂和有机过氧化物泄漏物的处置

氧化剂和有机过氧化物极易分解，对热、震动或摩擦极为敏感，遇易燃物品、可燃物品、有机物、还原剂等会发生剧烈化学反应而引起爆炸。这类物品泄漏时，勿使泄漏物与有机物、还原剂、易燃物接触。抢险处理人员戴正压自给式呼吸器，穿化学防护服。当泄漏物为固体时，用塑料布、帆布覆盖，减少飞散，使用无火花工具收集运至废物处理场所处置。泄漏物为液体时，小量泄漏，用沙土、蛭石或其他惰性材料吸收，也可以用大量水冲洗，洗水经稀释后排入废水处理系统。大量泄漏，向泄漏物喷射雾状水，构筑围堤或挖坑收容产生的废水，用泵转移至槽车运至废物处理场所处置。

（六）有毒品泄漏的处置

有毒品的主要危险特性是具有毒性。少量进入人、畜体内即能引起中毒，不但口服会中毒，吸入其蒸气也会中毒，有的还能通过皮肤吸收引起中毒。因此，有毒品泄漏时，抢险人员戴隔离式防毒面具，穿完全隔离的化学防护服。合理通风，不要直接接触泄漏物。如金属氰化物毒害品泄漏时，防止露置空气，用塑料布、帆布覆盖泄漏物，减少飞散，使用洁净的铲子收集于干燥、洁净、有盖的容器中运至废物处理场所处置。如非金属卤化物有毒品泄漏

时，防止遇水和阳光直射，避免震动、撞击和摩擦。小量泄漏时，用沙土或其他不燃材料吸收。大量泄漏时，构筑围堤或挖坑收容泄漏物，运至废物处理场所处置。

（七）放射性物品泄漏物的处置

放射性物品能放射出人类肉眼看不见但却能严重损害人类生命和健康的 α、β、γ 射线和中子流的特殊物品。这类物品泄漏时，迅速隔离泄漏区，并采取特殊的能防护射线照射的措施。检测人员携带放射性测试仪器进行不间断巡回测试辐射（剂）量和范围。在辐射量大于 0.0387C/kg 的区域应设"危及生命、禁止进人"的文字说明的警告标志，在辐射量小于 0.0387C/kg 的区域应设"辐射危险、请勿接近"警告标志。

对包装没有破坏的放射性物品，在水枪的掩护下，抢险人员佩戴防护装备，设法转移，无法转移，应就地冷却保护，防止造成新的破坏和增加辐射（剂）量。

（八）腐蚀品泄漏物的处置

（1）酸性腐蚀品泄漏时，灭火处理人员戴好防毒面具，穿化学防护服。不要直接接触泄漏物，禁止向泄漏物直接喷水，更不要让水进入包装容器内。如泄漏物为无机酸小量泄漏时，用沙土、干燥石灰或苏打灰混合，然后收集运至废物处理场所处置，也可以用大量水冲洗，洗水经稀释后排入废水处理系统。大量泄漏时，利用围堤收容，然后收集、转移、回收或无害化处理。如泄漏物为有机酸时，应切断火源，其他处置方法与无机酸类似。

（2）碱性腐蚀品泄漏时，抢险处理人员戴好防毒面具，穿化学防护服。如泄漏物为固状无机碱，用清洁的铲子收集于干燥洁净有盖的容器内，请环保部门进行无害化处置。如泄漏物为液态脂肪胺时，切断火源，用泡沫覆盖泄漏物，降低蒸气灾害，构筑围堤收容，回收或运至废物处理场所处置。

（3）其他腐蚀品泄漏时，抢险人员戴防毒面具和正压自给式呼吸器，穿化学防护服。如泄漏物为液体时，小量泄漏时，用大量水冲洗，洗水经稀释后排入废水处理系统。大量泄漏时，喷射雾状水会减少蒸发，构筑围堤或挖坑收容产生的废水，请环保部门进行无害化处置。如泄漏物为固体时，不要直接接触泄漏物，使用洁净的铲子收集于干燥、洁净、有盖的容器中，运至废物处理场所处置。

（九）粗苯槽车泄漏物处置案例

2006 年 1 月 21 日 13 时，一辆装有 8t 粗苯的运输车辆行驶到事故地点时，车辆左后轮减震钢板断裂，致使车辆发生侧翻。经对现场初步勘查，车内 8t 粗苯尚存 5t，泄漏 3t。苯泄漏后，最先赶到的消防部门，未采取任何措施直接用水冲洗路面，导致苯污染范围扩大。流出的粗苯随消防冲洗水造成的污染区域有：

（1）路基护坡及周围土壤（范围约为东西 15m，南北 30m，面积为 450m²）；

（2）事故地点南 30m 处道桥涵洞（跨径 4m，净高 3m）内有农民浇地用井一眼；1 月 22 日现场监测结果显示，涵洞内井水表面苯浓度 37mg/L，土壤污染对比分析，明显高于深层和污染地点 1000m 外土壤。事故现场周围约 1000m 内无村庄、河流及饮用水源；事故未造成人员伤亡。此次事故被定为四级突发环境污染事件。

1 月 22 日起在限定区域内对污染土壤（受污染区表层 30cm 的上地）进行翻动焚烧，焚烧后送西山水泥厂在回转窑内进行处理，并对大气、井水及土壤进行采样分析；从 1 月 23 日起，抽取涵洞内受污染井水（0# 井）运往污水处理厂处理，当井水中苯含量降到 4.9mg/L 时，开始焚烧涵洞内剩余污染物，并开始投放活性炭。处理期间，共拉运井水 139t，清运污土 180t，投放活性炭 125kg。监测部门对污染地区空气经多日连续监测均未超标，表明污染事故未对大气环境造成影响。

第十一章

危险化学品危险源的辨识、风险控制及应急救援预案

第一节 危险化学品危险源的辨识

一、危险源的概念

(一) 危险

危险是指可能导致人员伤害、职业病、财产损失、作业环境破坏或其组合的根源或状态。而这种根源或状态因某种因素的激发而变成现实，就会变成事故。危险的大小可用危险度来表示。

$$危险度＝危险可能性或概率×危险严重度$$

其中的危险可能性或概率是指产生某种危险事件或显现为事故的总的可能性；危险严重度是某种危险引起的可信最严重后果的估计。

目前普遍采用的是以表 11-1、表 11-2 所列的类别或等级标准。即危险严重度分为四类，危险可能性或概率分为五个或六个等级。

表 11-1　危险严重度类别

类别	内容说明
I	灾难性。即可能或可以造成人员死亡或系统的彻底破坏
II	严重的。即可能或可以造成人员严重伤害、严重职业病或系统的严重损坏
III	轻度的或临界的。即可造成人员轻伤、轻度职业病或系统的轻度损坏
IV	轻微或可忽视的。即不致造成人员伤害、职业病、系统损坏

表 11-2　危险可能性或概率等级

等级	个体	总体
A	频繁发生	连续发生
B	在寿命期内会出现数次	经常发生
C	在寿命期内可能有时发生	发生若干次
D	在寿命期内不易发生,但有可能发生	虽不易发生,但有理由预期可能发生
E	很不易发生以至可认为不会发生	不易发生,但有可能发生

(二) 危险源

危险源是危险的根源，是指系统中存在可能发生意外释放能量的危险物质。广义危险源则指具有或潜在着物质与能量的危险性，从而有可能对人身、财产、环境造成危害的设备、设施或场所。具有危险性的物质，通常可用联合国建议的 11 大类（爆炸品；气体；易燃液体；易燃固体、易于自燃的物质、遇水放出易燃气体的物质；氧化性物质和有机过氧化物；

毒性物质和感染性物质；放射性物质；腐蚀性物质；杂项危险物质和物品）来概括；具有危险性的能量则包括一切失去控制（或称逆流）的机械能、电能、热能、化学能、辐（放）射能等各种形式的能量。

危险源存在于确定的系统中，不同的系统范围，危险源的区域也不同。

（1）根据危险源主要危险物质能量类型，将危险源分为物质型危险源、能量型危险源和混合型危险源。

① 物质型危险源。该类危险源具有一定量的危险化学品物质，发生事故其事故类型为危险化学品事故。如危险化学品储罐、危险化学品仓库等。

② 能量型危险源。该类危险源具有较高的能量（常见的能量类型有电能、热能、动能、势能、声能、光能等），发生事故的类型如物理性爆炸、机械伤害、触电伤害、物体打击、高处坠落等。如锅炉、机械设备、电器设备、高空作业场所等。

③ 混合型危险源。该类危险源既存在危险物质也具有危险能量。因此，一般讲该类危险源，具有更大的危险性。发生事故其事故类型也多样。生产过程中的工艺设备、设施很多属于混合型危险源。如危险物质的传输管理道，高温高压反应装置、设备、高压储罐等。

以上各类危险源还可以根据物质类型和能量类型进一步分成若干类。例如物质型危险源可以根据国家标准《化学品分类和危险性公示通则》（GB 13690—2009）进一步分为爆炸品危险源、压缩气体和液化气体危险源、易燃液体危险源、易燃固体和自燃物品及遇湿易燃物品危险源、氧化剂和过氧化物危险源、毒害品和感染性物品危险源、放射性物品危险源、腐蚀品危险源 8 类。能量型危险源可根据主要致伤致害能量类型进一步分为电能危险源、声能危险源、光能危险源、高温高压内能危险源、势能危险源等。

（2）根据危险源主要危险物质能量存活时间长短，将危险源分为永久危险源和临时危险源两类。

① 永久性危险源。其危险物质或能量存在的时间相对较长，一般与生产系统的生命周期相同。生产系统中正常工艺生产必须的装置、设备、设施等都为永久危险源。

② 临时危险源。其危险物质能量存在的时间相对较短，通常多为生产设备、设施安装、检修施工时形成的危险源或临时物品搬运存放形成的危险源。

永久危险源危险因素相对较稳定，且一般危险物质较多，危险能量较大，设计者、管理者、操作者均较重视，危险因素的认识也较清楚、全面，安全技术措施也完善。而临时危险源由于具有临时性，所以很容易被人忽视，而且一般讲，临时危险源的危险因素比永久危险源多且易变。因此，临时危险源的危险因素更不容易认识清楚，当然也就难以采取针对性的对策措施。所以，很多企业在设备设施安装检修时发生伤亡事故更多。

（3）根据危险源主要危险物质种类和数量及存在空间位置是否发生变化，将危险源分为静态危险源和动态危险源两类。

① 静态危险源。其危险物质或能量的种类、数量或存在位置正常生产情况下不易发生大的改变。如一般企业的生产装置、设备、设施。

② 动态危险源。其危险物质或能量种类、数量或存在位置随着生产作业过程的改变而改变。如建筑施工的高空作业场所、矿山井下开采的掘进工作面、地下巷道、回采工作面等。

（4）根据危险源发生事故的主要事故类型，可以将危险源按国家标准《企业职工伤亡事故分类标准》（GB 6441—86）分为物体打击事故危险源、车辆伤害事故危险源、机械伤害事故危险源、起重伤害事故危险源、触电事故危险源、淹溺事故危险源、灼烫事故危险源、火灾事故危险源、高处坠落危险源、坍塌事故危险源、冒顶片帮事故危险源、透水事故危险源、放炮（爆破）事故危险源、火药爆炸事故危险源、瓦斯爆炸事故危险源、锅炉爆炸事故危险源、容器爆炸事故危险源、其他爆炸事故危险源、中毒和窒息事故危险源、其他伤害事故危险源二十类。其分类主要是根据危险源存在的重要危险物质或能量类型做出判断，当一个危险源有多个事故类型时，以造成的伤亡损失最大的事故类型确定。

（5）根据生产系统危险源现场有无人员操作，将危险源分为有人操作危险源和无人操作危险源两类。无人操作危险源实际上是自动控制、遥控操作的生产装置、设备、设施。这类危险源的危险因素分析及控制重点是物质、能量危险因素和物的缺陷及管理上存在的问题。而有人操作危险源危险因素分析和控制，除了物质能量和物的缺陷及管理上存在的问题外，操作人员的不安全行为因素更应受到重视。

二、危险源的三要素及类别

危险源的三要素是指潜在危险性、存在条件和触发因素。

（1）潜在危险性　指一旦触发事故，可能带来的危害程度或损失大小，或者说危险源可能释放的能量强度或危险物质量的大小。

（2）存在条件　指危险源所处的物理、化学状态和约束条件状态，例如物质的压力、温度、化学稳定性，盛装容器的坚固性，周围环境障碍物等情况。

（3）触发因素　触发因素虽然不属于危险源的固有属性，但它是危险源转化为事故的外因，而且每一类型的危险源都有相应的敏感触发因素。在触发因素的作用下危险源转化为事故。如易燃易爆物质，热能是其敏感的触发因素；又如压力容器，压力升高是其敏感触发因素。因此，一定的危险源总是与相应的触发因素相关联。在触发因素的作用下，危险源转化为危险状态，继而转化为事故。

危险源是可能导致事故发生的潜在的不安全因素。实际上，生产过程中的危险源，即不安全因素种类繁多、非常复杂，它们在导致事故发生、造成人员伤害和财产损失方面所起的作用很不相同，相应地，控制它们的原则、方法也不相同。根据危险源在事故发生、发展中的作用，把危险源划分为两大类，即第一类危险源和第二类危险源。

（一）第一类危险源

1. 第一类危险源概念

根据能量意外释放理论——能量转移论，能量或危险物质的意外释放是伤亡事故发生的物理本质。于是，把生产过程中存在的，可能发生意外释放的能量（能源或能量载体）或危险物质称作第一类危险源。

为防止第一类危险源导致事故，必须采取措施约束、限制能量或危险物质，控制危险源。

在正常情况下，生产过程中的能量或危险物质受到约束或限制，不会发生意外释放，即不会发生事故。但是，一旦这些约束或限制能量、危险物质的措施受到破坏、失效或故障，则将发生事故。

2. 常见第一类危险源

表11-3中列出了工业生产过程中常见的可能导致各类伤害事故的第一类危险源。

表 11-3　伤害事故类型与第一类危险源

事故类型	能量源或危险物的产生、储存	能量载体或危险物
物体打击	产生物体落下、抛出、破裂、飞散的设备、场所、操作	落下、抛出、破裂、飞散的物体
车辆伤害	车辆,使车辆移动的牵引设备、坡道	运动的车辆
机械伤害	机械的驱动装置	机械的运动部分、人体
起重伤害	起重、提升机械	被吊起的重物

事故类型	能量源或危险物的产生、储存	能量载体或危险物
触电	电源装置	带电体、高跨步电压区域
灼烫	热源设备、加热设备、炉、灶、发热体	高温物体、高温物质
火灾	可燃物	火焰、烟气
高处坠落	高度差大的场所、用于人员升降的设备、装置	人体
坍塌	土石方工程的边坡、料堆、料仓、建筑物、构筑物	边坡土(岩)体、物料、建筑物、构筑物、载荷
冒顶片帮	矿山采掘空间的围岩体	顶板、两帮围岩
放炮、火药爆炸	炸药	
瓦斯爆炸	可燃性气体、可燃性粉尘	
锅炉爆炸	锅炉	蒸汽
压力容器爆炸	压力容器	内容物
淹溺	江、河、湖、海、池塘、洪水、储水容器	水
中毒窒息	产生、储存、聚积有毒有害物质的装置、容器、场所	有毒有害物质

（1）产生、供给能量的装置、设备是典型的能量源。例如变电所、供热锅炉等，它们运转时供给或产生很高的能量。

（2）使人体或物体具有较高势能的装置、设备、场所相当于能量源。例如起重、提升机械、高度差较大的场所等，使人体或物体具有较高的势能。

（3）能量载体指拥有能量的人或物。例如运动中的车辆、机械的运动部件、带电的导体等，本身具有较大能量。

（4）一旦失控可能产生巨大能量的装置、设备、场所，指一些正常情况下按人们的意图进行能量的转换和做功，在意外情况下可能产生巨大能量的装置、设备、场所。例如强烈放热反应的化工装置，充满爆炸性气体的空间等。

（5）一旦失控可能发生能量蓄积或突然释放的装置、设备、场所，指正常情况下多余的能量被泄放而处于安全状态，一旦失控时发生能量的大量蓄积，其结果可能导致大量能量的意外释放的装置、设备、场所。例如各种压力容器、受压设备，容易发生静电蓄积的装置、场所等。

（6）危险物质除了干扰人体与外界能量交换的有害物质外，也包括具有化学能的危险物质。具有化学能的危险物质分为可燃烧爆炸危险物质和有毒、有害危险物质两类；前者指能够引起火灾、爆炸的物质，按其物理化学性质分为可燃气体、可燃液体、易燃固体、可燃粉尘、易爆化合物、自燃性物质、忌水性物质和混合危险物质八类；后者指直接加害于人体，造成人员中毒、致病、致畸、致癌等的化学物质。

（7）生产、加工、储存危险物质的装置、设备、场所，这些装置、设备、场所在意外情况下可能引起其中的危险物质起火、爆炸或泄漏。例如炸药的生产、加工、储存设施、化工、石油化工生产装置等。

（8）人体一旦与之接触将导致人体能量意外释放的物体。物体的棱角、工件的毛刺、锋利的刀刃等，一旦运动的人体与之接触，人体的动能就会意外释放而使人体遭受伤害。

3. 第一类危险源危害后果的影响因素

第一类危险源的危险性主要表现为导致事故而造成后果的严重程度方面。第一类危险源危险性的大小主要取决于以下几方面情况。

（1）能量或危险物质的量　第一类危险源导致事故的后果严重程度主要取决于发生事故时意外释放的能量或危险物质的多少。一般地，第一类危险源拥有的能量或危险物质越多，则发生事故时可能意外释放的量也越多。当然，有时也会有例外的情况，有些第一类危险源拥有的能量或危险物质只能部分地意外释放。

（2）能量或危险物质意外释放的强度　能量或危险物质意外释放的强度是指事故发生时单位时间内释放的量。在意外释放的能量或危险物质的总量相同的情况下，释放强度越大，能量或危险物质对人员或物体的作用越强烈，造成的后果越严重。

（3）能量的种类和危险物质的危险性质　不同种类的能量造成人员伤害、财物破坏的机理不同，其后果也很不相同。危险物质的危险性主要取决于自身的物理、化学性质。燃烧爆炸性物质的物理、化学性质决定其导致火灾、爆炸事故的难易程度及事故后果的严重程度。工业毒物的危险性主要取决于其自身的毒性大小。

（4）意外释放的能量或危险物质的影响范围　事故发生时意外释放的能量或危险物质的影响范围越大，可能遭受其作用的人或物越多，事故造成的损失越大。例如，有毒有害气体泄漏时可能影响到下风侧的很大范围。

（二）第二类危险源

1. 第二类危险源概念

导致能量或危险物质约束或限制措施破坏或失效、故障的各种因素，称作第二类危险源。它主要包括物的故障、人为失误和环境因素。

（1）物的故障是指机械设备、装置、元部件等由于性能差而不能实现预定功能的现象。物的不安全状态也是物的故障。故障可能是固有的，由于设计、制造缺陷造成；也可能是由于维修、使用不当，或磨损、腐蚀、老化等原因造成的。

从系统的角度考察，构成能量或危险物质控制系统的元素发生故障，会导致该控制系统的故障而使能量或危险物质失控。故障的发生具有随机性，这涉及系统可靠性问题。

（2）人为失误是指人的行为结果偏离了被要求的标准，即没有完成规定功能的现象。人的不安全行为也属于人为失误。人为失误会造成能量或危险物质控制系统故障，使屏蔽破坏或失效，从而导致事故发生。

（3）环境因素是指人和物存在的环境，即生产作业环境中的温度、湿度、噪声、振动、照明、通风换气以及有毒有害气体存在等。

2. 事故原点

可能造成事故灾害的装置、设施或场所是危险源，但一旦发生了事故，它并不就是事故原点。事故原点只是该危险源中事故的原引发点或起始位置。它的显著特征是：

（1）具有发生事故的初始起点性；

（2）具有由危险（隐患）到事故的突变性；

（3）是在事故形成过程中与事故后果具有直接的因果关系的点。

这三个特征被认为是分析、判定事故原点的充分必要条件。应注意的是，确定事故原点虽是查找事故原因的首要一环，但它并不就是事故原因，在一个单元事故中只能有一个事故原点，而事故原因可能有多个。

掌握事故原点是对发生了的事故进行科学调查、分析的基础，也是进行危险性评价、事故预测和采取相应安全对策所必需的。因此对那些可能成为事故原点的地方，必须重点予以评价和防范。

例如发生了燃烧（火灾），特别是爆炸事故以后，由于当事人可能受到了严重伤亡，现场也遭受破坏，往往不易直接确定事故原点，这时就需要间接地进行推定。推定方法通常有以下3种。

（1）定义法　即根据事故原点的定义，运用它的三个特征找出原点。此法用于简单的事故分析较为有效。

（2）逻辑推理法　事故原点虽不是事故原因，但事故致因理论中的逻辑分析方法对于寻找事故原点仍是有用的。即沿着事故因果链进行逻辑推理，并设法取得可能的实证。如物、机受损情况，抛掷物飞散方向，残渣残片、炸坑表象等。通过进行综合分析、推理，使事故的形成、发展过程逐渐显现出来。此法用于火灾、爆炸那些破坏性大的、复杂的事故调查分析较为有效。

（3）技术鉴定法　即收集、利用事故现场事故前原有和事故后留下的各种实证材料，配合一定的理化分析和模拟验证试验，以"再现"事故发生、发展情景。此法适用于重大事故调查分析中。

一起伤亡事故的发生往往是两类危险源共同作用的结果。第一类危险源是伤亡事故发生的能量主体，决定事故后果的严重程度；第二类危险源是第一类危险源造成事故的必要条件，决定事故发生的可能性。

三、化学危险源

危险源的实质是具有潜在危险的源点或部位，是爆发事故的源头，是能量、危险物质集中的核心。从不同的角度出发，危险源可区分为固定式或移动式、点源或线源等；从能量形式看，可区分为化学危险源、电气危险源、机械危险源、辐射危险源和其他危险源等。

化学危险源目前尚无确切的定义，化学危险源可理解为存在危险化学品并有可能构成化学事故的源点。

所谓危险源点，是指包含第一类危险源的生产设备、设施、生产岗位、作业单元等。

化学事故不同于自然灾害，是一种人为灾害，伴随人的社会生产活动而产生，与化学工业的发展与化学品的广泛应用密切相关。化学事故的类型主要是火灾、爆炸、中毒、窒息、化学灼伤等，常常造成严重的人员伤亡、财产损失、环境污染与破坏。

能够引起化学事故的化学品多为危险化学品。危险化学品是指具有易燃、有毒、腐蚀性，会对人（包括生物）、设备、环境造成伤害和损害的化学品。危险化学品按其危险特性，分为9类：爆炸品，压缩气体和液化气体，易燃液体，易燃固体、自燃物品和遇湿易燃物品，氧化剂和有机过氧化物，毒害品和感染性物品，放射性物品，腐蚀品。

四、危险源的辨识

（一）危险源辨识原理

危险源辨识原理是依据辨识区域内存在的危险物料、物料的性质、危险物料可导致的危险性三个方面进行危险、危害因素的辨识。危险源辨识应达到以下四个目的。

（1）识别与系统相关的主要危险危害因素。

（2）鉴别产生危害的原因。

（3）估计和鉴别危害对系统的影响。

（4）将危险危害分级，为安全管理、预防和控制事故提供依据。

（二）危险源辨识程序和方法

危险源辨识的程序分为辨识方法和辨识单元的划分、辨识及危害后果分析两大步骤，并为应急预案的制定和实施提供依据。

1. 危险源辨识方法

与危险危害因素的分析方法相同。有直观经验法、系统安全分析方法、参照 GB 18218—2009《危险化学品重大危险源辨识》标准进行辨识的方法等。

（1）直观经验法　该种方法适用于有可供参考的先例，有以往经验可以借鉴的危险危害因素辨识过程，不能应用在没有参考先例的新系统中。

① 对照分析法。是对照有关标准、法规、检查表或依靠分析人员的观察能力，借助其经验和判断能力，直观地对分析对象的危险危害因素进行分析的方法。其优点是简便、易行，缺点是容易受到分析人员的经验、知识和现有资料局限等方面的限制。

安全检查表是在大量实践经验基础上编制的，具有应用范围广，针对性和操作性强，形式简单等特点。检查表对危险危害因素的辨识具有极为重要的作用。安全检查表用于辨识危险、危害，需预先依据安全法规和标准，参考相应专业知识和经验制定各个方面的安全检查项目内容，检查内容针对工程项目实际，逐项予以回答"是"、"否"或"有"、"无"，凡不具备的条款均是问题所在，也就是事故隐患，据此就可辨识出存在的危险。该种方法需要积累丰富的工作经验，由于其简便直观也较受企业和安全管理部门的欢迎。

② 类比推断法。是利用相同或类似工程、作业条件的经验以及安全的统计来类比推断评价对象的危险因素。它也是实践经验的积累和总结。对那些相同的企业，它们在事故类别、伤害方式、伤害部位、事故概率等方面极其相近，作业环境的监测数据、尘毒浓度等方面也具有相似性，它们遵守相同的规律，这就说明其危险危害因素和导致的后果是完全可以类推的，因此新建的工程项目可以考虑借鉴现有同类规模和装备水平的同类企业，依此辨识危险危害因素，具有较高的置信度。

③ 专家评议法。是一种吸收专家经验，根据事物的过去、现在及未来发展趋势，进行积极的创造性思维活动，对事物的未来进行分析、预测的方法。实质是集合了专家的经验、知识和分析、推理能力，特别是对同类装置进行类比分析、辨识危险危害因素的方法。

此种方法对专家素质的要求较高，一般应由专业、安全、评价、逻辑、管理等方面的专家组成专家小组共同进行。

（2）系统安全分析方法　常用于复杂系统的分析，已渐渐形成了一门专门的学科，分析方法也多达几十种，这些分析方法各有特色，可适用于不同的领域、阶段和场合。以下仅介绍几种常用的系统安全分析方法。

① 安全检查表法（SCL）。是将一系列分析项目列出检查表进行分析以确定系统的状态，这些项目包括工艺、设备、操作、管理、储运等各个环节。通常用于检查各种规范、标准的执行情况。此方法简单、易行、直观，可对系统进行快速分析，也可对系统进行较深层次的分析。

② 预先危险分析法（PHA）。在系统设计之初，对系统进行初步定性评价的一种分析方法。

③ 故障类型及影响分析法（FMEA）。是美国在20世纪50年代为分析飞机发动机故障而开发的一种分析方法。它是一种系统故障的事前考察技术，是在可靠性技术基础上发展起来的，许多国家在核电站、化工、机械、电子、仪表、工业中均有大量的应用。其基本内容是从系统中的元件故障状态进行分析，逐步归纳到子系统和系统的状态，主要是考察系统内会出现哪些故障及对系统的影响。

④ 危险可操作性研究（HAZOP）。是英国帝国化学公司（ICI）于1974年针对化工装置而开发的一种危险性研究方法，基本过程是以关键词来引导，找出系统中工艺过程或状态的变化（或偏差），然后再继续分析偏差造成的原因、后果及可以采取的对策。

⑤ 事故（故障）树分析法（FTA）。是通过一种描述事故因果关系的有方向的"树"来进行安全分析的方法，具有简明、形象化的特点，体现了利用系统工程的方法研究安全问题的系统性、科学性和预测性。此种方法不仅能分析出事故的直接原因，而且能深入提示事故的潜在原因，因此在工业上得到了较广泛的应用。与此方法较为相近的还有事件树分析法（ETA）。

⑥ 危险指数法。利用每个子系统的危险指数值，来计算系统的危险指数的评价方法，

此方法计算比较精确，但计算较复杂。常用的有化学危险指数法、蒙德法等。

⑦ 人的可靠性分析方法（HRA）。指利用人的可靠性的概率来计算系统的可靠性的分析方法。

⑧ 概率危险评价方法（PBHA）。指通过分析子系统的可靠性来计算整个系统的可靠性的概率大小的分析方法。

（3）参照 GB 18218—2009《危险化学品重大危险源辨识》标准进行辨识的方法。详见本章第四节内容。

2. 危险源辨识单元划分

辨识单元就是在危险危害因素分析的基础上，根据辨识目标和辨识方法的需要，将系统分成有限、确定范围进行辨识的单元。辨识单元是为便于危险危害因素辨识工作的进行而划分的，辨识单元的划分有利于提高辨识工作的准确性；辨识单元一般以生产工艺、工艺装置、物料的特点和特征与危险危害因素的类别、分布有机结合进行划分，还可以按辨识的需要将一个评价单元再划分为若干个评价单元或更细致的单元。

由于至今尚无一个明确通用的"规则"来规范单元的划分方法，因此会出现不同的人员对同一个辨识对象划分出不同的单元的现象。

辨识单元的划分有多种方法，一般应遵循以下几个原则。

（1）生产过程相对独立、空间位置相对独立。

（2）事故范围相对独立。

（3）具有相对明确的区域界限。

3. 危害后果分析

事故危害后果分析有较多的方法和技术手段，不同场所、不同物质、不同行业对技术分析的适用性也有较大的差异。如在化工生产中进行事故危害后果分析时常使用的有美国道化学公司火灾及爆炸危险指数评价法；日本化工企业六阶段安全评价法；中国的易燃、易爆、有毒重大危险源评价方法等。机械工厂、电力行业也有适合本行业的危害后果分析方法。

通过安全检查和风险评价确定的隐患，需由安全监督管理部门提出隐患治理的安全技术措施或安全项目计划，并协助企业领导人根据生产需要安排资金、人力和时间进度计划、督促按计划完成各项隐患治理项目。

4. 危险源辨识的工作程序

（1）对辨识对象应有全面和较为深入的了解。

（2）找出辨识区域所存在的危险物质、危险场所。

（3）对辨识对象的全过程进行危险危害因素辨识。

（4）根据相关标准对辨识对象是否构成重大危险源进行辨识。

（5）对辨识对象可能发生事故的危害后果进行分析。

（6）对构成重大危险源的场所进行重大危险源的参考分级，为各级安全生产监管部门的危险源分级管理提供参考依据。

（7）划分辨识单元，并对所划分的辨识单元中的细节进行详尽分析。

（8）为企业应急预案的制定、控制和预防事故发生，降低事故损失率提供基础依据。

五、化学危险源的辨识

（一）辨识依据

危险源辨识是识别危险源的存在并确定其特性的过程。

既然化学危险源是指存在危险化学品并有可能构成化学事故的源点，那么危险物质的危险性及存在的数量就是辨识化学危险源的重要依据。能够引起事故的化学物质必须达到一定的数量才有意义。不同类别的化学物质，依其化学、物理性质及火灾爆炸特性、毒性的不同，构成危险源的量有所不同，也就是说每种化学物质都有一个不得超过的限制量，这种限制量也称临界量。临界量是一种辨识危险源的标准。临界量的确定是一个很复杂的问题，如同一种化学物质，且数量相等时，存在形式或外部因素等条件不同，发生事故后产生的危害可能相差甚远。目前，我国已经制定了重大危险源辨识的国家标准，提出了危险物质及临界量以作为重大危险源的判别依据，但对于辨识化学危险源的化学物质的临界量国内还没有统一的标准。

一般来讲，具有一定的危险性且达到一定数量的危险化学品才能够构成化学危险源。

（二）辨识方法

1. 参照国家现行标准

我国已制定了 GB 18218—2009《危险化学品重大危险源辨识》，其中规定了爆炸性物质、易燃物质、活性化学物质、有毒物质及临界量，以辨识重大危险源。《危险化学品重大危险源辨识》按照国际上的做法——根据物质的危险性及数量对重大危险源加以辨识，不言而喻，采用 GB 18218—2009 等有关国家标准识别化学危险源是适宜的。

2. 利用风险分析方法

利用现有的一些风险分析方法，如预先危险分析、危险及可操作性研究、事件树分析等可以进行化学危险源的辨识。需要强调的是，在运用风险分析方法进行分析时，只应该针对化学物质带来的危害。下面对以上风险分析方法及其运用进行介绍。

（1）预先危险分析（PHA）　预先危险分析（PHA）也可称为危险性预先分析，是在每项工程、活动之前（如设计、施工、生产之前），或技术改造之后（即制定操作规程前和使用新工艺等情况之后），对系统存在的危险因素类型、来源、出现条件、导致事故的后果以及有关防范措施等做统一概略分析的方法。

通过预先危险分析，力求达到四项基本目标。

1）大体识别与系统有关的一切主要危险、危害。在初始识别中暂不考虑事故发生的概率。

2）鉴别产生危害的原因。

3）假设危害确实出现，估计和鉴别对人体及系统的影响。

4）将已经识别的危险、危害分级，并提出消除或控制危险性的措施。分级标准如下。

Ⅰ级：安全的，不至于造成人员伤害和系统损坏。

Ⅱ级：临界的，不会造成人员伤害和主要系统的损坏，并且可排除和控制。

Ⅲ级：危险的，会造成人员伤害和主要系统损坏，为了人员和系统安全，需立即采取措施。

Ⅳ级：破坏性的，会造成人员死亡或众多伤残，及系统报废。

① 危险性预分析的步骤如图 11-1 所示。

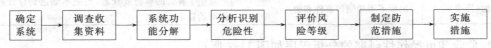

确定系统 → 调查收集资料 → 系统功能分解 → 分析识别危险性 → 评价风险等级 → 制定防范措施 → 实施措施

图 11-1　危险性预分析的步骤

② 基本危害的确定。系统中可能遇到的一些基本化学性危险、危害因素如下：

a. 火灾；b. 爆炸；c. 有毒气体或蒸气、窒息性气体的不可控溢出；d. 腐蚀性液体的不可控溢出；e. 有毒物质不加控制的放置；f. 放射性物质危害。

③ 预先危险分析表基本格式。预先危险分析的结果一般采用表格的形式。表格的格式

和内容可根据实际情况确定。表 11-4、表 11-5 为预先危险分析的两种通用格式。

表 11-4　预先危险分析通用格式一

序号	危险因素	触发事件	形成事故原因	危害事件	结果	风险等级	防范措施

表 11-5　预先危险分析通用格式二

系统：　　　　　　　　　　　　　　　　　　　　制表者：
编号：　　　　　　　　　　　　　　　　　　　　制表单位：

潜在事故	危险因素	触发事件(1)	发生条件	触发事件(2)	事故后果	危险等级	防范措施

（2）危险和可操作性研究（HAZOP）

1）方法简介。危险和可操作性研究（简称 HAZOP）的基本原理是全面考察分析对象，对每一细节提出问题。例如在工艺过程考察中，是基于工艺状态参数（温度、压力、流量等），一旦与设计要求发生偏离，就会发生问题或出现危险，以七个关键词为引导，找出系统中工艺过程或状态的变化（即偏差），然后再进一步分析造成偏差的原因、后果及相应的对策措施。该法适用于工艺复杂的化工生产、储存装置初步设计阶段及生产阶段的安全评价。通过危险和可操作性研究，能够探明装置及过程存在的危险，根据危险带来的后果进一步明确系统的危害。在进行工艺危险和可操作性研究中，对装置中的危险及应采取的措施会有透彻的认识。

2）关键词定义如表 11-6 所示。

表 11-6　关键词定义

引导词	意义	说明
没有(否)	完全实现不了设计或操作规定的要求	未发生设计上所要求的事件,如没有物料输入或温度、压力无显示等
多(过大)	比设计规定的标准值数量增大或提前到达	如温度、压力、流量比规定的值大
少(过小)	比设计规定的标准值少或迟后到达	如温度、压力、流量比规定值要小,或原有活动(如"加热"和"反应")的减少
多余(以及)	在完成规定功能的同时,伴有其他多余事件发生	如在物料输送过程中同时对两个反应器供料,有三个反应器获得物料
部分(局部)	只能完成规定功能的一部分	如物料某种成分在输送过程中消失或同时对几个反应器供料,有一个或几个没有获得
相反(反向)	出现与设计或操作要求相反的事件和物	如发生反向输送或逆反应等
其他(异常)	出现了不相同的事件和物	发生了异常的事物或状态,完全不能达到设计或操作标准的要求

3）危险和可操作性研究的分析程序如图 11-2 所示。

图 11-2　危险和可操作性研究的分析程序

4）危险和可操作性研究的通用表格结构如表 11-7 所示。

表 11-7 危险和可操作性研究

单位：	车间/工段：	编号：
	子系统：	页码：
	任务：	制表：　年　月　日
		审核：　年　月　日

关键词	偏差	可能原因	影响或后果	必要对策	备注

（3）事件树分析（ETA）

1）分析方法。事件树分析（ETA）用来分析普通设备故障或过程波动（称为初始事件）导致事故的可能性，是一种既能定性分析又能定量分析的方法。

事件树分析非常适合分析初始事件可能导致多个结果的情况。事件树强调可能导致事故的初始事件以及初始事件到最终结果的发展过程。每一个事件树的分枝代表一种事故发展过程，它准确地表明初始事件与安全保护功能之间的对应关系。

2）分析过程。事件树分析包括 6 个步骤：a. 识别可能导致重要事故的初始事件；b. 识别为减小或消除初始事件影响设计的安全功能；c. 做事件树；d. 对得到的事故顺序进行说明；e. 确定事故顺序的最小割集；f. 编制分析结果文件。

事件树图的具体做法是将系统内各个事件按完全对立的两种状态（如成功、失败）进行分支，然后把事件依次连接成树形，最后再和表示系统状态的输出连接起来。事件树图的绘制是根据系统简图由左至右进行的。在表示各个事件的节点上，一般表示成功事件的分支向上，表示失败事件的分支向下。每个分支上注明其发生概率，最后分别求出它们的积与和，作为系统的可靠系数。事件树分析中，形成分支的每个事件的概率之和，一般都等于 1。

3）应用范围。事件树分析主要应用于以下几种情况。

① 搞清楚初期事件到事故的过程，系统地表示出种种故障与系统成功、失败的关系。

② 提供定义故障树顶上事件的手段。

③ 可用于事故分析。

六、国家重点监管的危险化学品

为了在危险化学品管理中突出重点、强化监管，指导安全监管部门和危险化学品单位切实加强危险化学品安全管理工作，国家安全监管总局分别以"安监总管三〔2011〕95 号"、"安监总管三〔2013〕12 号"文件分两批公布重点监管危险化学品的名录。

（一）首批重点监管的危险化学品名录

重点监管的危险化学品是指列入《首批重点监管的危险化学品名录》的危险化学品以及在温度 20℃ 和标准大气压 101.3kPa 条件下属于以下类别的危险化学品。

① 易燃气体类别 1（爆炸下限≤13％或爆炸上限≥12％的气体）；

② 易燃液体类别 1（闭杯闪点＜23℃并初沸点≤35℃的液体）；

③ 自燃液体类别 1（与空气接触不到 5min 便燃烧的液体）；

④ 自燃固体类别 1（与空气接触不到 5min 便燃烧的固体）；

⑤ 遇水放出易燃气体的物质类别 1（在环境温度下与水剧烈反应所产生的气体，通常显示有自燃的倾向，或释放易燃气体的速度等于或大于每千克物质在 1min 内释放 10L 的任何物质或混合物）；

⑥ 碳酸三氯甲基酯等光气类化学品。

首批重点监管的危险化学品共 60 种，如表 11-8 所示。

表 11-8　首批重点监管的危险化学品名录

序号	化学品名称	别名	CAS 号	序号	化学品名称	别名	CAS 号
1	氯	液氯、氯气	7782-50-5	30	1-丙烯、丙烯		115-07-1
2	氨	液氨、氨气	7664-41-7	31	苯胺		62-53-3
3	液化石油气		68476-85-7	32	甲醚		115-10-6
4	硫化氢		7783-06-4	33	丙烯醛、2-丙烯醛		107-02-8
5	甲烷、天然气		74-82-8（甲烷）	34	氯苯		108-90-7
				35	乙酸乙烯酯		108-05-4
6	原油			36	二甲胺		124-40-3
7	汽油(含甲醇汽油、乙醇 Am)、石脑油		8006-61-9（汽油）	37	苯酚	石炭酸	108-95-2
				38	四氯化钛		7550-45-0
8	氢	氢气	1333-74-0	39	甲苯二异氰酸酯	TDI	584-84-9
9	苯(含粗苯)		71-43-2	40	过氧乙酸	过乙酸、过醋酸	79-21-0
10	碳酰氯	光气	75-44-5	41	六氯环戊二烯		77-47-4
11	二氧化硫		7446-09-5	42	二硫化碳		75-15-0
12	一氧化碳		630-08-0	43	乙烷		74-84-0
13	甲醇	木醇、木精	67-56-1	44	环氧氯丙烷	3-氯-1,2-环氧丙烷	106-89-8
14	丙烯腈	氰基乙烯、乙烯基氰	107-13-1	45	丙酮氰醇	2-甲基-2-羟基丙腈	75-86-5
15	环氧己烷	氧化乙烯	75-21-8	46	磷化氢	膦	7803-51-2
16	乙炔	电石气	74-86-2	47	氯甲基甲醚		107-30-2
17	氟化氢、氢氟酸		7664-39-3	48	三氟化硼		7637-07-2
18	氯乙烯		75-01-4	49	烯丙胺	3-氨基丙烯	107-1-9
19	甲苯	甲基苯、苯基甲烷	108-88-3	50	异氰酸甲酯	甲基异氰酸酯	624-83-9
20	氰化氢、氢氰酸		74-90-8	51	甲基叔丁基醚		1634-04-4
21	乙烯		74-85-1	52	乙酸乙酯		14-78-6
22	三氯化磷		7719-12-2	53	丙烯酸		79-10-7
23	硝基苯		98-95-3	54	硝酸铵		6484-52-2
24	苯乙烯		100-42-5	55	三氧化硫	硫酸酐	7446-11-9
25	环氧丙烷		75-56-9	56	三氯甲烷	氯仿	67-66-3
26	一氯甲烷		74-87-3	57	甲基肼		60-34-4
27	1,3-丁二烯		106-99-0	58	一甲胺		74-89-5
28	硫酸二甲酯		77-78-1	59	乙醛		75-07-0
29	氰化钠		143-33-9	60	氯甲酸三氯甲酯	双光气	503-38-8

（二）第二批重点监管的危险化学品名录

第二批重点监管的危险化学品共 14 种，如表 11-9 所示。

表 11-9　第二批重点监管的危险化学品名录

序号	化学品名称	CAS 号	序号	化学品名称	CAS 号
1	氯酸钠	7775-9-9	9	N,N'-二亚硝基五亚甲基四胺	101-25-7
2	氯酸钾	3811-4-9	10	硝基胍	556-88-7
3	过氧化甲乙酮	1338-23-4	11	2,2'-偶氮二异丁腈	78-67-1
4	过氧化(二)苯甲酰	94-36-0	12	2,2'-偶氮二-(2,4-二甲基戊腈)(即偶氮二异庚腈)	4419-11-8
5	硝化纤维素	9004-70-0			
6	硝酸胍	506-93-4	13	硝化甘油	55-63-0
7	高氯酸铵	7790-98-9	14	乙醚	60-29-7
8	过氧化苯甲酸叔丁酯	614-45-9			

对于以上 74 种国家重点监管的危险化学品，在生产、储存、运输和使用等过程中的安全问题应特别关注。

第二节　化学危险源的分类

一、危险源的分类

目前我国关于危险源的分类方法主要有按生产过程危险和有害因素分类及企业职工伤亡事故分类等方法。《生产过程危险和有害因素分类与代码》（GB/T 13861—2009）中把危险源分为物理性、化学性、生物性、心理与生理性、行为性和其他共 6 大类、37 个小类。《企业职工伤亡事故分类标准》（GB 6441—86）根据导致事故的原因和伤害方式等，将危险因素分为物体打击、车辆伤害、机械伤害、起重伤害、触电、淹溺、灼烫、火灾、高处坠落、坍塌、冒顶片帮、透水、放炮、瓦斯爆炸、火药爆炸、锅炉爆炸、容器爆炸、其他爆炸、中毒和窒息、其他伤害共 20 个类别。同一类别的危险源可以比较其危险性大小，即可对它们的危险程度进行分级。对于不同类别的危险源，若能找到它们的共同特征，如造成的人员伤亡、直接经济损失等，就可基于这些共同属性，对它们的危险程度进行比较；若危险源既不属同一类别，又无共同属性，则无法进行危险程度的比较。

二、化学危险源的具体分类

1. 易燃易爆性物质（含遇湿易燃性物质）

（1）易燃易爆性气体；（2）易燃易爆性液体；（3）易燃易爆性固体；（4）易燃易爆性粉尘与气溶胶；（5）其他易燃易爆性物质。

2. 自燃性物质

凡在无外界火源存在时，由于氧化、分解、聚合或发酵等原因，可在常温空气中自行产生热量，并逐渐积累，从而达到燃点引起燃烧的物质。分为：一级自燃物品；二级自燃物品；其它自燃物品。

3. 有毒物质

包括刺激性、窒息性、致敏性、致畸性、致癌性、溶血性、麻醉性等物质。

（1）有毒气体；（2）有毒液体；（3）有毒固体；（4）有毒性粉尘与气溶胶；（5）其他有毒物质。

4. 腐蚀性物质

（1）腐蚀性气体；（2）腐蚀性液体；（3）腐蚀性固体；（4）其他腐蚀性物质。

5. 其他化学性危险和有害因素

化学危险源的分类尚无统一的标准，可以从不同角度进行分类，如根据危险化学品的分布、物质形态、存在形式以及泄漏方式等进行分类，具体内容如下。

（一）根据危险化学品的分布分类

1. 生活化学危险源

主要指日常生活中使人可能遭受到危险化学品伤害的危险源。越来越多的化学品渗透到人们的日常生活中，生活中不可或缺的燃料有煤炭、煤气、液化石油气、天然气等。以煤炭作燃料时，时常发生通风不良引起一氧化碳中毒事故；在城市，更多地采用煤气、液化石油气、天然气作燃料，使用不当或管道、灶具发生泄漏，会引起火灾、爆炸事故。房屋装修时采用的材料，可能会释放甲醛等有害物质而致人中毒。随着生活水平提高和家庭装饰装修观念的变化，市民们更换家具的频率也越来越快，而与此同时，由于不合格家具造成的室内环境污染问题也越来越突出。当前，家具造成的室内环境污染已经成为继建筑、装饰污染之后的第三大室内环境污染源。专家介绍，由于一些家具生产厂家在选料、工艺上没有严格把关，这才会导致一些家具存在污染室内环境的隐患，成为潜伏在身边的"杀手"。这些家具中所释放出的有害气体如甲醛等，主要是来自于木质家具使用的人造木板、油漆和软家具中使用的含苯胶黏剂，有关科学数据显示，甲醛气体的潜伏期非常长，甚至可以超过15年。长期在超标的家具环境中生活，吸入过量这些有害气体，人可能会出现头晕、头疼、恶心、胸闷、乏力等症状，严重的会造成对人体健康的更大危害。

2. 生产化学危险源

主要指工业生产过程中，包括危险化学品的生产、使用、储存、装卸、运输等过程中存在的化学危险源。在工业生产中，操作条件苛刻（高温、高压、强腐蚀性）、危险物质数量大，容易发生各类事故，而且事故后果较为严重，危害性较大，是社会普遍关注的一个热点问题。

（二）根据物质形态分类

1. 固体化学危险源

主要指由固体危险化学品构成的危险源。它包括化学危险品分类中的爆炸品、易燃固体、自燃物品和遇湿易燃物品、氧化剂和有机过氧化物、毒害品和感染性物品、放射性物品、腐蚀品等。这类危险源中的爆炸品、易燃固体、自燃物品和遇湿易燃物品、氧化剂和有机过氧化物常常引发火灾、爆炸事故；毒害品和感染性物品常常引起人员中毒事故，也会引起火灾、爆炸事故；放射性物品易使人遭受射线伤害；腐蚀品可能致人灼伤或引起火灾。

2. 液体化学危险源

主要指由液体危险化学品构成的危险源。它包括危险化学品分类中的易燃液体、氧化剂和有机过氧化物、毒害品和感染性物品、腐蚀品等。易燃液体、氧化剂和有机过氧化物常常引发火灾、爆炸事故；毒害品和感染性物品常常引起人员中毒事故，也会引起火灾、爆炸事故；腐蚀品可能致人灼伤或引起火灾。液体危险化学品泄漏后，容易在地面流淌、扩散，使危害增大。

3. 气体化学危险源

主要指由气体危险化学品构成的危险源。它包括危险化学品分类中的压缩气体和液化气体、毒害品和感染性物品、腐蚀品等。这类危险化学品常常引发火灾、爆炸事故，人员中毒、窒息事故以及致人灼伤等。

（三）根据物质的存在形式分类

1. 固定化学危险源

是指固定工业设施存放危险化学品而构成的化学危险源。固定化学危险源涉及所有种类的危险化学品，可能发生各类事故，主要的是火灾、爆炸、人员中毒及环境污染事故。随着生产规模的扩大，工业生产事故有扩大的趋势，为了控制重大工业事故的发生，国内外进行了诸多的研究，提出的一些对策措施和标准，大多是针对固定化学危险源的。

2. 可移动化学危险源

是指长期地或临时地运输危险化学品构成的化学危险源，它是相对于固定化学危险源而言的。如在陆运（公路运输、铁路运输）、水运、空运的运输过程中，用于运送危险化学品的各种载体。总之，"可移动化学危险源或可移动重大化学危险源"是指可以借助于某种运载工具在陆路、水路或空中进行异地移动的化学危险源或重大化学危险源。

运输过程中的危险化学品一旦发生泄漏，常因救援不及时、处置措施不当等原因，造成严重的后果。鉴于可移动化学危险源具有事故发生地点的不确定、监管手段的缺乏、环境条件复杂等特性，具有"移动"的特点，所以目前国内外危险源的辨识标准通常只是针对固定化学危险源，而不涉及可移动化学危险源，因此，可移动化学危险源的辨识与管理是亟待解决的课题。

（1）可移动危险源事故严重性　近年来我国发生的一些具有很大影响的重大事故，其中有相当大比例是可移动危险源引发的事故。可移动危险源事故造成的损失及影响范围往往相当惊人。而可移动危险源在发生事故后，如不能及时控制事态，往往会导致二次事故的发生，造成更加严重的后果。可移动危险源事故，尤其是运载危险化学品发生的事故，本身就具有连续性、扩张性，可能具有极大的社会恐慌性。可移动危险源由于其运行环境复杂、运载量大，其危害程度往往会超过其他交通事故的数倍乃至上百倍。例如 2005 年 3 月 29 日晚，某公路上一辆载有约 35t 液氯的槽罐车与一辆货车相撞，导致槽罐车液氯大面积泄漏，造成了 29 人死亡、公路旁 3 个乡镇的村民重大伤亡的事故。

（2）可移动危险源事故的主要原因分析　可移动危险源一般都会由人、运输工具、道路及不断变化的周边环境等组成一个相互关联的系统。如果这四个因素间能组成一个和谐的统一体，则系统能够安全运行，否则，会导致事故的发生。通过对收集的可移动危险源事故案例的研究分析，总结出发生事故的主要原因，有以下几点。

① 人员原因。人与可移动危险源安全关系密切。在整个可移动危险源运输系统中，涉及的主要人员包括驾驶员、押运员、装卸人员、车辆维修及设备维护人员。

② 运输工具原因。可移动危险源运输工具的安全状况是引起事故的一个重要因素，车辆技术状况的好坏，是可移动危险源安全运输的基础。如果状态不好会严重影响行车安全，导致事故发生。

③ 道路原因。包括道路本身以及相应的道路设施。为预防交通事故，减少事故损失，道路工程必须配有合理的道路设施。道路设施主要包括交通安全设施、交通管理设施、防护设施、照明设施、停车设施、其他沿线相关设施及绿化等。道路和道路设施的性能和安全状况直接影响着可移动危险源运输的安全。不良的道路条件会对驾驶员的驾驶行为带来不安全因素和心理影响，会加大运输事故发生的概率。

④ 环境原因。包括天气、地形、时间等方面。天气状况主要应考虑寒暑雪雾恶劣条件的影响；地形可能影响车辆能否正常运行和司机视野，地形还影响到危险化学品泄漏后的流向；时间主要是指白天或夜晚，影响到司机的驾驶和周围的人员活动情况等。

控制可移动危险源事故的发生，一方面要针对以上原因采取相应的对策措施，尽量避免事故的发生；另一方面，还应建立完善的、全方位的可移动危险源应急救援体系。

（3）可移动危险源事故的特点　可移动危险源相对于固定危险源来说，可移动性是其最大特点。而一旦其发生事故后，大部分情况下其移动性就会消失，因此可以借鉴固定危险源应急救援工作中的一些经验。与固定危险源相比，可移动危险源事故有以下特点。

① 事故地点不确定性。固定危险源在分布时一般要进行科学选址，以尽量降低发生事故后对周边地区的影响，避免事故的扩展和延续。而可移动危险源事故的发生往往具有随机性，并且有相当数量的危险物品经过城区道路运输，增加了发生重大事故的危险性和可能性，一旦突发事故，后果将非常严重。

② 缺乏监管手段。对于固定危险源，已经开展了普查登记建档，重点的危险源已实施了预警监控；安全生产监管部门可以知道本辖区的重大危险源的分布情况，并制定相应的安

全监管措施和应急救援预案。但是对于可移动危险源，因其移动性，一旦在某辖区发生事故，当地监管部门对于如何救援、启动何种预案等问题难以及时准确把握。

③ 周围环境的复杂性。可移动危险源发生事故后，很可能对周围环境及交通等产生重大影响，给救援队伍的到达产生阻碍，同时也给必要的人员疏散增加了难度。而且，由于可移动危险源事故一般缺少事故初发时的自救，所以一旦爆燃或泄漏，事故地区周围的污染情况较难准确把握。

在对可移动危险源进行应急救援时，可以借鉴固定危险源应急救援工作中的成熟的经验，同时针对可移动危险源的特点，本文将重点探讨解决一些关键问题的方法。

（四）按危险化学品泄漏的形式分类

1. 体源（瞬时源）

由化学物质爆炸形成的事故源。在爆炸的瞬间，有毒化学物质可形成半径 r，高度 h 的云团。成片的容器连续爆炸时称体源群。

2. 点源或线源（连续源）

由容器或管道破裂、阀门损坏引起的泄漏而形成的化学危险源。其特点是连续释放，流量不变。

第三节　重大危险源的辨识

重大危险源实质上是管理的概念，体现了在事故预防中分清主次、抓住主要矛盾的思想，是国家或地区对于可能发生重大工业事故的设备、设施、场所采取预先、重点、宏观和统一控制的思想。我国对重大危险源的监督管理有强制性的法律要求。

一、重大危险源的定义

现行国家标准《危险化学品重大危险源辨识》（GB 18218—2009）第 3.5 条对重大危险源有如下定义："长期地或临时生产、加工、搬运、使用或储存危险物质，且危险物质的数量等于或超过临界量的单元。"而危险物质是指"一种物质或若干种物质的混合物，由于它的化学、物理或毒性特性，使其具有易导致火灾、爆炸或中毒的危险。"其单元的定义是"指一个（套）生产装置、设施或场所，或同属一个工厂的且边缘距离小于 500m 的几个（套）生产装置、设施或场所。"对于临界量的定义是"指对于某种或某类危险物质规定的数量，若单元中的物质数量等于或超过该数量，则该单元定为重大危险源。"

《危险化学品重大危险源辨识》（GB 18218—2009）规定了辨识重大危险源的依据和方法。该标准适用于危险物质的生产、使用、储存和经营等企业或组织。该标准不适用于以下几种情况。

（1）核设施和加工放射性物质的工厂，但这些设施和工厂中处理非放射性物质的部门除外。

（2）军事设施。

（3）采掘业。

（4）危险物质的运输。

二、重大危险源的分类

《危险化学品重大危险源辨识》（GB 18218—2009）第 4.2 条对重大危险源的分类定义

为："重大危险源分为生产场所重大危险源和储存区重大危险源两种。"

从事故原因的构成来看，主要由动能、热能、电能等物理能量构成的重大危险源，可称为能量重大危险源。主要由易燃、易爆、有毒、有害等危险物质构成的重大危险源，可称为物质重大危险源。广义的重大危险源分类如图 11-3 所示。煤矿、金属非金属地下矿山、压力管道和压力容器也可能由于易燃、易爆或有毒有害物质而发生重大事故，如煤矿瓦斯爆炸，因此也属于物质重大危险源。必须指出的是，图中各种重大危险源仅仅是根据定义给出的示例，并非法规标准设定的范畴。

值得一提的是，根据事故的能量学说，从本质上讲，危险物质也是能量，是化学能量，其导致事故的过程，也是化学能量释放的过程。

在我国，重大危险源是管理的概念，随着国民经济、安全生产行政管理以及学术研究的发展，其范围也不是一成不变的。1997 年原劳动部在北京、上海、天津、深圳、青岛、成都等 6 城市开展了重大危险源普查、监控试点工作，主要针对 7 类重大危险源，即①易燃、易爆、有毒物质的储罐区（储罐）；②易燃、易爆、有毒物质的库区（库）；③具有火灾、爆炸、中毒危险的生产场所；④工业危险建、构筑物；⑤压力容器；⑥压力管道；⑦锅炉。后来在 1998 年原国家经贸委在安全生产专项技术措施项目中，列入了"南京化学工业集团公司重大危险源普查辨识示范工程"项目，新增了 4 类普查内容，即①射线源；②危险道口；③危险品码头；④变配电所。

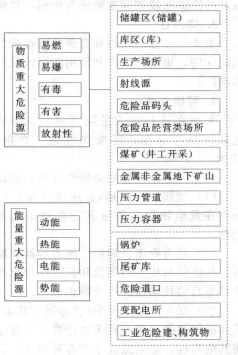

图 11-3 重大危险源分类

目前，根据国家标准《危险化学品重大危险源辨识》（GB 18218—2009）和《安全生产法》的规定，以及实际工作的需要，国家安全生产监督管理局下发的《关于开展重大危险源监督管理工作的指导意见》中规定的重大危险源申报登记的范围如下：

（1）储罐区（储罐）；（2）库区（库）；（3）生产场所；（4）压力管道；（5）锅炉；（6）压力容器；（7）煤矿（井工开采）；（8）金属、非金属地下矿山；（9）尾矿库。

在我国，重大危险源主要针对的是物质危险源，是易燃、易爆、有毒、有害等危险物质的客观存在。当危险物质的量超过了规定的临界量时，即构成了应该着重关注、重点管理的重大危险源。

三、重大危险源的辨识

（一）重大危险源辨识指标的选择

重大危险源辨识指标的选择是重大危险源辨识的第一步，主要考虑辨识对象的工作原理、结构、事故类型、易发性以及运行特点等工艺和安全特性。不同类型的重大危险源，其特性各不相同，必须结合相关的国家和行业标准法规的规定，区别处理。其中的共性问题是基于重大工业事故的重大危险源安全特性分析，重大危险源的辨识指标应该从其导致重大事故的危险性指标中选取。一般的，遵守以下原则：

1. 代表性

辨识指标应该选取其固有危险性指标，能明确表征重大危险源的工艺条件和危险性的大小，突出重点，具有代表性。即不能选择附属设施的技术指标，也不宜太多引入主观评价。

2. 相容性

重大危险源具有跨专业背景和行业应用的技术特点，涉及诸多政府职能部门，除安全外，其设计、建设、应用和管理也需要相应的法规标准。指标类型及其取值大小主要以当前最新的法律法规和标准要求为依据，尽量满足互操作性。

3. 实用性

重大危险源的控制和管理具有很强的应用背景，标准的制定既要起到引导和规范工程实践的作用，也要同生产和使用实际情况以及发展趋势相适应，这样也有利于标准自身的接受和推广。

4. 可操作性

考虑在进行重大危险源辨识时企业数量多，范围广，工作量大，因此要求指标的选取应具普遍性，可操作性强，数据容易获取，不需额外的测量、鉴定或现场调研工作。

根据上述原则和安全特性分析，辨识指标的选择基本上分三种情况处理。

（1）储罐区（储罐）、库区（库）和生产场所 物质类重大危险源，共同的安全特性是存在危险物质。衡量其危险性的客观指标非常明确，应选择危险物质的量作为辨识指标。

（2）压力管道、锅炉、压力容器和尾矿库 工艺和安全特点各异，但较简单，专业性很强，且已颁布相关的国家和行业法规标准及规章制度，因此应根据现行法规标准的规定，选择其专有的技术指标作为辨识标准。

（3）煤矿（井工开采）、金属、非金属地下矿山 工艺和安全特点十分复杂，其危险物质和能量复杂多变而且无法计算，且随生产条件发生动态变化。不能以简单的指标定量的判断其危险性，必须综合考虑各种因素的影响，建立指标体系及评价方法。

需要指出的是，除储罐区（储罐）、库区（库）和生产场所三类重大危险源主要根据危险物质的量进行辨识外，其他几类重大危险源还需要进一步考虑其自身的分类，按照结构和工艺特点以及工作原理的不同，分别选取辨识指标。

（二）临界量确定方法

临界量的确定是重大危险源辨识中的难点和技术关键。主要的技术路线如下：

（1）以事故为依据 重大危险源辨识与控制的根本目的是预防重大事故的发生。分析已经发生过的重大事故，对确定重大危险源辨识的范围具有重大的意义。例如，通过对造成重大事故的危险物质类别和名称的统计分析，可以找出应该重点控制的危险物质类别和典型危险物质名称。

（2）以统计资料为依据 指对现有资料的统计分析，主要是以往普查登记的数据。普查登记的数据来自于应用和生产实践，代表了现实的真实情况，具有重大的理论和实用价值，是必须参考的确定依据。

（3）以相关标准为依据 一般的，现行标准法规中相关规定的提出，遵循严格的编制程序，或根据科学的理论方法，或来自于真实的工程实践经验，具有相当的合理性和可靠性。同时相关标准的互相矛盾也有悖于相容性的原则，不利于标准的推广应用。

（4）以安全特性为依据　这里主要指重大危险源自身不同类别具有各自的安全特性的情况下，应分别根据其辨识指标，确定具有门限意义的临界量，不宜提出统一的临界量标准。

（5）以理论分析与计算为依据　考虑到重大危险源事故的严重性以及个体差异的影响，不宜设计具有广泛代表性的试验方案作为临界量的确定依据。事故前的危险性分析，无论是事故后果还是可能性，都应以得到充分的理论分析和计算方法为依据。

1. 辨识依据

（1）危险化学品重大危险源的辨识依据是危险化学品的危险特性及其数量，具体见表 11-10 和表 11-11。

表 11-10　危险化学品名称及其临界量

序号	类别	危险化学品名称	临界量/t	序号	类别	危险化学品名称	临界量/t
1	爆炸品	叠氮化钡	0.5	28	毒性气体	氯化氢	20
2		叠氮化铅	0.5	29		氯	5
3		雷酸汞	0.5	30		煤气（CO，CO 和 H$_2$、CH$_4$ 的混合物等）	20
4		三硝基苯甲醚	5	31		砷化三氢（胂）	12
5		三硝基甲苯	5	32		锑化氢	1
6		硝化甘油	1	33		硒化氢	1
7		硝化纤维素	10	34		溴甲烷	10
8		硝酸铵（含可燃物＞0.2%）	5	35		苯	50
9	易燃气体	丁二烯	5	36	易燃液体	苯乙烯	500
10		二甲醚	50	37		丙酮	500
11		甲烷，天然气	50	38		丙烯腈	50
12		氯乙烯	50	39		二硫化碳	50
13		氢	5	40		环己烷	500
14		液化石油气（含丙烷、丁烷及其混合物）	50	41		环氧丙烷	10
15		甲胺	5	42		甲苯	500
16		乙炔	1	43		甲醇	500
17		乙烯	50	44		汽油	200
18	毒性气体	氨	10	45		乙醇	500
19		二氟化氧	1	46		乙醚	10
20		二氧化氮	1	47		乙酸乙酯	500
21		二氧化硫	20	48		正己烷	500
22		氟	1	49	易于自燃的物质	黄磷	50
23		光气	0.3	50		烷基铝	1
24		环氧乙烷	10	51		戊硼烷	1
25		甲醛（含量＞90%）	5	52	遇水放出易燃气体的物质	电石	100
26		磷化氢	1	53		钾	1
27		硫化氢	5	54		钠	10

序号	类别	危险化学品名称	临界量/t	序号	类别	危险化学品名称	临界量/t
55		发烟硫酸	100	67		丙烯醛	20
56		过氧化钾	20	68		氟化氢	1
57		过氧化钠	20	69		环氧氯丙烷(3-氯1,2-环氧丙烷)	20
58	氧化性物质	氯酸钾	100	70		环氧溴丙烷(表溴醇)	20
59		氯酸钠	100	71		甲苯二异氰酸酯	100
60		硝酸(发红烟的)	20	72	毒性物质	氯化硫	1
61		硝酸(发红烟的除外,含硝酸>70%)	100	73		氰化氢	1
62		硝酸铵(含可燃物≤0.2%)	300	74		三氧化硫	75
63		硝酸铵基化肥	1000	75		烯丙胺	20
64	有机过氧化物	过氧乙酸(含量≥60%)	10	76		溴	20
65		过氧化甲乙酮(含量≥60%)	10	77		亚乙基亚胺	20
66	毒性物质	丙酮合氰化氢	20	78		异氰酸甲酯	0.75

表 11-11 未在表 11-10 中列举的危险化学品类别及其临界量

类别	危险性分类及说明	临界量/t	类别	危险性分类及说明	临界量/t
爆炸品	1.1A 项爆炸品	1	易燃液体	高度易燃液体:闪点<23℃的液体(不包括极易燃液体);液态退敏爆炸品	1000
	除 1.1A 项外的其他 1.1 项爆炸品	10		易燃液体:23℃≤闪点<61℃的液体	5000
	除 1.1 项外的其他爆炸品	50	易燃固体	危险性属于 4.1 项且包装为 I 类的物质	200
气体	易燃气体:危险性属于 2.1 项的气体	10	易于自燃的物质	危险性属于 4.2 项且包装为 I 类或 II 类的物质	200
	氧化性气体:危险性属于 2.2 项非易燃无毒气体且次要危险性为 5 类的气体	200	遇水放出易燃气体的物质	危险性属于 4.3 项且包装为 I 类或 II 类的物质	200
	剧毒气体:危险性属于 2.3 项且急性毒性为类别 1 的毒性气体	5	氧化性物质	危险性属于 5.1 项且包装为 I 类的物质	50
	有毒气体:危险性属于 2.3 项的其他毒性气体	50		危险性属于 5.1 项且包装为 II 类或 III 类的物质	200
易燃液体	极易燃液体:沸点≤35℃且闪点<0℃的液体;或保存温度一直在其沸点以上的易燃液体	10	有机过氧化物	危险性属于 5.2 项的物质	50
			毒性物质	危险性属于 6.1 项且急性毒性为类别 1 的物质	50
				危险性属于 6.1 项且急性毒性为类别 2 的物质	500

注:以上危险化学品危险性类别及包装类别依据 GB 12268—2012 确定,急性毒性类别依据 GB 30000.18—2013 确定。

（2）危险化学品临界量的确定方法如下。

① 在表 11-10 范围内的危险化学品，其临界量按表 11-10 确定。

② 未在表 11-10 范围内的危险化学品，依据其危险性，按表 11-11 确定临界量；若一种危险化学品具有多种危险性，按其中最低的临界量确定。

2. 重大危险源辨识指标

单元内存在危险物质的数量等于或超过表 11-10 及表 11-11 规定的临界量，即被定义为重大危险源。

单元内存在的危险物质为单一品种，则该物质的数量即为单元内危险物质的总量，若等于或超过相应的临界量，则被定义为重大危险源。

单元内存在的危险物质为多品种时，则按式(11-1) 计算重大危险源辨识因子 AQR，若 AQR≥1，则定义为重大危险源：

$$AQR = \frac{q_1}{Q_1} + \frac{q_2}{Q_2} + \frac{q_3}{Q_3} + \cdots \frac{q_n}{Q_n} \tag{11-1}$$

式中　q_1、q_2、$q_3 \cdots q_n$——每种危险物质实际存在或者以后将要存在的量，且数量超过各危险物质相对应临界量的 2%，单位 t；

　　　Q_1、Q_2、$Q_3 \cdots Q_n$——与表 11-10 及表 11-11 中各危险物质相对应的临界量，单位 t。

3. 重大危险源分级判据

重大危险源分级判据如表 11-12 所示。

表 11-12　重大危险源分级判据

危险源等级	分级判据	
	死亡人数	直接经济损失
一级重大危险源	可能造成 30 人(含 30 人)以上	1000 万元(含 1000 万元)以上
二级重大危险源	可能造成 10~29 人	500 万元(含 500 万元)以上 1000 万元以下
三级重大危险源	可能造成 3~9 人	100 万元(含 100 万元)以上 500 万元以下
四级重大危险源	可能造成 1~2 人	50 万元(含 50 万元)以上 100 万元以下

具体判别的依据如下：

（1）一级重大危险源　可能造成死亡 30 人（含 30 人）以上，或者直接经济损失 1000 万元（含 1000 万元）以上的重大危险源；

（2）二级重大危险源　可能造成死亡 10~29 人，或者直接经济损失 500 万元（含 500 万元）以上 1000 万元以下的重大危险源；

（3）三级重大危险源　可能造成死亡 3~9 人，或者直接经济损失 100 万元（含 100 万元）以上 500 万元以下的重大危险源；

（4）四级重大危险源　可能造成死亡 1~2 人，或者直接经济损失 50 万元（含 50 万元）以上 100 万元以下的重大危险源。

四、重大危险源申报登记的范围

在《关于开展重大危险源监督管理工作的指导意见》（安监管协调字〔2004〕56号）中规定重大危险源申报登记的范围如下。

（一）储罐区（储罐）

（二）库区（库）

（三）生产场所

（四）压力管道

1. 长输管道

（1）输送有毒、可燃、易爆气体，且设计压力大于1.6MPa的管道；

（2）输送有毒、可燃、易爆液体介质，输送距离大于等于200km且管道公称尺寸≥300mm的管道。

2. 公用管道

中压和高压燃气管道，且公称尺寸≥200mm。

3. 工业管道

（1）输送GBZ 230—2010中，毒性程度为极度、高度危害气体、液化气体介质，且公称尺寸≥100mm的管道；

（2）输送GBZ 230—2010中，极度、高度危害液体介质、GB 50160及GB 50016中规定的火灾危险性为甲、乙类可燃气体，或甲类可燃液体介质，且公称尺寸≥100mm，设计压力≥4MPa的管道；

（3）输送其他可燃、有毒流体介质，且公称尺寸≥100mm，设计压力≥4MPa，设计温度≥400℃的管道。

（五）锅炉

1. 蒸汽锅炉

额定蒸汽压力大于2.5MPa，且额定蒸发量大于等于10t/h。

2. 热水锅炉

额定出水温度大于等于120℃，且额定功率大于等于14MW。

（六）压力容器

（1）介质毒性程度为极度、高度或中度危害的三类压力容器；

（2）易燃介质，最高工作压力≥0.1MPa且PV≥100MPa·m³的压力容器（群）。

（七）煤矿（井工开采）

（八）金属、非金属地下矿山

（九）尾矿库

第四节　重大危险源的管理与控制

为了加强对危险化学品的监督安全管理，国家先后颁布了《工作场所安全使用化学品的规定》、《关于加强化学危险品管理的通知》、《危险化学品安全管理条例》（以下简称《条例》）等法规。制定了《常用危险化学品分类及标志》、《常用化学危险品储存通则》、《危险品货物运输包装通用技术条件》、《危险化学品重大危险源辨识》等国家标准。规范了危险化学品生产、储存、经营、运输企业安全行为，有效地遏制了重大事故的发生。

重大危险源是危险化学品管理的主要对象，是危险化学品大量积聚的地方，具有较大的危险性，一旦发生事故，将会给从业人员及相关人员的人身安全和财产造成严重的损害。因此在危险化学品生产、储存、经营、运输中应加强对重大危险源的监管，采取有效的控制措施，防止事故发生。

《国务院关于进一步加强安全生产工作的决定》（国发［2004］2号）要求"搞好重大危险源的普查登记，加强国家、省（区、市）、市（地）、县（市）四级重大危险源监控工作"。

一、目标和任务

国家安全生产监督管理局、国家煤矿安全监察局安监管协调字［2004］56号《关于开展重大危险源监督管理工作的指导意见》第2条"目标和任务"指出：

重大危险源的监督管理是一项系统工程，需要合理设计，统筹规划。首先是要开展重大危险源的普查登记；其次是开展重大危险源的检测评估；第三是对重大危险源实施监控防范；第四是对有缺陷和存在事故隐患的危险源实施治理；第五是通过对重大危险源的监控管理，既要促使企业强化内部管理，落实措施，自主保安，又要针对各地实际，有的放矢，便于政府统一领导，科学决策，依法实施监控和安全生产行政执法，以实现重大危险源监督管理工作的科学化、制度化和规范化。主要任务如下。

（1）开展重大危险源普查登记，摸清底数，掌握重大危险源的数量、状况和分布情况，建立重大危险源数据库和定期报告制度。

（2）开展重大危险源安全评估，对重要的设备、设施以及生产过程中的工艺参数、危险物质进行定期检测，建立重大危险源评估监控的日常管理体系。

（3）建立国家、省（区、市）、市（地）、县（市）四级重大危险源监控信息管理网络系统，实现对重大危险源的动态监控、有效监控。

（4）对存在缺陷和事故隐患的重大危险源进行治理整顿，督促生产经营单位加大投入，采取有效措施，消除事故隐患，确保安全生产。

（5）建立和完善有关重大危险源监控和存在事故隐患的危险源治理的法规和政策，探索建立长效机制。

二、重大危险源监督管理的要求

国家安全生产监督管理局、国家煤矿安全监察局安监管协调字［2004］56号《关于开展重大危险源监督管理工作的指导意见》第5条"重大危险源监督管理的要求"指出：

（1）各级安全监管部门、煤矿安全监察机构要进一步提高对重大危险源监督管理工作重要性的认识，加强对重大危险源普查、评估、监控、治理工作的组织领导和监督检查，切实防范重、特大事故，保障人民群众生命财产安全和社会经济的全面、协调、可持续发展；要把强化重大危险源监督管理工作作为安全生产监督检查和考核的一项重要内容，布置好，落实好。

（2）各级安全监管部门、煤矿安全监察机构应当成立重大危险源监督管理工作领导小组和技术指导小组，统一领导、协调和指导辖区内重大危险源的监督管理工作。

（3）各级安全监管部门、煤矿安全监察机构应当进一步加大监督检查和行政执法的力度，督促辖区内存在重大危险源的生产经营单位认真落实国家有关重大危险源监督管理的规定和要求，全面开展重大危险源普查登记和监控管理工作。检查中发现生产经营单位对重大危险源未登记建档，或者未进行评估、监控及未制订应急预案的，要依据《安全生产法》第85条的规定严肃查处。对因重大危险源管理监控不到位、整改不及时而导致重、特大事故的，要依法严肃追究生产经营单位主要负责人和相关人员的责任。

（4）各级安全监管部门、煤矿安全监察机构监督检查中发现重大危险源存在事故隐患的，应当责令生产经营单位立即整改；在整改前或者整改中无法保证安全的，应当责令生产经营单位从危险区域内撤出作业人员，暂时停产、停业或者停止使用；难以立即整改的，要限期完成，并采取切实有效的防范、监控措施。

（5）各级安全监管部门、煤矿安全监察机构要加强重大危险源申报登记的宣传和培训工作，按照国家局组织编写的《重大危险源申报登记与管理》（试行）教材做好培训工作，指导生产经营单位做好重大危险源的申报登记和管理工作。

（6）为规范重大危险源的监督管理，各地区应统一按照国家局组织开发的重大危险源信息管理系统软件，建立本地区重大危险源数据库，并根据重大危险源的分布和危险等级，有针对性地做好日常监督工作，采取措施，切实防范重、特大事故的发生，确保安全生产形势的稳定好转。

三、危险化学品安全管理控制

为了加强对危险化学品的监督安全管理，国家先后颁布了《工作场所安全使用化学品的规定》、《关于加强化学危险品管理的通知》、《危险化学品安全管理条例》（以下简称《条例》）等法规。制定了《常用危险化学品分类及标志》、《常用化学危险品储存通则》、《危险品货物运输包装通用技术条件》、《危险化学品重大危险源辨识》等国家标准。规范了危险化学品生产、储存、经营、运输企业安全行为，有效地遏制了重大事故的发生。

重大危险源是危险化学品管理的主要对象，是危险化学品大量积聚的地方，具有较大的危险性，一旦发生事故，将会给从业人员及相关人员的人身安全和财产造成严重的损害。因此在危险化学品生产、储存、经营、运输中应加强对重大危险源的监管，采取有效的控制措施，防止事故发生。

《国务院关于进一步加强安全生产工作的决定》（国发〔2004〕2号）要求"搞好重大危险源的普查登记，加强国家、省（区、市）、市（地）、县（市）四级重大危险源监控工作"。

（一）目标和任务

国家安全生产监督管理局、国家煤矿安全监察局安监管协调字〔2004〕56号《关于开展重大危险源监督管理工作的指导意见》第2条"目标和任务"指出：

重大危险源的监督管理是一项系统工程，需要合理设计，统筹规划。首先是要开展重大危险源的普查登记；其次是开展重大危险源的检测评估；第三是对重大危险源实施监控防范；第四是对有缺陷和存在事故隐患的危险源实施治理；第五是通过对重大危险源的监控管理，既要促使企业强化内部管理，落实措施，自主保安，又要针对各地实际，有的放矢，便于政府统一领导，科学决策，依法实施监控和安全生产行政执法，以实现重大危险源监督管理工作的科学化、制度化和规范化。主要任务如下。

（1）开展重大危险源普查登记，摸清底数，掌握重大危险源的数量、状况和分布情况，建立重大危险源数据库和定期报告制度。

（2）开展重大危险源安全评估，对重要的设备、设施以及生产过程中的工艺参数、危险物质进行定期检测，建立重大危险源评估监控的日常管理体系。

（3）建立国家、省（区、市）、市（地）、县（市）四级重大危险源监控信息管理网络系统，实现对重大危险源的动态监控、有效监控。

（4）对存在缺陷和事故隐患的重大危险源进行治理整顿，督促生产经营单位加大投入，采取有效措施，消除事故隐患，确保安全生产。

（5）建立和完善有关重大危险源监控和存在事故隐患的危险源治理的法规和政策，探索建立长效机制。

（二）重大危险源监督管理的要求

国家安全生产监督管理局、国家煤矿安全监察局安监管协调字〔2004〕56号《关于开展重大危险源监督管理工作的指导意见》第5条"重大危险源监督管理的要求"指出：

（1）各级安全监管部门、煤矿安全监察机构要进一步提高对重大危险源监督管理工作重要性的认识，执政为民的高度，加强对重大危险源普查、评估、监控、治理工作的组织领导和监督检查，切实防范重、特大事故，保障人民群众生命财产安全和社会经济的全面、协调、可持续发展；要把强化重大危险源监督管理工作作为安全生产监督检查和考核的一项重要内容，布置好，落实好。

（2）各级安全监管部门、煤矿安全监察机构应当成立重大危险源监督管理工作领导小组和技术指导小组，统一领导、协调和指导辖区内重大危险源的监督管理工作。

（3）各级安全监管部门、煤矿安全监察机构应当进一步加大监督检查和行政执法的力度，督促辖区内存在重大危险源的生产经营单位认真落实国家有关重大危险源监督管理的规定和要求，全面开展重大危险源普查登记和监控管理工作。检查中发现生产经营单位对重大危险源未登记建档，或者未进行评估、监控及未制订应急预案的，要依据《安全生产法》第85条的规定严肃查处。对因重大危险源管理监控不到位、整改不及时而导致重、特大事故的，要依法严肃追究生产经营单位主要负责人和相关人员的责任。

（4）各级安全监管部门、煤矿安全监察机构监督检查中发现重大危险源存在事故隐患的，应当责令生产经营单位立即整改；在整改前或者整改中无法保证安全的，应当责令生产经营单位从危险区域内撤出作业人员，暂时停产、停业或者停止使用；难以立即整改的，要限期完成，并采取切实有效的防范、监控措施。

（5）各级安全监管部门、煤矿安全监察机构要加强重大危险源申报登记的宣传和培训工作，按照国家局组织编写的《重大危险源申报登记与管理》（试行）教材做好培训工作，指导生产经营单位做好重大危险源的申报登记和管理工作。

（6）为规范重大危险源的监督管理，各地区应统一按照国家局组织开发的重大危险源信息管理系统软件，建立本地区重大危险源数据库，并根据重大危险源的分布和危险等级，有针对性地做好日常监督工作，采取措施，切实防范重、特大事故的发生，确保安全生产形势的稳定好转。

四、生产经营单位的责任

重大危险源的安全管理，就是要求企业在安全组织管理、规章制度建设、设备安全管理、工艺安全管理、安全教育培训等各方面扎实地做好工作，搞好安全措施，加强安全检查、维护，不放过任何安全隐患，严格遵守工艺纪律和安全生产操作规程，从根本上杜绝重大危险源的事故发生。

《安全生产法》第33条规定："生产经营单位对重大危险源应当登记建档，进行定期检测、评估、监控，并制订应急预案，告知从业人员和相关人员在紧急情况下应当采取的应急措施。生产经营单位应当按照国家有关规定将本单位重大危险源及有关安全措施、应急措施报有关地方人民政府负责安全生产监督管理的部门和有关部门备案"。

国家安全生产监督管理局、国家煤矿安全监察局安监管协调字〔2004〕56号《关于开展重大危险源监督管理工作的指导意见》第4条"重大危险源的登记与评估"要求如下。

（1）生产经营单位应当按照《安全生产法》《危险化学品重大危险源辨识》（GB

18218—2000）和申报登记范围的要求对本单位的重大危险源进行登记建档，并填写《重大危险源申报表》报当地安全监管部门（或煤矿安全监察机构）。

（2）生产经营单位应当每两年至少对本单位的重大危险源进行一次安全评估，并出具安全评估报告。安全评估工作应由注册安全评价人员或注册安全工程师主持进行，或者委托具备安全评价资格的评价机构进行。安全评估报告应包括重大危险源的基本情况，危险、有害因素辨识与分析，可能发生的事故类型，严重程度，重大危险源等级，安全对策措施，应急救援措施和评估结论等。安全评估报告应报当地安全监管部门（或煤矿安全监察机构）备案。

（3）重大危险源的生产过程以及材料、工艺、设备、防护措施和环境等因素发生重大变化，或者国家有关法规、标准发生变化时，生产经营单位应当对重大危险源重新进行安全评估，并将有关情况报当地安全监管部门（或煤矿安全监察机构）。

综上所述，在生产、储存过程中，企业应该遵守《中华人民共和国安全生产法》、《危险化学品安全管理条例》、国家安全生产监督管理局安监管协调字［2004］56号《关于开展重大危险源监督管理工作的指导意见》和安监总协调字［2D05］62号《关于认真做好重大危险源监督管理工作的通知》对危险化学品及重大危险源的有关规定，对重大危险源登记建档，进行定期检测、评估、监控，编制事故应急救援预案并进行演练。

（4）在生产、储存过程中，企业应该遵守危险化学品及重大危险源的有关规定。

① 生产、储存危险化学品的单位，其主要负责人必须保证本单位危险化学品的安全管理符合有关法律、法规、规章的规定和国家标准的要求，并对本单位危险化学品的安全负责。主要负责人和安全管理人员，应当由有关主管部门对其安全生产知识和管理能力考核合格后，方可任职。

② 生产、储存危险化学品的单位，其从业人员必须接受有关法律、法规、规章和安全知识、专业技术、职业卫生防护和应急救援知识的培训，并经考核合格，方可上岗作业。

③ 生产、储存危险化学品的单位，应当在生产储存场所设置通用报警装置，并保证在任何情况下处于正常使用状态。

④ 危险化学品的生产装置和储存数量构成重大危险源的储存设施，与人口密集区域或公共设施等距离必须符合国家标准或国家有关规定。

⑤ 生产经营危险化学品单位对重大危险源应当登记建档，进行定期检测、评估、监控，并且制订应急预案，告知从业人员在紧急情况下应当采取的应急措施。

⑥ 生产经营危险化学品单位必须将本单位重大危险源及有关安全措施、应急措施报告有关地方人民政府的安全生产监督管理部门和有关部门，以便政府及其有关部门能够及时掌握有关情况。一旦发生事故，政府及其有关部门可以调动有关方面的力量进行救援，以减少事故损失。

⑦ 危险化学品生产、储存企业以及构成重大危险源的其他化学品的单位，应当向国务院经济贸易综合管理部门负责危险化学品登记的机构办理危险化学品登记。

⑧ 危险化学品生产经营单位应当制定本单位应急救援预案，配备应急救援人员和必要的应急救援器材、设备，并定期组织演练。危险化学品事故应急救援预案应当报该区的市级人民政府负责危险化学品安全监督管理综合工作的部门备案。

重大危险源紧急情况下的事故处理应制定一个现场应急救援预案，抑制突发事件，使其可能引起的危害不再扩大，减少紧急事件对人、财产和环境所产生的不利影响，并尽可能地排除。应急预案应包括：a. 事故危险的性质和规模及紧急状态可能发生的关系；b. 制定与其他机构联系的计划，其中包括与紧急救援服务机构的联系；c. 在设备、设施内外的报警和信息传递程序；d. 确定事故总指挥、相关管理部门和现场重大危险源管理单位的职责和权限等；e. 应急指挥中心的地点和组织；f. 在紧急状态下现场的警戒和人员的撤离步骤。

应急预案完成后，应报市级人民政府负责危险化学品安全管理的部门备案，经市级人民政府批准后方能实施。企业应组织相关管理部门和重大危险源所在单位人员定期进行演练，每次演练后，应该对应急计划进行全面的检查，并找出不足和缺点，进行修改完善，同时作为应急计划信息传递的一部分，企业管理部门应为居住或工作在重大危险源附近的人们提供信息，在事故发生后尽快给他们发出有关可能产生危险的警告。

⑨ 生产、储存、使用剧毒化学品的单位，应当对本单位的生产、储存装置每年进行一次安全评价；生产、储存、使用其他危险化学品的单位，应当对本单位的生产、储存装置每两年进行一次安全评价。

重大危险源评价：重大危险源识别出以后，企业安全主管部门应列出重大危险源的清单，必要时上报地方人民政府负责危险化学品安全监督管理部门，然后逐个进行危害和风险分析。重大危险源的安全性和潜在危害性分析应包括：a. 单元内有哪些有毒、活性、爆炸或易燃物质，数量为多少；b. 哪些故障或错误可产生非常情况并导致重大事故；c. 重大事故对从业人员生活、工作的影响；d. 预防事故的措施是什么；e. 如何减少事故的影响等。在对重大危险源进行以上危害和风险分析时，应由专家、工程技术人员、现场操作人员等各方面人员共同参与，使危害分析尽量全面，风险评估及时准确，防范措施有效。

重大危险源控制：重大危险源根据评价情况实行分级控制，单元内物质危险越大、数量越多，其重大危险源的级别越大，越应加强控制。一般将重大危险源分为一、二、三、四级重大危险源，相应四个级别重大危险源的控制程度分为 A、B、C 三级。

重大危险源最终是由人来管理和由设备来控制的，生产经营单位应制定一套严格的安全管理制度，明确各类人员的职责。

首先要提高重大危险源操作人员的素质，加强对重大危险源操作人员的培训，要求从业人员不仅要熟悉其设施的工艺流程，了解过程中的危害及预防措施，而且还要学习同类设施的操作经验、应急情况下的处理方法及发生事故的处理程序。

其次是对重大危险源设备的维护和监测。重大危险源的设备、设施如反应器、储罐、泵、风机及仪表控制系统应实行特级维护，建立设备维护档案，设备管理人员和操作人员应定期进行巡回检查，发现问题应立即予以修复或更换，并采取相应的预防措施，同时重大危险源还应有适当的安全控制系统，监测过程中的温度、压力、流速及化学品的混合比率等变化。当过程出现非正常状况时，监测控制设备能采取自动措施，如自动停机、报警、自动灭火等避免或减少危害的措施，确保安全运转。

第三是对重大危险源的监控，利用数据采集、计算机通信等高新技术，结合自动检测与传感技术，对一、二级重大危险源建立监控预警系统，对危险源对象的安全状况进行实时监控，监视可能使危险源对象的安全状态向事故临界状态转化的各种参数的变化趋势。预警信息或应急控制指令，可把事故消灭在萌芽状态。

第五节　危险化学品事故应急救援体系

危险化学品广泛应用于国民经济发展中的各个领域，化学品品种和数量的日益增多，给相关的产业带来了巨大变化，为提高人类的生活水平和促进物质文明的进步做出了巨大贡献。然而，人类在利用化学品的不同性质发展生产的同时，危险化学品固有的易燃、易爆、有毒、腐蚀等特性也会给人类的生命和生存及发展环境带来副作用，如果处理不当或疏于管理，将会发生严重的化学事故，给人类造成严重的危害。而化学事故具有突发性，且波及面较大，如果采取的抢救方法不当，将难以控制事故现场，甚至会导致事态的扩大。因此，为控制化学事故发生的危害，减少职工和公民生命及财产的损失，研究建立危险化学品事故应急救援体系，制定危险化学品事故应急救援预案已十分必要。

一、事故应急救援体系概述

（一）危险化学品事故应急救援体系构成

体系建设的基本思路是建立国家、省、地级市、县、企业五级化救援体系；以公安消防队伍为主体，整合现有的公安消防、防化部队、化救中心、医疗卫生、环境保护、气象、交通、铁路、民航等应急救援力量，实现对化学事故快速响应和高效救援的目的；建立和健全区域化学应急医疗抢救中心；在中国石油集团公司、中国石化集团公司现有的区域联防基础上，组建区域化学事故联防基地；建立和健全国家化学事故应急救援通信信息保障、专家组、应急咨询专线以及物质和装备保障等化学事故应急救援支持保障系统。如图 11-4 所示。

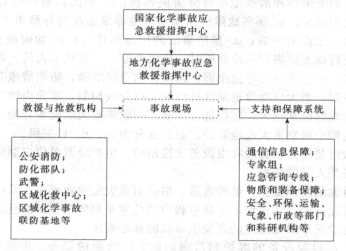

图 11-4　国家化学事故应急救援体系

（二）国家化学品登记注册中心

国家化学品登记注册中心位于山东青岛，是我国危险化学品安全管理的综合性技术支持单位。中心成立于 1997 年，受国家安全生产监督管理局直接领导，并在全国各省（市）建立了 30 个"危险化学品登记注册办公室"。中心挂靠于中国石化集团安全工程研究院，现有专业工作人员 25 名，涉及化学、化工、职业卫生、环境卫生、化工机械等专业，在化学品安全领域拥有丰富的专业工作经验。中心参与我国化学品安全管理法规、标准的起草，并不断推动全国危险化学品登记工作的开展；中心拥有先进的化学品危险性评价试验室，负责我国新化学品的危险性鉴别，并对未分类的化学品统一进行危险性分类；中心聘请了 32 位知名专家组成事故应急咨询专家组，并拥有数百万种化学品的健康、安全与环境信息，设有国家化学事故 24h 应急咨询专线电话。中心综合利用计算机信息技术、事故模拟技术、电子地理信息技术等，在化学品安全管理、危险性控制、化学事故应急处理技术开发、化学品基础数据库建设等领域成绩斐然。其业务范围包括：

（1）全国危险化学品登记注册及登记证书的颁发；

（2）建设国家化学事故应急咨询网络，设立 24h 应急咨询电话，为化学品的生产、使用、进出口和运输等提供应急咨询服务；

（3）化学品危险性的鉴别与分类；

（4）"安全技术说明书"和"安全标签"的编写与审核；

（5）企业综合安全管理系统的开发；

（6）危险化学品安全管理、化学事故应急救援技术培训；

（7）国家化学品登记注册中心为更好地为我国化工企业提供危险化学品安全管理技术支持，开发了化学事故应急预案编辑平台与管理系统、危险化学品登记信息管理系统与化学品安全卫生信息系统等。

（三）化学事故应急救援体系运行

国家化学灾害事故应急救援工作实行政府领导，分级管理，统一指挥，部门协作，区域为主，企业负责，社会救援，社区配合的原则进行。

事故处理指挥原则由当地"指挥中心"指挥长负责，当事故影响跨越区域时，指挥长则为上级指挥长。

化学事故应急救援主要包括 3 个阶段：报警阶段、组织指挥阶段、现场救援阶段，化学事故应急救援程序如图 11-5 所示。

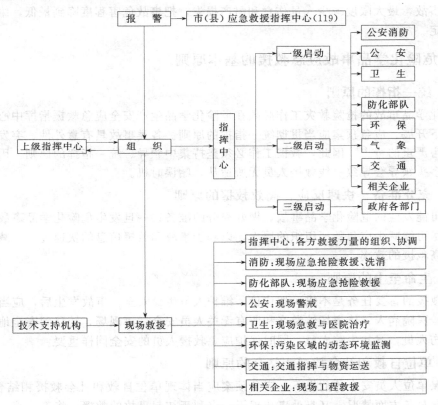

图 11-5　化学事故应急救援程序框

（四）法律法规保障系统

通过化学应急救援立法，明确我国化学事故应急救援管理的组织体制、各部门的责任分工、应急救援的实施原则、实施程序、通信保障、救援经费保障、应急救援预案的编制与演练等问题，建立我国应急救援体系的法律法规保障系统。

（1）《重大灾害预防及应急救援法》：我国开展化学灾害事故应急救援的国家最高法律。目前，我国重大灾害事故预防机制尚不健全，由于缺乏平时的组织和训练，一旦出现事故，往往使政府措手不及。该法规在宏观上明确规定我国的重大灾害事故应急救援管理方针、政策和原则。通过该法的制定，建立一套明确的机构和经费管理机制（基金制），规定各方责任，可有效快速地处理事故，确保体系的正常运转。

（2）《化学灾害事故预防与应急救援条例》：具体规定我国化学事故应急救援组织方式、相关机构（包括人防、公安、消防、环保、医疗等部门）在事故预防、应急准备、响应处理、现场恢复过程中的责任与权利。因此，该《条例》是完善我国化学灾害事故应急救援管理体系的核心法规。省、地区或地方性政府机构或应急管理机构，可以根据需要，在国家应急救援管理法规、标准、规范的基础之上颁布相关的管理规定，以促进所辖范围的化学灾害事故应急管理水平的提高。

二、危险化学品事故应急救援的指导思想

认真贯彻"安全第一，预防为主、综合治理"的方针，体现"以人为本"的思想，本着对人民生命财产高度负责的精神，按照先救人、后救物，先控制、后处置的指导思想，当发生危险化学品事故时，能迅速、有序、高效地实施应急救援行动，及时、妥善地处置危险化学品重大事故，最大限度减少人员伤亡和财产损失，把事故危害程度降到最低，维护城市的安全和稳定。

三、危险化学品事故应急救援的基本原则

（一）统一指挥的原则

危险化学品事故的抢险救灾工作必须在危险化学品生产安全应急救援指挥中心的统一领导、指挥下开展。应急预案应当贯彻统一指挥的原则。各类事故具有意外性、突发性、扩展迅速、危害严重的特点，因此，救援工作必须坚持集中领导、统一指挥的原则。因为在紧急情况下，多头领导会导致一线救援人员无所适从，贻误时机。

（二）充分准备、快速反应、高效救援的原则

针对可能发生的危险化学品事故，做好充分的准备；一旦发生危险化学品事故，快速做出反应；尽可能减少应急救援组织的层次，以利于事故和救援信息的快速传递，减少信息的失真，提高救援的效率。

（三）生命至上的原则

应急救援的首要任务是不惜一切代价，维护人员生命安全。事故发生后，应当首先保护学校学生、医院病人、体育场馆游客和所有无关人员安全撤离现场，转移到安全地点，并全力抢救受伤人员，寻找失踪人员，同时保护应急救援人员的安全同样重要。

（四）单位自救和社会救援相结合的原则

在确保单位人员安全的前提下，应急预案应当体现单位自救和社会救援相结合的原则。单位熟悉自身各方面情况，又身处事故现场，有利于初起事故的救援，将事故消灭在初始状态。单位救援人员即使不能完全控制事故的蔓延，也可以为外部的救援赢得时间。事故发生初期，事故单位应按照灾害预防和处理规范（预案）积极组织抢险，并迅速组织遇险人员安全撤离，防止事故扩大。

（五）分级负责、协同作战的原则

各级地方政府、有关部门和危险化学品单位及相关的单位按照各自的职责分工实行分级负责、各尽其能、各司其职，做到协调有序、资源共享、快速反应，积极做好应急救援工作。

（六）科学分析、规范运行、措施果断的原则

科学分析是做好应急救援的前提，规范运行是保证应急预案能够有效实施的，针对事故现场果断决策采取不同的应对措施是保证救援成效的关键。

（七）安全抢险的原则

在事故抢险过程中，应采取切实有效措施，确保抢险救护人员的安全，严防在抢险过程中发生二次事故。

四、应急管理的基本内容

应急管理是对重大事故的全过程管理，贯穿于事故发生前、中、后的各个过程，充分体现了"预防为主，常备不懈"的应急思想。应急管理是一个动态的过程，包括预防、准备、响应和恢复四个阶段。

（一）事故预防

在应急管理中预防有两层含义：一是事故的预防工作，即通过安全管理和安全技术等手段，尽可能地防止事故的发生，实现本质安全；二是在假定事故必然发生的前提下，通过预先采取的预防措施，来达到降低或减缓事故的影响或后果严重程度，如加大建筑物的安全距离、工厂选址的安全规划、减少危险物品的存量、设置防护墙，以及开展公众教育等。从长远观点看，低成本、高效率的预防措施，是减少事故损失的关键。

（二）应急准备

应急准备是应急管理过程中一个极其关键的过程，它是针对可能发生的事故，为迅速有效地开展应急行动而预先所做的各种准备，包括应急体系的建立，有关部门和人员职责的落实，预案的编制，应急队伍的建设，应急设备（施）、物资的准备和维护，预案的演练，与外部应急力量的衔接等，其目标是保持重大事故应急救援所需的应急能力。

（三）应急响应

应急响应是在事故发生后立即采取的应急与救援行动。包括事故的报警与通报，人员的紧急疏散、急救与医疗、消防和工程抢险措施、信息收集与应急决策和外部救援等，其目的是尽可能地抢救受害人员、保护可能受威胁的人群，尽可能控制并消除事故。应急响应可划分为两个阶段，即初级响应和扩大应急。初级响应是在事故初期，企业应用自己的救援力量，使事故得到有效控制。但如果事故的规模和性质超出本单位的应急能力，则应请求增援和扩大应急救援活动的强度，以便最终控制事故。

（四）应急恢复

恢复工作应该在事故发生后立即进行，它首先使事故影响区域恢复到相对安全的基本状态，然后逐步恢复到正常状态。要求立即进行的恢复工作包括事故损失评估、原因调查、清理废墟等，在短期恢复中应注意的是避免出现新的紧急情况。长期恢复包括厂区重建和受影响区域的重新规划和发展，在长期恢复工作中，应吸取事故和应急救援的经验教训，开展进一步的预防工作和减灾行动。

五、危险化学品事故应急救援的目标

（1）抢救受害人员；
（2）降低财产损失；
（3）清除事故造成的后果。

六、危险化学品事故应急救援的任务

1. 立即抢救受害人员，指导群众防护和撤离危险区，维护救援现场秩序

抢救受害人员是应急救援的首要任务。接到事故报警后，应该立即组织营救受害人员，组织撤离或者采取其他措施保护危害区域内的其他人员。在应急救援行动中，快速、有序、高效地实施现场急救与安全转送伤员是降低伤亡率，减少事故损失的关键。由于危险化学品事故发生突然、扩散迅速、涉及范围广、危害大，应及时指导和组织群众采取各种措施进行自身防护，并迅速撤离出危险区或可能受到危害的区域。在撤离过程中，应积极组织群众开展自救和互救工作。

2. 控制危害源，对事故危害进行检验和监测

及时控制造成事故的危险源是应急救援工作的重要任务，只有及时控制住危险源，防止事故的继续扩展，才能及时有效地进行救援。在控制危险源的同时，对事故造成的危害进行检测、监测，确定事故的危害区域、危害性质及危害程度。特别是对于发生在城市或人口稠密地区的危险化学品事故，应尽快组织工程抢险队与事故单位技术人员一起及时控制事故继续扩展。

3. 转移危险化学品及物资设备

对处于事故和事故危险区域内的危险化学品组织转移，防止引发二次事故，转移或抢救物资设备，降低财产损失。

4. 消除危害后果，恢复正常生活、生产秩序

做好现场清洁，消除危害后果。针对事故对人体、动植物、土壤、水源、空气造成的实际危害和可能的危害，迅速采取封闭、隔离、洗消等措施。对事故外溢的有毒有害物质和可能对人和环境继续造成危害的物质，应及时组织人员予以清除，消除危害后果，防止对人的继续危害和对环境的污染。对危险化学品事故造成的危害进行监测、处置，直至符合国家环境保护标准。

5. 查清事故原因、评估危害程度

事故发生后应及时调查事故的发生原因和事故性质，评估出事故的危害范围和危险程度，查明人员伤亡情况，做好事故调查。

七、化学事故应急救援体系结构

化学事故应急救援体系应包括下述几个部分：

（一）应急救援原则

危险化学品事故应急救援原则：快速反应、统一指挥、分级负责、单位自救与社会救援相结合。

坚持"安全第一、预防为主"的方针，立足防范，认真落实应急措施；实行统一指挥，分级负责，区域为主，单位自救与社会救援，现场急救与信息服务相结合的原则。充分利用现有的应急救援基础，完善工作体系，建设责任明确，反应灵敏，指挥有力，快速有效的化学事故应急救援系统。

（二）组织体系

按照国务院关于各类突发事件原则上由当地政府负责处理的精神，国家化学事故应急救援体系设国家、省（自治区、直辖市）、市、县、企业五级应急救援组织体系，根据事故影响范围和事故后果的严重程度，分别由不同层次的应急救援指挥部门负责救援工作的组织实施。该体系依托政府各部门在各级行政区域设立的组织系统，体系完整，能够逐级实施领导管理，覆盖全境，责任明确，适应化学事故点多、面广，救援工作应急性强，以当地救援为主的特点。县级以上人民政府应设立本辖区化学事故应急救援委员会。委员会由辖区政府主要领导和安全生产监督管理部门、公安、国防科工委、环保、卫生、交通、财政、邮政、劳动和社会保障等有关部门人员组成。应急救援组织体系如图11-6所示。

化学事故应急救援委员会的主要职责是：

（1）统一领导和协调本辖区内的化学事故应急救援工作；

（2）组织制定本辖区内化学事故应急救援工作的实施办法等规章；

（3）组织制定和实施本辖区化学事故应急救援计划；

（4）指导和协调本辖区重大化学事故应急救援，及时向上级相关部门汇报事故救援情况。

在安全生产方面，国家安监总局建立了国家安全生产应急救援指挥中心，各省已建立或正在建立省级和地区级安全生产应急救援指挥中心。

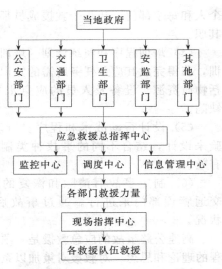

图 11-6　应急救援组织体系

（三）技术支持体系

1. 信息技术支持体系

由国家化学品登记注册中心和各省（市）地方登记办公室组成的危险化学品登记网络，结合国家实行危险化学品登记制度，建立包括危险化学品生产、储存、经营、运输企业动态信息的数据库，为国家和地方的化学事故应急救援准备和救援行动提供信息支持，提供 24h 国家化学事故应急咨询热线服务，为危险化学品安全管理、事故预防和应急救援提供技术、信息支持。

2. 现场救援技术支持体系

加强应急救援队伍与应急装备建设，促进各种救援力量的有效整合。完善国内消防特勤队伍的建设，购置先进的灭火车辆、侦检设备、防护器材与通信设备等；完善目前的化学事故应急救援队伍，购置先进的化学事故应急救援车辆、急救设备、防护器材与通信设备；充分发挥总参防化部队的作用，完善防化设备，增强应急力量。

3. 专家库系统

根据地域分布，聘请包括安全、消防、卫生、环保等在内的各类专家，定期进行考核和资格认证，保证其化学事故应急咨询时的权威性和时效性，必要时就近专家可赴现场指导应急救援工作。

（四）应急预案体系

各级人民政府负责制定、修订、实施各辖区内的化学事故应急救援预案，并建立各级化学事故应急救援预案系统。根据应急预案，定期组织演练。

要保证应急救援体系的正常运行，必须事先制定一个应急救援预案，以指导应急救援准备、训练和演习，以及迅速高效的应急救援行动，其内容应包括：

（1）对可能发生的事故及其影响范围进行预测与评价，以便根据事故的影响范围，采取相应的方式进行救援等。

（2）应急资源（包括人员和设备）的确定与准备应急人力资源包括应急人员的数量、素质和应急情况下应急人员的可获得性。应急设备分为现场应急设备和场外应急设备。现场应急设备包括个人防护设备、通信设备、医疗设备、营救设备、文件资料等场外的应急设备包括高速公路上的监控设施以及在高速公路上每隔一定距离就配备的一些常用的工具和救援设施、救援工具，以便在事故发生时就近调配资源，缩短调配资源的时间。

（3）明确应急救援组织和人员及各自的职责这在救援之前就应该以文件的形式下发到每

个人和每个部门，让每个救援成员都明确自己在救援中所肩负的责任和任务，在救援中各司其职。

（4）培训程序和演练计划。培训程序是为了保证所有应急队员都能够接受有效的应急培训，获得完成其应急任务所需的知识和技能。演练的主要作用是检验应急准备的充分性，包括物质资源、设备及人员的应急水平等。通过演练，还可以判别和改正预案和程序中的缺陷。

（5）设计行动战术和程序。行动战术可以依据以前所发生的事故总结出来的救援经验来设计，结合不同的事故种类制订行动战术和程序，这样可以使救援更加的快速而有效。

（6）制定事故后清除和恢复的程序。事故后的清除和恢复应由专门的清障部门和交通管理部门来进行。通过事故后的清除和交通的恢复操作，使交通恢复事故前的状况。

高速公路事故的应急救援是一项复杂的系统工程，所以，在编制预案时，应利用系统工程的理论和思想，对救援对策加以系统化分析和整理，以使预案尽可能达到最优化。

（五）应急救援行动

应急救援程序如图 11-7 所示，当发生事故时，由信息管理机构首先接收报警信息，经监控中心确认后，立刻通知应急总指挥总中心，通过调度中心调集事故现场指挥机构及相关救援机构和人员在最短时间内赶赴事故现场，投入应急工作，并对现场实施必要的交通管制。

事故救援指挥机构在现场开展应急的指挥工作，并保持与应急总指挥中心的联系，调用应急所需的人员和物资投入事故的现场应急，进行现场管理、人员救护、清障、消防、人员疏散、交通诱导等，并与外部媒体联络，将有关信息发布出去。信息管理机构为其他各单位提供信息服务。当救援结束后，解除交通管制，恢复交通，救援人员退出现场。

通过应急救援运作能使各机构明确自己的职责，管理统一，从而满足事故应急救援快速、有效的需要。各救援机构应根据自己在应急救援中的职责和功能操作，使整个体系进入有效的整体运作状态，完成整个应急救援任务，实现减轻事故后果的目的。

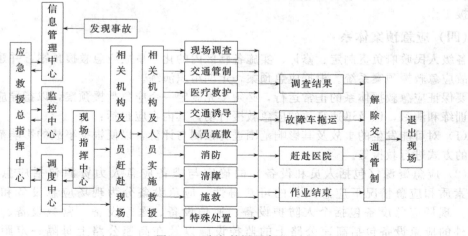

图 11-7　应急救援程序

（六）事故后的恢复

事故后的恢复是从清理完公路上的障碍且所有行车道重新开放时开始，直到公路重新恢复正常交通条件时为止。通常情况下，清障部门拖走事故车辆，交通拥挤彻底消除后，就应该取消交通控制。

（七）培训机制的建设

定期对各级应急指挥人员、管理人员、现场救援人员进行专业培训，对普通民众、在校学生等进行应急知识培训，根据不同培训对象，采用不同的培训教材。通过培训和演练，有以下的重要作用和现实意义：

（1）能对应急预案的有效程度加以验证和完善；

（2）测试应急救援装置、设备及物资的供应；

（3）检验应急救援综合能力和动作情况，以便发现问题，及时改正，确保事故发生时应急预案得以实施和贯彻；

（4）提高救援队伍间的协同救援水平和实战能力，提高应急救援的实战水平；

（5）提高公众和驾乘人员的应急意识和救援技能。

培训的对象应是事故及救援过程中的各类人员，如指挥人员、操作人员、驾乘人员、医疗救护人员，甚至还包括一些社会志愿者。

（八）法律法规体系

法律法规体系的完善是国家化学事故应急救援体系正常运转的基本保证，因此有必要制定一部化学事故应急救援管理条例。通过该条例的制定，建立一套明确的机构和经费管理机制，规定各方责任，可有效快速地处理事故，确保体系的正常运转。

八、发达国家应急救援体系简介

近些年来，世界各国频繁发生的危险化学品泄漏、爆炸事故，受到世界舆论的普遍关注，已引起了发达国家对化学品特别是危险化学品安全管理的高度重视，投入了大批人力、物力，组建了专门机构，建立健全了较完善的法律、法规，已逐步形成了较为科学的化学事故应急救援体系，例如，美国、欧盟各国、日本、澳大利亚等国都已经建立了运行良好的应急救援管理体制，包括应急救援法规、管理机构、指挥系统、应急队伍、资源保障和公民知情权以及提高灾情透明度等方面，形成了比较完善的应急救援体系。这些救援体系在减少和控制事故人员伤亡和减少财产损失方面发挥了重要作用，成为社会可持续发展工作中重要的政策支柱。纵观国外发达国家的应急救援体系，有以下特点。

（1）建立了国家统一指挥的应急救援协调机构；

（2）拥有精良的应急救援装备；

（3）充足的应急救援队伍；

（4）完善的工作运行机制。

九、美国灾害应急救援体制

美国于1967年规划建设了覆盖全美的"911"紧急救助服务系统，实现了统一接警。1968年联邦政府通过了《国家应急计划》，计划中规定当油类和危险物质泄漏事故超出地方或区域应急者能力时，可以协调联邦机构的资源进行救助。同时国家应急计划规定建立国家应急队和区域应急队，以便在发生事故时提供援助。最初国家应急计划只是依据《清洁水法》适用于油类和危险物质在水体范围内的泄放。到1980年国会通过了《综合环境应急、赔偿和责任法》后，国家应急计划的范围扩展到所有环境介质事故的泄放。1984年印度博帕尔事故以及1985年美国弗吉尼亚西部联合碳化学公司发生的泄漏事件促使国会在1986年制定了《应急计划和公众知情权法案》，它是第一个对州和地方一级应急计划做出要求的政府强制性法律。1990年《油污染法》增加了建立新的国家应急系统的要求，该法案的实施加强了联邦、州、地方政府在泄漏应急计划中的协作。

美国企业可能会依据以下一个或多个联邦条例的要求来制定相关的应急计划：

《环保局油污染预防条例》；

《内政部矿业管理局设施应急计划条例》；

《交通部管道安全局管道应急计划条例》；

《美国海岸警卫队设施应急计划条例》；

《环保局风险管理规划条例》；

《职业安全卫生局雇员应急计划和消防计划》；

《职业安全卫生局高危化学品过程安全管理》；

《职业安全卫生局危险废物操作和应急计划》；

《环保局资源保护与恢复法应急计划要求》。

（一）美国国家应急系统简介

1. 美国国家应急系统（NRS）的组成

在美国大约每年要发生20000多起油类和危险物质泄漏紧急事故。《国家应急计划》又称为《国家油类和危险物质污染应急计划》，是美国联邦政府对油类和危险物质泄漏进行反应的指导蓝图。国家应急系统是政府对在美国水域或领土内发生的油类和危险物质泄漏进行应急，支持现场协调员协调各级政府反应行动的机制。该系统通过各政府、机构之间的网络关系运作，协调各级政府对油类和危险物质事故的反应行动。联邦系统的主要任务是为州和地方政府的应急活动提供援助。

美国国家应急系统的主要组成有国家应急队、区域应急队、联邦现场协调员、地区委员会、应急反应中心和特殊应急队等。国家应急系统的组织结构可分为国家级、区域级、地方级。国家级应急系统包括国家应急队（NRT）、国家应急响应中心（NRC）和国家罢工协调中心（NSFCC）；区域级应急系统由13个区域应急队（RRT）组成；地方级应急系统由现场协调员（OCS）、特殊应急队和地区委员会组成。

国家应急队由与应急相关的16个政府部门组成。国家应急队是制订计划、政策和协调的团体，在事故发生前，提供国家级政策指导，不直接对事故做出反应。在事故发生时，他以提供技术建议或国家资源和设备的形式向联邦现场协调员提供援助。

区域应急队是联邦反应系统的下一级组织。目前美国有13个区域应急队；10个标准联邦区域加上阿拉斯加州、加勒比海和太平洋海湾区域应急队。每个队由与国家应急队相同的16个联邦机构以及本区域所在各州的代表组成，每个区域反应队都要准备自己区域的应急计划。区域反应队主要是制订计划、政策和协调的团体。他们通过区域应急计划给联邦现场协调员提供援助，落实事故发生时联邦现场协调员的援助请求。区域应急队也在应急反应的准备、计划或培训过程中给州和地方政府提供帮助。

联邦现场协调员是联邦官员，内陆地区由环保局预先委派，海域或重要水道区由海岸警卫队委派。这些人协调联邦所有资源和行动。联邦现场协调员也协调联邦行动与地方社区应急。

国家应急中心设立于美国海岸警卫队的总部，主要职能是作为所有事故泄漏的唯一的国家联络点。此外它为联邦现场协调员收集和分发资料，也作为国家应急队的通讯和操作中心。

1990 年的《油污染法》要求海岸区负责应急的联邦官员领导成立由地方、州和联邦政府的资深人士组成的地区委员会。根据联邦现场协调员的指挥，地区委员会负责准备本地区的地区应急计划，与有关联邦、州和地方官员合作促进他们的计划实施并保证联合应急行动。内陆区的地区委员会一般由区域应急队担任，有时也会设单独的地区委员会。

2. 美国国家应急系统的运作

（1）应急系统的基本运作　如果危险物质或油类泄漏量超过上报量，负责泄漏的组织依法应当立即通知联邦政府的国家应急响应中心（NRC）。国家应急响应中心根据泄漏发生地点通知联邦现场协调员。协调员确定地方反应的级别并监测其发展状况，判断是否需要或需要多少联邦援助。

发生紧急情况或需要其他反应援助时，可通过拨打国家应急响应中心的电话全天随时接通国家应急系统。国家应急响应中心位于美国海岸警卫队总部，全天工作。它会立即把报告情况转发给预先确定的现场协调员。国家应急响应中心作为所有事故汇报的唯一联系点，也作为国家应急队的通信中心。

在美国各个地区，现场协调员全天 24h 随时准备对油类和危险物质事故做出应急。一旦发现泄漏，预先确定的现场协调员负责立即收集有关泄漏的信息，进行形势判断。根据评估，如果现场协调员判断有联邦应急行动需要，国家和州、地方应急队、地方警方和消防员或其他联邦机构要合作消除危险。

虽然所有严重油类和危险物质泄漏都必须要向国家应急响应中心汇报，但许多陆地应急不需要联邦政府直接参与就可有效处置。有些时候当事故超过州和地方应急能力时，就需要联邦援助，如图 11-8 所示。也就是说，联邦政府可作为州、地方和私人应急者的安全后盾。

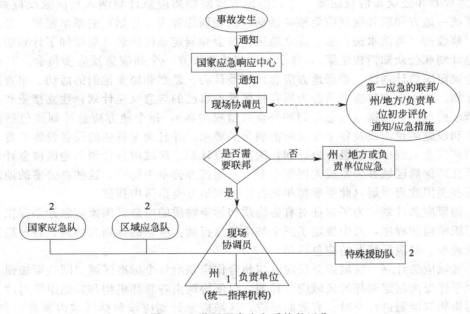

图 11-8　美国国家应急系统的运作
1—州内也包括地方代表；2—根据现场协调员的要求提供的资源

（2）事故指挥系统　事故指挥系统主要集中在地方级（例如责任方、地方第一应急者、州应急者和联邦现场协调员）。在内陆区，事故指挥系统一般由地方级的第一应急者（消防、警方、应急管理机构）实施。一般指挥功能只由一个事故指挥员来执行，他指挥各项行动和接收其他四个支持部分的输入信息，如图11-9所示。

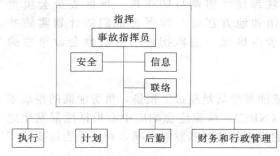

图 11-9　事故指挥系统的结构

事故指挥系统使用统一的语言和组织结构，这样可提高应急的效率。大多地方第一应急者经过训练了解事故指挥系统。事故指挥系统可把一个应急活动分为指挥、执行、计划、后勤以及财务和行政管理五项功能。

每个事故指挥系统中指挥人员设定反应目标和管理协调活动；执行人员具体执行技术反应行动；计划人员调查和建立行动计划的技术基础；后勤人员提供设备和各类后勤服务；财务和行政管理人员主要管理财务和提供行政管理支持。指挥包括事故指挥员以及安全、信息和联络岗位的工作人员。执行、计划、后勤以及财务和行政管理部门都各有一个本部门的主管进行管理，并且相互支援。

事故指挥系统为实行统一指挥提供组织管理手段，促进和协调各种机构的有效参与；它还可建立事故应急组织之间的联系，为这些组织进行一致决策提供场所。根据统一指挥，各辖区和各机构统一在事故指挥系统下，形成统一的应急队。

3. 美国国家应急系统的应急准备活动

国家应急系统有责任对各类紧急情况做出反应，因此目前国家应急系统拥有许多预备规划方案。在陆地应急中，地方应急者一般是现场的第一个政府官员。因此需要特别提高地方级别的培训和应急技术水平。而有效的联邦、州、地方和企业应急者之间的协调也要求有效的准备。

《应急计划和公众知情权法案》正式将地方危险物质应急计划纳入到国家反应系统中，并建立了统一地方和联邦级别应急预备活动（例如训练和应急计划）的基本框架。经过《油污染法》修改的《清洁水法》通过建立地区委员会和制定地区应急计划增加了计划能力。根据《应急计划和公众知情权法案》，每个州的州长要设立一个州应急反应委员会。州应急反应委员会确定应急计划区、委派地方应急计划委员会、监察和协调他们的活动、审查地方应急反应计划。每个地方应急委员会为所在社区准备自己的应急反应计划，建立接受和处理公众汇报请求的程序。根据《应急计划和公众知情权法案》，每个地方应急计划要包括社区内应急设备和设施的说明以及每个设施所能满足的要求，并且确定具体的设备设施负责人。

在国家应急系统中有三级应急计划：国家应急计划、区域应急计划和地区应急计划。这些计划可在环保局区域办公室或美国海岸警卫队地区办公室中得到。这些办公室的地址和电话号码可在美国政府手册（此手册每年发行）或在地方电话簿中找到。

（1）国家应急计划　为了保证对有害物质和污染物质的应急，国家应急计划提供了联邦应急的组织结构和程序，其中规定了三个基本应急行动：应急的计划和协调、各种机构的交流和事故通报、对泄漏情况的应急行动。

（2）区域应急计划　区域应急反应队与州合作应该给每个标准区域、阿拉斯加州、加勒比海和太平洋海湾制定联邦的区域应急计划，以便协调由各联邦机构和其他组织对油、危险物质、污染物等泄漏进行及时、有效的反应。区域应急计划应该包括区域内所有来自政府、商业、学术以及其他来源的有用设施和资源。区域应急计划应该在最大程度上遵循《国家应急计划》的格式并与州应急计划、地区应急计划和地方应急计划进行协调。这种协调工作应该通过与区域内的州应急计划委员会合作来完成。区域应急计划中应该包括内陆和海岸区之间的界线区，这需要由美国海岸警卫队和环保局相互达成一致。

（3）地区应急计划　在场协调员（OSC）指挥下并经负责机构的批准，每个地区委员会要咨询相关的区域应急队（RRT）、海岸警卫队地区反应组、国家罢工协调中心（NSFCC）、科学支援协调员（SSC）、地方应急反应委员会（LEPC）、州应急反应委员会（SERC），以便确定所在地区的地区应急计划。此计划实施时要与国家应急计划的其他条款相结合，应该有能力消除最坏的泄漏事故，减缓或预防地区内或附近容器、离岸设施、岸边设施运行时发生泄漏造成的巨大威胁。

职责地区可能包括几个地方应急计划区或部分类似地区。在制定地区应急计划时，现场协调员（OSC）要与受影响的州应急反应委员会和地方应急计划委员会协调。地区应急计划要提供良好协调的反应，它应最大程度上与所有相关州、地方和非联邦机构的反应计划达到统一和兼容，特别是遵循《应急计划和公众知情权法案》指定的地方应急反应计划。

（二）美国化学事故应急救援体系简介

美国的化学事故应急响应系统主要包括五个组成部分：政府、化学品生产和运营公司、各种提供相关的产品和服务的机构、研究机构及公益性机构和具体政府部门。

1. 美国联邦政府对化学事故应急响应的宏观调控

在美国的化学事故应急响应系统中，政府起的是一种宏观调控作用，通过立法以及组织专门机构监督其他部门等手段进行化学事故应急响应的宏观调控。

美国联邦政府对整个化学事故应急响应系统的监督工作主要是通过立法来实现的。美国联邦政府为实现对工作场所的化学危险废物的监管，颁布了《资源保护和恢复法》；对于有关不可控制的危险废物场所的行为颁布了《全面环境响应、赔偿和责任法》等。其他要求建立应急响应的法律和规定还有《清洁水法》《危险物质运输法》和《化学品作业安全法规》。美国联邦政府出于为参与应急响应的工人职业安全角度考虑，还颁布了《危险物质操作和应急响应》与《应急计划中的职工》，其中包括相应的其他互为参考的规章要求，如呼吸的保护、警报系统、眼睛和足部的保护等。

在美国，各级地方政府依照《联邦应急计划和公共知情权法》1986年的规定，通过委任一个当地的应急计划委员会的方法，为化学事故应急响应做准备。一旦发生数量大于限定水平的任何危险物质泄漏，立即通知当地的应急计划委员会。化工企业有责任将其所涉及的危险物质的详细清单提交当地的应急计划委员会，并提交详细泄漏到环境或者作为废物运输的危险物质数量的年度报告。

另外，美国地方政府要具体监管地方的化学危险品的生产、经营企业，尤其是对重大危险源的监管和合理协调各地方具体部门的工作，包括提供产品和服务的机构和公益性机构。

2. 美国化工企业的事故应急响应职责

（1）制定本企业的应急响应计划，并对周围的居民进行宣传化学应急响应的知识；

（2）培训职工，使之熟悉企业的应急响应计划，并具备相应的知识和能力；

（3）按照法律的其他规定，在生产和经营中合理操作；

（4）通过完善管理，提高工艺，改进材料，减少事故发生的可能性；事故一旦发生，做出合理的反应。

3. 美国化学事故应急产品和服务的机构

在美国，化学事故应急产品和服务的机构主要是指提供化学应急响应需要的各类设备、通讯器材、防护用品和净化消毒用品的公司，以及提供危险化学品信息服务的中介组织。中介服务在化学应急响应系统建设中有诸多优势，很多从事化学反应应急研究的专家认为：应以民间的中介组织形式来提供化学应急响应系统所需要的有关技术和信息服务。

首先，通过民间组织提供有关信息服务，可获取更多有关应急响应的最新资料；而这些大量的资料对于应急响应中的官员来说是不可能有时间全部阅读的。

其次，通过民间组织可以建立更广泛的信息共享服务网络，即为各类制造商、运输商和使用者提供有关法律和技术支持的广泛的信息平台。通过网站和应急咨询网络等其他形式，可以为相关公司提供更为广泛的信息和制定更详细的计划，这样可以增强各个地方政府的应急响应能力。

4. 化学事故应急响应的研究机构和公益性机构

这部分机构是整个化学应急响应系统中范围最广的，包括各类研究所、学校、红十字会等。在化学事故应急响应系统中，这些机构作为重要的部门，必须遵从法律法规和应急救援的整体安排，从事相关应急救援活动。

5. 具体参与化学事故应急响应的政府部门

化学事故应急响应系统所涉及的政府部门包括消防局、环保局和劳动部下属的职业安全与健康署等。在美国，政府还在职业安全与健康署下专门成立了化学事故应急准备和消防局。在实际的化学事故应急响应过程中，消防局的任务最为艰巨，他们必须在化学事故发生时，及时派出消防队伍，赶赴现场，在做好消防人员防护的基础上，快速实施救援，控制事故发展；并将伤员救出危险区域和组织群众撤离、疏散，做好危险品的清除工作。

化学事故应急响应系统是一个系统工程，它的运作离不开各个部门的通力合作。

十、欧洲化学品安全管理与化学事故应急救援体系

（一）化学品安全管理

在化学品安全监督管理方面，欧盟制订了一系列的法规和标准，使欧盟各国在化学品安全监督管理方面保持一致，以消除贸易障碍。欧盟各国在化学品安全监督管理方面采取了以下一些具体做法。

1. 化学品的安全监督管理

（1）欧盟国家要求对化学品进行危害性鉴定、分类和评价。一种新化学品在成为商品投放到市场销售之前，必须进行危害性鉴定、分类和评价，测定其物理性质、化学性质、危险特性、环境数据、毒性和作业场所的健康危害数据。所有数据的测定必须由有资质的机构完成（其中环境数据、毒性和健康危害要到指定机构测定）。为此，企业将支付 10 万～50 万美元的费用。对现有化学品的危害性鉴定、分类和评价，欧盟要求建立统一的数据库。

（2）在取得完整的化学品危害性鉴定、分类和评价报告之后，生产企业到登记注册机构进行登记注册。登记注册机构对企业的新化学品危害性鉴定、分类和评价报告进行审查，符合法律规定条件的，办理新化学品的登记注册手续，取得登记注册证之后，方可生产、销售。现有化学品和首次进口的化学品也同样需要登记注册。

（3）在市场流通的化学品必须有安全标签和技术说明书。在欧洲考察期间，我们注意到化学品安全标签和运输标签在欧洲的使用已十分普遍。

2. 化学品作业场所的安全监督管理

欧共体对现有化学品的控制有专门的指令 793/93/EC；而化学品在生产、使用和储存各环节的重大危险源控制，则依据欧共体指令 96/82/EC 实施管理，德国、法国和荷兰各国的做法大致相同。

（1）生产（包括使用和储存）设施涉及的危险化学品量超过欧共体指令 96/82/EC 规定

的临界量后，定义为重大危险源。

（2）列为重大危险源的设施，要按照规定向政府主管部门提交安全报告，安全报告的内容应主要包括：工厂说明、相关安全设施说明、物质的危险性鉴别、工艺安全性分析、防止事故的措施、事故影响分析和应急计划等。

（3）政府主管部门组织专家对安全报告进行审查。对报告的内容产生疑问时，企业必须提供进一步的说明，必要时到现场核查。

（4）政府主管部门定期对重大危险设施和化学品生产企业进行检查。检查中，发现有问题的设施限期整改，整改达不到要求的限期停业整顿。

3. 危险货物运输的安全监督管理

欧盟国家执行的危险货物运输指令为 82/501EEC。对于危险货物的运输工具，要求每年检测合格后，方可持证运营；除从运人员（司机）需经专门培训获许可证之外，凡涉及危险货物的人员（库房管理、采购及装卸人员）均需进行专门培训；从事危险货物运输的公司需设专人，通晓《联合国危险货物运输建议书》，审核并辅助公司进行管理。

（二）欧盟的化学事故应急响应系统

欧盟国家国际性的化学事故应急救援行动由欧洲化学工业理事会组织实施。在欧盟国家内部和欧盟国家之间，建立运输事故应急救援网络。在这个"网络"的运作下，在欧盟范围内欧盟国家的产品发生事故时，都能得到有效的"救助"，从而使运输事故的危害在欧盟国家降到最低。具体的做法如下。

1. 通过欧洲化学工业理事会组成国际性的应急网络

目前，10个欧盟国家的化学工业协会都是欧洲化学工业理事会的成员，欧洲化学工业理事会已拥有2000多个成员企业。欧洲化学工业理事会的成员企业覆盖了整个欧盟地区。

欧盟还通过推行运输应急卡制度，加强化学事故应急响应能力。运输应急卡是欧盟国家运输危险货物的车辆必须携带的文件，以备紧急情况下使用；其主要内容包括货物的性状、危险类别、个体防护、一般应急措施、附加措施、火灾、急救及附加信息等。最后，欧盟国家对于化学事故应急响应规定了统一应答语言。ICE国家中心之间的联系统一使用英语。因此，国家中心的值班人员都要能使用英语进行应答，统一应急响应程序。

在欧盟国家内，化学事故应急分三个级别：一级，提供24h的电话、传真咨询；二级，派专家到事故现场进行技术指导；三级，派救援小组携带装备到事故现场进行救援活动。

2. 德国化学事故应急响应系统

在德国，一级应急救援的实施采用代理的方式，即企业将产品的相关信息提交给国家中心，由国家中心实施24h的电话、传真咨询。企业定期向国家中心支付一定数额的费用。

德国国家化学事故应急中心是三位一体的机构，即：TUIS、ICE国家中心和消防指挥中心。对于二、三级应急救援的实施，采用了就近原则，即通过国家中心调动事故地点附近的会员应急力量进行现场应急救援工作，国家中心提供应急所需的信息，必要时通知货主派员到现场参与救援工作。实施现场救援的费用通常由货主的保险商承担。

3. 法国化学事故应急响应系统

在法国，国家级预防化学事故的责任，与静止装置有关的属环境与生活部，与职业卫生有关的属劳动部，与危险品运输有关的属运输部。在地区级，控制和预防化学事故是省长的责任。

在实施化学事故救援中，主体力量为消防队，全国的消防队由内政部管理。

对于二、三级应急救援的实施，当发生事故时，由事故地点的行政首长负责指挥应急救援行动，消防队的特勤队到现场进行救援。在特定情况下，需要化工行业协助时启动"协议"，通过 TRANSAID 调动就近的企业参与现场的救援行动。企业应急力量的救援行动，必须在政府部门的统一指挥下进行。

法国二、三级应急费用的补偿比较特别，通常企业参与应急后不会提出费用问题，一旦企业要求应急费用补偿，补偿费由事故地点的政府支付。政府在支付补偿费之后，将通过法律程序向肇事者索取补偿费。

十一、日本灾害应急救援体制

日本建立了以内阁府为中枢，通过中央防灾会议决策，突发事件牵头部门相对集中管理的应急体制。1995 年阪神大地震后，日本政府进一步强化了政府纵向集权应急职能，实行中央、都（道、府、县）、市（町、村）三级防救灾组织管理体制。在中央一级，平时由内阁总理大臣召集相关部门负责人共同参与中央防灾会议。在地方一级，地方首长和相关人士共同参与地区性的防灾会议，制定地区性防灾计划。内阁府作为中枢，汇总、分析日常预防预警信息，制订防灾和减灾政策，承办中央防灾会议日常工作等。

1. 建立完善的统一管理体制

按照日本国家行政组织法规定而成立的中央防灾会议是全国防灾减灾工作的决策和领导部门，主席由首相担任，其成员为内阁中主要部门的长官，日常事务由国土厅负责，主要职能是制定和推进实施防灾基本计划与非常灾害紧急措施，审议防灾重要问题等。如图 11-10 所示。

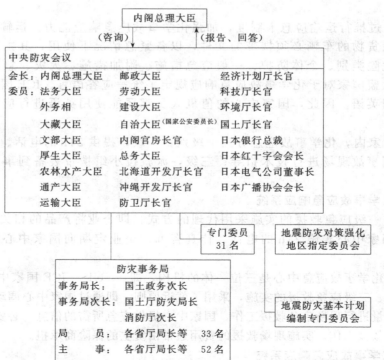

图 11-10 日本全国防灾减灾工作最高级领导机关及其组成

2. 建立分级管理的有机体系

（1）减灾体系分灾害监测预报体系和防灾体系　前者属业务范围的科研活动，进行灾害的科学研究和监测预报工作；后者属行政管理，实施具体的防灾减灾活动。

（2）灾害分等级管理　日本将灾害分为一般灾害和非常灾害两类。一般灾害属地方管理范围；非常灾害属国家管理。由于地震灾害的特殊性，国家还另外单独制定了地震灾害行政管理的办法。

（3）全国形成完整的有机的防灾系统　按日本行政系统设置，从中央、地方到基层，即从首相府到村均依法设立中央防灾会议（国家级）、都道府县防灾会议（省部级）、市町村防灾会议（基层）。各级防灾会议的性质、组成、职责均按"大震法"的规定设置，并且在灾害发生后，作为应急反应机构，各级政府自动转换为本行政部门的灾害对策总部。如县及县政府的各有关部门转为县对策总部的有关机构，县知事既是县防灾会议的主席，又是县灾害对策总部的负责人。这就形成了防灾减灾工作的整体协调一致的有机体系，如图 11-11 所示。

3. 依法管理

为了使国家和各级政府在灾害发生时，有组织、有秩序地顺利进行救援工作，或者在整个灾害过程中，使所有部门在一定的约束和规定下进行防灾减灾工作，日本先后于 1947 年、1961 年制定了灾害救助法、灾害对策基本法。到目前为止，日本国各方面已制定有关灾害的法律达百余个。其目的就是使日本国家设法确保灾害对策的综合性、计划性、制度化和对策的法制化、规范化，使减灾行动有效。日本灾害对策法制化建设，大大促进了日本防灾减灾事业的发展。

4. 计划管理

目前，按照日本灾害对策基本法的要求，日本各部门分别制定了防灾计划。总的来讲，日本的防灾计划分三类：一是国家级的防灾基本计划，二是防灾业务计划，三是地方防灾计划。其具体内容如表 11-13 所示。

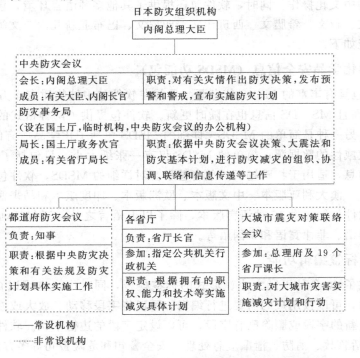

图 11-11　日本国家级与各省厅、都道府防灾会议组成

表 11-13 日本防灾计划类别、依据、制定者及内容概要

法律依据	计划名称	制定者、修正者	内 容 概 要
灾害基本法	防灾基本计划	中央防灾会议	1. 国家级有关防灾的综合性长期计划 2. 规定防灾业务计划、地方防灾计划要点 3. 规定防灾业务计划与地方防灾计划的基本事项
	防灾业务计划	指定行政部门 指定公共部门	1. 本部门业务范围内的防灾对策 2. 地方防灾计划地制定标准事项 3. 根据防灾基本计划确定本部门的防灾事项
	地方防灾计划	都道府县防灾会议	1. 都道府县及其有关的指定地方行政部门、指定地方公共部门和公共团体及其他防灾重要设施的管理者应处理的事务或业务事项 2. 关于防灾设施的新设与改进,防灾调查研究,教育训练,灾害预防,信息收集传递,灾害信息和灾害警报的发布传递,避难、消防、防水、救护、卫生等灾害应急对策和恢复等各项计划 3. 前两者所需劳务、设施、设备、物资、资金等的准备,调配、运输、通信等计划 4. 其他事项
		市町村防灾会议	内容基本与都道府县的计划相同

十二、澳大利亚化学品安全管理系统

ChemWatch 化学品安全管理软件包（CMP）是澳大利亚 Ucorp Pty 公司开发的化学品数据库管理系统。软件包包含了 14 万余种纯品和混合物的安全卫生信息，内容包括这些化学品的安全技术说明书（MSDS）、安全标签、应急响应信息、风险评估等内容。中国国家化学品登记注册中心与澳方共同合作，已将软件全部汉化，并加入了国内化学品管理方面的法律法规等内容。因此，软件包在提供中文格式的 MSDS、进行中文标签编辑的同时，还能进行其他所有的中文化操作。同时，软件包还提供了其他多种语言环境，包括英文、繁体中文、法文、德文、越文、希腊文、西班牙文、印尼文、巴布亚新几内亚文等多种语言。软件包所包含的功能如下。

（一）提供化学品安全信息（MSDS 功能包）

CMP 软件包具有丰富的 MSDS 信息源，目前在软件包中纯物质有 4 万余种，混合物则有 10 万余种，而且 MS—DS 信息也在随时更新。软件包提供了两种格式的 MSDS，一种是详细的 MSDS，另一种是简单的 MSDS。详细的 MSDS 包括了化学品所有的安全卫生信息，是化学品最具权威性的数据源；简单的 MSDS 仅有一张纸大小，只包括了 MSDS 中最主要的安全和卫生信息，适用于特殊场所的危害警示。对详细的 MSDS，软件包目前能提供六种版本：美国版本、澳大利亚版本、中文版本、欧洲版本、印度版本和马来西亚版本。而对简单的 MSDS，软件包能提供 17 种语言版本，除了以上语言之外，还包括阿拉伯语、意大利语、日语、朝鲜语、菲律宾语和泰国语等。

（二）安全标签编辑功能

软件包提供了 20 余种不同大小、形式的标签模板，同时用户也可以自定义标签模板。在自定义标签时，可以按用户的需要进行编辑。可以将字段移动、放大或缩小，也可以更改字段内容、建立新的字段或删除已有字段，可以设定字段的边框形状。软件提供的标准字段有 30 余种，包括急救、消防、泄漏应急处理、安全警句和危险警句等多方面的信息。同时，在标签上还可以加人图形和条形码等内容。

（三）环境计算功能包 CMP

软件包能根据 MSDS 中环境部分的信息来决定溢出和泄漏产品的环境转归。产品分布在土壤、地下水、空气、水生生物、悬浮沉淀物中的比例是根据产品的物理性质及其成分计算得到的。在没有实验数据的情况下，程序将利用数据库中的已有信息来计算。

（四）货物清单和储存管理功能

CMP 软件包的货物清单和储存管理包可以利用计算机模拟化学品储存库，计算储存库所需的布告，这些布告符合《安全工作及危险货物法规》的要求。包括 HAZCHEM 代码及危险货物菱形标志。CMP 可以快速给出某一储存库的危险性和危害性的汇总。在储存管理包中，还提供了两种报告——隔离报告和主要设施报告。隔离报告中根据危险货物禁配规则及法律法规的要求，识别在储存不相容物质时由于反应可能引起的诸如火灾、爆炸等问题，给出储存隔离报告。主要设施报告则包括是否有主要危害设施或是否有必要制定储存规则。

（五）风险评估功能

风险评估功能包主要根据澳大利亚安全工作指南"有害物质风险评估"来设计的，它可对作业场所化学品所造成的危害进行评估，给出评估结果和危害控制措施。系统可根据输入的信息自动评估，得出评估结论。软件包最后会给出进一步的建议，包括培训、监控和采取应急措施等。

（六）应急响应功能

功能包能够提供化学事故应急响应信息。输入事故物质后，软件可提供事故状态下化学品危害、火灾与泄漏控制措施、防护方法等各种应急资料，便于应急人员进行事故处理。包括化学事故应急响应咨询建议、应急指导程序和运输信息等。

十三、俄联邦危险化学品安全与救援

俄罗斯于 1994 年设立联邦紧急事务部负责整个联邦自然灾害和人为灾害应急救援统一指挥和协调，直接受命于总统。该部主要设有灾难预防司、国际合作司、放射物及其他灾害救助司、科学与技术管理司等部门，同时下挂森林灭火委员会、抗灾救灾委员会、海洋河流水下救灾委员会以及俄罗斯联邦营救执照管理委员会等机构。在俄罗斯联邦范围内，以中心城市为依托，特别情况部下设 9 个区域性中心，负责 89 个州的救灾活动。每个区域和州设有指挥控制中心，司令部往往设在有化学、石油工厂的城镇，下设搜索分队 80 个，每个分队约有 200 名队员。联邦紧急事务部及其所属应急指挥机构和救援队伍在应对自然和人为灾害中都发挥了重要作用。

俄联邦危险化学品的监管工作，主要由环保技术与原子能监督局危险化品设施监督司负责，其主要职能是制定危险化学品安全法律法规、负责危险化学品安全监管工作。

（1）危险化学品安全监管、监察工作。2004 年，俄监督部门共检查了 7826 家不同类型的化工企业。其中有 2533 家氨制冷企业、1717 家石化储存企业及易燃易爆企业、829 家化学与炼油企业、473 家液氯水处理企业和 1000 多家有毒、易爆品企业。在 2004 年的 12 个月中，各地化学品安全监督机构实施了 16261 次执法检查，提出 12.8 万条隐患整改意见，3501 家企业因安全条件不达标而被停产停业。有 3213 人受到纪律和行政处罚，由 1521 人受到经济处罚，罚款额为 54.5 万卢布。

（2）危险化学品安全许可工作。依据俄联邦政府关于危险化学品生产等相关许可规定，2004 年环保技术与原子能监督部门共发放了 13701 个安全生产许可证，其中由环保技术与原子能监督局颁发的有 2265 个，由地方督局颁发的有 11436 个。俄联邦安全生产许可证是分级发放、分级管理。

（3）危险化学品安全生产状况。俄联邦政府对危险化学品的监督管理工作做得非常细，其事故统计口径分油生产设施事故、化学和石油事故、炸事故、管线运输事故等。据分析，发生化学危险设施事故的主要原因：一是违反操作规程，约占事故总数的 28.5%；二是组织活动不合理，约占 31.43%。同时，安全培训不足也是事故多发的重要原因之俄联邦危险化学品的生产与使用持续呈上升趋势，而危险化学品事故发生量呈振荡态势。与 2003 年相比，2004 年事故死亡人数有所下降，但事故起数有所增加。

（4）危险化学品应急救援状况。联邦法律规定，企业负责危险化学品事故的应急救援工作。企业或者建立危化救援队伍，或者与有条件的应急机构签订救援合同，由专业应急救机构负责事故应急救援工作。同时，各地消防机构也是危化事故应急救援的重要力量，参与危化事故的应急处置工作。对于比较重大的危化事故，一般由国家紧急状态部负责处置。

第六节　危险化学品应急救援预案

一、危险化学品应急救援预案的概念

（一）危险化学品应急救援预案定义

危险化学品事故应急救援是指危险化学品由于各种原因造成或可能造成众多人员伤亡及其他较大社会危害时，及时控制危险源，抢救受害人员，指导群众防护和组织撤离，清除危害后果而组织的救援活动。

（二）危险化学品事故应急救援的基本任务

（1）控制危险源。

（2）抢救受害人员。

（3）指导群众防护，组织群众撤离。

（4）排除现场灾患，消除危害后果。

（三）危险化学品事故应急救援的基本形式

危险化学品事故应急救援按事故波及范围及其危害程度，可采取单位自救和社会救援两种形式。

1. 单位自救

《安全生产法》第六十九条规定：危险化学品的经营单位应当建立应急救援组织或指定兼职的应急救援人员；《条例》第五十一条也明确规定了单位内部发生危险化学品事故时，单位负责人对组织救援所负有的责任和义务。要求单位内部一旦发生危险化学品事故，单位负责人必须立即按照本单位制定的应急救援预案组织救援，并立即报告当地负有危险化学品安全监督管理职责的部门和公安、环境保护、质检部门。

2. 社会救援

《条例》第五十二条明确规定，发生社会事故时，当地人民政府和其他有关部门所负有的责任和义务，规定有关地方人民政府应当做好指挥、领导工作。

负有危险化学品安全监督管理职责的部门和环境保护、公安、卫生等有关部门，应当按照当地应急救援预案组织实施救援，不得拖延、推诿。

（四）危险化学品事故应急救援预案编制的目的

事故应急救援预案是为了提高对突发事故的处理能力，根据实际情况预计未来可能发生的事故，预先制定的事故应急救援对策，它是为在事故中保护人员和设施的安全而制定的行动计划。

编制应急救援预案的目的是要迅速而有效地将事故损失减至最少。应急措施能否有效地实施，在很大程度取决于预案与实际情况的符合与否，以及准备的充分与否。应急救援预案的总目标是：将紧急事故局部化，并尽可能予以消除；尽量缩小事故对人和财产的影响。

二、危险化学品应急预案的作用和意义

编制危险化学品急预案是应急救援准备工作的核心内容，是及时、有序、有效地开展应急救援工作的重要保障。应急预案在应急救援中的重要作用和意义有以下几点：

1. 确定应急救援的范围和体系

这样使应急准备和应急管理不再是无据可依、无章可循。尤其是培训和演习，它们依赖于应急预案：培训可以让应急响应人员熟悉自己的责任，具备完成指定任务所需的相应技能；演习可以检验预案和行动程序，并评估应急人员的技能和整体协调性。

2. 应急响应迅速、降低事故后果

应急行动对时间要求十分敏感，不允许有任何拖延。应急预案预先明确了应急各方的职责和响应程序，在应急力量和应急资源等方面做了大量准备，可以指导应急救援迅速、高效、有序地开展，将事故的人员伤亡、财产损失和环境破坏降到最低限度。此外，如果预先制定了预案，对重大事故发生后必须快速解决的一些应急恢复问题，也就很容易解决。

3. 奠定应对各种突发重大事故的响应基础

通过编制应急预案，可保证应急预案具有足够的灵活性，对那些事先无法预料到的突发事件或事故，也可以起到基本的应急指导作用，成为保证应急救援的"底线"。在此基础上，可以针对特定危害，编制专项应急预案，有针对性地制定应急措施，进行专项应急准备和演习。

4. 协调作用明显

当发生超过本单位应急能力的重大事故时，便于与应急有关部门进行协调。

5. 有利于提高全社会的风险防范意识

应急预案的编制，实际上是辨识重大风险和防御决策的过程，强调各方的共同参与。因此，预案的编制、评审以及发布和宣传，有利于社会各方了解可能面临的重大风险及其相应的应急措施，有利于促进社会各方提高风险防范意识和能力。

三、编制危险化学品应急救援预案的法律、法规依据

我国政府近年来相继颁布的一系列法律法规，如《关于特大安全事故行政责任追究的规定》《安全生产法》《危险化学品安全管理条例》《特种设备安全监察条例》《使用有毒物品作业场所劳动保护条例》《突发事件应对法》等，对危险化学品、特大安全事故、重大危险源等应急救援预案的制定都提出了相关的要求，是各级政府、企事业单位编制应急救援预案的

法律基础。

《安全生产法》第 17 条规定生产经营单位的主要负责人具有"组织制定并实施本单位的安全生产事故应急救援预案"的职责。第 33 条规定："生产经营单位对重大危险源应当制订应急预案，告知从业人员和相关人员在紧急情况下应当采取的应急措施"。第 68 条规定："县级以上地方各级人民政府应当组织有关部门制定本行政区域内特大安全生产事故应急救援预案，建立应急救援体系"。

《关于特大安全事故行政责任追究的规定》第 7 条规定："市（地、州）、县（市、区）人民政府必须制定本地区特大安全事故应急处理预案。本地区特大安全事故应急处理预案经政府主要领导人签署后，报上一级人民政府备案"。

《危险化学品安全管理条例》第 49 条规定："县级以上地方各级人民政府负责危险化学品安全监督管理综合工作的部门会同同级有关部门制定危险化学品事故应急救援预案，报经本级人民政府批准后实施"。第 50 条规定："危险化学品单位应当制定本单位事故应急救援预案，配备应急救援人员和必要的应急救援器材和设备，并定期组织演习。危险化学品事故应急救援预案应当报设区的市级人民政府负责化学品安全监督管理综合工作的部门备案"。

《特种设备安全监察条例》第 31 条规定："特种设备使用单位应当制定特种设备的事故应急措施和救援预案"。

《使用有毒物品作业场所劳动保护条例》规定："从事使用高毒物品作业的用人单位，应当配备应急救援人员和必要的应急救援器材、设备，制定事故应急救援预案，并根据实际情况变化对应急预案适时进行修订，定期组织演习。事故应急救援预案和演习记录应当报当地卫生行政部门、安全生产监督管理部门和公安部门备案"。

《职业病防治法》规定："用人单位应当建立、健全职业病危害事故应急救援预案"。

《消防法》规定："消防安全重点单位应当制定灭火和应急疏散预案，定期组织消防演习"。

《国务院关于实施国家突发公共事件总体应急预案的决定》（国发〔2005〕11 号）规定："各地区、各部门要按照党中央、国务院的部署，加强领导，统筹规划，狠抓落实，充分发挥应急预案在预防和应对突发公共事件中的重要作用，并在实践中不断补充和完善应急预案。"

《突发事件应对法》第 17 条规定："国家建立健全突发事件应急预案体系。国务院制定国家突发事件总体应急预案，组织制定国家突发事件专项应急预案；国务院有关部门根据各自的职责和国务院相关应急预案，制定国家突发事件部门应急预案。地方各级人民政府和县级以上地方各级人民政府有关部门根据有关法律、法规、规章、上级人民政府及其有关部门的应急预案以及本地区的实际情况，制定相应的突发事件应急预案。应急预案制定机关应当根据实际需要和情势变化，适时修订应急预案。应急预案的制定、修订程序由国务院规定"。第 18 条规定："应急预案应当根据本法和其他有关法律、法规的规定，针对突发事件的性质、特点和可能造成的社会危害，具体规定突发事件应急管理工作的组织指挥体系与职责和突发事件的预防与预警机制、处置程序、应急保障措施以及事后恢复与重建措施等内容"。第 23 条规定："矿山、建筑施工单位和易燃易爆物品、危险化学品、放射性物品等危险物品的生产、经营、储运、使用单位，应当制定具体应急预案，并对生产经营场所、有危险物品的建筑物、构筑物及周边环境开展隐患排查，及时采取措施消除隐患，防止发生突发事件"。

此外，与应急预案相关法规还有《中华人民共和国防震减灾法》《中华人民共和国防洪法》《中华人民共和国气象法》《中华人民共和国人民防空法》《中华人民共和国海上交通安全法》《中华人民共和国环境保护法》以及《中华人民共和国海洋环境保护法》等。

四、企业危险化学品应急救援预案编制

《安全生产法》第 69 条规定："危险物品的生产、经营、储存单位以及矿山、建筑施工单位应当建立应急救援组织；生产经营规模较小，可以不建立应急救援组织的，应当指定兼职的应急救援人员"。

《危险化学品安全管理条例》第 50 条第一款规定："危险化学品单位应当制定本单位事故应急救援预案，配备应急救援人员和必要的救援装备，并定期组织演练"。

制定危险化学品事故应急救援预案是减少危险化学品事故中人员伤亡和财产损失的有效措施，因为：

（1）通过事故应急预案的编制，可以发现事故预防系统的缺陷，更好地促进事故预防工作；

（2）应急组织机构的建立、各类应急人员职责的明确、标准化应急操作程序的制定，使危险化学品事故发生时每一个环节的应急救援工作可有序、高效地进行；

（3）应急预案的演练使每一个应急人员都熟知自己的职责、工作内容、周围环境，在事故发生时，能够熟练按照预定的程序和方法进行救援行动。

企业危险化学品应急救援预案（实例）如下。

××企业危险化学品应急救援预案

单位名称：（签章）

预案编号：

签 发 人：

    年 月 日发布   年 月 日实施

××××公司发布

目录（略）

1 引言

××公司系×××公司系×××企业，其中公司生产的产品中×××属于危化学品。搞好安全生产管理，防止各类危险化学品事故的发生，是公司义不容辞的责任。

为确保公司、社会及人民生命财产的安全，防止突发性危险化学品事故发生，并能够在事故发生的情况下，及时、准确、有条不紊地控制和处理事故，有效地开展自救和互救，尽可能把事故造成的人员伤亡、环境污染和经济损失减少到最低程度，做好应急救援准备工作，落实安全责任和各项管理制度。根据公司的实际情况，本着"快速反应、当机立断，自救为主、外援为辅，统一指挥、分工负责"的原则，按照国家安全生产监督管理局《危险化学品事故应急救援预案编制导则（单位版）》的规定，特制定×××公司险化学品事故应急救援预案。

2 引用文件

下列文件中的条文通过在本文引用而成为本预案的条文。凡是注日期的引用文件，其随后所有修改（不包括勘误的内容）或修订版均不适用本预案。凡是不注日期的引用

文件，其最新版本适用于本文。

《中华人民共和国安全生产法》（中华人民共和国主席令第 70 号）

《中华人民共和国职业病防治法》（中华人民共和国主席令第 60 号）

《中华人民共和国消防法》（中华人民共和国主席令第 83 号）

《中华人民共和国特种设备安全法》（中华人民共和国主席令第 60 号）

《危险化学品安全管理条例》（国务院令第 344 号）

《使用有毒物品作业场所劳动保护条例》（国务院令第 352 号）

《危险化学品名录》（国家安全生产监督管理局公告 2003 第 1 号）

《剧毒化学品目录》（国家安全生产监督管理局等 8 部门公告 2003 第 2 号）

《化学品安全技术说明书 内容和项目顺序》（GB/T 16483）

《危险化学品重大危险源辨识》（GB 18218）

《建筑设计防火规范》（GB 50016）

《石油化工企业设计防火规范》（GB 50160）

《常用化学危险品储存通则》（GB 15603）

《原油和天然气工程设计防火规范》（GB 50183）

《企业职工伤亡事故经济损失统计标准》（GB 6721）

3　术语

（1）危险化学品事故　指由一种或数种危险化学品或其能量意外释放造成的人身伤亡、财产损失或环境污染事故。

（2）应急救援　指在发生事故时，采取的消除、减少事故危害和防止事故恶化，最大限度降低事故损失的措施。

（3）预案　指根据预测危险源、危险目标可能发生事故的类别、危害程度，而制定的事故应急救援方案。要充分考虑现有物质、人员及危险源的具体条件，能及时、有效地统筹指导事故应急救援行动。

（4）分类　指对因危险化学品种类不同或同一种危险化学品引起事故的方式不同发生危险化学品事故而划分的类别。

（5）分级　指对同一类别危险化学品事故危害程度划分的级别。

4　××公司基本情况

4.1　生产情况

4.2　地理位置

4.3　交通情况

4.4　地质和气象

4.5　周边情况

4.6　基础设施

5　危险目标及其危险特性、对周围的影响

5.1　危险目标的确定

（1）公司级危险目标

（2）分厂（部门）级危险目标

5.2　危险目标的危险特性和对周边环境的影响

6　危险目标周围可利用的安全、消防、个体防护的设备、器材及其分布（略）

7　应急救援组织机构、组成人员和职责划分

7.1 指挥机构

7.2 主要职责

8 报警、通信联络方式

依据现有资源评估，公司采用以下报警、通信联络方式：

8.1 24h 有效报警装置

8.2 24h 内有效的内部、外部通信联络手段

9 事故发生后应采取的处理措施

公司员工实行严格的三级安全教育制度，每年度进行考核，并从班组、分厂到企业，实行化学事故预防和应急救援三级管理网络，充分提高职工的自救互救的能力，预防危险化学品事故及事故早发现、早处理技能。

9.1 事故处理预案

已确定的目标具有易燃、易爆、易腐蚀、有毒有害等危险性，因此，一旦发生事故，处理不当或失控，可能导致火灾、爆炸、多人中毒、灼伤和造成大面积的环境污染等严重危险状态。

9.2 事故处理原则

(1) 消除事故原因；

(2) 阻断泄漏；

(3) 把受伤人员抢救测量到安全区域；

(4) 危险范围内无关人员迅速疏散、撤离现场；

(5) 事故抢险人员应做好个人防护和必要的防范措施后，迅速投入排险工作。

10 人员疏散方案

听到某个区域需要疏散人员的警报时，区域内的人员迅速、有序地撤离危险区域，并到指定地点结合，从而避免人员伤亡。装置负责人在撤离前，利用最短的时间，关闭该领域内可能会引起更大事故的电源和管道阀门等。

10.1 事故现场人员的撤离

10.2 非事故现场人员紧急疏散

10.3 抢救人员在撤离前、撤离后的报告

10.4 周边区域的单位、社区人员疏散的方式、方法。

11 危险区的隔离（详见第十二章内容）

12 检测、抢救、救援及控制措施（详见第十二章内容）

13 受伤人员现场救护、救治与医院救治（略）

14 现场保护和洗消（详见第十二章内容）

15 应急救援保障体制

15.1 内部保障

15.2 外部救援

16 预案分级响应条件

17 事故应急救援终止程序

18 应急培训和演练计划

19 附件

(1) 组织机构名单；

(2) 值班联系电话；

（3）组织应急救援有关人员联系电话；

（4）危险化学品生产单位应急咨询服务电话；

（5）外部救援单位联系电话；

（6）政府有关部门联系电话；

（7）本单位平面布置图；

（8）消防设施配置图；

（9）周边区域道路交通示意图和疏散路线、交通管制示意图；

（10）周边区域的单位、社区、重要基础设施分布图及有关联系方式，供水、供电单位的联系方式；

（11）保障制度。（略）

五、政府危险化学品应急救援预案编制

各级人民政府负责全面领导安全生产工作，在各类事故的应急救援工作中处于组织指挥的核心地位。作为政府要确保平安，必须牵头抓好事故应急救援工作。《安全生产法》第 68 条规定："县级以上地方各级人民政府应当组织有关部门制订本行政区域内特大生产安全事故应急预案，建立应急救援体系"。国务院发布的《国务院关于特大安全事故行政责任追究的规定》中规定："地方政府对本地区或者职责范围内防范特大安全事故的发生、特大安全事故发生后的迅速和妥善处理负责"。为了防范特大安全事故的发生和妥善处理事故，地方政府应建立特大事故控制体系，而编制地方政府的事故应急救援预案是其中重要组成部分。

政府危险化学品应急救援预案是政府总体应急救援预案的子预案，它是针对危险化学品由于各种原因造成或可能造成众多人员伤亡及其他比较大的社会危害，为及时控制危险源、抢救受害人员，指导群众防护和组织群众撤离、消除危害后果，而制定的一套救援程序和措施。

编制政府危险化学品事故应急救援预案应在预防为主的前提下，贯彻统一指挥、分级负责、区域为主、单位自救与社会救援相结合的原则。危险化学品事故具有发生突然、扩散迅速、危害途径多、影响范围广的特点。因此，救援行动必须迅速、准确、有效，而且必须实行统一指挥下的分级负责制，以区域为主，并根据事故的趋势情况，采取单位自救与社会救援相结合的形式，充分发挥事故单位及地区的优势和作用。

政府危险化学品应急救援预案实例如下。

××市突发危险化学品事故应急救援预案

××省质量技术监督局

二〇一六年三月二十日

预案编写组成员（略）

目录（略）

1 总则

1.1 目的

为了提高对危险化学品事故处理的整体应急能力，确保我市在危险化学品生产经营

过程一旦发生突发事故，能够采取快速、有序的应急措施，有效地进行事故控制，保护人民群众生命和国家财产的安全，保护生态环境和资源，保证正常社会秩序，最大限度减少人员伤亡和财产损失，制定本预案。

1.2　工作原则

以人为本、预防为主，统一指挥、分级负责，条块结合、区域为主，单位自救和社会救援相结合。

1.3　事故应急救援的基本任务

1.3.1　抢救受害人员；

1.3.2　控制危险源；

1.3.3　指导人员防护，组织人员撤离；

1.3.4　做好现场清洁，消除危害后果；

1.3.5　查清事故原因，估算危害程度。

1.4　编制依据

（略）

1.5　适用范围

本预案适用于××市行政区域内可以预见的各类重大、特别重大突发危险化学品事故。

1.6　危险化学品生产、储存、使用现状

××市位于××省中东部，辖××、高新技术开发区、经济技术开发区六个行政区和××个县（市）。全市危险化学品涉及生产、储存、经营、运输、使用等多个环节；全市共有危险化学品从业企业831家，其中：生产企业119家；储存企业6家；经营企业591家（其中加油站312家）；运输企业15家；使用企业100家。

通过识别与评价，确定重大危险源108处，主要集中在××区和九站地区，重大危险源周边有居民34万余人。

经分析，重点目标单位比较集中，潜在威胁比较集中的有以下七个重点目标区：

一号目标区（略）。

2　组织机构及职责

2.1　组织机构与职责

2.1.1　组织机构

××市突发危险化学品事故应急救援指挥中心

指挥长：主管副市长

副指挥长：市安全生产监督管理局局长

市公安局副局长

市消防支队支队长

组成单位：

市安全生产监督局

市公安局

市消防支队

市交警支队

市卫生局

市质量技术监督局

市环境保护局

市气象局

市交通局

突发危险化学品事故应急救援指挥中心办公室设在安全生产监督局。

2.1.2 职责

2.1.2.1 突发危险化学品事故应急救援指挥中心负责贯彻国家有关危险化学品突发事故预防与救援法规；组织指挥危险化学品突发事故的处理和应急救援、人员疏散的实施；组织、协调指挥卫生、公安、交通、消防、环保等部门在危险化学品突发事故现场急救抢险工作；组织制订事故应急救援预案；负责人员、资源配置、应急队伍的调动；确定现场指挥人员；协调事故现场有关工作；批准本预案的启动与终止；确定事故状态下各级人员的职责；事故信息的上报与披露；组织应急预案的演练。

2.1.2.2 突发危险化学品事故应急救援指挥中心办公室负责应急救援力量统一调动、信息输出、指挥以及交通运输、通信系统的协调与组织；负责对上级机关的报告及联系工作。

2.2 队伍编成任务

2.2.1 快速反应力量

2.2.1.1 危险源控制组：负责在紧急状态下的现场抢险作业，及时控制危险源，并根据危险化学品的性质立即组织专用的防护用品及专用工具等。该组由市消防支队和市安监局组建，人员由消防队伍、企业义务消防抢险队伍、××石化公司建修公司堵漏中心和专家组成。

2.2.1.2 伤员抢救组：负责在现场附近的安全区域内设立临时医疗救护点，对受伤人员进行紧急救治并护送重伤人员至医院进一步治疗。该组由市卫生局和市安监局组建，由市卫生局急救中心或指定的具有相应能力的医院、消防支队、××市急救中心和××集团公司化救队组成。化救队负责现场受伤人员抢救，医疗机构负责受伤人员救治。

2.2.1.3 灭火救援组：负责现场灭火、现场伤员的搜救、设备容器的冷却、抢救伤员及事故后对被污染区域的洗消工作。该组由市消防支队组建。由市消防支队、企业义务消防抢险队伍组成。

2.2.1.4 安全疏散组：负责对现场及周围人员进行防护指导、人员疏散及周围物资转移等工作。由市公安局组建，由市交警支队、事故单位安全保卫人员和当地政府有关部门人员组成。

2.2.2 基本救援力量

2.2.2.1 安全警戒组：负责布置安全警戒，禁止无关人员和车辆进入危险区域，在人员疏散区域进行治安巡逻。该组由市公安局治安支队组成，由市公安局组建。

2.2.2.2 物资供应组：负责组织抢险物资的供应，组织车辆运送抢险物资。由市经贸委、市交通局等部门组成。由市经贸委组建。

2.2.2.3 环境监测组：负责对大气、水体、土壤等进行环境即时监测，确定危险物质的成分及浓度，确定污染区域范围，对事故造成的环境影响进行评估，制定环境修复方案并组织实施。由环境监测及化学品检测机构组成，该组由市环保局组建。

2.2.2.4 专家咨询组：负责对事故应急救援提出应急救援方案和安全措施，为现场指挥救援工作提供技术咨询。该组由市安全生产监督局组建，由市安全生产监督局和市质量技术监督局确定的专家组成。

进行应急救援时根据需要开设现场指挥所或成立现场指挥组。事故升级时，现场指挥由总指挥或副总指挥率部分指挥部成员组成，主要负责救援现场的组织协调。

各区组织实施辖区内受危险化学品事故危害或威胁的群众防护撤离。

事故单位应成立危险化学品事故应急救援指挥机构，主要负责组织单位自救，并接受上级管理部门调动。

3　预测、预警

3.1　事故监测与报告

根据危险化学品生产经营单位的实际情况，对其进行监测。

做到早发现、早报告。

3.2　预警级别及发布

按照突发事件严重性和紧急程度，分为一般（Ⅳ级）、较重（Ⅲ级）、严重（Ⅱ级）和特别严重（Ⅰ级）四级预警，并依次用蓝色、黄色、橙色和红色表示。

危险化学品事故的预警级别由市政府危险化学品事故应急救援组织机构成员单位会商后发布。

危险化学品事故的预警可通过广播、电视和报纸等新闻媒体向社会通告。

4　应急响应

4.1　分级响应

按突发事故可控性、严重程度和影响范围，原则上可按一般（Ⅳ级）、较大（Ⅲ级）、重大（Ⅱ级）、特别重大（Ⅰ级）四级启动相应预案。事故发生后，事故单位和相关县市区要马上上报市安全生产监督管理局。

4.2　响应程序

凡发生事故，首先应立即向"119"报警，同时报送市安全生产监督管理局。事故单位应尽快控制危险源和组织自救，市安监局接到报警后，应迅速做出判断，启动预案，调动相关救援队伍，组织救援。

一般事故救援以本单位组织自救为主，市消防支队视情况组织救援；较大事故救援除事故单位组织自救外，由市危险化学品事故应急救援相关单位组织救援；重大、特别重大事故救援除事故单位组织自救，市消防支队组织支援外，启动市级预案同时请求驻军防化部队配合救援。

运输过程中及外县（市）发生的危险化学品事故，首先由运输人员或事故单位自救，需要时可请求市消防支队组织救援。

4.3　指挥程序

第一步，指挥中心接到群众报警或一级、二级预警信息后，事故应急指挥机构即时成立，预案即时展开。指挥中心迅速调集快速反应力量，同时调动各相关部门及基本救援力量做好相应准备。

第二步，接到指令后，灭火救援组、危险源控制组、安全疏散组和伤员抢救组及安全警戒组立即出警，到达事故现场，采取救援工作，并保护现场。

第三步，物资供应组、环境监测组和专家咨询组进入现场，组织专家进行调查取证、查找危险源工作，并形成初步意见。

第四步，指挥中心收到各组信息反馈后，及时向领导小组汇报，并召开情况碰头会，研究相关问题，布置下步工作。

第五步，事故基本控制稳定后，指挥中心将根据专家意见，迅速调集力量展开事故处置工作。

以上各步程序按照现场实际情况可交叉进行或同时进行。

指挥程序由市政府主管副市长指挥，各成员单位按职责操作，明确专家队伍，建立专家咨询机制。遇较大事故时决策由指挥部做出，一般级别由县市区政府指挥协调。危险化学品事故重度危害区是抢险救人的重要区域，区域内的人员的防护撤离应在指挥部的统一指导下，由所在地区政府实施。撤离时应正确掌握时机并恰当控制范围，根据风向确定人群避险地点。原则上应向上风方向转移。重点岗位应留守人员并配备防护器材，要组织警卫加强治安管理，撤离道路应设立岗哨。

各级事故应急救援的现场，在其指挥部开设之前，均由消防部门负责指挥。现场指挥部一旦开设完毕，消防部门即是现场指挥部的成员之一，由现场指挥部行使指挥权。

4.4 新闻报道

事故新闻由指挥部指定专人严格审查，把握舆论方向。

5 后期处置

5.1 应急结束

由市危险化学品事故应急救援指挥中心根据危害解除的程度按分级响应级别逐级降低，直至结束。

5.2 善后处理

事故处理完毕后，所在县市区负责疏散人员的安置，并配合环保等部门做好污染物收集、现场清理与处理工作。

5.3 调查、总结

事故的调查总结工作由市安全生产监督管理局牵头组织实施。

6 保障措施

6.1 通信保障

通过移动和联通微波网络保持事故现场通讯畅通，指挥中心成员联络方式见附录。

6.2 设施设备保障

××公司救援队有5个救援站，分布在5个地区，有5辆专用救护车，30名专业防护员，15名专职司机，30名医护人员，各救援站共有空气呼吸器70具，公司内部可以调剂200具空气呼吸器，并配有防护服、担架、软梯、充气泵、医疗急救箱等救护设施。

××集团公司救援队有1辆专用救护车，8名专业防护员，6名专职司机，6名医护人员，有空气呼吸器107具，疏生器6台，急救药箱8套，防护服39套（其中全封闭式9套，半封闭式30套）。

市消防支队执勤人数462人，曲臂登高车3台，干粉车3台，泡沫车7台，高低压泵消防车1台，中低压泵消防车7台。

6.3 物资保障

建立物资调拨和组织生产方案。根据实际情况和需要，明确具体的物资储备、生产及加工的能力储备、生产工艺流程的技术储备。

6.4 其他保障

建立动态数据库，明确各类交通运输工具数量、分布、功能、使用状态等。建立健全有关交通运输企业、交通管制和线路规划等保障措施。必要时调动公交车辆。明确响应的应急准备措施、医疗卫生队伍和医疗卫生设备、物资调度等方案。

7 宣传、培训和演习

7.1 公众宣传教育

广泛宣传应急法律法规和预防、避险、自救、互救、减灾等常识。

7.2 培训

危险化学品生产经营单位和职能部门领导、应急管理和救援人员要参加上岗前和常识性培训。

7.3 应急预案演练

市安监局每年组织一次危险化学品事故应急救援演练。

8 附则

8.1 预案管理与修订

××市安监局负责预案的管理和更新，每年组织专家进行修订。

8.2 预案制定与解释

本预案由市安全生产监督局制定并负责解释。

8.3 预案实施时间

自公布之日起实施。

8.4 附件

附件1：××市危险化学品突发事故应急救援指挥中心

附件2：危险化学品事故应急指挥程序图

附件3：名词解释

附件4：重点目标区危险化学品的生产能力和储存量

附件5：主要危险化学品危害特性

第十二章

危险化学品事故现场抢险概述

第一节 概 述

一、危险化学品事故现场抢险的概念

危险化学品事故现场抢险是指危险化学品事故发生后，为了遏制事故的发展，减少人员、财产损失，降低环境污染，消除危害后果而采取的有效应急措施。

危险化学品事故现场抢险是近十年来产生的一门新兴的安全专业和职业，是安全科学技术学科的重要组成部分，其主要目标是控制危险化学品事故的发生与发展，并且尽可能地消除事故，减轻事故造成的损失和破坏。

二、危险化学品事故现场抢险的专业特征

危险化学品造成的事故与其他事故相比，危害更为严重。它具有这样几个特点：一是危险化学品物质大量意外排放或泄漏，容易造成人员的大量伤亡及巨大的财产损失。二是危险化学品事故对人体损害具有多样性，除了会造成死亡外，还会引起人体各器官系统暂时性或永久性的功能性或器质性损害，并且可能影响到后代。三是危险化学品事故发生后，会对环境造成长久的污染，环境被污染后消除极困难。四是危险化学品事故不受地形、气象和季节影响，随时随地都可能发生。五是危险化学品物质种类繁多，因而确定是哪种化学物质引起的伤害十分困难，确诊很难。六是危险化学品事故发生后，会引起爆炸或火灾事故，从而扩大事故的危害范围，造成更加严重的损失。因此当危险化学品发生后，必须及时控制危险源，抢救受害人员，指导群众防护和组织撤离，消除危害后果。

1. 控制危险源

及时控制造成事故的危险源是应急救援工作的首要任务，只有及时控制住危险源，防止事故的继续扩展，才能及时、有效地进行抢险。特别对发生在城市或人口稠密地区的危险化学品事故，应尽快组织工程抢险队与事故单位技术人员一起及时堵源，控制事故继续扩展。

2. 抢救受害人员

"救人第一"是危险化学品事故现场抢险工作的指导思想，也是危险化学品事故现场抢险工作的首要任务。在抢险救援行动中，及时、有序、有效地实施现场急救与安全转送伤员是降低伤亡率，减少事故损失的关键。

3. 指导防护，组织撤离

由于危险化学品事故发生突然、扩散迅速、涉及范围广、危害大，应及时指导和组织群众采取各种措施进行自身防护，并向上风方向迅速撤离出危险区或可能受到危害的区域。在撤离过程中应积极组织群众开展自救和互救工作。

4. 现场清消，消除危害后果

对事故中外逸的有毒有害物质和可能对人和环境继续造成危害的物质，应及时组织人员

予以清除，消除危害后果，防止对人的继续危害和对环境的污染。

第二节　危险化学品现场抢险的准备

危险化学品事故现场抢险是一项十分危险和技术性很强的工作。应当将抢险人员的技术培训放在首位。遵循"熟知危险化学品理化性能、了解事故设备结构和缺陷、掌握科学的方法和先进的应急处置器材"危险化学品应急处置三原则，这样才能保证在危险化学品事故现场抢险处置中做到有备无患。

一、从事危险化学品事故现场抢险的作业人员应具备的条件

（1）具有中专以上（含中专）文化程度；

（2）身体健康，无恐高、癫痫、四肢残疾等影响本岗位正常工作的病症；

（3）从事承压设备危险化学品事故抢险应具备3年以上（含3年）相关工作经验。

二、危险化学品事故抢险人员的技术培训

1. 危险化学品理论学习

参加危险化学品事故抢险的人员应熟练掌握各种危险化学品的特性、危险化学品泄漏对环境的污染和对人员的伤害，处置危险化学品事故的程序与要求，详见第一章内容。

2. 危险化学品事故现场抢险相关法规和标准学习

详见第一章第七节。

3. 抢险技术学习

（1）个人防护技术学习。

（2）破拆技术学习。

（3）救生技术学习。

（4）逃生技术学习。

（5）危险化学品事故堵漏方法技术学习，详见本书第十四、第十五章内容。

（6）消洗技术的学习，详见本章。

（7）泄漏物的收集与处理技术，详见本章。

4. 危险化学品事故抢险装备器材的训练

危险化学品事故抢险装备器材的训练包括个人防护器材训练，防火防爆器材训练，侦检器材训练，堵漏器材训练，洗消器材训练、输转器材训练以及除污等器材的训练等。

（1）防护器材训练　头盔，防毒面罩，防化服，防化防核服，防化、防刺、防高温、电绝缘手套，防化靴，空气呼吸器，固定或移动式供气源等器材的学习和使用。

（2）防火防爆器材训练　防爆应急灯及各种能够避免在抢险中产生机械火花而引爆爆炸性气体工具的学习和使用。

（3）侦检器材训练　可燃、有毒气体探测仪及监测装置，生命探测仪，红外火源探测仪，瓦斯遥测、报警、断电装置，侦检机器人，军事毒剂侦检仪，水质分析仪，烟雾视像仪，核放射探测仪，综合电子气象仪等的学习和使用。

（4）堵漏器材训练　详见本书第五至第九章内容。

（5）洗消器材训练　各种防化洗消车，小型洗消器，洗消、排水泵，高压清洗机，洗消帐篷热水器，排污、消毒设备，洗消剂等的学习和使用。

（6）救援转输器材训练　救援车，照明车，躯体固定气囊，发光救生线，逃生面具，可洗消担架，防爆强光照明灯，各种现场警告、警示标志，多功能毒液抽吸泵，有毒物质密封

桶，消防直升机等的学习和使用。

5. 模拟训练

模拟危险化学品事故现场抢险的泄漏、爆炸和污染等项内容进行训练和演习。增强实际抢险救援能力。

三、危险化学品事故现场抢险准备工作内容

根据危险化学品事故现场抢险工作的性质，应做好以下四个方面的准备工作：安全防护、现场组织指挥、事故了解和现场抢险作业的实施。

1. 安全防护

（1）进入危险化学品事故现场抢险危险区，必须依据泄漏化学品的性质和现场情况做好个人安全防护，如佩戴空气呼吸器，着防毒衣或防化服等。

（2）进入危险化学品事故现场、抢险现场的工程抢险车、消防车及救援车辆应停靠在安全位置，即停靠在危险化学品事故泄漏现场的上风或侧风方向。选择水源、部署抢险阵地和实施抢险展开的部位，要优先考虑上风和侧风方向。

2. 现场组织指挥

对于重大以上危险化学品事故应成立现场救援指挥部，对现场救援工作实施统一的组织指挥，积极协调民防、医疗、行业专业救援队、公安、军队的抢险救援行动。其组织机构包括：

（1）危险源控制组　负责在紧急状态下的现场抢险作业，及时控制危险源，并根据危险化学品的性质立即组织专用的防护用品及专用工具等。该组织由市消防支队和市安监局组建，人员由消防队伍、企业义务消防抢险队伍、专业堵漏队伍和专家组成。

（2）伤员抢救组　负责在现场附近的安全区域内设立临时医疗救护点，对受伤人员进行紧急救治并护送重伤人员至医院进一步治疗。由卫生局急救中心或指定的具有相应能力的医院、消防支队、急救中心和企业抢救队组成。抢救队负责现场受伤人员抢救，医疗机构负责受伤人员救治。

（3）灭火救援组　负责现场灭火、现场伤员的搜救、设备容器的冷却、抢救伤员及事故后对被污染区域的洗消工作。由地方消防支队、企业义务消防抢险队伍组成。

（4）安全疏散组　负责对现场及周围人员进行防护指导、人员疏散及周围物资转移等工作。由地方公安局组建，由地方交警支队、事故单位安全保卫人员和当地政府有关部门人员组成。

3. 事故了解

危险化学品事故现场救援指挥部应收集现场情况。指挥员到场后应立即向事故单位工程技术人员和知情人询问了解现场情况或现场组织侦检观察。

（1）有无人员伤亡，需要救助的人员及其数量；

（2）事故情况、蔓延情况、泄漏的准确部位、泄漏开口形式、大小，泄漏物质的种类、现场可用的控制泄漏源的其他措施、现场毒物的浓度分布和已扩散的范围等；

（3）设施情况、着火设施的形态及灾害发生的位置等；

（4）周围单位、居民、供电和火源情况；

（5）有无发生二次灾害（爆炸或爆燃）的可能性；

（6）单位采取了哪些应急措施，效果如何。

4. 抢险救援实施准备

（1）组成现场警戒组　设置警戒区域，如设立隔离带，严格控制人员、车辆的进出，并逐一登记。

（2）组成救人组　搜寻救助中毒受害人员，使中毒受害人员及时脱离危险区域，进行必要的现场急救，对中毒人员进行登记和标记，送交医疗急救；

（3）组成堵漏小组　根据泄漏介质及泄漏部位情况，采取措施，封堵为先，迅速消除泄漏；

（4）组成掩护组　实施抢险处置的掩护工作，如设置水幕，阻截和稀释现场毒气的浓度，改变其扩散方向；出水枪控制和消灭火势；出泡沫覆盖现场泄漏的液滩；出喷雾水掩护现场堵漏操作等；

（5）设立洗消点（站）　及时消除泄漏余毒，如对中毒受害人员、处置人员、现场地面、物体、现场使用的器材装备等染毒体进行洗消和检测。

第三节　危险化学品事故现场抢险的程序

造成危险化学品事故的因素是多方面的，引发的灾害也是各种各样的，但危险化学品事故现场抢险的程序可按照接报、调集抢险力量、设点、询情和侦检、隔离与疏散、防护、现场急救、泄漏处置、现场洗消、火灾控制、撤点等步骤进行。实际危险化学品事故抢险中，由于发生事故单位、地点、化学介质的不同，在抢险的程序中也会存在着差异。有些环节贯穿于危险化学品事故抢险的整个过程，如接报、侦检、警戒，而有些环节则因情况而定，如洗消；有时需要多个环节同时进行，有时要将有关环节适当延迟。目的是安全、快捷、彻底消除事故。

一、接报

接报是指接到执行危险化学品事故抢险的指示或要求救援的报告。接报是实施抢险救援工作的第一步，对成功实施抢险救援起到重要的作用。

接报人一般是事故单位的生产调度部门或应是消防总值班人。接报人应做好以下几项工作：

（1）问清报告人姓名、单位部门和联系电话；

（2）问明危险化学品事故发生的时间、地点、事故单位、事故原因、主要毒物、事故性质（毒物外溢、爆炸、燃烧）、危害波及范围和程度、对抢险救援的要求，同时做好电话记录；

（3）按抢险救援程序，派出抢险救援队伍；

（4）向上级有关部门报告；

（5）保持与急救队伍的联系，并视事故发展状况，必要时派出后继梯队予以增援。

二、调集抢险力量

根据接报时了解的危险化学品事故的规模、危害和发生的场所，迅速确定和派出第一出动力量。注意考虑同时调集其他社会抢险救援力量，带足有关的抢险救援器材，如空气呼吸器，防化服，毒物收集、输转、堵漏、洗消、照明等器材。

三、设点

各抢险救援队伍进入危险化学品事故现场，应选择有利地形（地点）设置现场抢险救援指挥部或救援、急救医疗点，完成设点工作程序。

各抢险救援点的位置选择关系到能否有序地开展抢险救援和保护自身的安全。抢险救援指挥部、救援和医疗急救点的设置应考虑以下几项因素：

（1）地点　应选在上风向的非污染区域，需注意不要远离事故现场，便于指挥和抢险救援工作的实施；

（2）位置　各抢险救援队伍应尽可能在靠近现场抢险救援指挥部的地方设点，并随时保持与指挥部的联系；

（3）路段　应选择交通路口，利于抢险救援人员或转送伤员的车辆通行；

（4）条件　指挥部、救援或急救医疗点，可设在室内或室外，应便于人员行动或群众伤员的抢救，同时要尽可能利用原有通信、水和电等资源，有利抢险救援工作的实施；

（5）标志　抢险指挥部、救援或医疗急救点，均应设置醒目的标志，方便抢险救援人员和伤员识别。悬挂的旗帜应用轻质面料制作，以便抢险救援人员随时掌握现场风向。

四、询情和侦检

采取询问和现场侦检的方法，了解和掌握危险化学品泄漏物种类、性质、泄漏时间、泄漏量、已波及的危害范围、潜在的险情（爆炸、中毒等）。

侦检是危险化学品事故处置的首要环节。在处置危险化学品事故时，必须加强侦检这一环节，利用检测仪器检测事故现场气体浓度和扩散范围，并做好动态监测。根据事故情况不同，派出若干侦察小组，对事故现场进行侦察，侦察小组由2～3人组成（其中一人为事故单位技术人员）。并做到：

（1）对不明危险化学品，应立即取样，送化验室化验、分析，确定名称、成分，同时根据检测仪器，确定泄漏物质种类、浓度、扩散范围；

（2）已知性质的危险化学品泄漏，可以用可燃气体检测仪确定危险范围和污染范围；

（3）受困人员情况侦察，有无人员被困；

（4）侦察泄漏情况，确定泄漏位置（容器、管线、阀门、法兰）、泄漏原因、泄漏程度；

（5）侦察环境，确定攻防路线、阵地；

（6）测定风向、风速等气象数据等。

五、隔离与疏散

1. 建立警戒区域

事故发生后，应根据危险化学品泄漏扩散的情况或火焰热辐射所涉及的范围建立警戒区，并在通往事故现场的主要干道上实行交通管制。建立警戒区域时应注意以下几项。

（1）警戒区域的边界应设警示标志，并有专人警戒；

（2）除抢险、消防人员以及必须坚守岗位的人员外，其他人员禁止进入警戒区；

（3）易燃危险化学品泄漏时，区域内应严禁火种。

2. 紧急疏散

迅速将警戒区及污染区内与事故抢险处理无关的人员撤离，以减少不必要的人员伤亡。紧急疏散时应注意：

（1）如事故物质有毒时，需要佩戴个体防护用品或采用简易有效的防护措施，并有相应的监护措施；

（2）应向侧上风方向转移，明确专人引导和护送疏散人员到安全区，并在疏散或撤离的路线上设立哨位，指明方向；

（3）不要在低洼处滞留；

（4）要查清是否有人留在污染区与着火区。

注意：为使疏散工作顺利进行，每个事故装置区内至少有两个畅通无阻的紧急出口，并有明显标志。

六、防护

抢险救援人员刚到现场时，绝不可贸然深入事故源附近区域，必须对事故现场危险性做出正确判断，并充分做好安全防护措施之后，方可展开全面抢险行动。进入事故现场，都要佩戴隔绝式呼吸器，进入内部执行关阀或堵漏任务的抢险人员内衣必须是纯棉，外着气密性防化服或其他型号的防化服。抢险指挥员要对事故现场的危险性进行准确评估，全面掌握危险源及危害程度，采取有效控毒、抑爆等措施，不能盲目进入。

根据事故物质的毒性及划定的危险区域，确定相应的防护等级，并根据防护等级按标准配备相应的防护器具，防护等级划分标准如表 12-1 所示。防护标准如表 12-2 所示。

表 12-1　防护等级划分标准

毒性＼危险区	重度危险区	中度危险区	轻度危险区	毒性＼危险区	重度危险区	中度危险区	轻度危险区
剧毒	一级	一级	二级	低毒	二级	三级	三级
高毒	一级	一级	二级	微毒	二级	三级	三级
中毒	一级	二级	二级				

表 12-2　防护标准

级别	形式	防化服	防护服	防护面具
一级	全身	内置式重型防化服	全棉防静电内外衣	正压式空气呼吸器或全防型滤毒罐
二级	全身	封闭式防化服	全棉防静电内外衣	正压式空气呼吸器或全防型滤毒罐
三级	呼吸	简易防化服	战斗服	简易滤毒罐、面罩或口罩

七、现场急救

在事故现场，危险化学品对人体可能造成的伤害为中毒、窒息、冻伤、化学灼伤、烧伤等。进行急救时，不论患者还是抢险救援人员都需要进行适当的防护。

1. 现场急救注意事项

（1）选择有利地形设置急救点；

（2）做好自身及伤病员的个体防护；

（3）防止发生继发性损害；

（4）2～3 人为一组集体行动，以便相互照应；

（5）救援器材需具备防爆功能。

2. 现场急救

针对不同危险化学品事故，采取的措施有关阀断源、倒罐转移、抢险堵漏、冷却防爆、注水排险、喷雾稀释、引火点燃、回收。坚持先救人，持封堵。其次是关阀断源、倒罐转移、实施堵漏，遇到易燃易爆的还应引火点燃。对有的毒性较大、无法引燃的要进行输转，进行无害处理。

（1）迅速将患者脱离现场至空气新鲜处；

（2）呼吸困难时给氧，呼吸停止时立即进行人工呼吸，心脏骤停时立即进行心脏按压；

（3）皮肤污染时，脱去污染的衣服，用流动清水冲洗，冲洗要及时彻底、反复多次，头面部灼伤时，要注意眼、耳、鼻、口腔的清洗；

（4）人员发生冻伤时，应迅速复温，复温的方法是采用 40～42℃ 恒温热水浸泡，使其温度提高至接近正常，在对冻伤的部位进行轻柔按摩时，应注意不要将伤处的皮肤擦破，以防感染；

（5）人员发生烧伤时，应迅速将患者衣服脱去，用流动清水冲洗降温，用清洁布覆盖创伤面，避免烧伤面污染，不要把水疱弄破，患者口渴时，可适量饮水或含盐饮料；

（6）使用特效药物治疗，对症治疗，严重者送医院观察治疗。

注意：急救之前，抢险救援人员应确信受伤者所在环境是安全的，另外，口对口的人工呼吸及冲洗污染的皮肤或眼睛时要避免进一步受伤。

八、泄漏处置

危险化学品泄漏事故发生后，不仅污染环境，对人体造成伤害，而且遇可燃物质，还有引发火灾爆炸的可能。因此，对泄漏事故应及时、正确处理，防止事故扩大。

泄漏处置一般包括泄漏源控制及泄漏物处理两大部分。

1. 泄漏源控制

可能时，通过控制泄漏源来消除化学介质的溢出或泄漏，带压堵漏，封堵为先。

在事故单位调度室的指令下，通过关闭有关阀门、停止作业或通过采取改变工艺流程、物料走副线、局部停车、打循环、减负荷运行等方法进行泄漏源控制。

（1）钢瓶泄漏必须由专业人员处理。尽可能将钢瓶移至安全区域再进行处置。操作时要注意钢瓶内压，预防开裂和爆炸的危险。如果泄漏发生在接头、阀门、减压装置等附件处，应使用专用工具消除。如果泄漏发生在液位以下，应尽可能改变钢瓶位置，使钢瓶内只泄出气体，同时冷却钢瓶减压。详见第八章内容。

（2）容器发生泄漏后，采取措施修补和堵塞裂口，制止危险化学品的进一步泄漏，对整个抢险处理是非常关键的。能否成功地进行堵漏取决于几个因素：接近泄漏点的危险程度、泄漏孔的尺寸、泄漏点处实际的或潜在的压力、泄漏介质的化学和物理特性。推荐堵漏方法如表 12-3 所示。

表 12-3　危险化学品事故堵漏方法推荐表

部位	泄漏形式	方　　　法
容器	砂眼	磁力堵漏、引流堵漏
	缝隙	磁力堵漏、引流堵漏、夹具捆绑堵漏法
	孔洞	磁力堵漏、引流堵漏、夹具捆绑堵漏法、注剂式堵漏
	裂口	磁力堵漏、引流堵漏、夹具捆绑堵漏法、注剂式堵漏
管道	砂眼	堵漏捆绑带法、引流堵漏、注剂式堵漏
	缝隙	磁力堵漏、引流堵漏、夹具捆绑堵漏、
	孔洞	磁力堵漏、引流堵漏、夹具捆绑堵漏法、注剂式堵漏
	裂口	磁力堵漏、引流堵漏、夹具捆绑堵漏法、注剂式堵漏
阀门	断裂	阀门堵漏工具、注剂式堵漏
法兰	界面	法兰夹具法

2. 泄漏物处理

事故现场危险化学品泄漏物要及时进行覆盖、收容、稀释、处理，使泄漏物得到安全可靠的处置，防止二次事故的发生。泄漏物处置主要有四种方法：

（1）围堤堵截　如果危险化学品为液体，泄漏到地面时会四处蔓延扩散，难以收集处理。为此，需要筑堤堵截或者引流到安全地点。储罐区发生液体泄漏时，要及时关闭雨水阀，防止物料沿明沟外流。

（2）稀释与覆盖　为减少大气污染，通常是采用水枪或消防水带向有害物蒸气云喷射雾状水，加速气体向高空扩散，使其在安全地带扩散。在使用这一技术时，将产生大量的被污染水，因此应疏通污水排放系统。对于可燃物，也可以在现场施放大量水蒸气或氮气，破坏燃烧条件。对于液体泄漏，为降低物料向大气中的蒸发速度，可用泡沫或其他覆盖物品覆盖外泄的物料，在其表面形成覆盖层，抑制其蒸发。

（3）收容（集） 对大型泄漏，可选择用隔膜泵将泄漏出的物料抽入容器内或槽车内；当泄漏量小时，可用沙子、吸附材料、中和材料等吸收中和。

（4）废弃 将收集的泄漏物运至废物处理场所处置。用消防水冲洗剩下的少量物料，冲洗水排入含油污水系统处理。详见本章第六节。

九、现场洗消

危险化学品事故发生后，事故现场及附近的道路、水源都有可能受到严重污染，若不及时进行洗消，污染会迅速蔓延，造成更大危害。洗消是消除现场残留有毒物质的有效方法。它是利用大量的、清洁的加温的水，对人员和事故发生地域进行清洗。当发生的灾害事故特别严重，仅使用普通清水无法达到洗消效果时，要使用特殊的洗消剂进行洗消。消洗的对象主要有：

1. 人员及其装备洗消

为减少污染的扩大，杜绝次生污染，在处置过程中，要对警戒区作业人员、器材装备、进行彻底的洗消，消除危化品对人体和器材装备的侵害，洗消后仍要通过一次检测，不合格者要返回重新洗消。洗消必须在出口处设置的洗消间或洗消帐篷内进行，洗消液要集中回收。

2. 环境洗消

环境洗消有两种方法。一是化学消毒法，把消防毒剂水溶液装于消防车水罐，经消防泵加压后，通过水带、水枪以开花或喷雾水流喷洒。二是物理消毒法，即用吸附垫、活性炭等具有吸附能力的物质，吸附回收后转移处理。也可用喷射雾状水进行稀释降毒。消洗内容详见本章第八节。

十、火灾控制

危险化学品事故容易发生火灾、爆炸灾害，但不同的危险化学品以及在不同情况下发生火灾时，其扑救方法差异很大，若处置不当，不仅不能有效扑灭火灾，反而会使灾情进一步扩大。此外，由于危险化学品本身及其燃烧产物大多具有较强的毒害性和腐蚀性，极易造成人员中毒、灼伤。因此，扑救化学危险品火灾是一项极其重要而又非常危险的工作。从事危险化学品生产、使用、储存、运输的人员和抢险救援人员平时应熟悉和掌握危险化学品的主要危险特性及其相应的灭火措施，并定期进行防火演习，加强紧急事态时的应变能力。

一旦发生火灾，每个职位都应清楚地知道他们的作用和职责，掌握有关消防设施的使用、人员的疏散程序和危险化学品灭火的特殊要求等内容。

1. 灭火对策

（1）扑救初期火灾 在火灾尚未扩大到不可控制之前，应使用适当移动式灭火器来控制火灾的使用。迅速关闭火灾部位的上下游阀门，切断进入火灾事故地点的一切物料，然后立即启用现有各种消防设备、器材，扑救初期火灾和控制火源。

（2）对周围设施采取保护措施 为防止火灾危及相邻设施，必须及时采取冷却保护措施，并迅速疏散受火势威胁的物资。有的火灾可能造成易燃液体外流，这时可用沙袋或其他材料筑堤拦截流淌的液体或挖沟导流，将物料导向安全地点。必要时用毛毡、海草帘堵住下水井、阴井口等处，防止火焰蔓延。

（3）火灾扑救 扑救危险化学品火灾决不可盲目行动，应针对每一类化学品，选择正确的灭火剂和灭火方法。必要时采取堵漏或隔离措施，预防次生灾害扩大。当火势被控制以后，仍然要派人监护，清理现场，消灭余火。

2. 几种特殊危险化学品的火灾扑救注意事项

（1）扑救液化气体类火灾，切忌盲目扑灭火势，在没有采取堵漏措施的情况下，必须保持稳定燃烧。否则，大量可燃气体泄漏出来与空气混合，遇着火源就会发生爆炸，后果将不堪设想。

（2）对于爆炸物品火灾，切忌用沙土盖压，以免增强爆炸物品爆炸时的威力；扑救爆炸物品堆垛火灾时，水流应采用吊射，避免强力水流直接冲击堆垛，以免堆垛倒塌引起再次爆炸。

（3）对于遇湿易燃物品火灾，绝对禁止用水、泡沫、酸碱等湿性灭火剂扑救。如碳化钙、碳化钾、碳化钠、碳化铝等，与消火水反应剧烈，放出可燃气体和热量，引起可燃气体自燃或爆炸。

（4）氧化剂和有机过氧化物的灭火比较复杂，针对具体物质应具体分析。

（5）扑救毒害品和腐蚀品的火灾时，应尽量使用低压水流或雾状水，避免腐蚀品、毒害品溅出；遇酸类或碱类腐蚀品，最好调制相应的中和剂稀释中和。

（6）易燃固体、自燃物品一般都可用水和泡沫扑救，只要控制住燃烧范围，逐步扑火即可，但有少数易燃固体、自燃物品的扑救方法比较特殊。如2，4-硝基苯甲醚、二硝基萘、萘等是易升华的易燃固体，受热放出易燃蒸气，能与空气形成爆炸性混合物，尤其在室内，易发生爆燃，在扑救过程中应不时向燃烧区域及周围喷射雾状水，并消除周围一切火源。

注意：发生危险化学品火灾时，灭火人员不应单独灭火，出口应始终保持清洁畅通，要选择正确的灭火剂，灭火时还应考虑人员的安全。

危险化学品火灾的扑救应由专业消防队来进行，其他人员不可盲目行动，待消防队到达后，说明泄漏介质特性，配合扑救。

危险化学品事故的特点是发生突然、扩散迅速、持续时间长、涉及面广。一旦发生危险化学品事故，往往会引起人们的慌乱，若处理不当，会引起二次灾害。因此，各企业应制订和完善危险化学品事故应急救援计划。让每一个职工都知道应急救援方案，并定期进行培训，提高广大职工对突发性灾害的应变能力，做到遇灾不慌，临阵不乱，正确判断，正确处理，增强人员自我保护意识，减少伤亡。

十一、撤点

撤点是指应急抢险救援工作结束后，离开现场或救援后的临时性转移。

（1）在抢险救援行动中应随时注意气象和事故发展的变化，一旦发现所处的区域受到污染或将被污染时，应立即向安全区转移。在转移过程中应注意安全，保持与救援指挥部和救援队的联系。

（2）抢险救援工作结束后，各救援队撤离现场以前须取得现场救援指挥部的同意。撤离前应做好现场的清理工作，并注意安全。

第四节　隔离与疏散

危险化学品事故中的泄漏物如果大量进入自然界中，必须及时做好周围人员及居民的紧急疏散工作。如何根据不同化学物质的理化特性和毒性，结合气象条件，迅速确定隔离与疏散距离是危险化学品事故现场抢险工作的一项重要课题。

一、国内危险化学品泄漏事故现场隔离与疏散区域确定

危险化学品泄漏事故现场隔离与疏散区域确定应根据毒物对人的急性毒性数据，适当考虑爆炸极限和防护器材等其他因素，确定划分为重度、中度、轻度危险区。

（一）重度危险区

在重度危险区滞留人员将会发生严重症状，不脱离该区，不经紧急救治，30min内有生命危险；只有少数佩戴氧气面具或隔绝式面具，并穿着防毒衣的人员才能进入该区；该区边界浓度相对高些。一般应尽量缩小重度危险区。

（二）中度危险区

在中度危险区滞留人员将会发生较严重的症状，但经及时治疗，一般无生命危险；抢险救援人员戴过滤式面具，可不穿防毒衣，能够活动2~3h；中度危险区是危险化学品事故现场抢险队伍救人的主要区域。

（三）轻度危险区

在轻度危险区内，有害物质浓度稍高于国家标准规定的车间最高容许浓度，在抢险现场不宜增大轻度危险区，以免增加救援力量；有轻度刺激，在其中活动能耐受较长时间，脱离染毒环境后，经一般治疗基本能自行恢复；在该区，抢险救援人员可对群众只作原则指导。

根据上述原则，常见危险化学品事故泄漏毒物危险区边界浓度，可参见表12-4。

表 12-4　常见危险化学品事故泄漏毒物危险区边界浓度

泄漏物名称	车间最高容许浓度/(mg/m³)	轻度危险区浓度/(mg/m³)	中度危险区浓度/(mg/m³)	重度危险区浓度/(mg/m³)	泄漏物名称	车间最高容许浓度/(mg/m³)	轻度危险区浓度/(mg/m³)	中度危险区浓度/(mg/m³)	重度危险区浓度/(mg/m³)
一氧化碳	30	60	120	500	氯化氢	15	30~40	150	800
氯气	1	3~9	90	300	氯乙烯	30	1000	10000	50000
氨	30	80	300	1000	苯	40	200	3000	20000
硫化氢	10	70	300	700	二硫化碳	10	1000	3000	12000
氰化氢	0.3	10	50	150	甲醛	3	4~5	20	100
光气	0.5	4	30	100	汽油	350	1000	4000	10000
二氧化硫	15	30	100	600					

（四）危险化学品事故现场警戒区

危险化学品事故发生后，现场的警戒对抢险工作的顺利进行是很重要的。现场警戒区的确定往往需要在开始就要进行，其大小要根据泄漏事故可能影响的范围、现场的地理环境、警戒力量的多少、气象情况等因素综合考虑。然而，在抢险救援工作的开始，现场警戒区的大小一般是先根据泄漏的物质性质和泄漏量来估计，此后，可再根据事故发展情况和现场处置工作的需要，进行调整。

危险化学品事故现场警戒区的估计因泄漏物质燃爆性及毒害性的不同而有所不同。

（1）燃爆气体泄漏　对于泄漏时间较长、泄漏较多量的现场，现场警戒区的半径为500m。对于边泄漏边燃烧的现场，现场警戒区的半径为300m。对于一般较小规模泄漏现场，现场警戒区的半径为100~200m。

（2）有毒气体泄漏　在无风时，现场警戒区的半径为350m。在有风时，于侧风向的警戒区宽为350m左右，于下风向则需要随风力的情况加长警戒区。

（五）化学泄漏事故扩散危害范围的估算

根据化学危险源扩散的一般规律和实际处置工作的需要，大型化学危险源扩散危害范围的估算主要解决危害纵深和危害地域的问题，以便为现场指挥员在制定救援决策时提供科学依据。

（1）危害纵深　危害纵深是指对下风向某处无防护人员作用的毒剂量，如正好等于轻度伤害剂量时，该处离事故点的距离。轻度伤害剂量一般可取化学危险源毒物半数致死剂量的0.04～0.05。

（2）危害地域　化学灾害事故发生时，其危险源所产生的毒气云团，在扩散过程中由于风的摆动、建筑物的阻挡及地形的影响，云团扩散的轨迹为摆动的带形，其外接扇形称为危害地域。

二、国外危险化学品泄漏事故现场隔离与疏散区域确定

鉴于我国目前尚无危险化学品事故隔离与疏散距离这方面的详细资料，因此推荐美国、加拿大和墨西哥联合编制的 ERG 2000 中的数据。这些数据是运用科学方式得到的数据。

（1）最新的释放速率和扩散模型；

（2）美国运输部有害物质事故报告系统（HMIS）数据库的统计数据；

（3）美国、加拿大、墨西哥三国 120 多个地方 5 年的小时气象学观察资料；

（4）各种化学物质、毒理学接触数据等四个方面综合分析而成，具有很强的科学性。

（一）隔离与疏散区图示法

紧急隔离带是以紧急隔离距离为半径的圆，非事故处理人员不得入内。如图 12-1 所示。下风向疏散距离是指必须采取保护措施的范围，即该范围内的居民处于有害接触的危险之中，可以采取撤离、密闭住所窗户等有效措施，并保持通信畅通以听从指挥。由于夜间气象条件对毒气云的混合作用要比白天来得小，毒气云不易散开，因而下风向疏散距离相对比白天的远。夜间和白天的区分以太阳降落和升起为准。

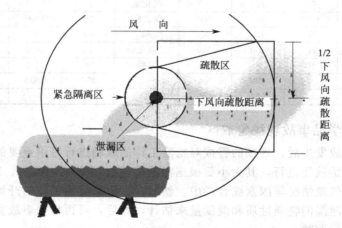

图 12-1　危险化学品事故隔离与疏散区域

（二）隔离与疏散区表格法

危险化学品泄漏事故现场隔离与疏散距离详见附录 1 内容。

使用该表内的数据还应结合事故现场的实际情况（如泄漏量、泄漏压力、泄漏形成的释放池面积、周围建筑或树木情况，以及当时风速等）进行修正。如泄漏物质发生火灾时，中毒危害与火灾爆炸危害相比就处于次要地位；如有数辆槽罐车、储罐或大钢瓶泄漏，应增加

泄漏的疏散距离；如泄漏形成的毒气云从山谷或高楼之间穿过，因大气的混合作用减小，表中的疏散距离应增加。白天气温逆转或在有雪覆盖的地区，或者在日落时发生泄漏，如伴有稳定的风，也需要增加疏散距离，因为在这类气象条件下污染物的大气混合与扩散比较缓慢（即毒气云不易被空气稀释），会顺下风向飘得较远。另外，对液态化学品泄漏，如果物料温度或室外气温超过 30℃，疏散距离也应增加。

最后请注意表中以下标记的含义：

（1）少量泄漏　小包装（＜200L）泄漏或大包装少量泄漏。

（2）大量泄漏　大包装（＞200L）泄漏或多个小包装同时泄漏。

第五节　危险化学品事故现场防护

危险化学品事故现场防护是指抢险救援人员在现场处置过程中个人的呼吸和体表皮肤的保护，以防止危险化学品泄漏物质对肌体的伤害。在危险化学品事故现场，抢险救援人员时常面对泄漏的有毒性、易燃易爆性、腐蚀的物质或严重缺氧的环境，加强个人的安全防护是非常重要的工作。

一、头部防护

在危险化学品事故现场头部防护不当易发生打击、烫伤、冻伤等伤害事故。为避免头部在带压密封技术作业时遭受伤害，作业人员应根据泄漏介质压力、温度等选择防尘帽、防水帽、防寒帽、安全帽、防静电帽、防高温帽、安全帽及防护头罩等，其质量必须符合 GB 2811 的规定。如图 12-2 所示。

二、眼面部防护

高速喷出的危险化学品泄漏介质、高温介质、腐蚀性介质等易造成作业人员眼损伤、失明、打击、烫伤、冻伤等事故。为避免眼面部在带压密封技术作业时遭受伤害，作业人员应根据泄漏介质化学性质、压力、温度、粉尘等选择防尘、防水、防冲击、防高温、防电磁辐射、防化学飞溅功能的防护眼镜和防护面罩，防护眼镜和防护面罩必须符合 LD 66 标准要求。如图 12-3 所示。

图 12-2　安全帽

图 12-3　防护面罩

三、呼吸系统防护

呼吸系统防护主要是防止有毒气体、蒸气、尘、烟、雾等有害物质经呼吸器官进入人体内，从而对人体造成损害。在尘毒污染、事故处理、抢救、检修、剧毒操作以及在狭小仓库内作业时，要求都必须选用可靠的呼吸器官保护用具。

1. 呼吸防护设备的种类

按用途分，呼吸器可分为防尘、防毒、供氧三类。按作用原理分，呼吸器分为过滤式（净化式）、隔绝式（供气式）两类。过滤式呼吸器的功能是滤除人体吸入空气中的有害气体、工业粉尘等，使之符合《工业企业卫生标准》。隔绝式呼吸器的功能是使戴用者的呼吸系统与劳动环境隔离，由呼吸器自身供气（氧气或空气）或从清洁环境中引入纯净空气维持人体正常呼吸，适用于缺氧、严重污染等有生命危害的工作场所戴用。

2. 呼吸器官的防护

选用原则：一要防护有效；二要戴用舒适；三要经济。工作现场既要考虑可能发生的染毒危害配备特殊的呼吸器，又要根据实际的污染程度选用呼吸器的品种。一般情况下，过滤式面具适合毒物浓度不高的场合，在毒物浓度高的情况下，另用氧气呼吸器或空气呼吸器。使用呼吸器前一定要检查完好，并学会正确的使用方法。

图 12-4　防尘口罩

（1）为避免呼吸器官遭受危险化学品粉尘伤害，作业人员应根据泄漏现场粉尘的性质选择自吸过滤式防尘口罩、送风过滤式防尘呼吸器，其质量必须分别符合 GB 2626—2006 规定。如图 12-4 所示。

（2）危险化学品事故现场有毒物质超过国家《工业企业设计卫生标准》时，应根据泄漏介质的毒性程度选择导管式防毒面具或直接式防毒面具，其技术性能应符合 GB 2890 规定的要求。所谓隔离式呼吸器是指人的呼吸与其作业环境彻底隔绝，如图 12-5 所示。分为自给氧式和长管式两种。

图 12-5　隔离式呼吸器

四、听觉器官防护

听觉器官是危险化学品事故现场重点防护部位。当危险化学品事故现场的噪音超过国家 GB 12348 标准规定时，为防御过量的声能侵入外耳道，使人耳避免噪声的过度刺激，减少听力损失，必须佩戴耳塞、耳罩或防噪音帽，耳塞和耳罩的产品性能应分别符合 GB 5893.1、GB 5893.2 的规定。如图 12-6 所示。

五、手部防护

在危险化学品事故现场，作业人员的手部将与险化学品介质接触，作业时必须根据泄漏介质的物理和化学性质选择防护用品。

（1）为避免手部在作业时遭受酸、碱类介质泄漏伤害，作业人员应根据酸、碱的性质佩戴耐酸碱手套，其质量应符合 LD 34 标准的规定；

（2）为避免手部在作业时遭受油类介质泄漏伤害，应佩戴耐油手套，其质量应符合 LD 34.4[4] 标准的规定；

（3）为避免手部在作业时遭受高温泄漏介质的伤害，应佩戴耐高温手套，其质量应符合 LD 59[4] 标准的规定。如图 12-7 所示。

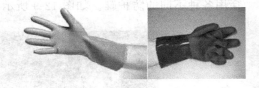

图 12-6　耳塞和耳罩　　　　　　　　　　图 12-7　手套

六、躯干防护

在危险化学品事故现场，作业人员的躯干防护用品可选择一般防护服、防水服、防寒服、防砸背心、防毒服、阻燃服、防静电服、防高温服、防电磁辐射服、耐酸碱服、防油服、防尘服等。作业时必须根据泄漏介质的物理和化学性质选择躯干防护用品。

（1）为避免躯干在作业时遭受高温危险化学品介质的伤害，作业人员应根据危险化学品介质温度选择阻燃防护服，其质量应符合 GB 8965 标准的规定；

（2）处置易燃、易燃危险化学品介质时，应选择防静电服，其质量应符合 GB 12014 标准的规定；

（3）处置酸类危险化学品介质时，应选择防酸服，其质量应符合 GB 24540—2009 标准的规定；

（4）处置油品类危险化学品介质时，应选择抗油拒水服，其质量应符合 GB/T 28895—2012 的规定；

（5）在粉尘环境条件下进行带压密封技术施工，应选择防尘服，其质量应符合 GB 20097—2006 的规定。

应根据作业环境的恶劣程度选用防护服品种。

① 在粉尘环境作业，应选用防尘服。

② 在高温环境，应穿隔热服。

③ 如若处理易燃易爆的危险化学品介质，为防止火花应穿防静电服。

④ 若处理油品介质，应穿抗油拒水服。

⑤ 若处理酸碱类介质，应穿防酸服。如图 12-8 所示。

七、足部防护

在危险化学品事故现场，可供作业人员选择的足部防护用品有防尘鞋、防水鞋、防寒鞋、防足趾鞋、防静电鞋、防高温鞋、防酸碱鞋、防油鞋、防烫脚鞋、防滑鞋、防刺穿鞋、电绝缘鞋、防震鞋等。

（1）处置易燃、易爆危险化学品时，作业人员应选择防静电鞋，其质量应符合 GB 12011—2009 的

图 12-8　防酸服

规定；

（2）处置酸、碱类危险化学品时，应选择耐酸碱鞋，其质量应符合相关标准的规定；

（3）处置高温危险化学品时，应根据泄漏介质温度选择高温防护鞋，其质量应符合 LD 32 标准的规定；

（4）处置油品类危险化学品时，应选择耐油防护鞋，其质量应符合相关标准的规定。

穿用各种不同的防护鞋。如图 12-9 所示。

图 12-9　防护鞋

八、无火花工具

处置易燃、易爆危险化学品时，除应佩戴安全防护用品外，所使用或选择的作业工器具必须符合相关标准的规定，严禁作业时产生静电或火花。如图 12-10 所示。

九、高处作业

在坠落高度基准面 2m 及 2m 以上进行危险化学品作业时，应按 GB/T 3608 国家标准选安全带，如图 12-11 所示。

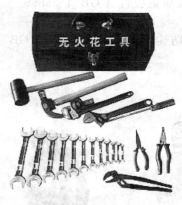

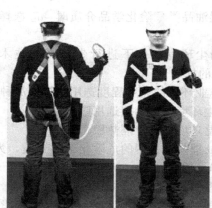

全身式(降落伞式)
具备缓冲装置
大口径脚手架挂钩
光滑金属件
安全钩包

胸式设计
无缓冲装置
小挂钩+反扣
锐利金属件

图 12-10　无火花工具　　　　　图 12-11　安全带

第六节　危险化学品事故现场急救

一、危险化学品事故现场急救的目的与意义

（一）挽救生命

通过及时有效的抢救措施，如对心跳呼吸停止的病人进行心肺复苏，以达到挽救生命的

目的。

（二）减少伤残

当发生危险化学品事故，特别是重大或灾害性事故时，不仅可能出现群体性化学中毒、化学性烧伤，往往还可能发生各类外伤及复合伤，诱发潜在的疾病或原来某些疾病恶化，现场急救时正确地对伤病员进行冲洗、包扎、复位、固定、搬运及其他相应处理可以大大地降低伤残率。

（三）稳定病情

在现场对伤病员进行对症、支持及相应的特殊治疗与处置，以使病情稳定，为进一步的抢救治疗打好基础。

（四）减轻痛苦

通过一般及特殊的急救和护理达到稳定伤病员情绪、减轻病人痛苦的目的。因此，危险化学品事故现场抢救关键是把好"抢"与"救"这两个字。"抢"是抢时间，时间就是生命。在救援行动中要充分体现出快速集结，快速反应，并必须采用可行、有效的措施来保证能以最快速度、最短时间让伤病员得到医学救护。因为现场抢救成败的关键除了高超的医疗技术、完善的医疗设备外，最重要的是抢救的有利时机。"救"是指对伤病员的救援措施和手段要正确有效，表现出精良的技术水准和随机应变的工作能力。实践证明，危险化学品事故应急救援成功的关键往往在于现场抢救，而现场抢救能否成功很大程度上又取决于现场抢救的组织与实施。

二、危险化学品事故现场急救基本原则

危险化学品事故现场急救，必须遵循"先救人后救物，先救命后疗伤"的原则，同时还应注意以下几点。

1. 救护者应做好个人防护

危险化学品事故发生后，化学品会经呼吸系统和皮肤侵入人体。因此，救护者必须摸清化学品的种类、性质和毒性，在进入毒区抢救之前，首先要做好个体防护，选择并正确佩戴好合适的防毒面具和防护服。

2. 切断毒物来源

救护人员在进入事故现场后，应迅速采取果断措施切断毒物的来源，防止毒物继续外逸。对已经逸散出来的有毒气体或蒸气，应立即采取措施降低其在空气中的浓度，为进一步开展抢救工作创造有利条件。

3. 迅速将中毒者（伤员）移离危险区

迅速将中毒者（伤员）转移至空气清新的安全地带。在搬运过程中要沉着、冷静，不要强抢硬拉，防止造成骨折。如已有骨折或外伤，则要注意包扎和固定。

4. 采取正确的方法，对患者进行紧急救护

把患者从现场中抢救出来后，不要慌里慌张地急于打电话叫救护车，应先松解患者的衣扣和腰带，维护呼吸道畅通，注意保暖；去除患者身上的毒物，防止毒物继续侵入人体。对患者的病情进行初步检查，重点检查患者是否有意识障碍，呼吸和心跳是否停止，然后检查有无出血、骨折等。根据患者的具体情况，选用适当的方法，尽快开展现场急救。

5. 选择合适的医疗部门

尽快将患者送就近医疗部门治疗，就医时一定要注意选择就近医疗部门以争取抢救时间。但对于一氧化碳中毒者，应选择有高压氧舱的医院。

三、常用现场急救基本方法

一个人因中毒而倒下后能否活下去，关键在于其进入濒死后的 4min 内是否得到及时的抢救。也就是说，如果能在他濒死的 4min 内给予其及时、正确的处理，就可能起死回生。因此，掌握必要的现场急救方法，对开展现场自救互救显得十分重要。下面介绍几种现场急救常用的基本方法。

（一）人工呼吸法

无论心跳存在与否，若长期呼吸中止，可造成机体缺氧而致死，特别脑组织缺氧时间稍长，便可产生不可逆转的损害。因此，当发现患者呼吸停止时，必须争分夺秒、不失时机地进行人工呼吸保持继续不间断供氧。

（二）胸外心脏按压法

患者出现突然深度昏迷、颈动脉或股动脉缺血、瞳孔散大、脸色土灰色或发绀，呼吸停止等症状时，可认为心搏骤停，应立即进行胸外心脏按压急救。

（三）中毒急救方法

急性中毒往往发生急骤，病情严重。因此，必须全力以赴，分秒必争，及时抢救。抢救方法如下。

（1）迅速将患者救离现场。这是现场急救的一项重要措施，它关系到下一步的急救处理和控制病情的发展，有时还是抢救成败的关键。

（2）采取适当方法进行紧急救护。迅速将患者移至空气新鲜处，松开衣领、紧身衣物、腰带及其他可能妨碍呼吸的一切物品，取出口中假牙和异物，保持呼吸道畅通，有条件时给氧。

（3）迅速将患者送往就近医疗部门做进一步检查和治疗。在护送途中，应密切观察患者的呼吸、心跳、脉搏等生命体征，某些急救措施如输氧、人工心肺复苏术等亦不能中断。

（四）烧烫伤紧急救护

（1）化学性皮肤烧伤　发生化学性皮肤烧伤时，应立即将患者移离现场，迅速脱去被化学物沾污的衣裤、鞋袜等，用足量流动清水冲洗创面 15min 以上。

（2）火焰烧伤　发生火焰烧伤时，应立即脱去着火的衣服，并迅速卧倒，慢慢滚动而压灭火焰，切忌用双手扑打，以免双手重度烧伤；切忌奔跑，以免发生呼吸道烧伤。

对中小面积的四肢创面可用清洁的冷水（一般 $10\sim20℃$，夏季 $3\sim5℃$）冲洗 30min 以上，然后简单包扎，去医院进一步处理。

（3）电击烧伤　发生电击烧伤时，要将创口用盐水或新洁尔灭棉球洗净，用凡士林油纱或干净的毛巾、手帕包扎好，去医院进一步处理。

（4）烫伤　对明显红肿的轻度烫伤，要立即用冷水冲洗几分钟，用干净的纱布包好即可。如果局部皮肤起水泡、疼痛难忍、发热，要立即冷却 30min 以上，若患处起了水泡，不要自己碰破，应就医处理，以免感染。

（5）化学性眼烧伤　发生化学性眼烧伤时，应立即用流动清水冲洗，以免造成失明。冲洗被烧伤的眼睛要在下方，防止冲洗过的水流进另一只眼睛。无法冲洗时，也可把脸部埋入清洁水中。清洗过程中一定要把眼皮掰开，眼球来回转动洗涤 20min 以上，充分冲洗后还要立即到医院眼科治疗。

（五）碰撞伤紧急救护

（1）手脚扭伤脱臼紧急救护　扭伤和脱臼都是由于关节受到过大力量冲击引起的。关节周围的组织断裂或拉长是扭伤，关节处于脱位状态是脱臼。不论处于哪种状态，千万不可试图自己使关节复位或强行扭动受伤部位使其复原。

（2）骨折紧急救护　　骨骼因外伤发生完全断裂或不完全断裂叫骨折。骨折时，局部疼痛，活动时疼痛剧烈，局部有明显肿胀并出现明显变形。骨折的急救非常重要，应争取时间抢救生命，保护受伤肢体，防止加重损伤和伤口感染。

（六）外伤紧急救护

身体的某部位被切割或擦伤时，最重要的是止血，如果是小的割伤，出血不多，可用卫生纸稍加挤压，挤出少许被污染的血，再用创可贴或纱布包扎即可。如果切割伤口很深，流出的血是鲜红色且流得很急，甚至往外喷，可判断为动脉出血，必须把血管压住（压迫止血点），即压住比伤口距离心脏更近部位的动脉（止血点），才能止住血。如果切割的器具不洁，简单进行创面处理后，要去医院注射破伤风预防针，同时注射抗生素，以防伤口感染。

第七节　危险化学品事故现场自救方法

危险化学品事故现场自救是指发生事故后，事故单位实施的救援行动以及在事故现场受到事故危害的人员自身采取的保护防御行为。

自救是危险化学品事故现场急救工作最基本、最广泛的救援形式。

一、危险化学品现场自救的基本原则

（1）非抢险人员应当遵循安全第一，主动、迅速、镇定、向外、离开事故现场的基本原则。

（2）自救是为了保全生命，所以应当选择比较安全的方法，尽快离开事故现场。在选择相应的逃生方法时，哪一种安全系数大就选哪一种。

（3）在自救过程中，主动比被动好，要采取积极的态度，不要错失良机。

（4）如果选择安全逃生，必须要速度快，迅速比迟缓好，事故的发展速度是相当快的，所以一定要行动敏捷。

（5）自救的过程中还要镇定，不慌不乱，树立坚定的求生欲望。

（6）向外逃生要比向里好，这样的安全系数要高一些。

二、危险化学品现场自救的基本方法

（一）要保持良好的心态

在危险化学品火灾突然发生的异常情况下，由于烟气及火的出现，多数人心理恐慌，这是最致命的弱点，保持冷静的头脑对防止惨剧的发生是至关重要的。以往的火灾中，有些人盲目逃生，如跳楼、惊慌失措，找不到疏散通道和安全出口等，失去逃生时机而死亡。在发生火灾时，保持心理稳定是逃生的重要前提，若能临危不乱，先观察火势，再决定逃生方式，运用学到的避难常识和人类的聪明才智就会化险为夷，把灾难损失降到最低限度。

（二）利用疏散通道和安全出口自救逃生

发生危险化学品火灾时，不要惊慌失措，应及时向疏散通道和安全出口方向逃生；疏散时要服从工作人员的疏导和指挥，分流疏散，避免争先恐后，朝一个出口拥挤，堵塞出口。盲目逃生，往往欲速则不达。

（三）自制器材逃生

危险化学品着火时，要学会利用现场一切可以利用的条件逃生，要学会随机应用，如将毛巾、口罩用水浇湿当成防烟工具捂住口、鼻；把被褥、窗帘用水浇湿后，堵住门口阻止火势蔓延；利用绳索或将布匹、床单、地毯、窗帘结绳自救。

（四）寻找避难所逃生

在无路可逃的情况下，应积极寻找避难处所。如到阳台、楼层平顶等待救援；选择火势、烟雾难以蔓延的房间，如厕所、保安室等，关好门窗，堵塞间隙，房间如有水源要立即将门窗和各种可燃物浇湿，以阻止或减缓火势和烟雾的蔓延。无论白天或者夜晚，被困者都应大声呼救，不断发出各种呼救信号以引起救援人员的注意，帮助自己脱离险境。

（五）在逃生过程中要防止中毒

危险化学品着火时会产生大量有毒气体。在逃生过程中应用水浇湿毛巾或用衣服捂住口鼻，采用低姿行走，以减小烟气的伤害。许多事实证明，匍匐爬行是避免毒气伤害的最科学的逃生方法。火灾中如果站着走，走不了多远便会窒息。

三、危险化学品火灾自救方法

（1）如果身上的衣物由于静电的作用或吸烟不慎而引起火灾时，应迅速将衣服脱下或撕下，或就地滚翻将火压灭，但注意不要滚动太快。一定不要身穿着火衣服跑动。如果有水可迅速用水浇灭，但人体被火烧伤时一定不能用水浇，以防感染。

（2）用毛巾、手帕捂鼻护嘴　因火场烟气具有温度高、毒性大、氧气少、一氧化碳多的特点，人吸入后容易引起呼吸系统烫伤或神经中枢中毒，因此在疏散过程中应采用湿毛巾或手帕捂住嘴和鼻（但毛巾与手帕不要超过六层厚）。注意不要顺风疏散，应迅速逃到上风处躲避烟火的侵害。由于着火时烟气大多聚集在上部空间，具有向上蔓延快、横向蔓延慢的特点，因此在逃生时不要直立行走，应弯腰或匍匐前进，但石油液化气或城市煤气火灾时不应采用匍匐前进方式。

（3）遮盖护身　将浸湿的棉大衣、棉被、门帘子、毛毯、麻袋等遮盖在身上，确定逃生路线后，以最快的速度直接冲出火场，到达安全地点，但注意捂鼻护口，防止一氧化碳中毒。

（4）寻找避难处所　如果走廊或对门、隔壁的火势比较大，无法疏散，可退入一个房间内（如卫生间），将门缝用毛巾、毛毯、棉被、褥子或其他织物封死（为防止受热，可不断往上浇水进行冷却），防止外部火焰及烟气侵入，从而达到抑制火势蔓延速度、延长时间的目的。无路可逃的情况下应积极寻找避难处所，如到室外阳台、楼房平顶等待救援。

（5）多层楼着火逃生　如果多层楼着火，楼梯的烟气火势特别猛烈时，可利用房屋的阳台、雨水管、雨篷逃生，也可采用绳索、消防水带，也可用床单撕成条连接代替，但一端应紧拴在牢固的采暖系统管道或散热气片的钩子上（暖气片的钩子）及门窗或其他重物上，再顺着绳索滑下。

（6）被迫跳楼逃生　如无条件采取上述自救办法，而时间又十分紧迫，烟火威胁严重，低层楼可采用被迫跳楼的方法逃生。首先应向地面上抛下一些厚棉被、沙发垫子，以增加缓冲，然后手扶窗台往下滑，以缩小跳楼高度，并保证双脚首先落地。

（7）火场求救方法　当发生火灾时，可在窗口、阳台、阴台、房顶、屋顶或避难层处向外大声呼叫，敲打金属物件、投掷细软物品，夜间可打手电筒、打火机等物品，用声响、光亮发出求救信号，引起救援人员的注意，为救援争取时间。

（8）利用疏散通道逃生 商场等公共建筑都按规定设有室内楼梯、室外楼梯，有的还设有自动扶梯、消防电梯等，发生火灾后，尤其是在初起火灾阶段，这都是逃生的良好通道。在下楼梯时应抓住扶手，以免被人群撞倒。不要乘坐普通电梯逃生，因为发生火灾时停电也时有发生，无法保证电梯的正常运行。

第八节 危险化学品事故现场洗消技术

危险化学品事故现场洗消技术是对现场染毒体残余的毒害作用进行彻底消除的一项重要手段。危险化学品事故中泄漏物如果不能采取有效措施进行抢险堵漏，或堵漏没有成功，大量的泄漏物不仅造成空气、地面、土壤、农作物、建构筑物表面的严重污染，化学毒物如果渗入地下，流入江河、湖泊等水体，还会导致水域的严重污染。为从根本上消除或降低毒源造成的污染，现场洗消作业在危险化学品事故抢险处置中是必不可少的一个环节。

一、危险化学品事故现场洗消概述

危险化学品事故现场洗消作业一般是在危险化学品事故泄漏已完全得到控制、中毒人员已被抢救出来后，开始全面展开。它是一项要求高、技术性强的现场处置工作。

1. 危险化学品事故现场洗消的作用

（1）洗消能降低事故现场的毒性，减少事故现场的人员伤亡；

（2）洗消能降低染毒人员的染毒程度，为染毒人员的医疗救治提供宝贵的时间；

（3）洗消能提高事故现场的能见度，提高危险化学品事故的处置能力；

（4）洗消能降低事故现场的污染程度，降低处置人员的防护水平，简化危险化学品事故的处置程序；

（5）洗消能缩小染毒区域，精简警戒人员，便于居民的防护和撤离；

（6）洗消能消除或降低毒物对环境的污染，最大限度地降低事故损失；

（7）洗消能使具有火灾爆炸危险的有毒物质失去燃爆性，消除事故现场发生燃烧或爆炸的威胁。

2. 危险化学品事故现场洗消的对象

危险化学品事故发生后，最有效的消除灾害影响的方法是洗消。其洗消对象包括：

（1）抢险作业人员的洗消；

（2）染毒群众的洗消；

（3）染毒地面的洗消；

（4）染毒空气的洗消；

（5）染毒水源的洗消；

（6）染毒衣物的洗消；

（7）染毒植物的洗消；

（8）染毒动物的洗消；

（9）染毒器材装备的洗消和染毒建构筑物的洗消。

3. 危险化学品事故现场洗消的原则

危险化学品事故现场洗消必须坚持"因地制宜、积极兼容、快速高效、专业洗消与指导群众自消相结合"的积极洗消原则。

"因地制宜，积极兼容"是因为重大及以上危险化学品事故现场的洗消任务重、时间性和技术性要求高。除大型企业具备自身洗消处理能力外，小型企业及公共场合发生的危险化学品事故多由当地公安消防部队处置。由于国家和地方政府对消防部队在危险化学品事故处置方面的专项投入有限，很多消防队伍还没有配备制式洗消器材，消防器材装备也十分有限。因此，公安消防部队在开展洗消工作时，必须立足于现有的消防器材装备，充分发挥它们的洗消优势来完成洗消任务。对于重大及以上危险化学品事故的发生，消防部队在组织实施洗消时，必须考虑到社会上现有的各种可用于洗消的器材装备，以满足危险化学品事故应急洗消的需要。

"快速高效"是由危险化学品事故的危害特点所决定的。泄漏的危险化学品的量大、毒性强、扩散范围广，任何受到污染的物体都可能引起人员的二次中毒危险。这从客观上要求现场洗消工作必须在完成现场堵漏等工作的同时，及时、快速和高效地实施现场染毒体的消毒工作，彻底地消除二次中毒的可能性，将危险化学品事故的危害降到最低限度。

"专业洗消与指导群众自消相结合"是指目前公安消防部队应急洗消的器材装备和技术水平还十分有限，所以公安消防部队平时不仅要提高自身的洗消技术业务水平，做到人人能消，人人会消；同时，还要加大宣传力度，提高群众的自消水平和自我保护意识，以满足危险化学品事故现场对应急洗消的需要。

二、危险化学品事故现场洗消的基本方法

危险化学品事故现场洗消技术按原理分有物理洗消方法和化学洗消方法两类。

（一）物理洗消方法

物理洗消法的实质是毒物的转移或稀释，毒物的化学性质和数量在消毒处理前后并没有发生变化。目前常用的方法有通风、稀释、溶解、收集输转、掩埋隔离等，目的是将染毒体的浓度降低、泄漏物隔离封闭或清离现场，消除毒物危害。

1. 吸附消毒法

吸附消毒法是利用具有较强吸附能力的物质来吸附化学毒物，如吸附垫、活性白土、活性炭等。吸附消毒法的优点是操作简单、操作方便、适用范围广、吸附剂无刺激性和腐蚀性；其缺点是只适于液体毒物的局部消毒，消毒效率较低。

2. 溶洗消毒法

溶洗消毒法是指用棉花、纱布等浸以汽油、酒精、煤油等溶剂，将染毒物表面的毒物溶解擦洗掉。此种消毒方法消耗溶剂较多，消毒不彻底，多用于精密仪器和电气设备的消毒。

3. 通风消毒法

通风消毒法适用于局部空间区域或者小范围的消毒，如装置区内、库房内、车间内、下水道内、污水井内等。根据局部空间区域内蒸气或有毒气体的浓度，可采用强制机械通风或自然通风的消毒方法。采用强制机械通风消毒时，局部空间区域内排出的蒸气或有毒气体不得重新进入局部空间区域；排毒通风口应根据有毒蒸气与空气的密度大小，合理确定排毒口的方位；若排出的毒物具有燃爆性，通风设备必须防爆。

4. 机械转移消毒法

机械转移消毒法是采用除去或覆盖染毒层的方法，同时可采用将染毒物密封掩埋或密封移走，使事故现场的毒物浓度得到降低的方法。例如，用推土机铲除并移走染毒的土层，用炉渣、水泥粉、沙土等对染毒地面实施覆盖等。这种方法虽然不能破坏毒物的毒性，但在危险化学品事故处置现场至少可在一段时间内，隔离和控制住毒物的扩散，使抢险人员的防护得以降低。

5. 冲洗消毒法

在采用冲洗消毒法实施消毒时，若在水中加入某些洗涤剂，如肥皂、洗衣粉、洗涤液等，冲洗效果比较好。冲洗消毒法的优点是操作简单、使用经济；其缺点是耗水量大，处理不当会使毒剂渗透和扩散，从而扩大染毒区域的范围。

物理洗消方法的实质是通过将毒物的浓度稀释至其最高容许浓度以下，或防止人体接触来减弱或控制毒物的危害，并未使毒物的分子得以破坏。因此，它多用于临时性解决现场的毒物危害问题。染毒现场经物理方法处理后，仍存在毒物的再次危害的可能性，如毒物随冲洗的水流流入下水道、河流，或深埋的毒物随雨水渗入地下水源等，再次造成危害。

（二）化学洗消方法

化学洗消方法是利用化学消毒剂与毒物发生化学反应，改变毒物的分子结构和组成，使毒物转变成无毒或低毒物质，从而达到消毒的目的。常用的化学洗消法有如下几种：

1. 中和消毒法

中和法是利用酸碱中和反应生成水的原理，处理现场泄漏的强酸强碱或具有酸（碱）性毒物的方法。

酸和碱都可强烈地腐蚀皮肤、设备，且具有较强的刺激性气味，吸入体内能引起呼吸道和肺部的伤害。当有大量强酸泄漏时，可用碱液来中和。如氢氧化钠水溶液、碳酸钠水溶液、氨水、石灰水等实施洗消。如果大量碱性物质发生泄漏时，如氨的泄漏，可用酸性物质中和消毒。如醋酸的水溶液、稀硫酸、稀硝酸、稀盐酸等。氨水本身是一种刺激性物质，用作消毒剂时其浓度不宜超过 10%，以免造成氨的伤害。无论是消毒酸还是消毒碱，使用时必须配制成稀的水溶液使用，以免引起新的酸碱伤害，中和消毒完毕，还要用大量的水进行冲洗。

2. 氧化还原消毒法

氧化还原消毒法是利用氧化还原反应，将某些具有低化合价元素的有毒物质，氧化成高价态的低毒或无毒物，或将某些具有高化合价元素的有毒物质，还原成低价的低毒或无毒物的方法。

例如磷化氢、硫化氢、硫磷农药、硫醇、含硫磷的某些军事毒剂等低价硫磷化合物，可用氧化剂，如三合二、漂白粉等强氧化剂，迅速将其氧化成高价态的无毒化合物。

3. 催化消毒法

催化消毒法是利用催化剂的催化作用，使有毒化学物质加速生成无毒物的化学消毒方法。例如，毒性较大的含磷农药能与水发生水解反应，生成无毒的水解产物，但反应速率很慢，达不到现场洗消的要求。若使用催化剂如碱，可加速此水解反应。因此，洗消某些农药染毒体时，可用碱水或碱醇溶液，进行现场的洗消。此外，催化氧化反应、催化光化反应等也可行。

催化消毒法只需少量的催化剂溶入水中即可，是一种经济高效，很有发展前途的化学消毒方法。

4. 燃烧消毒法

燃烧消毒法是将具有可燃性的毒物与空气反应使其失去毒性。因此，在对价值不大的物品消毒时可采用燃烧消毒法。但燃烧消毒法是一种不彻底的消毒方法，燃烧时可能会有部分毒物挥发，造成邻近或下风向空气污染，因此处置危险化学品事故时必须做好防护前期准备工作，同时要求洗消人员采取严格的防护措施。

5. 络合消毒法

络合消毒法是利用络合剂与有毒化学物质快速络合，生成无毒的络合物，使原有的毒物失去毒性。此法常用于氯化氢、氨、氢氰酸根的消毒。

洗消方法较多，各有特点和适用的范围。在进行染毒现场洗消时，应根据毒物的种类、泄漏量，以及毒物的性质、被污染或洗消的对象等因素来考虑洗消方法的选择。然而，洗消方法的选择应符合的基本要求是消毒要快，毒性消除彻底，洗消费用尽量低，消毒剂对人无伤害。

三、危险化学品事故现场洗消的方式

1. 固定洗消

固定洗消是一种接受被污染对象前来进行消毒去污的洗消方式。它适宜于消毒对象数量大，消毒任务繁重时采用。采取此方式需要设置洗消站，洗消站一般由人员洗消场和器材装备洗消场两大部分组成，并根据地形条件及洗消站可占用的面积，划定污染区和洁净区，污染区应位于下风向。

固定洗消站的位置一般应设在便于污染对象到达的非污染地点，并尽可能靠近水源，洗消场地可在应急准备阶段构筑完成。洗消站可按照任务量及洗消对象的情况，全面启动或部分启动。洗消站应在被污染对象进入处设置检查点，确定前来的对象有无洗消的必要或指出洗消的重点部位。

由洗消站派出的作业人员在被污染对象的集合点清点其数量，并会同运送被污染对象的负责人，将被污染的人员分成若干组，或将被污染的器材装备分成若干批，根据洗消站的容量和作业能力，确定每次进入洗消站的数量，使消毒去污工作有秩序地进行。

2. 移动洗消

移动洗消是针对需要紧急处理的人员而采取的消毒方式。一般对危险化学品事故现场周围的染毒地面、染毒道路、染毒水源、染毒建构筑物、染毒空气实施消毒都采用移动洗消。对危险区域完成工程抢险、消防任务而严重被污染的人员、器材装备，需要及时进行消毒，如果前往固定洗消站，就会耽误时机，造成较严重的伤亡后果。因此，洗消机构应派出洗消车组或作业人员随同抢险、消防队伍行动，在危险区边界外开设临时洗消场点。临时洗消点可同时接受被污染的伤员的洗消工作。

四、常用消毒剂简介

1. 氧化氯化型消毒剂

这类消毒剂适用于低价有毒而高价无毒的化合物的消毒。主要有三合二、氯胺、二氯胺等消毒剂。

（1）三合二　　三合二是指 3mol $Ca(ClO)_2$ 与 2mol $Ca(OH)_2$ 组成的消毒剂，其中 $Ca(ClO)_2$ 为漂白粉。它可配成乳浊液或粉状使用。

将其与水调制成 1:1 或 1:2 的水浆，可用于混凝土表面、木质以及粗糙金属表面的消毒。按 1:5 调制的悬浊液，可用于道路、工厂、仓库地面的消毒。

（2）氯胺　　氯胺主要有一氯胺和二氯胺。

一氯胺稍溶于酒精和水，其溶液呈混浊状。主要可用于对低价硫毒物进行消毒。用 18%～25% 的一氯胺水溶液，可对皮肤消毒；用 5%～10% 的一氯胺酒精溶液，可对器材消毒；用 0.1%～0.5% 的一氯胺水溶液，可对眼、耳、鼻、口腔消毒。

二氯胺溶于二氯乙烷、酒精，但不溶于水，难溶于汽油、煤油。用 10% 二氯胺的二氯乙烷溶液，可对金属、木质表面消毒，10～15min 后，再用氨水、水清洗；用 5% 二氯胺酒精溶液，可对皮肤和服装消毒，10min 后，再用清水洗。

2. 酸碱中和型消毒剂

（1）氢氧化钠　5％～10％的氢氧化钠水溶液，可用于对强酸，如硫酸、硝酸、盐酸泄漏流淌的地面、物体的表面进行消毒。

（2）氨水　市售的10％～25％的氨水，可用于具有酸性的毒物进行消毒。

（3）碳酸钠或碳酸氢钠　碳酸钠俗称苏打或纯碱，碳酸氢钠俗称小苏打。其水溶液都可用于对皮肤、服装上染有的各种酸进行中和。

3. 溶剂型消毒剂

（1）水　利用水浸泡、煮沸使有毒物水解而消毒，或利用水的稀释作用而减弱其毒害作用。

（2）酒精　可用于溶解某些有毒有害物，以提高洗消的效果。

（3）煤油或汽油　作为溶剂使用，主要用于某些高黏性有毒有害物的溶解，以便于进一步的消毒处理，提高洗消的效果。

五、危险化学品事故现场洗消工作的实施

（一）染毒人员的洗消

对染毒人员进行洗消，一般可用大量的、清洁的或加温后的热水进行；如果泄漏毒物的毒性大，仅使用普通清水无法达到洗消效果时，应该使用加入相应消毒剂的水进行洗消。

对皮肤的洗消，可按吸、消、洗的顺序实施。首先用纱布、棉花或纸片等将明显的毒剂液滴轻轻吸掉，然后用细纱布浸渍皮肤消毒液，对染毒部位由外向里进行擦拭，重复消毒2～3次。数分钟后，用纱布或毛巾等浸上干净的温水，将皮肤消毒部位擦净。

眼睛和面部的消毒要深呼吸，憋住气，脱掉眼镜，立即用水冲洗眼睛。冲洗时应闭嘴，防止液体流入嘴内。对面部和面罩，可将皮肤消毒液浸在纱布上，进行擦拭消毒，然后用干净的温水冲洗干净。

伤口染毒时，必须立即用纱布将伤口内的毒剂液滴吸掉。肢体部位负伤，应在其上端扎上止血带或其他代用品，用皮肤消毒液加数倍水或用大量清水反复冲洗伤口，然后包扎。

人员的洗消需要大量的洁净热水，有条件的单位可通过洗消装置或喷洗装置对人员进行喷淋冲洗。对人员洗消的场所必须密闭，同时要保障大量的热水供应。染毒人员洗消后经检测合格，方可离开洗消站。否则，染毒人员需要重新洗消、检测，直到检测合格。

对人员实施洗消时，应依照伤员、妇幼、老年、青壮年的顺序安排洗消。参战人员在脱去防护服装之前，必须进行彻底洗消，经检测合格后方可脱去防护服装。

（二）染毒器材装备的洗消

由于不同的器材装备使用的材质不同，因此其染毒程度和洗消方法也有差异。对金属、玻璃等坚硬的材料，毒物不易渗入，只需表面洗消即可；对木质、橡胶等松软的材料，毒剂容易渗透，需要多次进行洗消。在洗消时，应根据不同的材料，确定消毒液的用量和消毒次数。

对器材装备的局部，若进行擦拭消毒，应按自上而下，从前至后，自外向里，分段的顺序，先吸去明显毒剂液滴，然后用消毒液擦拭2～3次，对人员经常接触的部位及缝隙、沟槽和油垢较多的部位，应用铁丝或细木棍等缠上棉花或布，蘸消毒液擦拭。消毒10～15min后，用清水冲洗干净，并擦干上油保养。

对染毒器材若采用喷洗或高压冲洗的办法实施洗消，其洗消顺序一般为：

（1）集中染毒器材，实施洗消液的外部喷淋或高压冲洗；

（2）用洗消液对染毒器材的内部冲洗；

（3）将染毒器材可拆卸的部件拆开，并集中用洗消液喷淋或冲洗；

（4）用洁净水冲洗后，检测合格；

（5）擦拭干净上油保养，驶离洗消场。经检测不合格的器材，应重新洗消。

对忌水性的精密仪器，可用药棉蘸取洗消剂反复擦拭，经检测合格，方可离开洗消场。

对染毒车辆的洗消应使用高压清洗机、高压水枪等射水器材，实施自上而下的洗消。特别对车辆的隐蔽部位、轮胎等难以洗涤的部位，要用高压水流彻底消毒。各部位经检测合格，上油保养后，方可驶离现场。

（三）对危险化学品事故发生区及染毒区的洗消

1. 洗消的实施方法

对化学危险源及污染区的洗消作业包括对现场地面、道路、建筑物表面的消毒。

对染毒地面，应根据洗消面积的大小，在洗消组统一指挥下，集中洗消车辆，将消毒区划分成若干条和块，一次或多次反复作业。应该注意，对危险区域的地面洗消，不宜集中过多的车辆，可采取轮班作业的方法。

对建筑物表面或高源点附近设施表面的洗消，应充分发挥高压水枪、高压清洗泵的作用。

不论对何种对象的表面实施洗消，都必须达到消毒标准，因为喷洒一次消毒剂，并不等于一定能彻底消除危害。

2. 用于危险化学品事故发生及污染区的洗消装备器材

根据化学物质的性质选定了消毒药剂后，洗消人员要用一定的装备器材将消毒剂施放到染毒区域。洗消的装备器材除了化学洗消车外，还应考虑能够进行洗消应援的相关单位和相关器材，以解决危险化学品事故现场洗消器材的不足。这些器材因所需消毒范围大小的不同，所用消毒剂量多少的差异，可选用各种形式的器材，大到洒水车，小到喷雾器都可选用。

（1）喷洒车　喷洒车原是战时军队防化保障中所用的消毒车辆。在平时它可用来完成核化救援。

（2）消防车　消防车主要用于灭火，但需要时可用来喷洒消毒液实施洗消。

水罐消防车是消防部队最常用的一种消防车，车上装有水罐、水泵，有的还装有水炮，随车配备着水带、水枪和消防梯等消防器材。如用于洗消，可以喷水，也可以喷射预先配制的消毒液。近几年水罐消防车得到了较大的发展，出现了中低压泵水罐消防车、高低压泵水罐消防车，这些都是难得的洗消车辆。使用水罐消防车实施洗消时，尽可能选用罐内涂有聚酯层的中低压泵或高低压泵水罐消防车，以减轻洗消液对罐体的腐蚀，满足不同洗消对象的洗消要求，提高洗消效率。

泡沫消防车上装有较大容量的水罐、泡沫液罐、空气泡沫比例混合装置、水泵，有的还装有泡沫炮，随车配备着水带、水枪、泡沫枪等消防器材。用泡沫消防车实施洗消时，可用泡沫液罐盛放浓度较高的消毒液，经比例混合器与水混合后通过水枪或水炮喷向染毒区域或染毒地面。

干粉消防车是指装备干粉灭火剂罐和成套干粉喷射装置的灭火消防车。干粉消防车装有水罐、消防水泵、干粉灭火剂罐、高压气瓶或燃气发生器、干粉炮等消防器材。干粉消防车是采用化学消毒粉剂对化学危险源或污染区实施消毒的较理想装备，必要时干粉消防车也可作为洗消供水车使用。

此外，还有二氧化碳消防车、排烟消防车、高喷消防车、消防艇等，根据事故现场的具体情况都可用作消毒车辆。值得注意的是我国已研制出遥控消防车，它由装载消防车、自动行走喷射炮、遥控操纵器等部分组成。能自动监视、自动行进、自动探测、电视摄像、警报装置以及人工遥控。

（3）洒水车　洒水车是大中城市用来对道路洒水的车辆，平时用来洒水，实施化学救援时稍加改装装入消毒剂就可直接对地面实施洗消。

绿化部门还有一种对马路两旁的高大树木洒水或喷射杀虫药剂的车辆，配有小型水炮，能将水喷到一定高度。这种车辆在实施洗消时，可对染毒树木、染毒建构筑物、染毒的高位设备实施消毒。农用喷雾器、喷粉器是植物杀虫灭菌的防护器材，必要时它们可用作对地面和植物实施消毒的小型洗消器材。

（4）农用喷雾器　农业喷雾器常用于农田、果园、林场等场所的杀虫灭菌，它可作为化学救援的一种小型洗消器材，对地面和植物实施消毒。

农业喷雾器可分为背负式手动喷雾器和背负式机动喷雾器两种。

背负式手动喷雾器是利用打气筒加压的手动式喷雾器。

背负式机动喷雾器是一种轻便的喷粉、喷雾器材，由汽油发动机提供动力，带动鼓风机吹风，具有一定负压的空气流将药桶中的药剂或药液卷吸喷出。在阴雨天或空气湿度较大的时候，直接喷洒粉状药剂进行化学救援，可争取救援时间，使损害降低到最低限度。当危险化学品事故现场允许配制消毒药液时，应尽量喷洒药液消毒，药液反应速率快，药剂的消毒效率高，消毒剂的用量少。

六、危险化学品事故现场洗消应用举例

（一）氯气的洗消

氯气能部分溶于水，并与水作用能发生自氧化还原反应而减弱其毒害性。因此，在大量氯气泄漏后，除用通风法驱散现场染毒空气使其浓度降低外，对于较高浓度的泄漏氯气云团，可采取喷雾水直接喷射，使其溶于水中。在水中氯气发生的自氧化还原反应如下：

$$Cl_2 + H_2O \rightleftharpoons HCl + HClO$$

$$HCl \longrightarrow H^+ + Cl^-$$

$$HClO \rightleftharpoons H^+ + ClO^-$$

因此，喷雾的水中存在氯气、次氯酸、次氯酸根、氢离子和氯离子。次氯酸和稀盐酸因浓度不高，可视为无害。但是，氯在水中的自氧化还原反应是可逆的，即水中存在次氯酸和稀盐酸会阻止氯气的进一步反应，甚至当溶液的酸性增高到一定程度，还会导致从溶液中产生氯气。由此可见，用喷雾水洗消泄漏的氯气必须大量用水。

为了提高用水洗消的效果，可以采取一定的方法把喷雾水中的酸度减低，以促使氯气的进一步溶解。常用的方法是在喷雾水中加入少量的氨（溶液 pH＞9.5），即用稀氨水洗消氯气，效果比较好，但是在消毒时，洗消人员应戴防毒面具和着防护服。

稀氨水既能与盐酸、次氯酸反应，又能直接与氯气反应。这些反应如下：

$$2NH_4OH + 2Cl_2 \longrightarrow 2NH_4Cl + 2HClO$$

$$2HClO + 2NH_4OH \longrightarrow 2NH_4Cl + 2H_2O + O_2\uparrow$$

总反应式：

$$4NH_4OH + 2Cl_2 =\!=\!= 4NH_4Cl + 2H_2O + O_2\uparrow$$

因此，通过上述反应氯气可完全溶于氨水中，并转化为氯化铵、水和氧气。

（二）氰化物的洗消

氰化物包括氰化氢、氢氰酸、氰化钠、氰化钾、氰化锌、氰化铜等。氰化物的洗消可分为两部分，一是对气态的氰化氢的吸收消除，二是对氢氰酸及其盐类在水中的氢氰酸根的消毒。

1. 气态氰化氢的消除法

氰化氢溶于水，可用酸碱中和法和络合吸收法进行消毒。

酸碱中和法是利用氰化氢的弱酸性，可用中强碱进行中和，生成的盐类及其水溶液，经收集再进一步处理。洗消剂可用石灰水、烧碱水溶液、氨水等。

络合吸收法是利用氰根离子易与银和铜金属络合，生成银氰络合物和铜氰络合物，这些络合物是无毒的产物。例如，氰化氢过滤罐就有利用这种消毒原理的。在过滤罐内的吸附剂为氰化银或氰化铜的活性炭，其中活性炭是载体，但当其表面附着的氰化银或氰化铜遇到氰化氢后，能迅速进行络合反应，生成无毒的银氰络合物或铜氰络合物，而起到消毒作用。

2. 水中氰根离子的消毒

可采用碱性氯化法。此法是将含有氰根的水溶液，先调至碱性，再加入三合二消毒剂或通入氯气，利用生成的次氯酸与氰根发生氧化分解反应，而生成低毒或无毒的产物。

（三）光气（碳酰氯）的洗消

光气微溶于水，并逐步发生水解，但水解缓慢。根据光气的这种性质，可选用水、碱水如氨水、氨气作为消毒剂。其中氨气或氨水消毒剂能与光气发生迅速的反应，生成无毒的产物，反应如下：

$$4NH_3 + COCl_2 =\!=\!= CO(NH_2)_2 + 2NH_4Cl$$

反应的主要产物是脲和氯化铵。因此，可用浓氨水喷成雾状对光气等酰卤化合物消毒。但是在消毒时，洗消人员应戴防毒面具和着防护服。

危险化学品事故一旦发生，企业和抢险救援力量及消防部队必须立即投入到事故的抢险救援中，由于危险化学品事故具有一定的毒害性，对人员、器材装备和环境均能造成污染，只能通过洗消来消除这种危害，因此，危险化学品事故抢险工作中须牢固树立洗消，是抢险救援工作中一个必不可少的环节的意识，在处置事故后，必须因地制宜对染毒体进行洗消，使救援工作做到既消除了灾情，又彻底消除了污染。

第九节　危险化学品事故现场抢险中应注意事项

一、抢险救援人员的安全防护注意事项

（1）进入现场人员必须配备必要的个人防护器具，如呼吸器、工作服、工作帽、手套、工作鞋、安全绳等；

（2）进入警戒区的抢险人员要精干，消防队员要在自我防护的情况下进入警戒区；

（3）进入毒区必须着隔绝式防化服，佩戴空气呼吸器；防化服内手套、面罩等部位，着装前要先涂上滑石粉，以保护皮肤干燥；

（4）抢险人员在救援行动中，随时注意现场风向的变化，要从上风或侧上风方向进攻，并用喷雾水枪进行掩护；

（5）抢险现场使用的外佩戴空气呼吸器不能交叉使用，以免发生交叉感染。

二、抢险救援人员进入污染区注意事项

（1）救援人员进入污染区前，必须戴好防毒面罩和穿好防护服；

（2）执行救援任务时，应以 2～3 人为一组，集体行动，互相照应；

（3）带好通信联系工具，随时保持通信联系。

三、抢险救援中的注意事项

（1）危险化学品事故抢险作业中，要坚持"救人第一"的原则，对受害者要采取正确的营救措施。同时，也要对现场营救进行客观评估，避免不必要的伤亡；

（2）坚持统一指挥，严格危险化学品事故抢险程序展开。抢险和消防车辆停靠上风或侧上风方向，从上风和侧上风方向展开战斗；

（3）进行堵漏抢险时，尽可能地和事故单位的自救队或技术人员协同作战，以便熟悉现场情况和生产工艺，有利于堵漏工作的实施；

（4）危险化学品事故抢险救援所用的工具应选用防爆器具；

（5）抢险救援过程，后勤保障必须健全，要有足够的氧气（空气）供应。药剂、器材、保暖、饮食等方面供应要充足。

四、泄漏处理注意事项

（1）危险化学品泄漏物是易燃易爆介质时，应严禁明火，着防静电防护服。扑灭任何明火及任何其他形式的热源和火源，以降低发生火灾爆炸危险性；

（2）危险化学品泄漏事故，除受过特别训练的人员外，其他任何人不得试图清除泄漏物；

（3）对不明危险化学品泄漏介质，必须取样进行化验，不能凭经验来确定是什么危化品，应尊重科学；

（4）发生危险化学品泄漏污染时，消防队到场要视情况通知化学专家到场参与处置；

（5）处置危险化学品泄漏时，要采取措施防止其流入下水道及江河之中。

五、现场医疗急救中需注意事项

（1）危险化学品事故造成的人员伤害具有突发性、群体性、特殊性和紧迫性，现场医务力量和急救的药品、器材相对不足，应合理使用有限的卫生资源，在保证重点伤员得到有效救治的基础上，兼顾到一般伤员的处理。

（2）急救方法。对群体性伤员实行简易分型后的急救处理，即由经验丰富的医生负责对伤员的伤情进行综合评判，按轻、中、重简易分型，对分型后的伤员除了标上醒目的分类识别标志外，在急救措施上要按照先重后轻的治疗原则，实行共性处理和个性处理相结合的救治方法。

（3）注意保护伤员的眼睛。

（4）对救治后的伤员实行一人一卡，将处理意见记录在卡上，并别在伤员胸前，以便做好交接，有利伤员的进一步转诊救治。

（5）合理调用救护车辆。在现场医疗急救过程中，常因伤员多而车辆不够用，因此，合理调用车辆迅速转送伤员也是一项重要的工作。在救护车辆不足的情况下，对危重伤员可以在医务人员的监护下，由监护型救护车护送，而中度伤员实行几人合用一辆车，轻伤员可商调公交车或卡车集体护送。

（6）合理选送医院。伤员转送过程中，实行就近转送医院的原则。但在医院的选配上，应根据伤员的人数和伤情以及医院的医疗特点和救治能力，有针对性地合理调配，特别要注意避免危重伤员的多次转院。

（7）妥善处理好伤员的污染衣物。及时清除伤员身上的污染衣物，还需对清除下来的污染衣物集中妥善处理，防止发生二次伤害。

（8）统计工作。统计工作是现场医疗急救的一项重要内容，特别是在忙乱的急救现场，更应注意统计数据的准确性和可靠性，为日后总结和分析积累可靠的数据。

六、组织和指挥污染区群众撤离事故现场注意事项

（1）发生危险化学品事故后，应首先指导群众做好个人防护后，再撤离危险区域。

（2）防护可采取专业和就地取材两种方法。当防护用品不足时，可采用简易有效的防护措施保护群众。如用毛巾或布条扎住头部，在口、鼻处挖出孔口，用湿毛巾或布料捂住口、鼻，同时用雨衣、塑料布、毯子或大衣等物，把暴露的皮肤保护起来免受伤害。

（3）应指导群众向上风向快速转移至安全区域。也可就近进入民防地下工事，关闭防护门，防止事故的伤害。对于污染区一时无法撤出的群众，可指导他们紧闭门窗，用湿布将门窗缝塞严，关闭空调等通风设备和熄灭火源，等待时机再作转移。

（4）组织群众撤离危险区域时，应选择安全的撤离中线，避免横穿危险区域。进入安全区后，尽快去除污染衣物，防止继发性伤害。一旦皮肤或眼睛受到污染应立即用清水冲洗，并就近医治。

（5）发扬群众性的互帮互助和自救互救精神，帮助同伴一起撤离，对于做好救援工作，减少人员伤亡起到重要的作用。危重伤员应立即搬离污染区，就地实施急救。

第十三章
常见危险化学品应急处置

第一节 危险化学品火灾事故处置原则

危险化学品易发生着火、爆炸事故。不同的危险化学品在不同的情况下发生火灾时，其扑救方法差异很大，若处置不当，不仅不能有效地扑灭火灾，反而会使险情进一步扩大，造成不应有的财产损失。由于危险化学品本身及其燃烧产物大多具有较强的毒害性和腐蚀性，极易造成人员中毒、灼伤等伤亡事故。因此，扑救危险化学品火灾是一项极其重要又非常艰巨和危险的工作。从事危险化学品生产、经营、储存、运输、装卸、包装、使用的人员和处置废弃危险化学品的人员，以及消防、救护人员平时应熟悉和掌握这类物品的主要危险特性及其相应的灭火方法。只有做到知己知彼，防患于未然，才能在扑救各类危险化学品火灾中，百战不殆。扑救危险化学品火灾总的原则如下。

（1）先控制，后消灭。针对危险化学品火灾的火势发展蔓延快和燃烧面积大的特点，积极采取统一指挥、以快制快；堵截火势、防止蔓延；重点突破，排除险情；分割包围，速战速决的灭火战术。

（2）扑救人员应占领上风或侧风阵地。

（3）进行火情侦察、火灾扑救、火场疏散的人员应有针对性地采取自我防护措施。如佩戴防护面具，穿戴专用防护服等。

（4）应迅速查明燃烧范围、燃烧物品及其周围物品、用品名和主要危险特性、火势蔓延的主要途径。

（5）正确选择最适应的灭火剂和灭火方法。火势较大时，应先堵截火势蔓延，控制燃烧范围，然后逐步扑灭火势。

（6）对有可能发生爆炸、爆裂、喷溅等特别危险需紧急撤退的情况，应按照统一的撤退信号和撤退方法及时撤退（撤退信号应格外醒目，能使现场所有人员都看到或听到，并应经常预先演练）。

（7）火灾扑灭后，起火单位应当保护现场，接受事故调查，协助公安、消防监督部门和上级安全管理部门调查火灾原因，核定火灾损失，查明火灾责任，未经公安监督部门和上级安全监督管理部门的同意，不得擅自清理火灾现场。

归纳起来就是，危险化学品应急处置必须遵循"熟知危险化学品理化性能、了解事故包装物或容器结构和破坏缺陷、掌握科学的方法和先进的应急处置器材"三原则。只有这样才能在最短的时间内控制、减少甚至消除危险化学品泄漏、流失和扩散，避免火灾、爆炸、环境污染、中毒、人身伤害及财产损失等特重大事故的发生，使危险化学品抢险救援工作立于不败之地。

第二节　危险化学品典型事故应急处置

一、爆炸物品应急处置

爆炸物品一般都有专门或临时的储存仓库。这类物品由于内部结构含有爆炸性基因，受摩擦、撞击、震动、高温等外界因素激发，极易发生爆炸，遇明火则更危险。遇爆炸物品事故时，一般应采取以下基本对策。

（1）迅速判断和查明再次发生爆炸的可能性和危险性，紧紧抓住爆炸后和再次发生爆炸之前的有利时机，采取一切可能的措施，全力制止再次爆炸的发生。

（2）切忌用砂土盖压，以免增强爆炸物品爆炸时的威力。

（3）如果有疏散可能，人身安全应有可靠保障，应迅速组织力量及时疏散着火区域周围的爆炸物品，使着火区周围形成一个隔离带。

（4）扑救爆炸物品堆垛时，水流应采用吊射，避免强力水流直接冲击堆垛，以免堆垛倒塌引起再次爆炸。

（5）灭火人员应尽量利用现场现成的掩蔽堤或尽量采用卧姿等低姿射水，尽可能地采取自我保护措施。消防车辆不要采用靠近爆炸品太近的水源。

（6）灭火人员发现存在发生再次爆炸的危险时，应立即向现场指挥报告，现场指挥应迅速做出准确判断，确有发生爆炸征兆或危险时，应立即下达撤退命令。灭火人员看到或听到撤退信号后，应迅速至安全地带，来不及时，应就地卧倒。

二、压缩或液化气体应急处置

压缩或液化气体总是被储存在不同的容器内，或通过管道输送。其中储存在较小钢瓶内的气体压力较高，受热或受火焰熏烤容易发生爆裂。气体泄漏后遇着火源已形成稳定燃烧时，其发生爆炸或再次爆炸的危险性与可燃气体泄漏未燃时相比要小得多。遇压缩或液化气体事故一般采取以下基本对策。

（1）扑救气体事故切忌盲目扑灭火势，即使在扑救以及冷却过程中不小心把泄漏处的火焰扑灭了，在没有采取堵漏措施的情况下，也必须立即用长点火棒将火点燃，使其恢复稳定燃烧。否则，大量可燃气体泄漏出来与空气混合，遇着火源就会发生爆炸，后果将不堪设想。

（2）首先应扑灭外围被火源引燃的可燃物火势，切断火势蔓延途径，控制燃烧范围，并积极抢救受伤和被困人员。

（3）如果火势中有受到火焰辐射威胁的压力容器，能疏散的尽量在水枪的掩护下疏散到安全地带，不能疏散的应部署足够的水枪进行保护。为防止容器爆裂伤人，进行冷却的人员应尽量采用低姿射水或利用现场坚实的掩蔽体保护。对卧式储罐，冷却人员应选择储罐四侧角作为射水阵地。

（4）如果是输气管道泄漏着火，应设法找到气源阀门。阀门关闭好以后，只要关闭气体的进出阀门，火势就会自动熄灭。

（5）储罐或管道泄漏关阀无效时，应根据火势判断气体压力和泄漏口的大小及形状，准备好相应的堵漏材料，详见第九章内容。

（6）堵漏工作准备就绪后，即可用水扑救火势，也可用干粉、二氧化碳、卤代烷灭火，但仍需用水冷却烧烫的罐或罐壁。火扑灭后，应立即用堵漏材料堵漏，同时用雾状水稀释和驱散出来的气体。

（7）一般情况下完成了堵漏也就完成了灭火工作，但有时一次堵漏不一定成功，如果一次堵漏失败，再次堵漏需一定时间，应立即用长点火棒将泄漏处点燃，使其恢复稳定燃烧，以防止较长时间泄漏出来的大量可燃气体与空气混合后形成爆炸性混合物，从而潜伏发生爆炸的危险，并准备再次灭火堵漏。

（8）如果确认漏口非常大，根本无法堵漏，只需冷却着火容器及其周围容器和可燃物品，控制着火范围，直到燃气燃尽，火势自动熄灭。

（9）现场指挥应密切注意各种危险征兆，遇有火势熄灭后较长时间未能恢复稳定燃烧或受辐射的容器安全阀火焰变亮耀眼、尖叫、晃动等爆裂征兆时，指挥员必须适时做出准确判断，及时下达撤退命令。现场人员看到或听到事先规定的撤退信号后，应迅速撤退至安全地带。

（10）气体储罐或管道阀门处泄漏着火时，在特殊情况下，只要判断阀门的有效，也可违反常规，先扑灭火势，再关闭阀门。一旦发现关闭无效，一时又无法堵漏时，应迅速点燃，恢复稳定燃烧。

三、易燃液体应急处置

易燃液体通常也是储存在容器内或通过管道输送。与气体不同的是，液体容器有的密闭，有的敞开，一般都是常压，只有反应锅（炉、釜）及输送管道内的液体压力较高。液体不管是否着火，如果发生泄漏或溢出，都将顺着地面（或水面）漂散流淌，而且，易燃液体还有密度和水溶性等涉及能否用水和普通泡沫扑救的问题以及危险性很大的沸溢和喷溅问题，因此，扑救易燃液体事故往往也是一场艰难的战斗，遇易燃液体事故，一般应采取以下基本对策。

（1）首先应切断火势蔓延的途径，冷却和疏散受火势威胁的压力及密闭容器和可燃物，控制燃烧范围，并积极抢救受伤和被困人员。如有液体流淌时，应筑堤（或用围油栏）拦截漂散流淌的易燃液体或挖沟导流。

（2）及时了解和掌握着火液体的品名、密度、水溶性以及有无毒害、腐蚀、沸溢、喷溅等危险性，以便采取相应的灭火和防护措施。

（3）对较大的储罐或流淌事故，应准确判断着火面积。小面积（一般 $50m^2$ 以内）液体事故，一般可用雾状水扑灭。用泡沫、干粉、二氧化碳、卤代烷（1222，1301）灭火一般更有效。大面积事故则必须根据其相对密度、水溶性和燃烧面积大小，选择正确的灭火剂扑救。

比水轻又不溶于水的液体（如汽油、苯等），用直流水、雾状水灭火往往无效。可用普通蛋白泡沫或轻水泡沫扑灭/用干粉、卤代烷扑救时灭火效果要视燃烧面积大小和燃烧条件而定，最好用水冷却罐壁。

具有水溶性的液体（如醇类、酮类等），虽然从理论上讲能用水稀释扑救，但用此法要使液体闪点消失，水必须在溶液中占有很大比例，这不仅需要大量的水，也容易使液体溢出流淌，而普通泡沫又会受到水溶性液体的破坏（如果普通泡沫强度加大，可以减弱火势）；因此，最好用抗溶性泡沫扑救，用干粉或卤代烷扑救时，灭火效果要视燃烧面积大小和燃烧条件确定，也需用水冷却罐壁。

（4）扑救毒害性、腐蚀性或燃烧产物毒害性较强的易燃液体事故，扑救员必须佩戴防护面具，采取防护措施。

（5）扑救原油和重油等具有沸溢和喷溅危险的液体事故。如有条件，可采用放取水、搅拌等防止发生沸溢和喷溅的措施，在灭火同时必须注意计算可能发生沸溢、喷溅的时间和观察是否有沸溢、喷溅的征兆。指挥员发现危险征兆时应迅速做出准确判断，及时下达撤退命令，避免造成人员伤亡和装备损失。扑救人员看到或听到统一撤退信号后，应立即撤退至安全地带。

（6）遇湿易燃液体管道或储罐泄漏着火，在切断蔓延把火势限制在一定范围内的同时，对输送管道应设法找到并关闭进、出阀门，如果先用泡沫、干粉、二氧化碳或雾状水等扑灭地上的流淌火焰，为堵漏扫清障碍，其次再扑灭泄漏口火焰，并迅速采取堵漏措施。与气体堵漏不同的是，液体一次堵漏失败，可连续堵几次，只要用泡沫覆盖地面，并堵住液体流淌和控制好周围的火源，则不必点燃泄漏口的液体。

四、易燃固体、自燃物品应急处置

易燃固体、自燃物品一般都可用水和泡沫扑救，相对其他种类的危险化学品而言是比较容易扑救的，只要控制住燃烧范围，逐步扑灭即可，但也有少数易燃固体、自燃物品的扑救方法比较特殊，如2,4-二硝基苯甲醚、二硝基萘、萘、黄磷等。

（1）2,4-二硝基苯甲醚、二硝基萘、萘等是能升华的易燃固体，受热发出易燃蒸气。火灾时可用雾状水、泡沫扑救并切断火势蔓延途径，但应注意，不能以为明火火焰扑灭即已完成灭火工作，因为受热以后升华的易燃蒸气能在不知不觉中飘逸，在上层与空气形成爆炸性混合物，尤其是在室内，易发生爆燃。因此，扑救这类物品火灾千万不能被假象所迷惑。在扑救过程中应时不时向燃烧区域上空及周围喷射雾状水，并用水浇灭燃烧区域及其周围的一切火源。

（2）黄磷是自燃点很低，在空气中能很快氧化升温并自燃的自燃物品。遇黄磷火灾时，首先应切断火势蔓延途径，控制燃烧范围。对着火的黄磷应用低压水或雾状水扑救。高压直流水冲击能引起黄磷飞溅，导致灾害扩大。黄磷熔融液体流淌时应用泥土、砂袋等筑堤拦截并用雾状水冷却，对磷块和冷却后已固化的黄磷，应用钳子钳入储水容器中。来不及钳时可先用沙土掩盖，但应做好标记，等火势扑灭后，再逐步集中到储水容器中。

（3）少数易燃固体和自燃物品不能用水和泡沫扑救，如三硫化二磷、铝粉、烷基铅、保险粉等，应根据具体情况区别处理。宜选用干砂和不用压力喷射的干粉扑救。

五、遇湿易燃物品应急处置

遇湿易燃物品能与潮湿空气和水发生化学反应，产生可燃气体和热量，有时即使没有明火也能自动着火或爆炸，如金属钾、钠以及三乙基铝（液态）等。因此，这类物品有一定数量时，绝对禁止用水、泡沫等湿性灭火剂扑救。这类物品的这一特殊性给其火灾的扑救带来了很大的困难。

对遇湿易燃物品火灾一般应采取以下基本方法。

（1）首先应了解清楚遇湿易燃物品的品名、数量、是否与其他物品混存，燃烧范围、火势蔓延途径。

（2）如果只有极少量（一般50g以内）遇湿易燃物品，则不管是否与其他物品混存，仍可用大量的水或泡沫扑救。水或泡沫刚接触着火点时，短时间内可能会使火势增大，但少量遇湿易燃物品燃尽后，火势很快就会熄灭或减小。

（3）如果遇湿易燃物品数量较多，且未与其他物品混存，则绝对禁止用水或泡沫等湿性灭火剂扑救。遇湿易燃物品应用干粉、二氧化碳扑救，只有金属钾、钠、铝、镁等个别物品用二氧化碳无效。固体遇湿易燃物品应用水泥、干砂、干粉、硅藻土和蛭石等覆盖。水泥是扑救固体遇湿易燃物品火灾比较容易得到的灭火剂。对遇湿易燃物品中的粉尘如镁粉、铝粉等，切忌喷射有压力的灭火剂，以防止将粉尘吹扬起来，与空气形成爆炸性混合物而导致爆炸发生。

（4）如果有较多的遇湿易燃物品与其他物品混存，则应先查明是哪类物品着火，遇湿易燃物品的包装是否损坏，可先用开关水枪向着火点吊射少量的水进行试探，如未见火势明显增大，证明遇湿易燃物品尚未着火，包装也未损坏，应立即用大量水或泡沫扑救，扑灭火势后立即组织力量将淋过水或仍在潮湿区域的遇湿易燃物品疏散到安全地带分散开来。如射水试探后火势明显增大，则证明遇湿易燃物品已经着火且包装已经损坏，应禁止用水、泡沫、酸碱灭火器扑救，若是液体应使用干粉等灭火剂扑救，若是固体应使用水泥、干砂等覆盖，如遇钾、钠、铝轻金属发生事故，最好用石墨粉、氯化钠以及专用的轻金属灭火剂扑救。

（5）如果其他物品事故威胁到相邻的较多遇湿易燃物品，应先用油布或塑料膜等其他防水布将遇湿易燃物品遮盖好，然后再在上面盖上棉被并淋水。如果遇湿易燃物品堆放地势不太高，可在其周围用土筑一道防水堤。在用水或泡沫扑救事故时，对相邻的遇湿易燃物品应留有一定的力量监护。

由于遇湿易燃物品性能特殊，又不能用常用的水和泡沫灭火剂扑救，从事这类物品生产、经营、储存、运输、使用的人员平时应经常了解和熟悉其品名和主要危险特性。

六、氧化剂和有机过氧化物应急处置

氧化剂和有机过氧化物从灭火角度讲是一个杂类，既有固体、液体，又有气体；既不像遇湿易燃物品一概不能用水和泡沫扑救，也不像易燃固体几乎都可用水和泡沫扑救。有些氧化剂本身不燃，但遇可燃物品或酸碱能着火和爆炸。有机过氧化物（如过氧化二苯甲酰等）本身就能着火、爆炸，危险性特别大，扑救时要注意人员防护。不同的氧化剂和有机过氧化物火灾，有的可用水（最好雾状水）和泡沫扑救，有的不能用水和泡沫，有的不能用二氧化碳扑救。因此，扑救氧化剂和有机过氧化物火灾是一场复杂而又艰难的战斗。遇到氧化剂和有机过氧化物火灾，一般应采取以下基本方法。

（1）迅速查明着火或反应的氧化剂和有机过氧化物以及其他燃烧物的品名、数量、主要危险特性、燃烧范围、火势蔓延途径，能否用水或泡沫扑救。

（2）能用水或泡沫扑救时，应尽一切可能切断火势蔓延，使着火区孤立，限制燃烧范围，同时应积极抢救受伤和被困人员。

（3）不能用水、泡沫、二氧化碳扑救时，应用干粉，或用水泥、干砂覆盖。用水泥、干砂覆盖应先从着火区域四周尤其是下风向等火势主要蔓延方向覆盖起，形成孤立火势的隔离带，然后逐步向着火点进逼。

由于大多数氧化剂和有机过氧化物遇酸会发生剧烈反应甚至爆炸，如过氧化钠、过氧化钾、氯酸钾、高锰酸钾、过氧化二苯甲酰等。因此，专门生产、经营、储存、运输、使用这类物品的单位和场合对泡沫和二氧化碳灭火剂也应慎用。

七、毒害品、腐蚀品应急处置

毒害品和腐蚀品对人体都有一定危害。毒害品主要是经口或吸入蒸气或通过皮肤接触引起人体中毒的。腐蚀品是通过皮肤接触使人体形成化学灼伤。毒害品、腐蚀品有些本身能着火，有的本身并不着火，但与其他可燃物品接触后能着火。这类物品发生火灾时通常扑救不很困难，只是需要特别注意人体的防护。遇这类物品火灾一般应采取以下基本方法。

（1）灭火人员必须穿着防护服，佩戴防护面具。一般情况下采取全身防护即可，对有特殊要求的物品火灾，应使用专用防护服。考虑到过滤式防毒面具防毒范围的局限性，在扑救毒害品火灾时应尽量使用隔绝式氧气或空气面具。为了在火场上能正确使用和适应，平时应进行严格的适应性训练。

（2）积极抢救受伤和被困人员，限制燃烧范围。毒害品、腐蚀品火灾极易造成人员伤亡，灭火人员在采取防护措施后，应立即投入寻找和抢救受伤、被困人员的工作。并努力限制燃烧范围。

（3）扑救时应尽量使用低压水流或雾状水，避免腐蚀品、毒害品溅出。

（4）遇毒害品、腐蚀品容器泄漏，在扑灭火势后应采取堵漏措施。腐蚀品需用防腐材料堵漏。

（5）浓硫酸遇水能放出大量的热，会导致沸腾飞溅，需特别注意防护。扑救浓硫酸与其他可燃物品接触发生的火灾，浓硫酸数量不多时，可用大量低压水快速扑救。如果浓硫酸量很大，应先用二氧化碳、干粉等灭火，然后再把着火物品与浓硫酸分开。

八、放射性物品应急处置

放射性物品是能放射出人类肉眼看不见但却能严重损害人类生命和健康的 α、β、γ 射线和中子流的特殊物品。扑救这类物品火灾必须采取特殊的能防护射线照射的措施。平时经营、储存、运输和使用这类物品的单位及消防部门，应配备一定数量防护装备和放射性测试仪器。遇这类物品火灾一般应采取以下基本方法。

（1）先派出精干人员携带放射性测试仪器，测试辐射（剂）量和范围。测试人员应尽可能地采取防护措施。对辐射（剂）量超过 0.0387C/kg 的区域，应设置写有"危及生命、禁止进入"的文字说明警告标志牌。对辐射（剂）量小于 0.0387C/kg 的区域，应设置写有"辐射危险、请勿接近"警告标志牌。测试人员还应进行不间断巡回监测。

（2）对辐射（剂）量大于 0.0387C/kg 的区域，灭火人员不能深入辐射源纵深灭火进攻。对辐射（剂）量小于 0.0387C/kg 的区域，可快速出水灭火或用泡沫、二氧化碳、干粉扑救，并积极抢救受伤人员。

（3）对燃烧现场包装没有破坏的放射性物品，可在水枪的掩护下佩戴防护装备，设法疏散，无法疏散时，应就地冷却保护，防止造成新的破损，增加辐射（剂）量。

（4）对已破损的容器切忌搬动或用水流冲击，以防止放射性污染范围扩大。

九、可燃有毒固体-潮湿/减敏爆炸物应急处置

（一）潜在危害

1. 火灾或爆炸

可燃/易燃物；加热、火花或明火可以点燃本类物质；如果干燥物遇加热、明火、摩擦或振动可以引起爆炸；如果机船货运物质遇火发生爆炸时，爆炸物碎片可以飞溅到离爆炸点1600m 或更远的地方；用水保持本类物质潮湿；泄漏物流入下水道有着火或爆炸的危险。

2. 健康

某些有毒物质，如果被吸入、吞服或经皮肤吸收可以致命；眼睛或皮肤接触本类物质可以引起烧伤；燃烧可以产生刺激性、腐蚀性有毒气体；灭火或稀释用水的排放，可以引起污染。

3. 公众安全

（1）首先拨打运输标签上的应急电话，若没有合适的信息，可依次拨打本地消防急救电话、国家中毒控制中心及各地分中心电话和中国各地化学品中毒抢救中心电话。

（2）立即在泄漏区四周隔离至少 100m。

（3）撤离非指派人员。

（4）停留在上风向。

（5）进入密闭空间之前进行通风。

（二）防护

（1）佩戴上自供正压式呼吸器。

（2）一般消防员防护服只能提供有限的防护作用，而在泄漏区无防护效果。

（三）现场疏散

（1）大泄漏　首先考虑向四周撤离500m。

（2）火灾　如果储罐车、有轨车或者货罐车着火，向四周隔离800m，而且也可考虑首次就撤离800m。

（四）应急措施

（1）货舱着火

① 当大火燃烧到货舱时，不要灭火。因为货舱有爆炸的危险。

② 停止所有的交通运输，清理方圆800m火灾现场，让其自行燃尽。

③ 如果货舱已经变热，请不要再移动货舱或车辆。

（2）运载车辆着火

① 用大量水灭火。如果没有水，用二氧化碳、干式化学灭火剂或砂土。

② 在没有危险的情况下，如有可能，灭火时用遥控的水枪或水炮。防止火源烧到货物。

③ 特别注意燃烧的车辆，因为其极容易复燃，旁边要随时准备好灭火器。

（五）泄漏

消除泄漏区内所有火源（泄漏区附近严禁烟火，如禁止吸烟、发出火花或产生任何其他形式明火）；处理产品时所用的设备必须接地；不要接触或者穿越泄漏物。

（1）小泄漏　用大量水冲洗泄漏区。

（2）大泄漏　用水湿润泄漏物质，待以后再作处理；保持货物产品"潮湿"，请用大量水慢慢喷淋，使该类物质潮湿。

（六）急救

（1）将患者移到新鲜空气处。

（2）呼叫120、其他急救中心或急救医疗服务机构。

（3）对停止呼吸的患者应施行人工呼吸。

（4）如果出现呼吸困难要进行吸氧。

（5）脱去并隔离被污染的衣服和鞋子。

（6）若皮肤或眼睛不慎接触泄漏物，应立即用自来水冲洗至少20min。

（7）确保医护人员知道事故中的泄漏物质，并采取自我防护措施。

十、性能稳定的可燃气体应急处置

（一）潜在危害

1. 火灾或爆炸

极易燃；加热、火花或明火容易点燃本类物质；可与空气形成爆炸性混合物；硅烷在空气中可以自燃；液化气的蒸气一般比空气重，可沿地面扩散；蒸气扩散遇火源可引起回燃；盛有本类物质的容器受热后有爆炸的危险；受损的钢瓶可引起爆炸。

2. 健康

蒸汽可以引起突发性头晕或窒息；吸入该类某些物质的高浓度蒸气可引起中毒；接触这种气体或液化气可以引起烧伤，严重伤害、冻伤；着火时可以产生刺激性有毒气体。

3. 公众安全

（1）首先拨打运输标签上的应急电话，若没有合适的信息，可依次拨打本地消防急救电话、国家中毒控制中心及各地分中心电话和中国各地化学品中毒抢救中心电话。

（2）立即在泄漏区四周隔离至少 100m。

（3）撤离非指派人员。

（4）停留在上风向。

（5）许多气体比空气重，沿地面扩散，易积聚在地势较低洼或密闭空间（如下水道、地下室、储罐等）。

（6）不要进入地势低洼区。

（二）防护

（1）佩戴自供正压式呼吸器。

（2）一般消防服只能提供有限的防护作用，而在泄漏区无防护效果。

（三）现场疏散

（1）大泄漏　考虑从下风向至少撤离 800m。

（2）火灾　如果储罐、火车或者货罐车着火，向四周隔离 1600m，同时也可考虑首次就向四周隔离 1600m。

（四）应急措施

1. 火灾

除非泄漏能够停止，否则不要对燃烧的泄漏气进行灭火。

（1）小火　干式化学灭火剂或二氧化碳灭火剂灭火。

（2）大火

① 喷水或喷水雾。

② 在做到无任何危险的条件下，可从火灾区运走容器。

（3）油罐着火

① 灭火时要与火源保持尽可能大的距离或者用遥控的水枪或水炮。

② 使用大量流水冷却容器，直到火完全熄灭。

③ 不要用水直接喷向泄漏物或安全装置的孔口，这样可以导致结冰。

④ 如果容器的安全阀发出了声音或容器变色，人员要迅速撤离。

⑤ 切记远离被大火吞没的容器。

⑥ 对于燃烧剧烈的大火，要与火源保持尽可能大的距离或者用遥控的水枪或水炮。否则，撤离燃烧现场，让其自行燃尽。

2. 泄漏

（1）消除全部引火源（在泄漏区附近严禁烟火、闪光、火花或其他任何形式明火）。

（2）所有处理产品时所用的设备必须接地。

（3）在确保安全的前提下终止泄漏。

（4）切勿接触或穿越泄漏物。

（5）切勿对准泄漏或泄漏源喷水。

（6）喷水减少蒸气的形成或改变蒸气云的流向。防止灭火用水直接冲击泄漏物。

（7）如有可能，打开泄漏的容器，让气体逸散，而不能流出液体。

（8）防止可燃性气体逸散到水源、排水沟、下水道、地下室或其他闭塞空间。

（9）隔离泄漏区，直到泄漏的气体散尽。

3. 急救

（1）将患者移到空气新鲜处。

（2）呼叫 120 或者其他急救医疗服务中心。

（3）如果患者停止呼吸，应进行人工呼吸。

（4）如果出现呼吸困难，进行吸氧。

（5）脱去并隔离受污染的衣服和鞋子。

（6）若不慎接触液化气，应立即用温水融化冰冻部位。

（7）保持患者温暖和安静。

（8）确保医护人员知道事故中涉及的有关物质，并能采取自我防护措施。

十一、氧化物质应急处置

（一）潜在危险

1. 火灾或爆炸

本类物质为助燃剂，火波及这些物质时会引起燃烧；某些氧化剂在加热或着火时，可引起分解和爆炸；有些氧化剂可快速燃烧；有些氧化剂与碳氢化合物（燃料）相遇时发生剧烈反应；可点燃可燃性物质（木头、纸张、油类、服装等）；容器加热时可发生爆炸；泄漏有着火、爆炸的危险。

2. 健康

（1）吸入、吞食或接触（皮肤或眼睛）本类物质及其蒸气、粉尘时可引起严重损伤、灼伤甚至死亡。

（2）燃烧可产生刺激性、腐蚀性、有毒的气体。

（3）灭火用水和稀释用水的排放，可引起污染。

3. 公众安全

（1）首先拨打运输标签上的应急电话，若没有合适的信息，可依次拨打本地消防急救电话、国家中毒控制中心及各地分中心电话和中国各地化学品中毒抢救中心电话。

（2）立即在泄漏区四周隔离至少 10m。

（3）撤离非指派人员。

（4）停留在上风向。

（5）不得进入地势低洼的区域。

（6）进入封闭的空间之前先进行通风。

（二）防护

（1）佩戴自供正压式呼吸器。

（2）一般消防防护服只能提供有限的防护作用，而在泄漏区无防护效果。

（三）现场疏散

（1）大泄漏 首先从下风向撤离 100m。

（2）火灾 储罐、火车或者槽罐车着火，隔离 800m，同时也可首次就隔离 800m。

（四）应急措施

1. 火灾

（1）小火 用水灭火，不要用干式或泡沫灭火剂；二氧化碳具有有限的灭火作用。

（2）大火

① 对被水淹没的火区应保持距离。

② 在确保安全的情况下尽可能从现场运走盛有本类物质的容器。

③ 如果货舱已经受热，不要再搬动货舱或交通工具。

④ 灭火时要尽可能与火源保持最远距离或用遥控的水枪或水炮。

⑤ 用大量水冷却容器，直到火完全熄灭。

⑥ 切记远离被大火吞没的容器。

⑦ 使用遥控的水枪或水炮，如果没有该种设备，应迅速撤离火灾现场。

2. 泄漏

(1) 撤离泄漏区内所有可燃物质（木头、纸张、油料等）。

(2) 除非穿着合适的防护服，否则不要直接接触含泄漏物的破损容器或泄漏物质。

(3) 在确保安全的情况下堵漏。

(4) 小范围固体粉状氧化剂的泄漏、少量液体泄漏使用干净的铲子把泄漏物装入干净、干燥的容器中并盖好，将容器从泄漏区移开；使用不可燃物质，用砂、泥土吸收泄漏物，转移入容器中，待进一步处理。

(5) 大泄漏时筑堤堵截泄漏物，防止其继续扩散，为进一步处理做好准备；清理泄漏物后，用水冲洗泄漏区域。

3. 急救

(1) 将患者移到空气新鲜处。

(2) 呼叫 120 或者其他急救医疗服务中心。

(3) 如果患者停止呼吸，应实施人工呼吸。

(4) 如果出现呼吸困难要进行吸氧。

(5) 脱去并隔离受污染的衣服和鞋子。

(6) 若不慎接触本类物质，要立即用自来水冲洗被污染的皮肤或眼睛至少 20min。

(7) 保持患者温暖和安静。

(8) 确保医护人员知道事故中涉及的有关物质，并采取自我防护措施。

十二、低/中等危害物质应急处置

(一) 潜在危害

1. 火灾或爆炸

有些可燃烧，但不易被点燃；有些受热可引起所盛容器的爆炸；有些热物质可以进行运输。

2. 健康

吸入本类物质对身体有害；皮肤或眼睛接触本类物质后可引起灼伤；吸入石棉尘可引起肺部损害；燃烧时可产生刺激性、腐蚀性、有毒气体；灭火用水的排放可引起污染。

3. 公众安全

(1) 首先拨打运输标签上的应急电话，若没有合适的信息，可依次拨打本地消防急救电话、国家中毒控制中心及各地分中心电话和中国各地化学品中毒抢救中心电话。

(2) 立即在泄漏区四周隔离至少 10m。

(3) 撤离非指派人员。

(4) 停留在上风向。

(二) 防护

(1) 佩戴自供正压式呼吸器。

(2) 一般消防员的防护服只能提供有限的保护作用。

（三）现场疏散

如果储罐、火车或者货罐引起燃烧，向其周围隔离800m，同时也可首次就隔离800m。

（四）应急措施

1. 火灾

（1）小火　使用干式化学灭火剂、二氧化碳、水或通用泡沫灭火。

（2）大火　可使用喷水、喷水雾或泡沫灭火。

① 在确保安全的前提下，可从火灾区撤离容器。

② 不要用高压水流冲散泄漏物。

③ 筑坝围住灭火用水，待以后处理。

（3）储罐着火

① 使用大量流水冷却容器，直到火完全熄灭。

② 如果封闭容器的安全装置孔口发出异常声音或容器变色，要立即撤离。

③ 应远离被火吞没的容器。

④ 不要触碰或穿越泄漏的物质。

⑤ 在确保安全的情况下，终止泄漏。

（4）防止形成粉末云团。

（5）防止石棉粉尘的吸入。

（6）少量干泄漏物　用干净铁铲把泄漏物放入干净、干燥的容器中，不要盖紧盖子，从泄漏区运出容器。

2. 泄漏

（1）小泄漏。用砂子或其他不燃的吸收材料吸收泄漏物，然后将泄漏物放入容器中，以后再作处理。

（2）大泄漏。在泄漏物的远处围堤，待以后处理。

（3）对粉状的泄漏物要用塑料或毡布覆盖，以减少其继续逸散。

（4）防止泄漏物进入排水沟、下水道、地下室及其他封闭区域。

3. 急救

（1）将患者移到新鲜空气处。

（2）呼叫120或者其他急救医疗服务中心。

（3）如果患者停止呼吸，应实施人工呼吸。

（4）如果出现呼吸困难要进行吸氧。

（5）脱去并隔离受污染的衣服和鞋子。

（6）若皮肤或眼睛不慎接触本类物质，应立即用流水至少冲洗20min。

（7）确保医护人员知道事故中涉及的有关物质，并采取自我防护措施。

十三、有毒、腐蚀性物质、不燃及对水敏感物质应急处置

（一）潜在危害

1. 火灾或爆炸

① 本类物质自身不能燃烧，但是加热后可分解产生腐蚀性、有毒气雾。

② 本类物质蒸气可积聚于密闭空间（如地下室、储槽、料斗、货罐车等）。

③ 本类物质可遇水发生反应（有些反应非常剧烈），释放出有毒、腐蚀性气体。

④ 遇水反应可释放出大量热，增加空气中气雾的浓度。

⑤ 本类物质接触金属后可放出可燃的氢气。

⑥ 容器加热或被水污染，可发生爆炸。

2. 健康

（1）吸入、食入或接触（皮肤、眼睛）本类物质及其蒸气、粉尘都可导致严重烧伤、损害，甚至死亡。

（2）遇水或湿气反应可释放出有毒、腐蚀性、可燃气体。

（3）遇水反应可释放大量热，增加空气中烟雾的浓度。

（4）燃烧可产生刺激性、腐蚀性、有毒气体。

（5）灭火或稀释用水具有腐蚀性、毒性，排放可引起污染。

3. 公众安全

（1）首先拨打运输标签上的应急电话，若没有合适的信息，可依次拨打本地消防急救电话、国家中毒控制中心及各地分中心电话和中国各地化学品中毒抢救中心电话。

（2）立即在泄漏区四周隔离至少 50m。

（3）撤离非指派人员。

（4）停留在上风向。

（5）不得进入地势低洼的区域。

（6）封闭区域须通风。

（二）防护

（1）佩戴自供正压式呼吸器。

（2）穿戴厂商特别推荐的化学防护服，这些防护服可能不隔热。

一般消防防护服只能提供有限的防护作用，而在泄漏区无防护效果。

（三）现场疏散

如果储罐、火车或者槽罐车着火，从其四周隔离 800m，同时也可首次就隔离 800m。

（四）应急措施

1. 火灾

注意大多数泡沫灭火剂可与本类物质反应，释放腐蚀、有毒气体。

（1）小火　用二氧化碳（对氰类化合物灭火时除外）、干化学剂、干沙或抗醇泡沫剂灭火。

（2）大火

① 用喷水、喷水雾或抗溶性泡沫灭火。

② 在确保安全的情况下，尽量将盛有本类物质的容器移开。

③ 喷水或喷水雾，不要用流水喷射。

④ 筑堤收容消防用水，待以后处理；防止泄漏物四处扩散。

（3）槽罐车、汽车或拖车的火灾

① 灭火时要与火源尽可能保持距离或用遥控的水枪或水炮。

② 不要让水流进容器内部。

③ 使用大量水冷却容器，直到火完全熄灭。

④ 如果容器的安全阀发出响声或容器变色，要迅速撤离。

⑤ 切记远离被大火吞没的容器。

2. 溢出或泄漏

（1）消除所有引火源（泄漏区附近，严禁吸烟、闪光、火花或任何其他形式明火）。

（2）所有用来处理本类物质的装置必须接地。

（3）除非穿着合适的防护服，否则不要直接接触含泄漏物的破损容器或泄漏物质。

（4）在确保安全的情况下，终止泄漏。

（5）蒸气抑制泡沫可用来抑制蒸气的生成。

（6）不要让水进入盛有本类物质的容器内部。

（7）用水减少蒸气的生成或改变蒸气团的移行方向，避免让水直接接触泄漏物。

（8）防止泄漏物进入排水沟、下水道、地下室和密闭空间。

（9）小泄漏。用干土、干砂或其他不可燃物质覆盖泄漏物，上面覆盖塑料薄膜以最大限度地减少泄漏物的扩散及淋雨。用惰性潮湿的不可燃物质吸收泄漏物，再用干净不起火花的工具收拾起来放入塑料容器中，不要盖紧，待以后处理。

3. 急救

（1）将患者移到新鲜空气处。

（2）呼叫 120 或者其他急救医疗服务中心。

（3）如果患者停止呼吸，应实施人工呼吸。

（4）如果患者吸入或误服含本类物质，请不要实施口对口人工呼吸。如果需要进行人工呼吸，要戴单向阀袖珍式面罩或其他合适的呼吸性医疗器械完成。

（5）如果出现呼吸困难要进行吸氧。

（6）脱去并隔离受污染的衣服和鞋子。

（7）若不慎接触本类物质，要立即用自来水冲洗被污染的皮肤或眼睛至少 20min。

（8）若皮肤少量接触本类物质，要防止污染物扩散到其他部位。

（9）保持患者温暖和安静。

（10）吸入、吞服或皮肤接触本类物质，可发生迟发性反应。

（11）确保医护人员知道事故中涉及的有关物质，并采取自我防护措施。

十四、对人体有刺激的物质应急处置

（一）潜在危害

1. 火灾或爆炸

（1）本类物质有些可以燃烧，却不易被点燃。

（2）容器加热时，可引起爆炸。

2. 健康

（1）吸入本类物质的蒸气或粉尘可引起强烈的刺激反应。

（2）可引起眼睛的灼伤和流泪。

（3）可引起咳嗽、呼吸困难及恶心。

（4）短时间接触的效应只持续几分钟。

（5）在密闭空间接触本类物质具有非常大的危害。

（6）燃烧可产生刺激、腐蚀、有毒气体。

（7）灭火用水和稀释用水的排放，可引起污染。

3. 公众安全

（1）立即在泄漏区四周隔离至少 25m。

（2）撤离非指派人员。

（3）停留在上风向。

（4）不得进入地势低洼的区域。

（5）封闭区域须通风。

（二）防护

（1）佩戴自供正压式呼吸器。

(2) 穿戴厂商特别推荐的化学防护服，这些防护服不能或仅能部分隔热。

(3) 一般消防员防护服只能提供有限的防护作用，而在泄漏区无防护效果。

（三）现场疏散

(1) 泄漏　首先考虑从下风向撤离至少 100m。

(2) 火灾　如果储罐、火车或者槽罐车着火，从其四周隔离 800m，同时也可首次就隔离 800m。

（四）应急措施

1. 火灾

(1) 小火　用干式化学灭火剂、二氧化碳、水或通用泡沫灭火。

(2) 大火　喷水、喷水雾或泡沫灭火；在确保安全的情况下，尽可能撤离现场盛有本类物质的容器；筑堤收容用水，待以后处理，防止泄漏物四处蔓延。

(3) 槽罐车、汽车或拖车着火

① 灭火时要与火源保持尽可能大的距离或者用遥控的水枪或水炮灭火。

② 不要让水流进容器内部。

③ 使用大量水淋洒冷却容器，直到火完全熄灭。

④ 如果容器的安全阀发出响声或容器变色，要迅速撤离。

⑤ 切记远离被大火吞没的容器。

⑥ 对于大火灾，应用遥控的水枪或水炮，如果没有该种设备，应迅速撤离火灾现场，让其自行燃尽。

2. 溢出或泄漏

(1) 不要接触或穿越泄漏物。

(2) 在确保安全的前提下堵漏。

(3) 即使没有着火，泄漏区也需穿着全封闭式蒸气防护服。

(4) 小泄漏时用砂或其他不可燃物中和吸收泄漏物，装入容器中以备处理。

(5) 大泄漏时在泄漏物前方筑堤，待以后处理。

(6) 防止泄漏物进入排水沟、下水道、地下室和其他封闭区域。

3. 急救

(1) 将患者移到新鲜空气处。

(2) 呼叫 120 或者其他急救医疗服务中心。

(3) 如果患者停止呼吸，应实施人工呼吸。

(4) 如果患者吸入或食入本类物质，请不要施行口对口人工呼吸；如果需要做人工呼吸，要戴单向阀袖珍式面罩或其他合适的医用呼吸器进行。

(5) 如果出现呼吸困难要进行吸氧。

(6) 脱去并隔离受污染的衣服和鞋子。

(7) 若不慎接触本类物质，要立即用自来水冲洗被污染的皮肤或眼睛至少 20min。

(8) 若皮肤少量接触本类物质，要防止污染物扩散到其他部位。

(9) 保持患者温暖和安静。

(10) 将受患个体置于新鲜空气中 10min 左右，刺激反应便可消失。

(11) 确保医护人员知道事故中涉及的有关物质，并采取自我防护措施。

十五、有毒不可燃物质应急处置

（一）潜在危害

1. 火灾或爆炸

(1) 不可燃物，但是对其加热可产生分解，生成腐蚀性、有毒的烟气。

（2）加热盛有氧化剂的容器可发生爆炸。

（3）泄漏可污染排水沟。

2. 健康

（1）毒性高，吸入、吞服或经过皮肤吸收可引起死亡。

（2）避免皮肤直接接触。

（3）接触或吸入可发生迟发性反应。

（4）燃烧可产生刺激性、腐蚀性、有毒的气体。

（5）灭火和稀释用水的排放，可引起污染。

3. 公众安全

（1）首先拨打运输标签上的应急电话，若没有合适的信息，可依次拨打本地消防急救电话、国家中毒控制中心及各地分中心电话和中国各地化学品中毒抢救中心电话。

（2）立即在泄漏区四周隔离至少 25m。

（3）撤离非指派人员。

（4）停留在上风向，不得进入地势低洼的区域。

（二）防护

（1）佩戴自供正压式呼吸器。

（2）穿戴厂商特别推荐的化学防护服，这些防护服不能或仅能部分隔热。

（3）一般消防防护服只能提供有限的防护作用，而在泄漏区无防护效果。

（三）现场疏散

如果储罐、火车或者槽罐车着火，从其四周隔离 800m，同时也应考虑首次就隔离 800m。

（四）应急措施

1. 火灾

（1）小火　用干式化学灭火剂、二氧化碳或水灭火。

（2）大火　喷水、喷水雾或泡沫灭火。

① 在无任何危险的条件下，可从火灾区运走容器。

② 筑围堤围住灭火用水，以后再作处理，防止本类物质的四处逸散。

③ 喷水或喷水雾，不要直接喷水。

（3）槽罐车、汽车或拖车火灾

① 与火源保持尽可能大的距离或者用遥控的水枪或水炮。

② 不要让水流进容器内部。

③ 使用大量水淋洒冷却容器，直到火完全熄灭。

④ 如果盛有本类物质的容器的安全阀发出响声，或容器变色，要迅速撤离。

⑤ 切记远离被大火吞没的容器。

⑥ 对于大火灾，应用遥控水枪或水炮，否则应迅速撤离火灾现场，让其自行燃尽。

2. 泄漏

（1）除非穿着合适的防护服，否则不要直接接触含泄漏物的破损容器或泄漏物质。

（2）在确保安全的情况下堵漏。

（3）防止泄漏物进入排水沟、下水道、地下室和封闭区域。

（4）用塑料薄膜覆盖泄漏物，防止其扩散。

（5）用干土、干沙子或其他不燃物质吸收和覆盖泄漏物，然后转移到容器中。

（6）禁止让水流入容器内部。

3. 急救

（1）将患者移到新鲜空气处。

（2）呼叫 120 或者其他急救医疗服务中心。

（3）如果患者停止呼吸，应实施人工呼吸。

（4）如果患者吸入或食入本类物质，请不要施行口对口人工呼吸；如果需要做人工呼吸，要戴单向阀袖珍式面罩或其他合适的医用呼吸器进行。

（5）如果出现呼吸困难要进行吸氧。

（6）脱去并隔离受污染的衣服和鞋子。

（7）若不慎接触本类物质，要立即用自来水冲洗被污染的皮肤或眼睛至少 20min。

（8）若皮肤少量接触，要防止污染物的扩散。

（9）保持患者温暖和安静。

（10）确保医护人员知道事故中涉及的有关物质，并采取自我防护措施。

十六、混合危险化学品应急处置

有不少化学危险品不仅本身具有易燃烧、易爆炸的危险，往往由于两种或两种以上的化学危险物品混合或互相接触而产生高热、着火、爆炸，很多化学品事故就是由此原因发生的。

（一）两种或两种以上的化学危险物品混合接触的三种危险性

两种或两种以上化学危险品相互混合接触时，在一定条件下，发生化学反应，产生高热，反应剧烈，引起着火或爆炸。这种混合危险有以下三种情况。

（1）化学危险品经过混合接触，在室温条件下，立即或经过一个短时间发生急剧化学反应，放热，引起着火或爆炸。

（2）两种或两种以上化学危险品混合接触后，形成爆炸性混合物或比原来物质敏感性更强的混合物。

（3）两种或两种以上化学危险品在加热、加压或在反应器内搅拌不均的情况下，发生急剧反应，造成冲料、着火或爆炸，化工厂的反应器发生事故、爆炸事故，往往就是这个原因。

早在 20 世纪 50 年代，某市化学危险品仓库中就发生过硫酸与 H 发孔剂混合接触引起事故的事例。混合物中，一种是化学危险品，另一种是一般可燃物，由于化学危险品的接触渗透，使一般可燃物更易着火燃烧或自燃。如 20 世纪 60 年代初装浓硫酸瓶的木箱用稻草做填充材料，如硝酸瓶破裂，硝酸与稻草接触渗透，氧化发热，引起多次事故。（后来已禁止用稻草作填充材料）。1960 年某铁路南站运输氯酸钠，氯酸钠铁桶破损，氯酸钠潮解外溢，渗透到木板，由于铁桶摩擦，引起混有氯酸钠的木板着火，火势蔓延迅速，大火延烧到南站整个仓库区，损失惨重。1993 年某危险品仓库发生大火和爆炸，违章混储是主要原因之一。

（二）混合接触有危险性的三类化学危险品

（1）把具有强氧化性的物质和具有还原性的物质进行混合。氧化性物质如硝酸盐、氯酸盐、过氯酸盐、高锰酸盐、过氧化物，发烟硝酸、浓硫酸、氧、氯、溴等。还原性物质如烃类、胺类、醇类、有机酸、油脂、硫、磷、碳、金属粉等。

以上两类化学品混合后成为爆炸性混合物的如黑色火药（硝酸钾、硫黄、木炭粉）、液氧炸药（液氧、炭粉）、硝铵燃料油炸药（硝酸铵、矿物油）等。混合后能立即引起燃烧的如将甲醇或乙醇浇在铬酐上；将甘油或乙二醇浇在高锰酸钾上；将亚氯酸钠粉末和草酸或硫代硫酸钠的粉末混合；发烟硝酸和苯胺混合以及润滑油接触氧气时均会立即着火燃烧。

（2）氧化性盐类和强酸混合接触，会生成游离的酸和酸酐，呈现极强的氧化性，与有机物接触时，能发生爆炸或燃烧，如氯酸盐、亚氯酸盐、过氯酸盐、高锰酸盐与浓硫酸等强酸接触，假使还存在其他易燃物，有机物就会发生强烈氧化反应而引起燃烧或爆炸。

两种或两种以上的化学危险品混合接触后，生成不稳定的物质。例如液氯和液氯混合，在一定的条件下，会生成极不稳定的三氯化氮，有引起爆炸危险；二乙烯基乙炔，吸收了空气中的氧气能蓄积极敏感的过氧化物，稍一摩擦就会爆炸。此外，乙醛与氧和乙苯与氧在一定的条件下，能分别生成不稳定的过乙酸和过苯甲酸。属于这一类情况的化学危险品也很多。

在生产、储存和运输化学危险品过程中，由于化学危险品混合接触，往往造成意外的事故如爆炸事故，对于化学危险品混合的危险性，预先进行充分研究和评价是十分必要的。混合接触能引起危险的化学品组合数量很多，有些可根据其化学性质的知识进行判断，有些可参考以往发生过的混合接触的危险事例，主要的还是要依靠预测评估。国外研究单位曾选择几百种有代表性的化学品进行混合试验，以危险性最大的比例将它们进行组合、测定和计算出混合接触时的反应热，预测它们混合接触着火、爆炸的危险性和可能性。日本东京消防厅请东京大学协作编制了 400 种化学品 8000 个组合的混合危险性数据表。美国消防协会研究和编制了 3550 种化学品组合的《危险化学反应手册》NFPA491M，都是很有参考价值的资料。本书从中选出经常遇到，危险性较大，有代表性的化学危险品 50 种，将其混合接触危险性列于表 13-1 中。

表 13-1　混合接触危险的化学品

品　名	混合接触有危险性的化学品	危险性摘要
乙醛 CH_3CHO （acetaldehyde）	氯酸钠、高氯酸钠、亚氯酸钠、过氧化氢（浓）硝酸铵、硝酸钠、硝酸、溴酸钠	混合后有剧烈的放热反应
	醋酸、乙酐、氢氧化钠、氨	混合后有聚合反应的危险性
	醋酸钴、氧气	由于放热的氧化反应，生成不稳定的物质，有爆炸危险
乙酸（醋酸） CH_3COOH （acetic acid）	铬酸酐、过氧化钠、硝酸铵、高氯酸、高锰酸钾	混合后，有着火燃烧或在加热条件下，发生燃烧、爆炸的危险性
	过氧化氢（浓）	能生成不稳定的爆炸性酸
	氯酸钠、高氯酸钠、亚氯酸钠、硝酸钠、硝酸	混合后有剧烈的放热反应
乙酐 $(CH_3CO)_2O$ （acetic anhydride）	高氯酸、过氧化钠、浓硝酸、高锰酸钾（加热）	混合后摩擦、冲击有爆炸危险性
	铬酸酐（在酸催化剂作用下）、四氧化二氮	有剧烈沸腾和爆炸的危险性
	氯酸钠、高氯酸钠、亚氯酸钠、硝酸铵、硝酸钠、过氧化氢（浓）	混合后有剧烈的放热反应
丙酮 CH_3COCH_3 （acetone）	铬酸酐、重铬酸钾（+硫酸）	有着火的危险性
	硝酸（+醋酸）、硫酸（密闭条件下）、次溴酸钠	有剧烈分解爆炸的危险性
	三氯甲烷（+碱）、氯仿	混合后有聚合放热反应的危险性
	氯酸钠、高氯酸钠、亚氯酸钠、硝酸铵、硝酸钠、溴酸钠	混合后有剧烈的放热反应
氨 NH_3 （ammonium）	硝酸	接触气体有着火危险性
	亚硝酸钾、亚硝酸钠、次氯酸	接触后能生成对冲击敏感的亚氯酸铵；对次氯酸有爆炸危险性
苯胺 $C_6H_5NH_2$ （aniline）	过氧化钠、硝酸、硫酸（在二氧化碳、硝酸共存下）	有着火或立即着火危险性
	氯酸钠、高氯酸钠、过氧化氢（浓）、过甲酸、高锰酸钾、硝基苯、硝酸铵、硝酸钠	有剧烈放热反应的危险性
	硝基甲烷、臭氧	能生成敏感爆炸性混合物
苯 C_6H_6 （benzene）	硝酸铵、高锰酸、氟化溴、臭氧	有起火或爆炸的危险性
	氯酸钠、高氯酸钠、过氧化氢（浓）、过氧化钠、高锰酸钾、硝酸、亚氯酸钠、溴酸钠	有剧烈放热反应的危险性

品　名	混合接触有危险性的化学品	危险性摘要
二硫化碳 CS_2 （carbon disulfide）	过氧化氢（浓）、高锰酸钾（＋硫酸）	有着火、爆炸危险性
	氯（在铁的催化作用下）	有爆炸或着火的危险性
	氯酸钠、高氯酸钠、硝酸铵、硝酸钠、亚氯酸钠、硝酸、锌	有剧烈放热反应的危险性
乙醚 $(C_2H_5)_2O$ （diethyl ether）	氯酸钠、高氯酸钠、硝酸铵、硝酸钠、亚氯酸钠、硝酸、过氧化氢（浓）、过氧化钠、铬酸酐、溴酸钠	混合后有剧烈放热反应的危险性
乙醇 CH_3CH_2OH （ethanol）	过氧化氢（浓）、浓硫酸	受热、冲击有爆炸的危险性
	氯酸钠、高氯酸钠、硝酸铵、硝酸钠、亚氯酸钠	混合后有剧烈的放热反应
	硝酸银	在一定条件下能生成爆炸性物质
乙烯 $CH_2{=\!=}CH_2$ （ethylene）	氯、四氯化碳、三氯一溴甲烷、四氟乙烯、氯化铝、过氧化二苯甲酰	在一定条件下混合后有发生爆炸的危险性
	臭氧	有爆炸反应的危险性
环氧乙烷 C_2H_4O （ethylene oxide）	氯酸钠、高氯酸钠、硝酸铵、硝酸钠、亚氯酸钠、硝酸、过氧化氢（浓）、过氧化钠、重铬酸钾、溴酸钠、硫酸、镁、铁、铝（包括氧化物、氯化物）	混合后有剧烈的放热反应，有可能发生爆炸性分解
醋酸甲酯 CH_3COOCH_3 （methyl acetate）	氯酸钠、高氯酸钠、硝酸铵、硝酸钠、亚氯酸钠、硝酸、过氧化氢（浓）、溴酸钠	混合后有剧烈的放热反应
硝酸（浓硝酸、发烟硝酸） HNO_3 （nitric acid）	苯胺、丁硫醇、二乙烯醚、呋喃甲醇	有着火的危险性
	钠、镁、乙腈、丙酮、乙醇、环己胺、乙酐、硝基苯	有爆炸或剧烈分解反应的危险性
	乙醚、甲苯、己烷、苯酚、硝酸甲酯、二硝基苯	混合后有剧烈的放热反应
苯酚 C_6H_5OH （phenol）	氯酸钠、高氯酸钠、硝酸铵、硝酸钠、亚氯酸钠、硝酸、过氧化氢（浓）、溴酸钠	混合后有剧烈的放热反应
丙烷 C_3H_8 （propane）	氯酸钠、高氯酸钠、硝酸铵、硝酸钠、亚氯酸钠、硝酸、过氧化氢（浓）、溴酸钠	混合后有剧烈的放热反应或有起火危险性
氢氧化钠 $NaOH$ （sodium hydroxide）	铝	发生反应生成大量氢气
	乙醛、丙烯腈	有剧烈聚合反应的危险性
	氯硝基甲苯、硝基乙烷、硝基甲烷、顺丁烯二酸酐、氢醌、三氯硝基甲烷	有发热分解爆炸的危险性对撞击引起爆炸有敏感性
	三氯乙烯、氯仿＋甲醇	有剧烈放热反应，三氯乙烯加热可生成爆炸性物质
硫酸 H_2SO_4 （sulfuric acid）	氯酸钾、氯酸钠	接触时剧烈反应、有引燃危险性
	环戊二烯、硝基苯胺、硝酸甲酯、苦味酸	有爆炸反应的危险性
	磷、钠、二亚硝基戊次甲基四胺	有着火危险性

典型混合危险物系及危险状态如表 13-2 所示。

表 13-2　典型混合危险物系及危险状态

混合危险物系	燃烧状况	火焰高度	发烟状况
卤酸盐-酸-可燃物系统			
$NaClO_2$-H_2SO_4	混合立刻发火	0.2m	白烟
$NaClO_2$-H_2SO_4-砂糖	燃烧很剧烈	0.4m	大量白烟
$NaClO_2$-H_2SO_4-甲苯	与混合同时发火，大火焰	＞3m	大量黑烟
$NaClO_2$-H_2SO_4-汽油	与混合同时发火，大火焰	＞3m	大量黑烟
$NaClO_2$- H_2SO_4-乙醚（100g）	与混合同时发火，大火焰	＞3m	白烟
$NaClO_2$- H_2SO_4-甲苯	混合时发火，大火焰	＞3m	大量黑烟
$NaClO_2$-(98%)H_2SO_3-甲苯	混合时有爆炸声，大火焰	＞3m	大量黑烟

混合危险物系	燃烧状况	火焰高度	发烟状况
NaClO$_2$-(60%)H$_2$SO$_3$-甲苯	混合5s后大火,大火焰	2.5m	大量黑烟
NaClO$_2$-(36%)HCl-甲苯	剧烈燃烧	1m	大量黑烟
NaClO$_2$-(85%)H$_3$PO$_4$-甲苯	混合5s后发火	1m	大量黑烟
NaClO$_4$-H$_2$SO$_4$-甲苯	不发火	—	—
NaClO$_3$-H$_2$SO$_4$-甲苯	混合后一瞬间有反应声,发火	1m	大量黑烟
NaClO$_2$-H$_2$SO$_4$-甲苯	火混合时发火,大火焰	>3m	大量黑烟
NaClO-H$_2$SO$_4$-甲苯	不发火	—	白烟
NaClO$_2$-H$_2$SO$_4$-甲苯	混合后瞬间有反应声,发火	1m	大量黑烟
KaClO$_3$-H$_2$SO$_4$-甲苯	混合后瞬间发火	1m	大量黑烟
KBrO$_3$-H$_2$SO$_4$-甲苯	混合2s后有反应声,发火	1m	黑烟,褐色烟
KClO$_3$-H$_2$SO$_4$-甲苯	不发火	—	—
漂白粉-乙二醇	混合5s后发烟,28s后发火	0.5m	白烟
漂白粉-HNO$_3$-甲苯	混合时发火	2m	大量黑烟
其他氧化剂-(酸)-可燃物系统			
Cr$_2$O$_3$-乙醇	混合时发火,1s后大火焰	>3m	—
NaNO$_3$-H$_2$SO$_4$-甲苯	不发火	—	—
NaNO$_2$-H$_2$SO$_4$-甲苯	混合10s后,只产生气体	—	—
Na$_2$O$_2$-H$_2$SO$_4$-甲苯	无烟,燃烧很好	1m	
硝酸-可燃物系统			
HNO$_3$-乙醇	只发烟		红褐色烟
HNO$_3$-丙酮	只发烟	0.5m	白烟、茶褐色烟
HNO$_3$-甲苯	只发烟		白烟
HNO$_3$-苯胺	产生强音和白烟后发火		大量白烟

第三节　液氨事故应急处置

液氨,又称为无水氨,是一种无色液体。氨作为一种重要的化工原料,应用广泛,运输及储存便利,通常将气态的氨气通过加压或冷却得到液态氨。氨易溶于水,溶于水后形成氨水的碱性溶液。氨在20℃水中的溶解度为34%。

液氨在工业上应用广泛,而且具有腐蚀性,且容易挥发,所以其化学事故发生率相当高。为了促进对液氨危害和处置措施的了解,介绍液氨的理化特性、中毒处置、泄漏处置和燃烧爆炸处置四个方面的基础知识。

一、氨的理化性质

分子式:NH$_3$;气氨相对密度(空气为1):0.59;分子量:17.04;液氨相对密度(水为1):0.7067(25℃);CAS编号:7664-41-7;自燃点:651.11℃;熔点:-77.7℃;爆炸极限:16%~25%;沸点:-33.4℃;1%水溶液pH值:11.7;蒸气压:882kPa(20℃)。

二、中毒处置

(一) 毒性及中毒机理

液氨人类经口TD$_{50}$:0.15mL/kg。

液氨人类吸入LC$_{50}$:1390mg/m^3。

氨进入人体后会阻碍三羧酸循环,降低细胞色素氧化酶的作用。致使脑氨增加,可产生神经毒作用。高浓度氨可引起组织溶解坏死作用。

（二）接触途径及中毒症状

1. 吸入

吸入是接触的主要途径。氨的刺激性是可靠的有害浓度报警信号。但由于嗅觉疲劳，长期接触后对低浓度的氨会难以察觉。

（1）轻度吸入氨中毒表现有鼻炎、咽炎、气管炎、支气管炎。患者有咽灼痛、咳嗽、咳痰或咯血、胸闷和胸骨后疼痛等。

（2）急性吸入氨中毒的发生多由意外事故如管道破裂、阀门爆裂等造成。急性氨中毒主要表现为呼吸道黏膜刺激和灼伤。其症状根据氨的浓度、吸入时间以及个人感受性等而轻重不同。

（3）严重吸入中毒可出现喉头水肿、声门狭窄以及呼吸道黏膜脱落，可造成气管阻塞，引起窒息。吸入高浓度可直接影响肺毛细血管通透性而引起肺水肿。

2. 皮肤和眼睛接触

低浓度的氨对眼和潮湿的皮肤能迅速产生刺激作用。潮湿的皮肤或眼睛接触高浓度的氨气能引起严重的化学烧伤。

皮肤接触可引起严重疼痛和烧伤，并能发生咖啡样着色。被腐蚀部位呈胶状并发软，可发生深度组织破坏。

高浓度蒸气对眼睛有强刺激性，可引起疼痛和烧伤，导致明显的炎症并可能发生水肿、上皮组织破坏、角膜混浊和虹膜发炎。轻度病例一般会缓解，严重病例可能会长期持续，并发生持续性水肿、疤痕、永久性混浊、眼睛膨出、白内障、眼睑和眼球粘连及失明等并发症。多次或持续接触氨会导致结膜炎。

（三）急救措施

1. 清除污染

如果患者只是单纯接触氨气，并且没有皮肤和眼的刺激症状，则不需要清除污染。假如接触的是液氨，并且衣服已被污染，应将衣服脱下并放入双层塑料袋内。

如果眼睛接触或眼睛有刺激感，应用大量清水或生理盐水冲洗 20min 以上。如在冲洗时发生眼睑痉挛，应慢慢滴入 1～2 滴 0.4% 奥布卡因，继续充分冲洗。如患者戴有隐形眼镜，又容易取下并且不会损伤眼睛的话，应取下隐形眼镜。

应对接触的皮肤和头发用大量清水冲洗 15min 以上。冲洗皮肤和头发时要注意保护眼睛。

2. 病人复苏

应立即将患者转移出污染区，对病人进行复苏三步法（气道、呼吸、循环）。

（1）气道　保证气道不被舌头或异物阻塞。

（2）呼吸　检查病人是否呼吸，如无呼吸可用袖珍面罩等提供通气。

（3）循环　检查脉搏，如没有脉搏应施行心肺复苏。

3. 初步治疗

氨中毒无特效解毒药，应采用支持治疗。

如果接触浓度≥500mg/kg，并出现眼刺激、肺水肿的症状，则推荐采取以下措施：先喷 5 次地塞米松（用定量吸入器），然后每 5min 喷两次，直至到达医院急症室为止。

如果接触浓度≥1500mg/kg，应建立静脉通路，并静脉注射 1.0g 甲基泼尼松龙（methylprednisolone）或等量类固醇。

（注意：在临床对照研究中，皮质类固醇的作用尚未证实。）

对氨吸入者，应给湿化空气或氧气。如有缺氧症状，应给湿化氧气。

如果呼吸窘迫，应考虑进行气管插管。当病人的情况不能进行气管插管时，如条件许可，应施行环甲状软骨切开手术。对有支气管痉挛的病人，可给支气管扩张剂喷雾，如特布他林。

如皮肤接触氨，会引起化学烧伤，可按热烧伤处理，适当补液，给止痛剂，维持体温，用消毒垫或清洁床单覆盖创面。如果皮肤接触高压液氨，要注意冻伤。

三、泄漏处置

1. 少量泄漏

撤退区域内所有人员，防止吸入蒸气，防止接触液体或气体。处置人员应使用呼吸器。禁止进入氨气可能汇集的局限空间，并加强通风。只能在保证安全的情况下堵漏。泄漏的容器应转移到安全地带，并且仅在确保安全的情况下才能打开阀门泄压。可用砂土、蛭石等惰性吸收材料收集和吸附泄漏物。收集的泄漏物应放在贴有相应标签的密闭容器中，以便废弃处理。

2. 大量泄漏

疏散场所内所有未防护的人员，并向上风向转移。泄漏处置人员应穿全身防护服，戴呼吸设备。消除附近火源。

向当地政府和119消防部门及当地环保部门、公安交警部门报警，报警内容应包括事故单位；事故发生的时间、地点、化学品名称和泄漏量、危险程度；有无人员伤亡以及报警人姓名、电话。

禁止接触或跨越泄漏的液氨，防止泄漏物进入阴沟和排水道，增强通风。场所内禁止吸烟和明火。在保证安全的情况下，要堵漏或翻转泄漏的容器以避免液氨漏出。要喷雾状水，以抑制蒸气或改变蒸气云的流向，但禁止用水直接冲击泄漏的液氨或泄漏源。防止泄漏物进入水体、下水道、地下室或密闭性空间。禁止进入氨气可能汇集的受限空间。清洗以后，在储存和再使用前要将所有的保护性服装和设备洗消。

四、燃烧爆炸处置

1. 燃烧爆炸特性

常温下氨是一种可燃气体，但较难点燃。爆炸极限为 $16\% \sim 25\%$，最易引燃浓度为 17%。产生最大爆炸压力时的浓度为 22.5%。

2. 火灾处理措施

在储存及运输使用过程中，如发生火灾应采取以下措施。

（1）迅速向当地119消防、政府报警报警内容应包括事故单位；事故发生的时间、地点、化学品名称、危险程度；有无人员伤亡以及报警人姓名、电话。

（2）隔离、疏散、转移遇险人员到安全区域，建立500m左右警戒区，并在通往事故现场的主要干道上实行交通管制，除消防及应急处理人员外，其他人员禁止进入警戒区，并迅速撤离无关人员。

（3）消防人员进入火场前，应穿着防化服，佩戴正压式呼吸器。氨气易穿透衣物，且易溶于水，消防人员要注意对人体排汗量大的部位，如生殖器官、腋下、肛门等部位的防护。

（4）小火灾时用干粉或 CO_2 灭火器，大火灾时用水幕、雾状水或常规泡沫。

（5）储罐火灾时，尽可能远距离灭火或使用遥控水枪或水炮扑救。

（6）切勿直接对泄漏口或安全阀门喷水，防止产生冻结。

（7）安全阀发出声响或变色时应尽快撤离，切勿在储罐两端停留。

第四节　氯气事故应急处置

氯气属剧毒品，室温下为黄绿色不燃气体，有刺激性，加压液化或冷冻液化后，为黄绿色油状液体。氯气易溶于二硫化碳和四氯化碳等有机溶剂，微溶于水。溶于水后，生成次氯酸（HClO）和盐酸，不稳定的次氯酸迅速分解生成活性氧自由基，因此水会加强氯的氧化作用和腐蚀作用。氯气能和碱液（如氢氧化钠和氢氧化钾溶液）发生反应，生成氯化物和次氯酸盐。氯气在高温下与一氧化碳作用，生成毒性更大的光气。氯气能与可燃气体形成爆炸性混合物，液氯与许多有机物如烃、醇、醚、氢气等发生爆炸性反应。氯作为强氧化剂，是一种基本有机化工原料，用途极为广泛，一般用于纺织、造纸、医药、农药、冶金、自来水杀菌和漂白等。

一、理化性质

分子量：70.9；熔点：$-101℃$；沸点：$-34.5℃$；相对密度（水为1）：1.47（液氯）；饱和蒸气压：506.62kPa（10.3℃）；相对密度（空气为1）：2.48；临界温度：144℃；临界压力：7.71MPa。

溶解性：易溶于二硫化碳和四氯化碳等有机溶剂，微溶于水。

二、中毒急救

1. 毒理学

急性毒性：LC_{50}：$293mg/m^3$，1h（大鼠吸入）。

氯是一种强烈的刺激性气体，经呼吸道吸入时，与呼吸道黏膜表面水分接触，产生盐酸、次氯酸，次氯酸再分解为盐酸和新生态氧，产生局部刺激和腐蚀作用。新生态氧的氧化作用较盐酸强，是有活力的原浆毒。次氯酸也具有明显的生物学活性，它可破坏细胞膜的完整性和通透性，进入细胞，直接与细胞蛋白质反应，引起组织炎性水肿、充血甚至坏死。由于肺泡壁毛细血管通透性增加，大量浆液渗透到肺间质与肺泡，形成肺水肿。此外，氯也能直接吸收而引起毒作用，如高浓度氯吸入后引起迷走神经反射性心跳停止或喉头痉挛而出现猝死。氯气主要作用于支气管和细支气管，也可作用于肺泡引起肺水肿。

氯中毒死亡的病理改变。数分钟内猝死的病例可见气管、支气管黏膜干枯，呈白色毛玻璃状，肺脏缩小、干枯或呈黄褐色。显微镜下检查见凝固性坏死、肺泡出血、肺水肿，心脏扩大。数小时至3天死亡的病例可见支气管黏膜坏死脱落，小支气管可被坏死脱落的黏膜堵塞。黏膜下组织水肿、充血、点片状充血。肺脏扩大、重量增加，可见肺水肿伴肺不张、肺气肿、肺出血，并有嗜酸性透明膜形成，毛细血管充血或血栓形成。这种变化最终导致通气障碍及肺弥散功能障碍。由于肺泡血流不能充分氧合，肺静、动脉分流，产生低氧血症，致使心、脑、肝、肾等多器官功能障碍。

氯气对人的急性毒性与空气中氯浓度有关。

2. 中毒症状

皮肤损伤：接触高浓度氯气或液氯，可引起急性皮炎及灼伤，长期接触低浓度氯气可引起暴露部位皮肤灼烧、发痒，发生痤疮样皮疹或疱疹。

眼部损伤：氯气可引起眼痛、畏光、流泪、结膜充血、水肿等急性结膜炎，高浓度时，造成角膜损伤。

急性中毒主要是根据呼吸系统损害的严重程度划分，一般分为刺激反应、轻度、中度和重度中毒。

（1）刺激反应　出现一过性眼及上呼吸道刺激症状，肺部无阳性体征或偶有少量干性啰音，一般于 24h 内消退。

（2）轻度中毒　主要表现为支气管炎和支气管周围炎，有咳嗽、咳少量痰、胸闷等。两肺有干性啰音或哮鸣音，可有少量湿性啰音。肺部 x 线表现为肺纹理增多、增粗、边缘不清，一般肺叶较明显。经休息和治疗，症状可于 1～2d 内消失。

（3）中度中毒　主要表现为支气管性肺炎、间质性肺水肿或肺泡性肺水肿。眼及上呼吸道刺激症状加重，胸闷、呼吸困难、阵发性呛咳、咳痰，有时咳粉红色泡沫痰或痰中带血，伴有头痛、乏力及恶心、食欲不振、腹痛、腹胀等胃肠道反应。轻度紫绀，两肺有干性或湿性啰音，或两肺弥漫性哮鸣音。上述症状经休息和治疗 2～10d 后会逐渐减轻而消退。

（4）重度中毒　在临床表现或胸部 x 线表现中具有下列情况之一者，即属重度中毒。

① 临床表现：吸入高浓度氯气数分钟至数小时出现肺水肿，可咳大量白色或粉红色泡沫痰，呼吸困难、胸部有紧束感、明显发绀，两肺有弥漫性湿性啰音；喉头、支气管痉挛或水肿造成严重窒息；休克及中度、深度昏迷；反射性呼吸中枢抑制或心搏骤停所致猝死；出现严重并发症如气胸、纵隔气肿等。

② 胸部 x 线表现：主要呈广泛、弥漫性肺炎或肺泡性肺水肿。有大片状均匀密度增高阴影，或大小与密度不一、边缘模糊的片状阴影，广泛分布于两肺野，少数呈蝴蝶翼状。重度氯中毒后，可发生支气管哮喘或喘息性支气管炎。后者是由于盐酸腐蚀形成瘢痕所致，难以恢复，并可发展为肺气肿。

3. 急救措施

（1）皮肤接触时，按酸灼伤进行处理。应立即脱去污染的衣物，用大量流动清水冲洗。氯痤疮可用地塞米松软膏涂于患处。

（2）眼睛接触时，提起眼睑，用流动清水或生理盐水彻底冲洗，滴眼药水。

（3）若吸入，则应迅速脱离现场至空气新鲜处。如果呼吸心跳停止，应立即进行人工呼吸和胸外心脏按压。

（4）解毒治疗

① 合理氧疗：使动脉氧分压维持在 8～10kPa。发生严重肺水肿或急性呼吸窘迫综合征时，给予鼻面罩持续正压通气（CPAP）疗法。还须注意对心肺的不利影响，心功能不全者慎用。

② 糖皮质激素：应用原则是早期（吸入后即用）、足量（每天用地塞米松 10～80mg）和短程，以防治肺水肿。

③ 维持呼吸道通畅：可给予支气管解痉剂和药物雾化吸入，如沙丁胺醇、丙酸倍氯米松等气雾剂等。必要时可以进行气管切开。

④ 去泡沫剂：肺水肿时可用二甲基硅油气雾剂 0.5～1 瓶，咳泡沫痰者用 1～3 瓶。酒精作为去泡沫剂虽有一定疗效，但可能会加重黏膜刺激。

⑤ 控制液体量：早期应适当控制进液量，慎用利尿剂，一般不用脱水剂。

三、泄漏处置

迅速撤离泄漏污染区人员至上风向处，并立即进行隔离，根据现场的检测结果和可能产生的危害，确定隔离区的范围，严格限制出入。一般的，小量泄漏的初始隔离半径为 150m，大量泄漏的初始隔离半径为 450m。应急处理人员应佩戴正压自给式空气呼吸器，穿防毒服，尽可能切断泄漏源。泄漏现场应去除或消除所有可燃和易燃物质，所使用的工具严禁粘有油污，防止发生爆炸事故。防止泄漏的液氯进入下水道。合理通风，加速扩散。喷雾状碱液吸收已经挥发到空气中的氯气，防止其大面积扩散，导致隔离区外人员中毒。严禁在泄漏的液氯钢瓶上喷水。构筑围堤或挖坑收容所产生的大量废水应处理后排放。如有可能，用铜管将泄漏的氯气导致碱液池，彻底消除氯气造成的潜在危害。可以将泄漏的液氯钢瓶投入碱液池，碱液池应足够大，碱量一般为理论消耗量的 1.5 倍。实时检测空气中的氯气含量，当氯气含量超标时，可用喷雾状碱液吸收。

第五节　硫化氢事故应急处置

硫化氢为无色气体，具有臭鸡蛋气味，易溶于水、醇类、石油溶剂和原油，主要用于化学分析，如鉴定金属离子。硫化氢具有多种危险性，主要是一种强烈的窒息性气体，同时还极度易燃，与空气混合能形成爆炸性混合物。虽然硫化氢有恶臭，但极易使人嗅觉疲劳而毫无觉察，危害性极大。

据统计，硫化氢是我国化学事故发生率最多的危险化学品之一，给公众的生命健康和环境安全造成了严重影响。在某井喷事故中，硫化氢中毒导致 243 人死亡，万余人不同程度受伤。本文主要从硫化氢的危害特性入手，探讨硫化氢中毒、泄漏和火灾事故的应急处理措施，为应急救援人员提供技术指导。

一、理化性质

熔点：－85.5℃；相对密度（水为1）：0.79（1.83MPa）；沸点：－60.04℃；相对密度（空气为1）：1.19（比空气重）；饱和蒸气压：2026.5kPa（25.5℃）；溶解性：溶于水、乙醇；爆炸下限：4.0%；爆炸上限：46.0%；临界温度：100.4℃；临界压力：9.01MPa；最小引燃能：0.077MJ。

二、中毒急救

1. 毒性
半数致死剂量 LD_{50}：无资料。
半数致死浓度 LC_{50}：618mg/m³（大鼠吸入）。

2. 接触途径
绝大部分接触是由吸入引起的，同时也会通过皮肤和眼黏膜接触硫化氢，误服含硫的盐类与胃酸作用后也能产生硫化氢，经肠道吸收而导致中毒。职业性硫化氢中毒多由于生产设备损坏，输送硫化氢的管道和阀门漏气，违反操作规程，生产出现故障，硫化物车间失火等致使硫化氢大量逸出，油气田井喷事故或含硫化氢的废气、废液排放不当及在疏通阴沟、粪池时意外接触所致。

据世界卫生组织资料显示，接触硫化氢的职业有 70 多种，如石油钻探、开采、炼制；染料工业中生产硫黑、硫蓝、硫棕；化纤工业中黏胶纤维纺丝；化学工业中硫酸、二硫化碳、硫化铵、硫化钠、对硫磷、磺胺类的生产；有色冶金中沉淀分离提纯；金属矿坑和巷道空气中含硫矿石释放生成的硫化氢；煤制气、橡胶硫化、造纸、制糖、鞣革、亚麻浸渍、食品加工等产生的硫化氢；市政工人从事污水处理、疏通下水管道、清除污泥、粪坑等作业，都曾有硫化氢中毒事故的报道。

3. 中毒症状
眼部刺激症状表现为双眼刺痛、流泪、畏光、结膜充血、灼热、视力模糊、角膜水肿等。中枢神经系统症状为头痛、头晕、乏力、动作失调、烦躁、面部充血、共济失调、谵妄、抽搐、昏迷、脑水肿、四肢绀紫以及惊厥和意识模糊。呼吸道症状为流涕、咽痒、咽痛、咽干、皮肤黏膜青紫、胸闷、咳嗽、呼吸困难、有窒息感。严重者可发生肺水肿、肺炎、喉头痉挛和呼吸麻痹。重度中毒症状表现为血压下降、心律失常、心肌炎、肝肾功能损害等。部分患者在毫无准备的情况下，进入硫化氢浓度极高的环境中，如地窖、下水道等不通风的地方时，尚未等上述症状出现，即可像遭受电击一样突然中毒死亡。

4. 中毒机理

硫化氢是窒息性气体，吸入的硫化氢进入血液分布至全身，与细胞内线粒体中的细胞色素氧化酶结合，使其失去传递电子的能力，造成细胞缺氧，这与氰化物中毒有相似之处。硫化氢还可能与体内谷胱甘肽中的巯基结合，使谷胱甘肽失活，影响生物氧化过程，加重了组织缺氧。高浓度（$1000mg/m^3$ 以上）硫化氢，主要通过对嗅神经、呼吸道及颈动脉窦和主动脉体的化学感受器的直接刺激，传入中枢神经系统，先是兴奋，迅即转入超限抑制，发生呼吸麻痹，以至于出现"电击样中毒"或猝死。硫化氢接触湿润黏膜，与液体中的钠离子反应生成硫化钠，对眼和呼吸道产生刺激和腐蚀，可致结膜炎、角膜炎、呼吸道炎症，甚至肺水肿。由于阻断细胞氧化过程，心肌缺氧，可发生弥漫性中毒性心肌病。

5. 急救措施

在怀疑有不安全硫化氢的应急救援场所，施救者应首先做好自身防护，佩戴自给正压式呼吸器并穿防化服。

（1）迅速将患者移离现场，脱去污染衣物，对呼吸、心跳停止者，立即进行人工呼吸（忌用口对口人工呼吸，万不得已时与病人间隔数层水湿的纱布）及胸外心脏按压。

（2）尽早吸氧，有条件的地方及早用高压氧治疗。凡有昏迷者，宜立即送高压氧舱治疗。高压氧压力为 $2\sim2.5atm$，间断吸氧 $2\sim3$ 次，每次吸氧 $30\sim40min$，两次吸氧中间休息 $10min$；每日 $1\sim2$ 次，$10\sim20$ 次一个疗程。一般用 $1\sim2$ 个疗程。

（3）防止肺水肿和脑水肿。宜早期、足量、短程应用糖皮质激素以预防肺水肿及脑水肿，可用地塞米松 $10mg$ 加入葡萄糖液静脉滴注，每日一次。对肺水肿及脑水肿进行治疗时，地塞米松剂量可增大至 $40\sim80mg$，加入葡萄糖液静脉滴注，每日一次。

（4）换血疗法。换血疗法可以将失去活性的细胞色素氧化酶和各种酶及游离的硫化氢清除出去，再补入新鲜血液。此方法可用于危重病人，换血量一般在 $800mL$ 左右。

（5）眼部刺激处理。先用自来水或生理盐水彻底冲洗眼睛，局部用红霉素眼药膏和氯霉素眼药水，每两小时一次，预防和控制感染，同时局部滴鱼肝油以促进上皮生长，防止结膜粘连。

（6）严重硫化氢中毒导致昏迷时，可给亚硝酸戊酯和亚硝酸钠，一般成人剂量为静脉推注 3% 的溶液 $10\sim20ml$，时间不少于 $4min$，不能使用硫代硫酸钠进行治疗。

三、泄漏处置

将泄漏污染区人员迅速撤离至上风向处，并立即进行隔离。应根据泄漏现场的实际情况确定隔离区域的范围，严格限制出入。通常情况下，小量泄漏时隔离 $150m$，大量泄漏时隔离 $300m$。消除所有点火源。建议应急处理人员戴自给正压式呼吸器，穿防静电工作服，从上风向处进入现场，确保自身安全时才能进行切断泄漏源或堵漏操作。合理通风，加速扩散，并喷雾状水稀释、溶解，禁止用水直接冲击泄漏物或泄漏源。如果安全，可考虑引燃泄漏物以减少有毒气体扩散。构筑围堤或挖坑，收容产生的大量废水。如有可能，将残余气或漏出气体用排风机送至水洗塔或与塔相连的通风橱内，或使其通过三氯化铁水溶液，管路装止回装置以防溶液吸回。漏气容器需要妥善处理，修复、检验后再用。

四、燃烧爆炸处置

1. 燃烧爆炸特性

硫化氢极度易燃，与空气混合能形成爆炸性混合物，遇明火、高热能引起燃烧或爆炸。遇浓硝酸、发烟硝酸或其他强氧化剂剧烈反应，甚至发生爆炸。气体比空气重，能沿地面扩散到相当远的地方，遇点火源会着火回燃。包装容器受热可发生爆炸，破裂的钢瓶具有飞射危险。

2. 灭火措施

硫化氢本身有毒，且燃烧产物为刺激性二氧化硫气体，灭火人员应首先做好呼吸防护和身体防护，并根据现场情况设立警戒区，严格限制出入。

若不能切断泄漏气源，则不得扑灭正在燃烧的气体。

（1）小火　采用干粉、CO_2、水幕或常规泡沫灭火。

（2）大火　采用水幕、雾状水或常规泡沫灭火。在确保安全的情况下，将容器移离火场，损坏的钢瓶只能由专业人员处理。

（3）储罐火灾　利用固定式水炮、带架水枪等冷却燃烧罐及与其相邻的储罐，重点应是受火势威胁的一面，直至火灾扑灭。根据现场泄漏情况，研究制订堵漏方案，并严格按照堵漏方案实施堵漏，切断泄漏源。向泄漏点、主火点进攻之前，必须将外围火点彻底扑灭。尽可能采用远距离灭火，使用遥控水枪或水炮扑救，或车载干粉炮、胶管干粉枪灭火，或对流淌火喷射泡沫（抗溶性泡沫）进行覆盖灭火。切勿对泄漏口或安全阀直接喷水，防止产生冰冻，安全阀发生声响或储罐变色时，立即撤离，切勿在储罐两端停留。

第六节　液化石油气事故应急处置

液化石油气是一种广泛应用于工业生产和居民日常生活的燃料，液化石油气从储罐中泄漏出来很容易与空气形成爆炸混合物。若在短时间内大量泄漏，可以在现场很大范围内形成液化气蒸气云，遇明火、静电或处置不慎打出火星，就会导致爆炸事故的发生。随着液化石油气使用范围的不断扩大和用量的不断加大，近年来较大的液化石油气泄漏、爆炸事故时有发生，对人民生命财产造成了极大的威胁。

一、理化特性

液化石油气主要由丙烷、丙烯、丁烷、丁烯等烃类介质组成，还含有少量 H_2S、CO、CO_2 等杂质，由石油加工过程产生的低碳分子烃类气体（裂解气）压缩而成。

外观与性状：无色气体或黄棕色油状液体，有特殊臭味；闪点 $-74℃$；沸点 $-42\sim-0.5℃$；引燃温度 $426\sim537℃$；爆炸下限 2.5%；爆炸上限 9.65%；相对于空气的密度：$1.5\sim2.0$；不溶于水。

禁配物：强氧化剂、卤素。

二、危险特性

危险性类别：第 2.1 类　易燃气体。

1. 燃爆性质

极度易燃；受热、遇明火或火花可引起燃烧；与空气能形成爆炸性混合物；蒸气比空气重，可沿地面扩散，蒸气扩散后遇火源着火回燃；包装容器受热后可发生爆炸，破裂的钢瓶具有飞射危险。

2. 健康危害

如没有防护，直接大量吸入有麻醉作用的液化石油气蒸气，可引起头晕、头痛、兴奋或嗜睡、恶心、呕吐、脉缓等；重症者可突然倒下，尿失禁，意识丧失，甚至呼吸停止；不完全燃烧可导致一氧化碳中毒；直接接触液体或其射流可引起冻伤。

3. 环境危害

对环境有危害，对大气可造成污染，残液还可对土壤、水体造成污染。

三、公众安全

首先拨打产品标签上的应急电话报警，若没有合适电话，可拨打国家化学事故应急响应专线；蒸气沿地面扩散并易积存于低洼处（如污水沟、下水道等），所以，要在上风向处停留，切勿进入低洼处；无关人员应立即撤离泄漏区至少100m；疏散无关人员并建立警戒区，必要时应实施交通管制。

四、个体防护

(1) 佩戴正压自给式呼吸器。

(2) 穿防静电隔热服。

五、隔离

(1) 大泄漏　考虑至少隔离800m（以泄漏源为中心，半径800m的隔离区）。

(2) 火灾　火场内如有储罐、槽车或罐车，隔离1600m（以泄漏源为中心，半径1600m的隔离区）。

六、应急行动

1. 中毒处置

(1) 皮肤接触　若有冻伤，就医治疗。

(2) 吸入　迅速脱离现场至空气新鲜处，保持呼吸道通畅。如呼吸困难，给输氧；如呼吸停止，立即进行人工呼吸，并及时就医。

2. 泄漏处置

(1) 报警（119，120等）　视泄漏量情况及时报警及报告政府有关部门。

(2) 建立警戒区　立即根据地形、气象等，在距离泄漏点至少800m范围内实行全面戒严。划出警戒线，设立明显标志，以各种方式和手段通知警戒区内和周边人员迅速撤离，禁止一切车辆和无关人员进入警戒区。

(3) 消除所有火种　立即在警戒区内停电、停火，灭绝一切可能引发火灾和爆炸的火种。进入危险区前用水枪将地面喷湿，以防止摩擦、撞击产生火花，作业时设备应确保接地。

(4) 控制泄漏源　在保证安全的情况下堵漏或翻转容器，避免液体漏出。如管道破裂，可用木楔子、堵漏器堵漏或卡箍法堵漏，随后用高标号速冻水泥覆盖法暂时封堵。

(5) 导流泄压　若各流程管线完好，可通过出液管线、排污管线，将液态烃导入紧急事故罐，或采用注水升浮法，将液化石油气界位抬高到泄漏部位以上。

(6) 罐体掩护　从安全距离，利用带架水枪以开花的形式和固定式喷雾水枪对准罐壁和泄漏点喷射，以降低温度和可燃气体的浓度。

(7) 控制蒸气云　如可能，可以用锅炉车或蒸汽带对准泄漏点送气，用来冲散可燃气体；用中倍数泡沫或干粉覆盖泄漏的液相，减少液化气蒸发；用喷雾水（或强制通风）转移蒸气云飘逸的方向，使其在安全地方扩散掉。

（8）救援组织　调集医院救护队、警察、武警等现场待命。

（9）现场监测　随时用可燃气体检测仪监视检测警戒区内的气体浓度，人员随时做好撤离准备。

注意事项：禁止用水直接冲击泄漏物或泄漏源；防止泄漏物向下水道、通风系统和密闭性空间扩散；隔离警戒区直至液化石油气浓度达到爆炸下限25％以下方可撤除。

3. 燃烧爆炸处置

灭火剂选择，小火用干粉、二氧化碳灭火器；大火用水幕、雾状水。

（1）报警（119，120等）　视现场情况及时报警及报告政府有关部门。

（2）建立警戒区　立即根据地形、气象等，在距离泄漏点至少1600m范围内实行全面戒严。划出警戒线，设立明显标志，以各种方式和手段通知警戒区内和周边人员迅速撤离，禁止一切车辆和无关人员进入警戒区。

（3）关阀断料，制止泄漏

① 关阀断气：若阀门未烧坏，可穿避火服，带着管钳，在水枪的掩护下，接近装置，关上阀门，断绝气源。

② 导流泄压：若各流程管线完好，可通过出液管线、排污管线，将液态烃导入紧急事故罐，减少着火罐储量。

③ 注水升浮：若泄漏发生在罐的底部或下部，利用已有或临时安装的管线向罐内注水，利用水与液化石油气的密度差，将液化石油气浮到裂口以上，使水从破裂口流出，再进行堵漏。为防止液化气从顶部安全阀排出，可以采取先倒液、再注水修复或边导液边注水。

（4）积极冷却，稳定燃烧，防止爆炸　组织足够的力量，将火势控制在一定范围内，用射流水冷却着火及邻近罐壁，并保护毗邻建筑物免受火势威胁，控制火势不再扩大蔓延。在未切断泄漏源的情况下，严禁熄灭已稳定燃烧的火焰。

（5）救援组织　调集医院救护队、警察、武警等现场待命。

（6）现场监测　随时用可燃气体检测仪监视检测警戒区内的气体浓度。

第七节　石油泄漏事故应急处置

一、基本特性

1. 标识

中文名：石油、石脑油、粗汽油；别名：原矿油、原石油、原油；英文名：crude oil；CAS号：8030-30-6；RTECS号：DE3030000；UN编号：1256；危险货物编号：32004；IMDG规则页码：3264。

2. 理化性质

外观与形状：红色、红棕色或黑色有绿色荧光的稠厚性油状液体；主要用途：可分离出多种有机原料，如汽油、煤油、苯、沥青等；相对密度（水为1）：0.78～0.97（比水轻）；沸点：100～177℃；相对密度（空气为1）；饱和蒸气压：kPa；溶解性：不溶于水，溶于多数有机溶剂。

3. 包装与储运

危险性类别：第3.2类；　　　　　　　　中闪点易燃液体；

危险货物包装标志：7；　　　　　　　　包装类别：（I）1；

储运注意事项：储存于阴凉、通风仓间内。远离火种、热源。仓温不宜超过30℃。防止阳光直射。应与氧化剂分开存放。储存间内的照明、通风等设施应采用防爆型。配备相应品种和数量的消防器材。罐储时要有防火防爆技术措施。禁止使用易产生火花的机械设备和工具。灌装时流速不超过 3m/s，且有接地装置，防止静电积聚。搬运时要轻装轻卸，防止包装及容器损坏。

二、危害特点

1. 燃烧爆炸危险性

燃烧性：易燃；建筑火险分级：甲；闪点：－20～61℃；爆炸下限：1.9%；自燃温度：232～277℃；爆炸上限：12%。

危险特性：其蒸气与空气形成爆炸混合物，遇明火、高热能引起燃烧爆炸；与氧化剂能发生强烈反应；若遇高热，容器内压增大，有开裂和爆炸的危险。

燃烧（分解）产物：一氧化碳、二氧化碳；稳定性：稳定；避免接触的条件：受热、光照；聚合危害：不能出现；禁忌物：强氧化剂。

2. 扩散性

黏度低的油品流动扩散性强；重质油品的黏度虽然很高，但随着温度的升高亦能增强其流动扩散性。

3. 毒性及健康危害性

（1）接触限值　中国 MAC：未制定标准；苏联 MAC：未制定标准；美国 TWA：未制定标准；ACGIH：400mg/kg；1590mg/m^3；美国 STEL：未制定标准。

（2）侵入途径　吸入、食入。

（3）毒性　属低毒类；LD_{50}：500～5000mg/kg（哺乳动物吸入）；LC_{50}：16000mg/m^3（4h）（大鼠吸入）。

（4）健康危害　石油蒸气可引起眼及上呼吸道刺激症状，如浓度过高，几分钟即可引起呼吸困难、紫绀缺氧等症状。

4. 带电性

石油的电阻率一般在 1012Ω/cm 左右，当沿着管道流动与管壁摩擦和在运输过程中，因受到震荡与车、船罐壁冲击时都会产生静电。

三、战术要点

（1）遵循"疏散救人、划定区域、有序处置、确保安全"的战术原则；

（2）确保重点，积极防御，防止引发燃烧爆炸；

（3）严格控制进入现场人员，组织精干小组，采取泡沫覆盖、砂土或围栏围堵、开沟引流等措施，并加强行动掩护；

（4）充分利用固定、半固定设施和采取工艺处理措施；

（5）在上风安全区域建立指挥部，及时形成通信网络，保障调度指挥；

（6）严密监视险情，果断采取进攻及撤离行动；

（7）全面检查，彻底清理，消除隐患，安全撤离。

四、程序方法

1. 防护

（1）进入危险区，人员实施二级防护，并采取水枪掩护。

（2）凡在现场参与处置人员，防护不得低于三级。

（3）防护标准

① 一级　全身；内置式重型防化服；全棉防静电内外衣、手套、袜子、正压式空气呼吸器或全防型滤毒罐。

② 二级　全身；封闭式防化服；全棉防静电的内外衣、手套、袜子、正压式空气呼吸器或全防型滤毒罐。

③ 三级　呼吸；简易防化服；战斗服；简易滤毒罐、面罩或口罩、毛巾等防护器材。

2. 询情

(1) 被困人员；

(2) 物质泄漏的时间、部位、形式、已扩散范围；

(3) 周边单位、居民、地形、供电、火源等情况；

(4) 单位的消防组织、水源与设施；

(5) 工艺处置措施。

3. 侦检

(1) 搜寻被困人员；

(2) 确认泄漏处的形状、大小、流速及主要的流散方向；

(3) 确认设施、建（构）筑物险情；

(4) 确认消防设施运行情况；

(5) 确定攻防路线、阵地；

(6) 现场及周边污染情况。

4. 警戒

(1) 根据询情、侦检情况设置警戒区域；

(2) 警戒区域划分为危险区、安全区；

(3) 分别划分区域，并设立标志，在安全区外视情况设立隔离带；

(4) 严格控制进出人员、车辆；

(5) 禁止一切点火源进入危险区（如手机、BB机、对讲机、非防爆手电筒等）。

5. 救生

(1) 组成救生小组，携带救生器材迅速进入危险区域；

(2) 采取正确救助方式（佩戴救生面罩、使用固定夹具等），将所有遇险人员移至安全区域；

(3) 对救出人员进行登记、标识和现场急救；

(4) 将伤情较重者及时送交医疗急救部门救治。

6. 展开

(1) 启用喷淋等固定或半固定灭火设施；

(2) 选定水源、铺设水带、设置阵地、有序展开；

(3) 喷射泡沫充分覆盖泄漏汽油液面；

(4) 用砂土、水泥等及时围堵或导流，防止泄漏物向重要目标或危险源流散。

7. 堵漏

(1) 根据现场泄漏情况，研究制定堵漏方案，并严格按照堵漏方案实施；

(2) 所有堵漏行动必须采取防爆措施，确保安全；

(3) 关闭前置阀门，切断泄漏源。

(4) 堵漏方法

① 罐体、砂眼。螺丝加黏合剂旋进堵漏。

② 缝隙。使用外封式堵漏袋、电磁式堵漏工具组、粘贴式堵漏密封胶（适用于高压）、潮湿绷带冷凝法或堵漏夹具、金属堵漏锥堵漏。

③ 孔洞。使用各种木楔、堵漏夹具、粘贴式堵漏密封胶（适用于高压）、金属堵漏锥堵漏。

④ 裂口。使用外封式堵漏袋、电磁式堵漏工具组、粘贴式堵漏密封胶（适用于高压）堵漏。

⑤ 管道、砂眼。使用螺丝加黏合剂旋进堵漏、钢丝绳围堵法。

⑥ 缝隙。使用外封式堵漏袋、金属封堵套管、电磁式堵漏工具组、潮湿绷带冷凝法或堵漏夹具堵漏。

⑦ 孔洞。使用各种木楔、堵漏夹具堵漏、粘贴式堵漏密封胶（适用于高压）。

⑧ 裂口。使用外封式堵漏袋、电磁式堵漏工具组、粘贴式堵漏密封胶（适用于高压）堵漏。

⑨ 阀门。使用阀门堵漏工具组、注剂式堵漏胶、堵漏夹具堵漏。

⑩ 法兰。使用专用法兰夹具、钢丝绳围堵法、注剂式堵漏胶堵漏。

8. 输转

（1）利用工艺措施倒罐；

（2）转移较危险的桶体。

9. 点燃

无需点燃。

10. 医疗救护

（1）现场救护

1）将染毒者迅速撤离污染现场，到上风或侧风向的空气无污染地区；

2）有条件时应进行呼吸道及全身防护，防止继续吸入染毒；

3）对于呼吸、心跳停止者应立即进行人工呼吸和心脏按压，采用心肺复苏措施并给予氧气。

① 对呼吸道吸入者

a. 早期给予足量糖皮质激素，每日 20～40mg；

b. 大量给予抗生素；

c. 肺泡灌洗；

d. 雾化吸入（地塞米松、庆大霉素、氨茶碱、α-糜蛋白酶），每日 3～4 次；

e. 卧床休息，体位引流。

② 对消化道服入者

a. 催吐；

b. 大量饮入牛奶、豆浆、蛋清；

c. 口服氢氧化铝凝胶，每日三次，每次 10mL；

d. 口服甲氰咪呱，每日三次，每次 200mL；

e. 保护肝脏，给予能量合剂。

③ 对溅入眼睛者

a. 用清水冲洗；

b. 荧光素滴眼，防治角膜损伤；

c. 醋酸强的松眼膏涂眼，并用纱布覆盖。

④ 对皮肤灼伤者

a. 用肥皂水或温水冲洗；

b. 用烧伤敷料处理；

c. 红外线烘烤；

d. 输入晶体和胶体液；

e. 抗感染。

（2）特效药物治疗　无。

（3）对症治疗

1）对头晕、头痛或暂时意识障碍者除吸氧外，给予糖皮质激素、甘露醇以及维生素 B1、维生素 B6 和维生素 C；

2）对昏迷、躁动和抽搐者，给予安定和头部降温；

3）有精神症状明显者，给予氟哌啶醇；

4）有溶血者，可输鲜血，注意保护肝、肾功能。

11. 洗消

无需洗消。

12. 清理

（1）少量石油用砂土、水泥、粉煤灰等吸附，收集后倒至空旷地方掩埋；

（2）大量石油用防爆泵抽吸或使用无火花盛器收集，集中处理；

（3）用油脂分解剂或蒸气清扫现场，特别是低洼、沟渠等处，确保不留残液；

（4）清点人员、车辆及器材；

（5）注意保护现场，便于事故原因调查；

（6）撤除警戒，做好移交，安全撤离。

五、水上处置

1. 特点

（1）随水流漂移，扩散速度快；

（2）波及面广，污染面大，遇明火极易形成大面积火灾，危及船舶、两岸建（构）筑物，给逃生、疏散、施救带来困难；

（3）受船舶航行的影响，造成泄漏物向两岸扩散；

（4）危险源较多，并难以控制。

2. 措施

（1）通知水上航政部门实行水域管制，命令难船向安全水域转移；

（2）通知沿岸单位严密监视险情，加强防范；

（3）组织水陆消防力量，采取止漏、圈围、拦截等措施，控制扩散蔓延；

（4）对水面泄漏物用油泵进行吸附、输转，用油脂分解剂降解，难于实施吸附、降解且严重污染环境时可采取点燃措施；

（5）船上泄漏或爆炸燃烧具体处置方法与陆地相同。

六、特别警示

（1）进入现场正确选择行车路线、停车位置、作战阵地，进攻路线一般应选上风、侧上风方向；

（2）一切处置行动自始至终必须严防爆炸；

（3）对泄漏液面预先喷射泡沫覆盖保护，并保证有足够的厚度；

（4）严密监视液体流淌及气相扩散情况，防止流散范围扩大；

（5）严格控制火源及危险区域内人员数量；

（6）确定宣传口径，慎重发布灾情和相关新闻。

第八节　氰化物事故应急处置

氰化物是指含有氰根（—CN）的化合物。氰化物在工业活动或生活中的种类甚多，如氢氰酸、氰化钠、氰化钾、氰化锌、乙腈、丙烯腈等，一些天然植物果实中（像苦杏仁、白果）也含有氰化物。氰化物的用途很广泛，可用于提炼金银、金属淬火处理、电镀，还可用于生产染料、塑料、熏蒸剂或杀虫剂等。

氰化物大多数属于剧毒或高毒类，可经人体皮肤、眼睛或胃肠道迅速吸收，口服氰化钠 50～100mg 即可引起猝死。本文探讨在出现氰化物中毒、泄漏时应如何开展紧急救援行动的问题。

一、氰化物中毒

1. 接触途径

氰化物可经呼吸道、皮肤和眼睛接触、食入等方式侵入人体。所有可吸入的氰化物均可经肺吸收。氰化物经皮肤、黏膜、眼结膜吸收后，会引起刺激，并出现中毒症状。大部分氰化物可立即经过胃肠道吸收。

2. 中毒症状

氰化物中毒者初期症状表现为面部潮红、心动过速、呼吸急促、头痛和头晕，然后出现焦虑、木僵、昏迷、窒息，进而出现阵发性强直性抽搐，最后出现心动过缓、血压骤降和死亡。急性吸入氰化氢气体，开始主要表现为眼、咽、喉黏膜等刺激症状，高浓度可立即致人死亡。经口误服氰化物后，开始主要表现为流涎、恶心、呕吐、头昏、前额痛、乏力、胸闷、心悸等，进而出现呼吸困难、神志不清或昏迷，严重者可出现抽筋、大小便失禁，最后死于呼吸麻痹。若大量摄入氰化物，可在数分钟内使呼吸和心跳停止，造成所谓"闪电型"中毒。

3. 应急处理

（1）救援人员的个体防护　若怀疑救援现场存在氰化物，救援人员应当穿连衣式胶布防毒衣、戴橡胶耐油手套；呼吸道防护可使用空气呼吸器，若可能接触氰化物蒸气，应当佩戴自吸过滤式防毒面具（全面罩）。现场救援时，救援人员要防止中毒者受污染的皮肤或衣服二次污染自己。

（2）病人救护　立即把中毒人员转移出污染区。检查中毒者呼吸是否停止，若无呼吸，可进行人工呼吸；若无脉搏，应立即进行心肺复苏。如有必要，应对中毒者提供纯氧和特效解毒剂。对中毒者进行复苏时要保证中毒者的呼吸道不被堵塞。如果中毒者呼吸窘迫，可进行气管插管。当中毒者的情况不能进行气管插管时，在条件许可的情况下可施行环甲软骨切开术。

（3）病人去污　所有接触氰化物的人员都应进行去污操作。

① 应尽快脱下受污染的衣物，并放入双层塑料袋内，同时用大量清水冲洗皮肤和头发至少 5min，冲洗过程中应注意保护眼睛。

② 若皮肤或眼睛接触氰化物，应当立即用大量清水或生理盐水冲洗 5min 以上。若其戴有隐形眼镜且易取下，应当立即取下，困难时可向专业人员请求帮助。

③ 如果是口服中毒，应插胃管并尽快给服活性炭，洗胃液和呕吐物必须单独隔离存放。

（4）解毒治疗　对中毒者应立即辅助通气、给纯氧，并作动脉血气分析，纠正代谢性酸中毒（pH＜7.15）。对轻度中毒者只需提供护理，对中度中毒或严重中毒者，建议参考下列疗法。

①紧急疗法：在紧急情况下，施救者应首先将亚硝酸异戊酯1～2支（0.2～0.4mL）放在手帕或纱布中压碎，放置在患者鼻孔处，吸入30s，间隙30s，如此重复2～3次。数分钟后可重复1次，总量不超过3支。亚硝酸异戊酯具有高度挥发性和可燃性，使用时不要靠近明火，同时注意防止挥发。

施救人员应当避免吸入亚硝酸异戊酯，以防头晕。

②注射疗法：可选药剂为4-二甲氨基苯酚疗法（4-DMAP）或亚硝酸钠疗法。

4-二甲氨基苯酚疗法（4-DMAP）：立即静脉注射2mL 10%的4-DMAP，持续时间不少于5min（用药期间检查血压，若血压下降，减缓注射速度）。

亚硝酸钠疗法：以3%亚硝酸钠10～15mL静脉缓慢注射，速度以每分钟2～3mL为宜。

在用过4-二甲氨基苯酚或亚硝酸钠后，再用同一针头以同样速度静脉注射25%硫代硫酸钠50mL（推注10%硫代硫酸钠溶液的标准为100mg/kg）。若在0.5～1h内症状复发或未缓解，应重复注射，半量用药。

在使用上述药物的同时给氧，可提高药物的治疗效果。应注意对症治疗及防止脑水肿，可以静脉输入高渗葡萄糖和维生素C，也可以使用糖皮质激素，但不宜用美蓝。对于神志清醒但有症状的中毒者也可以使用硫代硫酸钠，但不应使用亚硝酸钠或4-二甲氨基苯酚疗法。

二、水上泄漏的应急处理

氰化物泄漏入水后，首先应当分析其水溶性。绝大多数重金属无机氰化物难溶于水，例如氰化锌、氰化亚铜、氰化汞等；其他类氰化物大都易溶于水，例如氰化钠、氰化钾、氰化钙、氰化铵、氰化氢等。低分子量的有机氰化物（或称腈类）在水中溶解度较大，例如乙腈能与水混溶，丙腈和丙烯腈也可溶解于水，而丁腈则难溶于水。工业储存和运输过程中以碱金属盐类氰化物、丙烯腈等液态腈类较为常见，这类物质在水中大都能溶解，事故处理较艰难。

在运输过程中，如氰化钠或丙烯腈在水体中泄漏或掉入水中，现场人员应在保护好自身安全的情况下，开展报警和伤员救护，及时采取以下措施。

（1）现场控制与警戒　在消防或环保部门到达现场之前，如果已有有效的堵漏工具或措施，操作人员可在保证自身安全的前提下，进行堵漏操作，控制泄漏量。否则，现场人员应边等待当地消防队或专业应急处理队伍的到来，边负责事故现场区域警戒。

根据2000年版《北美化救指南》，大量氰化钠（＞200kg）在水中泄漏时，紧急隔离半径应不小于95m。现场人员应根据氰化钠泄漏量、扩散情况以及所涉及的区域建立500～10000m的警戒区。应组织人员对沿河两岸或湖泊进行警戒，严禁取水、用水、捕捞等一切活动。

（2）环境清理　根据现场实际，现场可沿河筑建拦河坝，防止受污染的河水下泄。然后向受污染的水体中投放大量生石灰或次氯酸钙等消毒品，中和氰根离子。如果污染严重的话，可在上游新开一条河道，让上游来的清洁水改走新河道。

微溶或不溶性腈类液体泄漏到水中时，对于密度比水大的（例如苯乙腈），应当尽快采取措施，在河底或湖底位于泄漏地点的下游开挖收容沟或坑，同时在收容沟或坑的下游筑堤防止泄漏物向下游流动。对于密度比水小的（例如戊腈、苯乙腈），应尽快在泄漏水体的下游建堤、坝，拉过滤网或围漂浮栅栏，减小受污染的水体面积。

（3）水质检测　检测人员定期检测水质，确定氰化物污染的范围，必要时扩大警戒范围。检测人员及现场处理人员应佩戴橡胶耐油防护手套。

第九节　硝酸事故应急处置

硝酸（HNO_3）属于酸性腐蚀品，它用途极广，主要用于有机合成、生产化肥、染料、炸药、火箭燃料、农药等，还常用作分析试剂、电镀、酸洗等作业。在工业生产活动中或意外泄漏的情况下，如果不注意防护，处置不当可引起皮肤或黏膜灼伤，腐蚀设施，同时，产生的氮氧化物气体可对呼吸系统造成严重损害。

一、理化特性

硝酸纯品为无色透明的发烟液体，有酸味，溶于水，在醇中会分解，为强氧化剂，能使有机物氧化或硝化，分子量 63.01，沸点 78℃（分解），蒸气压 8.27kPa（25℃），相对蒸气密度 2.17（空气为 1），沸点 86℃（无水），饱和蒸气压 4.4kPa（20℃）。

二、中毒

1. 发病机理

吸入、食入或经皮吸收，硝酸均可对人体造成损害。

皮肤组织接触硝酸液体后可对皮肤产生腐蚀作用。硝酸与局部组织的蛋白质结合形成黄蛋白酸，使局部组织变黄色或橙黄色，后转为褐色或暗褐色，严重者形成灼伤、腐蚀、坏死、溃疡。硝酸蒸气中含有多种氮氧化物，如 NO、NO_2、N_2O_3、N_2O_4 和 N_2O_5 等，其中主要是 NO，人体吸入后，硝酸蒸气会缓慢地溶解于肺泡表面上的液体和肺泡的气体中，并逐渐与水作用，生成硝酸和亚硝酸，对肺组织产生剧烈的刺激和腐蚀作用，使肺泡和毛细血管通透性增加，而导致肺水肿。

2. 中毒症状的急救措施

（1）皮肤或眼睛接触　有极度腐蚀性，可引起组织快速破坏，如果不迅速、充分处理，可引起严重刺激和炎症，出现严重的化学烧伤。稀硝酸可使上皮变硬，不产生明显的腐蚀作用。

皮肤接触后应立即脱离现场，脱除污染衣物，出现灼伤，用大量流动清水冲洗 20～30min，然后以 5％弱碱碳酸氢钠或 3％氢氧化钙浸泡或湿敷 1h 左右，也可用 10％葡萄糖酸钙溶液冲洗，然后用硫酸镁浸泡 1h，尽快就医。

眼睛接触后应立即脱离现场，翻开上下眼睑，用流动清水彻底冲洗，尽快就医。

（2）食入　引起口腔、咽部、胸骨后和腹部剧烈灼热性疼痛。口唇、口腔和咽部可见灼伤、溃疡，吐出大量褐色物。严重者可发生食管、胃穿孔及腹膜炎、喉头痉挛、水肿、休克。

食入后急救中可用牛奶、蛋清口服，禁止催吐、洗胃。

（3）吸入　硝酸蒸气有极强烈刺激性，腐蚀上呼吸道和肺部，急性暴露可产生呼吸道刺激反应，引起肺损伤，降低肺功能。在接触时也可不出现反应，但是数小时后出现迟发症状，引起呛咳、咽喉刺激、喉头水肿、胸闷、气急、窒息，严重者经一定潜伏期（几小时至几十小时）后出现急性肺水肿表现。

急救中，救援人员必须佩戴空气呼吸器进入现场。如无呼吸器，可用小苏打（碳酸氢钠）稀溶液浸湿的毛巾掩口鼻短时间进入现场，快速将中毒者移至上风向空气清新处。注意保持中毒者呼吸通畅，如有假牙须摘除，必要时给予吸氧，雾化吸入舒喘灵气雾剂或 5％碳酸氢钠加地塞米松雾化吸入。如果中毒者呼吸、心跳停止，立即进行心肺复苏；如果中毒者呼吸急促、脉搏细弱，应进行人工呼吸，给予吸氧，肌肉注射呼吸兴奋剂尼可刹米

$0.5 \sim 1.0g$。

三、泄漏处置

1. 水上泄漏

在运输过程中，如果硝酸在水体中泄漏或包装掉入水中，现场人员应在保护好自身安全的情况下开展报警和伤员救护，及时采取以下措施。

（1）建立警戒区 如果硝酸泄漏到水体中，现场人员应根据泄漏量、扩散情况以及所涉及的区域建立警戒区，并组织人员对沿河两岸或湖泊进行警戒，严禁取水、用水、捕捞等一切活动。如果包装掉入水中，现场人员应根据包装是否破损、硝酸是否漏入水中以及随后的打捞作业可能带来的影响等情况确定警戒区域的大小，并派出水质检测人员定期对水质进行检测，确定污染的范围，必要时扩大警戒范围。事故处理完成后，要定时检测水质，只有当水质满足要求后，才能解除警戒。

（2）控制泄漏源 在消防或环保部门到达现场之前，如果手头备有有效的堵漏工具或设备，操作人员可在保证自身安全的前提下进行堵漏，从根本上控制住泄漏。否则，现场人员应撤离泄漏现场，等待消防队或专业应急处理队伍的到来。

（3）收容泄漏物 硝酸能以任意比例溶解于水，小量泄漏一般不需要采取收容措施，大量泄漏现场可沿河筑建堤坝，拦截被硝酸污染的水流，防止受污染的河水下泄，影响下游居民的生产和生活用水，同时在上游新开一条河道，让上游来的清洁水改走新河道。如有可能，应用泵将污染水抽至槽车或专用收集器内，运至废物处理场所处置。如果 pH 值低于 1，现场情况又不能转移污染水，可根据水中硝酸根离子的浓度，向受污染的水体中投放适量的碳酸氢钠、碳酸钠、碳酸钙中和，也可以使用氢氧化钙或石灰。

2. 陆上泄漏

如果硝酸是在陆上泄漏，现场人员应在保护好自身安全的情况下，开展报警和伤员救护，并及时采取以下措施。

（1）建立警戒区 根据 2000 年版《北美应急响应指南》，硝酸发生泄漏后，应根据泄漏量的大小，立即在 $50 \sim 100m$ 泄漏区范围内建立警戒区。小量发烟硝酸发生泄漏时要立即在泄漏区周围隔离 95m，如果泄漏发生在白天，应在下风向 300m（$300m \times 300m$）范围内建立警戒区；如果泄漏发生在晚上，应在下风向 500m（$500m \times 500m$）范围内建立警戒区。大量发烟硝酸发生泄漏时应立即在泄漏区周围隔离 400m，如果泄漏发生在白天，应在下风向 1300m（$1300m \times 1300m$）范围内建立警戒区；如果泄漏发生在晚上，应在下风向 3500m（$3500m \times 3500m$）范围内建立警戒区。警戒区内的无关人员应沿侧上风方向撤离。

（2）控制泄漏源 在消防或环保部门到达现场之前，如果现场备有有效的堵漏工具或设备，操作人员可在保障自身安全的前提下进行堵漏。人员进入现场时可使用自给式呼吸器。若处理工具有限或自身安全难以保证，现场人员应撤离泄漏污染区，等待消防队或专业应急处理队伍的到来，不要盲目进入现场进行堵漏作业。

控制泄漏源是防止事故范围扩大的最有效措施。

（3）收容泄漏物 小量泄漏时，可用干土、干砂或其他不燃性材料吸收，也可以用大量水冲洗，冲洗水稀释后（pH 值降至 $5.5 \sim 8.5$）排入废水系统。

大量泄漏时，可借助现场环境，通过挖坑、挖沟、围堵或引流等方式将泄漏物收容起来。建议使用泥土、沙子作收容材料。也可根据现场实际情况，先用大量水冲洗泄漏物和泄漏地点，冲洗后的废水必须收集起来，集中处理。喷雾状水冷却和稀释蒸气，保护现场人员。用耐腐蚀泵将泄漏物转移至槽车或有盖的专用收集器内，回收或运至废物处理场所处置。

可将硝酸废液加入纯碱-消石灰溶液中，生成中性的硝酸盐溶液，用水稀释后（pH 值降至 5.5～8.5）排入废水系统。

四、火灾

1. 火场特点

硝酸本身不燃，但能助燃。受热会分解生成二氧化氮和氧气。能与多种物质如金属粉末、电石、硫化氢、松节油等猛烈反应，甚至发生爆炸。与还原剂、可燃物如糖、纤维素、木屑、棉花、稻草或废纱头等接触引起燃烧，并散发出剧毒的棕色烟雾。硝酸蒸气中含有多种有毒的氮氧化物，与硝酸蒸气接触很危险。

2. 灭火建议

在灭火过程中建议做下列处理：

(1) 如有可能，转移未着火的容器。防止包装破损，引起环境污染。

(2) 消防人员必须穿全身耐酸碱消防服，佩戴自给式呼吸器，在上风向隐蔽处灭火。

(3) 用水灭火，同时喷水冷却暴露于火场中的容器，保护现场应急处理人员。

(4) 收容消防废水，防止流入水体、排洪沟等限制性空间。

(5) 消防废水稀释后（pH 值降至 5.5～8.5）排入废水系统。

第十节　道路危险化学品运输事故应急处置

近年来，道路危险货物运输事故发生较为频繁，而且一旦发生事故，影响往往都很恶劣。因此，从业人员懂得发生事故时的应急处理措施就显得尤为重要。笔者在化工领域工作多年，在工作中积累了一些比较实用的危险货物运输事故应急处理的方法，供相关单位参考。

一、爆炸品

1. 灭火方法

用水冷却达到灭火目的，但不能采取窒息法或隔离法。禁止使用砂土覆盖燃烧的爆炸品，否则会由燃烧转为爆炸。扑救有毒性的爆炸品火灾时，灭火人员应佩戴防毒面具。

2. 撒漏处理

对爆炸物品撒漏物，应及时用水湿润，再撒以锯末或棉絮等松软物品收集后，保持相当湿度，报请消防人员处理，绝对不允许将收集的撒漏物重新装入原包装内。

二、压缩气体和液化气体

1. 灭火方法

将未着火的气瓶迅速移至安全处；对已着火的气瓶使用大量雾状水喷洒；火势不大时，可用二氧化碳、干粉、泡沫等灭火器扑救。

2. 撒漏处理

运输中发现气瓶漏气时，特别是有毒气体，应迅速将气瓶移至安全处，并根据气体性质做好相应的防护，人站在上风向处，将阀门旋紧。大部分有毒气体能溶解于水，紧急情况时，可用浸过清水的毛巾捂住口鼻进行操作，若不能制止，可将气瓶推入水中，并及时通知相关部门处理。

三、易燃液体

1. 灭火方法

消灭易燃液体火灾的最有效方法是采用泡沫、二氧化碳、干粉等灭火器扑救。

2. 撒漏处理

及时用砂土或松软材料覆盖吸附后，集中至空旷安全处处理。覆盖时，要注意防止液体流入下水道、河道等地方，以防污染环境。

四、易燃固体、自燃物品和遇湿易燃物品

1. 灭火方法

根据易燃固体的不同性质，可用水、砂土、泡沫、二氧化碳、干粉灭火剂来灭火，但必须注意遇水反应的易燃固体不得用水扑救，如铝粉、钛粉等金属粉末应用干燥的砂土、干粉灭火器进行扑救；有爆炸危险的易燃固体如硝基化合物禁用砂土压盖；遇水或酸产生剧毒气体的易燃固体，如磷的化合物和硝基化合物（包括硝化棉）、氮化合物、硫黄等，燃烧时产生有毒和刺激性气体，严禁用硝碱、泡沫灭火剂扑救，扑救时必须注意戴好防毒面具；赤磷在高温下会转化为黄磷，变成自燃物品，处理时应谨慎。

2. 扑灭自燃物品火灾注意事项

此类物品灭火时，一般可用干粉、砂土（干燥时有爆炸危险的自燃物品除外）和二氧化碳灭火剂灭火。与水能发生反应的物品如三乙基铝、铝铁溶剂等禁用水扑救；黄磷被水扑灭后只是暂时熄灭，残留黄磷待水分挥发后又会自燃，所以现场应有专人密切观察，同时扑救时应穿防护服，戴防毒面具。

3. 扑灭遇湿易燃物品火灾注意事项

此类物品发生火灾时，应迅速将未燃物品从火场撤离或与燃烧物进行有效隔离，用干砂、干粉进行扑救；与酸或氧化剂等反应的物质，禁用酸碱和泡沫灭火剂扑救；活泼金属禁用二氧化碳灭火器进行扑救，应用苏打、食盐、氮或石墨粉来扑救；锂的火灾只能用石墨粉来扑救。

4. 撒漏处理

上述三类货物撒漏时，可以收集起来另行包装。收集的残留物不能任意排放、抛弃。对与水反应的撒漏物处理时不能用水，但清扫后的现场可以用大量水冲刷清洗。

五、氧化剂和有机过氧化物

1. 灭火方法

有机过氧化物、金属过氧化物只能用砂土、干粉、二氧化碳灭火剂扑救，扑救时应佩戴防毒面具。

2. 撒漏处理

在装卸过程中，由于包装不良或操作不当，造成氧化剂撒漏时，应轻轻扫起，另行包装，但不得同车发运，须留在安全地方，对撒漏的少量氧化剂或残留物应清扫干净。

六、毒害品和感染性物品

1. 灭火方法

扑灭毒害品及感染性物品火灾时应注意：氰化物发生火灾时，不得用酸碱灭火器扑救，可用水及砂土扑救；灭火人员扑灭毒害品的火灾时应根据其性质采取相应的灭火方法。扑救时尽可能站在上风方向，并戴好防毒面具。

2. 撒漏处理

固体毒害品及感染性物品，可在扫集后装入容器中；液体毒害品及感染性物品应用棉絮、锯末等松软物浸润，吸附后收集，盛入容器中。

七、腐蚀品

1. 灭火方法

无机腐蚀品或有机腐蚀品直接燃烧时，除具有与水反应特性的物质外，一般可用大量的水扑救。但宜用雾状水，不能用高压水柱直接喷射物品，以免飞溅的水珠带上腐蚀品灼伤灭火人员。

2. 撒漏处理

液体腐蚀品应用干砂、干土覆盖吸收，扫干净后，再用水洗刷。大量溢出时可用稀酸或稀碱中和。中和时，要防止发生剧烈反应。用水洗刷撒漏现场时，只能缓慢地浇洗或用雾状水喷淋，以防水珠飞溅伤人。

第十一节　某车间液氨事故应急处置预案

一、概述

1. 液氨的理化性质

分子式 NH_3，分子量 17.03，液氨是 N_2H_2 高温高压合成 NH_3，它是一种无色液体，当压力减低时，则有氨气化而逸出，同时吸收大量的热量。氨气为无色气体，有强烈的特异性刺激性臭味，有毒，人体接触氨气易引起口、眼、鼻黏膜水肿，吸入氨气易引起肺水肿。水溶液呈碱性。

2. 液氨的爆炸范围

空气中氨蒸气浓度达 15.7%～27.4%时，遇到火星会引起燃烧爆炸。

二、目的

为保证企业职工生命财产的安全，避免或者减少社会影响和损失，防止突发性重大事故，并能在事故发生后，迅速有效控制处理，本着预防为主，自救为主，统一指挥，分工负责的原则，制定本事故应急救援预案，在平时根据预案的内容进行演练，遇有突发事故发生后，按本预案的内容执行，将事故控制在最小的范围内。

三、范围

装置区内有液氨储罐 15 个，最大总容量 75m³，根据本公司生产、使用、储存化学危险物品的品种、数量、危险性质及可能引起化学事故的特点，确定以下 3 个危险场所（设备）为应急救援危险目标。

1 号目标：液氨储槽（个容量 5m³）。

2 号目标：压缩机厂房（压缩机 8 台）。

3 号目标：蒸发间（蒸发器 6 台）。

NH_3（气、液）发生事故部位，可能波及的范围 835 岗位周边界区。

四、职责权限

1. 指挥机构

车间成立化学事故应急救援"指挥领导小组"，由车间安全、设备、技术等有关人员组成。应急救援指挥机构办公室设在车间安全组,发生重大事故时,以指挥领导小组为基础,即化学事故应急救援指挥部,车间主任任总指挥,有关生产主任任副指挥,负责车间应急救援工作的组织和指挥,指挥部设在车间调度室。

注:若车间主任和生产主任不在车间时,由值班长和安全员临时任总指挥和副总指挥,全权负责应急救援工作。

2. 职责

(1) 指挥领导小组

1) 负责本单位"预案"的制定、修订;

2) 组建应急救援专业队伍,并组织实施和演练;

3) 检查督促做好重大事故的预防措施和应急救援的各项准备工作。

(2) 指挥部

1) 发生事故时,由指挥部发布和解除应急救援命令、信号;

2) 组织指挥救援队伍实施救援行动;

3) 向上级汇报和向友邻单位通报事故情况,必要时向有关单位发出救援请求;

4) 组织事故调查,总结应急救援工作经验教训。

(3) 指挥部人员分工

1) 总指挥:组织指挥全车间的应急救援工作。

2) 副总指挥:协助总指挥负责应急救援的具体指挥工作。

3) 指挥部成员:

① 安全员:协助总指挥做好事故报警、情况通报及事故处置工作。

② 岗位负责人:负责灭火、警戒、治安保卫、疏散、道路管制工作。

③ 值班长:a. 负责事故处置时生产系统开、停车调度工作;b. 事故现场通信联络和对外联系;c. 负责事故、现场及有害物质扩散区的洗消、监测工作;d. 必要时代表指挥部对外发布有关信息。

④ 设备员:协助总指挥负责工程抢险、抢修的现场指挥。

⑤ 工会:负责现场医疗救护,调度车辆、运送应急救援物品。

⑥ 综合管理员:负责抢救受伤、中毒人员的生活必需品供应。

(4) 救援队伍的组成及分工 车间各职能部门和全体员工都负有化学事故应急救援的责任,救援队伍是化学事故应急救援的骨干力量,其任务主要是担负本车间化学事故的救援及处置。

五、NH_3(气、液)化学事故的处置

车间制冷系统中存在大量的 NH_3(气、液),泄漏事故的主要部位如前所述 1 号、2 号、3 号目标,其泄漏量视其漏点设备的腐蚀程度,工作压力等条件而不同。泄漏时又可因季节、风向等因素,波及范围也不一样。事故起因也是多样的,如操作失误、设备失修、腐蚀、工艺失控、物料不纯等原因。

NH_3 一般事故,可因设备的微量泄漏,由岗位操作人员巡检等方式及早发现,采取相应措施,予以处理。NH_3 重大事故,可因设备事故、氨系统的大量泄漏而发生重大事故、操作人员能及时发现,但一时难以控制。毒物大量泄漏后,可能造成人员伤亡或伤害,波及周边范围,当发生 NH_3 泄漏事故时,应采取以下应急救援措施。

(1) 最早发现者立即向工厂、车间调度室、安全科报警,并采取一切办法切断事故源。

(2) 调度接到报警后,应迅速通知有关部门、车间,要求查明 NH_3 外泄部位(装置)和原因,下达应急救援预案处置的指令。

第十四章

危险化学品的泄漏与现场勘测

危险化学品事故的发生多与泄漏有关，而流体危险化学品事故引发的直接祸根就是泄漏。当危险化学品介质从其储存的设备、输送的管道及盛装的器皿或集装箱中外泄时，极易引发中毒、火灾、爆炸及环境污染事故。

第一节　危险化学品的泄漏形式

一、泄漏的定义

泄漏与密封是一对共存的矛盾。人们总是希望用先进技术手段建立起来的密封结构能在一定期限内，甚至永远不发生泄漏。但事与愿违，在工厂和现实生活中泄漏现象到处可见，给人们带来的麻烦举不胜举。因此，泄漏与密封作为一种普遍的现象，一直是人们深入探讨和研究的永无止境的课题。

凡是存在压力差的隔离物体上都有发生泄漏的可能。

广义的泄漏包括内漏和外漏。

泄漏的定义：高压流体介质经隔离物缺陷通道向低压区流失的负面传质现象。由此可知，造成泄漏的根源是隔离物上出现的缺陷通道，也就是人们常说的泄漏缺陷；而推动介质泄漏的能量则是泄漏缺陷两侧的压力差。

隔离措施：包括堵塞或隔离泄漏通道；增加泄漏通道中的阻力；加设小型密封元件，形成平衡泄漏的压力；借外力将泄漏液抽走或注入比泄漏压力更高的密封介质；采用组合密封元件；设置物理壁垒等。

高能："高能"是相对低能区而言的，是一个能量差的概念。能量差特指压力差、温度差、速度差、浓度差等。压力差和浓度差是质量传递的推动力，温度差是热量传递的推动力，速度差是动量传递的推动力。概括地说，能量差是泄漏的推动力。

流体：泛指液体、气体、气液混合体、含有固体颗粒的气体或液体等。

低能区：低能区是相对高能物质而言的。低能区包括低压区、低浓度区、低温度区和低速区等。

负面传质：指的是人们不希望发生的传质方向和途径。

二、泄漏分类

泄漏所发生的部位是相当广泛的，几乎涉及所有的流体输送与储存的物体上。泄漏的形式及种类也是多种多样的，而按照人们的习惯称呼多是漏气、漏汽、漏风、漏水、漏油、漏酸、漏碱、漏盐；法兰漏、阀门漏、油箱漏、水箱漏、管道漏、弯头漏、三通漏、四通漏、变径漏、填料漏、螺纹漏、焊缝漏、丝头漏、轴封漏、反应器漏、塔器漏、换热器漏、船漏、车漏、管漏等。

（一）按泄漏的机理分类

1. 界面泄漏

在密封件（垫片、填料）表面和与其接触件的表面之间产生的一种泄漏。

如法兰密封面与垫片材料之间产生的泄漏、阀门填料与阀杆之间产生的泄漏，密封填料与转轴或填料箱之间发生的泄漏等，都属于界面泄漏。

2. 渗透泄漏

介质通过密封件（垫片、填料）本体毛细管渗透出来，这种泄漏发生在致密性较差的植物纤维、动物纤维和化学纤维等材料制成的密封件上。

3. 破坏性泄漏

密封件由于急剧磨损、变形、变质、失效等因素，使泄漏间隙增大而造成的一种危险性泄漏。

（二）按泄漏量分类

1. 液体介质泄漏分为五级

（1）无泄漏　检测不出泄漏为准。

（2）渗漏　一种轻微泄漏。表面有明显的介质渗漏痕迹，像渗出的汗水一样，擦掉痕迹，几分钟后又出现渗漏痕迹。

（3）滴漏　介质泄漏成水球状，缓慢地流下或滴下，擦掉痕迹，5min内再现水球状渗漏者为滴漏。

（4）重漏　介质泄漏较重，连续成水珠状流下或滴下，但未达到流淌程度。

（5）流淌　介质泄漏严重，介质喷涌不断，成线状流淌。

2. 气态介质泄漏分为四级

（1）无泄漏　用小纸条或纤维检查为静止状态，用肥皂水检查无气泡者。

（2）渗漏　用小纸条检查微微飘动，用肥皂水检查有气泡，用湿的石蕊试纸检验有变色痕迹，有色气态介质可见淡色烟气。

（3）泄漏　用小纸条检查时飞舞，用肥皂水检查气泡成串，用湿的石蕊试纸测试马上变色，有色气体明显可见者。

（4）重漏　泄漏气体产生噪声，可听见。

（三）按泄漏的时间分类

1. 经常性泄漏

从安装运行或使用开始就发生的一种泄漏。主要是施工质量或是安装和维修质量不佳等原因造成。

2. 间歇性泄漏

运转或使用一段时间后才发生的泄漏，时漏时停。这种泄漏是由于操作不稳，介质本身的变化，地下水位的高低，外界气温的变化等因素所致。

3. 突发性泄漏

突然产生的泄漏。这种泄漏是由于误操作、超压超温所致，也与疲劳破损、腐蚀和冲蚀等因素有关。这是一种危害性很大的泄漏。

（四）按泄漏的密封部位分类

1. 静密封泄漏

无相对运动密封副间的一种泄漏。如法兰、螺纹、箱体、卷口等结合面的泄漏。相对而言，这种泄漏比较好治理，并可采用带压堵漏技术进行处理。

2. 动密封泄漏

有相对运动密封副间的一种泄漏。如旋转轴与轴座间、往复杆与填料间、动环与静环间等动密封的泄漏。这种泄漏较难治理。有些泄漏可以采用带压堵漏技术进行处理，前提是必须存在注剂通道及注入密封注剂后不影响原密封结构的使用。

3. 关闭件泄漏

关闭件（闸板、阀瓣、球体、旋塞、节流锥、滑块、柱塞等）与关闭座（阀座、旋塞体等）间的一种泄漏。这种密封形式不同于静密封和动密封，它具有截止、换向、节流、调节、减压、安全、止回、分离等作用，它是一种特殊的密封装置，这种泄漏很难治理。

4. 本体泄漏

壳体、管壁、阀体、船体、坝身等材料自身产生的一种泄漏。如砂眼、裂缝等缺陷的泄漏。

（五）按泄漏的危害性分类

1. 不允许泄漏

是指用感觉和一般方法检查不出密封部位有泄漏现象的特殊工况。如危险化学品中的高易燃易爆、极度危害、放射性介质以及非常重要的部位，是不允许泄漏的。如核电厂阀门要求使用几十年仍旧完好不漏。

2. 允许微漏

是指允许介质微漏而不至于产生危害的后果。

3. 允许泄漏

是指一定场合下的水和空气类介质存在的泄漏。

（六）按泄漏介质的流向分类

1. 向外泄漏

介质从内部向外部空间传质的一种现象。

2. 向内泄漏

外部空间的物质向受压体内部传质的一种现象。如空气和液体渗入真空设备容器中现象。

3. 内部泄漏

密封系统内介质产生传质的一种现象。如阀门在密封系统中关闭后的泄漏等。

（七）按泄漏介质的种类分类

即按泄漏介质的名称来分类。如漏气、漏汽、漏水、漏油、漏酸、漏碱、漏盐等。

第二节　危险化学品泄漏介质的物理与化学特性

一、危险化学品泄漏介质的气味

（一）气味的本质

气味是某些挥发性物质刺激鼻腔内的嗅觉神经而引起的感觉。其机理尚未完全探明，但提出了许多有关嗅觉的假说，主要有以下四种学说。

1. 振动学说（又名放射说）

从发出气味的物质到感受到这种气味的人之间，距离远近不同，但是在这段距离中气味的传播和光或声音一样，是通过振动的方式进行的，当气味对人的嗅觉上皮细胞造成刺激后，便使人产生嗅觉。

2. 化学说

气味分子从产生气味的物质向四面八方飞散后有的进入鼻腔，并与嗅细胞的感受膜之间发生化学反应，对嗅细胞造成刺激从而使人产生嗅觉。但是也有人认为在这一过程中不是由化学反应，而是由吸附和解吸等物理化学反应引起的刺激，即所谓"相界学说"。提倡这类学说的人很多，立体结构学说也包括在此范畴之内。

3. 酶说

该学说认为气味之间的差别是由气味物质对嗅觉感受器表面的酶丝施加影响形成的。

4. 立体结构说

认为气味之间的差别是由气味物质分子的外形和大小决定的。

(二) 气味的分类

气味的种数非常多。有机化学学者认为，在200万种有机化合物之中，五分之一的有气味。因此可以认为有气味的物质大约有40万种。包括天然的和合成的，其中有非常类似的气味被视为同系列。由于没有发出完全相同气味的不同物质，所以气味也是40万种左右。曾有许多学者试图对如此众多的气味进行分类。由于气味没有尺度可测定，表现方法只能用语言来描述，很不准确，因此分类方法很多。一般可分为芬芳味；木香味/树脂味；薄荷味/胡椒薄荷味；甜味；化学物味；爆米花味；柠檬味；非柑橘类的水果味；刺鼻味和腐味十大气味。

二、危险化学品泄漏介质的颜色

颜色是通过眼、脑和人们的生活经验所产生的一种对光的视觉效应。人对颜色的感觉不仅仅由光的物理性质所决定，比如人类对颜色的感觉往往受到周围颜色的影响。有时人们也将物质产生不同颜色的物理特性直接称为颜色。

电磁波的波长和强度可以有很大的区别，在人可以感受的波长范围内（380～740nm），它被称为可见光，有时也被简称为光。假如我们将一个光源各个波长的强度列在一起，我们就可以获得这个光源的光谱。一个物体的光谱决定这个物体的光学特性，包括它的颜色。不同的光谱可以被人接收为同一个颜色。虽然我们可以将一个颜色定义为所有这些光谱的总和，但是不同的动物所看到的颜色是不同的，不同的人所感受到的颜色也是不同的，因此这个定义是相当主观的。

一个弥散地反射所有波长的光的表面是白色的，而吸收所有波长的光的表面是黑色的。

颜色是人对光的感知，那么黑色就是人对无光的感知，可以说黑色不算是一种真正的颜色。

三、危险化学品泄漏介质的物态

(一) 物态变化的定义

物质由一种状态变为另一种状态的过程称为物态变化。

(二) 物质的固态和液态

首先是物质的固态和液态，这两者之间的关系，物质从固态转换为液态时，这种现象叫熔化，熔化要吸热，比如冰吸热融化成水，反之，物质从液态转换为固态时，这种现象叫凝固，凝固要放热，比如水放热凝固成冰。这些从固态转换为液态的固体又分为晶体和非晶体，晶体有熔点，就是温度达到熔点时（持续吸热）就会熔化，熔化时温度不会高于熔点，完全熔化后温度才会上升。非晶体没有固定的熔点，所以熔化过程中的温度不定。

（三）物质的气态与液态

物质气态与液态的变化关系，物质从液态转换为气态，这种现象叫汽化，汽化又有蒸发和沸腾两种方式，蒸发发生在液体表面，可以在任何温度进行，是缓慢的。沸腾发生在液体表面及内部，必须达到沸点，是剧烈的。汽化要吸热，液体有沸点，当温度达到沸点时，温度就不会再升高，但是仍然在吸热；物质从气态转换为液态时，这个现象叫液化，液化要放热。例如水蒸气液化为水，水蒸发为水蒸气。

（四）物质的固态和气态

物质从固态直接转换为气态，这种现象叫做升华；然后是物质直接从气态转换为固态，这叫凝华，升华吸热，凝华放热。

在发生物态变化之时，物体需要吸热或放热。当物体由高密度向低密度转化时，就是吸热；由低密度向高密度转化时，则是放热。而吸热或放热的条件是热传递，所以物体不与周围环境存在温度差，就不会产生物态变化。例如0℃的冰放在0℃的空气中不会熔化。

物质从固态变为液态，从液态变为气态以及从固态直接变为气态的过程，需要从外界吸收热量；而物质从气态变为液态，从液态变为固态以及从气态直接变为固态的过程中，向外界放出热量。

四、危险化学品泄漏介质的毒性

（一）毒性的定义

毒性是指外源化学物质与机体接触或进入体内的易感部位后，能引起损害作用的相对能力，或简称为损伤生物体的能力。也可简单表述为，外源化学物在一定条件下损伤生物体的能力。一种外源化学物对机体的损害能力越大，则其毒性就越高。外源化学物毒性的高低仅具有相对意义。在一定意义上，只要达到一定的数量，任何物质对机体都具有毒性，如果低于一定数量，任何物质都不具有毒性，关键是此种物质与机体的接触量、接触途径、接触方式及物质本身的理化性质，但在大多数情况下与机体接触的数量是决定因素。

由药物毒性引起的机体损害习惯称中毒。大量毒药迅速进入人体，很快引起中毒甚至死亡，称为急性中毒；少量毒药逐渐进入人体，经过较长时间积蓄而引起的中毒，称为慢性中毒。此外，药物的致癌、致突变、致畸等作用，则称为特殊毒性。相对而言，能够引起机体毒性反应的药物则称为毒药。

（二）物质的毒性原理

一种是该物质极易与血红蛋白结合，使红细胞无法运输氧气，导致生物体窒息，有这种毒性的物质一般是气态非金属氧化物，例如一氧化碳、一氧化氮、二氧化氮、二氧化硫等；另一种是该物质能够破坏特定的蛋白质中的肽键，改变其化学组成，使蛋白质变性失活，无法发挥正常功能，使生物体的生命活动受到影响，如甲醛、氰化物、砷化物、卤素单质等。

五、危险化学品泄漏介质的燃爆性

（一）燃烧

1. 燃烧的定义

燃烧性：定性描述该物质在空气中遇明火、高温、氧化剂和易燃物等的燃烧行为。分为易燃、可燃、助燃、不燃四个层次，没有严格的技术判据。一般来说，易燃是指爆炸极限较低的气体（防火建筑规范分为甲、乙两级的气体），闪点≤60℃的液体和自燃温度≤300℃的固体或一级易燃固体（《防火检查手册》分类）；可燃是指不属于易燃类的所有可燃的物质；助燃是指能帮助和维持燃烧的物质，如氧气、氯气、氧化剂等；不燃是指遇明火、高热不燃或难燃的物质。

2. 闪点

闪点是表示可燃性液体性质的指标之一。闪点是在规定的试验条件下，液体表面上能发生闪燃的最低温度。闪燃通常为淡蓝色火花，一闪即灭，不能继续燃烧。闪燃往往是发生火灾的先兆。测定闪点的方法有开口杯法和闭口杯法，一般前者用于测定高闪点液体，后者用于测定低闪点液体。

3. 燃点

燃点又称着火点，是表示可燃性液体性质的指标之一。是指可燃性液体加热到其表面上的蒸气与空气混合物与火焰接触立即着火仍能继续燃烧的最低温度。易燃液体的燃点高于闪点1～5℃。闪点愈低，燃点与闪点之间差别愈小。

4. 自燃点

可燃性物质在没有接触明火就能引起着火的最低温度，称为自燃点。自燃点越低，着火的危险性越大。同一物质的自燃点随压力、浓度、散热等条件及测试方法不同而异。

（二）爆炸

1. 爆炸的定义

在极短时间内，释放出大量能量，产生高温，并放出大量气体，在周围介质中造成高压的化学反应或状态变化的现象。爆炸也可视为气体或蒸汽在瞬间剧烈膨胀的现象。

2. 爆炸的分类

常见的爆炸可分为物理性爆炸和化学性爆炸两类，如图14-1所示。

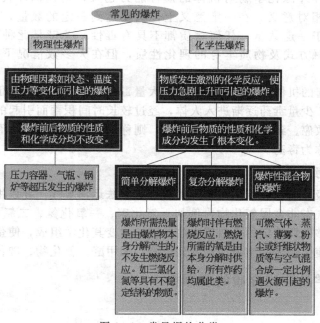

图14-1　常见爆炸分类

3. 爆炸与燃烧的关系

燃烧与爆炸的关系如图14-2所示。

4. 爆炸极限

可燃气体、可燃液体的蒸气或可燃固体的粉尘在一定的温度、压力下与空气或氧混合达到一定的浓度范围时，遇到火源就会发生爆炸。这一定的浓度范围，称作爆炸极限或燃烧极限。如果混合物的组成不在这一定的范围内，则供给能量再大，也不会着火。蒸气或粉尘与空气混合并达到一定的浓度范围，遇到火源就会燃烧或爆炸的最低浓度称为爆炸下限；最高浓度称为爆炸上限。爆炸极限通常以蒸气在混合物的体积百分数表示，即%（vol）；粉

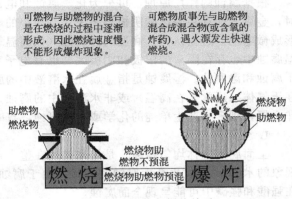

图 14-2　燃烧与爆炸关系

尘则以 mg/m³ 浓度表示。如果浓度低于爆炸下限，虽然有明火但也不致爆炸或燃烧，因为此时空气占的比例很大，可燃蒸气和粉尘浓度不高；如果浓度高于爆炸上限，虽会有大量的可燃物质，但缺少助燃的氧气，在没有空气补充的情况下，即使遇明火，一时也不会爆炸。易燃性溶剂都有一定的爆炸范围，爆炸范围越宽，危险性越大。

常见泄漏介质燃烧爆炸特性如表 14-1 所示。

表 14-1　常见泄漏介质燃烧爆炸参数

序号	名称	爆炸危险度	最大爆炸压力 /10⁵Pa	爆炸下限 /%	爆炸上限 /%	蒸气相对密度 (空气为1)	闪点 /℃	自燃点 /℃
1	氨	17.9	7.4	4.0	75.6	0.07	气态	560
2	一氧化碳	4.9	7.3	12.57	74.0	0.97	气态	605
3	二硫化碳	59.0	7.8	1.0	60.0	2.64	<−20	102
4	硫化氢	9.9	5.0	4.3	45.5	1.19	气态	270
5	呋喃	5.2	—	2.3	14.3	2.35	<−20	390
6	噻吩	7.3	—	1.5	12.5	2.90	−9	395
7	吡啶	5.2	—	1.7	10.6	2.73	17	550
8	尼古丁	4.7	—	0.7	4.0	5.60	—	240
9	萘	5.5	—	0.9	5.9	4.42	80	540
10	顺萘	6.0	—	0.7	4.9	4.77	61	260

六、危险化学品泄漏介质的腐蚀性

（一）腐蚀的定义

腐蚀是材料在环境的作用下引起的破坏或变质。腐蚀若是发生在金属设备及管道上，同样会引发泄漏事故。

金属和合金的腐蚀主要是由于化学或电化学作用引起的破坏，有时还同时伴有机械、物理或生物作用。例如应力腐蚀破裂就是应力和化学物质共同作用的结果。单纯物理作用的破坏，如合金在液态金属中的物理溶解，也属于腐蚀范畴，但这类破坏实例不多。单纯的机械破坏，如金属被切削、研磨，不属于腐蚀范畴非金属的破坏一般是由于化学或物理作用引起，如氧化、溶解、溶胀等。

（二）腐蚀的分类

根据腐蚀的形态，可分为全面（均匀）腐蚀和局部腐蚀两类，局部腐蚀还可分为若干小类。

根据腐蚀的作用原理，可分为化学腐蚀和电化学腐蚀。两者的区别是当电化学腐蚀发生时，金属表面存在隔离的阴极与阳极，有微小的电流存在于两极之间，单纯的化学腐蚀则不形成微电池。过去认为，高温气体腐蚀（如高温氧化）属于化学腐蚀，但近代概念指出在高温腐蚀中也存在隔离的阳极和阴极区，也有电子和离子的流动。据此，出现了另一种分类：干腐蚀和湿腐蚀。湿腐蚀是指金属在水溶液中的腐蚀，是典型的电化学腐蚀，干腐蚀则是指在干气体（通常是在高温）或非水溶液中的腐蚀。单纯的物理腐蚀，对于金属很少见，对于非金属，则多半产生单纯的化学或物理腐蚀，有时两种作用同时发生。

1. 全面腐蚀

全面腐蚀也称均匀腐蚀，是用来描述在整个合金表面上以比较均匀的方式所发生的腐蚀现象的术语。当发生全面腐蚀时，材料由于腐蚀而逐渐变薄，甚至材料腐蚀失效。不锈钢在强酸和强碱中可能呈现全面腐蚀。

凡是与介质接触的表面，皆产生同一种腐蚀。金属表面腐蚀的外貌相同，经历同一时间，金属厚度的减少也相同，管壁或设备外壁或内壁一层层地腐蚀而脱落，最后造成大面积穿孔，最终造成泄漏事故的发生。如暖气管、自来水管、换热设备等都有这种现象出现。

2. 局部腐蚀

局部腐蚀即非均匀腐蚀，腐蚀反应集中在局部表面上。局部腐蚀又可分为侵蚀或汽蚀、应力腐蚀、点腐蚀、晶间腐蚀、氢腐蚀、缝隙腐蚀、选择性腐蚀、磨损腐蚀、电偶腐蚀等。

（1）侵蚀或汽蚀　这种腐蚀是由于流体介质的流动所引起的。高速输送的液体压力会明显下降，当压力低于介质的临界压力时，液体就会出现汽化现象，形成无数个气泡。但是，这种气泡存在的时间有限，一到高压区，这些气泡又凝结为液体，凝结的过程中便会产生对金属材料的侵蚀和冲击，冲击的能量足以造成管道的振动，同时把金属表面腐蚀呈蜂窝状，随着时间的推移，便形成了腐蚀穿孔，造成泄漏事故的发生。

（2）应力腐蚀　金属材料的应力腐蚀，是指在静拉伸应力和腐蚀介质共同作用下而导致的金属破坏。它与单纯由机械应力造成的破坏不同，它在极低的应力负荷下也能产生破坏；它与单纯的腐蚀引起的破坏也不同，腐蚀性极弱的介质同样引起应力腐蚀，因而它是危害性最大的一种腐蚀破坏形式。它常常在一般腐蚀方面来看是耐蚀的情况下发生的，没有变形预兆的迅速扩展的突然断裂，易发生严重的泄漏事故。因此，称这种处于张应力状态下的金属在特定的腐蚀介质中，由于产生局限于合金内某种显微路径的腐蚀而导致的破坏现象称之为应力腐蚀。

（3）点腐蚀　也称坑蚀或孔蚀，是一种导致腐蚀的局部腐蚀形式。这种腐蚀发生在金属表面的某一点上。初始只出现在金属表面某个局部不易看见的微小位置上，腐蚀主要向深部扩散，最后造成一小穿透孔，而孔周围的腐蚀并不明显。这种点蚀腐蚀的机理是：阴离子在金属钝化膜的缺陷地方，如夹杂物、贫铬区、晶界、位错等处，侵入钝化膜，与金属离子结合形成强酸盐，而溶解钝化膜，使膜产生缺位。由于钝化膜的局部破坏，形成了"钝化-活化"的微电池，其电位差为 $0.5 \sim 0.6V$。由于阳极（活化区）的面积很小，因而腐蚀电流很大，点蚀的腐蚀速度很快。如不锈钢表面的氧化膜（三氧化二铬）局部受到破坏，就可能产生点蚀。此时点蚀的部位为阳极，周围的大面积金属为阴极，形成了电池作用，最终使点蚀部位穿孔，造成泄漏。大量的试验证明，对不锈钢而言，当介质中含有 Cl^-、Br^-，特别是 Cl^- 极易产生点蚀。

（4）晶间腐蚀　这种腐蚀是发生在金属结晶面上的一种激烈腐蚀，并向金属内部的纵深部位扩散。在腐蚀过程中，金属晶格区域的溶解速度远远大于晶粒本体的溶解速度时，就会产生晶间腐蚀。产生晶间腐蚀的因素有金属本身的因素和外部条件的因素。内在因素是指晶格区域的某种物质的电化学性质同晶粒本身的电化学性质存在着明显差异，这样晶格区域就比晶粒本体在一定的腐蚀电位下更易于溶解。外部条件是要有适当的腐蚀介质，在该介质条件下足以显示晶格物质与晶粒本体之间的电化学性质的明显差异，正是这种差异引起两者间的不等速溶解。例如，一般耐腐蚀性能非常好的奥氏体不锈钢管道，在温度达到 500～850℃的范围内，在其晶格的交界面上将会析出铬的碳化物，此时的晶格界面上产生局部贫铬现象，在特定的介质环境中，晶格与晶粒本体之间将会发生不等速溶解，产生晶间腐蚀。对奥氏体不锈钢出现的晶间腐蚀，可用贫铬理论加以解释。

（5）氢腐蚀　这种腐蚀从本质上说，也是一种晶间腐蚀。在高温高压下，氢以原子状态渗透到金属中，并逐步扩散，当遇到被密封的流体介质中不稳定的碳化物进行化学反应而生成甲烷，使钢脱碳产生大量的晶界裂纹和鼓泡，从而使钢的强度和塑性显著降低，其中断面收缩率降低更加显著，并且产生严重的脆化。

（6）缝隙腐蚀　当金属表面上存在异物或结构上存在缝隙时，由于缝内溶液中有关物质迁移困难所引起缝隙内金属的腐蚀，总称为缝隙腐蚀。例如，金属铆接板、螺栓连接的接合部、螺纹接合部等情况下金属与金属间形成的缝隙，金属同非金属（包括塑料、橡胶、玻璃等）接触所形成的缝隙，以及砂粒、灰尘、脏物及附着生物等沉积在金属表面上所形成的缝隙等等。在一般电解质溶液中，以及几乎所有的腐蚀性介质中都可能引起金属缝隙腐蚀，其中以含 Cl^- 溶液最容易引起该类腐蚀。这样的缝隙可以在金属与金属或金属与非金属的接合处形成，例如，在与铆钉、螺栓、垫片、阀座、松动的表面沉积物以及海生物相接触之处形成。

（7）电偶腐蚀　当一种不太活泼的金属（阴极）和一种比较活泼的金属（阳极）在电解质溶液中接触时，因构成腐蚀原电池而引发电流，从而造成（主要是阳极金属）电偶腐蚀。电偶腐蚀也称双金属腐蚀或金属接触腐蚀。

电偶腐蚀首先取决于异种金属之间的电极电位差。这一电位指的是两种金属分别在电解质溶液（腐蚀介质）中的实际电位。通常在手册、资料中能找到的是各种金属、合金在特定的介质中按腐蚀电位高低排列的电位顺序表，称作电偶序。

第三节　危险化学品泄漏部位

一、危险化学品法兰泄漏

法兰密封是应用最广泛的一种密封结构形式。这种密封形式一般是依靠其连接螺栓所产生的预紧力，通过各种固体垫片（如橡胶、石棉橡胶垫片、植物纤维垫片、缠绕式金属内填石棉垫片、波纹状金属内填石棉垫片、波纹状金属夹壳内填石棉垫片、波纹状金属垫片、平金属夹壳内填石棉垫片、槽形金属垫片、突心金属平垫片、金属圆环垫片、金属八角垫片等）或液体垫片（一定时间或一定条件下转变成一定形状的固体垫片）达到足够的工作密封比压，来阻止被密封流体介质的外泄，属于强制密封范畴，如图 14-3 所示。

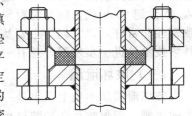

图 14-3　法兰强制密封

在实际带压堵漏作业中，处理法兰泄漏要占整个工作量的 90％以上，而作业的第一项工作就是对泄漏法兰几何尺寸的准确测量。因此，根据在带压堵漏技术作业中的成败经验，细致地了解法兰的类型、密封面的型式、连接螺栓、螺栓孔尺寸、垫片状况及相关国家标准、部颁标准以及现在的行业标准，这对成功地处理法兰泄漏来说是十分有益的。

无论采用上述介绍过的何种法兰类型、合理法兰密封面形式及相应法兰垫片，在苛刻的介质操作环境下都可能发生泄漏。根据发生泄漏的形式，法兰泄漏可归纳为三类。

（一）界面泄漏

这是一种被密封介质通过垫片与二法兰面之间的间隙面产生的泄漏形式。主要原因是密封垫片压紧力不足、法兰结合面上的粗糙度不恰当、管道热变形、机械振动等都会引起密封垫片与法兰面之间密合不严而发生泄漏。另外，法兰连接后，螺栓变形、伸长及密封垫片长期使用后塑性变形、回弹力下降、密封垫片材料老化、龟裂、变质等，也会造成垫片与法兰面之间密合不严而发生泄漏。如图 14-4 所示。

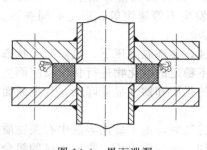

图 14-4　界面泄漏

因此，把这种由于金属面和密封垫片交界面上不能很好地吻合而发生的泄漏称之为"界面泄漏"。无论哪种形式的密封垫片或哪种材料制成的密封垫片都会出现界面泄漏。

在法兰连接部位上所发生的泄漏事故，绝大多数是这种界面泄漏，多数情况下，这种泄漏事故要占全部法兰泄漏的 80％～95％，有时甚至是全部。

（二）渗透泄漏

这是一种被密封介质通过垫片内部的微小而间隙产生的泄漏形式。植物纤维（棉、麻、丝）、动物纤维（羊毛、兔毛等）、矿物纤维（石棉、石墨、玻璃、陶瓷等）和化学纤维（尼龙、聚四氟乙烯等各种塑料纤维）等都是制造密封垫片的常用原材料，还有皮革、纸板也常被用作密封垫片材料。这些垫片的基础材料的组织成分比较疏松、致密性差，纤维与纤维之间有无数的微小缝隙，很容易被流体介质浸透，特别是在流体介质的压力作用下，被密封介质会通过纤维间的微小缝渗透到低压一侧来。如图 14-5 所示。因此，把这种由于垫片材料的纤维和纤维之间有一定的缝隙，流体介质在一定条件下能够通过这些缝隙而产生的泄漏现象称之为"渗透泄漏"。

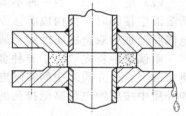

图 14-5　渗透泄漏

渗透泄漏一般与被密封的流体介质的工作压力有关，压力越高，泄漏流量也会随之增大。另外渗透泄漏还与被密封的流体介质的物理性质有关，黏性小的介质易发生渗透泄漏，而黏性大的介质则不易发生渗透泄漏。渗透泄漏一般占法兰密封泄漏事故的 8％～12％。进入 20 世纪 90 年代，随着材料科学迅猛发展，新型密封材料不断涌现，这些新型密封材料的致密性非常好，以它们为主要基料制作的密封垫片发生渗透泄漏的现象日趋减少。随着材料科学技术的进一步发展，总有一天密封垫片的渗透泄漏事故会得到彻底解决。

（三）破坏泄漏

破坏泄漏从本质上说也是一种界面泄漏，但引起界面泄漏的后果，人为的因素则占有很大的比例。密封垫片在安装过程中，易发生装偏的现象，从而使局部的密封比压不足或预紧力过度，超过了密封垫片的设计限度，而使密封垫片失去回弹能力。另外，法兰的连接螺栓松紧不一，两法兰中心线偏移，在把紧法兰的过程中都可能发生上述现象，如图 14-6 所示。因此，把这种由于安装质量欠佳而产生密封垫片压缩过度或密封比压不足而发生的泄漏称之为"破坏泄漏"。这种泄漏很大程度上取决于人的因素。应当加强施工质量的管理。一般来说，低压系统采用宽面法兰就较窄面法兰易于同心和对正，如图 14-7 所示，泄漏现象较少。另外，凸凹法兰密封结构就比平面法兰密封结构为好。在已有的设备、管道法兰上采取一些行之有效的方法，也能明显地提高安装质量。如在平面法兰安装过程中，应用定位不干黏结剂就能有效地防止垫片偏移，减轻作业人员的劳动强度。破坏泄漏事故一般占全部泄漏事故的 1‰～5‰。

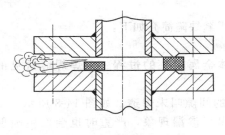

图 14-6　破坏泄漏

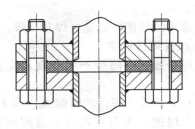

图 14-7　宽面法兰结构

界面泄漏和破坏泄漏的泄漏量都会随着时间的推移而明显加大，而渗透泄漏的泄漏量与时间的关系不十分明显。无论是哪一种泄漏，一旦发现就应当立刻采取措施。首先可以用扳手检查一下连接螺栓是否松动，然后均匀拧紧直到泄漏消失。若拧紧螺栓后，泄漏不见消除，就应当考虑采用"带压堵漏技术"中的某种方法加以解决。采用"带压堵漏技术"消除泄漏宜早不宜晚，待到泄漏呈明显增大后再处理，就会给带压堵漏作业带来不便，无形中增大了施工难度。

造成法兰密封面泄漏的原因，除了上述三种类型外，还有介质腐蚀因素的影响，这种腐蚀属于间隙腐蚀，主要发生在法兰结合面上微小的间隙处，在此处介质中的氧供应不足，它与间隙外的介质之间形成电位差，产生电化学腐蚀，这种化学腐蚀称之为"浓淡电化学腐蚀"。腐蚀泄漏是缓慢进行的，只有发展到形成腐蚀麻点连成一通道后，被密封的流体介质才能外泄。在现场检修中时常发现在法兰密封面上，有许多斑点，有的甚至已形成明显的小坑，这便是浓淡化学腐蚀的产物，但并没有发生泄漏现象。出现腐蚀泄漏的情况较为少见，即便产生了泄漏，它的形式也与界面泄漏十分相似，都是发生在法兰密封面与垫片接触界面上，形式类似于界面泄漏，这里不做详述。

（四）法兰与管道连接部位泄漏

从法兰的结构类型中可以看出，法兰与管道及设备的连接形式多为焊接或螺纹连接。对于选用焊接连接形式的法兰，在连接焊缝上也可能发生泄漏，引起焊缝泄漏的原因是在焊接过程中存在的各种焊接缺陷所至，这些缺陷有未焊透、夹渣、气孔、裂纹、过热、过烧、咬边等；对于选用螺纹连接形式的法兰，也可能在螺纹处发生界面泄漏。

二、危险化学品设备及管道泄漏

工艺生产设备上（容器、塔器、换热器、反应器、锅炉等）也会发生泄漏事故。如大型气柜上出现的腐蚀孔洞、裂纹，流体压力容器上出现的裂纹、渗漏现象等；工艺生产管道上，由于其输送的流体介质的不断流动，在腐蚀、冲刷、振动等因素影响下，在直管输送管段上，异径管段上，流体介质改变方向的弯头及三通处，管道的纵焊焊缝及环焊缝上，也同样会出现泄漏现象。造成设备和管道泄漏的原因较多，有人为的（选材不当、结构不合理、焊缝缺陷、防腐蚀措施不完善、安装质量欠佳等）和自然的（温度变化、地震、地质变迁、雷雨风暴、季节变化、非人为的破坏等）因素。

（一）焊缝缺陷引起的泄漏

无论是大型金属容器，还是长达数百千米的流体输送管道，都是通过焊接的方法连接起来的。通过焊接的方法，可以得到机械性能优良的焊接接头。但是，在焊接的过程中，由于人为的因素及其他自然因素的影响，在焊缝形成过程中不可避免地存在着各种缺陷。焊缝上发生的泄漏现象，相当大一部分是由焊接过程中所遗留下来的焊接缺陷所引起的。

最常用的焊接方法是电焊和气焊。两者常见的焊缝缺陷简介如下：

1. 电焊焊缝缺陷

电焊是通过电能所产生的高温电弧而得到整体金属接头的过程。电焊焊缝常见的缺陷有：

（1）未焊透　焊件的间隙或边缘未熔化，留下的间隙叫未焊透。如图 14-8 所示。由于存在着未焊透，压力介质会沿着层间的微小间隙出现渗漏现象，严重时也会发生喷射状泄漏。

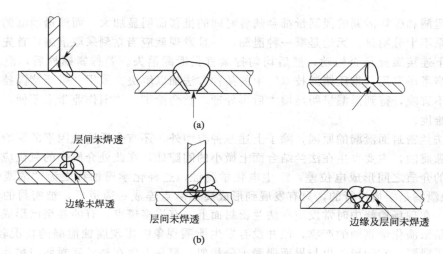

图 14-8　各种接头未焊透

（2）夹渣　在焊缝中存在的非金属物质称为夹渣。如图 14-9 所示。夹渣主要是由于操作技术不良，使熔池中的熔渣未浮出而存在于焊缝之中，夹渣也可能来自母材的脏物。

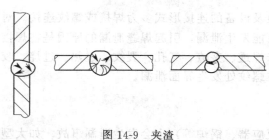

图 14-9　夹渣

夹渣有的能够看到，称为外缺陷；有的存在于焊缝深处，肉眼无法看到，通过无损探伤可以看到，称为内缺陷。无论内缺陷还是外缺陷，对焊缝的危害都是很大的，它们的存在降低了焊缝的机械性能。而某些具有针状的显微夹杂物，其夹渣的尖角将会引起应力集中，几乎和裂纹相等。焊缝里的针状氮化物和磷化物，会使金属发脆，氧化铁和硫化铁还能形成裂纹。

夹渣引起的焊缝泄漏也是比较常见的，特别是在那些焊缝质量要求不高的流体输送管路及容器上，夹渣存在的焊缝段内会造成局部区域内的应力集中，使夹渣尖端处的微小裂纹扩展，当这个裂纹穿透管道壁厚时，就会发生泄漏现象。

（3）气孔　在金属焊接过程中，由于某些原因使熔池中的气体来不及逸出而留在熔池内，焊缝中的流体金属凝固后形成孔眼，称之为气孔。如图 14-10 所示。气孔的形状、大小及数量与母材钢种、焊条性质、焊接位置及电焊工的操作技术水平有关。形成气孔的气体有的是原来溶解于母材或焊条钢芯中的气体；有的是药皮在熔化时产生的气体；有的是母材上的油锈、垢等物在受热后分解产生的；也有的来自于大气。而低碳钢焊缝中的气孔主要是氢或一氧化碳气孔。

根据气孔产生部位的不同，可分为表面气孔和内部气孔；根据分布情况的不同，可分为疏散气孔、密集气孔、连续气孔等。这些气孔产生的原因是多种多样的，所形成的气孔形状大小也各不相同，有球形、椭圆形、旋涡形和毛虫状等。

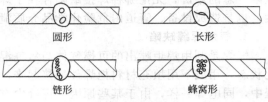

图 14-10　气孔

气孔对焊缝的强度影响极大，它能使焊缝的有效工作截面积减小，降低焊缝的机械性能，特别是对弯曲和冲击韧性影响最大，破坏了焊缝的致密性。连续气孔还会导致焊接结构的破坏。

单一的小气孔一般不会引起泄漏。但长形气孔的尖端在温差应力、安装应力或其他自然力的作用下，会出现应力集中的现象，致使气孔尖端处出现裂纹，并不断扩展，最后导致泄漏；连续蜂窝状气孔则会引起点状泄漏。处理这类焊缝气孔引起的泄漏，可以采用带压粘接堵漏技术中所介绍的简便易行的方法加以消除；当泄漏压力及泄漏量较大，人员难以靠近泄漏部位，则可以采用注剂式带压堵漏技术加以消除；允许动火的部位也可考虑采用带压焊接堵漏技术中介绍的方法加以消除，其强度和使用寿命会更高更长。

（4）裂纹　裂纹是金属中最危险的缺陷。也是各种材料焊接过程中时常遇到的问题。这种金属中的危险缺陷有不断扩展和延伸的趋势，从密封的角度考虑，裂纹的扩展最终会引起被密封流体介质的外泄。

裂纹按其所存在的部位可分为纵向裂纹、横向裂纹、焊缝中心裂纹、根部裂纹、弧坑裂纹、热影响区裂纹等，如图 14-11 所示。

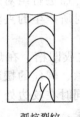 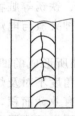 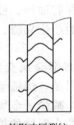 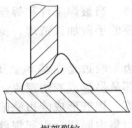

弧坑裂纹　　　焊缝中心裂纹　　　热影响区裂纹　　　　根部裂纹

图 14-11　裂纹

有时裂纹出现在焊缝的表面上，有时也出现在焊缝的内部。有时是宏观的，有时是微观的，只有用显微镜才能观察出来。常见裂纹有：

① 焊接金属热裂纹。这种裂纹的特征是断口呈蓝黑色，即金属在高温下被氧化的颜色，裂纹总是产生在焊缝正中心或垂直于焊缝鱼鳞波纹，焊缝表面可见的热裂纹呈不明显的锯齿形，弧坑处的花纹状或稍带锯齿状的直线裂纹也属于热裂纹。

② 焊接金属冷裂纹。冷裂纹则与热裂纹有所不同，它是在焊接后的较低温度下产生的，温度一般在 200～300℃。冷裂纹可以在焊缝冷却过程中立即出现，有些也可以延迟几小时、几天甚至一、两个月之后才出现，故冷裂纹又叫延迟裂纹。延迟裂纹大多数产生在基本金属上或基本金属与焊缝交界的熔合线上，大多数是纵向分布，少数情况下也可能是横向裂纹，其外观特征是显露在焊接金属表面的冷裂纹断面上没有明显的氧化色彩，断口发亮；其金相

特征是：冷裂纹可能发生在晶界上，也可能贯穿于晶粒体内部。

以上只介绍了几种常见电焊焊缝缺陷及产生的原因。当然一些其他因素同样会造成焊缝缺陷。总的来讲，无论哪种焊接缺陷存在于焊缝上，都会影响到焊缝的质量，削弱焊缝的强度，也是造成设备、管道内危险化学品介质泄漏的重要原因。

2. 气焊焊缝缺陷

气焊是利用焊炬喷出的可燃气体与氧气混合燃烧后，其热量把两焊件的接缝处加热到熔化状态，用或不用填充材料把焊件连接起来，得到整体焊接接头的过程。在采用气焊焊接过程中，同电焊一样，由于某些原因，焊缝中有时也会出现一些焊接缺陷。

（1）过热和过烧　过热和过烧，一般是指钢在气焊时金属受热到一定程度后，金属组织所发生的变化。金属产生过热的特征是在金属表面变黑，同时有氧化皮出现。在组织上表现为晶粒粗大；而过烧时，除晶粒粗大外，晶粒边界也被强烈氧化，焊缝的宏观特征是"发渣"。过热的金属会变脆，若过烧则会更脆。造成这种缺陷的主要原因是：

1）火焰能率太高；

2）焊接速度太慢；

3）焊炬在一处停留时间太长。

另外还与采用了氧气过剩的氧化焰、焊丝成分不合格及在风力过大处焊接等客观因素有关。显然，这种焊接缺陷的存在必然影响到焊缝质量。

（2）气孔　气孔是遗留在焊缝中的气泡。气焊产生气孔的主要原因有：

① 工件与焊丝表面不干净，有油、锈、漆及氧化铁皮等；

② 焊丝与母材化学成分不符合要求；

③ 焊接速度太快；

④ 焊丝与母材的加热熔化配合不协调。

气孔的存在将减少焊缝的有效截面积，破坏了焊缝的致密性，降低了焊接接头的机械性能。

（3）夹渣　当被焊工件和焊丝上存有油污、油漆、铁锈等脏物，而进行组对焊接时，又没有采取必要的手段加以清理，就可能产生夹渣。这种夹渣与电焊时所产生的夹渣引起的危害是一样的。

（4）咬边　咬边是在基本金属和焊缝金属交界处所形成的凹坑或凹槽。在焊接横焊缝时，焊缝上部最易形成咬边现象。原因是，焊嘴倾斜角度不对及焊嘴、焊丝的摆动不当，火焰能率太高等。焊缝形成咬边缺陷后，减少了金属的有效截面积，同时在咬边处形成应力集中，这种应力集中同样会引起焊缝中微小裂纹的扩展而出现泄漏现象。

（5）裂纹　气焊过程中产生裂纹的主要原因有：

① 焊件和焊丝的成分、组织不合格（如金属中含碳量过高，硫磷杂质过多及组织不均匀等）；

② 焊接时应力过大，焊缝加强高度不够或焊缝熔合不良；

③ 焊接长焊缝时，焊接顺序不妥当；

④ 点固焊时，焊缝太短或熔合不良；

⑤ 作业场所的气温低；

⑥ 收尾时焊口没填满等。

对金属来说，裂纹是最危险的焊接缺陷，它的存在明显地降低了焊接构件的承载能力，裂纹的尖端不可避免地会出现应力集中。应力集中又会使裂纹不断扩展，裂纹达到一定深度就会破坏管道、设备的封闭性能，流体介质就会沿着这些裂纹外泄。

无论是电焊焊缝缺陷，还是气焊焊缝缺陷的存在，都是引起焊缝泄漏的根本原因。从治本的角度出发，提高焊接质量是完全必要的。但对已经投产运行的设备、管道焊缝上出现的泄漏，则必须采用带压堵漏技术加以消除，以保证生产的安全进行。

（二）腐蚀引起的泄漏

腐蚀是自然界中最常见的一种化学现象，它会使物质发生质的变化，甚至造成物体破坏。当然腐蚀若是发生在金属设备及管道上，同样会引发泄漏事故。根据腐蚀的性质不同可以将腐蚀分为：

1. 全面腐蚀

见本章第二节。

2. 侵蚀或汽蚀

见本章第二节。

3. 应力腐蚀

见本章第二节。

应力腐蚀包含四个要素：

（1）敏感的金属材料　纯金属一般不产生应力腐蚀破坏；合金成分组织及热处理对金属材料是否发生应力腐蚀有很大影响。

（2）特定的介质环境　对一定的金属材料而言，只在特定的介质环境中才发生应力腐蚀，起重要作用的是某些特定的阴离子、络离子，如氢氧化钠水溶液、（$NaOH + Na_2SiO_3$）水溶液、硝酸盐水溶液、碳酸盐水溶液、硫化氢气水溶液、无水液氨、无水液体 CO_2、HCN 水溶液、醋酸水溶液（甲酸＋甲醇）水溶液、氯化钙水溶液、浓硝酸、（硫酸＋硝酸）水溶液等。

（3）处于张应力状态下　包括残余应力、组织应力、热应力、焊接应力或工作应力在内，必须是在张应力作用才能引起应力腐蚀破裂，而压应力不引起应力腐蚀破裂。

（4）经过一定的时间　常见于实际使用后三个月到一年期间发生，但也有经数年时间才发生破裂的，然而应力腐蚀破裂一旦进行，其速度是很快的，例如碳钢在碱中达 10^{-5} mm/s，在硝酸盐中可达 10^{-3} mm/s，应力造成的泄漏必须立刻处理，并进行事故分析，采用必要的防护措施，如电化学保护等。

4. 电化学腐蚀

这种腐蚀是金属与介质发生电化学反应而引起的腐蚀。最常见的即是所谓露点腐蚀，这种现象在工艺设备及管道上发生的较多。这是因为许多化工、石油、炼钢等装置都是设置在露天，有的虽不在露天，而与其相连的管道却安装在户外，由于天气的影响及管道温度的变化，管壁上会结满露水，这种微小水滴中含有二氧化碳，从而形成了稀碳酸，造成了金属管道的腐蚀。

5. 点蚀

见本章第二节。

6. 晶间腐蚀

见本章第二节。

7. 氢腐蚀

由于化学或电化学反应（包括腐蚀反应）所产生的原子态氢扩散到金属内部引起的各种破坏，包括氢鼓泡，氢脆和氢腐蚀三种形态。氢鼓泡是由于原子态氢扩散到金属内部，并在金属内部的微孔中形成分子氢。由于氢分子扩散困难，就会在微孔中累积而产生巨大的内压，使金属鼓泡，甚至破裂。氢脆是由于原子氢进入金属内部后，使金属晶格产生高度变形，因而降低了金属的韧性和延性，导致金属脆化。氢腐蚀则是由于氢原子进入金属内部后与金属中的组分或元素反应，例如氢渗入碳钢并与钢中的碳反应生成甲烷，使钢的韧性下降，而钢中碳的脱除，又导致强度的下降。

钢在氢气作用下脱碳有两种形式：

一是在温度565.5℃以上和压力低于1.4MPa氢中，碳钢只发生表面脱碳。表面脱碳后呈铁素体组织，使强度下降而塑性提高，脱碳层向钢中扩散很慢。

二是当温度超过221℃，压力大于1.4MPa，氢就会渗入钢的内部，在晶界处形成甲烷使钢发生内部脱碳，即产生氢腐蚀。当温度和压力都较高时，这两个现象可能同时发生。如果表面脱碳过程比其内部进行得更快，则内部脱碳便不会发生。如果压力很高，而温度较低，碳的扩散能力大大减弱，则内部氢腐蚀可能在没有明显表面脱碳的情况下发生。在石油炼制和石油化工设备及输送管道中，由于输送和储存的介质多为碳氢化合物，易产生氢腐蚀。

另外，在采用铜材作为密封垫片时，也应当充分注意氢腐蚀的危害。因为含有氧化铜（CuO）的铜密封垫片，会与氢反应生成水，而使垫片变脆，失去弹性和回弹性，使密封遭到破坏而发生泄漏。因此，在采用铜材作为密封垫片使用时，最好与密封胶配合使用，提高密封的可靠性。

在动态条件下处理腐蚀所造成的泄漏时，应当慎重。尤其是选用注剂式带压堵漏技术来消除泄漏时，更应格外小心。因为这项技术在注射密封注剂时，会产生很大的推力，这个推力对于泄漏缺陷部位来说，相当于受到外压的作用，而泄漏缺陷部位的金属组织，由于腐蚀的作用，机械强度下降或壁厚减薄，若不采取相应的补救措施，实际作业时，可能会出现局部失稳或将密封注剂沿泄漏通道注射到工艺管道之中，严重时有可能将工艺管道堵死，引起其他堵塞事态。因此，在确定施工方案时，应首先考虑泄漏部位的机械强度，然后再决定采用哪一种方法加以消除。若需采用"注剂式带压堵漏技术"，应对泄漏缺陷部位采取隔离或补强措施，使密封注剂不直接与缺陷部位接触。

（三）振动及冲刷引起的泄漏

管道振动在日常生活中稍加留意就可以观察到。例如：当打开或关闭自来水龙头时，有时管道会"嘟、嘟"作响，此时注意观察或用手摸管道，可以发现它在震颤，这种现象就是管道的振动。进一步观察，还可以发现这种现象一般只发生在水龙头开启到某个特定位置的时候，对于全开或全闭的管道则无此类现象。由此可以说明振动与水龙头的开启程度有关。凡是经常发生振动的管道，发生泄漏的概率要比正常管道多得多。生产企业管道和管路系统也会发生与此完全相同的情况，但危险的程度会更大，它能使法兰的连接螺栓松动，垫片上的密封比压下降，振动还会使管道焊缝内的缺陷扩展，最终导致严重的泄漏事故。那么是什么引起的管道振动而产生破坏呢？

1. 共振

每一根管道（包括液柱）或者两固定支点的每一节管段，都有其固有的振动频率。其频率的大小主要取决于管长、管径和管道壁厚及整体重量。当与管道相连接的各种机械（如泵、压缩机等）的振动频率与管道的固有振动频率非常接近或完全相同时，投入运行的管道就会发生振动，振幅也会越来越大，管道内的流体介质压力与速度也将发生激烈的周期性的波动。这种不断增大的振幅和激烈的流体波动，不但会使密封部位产生泄漏，而且还会使管道上的焊缝出现开焊而发生泄漏。

2. 流体自激振荡引起的脉动

这是管道内液体流动（或液、气两相混流）所引起的振动问题。主要表现在以下几方面。

（1）速度波动　液体管道与往复式机械（例如活塞泵、压缩机、柱塞泵等）相连接时，因流量的波动而引起管内液体速度的波动。速度的大小和方向的改变会引起动反力的变化。因此，波动的力要形成振动，缸数和冲程数越小，这种波动就越明显。此外，活塞式本身的往复运动就是波动的，工作缸在曲轴的一侧不对称，惯性力不平衡也是造成振动的因素。

（2）压力波动　装有轴流式、离心式及其他回转式泵类和叶片式压缩机管路，如果机器的特性曲线是有驼峰的，那么在小流量下，会出现运行不稳的现象。泵类运行时还存在着汽蚀现象，这些都会引起管道内的压力波动而导致管路振动。

（3）加热气体引起的振动　在管路系统中间设有加热装置（例如锅炉）或发热反应装置和换热器时，由于存在气柱现象而引起严重的振动。

（4）气泡凝结而引起的振动　这种振动发生在气、液两相混流的管道中，气泡的凝结将引起流体介质体积的急剧变化，液体产生振荡，造成管路振动。

（5）液体流动产生的旋涡（卡门旋涡）引起的振动　液体流过流量孔板、节流孔板、整流板处及未全开的阀门时，将会产生很强的旋涡，流速越大，旋涡的能量和区域也越大，在旋涡内液流紊乱，压力下降，波动极大，引起管路的振动。特别是未全开的闸板阀门和非流线型的绕流体，这种紊乱和波动尤为严重。

（6）水击　水击引起的压力波，造成管道内液体柱自激振荡，即水锤现象。易发生在蒸汽输送管道上，管内凝结水被高速蒸汽推动，在管内高速流动，当遇到阀门或管道转弯处就会出现撞击，引起管道的强烈振动。

3. 机械振动与振动传递

机械振动包括管路系统中的泵、阀、压缩机等本身的振动。例如叶片式机械的转子不平衡、轴的弯曲，轴承间隙增大等都会使机械振动；闸阀打开后，阀板成为仅在填料部位有支撑的悬臂杆件，液体流过时，在其后产生旋涡振动的同时，还引起阀板的机械振动。在打开阀门到某一开度时，这种振动最明显，管道内发出巨大的"嘟嘟"响声。

振动传递是指管路系统周围的其他振源通过地面或建筑物等传递给管道的振动。例如在管道邻近工矿企业重型机械的启动和停车，巨型锻压机械（空气锤、水压机、摩擦压力机等）在工作；靠近山区的管道，因开山劈岭进行爆破传递给管道系统的振动；铁路附近的管道，因火车通行时给其传递来的振动；宽阔的原野及近海的大型输送流体的管路因大风引起的振动；舰艇上的流体管路因风浪引起的振动等。

管路的振动必然存在位移。这样在管路上的法兰、焊缝及各种密封薄弱环节就会逐步产生破坏而发生泄漏，当然从治本的原则考虑，重要的是消除或隔离振源。但对已经投入运行的管路系统出现的泄漏，"带压堵漏技术"则会显示出极大的优越性和实用价值。

4. 冲刷

冲刷引起的泄漏主要是由于高速流体在改变方向时，对管壁产生较大的冲刷力所致。在冲刷力的作用下，管壁金属不断被流体介质带走，壁厚逐渐变薄，这种过程就像滴水穿石一样，最终造成管道穿孔而发生泄漏。冲刷引起的泄漏常见于输送流体的管道弯头处，如图14-12所示。因为流体介质在弯头处要改变流动方向，同时对于冲压成型和冷煨、热煨成型的弯头，弯曲半径最大一侧还存在着加工减薄量。所以泄漏常在此处发生。冲刷造成的泄漏如不及时处理，将会随着时间的推移，孔洞部位会迅速扩大。因此，对这类泄漏应及早采取措施，彻底根除。

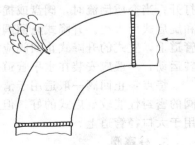

图 14-12　弯头冲刷

三、危险化学品阀门泄漏

在管路上，阀门是不可缺少的主要控制元件，控制各种设备上及工艺管路上流体介质的运行，起到全开、全关、节流、保安、止回等功能。由于受到输送介质温度、压力、冲刷、振动、腐蚀的影响，以及阀门生产制作中的存在的内部缺陷，阀门在使用过程中不可避免的也会发生泄漏。

在工业生产中为实现不同的控制流体输送过程，常见的阀门有闸阀、截止阀、球阀、止回阀、柱塞阀、蝶阀、旋塞阀、节流阀、隔膜阀、安全阀、减压阀、疏水阀以及一些特殊用途的阀门。

（一）阀门简介

1. 闸阀

利用一个与流体方向垂直且可上下移动的平板来控制阀的启闭，称为闸阀。该种阀门由于阀杆的结构形式不同可分为明杆式和暗杆式两种。一般情况下明杆式适用于腐蚀性介质及室内管道上；暗杆式适用于非腐蚀性介质及安装操作位置受限制的地方。又可根据阀芯的结构形式分为楔式、平行式和弹性闸阀板。一般楔式大多用于制造单闸板，平行式闸阀两密封面是平行的，大多制成双闸板，从结构上讲平行式比楔式闸阀易制造，好修理，不易变形，但不适用于输送含有杂质的介质，只能用于输送一般的清水。最近又发展一种弹性闸板，闸板是一整块的，由于密封面制造研磨要求较高，适用于在较高温度下工作，多用于黏性较大的介质，在石油、化工生产中应用较多。

特点：闸阀密封性能较好，流体阻力小，开启、关闭力较小，适用范围比较广泛，闸阀也具有一定的调节流量的性能，并可从阀杆的升降高低看出阀的开度大小。闸阀一般适用于大口径的管道上，但该种阀结构比较复杂，外形尺寸较大，密封面易磨损，目前正在不断改进中。

2. 截止阀

利用装在阀杆下面的阀盘与阀体的突缘部分相配合来控制阀的启闭，称为截止阀。

特点：阀的结构较闸阀简单，制造、维修方便，截止阀可以调节流量，应用广泛，但流体阻力较大，为防止堵塞或磨损，不适用于带颗粒和黏度较大的介质。

3. 球阀

球阀是利用一个中间开孔的球体作阀芯，靠旋转球体来控制阀的开启和关闭，该阀也和旋塞一样可做成直通、三通或四通的，是近几年发展较快的阀型之一。

特点：球阀结构简单，体积小，零件少，重量轻，开关迅速，操作方便，流体阻力小，制作精度要求高，但由于密封结构及材料的限制，目前生产的阀不宜用在高温介质中。

4. 止回阀

是一种自动开闭的阀门，在阀体内有一阀盘或摇板，当介质顺流时，阀盘或摇板即升起打开；当介质倒流时，阀盘或摇板即自动关闭，故称为止回阀，由于结构不同又分为升降式和旋启式两大类。升降式止回阀的阀盘，是垂直于阀体通道作升降运动，一般应安装在水平管道上，立式的升降式止回阀应安装在垂直管道上，旋启式止回阀的摇板是围绕密封面做旋转运动，一般应安装在水平管道上，小口径管道也安在管道上。

特点：止回阀一般适用于清净介质，对固体颗粒和黏度较大的介质不适用。升降式止回阀的密封性能较旋启式的好，但旋启式的流体阻力又比升降式的小，一般旋启式的止回阀多用于大口径管道上。

5. 柱塞阀

柱塞阀亦称为活塞阀，性能与截止阀相同，除用于断流外，亦可起一定的节流作用。与

截止阀相比,柱塞阀具有以下优点:

(1) 密封件系金属与非金属相组合,密封比压较小,容易达到密封要求。

(2) 密封比压依靠密封件之间的过盈产生,并且可以用压盖螺栓调节密封比压的大小。

(3) 密封面处不易积留介质中的杂物,能确保密封性能。

(4) 密封件采用耐磨材料制成,使用寿命比截止阀长。

(5) 检修方便,除必要时更换密封圈外,不像截止阀需对阀瓣、阀座进行研磨。

由于柱塞阀优点比较明显,美国、日本、德国等国早已普遍采用,用以取代截止阀。我国在20世纪60年代亦曾对柱塞阀进行研制,但由于当时密封圈材料未能解决,效果不好。近几年来,机械工业部上海材料研究所为柱塞阀专门研制了橡胶、石棉为主体的密封圈,为国内大量生产和推广使用柱塞阀创造了条件。

6. 蝶阀

阀的开闭为一圆盘形,绕阀体内一固定轴旋转的阀门。

特点:结构简单,外形尺寸小,重量轻,适合制造较大直径的阀,由于密封结构及所用材料尚有问题,故该种阀只适用于低压系统,用来输送水、空气、煤气等介质。

7. 旋塞阀

利用阀件内所插的中央穿孔的锥形栓塞以控制启闭的阀件,称为旋塞。由于密封面的形式不同,又分为填料旋塞、油密封式旋塞和无填料旋塞。

特点:结构简单,外形尺寸小,启闭迅速,操作方便,流体阻力小,便于制作成三通路或四通路阀门,可作为分配换向用。但密封面易磨损,开关力较大。该种阀门不适用于输送高温、高压介质(如蒸汽),只适用于一般低温、低压流体,做开闭用,不宜做调节流量用。

8. 节流阀

节流阀是属于截止阀的一种,由于阀瓣形状为针形或圆锥形,可以较好地调节流量或进行节流,调节压力。

特点:阀的外形尺寸小巧,重量轻,该阀主要用于仪表调节流量和节流用,制作精度要求高,密封较好,但不适用于黏度大和含有固体颗粒的介质,该阀也可作取样用,阀的公称直径较小,一般在25mm以下。

9. 隔膜阀

阀的启闭机构是一块橡皮隔膜,置于阀体与阀盖间,膜的中央突出的部分固着于阀杆上,隔膜将阀杆与介质隔离,称为隔膜阀。

特点:结构简单,便于检修,流体阻力小,适用于输送酸性介质和带悬浮物的介质,但由于橡胶隔膜的材质,不适用于温度高于60℃及有机溶剂和强氧化剂的介质。

10. 安全阀

安全阀是安装在受压设备、容器及管路上的压力安全保护装置。安全阀在生产使用过程中,当系统内的压力超过允许值之前,必须密封可靠,无泄漏现象发生;当设备、容器或管路内压力升高,超过允许值时,安全阀门立即自动开启,继而全量排放,使压力下降,以防止设备、容器或管路内压力继续升高;当压力降低到规定值时,安全阀门应及时关闭,并保证密封不漏,从而保护生产系统在正常压力下安全运行。根据安全阀的工作原理主要有以下几种结构形式。

(1) 重锤式 用杠杆和重锤来平衡阀瓣压力。其优点是由阀杆来的力是不变的,缺点是比较笨重,回座压力低。一般用于固定设备上。

(2) 弹簧式 利用压缩弹簧力来平衡阀瓣的压力。优点是体积小,轻便,灵敏度高,安装位置不受严格限制。缺点是作用在阀杆上的力随弹簧变形而发生变化。

(3) 先导式 利用副阀与主阀连在一起,通过副阀的脉冲作用驱动主阀动作。优点是动作灵敏，密封性好，通常用于大口径的安全阀。

11. 减压阀

减压阀的动作主要是靠膜片、弹簧、活塞等敏感元件改变阀瓣与阀座的间隙，使蒸汽、空气达到自动减压的目的。

特点：减压阀只适用于蒸汽、空气等清净介质，不能用来做液体的减压，更不能含有固体颗粒，最好在减压前加过滤器。

12. 疏水阀

疏水阀的全称是自动蒸汽疏水阀。又名阻气排水阀。它能自动地从蒸汽管路或容器中排除凝结的水、空气及其他不凝性气体，并能防止蒸汽泄漏的一类阀门。

根据疏水阀的工作原理主要有以下几种结构形式。

(1) 热动力型　利用蒸汽、凝结水通过启闭件时的不同流速引起的被启闭件隔开的压力室和进口处的压力差来启闭疏水阀。

(2) 热静力型　利用蒸汽、凝结水的不同温度引起温度敏感元件动作，从而控制启闭件工作。

(3) 机械型　利用凝结水液位的变化而引起浮子的升降，从而控制启闭件的工作。

13. 衬里阀

为防止介质的腐蚀，在阀体内衬有各种耐腐蚀材料（如铅、橡胶、搪瓷等），阀瓣也用耐腐蚀材料制成或包上各种耐蚀材料，衬里阀广泛用在化工生产中。

特点：衬里阀要根据输送介质的性质选取合适的衬里材料。该阀既能耐腐蚀又能承受一定的压力，一般衬里阀多制成直通式或隔膜式。因此，流体阻力小。阀的使用温度与衬里材料有关，一般温度不能过高。

14. 非金属阀

(1) 硬聚氯乙烯塑料阀　近年来在化工生产过程中应用越来越多，尤其在氯碱生产中用来代替各种合金钢阀。硬聚氯乙烯阀可制成旋塞阀、球阀、截止阀等结构形式，用于除强氧化剂性酸（如浓硝酸、发烟硫酸）和有机溶剂外的一般酸性和碱性介质。使用温度一般可在 $-10 \sim 60 \, ℃$，使用压力 $0.2 \sim 0.3 \, MPa$。使用硬聚氯乙烯塑料应注意最好不安装在室外，防止夏季太阳的直射，也要防止冬季的寒冷使之脆裂，该阀具有体轻，耐腐蚀，机械加工方便，制作简单，又可代替大量不锈钢，是今后需大力发展的阀门品种。

(2) 陶瓷阀　是一种用于腐蚀性介质的阀，可以代替不锈钢，尤其在氯气、液氯、盐酸中应用较广，但该阀密封性能较差，不能用于较高的压力，由于自重比较重，受冲击易破裂，因此安装、使用、检修时要特别注意。

以上只介绍了几种常见的阀门，但具有代表性。对于一个使用中的阀门，由于存在着自身的（制造过程中存在的缺陷）和外部的（安装、振动、介质物化性能影响等）各种复杂因素，泄漏可以发生在阀体上的任何部位。

（二）阀门泄漏

根据生产现场操作记录，不同类型的阀门都不同程度地发生过泄漏现象。常见的泄漏多发生在填料密封处、法兰连接处、焊接连接处、丝扣连接处及阀体的薄弱部位上。

1. 连接法兰及压盖法兰泄漏

工业上使用的阀门多采用法兰的连接形式与管道或设备形成一个完整的无泄漏的系统。阀门上的法兰一般为灰铸铁及球墨铸铁材料铸造而成，也有采用焊接形式的法兰。法兰的泄漏主要有界面泄漏、渗透泄漏和破坏泄漏。

2. 焊缝泄漏

焊缝泄漏发生在阀门自身焊缝（铸造体与法兰的焊接连接）及阀门与管路的焊接焊缝

上。自身焊缝采用开坡口，对焊的方式，并通过必要的无损探伤检测，由制造厂家来完成，一般质量是有保证的；阀门与管路采用焊接连接的阀门多是高压阀或用于特殊场合用的阀门，焊接的方式有对接焊和承插焊，如焊接连接锻钢截止阀、承插焊锻钢截止阀等，焊接过程则由用户完成。对于大口径焊接阀多采用电焊或惰性气体保护焊，小口径焊接阀门也可以采用气焊。无论何种方法焊接成形的焊缝，都可能存在着各种焊接缺陷，如气孔、夹渣、未焊透、裂纹等，阀门在使用过程中如果这些缺陷不断地得到扩展，就会造成泄漏事故的发生。

3. 丝扣泄漏

丝扣泄漏实质上也是一种界面泄漏。

4. 阀体泄漏

阀体泄漏可以发生在除填料及法兰密封的其他任何部位。泄漏的主要原因是由于阀门生产过程中的铸造缺陷所引起。而腐蚀介质的输送、流体介质的冲刷也可造成阀门各部位的泄漏，腐蚀主要以均匀腐蚀和侵蚀或气蚀的形式存在。

（1）均匀腐蚀　均匀腐蚀是由环境引起的，凡是与介质接触的阀门表面，皆产生同一种腐蚀。金属表面腐蚀的外貌相同，经历同一时间，金属厚度的减薄量也相同。表现形式是阀门外壁一层层腐蚀脱落，最后造成大面积穿孔。

（2）侵蚀或气蚀　侵蚀或汽蚀是由于流体介质在阀体内的流动所引起的。高速输送的液体压力会明显下降，当压力低于所输送的介质的临界压力时，液体就会出现汽化现象，形成无数个气泡。这种气泡存在地时间有限，一到高压力区，气泡又会凝结为液体。凝结的过程中便会产生对阀体材料的侵蚀和冲击。冲击的能量足以造成管道的振动，同时把阀体金属表面腐蚀呈蜂窝状。随着时间的推移，形成了腐蚀穿孔，导致泄漏事故的发生。

5. 填料泄漏

填料泄漏是阀门阀杆采用填料密封结构处所发生的泄漏。阀杆填料密封部位放大如图14-13 所示。填料装入填料腔以后，经压盖对它施加轴向压缩，由于填料的塑性，使它产生径向力，并与阀杆紧密接触，但实际上这种压紧接触并不是非常均匀的。有些部位接触的紧一些，有些部位接触的松一些，还有些部位填料与阀杆之间根本就没有接触上。这样接触部位同非接触部位交替出现形成了一个不规则的迷宫，起到阻止流体压力介质外泄的作用。因此，可以说填料密封的机理就是"迷宫效应"。

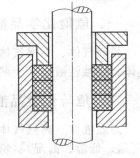

图 14-13　阀杆填料密封结构

阀门填料密封结构及压力分布如图 14-14 所示。阀杆所受的填料压紧力是由拧紧压盖螺栓产生的。当弹性填料受到轴向压紧后，产生摩擦力致使压紧力沿轴向逐渐减少，同时所产生的径向压紧力使填料紧贴于轴表面而阻止介质外漏。径向压紧力的分布如图 14-14（b）所示，其由外端（压盖）向内端，先是急剧递减后趋于平缓；介质压力的分布如图 14-14（c）所示，由内端逐渐向外端递减，当外端介质压力为零时，则泄漏很小或根本不漏，大于零时泄漏较大。由图 14-14 可以看出，阀杆填料径向压紧力的分布与介质压力的分布恰恰相反，内端介质压力最大，应当给予较大的密封压力，而此时填料的径向压紧力恰是最小，故压紧力没有很好地发挥作用。在实际应用中，为了获得密封性能，往往增加阀杆填料的压紧力，即在靠近压盖的 2～3 圈填料外使径向压紧力最大，可见阀杆填料密封的受力状况并不是均匀的。阀门在使用过程中，阀杆同填料之间存在着相对运动。这个运动包括径向转动和轴向移动。在使用过程中，随着开启次数的增加，相对运动的次数也随之增多，还有高温、高压、渗透性强的流体介质的影响，以及填料受力情况不合理因素的客观存在，阀门填料处也是发生泄漏事故较多的部位。

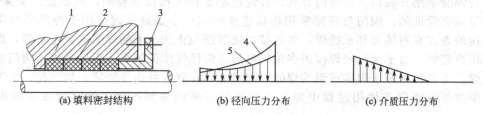

（a) 填料密封结构   (b) 径向压力分布   (c) 介质压力分布

图 14-14　阀杆填料密封结构

1—填料函；2—填料；3—压盖；4—开车前径向压力曲线；5—开车后径向压力曲线

造成填料泄漏的主要原因是界面泄漏；对于编结填料则还会出现渗透泄漏。阀杆与填料间的界面泄漏是由于填料接触压力的逐渐减弱，填料材料自身的老化等因素引起，这时压力介质就会沿着填料与阀杆之间的接触间隙向外泄漏。随着时间的推移，压力介质会把部分填料吹走，甚至会将阀杆冲刷出沟槽；阀门填料的渗透泄漏则是指流体介质沿着填料纤维之间的微小缝隙向外泄漏。

消除阀门填料泄漏的方法主要是根据阀门的种类、结构形式及生产工艺上的特点而定。当工艺生产上允许短时间内切断流体压力介质的供给，而且阀门在关闭后，填料部位不受压力介质的影响时，可以采用更换填料的办法加以消除；上述条件难以得到满足时，可以考虑采用"带压堵漏技术"中的某种方法加以消除，如"注剂式带压堵漏技术"中就有一种专门用于处理阀门填料泄漏的密封注剂，当把它注射到阀门填料部位后，立刻就能达到止住泄漏的目的，同时又能起到与阀门填料一样的自润滑功能及长期密封的效果。

第四节　泄漏现场对勘测人员的危害因素及防护

危险化学品泄漏事故发生后，对勘测人员的危害因素概括起来可分为两个方面。

一、危险化学品泄漏现场的化学性危害因素

易燃气体、易爆气体、有毒气体、易燃液体、有毒液体、有毒性粉尘与气溶胶、腐蚀性气体、腐蚀性液体等泄漏介质，会在现场形成各种化学性危害因素。

二、危险化学品泄漏现场的物理性危害因素

高温液体、高温气体、低温介质、噪声、振动、静电、物体打击、坠落、恶劣作业环境（高温、低温、高湿）、粉尘与气溶胶，会在现场形成各种物理性危害因素。

带压堵漏技术勘测人员必须依据泄漏现场的实际情况，严格遵守防火、防爆、防毒、防静电、防烫、防坠落、防碰伤、防噪声、防低温、防打击、动火、防酸、防碱、防尘等现行国家法规和标准的规定；佩戴符合现行国家标准或国家行业标准的头部、眼面部、呼吸器官、听觉器官、手部、躯干、足部防护用品，方可进行现场勘测作业。

当泄漏事故因素超过了带压堵漏技术的适用范围时，应做出否定的决策。

第五节　危险化学品泄漏现场环境勘测

危险化学品泄漏现场的环境勘测包括：

（1）泄漏单位、装置、设备、位号、泄漏部位的准确名称；

（2）泄漏装置的生产特点；

（3）泄漏设备的操作参数和波动情况；

（4）泄漏周围存在的危险源情况；

（5）泄漏缺陷周围可能影响作业的设备、管道、仪器仪表、平台、建筑物等的具体位置；

（6）泄漏点是否处于高处作业，是否需要架设安全通道。

观测带压堵漏作业的地点是否宽敞，至少要有能够容纳两人及两人以上作业的空间，高处作业要搭脚手架和安全撤离通道。

第六节　危险化学品泄漏介质勘测

一、危险化学品泄漏介质温度

危险化学品泄漏介质最低工作温度和最高工作温度，对带压堵漏工程有重要影响。当在某个比较稳定的工作温度下完成带压堵漏时，温度的下降，可能导致密封结构再泄漏；而温度的升高，使可能按原来较低温度下选用的密封注剂不适用。这种情况在制定施工方案时是应该是考虑的。

二、危险化学品泄漏介质压力

危险化学品泄漏介质最低工作压力和最高工作压力，对带压堵漏工程也有重要的影响。当在某个比较稳定的工作压力下完成带压堵漏时，压力的下降常伴随着温度下降而造成再泄漏；而压力的升高，导致原来的密封比压可能不能满足压力升高的要求，也可能造成再泄漏。这在制定带压堵漏操作规程时都应该是考虑的问题。

三、危险化学品泄漏介质浓度

当泄漏介质为混合物时，每种组分的性能对带压堵漏的影响是不一样的，有时较少的组分其影响是决定性的。例如某一混合液泄漏，主要组分的对密封注剂的溶胀较小，而微量组分的溶胀很大，如果没有检验出来，而按多组分的选用密封注剂，则对带压堵漏影响很大。因此在勘测时应该把混合物的所有组分找出来。

四、危险化学品泄漏介质的危险特性

危险化学品泄漏介质的危险特性包括毒性、腐蚀性和易燃易爆性，是引起带压堵漏施工不安全的主要因素，也是安全防护和措施的重要依据。

按表 14-2 的内容要求进行泄漏介质的勘测。

表 14-2　泄漏介质勘测记录

泄漏介质标识	名称		国标编号		CAS 号	
	危险性类别		化学类别		分子式	
	结构式		相对分子质量			
泄漏介质化学参数	爆炸下限/%		爆炸上限/%		闪点/℃	
	引燃温度/℃		最小点火能/MJ		燃烧热/(kJ/mol)	
	溶解性		燃烧性		危险特性	
泄漏介质物理参数	熔点/℃		沸点/℃		饱和蒸气压/kPa	
	相对密度(水为1)		相对密度(空气为1)		临界温度/℃	
	最低工作温度/℃		最高工作温度/℃		作业环境温度/℃	
	最低工作压力/MPa		最高工作压力/MPa		临界压力/MPa	

勘测人员姓名：　　　　　　　　年　　月　　日

第七节 泄漏部位勘测

一、危险化学品泄漏部位现场勘测基本要求

泄漏部位勘测是带压堵漏技术现场勘测的核心内容。其基本要求是：

（1）勘测时应由两名作业人员进行，并由泄漏单位的工作人员负责安全监护。

（2）泄漏点清理 拆除泄漏点处的保温及各种障碍物，清除影响测绘精度的铁锈及各种黏附物，仔细观察泄漏缺陷情况，判断能否采用带压堵漏技术进行作业。

（3）勘测要领 准确无误的测绘泄漏点的尺寸，特别是密封基准尺寸，要多测几个部位，坚持一人主测，一人校对的原则，保证测绘的准确性和精度。

（4）标注方式 泄漏点的位置应在勘测示意图或附加图上标明；泄漏点的大小，可用长×宽或当量孔径表示。

（5）复审 泄漏部位上的同一尺寸应在多个位置上测量，记录其最大值和最小值，并与其原始资料进行对比，确定最终尺寸。

（6）施工准备 观察泄漏四周，判断夹具能否顺利安装，注剂枪与夹具的连接是否方便，是否需要改变注剂枪的连接方向等。

（7）记录保存 泄漏部位现场勘测数据应以文字形式记录保存。内容应包括泄漏介质勘测记录、泄漏部位的测量记录。

二、危险化学品法兰泄漏部位勘测

需要勘测的现场数据有：

（1）泄漏法兰的外圆直径 测出泄漏法兰的外圆直径 ϕ_1、ϕ_2，最好通过勘测泄漏法兰的外圆周长，再通过计算得出 ϕ_1、ϕ_2。

（2）泄漏法兰的连接间隙 泄漏法兰的连接间隙 C 至少要测量 4 个点，分别记录为 $C'(0°)$；$C'(90°)$；$C'(180°)$；$C'(270°)$，并以泄漏点作为起始点 $C'(0°)$，特别是 C' 的最小值一定要测出，以保证夹具能够顺利安装。

（3）泄漏法兰副的错口量 e。

（4）泄漏法兰外边缘到其连接螺栓的最小距离 h。每个螺栓到法兰外边缘的距离可能不一样，要测出最小的 k 值。

（5）泄漏法兰连接螺栓的个数和规格，标出 M××一×× 字样。将上述勘测数据填入表 14-3 中。

法兰泄漏部位勘测如图 14-15 所示。

表 14-3 法兰泄漏部位勘测记录

项目	ϕ_1	ϕ_2	e	C_1	C_2	C	h	螺栓	泄漏缺陷简图
测量值						$C_{min}=$	$h_{min}=$	规格 M 数量 $n=$	长×宽 或当量孔径

例如，法兰角焊缝或螺纹连接泄漏部位勘测步骤如下。

需要勘测的现场数据同上。

将勘测数据填入表 14-4 中。

法兰角焊缝或螺纹连接泄漏部位勘测如图 14-16 所示。

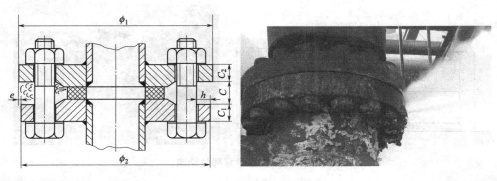

图 14-15　法兰泄漏部位勘测

表 14-4　法兰角焊缝或螺纹连接泄漏部位勘测记录

项目	ϕ_1	ϕ_2	ϕ_3	ϕ_4	e	e_1	C_1	C_2	C	h	f_1	f_2	f_3	f_4	泄漏缺陷简图
测量值									$C_{min}=$	$h_{min}=$					长×宽　或当量孔径

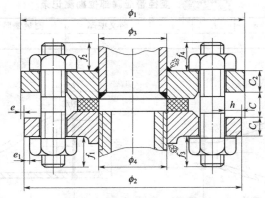

图 14-16　法兰角焊缝或螺纹连接泄漏部位勘测

三、危险化学品直管泄漏部位勘测

需要勘测的现场数据有：

（1）泄漏管道的外径 ϕ_1、ϕ_2，最好通过测量泄漏管道的外圆周长，计算出外径 ϕ_1 和 ϕ_2。对于异径管（同心或异心）还应当测量其长度 L。

（2）泄漏直管的错口量 e。

（3）标明泄漏点的位置，最好绘出勘测图。

（4）泄漏缺陷的几何尺寸 b。

（5）检查并记录泄漏部位管道的壁厚，必要时应进行壁厚检测。

将上述勘测数据填入表 14-5 中。

直管泄漏部位勘测如图 14-17 所示。

表 14-5　直管泄漏部位勘测记录

项目	ϕ_1	ϕ_2	e	b	名义壁厚	测量壁厚	泄漏缺陷及简图
测量值							长×宽　或当量孔径

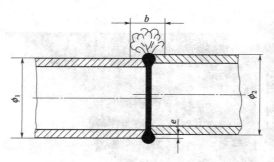
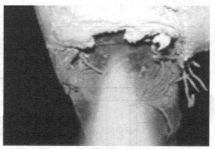

图 14-17　直管泄漏部位勘测

四、危险化学品变径管泄漏部位勘测

需要勘测的现场数据同上。

将勘测数据填入表 14-6 中。

变径管泄漏部位勘测如图 14-18 所示。

表 14-6　变径管泄漏部位勘测记录

项目	ϕ_1	ϕ_2	e	L	b	名义壁厚	测量壁厚	泄漏缺陷及简图
测量值								长×宽　或当量孔径

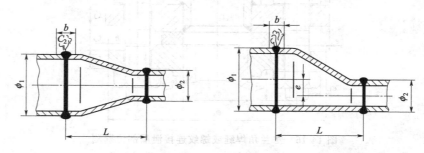

图 14-18　变径管泄漏部位勘测

五、危险化学品弯头泄漏部位勘测

需要勘测的现场数据有：

（1）泄漏弯头的外径 ϕ_1、ϕ_2。最好通过测量泄漏管道弯头处的外圆周长，计算出外径 ϕ_1 和 ϕ_2。

（2）泄漏弯头的中心至端面距离 F_1 和 F_2。

（3）缺陷的几何尺寸 b。

（4）检查并记录泄漏弯头部位管道的壁厚，必要时应进行壁厚检测。

将勘测数据填入表 14-7。

弯头泄漏部位勘测如图 14-19 所示。

表 14-7　90°弯头管泄漏勘测记录

项目	ϕ_1	ϕ_2	F_1	F_2	R	R_1	R_2	b	名义壁厚	测量壁厚	泄漏缺陷及简图
测量值											长×宽　或当量孔

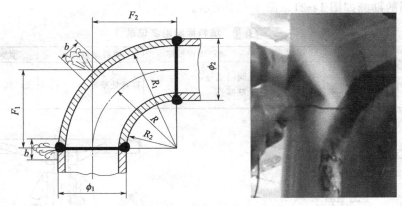

图 14-19　弯头泄漏部位勘测

六、危险化学品三通泄漏部位勘测

需要勘测的现场数据有：

（1）泄漏三通的外径，应测三处，主管两处，支管一处，分别记录为 ϕ_1、ϕ_2、ϕ_3 和中心至端面尺寸 C、M。泄漏三通管外圆直径 ϕ_1、ϕ_2、ϕ_3。

（2）标明泄漏点的位置。

（3）泄漏缺陷的几何尺寸 b。

（4）检查并记录泄漏三通部位管道的壁厚，必要时应进行壁厚检测。

将勘测数据填入表 14-8。

弯头泄漏部位勘测如图 14-20 所示。

表 14-8　三通泄漏部位勘测记录

项目	ϕ_1	ϕ_2	ϕ_3	M	C	b	名义壁厚	测量壁厚	泄漏缺陷及简图
测量值									长×宽　或当量孔径

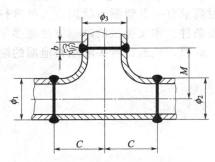

图 14-20　三通泄漏部位勘测

七、危险化学品填料泄漏勘测

需要勘测的现场数据有：

（1）泄漏阀门填料预开孔处的直径 D 及高度 h。

（2）泄漏阀门填料预开孔处的壁厚。

将勘测数据填入表 14-9。

填料泄漏的勘测如图 14-21、图 14-22 所示。

表 14-9 填料泄漏勘测记录

项 目	D	h	填料理论壁厚	填料测量壁厚	泄漏缺陷及简图
初测值			阀门型号：	打孔处壁厚：	长×宽 或当量孔径
复测值					
理论值			壁厚：		

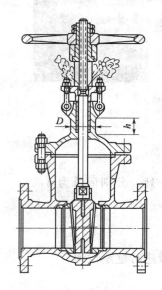

图 14-21 闸板阀填料泄漏勘测

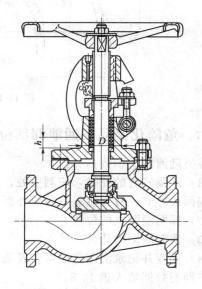

图 14-22 截止阀填料泄漏勘测

八、注意事项

带压堵漏技术泄漏现场勘测是在泄漏事故已经发生后进行的高危作业，勘测人员的安全防护是第一位的。勘测时应由两名作业人员进行，一人勘测，另一人记录并负责检验和校对，保证数据的准确性，同时要求有一名泄漏事故岗位人员进行安全监护。勘测数据的准确性是带压堵漏技术成功的必备条件。本文提供的勘测方法是多年带压堵漏技术理论研究和实践经验的结果，提供了法兰、管段、三通、弯头和填料泄漏的勘测方法，其他泄漏部位的可参考上述方法进行勘测。

第十五章

危险化学品带压堵漏技术

危险化学品带压堵漏技术是专门从事泄漏事故发生后，在不降低压力、温度及泄漏流量的条件下，采用各种带压堵漏方法，在泄漏缺陷部位上重新创建密封装置的一门新兴的工程技术学科。

在处置危险化学品泄漏事故时应当树立"处置泄漏，堵为先"的原则。当危险化学品泄漏事故发生时，如果能够采用带压堵漏技术来消除泄漏，那么就可降低甚至省略危险化学品事故现场抢险程序中的隔离、疏散、现场洗消、火灾控制和废弃物处理等环节。

在"处置泄漏，堵为先"这一原则的认识上，也是有过惨痛的教训的。某危险化学品仓库发生可燃液体泄漏，引起火灾，抢险中人们将大火扑灭，但随后发生了大爆炸，人员和财产损失惨重。原因是在扑救可燃液体、气体火灾的时候，没有遵循先堵泄漏源，后灭火的原则，在泄漏情况下，急于灭火，结果酿成惨剧；又如某水厂一个液氯钢瓶因腐蚀小孔引发泄漏，按照国家标准《氯气安全规程》要求，抢险人员只要佩戴防毒保护，采用堵漏木楔，就可实现带压堵漏目的。但水厂领导按照电视新闻提供的做法——"漏氯气，立即用水喷淋"，结果水与氯气生成了酸性物质，小孔腐蚀成了大孔，引发一场可笑的惨剧。

在充分总结化学事故和带压堵漏技术特点的基础上，我们提出了"处置泄漏，堵为先"的原则。并将"危险化学品事故带压堵漏技术"独立成章撰写，充分强调带压堵漏技术在危险化学品事故应急处置中的重要作用。

第一节　危险化学品带压堵漏技术概述

一、带压堵漏技术的广义机理

带压堵漏技术是专门研究原密封结构失效后，怎样在不降低压力、温度及泄漏流量的条件下，采用各种带压堵漏方法，在泄漏缺陷部位上重新创建带压堵漏结构的一门新兴的工程技术学科。因此，能够在上述条件下，实现带压堵漏目的的方法都是带压堵漏技术研究的内容。

带压堵漏技术的机理可定义为：在大于泄漏介质压力的人为外力作用下，切断泄漏通道，实现再密封。

大于泄漏介质压力的外力可以是机械力、磁力、粘接力、热应力、气体压力等；传递外力至泄漏通道的机构可以是刚性体、弹性体或黏流体等。

二、带压堵漏技术的组成

根据目前国内应用带压堵漏技术作业中所选择技术原理和方法的不同，可分为注剂式带压堵漏技术、带压粘接堵漏技术、紧固式堵漏技术、磁力堵漏技术和带压焊接堵漏技术五大类。

三、带压堵漏技术应用范围

依据带压堵漏的应用情况，目前主要应用在如下领域。

1. 石油化工

带压堵漏技术在这一领域内的服务工作是从 20 世纪 30 年代开始的，到本世纪，实际工作量增加了数百倍，几乎涉及所有石油化工生产中的流体介质，以及各种复杂的部位。例如压缩机出入口、塔器、换热器、压力容器出入口、管道、弯头、法兰、阀门、螺纹管接头、三通、异径管接头等，涉及最多的是中、低压蒸汽系统的泄漏；其他如氢气、环己烷、乙烯介质泄漏；腐蚀性很强的氟化氢烷基化设备中的流体介质泄漏；链脂族烃和芳香烃液体、热油泄漏；-100℃以下时乙烯设备泄漏；真空设备泄漏等。

2. 热电厂与核发电厂

锅炉供水系统、饱和与过热蒸汽设备以及蒸汽管道、供水加热器、涡轮机壳、冷凝器及真空系统的泄漏；核反应堆的蒸汽系统的泄漏。这一领域的泄漏情况特点是压力高、温度高，一般均在 10MPa、200℃以上，作业难度较大。

20 世纪 70 年代末，弗曼奈特公司又研制成功一种专为核反应堆安全壳区和沸水反应堆系统使用的特殊密封材料，这种专用密封材料可与核反应堆中的水和二氧化碳冷却剂共存，并且专门设计了较为完善的在核反应堆安全壳区带压堵漏作业的程序，每次工作完成后，操作人员都要接受独特的有害辐射防护检查。

3. 冶金工业

冶金工业的副产品往往是一些有腐蚀性的气体，故管道系统经常存在泄漏问题。弗曼奈特公司参加过许多钢铁厂的节能降耗工作，用带压堵漏技术修复低压供气管道的泄漏缺陷，经常处理的部位是阀门压盖、填料、法兰连接处。此外焦油分馏塔大型法兰盘接头等的泄漏，采用该技术均能达到良好的效果。

4. 船舶

带压堵漏技术已经成功地在核潜艇、航空母舰及大型油轮上完成了带压堵漏作业。作业的方式主要有两种：一种是训练船舶工程师直接掌握在海上进行带压堵漏作业程序，自我服务；另一种是由在岸上的工程技术人员向世界各主要港口或海上枢纽提供日夜服务。

5. 海上工程

伴随现代海洋石油开采的迅猛发展，在海上石油、天然气平台及输油、输气管道上发生泄漏也是不可避免的。英国弗曼奈特公司的作业人员及所用设备可以乘专用的直升机或海上供应船到达海上生产平台或海上任何地点，对已发生的泄漏进行有效地快速堵漏。

水下作业方面，可在潜水员及潜水密封舱的帮助下，有效地消除水下流体输送管道上出现的泄漏。

6. 公路与铁路槽罐车

铁路罐车、罐式汽车、低温液体运输车、永久气体运输车、罐式集装箱等行驶在铁路、公路及水路上，经常会发生意外事故，导致其盛装的危险化学品介质泄漏，到处引发重大公共安全事故。近年来此类事故有逐年增多的趋势。

7. 造纸工业

在纸浆及造纸工业生产中，易发生泄漏的多是低压或高压锅炉供水及蒸汽输送系统。需要带压堵漏作业的有阀门压盖、阀套接头、带有测流量孔的连接法兰、螺纹管接头、焊缝及有缺陷的管子等，泄漏介质压力在 3.5~14MPa 之间，其他如纸浆加工输送管道上的阀门泄漏等。另外生产线上工作的搅拌机慢速转轴上动密封点上出现的泄漏，也可以用该技术进行带压堵漏作业。

8. 食品工业

酿酒厂、软性饮料厂、罐头厂等食品加工厂的低压蒸汽输送管道是带压堵漏技术的主要服务对象。泄漏部位有管道的螺纹连接处、蒸发器及管道上的法兰连接处、排水管和分节储槽的泄漏，采用该技术均可收到良好的密封效果。另值得一提的是带有密封套的慢速转轴处的流体泄漏，完全可以在设备运转中，利用该技术的特点进行带压堵漏技术作业，达到重新密封的要求。

9. 流体输送管道

天然气、石油输送管道、煤气公司、供热工程公司等企业都时常需要在不切断输送流体介质的条件下，对腐蚀的孔洞、裂纹、连接法兰、螺纹管接头、套筒接头、阀门密封点、焊缝缺陷等出现的泄漏，进行快速有效地消除，而能满足这一要求的就是带压堵漏技术。重新密封的泄漏点的寿命不少于一个检修周期，目前最长的寿命已达三年，仍无泄漏发生。实际上带压堵漏技术已经应用在了所有流体泄漏的领域。

第二节　注剂式堵漏应急技术

一、注剂式带压堵漏技术基本原理

注剂式带压堵漏技术基本原理是向特定的封闭空腔注射密封注剂，以创建新的密封结构为目的的一种技术手段。如图 15-1 所示。

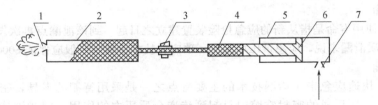

图 15-1　注剂式带压堵漏技术模型

1—化学事故泄漏介质；2—护剂夹具；3—注剂阀；4—密封注剂；5—剂料腔；6—挤压活塞；7—压力油接管

二、注剂式带压堵漏技术机具总成

注剂式带压堵漏技术机具总成包括夹具、接头、注剂阀、高压注剂枪、快装接头、高压输油管、压力表、压力表接头、回油尾部接头、油压换向阀接头、手动液压油泵等。如图 15-2 所示。

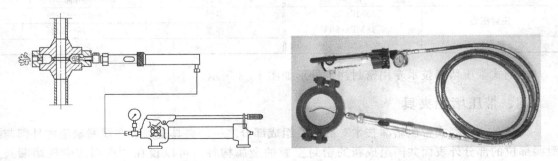

图 15-2　注剂式带压堵漏技术机具总成

三、专用密封注剂

此项技术主要用于化学事故中的法兰泄漏、阀门泄漏、填料泄漏及压力大于 0.4MPa 的管段泄漏、弯头泄漏、三通泄漏、压力表泄漏等。根据化学事故介质引发的泄漏事故的特点，特别研制了两类通用型填充密封注剂，一类是以合成树脂为主要基料，另一类是以合成橡胶为主要基料配制而成，可基本满足化学事故介质泄漏后应急带压堵漏的全部需要。其设计及研究思路是按照带压堵漏技术的作业顺序，专用密封注剂将是接触泄漏介质的第一道防线，是抵抗泄漏介质化学及物理破坏的有效保证。针对我国目前危险介质的品种、化学和物理性质，要求研发的专用密封注剂应具有如下性能。

1. 注射工艺性能

研制密封注剂被装入高压注剂枪后，在额定操作压力及环境温度条件下，应具有良好的塑性和流动性，能够被顺利地注射到危险介质泄漏部位部分外表面与夹具所形成的密封空腔内，充填所有的裂纹、凹槽、孔洞等各种泄漏缺陷。

2. 使用温度

针对危险介质泄漏的特性，要求研制的密封注剂的使用温度应当在 $-186\sim800℃$。研制中主要是控制密封注剂的热分解温度和玻璃化温度。

3. 耐介质性能

针对危险介质泄漏的化学特性，要求研制的密封注剂在应急抢险装置建立起来后，在规定期限内，不被危险介质所侵蚀而丧失密封性能，其技术指标是溶胀和容重。

4. 使用寿命

密封注剂的使用寿命是指从新的应急抢险装置建立之日起，到该泄漏点再次发生泄漏的时间间隔。对危险介质泄漏来说，应急带压堵漏是一项应急技术手段，一般应保证 8000h 无泄漏。

5. 耐压性能

夹具注剂法快速应急带压堵漏技术的主要特点之一是采用特制的夹具，密封注剂在夹具与泄漏部位外表面所形成的密封空腔内只起到传递介质压力的作用，同时维持足够的密封比压，保证密封的可靠性。危险介质压力通过密封注剂，最终都要作用到特制的夹具之上。因此只要设计制作的夹具的刚度和强度满足要求，密封注剂选择适当，应急带压堵漏作业的成功率是有绝对保证的。可以认为密封注剂的耐压性能可不作为考核的主要指标。

6. 密封注剂指标

密封注剂应符合表 15-1 密封注剂质量指标。

表 15-1　化学事故介质泄漏专用密封注剂质量指标

项目	指标	项目	指标
注射压力	≤30MPa/25℃	溶胀	$-5\%\sim15\%$
	≤28MPa/50℃	容重	$-5\%\sim20\%$
热失重	≤20%		

注剂式带压堵漏技术专用密封注剂外形如图 15-3 所示。

四、带压堵漏夹具

夹具是"注剂式带压堵漏技术"的重要组成部分之一。夹具是加装在泄漏缺陷的外部与泄漏部位的部分外表面共同组成新的密封空腔的金属构件。可以说在"注剂式带压堵漏技术"应用中，相当大的工作量都是围绕着夹具的构思、设计、制作来进行的，也是带压堵漏操作者较难掌握的一项技术。

图 15-3　注剂式带压堵漏技术专用密封注剂外形

(一) 夹具设计

夹具设计的内容包括夹具的作用、夹具的设计准则、夹具的强度计算、夹具材料选择四部分内容。

1. 夹具的作用

图 15-4 所示是采用"注剂式带压堵漏技术"所建立的带压堵漏结构，泄漏缺陷为直管段上的腐蚀穿孔，夹具所用的密封元件为铝质 O 形圈，O 形圈的作用是增强夹具的封闭性能。这个过程是这样完成的，首先对泄漏缺陷进行测绘，构绘出泄漏缺陷外部轮廓草图，进行夹具设计及出图，夹具制作，根据泄漏介质的物化性质选择密封注剂品种，工机具准备，作业前的各种手续办理，夹具安装，进行注剂作业直到泄漏停止，密封注剂固化后撤出作业工具，完成作业。从图中可以看出，夹具的作用如下。

（1）密封保证　夹具的作用之一是包容住由高压注剂枪注射到夹具与泄漏部位部分外表面所形成的密封空腔内的密封注剂，保证密封注剂的充填、维持注剂压力的递增、防止密封注剂外溢、使注射到夹具内的密封注剂产生足够的密封比压，止住泄漏。夹具的这个作用称之为密封保证。

（2）强度保证　夹具的作用之二是承受高压注剂枪所产生的强大注射压力以及泄漏介质压力，是新建立的密封结构的强度保证体系。夹具的这个作用称之强度保证。

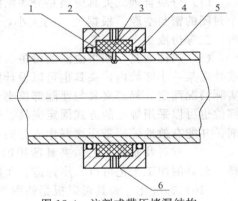

图 15-4　注剂式带压堵漏结构
1—泄漏缺陷；2—夹具；3—密封注剂；
4—密封元件；5—管壁；6—注剂孔

2. 夹具的设计准则

由于夹具在"注剂式带压堵漏技术"中具有举足轻重的作用，它设计的优劣将直接关系到带压堵漏作业的成败以及现场操作时间、密封注剂的消耗量等多项指标。因此，在对夹具的设计和制造过程中应遵循下列准则。

（1）良好的吻合性　泄漏缺陷部位的外部形状是多种多样的，有圆的、方的、半圆弧的、椭圆弧的、多边形的等。因此，要求设计制作的夹具形状必须能与泄漏部位的外部形状良好的吻合。

（2）足够的强度　夹具必须有足够的强度，因为夹具要承受带压堵漏作业时的注剂压力和泄漏介质压力，并在夹具与泄漏部位部分外表面所形成的密封空腔内保证足够的密封比压，作业时不允许有任何破坏现象出现。因此，夹具的设计压力等级应高于泄漏介质压力数倍以上。实际设计时，主要以注剂压力为设计参数。

（3）足够的刚度　夹具必须有足够的刚度，因为带压堵漏作业时的注剂压力往往很大，易造成夹具变形或位移，使已经注入密封空腔内的密封注剂外溢，难以维持足够的密封比压。

（4）合适的密封空腔　夹具与泄漏部位之间必须有一个封闭的密封空腔，以便于注射和包容密封注剂，维持足够地止住泄漏的密封比压。密封空腔的宽度应当超过泄漏缺陷的实际尺寸 20～40mm，密封空腔的高度，即形成新密封结构的密封注剂的厚度，一般应在 6～15mm 之间，特殊情况还可以加厚。

（5）接触间隙严密　夹具与泄漏部位外表面的接触部分的间隙应有严格限制，以防止塑性极好的密封注剂外溢。表 15-2 给出了夹具与泄漏部位接触间隙的参考数据。如果在上述间隙内，仍然不能有效地阻止密封注剂外溢，则可以考虑在夹具与泄漏缺陷接触部位上设计制作环、槽形密封结构或其他形式的密封结构，增大密封注剂的外溢阻力。

表 15-2　夹具与泄漏部位接触间隙参考

泄漏介质压力/MPa	9	9～25	25～40	>45
配合间隙/mm	0.6～0.5	0.4～0.3	0.2～0.1	<0.09

（6）注剂孔开设　为了把高压注剂枪连接在夹具上，并通过高压注剂枪把密封注剂注射到泄漏区域内，夹具上应设有带内螺纹的注剂孔。注剂孔的数量和分布以能顺利地使密封注剂注满整个密封空腔为宜。考虑到带压堵漏作业时必须排出夹具与泄漏部位部分外表面所形成的密封空腔内的气体，同时排放掉尚未停止泄漏的压力介质，一般夹具上应设有两个以上的注剂孔。

（7）分块合理　夹具应当是分块结构的，安装在泄漏部位上后再连成刚性整体，形成一个封闭的密封空腔。根据夹具的大小，并结合泄漏部位的具体情况，夹具可以设计成两等份、三等份或更多的份数。

（8）局部夹具　如果泄漏的设备、管道、阀门等外形尺寸很大，而泄漏缺陷只是一个点或处在某一小区域内，夹具也可以设计成局部式的。局部夹具的设计主要是根据泄漏部位的实际情况而定。局部夹具与泄漏部位吻合的方式可以通过定位支承、螺栓连接，允许动火的部位也可以采用焊接的方式固定夹具。这种局部夹具既可节省金属材料，又可以节省密封注剂，并能有效地缩短带压堵漏作业时间及提高阻止泄漏的密封比压。

（9）材料及制作工艺　夹具所用的材料根据泄漏介质的化学性质及操作工艺参数来选择。夹具的加工工艺可以采用铸造、车削、铣削、铆焊、锻造等方式。

（10）标准化　夹具可以根据使用单位情况，逐步实现标准化、系列化，便于选用和制造。在连续化生产比较强的企业中，对于易发生泄漏的部位，可根据实际情况，事先准备好一些毛坯材料，并可加工部分尺寸夹具，这样一旦出现泄漏事故，就可有效地缩短带压堵漏作业时间。

以上只介绍了化学事故注剂式带压堵漏技术常用夹具的设计准则，对于特殊部位上出现的泄漏缺陷所需的特殊夹具，有关人员可以参考上述准则进行设计。

（二）凸形法兰夹具

当泄漏法兰的连接间隙大于 8mm，或法兰连接间隙小于 8mm，但泄漏介质压力大于 2.5MPa，以及泄漏法兰存在偏心、两连接法兰外径不同等安装缺陷时，从安全性、可靠性角度考虑，应当设计制作凸形法兰夹具。这种法兰夹具的加工尺寸较为精确，安装在泄漏法兰上后，整体封闭性能好，带压堵漏作业的成功率高。是"注剂式带压堵漏技术"中应用最广泛的一种夹具。其基本结构如图 15-5 所示。

（三）凹形法兰夹具

当泄漏法兰的连接间隙小于 2mm 以下，可以采用"凹形法兰夹具法"进行作业，以适

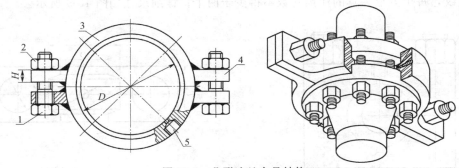

图 15-5　凸形法兰夹具结构

1—螺栓；2—螺母；3—卡环；4—耳子；5—注剂孔

应这类小间隙法兰泄漏的特殊情况，凹形法兰夹具的基本结构如图 15-6 所示。设计时首先测量出泄漏法兰的外圆周长，然后计算出直径，确定凹形法兰夹具的基本尺寸 D，设计 D 时应考虑到断开夹具时锯口所占的尺寸；D_1 的尺寸主要起到储剂的作用，一般可取 $D_1 = D + (6 \sim 8)$（mm）即可；夹具的强度和刚度主要由 D_2 的尺寸来保证，但为了保证注剂孔的连接强度，一般来说 $D_2 \geqslant D_1 + 16$（mm）以上；夹具储剂槽的宽度 b' 一般为 6～10mm；夹具的宽度 $b = b' + (8 \sim 10)$（mm），详细尺寸如图 15-7 所示。凹形法兰夹具的连接耳子的设计制作与凸形法兰夹具相同。

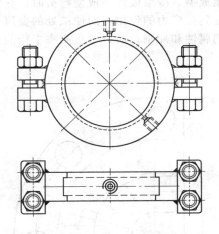

图 15-6　凹形法兰夹具

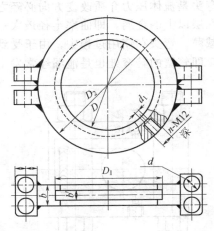

图 15-7　凹形法兰夹具详细尺寸结构

（四）直管夹具

直管夹具是流体输送的直管段上发生泄漏所采用的一种专用夹具。直管段上的泄漏常发生在两管对接的环向焊缝上，主要是由焊接缺陷所引起的。如气孔、夹渣、裂纹、未焊透等；非焊接部位在流体介质的腐蚀、冲刷、振动及金属内部缺陷等因素的影响下，也会引起泄漏。

等径方形夹具结构如图 15-8 所示。设计夹具时，首先根据泄漏管道的外直径来确定方形夹具的基本尺寸 D，D 是方形夹具设计制作过程中，要求精度最高的一个尺寸，它与泄漏管道的外壁接触的间隙越小越好；D_1 的尺寸一般可取 $D_1 = D + (12 \sim 20)$（mm），这一尺寸决定着密封注剂的厚度；连接螺栓一般不少于 4 个，以保证有足够的紧固力；b 的宽度一般应大于 3mm 以上；夹具的宽度 b 应能保证全部覆盖住泄漏缺陷，并留有一定的富余量，一般来说 b 不小于 30mm 为宜；h 一般取 $h = 0.5D + (14 \sim 20)$（mm）；注剂孔可选用 M12

的普通螺纹，每个方形夹具的注剂孔数不得少于两个；详细尺寸如图 15-9 所示。

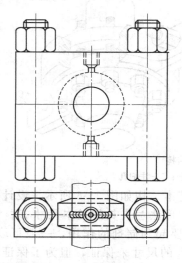

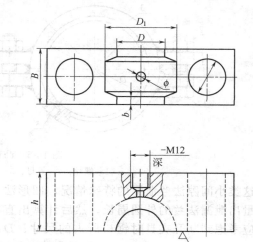

图 15-8　等径直管方形夹具　　　　　　图 15-9　直管方形夹具加工详细尺寸

（五）弯头夹具

弯头是流体压力介质改变方向必经之路。在冲压成型、冷煨或热煨成型弯头时，在管壁内中性层以上的金属，即曲率半径最大一侧的金属受到拉应力的作用，而使该处的金属管壁有所减薄。弯头在使用过程中，由于受到流体介质的腐蚀和冲刷，所以弯头曲率半径的最大一侧，即管壁的转弯处也是泄漏经常发生的部位。

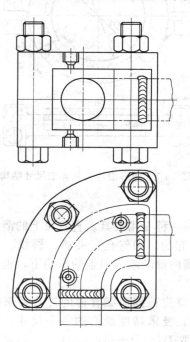

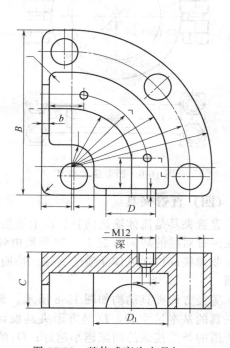

图 15-10　整体式弯头夹具装配　　　　　　图 15-11　整体式弯头夹具加工

对于公称尺寸小于或等于 $DN100mm$ 的泄漏弯头，可采用整体加工式弯头夹具进行带压堵漏作业，其基本结构如图 15-10 所示。这种弯头夹具具有加工精度高，封闭性能好，易于安装及成功率高的特点。其加工图如图 15-11 所示。设计时，首先测量出泄漏弯头的外直径及弯头的内外曲率半径，确定夹具的宽度 b 及厚度 C，宽度 b 的尺寸应能把焊接弯头的焊缝包容在内，同时要考虑到连接螺栓所占的尺寸。厚度 C 主要依据泄漏弯头的外直径，在确定了夹具的基准尺寸 D 和 D_1 后，才能确定。基准尺寸 D 可取比测量的弯头外径大 0.08mm 的数值，D_1 的尺寸决定着密封注剂的厚度，要求密封注剂的厚度以不小于 8mm 为宜，以保证带压堵漏作业的可靠性，这样可取 $D_1=D+(16\sim12)$（mm），有了尺寸 D 及 D_1 后，则 C 可取 $C=0.5D_1+(8\sim16)$（mm）。确定 C 时应当考虑到整个夹具的强度、刚度及注剂孔螺纹的强度。尺寸 b 一般不小于 4mm。制作夹具时，根据尺寸 b 及 C 刨出两块方形钢料，按图纸要求配钻出 4 个螺栓孔，螺栓孔的尺寸应比连接螺栓直径大 1~1.5mm，连接螺栓的规格一般不小于 M8，钻好孔后，用 4 个螺栓把两块方形钢料连成一体，根据尺寸及 D 钻孔，然后按图纸加工其他尺寸。注剂孔开设位置应靠近泄漏点，螺纹规格用 M12 或 M14×1.5 均可，数量不少于两个。

（六）三通夹具

三通是流体压力介质分流及改变方向的部位。可分为等径三通和异径三通两种。一般的流体输送管道的三通多采用焊接的形式做成，这样在焊缝上由于存在安装应力、振动、流体冲刷、腐蚀以及焊缝自身缺陷的影响，故三通也是泄漏发生的部位。

对于公称尺寸小于或等于 $DN100$ 的三通部位泄漏，可以采用整体加工式三通夹具。这种夹具的基本结构如图 15-12 所示。其加工图如图 15-13 所示。整体加工式三通夹具精度高，封闭性能好，一般均能获得满意的再密封效果。现场测量时，可以用游标卡尺测量出泄漏管道的外直径，也可以用卷尺量出泄漏管道的周长后，再换算成直径。知道了泄漏管道的外直径，就可以确定三通夹具的基本尺寸 D，D 的加工精度可取 $D_{-0.1}$。D_1 的尺寸决定着注入密封注剂的厚度，为了确保带压堵漏作业的可靠性，注剂的厚度一般不应小于 8mm，故 D_1 应取 $D_1=D+(16\sim20)$（mm）为宜。三通夹具的壁厚，即注剂孔处的厚度，一般不应小于 6mm，以保证连接高压注剂枪及注射密封注剂过程中的强度要求。b_1 一般可取 4mm 左右。夹具的整体宽度和高度尺寸一般来说比较自由，主要从连接螺栓的规格及节省密封注剂两方面考虑。整个夹具均采用机械加工，首先刨出两块长方形毛坯，然后配钻出 4 个连接螺栓孔，连接螺栓的规格应取 M16 以上。将两块毛坯用螺栓连成整体后，即可按图纸加工其他尺寸。注剂孔的位置应尽量靠近泄漏点位置，数量不得少于两个。

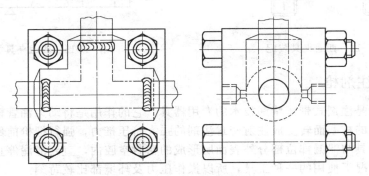

图 15-12　整体加工式三通夹具装配

（七）四通夹具

四通夹具的设计与制作与三通夹具的设计制作基本相同，其泄漏原因也与三通泄漏相似。图 15-14 所示为四通夹具装配。图 15-15 所示为四通夹具加工。

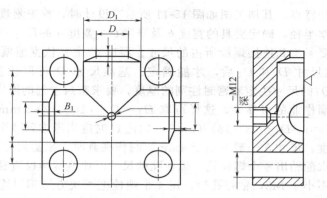

图 15-13　整体加工式三通夹具加工

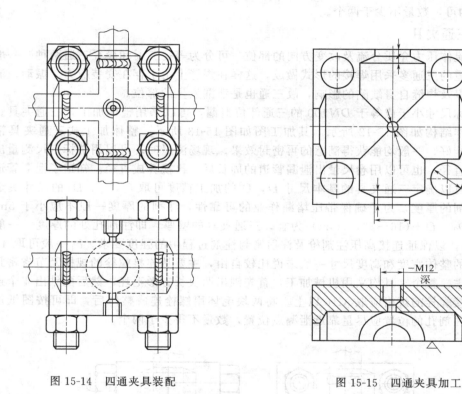

图 15-14　四通夹具装配　　　　　　　图 15-15　四通夹具加工

五、高压注剂枪

高压注剂枪是注剂式带压堵漏技术的专用器具。它的作用是将动力油管输入的压力油或螺旋力，通过枪的柱塞而转变成注射密封注剂的强大挤压推力，强行把枪前部剂料腔内的密封注剂注射到夹具与泄漏部位部分外表面所形成的密封空腔内，直到泄漏停止。由于高压注剂枪是在特殊情况下使用的一种工具，所以操作压力及环境都比较苛刻。

1. 高压注剂枪设计要求

（1）高压注剂枪应能产生足够的挤推力，以便把各种塑性不同的密封注剂注射到密封空腔内，维持足够的密封比压，止住泄漏。

（2）枪的各个部件必须有足够的强度，保证使用安全。

（3）枪的密封结构设计及选型合理，事故率低，便于拆装维护。

（4）枪的枪头通道设计合理，出剂阻力小。

（5）枪的整体结构应紧凑、几何尺寸小、重量轻，便于携带。

（6）对注剂量较大的工作场合，设计制作可连续注射的枪种，缩短添加密封注剂的时间是必要的。

（7）枪的外表面应具有良好的抗各种泄漏介质侵蚀的能力。

根据高压注剂枪活塞杆往复方式的不同可分为三种类型：手动复位式高压注剂枪、油压复位式高压注剂枪、自动复位式高压注剂枪。

2. 自动复位式高压注剂枪

自动复位式高压注剂枪的基本结构如图 15-16 所示。从高压输油管输出的压力油经进油口9 进入到油缸尾部，推动柱塞 6 向前移动，使得在剂料腔 1 内的密封注剂受到强大的挤压力而从出料口 10 处挤出，在柱塞向前移动的同时，弹簧 5 被压缩。剂料腔内的密封注剂全部挤出后，输油系统上设置的压力表的指针会呈现只升不降的趋势，说明注剂行程已经结束，这时旋开手动液压油泵的卸油阀，则高压注剂枪油缸内的液压油在弹簧恢复力的作用下，被压回到手动液压油泵的储油筒内，活塞杆也在同一作用力下复位到图 15-16 所示的非工作状态，重新装填好密封注剂后，即可重新注射密封注剂。由于这种高压注剂枪是依靠弹簧的恢复力使柱塞复位到非工作状态的，因此把这种复位类型的高压注剂枪称之为自动复位式高压注剂枪。

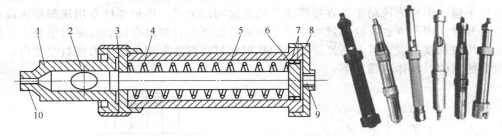

图 15-16　自动复位式高压注剂枪结构

1—剂料腔；2—填料口；3—连接螺母；4—推杆；5—弹簧；6—柱塞；7—O形圈；8—后盖螺母；9—进油口；10—出料口

自动复位式高压注剂枪所采用的复位弹簧结构形式有两种，拉伸弹簧和压缩弹簧。弹簧的规格尺寸，即弹簧所需产生恢复力的大小，主要取决于下述三个因素。

（1）液压油流回到油泵储油筒内所需要的压力。

（2）柱塞与油缸密封元件之间发生相对运动时的摩擦阻力。

（3）柱塞与剂料腔内壁之间发生相对运动时的摩擦阻力。

只有当弹簧所产生的恢复力大于上述三者的合力时，弹簧才能起到复位的作用。前两个力可以说是一个常量，而最后一个力则是一个变量，一般而言，它随着注射的密封注剂品种的不同，操作地点及环境温度的高低而变，注剂时，柱塞与剂料腔内壁之间属于动配合，有一定的间隙，密封注剂在强大的挤压力作用下，有时会逆向挤入到这一间隙内。另外柱塞在多次使用中，也会出现拉伤的现象，密封注剂同样会被挤压到这些拉伤的缺陷中，而使得复位移动时的摩擦阻力显著增大，当这一阻力和其他两个阻力的合力大于复位弹簧的恢复力时，柱塞的复位过程就无法进行。现场作业时，发生这一情况是十分棘手的事情，若没有备用的高压注剂枪，则会使带压堵漏作业无法进行。当然，可以采用加大弹簧规格的办法来增大复位力，但这样整个高压注剂枪的体积和重量都会增大，不利于化学事故现场抢险作业。

六、带压堵漏现场操作方法

带压堵漏操作方法是在现场测绘、夹具设计及制作完成后进行的具体操作作业，也是注剂式带压堵漏技术中危险性最大的作业步骤。因此，安全问题必须放在首位，要根据泄漏介质的压力、温度、泄漏现场的环境等条件佩戴好劳动保护用品，准备好现场作业所用的各种工器具，按注剂式带压堵漏技术的操作要领进行操作。

（一）法兰泄漏现场操作方法

法兰泄漏根据其泄漏介质压力、温度、泄漏法兰副的连接间隙等参数确定具体操作方法。法兰泄漏操作方法有"铜丝敛缝围堵法"、"钢带围堵法"（螺栓紧固式、钢带拉紧器紧固式）、"钢丝绳围堵法"、"凸形法兰夹具"（标准夹具、偏心夹具、异径夹具、设有柔性密封结构的夹具、设有软金属密封结构的夹具）、"凹形法兰夹具"等。

1. 直接敛缝围堵法

当两法兰的连接间隙小于 4mm，并且整个法兰外圆的间隙量比较均匀，泄漏介质压力低于 2.5MPa，泄漏量不是很大时，也可以不采用特制夹具，而是采用另一种简便易行的办法，用直径等于或略小于泄漏法兰间隙的铜丝、螺栓专用注剂接头或在泄漏法兰上开设注剂孔方法，组合成新的密封空腔，然后通过螺栓专用注剂接头或法兰上新开设的注剂孔把密封注剂注射到新形成的密封空腔内，达到止住泄漏的目的。

当两法兰的连接间隙小于 1mm，并且整个法兰外圆的间隙量比较均匀，泄漏介质压力低于 4.0MPa，泄漏量不是很大时，原则上可以不采用特制夹具，而是采用一种简便易行的办法，用手锤、偏冲或风动工具直接将法兰的连接间隙铲严，再用螺栓专用注剂接头或在泄漏法兰上开设注剂孔方法，这样就由法兰本体通过捻严而直接组合成新的密封空腔，然后通过螺栓专用注剂接头或法兰上新开设的注剂孔把密封注剂注射到新形成的密封空腔内，达到止住泄漏的目的。具体步骤如下：

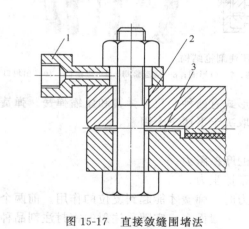

图 15-17　直接敛缝围堵法

1—螺栓注剂接头；2—注剂通道；3—密封空腔

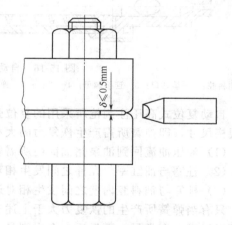

图 15-18　敛缝过程

（1）螺栓孔与螺栓杆之间的间隙较大时　当螺栓孔与螺栓杆之间的间隙较大，密封注剂能够沿此通道顺利注入铜丝与泄漏法兰组合成的新的密封空腔内时，可以在拆下的螺栓上直接安放一个螺栓专用注剂接头，如图 15-17 所示。螺栓专用注剂接头的安放数量可视泄漏法兰的尺寸及泄漏点的情况而定，但一般不少于两个为好。螺栓专用注剂接头的作用主要有两个，一个是将高压注剂枪与泄漏法兰连为一体，并组成注剂通道；另一个是在未注射密封注剂之前起到排放泄漏介质的作用。安装螺栓专用注剂接头时，应当松开一个螺母后，立刻装好注剂接头，迅速重新拧紧螺母。然后再安装另一个螺栓专用注剂接头。绝对不可同时将两个螺母松开，以免造成垫片上的密封比压明显下降，泄漏量增加，甚至会出现泄漏介质将已损坏的垫片吹走，导致无法弥补的后果。必要时可在泄漏法兰上增设 G 形卡子，用以维持垫片上的密封比压的平衡。螺栓专用注剂接头按需要数量安装完毕后，即可进行敛缝作业，可以先捻泄漏点处的间隙，依次向两边进行，直到整个法兰全部捻严，如图 15-18 所示。下步工序就可进行连接高压注剂枪进行堵漏作业。注入密封注剂的起点，应选在泄漏点的相反方向，无泄漏介质影响的地点，依次进行，最后一枪应在泄漏点附近结束。这样做可使较大的注剂压力集中作用在泄漏缺陷部位上，有利于强行止住泄漏介质。泄漏一旦停止，注入密封注剂的过程即告结束。

图 15-19 及图 5-20 所示为另一种结构形式的螺栓专用注剂接头。这种接头直接利用泄漏螺栓的螺纹来固定自身，使其成为具有双重作用的特殊螺栓。其一是起到连接高压注剂枪，形成注剂通道（在其螺纹处有一轴向沟槽用于输送密封注剂）及排放泄漏介质的作用；其二是起到原泄漏法兰连接螺母的作用。这种螺栓专用注剂接头与图 15-17 结构的螺栓专用注剂接头的安装及使用方法完全相同。

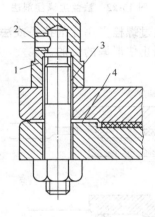

图 15-19　螺母式注剂法（一）

1—螺栓注剂接头；2—注剂孔；
3—注剂通道；4—密封空腔

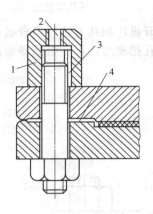

图 15-20　螺母式注剂法（二）

1—螺栓注剂接头；2—注剂孔；
3—注剂通道；4—密封空腔

（2）螺栓孔与螺栓杆之间的间隙很小时　当螺栓孔与螺栓杆之间的间隙很小，密封注剂难以通过此间隙到达敛缝与法兰间隙组成的新的密封空腔时，则可采用在泄漏法兰上直接开设注剂孔的方法加以解决。方法有两种：

① 当法兰较厚时，可按 45°角在泄漏法兰两连接螺栓的中间钻一个 $\phi10.5$mm 或 $\phi12.5$mm 的斜孔，不要钻透，大约留 3mm 左右，之后用 M12 或 M14×1.5 的丝锥套出螺纹，这时再将余下的壁厚用 $\phi5$mm 的钻头钻透，拧上注剂旋塞接头，如图 15-21 所示。开设注剂孔的数量，以能顺利将整个敛缝处与法兰间隙组成的新密封空腔注满密封注剂为宜，但一般不应少于两个。注剂孔全部开好后，拧上注剂旋塞接头，即可按（1）叙述的步骤，敛缝、连接高压注剂枪进行堵漏作业，直到泄漏停止；

② 当泄漏法兰较薄时，无法在法兰上直接钻孔攻丝，则可采用法兰边缘注剂，如图 15-22所示。首先在法兰外圆周上对正每一根螺栓钻一约为 $\phi4$mm 左右小孔，直到钻穿碰到螺栓为止，小孔钻完后换上 $\phi8$mm 钻头划出一定位大孔，然后装上法兰边缘注剂接头，按（1）叙述的步骤进行堵漏作业。

2. 铜丝敛缝围堵法

当两法兰的连接间隙小于 8mm，并且整个法兰外圆的间隙量比较均匀，泄漏介质压力低于 2.5MPa，泄漏量不是很大时，如图 15-23 所示，也可以不采用特制夹具，而是采用另一种简便易行的办法，用直径等于或略小于泄漏法兰间隙的铜丝、螺栓专用注剂接头或在泄

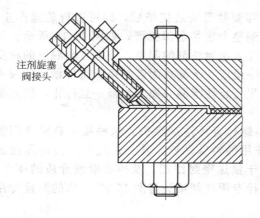

图 15-21　开孔攻丝注剂法　　　　　　　　　　　图 15-22　法兰边缘注剂法

漏法兰上开设注剂孔方法，组合成新的密封空腔，然后通过螺栓专用注剂接头或法兰上新开设的注剂孔把密封注剂注射到新形成的密封空腔内，达到止住泄漏的目的。

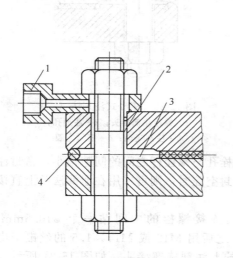

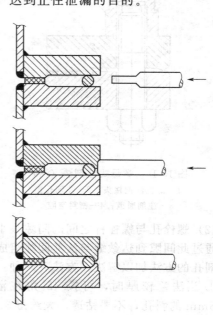

图 15-23　铜丝敛缝围堵法　　　　　　　　　　　图 15-24　敛缝过程

1—螺栓注剂接头；2—注剂通道；3—密封空腔；4—金属丝

　　（1）螺栓孔与螺栓杆之间的间隙较大时　　当螺栓孔与螺栓杆之间的间隙较大，密封注剂能够沿此通道顺利注入铜丝与泄漏法兰组合成的新的密封空腔内时，可以在拆下的螺栓上直接安放一个螺栓专用注剂接头，如图 15-23 所示。螺栓专用注剂接头的安放数量可视泄漏法兰的尺寸及泄漏点的情况而定，但一般不少于两个为好。螺栓专用注剂接头按需要数量安装完毕后，即可把准备好的铜丝沿泄漏法兰间隙放好，并放入一段，就用冲子、铁锤或用装在小风镐上的扁冲头把铜丝嵌入到法兰间隙中去，同时将法兰的外边缘用上述工具冲出塑性变形，如图 15-24 所示。这种内凹的局部塑性变形就使得铜丝固定在法兰间隙内，冲击凹点的间隔及数量视法兰的外径而定，一般间隔可控制在 $40\sim80\mathrm{mm}$ 之间，这时铜丝就不会被泄漏的压力介质或堵漏作业时注剂产生的推力所挤出。铜丝全部放入，敛缝结束后，即可连接高压注剂枪进行堵漏作业。注入密封注剂的起点，应选在泄漏点的相反方向，无泄漏介质影响的地点，依次进行，最后一枪应在泄漏点附近结束。这样做可使较大的注剂压力集中作用在泄漏缺陷部位上，有利于强行止住泄漏介质。泄漏一旦停止，注入密封注剂的过程即告结束，不可强行继续注入，以免把铜丝挤出或把密封注剂注射到泄漏设备或管道之中。泄漏现场实际作业过程如图 15-25～图 5-27 所示。

图 15-25　法兰泄漏照片　　　图 15-26　敛缝操作照片　　　图 15-27　消除泄漏后的照片

（2）螺栓孔与螺栓杆之间的间隙很小时　当螺栓孔与螺栓杆之间的间隙很小，密封注剂难以通过此间隙到达铜丝与法兰间隙组成的新的密封空腔时，则采用在泄漏法兰上直接开设注剂孔的方法加以解决。

① 当法兰较厚时，如图 15-28 所示，作业情况同前中（2）。

② 当泄漏法兰较薄时，无法在法兰上直接钻孔攻丝，则可采用法兰边缘注剂法，如图 15-29 所示。

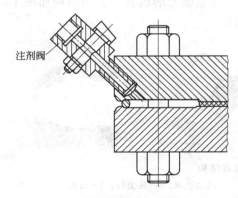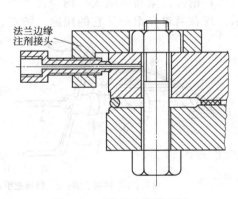

图 15-28　铜丝敛缝围堵法　　　　　　　　　图 15-29　法兰边缘注剂法

3. 钢带围堵法

当两法兰之间的连接间隙不大于 8mm，泄漏介质压力小于 2.5MPa 时，可以采用钢带围堵法进行带压堵漏作业。这种方法对法兰连接间隙的均匀程度没有严格要求，但对泄漏法兰的连接同轴度有较高的要求。该法注剂通道的构成及连接高压注剂枪的方式与"铜丝敛缝围堵法"完全相同。一种是在法兰连接的螺栓孔处注入密封注剂；另一种是在泄漏法兰外边缘上直接开设注剂孔。拉紧固定钢带的方式有两种。

（1）螺栓紧固式　螺栓紧固式的基本结构如图 15-30 所示。钢带的厚度一般可在 1.5～3.0mm，宽度在 25～30mm 之间，内六方螺栓的规格为 M10～M16。制作钢带可以采用铆接或焊接，过渡垫片可以采用与钢带同样宽度和厚度的材料制作。作业时，首先松开与泄漏

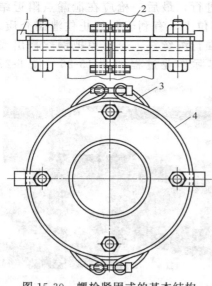

图 15-30 螺栓紧固式的基本结构
1—螺栓注剂接头；2—内六方螺栓；
3—过渡垫片；4—钢带

点方向相反位置上的一个螺母，观察螺栓与螺栓孔之间的间隙量，看一看能否使密封注剂顺利通过，然后再根据法兰尺寸的大小及泄漏情况，确定安装螺栓专用注剂接头的个数，螺栓专用注剂接头安好后，即可起到排放泄漏介质压力的作用，下一步即可安装钢带。安装钢带时，应使钢带位于两法兰的间隙上，全部包住泄漏间隙，以便形成完整的密封空腔。穿好四个内六方螺栓后，拧上数扣，之后将两片过渡垫片加入，继续拧紧内六方螺栓，直到钢带与泄漏法兰外边缘全部靠紧为止，这时即可连接高压注剂枪进行带压堵漏作业。如果发现钢带与泄漏法兰外边缘不能良好地靠紧时，可以采用尺寸略大于泄漏法兰间隙的石棉盘根，在没有安装钢带之前，首先在法兰间隙上盘绕一周后，用锤子将其砸入法兰间隙内，然后再安装钢带；也可以采用 2mm 厚、25mm 宽的石棉橡胶板在泄漏法兰外边缘盘绕一周或用 4～6mm 厚的相应铅皮在泄漏法兰外边缘上盘绕一周，注意接头处要避开泄漏点，然后再安装钢带。当法兰的连接间隙的均匀程度较差，两法兰的外边缘又存在一定的错口时（两法兰装配不同轴），采用后一种铅皮盘绕的方法，能很好地弥补缺陷。加好钢带紧固后，还可以继续捻砸铅皮，直到封闭好为止。无法在螺栓孔处注入密封注剂时，则可在泄漏法兰外边缘上开好注剂孔后，再安装钢带进行带压堵漏作业，步骤同"铜丝敛缝围堵法"。

（2）钢带拉紧器紧固式　钢带拉紧器是专门用来拉紧钢带的机具。它的结构如图 15-31 所示。现在简单介绍一下它的用途、特点、使用方法。

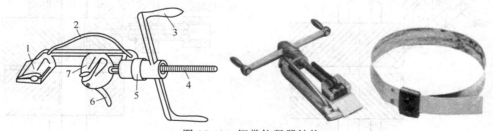

图 15-31　钢带拉紧器结构
1—扁嘴；2—切割手柄；3—转动把手；4—丝杠；5—推力轴承；6—压力杆；7—滑块

钢带拉紧器的主要用途是带压堵漏；捆扎材料、零部件、器材；打包；紧固胶管接头。特点：体积小、重量轻、拉力大、用途广泛、操作方便。使用方法：

① 将钢带卡套在钢管上，其长度按钢管外周长及接扣长度截取，如图 15-32（a）所示。

② 将钢带尾端 15mm 处折转 180°，钩住钢带卡，然后将钢带首端穿过钢带卡并围在泄漏部位外表上，如图 15-32（b）所示。

③ 使钢带穿过钢带拉紧器扁咀，然后按住压紧杆，以防钢带退滑，如图 15-32（c）所示。

④ 转动拉紧手把，施加紧缩力，逐渐拉紧钢带至足够的拉紧程度，如图 15-32（d）所示。

⑤ 锁紧钢带卡上的紧定螺钉，防止钢带滑松，如图 15-32（e）所示。

⑥ 推动切割把手，切断钢带，拆下钢带拉紧器，如图 15-32(f) 所示。

供这种钢带拉紧器使用的钢带厚度为 0.5mm，宽为 25mm。钢带拉紧器用于法兰带压堵漏作业安装后情况，如图 15-32(g) 所示。目前钢带拉紧器所使用的钢带已有商品出售。

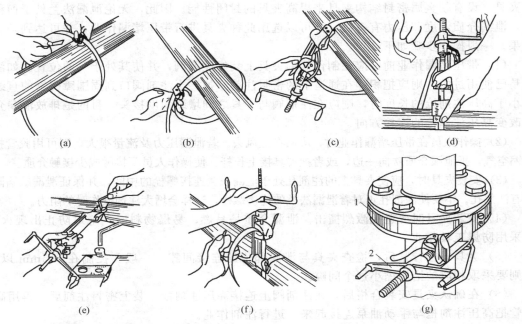

(a)　　　(b)　　　(c)　　　(d)

(e)　　　(f)　　　(g)

图 15-32　钢带拉紧器安装示意
1—钢带；2—钢带拉紧器

钢带拉紧器紧固式带压堵漏作业的注剂通道一般由法兰螺栓孔、螺栓专用注剂接头或法兰边缘注剂接头构成，其作业程序与螺栓紧固式相同。

采用直接敛缝隙围堵法、铜丝敛缝围堵法、钢带围堵法和钢丝绳围堵法进行带压堵漏作业均不需要制作专门的夹具，且构成新的密封空腔的形式与夹具的作用相同，具有简便灵活，消除泄漏所需时间短的特点。但特别应当注意的是，在松开泄漏法兰连接螺母时，应采取必要的保护措施。最简便的方法是在泄漏法兰上加设 G 形卡具。如图 15-33 所示。操作步骤是首先将 G 形卡具安装在要拆的螺栓附近，然后拧紧 G 形卡具上的定位螺杆，做好这一步骤后，再松开法兰连接螺母，这时 G 形卡具即可起到连接螺母的作用，它可以使法兰垫片上的密封比压不至于下降的过多。安装好螺栓专用注剂接头后，即可拆下 G 形卡具，直到全部注剂接头安装完毕为止。

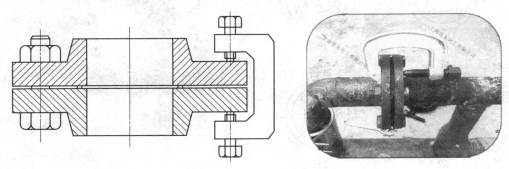

图 15-33　G 形卡具加固示意

4. 凸形法兰夹具安装操作

凸形法兰夹具是法兰泄漏最常用的带压堵漏作业夹具，其特点是结构简单、制作方便、加工精度高、夹具封闭性强，并可设计成标准夹具、偏心夹具、异径夹具、设有柔性密封结构夹具、设有软金属密封结构夹具来提高夹具的封闭性能。因此，无论泄漏法兰处于何种情况，泄漏介质温度和压力有多高，都可以选用此种夹具进行带压堵漏作业，并可达到理想的效果。一般操作步骤如下：

（1）带压堵漏作业前，应在制作好的夹具上装好注剂阀，并使其处于开的位置。如注剂阀是已使用过的，则应把积存在通道上的密封注剂除掉。当注剂阀口到周围障碍物的直线距离小于高压注剂枪的长度时，则应在注剂阀与夹具之间增装角度接头，目的是排放泄漏介质和改变高压注剂枪的连接方向。

（2）操作人员在带压堵漏作业时，应站在上风头。若泄漏压力及流量很大，则可用胶管接上压缩空气，把泄漏介质吹向一边，或者把夹具接上长杆，使操作人员不接触或少接触介质。

（3）安装夹具时，应使夹具上的注剂孔处于泄漏法兰连接螺栓的中间，并保证泄漏缺陷附近要有注剂孔。不要使注剂孔正对着泄漏法兰的连接螺栓，这样会增大注剂操作时的阻力。

（4）安装夹具时应避免激烈撞击。泄漏介质是易燃、易爆物料时，绝对防止出现火花。并采用防爆工具作业。

（5）夹具螺栓拧紧后，检查夹具与泄漏部位的连接间隙，一般要控制在 0.5mm 以下，否则要采取相应的措施缩小这个间隙。

（6）在确认夹具安装合格后，在注剂阀上连接高压注剂枪，装上密封注剂后，再用高压胶管把高压注剂枪与手动油泵连接起来，进行注剂作业。

（7）注剂过程一般应从泄漏点最远的注剂阀开始，如图 15-34 所示。密封注剂在密封空腔内逐步向泄漏点移动，如图 15-34(b) 所示，当密封注剂到达相邻的排放点（注剂阀无泄漏介质排出时），停止 1 点注射，关闭注剂阀。把高压注剂枪移到第 2 点作业，如图 15-34(c) 所示，当注入的密封注剂到达相邻排放点（注剂阀无泄漏介质排出时），停止第 2 点注射，关闭注剂阀。把高压注剂枪移到第 3 点注入密封注剂，这时泄漏流量会逐渐变小直到被消除，暂停注射密封注剂操作，记录此时的注射压力。过 10～30min 注射的密封注剂在泄漏介质温度的作用下固化，这时在靠近泄漏点的第 4 点处连接高压注剂枪，注射密封注剂，其注射压力应比前面记录的注射压力高 2～5MPa，目的在于使密封空腔内能够保持足够的密封比压。关闭注剂阀，手动油泵卸压，拆下高压注剂枪，换上丝堵，带压堵漏作业结束。

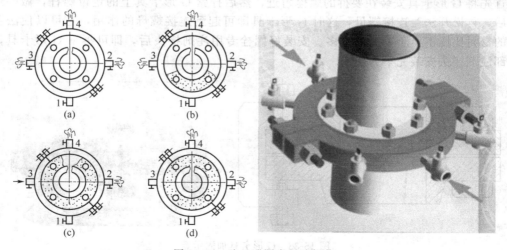

图 15-34　法兰泄漏夹具法操作

（8）注剂式带压堵漏作业要平稳进行，并合理地控制操作压力，以保证密封注剂有足够的工作密封比压，同时又要防止把密封注剂注射到泄漏系统中去。

（9）当选用的是热固化密封注剂时，必须注意泄漏介质的温度和环境温度，并参照密封注剂使用说明书确定是否需要采用加热措施，一般来说：

① 当泄漏介质温度大于40℃，环境温度为常温时，可不必采取加热措施，按正常条件进行带压堵漏作业。

② 当泄漏介质温度大于40℃，环境温度很低，注射压力大于20MPa时，则应对高压注剂枪前部的剂料腔进行加热，增强密封注剂的流动性和填充性。

③ 当泄漏介质温度小于40℃，环境温度在常温以下时，除可考虑选用非热固化密封注剂外，若选用热固化密封注剂则必须采取外部加热的措施，否则带压堵漏作业很难顺利完成。

④ 加热的方式可以用水蒸气、热风、电热等，最方便的加热方式是蒸汽。

⑤ 加热的时间视加热源的温度而定。采取边加热边注射的方式最佳。密封注剂注射前的预热温度不应超过80℃，时间不得超过30min，而对已经注射到夹具密封空腔内的密封注剂加热应在30min以上，以保证其固化完全。

⑥ 为了防止密封注剂被注射到泄漏系统内，要按密封空腔的大小估算密封注剂的用量。

带压堵漏作业完成后，拆下高压注剂枪，拧上丝堵，清理现场，并退出高压注剂枪内的剩余密封注剂，使带压堵漏所用工具处于完好备用状态。

（二）直管泄漏现场操作方法

直管泄漏根据其泄漏介质压力、温度、泄漏管道的外径等参数确定具体操作方法。直管泄漏无论采用哪种夹具，其操作方法基本相同。步骤如下：

（1）带压堵漏作业前，应在制作好的夹具上装好注剂阀，并使其处于开的位置。如注剂阀是已使用过的，则应把积存在通道上的密封注剂除掉。当注剂阀口到周围障碍物的直线距离小于高压注剂枪的长度时，则应在注剂阀与夹具之间增装角度接头，目的是排放泄漏介质和改变高压注剂枪的连接方向。

（2）操作人员在带压堵漏作业时，应站在上风向。若泄漏压力及流量很大，则可用胶管接上压缩空气，把泄漏介质吹向一边，或者把夹具接上长杆，使操作人员少接触或不接触介质。

（3）泄漏是点状的，并且管道壁厚没有减薄时，可以直接安装夹具；由于腐蚀造成的泄漏，并且壁厚明显减薄的管道或冻裂的管道，则应采取相应措施，防止注射密封注剂时产生局部失稳，或使密封注剂大量进入泄漏管道。为防止此种情况发生，可在泄漏部位上加设补强隔板或设计制作隔离式夹具，这样在注射密封注剂时，密封注剂则不与泄漏缺陷直接接触，达到局部隔离的作用。

（4）安装夹具时应避免激烈撞击。泄漏介质是易燃、易爆物料时，绝对防止出现火花。并采用防爆工具作业。

（5）夹具螺栓拧紧后，检查夹具与泄漏部位的连接间隙，一般要控制在0.5mm以下，否则要采取相应的措施缩小这个间隙。

（6）采用异径夹具时，要充分考虑到夹具小管径端面所受的注剂推力要大于夹具大管径端面所受到的推力，应采取相应的止退措施。

（7）在确认夹具安装合格后，在注剂阀上连接高压注剂枪，装上密封注剂后，再用高压胶管把高压注剂枪与手动油泵连接起来，进行注剂作业。

（8）注剂式带压堵漏作业要平稳进行，并合理地控制操作压力，以保证密封注剂有足够的工作密封比压，同时又要防止把密封注剂注射到泄漏系统中去。如图 15-35 所示。

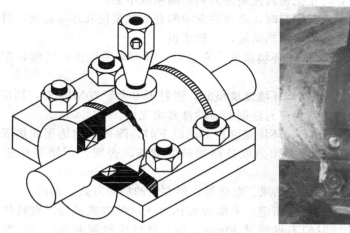

图 15-35　直管泄漏夹具法操作

（9）当选用的是热固化密封注剂时，必须注意泄漏介质的温度和环境温度，并参照密封注剂使用说明书确定是否需要采用加热措施，一般来说：

① 当泄漏介质温度大于 40℃，环境温度为常温时，可不必采取加热措施，按正常条件进行带压堵漏作业。

② 当泄漏介质温度大于 40℃，环境温度很低，注射压力大于 20MPa 时，则应对高压注剂枪前部的剂料腔进行加热，增强密封注剂的流动性和填充性。

③ 当泄漏介质温度小于 40℃，环境温度在常温以下时，除可考虑选用非热固化密封注剂外，若选用热固化密封注剂则必须采取外部加热的措施，否则带压堵漏作业很难顺利完成。

④ 加热的方式可以用水蒸气、热风、电热等，最方便的加热方式是蒸汽加热。

⑤ 加热的时间视加热源的温度而定。采取边加热边注射的方式最佳。密封注剂注射前的预热温度不应超过 80℃，时间不得超过 30min，而对已经注射到夹具密封空腔内的密封注剂加热应在 30min 以上，以保证其固化完全。

⑥ 为了防止密封注剂被注射到泄漏系统内，要按密封空腔的大小估算密封注剂的用量。

带压堵漏作业完成后，拆下高压注剂枪，拧上丝堵，清理现场，并退出高压注剂枪内的剩余密封注剂，使带压堵漏所用工具处于完好备用状态。

（三）弯头泄漏现场操作方法

弯头泄漏根据其泄漏介质压力、温度、泄漏管道的外径等参数确定具体操作方法。弯头泄漏无论采用哪种夹具，其操作方法基本相同。操作步骤与直管泄漏操作步骤相同，略。

（四）三通泄漏现场操作方法

三通泄漏根据其泄漏介质压力、温度、泄漏管道的外径等参数确定具体操作方法。三通泄漏无论采用哪种夹具，其操作方法基本相同。操作步骤与直管泄漏操作步骤相同，略。

（五）阀门填料泄漏现场操作方法

根据泄漏阀门填料盒的壁厚，选择堵漏密封作业方法，如直接钻孔攻丝法、辅助夹具法、G 形卡具法、堵漏夹具法等。阀门填料泄漏堵漏密封作业的操作步骤如下。

（1）当阀门填料盒壁厚大于 10mm，采用在填料盒外壁上钻孔、攻丝、安装注剂阀，然后注射密封注剂的方法。步骤如下：

① 在填料盒下部外壁上，用充电电钻或风动钻钻一个 $\phi 8.5mm$ 的孔，深大约 9mm，如

图 15-36 所示。

② 用 M10 的丝锥攻丝。

③ 安装注剂阀,并使阀芯处于全开的位置,如图 15-37 所示。

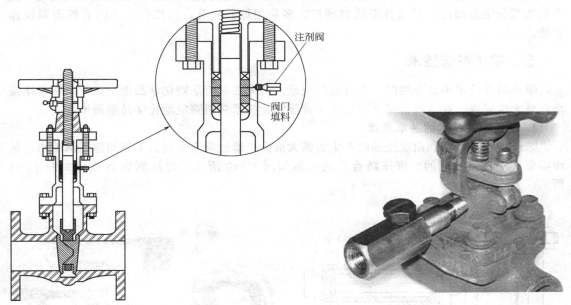

图 15-36 阀门填料钻孔操作

图 15-37 安装注剂阀

④ 在钻上换装上 φ3mm 的长钻头,通过注剂阀钻通填料盒余下的壁厚。

⑤ 慢慢抽出钻头,当钻头离开注剂阀时,立刻关闭注剂阀。

⑥ 连接高压注剂枪,注射密封注剂,直到消除泄漏,然后关闭注剂阀,取下高压注剂枪,完成作业。

(2) 当阀门填料盒壁厚小于 10mm,则利用辅助夹具法或 G 形卡具法。步骤如下:

① 按泄漏阀门填料盒尺寸选择 G 形卡具型号或设计辅助夹具,如图 15-38 所示。

② 试装,确定钻孔位置,并打样冲眼窝。

③ 用 φ10mm 的钻头在样冲眼窝处钻一定位密封孔,深度按 G 形卡具螺栓头部形状确定。

④ 安装 G 形卡具,检查眼窝处的密封情况。

⑤ 用 φ3mm 的长杆钻头将余下的填料盒壁厚钻透,引出泄漏介质。

⑥ 安装注剂阀及高压注剂枪进行注剂作业。

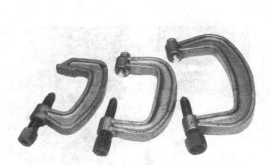

图 15-38 G 形卡具结构

图 15-39 阀门填料泄漏操作

⑦ 泄漏停止后，G 形卡具以不拆除为好。

阀门填料泄漏操作如图 15-39 所示。

当阀门填料盒外形为圆形，钻孔有困难时，也可以按直管夹具形式设计填料盒夹具，两个基准圆分别是阀门填料盒外形圆和阀杆，多采用焊制夹具，其操作方法同直管泄漏操作方法。

七、带压断管技术

带压堵漏技术不是万能的。当管道爆裂或人员无法靠近危险化学品泄漏点时，带压堵漏作业就无法完成。在这种情况下可以采用带压断管技术来消除危险化学品泄漏事故。

1. 带压断管技术的基本原理

带压断管技术是利用液压油缸产生的强大推力，通过夹扁头使其工作间隙逐渐缩小，从而实现夹扁管道的目的。带压断管器的结构如图 15-40 所示，带压断管器总成如图 15-41 所示。

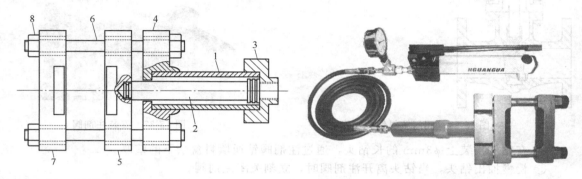

图 15-40　带压断管器结构　　　　　图 15-41　带压断管器总成

1—液压油缸；2—活塞；3—缸盖螺母；4—上固定板；
5—移动压板；6—连接螺栓；7—下固定板；8—连接螺母

2. 带压断管技术使用方法

（1）选择好适合带压断管技术作业的管道部位。

（2）安装带压断管工具。

（3）进行一次断管作业。

（4）选择二次断管部位，重新安装断管工具。

（5）进行二次断管作业。

（6）按断管管道的公称尺寸选择 G 形卡具型号。

（7）试装，确定钻孔位置，并打样冲眼窝。

图 15-42　安装高压注剂枪作业现场

图 15-43　带压断管注剂作业现场

（8）用 φ10mm 的钻头在样冲眼窝处钻一定位密封孔，深度按 G 形卡具螺栓头部形状确定。

（9）安装 G 形卡具，检查眼窝处的密封情况。

（10）安装注剂专用旋塞阀。

（11）用 φ3 的长杆钻头将余下的管道壁厚钻透，引出泄漏介质。

（12）安装高压注剂枪，如图 15-42 所示。

（13）进行注剂作业，如图 15-43 所示。

（14）泄漏停止后，G 形卡具以不拆除为好。

第三节　钢丝绳锁快速带压堵漏技术

我国工程技术人员发明的一种快速带压堵漏新方法由液压钢丝绳枪、钢丝绳锁、钢丝绳、高压胶管和液压油泵组成。如图 15-44 所示。

钢丝绳锁快速带压堵漏技术原理：通过液压钢丝枪活塞的轴向位移，拉紧柔性钢丝绳，并产生强大拉紧力，在泄漏缺陷部位上形成带压堵漏夹具或直接产生止住泄漏的密封比压，然后锁紧钢丝绳锁，实现快速堵漏的目的。

一、钢丝绳锁快速带压堵漏技术组成

1. 钢丝绳枪

一种中空式液压工具，钢丝绳可以从其中心孔穿过，通过钢丝绳锁形成拉紧系统。钢丝绳枪最大拉紧力：8T，钢丝绳枪行程：65mm。如图 15-45 所示。

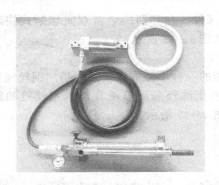

图 15-44　钢丝绳锁快速带压堵漏工具总成　　　　图 15-45　钢丝绳枪

2. 钢丝绳锁

一种通过旋转螺钉，能够同时锁紧两根钢丝绳的金属构件。钢丝绳锁规格为 8mm、10mm、12mm、14mm、16mm、18mm。如图 15-46 所示。

3. 钢丝绳

钢丝绳是将力学性能和几何尺寸符合要求的多根钢丝按照一定的规则捻制而成的绳索。钢丝绳由钢丝、绳芯及润滑脂组成。如图 15-47 所示。

（1）钢丝绳的特点　钢丝绳具有强度高，重量轻，运用灵活，挠性好，弹性大，能够承受冲击性载荷，在高速运转时运转稳定没有噪声，破断前有断丝预兆整个钢丝绳不会立即折断，成本较低的特点。

（2）钢丝绳选择原则　根据钢丝绳使用条件的千差万别，选用钢丝绳时遵循下列基本原则：

① 依据拉力负荷选用钢丝绳的直径和强度级别。

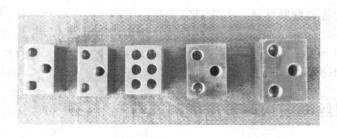

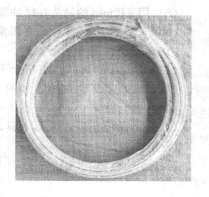

图 15-46 钢丝绳锁　　　　　　　　　　　　　　图 15-47 钢丝绳

② 依据负荷性质（是静载、还是动载或交变载荷）选用合适的用途。

③ 依据钢丝绳的重要程度选择合理的安全系数。

④ 依据使用的介质环境选用合适的镀层。

⑤ 依据环境的温度选用合适的绳芯或耐高低温的钢丝绳。

⑥ 根据各种用途选择合理的钢丝绳结构。

⑦ 根据所需要的弯曲比选择卷筒和钢丝绳的尺寸。

⑧ 此外根据使用要求对钢丝绳的捻法、不松散性、不旋转性、润滑脂等要进行合理地选择。

4. 高压胶管

高压胶管是连接油泵和钢丝枪输送压力油液的部件。在其两端装有双向切断式快装接头，高压胶管与油泵分离后，可防止液压油外漏，如图 15-48 所示。

5. 液压油泵

液压油泵是将手动的机械能转换为液体的压力能的一种小型液压泵站，是"钢丝绳锁快速带压堵漏技术"的动力之源。液压油泵所输出的液压油经高压输油管进入钢丝枪油缸尾部，推动空心柱塞向前移动，同时拉紧钢丝绳。如图 15-49 所示。

图 15-48 高压胶管　　　　　　　　　　　　　　图 15-49 液压油泵

二、钢丝绳锁快速带压堵漏技术特点

（1）钢丝绳锁快速带压堵漏技术是选用钢丝绳作为特制夹具，不受管道直径大小的影响，与特制的夹具配合，即可处置管道上发生的各种泄漏。

（2）钢丝绳锁快速带压堵漏技术在处置法兰泄漏时，不受法兰连接间隙的均匀程度及泄漏法兰的连接同轴度的影响，钢丝绳在强大的外力作用下，被强行勒进法兰连接间隙后，钢丝绳与两法兰副外边缘形成线密封结构，构成符合注剂式带压堵漏技术要求的完整密封空腔。

（3）根据泄漏介质压力和法兰连接间隙，可选择的钢丝绳直径为 6～20mm。如图 15-50 所示。

图 15-50　钢丝绳锁快速带压堵漏技术的不同钢丝绳样式

三、钢丝绳锁快速带压堵漏技术使用方法和适用部位

1. 钢丝绳锁快速带压堵漏技术使用方法

钢丝绳锁快速带压堵漏技术操作过程是（以泄漏法兰为例）根据泄漏法兰连接间隙及公称直径，选择相应规格的钢丝绳及长度，同时按法兰连接间隙选择一段铝条或铜条，长度为 30～50mm，用于封堵钢丝绳收口处的间隙，防止密封注剂外溢，将钢丝绳缠绕在泄漏法兰连接间隙处，两个钢丝绳头同时穿入前钢丝绳锁、钢丝枪及后钢丝绳锁后，人工拉紧钢丝绳，并调整钢丝绳位置，使其缠绕在泄漏法兰连接间隙内，拧紧后钢丝绳锁螺钉，锁死钢丝绳，通过快速接头连接高压胶管和手动液压油泵，掀动液压油泵手柄，此时钢丝枪油缸中的活塞杆伸出，钢丝绳被拉紧，用手锤敲打钢丝绳，使其受力均匀，钢丝绳拉到位后，拧紧前钢丝绳锁螺钉，锁死钢丝绳。松开后钢丝绳锁螺钉，拆除后钢丝绳锁及液压工具。注剂通道可以选择在法兰连接的螺栓孔处注入密封注剂、在泄漏法兰外边缘上直接开设注剂孔及在钢丝绳碰头处加装特制三通注剂接头。如图 15-51 所示。

图 15-51　钢丝绳锁快速带压堵漏技术操作

2. 钢丝绳锁快速带压堵漏技术适用部位

（1）法兰泄漏　钢丝绳锁快速带压堵漏技术应用于法兰泄漏情况如图 15-52 所示。

为比较钢丝绳锁快速带压堵漏技术与注剂式带压堵漏技术中的夹具法，分别在 $DN100mm$、$PN64MPa$ 门阀两侧做比较试验，法兰两侧均为垫片泄漏，左边采用夹具法，而右边采用钢丝绳锁法，两者注满密封注剂后，进行水压试验，当压力达到 8.0MPa 时，两者均没有发生泄漏，说明两种方法实现密封的效果是一样的，但夹具法需要现场勘测、设计夹具图纸和两天的制作时间，而钢丝绳锁法直接在泄漏法兰上作业，效果优势十分明显。如图 15-53 所示。

图 15-52　钢丝绳锁快速带压堵漏技术应用于法兰泄漏

图 15-53　钢丝绳锁法与夹具法带压堵漏比较

（2）直管段泄漏　钢丝绳锁快速带压堵漏技术应用于直管段泄漏情况如图 15-54 所示。

图 15-54　钢丝绳锁快速带压堵漏技术应用于直管段泄漏

（3）弯头泄漏　钢丝绳锁快速带压堵漏技术应用于弯头泄漏情况如图 15-55 所示。

图 15-55　钢丝绳锁快速带压堵漏技术应用于弯头泄漏

第四节　带压粘接堵漏技术

带压粘接堵漏技术是利用胶黏剂的特殊性能进行带压堵漏作业的一种技术手段。本技术的核心就是胶黏剂，通常的胶黏剂都有一个由流体变为固体的过程，这个过程可以由分子间的化学作用、温度作用或溶剂的挥发来完成。

带压粘接堵漏技术的基本原理是采用某种特制的机构在泄漏缺陷处形成一个短暂的无泄漏介质影响的区间，利用胶黏剂适用性广、流动性好、固化速度快的特点，在泄漏处建立起一个由胶黏剂和各种密封材料构成的新的固体密封结构，达到止住泄漏的目的。

目前带压粘接堵漏技术由填塞粘接法、顶压粘接法、紧固粘接法、磁力压固粘接法、引流粘接法、T形螺栓粘接法等组成。

一、填塞粘接法

基本原理：依靠人手产生的外力，将事先调配好的某种胶黏剂压在泄漏缺陷部位上，形成填塞效应，强行止住泄漏，并借助此种胶黏剂能与泄漏介质共存，形成平衡相的特点，完成固化过程，实现带压堵漏的目的。

由热熔胶填塞粘接法、堵漏胶填塞粘接法和注胶填塞粘接法组成。多用于处理温度小于200℃，压力小于0.2MPa且泄漏缺陷为可见及具备操作空间的泄漏。

目前，填塞粘接法由"热熔胶填塞粘接法"、"封闭剂填塞粘接法"及"注剂填塞粘接法"组成。

二、堵漏胶填塞粘接法

堵漏胶是专供带压粘接堵漏条件下封闭各种泄漏介质使用的特殊胶黏剂。显然堵漏胶应具有良好的黏合性能，但它的作用并不是将两种或两种以上的固体材料黏合在一起，形成牢固粘接接头的胶黏剂，而是专门用于填塞泄漏缺陷，在泄漏缺陷部位上形成一个新的封闭密封结构。所以也常称为堵漏剂、冷焊剂、铁腻子、尺寸恢复胶、车家宝胶等。为了规范起见，还是称其为堵漏胶。现在堵漏胶的研究已成为胶黏剂领域内的一个分支，堵漏胶的配方设计与胶黏剂的配方设计有许多相同之处，但同时又有其独特的一面。堵漏胶有两类，一类是双组分，使用前将两组按比例进行充分混合，然后使用并固化；另一类是单组分，只起填塞止漏作用而无固化过程。

1. 堵漏胶填塞粘接法操作

（1）根据泄漏介质物化参数选择相应的堵漏胶品种。

（2）清理泄漏点上除泄漏介质外的一切污物及铁锈，最好露出金属本体或物体本色，这样有利于堵漏胶与泄漏本体形成良好的填塞效应及产生平衡相。

（3）按堵漏胶使用说明调配好堵漏胶（双组分而言），在堵漏胶的最佳状态下，将堵漏胶迅速压在泄漏缺陷部位上，待堵漏胶充分固化后，再撤出外力；单组分的堵漏胶则压在泄漏缺陷部位上，止住泄漏即可。

（4）泄漏停止后，对泄漏缺陷周围按粘接技术要求进行二次清理并修整圆滑，然后再在其上用结构胶黏剂及玻璃布进行粘接补强，以保证新的带压堵漏结构有较长的使用寿命。如图15-56所示。

（5）泄漏介质对人体有伤害或人手难以接触到的部位，可设计制作专用的顶压工具，将调配好的堵漏胶放在顶压工具的凹槽内，压向泄漏缺陷部位，待堵漏胶固化后，再撤出顶压工具。

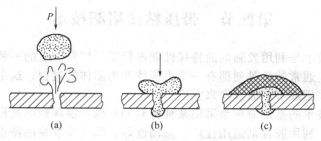

图 15-56　堵漏胶填塞粘接法

　　堵漏胶的最佳状态是对双组分堵漏胶而言的。按比例调配好的双组分堵漏胶，从流体转变为固体有一个时间间隔，一般常温下为 5～10min，将刚调配好的堵漏胶直接压在泄漏缺陷部位上，由于流动性过好，易被泄漏介质冲走，并且需要外力压固一段较长的时间。最佳状态则是指，将调配好的堵漏胶停放一段时间，用手触摸有轻微的发硬感觉时，再将堵漏胶压向泄漏缺陷部位，这时的堵漏胶即可增强抵抗泄漏介质冲刷的能力，又可缩短压固的时间，这是填塞粘接法操作者应当掌握的一个规律。

2. 快速堵漏胶棒简介

　　快速堵漏胶棒商品如图 15-57 所示。

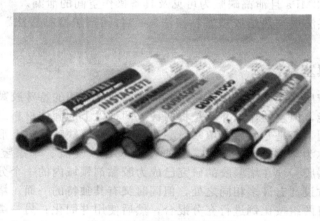

图 15-57　快速堵漏胶棒商品

　　(1) 速成钢　用于钢质材料修补和带压堵漏，如修补发动体缸体裂纹、填充铸造砂眼、管道带压堵漏、缺损件修复和样件制作。

　　(2) 快补胶棒　多用途、固化快，初固化时间 3～5min，可粘接金属、木材、玻璃、陶瓷等多种材料，可作电气绝缘封固及带压堵漏。

　　(3) 水中修补胶棒　综合性能优异，可在潮湿表面甚至水下直接修补、固定；尤其适用于玻璃钢船体、浴缸和 PVC 管道的带压堵漏，耐化学介质性能好。

　　(4) 速成铜　对铜质管路、阀门、喷嘴、水龙头、散热器等的跑、冒、滴、漏最有效，也可在表面潮湿条件下修补和带压堵漏。

　　(5) 速成铝　适于铝合金设备、容器、铸件、门窗等的修理和补强。可用于铝质材料泄漏事故的带压堵漏作业。

　　(6) 速成塑料　可用于修补和粘接 PVC、PVCC、ABS 等多种塑料制品，固化后允许有一定的挠性变形，可操作时间为 20～30min。可用于颜料容器、管道泄漏事故的带压堵漏作业。

（7）速成混凝土　其摩擦和膨胀系数与混凝土非常相近，适于对混凝土构件出现的裂纹、泄漏快速修补及设备和室内装修中的安装固定。可用于混凝土容器或管道泄漏的带压堵漏作业。

三、顶压粘接法

（一）顶压粘接法的基本原理

为了说明顶压粘接法的基本原理，首先根据顶压粘接法的特点建立一个带压堵漏模型，如图 15-58 所示。顶压块一般由塑性材料制作，要求其不能被泄漏介质的冲刷力所破坏，可选择铅、铝和铜等金属材料。图 15-58（a）是顶压块向泄漏缺陷接近时的情况；图 15-58（b）是顶压块在外力 P 作用下向泄漏缺陷顶紧的过程，P 的数值应大于泄漏介质压力所产生的推力与使顶压块产生塑性变形填塞泄漏缺陷所需的作用力之和，P 的大小与泄漏缺陷的几何形状及大小有关。顶压块在外力作用下产生塑性变形的同时与泄漏缺陷的壁面形成初始密封比压，达到止住泄漏的目的；图 15-58（b）则是按粘接技术要求进行粘补；图 15-58（c）则是增强粘接效果的补强过程。

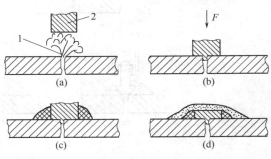

图 15-58　顶压粘接法模型
1—泄漏部位及缺陷；2—顶压块

从图 15-58 所示模型可以看出，顶压粘接法的操作可分为两步骤，第一步，利用大于泄漏介质压力的外力机构，首先迫使泄漏止住，然后对泄漏区域按粘接技术的要求进行必要的处理，如除锈、去污、打毛、脱脂等工序。第二步，利用胶黏剂的特性将外力机构的止漏部件牢固地粘在泄漏部位上，待胶黏剂充分固化后，撤出外力机构，完成带压粘接堵漏作业。顶压机构根据泄漏部位的不同有多种形式，但是它的顶紧力多是由螺旋产生的，在顶压螺杆的端部装有铝铆钉或顶压块，如图 15-59（a）所示；当顶压工具固定牢固后，旋转顶压螺杆，这时铝铆钉就会将泄漏止住，如图 15-59（b）所示；然后按接技术的要求处理泄漏区域表面，再用事先配制好的胶黏剂把铝铆钉粘在泄漏部位止，如图 15-59（c）、15-59（d）所示；待胶黏剂充分固化后，撤出顶压工具，修平铝铆钉，如 15-59（e）所示。

顶压粘接法的基本原理是：在大于泄漏介质压力的人为外力作用下，首先迫使泄漏止住，再利用胶黏剂的特性对泄漏部位进行粘补，待胶黏剂固化后，撤出外力，达到带压堵漏的目的。

（二）法兰泄漏顶压工具及操作方法

从统计数据来看，法兰泄漏绝大多数只有一个点，如果法兰是在较大的圆弧区域内出现大范围泄漏，就很有可能是法兰连接螺栓松动，造成螺栓松动的原因也许是螺栓的热伸长或管道振动等因素。在这种情况下，只要把松动的螺栓重新紧固一下就能达到消除泄漏的目的。但对于法兰发生的点状泄漏，只靠拧紧法兰的连接螺栓是很难达到止漏目的的。

当法兰发生点状泄漏时，采用顶压粘接法处理过程如下。首先把法兰顶压工具固定在泄漏法兰上，准备好一段石棉盘根，将这段石棉盘根在事先调配好的环氧树脂胶液中浸透一下，如果泄漏介质能使环氧树脂溶解，那么就得选择其他不被泄漏介质所溶解的胶黏剂胶液或不浸胶液，正对着泄漏处将这段浸胶盘根压入法兰连接间隙内（当泄漏量较大或泄漏介质有较强的溶解性、腐蚀性，盘根难以放入时，可以改用铅条），用锤子将浸胶盘根打入法兰间隙内，迅速

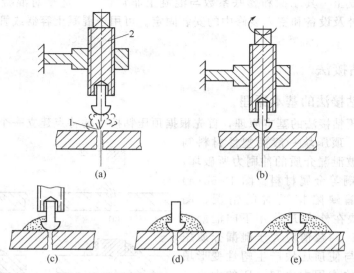

图 15-59　顶压粘接法（一）
1—泄漏部位；2—顶压螺杆

将顶压块装好，如图 15-60 所示，然后把顶压螺杆对准顶压块的定位圆孔，旋转顶压螺杆，这时通过顶压螺杆及顶压块，就会把浸胶石棉盘根紧紧地压到泄漏点处，迫使泄漏停止。泄漏一旦止住，就可以对泄漏法兰按粘接技术的要求进行必要的处理，主要是清除影响粘接效果的油污、疏松的铁锈及进行脱脂处理，再用事先配制好的胶黏剂胶泥填塞满顶压块的周围，待胶黏剂胶泥完全固化后，撤除顶压工具。法兰泄漏的顶压工具主要有四种。

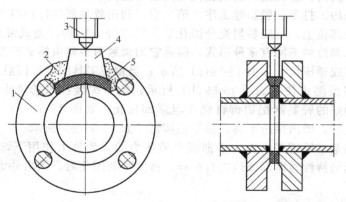

图 15-60　顶压粘接法（二）
1—泄漏法兰；2—胶泥；3—顶压螺杆；4—顶压块；5—石棉盘根

1. 双螺杆定位紧固式

双螺杆定位紧固式结构如图 15-61 所示。定位螺杆的前端有一圆形钢块，当螺杆旋转时，它只做轴向移动而无转动，这样它就能很好地把顶压工具固定在泄漏法兰上，用两个这样的螺杆可以调整顶压螺杆的位置，使它能准确地对正泄漏法兰的间隙处，顶压螺杆主要作用是把螺旋力通过顶压块及浸胶石棉盘根转化为止住泄漏的外力，迫使泄漏停止。

2. 双吊环定位式

双吊环定位式结构如图 15-62 所示。它主要由两部分组成，第一部分是主杆，主杆的中部是带有螺纹的方形结构，以便安装顶压螺杆，顶压螺杆的作用同"双螺杆紧固式"，主杆的两端部有两个螺钉及限位铁块，它们的作用是防止定位环脱落；第二部分是定位环，定位环的下部是一圆弧形状的钢环，这一圆弧钢环在使用时，可安放在泄漏法兰相临两连接螺栓的中间，使整个顶压工具固定在泄漏法兰上，定位环在主杆上可以根据泄漏法兰的厚度来回移动，而使顶压螺杆处于两法兰的间隙位置上，定位环一旦在主杆上确定了位置，就可以通过旋转紧固螺钉而固定。双吊环定位式式顶压工具安装于泄漏法兰上的情况如图 15-63 所示。这种顶压工具根据法兰的规格及两法兰相临连接螺栓的间距做成各种规格种类，一旦发生法兰泄漏，就可以有充分的选择余地。该顶压工具可采用两种规格种类，采用 20♯ 钢制作，定位环可采用焊接工艺，整个顶压工具做完后，应进行防腐处理，如发黑或电镀都可以。

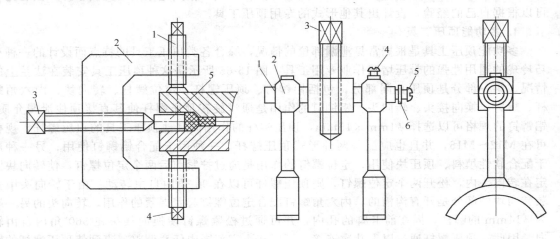

图 15-61　双螺杆定位紧固式顶压工具结构
1，4—定位螺杆；2—顶压工具；3—顶压螺杆；5—顶压块

图 15-62　双吊环定位紧固式顶压工具结构
1—主杆；2—定位环；3—顶压螺杆；
4—紧固螺钉；5—螺钉；6—限位铁块

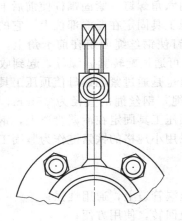

图 15-63　双吊环定位紧固式顶压工具安装情况

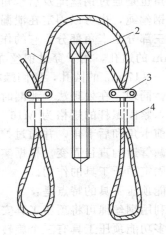

图 15-64　钢丝绳定位紧固式顶压工具
1—定位钢丝绳；2—顶压螺杆；3—卡子；4—主杆

3. 钢丝绳定位式

钢丝绳定位式结构如图 15-64 所示。定位钢丝绳，一般采用 $\phi3 \sim \phi5mm$ 钢丝绳即可，它的作用是使主杆通过旋转顶压螺杆而牢固地定位在泄漏法兰上，主杆中间是丝扣，两端设有圆形通孔的方形钢块，丝扣用于安装顶压螺杆，圆通孔用于穿过定位钢丝绳。顶压螺杆，通过旋转它而使钢绳张紧，同时将这个力通过顶压块、浸胶盘根而迫使泄漏停止。安装时先

将卡子松开，把钢丝绳圆环调节到合适的长度再拧紧，把一段浸有胶黏剂胶液的石棉盘根或铅条压入泄漏法兰的连接间隙内，装上顶压块，用手锤向里敲紧，这时泄漏会明显减小，甚至达到不漏的程度，迅速把钢丝绳的两个圆环套在泄漏法兰相邻的两个螺栓上，并使顶压螺杆的尖头对准顶压块的定位孔上，旋转顶压螺杆，而使泄漏停止，再用事先调配好的胶黏剂胶泥或合适的堵漏胶填塞在顶压块的四周，待胶黏剂固化后，就可以拆去顶压工具，这种顶压工具还有一个优点，就是当连接两法兰的连接螺栓有一端没有外露的螺母时，钢丝绳则可以通过两边的直管道而使顶压工具固定在泄漏法兰上。此顶压工具还可以处理其他部位的泄漏，如直管道、弯头等。钢丝绳顶压工具还有多种形式，但其基本结构大同小异，读者完全可以根据自己的经验，设计出其他形式的专用顶压工具。

4. 多功能顶压工具

多功能顶压工具是根据常见泄漏部位的情况，综合各类顶压工具的特点而设计的一种小巧玲珑的通用性强的带压堵漏作业专用工具。图 15-65 所示是这种顶压工具安装在法兰上的情况。第一部分是顶压止漏部分，包括铝铆钉、顶压螺杆、定位螺杆、转向块、内六角螺杆、螺钉、换向接头、转向头，铝铆钉的作用是通过旋转顶压螺杆使其直接顶住泄漏介质，铝铆钉的规格可以选择 $\phi 4mm \times 15mm$，顶压螺杆的作用同其他顶压工具的顶压螺杆，规格可在 M12～M16，并且也应配备两种形式顶压螺杆，一种用于配合铝铆钉使用；另一种用于配合软性填料、顶压块使用，定位螺钉的作用是通过拧紧前后两个定位螺钉，使转向块固定在转向头内，松开两个定位螺钉，则顶压螺杆可以在 90°角内自由转动。由于转向头中安装转向块的部分是开有沟槽的，内六角螺钉配合定位螺钉起着夹紧的作用，转向头的另一端为 $\phi 14mm$ 的圆柱，插在前卡脚的孔内，并可通过松紧螺钉使换向接头在 360°角内自由转向。因此，顶压螺杆通过以上几次连接，可以在一定范围内任意调整，直到使顶压螺杆的轴线正好对正泄漏缺陷中心为止。第二部分是前卡角，前卡角的作用是，它的上端可以安装换向接头，也可以直接安装转向头，转向头也可直接按要求安装在旁边的孔内，并把螺钉拆下，前卡角也是通过钢丝绳及后卡角，使整套顶压工具固定在泄漏管道上的构件，它的上端可以攀缠钢丝绳，也可以固定在泄漏法兰上，并通过内六角螺钉、紧固螺杆使前后卡角连为一体。第三部分是卡角部分，它的作用也是使整套顶压工具固定在泄漏部位上，它的上端有两个 $\phi 7mm$ 的通孔，用于穿过钢丝绳，并通过拧紧螺钉使钢丝绳固定在前卡角上，前卡角的中部为一 $\phi 17mm$ 的圆孔，紧固螺杆从此孔穿过，并可通过旋转紧固螺母，起到收紧钢丝绳的作用。同理，在处理法兰泄漏时，多功能顶压工具也是通过紧固螺母使顶压工具固定在法兰上的，紧固螺杆的规格为 M16。第四部分是钢丝绳，钢丝绳的直径为 $\phi 5mm$，它的作用是通过前卡角和后卡角，并通过拧紧紧固螺母而使顶压工具固定在泄漏管道上，钢丝绳的长度随泄漏管道的直径而变。根据实际情况，也可以采用小规格的铁索链作为紧固工具，同样能达到固定顶压工具的作用。

多功能顶压工具的特点是：

(1) 利用钢丝绳可将顶压工具安装在任何直径的泄漏管道上，通用性强；

(2) 多功能顶压工具有三个旋转机构，可以全方位回转，使用方便；

(3) 可以对法兰焊缝、三通焊缝及管道面上任意方向的焊缝泄漏进行带压堵漏作业，顶压螺杆端部采用软性填料，还可以处理各种较大的裂纹；

(4) 顶压螺杆可以采用配合铝铆钉使用的，也可以换成尖顶的，配合顶压块及软性填料、软金属使用，可以分别处理连续滴状泄漏和喷射状泄漏；

(5) 利用钢丝绳、主杆、顶压螺杆还可以处理法兰垫片发生的泄漏；

(6) 钢丝绳、主杆和顶压螺杆实际上就是一副任意大小的管道顶压工具。

以上介绍了顶压工具及操作方法，读者也可以参考这些工具，结合自己在化学事故抢险的工作实际，设计制作出通用性更强的专用顶压工具。

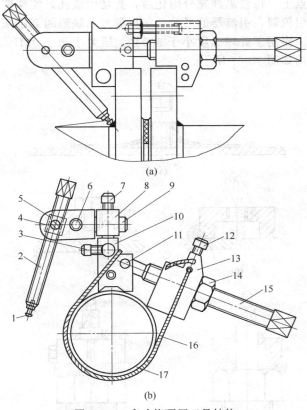

图 15-65 多功能顶压工具结构

1—铝铆钉；2—顶压螺杆；3—螺钉；4—定位螺钉；5—转向块；6—内六角螺杆；7—螺钉；
8—换向接头；9—转向头；10—前卡角；11—内六角螺钉；12—拧紧螺钉；13—后卡角；
14—紧固螺母；15—紧固螺杆；16—钢丝绳；17—管道

四、引流粘接法

有一些特殊的泄漏点，如存在严重腐蚀的气柜壁上的泄漏孔洞、煤气、塑料容器、管道及槽车上出现的泄漏，在采用其他方法比较繁琐的情况下，可以考虑采用引流粘接法进行带压堵漏作业。下面举一个实例来说明引流粘接法带压堵漏作业过程，如图 15-66 所示。图中（a）是泄漏点情况；引流器是根据泄漏缺陷的外部几何形状设计制作的；引流螺孔是泄漏介质的排出口和最终的封闭口，具有双重作用；泄漏介质通过引流通道至引流螺孔；胶黏剂或堵漏胶起到固定引流器的作用；螺钉起到封闭泄漏介质的作用。

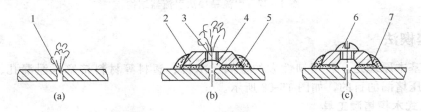

图 15-66 引流粘接法

1—泄漏缺陷；2—引流器；3—引流螺孔；4—引流通道；5—胶黏剂；6—螺钉；7—加固胶黏剂

引流粘接法的基本原理是：利用胶黏剂的特性，首先将具有极好降压、排放泄漏介质作用的引流器粘在泄漏点上，待胶黏剂充分固化后，封堵引流孔，实现带压堵漏的目的。

该方法的核心是引流器，引流器的形状必须根据泄漏缺陷的部位来确定，引流通道必须保证足够的泄流尺寸。多用于处理温度小于 300℃，压力小于 1.0MPa，且具备操作空间的泄漏。各种引流器结构如图 15-67 所示。

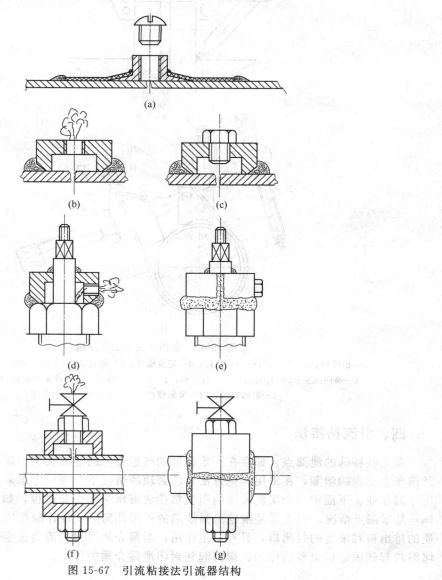

图 15-67　引流粘接法引流器结构

五、塞楔法

塞楔法基本原理是：利用韧性大的金属、木材、塑料等材料挤塞入泄漏孔、裂缝、洞内，实现带压堵漏的目的，如图 15-68 所示。

1. 嵌入式木楔堵漏工具

嵌入式堵漏木楔选用优质木材制作，经严格的防腐、防霉、绝缘处理，它配合快速密封胶、密封带和各种柔性材料对泄漏缺陷进行快速简捷消除，它是专职消防和应急救援单位最常用的基本抢险救援装备之一。

该产品由圆锥形、方楔形和棱台形木楔组成，规格达 31 种，同时还备有供敲打木楔用的橡胶锤，修整木楔用多功能木楔专用削刀，12″可翻式铝合金锯及钢木两用锯条。嵌入式堵漏木楔工具适用于压力不大于 0.4MPa，温度为 -50~120℃ 的低腐蚀性介质泄漏的带压堵漏抢险作业，如图 15-69 所示。

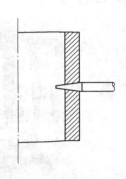

图 15-68　塞楔法原理

图 15-69　嵌入式木楔堵漏工具

使用方法：

（1）根据泄漏孔洞的大小选定合适的木楔，涂上快速密封胶或密封带，用橡胶锤将其打入泄漏孔洞内即可。

（2）当木楔尺寸需要切削时，可用多功能木楔专用削刀进行修整；需要切断或截断使用时，用可翻式铝合金锯进行锯断。

（3）可翻式铝合金锯可翻转锯弓的方向，可增大或缩小锯弓空间，便于泄漏现场使用，并配有钢木两用锯条，可锯断木材及铝、铜和铁等金属材料，使用十分方便。

（4）多功能木楔专用削刀可切削平面和圆弧面，还具有开启瓶盖，起钉子等功能。

2. 国外塞楔法堵漏工具

目前，国外已经规范化了多种尺寸规格的标准木楔，专门用于处理裂缝及孔洞状的泄漏事故，如图 15-70 所示。本箱具备罐体带压堵漏的各种专用工具，包含有无火花工具（4件）、堵漏木楔（9件）、弓形堵漏板（1件）、圆锥密封件（8件）、堵漏钉（5个）。其泄漏对象有罐体上的裂缝、孔洞，对于因罐体表面腐蚀而导致的泄漏带压堵漏同样有效。

图 15-70　塞楔法堵漏工具结构

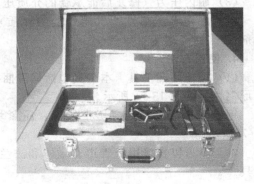

图 15-71　粘贴式快速堵漏器材

六、粘贴式快速堵漏器材

粘贴式快速堵漏器材由堵漏胶和堵漏工具组成，如图 15-71 所示。

1. 产品的成套性

（1）快速堵漏胶　本器材配有两种快速堵漏胶。

① 快速堵漏胶一盒，它是一种双组分胶，由 A 胶和 B 胶组成，如图 15-72 所示。

② BK 型快速堵漏胶一盒，它也是一种双组分胶，由甲胶和乙胶组成。此外，每盒中还备有调胶板、除锈剂、调胶刀、脱脂棉等堵漏胶的载体。如图 15-73 所示。

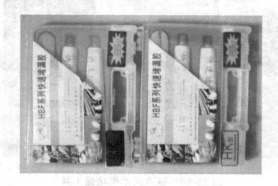

图 15-72　快速堵漏胶

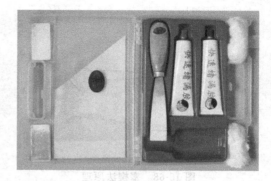

图 15-73　堵漏胶的载体

堵漏胶的使用方法及注意事项在堵漏胶的包装盒的底面有详细介绍。

（2）粘贴式快速堵漏工具　包括带式加压堵漏工具、盘根堵漏工具、管道环状堵漏工具。

2. 本产品的使用范围

（1）适用的泄漏容器：钢、铝、铅、锡等金属材料，水泥、陶瓷、玻璃、木材、石头等非金属材料。

（2）适用的结构：小型储罐、管道；各种管道附件，如三通、弯头、法兰、接头等；管线结合部，如盘根、焊缝、管线交界处等。

（3）可堵泄漏口种类：点状、线状、蜂窝状及法兰垫片损坏等泄漏口。本产品不适用于处置具有腐蚀、氧化和放射性的固态危险化学品泄漏事故。

3. 主要技术指标

（1）泄漏介质温度：≤200℃。

（2）泄漏介质压力：≤2MPa。

（3）耐内压力（修复后能承受的介质压力）：≤20MPa。

（4）耐化学试剂性能（能处置的介质）：水、油、气类，盐、碱、稀酸等，多种有机溶剂。

4. 使用方法

（1）加压堵漏工具　本工具包括钢带捆扎器、钢带、钢带扣、内六角扳手、各种形状的仿形钢板，如图 15-74 所示。

钢带捆扎器由弓架、切带机构、压紧块、拉紧块、丝杆、螺母手柄体等组成，如图 15-75所示。

本工具可以直接用于管道、罐体和法兰垫片泄漏的修理，也可用于捆扎固定其他堵漏工具。

（2）用于管道开口处带压堵漏情况　如图 15-76 所示。

（3）用于法兰管口处带压堵漏情况　如图 15-77 所示。

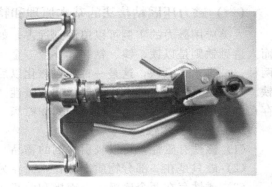

图 15-74　带压加压堵漏工具　　　　　　　　　　图 15-75　钢带捆扎器

（4）用于压力容器角焊缝处带压堵漏情况如图 15-78 所示。

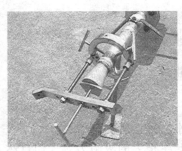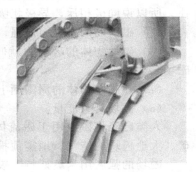

图 15-76　管道开口处带压堵漏　　图 15-77　法兰管口处带压堵漏　图 15-78　压力容器角焊缝处带压堵漏

第五节　磁力带压堵漏技术

　　带压堵漏作业其实质也是力的平衡问题，只要外力绝对大于泄漏介质压力，就可能达到止住泄漏的目的。这个外力可由许多方法产生，最简单的就是依靠人体产生的力来达到止漏的目的，最典型的就是堵塞粘接法，当然还有机械力、注射力、化学力等，前面都已介绍过，还有一种自然力——磁力，也完全可以用于堵漏作业，只要磁场产生的磁力能够平衡泄漏介质的压力，就能达到堵漏的目的，这样就产生了"磁力压固粘接法"，这种方法借助磁场和化学反应共同作用来实现堵漏作业的，磁力可由永久磁铁或电磁铁来产生。

一、磁力带压堵漏技术概述

　　危险化学品设备绝大多数是由磁性钢铁材料做成的，当磁性设备发生泄漏时，则可以借助磁铁产生的磁力来达到堵漏的目的。

　　在我国，20 世纪 70 年代中期就已经有人应用磁铁产生的磁力来进行堵漏作业，但由于当时还没有能够产生强大磁力的特种永磁性材料，这种方法只能处理如气柜、储水罐、油罐、槽车等低压系统发生的泄漏，随着科技的发展，特别是钕铁硼永磁合金强磁性材料的出现，给磁力压固粘接法带来了福音，这种新型永磁材料所产生的磁力是同体积普通永磁材料的几十倍，采用这种新型材料制作的止漏器具可以处理压力较高的泄漏介质。因此，磁力压固粘接法是一种很有发展前途的堵漏作业方法。

（一）磁力压固粘接法的基本原理和特点

人类应用磁力的实例可以追溯到远古，如指南针。天然磁铁的主要成分是四氧化三铁；而人造磁铁则是以铁、镍、钴、硼、钕等金属来制作。人造磁铁可以分为永久磁铁和电磁铁两种。一是永久磁铁，这是一种经过磁化以后，具有长期保持吸引钢、铁的能力；二是电磁铁。这种磁铁只是在被磁化的时候才有磁性，当磁化停止后磁性就立即消失。在磁铁的周围存在着磁场，凡是磁力达到的范围叫作磁场。

1. 磁铁的基本性质

（1）磁铁有磁性，可以吸引铁制的物品。

（2）磁只是在一部分物质上存在，而在另一部分物质上则不存在。

（3）磁铁存在两个磁极——南极和北极，也称 S 极和 N 极，这两个磁极的性质是相异的，同时也是不可分离的。

（4）当两个磁铁互相靠近，相同的磁极会互相排斥推开，不相同的磁极会互相吸引黏住。所以说同极相斥，异极相吸。

（5）磁铁的两端磁力最强，中间磁力最弱。

（6）磁性物体的吸引力就叫作磁力。物体在磁性物质周围，受到磁力影响的区域叫作磁场。

（7）在磁性物体的周围洒上铁粉，会看见一条一条的弧形曲线，就是磁力线。

（8）磁场具有能量。

人类已经将磁应用于磁流体发电、磁流体密封、电磁泵、电磁飞行、磁罗经、磁性探矿、大地板块构造学、地震预报、磁性武器、磁穴疗法、磁化水、磁性肥料等领域。

磁场的强度用"奥斯特"表示。磁铁能够对钢铁等磁材料产生很大的吸附力，人们自然会想到用这个力同样可以平衡泄漏介质压力，当然只靠磁力还不能达到完全无泄漏的目的，人们又将胶黏剂与磁力相结合，这样就达到了堵漏的目的。

2. 磁力压固粘接法的基本原理

借助磁铁产生的强大吸力，使涂有胶黏剂或密封胶的非磁性材料与泄漏部位粘合，达到止漏密封的目的。

3. 磁力压固粘接法的特点

（1）适用于磁性材料上发生的泄漏。

（2）作业简单。采用磁力压固粘接法进行堵漏作业，除磁铁、非磁性压板、胶黏剂、清理表面工具外，无需专业工具，施工简便。

（3）有一定的适用范围。只要有相应形状的磁铁就可以处理各种部位上发生的泄漏。

（4）经济实用。每次作业只花费一块非磁性压板及胶黏剂或密封胶，费用低廉。

此种方法作业时有一定的磁场存在，应避免影响周围的仪器、仪表及其他需要防磁的设备。

压固磁铁是产生磁力，平衡泄漏介质压力的构件。它应当根据泄漏部位的外部几何形状设计制作，现在已有定型的商品出售。

（二）压固磁铁结构及操作方法

磁力压固粘接法的操作过程是按粘接技术要求处理泄漏缺陷周围的表面；根据泄漏缺陷形状的大小准备好非磁性材料（不锈钢、铜、铝、塑料及橡胶等）；参照泄漏介质的物化参数选择好胶黏剂或密封胶，并按比例调配好，分别在泄漏处及非磁性材料上涂抹调配好的胶黏剂，迅速粘合，同时将磁铁放在非磁性材料上，这时磁铁的磁力线由 N 极出发，穿过非磁性材料吸住泄漏处的磁性材料，回到 S 极，构成一个封闭的磁性回路，这样就将磁性、非磁性材料压粘成一体，待胶黏剂或密封胶充分固化后，撤出磁铁，并在非磁性材料上覆盖一层浸过胶黏剂或密封胶的玻璃布，以增强粘接和密封效果。

磁压堵漏法基本原理是借助永磁材料产生的强大吸力，使其弹性密封材料与泄漏部位贴合，实现带压堵漏的目的。

二、橡胶磁带压堵漏块

1. 结构原理

原理是将钕铁硼永磁材料镶嵌于导磁橡胶体中，组成强磁装置，钕铁硼强磁块的磁场通过橡胶层与铁磁性材料做成的工业设备产生吸力，并形成阻止泄漏所需的密封比压，实现磁力带压堵漏的目的，如图15-79所示。

图 15-79　橡胶磁带压堵漏块结构

2. 适用范围

橡胶磁带压堵漏块适用于事故状态下槽车、罐车、移动式容器、船舶及管道等形成的凹陷处泄漏、凸起状泄漏、直角折弯处的泄漏，不规则曲面泄漏、任意角度折边处的泄漏，不规则长缝隙泄漏等，特别是在其他堵漏工具无法固定的大型铁磁性材料容器表面更有着独特的使用优势。

橡胶磁带压堵漏块适用于液化气储备库、油库、气库石化企业、化工厂、油气运输车船等；也是专职消防和应急救援单位最常用的基本抢险救援装备之一。

3. 技术指标

磁力橡胶带压堵漏适用于压力不大于 1.0MPa，温度小于等于 80℃的水、油、气、酸、碱、盐及各类有机溶剂，如表 15-3 所示。

表 15-3　橡胶磁带压堵漏块技术指标

符号	名称	指标	符号	名称	指标
D	外径 φ	≥32mm	T	工作温度	≤80℃
S	单体	70mm×35mm	Z	载体材质	橡胶
P	系统压力	1.0MPa			

4. 操作步骤

（1）平面泄漏　将橡胶磁带压堵漏块对准泄漏缺陷，放手即可完成堵漏任务；当泄漏缺陷部位有凸凹时，用快速密封胶棒进行修补，达到平整及固化后，再进行堵漏作业。

（2）曲面泄漏　用防爆锉刀将橡胶磁带压堵漏块的一面按泄漏缺陷曲面锉出弧面，将橡胶磁带压堵漏块对准泄漏缺陷，放手即可完成堵漏任务。橡胶磁带压堵漏块有标识孔的一面最多可锉深度为 4mm，另一面最多可锉深度为 7mm，当泄漏缺陷部位有凸凹时，用快速密封胶棒进行修补，达到平整及固化后，再进行堵漏作业。

橡胶磁带压堵漏块平面铺设时，应注意极性，应当南北极交替使用，这样可以获得最大的密封吸力；叠加使用时也应注意磁极。

快速密封胶棒是双组分快速固化胶，使用时按用量切下一块，用手充分捏混，涂抹在坑凹处，并修整成型。快速密封胶棒也可涂抹在橡胶磁带压堵漏块上使用。涂抹在坑凹处应进行表面清洁处理。

5. 注意事项

（1）使用橡胶磁带压堵漏块时，要使极面与泄漏缺陷表面安全吻合，无间隙。

（2）本产品只可用于导磁材料制成的工业设备堵漏。

（3）磁压堵漏器一般使用温度应小于等于 80℃，不宜过高，否则会破坏橡胶磁带压堵漏块的磁力。

三、橡胶磁带压堵漏板

1. 结构原理

橡胶磁带压堵漏板的工作原理是利用当今世界上最先进的永磁体——钕铁硼组成强磁装置，钕铁硼强磁块的磁场通过橡胶层与铁磁性材料做成的工业设备产生吸力，并形成阻止泄漏所需的密封比压，实现磁力带压堵漏的目的，如图 15-80 所示。

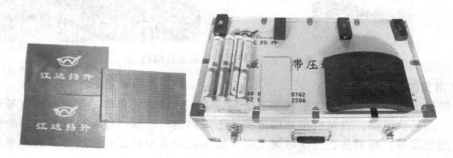

图 15-80　橡胶磁带压堵漏板结构

2. 适用范围

橡胶磁带压堵漏板适用于事故状态下槽车、罐车、移动式容器、船舶及管道等形成的凹陷处泄漏、凸起状泄漏、直角折弯处的泄漏，不规则曲面泄漏、任意角度折边处的泄漏，不规则长缝隙泄漏等，特别是在其他堵漏工具无法固定的大型铁磁性材料容器表面更有着独特的使用优势。

橡胶磁带压堵漏板适用于液化气储备库、油库、气库石化企业、化工厂、油气运输车船等；也是专职消防和应急救援单位最常用的基本抢险救援装备之一。

3. 技术指标

橡胶磁带压堵漏板适用于压力不大于 1.0MPa，温度小于等于 80℃的水、油、气、酸、碱、盐及各类有机溶剂，如表 15-4 所示。

表 15-4　橡胶磁带压堵漏板技术指标

符号	名称	技术指标	符号	名称	技术指标
D	外径 ϕ	≥325mm	T	工作温度	≤80℃
S	单体	170mm×110mm	Z	载体材质	橡胶
P	系统压力	1.0MPa			

4. 操作步骤

（1）当泄漏部位是平面泄漏时，将橡胶磁带压堵漏板对准泄漏缺陷，放手即可完成堵漏任务；当泄漏缺陷部位有凸凹时，用快速密封胶棒进行修补，达到平整及固化后，再进行堵漏作业。

（2）橡胶磁带压堵漏板平面铺设时，应注意极性，应当南北极交替使用，这样可以获得最大的密封吸力；叠加使用时也应注意磁极。

快速密封胶棒是双组分快速固化胶，使用时按用量切下一块，用手充分捏混，涂抹在坑凹处，并修整成型。快速密封胶棒也可涂抹在橡胶磁带压堵漏板上使用。涂抹在坑凹处应进行表面清洁处理。

5. 注意事项

（1）使用橡胶磁带压堵漏板时，要使板面与泄漏缺陷表面安全吻合，无间隙。

（2）本产品只可用于导磁材料制成的工业设备堵漏。

（3）橡胶磁带压堵漏板一般使用温度应小于等于80℃，不宜过高，否则会破坏橡胶磁带压堵漏板的磁力。

四、开关式长方体橡胶磁带压堵漏板

1. 结构原理

开关式长方体橡胶磁带压堵漏板的工作原理是将具有开关功能的钕铁硼磁芯镶嵌于可弯曲导磁橡胶体中，组成可调磁力强弱的强磁装置，钕铁硼强磁块的磁场通过橡胶层与铁磁性材料做成的工业设备产生吸力，并形成阻止泄漏所需的密封比压，实现磁力带压堵漏的目的，如图15-81所示。

图 15-81 开关式长方体橡胶磁带压堵漏板结构

2. 使用范围

用于铁磁性的大型固定式容器、移动式容器（槽车或罐车）、管道、舰船壳体、水下管网抢险堵漏工具，适用于中小裂缝，孔洞的应急抢险，也可由潜水员携带封堵船体部位的开裂及孔洞。

3. 技术特点

（1）应对控制险情对象多，工具可形变、可实现多种不同曲率半径部位泄漏封堵（裂纹、开焊、孔洞、突起阀门等）。

（2）吸附磁力由旋转开关控制，可实现带磁作业或非带磁作业，使用更为方便，拆卸自如。

（3）耐受压力强，工具本体强磁力在高压状态下，可轻松实现对准定位。

（4）操作简单，只需对准泄漏点施放结合即可。

（5）具有磁压、粘贴、捆绑等诸多综合功能。

（6）具有优良的耐化学腐蚀性，阻燃、防静电、耐压、抗震。

4. 技术参数

（1）外径 ϕ：≥1200mm。

（2）结合面积：500mm×300mm。

（3）系统压力：1.5MPa。

（4）工作温度：≤80℃。

（5）载体材质：橡胶。

（6）实用的磁力开关设计。

5. 使用方法

（1）打开包装箱，取出堵漏工具，用防爆扳手将磁芯开关旋转到开的位置（顺时针旋转90°即可）。

（2）两人分别双手握紧产品两端手柄，手持堵漏工具手柄，将堵漏工具弯曲方向与泄漏设备的弯曲方向相对一致对准泄漏缺陷中心部位，压向泄漏部位，施放结合，即可完成抢险堵漏作业。

（3）如被封堵设备内部压力不大时，也可先对正泄漏缺陷，然后再进行开关操作，并可增设捆绑带加强。

（4）泄漏部位有凹坑时，可使用快速堵漏胶棒进行修平作业，然后再进行堵漏作业。

6. 注意事项

（1）储藏运输时，要注意轻拿轻放，谨防撞击。要密封防尘、避光、防潮、防高温。

（2）非正常使用时严禁随意打开包装，不得在无险情时随意试用，以免影响使用。

（3）抢险使用完毕之后，应将磁芯开关旋转到关闭位置，处于无磁的安全状态。

（4）清洗干净，保养装箱封存，以备再次使用，不得当作永久性封堵器材使用。

五、开关式氯气瓶橡胶磁带压堵漏帽

1. 结构原理

开关式氯气瓶橡胶磁带压堵漏帽的工作原理是将具有开关功能的钕铁硼磁芯镶嵌于可弯曲导磁帽式橡胶体中，组成可调磁力强弱的强磁装置，钕铁硼强磁块的磁场通过橡胶层与铁磁性材料做成的工业设备产生吸力，并形成阻止泄漏所需的密封比压，实现磁力带压堵漏的目的，如图15-82所示。

图15-82　开关式氯气瓶橡胶磁带压堵漏帽结构

2. 适用范围

用于封堵铁磁性氯气钢瓶在生产、储存、运输、使用、处置等环节发生的阀门泄漏

（500kg 及 1000kg 钢瓶专用）。

3. 技术特点

（1）可以在铁磁性设备上，随意吸附操作。

（2）长圆帽式结构，可将泄漏凸出部位罩于其内。

（3）吸附磁力由旋转开关控制，可实现带磁作业或非带磁作业，使用更为方便，拆卸自如。

（4）设有引流接头，泄漏介质压力较高或泄漏流量较大时，可起到引流作用，降低作业难度。

4. 技术参数

（1）外形尺寸：$\phi 250\text{mm} \times H 220\text{mm}$。

（2）工作环境使用温度：$-50 \sim 80℃$。

（3）耐压范围：$0.2 \sim 1\text{MPa}$。

（4）耐酸、耐碱、耐油程度（使用浓硫酸 95％～98％、硝酸 65％～68％、盐酸 36％～38％、氢氧化钠 96％、汽油及机油，经试验浸泡 48h 表面均无腐蚀老化现象）。

5. 使用方法

（1）打开包装箱，取出堵漏工具，将泄压管接头部位插入工具顶部的泄压阀中，逆时针旋转阀上黄圈锁紧接头，将另一端出口放入碱水容器中，在封堵密封面上沿密封环内侧敷上一圈黏性胶条，双手持住双筒帽体，对正泄漏阀门位置压向罐体，使其磁力吸合。将泄漏氯气引出，进行中和处理。

（2）将固定压紧装置钩住罐体护栏两边的孔，旋转丝杆对堵漏工具实施两次压紧封堵。

（3）顺时针旋转泄压阀上黄圈拔下快速接头，阀门即为关闭状态，泄漏被完全封堵。

（4）抢险后需要拆下堵漏工具时，先将二次固定装置取下，关闭磁芯，即可轻松取下。

6. 注意事项

（1）储藏运输时，要注意轻拿轻放，谨防撞击，要密封防尘、避光、防潮、防高温。

（2）非正常使用时严禁随意打开包装，磁力开关应处于关闭位置，不得在无险情时随意试用，以免影响使用。

（3）抢险使用完毕之后，应将磁芯开关逆时针旋转 90°到关闭位置，使之处于无磁的安全状态。

（4）清洗干净保养装箱封存，以备再次使用，不得当作永久性封堵器材使用。

（5）保质期四年。

六、开关式槽车橡胶磁带压堵漏帽

1. 结构原理

开关式槽车橡胶磁带压堵漏帽的工作原理是将具有开关功能的钕铁硼磁芯镶嵌于可弯曲导磁帽式橡胶体中，组成可调磁力强弱的强磁装置，钕铁硼强磁块的磁场通过橡胶层与铁磁性材料做成的工业设备产生吸力，并形成阻止泄漏所需的密封比压，实现磁力带压堵漏的目的，如图 15-83 所示。

2. 适用范围

用于铁磁性的大型固定式容器、移动式容器（槽车或罐车）安全阀及凸出附件突发性泄漏事故抢险堵漏，凸出部位直径应小于工具标明的直径尺寸。

3. 技术特点

（1）可以在铁磁性设备上，随意吸附操作。

（2）圆帽式结构，可将泄漏凸出部位罩于其内。

图 15-83　开关式槽车橡胶磁带压堵漏帽结构

（3）吸附磁力由旋转开关控制，可实现带磁作业或非带磁作业，使用更为方便，拆卸自如。

（4）设有引流开关，泄漏介质压力较高或泄漏流量较大时，可起到引流作用，降低作业难度。

4. 技术参数

（1）外形尺寸：$\phi 320mm \times H390mm$。

（2）工作环境使用温度：$-50\sim80$℃。

（3）耐压范围：$0.5\sim2MPa$。

（4）耐酸、耐碱、耐油程度（使用浓硫酸 95％～98％、硝酸 65％～68％、盐酸 36％～38％、氢氧化钠 96％、汽油及机油，经试验证明浸泡 48h 表面均无腐蚀老化现象）。

5. 使用方法

（1）打开包装箱，取出堵漏工具，用防爆扳手将磁芯开关旋转到开的位置（顺时针旋转 90°即可）。

（2）两人分别双手握紧产品两端手柄，手持堵漏工具手柄（或采用机械吊装工具），将堵漏工具弯曲方向与泄漏设备的弯曲方向相对一致对准泄漏缺陷中心部位，打开各磁力开关，压向凸出泄漏部位，实现磁力带压堵漏的目的（本产品的适用封堵对象为固定和移动式容器接管阀门及附件等凸出部位泄漏）。

（3）如被封堵容器内部压力过大，需要先连接引流管然后打开泄压阀，以便进行远距离收集处理，并可增设捆绑带加强。

6. 注意事项

（1）移动工具时必须将产品装到工具箱内，关闭工具箱。

（2）储藏运输时，要注意轻拿轻放，谨防撞击，要密封防尘、避光、防潮、防高温。

（3）非正常使用时严禁随意打开包装，磁力开关应处于关闭位置，不得在无险情时随意试用，以免影响使用。

（4）抢险使用完毕之后，应将磁芯开关逆时针旋转 90°到关闭位置，使之处于无磁的安全状态。清洗干净保养装箱封存，以备再次使用，不得当作永久性封堵器材使用。

（5）保质期四年。

七、多功能磁力堵漏工具

1. 结构原理

多功能磁力堵漏工具的原理是利用当今世界上最先进的永磁体——钕铁硼组成强磁系

统，对钢铁设备形成强大的吸附力。将快速密封胶压在泄漏缺陷上达到制止泄漏的目的。它使用方便，只要扳动一只手柄就能改变磁力大小，使之与泄漏设备迅速加压或释放。本工具配备了多块不同于单纯圆弧形状的弧板，可适应各种直径泄漏设备的堵漏需要。多功能磁力堵漏工具方便快捷、吸附力强，并可反复使用，如图 15-84 所示。

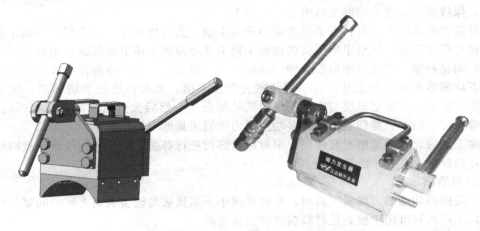

图 15-84　多功能磁力堵漏工具结构

2. 适用范围

多功能磁力堵漏工具适用于立罐、卧罐、直径较大的管线和各种平面状的泄漏，特别是在其他堵漏工具无法固定的大型钢铁设备表面更有着独特的使用优势。

本工具适用于液化气储备库、油库、气库石化企业、化工厂、油气运输车船等，是专职消防和应急救援单位最常用的基本抢险救援装备。

3. 技术参数

磁压堵漏器公称吸附力为 400kgf，但在泄漏设备材质为低碳钢、厚度足够、结合面无间隙时，拉脱力最大可达 900kgf。

本工具适用温度：≤80℃；适用压力：5.0MPa；适用介质：各种水、油、气、酸、碱、盐和各类有机溶剂，如表 15-5 所示。

表 15-5　多功能磁力堵漏工具技术指标

符号	名称	技术指标
D	外径 ϕ	≥89mm
S	单体	140mm×90mm
P	系统压力	5.0MPa
T	工作温度	≤80℃
Z	弧板	ϕ89, ϕ108, ϕ133, ϕ159, ϕ219, ϕ273, ϕ325, ϕ377

4. 操作步骤

（1）安装弧板　选一块与泄漏设备外径相同的弧板，消除弧板上下面和多功能磁力堵漏工具底面的杂质。将弧板与多功能磁力堵漏工具本下部贴合。

（2）加钢片及快速密封胶棒（方法一）　选择钢片，并将其煨成与弧板相同的圆弧。调配快速密封胶棒，将其涂于钢片圆弧面内，厚度不超过 2mm。厚度过大将增加磁路间隙，降低吸合力，影响使用效果。

（3）调配快速密封胶（方法二）　按快速密封胶使用要求，选择合适的密封胶品种，按 1∶1 调胶。

清理并打毛钢片表面，剪一块与钢片尺寸相同的玻璃布，将调好的密封胶涂于钢片内表面，贴上玻璃布，在玻璃布上再涂上胶，必要时应在泄漏缺陷也涂上胶，然后晾置。

（4）封堵泄漏 待胶达到固化临界点，操作员面对泄露缺陷双手握住多功能磁力堵漏工具，将磁力开关手柄置于右侧，迅速将多功能磁力堵漏工具压到泄漏缺陷上，并立即打开磁力开关，保持多功能磁力堵漏工具吸合在容器上。

打开磁力开关的方法是：右手握住磁力开关手柄，大拇指放在手柄端部，向操作员方向旋转手柄并用力下压，压至手柄侧面的楔形卡块卡住堵漏器本体下部的圆柱销即可。

（5）固化补强 封堵后等待数分钟，待胶固化，胶固化后取下堵漏器本体。

取下堵漏器本体的方法是：右手握住磁力开关手柄，大拇指放在手柄端部，先下压手柄，使得手柄侧面的楔形卡块与本体下部的圆柱销分离。然后大拇指按压手柄端部的按钮，同时缓慢松开手柄，磁路即被关闭，多功能磁力堵漏工具即可轻松取下。

撤除工具后，按快速密封胶使用要求对堵漏部位进行补强，即用脱脂纱布或玻璃纤维布浸透调好的胶液，贴补于泄漏口上。

5. 注意事项

（1）使用多功能磁力堵漏工具时，要注意减小下面弧板与设备表面之间的间隙。

（2）本产品只可用于铁磁性材料制成的设备堵漏。

（3）应尽量使得胶体中心对准被堵泄漏缺陷，否则会增大多功能磁力堵漏工具与泄漏设备间的气隙，同时胶体不能准确压入泄漏缺陷内影响堵漏效果。

（4）设备裂缝和孔眼过大可分步实施堵漏，一段段堵，逐步缩小泄漏口，留下一点，最后再一次封死，必要时可用两只以上的多功能磁力堵漏工具同时进行。

（5）多功能磁力堵漏工具一般使用温度应小于等于 $80℃$，不宜过高否则会破坏堵漏器的磁力。

（6）扳动手柄通磁前，务必先将本工具压到钢铁设备上或导磁体上。

（7）作业完毕请及时复位手柄。

第六节　紧固式带压堵漏技术

一、紧固式带压堵漏技术

紧固式带压堵漏技术的核心是紧固卡具，紧固卡具必须根据化学事故泄漏缺陷的部位来设计和制作，其紧固力多由拧紧螺栓来产生。可用于处理温度小于 $400℃$，压力小于 $4.0MPa$，且泄漏缺陷为可见及具备操作空间的泄漏事故。

为了说明紧固式带压堵漏技术的基本原理，举一个采用"紧固式带压堵漏技术"进行带压堵漏作业的实例加以说明，如图 15-85 所示。图 15-85（a）是泄漏管道，图 15-85（b）是紧固卡子，由 $1\sim2mm$ 铁皮按相应的泄漏管道外直径制作，1 是止漏材料，一般多选用橡胶板、石棉橡胶板、铅等易变形的材料，并用胶黏剂粘于固定的位置，以防被喷出的泄漏介质冲走；作业时，首先把紧固卡子安装在泄漏管道上非泄漏点处，调整止漏材料的位置，使其能与泄漏点重合，将紧固卡子向泄漏点处移动，使止漏材料对准泄漏点，紧固卡子的连接螺栓，螺栓的紧固力通过卡子及止漏材料作用在泄漏点上，迫使泄漏停止，如图 15-85（c）所示。泄漏停止后再按粘接技术要求对泄漏缺陷周围的金属表面进行处理，然后用胶黏剂或密封胶进行补强加固，完成带压堵漏作业，如图 15-85（d）所示，现场应用情况如图 15-85（e）所示。

紧固式带压堵漏技术的基本原理是：采用某种特制的卡具所产生大于泄漏介质压力的紧

固力，迫使泄漏停止，再用胶黏剂或密封胶进行修补加固，达到带压堵漏的目的。

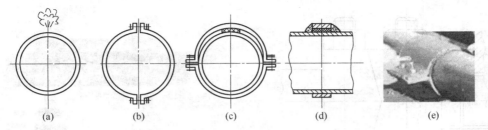

图 15-85　紧固粘接过程

二、楔式紧固工具及操作方法

楔式紧固工具是利用斜面的作用而产生压紧力施加在泄漏缺陷上，从而达到止漏的目的。这种工具的最主要用途是处理管道与机器及大型设备形成的角度连接处泄漏，连接可以是焊接或螺纹连接。图 15-86 所示是楔式紧固工具的固定斜面部分，由两梯形块组成，图中直径 D 的尺寸应比泄漏管道的外径小 1mm，斜面角度可取 15°，连接螺栓一般取 M12～M20，通过连接螺栓就可以将斜面部分固定的泄漏管道的任何部位上；图 15-87 所示是楔式紧固工具的紧固止漏部分，也由两梯形块组成，图中直径 D 的尺寸应比泄漏管道外径小 0.5mm，密封填料槽的外径 D' 及深度 H 按所选用的盘根尺寸设计。施工步骤如下：

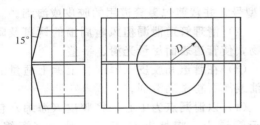

图 15-86　固定斜面部分结构

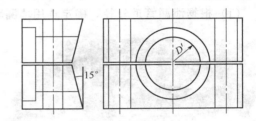

图 15-87　紧固部分结构

（1）步骤 1　根据泄漏管道外径设计制作楔式紧固工具，按照泄漏介质的物化参数选择石棉盘根、胶黏剂或密封胶。

（2）步骤 2　将紧固工具的固定斜面部分按量好的尺寸固定在管道上。

（3）步骤 3　将石棉盘根浸胶。安装方法有两种，一种是分别安装在两个止漏块上，这种方式有两个接头；另一种是直接将盘根安装在泄漏部位上，这种方式只有一个接头。局部泄漏时宜采用第一种方式，多点泄漏时宜采用后一种方式。

（4）步骤 4　盘根安好后即可进行止漏作业，紧固止漏块的连接螺栓，这时由于斜面的存在，盘根将受到环向和轴向的两个力的作用，其合力作用于泄漏点上，迫使泄漏停止，如图 15-88 所示。

这种方法最适用于角缝连接处泄漏的堵漏作业。应当说明的是紧固螺栓时斜面产生的轴向力会对管道产生附加拉应力，如果泄漏处有腐蚀或金属减薄现象，则容易产生应力集中，甚至会出现泄漏量增大或拉开管道现象，这一点必须注意。作业前认真细致的检查泄漏部位，泄漏一旦停止就应当停止紧固连接螺栓，以防产生过大的附加应力。

三、套管紧固器

套管紧固器是抢险堵漏的必备专用器材，具有管径适应范围广，堵漏面积大，安装便捷、重复使用，密封性能优良、耐震动等特点，如图 15-89 所示。

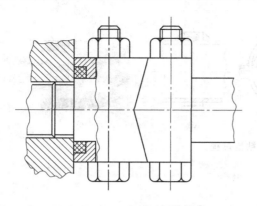

图 15-88　楔式堵漏结构　　　　　　　图 15-89　套管紧固器结构

1. 适用范围说明

（1）适用管道公称尺寸：$DN10\text{mm}\sim DN100\text{mm}$。

（2）泄漏介质压力：$\leqslant 0.5\text{MPa}$。

（3）耐老化、耐油、耐弱酸弱碱，适用温度$-20\sim100℃$。

（4）用途：油、水、天然气、管线等。

2. 使用方法

（1）根据泄漏管道外径，确定选用堵漏套管型号，并裁剪包裹管道用的胶皮或海绵。

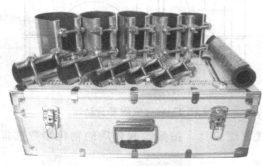

图 15-90　成套套管紧固器

（2）清理管道泄漏担风险周围的锈斑及附着物，使管道表面尽量光滑、平整。

（3）在管道和胶皮（海绵）上涂上适量的黄油或滑石粉做润滑剂。

（4）以泄漏点为中心，将胶皮（海绵）包裹于管道上，将堵漏套管套在胶皮（海绵）外，同时一边用木锤轻轻敲打外壳，一边均匀渐进地上紧螺栓，直到泄漏停止。

成套套管紧固器专为管道带压堵漏设计制造。如图 15-90 所示，共有 10 种不同的套管尺寸，分别为 13mm，19mm，25mm，32mm，38mm，51mm，64mm，76mm，89mm，102mm。手提箱式包装携带使用方便。

四、压块紧固器

压块紧固器由专用胶块、卡箍、钢丝绳拉紧器、捆绑式堵漏器、洞类压紧器及法兰盘根端面带压堵漏夹具等组成。如图 15-91 所示，专用胶块共27件，分3种色标（蓝、绿、黄，在专用胶块的箱盖上有色标标注），每只9件，其中4件为垂直双面胶，主要与法兰盘根端面夹具配套使用。其规格有 35×40、35×60、35×100；其余 5 件用于卡箍和钢丝绳拉紧器等夹具上配套使用。其规格有 40×35、60×35、80×35、40×60、40×80。在每件胶块上，分别贴有规格和安装标记，每种色标适用范围如下。

蓝色：中温系列适用于系统压力$\leqslant35\text{MPa}$的条件下产生的油酸、碱、酯、醚、化学品、盐类等介质泄漏时的带压堵漏。

绿色：温度在$-200\sim300℃$系统压力$\leqslant35\text{MPa}$的条件下介质的酸、碱、盐、醛、蒸汽、烟道气、过热气及高温气体等泄漏时的带压堵漏。

黄色：温度在－200～300℃系统压力≤35MPa的条件下介质的氯、氢、氟、酸、煤气、丙酮、氨等化学品泄漏时的带压堵漏。

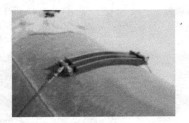

图 15-91　压块紧固器结构

五、气垫止漏法

基本原理：利用固定在泄漏口处的气垫或气袋，通过充气后的鼓胀力，将泄漏口压住，实现带压堵漏的目的。

多用于处理温度小于120℃，压力小于0.3MPa，且具备操作空间的泄漏。如图15-92所示，堵漏气垫可对管道、油罐、铁路槽车的液体泄漏进行快速、简便、安全的带压堵漏操作，采用耐化学腐蚀的氯丁橡胶制作的气垫用带子固定在泄漏表面，调节并系紧固定带，然后充气。

图 15-92　堵漏气垫结构

六、带压堵漏捆扎带

1. 带压堵漏捆扎带简介

带压堵漏捆扎带是在不动火条件下，无需借助任何工具设备，可在数分钟内消除泄漏的最常用应急堵漏产品，有1min止漏功效，使用方便堵漏效果好寿命长。这种材料是用耐高温、抗腐蚀、强度高的合成纤维做骨架，用特殊工艺将合成纤维和合成橡胶融为一体，成为带压堵漏用的新型快速止漏捆扎带。该材料具备弹性好、强度高、耐高温及抗腐蚀等特点，它可在短时间不借助任何工具设备，快速消除喷射状态下的直管、弯头、三通、活接头、丝扣、法兰、焊口等部位的泄漏。其使用温度为150℃，使用的最大压力可达2.4MPa。它可广泛使用于水、蒸汽、煤气、油、氨、氯气、酸、碱等介质。如强溶剂环境下，可用四氟带打底并配合使用耐溶剂的黏合剂，可达止漏的目的。该产品目前广泛应用于供热、电力、化工、冶金等行业里，如图15-93所示。

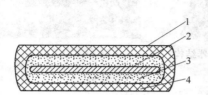

图 15-93　带压堵漏捆扎结构
1，3—橡胶层；2—纤维织物层；4—四氟材料层

2. 产品配料

石英石墨粉、进口高分子导热剂、天然橡胶（1号烟片，马来西亚产）、乙烯基硅橡胶、高强度白炭黑、氧化锌、硬脂酸、防老剂、白炭黑、立德粉、橡胶软化剂、促进剂、硫化剂等。

3. 技术参数

（1）规格：3线、4线、5线、8线，3线、4线用于细管线；5线、8线用于粗管线。

（2）颜色：白色、灰色和黑色三种，白色耐油耐高温，但胶与线的结合强度低。如用在高温喷射状态下的孔洞，堵漏时，应先用0.2mm厚紫铜皮和薄胶板打底，否则孔洞部位不宜压实和拉紧（小于0.5MPa的漏点垫0.2mm铜皮一层，大于0.5MPa的泄漏点垫0.2mm胶板铜皮二层以上）；灰色和黑色捆扎带不耐油，耐高温不如白色，但胶与线的结合强度比白色高，适用于低温喷射状态下的堵漏。

（3）施堵压力：≤0.9MPa。

（4）固化剂固化后压力：≤2.1MPa。

（5）适合温度：≤280℃。

（6）固化转矩：≥750N·m。

（7）固化时间：0.5h。

（8）应用范围：用于 $DN400mm$ 以下的管线。当管线为 $DN400mm$ 时，允许压力为0.3MPa；当管线为 $DN300mm$ 时，允许压力为0.4MPa；当管线为 $DN150mm$ 时，允许压力为0.5MPa；当管线为 $DN100mm$ 以下时，允许压力为1.5MPa。适用于油、水、燃气、酸碱、苯等各类化学品应急堵漏。

（9）适合部位：金属、PE、PVC、复合管、玻璃钢等管道上的直管、三通、弯头、短节、变径、堵头、阀门、法兰、法兰盘根部等。

（10）材料寿命：9年。

4. 使用方法

（1）泄漏介质四处飞溅时先将泄漏点四周污垢适当清理。

（2）水直接捆扎，油气类用堵漏带胶皮铺垫在泄漏部位，酸碱苯类用CHD4化学胶片铺垫在泄漏部位。

（3）用捆扎带沿漏点一侧开始用力捆扎拉紧向前赶，捆扎到头再向回捆扎，捆扎期间一直拉紧不要松手，如此反复直至堵住泄漏为止，捆扎带缠的宽度和厚度应根据漏点大小、压力高低和设备运转周期长短所定，不得少于 3 层。

（4）在堵漏胶带弹性收缩和挤压力作用下达到止漏目的，经过缠绕时产生的压力使得胶带之间相互胶连，形成密封效果。

（5）加大强度，需要在本品捆扎完成后在上面反复均匀涂抹加强固化剂，将表层和周边全涂抹包住。

5. 施工方法

（1）清除管道泄漏缺陷周边污垢。

（2）用缠绕带在泄漏点两侧缠绕捆扎拉紧形成堤坝。

（3）直接对泄漏点处捆扎，通过弹性收缩挤压消除泄漏，如图 15-94 所示。

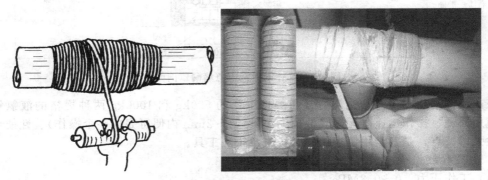

图 15-94　缠绕捆扎

6. 带压堵漏捆扎带应用实例

带压堵漏捆扎技术目前主要广泛应用于低温（≤200％）低压（≤1.0MPa）的环境中，在直管、弯头、三通、活节头、法兰等部位均可使用。

捆扎技术除在常规部位使用之外，其最大的贡献在于解决了管壁大面积腐蚀减薄这一带压堵漏的技术难题。当出现管壁大面积腐蚀减薄时。很多堵漏手段是无能为力的。如包盒子则只能堵住局部，如果用粘接法泄漏密封胶又不能固化，如果用常规注胶法，则卡具一是要做得很大，二是还要加衬套以保证已腐蚀的管壁能承受注胶压力，此时用捆扎技术可说是最快捷、最有效的堵漏方法。

7. 带压堵漏捆扎带技术研究进展

在人们逐渐认识带压堵漏捆扎带技术之后，它的简捷方便的施工技术，准确快速的堵漏效果受到了各方面的关注，很多从事这方面工作的技术人员和工人努力探索，取得了新的进展，使这一技术的应用范围得到了进一步拓宽。

七、机械式液氯钢瓶应急堵漏工具

（一）液氯钢瓶针阀泄漏应急堵漏罩

液氯钢瓶针阀泄漏应急堵漏罩是液氯钢瓶针阀泄漏专用应急堵漏工具。使用该工具能对大容量液氯钢瓶在运输、使用和库存过程中发生的针阀泄漏进行有效的应急抢险处理，避免由此而产生的有毒气体泄漏事故，具有广泛的应用前景。

1. 结构原理及性能特性

该产品由堵漏罩、夹头、动夹头、压条、压紧螺杆等主要零部件组成，如图 15-95 所示。应用机械密封的原理对泄漏的针阀进行外部整体密封，从而阻止氯气向大气中的泄漏。

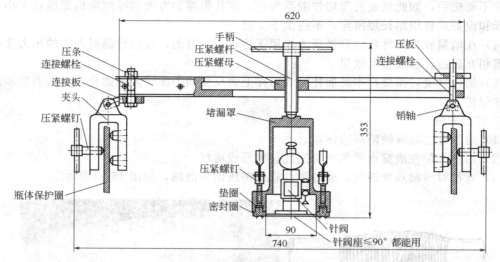

图 15-95　针阀泄漏应急堵漏罩剖面

该产品能适用于上海、沈阳、常州等地生产的 500kg 和 1000kg 两种规格的液氯钢瓶。具有使用简便、操作迅速（无需其他辅助工具，1～2min 内便可完成整个操作）、性能可靠、适应性强等特点，是安全用氯理想的必备应急抢险工具。

2. 主要参数

（1）工作压力：0～0.8MPa。

（2）装配后外形尺寸：长×宽×高＝740mm×140mm×350mm。

（3）总重量：19kg。

3. 使用方法

（1）将与压条连在一起的夹头用压紧螺钉固定于液氯钢瓶保护圈上的适当位置处（任意点、以便于操作为宜）。

（2）将堵漏罩套在泄漏的针阀上（注意应先拆除针阀上的螺母 A，以免影响堵漏罩的安装）。

（3）将另一个夹头同样固定于氯瓶保护圈上（注意使夹头、压罩、动夹头尽量在一条直线上），并将连接螺栓和压板从压条上的长槽孔中穿过。将压板旋转 90°压住压条。

（4）将压紧螺杆顶住压罩顶部的凹坑处并转动手柄进行预压紧（注意将堵漏罩内的针阀放在便于操作的位置）。

（5）调节压紧螺钉，使密封圈与氯气瓶表面均匀的接触。

（6）旋紧压紧螺杆压紧堵漏罩（施加于手柄上的推力为 25kgf 左右）。

4. 注意事项

（1）使用前应预先检查各零部件是否完好，各压紧螺杆、螺钉是否转动自如，密封圈是否老化，以便随时使用。

（2）施加于压紧手柄上的拉紧度不能过大，以免引起压条的过大变形。

（3）堵漏罩在使用后将压紧螺钉旋松到最高位置，以便将密封圈恢复到初始状态。

（4）千万不能把压紧螺钉大力压紧，以至于将定型密封圈压出。

（5）做好日常保养，定期上油（每月不少于一次），以防锈蚀影响使用。

在液氯钢瓶表面与堵漏罩接触的部位存在着严重的凹凸不平时，使用该压罩可能有微量的泄漏。

（二）液氯钢瓶易熔塞泄漏堵漏器

液氯钢瓶易熔塞是温度保护装置，当氯瓶因存放不当（如烈日暴晒）等原因，使温度升高到 65℃，易熔塞即会自行熔化，使瓶内氯气（或液氯）溢出，降低内压。此时使用易熔塞堵漏器能有效的迅速地将泄漏的易熔塞封住，避免造成重大漏氯事故。如果瓶内压强再次升高到一定值时，堵漏器密封件将被顶开泄压，确保安全。

1. 结构原理

液氯钢瓶易熔塞堵漏器由活动爪、支承套、压头、压紧螺杆锁、紧固圈等零部件组成，如图 15-96 所示。

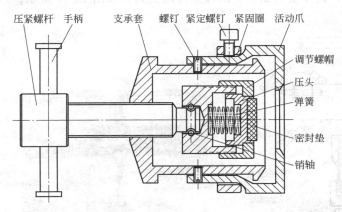

图 15-96　易熔塞泄漏堵漏器（活动爪）剖面

本产品应用于平面密封形式，将易熔塞泄漏孔封住，能承受 1.7MPa 压强不泄漏。在瓶内压强到达 2.5MPa 时，压力气体（或液体）将顶开由弹簧控制的密封件泄压，在压强降低后，密封件在弹簧的作用下，又自行将泄漏孔封住，如此往复，确保安全。

2. 性能特征

液氯钢瓶易熔塞堵漏器适用于 500kg 和 1000kg 两种液氯钢瓶。具有使用简便、操作迅速、性能可靠、外形美观等特点，是安全用氯的必备应急工具。

3. 使用方法

（1）将堵漏器紧固圈上的紧定螺钉松开，将紧固圈脱离活动爪、将两片活动爪呈上下状态，此时下面的一片活动爪由于自重自动张开，上下活动爪则用手张开。

（2）将张开的活动爪套在易熔塞螺帽上并合紧，将紧固圈推套在活动爪上。

（3）扳动手柄将堵漏器紧固在易熔塞上。

（4）拧紧紧定螺钉，使紧固圈固定在活动爪上，防止松动。

4. 注意事项

（1）使用前预先检查各零部件，特别是压头的密封胶垫是否完好。

（2）使用前应将压紧螺杆松开几圈（在螺杆旋到底的情况下松开 8～10 圈）便于活动爪套上易熔塞。

（3）易熔塞周围的杂物（铁丝、线绳等）较多时适当进行清理，以便于活动爪抓牢。

（4）做好日常保养，定期上油、以防生锈。

（5）该堵漏器的使用温度为 −30～80℃。

（三）液氯钢瓶瓶身泄漏应急漏堵器

盛装液氯的钢瓶，经长时间的使用后，由于腐蚀等原因，瓶身有可能产生砂眼穿孔，引起泄漏。氯瓶瓶身泄漏应急漏堵器能有效地对瓶身泄漏部分进行应急处理，防止氯气向大气中泄漏，从而避免由此产生的漏氯事故。瓶身应急堵漏器也可应用于其他暴露的气、液管道的堵漏。

1. 结构原理

该堵漏器由压紧螺杆、压板体、锁紧压条、手柄、锁扣、微调螺钉以及链条等零部件组成，如图 15-97 所示。应用平面密封形式将瓶身上泄漏孔封住，能承受 1.0MPa 压强不泄漏。

2. 性能特征

该堵漏器适用于 500kg 和 1000kg 两种液氯钢瓶以及其他一些气液管道的堵漏，具有操作简便、性能可靠、适用性强等特点，是安全用氯必备的应急抢险工具。如图 15-97 所示。

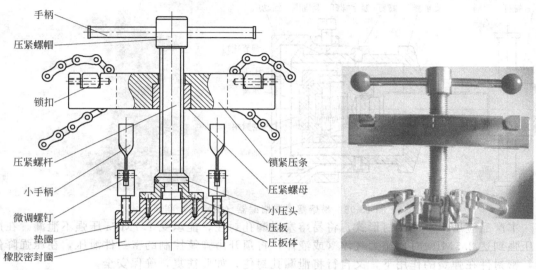

图 15-97　瓶身应急堵漏器剖面

3. 使用方法

（1）将液氯钢瓶泄漏处转向上方位置。

（2）将应急堵漏器夹头组件摆放于瓶身泄漏点附近，并打开锁紧压条上的锁扣。

（3）将链条从瓶身下面穿过拉上，并从锁紧压条槽中穿过拉紧，合上锁紧。

（4）将应急堵漏器整体沿瓶身推向泄漏部位，将压头本体压在泄漏点上。

（5）扳动手柄，将压头压紧在泄漏点上。

（6）调整微调螺钉，以求达到安全堵漏。

4. 注意事项

（1）使用前预先检查各零部件，特别是压头的密封胶垫是否完好。

（2）各活动部件是否灵活自如。

（3）使用前应将压紧螺杆松开几圈，以保证压紧时留有充分的压紧行程。

（4）使用结束后，应将微调螺钉松到最高位置，将密封剂恢复到初始状态，并做好清洁保养工作。

（5）千万不要把压紧螺钉压出定型密封圈。

（6）做好日常保养，定期上油、以防生锈，影响使用。

（四）氯瓶针阀堵塞带压疏通器

液氯钢瓶针阀堵塞带压疏通器是新开发的针阀疏通工具。该工具能对大容量氯瓶在使用中因杂质、污垢等原因引起的针阀堵塞，可在瓶中存有压力下有效地进行疏通。

1．结构原理及性能特征

该产品由通针、连接螺母、填料管、操作杆、操作柄等零部件组成，如图 15-98 所示。在密封状态下，带有一定弧度的通针巧妙地利用针形阀芯的锥形头而进入堵塞部位进行疏通，具有设计合理、结构简单、操作方便、安全可靠、造型新颖、携带方便等特点。

2．使用方法

（1）将连接螺母与针阀相连接（注意应装密封垫圈），并使通针的弯曲方向顺着针阀芯轴心线指向根部。

（2）旋开针阀阀芯约两圈半，螺钉面向操作者。

（3）轻轻推动操作柄，使通针进入堵塞部位，当推动操作柄时听到有"嗒"一声响时，则表明通针已进入堵塞部位；若无"嗒"声，则退回操作柄，并将操作柄向左（或右）转动 1～3 圈，再轻轻向前推动，直到进入为止。

（4）来回推拉操作柄 3～5 次进行疏通（向前推时推足，向后拉时，听到钢珠到达位置时发出的响声为止）。

（5）疏通完毕，拉回操作柄（拉足），退回通针（注意从套管的圆孔中观察通针的连接情况）。

（6）关紧针阀阀芯。

（7）旋下连接螺母、取下通针。

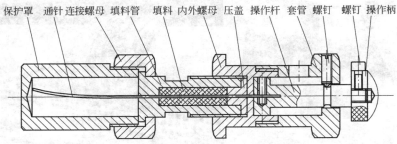

图 15-98　液氯钢瓶针阀堵塞带压疏通器剖面

3．注意事项

（1）通针使用前检查其是否完好，拉杆推拉是否自如，通针与连接杆是否连接牢固。

（2）使用完毕应进行擦拭上油、以防锈蚀。

（3）通针在使用后若发生变形等应更换。

（4）在使用过程中，若发生通针脱离操作柄的现象，可旋下套管，用钢丝钳拔出通针，检查原因后重新安装。

（5）若遇到个别氯瓶堵塞很严重时，反复多次疏通，不能强通，以免通针损坏。

第七节　其他带压堵漏技术简介

一、外封式堵漏袋

是适用于各类罐体管道的泄漏的一种抢修救援工具。

1．外封式堵漏袋的特点

（1）由高强度橡胶和增强材料复合制成，厚度小于 15mm，适用于封堵罐状类容器窄缝状裂口及孔洞。

(2) 平面设计，可在狭窄空间使用。抗酸，耐油，化学耐抗性能良好。耐热性达 115℃（短期），或 95℃（长期）。

(3) 由堵漏袋、脚踏气泵组件、充气软管、排气接头、捆绑带组件等套装组成。

2. 外封式堵漏袋技术参数

(1) 系统工作压力：0.3MPa

(2) 环境温度：-30～60℃

(3) 充气时间：≤60s

(4) 背压：≤0.2MPa

(5) 堵漏包最大工作压力：0.4MPa

(6) 装置总重量：≤10.5kg

(7) 堵漏包厚度：≤15mm

(8) 脚踏气泵最大工作压力：0.5MPa

3. 适用封堵范围

(1) 直径不大于 2.5m 的罐状容器；

(2) 裂缝长度小于 240mm 的容器。

本产品广泛应用于消防、石化、电力等系统抢险救援，专用堵漏器材。如图 15-99 所示。

图 15-99　外封式堵漏袋

二、内封式堵漏袋

一种用于有害物质泄漏事故发生后，阻止有害液体污染排水沟渠、排水管道、地下水及河流，且能查出排水管道泄漏位置的应急救援工具。

1. 内封式堵漏袋的特点

(1) 采用优质天然橡胶加丁苯橡胶和凯夫拉材料混炼而成，承压能力强；

(2) 设计合理，重量轻，一个人便可轻松将气袋放入管道内；

(3) 密封性强，耐腐蚀性好，使用寿命长；

(4) 规格从 $DN100～1200mm$，适应性广；

(5) 所有内封式堵漏气袋均配有快速冲气接口，大型号的产品安装两个接口；

(6) 灵活性能优越，可弯曲 90°使用；

(7) 耐热性达 80℃（短期）、65℃（长期），弹性极强。

2. 用途

流体管道内封堵切断专用产品。如图 15-100 所示。

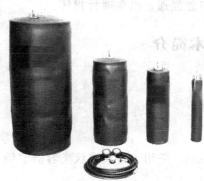

图 15-100　内封式堵漏袋

三、小孔堵漏枪

小孔堵漏枪是用于单人快速堵漏油罐车、储存罐、液柜车裂缝的堵漏设备。

1. 小孔堵漏枪的特点

（1）枪头由高强度橡胶和增强材料复合制成。各组件之间用快换接头连接，拆装方便，安全可靠。

（2）对于各类罐体裂缝（范围不大），小孔堵漏枪可以实现单人快速、安全堵漏，无需拉伸带，是理想的小型堵漏工具。

（3）可根据泄漏口的大小和形状、配备不同规格尺寸的枪头，有圆锥形、楔形、过渡形等四种堵漏枪头。

（4）四节堵漏枪，可延伸，楔形堵漏袋（适用直径 15～60mm 裂缝），圆锥堵漏袋（适用直径 30～90mm 漏孔）。

（5）各组件之间用快换接头连接，拆装方便，安全可靠。

（6）采用材料极为柔韧，堵漏袋设有防滑齿廓，防止脱落。化学耐抗性与耐油性好，耐热性能稳定，可达 85℃。

2. 小孔堵漏枪技术参数

（1）系统工作压力：0.15MPa

（2）环境温度：－30～60℃

（3）充气时间：≤20s

（4）背压：≤0.1MPa

（5）枪头最大充气压力：0.16MPa

（6）脚踏气泵最大工作压力：0.5MPa

（7）装置总重量：9kg

3. 适用封堵范围

本产品用于紧急处置管道、罐体、槽车等发生的小孔介质泄漏应急救援。如图 15-101 所示。

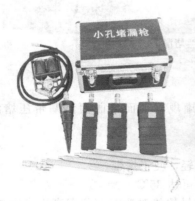

图 15-101　小孔堵漏枪

四、捆绑堵漏包扎带

一种方便快捷的现场管道泄漏专用堵漏密封材料。

1. 捆绑堵漏包扎带的特点

由特殊的弹性材料制作，表层延伸性低，密封面延伸性强。

2. 用途

适用于在地形复杂的狭窄空间内，密封直径在 50～480mm 的管道及圆形容器的裂缝的应急救援。如图 15-102 所示。

五、气动法兰堵漏袋

一种罩在泄漏法兰上，局部包裹住管道与法兰，泄漏介质通过引流通道导入安全收集容器内的应急救援工具。

1. 气动法兰堵漏袋的特点

（1）由高强度橡胶和增强材料复合制成，重量轻，便于携带。

（2）化学耐抗性与耐油性好，耐热性能稳定，可达 85℃。

图 15-102　捆绑堵漏包扎带

2. 气动法兰堵漏袋技术参数

充气时间：30s；工作压力：1.5bar（1bar＝10^5Pa）；堵漏压力：1.0bar；空气量：1.25L；额定容积：0.5L；长度：90cm；外形尺寸：21cm；重量：2kg；配置：堵漏袋一个、充气管一根、单控器一个、减压阀一个、脚泵一个。

3. 用途

管道法兰的泄漏的应急堵漏专用产品。如图 15-103 所示。

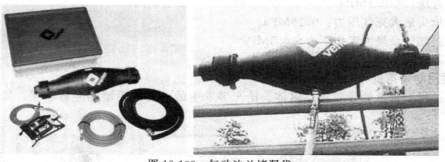

图 15-103　气动法兰堵漏袋

六、气动吸盘堵漏器

一种用于油罐车、液柜车、大型容器与储油罐规则平面或曲面泄漏带压堵漏的专用工具。

1. 气动吸盘堵漏器的特点

（1）由高强度橡胶和增强材料复合制成，重量轻，便于携带。

（2）化学耐抗性与耐油性好，耐热性能稳定，可达 85℃。

（3）气动吸盘堵漏器无需任何拉伸带，圆形密封软垫对泄漏部位用真空盘密封的时候，通过排流箱排流液体。

（4）圆形设计，能取得最佳排流效果，直径 50cm，排流箱直径 20cm，排流面积 300cm^2。

（5）真空喷嘴小而结实，真空输入口配有截流器与压力表，压力显示真空状况。

2. 气动吸盘堵漏器的技术参数

（1）最高真空操作压力 8bar，操作压力 1bar，需气 200L/s，重量 5.2kg。

（2）配置：吸盘一只、排流系统一套、真空系统一套、排流管一根、充气软管一根、截流阀一只、铝合金工具箱一只。

3. 用途

气动吸盘式堵漏器用于油罐车、液柜车、大型容器与储油罐；对干净的、平滑的、微弧形平面的裂缝进行堵漏；无需任何拉伸带，主要用于封堵不规则孔洞；本产品为气动，负压式吸盘，可用于输转作业。如图 15-104 所示。

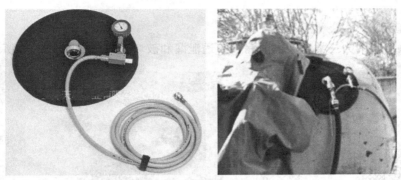

图 15-104　气动吸盘式堵漏器

七、螺栓紧固式捆绑带

一种通过两组螺栓紧固使捆绑带拉紧，这个拉紧力通过设置在捆绑带下面的模板及橡胶密封材料作用在泄漏缺陷部位上，从而实现堵漏目的的专用工具。捆绑带的材料是一种称作芳纶的特殊高科技合成纤维材料，具有超高强度、高模量和耐高温、耐酸耐碱、重量轻等优良性能，其强度是钢丝的 5～6 倍，模量为钢丝或玻璃纤维的 2～3 倍，韧性是钢丝的 2 倍，而重量仅为钢丝的 1/5 左右，在 560℃的温度下，不分解，不熔化，同时它具有良好的绝缘性和抗老化性能，并能够承受巨大的拉力。如图 15-105 所示。

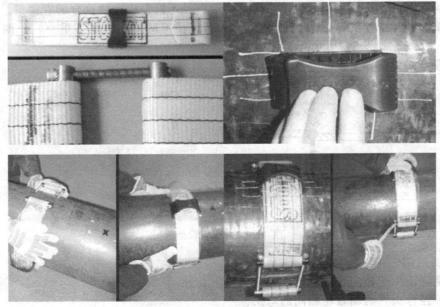

图 15-105　螺栓紧固式捆绑带

第八节　危险化学品管道泄漏事故应急处置

一、危险化学品管道常见泄漏部位

压力管道常见泄漏部位主要有法兰泄漏、直管段泄漏、弯头泄漏、三通泄漏和阀门泄漏。

1. 法兰泄漏

法兰泄漏可归纳为三类：界面泄漏、渗透泄漏和破坏泄漏。如图 15-106 所示。

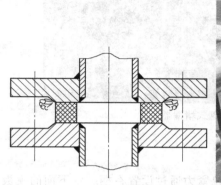

图 15-106　法兰泄漏

2. 直管段泄漏

直管段是用以输送流体或传递流体压力的密封中空连续直通体。一般由无缝钢管、有缝钢管、不锈钢管及有色金属管组成，包括异径管接头。异径管接头主要有：

（1）异径管接头（大小头）　两端直径不同的直通管件。

（2）同心异径管接头（同心大小头）　两端直径不同但中心线重合的管接头。

（3）偏心异径管接头（偏心大小头）　两端直径不同、中心线不重合、一侧平直的管接头。

直管段泄漏主要发生在焊缝上，如图 15-107 所示。

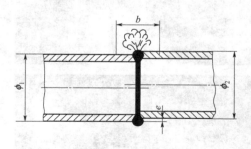

图 15-107　直管段泄漏

3. 弯头泄漏

弯头是管道用于转向处的管件。可分为以下几种。

（1）等径弯头　两端直径相同的弯头。

（2）异径弯头　两端直径不同的弯头。

（3）长半径弯头　弯曲半径等于 1.5 倍管子公称直径的弯头。

（4）短半径弯头　弯曲半径等于管子公称直径的弯头。

（5）45°弯头　使管道转向 45°的弯头。

（6）90°弯头　使管道转向 90°的弯头。

（7）180°弯头（回弯头）　使管道转向 180°的弯头。

（8）无缝弯头　用无缝钢管加工的弯头。

（9）焊接弯头（有缝弯头）　用钢板成型焊接而成的弯头。

（10）斜接弯头（虾米腰弯头）　由梯形管段焊接的形似虾米腰的弯头。

（11）弯管　在常温或加热条件下将管子弯制成所需要弧度的管段。

弯头泄漏主要发生在流体转弯的冲刷处、焊缝上及腐蚀部位上，如图 15-108 所示。

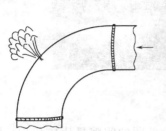

图 15-108　弯头泄漏

4. 三通泄漏

三通是一种可连接三个不同方向管道的呈 T 形的管件。可分为以下几种。

（1）等径三通　直径相同的三通。

（2）异径三通　直径不同的三通。

（3）四通　一种可连接四个不同方向管道的呈十字形的管件。

三通泄漏主要发生在流体转弯的冲刷处、焊缝缺陷上及腐蚀部位上，如图 15-109 所示。

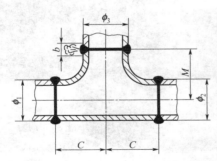

图 15-109　三通泄漏

5. 阀门泄漏

阀门是用以控制管道内介质流动的、具有可动机构的机械产品的总称。

阀门泄漏主要多发生在填料密封处、法兰连接处、焊接连接处、丝扣连接处及阀体的薄弱部位上，如图 15-110 所示。

二、危险化学品管道法兰泄漏应急处置方法

压力管道法兰泄漏应当根据泄漏介质压力、温度、泄漏法兰副的连接间隙等参数确定具体操作方法。

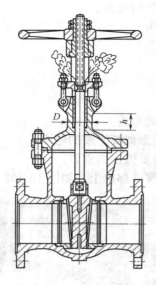

图 15-110　阀门泄漏

1. 直接敛缝围堵法

当压力管道两法兰的连接间隙小于 1mm，并且整个法兰外圆的间隙量比较均匀，泄漏介质压力低于 4.0MPa，泄漏量不是很大时，可以用手锤、偏冲或风动工具直接将法兰的连接间隙铲严，再用螺栓专用注剂接头或在泄漏法兰上开设注剂孔的方法，这样就由法兰本体通过捻严而直接组合成新的密封空腔，然后通过螺栓专用注剂接头或法兰上新开设的注剂孔把密封注剂注射到新形成的密封空腔内，达到止住泄漏的目的。如图 15-111 所示。操作方法详见本章第二节六（一）法兰泄漏现场操作方法。

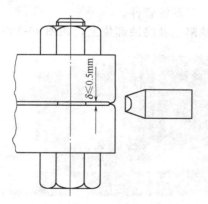

图 15-111　直接敛缝围堵法

2. 铜丝敛缝围堵法

当压力管道两法兰的连接间隙小于 6mm，并且整个法兰外圆的间隙量比较均匀，泄漏介质压力低于 2.5MPa，泄漏量不是很大时，可用直径等于或略小于泄漏法兰间隙的铜丝退火后的铁丝、螺栓专用注剂接头在泄漏法兰上开设注剂孔的方法，组合成新的密封空腔，然后通过螺栓专用注剂接头或法兰上新开设的注剂孔把密封注剂注射到新形成的密封空腔内，达到止住泄漏的目的。如图 15-112 所示。操作方法详见本章第二节六（一）法兰泄漏现场操作方法。

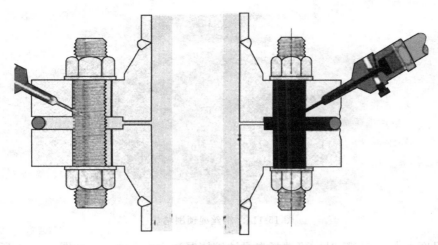

图 15-112　铜丝敛缝围堵法

3. 钢带围堵法

当压力管道两法兰的连接间隙不大于 10mm，泄漏介质压力小于 3.5MPa 时，可以选择钢带围堵法来消除泄漏。首先按压力容器泄漏法兰的处周长选取钢带长度，将钢带尾端 15mm 处折转 180°，钩住钢带卡，然后将钢带首端穿过钢带卡并围在泄漏法兰外表上，并穿过钢带拉的扁咀和滑块，然后按住压紧杆，以防钢带退滑，转动拉紧手把，施加紧缩力，逐渐拉紧钢带至足够的拉紧程度，如图 15-113 所示。操作方法详见本章第二节六（一）法兰泄漏现场操作方法。

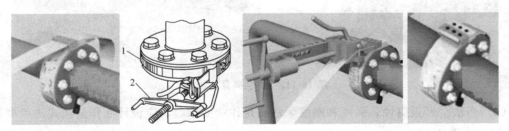

图 15-113　钢带围堵法

4. 钢丝绳锁围堵法

当压力管道两法兰的连接间隙小于 15mm，泄漏介质压力小于等于 9.0MPa 时，选用钢丝绳锁围堵法是最佳的堵漏方案。此种方法适用于法兰错口、偏心及两块法兰大小不一等特殊情况下的法兰堵漏作业。首先按泄漏介质压力和法兰副连接间隙选择相应规格的钢丝绳及长度，收口处要加铝条封堵。将钢丝绳缠绕在泄漏法兰连接间隙处，两个钢丝绳头同时穿入前锁卡、液压钢丝绳拉紧枪及后锁卡后，拉紧钢丝绳，并调整钢丝绳位置，使其缠绕在泄漏法兰连接间隙内，拧紧后锁卡螺钉，锁死钢丝绳，通过快速接头连接高压胶管和手动液压油泵，掀动液压油泵手柄，此时液压钢丝绳拉紧枪从油缸伸出，钢丝绳被拉紧，用手锤敲打钢丝绳，使其受力均匀，嵌入到法兰副连接间隙内，钢丝绳拉到位后，拧紧前锁卡螺钉，锁死钢丝绳。随后可进行注剂作业，如图 15-114 所示。操作方法详见本章第三节　钢丝绳锁快速带压堵漏技术。

5. 夹具注胶堵漏法

（1）当压力管道两法兰泄漏介质压力不大于 32.0Pa 时，法兰副连接间隙大于 4mm，且

图 15-114 钢丝绳锁围堵法

泄漏介质温度不大于 800℃时，可选择夹具注胶堵漏法，安全快捷，如图 15-115 所示。

F0152法兰注剂卡具

图 15-115 法兰夹具注胶法

（2）当法兰严重腐蚀，强度和刚度无法满足作业要求时，应设计制作全包式法兰夹具，如图 15-116 所示。

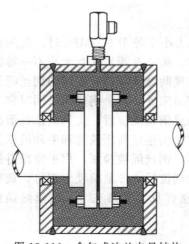

图 15-116 全包式法兰夹具结构

（3）当泄漏法兰为榫槽型密封面时，也可以不用制作夹具，借助法兰密封的榫和槽形成的密封空腔，直接注射密封注剂。首先应全面了解榫槽型法兰的结构，找准钻孔攻丝的位置，底孔直径为 $\phi10.5mm$，然后用 M12 的丝锥攻丝，安装注剂阀，然后用 $\phi4mm$ 的钻头打通注剂通道，引出泄漏介质，关闭注剂阀，连接注剂工具进行堵漏作业，直到泄漏停止。注意法兰钻孔位置不得在法兰螺栓中心线以内。如图 15-117 所示。

（4）泄漏法兰梯形槽结构，如图 15-118 所示。

（5）局部法兰夹具法。当压力管道的公称直径超过 DN400mm 时，其连接法兰的外径也相对增大，当法兰垫片呈点状泄漏时，采用局部法兰夹具法处置。局部法兰夹具的截面形状也是凸字形的。操作方法详见本章第二节六（一）法兰泄漏现场操作方法。

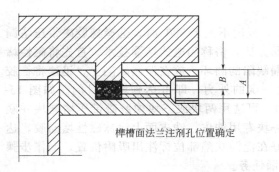

图 15-117　榫槽法兰堵漏方法

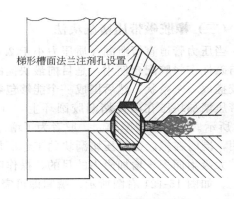

图 15-118　梯形槽法兰堵漏

三、压力管道直管段泄漏应急处置方法

（一）嵌入式木楔堵漏法

当压力管道直管出现较大的孔洞时或者较长的裂缝时，泄漏介质压力小于 1.0MPa，温度不大于 120℃，可选用嵌入式木质堵漏楔进行堵漏。处置时根据泄漏孔洞的大小，选择相应规格的木楔，最好和相应的堵漏胶配合使用，增加堵漏效果。如图 15-119 所示。

图 15-119　嵌入式木楔堵漏

木楔堵漏法是非常简捷、经济和实用的方法。如 2013 年 8 月 31 日，上海某公司单冻机的管帽脱落导致氨泄漏事故发生，造成 15 人死亡，30 余人受伤的重大安全事故，当时只要有一只合适的木楔就可以避免后续恶性事故的发生，如图 15-120 所示。

图 15-120　某公司氨泄漏事故细节情况

（二）橡胶磁带压堵漏块法

当压力管道直管泄漏介质压力小于 2.0MPa，温度不大于 80℃时，选择橡胶磁带压堵漏块与磁性密封胶配合使用，是目前最快捷的堵漏方法，俗称闪电式堵漏技术。首先将磁性堵漏胶搓成一个条状，然后围成一个能够包容泄漏缺陷的圆环，放在泄漏缺陷上，迅速将橡胶磁带压堵漏块压在磁性堵漏胶圆环上，并施加一定的外力，即可达到堵漏目的。如图 15-121 所示。当泄漏缺陷较大，或者为了增加吸力，可选用两块或三块橡胶磁带压堵漏块并联使用，同时在橡胶磁带压堵漏块的工作面加设一块专用铁皮，铁皮面上涂抹磁性堵漏胶，达到扩大吸附面积，增加磁力的目的，操作时最好在泄漏缺陷部位标注出吸附位置，操作步骤同上。如图 15-121 右图所示。瞬间即可完成堵漏任务。

图 15-121　橡胶磁带压堵漏块堵漏

（三）橡胶磁带压堵漏板法

当压力管道公称直径大于 $DN350\text{mm}$，泄漏介质压力小于 1.5MPa，温度不大于 80℃时，选择橡胶磁带压堵漏板与磁性密封胶配合使用，是目前最快捷的堵漏方法。首先在其工作面涂抹磁性堵漏胶，对准压力管道泄漏缺陷，迅速施压一次堵漏成功。如图 15-122 所示。当磁力不足，出现微漏时，可增设捆绑带，达到完全止漏的目的。

图 15-122　橡胶磁带压堵漏板堵漏

（四）带压堵漏捆扎带法

当压力管道公称直径小于 $DN200\text{mm}$，泄漏介质压力小于 2.0MPa，温度不大于 150℃时，按泄漏介质的化学性质选择带压堵漏捆扎，如图 15-123 所示。

图 15-123 带压堵漏捆扎带法

(五) 金属堵漏套管法

当压力管道公称直径小于 $DN250mm$，泄漏介质压力小于 2.0MPa，温度不大于 250℃时，按泄漏管道的规格选择相应的金属堵漏套管，如图 15-124 所示。详见本章第六节 紧固式带压堵漏技术。

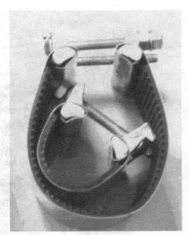

图 15-124 金属堵漏套管法

(六) 钢带紧固法

当压力管道公称直径小于 $DN400mm$，泄漏介质压力小于 3.0MPa，温度不大于 280℃时，首先按压力管道泄漏处的周长选取钢带长度，并选择一块大小合适的橡胶板，厚度应大于 3mm，橡胶板的材质取决于泄漏介质。将钢带尾端 15mm 处折转 180°，钩住钢带卡，然后将钢带首端穿过钢带卡并围在泄漏管道外表上，并穿过钢带拉的扁咀和滑块，然后按住压紧杆，以防钢带退滑，如果泄漏介质压力比较大，应在无泄漏的管段安装钢带，然后向泄漏缺陷推进，位置合适后，转动拉紧手把，施加紧缩力，泄漏量会逐渐减小，直至不漏为止，如图 15-125 所示。

(七) 钢丝绳锁法

当压力管道公称直径小于 $DN500mm$，泄漏介质压力小于 6.0MPa，温度不大于 280℃时，首先按泄漏管道外径选择相应规格的钢丝绳及长度，选择一块 1.2mm 厚的铁皮及一块大小合适的橡胶板，厚度应大于 3mm，橡胶板的材质取决于泄漏介质。将钢丝绳缠绕在泄

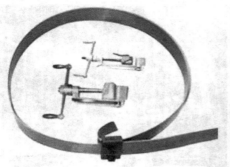

图 15-125　钢带紧固法

漏管道上，多个钢丝绳头同时穿入前锁卡、液压钢丝绳拉紧枪及后锁卡后，拉紧钢丝绳，并调整钢丝绳位置，使其缠绕在泄漏部位上，拧紧后锁卡螺钉，锁死钢丝绳，通过快速接头连接高压胶管和手动液压油泵，掀动液压油泵手柄，此时液压钢丝绳拉紧枪从油缸伸出，钢丝绳被拉紧，用手锤敲打钢丝绳，使其受力均匀，泄漏量会逐渐减小，直至不漏为止。如果泄漏介质压力比较大，应在无泄漏的管段安装钢丝绳及拉紧枪，然后向泄漏缺陷推进，位置合适后，再操作。泄漏停止后，拧紧前锁卡螺钉，锁死钢丝绳，完成作业。如图 15-126 所示。

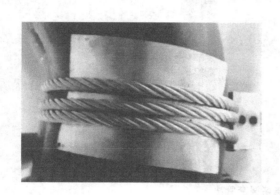

图 15-126　钢丝绳锁法

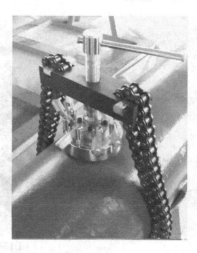

图 15-127　链条式应急堵漏工具

（八）螺栓紧固式捆绑带法

这是一种由高强度芳纶及两组螺栓构成的捆绑结构，通过紧固两组螺栓而将作用力施加在泄漏缺陷部位上，实现堵漏目的。适用于压力管道公称直径小于 $DN350mm$，泄漏介质压力小于 6.0MPa，温度不大于 280℃ 的泄漏介质的应急处置。特别适用于城市燃气管道泄漏的应急处置。详见本章第六节　紧固式带压堵漏技术。

（九）链条式应急堵漏工具

当压力管道公称直径大于 $DN200mm$，泄漏介质压力小于 5.0MPa，温度不大于 280℃ 时，可以选择链条式应急堵漏工具处置管道泄漏。

1. 链条式应急堵漏工具结构

链条式应急堵漏工具由压紧螺杆、压板体、锁紧压条、手柄、锁扣、微调螺钉、橡胶密封圈及链条等零部件组成。利用链条将该套工具固定在泄漏管道上，通过旋转压紧螺杆及微调螺钉，使得带有弧度的橡胶密封圈与泄漏管道处壁面形成紧密接触，当这个接触面上的密封比压大于泄漏介质压力时，即可实现应急堵漏目的，如图 15-127 所示。全部堵漏作业可在十几分钟内完成。

2. 使用方法

（1）将链条式应急堵漏工具从包装箱中取出，检查各部位完好情况。

（2）将链条式应急堵漏工具堵漏部位摆放于管道泄漏点附近，并打开锁紧压条上的锁扣。

（3）将链条绕管道圆周穿过，并从锁紧压条槽中穿过拉紧，合上锁紧。

（4）将链条式应急堵漏工具整体沿管道推向泄漏缺陷部位，将压头本体压在泄漏点上。

（5）扳动手柄，将压头压紧在泄漏缺陷点上。

（6）逐个调整微调螺钉，实现应急堵漏目的。

（7）当管道表面有坑凹缺陷或堵漏不佳时，应配合紧急修补剂或速成钢胶棒使用，可有效提高堵漏效果。

3. 注意事项

（1）使用前预先检查各零部件，特别是压头的密封胶垫是否完好。

（2）各活动部件是否灵活自如。

（3）使用前应将压紧螺杆松开几圈，以保证压紧时留有充分的压紧行程。

（4）使用结束后，应将微调螺钉松到最高位置，将密封剂恢复到初始状态，并做好清洁保养工作。

（5）千万不要把压紧螺钉压出定型密封圈。

（6）做好日常保养，定期上油、以防生锈，影响使用。

（十）夹具注胶堵漏法

（1）当压力管道泄漏介质压力不大于 32.0Pa、温度不大于 800℃时，可选择夹具注胶堵漏法，安全快捷，如图 15-128 所示。操作方法详见本章第二节六（二）直管泄漏现场操作方法。

图 15-128　直管夹具注胶堵漏法

（2）当压力管道连接螺纹泄漏时，可利用 G 形卡具直接进行堵漏作业。首先按泄漏介质管道的外径选择 G 形卡具的规格；确定钻孔位置，并打样冲眼窝；用 $\phi 10\text{mm}$ 的钻头在样冲眼窝处钻一定位密封孔，深度按 G 形卡具螺栓头部形状确定；安装 G 形卡具，检查眼窝处的密封情况；用 $\phi 3\text{mm}$ 的长杆钻头将外螺纹管壁钻透，引出泄漏介质；安装注剂阀及高压注剂枪进行注剂作业，如图所示 15-129 所示。操作方法详见本章第二节六（二）直管泄漏现场操作方法。

（3）当压力管道活接头泄漏时，按图 15-130 所示设计一个盒式夹具。

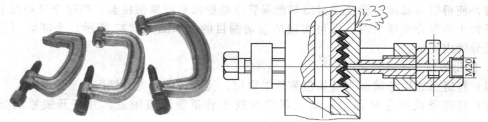

图 15-129　压力管道连接螺纹泄漏堵漏法

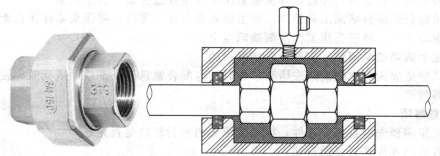

图 15-130　压力管道活接头泄漏堵漏法

(十一) 对开夹具堵漏法

当压力管道泄漏介质压力不大于 15MPa，最高工作温度不大于 120℃，管道规格为 DN50~1200mm 时，可选择对开夹具堵漏法应急处置原油或成品油管道上出现的腐蚀、穿孔引发的泄漏事故。

对开夹具由上弧板、下弧板、连接耳板、紧固螺栓、引流器、绞架折页、吊环、密封大胶条、密封小胶条等组成。上弧板、下弧板内壁面上设齿形压板，两侧的耳板内壁两端则设有小压板和外压板。在齿形压板、小压板和外压板上设有密封大胶条；耳板与上弧板、下弧板内壁连接部位设有横压板和立压板，在横压板和立压板之间有密封小胶条，分别形成环向密封和轴向密封。如图 15-131 所示。

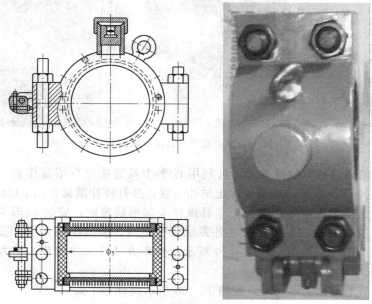

图 15-131　对开夹具堵漏法

这种对开夹具应事先按不同压力管道的规格做好，一旦出现泄漏事故，立刻选择合适的对开夹具运往泄漏事故现场，打开紧固螺柱，泄漏量比较小时，直接在泄漏缺陷上安装；泄漏量较大时，在不漏的部位安装，然后向泄漏缺陷部位移动，位置合适后，拧紧紧固螺栓，直到不漏为止。方便快捷，承受压力高。目前国内长输管线上多备有这种夹具，应用效果较好。缺点是夹具是一个受压元件，笨重，不易搬运。

四、压力管道弯头泄漏应急处置方法

1. 嵌入式木楔堵漏法

详见本章第四节　带压粘接堵漏技术。

2. 橡胶磁带压堵漏块法

详见本章第五节　磁力带压堵漏技术。如图 15-132 所示。瞬间即可完成堵漏任务。

3. 橡胶磁带压堵漏板法

详见本章第五节　磁力带压堵漏技术。

图 15-132　橡胶磁带
压堵漏块法

4. 带压堵漏捆扎带法

详见本章第六节　紧固式带压堵漏技术。如图 15-133 所示。

5. 钢带紧固法

详见本章第六节　紧固式带压堵漏技术。如图 15-134 所示。

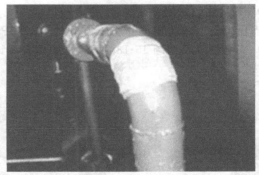

图 15-133　带压堵漏捆扎带法

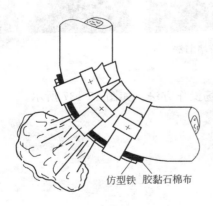

仿型铁　胶黏石棉布

图 15-134　钢带紧固法

6. 钢丝绳围堵法

详见本章第三节 钢丝绳锁快速带压堵漏技术。

7. 螺栓紧固式捆绑带法

详见本章第六节 紧固式带压堵漏技术。

8. 链条式应急堵漏工具

详见本章第六节 紧固式带压堵漏技术。如图 15-135 所示。

图 15-135 链条式应急堵漏工具

9. 夹具注胶法堵漏

当压力管道弯头泄漏介质压力不大于 32.0Pa、温度不大于 800℃时，可选择夹具注胶堵漏法，安全快捷，如图 15-136 所示。操作方法详见"本章第二节六（二）直管泄漏现场操作方法"。

图 15-136 夹具注胶堵漏法

10. 对开夹具堵漏法

操作方法详见本章第二节六（二）直管泄漏现场操作方法。如图 15-137 所示。

五、三通泄漏应急处置方法

1. 嵌入式木楔堵漏法

详见本章第六节 紧固式带压堵漏技术。

2. 橡胶磁带压堵漏块法

详见本章第五节 磁力带压堵漏技术。

3. 橡胶磁带压堵漏板法

详见本章第五节 磁力带压堵漏技术。

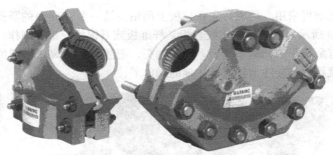

图 15-137　对开夹具堵漏法

4. 带压堵漏捆扎带法

详见本章第六节　紧固式带压堵漏技术。

5. 钢带紧固法

详见本章第六节　紧固式带压堵漏技术。

6. 钢丝绳围堵法

详见本章第三节　钢丝绳锁快速带压堵漏技术。

7. 螺栓紧固式捆绑带法

详见本章第六节　紧固式带压堵漏技术。

8. 夹具注胶堵漏法

当压力管道三通泄漏介质压力不大于 32.0Pa、温度不大于 800℃时，可选择夹具注胶法堵漏法，安全快捷。详见本章第二节六（四）三通泄漏现场操作方法。

六、阀门泄漏应急处置方法

压力管道阀门泄漏主要发生在法兰、阀体，更多的是发生在密封阀杆的填料函部位。阀门的阀杆一般由两种运动形式组成。其一是绕其轴线的转动；其二是在轴线方向的上下移动，以便切断和接通阀门两侧的液体介质。阀杆的密封多采用填料形式，而填料密封的泄漏，绝大多数是以界面泄漏形式出现的。开始是微漏，随着流体压力介质的不断冲刷，填料中纤维成分会被大量带走，而使泄漏量不断增大，严重时还会把金属阀杆冲刷出沟槽，造成阀门无法继续使用。更为有害的是大量危险化学品介质的流失，会使流体输送管道的流量下降，高温的、有毒的、腐蚀性强的、易燃的、易爆的介质不断外泄，会直接影响到生产安全。采用注剂式带压堵漏技术处置阀门填料部位出现的泄漏是最安全、最有效的方法，而且再密封后不影响阀门的开启和关闭功能。根据阀门填料盒的结构形式，有两种堵漏密封手段供选择。

（一）管道阀门厚壁填料盒泄漏的处理方法

管道阀门填料盒的壁厚尺寸较大，即不小于 8mm，采用"注剂式带压堵漏技术"消除泄漏时，可以不必设计制作专门的夹具，而是采用直接在阀门填料盒的壁面上开设注剂孔的方式进行作业。在此种情况下，所谓的"密封空腔"就是阀门填料盒自身，而被注入阀门填料盒内的密封注剂所起的作用与填料所起的作用完全相同。其操作过程如下，首先在阀门填料盒外壁的适当位置上，用 $\phi10.5mm$ 或 $\phi8.7mm$ 的钻头开孔，这个合适的位置主要是从连接注剂枪方便的角度考虑的，钻孔的动力可以选用防爆电钻或风动钻，目前还有一种充电电钻，使用起来更为方便。如图 15-138（a）所示。孔不要钻透，大约留 1mm 左右，撤出钻头，用 M12 或 M10 的丝锥套扣。如图 15-138（b）所示。套扣工序结束后，把"注剂阀"拧上，把注剂阀的阀芯拧到开的位置，用 $\phi3mm$ 的长杆钻头把余下的阀门填料盒壁厚钻透，如图 15-138（c）所示。这时泄漏介质就会沿着钻头排削方向喷出。为了防止钻孔时高温、高压、腐蚀性强的、有毒的泄漏介质喷出伤人或损坏钻孔机具，钻小孔之前可采用一挡板，先在挡板上用钻头钻一个 $\phi5mm$ 的圆孔，使挡板能穿在长钻头上，如图 15-139 所示。挡板可采用胶合板、纤维板或石棉橡胶板等制作，加好挡板后，再钻余下的壁厚就不会有危险了。钻透小孔后，拔出钻头，把注剂阀的阀芯拧到关闭的位置，泄漏介质则被切断，这时就可以连接注剂枪进行注剂的操作了。

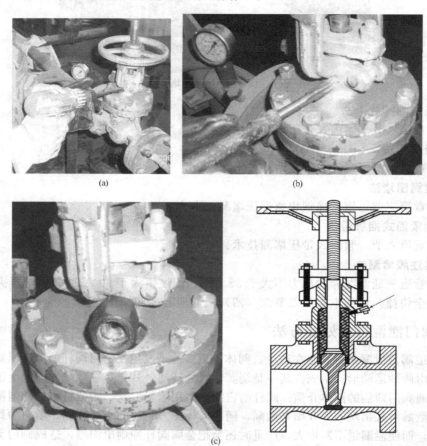

(a)

(b)

(c)

图 15-138　阀门填料泄漏应急处置方法操作（一）

（二）管道阀门薄壁填料盒泄漏的处理方法

管道阀门泄漏阀门填料盒的壁厚尺寸较薄，小于 6mm 时，直接在如此薄的壁面上钻孔攻丝是十分困难的，如图 15-140（a）所示。安装 G 形卡具，用 $\phi3mm$ 的长杆钻头将余下的填料盒壁厚钻透，引出泄漏介质。如图 15-140（b）所示。安装注剂阀及高压注剂枪进行注剂作业，如图所示 15-140（c）所示。

（三）管道阀门中部法兰泄漏处理方法

当管道阀门中部连接法兰泄漏时，应当采用夹具注胶法堵漏。但阀门中部连接法兰常采用椭圆形或长圆形法兰，这时要根据法兰的形状，设计制作异形夹具，如图 15-141 所示。操作方法详见本章第二节六（一）法兰泄漏现场操作方法。

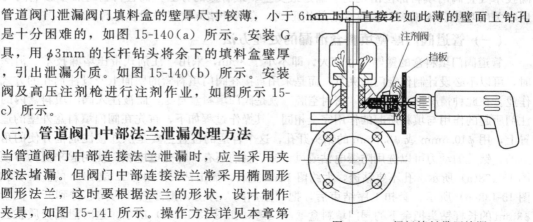

注剂阀

挡板

图 15-139　阀门填料带压堵漏

(a)　　　　　　　　　　(b)　　　　　　　　　　(c)

图 15-140　　阀门填料泄漏应急处置方法操作（二）

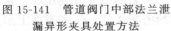

图 15-141　管道阀门中部法兰泄
　　　漏异形夹具处置方法

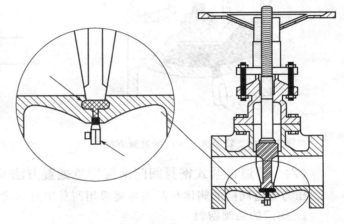

图 15-142　管道闸板阀内漏处置方法

（四）管道闸板阀内漏处置方法

当管道闸板阀处于全关闭状态，依然有介质从阀门中通过，称为内漏。这种内漏多发生在阀门的底部密封槽中。应急处置这种泄漏，可参阅阀门图纸，找到阀门的底部密封槽位置，然后用 ϕ10.5mm 或 ϕ8.7mm 的钻头在这个位置钻孔，孔不要钻透，大约留 2mm 左右，撤出钻头，用 M12 丝锥套扣，套扣工序结束后，把注剂阀拧上，把注剂阀的阀芯拧到开的位置，用 ϕ3mm 的长杆钻头把余下的壁厚钻透，引出泄漏介质，把注剂阀的阀芯拧到关闭的位置，泄漏介质则被切断，这时就可以连接注剂枪进行注剂的操作了。如图 15-142 所示。管道截止阀内漏处置方法类似，如图 15-143 所示。

（五）管道门阀阀体泄漏应急处置方法

（1）橡胶磁带压堵漏块法　详见本章第五节　磁力带压堵漏技术。

（2）带压堵漏捆扎带法　按泄漏介质的化学性质选择带压堵漏捆扎。详见本章第六节紧固式带压堵漏技术。

（3）钢带围堵法　按泄漏阀体尺寸选取钢带长度。详见本章第六节　紧固式带压堵漏技术。

（4）夹具注胶法　当管道门阀阀体泄漏比较严重，无法采用上述方法进行应急处置时，应选择夹具注胶法进行应急处置。夹具的密封空腔设置在夹具的连接面上，槽宽 8mm，深8mm，并在夹具的底部设置一个引流降压阀门，降低夹具的安装难度，夹具安装好后，只向密封槽内注射密封注剂，即可达到应急堵漏的目的。如图 15-144 所示。

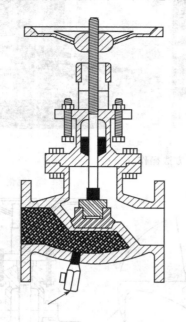

图 15-143　管道截止阀内漏处置方法

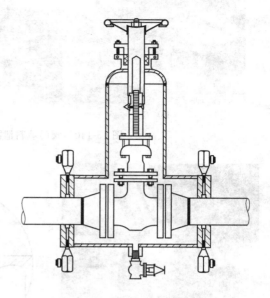

图 15-144　阀体泄漏夹具注胶法

（六）管道自紧式密封阀门泄漏应急处置方法

压力管道阀门的阀体与阀盖主要采用两种密封形式。

1. 阀门的强制密封

通过拧紧阀体与阀盖法兰螺栓，对密封垫片施加压紧力，预紧的垫片受到压缩，密封面上凹凸不平的微隙被填满。这样就阻止介质泄漏，形成了初始密封条件——密封面上形成预紧比压。当介质压力上升和操作阀门时，密封面上的预紧比压下降，垫片回弹。如果垫片具有足够的回弹能力，使密封面上的工作密封比压始终大于介质和操作比压时，则密封面保持良好的密封状态。可见，强制密封的必要条件，是在介质和操作力作用下，密封面上仍能保持一定的残加压紧力。应强调指出的是，强制密封中，介质压力总是趋向于减小预紧密封比压，降低密封性能。

强制密封的典型结构是平垫密封、缠绕垫密封和齿形垫密封等。通常用于低压、中压和中小口径的阀门。

2. 阀门的自紧密封

通过拧紧阀体与阀盖法兰螺栓，阀盖上升，使阀盖与楔形密封垫之间，以及阀体与楔形密封垫之间形成初始密封条件——密封面上的预紧比压。当介质压力上升时，阀盖受介质压力作用，向上移动，阀盖与楔形密封垫，以及阀体与楔形密封垫之间的密封比压，随压力的增加而逐渐增大。在自紧密封中，密封面上的工作密封比压由两部分合成：一是预紧密封比压，二是由介质压力形成的比压。应强调指出，自紧密封中，介质压力总是趋于增加预紧密封比压，增加密封性能。介质压力愈高，工作密封比压就愈大，密封性能愈好。根据这一特点，自紧密封作为高压密封技术，常用于高温、高压、大口径调节阀。如图 15-145 所示。

自紧密封中根据介质压力作用在密封垫上的力的方向，又可分为轴向自紧密封和径向自紧密封。

（1）轴向自紧密封有楔形垫级合密封（伍德密封）、楔形密封、平垫自紧密封、C 形圈

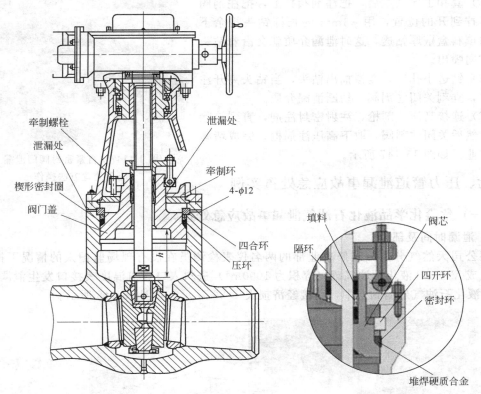

图 15-145 自紧密封阀门结构

密封及 O 形圈密封。

（2）径向自紧密封有双锥密封、B 形环密封、三角垫密封、八角环（椭圆环）密封及透镜垫密封。

3. 自紧式密封阀门泄漏应急处置方法

（1）自紧式密封阀门泄漏情况，如图 15-146 所示。

图 15-146 自紧密封阀门泄漏

（2）根据自紧式密封阀门的结构，或通过门阀图纸确定自紧密封的位置。

（3）用 $\phi 10.5\text{mm}$ 钻头打底孔，动力可以选用防爆电钻、风动钻及防爆充电电钻，深度由自紧密封单位的厚度确定，应留 $2\sim3\text{mm}$，撤出钻头，不得钻透。

（4）用 M12 的丝锥套扣。

（5）套扣工序结束后，把注剂阀拧上，把注剂阀的阀芯拧到开的位置，用 ϕ3mm 的长杆钻头把余下的阀门填料盒壁厚钻透，这时泄漏介质就会沿着钻头排削方向喷出。

（6）钻透小孔后，慢慢抽出钻头，当钻头离开注剂阀时，立刻关闭注剂阀，切断泄漏介质。

（7）连接高压注剂枪，注射密封注剂，直到消除泄漏，然后关闭注剂阀，取下高压注剂枪，完成堵漏密封作业。如图 15-147 所示。

图 15-147　自紧密封阀门泄漏
应急处置方法操作

七、压力管道泄漏事故应急处置实例

（一）危险化学品液化石油气泄漏事故应急处置

1. 泄漏时间及部位

某公司天然气分离厂维修事业部的两名仪表检测员在没有现场监护人的情况下擅自拆表，造成 V-643B 液化石油气罐（容积为 1000m³）进料入口管道温度表接口发生泄漏事故，约 18t 液化石油气外泄到空中，直接经济损失 4.86 万元。如图 15-148 所示。

图 15-148　液化石油气罐泄漏现场

2. 泄漏介质参数

泄漏介质参数如表 15-6 所示。

表 15-6　泄漏介质参数

名称	压力 /MPa	温度 /℃	最高容许浓度 /(mg/m³)	爆炸危险度	闪点 /℃	自然点 /℃	爆炸极限(体积)/%	
							上限	下限
液化石油气	0.5～1.3	-20～35	1000	5.3	-74	426～537	9.5	1.5

3. 应急处置方案制订

经消防专家、石化专家现场进行会诊，制订了三套方案。

（1）从罐底注水、当水温度低于其冰点时，凝固成冰，达到止住泄漏的目的，同时进行有效导罐作业；

（2）从灌顶注水，使它能迅速地结冰，在罐内形成冰层，达到止住泄漏的目的；

（3）在泄漏点外部施加外力，堵塞泄漏通道，达到止住泄漏的目的。

4. 应急处置方法

采取了第一套方案就是从罐底注水，随着注水增加和冻结，泄漏量有所降低，为降低泄漏罐的储量，导罐作业同时进行，同时降低液化气的压力。由于大量石油液化气泄漏过程中，吸收了周围大量热，所以在泄漏口附近形成了冰块，并逐渐堆积成了两米多高、直径达两米的冰柱，在泄漏口起到阻碍喷射泄漏的作用。大约下午 2 点 07 分的时候，由于喷射了大约 2000t 消防水，在防护堤内的水将近 1m 深，由于水的温度高，把泄气口附近的冰块融化了，突然冰块就落下来了，泄漏又变成了喷射状，情况危急，立即决定实施木楔堵漏方案，但由于泄漏空间能见度低，泄漏压力大，三次堵漏都没有成功。第四次堵漏时，正好水枪的水扫过泄漏点，瞬间看到了泄漏点情况，如图 15-149 所示，迅速插入木楔，并用铜锤钉入，终于成功地将泄漏点堵住。

图 15-149　水枪的水扫过泄漏点

消防队员经过四个半小时的奋战，堵漏成功。又经过三个多小时的冷水浇灌、减压放空，最终彻底制止了这起泄漏事故。如图 15-150 所示。

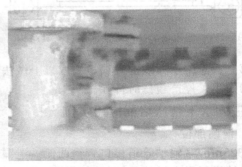

图 15-150　液化石油气罐泄漏应急处置方法

（二）危险化学品丙烯法兰泄漏事故应急处置

（1）泄漏部位　某厂乙烯车间 V-304 液面计连接法兰，垂直安装。

（2）泄漏介质参数　泄漏介质参数如表 15-7 所示。

表 15-7　泄漏介质参数

名称	压力/MPa	温度/℃	最高容许浓度/(mg/m³)	爆炸危险度	闪点/℃	自然点/℃	爆炸极限/%(体积)	
							上限	下限
丙烯	3.4	−134	100	14.0	气态	455	15.0	1.1

（3）测绘

① 泄漏法兰的外圆直径。上法兰周长 $L=425\text{mm}$；下法兰周长 $L=425\text{mm}$；

② 泄漏法兰的连接间隙。共测四个点：$b'_1 = 6.9\,\mathrm{mm}$；$b'_2 = 6.6\,\mathrm{mm}$；$b'_3 = 6.0\,\mathrm{mm}$；$b'_4 = 6.8\,\mathrm{mm}$。

③ 泄漏法兰副的错口量 e。$e = 0.4\,\mathrm{mm}$。

④ 泄漏法兰外边缘到其连接螺栓的最小距离 k。$k = 9\,\mathrm{mm}$。

⑤ 泄漏法兰副的宽度 b。$b = 44\,\mathrm{mm}$。

⑥ 泄漏法兰连接间隙的深度 k_1。$k_1 = 28\,\mathrm{mm}$。

⑦ 泄漏法兰连接螺栓的个数为 4；规格 M16。

（4）夹具设计　低温丙烯泄漏的夹具设计必须选择耐低温类不锈钢材料来制作夹具，并且在夹具的设计中，要增强夹具的封闭性能。因此选择 $1\mathrm{Gr}_{18}\mathrm{Ni}_9\mathrm{Ti}$ 作为夹具的制作材料，并增设 O 圈密封槽结构。夹具设计如图 15-151 所示。

（5）安全保护用品　略。

（6）作业用工器具　略。

（7）密封注剂选择　根据泄漏介质丙烯参数，选用 YW-7 型密封注剂，YW-4 型备用。

（8）现场作业　首先在夹具开槽处安装铝丝，上好注剂阀，佩戴好劳动保护用品；接一根压缩空气管，用于吹开泄漏介质；一根加热蒸汽管，用于加热高压注剂枪、高压输油管、快装接头及密封注剂，保证密封注剂顺利注射；一人用风管吹开泄漏介质，一人安装夹具；连接高压注剂枪，在加热蒸汽的配合下进行注剂作业，直到泄漏停止。

（9）说明　超低温泄漏介质，其温度特别低，泄漏后会迅速冻结周围的物体。因为是第一次处理这样的介质，前两次均告失

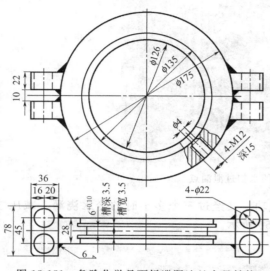

图 15-151　危险化学品丙烯泄漏法兰夹具结构

败。第三次总结了失败的教训，采取以上做法，终于获得成功，避免了该装置一次重大停产事故的发生。停产检修时拆除。

（三）水下带压堵漏应用实例

1. 泄漏部位

$\phi325\,\mathrm{mm}$ 某输油管道接口管箍两侧。泄漏部位为水下 40m 处。如图 15-152 所示。为防污染水域进行了点燃处置。如图 15-153 所示。

图 15-152　海底输油管道泄漏

图 15-153　原油泄漏点燃处置篾片

2. 泄漏介质参数

泄漏介质参数如表 15-8 所示。

表 15-8 泄漏介质参数

名称	压力 /MPa	温度 /℃	最高容许浓度 /(mg/m³)	爆炸危险度	闪点 /℃	自然点 /℃	爆炸极限/%(体积)	
							上限	下限
原油	6.0	60	—	—	—	—	—	—

3. 作业用工具器

潜水作业设备，注剂工具等。

4. 密封注剂选择

选用 8# 密封注剂，其性能特点为：

(1) 适应温度—180～260℃；

(2) 化学稳定性好，适用海水侵蚀。

5. 施工前的准备

(1) 模拟操作　通过陆上模拟操作培训潜水员。

① 夹具起吊准备安装，如图 15-154 所示。

② 夹具安装 ϕ325mm 试验管道，如图 15-155 所示。

③ 潜水员经过陆上培训，准备潜入水下施工。

(2) 潜水员进入现场　潜入水下密封施工，如图 15-156 所示。

图 15-154　施工准备　　　　　图 15-155　安装夹具　　　　图 15-156　潜水带压堵漏作业

6. 实施效果

消除泄漏，避免石油浪费和对水域的污染。

第九节　危险化学品容器泄漏事故应急处置

一、压力容器常见泄漏部位

压力容器泄漏部位多发生在容器法兰、接管法兰、筒体、封头、安全阀、液位计等。

1. 容器法兰泄漏

容器法兰主要用于筒体和封头间的连接。容器法兰连接结构是一个组合件，是由一对法兰，若干螺栓、螺母和一个垫片所组成的。在实际应用中，由于连接件或连接件的强度被破坏所引起法兰密封失效是很少见的，较多的是因为密封不好而泄漏。故法兰连接的设计中主要解决的问题是防止压力介质泄漏。

法兰密封的原理是：法兰在螺栓预紧力的作用下，把处于密封面之间的垫片压紧。施加于单位面积上的压力（压紧应力）必须达到一定的数值才能使垫片变形而被压实，容器法兰密封面上由机械加工形成的微隙被填满，形成初始密封条件。所需的这个压紧应力叫垫片密封比压力，以 y 表示，单位为 MPa。密封比压力主要决定于垫片材质。显然，当垫片材质确定后，垫片越宽，为保证应有的比压力，垫片所需的预紧力就越大，从而螺栓和法兰的尺寸也要求越大，所以法兰连接中垫片不应过宽，更不应该把整个法兰面都铺满垫片。当压力容器处于工作状态时，压力介质形成的轴向力使螺栓被拉伸，法兰密封面沿着彼此分离的方向移动，降低了密封面与垫片之间的压紧应力。如果垫片具有足够的回弹能力，使压缩变形的回复能补偿螺栓和密封面的变形，而使预紧密封比压值至少降到不小于某一值（这个比压值称为工作密封比压），则法兰密封面之间能够保持良好的密封状态。反之，垫片的回弹力不足，预紧密封比压下降到工作密封比压以下，甚至密封处重新出现缝隙，则此密封失效。因此，为了实现法兰连接处的密封，必须使密封组合件各部分的变形与操作条件下的密封条件相适应，即使密封元件在操作压力作用下，仍然保持一定的残余压紧力。为此，螺栓和法兰都必须具有足够大的强度和刚度，使螺栓在内压形成的轴向力作用下不发生过大的变形。但在实际使用过程中，由于温度的变化及压力介质化学性质的影响等，螺栓的压紧力会有所下降，使得工作密封比压降低，发生泄漏。如图 15-157 所示。

图 15-157　容器法兰泄漏

2. 接管法兰泄漏

接管法兰是指压力容器上的接管与管线之间连接的第一道法兰。接管法兰泄漏可归纳为三类：界面泄漏、渗透泄漏和破坏泄漏。如图 15-158 所示。

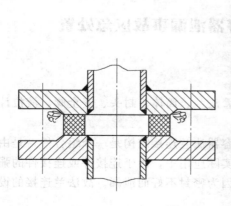

图 15-158　接管法兰泄漏

3. 筒体泄漏

（1）压力容器筒体泄漏主要发生在环向或纵向焊缝上，如图 15-159 所示。文字部分说明，详见第六章第四节。

图 15-159　压力容器筒体泄漏环向焊缝泄漏

（2）筒体接管角焊缝上及腐蚀减薄的部位上，也会发生泄漏事故，如图 15-160 所示。

图 15-160　压力容器筒体接管角焊缝泄漏

4. 封头泄漏

压力容器封头泄漏主要发生在焊缝上或腐蚀减薄部位，如图 15-161 所示。

5. 液位计泄漏

压力容器液位计是指示罐体内介质液面高度的仪器，泄漏多发生在有连接缝隙的部位，但可以通过关闭阀门来进行维修。如图 15-162 所示。

图 15-161　压力容器封头泄漏　　　　　图 15-162　压力容器液位计泄漏

二、压力容器法兰泄漏应急处置方法

压力容器法兰一般规格尺寸比较大，宜采用注剂式带压堵漏方法，这种方法不受危险化学品泄漏介质温度和压力的限制，只要能够选择相应的夹具材料和密封注剂即可处置。

（1）当压力容器法兰副连接间隙小于 1mm，并且整个法兰外圆的间隙量比较均匀，泄漏介质压力低于 4.0MPa，泄漏量不是很大时，原则上可以不采用特制夹具，而是采用一种简便易行的办法，用手锤、偏冲或风动工具直接将法兰的连接间隙铲严，再用螺栓专用注剂接头或在泄漏法兰上开设注剂孔的方法，这样就由法兰本体通过捻严而直接组合成新的密封空腔，然后通过螺栓专用注剂接头或法兰上新开设的注剂孔把密封注剂注射到新形成的密封空腔内，达到止住泄漏的目的。如图 15-163 所示。操作方法详见本章第二节六（一）法兰泄漏现场操作方法。

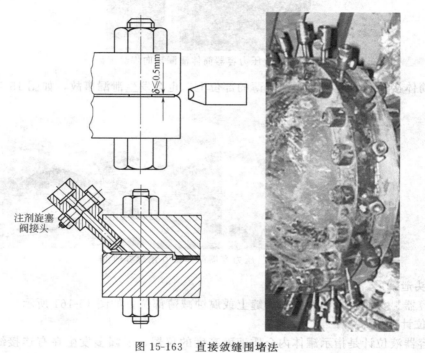

图 15-163　直接敛缝围堵法

（2）当压力容器法兰副连接间隙小于 6mm，并且整个法兰外圆的间隙量比较均匀，泄漏介质压力低于 2.5MPa，泄漏量不是很大时，可是采用另一种简便易行的办法，用直径等于或略小于泄漏法兰间隙的铜丝或退火后的铁丝、螺栓专用注剂接头或在泄漏法兰上开设注剂孔方法，组合成新的密封空腔，然后通过螺栓专用注剂接头或法兰上新开设的注剂孔把密封注剂注射到新形成的密封空腔内，达到止住泄漏的目的。如图 15-164 所示。

（3）当压力容器法兰副连接间隙不大于 10mm，泄漏介质压力小于 3.0MPa 时，可以采用钢丝绳围堵法进行带压堵漏作业。这种方法不受法兰连接间隙的均匀程度及泄漏法兰的连接同轴度的影响，钢丝绳在强大的外力作用下，被强行勒进法兰连接间隙后，形成线密封结构。根据泄漏介质压力和法兰连接间隙，可选择的钢丝绳直径为 6～20mm。如图 15-165 所示。这是目前处置压力容器法兰泄漏最快捷的方法。

（4）压力容器法兰副连接间隙不大于 3mm，采用法兰夹具对压力容器法兰泄漏进行应急处置是最有效和最安全的方法，并且不受泄漏介质压力和温度的限制。无论泄漏法兰处于

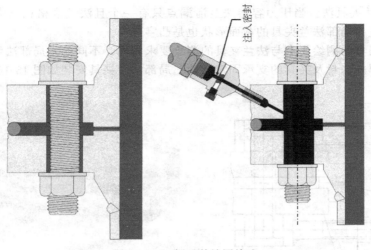

图 15-164　铜丝敛缝围堵法

图 15-165　钢丝绳围堵法中的钢丝绳

何种情况，泄漏介质温度和压力有多高，都可以选用此种夹具进行带压堵漏作业，并可达到理想的效果。根据泄漏法兰的规格，可采用整体法兰夹具法和局部法兰夹具法。

　　① 整体法兰夹具法。当压力容器法兰存在多个泄漏点时或法兰规格比较小，采用整体法兰夹具法进行处置。如图 15-166 所示。操作方法详见本章第二节六（一）法兰泄漏现场操作方法。

图 15-166　整体法兰夹具法

② 局部法兰夹具法。当压力容器法兰泄漏点只有一个且法兰规格比较大时，采用局部法兰夹具法处置。局部法兰夹具的截面形状也是凸字形的。

局部法兰夹具的测绘要求与法兰夹具的测绘要求相同，不同的是局部法兰夹具必须解决夹具的两侧端部的密封及夹具的支承固定问题。局部法兰夹具安装如图 15-167 所示。

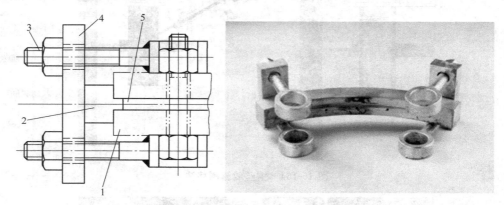

图 15-167　局部法兰夹具安装
1—泄漏法兰；2—法兰局部夹具；3—定位螺栓；4—支承板；5—端部密封块

局部法兰夹具的结构如图 15-168 所示。夹具的弧长取决于泄漏缺陷的尺寸，并且要求夹具的长度要大于相近一个法兰的连接螺栓间距，以保证堵漏作业的可靠性，如泄漏缺陷大约在三个法兰连接螺栓之间，则夹具的弧长应为五个法兰连接间距的弧长。夹具的其他尺寸与凸形法兰夹具设计相同。

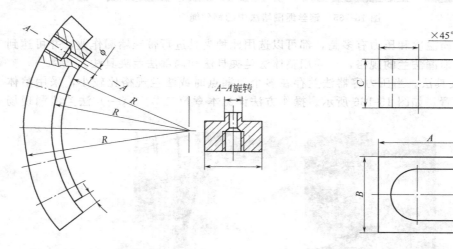

图 15-168　局部法兰夹具结构　　　　　　　　图 15-169　夹具端部密封块结构

图 15-169 是局部法兰夹具端部密封块结构。密封块的长度 A 等于垫片到法兰外边缘的距离，开槽宽度 ϕ 的尺寸应比法兰连接螺栓大 1～2mm，尺寸 B 应比法兰连接螺栓大 12mm，密封块的外端也可以按泄漏法兰的外径加工成弧状，可提高与夹具的吻合性能。

图 15-170 是局部法兰夹具定位螺栓结构。它由两部分组成。一是定位环，根据泄漏法兰的连接螺母的外径设计制作，它的内径应比法兰连接螺母的外径大 2mm，环的外径应比螺母大 18mm 以上；二是螺杆，规格应在 M16 以上，螺杆的长度要保证在夹具厚度加上支承板厚度及一个螺母厚度以上。

图 15-171 是局部法兰夹具支承板结构。支承板的厚度要保证刚度条件，两圆孔中心距为泄漏法兰组的整体厚度加上一个定位螺栓的外径尺寸，其他尺寸按材料力学强度条件设计。

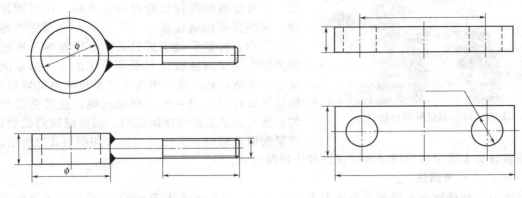

| 图 15-170　夹具定位螺栓结构 | 图 15-171　夹具支承板结构 |

夹具制作好后，首先在泄漏部位上试安装夹具，并做必要的研磨整修。作业时先安装两端部的密封块，然后安装局部夹具，再安装定位螺杆及支承板，拧紧定位螺杆，使夹具靠位，确认合适后，连接高压注剂枪，进行注剂作业。注剂的起点应设在局部夹具的两端，并固化一段时间，使密封注剂失去流动性，这样局部夹具的两个端面就密封好了。然后再注射其他注剂孔，直到泄漏消除。实际应用实例详见第九章第二节内容。

三、压力容器接管法兰泄漏应急处置方法

1. 钢带围堵法

当压力容器接管法兰泄漏介质压力小于 2.5Pa 时，法兰副连接间隙小于 10mm，可以选择钢带围堵法来消除泄漏。首先按压力容器泄漏法兰的处周长选取钢带长度，将钢带尾端 15mm 处折转 180°，钩住钢带卡，然后将钢带首端穿过钢带卡并围在泄漏法兰外表上，并穿过钢带拉的扁咀和滑块，然后按住压紧杆，以防钢带退滑，转动拉紧手把，施加紧缩力，逐渐拉紧钢带至足够的拉紧程度，如图 15-172 所示。操作方法详见本章第二节六（一）法兰泄漏现场操作方法。

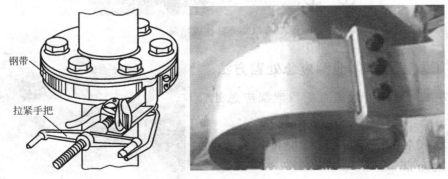

钢带

拉紧手把

图 15-172　钢带围堵法

2. 钢丝绳围堵法

当压力容器接管法兰泄漏介质压力小于等于 6.0MPa 时，法兰副连接间隙小于 15mm，并且存在法兰错口、偏心及两块法兰大小不一等特殊情况时，选用钢丝绳围堵法是最佳的堵

图 15-173　钢丝绳围堵法（一）

漏方案。首先按泄漏介质压力和法兰副连接间隙选择相应规格的钢丝绳及长度，将钢丝绳缠绕在泄漏法兰连接间隙处，两个钢丝绳头同时穿入前锁卡、液压钢丝绳拉紧枪及后锁卡后，拉紧钢丝绳，并调整钢丝绳位置，使其缠绕在泄漏法兰连接间隙内，拧紧后锁卡螺钉，锁死钢丝绳，通过快速接头连接高压胶管和手动液压油泵，掀动液压油泵手柄，此时液压钢丝绳拉紧枪从油缸伸出，钢丝绳被拉紧，用手锤敲打钢丝绳，使其受力均匀，嵌入到法兰副连接间隙内，钢丝绳拉到位后，拧紧前锁卡螺钉，锁死钢丝绳。如图15-173所示。

其他步骤详见本章第三节钢丝绳锁快速带压堵漏技术。

3. 夹具注胶堵漏法

当压力容器接管法兰泄漏介质压力不大于 32.0Pa、温度不大于 800℃，可选择夹具注胶堵漏法，安全快捷，如图 15-174 所示。当泄漏法兰为筒体的盲法兰时，堵漏方法如图 15-175所示。操作方法详见本章第二节六（一）法兰泄漏现场操作方法。

图 15-174　夹具注胶堵漏法

四、压力容器筒体泄漏应急处置方法

处置方法同"压力管道直管段泄漏应急处置方法"。

五、压力容器筒体接管焊缝泄漏应急处置方法

压力容器筒体接管焊缝泄漏可采用楔式紧固法进行堵漏作业。这种方法是利用楔式紧固工具的斜面而产生压紧力施加在筒体接管焊缝泄漏缺陷上，从而达到止漏的目的。

图 15-175　筒体盲法兰夹具注胶堵漏法

按压力容器筒体接管外径设计制作楔式紧固工具，按照泄漏介质的物化参数选择石棉盘根或石墨盘根、胶黏剂或密封胶；将紧固工具的固定斜面部分按量好的尺寸固定在右侧管道上；将石棉盘根浸胶分别安装在两个止漏块上；紧固止漏块的连接螺栓，这时由于斜面的存在，盘根将受到环向和轴向的两个力的作用，其合力作用于泄漏点上，迫使泄漏停止，如图15-176 所示。楔式紧固工具结构详见本章第六节内容。

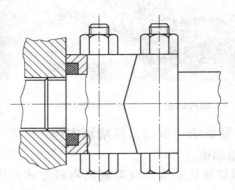

图 15-176　筒体接管焊缝泄漏楔式堵漏结构

六、压力容器泄漏事故应急处置实例

(一) 橡胶磁带压堵漏板带压堵漏实例

1. 泄漏部位

2012 年 8 月 25 日某厂 EB-219 储罐设备法兰下部封头焊缝出现缺陷。

2. 泄漏介质参数

泄漏介质参数如表 15-9 所示。

表 15-9　泄漏介质参数

名称	压力/MPa	温度/℃	最高容许浓度/(mg/m³)	爆炸危险度	闪点/℃	自然点/℃	爆炸极限/%(体积)	
							上限	下限
二氯乙烷	0.05	45	—	—	13	458	16.0	5.6

3. 强磁体

选择橡胶磁带压堵漏板一块。

4. 堵漏胶选择

选择 MA100 导磁堵漏胶。

5. 作业用工器具及材料（略）

6. 安全保护用品（略）

7. 操作作业

① 清除泄漏部位周边的污渍、锈蚀及涂层，同时将表面打毛。

② 根据使用量，按 1∶1 的体积比将 A 组分和 B 组分分别取到一块调胶板上，用刮刀将两组分充分调匀。

③ 迅速将调好的胶涂抹在泄漏部位及周边，同时也在橡胶磁带压堵漏板工作面涂抹导磁堵漏胶。

④ 在导磁堵漏胶接近固化前迅速压固在泄漏缺陷部位上，固化后即完成本次密封作业。

如图 15-177 所示。

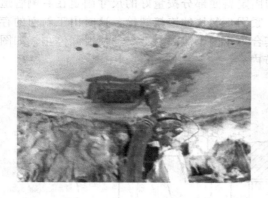

图 15-177　橡胶磁密封板块带压堵漏现场

图 15-178　换热器封头法兰泄漏

（二）设备法兰泄漏带压堵漏实例

1. 泄漏部位

催化重整装置重整反应器进出物料立式换热器管箱封头法兰垫片泄漏。如图 15-178 所示。

2. 泄漏介质参数

泄漏介质参数如表 15-10 所示。

表 15-10　泄漏介质参数

名称	压力 /MPa	温度 /℃	最高容许浓度 /(mg/m³)	爆炸 危险度	闪点 /℃	自然点 /℃	爆炸极限/%（体积）	
							上限	下限
重整氢气（含量 89%）	1.6	500	—	—	13	458	68.44	3.84

3. 现场测量

① 泄漏法兰外径：上法兰 ϕ1880mm、ϕ1873mm；下法兰 ϕ1874mm；

② 法兰连接间隙：共测 8 个点，最大间隙 15mm，最小间隙 12mm；

③ 法兰边缘与螺栓距离：共测 8 个点，最小距离 16mm；

④ 法兰厚度：上法兰 109mm，下法兰 114mm；

⑤ 泄漏法兰连接螺栓的个数和规格：64，M36。

4. 夹具设计

夹具形式：采用凸形法兰夹具；

夹具选材：实测法兰外缘温度为 400℃，夹具设计选用 20R 板材；

夹具厚度：根据刚度计算夹具厚度 70mm；

夹具内径：ϕ1880mm（上）；ϕ1874mm（下）；

凸台尺寸：宽 11mm，深 10mm；

注剂孔数量及形式：48，M20mm；8，M12mm 注剂通孔。如图 15-179 所示。

5. 密封注剂选择

根据泄漏介质参数，选用 YW-4 型密封注剂。

6. 现场作业

① 在制作好的夹具上装好注剂阀，并使其处于开的位置。

② 操作人员站在上风向，现场接压缩空气胶管，把泄漏介质吹向一侧。

③ 安装夹具时，采用防爆工具作业。

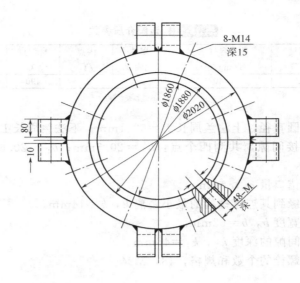

8-M14
深15

φ1860
φ1880
φ2020

48-M
深

80
10

35 55
8-φ39
150
96

图 15-179　换热器封头法兰夹具设计

④ 在确认夹具安装合格后，在注剂阀上连接高压注剂枪，装上密封注剂后，再用高压胶管把高压注剂枪与手动油泵连接起来，进行注剂作业。

⑤ 先从离泄漏点最远的注剂孔注射密封注剂，逐步向泄漏点处靠近，最后一枪应在泄漏点附近结束。如图 15-180 所示。

⑥ 泄漏消除后，待密封注剂固化后，撤出堵漏工具。图 15-181 所示。

图 15-180　换热器封头法兰堵漏作业

图 15-181　换热器封头泄漏处置后

（三）设备法兰泄漏局部夹具堵漏实例

1. 泄漏部位
某厂高冲车间 1# 反应釜封头法兰，垂直安装。

2. 泄漏介质参数
泄漏介质参数如表 15-11 所示。

表 15-11 泄漏介质参数

名称	压力 /MPa	温度 /℃	最高容许浓度 /(mg/m³)	爆炸 危险度	闪点 /℃	自然点 /℃	爆炸极限(体积)/% 上限	下限
苯乙烯	0.4	123	40	4.5	32	490	1.1	6.1

3. 测绘

① 泄漏法兰的外圆直径，上法兰周长 $L=6221$mm；下法兰周长 $L=6223$mm。

② 泄漏法兰的连接间隙，共测四个点：$b_1'=20.5$mm；$b_2'=20.6$mm；$b_3'=20.4$mm；$b_4'=20.8$mm。

③ 泄漏法兰副的错口量 e，$e=2$mm。

④ 泄漏法兰外边缘到其连接螺栓的最小距离 k，$k=14$mm。

⑤ 泄漏法兰副的宽度 b，$b=62$mm。

⑥ 泄漏法兰连接间隙的深度 k_1，$k_1=48$mm。

⑦ 泄漏法兰连接螺栓的个数和规格，48，M24。

4. 夹具设计

泄漏区域周长大约在 30mm，决定采用局部夹具进行处理。局部夹具设计的关键是夹具的定位问题和夹具两端的封闭结构。选择的方案是利用法兰的连接螺栓作为定位支点。夹具设计如图 15-182 所示。支承结构如图 15-183 和图 15-184 所示。夹具端部封闭部件如图 15-185 所示。

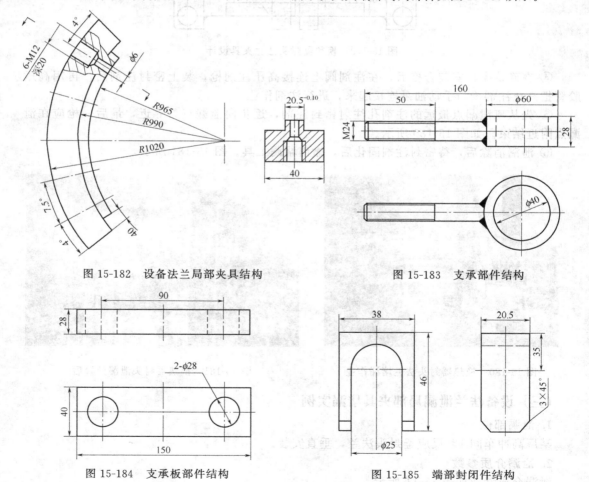

图 15-182　设备法兰局部夹具结构

图 15-183　支承部件结构

图 15-184　支承板部件结构

图 15-185　端部封闭件结构

5. 密封注剂选择

根据泄漏介质参数，选用 YW-2 型密封注剂。

6. 现场作业

首先试安装夹具，并做必要的修整；安装夹具两端封闭部件；安装夹具；安装夹具定位结构，拧紧定位螺杆，使夹具靠位；确认合适后，连接高压注剂枪，进行注剂作业。先在夹具两端注射密封注剂，并固化一段时间，使其失去流动性，这样夹具的两个端面就封闭好了，然后再注射其他注剂孔，最后消除泄漏。如图 15-186 所示。

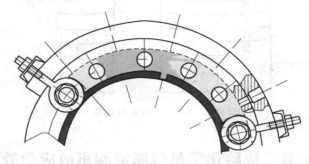

图 15-186　局部法兰夹具安装操作

7. 说明

局部夹具具有现场作业时间短，节省施工费用的特点，但夹具设计难度相应要大一些。夹具的支承和两端的封闭问题是设计要解决的关键。此例设计的支承和两端部封闭还是比较合理的，实践证明密封效果很好，彻底消除了泄漏。

（四）某化工厂 T-242 塔腐蚀孔洞

1. 泄漏部位

T-242 塔上部 $DN50mm$ 入口管下端，氯离子腐蚀孔洞，约 $6cm^2$。

2. 泄漏部位材质

Q235-A 钢板，塔径 $\phi1800\times8$。

3. 泄漏介质参数

泄漏介质参数如表 15-12 所示。

表 15-12　泄漏介质参数

名称	压力/MPa	温度/℃	最高容许浓度/(mg/m³)	爆炸危险度	闪点/℃	自然点/℃	爆炸极限/%(体积) 上限	爆炸极限/%(体积) 下限
乙苯	0.01	80	—	6.8	15	430	1.0	7.8

环境温度，$-25℃$，泄漏部位温度等于泄漏介质温度。

4. 堵漏胶选择

YW-1♯堵漏胶、YW-2♯堵漏胶。

5. 作业用工器具及材料（略）

6. 安全保护用品（略）

7. 操作作业

由于泄漏点在 $26m$ 高的塔顶部，泄漏量大，塔体的保温层中已浸透了乙苯，操作人员发现泄漏时，泄漏的乙苯在塔底形成了一个乙苯冰山，情况紧急。调配 1♯堵漏胶，并在其中加入纤维材料，按泄漏缺陷几何尺寸剪三层玻璃布，玻璃布要比泄漏孔洞大，将调配好的堵漏胶涂在玻璃布上，待其固化一段时间，迅速压在泄漏孔洞上，并依靠操作人员的手力，迫使泄漏停止，约 5min，堵漏胶固化。由于泄漏缺陷较大，其周围的金属经测厚发现均有很大程度的减薄，需要补强，用 $\delta=6mm$ 钢板按塔外径做一弧板，按粘接技术要求处理泄漏孔洞周围的金属及补强板的一面，调配 2# 堵漏胶，分别涂于两个处理后的金属表面，然后贴合，并用 8# 铁丝绕塔三周，使补强板固定，如图 15-187 所示。

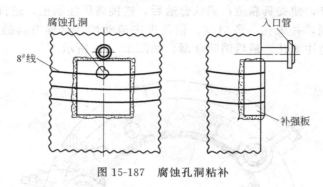

图 15-187　腐蚀孔洞粘补

第十节　危险化学品气瓶泄漏事故应急处置

一、气瓶的常见泄漏部位

气瓶的泄漏主要出现在三个部位。如图 15-188 所示。

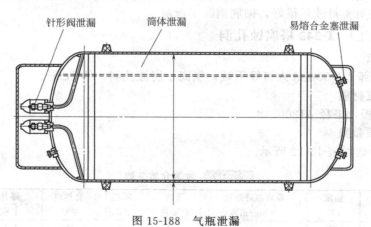

图 15-188　气瓶泄漏

（1）针形阀泄漏　气瓶在搬运或吊装过程中，易发生针形阀碰撞，导致气瓶泄漏事故发生；在使用过程中由于频繁开启及维修不当，针形阀无法关闭，也会导致泄漏；针形阀密封件及螺纹连接部位，由于老化及腐蚀等原因，也会发生泄漏事故。如图 15-189 所示。

（2）筒体泄漏　气瓶在使用过程中发生剧烈碰撞、从高处坠落、局部腐蚀，或者由于内部压力过高都会造成筒体泄漏。如果气瓶内压力超过其爆破压力，将会导致筒体爆裂事故发生。如图 15-190 所示。

（3）易熔合金塞泄漏　当周围环境温度超过气瓶的最高使用温度时，易熔塞的易熔合金熔化，瓶内气体排出，引发气瓶泄漏事故。如果气瓶储存不当，遇高温、烈日暴晒造成瓶体温度升高，易熔合金塞或爆破片熔化或破裂，引发泄漏事故。如图 15-191 所示。

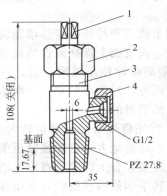

图 15-189　气瓶针形阀泄漏图
1—阀杆；2—压帽；3—阀体；4—安全帽

图 15-190　气瓶筒体泄漏

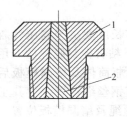

图 15-191　气瓶易熔合金塞
1—塞体；2—易熔合金

二、气瓶筒体泄漏应急处置方法

（一）低压气瓶筒体泄漏应急处置方法

（1）当低压钢制焊接气瓶筒体发生较大的贯穿腐蚀孔洞时，选用嵌入式木质堵漏楔进行堵漏。处置时根据泄漏孔洞的大小，选择相应规格的木楔，最好和相应的堵漏胶配合使用，增加堵漏效果。目前有一种嵌入式硬质橡胶堵漏楔，可适用于腐蚀介质泄漏的堵漏作业，但可加工性不如木楔。

（2）当低压钢制焊接气瓶筒体发生非贯穿腐蚀泄漏或泄漏孔洞较小时，选用橡胶磁带压堵漏块与磁性密封胶配合使用，首先将磁性堵漏胶搓成一个条状，然后围成一个能够包容泄漏的圆环，放在泄漏缺陷上，迅速将橡胶磁带压堵漏块压在磁性堵漏胶圆环上，并施加一定的外力，即可达到堵漏目的。

（3）当低压钢制焊接气瓶筒体泄漏缺陷较大时，选用两个或三个橡胶磁带压堵漏块并联使用，同时在橡胶磁带压堵漏块的工作面加设一块专用铁皮，铁皮面上涂抹磁性堵漏胶，达到扩大吸附面积，增加磁力的目的，操作时最好在泄漏缺陷部位标注出吸附位置，一次成功。也可以采用橡胶磁带压堵漏板，在其工作面涂抹磁性堵漏胶，对准泄漏缺陷一次堵漏成功。当磁力不足，出现微漏时，可增设捆绑带，达到完全止漏的目的。

（4）选用气瓶筒体瓶身泄漏应急漏堵器进行应急处置。首先将气瓶泄漏部位转向上方，便于操作。将应急堵漏器夹头组件摆放于筒体泄漏点附近，不漏的地方；打开锁紧压条上的锁扣，将链条从瓶身下面穿过拉上，并从锁紧压条槽中穿过拉紧，合上锁紧；将应急堵漏器整体沿瓶身推向泄漏部位，并使压头本体压在泄漏点上；旋转手柄使得橡胶密封圈压在泄漏缺陷部位上，进行初次堵漏，此时的支承反力由锁紧压条承担，同时传递链条；对存在微漏拉部位，旋转微调螺钉，直到不漏为止。如图 15-192 所示。

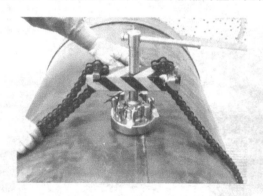

图 15-192　气瓶筒体瓶身泄漏应急漏堵器堵漏　　　图 15-193　气瓶筒体瓶身泄漏钢丝绳围堵法

以上详细文字说明内容，详见本章第六节　紧固式带压堵漏技术。

（二）高压气瓶筒体泄漏应急处置方法

选用钢丝绳围堵法。首先选择两根或三根 ϕ10mm 钢丝绳，其长度取决于高压气瓶筒体的外径，按泄漏缺陷的大小，选用专用堵漏模板一块（一种铁板下粘有密封胶板的专用堵漏产品），尺寸应能够全部覆盖住泄漏缺陷，两根钢丝绳绕过高压气瓶筒体及堵漏模板后，穿入前锁卡、液压钢丝绳拉紧枪（可产生 10t 接力）及后锁卡，调整钢丝绳位置，使其正好处在堵漏模板中部，将其器整体沿瓶身推向泄漏部位，再次调整钢丝绳及堵漏模板位置，使其正好压在泄漏缺陷部位上，拧紧后锁卡螺钉，锁死钢丝绳，通过快速接头连接高压胶管和手动液压油泵，掀动液压油泵手柄，此时液压钢丝绳拉紧枪从油缸伸出，钢丝绳逐步被拉紧，直到不漏为止。拧紧前锁卡螺钉，锁死钢丝绳。然后松开后锁卡螺钉，拆除后锁卡及液压工具，用液压剪切断多余的钢丝绳。如图 15-193 所示。

三、气瓶针形阀泄漏应急处置方法

（1）气瓶一只针形阀泄漏时，可选用机械式气瓶应急堵漏工具，如图 15-194 所示。首先将与压条连在一起的夹头用压紧螺钉固定于气瓶保护圈上的适当位置，便于操作；堵漏罩套，如图 15-195 所示。在泄漏的针阀上（注意应先拆除针阀上的螺母，以免影响堵漏罩的安装），将另一个夹头同样固定于气瓶保护圈上，并使夹头、堵漏罩、两个夹头保持在一条直线上，将连接螺栓和压板从压条上的长槽孔中穿过，压板旋转 90°压住压条；将压紧螺杆顶住压罩顶部的凹坑处，并转动手柄进行初次堵漏，此时的支承反力由压紧螺杆传递给压条，通过夹头由气瓶保护圈承受；对存在微漏的部位，旋转压紧螺钉，使堵漏罩下部密封圈与气瓶外表面紧密接触，达到止住泄漏的操作密封比压，实现堵漏目的。如图 15-196 所示。

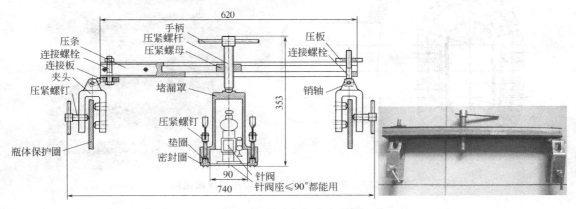

图 15-194　机械式气瓶应急堵漏工具

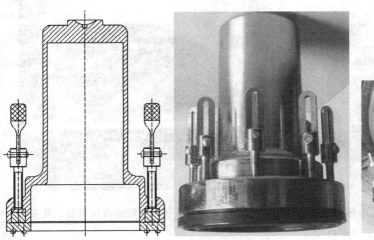

图 15-195　机械式气瓶应急堵漏工具

图 15-196　机械式气瓶应急堵漏工具堵漏

（2）气瓶两只针形阀同时泄漏时，应选用开关式气瓶橡胶磁带压堵漏帽进行应急堵漏作业。如图 15-197 所示。首先在堵漏帽的封堵密封面上沿密封环内侧敷上一圈黏性胶条，顺时针旋转 21 个磁力开关，使得堵漏帽处于最强磁力状态，根据泄漏情况也可以选择闭合5～15 个磁力开关，安装合适后，再全部闭合；双手持住堵漏帽，对正泄漏阀门位置压向瓶体，使其定位在气瓶封头上，如图 15-198 所示；然后按（1）的步骤安装支承梁，转动手柄，直到不漏为止，如图 15-199 所示。

四、气瓶易熔合金塞泄漏应急处置方法

（1）当低压钢制焊接气瓶易熔合金塞泄漏时，最快的处置方法是选用橡胶磁带压堵漏块。首先在堵漏块的工作面上涂抹上磁性密封胶，迅速将橡胶磁带压堵漏块压在易熔合金塞上并施加一定的外力，即可达到堵漏目的。如图 15-200 所示。

（2）选用易熔塞堵漏器进行应急处置。首先将易熔塞堵漏器锁紧圈上的紧定螺钉松开，锁紧圈脱离活动爪、将两片活动爪呈上下状态，此时下面的一片活动爪由于自重自动张开，

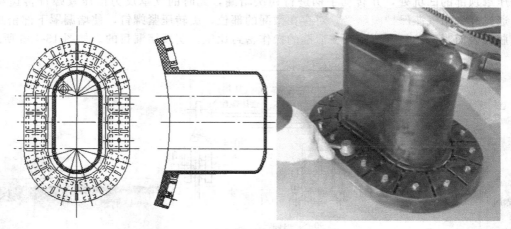

图 15-197　开关式气瓶橡胶磁带压堵漏帽结构

图 15-198　开关式气瓶橡胶磁带压堵漏帽安装

图 15-199　开关式气瓶橡胶磁带压堵漏工具安装

图 15-200　橡胶磁带压堵漏块处置易熔合金塞泄漏

上下活动爪则用手张开；然后将张开的活动爪套在泄漏易熔塞螺帽上，并合紧，锁紧圈推套在活动爪上；旋转手柄使堵漏器紧固在易熔合金塞上，直到不漏为止；拧紧紧定螺钉，使锁紧圈固定在活动爪上，防止松动。如图 15-201 所示。

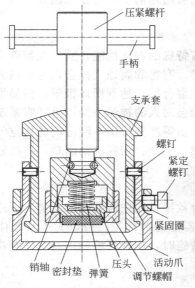

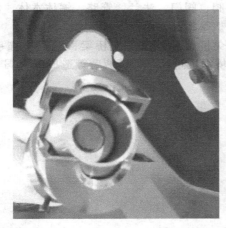

压紧螺杆

手柄

支承套

螺钉

紧定
螺钉

紧固圈

销轴　密封垫　弹簧　压头　活动爪
　　　　　　　　调节螺帽

图 15-201　易熔塞堵漏器处置易熔合金塞泄漏

第十一节　危险化学品移动式压力容器泄漏事故应急处置

一、移动式压力容器泄漏事故的特点

1. 突发性强

移动式压力容器泄漏事故往往是在非常态下随机发生的，虽然存在着发生征兆和预警的可能性，但是由于罐体的发展过程有一个难以觉察的从量变到质变的转化过程，事故一旦发生，其破坏性的能量就会迅速释放，并呈快速蔓延之势，且发生的时间、地点、方式、影响程度和造成的后果等难以事先预测。

2. 扩散范围广

移动式压力容器盛装的危险化学品往往是液化气体或压缩气体，一旦发生泄漏，罐体内的危险化学品压力介质会迅速以喷射状泄漏，体积膨胀扩大，并随风飘移，大面积扩散。比空气轻的气体向上扩散流动，比空气重的气体则会沿地面扩散，在低洼处积聚，很难以有效的方法加以控制，短时间内即可扩散至较大范围。

3. 危害性大

移动式压力容器盛装的危险化学品往往具有特殊的理化性能，其形式特殊，伤害途径众多。泄漏事故一旦发生，大量易燃、易爆、有毒、有害和腐蚀气体会迅速扩散到空气中。易燃、易爆气体扩散到空气中，与空气形成爆炸性混合物，达到爆炸极限，极易发生火灾、爆炸事故。有毒、有害气体扩散到空气中，一方面会对人的神经系统以及呼吸系统造成严重伤害；另一方面会造成泄漏点周围空气、土壤、水质等严重污染，泄漏出的比空气重的气体还容易滞留在下水道、沟渠、低洼等处，不易扩散，全面、彻底洗消困难，将在较长时间内危害生态环境。

4. 应急处置难度大

危险化学品移动式压力容器泄漏事故的应急救援，往往需要在带压情况下进行堵漏，技术比较复杂，；另外，危险化学品移动式压力容器泄漏的部位，裂口大小及罐体的压力等各不相同，采取堵漏、输转、引火点燃、洗消等措施时，技术要求特别高，处置难度大。

二、移动式压力容器常见泄漏部位

移动式压力容器泄漏部位多发生在安全阀、阀门、法兰、管路、罐体本体、液位计，其中安全阀、阀门、罐体本体发生泄漏事故的概率较高。

（1）安全阀泄漏　多由于其与公路立交桥梁、公铁立交桥梁、涵洞碰撞引发，如图15-202所示。移动式压力容器过量充装，环境温度过高，弹簧疲劳等造成安全阀非正常起跳也会引发泄漏等。

图 15-202　移动式压力容器安全阀泄漏图片

（2）阀门泄漏　移动式压力容器阀门包括气相阀、液相阀和排污阀等。其中气相阀和液相阀是供装卸罐体内危险化学品的。一般气相阀、液相阀有 4 个密封点，阀门与盖板、阀瓣密封面、阀中部法兰和阀门填料。阀门的 4 个密封点和阀体易发生泄漏，密封点泄漏多由紧固螺栓松动或垫片老化导致，阀体泄漏大都是由于介质（如液氯、液氨等）含水超标或雨季空气湿度过大而引起腐蚀导致的。排污阀是用来排除罐体内的残渣的阀门，由于排污阀处在罐体的最底部，容易被冻裂，且经常操作易损坏而发生泄漏。而交通碰撞及翻车事故是导致阀门泄漏主要因素，如图 15-203 所示。

图 15-203　移动式压力容器阀门泄漏

（3）罐体本体泄漏　一般是由于车体侧翻、碰撞或超量灌装引起罐体超压，导致罐体本体变形、撕裂、破裂。如图 15-204 所示。

图 15-204　移动式压力容器罐体本体泄漏

（4）法兰泄漏　一般是由于法兰垫片老化、磨损或顶部法兰与桥梁、涵洞发生碰撞、剐蹭等引起的损坏。

罐体第一道法兰垫片，因未及时脱水而导致冬季冻裂，或因法兰垫片质量问题破裂造成泄漏。如图 15-205 所示。

（5）管路泄漏　移动式压力容器的管路主要用于连接罐体与法兰、阀门、温度计、液面计，多设置在罐体的侧面和后部。在交通碰撞和侧翻事故中，极易损坏管路，引发泄漏事故。如图 15-206 所示。

图 15-205　移动式压力容器出口法兰泄漏　　　　图 15-206　移动式压力容器管路泄漏

三、移动式压力容器安全阀泄漏应急处置方法

移动式压力容器安全阀泄漏多由桥梁和涵洞碰撞引发，由于车体的自重很大，加上车速大，其惯性极大，因此对安全阀会产生破坏性损伤，甚至发生安全阀被切断的现象，泄漏量特大。

由于移动式压力容器安全阀都是内置的，所以无法使用嵌入式木楔堵漏。

目前最安全最快捷的方法是选择槽车安全阀橡胶磁堵漏工具。在移动式压力容器安全阀泄漏现场打开槽车安全阀橡胶磁堵漏工具包装箱，取出堵漏工具，按下列步骤操作：

（1）用防爆扳手将槽车安全阀橡胶磁堵漏工具的磁芯开关旋转到开的位置（顺时针旋转90°即可）。

（2）两人分别双手握紧产品两端手柄，将磁堵漏工具抬到安全阀泄漏点处（或采用机械吊装工具），将堵漏工具弯曲方向与移动式压力容器罐体的弯曲方向相对正，两人协作对准泄漏缺陷中心点，快速松开双手，此时堵漏工具磁力会迅速吸向容器罐体，瞬间完成堵漏处置。

（3）当移动式压力容器内危险化学品压力太大，影响应急处置时，需要先连接引流管，然后打开泄压阀，降低应急处置难度，引流管较长，可将泄漏介质引到安全处，进行收集。堵漏工具四周不漏后，即可关闭泄压阀。如图15-207所示。

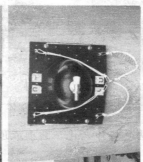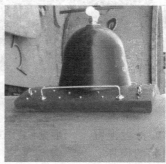

图 15-207　槽车安全阀橡胶磁堵漏工具应急处置

（4）不能达到完全止漏目的时，应当增设两条捆绑带，增加止住泄漏的外力。如图15-208所示。详见本章第五节　磁力带压堵漏技术。

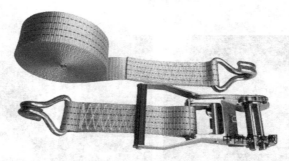

图 15-208　捆绑带

四、移动式压力容器罐体本体泄漏应急处置方法

（1）当移动式压力容器罐体出现较大的孔洞时或者较长的裂缝时，可选用嵌入式木质堵

漏楔进行堵漏。处置时根据泄漏孔洞的大小，选择相应规格的木楔，最好和相应的堵漏胶配合使用，增加堵漏效果。如图 15-209 所示。目前有一种嵌入式硬质橡胶堵漏楔，可适用于腐蚀介质泄漏的堵漏作业，但可加工性不如木楔。如图 15-210 所示。

图 15-209　嵌入式木质堵漏楔堵漏

图 15-210　硬质橡胶堵漏楔

（2）橡胶磁带压堵漏块与磁性密封胶配合使用。首先将磁性堵漏胶搓成一个条状，然后围成一个能够包容泄漏的圆环，放在泄漏缺陷上，迅速将橡胶磁带压堵漏块压在磁性堵漏胶圆环上，并施加一定的外力，即可达到堵漏目的。如图 15-211 所示。当泄漏缺陷较大，或者为了增加吸力，可选用两块或三块橡胶磁带压堵漏块并联使用，同时在橡胶磁带压堵漏块的工作面加设一块专用铁皮，铁皮面上涂抹磁性堵漏胶，达到扩大吸附面积，增加磁力的目的，操作时最好在泄漏缺陷部位标注出吸附位置，操作步骤同上。如图 15-212 所示。瞬间即可完成堵漏任务。

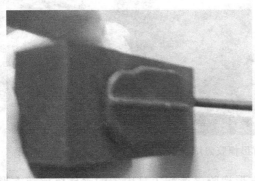

图 15-211　橡胶磁带压堵漏块堵漏

图 15-212　橡胶磁带压堵漏块并联堵漏

（3）橡胶磁带压堵漏板与磁性密封胶配合使用。在其工作面涂抹磁性堵漏胶，对准泄漏缺陷一次堵漏成功。如图 15-213 所示。当磁力不足，出现微漏时，可增设捆绑带，达到完全止漏的目的。

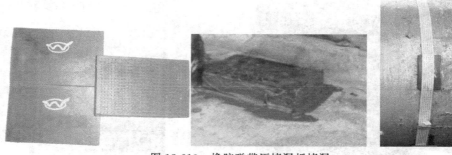

图 15-213　橡胶磁带压堵漏板堵漏

（4）选用长方形橡胶磁堵漏工具。

① 用防爆扳手将长方形橡胶磁堵漏工具的磁芯开关旋转到开的位置（顺时针旋转 90°即可）。

② 两手握紧产品两端手柄，将堵漏工具弯曲方向与移动式压力容器罐体的弯曲方向相对正，对准泄漏缺陷中心点，快速松开双手，此时堵漏工具磁力会迅速吸向容器罐体，瞬间完成堵漏处置。

③ 不能达到安全止漏目的时，应当增设两条捆绑带，增加止住泄漏的外力。如图 15-214所示。

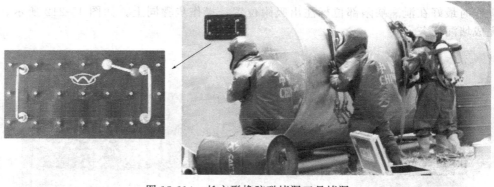

图 15-214　长方形橡胶磁堵漏工具堵漏

（5）选用正方形橡胶磁堵漏工具。正方形橡胶磁堵漏工具内置的永磁体比长方形橡胶磁堵漏工具的要大，吸力也更大，但易变形情况要弱一些。

① 用防爆扳手将长方形橡胶磁堵漏工具的磁芯开关旋转到开的位置（顺时针旋转 90°即可）。

② 两手握紧产品两端手柄，将堵漏工具弯曲方向与移动式压力容器罐体的弯曲方向相对正，对准泄漏缺陷中心点，快速松开双手，此时堵漏工具磁力会迅速吸向容器罐体，瞬间完成堵漏处置。

③ 当罐体压力太大，影响应急处置时，需要先连接引流管，然后打开泄压阀，降低应急处置难度，引流管较长，可将泄漏介质引到安全处，进行收集。堵漏工具四周不漏后，即可关闭泄压阀。如图 15-215 所示。

④ 不能达到完全止漏目的时，应当增设两条捆绑带，增加止住泄漏的外力。如图 15-215所示。详见本章第五节　磁力带压堵漏技术。

图 15-215　正方形橡胶磁堵漏工具堵漏

（6）选用组合式磁力橡胶板。组合式磁力橡胶板适用于大面积罐体泄漏事故。可以组合成长和宽任意的磁力橡胶板堵漏工具。

组合式磁力橡胶板可以理解为裁剪后的长方形橡胶磁堵漏工具，但每块板的四周都有搭接的密封边框，使用方法同长方形橡胶磁堵漏工具，不同的是需要多块拼接使用。使用中可以带磁拼接，也可以不带磁拼接，拼接合适后，再旋转磁芯加磁。如图15-216所示。

图 15-216　组合式橡胶磁堵漏工具堵漏

五、移动式压力容器法兰泄漏应急处置方法

1. 钢带围堵法

按移动式压力容器泄漏法兰的处周长选取钢带长度，将钢带尾端 15mm 处折转 180°，钩住钢带卡，然后将钢带首端穿过钢带卡并围在泄漏法兰外表上，并穿过钢带拉的扁咀和滑块，然后按住压紧杆，以防钢带退滑，转动拉紧手把，施加紧缩力，逐渐拉紧钢带至足够的拉紧程度。详见本章第六节　紧固式带压堵漏技术。

2. 钢丝绳围堵法

移动式压力容器泄漏法兰规格一般比较小，选用钢丝绳围堵法是最佳的堵漏方案。此种方法适用于法兰错口、偏心及两块法兰大小不一等特殊情况下的法兰堵漏作业。对移动式压力容器法兰泄漏应当选用弯管注剂接头进行作业，这样可以不必拆卸泄漏法兰连接螺栓，通过钢丝绳连接处的间隙进行注剂作业。详见本章第三节　钢丝绳锁快速带压堵漏技术。

3. 夹具注胶堵漏法

如果在移动式压力容器的车上备有法兰专用堵漏夹具，则可以采用夹具注胶法进行堵漏作业，安全快捷，如图15-217所示。操作方法详见本章第二节六（一）法兰泄漏现场操作方法。

图 15-217　夹具注胶堵漏法

六、移动式压力容器管路泄漏应急处置方法

1. 直管泄漏应急处置方法

（1）橡胶磁带压堵漏块法　详见本章第五节　磁力带压堵漏技术。如图15-218所示。

图 15-218　橡胶磁带压堵漏块堵漏

（2）带压堵漏捆扎带法　按泄漏介质的化学性质选择带压堵漏捆扎，如图15-219所示。详见本章第六节　紧固式带压堵漏技术。

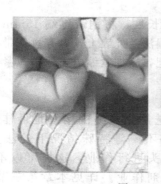

图 15-219　带压堵漏捆扎带法

（3）金属堵漏套管法　按泄漏管道的规格选择相应的金属堵漏套管，如图 15-220 所示。详见本章第六节　紧固式带压堵漏技术。

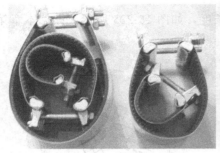

图 15-220　金属堵漏套管法

（4）钢丝绳围堵法　按泄漏管道的规格选择钢丝绳规格和长度，如图 15-221 所示。详见"本章第三节　钢丝绳锁快速带压堵漏技术"。

（5）螺栓紧固式捆绑带法　详见本章第六节　紧固式带压堵漏技术。如图 15-222 所示。

（6）夹具注胶堵漏法　如果在移动式压力容器的车上备有直管堵漏夹具，则可以采用夹具注胶法进行堵漏作业，安全快捷，如图 15-223 所示。操作方法详见本章第二节六（二）直管泄漏现场操作方法。

2. 弯头泄漏应急处置方法

（1）橡胶磁带压堵漏块法　详见本章第五节　磁力带压堵漏技术。

图 15-221　钢丝绳围堵法（二）

图 15-222　螺栓紧固式捆绑带法

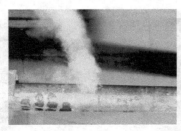

图 15-223　直管夹具注胶堵漏法

（2）带压堵漏捆扎带法　按泄漏介质的化学性质选择带压堵漏捆扎，如图 15-224 所示。

详见本章第六节　紧固式带压堵漏技术。

（3）钢丝绳锁法　按泄漏管道的规格选择钢丝绳规格和长度。详见本章第三节　钢丝绳锁快速带压堵漏技术。

（4）钢带围堵法　按泄漏弯头规格选取钢带长度，如图 15-225 所示。详见本章第六节紧固式带压堵漏技术。

仿型铁　胶黏石棉布

图 15-224　带压堵漏捆扎带法　　　　　　　　图 15-225　钢带围堵法

（5）夹具注胶堵漏法　如果在移动式压力容器的车上备有弯头堵漏夹具，则可以采用夹具注胶法进行堵漏作业，安全快捷，如图 15-226 所示。操作方法详见本章第二节六（三）弯头泄漏现场操作方法。

图 15-226　弯头夹具注胶堵漏法

3. 三通泄漏应急处置方法

（1）橡胶磁带压堵漏块法　详见本章第五节　磁力带压堵漏技术。

（2）带压堵漏捆扎带法　按泄漏介质的化学性质选择带压堵漏捆扎带，如图 15-227 所示。详见本章第六节　紧固式带压堵漏技术。

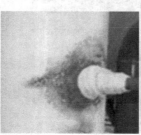

图 15-227　带压堵漏捆扎带法

（3）钢丝绳锁法　按泄漏管道的规格选择钢丝绳规格和长度。详见本章第三节　钢丝绳锁快速带压堵漏技术。

（4）钢带围堵法　按泄漏三通规格选取钢带长度。详见本章第六节　紧固式带压堵漏技术。

（5）夹具注胶堵漏法　如果在移动式压力容器的车上备有三通堵漏夹具，则可以采用夹具注胶法进行堵漏作业，安全快捷，如图 15-228 所示。操作方法详见本章第二节六（四）三通泄漏现场操作方法。

图 15-228　三通夹具注胶堵漏法

七、移动式压力容器阀门泄漏应急处置方法

1. 阀门填料泄漏应急处置方法

根据泄漏阀门填料盒的壁厚，选择堵漏密封作业方法，如直接钻孔攻丝法、辅助夹具法、G 形卡具法、堵漏夹具法等。操作方法详见本章第二节六（五）阀门填料泄漏现场操作方法。

2. 阀门阀体泄漏应急处置方法

（1）橡胶磁带压堵漏块法　详见本章第五节　磁力带压堵漏技术。

（2）带压堵漏捆扎带法　按泄漏介质的化学性质选择带压堵漏捆扎带。详见本章第六节紧固式带压堵漏技术。

（3）钢丝绳围堵法　按泄漏管道的规格选择钢丝绳规格和长度。如图 15-229 所示。

图 15-229　阀门填料泄漏钢丝绳围堵法

（4）钢带围堵法　按泄漏阀体尺寸选取钢带长度。详见本章第六节　紧固式带压堵漏技术。

移动式压力容器罐体泄漏事故应急处置方法，如图 15-230 所示。

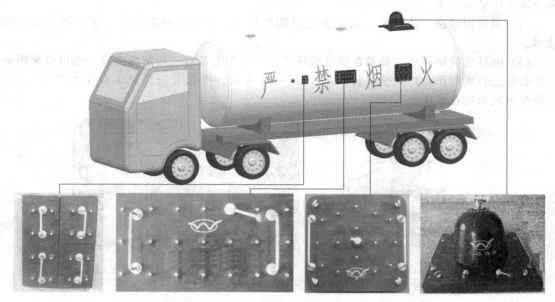

图 15-230　移动式压力容器罐体泄漏事故应急处置方法示意图

八、移动式压力容器泄漏其他应急处置方法

移动式压力容器发生泄漏事故时，如果泄漏是易燃易爆或者有毒有害的危险化学品，可能导致爆炸和人员中毒等重大事故的发生。当事故现场无法进行有效堵漏时，应当采取倒罐、转移、点燃、放空等有效措施，尽量降低泄漏事故的危害程度。

1. 倒罐

倒罐是通过输转设备和管道将液态危险化学品从事故移动式压力容器倒入安全装置或罐体内的操作过程。方法是通过输送设备和管道将泄漏罐体内危险化学品介质倒入其他容器、储罐中，以控制泄漏量和配合其他处置措施的实施，常用的倒罐方法有压缩机倒罐、烃泵倒罐、压缩气体倒罐和压差倒罐四种。如图 15-231 所示。

图 15-231　移动式压力容器泄漏倒罐法处置

2. 转移

转移是指移动式压力内的危险化学品大量外泄时，堵漏方法无效，又来不及倒罐时，可

将事故装置转移到安全地点处置。首先应在事故点周围的安全区域修建围堤或处置池，然后将事故装置及内部的液体导入围堤或处置池当内，再根据泄漏液体的性质采用相应的处置方法。如泄漏的介质呈酸性，可先将中和药剂（碱性物质）溶解于处置池当中，再将事故装置移入，进而中和法兰的酸性介质。如图15-232所示。

图 15-232　移动式压力容器泄漏转移法处置

3. 点燃

点燃是指当无法有效地实施堵漏或倒罐处置时，可采取点燃措施使泄漏出的可燃性气体或挥发性的可燃液体在外来引火物的作用下形成稳定燃烧，控制其泄漏，降低或消除泄漏气体的毒害程度和范围，避免易燃和有毒气体扩散后达到爆炸极限而引发燃烧爆炸事故。如图15-233所示。

图 15-233　移动式压力容器泄漏点燃法处置

4. 放空

放空是指当无法有效地实施堵漏、倒罐、转移时，可打开放散阀门进行放空排放，若排气地不安全，则需用橡胶管将天然气引至安全地点排放，若为易燃易爆气体，必须在喷雾水枪的掩护下进行，以确保安全。如图15-234所示。

九、丙烯槽车特大泄漏事故应急处置方法

（一）泄漏事故简介

2004年6月26日晨5时50分左右（简称"6·26"事故），一辆装载23.7t液化丙烯的槽车在吉林市合肥路公铁立交桥下发生了一起恶性交通事故。由于公铁立交桥修建于20世纪50年代，其限制高度为3.6m（注：实测高度为3.7m），而槽车最大高度达到3.7m，同时横穿立交桥的公路段存在着一定的坡度，当槽车违章强行驶入立交桥时，罐体上部的安全阀与桥的横梁形成剪切，DN100mm安全阀从法兰连接处上部接管连同连接螺栓一起被切断，汽车熄火，

其装载的丙烯在 $DN100mm$ 的断口处以每小时 2500kg 的速度呈喷射状外泄。如图 15-235 所示。

图 15-234　移动式压力容器泄漏放空法处置　　　　图 15-235　丙烯槽车泄漏事故现场

（1）报警　6 月 26 日 6 时 01 分，消防支队 119 指挥中心接到群众报警。

（2）接警　立即调出责任区消防中队和特勤一中队赶赴现场。同时报告市公安局指挥中心；通知铁路，停止火车运行；通知市安全生产监督管理局和市化学灾害事故救助办公室有关人员迅速参与救援。

6 时 05 分，责任区消防中队 5 台消防车到达现场；6 时 12 分，特勤一中队抢险救援消防车进入现场。

（二）启动《吉林市化学灾害事故应急处置预案》

成立现场救援指挥部，设立侦察组、警戒组、救援组、疏散组、供水组、保障组和事故调查组。随后通知巡警、交警、急救中心、环保等社会应急救援力量赶赴现场参与救援。

（1）现场侦察

① 现场询情：立即控制和询问驾驶员和车主，得知车内装的物料是丙烯，共 23.7t。

② 当日气象条件：晴，西南风 2～3 级，气温：17～29℃。

采用三部可燃气体检测仪对事故现场半径 2km 范围内泄漏的丙烯气体浓度进行跟踪检测。结果是：泄漏中心区浓度极高，检测仪失灵；下风方向 15～30m 内，丙烯浓度达到爆炸上限，50m 左右达到爆炸下限。由于泄漏的丙烯气比空气密度大，已经沿地面迅速扩散，并在凹地处形成沉积，在大范围内形成爆炸性混合物，情况万分危急。

（2）现场警戒　划出重危区、轻危区、安全区。封闭交通，实施警戒。

（3）禁绝火源　通知周围工厂、学校、居民停止用火用电；通知电业部门于 8 时 24 分至 13 时 01 分切断半径 5km 的 10kV 高压供电线路；禁绝现场一切火源、电源、静电源、机械撞击火花。进入现场的抢险人员禁止穿化纤类服装和带铁钉鞋，全部关闭手机、BP 机和其他一切非防爆通信工具。

（4）交通管制　通知铁路。铁路部门于 6 时 30 分至 11 时 32 分关闭了事故现场的铁路线。

（5）紧急疏散　通知派出所、社区、工厂、学校，对泄漏槽车半径 2km 范围内的 3 万多人进行疏散。

（6）喷雾稀释　在泄漏槽车的东、西两侧分别设置 5 支和 3 支喷雾水枪进行喷雾稀释。喷雾区半径在 110～150m 范围。如图 15-236 所示。

（7）着装防护

① 重危区，采取一级防护，着内置式重型防化服、防静电内衣，戴防静电手套、正压式空气呼吸器。

② 轻危区，采取二级防护，着封闭式防化服、防静电内衣，戴防静电手套、正压式空气呼吸器。

③ 安全区，采取三级防护，着战斗服，戴口罩。

（三）带压堵漏应急处置

1. 泄漏部位勘测

（1）泄漏事故槽车全长为 16m，高 3.7m，其筒体部位为变径罐，前部罐直径为 2.2m，后部罐直径为 2.4m，容积为 57.5m³，载重为 24t。设计最大压力为 2.16MPa，设计最高温度 50℃。撞击发生在直径为 2.2m 的前部罐体上的第一只安全阀，并且安全阀上部已被拦腰切断。

（2）泄漏的安全阀型号为 A411F-2.5 型内装弹簧全启式安全阀，公称通径为 DN100mm，外部高度为 130mm，连接法兰外径 230mm，厚度为 15mm，法兰垫片厚度为 10mm，法兰由 8 个 M20 的螺栓固定，与铁路桥相碰撞时，6 个螺栓被拦腰剪断，余下 2 个螺栓已严重变形。现场破坏情况如图 15-237 所示。

图 15-236　水雾封闭泄漏丙烯气体

图 15-237　泄漏法兰现场

2. 初次应急处置

（1）6 时 53 分：派出 3 人抢险小组用木楔带压堵漏，由于无法形成楔紧效果，未果。事故后总结发现，从结构上看，内置式安全阀撞断后不可能用木楔法进行封堵。

（2）8 时 57 分：派出抢险小组用外封式堵漏袋带压堵漏，由于泄漏区域呈不规则状，堵漏袋压力不够，抢险再次受阻。

（3）9 时 30 分：用一床浸湿的棉被覆盖泄漏点，然后在泄漏点上罩一个钢盔，钢盔上加外封式堵漏袋带压堵漏，泄漏有所减少，但不明显。三次抢险作业都没有达到控制泄漏的目的。

此时检查槽车压力表，显示压力为 1.3MPa，通过液位计的变化，计算出槽车泄漏量为 35～40kg/min。如果丙烯相对密度按 0.5、液体丙烯变成气体丙烯膨胀倍数按 300 倍计算，那么泄漏的气体量为 21000～24000L/min。情况万分危急。

3. 处置方法确定

此时总指挥部有两种意见。一种意见是建议将泄漏槽车牵出危险区域，移至郊外处置。另一种意见是首先进行抢险处置，带压堵漏成功后，再牵车到安全地带处置。抢险专家指出：

（1）丙烯是易燃易爆气体，危险性极大；

（2）泄漏现场周围丙烯气体浓度已经处在爆炸极限范围之内；

（3）引起爆炸的唯一条件是引爆能量；

（4）引爆的能量来源主要是静电火花或机械撞击火花；

（5）分析发现，此事故现场与 1998 年 3 月 5 日西安液化气管理所泄漏爆炸现场相似；

（6）国外案例：1978 年 7 月 11 日 14 时 30 分，西班牙一辆装有 23.5t 的丙烯槽车发生泄漏，5min 后引发爆炸，造成 215 人死亡、67 人受伤，在爆炸点周围 5 万平方米的范围内受到严重破坏，相当于半径 125m 的圆形范围内；

（7）只要防范到位，禁绝引爆能量，可以封堵成功。

通过分析勘测数据，抢险专家提出用夹具捆绑法进行封堵作业。其机理是：借助两组倒链产生的拉力，使捆绑在夹具上的两组钢丝绳形成强大的张力，并通过夹具使其作用在下部的密封橡胶垫上，在夹具与橡胶垫、橡胶垫与槽车罐体外壁面上产生大于泄漏介质压力的密封比压，实现带压堵漏的目的。

4. 夹具设计

根据槽车泄漏部位勘测尺寸设计夹具。

（1）选择 $\phi325mm \times 20mm$ 钢管，截取长度 200mm。

（2）在厚度为 26mm 的 Q235 钢板上切割一块直径为 $\phi310mm$ 的圆板。

（3）将圆钢板焊在钢管的一端，然后用水降温。

（4）在车床上加工未焊钢板的一端，并加工出内坡口。

（5）划出夹具的中心线，再对称划出直径为 2200mm 的弧线，用气割沿弧线切割。

（6）用电砂轮磨平切出的弧线坡口。

（7）选择 $\phi89mm \times 16mm$ 的厚壁钢管，长 400mm，并焊在夹具中心线上，形成支承杆。

（8）选择 $\phi32mm \times 3mm$ 钢管，并沿中线气割切开，取长 150mm 两段，焊在厚壁钢管支承杆两端，形成防止钢丝绳脱落的导槽。夹具设计如图 15-238 所示。

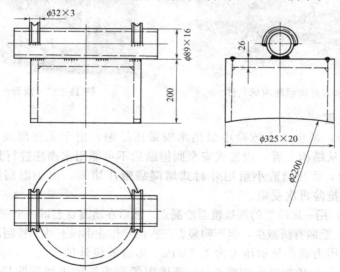

图 15-238　抢险带压堵漏夹具设计

（9）在厚 4mm 的绝缘橡胶板上切出内径 260mm，外径 380mm 的胶垫 4 块。

（10）根据泄漏筒体情况，选择拉力为 3t 的导链两只，钢丝绳两条（以上器材均为不防爆器材，当时无法找到防爆器材）。

5. 带压堵漏作业

夹具及堵漏器具运抵现场后，立即用消防水枪进行打湿。四名进入现场的抢险作业人员佩带一级防护，并用消防喷雾水枪喷湿全身。在四台消防车两支开花水枪的掩护下，带压堵漏作业人员首先将 4 块胶垫套在泄漏法兰下部，随后开始安装夹具，由于泄漏压力过大，夹具上下左右漂浮不定，两抢险作业人员用脚踏实，然后安装钢丝绳和倒链，并在筒体外部形成环状结构，逐渐拉动倒链加力，夹具在钢丝绳张力作用下趋于稳定，随着作业的进行，泄漏量逐渐减少，最终在 11 时 02 分泄漏被彻底止住，带压堵漏成功。如图 15-239 所示。

图 15-239　现场抢险带压堵漏

11 时 30 分，现场丙烯气体浓度降为爆炸极限以下。11 时 34 分，启动丙烯槽车，安全驶离事故现场。

此次丙烯罐式汽车泄漏事故共出动消防车 41 台，消防官兵 239 名，警察 150 多人，成功疏散市民 3 万余人，消防用水达到 1200 多吨。带压堵漏抢险方法被公安部消防局评为国内公共安全突发事故处置最成功的案例。

（四）小结

（1）本事故抢险救援成功的因素有三条：一是公安消防部队为抢险作业提供了必备的安全保障条件；二是抢险救援专家提出了可靠的应急处置方案；三是由企业专业带压堵漏队伍有效地完成夹具制作和现场抢险作业的实施。

（2）鉴于我国危险化学品槽车事故发生频繁，社会危害较大，相应的抢险处置技术应当是今后研究工作的重点。

（3）文中介绍的丙烯槽车泄漏事故的应急处置方法，同样适用于铁路槽车发生的类似事故的应急处置，具有很高的借鉴作用，需要进一步研发、总结和推广。

（4）从事故处理过程分析，夹具的设计和制作占用了 2h，而现场实际应急处置只用了 15min 左右。说明有效缩短夹具的设计和制作过程有待研究和解决。

（5）关于危险化学品槽车的应急处置方法的研究和应用还处于起步阶段，还有大量科学研究和技术研发工作需要进一步加强。

（6）这件事故之后，相关人员发明了槽车安全阀橡胶磁堵漏工具，俗称磁帽子，"6·26"事故所使用的特制夹具，当年俗称铁帽子。由铁帽子发展成磁帽子，充分体现了我国在堵漏应急装备科技方面的巨大进步，这种"磁帽子"可以在瞬间完成堵漏任务，科技含量很高，已经获得国家发明专利，专利号：ZL 201210491875.7。

第十二节　带压堵漏技术作业安全注意事项

（1）带压堵漏技术作业人员必须经过专门的培训，理论和实际操作考核合格后，方可上岗作业。

（2）设置专门的技术人员，负责组织现场测绘、夹具设计及制定安全作业措施。

（3）制定施工方案的技术人员应全面掌握各种泄漏介质的物理、化学参数，特别要了解有毒有害、易燃易爆介质的物化参数。

（4）对危险程度大的泄漏点，应由专业人员做出带压堵漏作业危险度预测表，交由安全技术部门审批后，方可施工。

（5）带压堵漏现场必须有专职或兼职的安全员，监督指导。

（6）带压堵漏施工人员必须遵守防火、防爆、防静电、防化学品爆燃、防烫、防冻伤、防坠落、碰伤、防噪声等国家有关标准、法规的规定。

（7）在坠落高度基准面 2m 以上（含 2m）进行动带压堵漏作业时，必须遵守高空作业的国家标准，并根据带压堵漏作业的特点，架设带防护围栏的防滑平台，同时设有便于人员撤离泄漏点的安全通道。

（8）带压堵漏作业人员，作业时必须佩戴适合带压堵漏作业特殊需要的带有面罩的安全帽，穿防护服、防护鞋、防护手套、防静电服和鞋。使用防护用品的类型和等级，由泄漏介质性质和温度压力来决定。按有关国家标准和企业规定执行。

（9）带压堵漏有毒介质时，须戴防毒面具，过滤式防毒面具的配备与使用必须符合《过滤式防毒面具》的规定。其他种类防毒面具按现场介质特性确定。

（10）泄漏现场的噪声高于 110dB 时操作人员须佩戴防噪声耳罩，同时需经常与监护人保持联系。

（11）带压堵漏易燃、易爆介质时，要用水蒸气或惰性气体保护，用无火花工具进行作业，检查并保证接地良好。操作人员要穿戴防静电服和导电性工作鞋，防止在施工操作时产生火花。

（12）在生产装置区封堵易燃易爆泄漏介质需要钻孔时，必须从下面操作法中选择一种以上的操作法。

① 冷却液降温法　在钻孔过程中，冷却液连续不断地浇在钻孔表面上，降低温度，使之无法出现火花。

② 隔绝空气法　在注剂阀或 G 形卡具的通道内充填满密封注剂，钻孔时钻头在孔道内旋转，空隙被密封注剂包围堵塞，空气不能进入钻孔处。

③ 惰性气体保护法　设计一个可以通入惰性气体的注剂阀，钻头通过注剂阀与泄漏介质接通时，惰性气体可以起保护作用。

（13）带压堵漏作业时施工操作人员要站在泄漏处的上风口，或者用压缩空气或水蒸气把泄漏介质吹向一边。避免泄漏介质直接喷射到作业人员身上，保证操作安全。

（14）带压堵漏现场需用电或特殊情况下需动火时，必须按工厂《安全防火技术操作规程》办理动电、动火证，严禁在无任何手续的情况下用电或动火。

（15）要按操作规程进行作业，严格控制注射压力和注射密封注剂的数量，防止密封注剂进入流体介质内部。

（16）为保证注射密封注剂操作安全，在连接高压注剂枪、拆下高压注剂枪及退枪填加密封注剂时，必须首先关闭注剂阀阀芯。

（17）消除法兰垫片泄漏时，要查看泄漏法兰连接螺栓的受力情况及削弱情况，必要时在 G 形卡具配合下，更换连接螺栓。

（18）必须对带压堵漏作业人进行经常性的技术安全教育，引用本行业的事故案例，吸取教训。

第十六章

典型危险化学品事故案例

第一节　事　故　概　述

事故是在生产活动过程中，由于人们受到科学知识和技术力量的限制，或者由于认识上的局限，当前不能防止，或能防止但未有效控制而发生的违背人们意愿的事件。研究种类事故的发生、避免或减少事故造成的人员伤亡和财产损失是安全科学技术研究的重要内容。

一、事故的定义

事故是人类职业（生产劳动）过程中发生的意外的突发性事件的总称。通常会使正常活动中断，造成人员伤亡、财产损失及环境污染等其他形式的后果。

根据《生产安全事故报告和调查处理条例》（国务院 493 号令）生产安全事故是指"生产经营活动中发生的造成人身伤亡或者直接经济损失的"事故。本节中"事故"即指"生产安全事故"。

事故的要点是：

（1）事故是意外的、突发性事件；

（2）事故是与人的意志相反（人不希望发生）的事件，是"灾祸"，往往造成人员伤亡或财产损失；

（3）事故不是预谋的、有意制造的事件（与人为破坏、犯罪行为相区别）。

二、事故特点

事故的一般特点如表 16-1 所示。

表 16-1　事故的一般特点

事故特点	说　明
普遍性	由于生产、生活活动中普遍存在着可能导致事故发生的各种各样的危险源，因此，发生事故的可能性就普遍存在。所以，在生产中要坚持"安全第一、预防为主、综合治理"的方针，预防事故的发生
偶然性	一般情况下，事故发生的时间、地点、事故后果的严重程度是偶然的，但事故这种偶然性在一定范围内也遵循统计规律。从事故的统计资料中，可以找到事故发生的规律性。因此，伤亡事故统计分析对制定正确的预防措施有着重大意义
因果性	一般来说，事故的发生是由各种危险因素相互作用的结果。人的不安全行为、物的不安全状态、管理缺陷以及对突发的意外事件处理不当等原因相互作用，就能引起事故的发生。所以，在伤亡事故调查过程中，弄清事故发生的因果关系，找出事故发生的原因，对预防类似事故重复发生将起到积极作用
潜伏性	一般说来，在事故发生之前有一段潜伏期，也就是说可能存在着一些事故隐患。这些事故隐患一般不明显，使人们容易产生麻痹思想，因此预防事故要警钟长鸣
可预防性	人们可以通过事故调查与分析，找到已发生事故的原因和规律，采取预防事故的措施，可从根本上降低事故发生的概率

三、事故的分类与等级划分

事故是在人们的职业活动中发生的，如以人为中心来考察事故后果，大致又可分为伤亡事故和一般事故。但一般采用如下分类方法。

（一）事故的分类

按照我国现行的事故归口管理，将事故分为 6 大类：

1. 道路交通事故

道路交通事故是指车辆驾驶人员、行人、乘车人以及其他在道路上进行与交通有关活动的人员，因违反《道路交通管理条例》和其他道路交通管理法规、规章的行为，过失造成人身伤亡或者财产损失的事故，由公安部交通管理局归口管理。

2. 火灾事故

凡在时间或空间上失去控制的燃烧所造成的灾害都为火灾。全国火灾事故统计工作，由公安部消防局统一归口管理。

3. 水上交通事故

这类事故主要指发生在我国沿海水域和内河通航水域的事故，由交通部海事局统一归口管理。

4. 铁路事故

这类事故主要指铁路行车中造成旅客、行人的伤亡事故，由铁道部统一归口管理。

5. 航空事故

全国航空事故统计工作，由民航总局统一归口管理。

6. 企业职工伤亡事故

全国生产安全事故统计工作，由国家安全生产监督局归口管理。

危险化学品事故归入企业职工伤亡事故。

（二）事故的等级划分

（1）按照事故的严重程度

按照事故的严重程度，企业职工伤亡事故分为以下 6 类。

① 轻伤事故，指只有轻伤的事故；

② 重伤事故，指只有重伤无死亡的事故；

③ 死亡事故，指一次事故死亡 1～2 人的事故；

④ 重大伤亡事故，指一次事故死亡 3～9 人的事故；

⑤ 特大伤亡事故，指一次事故死亡 10 人及以上的事故；

⑥ 特别重大事故，《特别重大事故调查程序暂行规定》（国务院令第 34 号）中规定的特别重大事故是指"造成特别重大人身伤亡或者巨大经济损失以及性质特别严重、产生重大影响的事故"。

（2）根据生产安全事故造成的人员伤亡或者直接经济损失

自 2007 年 6 月 1 日起施行的《生产安全事故报告和调查处理条例》中规定如下。

根据生产安全事故造成的人员伤亡或者直接经济损失，事故一般分为四个等级，如表 16-2 所示。

表 16-2　事故等级划分

事故等级	等 级 划 分
特别重大事故	造成 30 人以上（"以上"包括本数，下同）死亡，或者 100 人以上重伤（包括急性工业中毒，下同），或者 1 亿元以上直接经济损失的事故
重大事故	造成 10 人以上 30 人以下（"以下"不包括本数，下同）死亡，或者 50 人以上 100 人以下重伤，或者 5000 万元以上 1 亿元以下直接经济损失的事故

事故等级	等 级 划 分
较大事故	造成 3 人以上 10 人以下死亡,或者 10 人以上 50 人以下重伤,或者 1000 万元以上 5000 万元以下直接经济损失的事故
一般事故	造成 3 人以下死亡,或者 10 人以下重伤,或者 1000 万元以下直接经济损失的事故

四、事故的特征

(一) 事故的因果性

事故是相互联系的诸原因的结果。事故不会无缘无故地发生,必然由一定原因引起。一般来说,事故的发生是由存在的各种危险因素相互作用的结果。劳动生产中的伤亡事故是由物和环境的不安全状态、人的不安全行为及管理缺陷共同作用引起的。

(二) 事故的必然性、偶然性和规律性

从本质上讲,事故的发生是必然的,因果性导致必然性。职业危险因素是生产劳动的伴生物,是普遍存在的,只不过有多少、轻重、引发事故的概率大小的区别。

从微观上讲,事故发生在何时、何地、何人身上,造成什么后果等却具有偶然性,即事故的发生是随机的。事故的必然性中包含着规律性。深入探查、分析事故原因,进而发现事故发生的客观规律,就可以为预防事故提供依据。

(三) 潜在性、再现性和预测性

潜在性是指事故在尚未发生之前,就可能存在一些"隐患",这些隐患一般不明显,不易引起人们的重视,但在一定条件下就可能引起事故。由于事故的这一特点,往往造成人们对事故的盲目性和麻痹心理。虽然完全相同的事故几乎不可能发生,但是如果不能找出发生事故的真正原因,并采取措施消除这些原因,就可能发生类似事故这就是事故的再现性。事故的预测性建立在事故规律性的基础之上。只要正确掌握各种可能导致事故的危险因素以及二者间的因果关系,就可以推断它们发展演变的规律和可能产生的后果。事故预测的目的在于识别和控制危险,预先采取对策,最大限度地减少事故的发生。

五、与事故相关的主要法规和标准

(一) 主要法规

(1)《国务院有关特大安全事故行政责任追究的规定》(国务院令第 302 号)。

(2)《生产安全事故报告和调查处理条例》(国务院令第 493 号)。

(二) 主要国家标准

(1)《企业职工伤亡事故分类》(GB 6441—1986);

(2)《企业职工伤亡事故经济损失标准》(GB 6721—1986);

(3)《事故伤害损失工作日标准》(GB/T 15499—1995)。

六、事故报告

《安全生产法》规定:生产经营单位的主要负责人承担"及时、如实报告生产安全事故。"的职责;还规定,"生产经营单位发生重大生产安全事故时,单位的主要负责人应当立即组织抢救,并不得在事故调查处理期间擅离职守。"

《生产安全事故报告和调查处理条例》对"事故报告"有具体规定要求,涉及事故发生单位的主要规定如下。

1. 对事故发生单位的要求

事故发生后，事故现场有关人员应当立即向本单位负责人报告；单位负责人接到报告后，应当于 1h 内向事故发生地县级以上人民政府安全生产监督管理部门和负有安全生产监督管理职责的有关部门报告。

情况紧急时，事故现场有关人员可以直接向事故发生地县级以上人民政府安全生产监督管理部门和负有安全生产监督管理职责的有关部门报告。

事故报告后出现新情况的，应当及时补报。

自事故发生之日起 30 日内，事故造成的伤亡人数发生变化的，应当及时补报。道路交通事故、火灾事故自发生之日起 7 日内，事故造成的伤亡人数发生变化的，应当及时补报。

事故发生单位负责人接到事故报告后，应当立即启动事故相应应急预案，或者采取有效措施，组织抢救，防止事故扩大，减少人员伤亡和财产损失。

事故发生后，有关单位和人员应当妥善保护事故现场以及相关证据，任何单位和个人不得破坏事故现场、毁灭相关证据。

因抢救人员、防止事故扩大以及疏通交通等原因，需要移动事故现场物件的，应当做出标志，绘制现场简图并做出书面记录，妥善保存现场重要痕迹、物证。

2. 报告事故主要内容

报告事故应当包括下列内容。

（1）事故发生单位概况；

（2）事故发生的时间、地点以及事故现场情况；

（3）事故的简要经过；

（4）事故已经造成或者可能造成的伤亡人数（包括下落不明的人数）和初步估计的直接经济损失；

（5）已经采取的措施；

（6）其他应当报告的情况。

七、事故调查与处理

《生产安全事故报告和调查处理条例》对"事故调查"的主要规定如下。

1. 事故调查分级规定

对事故调查分级的规定如下。

（1）特别重大事故由国务院或者国务院授权有关部门组织事故调查组进行调查。

（2）重大事故、较大事故、一般事故分别由事故发生地省级人民政府、设区的市级人民政府、县级人民政府负责调查。省级人民政府、设区的市级人民政府、县级人民政府可以直接组织事故调查组进行调查，也可以授权或者委托有关部门组织事故调查组进行调查。

未造成人员伤亡的一般事故，县级人民政府也可以委托事故发生单位组织事故调查组进行调查。

（3）上级人民政府认为必要时，可以调查由下级人民政府负责调查的事故。

自事故发生之日起 30 日内（道路交通事故、火灾事故自发生之日起 7 日内），因事故伤亡人数变化导致事故等级发生变化，依照本条例规定应当由上级人民政府负责调查的，上级人民政府可以另行组织事故调查组进行调查。

（4）特别重大事故以下等级事故，事故发生地与事故发生单位不在同一个县级以上行政区域的，由事故发生地人民政府负责调查，事故发生单位所在地人民政府应当派人参加。

2. 事故调查组

（1）事故调查组的组成应当遵循精简、效能的原则。

（2）根据事故的具体情况，事故调查组由有关人民政府、安全生产监督管理部门、负有安全生产监督管理职责的有关部门、监察机关、公安机关以及工会派人组成，并应当邀请人民检察院派人参加。事故调查组可以聘请有关专家参与调查。

（3）事故调查组成员应当具有事故调查所需要的知识和专长，并与所调查的事故没有直接利害关系。

（4）事故调查组组长由负责事故调查的人民政府指定。事故调查组组长主持事故调查组的工作。

（5）事故调查组的职责。事故调查组履行下列职责。

① 查明事故发生的经过、原因、人员伤亡情况及直接经济损失。

② 认定事故的性质和事故责任。

③ 提出对事故责任者的处理建议。

④ 总结事故教训，提出防范和整改措施。

⑤ 提交事故调查报告。

3. 有关事故调查的其他规定

有关事故调查的其他规定如下。

（1）事故调查组有权向有关单位和个人了解与事故有关的情况，并要求其提供相关文件、资料，有关单位和个人不得拒绝。事故发生单位的负责人和有关人员在事故调查期间不得擅离职守，并应当随时接受事故调查组的询问，如实提供有关情况。事故调查中发现涉嫌犯罪的，事故调查组应当及时将有关材料或者其复印件移交司法机关处理。

（2）事故调查中需要进行技术鉴定的，事故调查组应当委托具有国家规定资质的单位进行技术鉴定。必要时，事故调查组可以直接组织专家进行技术鉴定。技术鉴定所需时间不计入事故调查期限。

（3）事故调查组成员在事故调查工作中应当诚信公正、恪尽职守，遵守事故调查组的纪律，保守事故调查的秘密。未经事故调查组组长允许，事故调查组成员不得擅自发布有关事故的信息。

（4）事故调查组应当自事故发生之日起 60 日内提交事故调查报告；特殊情况下，经负责事故调查的人民政府批准，提交事故调查报告的期限可以适当延长，但延长的期限最长不超过 60 日。

4. 事故调查报告

（1）事故调查报告应当包括下列内容。

① 事故发生单位概况；

② 事故发生经过和事故救援情况；

③ 事故造成的人员伤亡和直接经济损失；

④ 事故发生的原因和事故性质；

⑤ 事故责任的认定以及对事故责任者的处理建议；

⑥ 事故防范和整改措施。

（2）事故调查报告应当附具有关证据材料。事故调查组成员应当在事故调查报告上签名。

（3）事故调查报告报送负责事故调查的人民政府后，事故调查工作即告结束。事故调查的有关资料应当归档保存。

5. 事故处理

（1）重大事故、较大事故、一般事故，负责事故调查的人民政府应当自收到事故调查报告之日起 15 日内做出批复；特别重大事故，30 日内做出批复，特殊情况下，批复时间可以适当延长，但延长的时间最长不超过 30 日。

有关机关应当按照人民政府的批复，依照法律、行政法规规定的权限和程序，对事故发生单位和有关人员进行行政处罚，对负有事故责任的国家工作人员进行处分。

事故发生单位应当按照负责事故调查的人民政府的批复，对本单位负有事故责任的人员进行处理。

负有事故责任的人员涉嫌犯罪的，依法追究刑事责任。

（2）事故发生单位应当认真吸取事故教训，落实防范和整改措施，防止事故再次发生。防范和整改措施的落实情况应当接受工会和职工的监督。

安全生产监督管理部门和负有安全生产监督管理职责的有关部门应当对事故发生单位落实防范和整改措施的情况进行监督检查。

（3）事故处理的情况由负责事故调查的人民政府或者其授权的有关部门、机构向社会公布，依法应当保密的除外。

八、事故赔偿

1. 安全事故的鉴定赔偿概述

人身伤害赔偿，又称为人身损害赔偿，是指民事主体的生命权、健康权、身体权受到不法侵害，造成致伤、致残、致死的后果以及其他损害，要求侵权人以财产赔偿等方法进行救济和保护的侵权法律制度。我国《民法通则》第一百一十九条规定了人身损害赔偿制度的基本内容，《国家赔偿法》、《消费者权益保护法》和《道路交通事故处理办法》等法律、法规，以及最高人民法院制定的司法解释，对人身伤害赔偿制度进行了补充和完善。

2. 人身伤害常规赔偿的范围及标准

常规赔偿一般包括以下内容：医疗费，包括诊察费、药费、治疗费、检查费等直接医治人身伤害所消耗的费用；交通费和住宿费；受害人的误工工资；护理人员误工补助费；其他必要的支出费用，例如，住院期间适当的生活补助费和营养费等。

第二节 危险化学品生产过程中的重大事故案例

一、2003 年重庆开县××钻探公司"12·23"井喷特大事故

2003 年 12 月 23 日，重庆某公司发生井喷事故，造成 243 人死亡（职工 2 人，当地群众 241 人），直接经济损失 9262.71 万元。

事故发生后，党中央、国务院高度重视。中央领导同志做出重要批示和指示；指导抢险救灾工作。

（一）事故发生及抢救经过

1. 事故发生经过

2003 年 12 月 23 日，16♯井钻至井深 4049.68m 时，因为需更换钻具，经过 35min 的泥浆循环后，开始起钻。

当日 12 时，起钻至井深 1948.84m。此时，因顶驱滑轨偏移，致使挂卡困难，于是停止起钻，开始检修顶驱。16 时 20 分检修顶驱完毕，继续起钻。21 时 55 分，起钻至井深 209.31m，录井员发现录井仪显示泥浆密度、电导、出口温度、烃类组分出现异常，泥浆总体积上涨，溢流 1.1m³。录井员随即向司钻报告发生了井涌。

司钻接到报告后，立即发出井喷警报，并停止起钻，下放钻具，准备抢接顶驱关旋塞。

21时57分，当钻具下放10余米时，大量泥浆强烈喷出井外，将转盘的两块大方瓦冲飞，致使钻具无支撑点而无法对接，故停止下放钻具，抢接顶驱关旋塞未成功。21时59分，采取关球形和半闭防喷器的措施，但喷势未减，突然一声闷响，顶驱下部起火。作业人员使用灭火器灭火，但由于粉末喷不到着火部位而失败。随后关全闭防喷器，将钻杆压扁，从挤扁的钻杆内喷出的泥浆将顶驱火熄灭。此后，作业人员试图上提顶驱拉断钻杆，也未成功。于是，开通反循环压井通道，启动泥浆泵，向井筒环空内泵注重泥浆，由于没有关闭与井筒环空连接的放喷管线阀门，重泥浆由放喷管线喷出，内喷仍在继续。22时4分，井喷完全失控，井场硫化氢气味很浓。

22时30分，井队人员开始撤离现场，疏散井场周边群众，随后拨打110、120、119，并向当地政府通报情况。23时20分，钻井队派人返回井场，关闭了泥浆泵、柴油机、发电机，随后全部撤离井场，并设立了警戒线。

2. 抢险救灾经过

23日23时，重庆市安全生产监管局接到16♯井发生井喷险情、请市政府协调抢险车队交通的报告，随后转报市政府值班室。23时26分，重庆市人民政府值班室传真通知开县人民政府，要求立即组织相关部门赶赴事故现场，组织抢险救灾。随后，镇人民政府按照县人民政府办公室和县安全生产监管局的要求，组织机关干部利用固定和移动电话拨打井场附近各村电话，通知人员撤离，组织群众沿公路转移。

23时50分，开县人民政府负责人率有关部门负责人及消防官兵、警察、医务人员赶赴现场，于24日凌晨2时到达高桥镇，成立了现场指挥部，组织群众向外围安全地点转移。

接到事故报告后，公司技术负责人于24日1时30分赶到事故现场；钻探公司有关负责人率抢险人员于23日24时从重庆市出发，24日10时30分到达所在镇。四川石油管理局23日22时30分接到事故报告，随后要求11♯井、坝南1♯井停钻，赶配压井泥浆，协助疏散群众，并会同油气田分公司组织抢险物资、器材、车辆和防毒面具等。

24日上午，现场指挥部决定转移井口5公里半径范围内的群众，并继续组织力量搜救；布置警戒线，防止群众自发返家；设立临时医疗点，开展紧急救治工作。

24日12时30分，执行搜救任务路过井场的川钻12队人员发现井口停喷，气体从放喷管线喷出。14时，经派人核实，确认井口已经停喷，随即由钻井公司组织点火，15时55分，1♯、3♯放喷管线点火成功，险情得到控制。如图16-1所示。至此，未燃烧的含硫化氢天然气已持续喷出了约18h。

图16-1　事故井点火成功

24日21时，重庆市人民政府副市长吴家农赶到前方警戒点，成立了抢险救灾指挥部。

25日，抢险救灾指挥部派出460名公安干警、武警官兵，组成20个搜救组，配备硫化氢报警器，进入井场附近开展搜救，发现大量死亡人员。

26日1时，国务院工作组赶到开县，听取事故情况汇报，部署抢险救灾工作；重庆市委、市人民政府和国家安全生产监督管理局、集团公司主要负责同志也相继赶到开县。

26日，为配合压井工作，抢险救灾指挥部决定全面清理现场，在井口5km处设立警戒线，出动82个搜救组，对以井口为中心、5km为半径的近80km²地区实施逐户搜救，将900多名仍滞留在危险区的群众撤离至安全地带。

在国务院工作组指导下，该集团公司研究制定了详细的压井方案。27日9时36分正式开始压井，11时压井成功。从23日21时57分井喷开始，井喷失控过程持续约85h。

事故发生后，市县两级党委、政府采取强有力措施，组织大量人员、物资投入到转移搜救群众、医治伤病人员、处理遇难者善后、核实赔付财产损失和灾后重建等工作。四川省委、省政府也要求邻近市安置了部分受灾群众。社会各界捐赠了大量的物资和现金。据统计，事故发生后安全转移并妥善安置受灾群众65632人。截至2004年2月9日，累计门诊治疗26555人（次），住院治疗2142人，治愈出院2056人，仍在住院86人，其中重症病人9人。

（二）事故原因及性质

1. 事故直接原因

（1）井喷的直接原因

① 起钻前，泥浆循环时间严重不足；

② 在起钻过程中，没有按规定灌注泥浆，且在长时间检修顶驱后，没有下钻充分循环，排出气侵泥浆，就直接起钻；

③ 未能及时发现溢流征兆。

（2）井喷失控的直接原因　在钻柱中没有安装回压阀，致使起钻发生井喷时钻杆内无法控制，使井喷演变为井喷失控。

（3）事故扩大的直接原因　井喷失控后，未能及时采取放喷管线点火措施，以致大量含有高浓度硫化氢的天然气喷出扩散，导致人员伤亡扩大。

2. 事故间接原因

（1）现场管理不严，违章指挥　有关技术人员违反钻井作业的相关规程和现场办公要求，在本趟钻具组合下放时，违章指挥卸掉回压阀，井队负责人和钻井工程监督发现后没有制止、纠正。没有安排专人观察泥浆灌入量和出口变化；录井工严重失职，没有及时发现灌注泥浆量不足的异常情况，且发现后没有通知钻井人员，也不向值班领导汇报；录井队负责人未按规定接班，对连续起钻9柱未灌满泥浆的异常情况不掌握。

（2）安全责任制不落实，监督检查不到位　四川石油管理局及其下属单位没有针对基层作业单位多且分散的特点，建立有效的安全管理机制；没有依法在井队配备专职安全管理人员；没有及时向井队派出井控技术监督；对钻井队落实井控责任制等规章制度情况监督检查不力。该公司没有将其与气矿签订的《安全生产合同》下发钻井公司、钻井队贯彻落实。气矿及其派驻16#井的钻井工程监督人员未切实履行安全监督职责。

（3）事故应急预案不完善，抢险措施不力　16#井开钻前，四川石油管理局及其下属有关单位没有按照法律法规的要求，组织制定有效的包括16#井井场周围居民防硫化氢中毒措施的事故应急预案，井队未按规定进行防喷演习，也未对井场周边群众进行必要的安全知识宣传教育。事故发生后，四川石油管理局没有及时报告该集团公司。有关单位负责人对硫化氢气体弥漫的危害没有引起高度重视，抢险救灾指令不明确；未按规定安排专人在安全防护措施下监视井口喷势，未及时采取放喷管线点火措施。

（4）设计不符合标准要求，审查把关不严　16#井钻井地质设计没有按照《含硫油气田安全钻井法》《钻井井控技术规程》等有关行业标准的规定，在设计书上标明井场周围2km以内的居民住宅、学校、厂矿等；有关人员在审查、批准钻井地质设计时，把关不严。

（5）安全教育不到位，职工安全意识淡薄　有关单位对职工安全培训工作抓得不实，要求不严，井队职工操作技能差，技术素质低。一些干部职工对井控工作不重视，存在严重麻痹和侥幸心理，对于高含硫、高产天然气水平井存在的风险及可能出现的严重情况，思想认识不足，没有采取针对性的防范措施。此外，事故发生在夜晚，群众居住分散，交通通信条件差；当地为山区低洼地势，空气流通不畅也是导致大量人员伤亡的客观因素。

3. 事故性质

××钻探公司"12·23"井喷特别重大天然气井喷失控导致硫化氢中毒事故是一起责任事故。

（三）防范措施建议

××钻探公司"12·23"井喷特大事故暴露了该单位在安全生产方面存在的深层次问题，教训十分深刻。为吸取事故教训，防止类似事故的再次发生，提出以下防范措施建议。

（1）各级领导要深刻吸取这次事故的教训，认真贯彻落实《安全生产法》等有关法律法规和《国务院关于进一步加强安全生产工作的决定》、中央领导同志关于安全生产工作的一系列重要指示，坚持"安全第一，预防为主"的方针，树立"以人为本"的理念，从践行"三个代表"重要思想的高度提高对安全生产工作重要性的认识，始终把保护人民群众的安全放在第一位，正确处理安全与生产、安全与效益的关系，保证安全生产投入，真正做到"不安全不生产，生产必须安全"。

（2）加强安全管理和监督检查，全面落实安全生产责任制。在企业改组改制过程中，要依法强化各级安全管理机构，配备安全管理人员，全面推行安全工作目标管理，完善企业安全生产责任制，明确岗位职责，尤其是领导岗位和重点作业岗位的职责；针对石油天然气生产作业点多、战线长、钻井作业涉及多个单位的特点，要采取切实可行的措施，加强基层作业单位的安全管理，以及作业单位之间的协调；加强对石油天然气开采要害部位、关键环节、重大危险源的安全监控和检查，从技术上、管理上采取防范措施，消除事故隐患；积极推广安全标准化，规范施工作业程序，严格按照有关安全技术规程、标准组织生产作业，真正把HSE管理体系落到实处；加强职工防硫化氢技术和井控技术培训，提高全员安全意识和素质。

（3）建立健全生产安全应急救援体系，搞好应急演练。要针对企业生产的危害因素，认真做好各级、各类突发事故应急预案的起草、审查和修订工作，配备应急救援人员和相关的设备、器材，广泛开展安全知识宣传教育，做好事故应急演练，充分考虑突发事件对周边群众可能造成的影响，并将可能造成的危害及防范常识告知周边群众，切实做好与地方政府应急救援体系的衔接和联动。

（4）加强科技攻关，提高安全技术水平。对一些石油天然气开采安全的关键技术问题，如高含硫大产量水平井钻井井控工艺、气井溢流和井喷预警技术等，加强研究，开展科研攻关，提高防范事故的能力；对于条件特殊、工艺不成熟情况下的施工作业；必须采取可靠的安全防范措施。

（5）不断完善规章制度，修订有关安全标准。应当对有关规章制度、技术标准进行一次全面的审查、清理，就高含硫高压天然气钻井中的钻井液密度附加值、井口防喷装置安装剪切闸板、钻具上安装回压阀、录井房与钻台之间的通讯设施、事故应急救援预案、油气井与周围居民住宅及其他建筑物的安全距离、放喷点火条件与决策机制等问题进行论证，及时修订、完善不适应新形势的规章制度和标准规范。

二、2004年重庆××化工总厂"4·16"氯气泄漏爆炸特大事故

2004年4月15日晚上，重庆××化工总厂氯氢分厂发生氯气泄漏，16日凌晨1时至17时57分，该厂共发生3次爆炸，造成9人失踪死亡，3人重伤，15万人被疏散。

（一）事故经过

事故发生前的2004年4月15日白天，重庆××化工总厂处于正常生产状态。15日17时40分，该厂氯氢分厂冷冻工段液化岗位接总厂调度令开启1号氯冷凝器。18时20分，氯气干燥岗位发现氯气泵压力偏高，4号液氯储罐液面管在化霜。当班操作工两度对液化岗位进行巡查，未发现氯冷凝器有何异常，判断4号储罐液氯进口管可能有堵塞，于是转5号液氯储罐（停4号储罐）进行液化，其液面管也不结霜。21时，当班人员巡查1号液氯冷

凝器和盐水箱时，发现盐水箱内氯化钙（CaCl$_2$）盐水大量减少，有氯气从氨蒸发器盐水箱泄出，从而判断氯冷凝器已穿孔，约有 4m^3 的 CaCl$_2$ 盐水进入了液氯系统。

发现氯冷凝器穿孔后，厂总调度室迅速采取 1 号氯冷凝器从系统中断开、冷冻紧急停车等措施。并将 1 号氯冷凝器壳程内 CaCl$_2$ 盐水通过盐水泵进口倒流排入盐水箱。将 1 号氯冷凝器余氯和 1 号氯液气分离器内液氯排入排污罐。

图 16-2　爆炸事故现场

15 日 23 时 30 分，该厂采取措施，开启液氯包装尾气泵抽取排污罐内的氯气到次氯酸钠和漂白液装置。16 日 0 时 48 分，正在抽气过程中，排污罐发生爆炸。1 时 33 分，全厂停车。2 时 15 分左右，排完盐水后 4h 的 1 号盐水泵在静止状态下发生爆炸，泵体粉碎性炸坏。如图 16-2 所示。

险情发生后，该厂及时将氯冷凝器穿孔、氯气泄漏事故报告了集团公司，并向市安监局和市政府值班室作了报告。为了消除继续爆炸和大量氯气泄漏的危险，重庆市于 16 日上午启动实施了包括排危抢险、疏散群众在内的应急处置预案，16 日 9 时成立了以一名副市长为指挥长的重庆××化工总厂"4·16"事故现场抢险指挥部，在指挥部领导下，立即成立了由市内外有关专家组成的专家组，为指挥部排险决策提供技术支撑。

经专家论证，认为排除险情的关键是尽量消耗氯气，消除可能造成大量氯气泄漏的危险。指挥部据此决定，采取自然减压排氯方式，通过开启三氯化铁、漂白液、次氯酸钠 3 个耗氯生产装置，在较短时间内减少危险源中的氯气总量；然后用四氯化碳溶解罐内残存的三氯化氮（NCl$_3$）；最后用氮气将溶解 NCl$_3$ 的四氯化碳废液压出，以消除爆炸危险。10 时左右，该厂根据指挥部的决定开启耗氯生产装置。

16 日 17 时 30 分，指挥部召开全体成员会议，研究下一步处置方案和当晚群众的疏散问题。17 时 57 分，专家组正向指挥部汇报情况，讨论下一步具体处置方案时，突然听到连续两声爆响，液氯储罐发生猛烈爆炸，会议被迫中断。

据勘察，爆炸使 5 号、6 号液氯储罐罐体破裂解体并形成一个长 9m、宽 4m、深 2m 的炸坑。以炸坑为中心，约 200m 半径的地面和（构）建筑物上有散落的大量爆炸碎片，爆炸事故致 9 名现场处置人员因公殉职，3 人受伤。

爆炸事故发生后，引起党中央、国务院领导的高度重视，中央领导同志对事故处理与善后工作做出重要指示，国家安监局副局长等领导亲临现场指导，并抽调北京、上海、自贡共 8 名专家到现场指导抢险。

图 16-3　事故现场炮击

图 16-4　事故现场坦克炮击

图 16-5　引爆后现场

重庆市动用了部队官兵和精良武器，从 4 月 18 日 11 时开始进入预定程序。部队组成了精锐小分队，18 日 12 时 30 分，引爆排险开始，先后采用枪击、平射炮炮击，如图 16-3 所示。效果不明显。随后采用了坦克炮炮击和炸药爆破的方式实施引爆，如图 16-4 所示。到 17 时 35 分，3 个储气罐终于被坦克炮摧毁。危险源和污染源被销毁。4 月 19 日，在将所有液氯储罐与汽化器中的余氯和 NCl_3 采用引爆、碱液浸泡处理后，才彻底消除了危险源。厂区外警戒解除。如图 16-5 所示。

（二）事故原因分析

事故调查组认为，"4·16"爆炸事故是该厂液氯生产过程中因氯冷凝器腐蚀穿孔，导致大量含有铵离子的 $CaCl_2$ 盐水直接进入液氯系统，生成了极具危险性的 NCl_3 爆炸物。NCl_3 富集达到爆炸浓度和启动事故氯处理装置振动引爆了 NCl_3。

1. 直接原因

（1）设备腐蚀穿孔导致盐水泄漏，是造成 NCl_3 形成和聚集的重要原因。

（2）NCl_3 富集达到爆炸浓度和启动事故氯处理装置造成振动，是引起 NCl_3 爆炸的直接原因。

2. 间接原因

（1）压力容器日常管理差。检测检验不规范，设备更新投入不足。

① 该厂设备技术档案资料不齐全，近两年无维修、保养、检查记录，压力容器设备管理混乱。

② 该厂和重庆××化工节能计量压力容器监测所没有按照该规定对压力容器进行首检和耐压试验，检测检验工作严重失误。

③ 该厂设备陈旧老化现象十分普遍，压力容器等安全设备腐蚀严重，设备更新投入不足。

（2）安全生产责任制落实不到位，安全生产管理力量薄弱。

（3）事故隐患督促检查不力。本应增添盐酸合成尾气和四氯化碳尾气的监控系统，但直到"4·16"事故发生时都未配备。

（4）对 NCl_3 爆炸的机理和条件研究不成熟，相关安全技术规定不完善。全国氯碱行业尚无对 $CaCl_2$ 盐水中铵离子含量定期分析的规定，该厂 $CaCl_2$ 盐水 10 余年未更换和检测，造成盐水中的铵离子不断富集，为生成大量的 NCl_3 创造了条件，并为爆炸的发生埋下了重大的潜在隐患。

（三）事故教训与预防措施

重庆××化工总厂"4·16"事故的发生，留下了深刻的、沉痛的教训，对氯碱行业具有普遍的警示作用。

（1）重庆某化工总厂有关人员对氯冷凝器的运行状况缺乏监控，有关人员对 4 月 15 日夜里氯干燥工段氯气输送泵出口压力一直偏高和液氯储罐液面管不结霜的原因，缺乏及时准确的判断，没能在短时间内发现氯气液化系统的异常情况，最终因氯冷凝器氯气管渗漏扩大，使大量冷冻盐水进入氯气液化系统，这个教训应该认真总结。有关氯碱企业应引以为戒。

（2）目前大多数氯碱企业均沿用液氨间接冷却 $CaCl_2$ 盐水的传统工艺生产液氯，尚未对盐水含铵离子量引起足够重视。有必要对冷冻盐水中含铵离子量进行监控或添置自动报警装置。

（3）加强设备管理，加快设备更新步伐，尤其要加强压力容器与压力管道的监测和管理，杜绝泄漏的产生。对在用的关键压力容器，应增加检查、监测频率，减少设备缺陷所造成的安全隐患。

（4）进一步研究国内有关氯碱企业关于 NCl_3 的防治技术，减少原料盐和水源中铵离子形成 NCl_3 后在液氯生产过程中富集的风险。

（5）尽量采用新型制冷剂取代液氨的液氯生产传统工艺，提高液氯生产的本质安全水平。

（6）从技术上进行探索，尽快形成一个安全、成熟、可靠地预防和处理 NCl_3 的应急预案，并在氯碱行业推广。

（7）加强对 NCl_3 的深入研究，完全弄清其物化性质和爆炸机理，使整个氯碱行业对 NCl_3 有更充分的认识。

（8）加快城市主城区化工生产企业，特别是重大危险源和污染源企业的搬迁步伐，减少化工安全事故对社会的危害及其负面影响。

三、2005 年吉林××石化双苯厂"11·13"特大爆炸事故

2005 年 11 月 13 日 13 时 30 分许，吉林某石化公司双苯（指苯酚和苯酐，简称双苯）厂苯胺二车间因精制（T102）塔循环系统堵塞，操作人员处理不当发生爆炸，造成生产装置严重损坏和大面积燃烧（燃烧面积 12000m²），方圆 2km 范围内的建筑物玻璃全部破碎，10km 范围内有明显震感。据吉林市地震局测定，爆炸当量相当于 1.9 级地震。爆炸火灾事故发生后，吉林市消防支队迅速调集 11 个公安消防中队，吉化消防支队 5 个大队，共 87 台消防车，467 名指战员赶赴现场进行灭火救援。吉林省消防总队接到报告后，调动长春市消防支队 3 个中队，9 台消防车，43 名指战员增援。

事故死亡 8 人，重伤 1 人，轻伤 59 人，疏散群众 1 万多人；双苯厂苯胺二车间整套生产装置、1 个硝基苯（1500m³）储罐、2 个纯苯（2000m³）储罐报废，其他辅助生产设施遭到不同程度破坏，直接经济损失 7000 余万元。如图 16-6 所示。

（一）处置经过

第一阶段：冷却防爆，果断撤离，确保官兵生命安全。

11 月 13 日 13 时 38 分，吉林市消防支队调度指挥中心接到过路群众报警，××双苯厂苯胺车间发生爆炸。13 时 39 分，支队调度指挥中心立即调出附近的公安消防四中队（染料厂消防中队）、五中队（化肥厂消防中队）和消防支队五个大队的全部力量，共 44 台消防车（其中水罐消防车 15 台，泡沫消防车 12 台，干粉消防车 6 台，举高喷射消防车 1 台，工具消防车 3 台，通信照明指挥消防车 7 台），254 名指战员赶赴现场。（四中队听到爆炸声后，在组织力量出动的同时，迅速向厂区询问爆炸情况，随后便接到了支队调度命令；消防支队的五个大队，在接到公安消防支队调动命令时，已先期接到厂区报警，并立即出动了全部力量）；13 时 41 分，支队调度指挥中心调出特勤八个中队所有执勤力量，共 43 台消防车（其中水罐消防车 31 台，泡沫消防车 6 台，泡沫干粉联用消防车 1 台，洗消消防车 1 台，抢险救援消防车 1 台，工具消防车 3 台），213 名指战员；13 时 45 分，向总队值班室和市公安局指挥中心、市政府值班室报告，同时立即提请政府启动《吉林市危险化学品事故应急预案》，通知市公安局指挥中心部署对该厂所在龙潭区主要街道实施交通管制，疏散爆炸区域附近的所有人员，通知市化学灾害事故救助办公室、120 急救、环保、安全生产监督管理局、自来水公司、供电等部门赶往现场，协助事故处置工作。如图 16-7 所示。

13 时 41 分，辖区公安消防四中队和第五消防大队相继到达事故现场。当时整个装置区上空浓烟滚滚，火光冲天，空气中弥漫着刺鼻的气味，从被炸裂的蒸汽管道中喷出的高温蒸汽发出刺耳的呼啸声，震耳欲聋；苯胺二车间装置区一片火海（燃烧面积约 10000 多平方米），装置区氮气灭火系统装置全部被破坏；距装置区北侧 105m 的 55♯罐区一个硝基苯储罐爆炸起火，两个纯苯储罐发生猛烈燃烧，厂区消防供水系统因断电无法启动，55♯罐区部分储罐水喷淋供水管线和泡沫固定灭火设施管线被炸毁，现场情况万分危急。公安消防四中

队将 5 台消防车车头向外停在距火场 200m 左右的厂区道路上，指挥员一面向支队调度指挥中心报告火情，请求增援；一面派出侦察小组对火情实施初步侦察，同时实施战斗展开，在装置区西侧出一支水枪和一支 PQ8 型泡沫枪，对苯胺二车间生产装置实施冷却，扑救地面流淌火。战斗展开中，中队指挥员发现现场有一名员工在装置区发生爆炸时，被炸飞的下水道金属井盖砸成重伤，迅速组织人员将受伤人员救出，及时送交厂区外的医疗救护人员。第五消防大队三台消防车在装置区南侧出两门移动消防水炮，两支水枪对生产装置实施冷却。

图 16-6　爆炸后现场

图 16-7　现场冷却防爆

14 时 06 分，支队长召集公司副总经理和吉化消防支队指挥员了解现场情况，咨询生产工艺和现场可能出现的危险情况。支队长意识到装置区有进一步发生大爆炸的危险，立即命令前方所有车辆和人员撤离至距火场 300 余米的厂区大门口外。由于现场噪声太大，在最前沿阵地参战的官兵无法通过对讲机听到撤退命令，他们依然全神贯注地对装置区射水冷却；时间一秒一秒地过去，危险一步一步地逼近，支队长当即命令由指挥部的干部到各个战斗点上传达撤退命令。就在官兵开始撤离不到三分钟，装置区发生了第二次最猛烈大爆炸。爆炸产生的棕红色蘑菇云遮天蔽日，整个装置区笼罩在浓烟之中。爆炸产生的巨大威力将装置区后侧炸出了一个深约 8m、直径 20 余米的大坑；罐体残片、装置管线以及附近的其他建筑材料抛向天空，并呼啸着"砸"向地面，残碎的罐壁和装置飞出 800m 远；强大的冲击波将后撤的官兵"推"倒在地，将火场前沿阵地来不及撤出的战斗车辆的车门损坏、车窗玻璃击碎，大吨位水罐消防车被水平推出数米距离；距离爆炸现场 650m 远的染料厂消防中队的三扇铁制车库大门被冲击严重变形，沥青、石块等不时砸在后撤的官兵身上。此次爆炸，共造成附近 3000 多户居民受灾，死 1 人，重伤 1 人，轻伤 29 人，方圆 2km 范围内的建筑物玻璃全部破碎，10km 范围内有明显震感。由于撤离及时，现场消防官兵无一伤亡。14 时 28 分，总队长接到报告，立即给支队长打电话，命令将全体官兵撤离至现场 2000m 以外，防止再次发生爆炸造成官兵伤亡。支队长接到命令后，立即将所有参战力量撤离至距离火场 2000m 的化工建设公司门前。随后，14 时 30 分装置区再次发生剧烈爆炸，14 时 32 分、35 分、36 分、37 分、38 分、40 分、45 分、47 分、52 分、53 分、56 分、又相继发生十一次不同规模的爆炸。

第二阶段：冷却防爆，强攻近战，确保储罐区和相邻车间储罐、装置安全。

消防官兵撤离到 2000m 外后，指挥部立即召集单位工作技术人员，了解和研究现场情况。15 时 25 分，支队长确定将北侧的 55# 罐区为作战的主攻方向，将"冷却防爆"作为作战行动的主要方面，并具体研究了作战方案。参谋长对作战行动进行了具体部署和动员。15 时 30 分，总队司令部副参谋长、战训处长赶到现场，直接进入厂区了解现场重点部位和危险情况。此时，55# 罐区浓烟滚滚，烈焰冲天，大火直接威胁临近的 13 个储罐，距 55# 罐区西侧 40m、50m、70m 分别为两个氢气储罐（储量为 800m³）、苯酚丙酮车间和苯胺一车间，北侧还有 4 个地下丙烯储罐。如不及时有效控制火势，一旦引起其他 13 个苯、硝基苯、邻二甲苯等成品罐爆炸，将直接造成临近的两个氢气储罐和附近的苯酚丙酮车间、苯胺一车间等系列连锁大爆炸。据初步估算，如果发生这样的连锁爆炸，爆炸当量将相当于大约3604t TNT 炸药爆炸的威力，整个双苯厂所在的区将笼罩在火海和毒烟之中，半个吉林市都将遭受爆炸和毒害的化学性"灾难"，后果不堪设想。当时现场情况异常危险，两个2000m³ 的纯苯储罐和 1 个 1500m³ 的硝基苯储罐正在猛烈燃烧，直接威胁距离只有 7m 的其他 13 个储罐的安全。

15 时 35 分，总指挥部提出三点工作意见：一是迅速启动备用电源，恢复厂内消防水源，保证现场不间断供水；二是由吉化公司派出工程技术人员协助灭火指挥部科学决策，并全面检查现场生产装置关阀断料情况；三是集中力量对罐区实施进攻，防止附近的两个氢气储罐爆炸，造成更大的灾害。支队长指挥调集了支队 8 台泡沫消防车和全部大型水罐消防车赶往 55♯罐区，实施强攻。特勤二中队、二中队、六中队到达 55♯罐区后，在总队战训处处长、支队司令部参谋长、副参谋长的指挥下，在 55♯罐区的北侧出 2 门移动水炮对邻近储罐进行冷却，利用一门车载水炮和一门车载泡沫炮对燃烧的三个储罐实施强攻，同时深入罐区利用罐区内部的消防水炮对罐体实施冷却；第五大队出一支 PQ16 型泡沫管枪，扑救55♯储罐区北侧的地面流淌火，利用车载炮向燃烧罐射水冷却罐体，出两门移动炮深入罐区内部对燃烧罐实施近战强攻，同时冷却邻近的未燃烧储罐。特勤二中队、四中队、五中队、九中队部分车辆到达 55♯罐区后，在总队副参谋长，战训科长，战训参谋的协调指挥下，出两支 PQ8 型泡沫管枪扑救地面流淌火，同时利用罐区的地上消火栓，出一门移动水炮，冷却邻近储罐，第三大队出一门移动水炮对邻近储罐实施全面冷却。

16 时 20 分，进一步确定了具体作战方案：一是对生产装置和燃烧罐区实施全面控制，坚决禁止盲目扑灭明火，防止因盲目灭火造成有毒气体扩散和产生可燃气体爆炸性混合物，遇火源发生再次爆炸；二是集中力量全力控制储罐区火势，强攻近战，冷却燃烧罐和相邻储罐，坚决防止爆炸，同时派出观察哨，随时观察罐体变化情况；三是对生产装置利用消防水炮实施远距离控制，禁止盲目进入装置区近距离灭火；四是全体参战人员要全面做好安全防护，防止出现中毒等事故；五是协调公安等有关部门进一步扩大警戒范围，在下风方向5km 范围内划出警戒区，全力疏散人员，防止大量人员中毒。为了解掌握实际情况，科学决策，总队长亲自带领有关人员深入到 55♯罐区进行实地侦察。

经过 3 个多小时的艰苦作战，18 时 50 分，55♯罐区三个猛烈燃烧的储罐火灾被有效控制；19 时 15 分，罐区大火被扑灭，彻底消除了引发"系列连锁大爆炸"的潜在危险。随后，留下两个中队的 4 台消防车对罐区进行监护冷却，驱散着火罐内挥发出来的残存可燃液体的蒸汽，防止发生复燃和爆炸。

指挥部在储罐区火灾扑灭火后，再次召集指挥员和专家组人员对火场情况进行了仔细梳理，明确提出要组织专业技术人员对现场危险气体浓度进行检测。19 时 35 分，侦察组在侦察 55♯罐区附近情况时，现场监护的中队指挥员报告罐区一条物料管线发生严重泄漏，现场可燃气体浓度很大，情况比较危险。处长和工程技术人员深入内部侦察发现，泄漏是由于爆炸造成物料管线损坏，连接管线的储罐阀门没有关闭所致。于是配合单位技术人员迅速关闭了两侧储罐的阀门，有效制止了泄漏。

第三阶段：冷却防爆，逐步推进，全力控制火势、消灭火灾。

19 时 50 分，总队长根据侦察组反馈的火场情况，会同专业人员进行研究，进一步确定了重点部位并对作战行动进行了重新部署。

20 时许，为了防止苯胺二车间北侧的硝化装置区附近爆炸形成的地面流淌火烘烤，使两个硝酸储罐变形，硝酸外溢，形成新的危险，指挥部命令立即组织力量将流淌火扑灭。支队长迅速指挥协调现场六中队和消防支队第一大队，各出一门泡沫炮，将硝酸储罐附近的流淌火扑灭。随后，消防支队第一大队出 1 门移动水炮，六中队出 1 门移动水炮扑救装置区中部坍塌部位的流淌火，冷却燃烧装置。

20 时 40 分，装置区中部的流淌火被扑灭。至此，现场只剩下苯胺二车间装置区一处火点，灭火力量也全部转入到扑救苯胺二车间装置区的火灾战斗中。

21 时 30 分，由省政府和相关部门领导组成的现场总指挥部形成决议：一是由公安消防总队负责对现场火灾实施统一指挥，尽快控制险情，防止发生新的事故；二是由市政府牵头，省、市安全生产监督管理部门组织，该公司和消防部门配合，立即展开事故调查，尽快查明爆炸原因；三是市委、市政府连夜组织召开新闻发布会，由该公司向新闻部门通报事故基本情况和下步工作打算；四是全力以赴搜寻失踪人员，医治受伤人员，必要时可从省里调派专家医治；五是全力以赴做好社会稳定工作，对受灾和有人员受伤的家庭要采取紧急措施，做好安抚工作，迅速恢复供水、供电、供热；六是搞好社会宣传，维护社会稳定。现场总指挥部随即组织人员，准备清理坍塌现场的障碍物，搜寻失踪人员。

21 时 45 分，按照指挥部的要求，支队长调整力量，对装置区展开进攻。七中队在装置区南侧出 1 门移动水炮对装置区进行冷却灭火，特勤二中队在装置区南侧出一门移动式泡沫炮对装置区进行灭火，支队在装置区南侧出一门移动式水炮对装置区进行冷却灭火，六中队、三中队在装置区南侧各出一支带架水枪对装置区进行冷却灭火，特勤一中队、二中队在装置区南侧各出一支水枪对装置区冷却灭火。其他中队的执勤车辆运水为前方战斗车辆供水。

14 日 0 时 30 分，前方阵地报告，装置区火势已明显减弱。指挥部研究决定，组织力量抓住时机一举扑灭火灾。14 日 3 时许，装置火灾被基本控制，14 日 12 时 08 分，火灾被彻底扑救。指挥部决定由消防支队和吉林市消防支队特勤二中队的两门移动水炮对装置继续实施冷却，四中队、五中队对现场实施监护，同时命令特勤一中队利用生命探测仪等救生器材配合吉化公司对失踪人员进行全力搜救，其他中队官兵到医院接受医护检查。

这起事故，是吉林市历史上规模最大，最为典型的一次化工装置、设施连环爆炸火灾事故。其情况之复杂，危险之严重，爆炸威力、过火面积、毒害性、处置难度之大，前所未有。

（二）事故责任与教训

2006 年国务院对××石化分公司双苯厂"11·13"爆炸事故及松花江水污染事件做出处理，对公司责任人员，对吉林省有关方面责任人员给予相应的党纪、行政处分。

（1）2005 年 11 月 13 日，某公司××石化分公司双苯厂硝基苯精馏塔发生爆炸，造成 8 人死亡，60 人受伤，直接经济损失 6908 万元，并引发松花江水污染事件。国务院事故及事件调查组经过深入调查、取证和分析，认定中该双苯厂"11·13"爆炸事故和松花江水污染事件，是一起特大安全生产责任事故和特别重大水污染责任事件。

（2）爆炸事故的直接原因是硝基苯精制岗位外操人员违反操作规程，在停止粗硝基苯进料后，未关闭预热器蒸气阀门，导致预热器内物料气化；恢复硝基苯精制单元生产时，再次违反操作规程，先打开了预热器蒸汽阀门加热，后启动粗硝基苯进料泵进料，引起进入预热器的物料突沸并发生剧烈振动，使预热器及管线的法兰松动、密封失效，空气吸入系统，由于摩擦、静电等原因，导致硝基苯精馏塔发生爆炸，并引发其他装置、设施连续爆炸。

（3）爆炸事故发生也暴露出××石化分公司及双苯厂对安全生产管理重视不够、对存在的安全隐患整改不力及安全生产管理制度和劳动组织管理存在的问题。

（4）污染事件的直接原因是双苯厂没有在事故状态下采取防止受污染的"清净下水"流

入松花江的措施，爆炸事故发生后，未能及时采取有效措施，防止泄漏出来的部分物料和循环水及抢救事故现场消防水与残余物料的混合物流入松花江。

（5）污染事件的间接原因是××分公司及双苯厂对可能发生的事故会引发松花江水污染问题没有进行深入研究，有关应急预案有重大缺失；该市事故应急救援指挥部对水污染估计不足，重视不够，未提出防控措施和要求；公司对环境保护工作重视不够，对××分公司环保工作中存在的问题失察，对水污染估计不足，重视不够，未能及时督促采取措施；市环保局没有及时向事故应急救援指挥部建议采取措施；吉林省环保局对水污染问题重视不够，没有按照有关规定全面、准确地报告水污染程度；环保总局在事件初期对可能产生的严重后果估计不足，重视不够，没有及时提出妥善处置意见。

（6）为了吸取事故教训，国务院要求各级党、政领导干部和企业负责人要进一步增强安全生产意识和环境保护意识，提高对危险化学品安全生产以及事故引发环境污染的认识，切实加强危险化学品的安全监督管理和环境监测监管工作。要求有关部门尽快组织研究并修订石油和化工企业设计规范，限期落实事故状态下"清净下水"不得排放的措施，防止和减少事故状态下的环境污染。要结合实际情况，不断改进本地区、本部门和本单位《重大突发事件应急救援预案》中控制、消除环境污染的应急措施，坚决防范和遏制重特大生产安全事故和环境污染事件的发生。

第三节　危险化学品储存中的重大事故

一、1989年某油库"8·12"特大火灾事故

1989年8月12日9时55分，某公司黄岛油库发生特大火灾爆炸事故，19人死亡，100多人受伤，直接经济损失3540万元。

（一）事故经过

1989年8月12日，$2.3 \times 10^4 \text{m}^3$ 原油储量的5号混凝土油罐突然爆炸起火。到下午2时35分，青岛地区西北风，风力增至4级以上，几百米高的火焰向东南方向倾斜。燃烧了4个多小时，5号罐里的原油随着轻油馏分的蒸发燃烧，形成速度大约1.5m/h、温度为150～300℃的热波向油层下部传递。当热波传至油罐底部的水层时，罐底部的积水、原油中的乳化水以及灭火时泡沫中的水汽化，使原油猛烈沸溢，喷向空中，撒落四周地面。下午3时左右，喷溅的油火点燃了位于东南方向相距5号油罐37m处的另一座相同结构的4号油罐顶部的泄漏油气层，引起爆炸。炸飞的4号罐顶混凝土碎块将相邻30m处的1号、2号和3号金属油罐顶部震裂，造成油气外漏。约1min后，5号罐喷溅的油火又先后点燃了3号、2号和1号油罐的外漏油气，引起爆燃，整个老罐区陷入一片火海。如图16-8所示。失控的外溢原油像火山喷发出的岩浆，在地面上四处流淌。大火分成三股，一部分油火翻过5号罐北侧1m高的矮墙，进入储油规模为300000m³ 全套引进日本工艺装备的新罐区的1号、2号、6号浮顶式金属罐的四周，烈焰和浓烟烧黑3号罐壁，其中2号罐壁隔热钢板

图16-8　黄岛油库火灾现场

很快被烧红；另一部分油火沿着地下管沟流淌，汇同输油管网外溢原油形成地下火网；还有一部分油火向北，从生产区的消防泵房一直烧到车库、化验室和锅炉房，向东从变电站一直

引烧到装船泵房、计量站、加热炉。火海席卷着整个生产区，东路、北路的两路油火汇合成一路，烧过油库 1 号大门，沿着新港公路向位于低处的黄岛油港烧去。大火殃及青岛多个单位。18 时左右，部分外溢原油沿着地面管沟、低洼路面流入胶州湾。

（二）抢险救灾

事故发生后，社会各界积极行动起来，全力投入抢险灭火的战斗。在大火迅速蔓延的关键时刻，党中央和国务院对这起震惊全国的特大恶性事故给予了极大关注。

省市的负责同志及时赶赴火场进行了正确的指挥。全力投入灭火战斗，党政军民 1 万余人全力以赴抢险救灾，省各地市、胜利油田、齐鲁石化公司的公安消防部门，市公安消防支队及部分企业消防队，共出动消防干警 1000 多人，消防车 147 辆。黄岛区组织了几千人的抢救突击队，出动各种船只 10 艘。

在国务院的统一组织下，全国各地紧急调运了 153t 泡沫灭火液及干粉。北海舰队也派出消防救生船和水上飞机、直升机参与灭火，抢运伤员。

经过 5 天 5 夜奋战，13 日 11 时火势得到控制，14 日 19 时大火扑灭，16 日 18 时油区内的残火、地沟暗火全 部熄灭，黄岛灭火取得了决定性的胜利。

（三）事故原因分析

黄岛油库特大火灾事故的直接原因是由于非金属油罐本身存在的缺陷，遭受对地雷击，产生的感应火花引爆油气。

事故发生后，4 号、5 号两座半地下混凝土石壁油罐烧塌，1 号、2 号、3 号拱顶金属油罐烧塌，给现场勘查、分析事故原因带来很大困难。在排除人为破坏、明火作业、静电引爆等因素和实测避雷针接地良好的基础上，根据当时的气象情况和有关人员的证词（当时，青岛地区为雷雨天气），经过深入调查和科学论证，事故原因的焦点集中在雷击的形式上。混凝土油罐遭受雷击引爆的形式主要有 6 种：一是球雷雷击；二是直击避雷针感应电压产生火花；三是雷击直接燃爆油气；四是空中雷放电引起感应电压产生火花；五是绕击雷直击；六是罐区周围对地雷击感应电压产生火花。

经过对以上雷击形式的勘查取证、综合分析，5 号油罐爆炸起火的原因，排除了前 4 种雷击形式，第 5 种雷击形成可能性极小。理由是绕击雷绕击率在平地是 0.4%，山地是 1%，概率很小；绕击雷的特征是小雷绕击，避雷针越高绕击的可能性越大。当时青岛地区的雷电强度属中等强度，5 号罐的避雷针高度为 30m，属较低的，故绕击的可能性不大；经现场发掘和清查，罐体上未找到雷击痕迹，因此绕击雷也可以排除。

事故原因极大可能是由于该库区遭受对地雷击产生的感应火花引爆油气。根据是：

（1）8 月 12 日 9 时 55 分左右，有 6 人从不同地点目击，5 号油罐起火前，在该区域有对地雷击。

（2）中国科学院空间中心测得，当时该地区曾有过两三次落地雷，最大一次电流 104A。

（3）5 号油罐的罐体结构及罐顶设施随着使用年限的延长，预制板裂缝和保护层脱落，使钢筋外露。罐顶部防感应雷屏蔽网连接处均用铁卡压固。油品取样孔采用 9 层铁丝网覆盖。5 号罐体中钢筋及金属部件电气连接不可靠的地方颇多，均有因感应电压而产生火花放电的可能性。

（4）根据电气原理，50～60m 以外的天空或地面雷感应，可使电气设施 100～200mm 的间隙放电。从 5 号油罐的金属间隙看，在周围几百米内有对地的雷击时，只要有几百伏的感应电压就可以产生火花放电。

（5）5 号油罐自 8 月 12 日凌晨 2 时起到 9 时 55 分起火时，一直在进油，共输入 1.5×10^4 m³ 原油。与此同时，必然向罐顶周围排入一定体积的油气，使罐外顶部形成一层达到爆炸极限范围的油气层。此外，根据油气分层原理，罐内大部分空间的油气虽处于爆炸上限，但由于油气分布不均匀，通气孔及罐体裂缝处的油气浓度较低，仍处于爆炸极限范围。

除上述直接原因之外，要从更深层次分析事故原因，吸取事故教训，防患于未然。

（1）黄岛油库区储油规模过大，生产布局不合理。黄岛面积仅 5.33km²，却有两家油库分布在不到 1.5km² 的坡地上。早在 1975 年就形成了 34.1×10⁴ m³ 的储油规模。但 1983 年以来，国家有关部门先后下达指标和投资，使黄岛储油规模达到 76×10⁴ m³，从而形成油库区相连、罐群密集的布局。黄岛油库老罐区 5 座油罐建在半山坡上，输油生产区建在近邻的山脚下。这种设计只考虑利用自然高度差输油节省电力，而忽视了消防安全要求，影响对油罐的观察巡视。而且一旦发生爆炸火灾，首先殃及生产区，必遭灭顶之灾。这不仅给黄岛油库区的自身安全留下长期重大隐患，还对胶州湾的安全构成了永久性的威胁。

（2）混凝土油罐先天不足，固有缺陷不易整改。黄岛油库 4 号、5 号混凝土油罐始建于 1973 年。当时我国缺乏钢材，是在战备思想指导下，边设计、边施工、边投产的产物。这种混凝土油罐内部钢筋错综复杂，透光孔、油气呼吸孔、消防管线等金属部件布满罐顶。在使用一定年限以后，混凝土保护层脱落，钢筋外露，在钢筋的捆绑处、间断处易受雷电感应，极易产生放电火花；如遇周围油气在爆炸极限内，则会引起爆炸。混凝土油罐体极不严密，随着使用年限的延长，罐顶预制拱板产生裂缝，形成纵横交错的油气外泄孔隙。混凝土油罐多为常压油罐，罐顶因受承压能力的限制，需设通气孔泄压，通气孔直通大气，在罐顶周围经常散发油气，形成油气层，是一种潜在的危险因素。

（3）混凝土油罐只起储油功能，大多数因陋就简，忽视消防安全和防雷避雷设计，安全系数低，极易遭雷击。1985 年 7 月 15 日，黄岛油库 4 号混凝土油罐遭雷击起火后，为了吸取教训，分别在 4 号、5 号混凝土油罐四周各架了 4 座 30m³ 高的避雷针，罐顶部装设了防感应雷屏蔽网，因油罐正处在使用状态，网格连接处无法进行焊接，均用铁卡压接。这次勘查发现，大多数压固点锈蚀严重。经测量一个大火烧过的压固点，电阻值高达 1.56Ω，远远大于 0.03Ω 的规定值。

（4）消防设计错误，设施落后，力量不足，管理工作跟不上。黄岛油库是消防重点保卫单位，实施了以油罐上装设固定消防设施为主，两辆泡沫消防车、一辆水罐车为辅的消防备战体系。5 号混凝土油罐的消防系统，为一台流量 900t/h、压力 784kPa 的泡沫泵和装在罐顶上的 4 排共计 20 个泡沫自动发生器。这次事故发生时，油库消防队冲到罐边，用了不到 10min，刚刚爆燃的原油火势不大，淡蓝色的火焰在油面上跳跃，这是及时组织灭火施救的好时机。然而装设在罐顶上的消防设施因平时检查维护困难，不能定期做性能喷射试验，事到临头时不能使用。油库自身的泡沫消防车救急不救火，开上去的一辆泡沫消防车面对不太大的火势，也是杯水车薪，无济于事。库区油罐间的消防通道是路面狭窄、凹凸不平的山坡道，且为无环形道路，消防车没有掉头回旋余地，阻碍了集中优势使用消防车抢险灭火的可能性。油库原有 35 名消防队员，其中 24 人为农民临时合同工，由于缺乏必要的培训，技术素质差，在 7 月 12 日有 12 人自行离库返乡，致使油库消防人员严重缺编。

（5）油库安全生产管理存在不少漏洞。自 1975 年以来，该库已发生雷击、跑油、着火事故多起，幸亏发现及时，才未酿成严重后果。原石油部 1988 年 3 月 5 日发布了《石油与天然气钻井、开发、储运防火防爆安全管理规定》。而黄岛油库上级主管单位安全科没有将该规定下发给油库。这次事故发生前的几小时雷雨期间，油库一直在输油，外泄的油气加剧了雷击起火的危险性。油库 1 号、2 号、3 号金属油罐设计时，是 5000m³，而在施工阶段，在原设计罐址上改建成 10000m³ 的罐。这样，实际罐间距只有 11.3m，远远小于安全防火规定间距 33m。市公安局十几年来曾 4 次下达火险隐患通知书，要求限期整改，停用中间的

2号罐。但直到这次事故发生时，始终没有停用2号罐。此外，对职工要求不严格，工人劳动纪律松弛，违纪现象时有发生。8月12日上午雷雨时，值班消防人员无人在岗位上巡查，而是在室内打扑克、看电视。事故发生时，自救能力差，配合协助公安消防灭火不得力。

（四）吸取事故教训，采取防范措施

对于这场特大火灾事故，李鹏总理指示："需要认真总结经验教训，要实事求是，举一反三，以这次事故作为改进油库区安全生产的可以借鉴的反面教材。"应从以下几方面采取措施。

（1）各类油品企业及其上级部门必须认真贯彻"安全第一，预防为主"的方针，各级领导在指导思想上、工作安排上和资金使用上要把防雷、防爆、防火工作放在头等重要位置，要建立健全针对性强、防范措施可行、确实解决问题的规章制度。

（2）对油品储、运建设工程项目进行决策时，应当对包括社会环境、安全消防在内的各种因素进行全面论证和评价，要坚决实行安全、卫生设施与主体工程同时设计、同时施工、同时投产的制度。切不可只顾生产，不要安全。

（3）充实和完善《石油设计规范》和《石油天然气钻井、开发、储运防火防爆安全管理规定》，严格保证工程质量，把隐患消灭在投产之前。

（4）逐步淘汰非金属油罐，今后不再建造此类油罐。对尚在使用的非金属油罐，研究和采取较可靠的防范措施。提高对感应雷电的屏蔽能力，减少油气泄漏，同时，组织力量对其进行技术鉴定，明确规定大修周期和报废年限，划分危险等级，分期分批停用报废。

（5）研究改进现有油库区防雷、防火、防地震、防污染系统；采用新技术、高技术，建立自动检测报警联锁网络，提高油库自防自救能力。

（6）强化职工安全意识，克服麻痹思想。对随时可能发生的重大爆炸火灾事故，增强应变能力，制定必要的消防、抢救、疏散、撤离的安全预案，提高事故应急能力。

二、1997年北京××化工厂罐区"6·27"特大火灾事故

北京××化工厂"6·27"特大事故在国内造成了很大的影响，有关企业、部门和专家对事故原因的认定十分重视。为了给"6·27"特大事故的批复提供技术依据，劳动部委托的8位专家于1998年2月16日至19日在北京，根据《特别重大事故调查程序暂行规定》（国务院令第34号）、《关于特大事故批复结案工作有关问题的通知》（国办函〔1996〕60号）和北京市人民政府提供的有关××化工厂"6·27"特大事故的各种资料或文件（人证、物证、分析鉴定报告、事故现场录像、固定专家组编写的《北京××化工厂"6·27"技术原因分析报告》和消防专家编写的《关于北京××化工厂"6·27"特大事故原因的鉴定意见》等），对事故原因进行了分析认定。

专家们本着公正、客观、科学的态度，仔细审阅了各种资料和文件，听取了固定专家组的汇报，质疑了重要问题，研究了所提供的现场证据，并对重要的、典型的证据进行了重点分析。事故原因认定采用的原则为：物证为主，物证中现场已核实或通过鉴定的直接物证为主，直接物证中与事故原因密切相关的典型物证为主。

（一）事故概况

1997年6月27日21时5分左右，在罐区当班的职工闻到泄漏物料异味。21时10分左右，操作室仪表盘有可燃气体报警信号显示。泄漏物料形成的可燃气体迅速扩散。21时15分左右，油品罐区工段操作员和调度员去检查泄漏源。21时26分左右，可燃物遇火源发生燃烧爆炸，其中泵房爆炸破坏最大。石脑油A罐区易燃液体发生燃烧。爆炸对周围环境产生冲击和震动破坏，造成新的可燃物泄漏并被引燃，火势迅速扩散，乙烯B罐因被烧烤出

现塑性变形开裂，21 时 42 分左右，罐中液相乙烯突沸爆炸（BLEVE）。此次爆炸的破坏强度更大，被爆炸驱动的可燃物在空中形成火球和"火雨"向四周抛撒；乙烯 B 罐炸成 7 块，向四处飞散，打坏管网引起新的火源，与乙烯 B 罐相邻的 A 罐被爆炸冲击波向西推倒，罐底部的管线断开，大量液态乙烯从管口喷出后遇火燃烧。爆炸冲击波还对其他管网、建筑物、铁道上油罐车等产生破坏作用，大大增加了可燃物的泄漏，火势严重扩散。大火至 1997 年 6 月 30 日 4 时 55 分熄灭。

国家地震局地球物理研究所所属北京遥测地震台网宝坻地震台记录出两次地震。第一次发生的时间范围为 21 时 26 分 38.4 秒至 28 分 27.4 秒，第二次发生的时间范围为 21 时 40 分 57.8 秒至 42 分 47.8 秒。

（二）事故原因及事故模式的认定

1. 主要物证的认定

（1）爆炸前发生大量易燃物料泄漏。

① 27 日 21 时 5 分左右，当班职工闻到泄漏物料异味。油品车间火车工段班长 21 时左右闻到异味后去泵房等处检查，发现泵房内有异味。21 时左右操作室仪表盘有可燃气体报警信号显示。

② 油品罐区工段操作员和调度员在检查泄漏源过程中，均在事故现场泵房附近死亡。

（2）爆炸现场死亡人员的尸检结果证明，爆炸前泄漏的易燃物料中含石脑油，不含乙烯。

事故中共死亡 9 人，其中现场死亡 4 人，尸检结果应是死亡前空气中所含泄漏物料组分的直接证据。

北京市公安局刑事科学技术检验报告表明，其检样所用的 GC/MS 的分析方法是国际法庭科学公认的准确定性方法。对可燃物成分进行检验时，既进行了已知标准样品（由××化工厂提供）的对照，也进行了空白样品的对比，基本上排除了各种可能存在的干扰，检验结果可作为定性依据。1997 年 7 月 1 日至 13 日的检验报告表明，在现场死亡的人员的肺和气管中均检出与厂方提供的 3 种油样（石脑油、加氢汽油、轻柴油）部分组分相一致的成分（二醇除外），未检出乙烯成分。其余 5 人未在现场死亡，尸检中未见肺和气管中有乙烯和厂方提供的 4 种油样（石脑油、加氢汽油、轻柴油、乙二醇）部分组成相一致的成分。

（3）事故现场阀门开关状况勘查表明，6 月 27 日 20 时接班后卸轻柴油操作时阀门处于错开错关状况，造成错误卸油流程。

① 事故现场勘查及残骸分析证明，万米罐区的卸油管线共有 9 个直径为 500mm 的气动带手动阀门，阀门开关状态为：石脑油的 B#、C#、D# 罐分阀和轻柴油 A# 罐的分阀处于关闭状态；石脑油 A# 罐分阀、轻柴油 B# 罐分阀处于开启状态；石脑油总阀处于开启状态，轻柴油总阀处于关闭状态，泵房卸油总阀处于半开启状态。

② 石脑油和轻柴油共用一条卸油总管，由于轻柴油总阀关闭，不能向轻柴油 B# 罐卸油；又由于石脑油总阀和石脑油 A# 罐分阀均处于开启状态，所卸轻柴油只能进入石脑油 A# 罐中。

（4）处于满载的石脑油 A# 罐，被卸入大量轻柴油后，发生"冒顶"，溢出的石脑油是引发燃烧和爆炸的物料。

① 轻柴油装卸前，石脑油 A# 罐的液面高度为 13.725m，已达到额定液位高度（13.775m）的 99.64%。

② 轻柴油向石脑油 A# 罐错卸，可以很快"冒顶"，在 21 时左右当班职工闻到的异味就是泄漏的石脑油气味。

③ 石脑油蒸气密度略高于空气，气体沿地面扩散，遇到火源便发生爆炸或爆燃，同时未汽化的石脑油起火燃烧。

2. 事故原因认定

"6·27"特大事故的直接原因是：卸轻柴油时，由于石脑油和轻柴油阀门处于错开错关状态，泵出的轻柴油不能卸入轻柴油 B# 罐，而进入了满载的石脑油 A# 罐，导致石脑油大量"冒顶"溢出，溢出的石脑油及其油气扩散过程中遇到火源，产生首次爆炸和燃烧。

3. 事故模式

"6·27"特大事故的模式如图 16-9 所示。

阀门处于错开错关状态，泵出的轻柴油卸入石脑油 A 罐
石脑油"冒顶"溢出
石脑油及其油气遇火源引起爆炸和燃烧
乙烯 B# 罐被烧烤引起突沸爆炸
大　　火

处于满载的石脑油 A 罐被卸入大量轻柴油，发生"冒顶"，溢出的石脑油是引发燃烧爆炸的物料

包括泵房和爆炸、石脑油罐区的燃烧

大强度爆炸驱动的可燃物形成的火球和火雨向四周抛散，生产强大的破坏，火势严重扩展

图 16-9　事故模式

（三）火灾扑救情况

1. 火场基本情况

(1) 罐区情况　该厂罐区面积近 10 万平方米，共有各类储罐 31 个，其中压力球罐 13 个（1000m³ 11 个、650m³ 两个，每平方厘米 19.8L 储液）分别存有乙烯、石脑油、丁二烯、液化气、碳五、丙烷、混合碳四。常压立式拱顶、内浮顶罐 18 个（10⁴m³ 6 个、2000m³ 3 个、1000m³ 8 个、200m³ 1 个）存有加氢汽油、燃料油、汽油、碳九、调质油、乙二醇、轻柴油。

罐区北侧有列车卸油站，卸油泵房。当时有两列载有轻柴油等物料罐车 62 节，载物料约 2700t。

西侧是生产区，有环氧乙烷罐两个（每个 500m³），3×10⁵t 乙烯生产线。

南侧有库房和装桶站，共计储料 1.9 万余吨。

(2) 消防设施情况　罐区设有固定消防设施，各储罐分别安装有泡沫发生器和水喷淋，罐区周围设置了固定水炮。该厂共有消火栓 45 座，其中罐区 29 座（地上 17 座，地下 12 座），生产区 16 座，主管网管径 400mm，支管网管径 200mm。有地下储水池 4 个，7 分别为 6000m³、3000m³、2000m³、400m³，厂内有消防泵 4 个，给水量为 800t/h。

爆炸火灾发生后油罐及球罐大部分消防设施遭到破坏。由于供电设备炸坏，所以消防水泵不能供水。

2. 扑救经过

(1) 到场时的火场情况　起火点是位于罐区北侧编号为 V09561B 乙烯球罐。随即引起罐区 5 个 1000m³ 的球罐，两个 2000m³、两个 1000m³ 的储油主罐，6 个 10⁴m³ 油罐，两列油槽罐车发生猛烈燃烧。

(2) 爆炸后果　爆炸发生后造成球罐体保护层脱落致使罐体裸露，连通生产的管道断裂。罐区地下排水、消火栓等井盖炸损。北侧的卸油泵房，西侧的消防队、库房，南侧的装桶站建筑被烧塌或部分损坏，并造成罐区外围的 3 个火点：①西北侧管廊；②南侧 400m 外第六化学建筑公司机电队库房；③西侧 600m 之外的丙烯酸厂 1000m³ 储罐装置。

（3）确定火灾扑救的指导思想　根据火灾现场燃烧情况，指挥部确定了"保球罐、保装置区、防止二次爆炸，力争不伤人、不死人"总的火灾扑救的指导思想。

（4）灭火过程分四个阶段　第一阶段：保装置区，扑救外围火点，解除后顾之忧　火灾发生初期由于球罐粉碎性爆炸使火势异常凶猛，外围火场蔓延迅速。由于丙烯酸装置区火灾危险性大，如不及时扑救，就可能在装置区发生爆炸、燃烧，造成罐区火与装置区火前后夹击。此时，罐区与生产装置区连接的管道火也正向生产区蔓延，形势十分危急，后果不堪设想。

第一批到场的主管队 15 中队和增援队 13 中队、25 中队到场后，与该厂专职消防队针对火势及到场力量情况，迅速采取了首先消灭外围火的灭火措施，即分兵由主管中队、专职消防队首先扑救位于罐区西侧 800m 的丙烯酸分厂 1000m³ 中试装置火，确保该分厂装置区和临近的丙烯酸储罐区的安全，13 中队、25 中队扑灭罐区西北侧 200m 的管廊火和位于罐区南侧 400m 的某公司机电队院内的高压线库房火点，在当晚 11 时前及时消灭了外围火点，防止了火势向生产装置区及周围单位扩大蔓延，解除了主火场之外的后顾之忧，取得了初战胜利。

第二阶段：保球罐，控制罐区爆炸，防止伤亡　外围火被消灭后，晚 11 时左右，大批增援力量也相继到场，各方指挥人员也陆续到位，针对在 6 万多平方米的燃烧罐区中，有 15 个油罐和气罐火势猛烈，其余罐体在强烈辐射热的威胁和大火包围之中，随时都有二次爆炸的危险，一旦二次爆炸发生，将会直接造成整个罐区、生产装置区的连索爆炸燃烧，造成在场消防指战员大量伤亡的严重后果。其中正在燃烧的两个丁二烯球罐危险性就更大，如何控制不发生爆炸是这次火灾扑救成功的关键。

指挥部命令参战人员要竭尽全力控制球罐不发生二次爆炸，采取接近球罐坚决进行冷却的战术方法。重点针对可能引起爆炸的因素，积极采取有效的战术措施，组织了十几支水枪强攻到球罐下面，一方面控制球罐火势稳定燃烧，另一方面冷却球罐壁，为球罐降温，同时将 3 支高压水枪部署在球罐与着火油罐之间，形成一条水幕，阻隔强烈的辐射热对球罐的威胁，组织 22 个中队的灭火力量，兵分 4 路，从罐区北部、中部、南部和东部边扑灭罐区地面火，边向油罐接近，用水冷却已经燃烧的和尚未燃烧的油罐，防止油罐区火势扩大。另外火场指挥部做出由通州区公安局、公安交通管理局疏散周围群众，搞好火场警戒，禁止非消防人员进入的决策。

28 日凌晨 4 时火场总指挥部召开会议，分析火场形势，进一步明确了"保球罐，保生产装置区，不发生二次爆炸和不伤人死人"总体战略思想，并对灭火力量布局进行调整，把火场划分为四个战斗段，指定了各战斗段的指挥人员。北侧战斗段由一支队及××化工厂专职队负责，任务是扑灭油罐车及油池火，阻截火势向北侧装置及油罐车蔓延；中部战斗段由二支队、三支队负责，任务是冷却球罐不发生爆炸；南部战斗段由四支队负责，任务是阻截 1000m³ 油罐火势，冷却保护未着油罐和球罐；东南侧战斗段由局战训处和燕化专职消防队负责，任务是扑救 1 万立方米油罐火。

局战训处指挥员分别在各战斗段与支队指挥员共同指挥。为掌握储罐变化情况，确保不发生伤人死人，火场指挥部明确：一是各战斗段在前沿阵地设观察哨，由指挥员负责观察储罐情况，二是将灭火人员撤退命令权下放到各战斗段指挥员，强调如出现储罐发生颤动、安全阀鸣响、火焰突变白色等爆炸前兆时，指挥员应立即命令灭火人员撤退，三是前沿水枪阵地多采用固定水枪，并规定一个水枪阵地上设两名战斗员，以减少前方人员，为防止管道串通，火势向生产装置蔓延，指挥部命令由××化工厂组织熟悉罐区装置情况的职工对地上、地下管道阀门下水道进行检查，能关闭的关闭，不能关闭的采取阻隔措施，对关键装置要派专人看守，为防止天气变化影响火势扩大，火场指挥部调市气象局人员到场进行监测，随时掌握火场地区风向变化情况，准备了以应付风向变化的备用灭火力量，并在几次风向变化的情况下，调整灭火力量。

由于冷却控制总计出 19mm 水枪 30 支，带架 22mm 水枪 5 支和五十铃水炮 1 支，用水量达 1028.5m³/h，而场区供电系统遭破坏，停电造成供水中断，只有靠总蓄水 1 万多立方米的储水池供水，由于灭火用水量大，使储水池蓄水量迅速减少，灭火的关键时刻也是最困难时水池水位只有 30 多厘米，因电路被破坏又补充不了水，在这种情况下，指挥部命令到场的市环卫局 36 部洒水车从厂外水源处拉水，向水池注水，同时前方调整水枪，减少水枪数量，停止向油罐的进攻，保证球罐的冷却，并组织供水部门和厂方迅速抢修供电系统，经过多次努力，于 28 日上午 9 时泵房供电恢复，水泵启动，供水状况好转，闯过了供水严重不足的难关。由于准确地掌握了火场的情况，坚决采取了一系列战术措施，有效地控制了储罐发生爆炸。

第三阶段：主动进攻、加快灭火进程　在火势得到基本控制，灭火增援力量到场，7 月28 日 10 时左右，火场总指挥部经过现场侦察，初步论证，做出了"在确保重点冷却控制的同时，积极尝试组织向油罐灭火进攻"的决策。

集中北京市消防局部分力量和燕化专职消防队、天津公安消防总队的增援力量，先后组织了 5 次灭油罐火和西北侧地下油池火的战斗，组织的最大一次进攻使用了 7 台大功率泡沫炮车（其中奔驰 5 台，五十铃、斯泰尔各一台）灭火，5 只水枪进行冷却，36 台洒水车供水，坚持了 13 分钟，火势减弱，但火仍然未灭。

这种主动探索、积极进攻、加快灭火进程的指导思想是正确的，对减轻火势对球罐的威胁也起了积极的作用。但由于着火油罐罐顶全部掀掉，并出现坍塌（每个 1 万立方米油罐燃烧液面积 706.5m²，周长 94.2m，高 15.23m），通过计算，灭一个油罐最少要用 20 支19mm 水枪进行冷却，用 4 台流量为 300L/s 泡沫炮进行灭火，冷却用水量 150.72L/s，灭火用泡沫量 883.1L/s，在供水能力严重不足的情况下，很难组织有效的进攻。又由于 6 个 1万立方米油罐同时燃烧，罐壁被烧红，罐与罐之间仅有 30m，火头与火头相连，强烈的辐射热使战斗人员不能接近相邻罐进行冷却，只从一面进攻很难将火扑灭。

同时指挥部、化工集团、技术专家研究分析，即使扑灭了一个油罐火，由于罐内大量余料无法清除，油罐距离很近，强烈的辐射热和火焰极易使油罐复燃，造成前功尽弃，更有可能造成人员的伤亡，给善后处置造成无法解决的困难，而此时油罐火处于球罐的下风方向，因此，火场总指挥部决定不再向着火油罐进行灭火进攻，采取冷却和阻隔，控制油罐火稳定燃烧，直至物料全部燃尽，经过实战检验和技术论证，这种处置已燃烧油罐战术对策是较实际、科学和稳妥的。

第四阶段：采取技术措施灭火，做好监护工作　在油罐大火基本熄灭，已完全控制火势的情况下，重点对已着火的丁二烯球罐采取技术措施，与厂方技术人员认真研究，一是采取往燃烧的丁二烯罐内充氮气，防止罐内产生负压，引起爆炸，二是用管道接通火炬加速燃烧余料的技术处置方案，消防指战员和厂方排险人员又现场监护和处置了五天五夜，妥善地防止了油罐回火、余料泄漏及罐内产生负压等可能引起的爆炸，确保了灭火战斗的全胜。

3. 灭火力量调集情况

北京市消防局接到报警后，先后分四批调出 22 个公安消防中队，94 部消防车，1245 名消防指战员，前往火场扑救。根据火势发展情况，现场指挥部又调出燕山石油化工公司等 7个企事业专职消防队，20 部消防车，143 名专职消防员前往火场。调出市环卫局 36 部洒水车（载水量共计 320t）赶赴现场协助供水。28 日 8 时 40 分公安部消防局领导又令天津公安消防总队派 9 部大功率泡沫消防车，110 名消防指战员前往北京增援。投入火灾扑救的消防力量共计 123 部消防车 1498 人。

在火灾扑救中共使用消火栓 19 座、两座水池，形成 25 条供水线路，火场前方出水枪 35 支（高峰时 56 支），使用泡沫 40t、高倍泡沫 2.7t，使用水带 1000 余条。

（四）事故预防

1. 应建立并完善重大事故调查工作的法规与程序

事故调查不仅是一项技术性极其复杂的系统工程，而且是一项社会性很强的工作。对事故，尤其是对重大事故的调查与处理，不可避免地会涉及有关单位、部门的利益，甚至会危及这些单位与部门领导人的个人前途。因此，事故调查工作有时会遇到阻力，受到干扰，难以及时地做出科学、客观、公正的结论。又鉴于此，目前世界各国都制定、颁发了相应的法律、法规，成立超脱的事故调查专门机构。如 1986 年美国"挑战者"号航天飞机事故，并不是由美国航空航天局组织调查，而是由美国总统任命的特别专家组进行调查。我国政府对事故调查工作十分重视，《生产安全事故报告和调查处理条例》（国务院令第 493 号）自 2007 年 6 月 1 日起施行，国务院 1989 年 3 月 29 日公布的《特别重大事故调查程序暂行规定》和 1991 年 2 月 22 日公布的《企业职工伤亡事故报告和处理规定》同时废止。将我国的事故调查工作纳入法制化、规范化、程序化的轨道，使事故调查能得出科学、客观、公正的结论，达到防止和减少重大事故出现的目的。

2. 建立科学而严密的安全管理体系是预防事故的根本保证

对于化工厂这样的高危险性企业，必须建立起科学而严密的安全管理体系，才能有效地防止重大事故的发生。科学而严密的安全管理体系一般应包括安全法规、安全标准、安全设施和安全文化等。

虽然"6·27"特大事故的直接原因是操作失误，但根本原因却是企业在安全管理体制上存在严重疏漏。从 6 月 27 日 20 时开始卸轻柴油到 21 时 42 分发生大爆炸，历时 1 小时 40 分钟。在此期间，只要能切断事故链中的任何一个环节，都可能有效地制止事故的发生和发展。遗憾的是，由于该企业在安全管理体制和制度上的不健全，最终酿成悲剧。

三、2015 年天津港危险化学品"8·12"特别特重大爆炸事故

（一）事故经过

1. 事故发生的时间和地点

2015 年 8 月 12 日 22 时 51 分 46 秒，天津某公司危险品仓库运抵区（"待申报装船出口货物运抵区"的简称，属于海关监管场所，用金属栅栏与外界隔离，由经营企业申请设立，海关批准，主要用于出口集装箱货物的运抵和报关监管）最先起火，23 时 34 分 06 秒发生第一次爆炸，23 时 34 分 37 秒发生第二次更剧烈的爆炸。事故现场形成 6 处大火点及数十个小火点，8 月 14 日 16 时 40 分，现场明火被扑灭。

2. 事故现场情况

事故现场按受损程度，分为事故中心区、爆炸冲击波波及区。事故中心区为此次事故中受损最严重区域，面积约为 54 万平方米。两次爆炸分别形成一个直径 15m、深 1.1m 的月牙形小爆坑和一个直径 97m、深 2.7m 的圆形大爆坑。以大爆坑为爆炸中心，150m 范围内的建筑被摧毁，东侧的某公司办公楼只剩下钢筋混凝土框架；堆场内大量普通集装箱和罐式集装箱被掀翻、解体、炸飞，形成由南至北的 3 座巨大堆垛，一个罐式集装箱被抛进中联建通公司办公楼 4 层房间内，多个集装箱被抛到该建筑楼顶；参与救援的消防车、警车和位于爆炸中心南侧的吉运一道和北侧的吉运三道附近的顺安仓储有限公司、安邦国际贸易有限公司储存的 7641 辆商品汽车和现场灭火的 30 辆消防车在事故中全部损毁，邻近中心区的多家

公司的 4787 辆汽车受损。

爆炸冲击波波及区分为严重受损区、中度受损区。严重受损区是指建筑结构、外墙、吊顶受损的区域，受损建筑部分主体承重构件（柱、梁、楼板）的钢筋外露，失去承重能力，不再满足安全使用条件。中度受损区是指建筑幕墙及门、窗受损的区域，受损建筑局部幕墙及部分门、窗变形、破裂。

严重受损区在不同方向距爆炸中心最远距离为东 3km，西 3.6km，南 2.5km，北 2.8km。中度受损区在不同方向距爆炸中心最远距离为东 3.42km，西 5.4km，南 5km，北 5.4km。受地形地貌、建筑位置和结构等因素影响，同等距离范围内的建筑受损程度并不一致。

爆炸冲击波波及区以外的部分建筑，虽没有受到爆炸冲击波直接作用，但由于爆炸产生地面震动，造成建筑物接近地面部位的门、窗玻璃受损，东侧最远达 8.5km，西侧最远达 8.3km，南侧最远达 8km，北侧最远达 13.3km。

3. 人员伤亡和财产损失情况

事故造成 165 人遇难，8 人失踪，798 人受伤住院治疗；304 幢建筑物、12428 辆商品汽车、7533 个集装箱受损。

截至 2015 年 12 月 10 日，事故调查组依据《企业职工伤亡事故经济损失统计标准》（GB 6721—86）等标准和规定统计，已核定直接经济损失 68.66 亿元，其他损失尚需最终核定。

4. 环境污染情况

通过分析事发时该公司储存的 111 种危险货物的化学组分，确定至少有 129 种化学物质发生爆炸燃烧或泄漏扩散，其中，氢氧化钠、硝酸钾、硝酸铵、氰化钠、金属镁和硫化钠这 6 种物质的重量占到总重量的 50%。同时，爆炸还引燃了周边建筑物以及大量汽车、焦炭等普通货物。本次事故残留的化学品与产生的二次污染物逾百种，对局部区域的大气环境、水环境和土壤环境造成了不同程度的污染。

（二）事故分析

1. 最初起火部位认定

通过调查询问事发当晚现场作业员工、调取分析监控视频、提取对比现场痕迹物证、分析集装箱毁坏和位移特征，认定事故最初起火部位为该公司危险品仓库运抵区南侧集装箱区的中部。

2. 起火原因分析认定

（1）排除人为破坏因素、雷击因素和来自集装箱外部引火源　公安部派员指导天津市公安机关对全市重点人员和各种矛盾的情况以及该公司员工、外协单位人员情况进行了全面排查，对事发时在现场的所有人员逐人定时定位，结合事故现场勘查和相关视频资料分析等工作，可以排除恐怖犯罪、刑事犯罪等人为破坏因素。

现场勘验表明，起火部位无电气设备，电缆为直埋敷设且完好，附近的灯塔、视频监控设施在起火时还正常工作，可以排除电气线路及设备因素引发火灾的可能，同时，运抵区为物理隔离的封闭区域，起火当天气象资料显示无雷电天气，监控视频及证人证言证实起火时运抵区内无车辆作业，可以排除遗留火种、雷击、车辆起火等外部因素。

（2）筛查最初着火物质　事故调查组通过调取天津海关 H2010 通关管理系统数据等，查明事发当日该公司危险品仓库运抵区储存的危险货物包括第 2、3、4、5、6、8 类及无危险性分类数据的物质，共 72 种。对上述物质采用理化性质分析、试验验证、视频比对、现场物证分析等方法，逐类逐种进行了筛查：第 2 类气体 2 种，均为不燃气体；第 3 类易燃液体 10 种，均无自燃或自热特性，且其中着火可能性最高的一甲基三氯硅烷燃烧时火焰较小，与监控视频中猛烈燃烧的特征不符；第 5 类氧化性物质 5 种，均无自燃或自热特性；第 6 类毒性物质 12 种、第 8 类腐蚀性物质 8 种、无危险性分类数据物质 27 种，均无自燃或自热特性；第 4 类易燃固体、易于自燃的物质、遇水放出易燃气体的物质 8 种，除硝化棉外，均不自燃或自热。实验表明，在硝化棉燃烧过程中伴有固体颗粒燃烧物飘落，同时产生大量气体，形成向上的热浮力。经与事故现场监控视频比对，事故最初的燃烧火焰特征与硝化棉的燃烧火焰特征相吻合，同时查明，事发当天运抵区内共有硝化棉及硝基漆片 32.97t。因此，认定最初着火物质为硝化棉。

（3）认定起火原因　硝化棉为白色或微黄色棉絮状物，易燃且具有爆炸性，化学稳定性较差，常温下能缓慢分解并放热，超过 40℃ 时会加速分解，放出的热量如不能及时散失，会造成硝化棉温升加剧，达到 180℃ 时能发生自燃。硝化棉通常加乙醇或水作湿润剂，一旦湿润剂散失，极易引发火灾。

实验表明，去除湿润剂的干硝化棉在 40℃ 时发生放热反应，达到 174℃ 时发生剧烈失控反应及质量损失，自燃并释放大量热量。如果在绝热条件下进行试验，去除湿润剂的硝化棉在 35℃ 时即发生放热反应，达到 150℃ 时即发生剧烈的分解燃烧。

经对向该公司供应硝化棉的公司调查，企业采取的工艺为：先制成硝化棉水棉（含水 30%）作为半成品库存，再根据客户的需要，将湿润剂改为乙醇，制成硝化棉酒棉，之后采用人工包装的方式，将硝化棉装入塑料袋内，塑料袋不采用热塑封口，用包装绳扎口后装入纸筒内。据该公司员工反映，在装卸作业中存在野蛮操作问题，在硝化棉装箱过程中曾出现包装破损、硝化棉散落的情况。

对样品硝化棉酒棉湿润剂挥发性进行的分析测试表明：如果包装密封性不好，在一定温度下湿润剂会挥发散失，且随着温度升高而加快；如果包装破损，在 50℃ 下 2h 乙醇湿润剂会全部挥发散失。

事发当天最高气温达 36℃，实验证实，在气温为 35℃ 时集装箱内温度可达 65℃ 以上。

以上几种因素耦合作用引起硝化棉湿润剂散失，出现局部干燥，在高温环境作用下，加速分解反应，产生大量热量，由于集装箱散热条件差，致使热量不断积累，硝化棉温度持续升高，达到其自燃温度，发生自燃。

3. 爆炸过程分析

集装箱内硝化棉局部自燃后，引起周围硝化棉燃烧，放出大量气体，箱内温度、压力升高，致使集装箱破损，大量硝化棉散落到箱外，形成大面积燃烧，其他集装箱（罐）内的精萘、硫化钠、糠醇、三氯氢硅、一甲基三氯硅烷、甲酸等多种危险化学品相继被引燃并介入燃烧，火焰蔓延到邻近的硝酸铵（在常温下稳定，但在高温、高压和有还原剂存在的情况下会发生爆炸；在 110℃ 开始分解，230℃ 以上时分解加速，400℃ 以上时剧烈分解、发生爆炸）集装箱。随着温度持续升高，硝酸铵分解速率不断加快，达到其爆炸温度（实验证明，硝化棉燃烧半小时后达到 1000℃ 以上，大大超过硝酸铵的分解温度）。23 时 34 分 06 秒，发生了第一次爆炸。

距第一次爆炸点西北方向约 20m 处，有多个装有硝酸铵、硝酸钾、硝酸钙、甲醇钠、金属镁、金属钙、硅钙、硫化钠等氧化剂、易燃固体和腐蚀品的集装箱。受到南侧集装箱火焰蔓延作用以及第一次爆炸冲击波影响，23 时 34 分 37 秒发生了第二次更剧烈的爆炸。

据爆炸和地震专家分析，在大火持续燃烧和两次剧烈爆炸的作用下，现场危险化学品爆炸的次数可能是多次，但造成现实危害后果的主要是两次大的爆炸。经爆炸科学与技术国家重点实验室模拟计算得出，第一次爆炸的能量约为 15t TNT 当量（1t TNT 当量 = 4.184 × 10^9 J），第二次爆炸的能量约为 430t TNT 当量。考虑期间还发生多次小规模的爆炸，确定本次事故中爆炸总能量约为 450t TNT 当量。

最终认定事故直接原因是：该公司危险品仓库运抵区南侧集装箱内的硝化棉由于湿润剂散失出现局部干燥，在高温（天气）等因素的作用下加速分解放热，积热自燃，引起相邻集装箱内的硝化棉和其他危险化学品长时间大面积燃烧，导致堆放于运抵区的硝酸铵等危险化学品发生爆炸。

（三）事故预防

1. 事故的主要教训

（1）事故企业严重违法违规经营　该公司无视安全生产主体责任，置国家法律法规、标准于不顾，只顾经济利益、不顾生命安全，不择手段变更及扩展经营范围，长期违法违规经营危险货物，安全管理混乱，安全责任不落实，安全教育培训流于形式，企业负责人、管理人员及操作工、装卸工都不知道运抵区储存的危险货物种类、数量及理化性质，冒险蛮干问题十分突出，特别是违规大量储存硝酸铵等易爆危险品，直接造成此次特别重大火灾爆炸事故的发生。

（2）有关地方政府安全发展意识不强　该公司长时间违法违规经营，有关政府部门在该公司经营问题上一再违法违规审批、监管失职，最终导致天津港"8·12"事故的发生，造成严重的生命财产损失和恶劣的社会影响。事故的发生，暴露出贯彻国家安全生产法律法规和有关决策部署不到位，对安全生产工作重视不足、摆位不够，对安全生产领导责任落实不力、抓得不实，存在着"重发展、轻安全"的问题，致使重大安全隐患以及政府部门职责失守的问题未能被及时发现、及时整改。

（3）有关地方和部门违反法定城市规划　时任政府严格执行城市规划法规意识不强，对违反规划的行为失察。有关部门严重不负责任、玩忽职守，违法通过该公司危险品仓库和易燃易爆堆场的行政审批，致使该公司与周边居民住宅小区、天津港公安局消防支队办公楼等重要公共建筑物以及高速公路和轻轨车站等交通设施的距离均不满足标准规定的安全距离要求，导致事故伤亡和财产损失扩大。

（4）有关职能部门有法不依、执法不严，有的人员甚至贪赃枉法　当时，天津市涉及该公司行政许可审批的有关部门，没有严格执行国家和地方的法律法规、工作规定，没有严格履行职责，甚至与企业相互串通，以批复的形式代替许可，行政许可形同虚设。天津市有关监管部门没有履行法律赋予的监管职责，没有落实"管行业必须管安全"的要求，对该公司的日常监管严重缺失；上述相关部门不依法履行职责，致使相关法律法规形同虚设。

（5）港口管理体制不顺、安全管理不到位　当时天津港已移交天津市管理，但是天津港公安局及消防支队仍以交通运输部公安局管理为主。同时，天津市交通运输委员会、天津市建设管理委员会、滨海新区规划和国土资源管理局违法将多项行政职能委托天津港集团公司行使，客观上造成交通运输部、天津市政府以及天津港集团公司对港区管理职责交叉、责任不明，天津港集团公司政企不分，安全监管工作同企业经营形成内在关系，难以发挥应有的监管作用。另外，港口海关监管区（运抵区）安全监管职责不明，致使该公司违法违规行为长期得不到有效纠正。

（6）危险化学品安全监管体制不顺、机制不完善　目前，危险化学品生产、储存、使用、经营、运输和进出口等环节涉及部门多，地区之间、部门之间的相关行政审批、资质管理、行政处罚等未形成完整的监管"链条"。同时，全国缺乏统一的危险化学品信息管理平台，部门之间没有做到互联互通，信息不能共享，不能实时掌握危险化学品的去向和情况，难以实现对危险化学品全时段、全流程、全覆盖的安全监管。

（7）危险化学品安全管理法律法规标准不健全　国家缺乏统一的危险化学品安全管理、环境风险防控的专门法律；《危险化学品安全管理条例》对危险化学品流通、使用等环节要求不明确、不具体，特别是针对物流企业危险化学品安全管理的规定空白点更多；现行有关法规对危险化学品安全管理违法行为处罚偏轻，单位和个人违法成本很低，不足以起到惩戒和震慑作用。与欧美发达国家和部分发展中国家相比，我国危险化学品缺乏完备的准入、安全管理、风险评价制度。危险货物大多涉及危险化学品，危险化学品安全管理涉及监管环节多、部门多、法规标准多，各管理部门立法出发点不同，对危险化学品安全要求不一致，造成当前危险化学品安全监管乏力以及企业安全管理要求模糊不清、标准不一、无所适从的现状。

（8）危险化学品事故应急处置能力不足　该公司没有开展风险评估和危险源辨识评估工作，应急预案流于形式，应急处置力量、装备严重缺乏，不具备初起火灾的扑救能力。天津港公安局消防支队没有针对不同性质的危险化学品准备相应的预案、灭火救援装备和物资，消防队员缺乏专业训练演练，危险化学品事故处置能力不强；天津市公安消防部队也缺乏处置重大危险化学品事故的预案以及相应的装备；天津市政府在应急处置中的信息发布工作一度安排不周、应对不妥。从全国范围来看，专业危险化学品应急救援队伍和装备不足，无法满足处置种类众多、危险特性各异的危险化学品事故的需要。

2. 事故防范措施和建议

（1）把安全生产工作摆在更加突出的位置　各级党委和政府要牢固树立科学发展、安全发展理念，坚决守住"发展决不能以牺牲人的生命为代价"的红线，进一步加强领导、落实责任、明确要求，建立健全与现代化大生产和社会主义市场经济体制相适应的安全监管体系，大力推进"党政同责、一岗双责、失职追责"的安全生产责任体系的建立健全与落实，积极推动安全生产的文化建设、法治建设、制度建设、机制建设、技术建设和力量建设，对安全生产特别是对公共安全存在潜在危害的危险品的生产、经营、储存、使用等环节实行严格规范的监管，切实加强源头治理，大力解决突出问题，努力提高我国安全生产工作的整体水平。

（2）推动生产经营单位切实落实安全生产主体责任　充分运用市场机制，建立完善生产经营单位强制保险和"黑名单"制度，将企业的违法违规信息与项目核准、用地审批、证券融资、银行贷款挂钩，促进企业提高安全生产的自觉性，建立"安全自查、隐患自除、责任自负"的企业自我管理机制，并通过调整税收、保险费用、信用等级等经济措施，引导经营单位自觉加大安全投入，加强安全措施，淘汰落后的生产工艺、设备，培养高素质高技能的产业工人队伍。严格落实当地政府和行业主管部门的安全监管责任，深化企业安全生产标准化创建活动，推动企业建立完善风险管控、隐患排查机制，实行重大危险源信息向社会公布制度，并自觉接受社会舆论监督。

（3）进一步理顺港口安全管理体制　认真落实港口政企分离要求，明确港口行政管理职能机构和编制，进一步强化交通、海关、公安、质检等部门安全监管职责，加强信息共享和部门联动配合；按照深化司法体制改革的要求，将港口公安、消防以及其他相关行政监管职能交由地方政府主管部门承担。在港口设置危险货物仓储物流功能区，根据危险货物的性质分类储存，严格限定危险货物周转总量。进一步明确港区海关运抵区安全监管职责，加强对港区海关运抵区安全监督，严防失控漏管。其他领域存在的类似问题，尤其是行政区、功能区行业管理职责不明的问题，都应抓紧解决。

（4）着力提高危险化学品安全监管法治化水平　针对当前危险化学品生产经营活动快速发展及其对公共安全带来的诸多重大问题，要将相关立法、修法工作置于优先地位，切实增强相关法律法规的权威性、统一性、系统性、有效性。建议立法机关在已有相关条例的基础上，抓紧制定、修订危险化学品管理、安全生产应急管理、民用爆炸物品安全管理、危险货物安全管理等相关法律、行政法规；以法律的形式明确硝化棉等危险化学品的物流、包装、运输等安全管理要求，建立易燃易爆、剧毒危险化学品专营制度，限定生产规模，严禁个人经营硝酸铵、氰化钠等易爆、剧毒物。国务院及相关部门抓紧制定配套规章标准，进一步完善国家强制性标准的制定程序和原则，提高标准的科学性、合理性、适用性和统一性，同时，进一步加强法律法规和国家强制性标准执行的监督检查和宣传培训工作，确保法律法规标准的有效执行。

（5）建立健全危险化学品安全监管体制机制　建议国务院明确一个部门及系统承担对危险化学品安全工作的综合监管职能，并进一步明确、细化其他相关部门的职责，消除监管盲区。强化现行危险化学品安全生产监管部际联席会议制度，增补海关总署为成员单位，建立更有力的统筹协调机制，推动落实部门监管职责。全面加强涉及危险化学品的危险货物安全管理，强化口岸港政、海事、海关、商检等检验机构的联合监督、统一查验机制，综合保障外贸进出口危险货物的安全、便捷、高效运行。

（6）建立全国统一的危险化学品监管信息平台　利用大数据、物联网等信息技术手段，对危险化学品生产、经营、运输、储存、使用、废弃处置进行全过程、全链条的信息化管理，实现危险化学品来源可循、去向可溯、状态可控，实现企业、监管部门、公安消防部队及专业应急救援队伍之间信息共享。升级改造面向全国的化学品安全公共咨询服务电话，为社会公众、各单位和各级政府提供化学品安全咨询以及应急处置技术支持服务。

（7）科学规划合理布局，严格安全准入条件　建立城乡总体规划、控制性详细规划编制的安全评价制度，提高城市本质安全水平；进一步细化编制、调整总体规划、控制性详细规划的规范和要求，切实提高总体规划、控制性详细规划的稳定性、科学性和执行刚性。建立完善高危行业建设项目安全与环境风险评估制度，推行环境影响评价、安全生产评价、职业卫生评价与消防安全评价联合评审制度，提高产业规划与城市安全的协调性。对涉及危险化学品的建设项目，实施住建、规划、发改、国土、工信、公安消防、环保、卫生、安监等部门联合审批制度，严把安全许可审批关，严格落实规划区域功能。科学规划危险化学品区域，严格控制与人口密集区、公共建筑物、交通干线和饮用水源地等环境敏感点之间的距离。

（8）加强生产安全事故应急处置能力建设　合理布局、大力加强生产安全事故应急救援力量建设，推动高危行业企业建立专兼职应急救援队伍，整合共享全国应急救援资源，提高应急协调指挥的信息化水平。危险化学品集中区的地方政府，可依托公安消防部队组建专业队伍，加强特殊装备器材的研发与配备，强化应急处置技术训练演练，满足复杂危险化学品事故应急处置需要。各级政府要切实汲取"8·12"事故的教训，对应急处置危险化学品事故的预案开展一次检查清理，该修订的修订，该细化的细化，该补充的补充，进一步明确处置、指挥的程序、战术以及舆论引导、善后维稳等工作要求，切实提高应急处置能力，最大限度减少应急处置中的人员伤亡。采取多种形式和渠道，向群众大力普及危险化学品应急处置知识和技能，提高自救互救能力。

（9）严格安全评价、环境影响评价等中介机构的监管　相关行业部门要加强相关中介机构的资质审查审批、日常监管，提高准入门槛，严格规范其从事安全评价、环境影响评价、工程设计、施工管理、工程质量监理等行为。切断中介服务利益关联，杜绝"红顶中介"现象，审批部门所属事业单位、主管的社会组织及其所办的企业，不得开展与本部门行政审批相关的中介服务。相关部门每年要对相关中介机构开展专项检查，对发现的问题严肃处理。建立"黑名单"制度和举报制度，完善中介机构信用体系和考核评价机制。

（10）集中开展危险化学品安全专项整治行动　在全国范围内对涉及危险化学品生产、储存、经营、使用等的单位、场所普遍开展一次彻底的摸底清查，切实掌握危险化学品经营单位重大危险源和安全隐患情况，对发现掌握的重大危险源和安全隐患情况，分地区逐一登记并明确整治的责任单位和时限；对严重威胁人民群众生命安全的问题，采取改造、搬迁、停产、停用等措施坚决整改；对违反规划未批先建、批小建大、擅自扩大许可经营范围等违法行为，坚决依法纠正，从严从重查处。

第四节　危险化学品运输中的事故

在危险化学品的储运过程中，如果处理不当或疏于管理，极易发生具有严重破坏性的火灾、爆炸、毒物泄漏等重大事故。这些事故造成人员伤亡或者财产损失，严重威胁人类生命和财产的安全。近年来，随着生产经营规模的不断扩大和危险化学品品种的增多，涉及危险化学品事故的规模及其后果的严重程度都在大大增加。

为了更有效地预防事故，控制事故的损失，我们要认真总结经验教训，分析危险化学品的储运事故发生的原因，研究事故发生的规律，吸取事故的教训。

一、2005 年京沪高速公路淮安段"3·29"特大液氯槽车泄漏事故

（一）事故经过

2005 年 3 月 29 日晚 6 点 50 分，京沪高速公路淮安段上行线 103km＋300m 处发生一起交通事故，一辆载有约 35t 液氯的槽罐车与货车相撞，导致槽罐车液氯大量泄漏。两车相撞后，由于肇事的槽罐车驾驶员逃逸，货车驾驶员死亡，延误了最佳抢险救援时机，造成了公路旁 3 个乡镇村民重大伤亡。共造成 29 人死亡，436 名村民和抢救人员中毒住院治疗，门诊留治人员 1560 人。另有 10500 多名村民被迫疏散转移，大量家畜（家禽）、农作物死亡和损失，如图 16-10 所示。已造成直接经济损失 1700 余万元。京沪高速公路宿迁至宝应段（约 110km）关闭 20h。

图 16-10　事故现场农作物死亡和损失

（一）应急救援

事故发生后，江苏省委、省政府高度重视，要求全力做好事故抢险救援和中毒人员救治工作。时任副省长迅速赶赴现场指挥救援，省政府副秘书长和省公安厅、安监局、省交通控股公司及省消防总队的负责同志连夜到现场组织抢险。时任淮安市委书记、市长和当时有关部门的负责同志第一时间赶赴现场开展救援，组织疏散群众。30 日下午，省委书记和省长亲自赶赴事故现场，看望受灾群众，慰问抢险人员。

1. 紧急成立指挥部

江苏省政府成立了"3·29"事故应急处理指挥部，副省长任指挥长，省有关部门和淮安市政府负责同志参加，事故处置紧张进行。指挥部下设五个工作组。

（1）危险源处置组　由省安监局局长任组长，淮安市、省消防总队政委、省交通控股公司总经理任副组长，在专家组的指导下具体负责将翻落高速公路的液氯槽罐尽快拖离路面，采取措施，消除危险源。

（2）受灾地区清查组　由市长任组长，省公安厅副厅长、省环保厅副厅长、省消防总队政委和省安监局任副组长，具体负责清查因液氯泄漏而受灾的群众情况，统计详细受灾人数，妥善安置受灾群众，加强受灾区安全警戒，并及早研究死伤人员和受灾群众的赔偿等工作。

（3）医疗救治组　由副市长任组长，省卫生厅副厅长、淮安市卫生局局长任副组长，具体负责氯气中毒人员的医疗救治工作。

（4）交通疏导组　由省公安厅交管局局长牵头负责，全力做好因事故封闭京沪高速后的交通疏导工作，积极缓解交通堵塞压力。

（5）综合组　由省政府副秘书长牵头负责，省委宣传部、省政府办公厅和市委、市政府有关同志参加，做好事故材料报送、新闻宣传等工作。并要求具体抓好几项工作：一是认真做好疏散群众的安置工作。市政府要全面负责，省有关部门积极配合，调动县区、乡镇和村组各级领导干部，疏散安置群众，在确保安全的前提下继续搜寻受灾区群众。二是抓紧处置液氯槽罐，积极稳妥地消除危险源，为尽快开通高速公路创造条件。三是全力做好医疗救助工作，不惜一切代价，抢救受伤人员。四是稳妥做好事故宣传报道工作，同时，省政府还成立了事故调查组，负责事故的调查和善后处理工作。

2. 救援和疏散群众

事发当晚 9 时 30 分，市环保局"12369"热线突然接到市政府事故通报。正在值班的市环境监察支队立即将情况向市环保局局长、支队长汇报。很快，市环保局启动了污染事故应急系统，调集监察、监测人员以最快的速度，在第一时间赶往 30km 外的事故现场。此时，泄漏的大量黄绿色氯气正不断随风扩散。在现场污染程度不明的情况下，市政府紧急将周围 3 个乡镇的近万名群众疏散到 1km 以外的区域，受伤群众已全部送至医院救治，疏散的近万名群众也得到妥善安置，情绪稳定。

在万余名群众万分恐慌、市领导万分焦急的情况下，市环境监测中心站立即启动了 3 套应急监测方案。在站长的带领下，监测人员分成 3 组，分别使用氯气快速监测仪、监测管和人工现场取样 3 套监测手段，对事发现场下风向的不同范围，进行加密监测。

3 月 30 日凌晨 3 时 30 分，时任省环保厅副厅长、省环境监察局局长，率领应急人员从 200km 外的南京市赶到事发现场，与淮安市环保局一起投入到现场事故处理中。随后，省环境监测中心也带来了一辆能够现场快速监测 100 多种污染物的进口应急事故监测车，迅速进到事发现场的最前沿阵地，省、市、区环保卫士并肩作战。他们首先利用现代化现场监测设备，迅速确定污染范围。在事发现场下风向，监测人员身穿密闭防化服，携带便携式傅里叶红外气体分析仪、激光测距仪等，分别在 300m 以内、300～600m、600～1100m 范围内，现场测定氯气污染状况。3min 就准确监测到一组数据，比人工现场监测速度提高了 40 倍。监测结果显示，事发现场 300m 之内属于重污染区，依次分别为次重污染区、局部超标区。他们及时将污染数据提供给事故抢险指挥部，为控制疏散人群区域、指挥事发现场抢险提供了可靠的科学依据。

3 月 30 日，三级环保部门开始把工作重点转移到事发污染源的监督监测上。为防止液氯槽罐上的两处泄漏点释放出大量氯气，消防官兵不顾个人安危，强行用木塞将两处泄漏点堵上，但是仍有不少氯气外溢。为尽快清除事发现场的外泄液氯，抢险人员开始是用水龙头冲刷事发现场。环保部门马上向指挥部建议，改用烧碱处理现场效果会更好。指挥部采纳了环保部门的建议，迅速调集来 200 多吨烧碱，与事发现场外泄的液氯进行中和处理。武警官兵在附近一条河流上堵堰打坝，开挖出一个大水塘，加入大量烧碱，然后将液氯槽罐吊进水塘中，很快遏制住了污染蔓延的势头。如图 16-11 所示，已经 40 多个小时没有合眼的环保卫士们，对氯气污染继续进行昼夜监测。在确定污染范围的基础上，他们又在液氯槽罐的下风向，布置了 3 个监测点进行连续监测，结果表明，氯气污染浓度进一步下降。而在市环境监测中心站里，工作人员把 100 多组化验分析数据及时传到了抢险指挥部。为彻底消除京沪高速路旁的污染源，环保部门又向指挥部提出将液氯槽罐搬迁至淮安化工厂进行处置的建议。4 月 2 日上午，液氯槽罐吊装到平板车上，向市化工厂驶去，环保应急监测车始终与液氯槽罐保持着 25m 的距离，一路进行监测。如图 16-12 所示，在环保卫士护驾下，液氯槽罐安全抵达目的地，曾经引发特大污染事故的液氯槽罐，终于得到了安全处置。近 300t 重污染的水塘水，一车车运往市污水处理厂进行深度处理。《氯气污染区域安全防护常识》张贴到农民的房前显眼处。在污染受害严重区域，原本绿油油的麦苗和蔬菜，已因氯气污染而发黄变白枯死。实地监测表明，还有部分超标氯气不时挥发出来。为防止人畜误食受到严重污染的蔬菜，环保部门现场指挥有关人员喷洒石灰水或烧碱液体，一遍遍进行精心处理。其他部门已陆续撤离事发现场后，省、市环保部门的工作人员又把工作重点转移到广大农民的安全回迁上，同时，对事发现场周围的植物、土壤、地表水进行多次监测，及时把"底数"交给附近农民。随后，对农民的家庭环境状况进行监测。待农民家中空气质量完全达标后，环保卫士又"指挥"农民们搬回居住。

4 月 6 日，江苏省淮安市环境监测中心站的现场监测人员利用快速监测仪器，对污染受害最为严重的几户农民家中进行现场监测。监测结果表明，空气质量完全达标。至此，经过 8 天连续奋战后，环保部门撤离了这起特大污染事故的现场。

图 16-11　围堰筑坝现场　　　　　　　图 16-12　事故槽车平稳转运现场

（三）事故原因

肇事车的多个轮胎已报废和肇事车超载液氯 25.44t 是事故祸首，肇事司机驾驶装满液氯的红岩牌罐式半挂车，在行驶中左前轮爆胎，撞毁高速公路中央护栏，与迎面而来的半挂货车相撞，导致槽罐车液氯泄漏。

经公安部交通科学研究所鉴定，肇事槽罐车左右前轮以及第二、第三轴左后轮的 6 个轮胎均存在超标准磨损和裂纹，属于报废轮胎。因此，该车存在严重的安全隐患，发生爆胎现象具有必然性。

据新华社报道，发生在京沪高速公路淮安段的"3·29"液氯泄漏事故性质及责任经专家确认，这是一起由于使用报废轮胎、严重超载，事发后肇事人逃逸，由交通事故导致的液氯泄漏特大责任事故。

现已查明，这辆肇事的重型罐式半挂车属山东济宁市某化学危险货物运输中心。这辆核定载重为 15t 的运载剧毒化学品液氯的槽罐车严重超载，事发时实际运载液氯多达 40.44t，超载 169.6%。而且使用报废轮胎，安全机件也不符合技术标准，导致在行驶的过程中左前轮爆胎，槽罐车侧翻，致使液氯泄漏。肇事车驾驶员、押运员在事故发生后逃离现场，失去最佳救援时机，直接导致事故后果的扩大，这一系列因素是造成此次特大事故的直接原因。事故经过如图 16-13 所示。

危险化学品运输企业对运输车辆和从业人员疏于安全管理。某化学危险货物运输中心对挂靠的这辆危险化学品运输车疏于安全管理，未能及时纠正车主使用报废轮胎和车辆超载行为；该车所运载液氯的生产和销售单位被有关部门证实没有生产许可证，也是这起事故的间接原因。

押运员无证上岗。专业人员在检查过程中还发现该车押运员王某没有相应的工作资质，没有参加相关的培训和考核，不具备押运危险化学品的资质，也不具备危险化学品运输知识和相应的应急处置能力。这是事故发生乃至伤亡损失扩大的另一个重要间接原因。

江苏淮安 "3·29" 特大液氯泄漏案发生以来，当地检察机关及时介入，除对直接肇事的康某、王某两人涉嫌以危险方法危害公共安全罪依法逮捕外，又对涉案的相关责任人进行立案侦查。

(四) 事故预防

① 对每位驾驶员、押运员、车主进行安全再教育，吸取有关教训。要求驾驶员、押运员遇事故时沉着应对，不惊慌、不逃避，采取积极措施，全力控制现场局面，事发第一时间向当地有关部门报警，并向单位报告事故情况。

② 从业人员全面掌握运输化工产品的特性，发生泄漏事故采取应急措施，人员迅速撤离泄漏污染区，进入安全区，尽可能切断泄漏源，防止进入下水道、排洪沟，应急处理人员穿戴防护用品，站在上风向处进行扑救。

③ 加强出厂车辆安全检查，杜绝超载，消除隐患，保持车辆状况良好。

④ 全面检查从业资格证，押运员证，重点检查从业人员证件遗失，过期审验等情况，发现违规人员停止营运。

⑤ 加装 GPS 全球定位系统，落实专人管理，做好车辆行车途中日常记录。

⑥ 加强化工产品装卸，灌装工从业资格工作，组织一期装卸工，灌装工上岗培训，全面实施危化运输从业资格岗位管理。

二、2008 年某高速公路 "7·31" 黄磷泄漏事故

7 月 31 日上午，某高速公路口附近路段，一辆载有 26.4t，共 120 桶黄磷的云南籍大货车，发生黄磷泄漏，引发燃烧，冒出滚滚白烟。如图 16-14 所示。

当日上午 11 时，消防大队官兵到达现场后，发现一辆载有 26.4t 黄磷的云南籍大货车，停靠在高速公路边，车上的黄磷桶发生泄漏，引起自燃发生着火，产生大量白色的烟雾。由

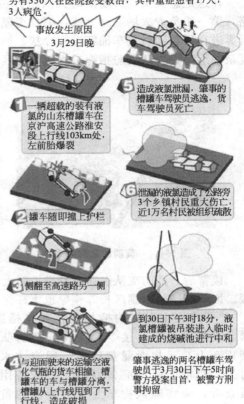

"3·29" 某公路液氯泄漏事故

此次事故造成重大人员伤亡，当时已死亡28人，另有350人在医院接受救治，其中重症患者17人，3人病危。

事故发生原因
3月29日晚

1 一辆超载的装有液氯的山东槽罐车在京沪高速公路淮安段上行线103km处，左前胎爆裂

2 罐车随即撞上护栏

3 侧翻至高速路另一侧

4 与迎面驶来的运输空液化气瓶的货车相撞，槽罐车的车与槽罐分离，槽罐从上行线甩到了下行线，造成破损

5 造成液氯泄漏，肇事的槽罐车驾驶员逃逸，货车驾驶员死亡

6 泄漏的液氯造成了公路旁3个乡镇村民重大伤亡，近1万名村民被组织疏散

7 到30日下午3时18分，液氯槽罐被吊装进入临时建成的烧碱池进行中和

肇事逃逸的两名槽罐车驾驶员于3月30日下午5时向警方投案自首，被警方刑事拘留

图 16-13　液氯槽车泄漏事故

于黄磷具有毒性和自燃性，人一旦吸入烟雾至体内轻则会影响健康，重则可以危及生命，而且车上的黄磷还随时有可能发生爆炸燃烧的危险，情况十分紧急。

在这危急关头，到场消防大队指挥员立即成立火场指挥部，迅速命令消防队员兵分两路，第一组负责火场道路警戒，第二组佩戴好空气呼吸器，利用喷雾水枪对弥漫货车周边的烟雾进行稀释和对货车油箱进行冷却。如图 16-15 所示。同时，根据现场泄漏黄磷多、情况复杂的形势，大队消防指挥员逐级向市区政府汇报，请求增援。

图 16-14　黄磷泄漏事故现场

图 16-15　黄磷泄漏事故现场水冷

接警后，消防支队迅速率特勤消防大队两辆大功率消防车及 16 名消防官兵赶来现场增援。区政府区长、副区长等领导也率环保、安监等有关人员前来现场参加处置工作。

"要将发生泄漏的桶找到，并将桶进行安全转移"，消防支队政委到场后，发出了紧急处置动员令。接令后，现场消防队员佩带空气呼吸器，在开花水枪的掩护下进入到货车上，寻找泄漏黄磷桶，用泡沫水枪覆盖黄磷桶，使黄磷隔绝空气窒息熄灭。同时另一批消防队员准备好沙土，准备用沙土进行掩埋泄漏着火的黄磷桶。经过消防队员查看，最终确认货车上发生泄漏的黄磷桶装载在货车厢正中间位置，共有 5 桶黄磷发生泄漏。如图 16-16 所示。

警民参战，努力把损失降最低。此时，区长也要求环保人员对现场环境进行检测，并防止泄漏黄磷流入河中，以免造成次生灾害。

由于发生泄漏的黄磷桶在货车中间位置，消防队员很难进行扑救，必须把车上每桶有 200 多公斤重的黄磷，进行安全转移，才能成功处置事故。在缺少有关装备的情况下，参战消防队员在开花水枪的掩护下，依靠人力将几百斤重的黄磷桶从车上一桶桶搬转移到地面。如图 16-17 所示。15 时 30 分，消防队员将连同发生泄漏的 30 桶黄磷转移到安全地带，消防队员还用沙土覆盖 5 桶已经泄漏黄磷，以防燃烧。随后，消防队员对车辆和路面进行了冲洗，最大限度地减少黄磷对环境的污染。

图 16-16　泥土覆盖着火的黄磷桶现场

图 16-17　黄磷桶现场成功转移

救援完毕后，消防队员还现场守护用沙土覆盖的 5 桶泄漏黄磷，等待倒罐车到来将之安全转移。

三、2012 年包茂高速延安段"8·26"甲醇槽车爆炸事故

2012 年 8 月 26 日 2 时 31 分许，包茂高速公路陕西省延安市境内发生一起特大道路交通事故，造成 36 人死亡、3 人受伤，直接经济损失 3160.6 万元。

(一) 事故经过

2012 年 8 月 25 日，内蒙古某市长途汽车站出发前往陕西省西安市，出站时车辆实载 38 人。19 时，车辆在某出口匝道处搭乘一名乘客，车辆乘务员也在此处下车。22 时 50 分，该车在一个立交桥处，搭载另外一名转乘乘客，此时卧铺大客车实载 39 人，期间车辆由两名驾驶员轮换驾驶。8 月 25 日 19 时 3 分，一重型半挂货车装载 35.22t 甲醇后，前往某化工厂。

8 月 26 日 2 时 15 分，重型半挂货车进入安塞服务区停车休息并更换驾驶员。2 时 29 分，闪某驾驶重型半挂货车从安塞服务区出发，违法越过出口匝道导流线驶入包茂高速公路第二车道。此时，卧铺大客车正沿包茂高速公路由北向南在第二车道行驶至安塞服务区路段。2 时 31 分许，卧铺大客车在未采取任何制动措施的情况下，正面追尾碰撞重型半挂货车。碰撞致使卧铺大客车前部与重型半挂货车罐体尾部铰合，大客车右侧纵梁撞击罐体后部卸料管，造成卸料管竖向球阀外壳破碎，导致大量甲醇泄漏。碰撞也造成卧铺大客车电气线路绝缘破损发生短路，产生的火花使甲醇蒸气和空气形成的爆炸性混合气体发生爆燃起火，大火迅速引燃重型半挂货车后部和卧铺大客车，并沿甲醇泄漏方向蔓延

图 16-18　甲醇槽车爆炸事故

至附近高速公路路面和涵洞。事故共造成大客车内 36 人死亡、3 人受伤，大客车报废，重型半挂货车、高速公路路面和涵洞受损。如图 16-18 所示。

8 月 26 日 17 时 45 分，事故现场清理完毕，事发路段恢复通行。事故救援及善后处理工作平稳有序。

(二) 事故分析

1. 直接原因

(1) 卧铺大客车驾驶员陈某遇重型半挂货车从匝道驶入高速公路时，本应能够采取安全措施避免事故发生，但因疲劳驾驶而未采取安全措施，其违法行为在事故发生中起重要作用，是导致卧铺大客车追尾碰撞重型半挂货车的主要原因。

(2) 重型半挂货车驾驶人从匝道违法驶入高速公路，在高速公路上违法低速行驶，其违法行为也在事故发生中起一定作用，是导致卧铺大客车追尾碰撞重型半挂货车的次要原因。

2. 间接原因

(1) 客运公司客运安全管理的主体责任落实不力。未严格执行《驾驶员落地休息制度》，未认真督促事故大客车在凌晨 2 点至 5 点期间停车休息；开展道路运输车辆动态监控工作不到位，对事故大客车驾驶人夜间疲劳驾驶的问题失察。

(2) 货运公司危险货物运输安全管理的主体责任落实不到位。货运公司安全管理制度不

健全，安全管理措施没有落实；未纠正事故重型半挂货车驾驶人没有在公司内部备案、没有参加过安全教育培训等问题；未认真开展危险货物运输动态监控工作，对事故重型半挂货车未按规定配备两名合格驾驶人和超量装载危险货物等问题失察。

（3）内蒙古某市交通运输管理部门道路客运安全的监管责任落实不到位。

（4）河南省某市交通运输管理部门危险货物道路运输的监管责任落实不到位。

（5）陕西省某市、内蒙古某市、河南省某市公安交通管理部门道路交通安全的监管责任落实不到位。

（三）事故预防

1. 高度重视道路交通安全工作

有关部门要高度重视道路交通安全工作，认真宣传贯彻《国务院关于加强道路交通安全工作的意见》落实有关新制度、新措施的可操作性意见和办法，明确细化责任分工方案，确保道路运输企业安全生产主体责任、部门监管责任、属地管理责任、道路交通安全工作目标考核和责任追究制度等落到实处。要切实改进道路交通安全监管的手段和方法，建立由道路交通安全工作联席会议等机构牵头协调的工作机制，形成工作联动、数据共享、联合执法的道路交通安全工作合力。

2. 进一步加强长途卧铺客车安全管理

有关部门要结合本地区实际，认真研究制定切实有效的长途卧铺客车安全管理措施，督促运输企业切实履行交通安全主体责任。要严格客运班线审批和监管，加强班线途经道路的安全适应性评估，合理确定营运线路、车型和时段，严格控制1000km以上的跨省长途客运班线和夜间运行时间。要加大对现有长途客运车辆的清理整顿，对于不符合安全标准、技术等级不达标的，要坚决停运并彻底整改。要督促道路客运企业严格落实长途客运车辆凌晨2时至5时停止运行或实行接驳运输制度，充分利用车辆动态监控手段加大对车辆的监督检查力度，督促运输企业严格落实长途客运驾驶人停车换人、落地休息等制度，杜绝驾驶人疲劳驾驶。

3. 进一步加强危险化学品运输安全管理

有关部门要督促危险化学品运输企业认真履行承运人的义务和职责，建立健全安全管理制度，根据化学品的危险特性采取相应的安全防护措施，并在车辆上配备必要的防护用品和应急救援器材，进一步完善应急预案，有针对性地开展不同条件下的应急预案演练活动；充分利用危险化学品运输车辆动态监控系统，加强对危险化学品运输车辆的管理，严禁危险化学品运输车辆在高速公路低速行驶、随意停靠。要对全省危险化学品运输车辆进行全面排查和清理整顿，禁止任何形式的挂靠车辆从事危险化学品道路运输经营行为；用于运输易燃易爆危险化学品的罐式车辆不符合相关安全技术标准、生产一致性要求的，要积极联系生产企业进行改造。要建立驾驶人驾驶资质、从业资质、交通违法、交通事故等信息的共享联动机制，加强对危险化学品运输车辆驾驶人的动态监管。

4. 加大道路路面秩序巡查力度

有关部门要继续强化路面秩序管控，严把出站、出城、上高速、过境"四关"，对7座以上客车、旅游包车、危险品运输车实行"六必查"，坚决消除交通安全隐患，严防发生重特大道路交通事故。要加强高速公路日常巡查监管力度，针对高速公路重点交通违法行为进行专项研判，提前优化警力部署，提升工作成效。要因地制宜，在高速公路服务区等处设立临时执勤点，加强交通流量集中路段的巡逻，严查严纠违法占道、疲劳驾驶、超速超载、高速公路上下客等各类严重交通违法行为。要严格执行《国务院关于加强道路交通安全工作的意见》有关客运车辆夜间安全通行方面的新要求，科学调整勤务，改进执勤执法方式，完善交通管理设施，并督促指导运输企业相应调整动态监控系统设定的行驶速度预警指标，确保夜间客运车辆按规定运行。

5. 着力提升道路运输行业从业人员教育管理水平

要高度重视道路运输行业从业人员的安全教育培训工作，采用案例教育等多种形式，不断提高从业人员的安全意识、法制意识、责任意识和技能水平。要按照相关要求督促道路运输企业建立驾驶人安全教育、培训及考核制度，定期对客运驾驶人开展法律法规、技能训练、应急处置等教育培训，并对客运驾驶人教育与培训的效果进行考核。危险化学品道路运输企业还应当针对危险化学品的性质，强化驾驶人员和押运人员的应急演练，确保驾驶人员、押运人员在事故发生后及时采取相应的警示措施和安全措施，并按规定及时向当地公安机关报告。要督促运输企业建立驾驶员档案，定期进行考核，及时了解掌握驾驶员状况，严禁不具备相应资质的人员驾驶机动车辆。

6. 尽快完善道路交通安全法律法规和技术标准

国家有关部门要适应道路交通安全管理工作的实际需求，进一步完善罐式危险化学品运输车辆的技术标准和规范，提高危险化学品运输车辆后下部防护装置的强度，优化车辆罐体阀门等装置的连接方式，提升罐式危险化学品运输车辆的被动安全性。要进一步完善高速公路技术标准体系，结合实际情况对高速公路服务区出口加减速车道长度、导流区物理隔离设施设置标准等内容进行适当修订和细化。要借鉴剧毒化学品和爆炸品运输相关管理措施，研究进一步加强易燃危险化学品运输管理的综合措施。要进一步完善道路运输车辆动态监管机制，尽快出台动态监管工作管理办法，明确车辆动态监控系统的使用管理规定，加强对道路运输企业的指导和管理。

四、2017年××石化有限公司"6·5"液化气罐车特大泄漏爆炸事故

2017年6月5日凌晨1时左右，××石化有限公司装卸区的一辆运输石油液化气（闪点−80～−60℃，爆炸下限1.5%左右，以下简称液化气）罐车，在卸车作业过程中发生液化气泄漏爆炸着火事故，造成10人死亡、9人受伤，厂区内15辆危险货物运输罐车、1个液化气球罐和2个拱顶罐毁坏，6个球罐过火，部分管廊坍塌，生产装置、化验室、控制室、过磅房、办公楼以及周边企业、建构筑物和社会车辆不同程度损坏。如图16-19所示。

图16-19　××石化有限公司液化气罐车特大泄漏爆炸事故

事故发生以后，党中央、国务院领导同志高度重视，作出重要批示，要求全力做好应急救援和伤员救治工作，迅速疏散周边群众，防止次生灾害，及时查明事故原因，严肃追责，避免类似事故发生。××石化有限公司"6·5"爆炸着火事故影响重大、性质恶劣，国务院

安委会已对该起事故查处挂牌督办，责成山东省人民政府成立事故调查组认真调查、限期结案、严肃追责。

（一）事故基本情况

××石化有限公司成立于 2010 年 6 月，2017 年 6 月 4 日，该公司连续实施液化气卸车作业。6 月 5 日凌晨零时 56 分左右，某货物运输有限公司的一辆载运液化气的罐车进入该公司装卸区东北侧 11 号卸车位，该车驾驶员将卸车金属管道万向连接管接入到罐车卸车口，开启阀门准备卸车时，万向连接管与罐车卸车口接口处快速接头卡口未连接牢固，接头处发生断开造成液化气大量泄漏，并急剧气化，瞬间快速扩散。泄漏 2 分多钟后，遇点火源发生爆炸并引发着火，由于大火烘烤，相继引爆装卸区内其他罐车，爆炸后的罐车碎片击中并引燃液化气罐区 A1 号储罐和异辛烷罐区 406 号储罐，在装置区、罐区等位置形成 10 余处着火区域。当地政府积极组织力量应急救援，共调集周边 8 个地市的 189 辆消防车、958 名消防员，经过 15 个小时的紧张施救，6 月 5 日 16 时左右，现场明火被扑灭。

（二）事故暴露出的主要问题

经初步调查，事故暴露出事故企业安全意识十分淡薄、风险管理严重缺失、安全管理极其混乱、隐患排查治理流于形式、应急前期处置不当、人员素质低下、违规违章严重等突出问题。主要表现为：一是安全风险意识差，风险辨识评估管控缺失，没有对装卸区进行风险评估，卸车区 24 小时连续作业，10 余辆罐车同时进入卸车现场，尤其是扩产后液化原料产品吞吐量增加三分之二仍全部采取罐车运输装卸，造成风险严重叠加。二是隐患排查治理流于形式，卸车区附近的化验室和控制室均未按防爆区域进行设计和管理，电器、化验设备均不防爆。三是应急初期处置能力低下，应急管理缺失，自泄漏到爆炸间隔 2 分多钟，未能第一时间进行有效处置，也未及时组织人员撤离。四是企业主要负责人危险化学品安全知识匮乏、安全管理水平低下，管理人员专业素质不能满足安全生产要求，装卸区操作人员岗位技能严重不足。五是重大危险源管理失控，重大危险源旁大量设置装卸区。此外，应急处置过程中事故企业违规将罐区在用储罐、装置区安全阀的手阀全部关闭，戊烷罐区安全阀长期直排大气而没有接入火炬系统，存在重大安全风险。

该起事故还暴露出地方人民政府安全发展理念不牢固、红线意识不强，招商引资重项目轻安全，有关部门项目审批不严格、对"两重点一重大"（重点监管的危险化工工艺、重点监管危险化学品和危险化学品重大危险源）监管要求不落实、危险化学品生产和运输企业监管不到位、危险化学品装卸作业安全监管缺失、对事故企业长期存在显而易见的隐患没有及时发现等问题。

同时，接受事故企业委托开展安全评价的山东省济南华源安全评价有限公司等有关安全评价、设计机构对项目设计、选址、规划布局源头把关不严，风险分析前后矛盾，评价结论严重失实，厂内各功能区之间风险交织，未提出有效的防控措施。

（三）认真吸取事故教训，强化危险化学品安全生产工作

（1）针对事故暴露出的突出问题，结合危险化学品安全综合治理，立即全面开展涉及液化气体的危险化学品生产、储存企业安全集中排查整治。各地区要深刻吸取事故教训，认真贯彻落实××石化有限公司"6·5"爆炸着火事故现场会议精神，紧密结合危险化学品安全综合治理工作，加快研究制定集中排查整治方案，立即对辖区内涉及液化气体的危险化学品生产、储存企业开展全面风险排查和隐患整治，特别是石油液化气、液化天然气的生产、储存安全。要以涉及液化气体生产中小企业、储存企业和装卸环节为重点，督促企业定期检查液化气体装卸设施是否完好、功能是否完备、是否建立装卸作业时接口连接可靠性确认制度，重点整治涉及液化气体的新建、改建、扩建危险化学品生产储存项目未履行项目审批手续，不符合建设项目安全设施"三同时"要求，未依法取得有关安全生产许可证照；装卸场所不符合安全要求，未建立安全管理制度并严格执行，安全管理措施不到位，应急预案及应急措施不完备，装卸管理人员、驾驶人员、押运人员不具备从业资格，装卸人员未经培训合格上岗作业，运输车辆不符合国家标准要求等。对发现的问题，要立即整改，一时难以整改的，依法责令企业立即停产停业整改；对整治工作不认真的，依法依规严肃追究责任。

（2）集中开展一次警示教育。各地区要充分利用当前全国"安全生产月"和"安全生产万里行"广泛开展的有利宣传时机，采取多种形式，积极开展危险化学品安全警示教育。深刻吸取本次事故和1984年11月19日墨西哥城液化气爆炸、1988年10月22日上海某公司小梁山球罐区液化气爆炸、2015年7月16日山东某公司液化气爆炸等国内外典型事故暴露的问题，结合本地区实际，对辖区内市县安全生产有关部门、所有化工和危险化学品以及危险货物运输企业主要负责人开展警示教育，切实汲取事故教训，增强风险防范意识，采取有效措施降低安全风险、彻底消除隐患。

（3）强化企业应急培训演练。有关化工和危险化学品企业以及危险货物运输企业要针对本企业存在的安全风险，有针对性地完善应急预案，强化人员应急培训演练，尤其是事故前期应急处置能力培训，配齐相关应急装备物资，提高企业应对突发事故事件特别是初期应急处置能力，有效防止事故后果升级扩大。要准确评估和科学防控应急处置过程中的安全风险，坚持科学施救，当可能出现威胁应急救援人员生命安全的情况时，及时组织撤离，避免发生次生事故。安全监管部门要将企业应急处置能力作为执法检查重点内容，督促企业主动加强应急管理。

（4）严格安全生产行政许可和监管执法。各地区要严格落实"管行业必须管安全、管业务必须管安全、管生产经营必须管安全"的要求，进一步强化危险化学品安全监管。一是各级安全监管部门要严格行政许可准入，把人员素质、安全管理能力、装备水平等作为安全准入的必要条件，有关企业主要负责人安全考核不通过的一律暂扣安全生产许可证。要通过综合利用多种手段，倒逼企业加快转型升级，加速提升本质安全水平和安全保障能力。二是加大检查执法力度，各地区要把危险化学品重大危险源尤其是液化气体罐区作为必查项目。三是指导企业聘请具备能力的第三方机构单位，按照有关法规文件，对本辖区内所有液化气体罐区进行安全风险评估，有关装置和储存场所与周边安全距离必须满足《危险化学品生产、储存装置个人可接受风险标准和社会可接受风险标准（试行）》（国家安全监管总局公告2014年第13号），对达不到要求的，要依法责令限期整改。四是督促企业完善监测监控设备设施，强化危险化学品生产、储存、运输、装卸、使用等各环节自动化监测监控能力。五是凡是委托山东省济南华源安全评价有限公司开展安全评价的企业，必须重新进行安全评价，确保安全风险评估准确全面、评估结论科学合理、管控措施有效可行。

（5）积极推进危险化学品安全综合治理工作。危险化学品易燃易爆、有毒有害，危险化学品重大危险源特别是罐区储存量大，一旦发生事故，影响范围广、救援难度大，易产生重大社会影响，后果十分严重。地方各级人民政府要进一步提高对危险化学品安全生产工作重要性的认识，按照国务院既定部署要求，积极推进危险化学品安全综合治理工作，加强组织领导协调，加快推进风险全面排查管控工作，突出企业主体责任落实，推动地方政府及部门监管责任落实，确保不走过场、取得实效。

（6）认真做好夏季和汛期安全生产工作。夏季高温、高湿、暴雨、雷电多发，各地区、各部门、各单位要高度重视，加强灾害性天气、自然灾害预报预警，有针对性开展隐患排查治理，严防自然灾害引发事故灾难。要提前制定采取有效防范应对措施，认真做好危险化学品企业夏季和汛期安全生产工作。

第五节　危险化学品管道输送中的事故

一、2010年"7·16"原油管道特大泄漏事故

2010年7月16日，大连某公司原油库输油管道发生爆炸，引发大火并造成大量原油泄漏，导致部分原油、管道和设备烧损，另有部分泄漏原油流入附近海域造成污染。事故造成作业人员1人轻伤、1人失踪；在灭火过程中，消防战士1人牺牲、1人重伤。据统计，事故造成的直接财产损失为22330.19万元。如图16-20所示。

图16-20　中石油"7·16"原油
管道特大泄漏事故

（一）事故经过

事故当天，新加坡太平洋石油公司所属30万吨油轮在向国际储运公司原油罐区卸送最终于大连某公司的原油。

7月15日15时30分左右，油轮开始向国际储运公司原油罐区卸油，卸油作业在两条输油管道同时进行。20时左右，作业人员开始通过原油罐区内一条输油管道（内径0.9m）上的排空阀，向输油管道中注入脱硫剂。7月16日13时左右，油轮暂停卸油作业，但注入脱硫剂的作业没有停止。18时左右，在注入了88m³脱硫剂后，现场作业人员加水对脱硫剂管路和泵进行冲洗。18时8分左右，靠近脱硫剂注入部位的输油管道突然发生爆炸，引发火灾，造成部分输油管道、附近储罐阀门、输油泵房和电力系统损坏和大量原油泄漏。事故导致储罐阀门无法及时关闭，火灾不断扩大。原油顺地下管沟流淌，形成地面流淌火，火势蔓延。事故造成103号罐和周边泵房及港区主要输油管道严重损坏，部分原油流入附近海域。

（二）事故分析

1. 直接原因

违规在原油库输油管道上进行加注含有强氧化剂过氧化氢的"脱硫化氢剂"作业，并在油轮停止卸油的情况下继续加注，造成"脱硫化氢剂"在输油管道内局部富集，发生强氧化反应，导致输油管道发生爆炸，引发火灾和原油泄漏。

2. 间接原因

作业公司违规承揽加剂业务；天津某公司违法生产"脱硫化氢剂"，并隐瞒其危险特性；大连某公司及其下属公司安全生产管理制度不健全，未认真执行承包商施工作业安全审核制度；未经安全审核就签订原油硫化氢脱除处理服务协议；合作公司未提出硫化氢脱除作业存在安全隐患的意见；母公司对下属企业的安全生产工作监督检查不到位；安全监管局对该公司的安全生产工作监管检查不到位。

（三）事故预防

1. 严格港口接卸油过程的安全管理，确保接卸油过程安全

一要切实加强港口接卸油作业的安全管理。要制定接卸油作业各方协调调度制度，明确接卸油作业信息传递的流程和责任，严格制定接卸油安全操作规程，进一步明确和落实安全生产责任，确保接卸油过程有序、可控、安全。二要加强对接卸油过程中采用新工艺、新技术、新材料、新设备的安全论证和安全管理。各有关企业、单位要立即对接卸油过程加入添

加剂作业进行一次全面排查。凡加入有氧化剂成分添加剂的要立即停止作业。接卸油过程中一般不应同时进行其他作业，确实需要在接卸油过程中加入添加剂或进行其他作业的，要对加入添加剂及其加入方法等有关作业进行认真科学的安全论证，全面辨识可能出现的安全风险，采取有针对性的防范措施，与罐区保持有足够的安全距离，确保安全。加剂装置必须由取得相应资质的单位设计、制造、施工。三要加强对承包商和特殊作业安全管理，坚决杜绝"三违"现象。接卸油过程环节多、涉及单位多，稍有不慎就会导致安全事故。要增强安全意识，完善安全管理制度，强化作业现场的安全管理，尤其要加强对承包商的管理，严禁以包代管、包而不管。要采取有效措施杜绝"三违"现象，加强对特殊作业人员的安全生产教育和培训，使其掌握相关的安全规章制度和安全操作规程，具备必要的安全生产知识和安全操作技能，确保安全生产。建立健全"三违"责任追究制度，依法查处渎职责任。

2. 持续开展隐患排查治理工作，进一步加强危险化学品各环节的安全管理

各地、各有关部门和生产经营单位要全面加强企业安全生产工作，尤其要加强危险化学品生产、经营、运输、使用等各个环节安全管理与监督，进一步建立健全危险化学品从业单位事故隐患排查治理制度，持续深入地开展隐患排查治理工作，严格做到治理责任、措施、资金、期限和应急预案"五落实"。对重大隐患要实行挂牌督办，跟踪落实。

3. 深刻吸取事故教训，合理规划危险化学品生产储存布局

各地、各有关部门和单位要深刻吸取此次事故教训，认真做好大型危险化学品储存基地和化工园区（集中区）的安全发展规划，合理规划危险化学品生产储存布局，严格审查涉及易燃易爆、剧毒等危险化学品生产储存建设项目。同时，要组织开展已建成基地和园区（集中区）的区域安全论证和风险评估工作，预防和控制潜在的生产安全事故，确保危险化学品生产和储存安全。

4. 切实做好应急管理各项工作，提高重特大事故的应对与处置能力

各地、各有关部门要加强对危险化学品生产厂区和储罐区消防设施的检查，督促各有关企业进一步改进管道、储罐等设施的阀门系统，确保事故发生后能够有效关闭；督促企业进一步加强应急管理，加强专兼职救援队伍建设，组织开展专项训练，健全完善应急预案，定期开展应急演练；加强政府、部门与企业间的应急协调联动机制建设，确保预案衔接、队伍联动、资源共享；加大投入，加强应急装备建设，提高应对重特大、复杂事故的能力。各类危险化学品从业单位要认真研究分析本单位重大危险源情况，建立健全重大危险源档案，加强监控和管理，建立科学有效的监控系统，确保一旦发生险情，能够迅速响应、快速处置。与此同时，要加强应急值守，完善应急物资储备，扎扎实实做好应急管理各项基础工作，切实提高应急管理水平。

二、2013 年"11·22"特别重大泄漏事故

2013 年 11 月 22 日，东黄输油管道原油泄漏现场发生爆炸，造成 63 人遇难、156 人受伤，直接经济损失 75172 万元。如图 16-21 所示。

（一）事故经过

1. 原油泄漏处置情况

（1）企业处置情况　11 月 22 日 2 时 12 分，潍坊输油处调度中心通过数据采集与监视控制系统发现东黄输油管道黄岛油库出站压力从 4.56MPa 降至 4.52MPa，两次电话确认黄岛油库无操作因素后，判断管道泄漏；2 时 25 分，东黄输油管道紧急停泵停输。

2 时 35 分，潍坊输油处调度中心通知青岛站关闭洋河阀室截断阀（洋河阀室距黄岛油库 24.5km，为下游距泄漏点最近的阀室）；3 时 20 分左右，截断阀关闭。

图 16-21 东黄输油管线
特别重大泄漏事故现场

2时50分，潍坊输油处调度中心向处运销科报告东黄输油管道发生泄漏；2时57分，通知处抢维修中心安排人员赴现场抢修。

3时40分左右，青岛站人员到达泄漏事故现场，确认管道泄漏位置距黄岛油库出站口约1.5km，位于秦皇岛路与斋堂岛街交叉口处。组织人员清理路面泄漏原油，并请求潍坊输油处调用抢险救灾物资。

4时左右，青岛站组织开挖泄漏点、抢修管道，安排人员拉运物资清理海上溢油。

4时47分，运销科向潍坊输油处处长报告泄漏事故现场情况。

5时07分，运销科向管道分公司调度中心报告原油泄漏事故总体情况。

5时30分左右，潍坊输油处处长安排副处长赴现场指挥原油泄漏处置和入海原油围控。

6时左右，潍坊输油处、黄岛油库等现场人员开展海上溢油清理。

7时左右，潍坊输油处组织泄漏现场抢修，使用挖掘机实施开挖作业；7时40分，在管道泄漏处路面挖出 2m×2m×1.5m 作业坑，管道露出；8时20分左右，找到管道泄漏点，并向管道分公司报告。

9时15分，管道分公司通知现场人员按照预案成立现场指挥部，做好抢修工作；9时30分左右，潍坊输油处副处长报告管道分公司，潍坊输油处无法独立完成管道抢修工作，请求管道分公司抢维修中心支援。

10时25分，现场作业时发生爆炸，排水暗渠和海上泄漏原油燃烧，现场人员向管道分公司报告事故现场发生爆炸燃烧。

（2）政府及相关部门处置情况　11月22日2时31分，开发区公安分局110指挥中心接警，称某化工有限公司南门附近有泄漏原油，黄岛派出所出警。

3时10分，110指挥中心向开发区总值班室报告现场情况。至4时17分，开发区应急办、市政局、安全监管局、环保分局、黄岛街道办事处等单位人员分别收到事故报告。4时51分、7时46分、7时48分，开发区管委会副主任、主任、党工委书记分别收到事故报告。

4时10分至5时左右，开发区应急办、安全监管局、环保分局、市政局及开发区安全监管局石化区分局、黄岛街道办事处有关人员先后到达原油泄漏事故现场，开展海上溢油清理。

7时49分，开发区应急办副主任将泄漏事故现场及处置情况报告青岛市政府总值班室。

8时18分至27分，青岛市政府总值班室电话调度青岛市环保局、青岛海事局、青岛市安全监管局，要求进一步核实信息。

8时34分至40分，青岛市政府总值班室将泄漏事故基本情况通过短信报告市政府秘书长、副秘书长、应急办副主任。

8时53分，青岛市政府副秘书长将泄漏事故基本情况短信转发市经济和信息化委员会副主任，并电话通知其立即赶赴事故现场。

9时01分至06分，时任青岛市政府副秘书长、市政府总值班室将泄漏事故基本情况分别通过短信报告市长及4位副市长。

9 时 55 分，时任青岛市经济和信息化委员会副主任等到达泄漏事故现场；10 时 21 分，向市政府副秘书长报告海面污染情况；10 时 27 分，向市政府副秘书长报告事故现场发生爆炸燃烧。

2. 爆炸情况

为处理泄漏的管道，现场决定打开暗渠盖板。现场动用挖掘机，采用液压破碎锤进行打孔破碎作业，作业期间发生爆炸。爆炸时间为 2013 年 11 月 22 日 10 时 25 分。

爆炸造成秦皇岛路桥涵以北至入海口、以南沿斋堂岛街至刘公岛路排水暗渠的预制混凝土盖板大部分被炸开，与刘公岛路排水暗渠西南端相连接的长兴岛街、唐岛路、舟山岛街排水暗渠的现浇混凝土盖板拱起、开裂和局部炸开，全长波及 5000 余米。爆炸产生的冲击波及飞溅物造成现场抢修人员、过往行人、周边单位和社区人员，以及某化工有限公司厂区内排水暗渠上方临时工棚及附近作业人员，共 62 人死亡、136 人受伤。爆炸还造成周边多处建筑物不同程度损坏，多台车辆及设备损毁，供水、供电、供暖、供气多条管线受损。泄漏原油通过排水暗渠进入附近海域，造成胶州湾局部污染。

3. 爆炸后应急处置及善后情况

爆炸发生后，时任山东省委书记、省长迅速率领有关部门负责同志赶赴事故现场，指导事故现场处置工作。青岛市委、市政府主要领导同志立即赶赴现场，成立应急指挥部，组织抢险救援。时任集团公司董事长立即率工作组赶赴现场，管道分公司调集专业力量、集团公司调集山东省境内石化企业抢险救援力量赶赴现场。成立了以省政府主要领导同志为总指挥的现场指挥部，下设 8 个工作组，开展人员搜救、抢险救援、医疗救治及善后处理等工作。当地驻军也投入力量积极参与抢险救援。

现场指挥部组织 2000 余名武警及消防官兵、专业救援人员，调集 100 余台（套）大型设备和生命探测仪及搜救犬，紧急开展人员搜救等工作。截至 12 月 2 日，62 名遇难人员身份全部确认并向社会公布。遇难者善后工作基本结束。136 名受伤人员得到妥善救治。

青岛市对事故区域受灾居民进行妥善安置，调集有关力量，全力修复市政公共设施，恢复供水、供电、供暖、供气，清理陆上和海上油污。维持当地社会秩序稳定。

（二）事故分析

1. 直接原因

输油管道与排水暗渠交汇处管道腐蚀减薄、管道破裂、原油泄漏，流入排水暗渠及反冲到路面。原油泄漏后，现场处置人员采用液压破碎锤在暗渠盖板上打孔破碎，产生撞击火花，引发暗渠内油气爆炸。

通过现场勘验、物证检测、调查询问、查阅资料，并经综合分析认定：与排水暗渠交叉段的输油管道所处区域土壤盐碱和地下水氯化物含量高，同时排水暗渠内随着潮汐变化海水倒灌，输油管道长期处于干湿交替的海水及盐雾腐蚀环境，加之管道受到道路承重和振动等因素影响，导致管道加速腐蚀减薄、破裂，造成原油泄漏。泄漏点位于秦皇岛路桥涵东侧墙体外 15cm，处于管道正下部位置。经计算、认定，原油泄漏量约 2000t。

泄漏原油部分反冲出路面，大部分从穿越处直接进入排水暗渠。泄漏原油挥发的油气与排水暗渠空间内的空气形成易燃易爆的混合气体，并在相对密闭的排水暗渠内积聚。由于原油泄漏到发生爆炸达 8 个多小时，受海水倒灌影响，泄漏原油及其混合气体在排水暗渠内蔓延、扩散、积聚，最终造成大范围连续爆炸。

2. 间接原因

（1）集团公司及下属企业安全生产主体责任没有落实，隐患排查治理不彻底，现场应急处置措施不当。

① 集团公司和股份公司安全生产责任落实不到位。安全生产责任体系不健全，相关部门的管道保护和安全生产职责划分不清、责任不明；对下属企业隐患排查治理和应急预案执行工作督促指导不力，对管道安全运行跟踪分析不到位；安全生产大检查存在死角、盲区，特别是在全国集中开展的安全生产大检查中，隐患排查工作不深入、不细致，未发现事故段管道安全隐患，也未对事故段管道采取任何保护措施。

② 管道分公司对输油处、站安全生产工作疏于管理。组织东黄输油管道隐患排查治理不到位，未对事故段管道防腐层大修等问题及时跟进，也未采取其他措施及时消除安全隐患；对一线员工安全和应急教育不够，培训针对性不强；对应急救援处置工作重视不够，未督促指导输油处、站按照预案要求开展应急处置工作。

③ 输油处对管道隐患排查整治不彻底，未能及时消除重大安全隐患。2009年、2011年、2013年先后3次对东黄输油管道外防腐层及局部管体进行检测，均未能发现事故段管道严重腐蚀等重大隐患，导致隐患得不到及时、彻底整改；从2011年起安排实施东黄输油管道外防腐层大修，截至2013年10月仍未对包括事故泄漏点所在的15km管道进行大修；对管道泄漏突发事件的应急预案缺乏演练，应急救援人员对自己的职责和应对措施不熟悉。

④ 站点人员对管道疏于管理，管道保护工作不力。制定的管道抢维修制度、安全操作规程针对性、操作性不强，部分员工缺乏安全操作技能培训；管道巡护制度不健全，巡线人员专业知识不够；没有对开发区在事故段管道先后进行排水明渠和桥涵、明渠加盖板、道路拓宽和翻修等建设工程提出管道保护的要求，没有根据管道所处环境变化提出保护措施。

⑤ 事故应急救援不力，现场处置措施不当。站、输油处、管道分公司对泄漏原油数量未按应急预案要求进行研判，对事故风险评估出现严重错误，没有及时下达启动应急预案的指令；未按要求及时全面报告泄漏量、泄漏油品等信息，存在漏报问题；现场处置人员没有对泄漏区域实施有效警戒和围挡；抢修现场未进行可燃气体检测，盲目动用非防爆设备进行作业，严重违规违章。

（2）时任主管部门贯彻落实国家安全生产法律法规不力。

① 督促指导管道保护工作主管部门和安全监管部门履行管道保护职责和安全生产监管职责不到位，对长期存在的重大安全隐患排查整改不力。

② 组织开展安全生产大检查不彻底，没有把输油管道作为监督检查的重点，没有按照"全覆盖、零容忍、严执法、重实效"的要求，对事故涉及企业深入检查。

③ 街道办事处对某化工有限公司长期在厂区内排水暗渠上违章搭建临时工棚问题失察，导致事故伤亡扩大。

（3）管道保护工作主管部门履行职责不力，安全隐患排查治理不深入。

① 油区工作办公室已经认识到东黄输油管道存在安全隐患，但督促企业治理不力，督促落实应急预案不到位；组织安全生产大检查不到位，督促青岛市油区工作办公室开展监督检查工作不力。

② 时任主管部门对管道保护的监督检查不彻底、有盲区，2013年开展了6次管道保护的专项整治检查，但都没有发现秦皇岛路道路施工对管道安全的影响；对管道改建计划跟踪督促不力，督促企业落实应急预案不到位。

③ 开发区安全监管局作为管道保护工作的牵头部门，组织有关部门开展管道保护工作不力，督促企业整治东黄输油管道安全隐患不力；安全生产大检查走过场，未发现秦皇岛路道路施工对管道安全的影响。

（4）相关部门履行职责不到位，事故发生地段规划建设混乱。

① 当时的开发区控制性规划不合理，规划审批工作把关不严。开发区规划分局对某物流有限公司项目规划方案审批把关不严，未对市政排水设施纳入该项目规划建设及明渠改为暗渠等问题进行认真核实，导致市政排水设施继续划入厂区规划，明渠改暗渠工程未能作为单独市政工程进行报批。事故发生区域危险化学品企业、油气管道与居民区、学校等近距离或交叉布置，造成严重安全隐患。

② 管道与排水暗渠交叉工程设计不合理。管道在排水暗渠内悬空架设，存在原油泄漏进入排水暗渠的风险，且不利于日常维护和抢维修；管道处于海水倒灌能够到达的区域，腐蚀加剧。

③ 开发区行政执法局（市政公用局）对某物流有限公司厂区明渠改暗渠审批把关不严，以"绿化方案审批"形式违规同意设置盖板，将明渠改为暗渠；实施的秦皇岛路综合整治工程，未与管道企业沟通协商，未按要求计算对管道安全的影响，未对管道采取保护措施，加剧管体腐蚀、损坏；未发现某化工有限公司长期在厂区内排水暗渠上违章搭建临时工棚的问题。

（5）相关部门对事故风险研判失误，导致应急响应不力。

① 市经济和信息化委员会、油区工作办公室对原油泄漏事故发展趋势研判不足，指挥协调现场应急救援不力。

② 开发区管委会未能充分认识原油泄漏的严重程度，根据企业报告情况将事故级别定为一般突发事件，导致现场指挥协调和应急救援不力，对原油泄漏的发展趋势研判不足；未及时提升应急预案响应级别，未及时采取警戒和封路措施，未及时通知和疏散群众，也未能发现和制止企业现场应急处置人员违规违章操作等问题。

③ 开发区应急办未严格执行生产安全事故报告制度，压制、拖延事故信息报告，谎报开发区分管领导参与事故现场救援指挥等信息。

④ 开发区安全监管局未及时将某化工有限公司报告的厂区内明渠发现原油等情况向政府和有关部门通报，也未采取有效措施。

（三）事故预防

1. 坚持科学发展安全发展，牢牢坚守安全生产红线

相关部门要深刻吸取特别重大事故的沉痛教训，牢固树立科学发展、安全发展理念，牢牢坚守"发展决不能以牺牲人的生命为代价"这条红线。要把安全生产纳入经济社会发展总体规划，建立健全"党政同责、一岗双责、齐抓共管"的安全生产责任体系，坚持管行业必须管安全、管业务必须管安全、管生产经营必须管安全的原则，把安全责任落实到领导、部门和岗位，谁踩红线谁就要承担后果和责任。在发展地方经济、加快城乡建设、推进企业改革发展的过程中，要始终坚持安全生产的高标准、严要求，各级各类开发区招商引资、上项目不能降低安全环保等标准，不能不按相关审批程序搞特事特办，不能违规"一路绿灯"。政府规划、企业生产与安全发生矛盾时，必须服从安全需要；所有工程设计必须满足安全规定和条件。要坚决纠正单纯以经济增长速度评定政绩的倾向，科学合理设定安全生产指标体系，加大安全生产指标考核权重，实行安全生产和重特大事故"一票否决"。中央企业不管在什么地方，必须接受地方的属地监管；地方政府要严格落实属地管理责任，依法依规，严管严抓。

2. 切实落实企业主体责任，深入开展隐患排查治理

集团公司及各油气管道运营企业要认真履行安全生产主体责任，加大人力物力投入，加强油气管道日常巡护，保证设备设施完好，确保安全稳定运行。要建立健全隐患排查治理制度，落实企业主要负责人的隐患排查治理第一责任，实行谁检查、谁签字、谁负责，做到不打折扣、不留死角、不走过场。要按照《国务院安委会关于开展油气输送管线等安全专项排查整治的紧急通知》（安委〔2013〕9号）要求，认真开展在役油气管道，特别是老旧油气管道检测检验与隐患治理，对与居民区、工厂、学校等人员密集区和铁路、公路、隧道、市政地下管网及设施安全距离不足，或穿（跨）越安全防护措施不符合国家法律法规、标准规范要求的，要落实整改措施、责任、资金、时限和预案，限期更新、改造或者停止使用。国务院安委会将于2014年3月组织抽查，对不认真开展自查自纠，存在严重隐患的企业，要依法依规严肃查处问责。

3. 加大政府监督管理力度，保障油气管道安全运行

相关部门要严格执行《石油天然气管道保护法》《城镇燃气管理条例》（国务院令第583号）等法律法规，认真履行油气管道保护的相关职责。各级人民政府要加强本行政区域油气管道保护工作的领导，督促、检查有关部门依法履行油气管道保护职责，组织排查油气管道的重大外部安全隐患。市政管理部门在市政设施建设中，对可能影响油气管道保护的，要与油气管道企业沟通会商，制定并落实油气管道保护的具体措施。油气管道保护工作主管部门要加大监管力度，对打孔盗油、违章施工作业等危害油气管道安全的行为要依法严肃处理；要按照后建服从先建的原则，加大油气管道占压清理力度。安全监管部门要配备专业人员，加强监管力量；要充分发挥安委会办公室的组织协调作用，督促有关部门采取不发通知、不打招呼、不听汇报、不用陪同和接待，直奔基层、直插现场的方式，对油气管道、城市管网开展暗查暗访，深查隐蔽致灾隐患及其整改情况，对不符合安全环保要求的立即进行整治，对工作不到位的地区要进行通报，对自查自纠等不落实的企业要列入"黑名单"并向社会公开曝光。对瞒报、谎报、迟报生产安全事故的，要按有关规定从严从重查处。

4. 科学规划合理调整布局，提升城市安全保障能力

随着经济高速发展及城市快速扩张，开发区危险化学品企业与居民区毗邻、交错，功能布局不合理，对该区域的安全和环境造成一定影响，也不利于城市的长远发展。青岛市人民政府要对该区域的安全、环境状况进行整体评估、评价，通过科学论证，对产业结构和区域功能进行合理规划、调整，对不符合安全生产和环境保护要求的，要立即制定整治方案，尽快组织实施。各级人民政府要加强本行政区域油气管道规划建设工作的领导，油气管道规划建设必须符合油气管道保护要求，并与土地利用整体规划、城乡规划相协调，与城市地下管网、地下轨道交通等各类地下空间和设施相衔接，不符合相关要求的不得开工建设。

5. 完善油气管道应急管理，全面提高应急处置水平

相关部门要高度重视油气管道应急管理工作。各级领导干部要带头熟悉、掌握应急预案内容和现场救援指挥的必备知识，提高应急指挥能力；接到事故报告后，基层领导干部必须第一时间赶到事故现场，不得以短信形式代替电话报告事故信息。油气管道企业要根据输送介质的危险特性及管道状况，制定有针对性的专项应急预案和现场处置方案，并定期组织演练，检验预案的实用性、可操作性，不能"一订了之""一发了之"；要加强应急队伍建设，提高人员专业素质，配套完善安全检测及管道泄漏封堵、油品回收等应急装备；对于原油泄漏要提高应急响应级别，在事故处置中要对现场油气浓度进行检测，对危害和风险进行辨识和评估，做到准确研判，杜绝盲目处置，防止油气爆炸。

地方各级人民政府要紧密结合实际，制定包括油气管道在内的各类生产安全事故专项应急预案，建立政府与企业沟通协调机制，开展应急预案联合演练，提高应急响应能力；要根据事故现场情况及救援需要及时划定警戒区域，疏散周边人员，维持现场秩序，确保救援工作安全有序。

6. 加快安全保障技术研究，健全完善安全标准规范

要组织力量加快开展油气管道普查工作，摸清底数，建立管道信息系统和事故数据库，深入研究油气管道可能发生事故的成因机理，尽快解决油气管道规划、设计、建设、运行面临的安全技术和管理难题。要吸取国外好的经验和做法，开展油气管道安全法规标准、监管体制机制对比研究，完善油气管道安全法规，制定油气管道穿跨越城区安全布局规划设计、检测频次、风险评价、环境应急等标准规范。要开展油气管道长周期运行、泄漏检测报警、泄漏处置和应急技术研究，提高油气管道安全保障能力。

三、2017 年天然气管道"7·2"泄漏爆炸事故

贵州某段天然气输气管道发生爆炸，许多当地村民涌入附近 G60 沪昆高速公路逃生，沪昆高速当地一度进行交通管制。贵州省黔西南州《今天晚间》发布消息称，初步查明已造成 8 人死亡，35 人受伤，其中重伤 8 人，危重 4 人。

黔西南州发布的消息同时显示，持续强降雨引发边坡下陷侧滑，挤断输气管道，引起输气管道泄漏燃爆。

病人转往医院救治，天然气泄漏得到控制，火势已

图 16-22　天然气管道贵州段泄漏爆炸事故现场

扑灭，周围群众已转至安全地带。事故的原因正在进一步调查中。如图 16-22 所示。

第六节　国外重大化学事故案例

一、1984 年印度博帕尔农药厂（UCIL）异氰酸甲酯毒气泄漏事故

（一）事故过程

1984 年 12 月 4 日美国联合碳化物公司在印度博帕尔（Bhopal，Indian）的农药厂发生异氰酸甲酯（CH_3NCO，简称 MIC）毒气泄漏事故，造成 12.5 万人中毒，6495 人死亡、20 万人受伤，5 万多人终身受害的让世界震惊的重大事故。

MIC 是生产氨基甲酸酯类杀虫剂的中间体。甲氨基甲酸萘酯是一种杀虫剂。

MIC 极不稳定，需要在低温下储存。博帕尔的 MIC 储存在两个地下冷冻储槽中，第三个储槽储存不合格的 MIC。博帕尔的联合碳化物印度有限公司（UCIL）建设过程正处于城市的快速发展时期，20 世纪 80 年代因为对杀虫剂的需求减少，UCIL 装置关闭。

三个 MIC 储槽的进料是用带氮气夹套的不锈钢管从精制塔送来，并用普通管道将其送到甲氨基甲酸萘酯反应器，在反应器上装有安全阀。不合格的 MIC 循环至储槽，含 MIC 的废物送至放空气体洗涤器（VGS）被中和。每个 MIC 储槽都有温度和压力显示仪表，以及液位指示和报警，如图 16-23 所示。MIC 储槽上装有固定的水监视器和制冷单元。当 VGS 中有大量气体释放时可使用燃烧系统，VGS 和燃烧系统的排放高度为 15～20m。1984 年 6

月不再使用储槽的制冷系统，而且把制冷剂放出。1984年12月停止生产MIC，而且裁员50%。

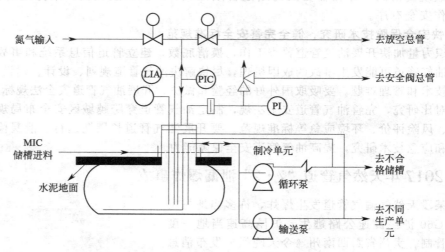

图16-23　MIC储槽

1984年12月2日，第二班负责人命令MIC装置的操作工用水清洗管道。在操作前应该进行隔离，但被忽略了；而且几天前刚进行了检修，加上其他可能性，冲洗水进入了其中一个储槽。23时储槽的压力在正常范围，23时30分操作工发现MIC和污水从MIC储槽的下游管道流出，0时15分储槽的压力升至206.84kPa（30psi），几分钟后达到379.21kPa（55psi），即最高极限；当操作工走近储槽时，听到了隆隆声并且感受到储槽的热辐射；在控制室操作工试图启动VGS系统，并通知总指挥；当总指挥到来时命令将装置关闭；水喷淋系统已打开但只能达到15m的高度，MIC的排放高度为33m。他们还试图启动制冷系统，但是因为没有制冷剂而告失败。至此，开始向社区发出了毒气报警，但几分钟后报警声停止，只能用汽笛向UCIL的工人发出警报。据称开始时汽笛引起误会，人们以为是装置发生了火灾而且准备参加灭火；而UCIL的工人则错误地顺着毒气云的方向逃生。

安全阀一直开了两个小时，气、液、固三相以超过200℃的温度、1241.06kPa（180psi）的压力释放到空气中。因为博帕尔城市发展很快，人口多，短时间内无法完全疏散；加上贫民区已建到UCIL的围墙下面，简陋的屋子一点也起不到保护作用；城市的基础设施（如医院等）已无法应付这么巨大的灾难，仅有的两所医院其设施只能容纳千余人，而中毒人数是其10倍。

（二）事故原因分析

表16-3是这次事故发生的根本原因。

（三）事故后果

事故发生后，地下储气罐中的剧毒气体异氰酸甲酯由于压力过大泄漏，阵阵毒气向市区扩散。熟睡中的市民被难忍的刺激气味呛醒，纷纷下床夺门奔逃。当天早晨，已有269人中毒身亡，3000头牲畜死亡，几千人失去知觉送往医院抢救。农药厂在漏气后几分钟关闭设备，但30t毒气已经弥漫于城市上空，全市80万人口中至少有60万人受到影响，其中12.5万人中毒，后有更多的人死亡，5万多人可能终生失明。

表 16-3 事故的根本原因

子系统	可能发生事故的条件	子系统	可能发生事故的条件
外部系统	装置附近人口激增而基础设施建设严重滞后；当发生紧急情况时与外界的联系不当；可能存在人为破坏	工程完整性	安全系统不足而且无法工作；修改不当而且修改后未进行分析；管道、阀门及仪表缺乏维修
系统环境	检查结果未得到落实；可能有更为安全的工艺路线；市政府的决定被地区政府否决；因需求不足，生产不正常，扩大生产工艺过程而进入相对不太安全的领域	管理控制	目标、责任、制度不明确；对修改的管理不当而且未选择安全的工艺流程；安全责任不明确；缺乏安全训练和技术经验；无应急计划
组织和管理	未承担足够的安全义务；应对紧急情况的准备不足；印度政府安全检查不力；对公众面临的危险失察；与设在美国的总公司联系有限；员工水平不高	通信和资料	无 MIC 的毒性资料；总公司发来的警告未得到落实
		规程和实践	对操作规程的认证不充分；未按照规程对装置进行冲洗；缺乏紧急情况处置规程
位置和装置设备	无区域规划政策；对工艺过程的预分析不当；在不当条件下长时间大量储存工艺物料；储槽未隔离，而且未安装阀门位置指示器；过量水进入 MIC 储槽	工作环境	操作工裁员 5096 人；缺乏有经验的人员
		操作工的操作	操作工无足够的技术知识；员工因对装置的前途不定而心理紧张

严重中毒者都是农药厂周围贫民窟的居民，他们四处逃亡，有的一直跑到 30km 外的市郊。一些人跑到半路扑地而死，行动迟缓的全家死于屋内。离厂 1km 的火车站，从站长以下 50 名站员全部身亡。全城一片混乱，逃难的人群塞满通往郊外的公路，军队不得不在市郊设立临时营地收容难民。

在医院，挤满双目失明、口吐白沫、嘴巴起泡的求治者。殡仪馆、疗养院、急救站情况惨烈。截至 1994 年年底，共有 6495 人死亡，2 万多人住院治疗，5 万多人终生受害。

异氰酸甲酯是制造农药"西维图"和"涕灭威"的原料，以液化气形态储于罐内，外泄时化为气体，侵害人体呼吸道、消化器官、眼部，引起心血管病变，重者毙命，轻者失明或精神失常。医院研究过死者的髅骨，发现工厂泄漏的甲基异氰酸酯毒气会损害脑部。

美国公司只肯支付 4.7 亿美元的赔款，印度政府要求赔偿 30 亿美元，一场国际官司至今未结束。

二、2011 年日本福岛核电站事故分析

（一）事故经过

2011 年 3 月 11 日下午，日本东部海域发生里氏 9.0 级大地震，并引发海啸。位于日本本州岛东部沿海的福岛第一核电站停堆，且若干机组发生失去冷却事故，3 月 12 日下午，一号机组发生爆炸。3 月 14 日，三号机组发生两次爆炸。日本经济产业省原子能安全保安院承认有放射性物质泄漏到大气中，方圆若干千米内的居民被紧急疏散。

（二）福岛核电站简介

福岛核电站是目前世界上最大的核电站，由福岛一站、福岛二站组成，共 10 台机组（一站 6 台，二站 4 台），均为沸水堆。受东日本大地震影响，福岛第一核电站损毁极为严重，大量放射性物质泄漏到外部，日本内阁官房长官枝野幸男宣布第一核电站的 1 至 6 号机组将全部永久废弃。联合国核监督机构国际原子能机构（IAEA）干事长天野之弥表示日本福岛核电厂的情势发展"非常严重"。法国法核安全局先前已将日本福岛核泄漏列为六级。2011 年 4 月 12 日，日本原子能安全保安院根据国际核事件分级表将福岛核事故定为最高级 7 级。

福岛一站 1 号机组于 1971 年 3 月投入商业运行，二站 1 号机组于 1982 年 4 月投入商业

运行。福岛核电站的核反应堆都是单循环沸水堆，只有一条冷却回路，蒸汽直接从堆芯中产生，推动汽轮机。福岛核电站一号机组已经服役40年，已经出现许多老化的迹象，包括原子炉压力容器的中性子脆化，压力抑制室出现腐蚀，热交换区气体废弃物处理系统出现腐蚀。这一机组原本计划延寿20年，正式退役需要到2031年。2011年东京电力计划为第一核电站增建两座反应堆。

（三）历史事故

福岛第一和第二核电站此前也多次发生事故。

1978年，福岛第一核电站曾经发生临界事故，但是事故一直被隐瞒至2007年才公之于众。

2005年8月，里氏7.2级地震导致福岛县两座核电站中存储核废料的池子中部分池水外溢。

2006年，福岛第一核电站6号机组曾发生放射性物质泄漏事故。

2007年，东京电力公司承认，从1977年起在对下属3家核电站总计199次定期检查中，这家公司曾篡改数据，隐瞒安全隐患。其中，福岛第一核电站1号机组，反应堆主蒸汽管流量计测得的数据曾在1979年至1998年间先后28次被篡改。原东京电力公司董事长因此辞职。

2008年6月，福岛核电站核反应堆5加仑（约20L）少量放射性冷却水泄漏。官员称这没有对环境和人员等造成损害。

（四）日本核电站核泄漏原因

（1）发生超设计基准的外部事件。9级地震引发浪高10m的海啸属于超万年一遇极限事故叠加，已远超出福岛核电站的设计基准。9级地震导致了外部电网的损毁。根据设计，地震发生后福岛核电站的应急柴油机紧急启动，保持反应堆冷却系统继续工作，然而由地震引起的海啸，淹没了柴油机厂房，造成电源的彻底丧失，致使全厂断电，冷却系统无法工作。

（2）沸水堆机组结构设计易导致放射性泄漏。沸水堆机组与压水堆机组不同，压水反应堆产生的推动汽轮机的蒸汽不是由核燃料直接加热形成，因此不带放射性物质。但沸水反应堆产生的推动汽轮机的蒸汽是由核燃料直接加热，这样的设计在事故状态下，如果需要紧急释放反应堆内蒸汽降压时，只能将带有放射性的蒸汽直接排放，从而导致放射性泄漏。

（3）未设计氢气复合装置。反应堆燃料组件受热发生熔化后，包裹核燃料的锆合金与水反应产生氢气，然而由于设计年代较早，福岛核电站并未设计氢气复合装置，致使反应堆内氢气浓度持续上升，与厂房内的氧气发生化学反应而导致爆炸。

（4）福岛核电站设计理念为能动设计，事故状态下采用外部电源和应急柴油机供电来处置事故。

（5）福岛核电站最初设计无安全壳，后通过改造增加了一个内层安全壳，但容量较小，而且无氢气复合器及喷淋冷却系统。

（五）损坏程度

（1）地震造成的损害　周五的地震切断了系统的电源，海啸还瘫痪了备用的柴油发电机。作为第三备份，蒸汽驱动的汽轮机本该产生足够的电力，驱动水泵将冷却水注入反应罩内。然而控制反应堆运行的电量已经耗尽，只能等待启用新的柴油发电机。报告称2号反应堆的燃料棒因缺水导致暴露。1号反应堆也出现冷却剂泄漏的状况，控制室的辐射水平不断上升。

（2）反应堆可能遭到损坏　目前，在电站周边环境中已经探测到放射性元素铯137，这表明至少有一个反应堆的核心遭到损坏。随着 1 号反应堆内部的温度不断上升，包裹燃料的锆在水中氧化，产生氢气。这些氢气被排放到二级防护壳中，并在那里不断聚集，最终和氧气发生反应造成了爆炸，摧毁了反应堆外面的二级防护壳。为了使反应堆冷却，工程师们开始向其中注入掺有硼的海水，试图控制裂变反应。

（六）辐射影响

电离辐射对人体的危害主要在于，辐射的能量导致构成人体组织的细胞受到损伤。其引起的生物效应主要有两种分类方法：分为躯体效应和遗传效应；或分为随机性效应和确定性效应。

日本官员称，一个反应堆附近的辐射强度已达到正常水平的 1000 倍，这相当于常人一年里接受的辐射量，这将对在附近工人的健康造成一系列影响。目前，核电站附近遭受核辐射的人数已升至 190 人。放射性元素影响：1986 年切尔诺贝利事故后，有数千人因为食用了被放射性碘污染的食物而患上甲状腺癌。泄漏的铯也会导致其他类型的癌症。日本官员称，已经在核电站周围探测到泄漏出的铯和放射性碘，他们已经开始向人们分发阻止放射性碘沉积的药片。

（七）经验教训

福岛核电厂的地震及其引发的海啸，已经远超过核电厂的设计基准，因此，无论对于二代核电站还是三代核电站，遭遇这种超设计基准自然灾害，其后果和损害都是很大。

应该看到，福岛核电厂发生的严重事故也存在电厂超期服役、设备老化等非技术因素，不应一味的将该事故的发生归结到技术落后、安全性不高的原因。

无论对二代还是三代核电站、压水堆还是沸水堆，福岛核电站严重事故均给我们很多改进启示。

① 厂址抗震能力——厂址选择；
② 厂址防海啸、洪水能力——设计考虑和现行改进；
③ 预防严重事故发生——应急电源、应急水源；
④ 严重事故缓解——氢气复合器、过滤排放、SAMG；
⑤ 应急响应能力——公众撤离；
⑥ 事故后续处理、放射性物质处理——设备、技术。

在能源紧缺的当下，核电事业不应受到此类事故的影响，安全合理的发展核电事业势在必行。当然，在核电站运行过程中，从上到下贯彻安全意识是十分必要的。在实际工作中，应保持严谨的态度，坚守各自工作岗位，维持核电的安全运行。

三、巴基斯坦油罐车侧翻爆炸事故

据媒体报道，2017 年 6 月 25 日，1 辆装运 $25m^3$ 汽油的油罐车在从巴基斯坦卡拉奇前往拉合尔途中，因轮胎爆胎失控侧翻，罐体受损引发汽油泄漏。附近村民不顾警告，哄抢泄漏的汽油；翻车约 45min 后，泄漏的汽油突然起火爆炸。事故已造成 157 人死亡，超过 200 人受伤，且多数伤者伤情危重。

（一）事件经过

2017 年 6 月 25 日，巴基斯坦旁遮普省巴哈瓦尔布尔地区一油罐车载有约 4×10^4 L 油料从卡拉奇驶往拉合尔，行驶至巴哈瓦尔布尔地区急转弯时翻车，导致油料泄漏，随后发生爆炸。事发时，数百名当地民众聚集在现场附近围观和收集油料，因此导致严重的人员伤亡。如图 16-24 所示。

图 16-24　巴基斯坦油罐车侧翻爆炸事故现场

（二）事件伤亡

截至 2017 年 6 月 25 日 12 时，事件已造成 120 人死亡，另有 100 多人受伤。

截至 2017 年 6 月 26 日 2 时，事件已造成至少 140 人死亡，另有 100 多人受伤。死亡人数可能会进一步上升。另据巴基斯坦 GEO 电视台援引救援部门人士的话说，该起事件可能已造成 149 人死亡。

据巴基斯坦《黎明报》网站报道，木尔坦一家医院的医生表示，截至 2017 年 6 月 26 日 23 时，事件造成 157 人死亡。另有 50 名烧伤严重者在该医院接受治疗。政府官员和救援人员称，有 118 人在事件中受伤。据悉，许多死者的尸体已经被烧得面部全非，医院正在提取他们的 DNA 以确认其身份。死者中包括至少 20 名儿童。

（三）事件处置

事件发生后，当地消防人员迅速赶赴现场，历经两小时才将大火扑灭。巴军方派出军机参与事故救援工作，救援人员将逾百名伤者送往当地多家医院抢救，其中有至少 40 名伤势严重者被紧急送往附近城市木尔坦接受进一步治疗。一些危重伤者被紧急送往附近城市的大医院进行治疗。

GEO 电视台称，这是一起"国家悲剧"。事件发生后，相关路段交通通行被巴国家公路局暂停。巴交警部门在附近设置了道路改道通知，用于疏导这条连接巴哈瓦尔布尔和拉合尔之间的交通要道车流。

事发后，巴基斯坦总统侯赛因和总理谢里夫分别对油罐车起火导致严重人员伤亡事件表示悲痛。谢里夫还指示当地政府为伤者提供全面的医疗援助。

（四）事件原因

当地警方表示，目前尚不清楚引发大火的具体原因。但有当地媒体报道说，大火可能是由现场民众吸烟所致。

旁遮普省发言人可汗称涉事的油罐车司机已经被逮捕，协助警方的调查，但初步调查报告显示，事件并非人祸引起。

危险化学品泄漏初始隔离距离和防护距离

附录表 1 危险化学品泄漏事故现场隔离与疏散距离

UN No/化学品名称	少量泄漏			大量泄漏			UN No/化学品名称	少量泄漏			大量泄漏		
	紧急隔离 /m	白天疏散 /km	夜间疏散 /km	紧急隔离 /m	白天疏散 /m	夜间疏散 /m		紧急隔离 /m	白天疏散 /km	夜间疏散 /km	紧急隔离 /m	白天疏散 /m	夜间疏散 /m
1005 氨(液氨)	30	0.2	0.2	60	0.5	1.1	1239 氯甲基甲醚	30	0.2	0.6	125	1.1	2.7
1008 三氟化硼(压缩)	30	0.2	0.6	215	1.6	5.1	1242 甲基二氯硅烷(水中泄漏)	30	0.2	0.2	60	0.5	1.6
1016 一氧化碳(压缩)	30	0.2	0.2	125	0.6	1.8	1244 甲基肼	30	0.3	0.8	125	1.1	2.7
1017 氯气	30	0.3	1.1	275	2.7	6.8	1250 甲基三氯硅烷(水中泄漏)	30	0.2	0.3	125	1.1	2.9
1023 压缩煤气	30	0.2	0.2	60	0.3	0.5	1251 甲基乙烯基酮(稳定)	155	1.3	3.4	915	8.7	11.0
1026 氰(乙二腈)	30	0.3	1.1	305	3.1	7.7	1259 羰基镍	60	0.6	2.1	215	2.1	4.3
1040 环氧乙烷	30	0.2	0.2	60	0.5	1.8	1295 三氯硅烷(水中泄漏)	30	0.2	0.3	125	1.3	3.2
1045 氟气(压缩)	30	0.2	0.5	185	1.4	4.0	1298 三甲基氯硅烷	30	0.2	0.3	95	0.8	2.3
1048 无水溴化氢	30	0.2	0.5	125	1.1	3.4	1340 五硫化磷(不含黄磷和白磷)水中泄漏	30	0.2	0.5	155	1.3	3.2
1050 无水氯化氢	30	0.2	0.6	185	1.6	4.3	1360 磷化钙(水中泄漏)	30	0.2	0.8	215	2.1	5.3
1051 氰化氢(氢氰酸)	60	0.2	0.5	400	1.3	3.4	1380 戊硼烷	155	1.3	3.7	765	6.6	10.6
1052 无水氟化氢	30	0.2	0.6	125	1.1	2.9	1384 连二亚硫酸钠(保险粉),水中泄漏	30	0.2	0.2	30	0.3	1.1
1053 硫化氢	30	0.2	0.3	215	1.4	4.3	1397 磷化铝(水中泄漏)	30	0.2	0.8	245	2.4	6.4
1062 甲基溴	30	0.2	0.3	95	0.5	1.4	1412 氨基化锂	30	0.2	0.3	95	0.8	1.9
1064 甲硫醇	30	0.2	0.3	95	0.8	2.7	1419 磷化铝镁(水中泄漏)	30	0.2	0.8	215	2.1	5.5
1067 氮氧化物	30	0.2	0.5	305	1.3	3.9	1432 磷化钠(水中泄漏)	30	0.2	0.5	155	1.4	4.0
1069 亚硝酰氯	30	0.3	1.4	365	3.5	9.8	1433 磷化锡(水中泄漏)	30	0.2	0.8	185	1.6	4.7
1071 压缩石油气	30	0.2	0.2	30	0.3	0.5	1510 四硝基甲烷	30	0.3	0.5	60	0.6	1.3
1076 双光气	60	0.2	0.5	95	1.0	1.9	1541 丙酮合氰醇(水中泄漏)	30	0.2	0.2	95	0.8	2.1
1076 光气	95	0.8	2.7	765	6.6	11.0	1556 甲基二氯化胂	30	0.2	0.3	60	0.6	1.0
1079 二氧化硫	30	0.3	1.1	185	3.1	7.2	1560 三氯化砷	30	0.2	0.3	60	0.6	1.4
1082 三氟氯乙烯	30	0.2	0.2	30	0.3	0.8	1569 溴丙酮	30	0.2	0.3	95	0.8	1.9
1092 丙烯醛(阻聚)	60	0.5	1.6	400	3.9	7.9	1580 三氯硝基甲烷(氯化苦)	60	0.5	1.3	185	1.8	4.0
1098 烯丙醇	30	0.2	0.2	30	0.3	0.6	1581 三氯硝基甲烷和溴甲烷混合物	30	0.2	0.5	125	1.3	3.1
1135 2-氯乙醇	30	0.2	0.3	60	0.6	1.3	1581 溴甲烷和>2%三氯硝基甲烷混合物	30	0.3	1.1	215	2.1	5.6
11432-丁烯醛(阻聚)	30	0.2	0.2	30	0.3	0.6	1582 三氯硝基甲烷和氯甲烷混合物	30	0.2	0.8	95	1.0	3.2
1162 二甲基二氯硅烷(水中泄漏)	30	0.2	0.3	125	1.1	2.9							
1163 1,1-二甲基肼	30	0.2	0.2	60	0.5	1.1							
1182 氯甲酸乙酯	30	0.2	0.3	60	0.6	1.4							
1185 乙烯亚胺(阻聚)	30	0.3	0.8	1.4	3.5								
1238 氯甲酸甲酯	30	0.3	1.1	155	1.6	3.4							

UN No/化学品名称	少量泄漏			大量泄漏			UN No/化学品名称	少量泄漏			大量泄漏		
	紧急隔离/m	白天疏散/km	夜间疏散/km	紧急隔离/m	白天疏散/m	夜间疏散/m		紧急隔离/m	白天疏散/km	夜间疏散/km	紧急隔离/m	白天疏散/m	夜间疏散/m
1589 氯化氰(抑制)	60	0.5	1.8	275	2.7	6.8	1806 五氯化磷(水中泄漏)	30	0.2	0.3	125	1.0	2.9
1595 硫酸二甲酯	30	0.2	0.2	30	0.3	0.6	1809 三氯化磷(陆上泄漏)	30	0.2	0.6	125	1.1	2.7
1605 1,2-二溴乙烷	30	0.2	0.2	30	0.3	0.5	1809 三氯化磷(水中泄漏)	30	0.2	0.3	125	1.1	2.6
1612 四磷酸六乙酯和压缩气体混合物	30	0.2	0.2	30	0.3	1.4	1810 三氯氧磷(陆上泄漏)	30	0.2	0.5	95	0.8	1.8
1613 氢氰酸,水溶液(含氰化氢≤20%)	30	0.2	0.2	125	0.5	1.3	1810 三氯氧磷(水中泄漏)	30	0.2	0.3	95	0.8	2.6
1614 氰化氢	60	0.2	0.5	400	1.3	3.4	1818 四氯化硅(水中泄漏)	30	0.2	0.3	125	1.3	3.4
1647 1,2-二乙烷和溴甲烷液体混合物	30	0.2	0.2	30	0.3	0.5	1828 氯化硫(陆上泄漏)	30	0.2	0.3	60	0.5	1.0
1660 压缩一氧化氮	30	0.3	1.3	155	1.3	3.5	1828 氯化硫(水中泄漏)	30	0.2	0.2	60	0.6	2.3
1670 全氯甲硫醇	30	0.2	0.2	60	0.5	1.1	1829 三氧化硫	60	0.3	1.1	305	2.1	5.6
1680 氰化钾(水中泄漏)	30	0.2	0.2	95	0.8	2.6	1831 发烟硫酸	60	0.3	1.1	305	2.1	5.6
1689 氰化钠(水中泄漏)	30	0.2	0.2	95	1.0	2.6	1834 硫酰氯(陆上泄漏)	30	0.2	0.2	30	0.3	0.6
1695 氯丙酮(稳定)	30	0.2	0.2	60	0.6	1.3	1834 硫酰氯(水中泄漏)	30	0.2	0.3	125	1.1	2.4
1698 亚当氏气(军用毒气)	60	0.3	1.1	185	2.3	5.1	1836 亚硫酰氯(陆上泄漏)	30	0.2	0.5	60	0.5	1.1
1714 磷化锌(水中泄漏)	30	0.2	0.2	185	1.8	5.1	1836 亚硫酰氯(水中泄漏)	30	0.2	1.0	335	3.2	7.1
1716 乙酰溴(水中泄漏)	30	0.2	0.2	95	0.8	2.3	1838 四氯化钛(陆上泄漏)	30	0.2	0.2	30	0.3	0.8
1717 乙酰氯(水中泄漏)	30	0.2	0.2	95	1.0	2.7	1838 四氯化钛(水中泄漏)	30	0.2	0.3	125	1.1	2.9
1722 氯甲酸烯丙酯	155	1.3	2.7	610	6.1	10.8	1859 四氟化硅	30	0.2	0.5	60	0.5	1.6
1724 烯丙基三氯硅烷,稳定的(水中泄漏)	30	0.2	0.3	125	1.0	2.9	1892 乙基二氯化胂	30	0.2	0.3	60	0.5	1.0
1725 无水溴化铝	30	0.2	0.2	95	1.0	2.7	1898 乙酰碘(水中泄漏)	30	0.2	0.2	60	0.6	1.6
1726 无水氯化铝	30	0.2	0.2	60	0.5	1.6	1911 压缩乙硼烷	30	0.2	0.3	95	1.0	2.7
1728 戊基三氯硅烷(水中泄漏)	30	0.2	0.2	60	0.5	1.6	1923 连二亚硫酸钙,亚硫酸氢钙(水中泄漏)	30	0.2	0.2	30	0.3	1.1
1732 五氟化锑(水中泄漏)	30	0.2	0.6	155	1.6	3.7	1939 三溴氧磷(水中泄漏)	30	0.2	0.3	95	0.6	1.9
1736 苯甲酰氯(水中泄漏)	30	0.2	0.2	30	0.3	1.1	1975 NO 和 NO$_2$ 混合物,四氧化二氮和一氧化氮混合物	30	0.3	1.3	155	1.3	3.5
1741 三氯化硼	30	0.2	0.3	60	0.6	1.6	1994 五羟基铁	30	0.3	0.6	125	1.1	2.4
1744 溴,溴溶液	60	0.3	1.1	185	1.6	4.0	2004 二氨基镁(水中泄漏)	30	0.2	0.2	60	0.5	1.3
1745 五氟化溴(陆上泄漏)	60	0.5	1.3	245	2.3	5.0	2011 磷化镁(水中泄漏)	30	0.2	0.8	245	2.3	6.0
1745 五氟化溴(水中泄漏)	30	0.2	0.8	215	1.9	4.2	2012 磷化钾(水中泄漏)	30	0.2	0.8	155	1.3	4.0
1746 三氟化溴(陆上泄漏)	30	0.2	0.2	60	0.3	0.8	2013 磷化锶(水中泄漏)	30	0.2	0.8	155	1.3	3.7
1746 三氟化溴(水中泄漏)	30	0.2	0.6	185	2.1	5.5	2032 发烟硝酸	95	0.3	0.5	400	1.3	3.5
1747 丁基三氯硅烷(水中泄漏)	30	0.2	0.2	60	0.5	1.8	2186 氯化氢,冷冻液体				185	1.6	4.3
1749 三氟化氯	60	0.5	1.6	335	3.4	7.7	2188 胂	60	0.5	2.1	335	3.2	6.6
1752 氯乙酰氯(陆上泄漏)	30	0.2	0.5	95	0.8	1.6	2189 二氯硅烷	30	0.3	1.0	245	2.4	6.3
1752 氯乙酰氯(水中泄漏)	30	0.2	0.2	60	0.5	1.3	2190 压缩二氟化氧	430	4.2	8.4	915	11.0	11.0
1754 氯磺酸(陆上泄漏)	30	0.2	0.2	30	0.2	0.5	2191 硫酰氟	30	0.2	0.3	95	0.8	2.3
1754 氯磺酸(水中泄漏)	30	0.2	0.2	60	0.5	1.4	2192 锗烷	30	0.2	0.8	275	2.7	6.6
1754 氯磺酸和三氧化硫混合物	60	0.3	1.1	305	2.1	5.6	2194 六氟化硒	30	0.2	1.3	245	2.3	6.0
1758 氯氧化铬(水中泄漏)	30	0.2	0.2	60	0.3	1.3	2195 六氟化碲	60	0.6	2.3	365	3.5	7.6
1777 氟磺酸	30	0.2	0.2	60	0.5	1.4	2196 六氟化钨	30	0.2	1.3	155	1.3	3.7
1801 辛基三氯硅烷(水中泄漏)	30	0.2	0.3	95	0.8	2.4	2197 无水碘化氢	30	0.2	0.5	95	0.8	2.6
							2198 压缩五氟化磷	03	0.3	1.1	125	1.1	3.5
							2199 磷化氢	95	0.3	1.3	490	1.8	5.5
							2202 无水硒化氢	185	1.8	5.6	915	10.8	11.0
							2204 羰基硫	30	0.2	0.6	215	1.9	5.6
							2232 2-氯乙醛	30	0.2	0.5	60	0.6	1.6

UN No/化学品名称	少量泄漏 紧急隔离/m	少量泄漏 白天疏散/km	少量泄漏 夜间疏散/km	大量泄漏 紧急隔离/m	大量泄漏 白天疏散/m	大量泄漏 夜间疏散/m
2334 烯丙胺	30	0.2	0.5	95	1.0	2.4
2337 苯硫酚	30	0.2	0.2	30	0.3	0.6
2382 对称二甲基肼	30	0.2	0.2	60	0.5	1.1
2407 氯甲酸异丙酯	30	0.2	0.3	95	0.8	1.9
2417 压缩碳酰氟	30	0.2	1.1	125	1.0	3.1
2418 四氟化硫	60	0.5	1.9	305	2.9	6.9
2420 六氟丙酮	30	0.3	1.4	365	3.7	8.5
2421 三氧化二氮	30	0.2	0.2	155	0.6	2.1
2438 三甲基乙酰氯	30	0.2	0.2	30	0.3	0.8
2442 三氯乙酰氯(陆中泄漏)	30	0.2	0.3	60	0.6	1.4
2442 三氯乙酰氯(水中泄漏)	30	0.2	0.2	30	0.3	1.3
2474 硫光气	60	0.6	1.8	275	2.6	5.0
2477 异硫氰酸甲酯	30	0.2	0.3	60	0.5	1.1
2480 异氰酸甲酯	95	0.8	2.7	490	4.8	9.8
2481 异氰酸乙酯	215	1.9	4.3	915	11.0	11.0
2482 异氰酸正丙酯	125	1.1	2.4	765	6.3	10.6
2483 异氰酸异丙酯	185	1.8	3.9	430	4.2	7.4
2484 异氰酸叔丁酯	125	1.0	2.4	550	5.3	10.3
2485 异氰酸正丁酯	95	0.8	1.6	335	3.1	6.3
2486 异氰酸异丁酯	60	0.6	1.4	155	1.6	3.2
2487 异氰酸苯酯	30	0.3	0.8	155	1.3	2.6
2488 异氰酸环己酯	30	0.2	0.3	95	0.8	1.4
2495 五氟化碘(水中泄漏)	30	0.2	0.5	125	1.1	3.1
2521 双烯酮,抑制的	30	0.2	0.2	30	0.3	0.5
2534 甲基氯硅烷	30	0.2	1.0	215	2.1	5.6
2548 五氟化氯	30	0.3	1.0	365	3.7	8.7
2576 三溴氧磷,熔融的(水中泄漏)	30	0.2	0.3	95	0.6	1.9
2600 压缩一氧化碳和氢气混合物	30	0.2	0.2	125	0.6	1.8
2605 异氰酸甲氧基甲酯	60	0.3	0.8	125	1.3	2.6
2606 原硅酸甲酯	30	0.2	0.2	30	0.3	0.6
2644 甲基碘	30	0.2	0.3	60	0.3	1.0
2646 六氯环戊二烯	30	0.2	0.2	30	0.2	0.3
2668 氯乙腈	30	0.2	0.2	30	0.3	0.5
2676 锑化氢	30	0.3	1.6	245	2.3	6.0
2691 五溴化磷(水中泄漏)	30	0.2	0.2	95	0.8	2.4
2692 三溴化硼(陆中泄漏)	30	0.2	0.3	60	0.6	1.4
2692 三溴化硼(水中泄漏)	30	0.2	0.3	60	0.5	1.6
2740 氯甲酸正丙酯	30	0.2	0.3	60	0.5	1.4
2742 氯甲酸特丁酯	30	0.2	0.2	30	0.3	0.6
2742 氯甲酸异丁酯	30	0.2	0.2	60	0.3	0.8
2743 氯甲酸正丁酯	30	0.2	0.2	30	0.3	0.5
2806 氮化锂	30	0.2	0.2	95	0.8	2.1
2810 双(2-氯乙基)乙胺	30	0.2	0.2	30	0.2	0.3
2810 双(2-氯乙基)甲胺	30	0.2	0.2	30	0.2	0.3
2810 双(2-氯乙基)硫	30	0.2	0.2	30	0.2	0.3
2810 沙林,sarin(化学武器)	155	1.6	3.4	915	11.0	11.0
2810 梭曼,soman(化学武器)	95	0.8	1.8	765	6.8	10.5
2810 嗒崩,tabun(化学武器)	30	0.3	0.6	155	1.6	3.1
2810 VX(化学武器)	30	0.2	0.2	60	0.6	1.0
2810 CX(化学武器)	30	0.2	0.5	95	1.0	3.1
2826 氯硫代甲酯乙酯	30	0.2	0.2	60	0.5	0.8
2845 无水乙基二氯化膦	60	0.5	1.3	155	1.6	3.4
2845 甲基二氯化膦	60	0.5	1.3	245	2.3	5.0
2901 氯化溴	30	0.2	1.0	155	1.6	4.0
2927 无水乙基二氯硫膦	30	0.2	0.2	30	0.2	0.2
2977 六氟化铀,可裂变的(含铀-235高于1.0%)水中泄漏	30	0.2	0.2	95	1.0	3.1
3023 2-甲基-2-庚硫醇,叔-辛硫醇	30	0.2	0.2	60	0.5	1.1
3048 磷化铝农药	30	0.2	0.8	215	1.9	5.3
3052 烷基铝卤化物(水中泄漏)	30	0.2	0.2	30	0.3	1.3
3057 三氟乙酰氯	30	0.3	1.4	430	4.0	8.5
3079 甲基丙烯腈,抑制的	30	0.2	0.5	60	0.6	1.6
3083 过氯酰氟	30	0.2	1.0	215	2.3	5.6
3246 甲基磺酰氯	95	0.6	2.4	245	2.3	5.1
3294 氰化氢醇溶液(含氰化氢不高于45%)	30	0.2	0.3	215	0.6	1.9
3300 环氧乙烷和二氧化碳混合物,(环氧乙烷含量大于87%)	30	0.2	0.2	60	0.5	1.8
3318 50%以上的氨溶液	30	0.2	0.2	60	0.5	1.1
9191 二氧化氯,水合物,冻结(水中泄漏)	30	0.2	0.2	30	0.2	0.6
9192 氟,冷冻液	30	0.2	0.5	185	1.4	4.0
9202 一氧化碳,冷冻液	30	0.2	0.5	125	0.6	1.8
9206 甲基二氯化膦	30	0.2	0.2	30	0.2	0.3
9263 氯三甲基乙酰氯	30	0.2	0.2	30	0.3	0.5
9264 3,5-二氯-2,4,6-三氟嘧啶	30	0.2	0.2	30	0.3	0.5
9269 三甲氧基硅烷	30	0.3	1.0	215	2.1	4.2

附录 2

危险化学品法规和标准识读

一、法规简介

法规指国家机关制定的规范性文件。如我国国务院制定和颁布的行政法规，省、自治区、直辖市、人大及其常委会制定和公布的地方性法规。省、自治区人民政府所在地的市，经国务院批准的较大的市的人大及其常委会，也可以制定地方性法规，报省、自治区的人大及其常委会批准后施行。法规也具有法律效力。

技术法规是指规定强制执行的产品特性或其相关工艺和生产方法（包括适用的管理规定）的文件，以及规定适用于产品、工艺或生产方法的专门术语、符号、包装、标志或标签要求的文件。这些文件可以是国家法律、法规、规章，也可以是其他的规范性文件，以及经政府授权由非政府组织制定的技术规范、指南、准则等。

技术法规具有强制性特征，即只有满足技术法规要求的产品方能销售或进出口。凡不符合这一标准的产品，不予进口。

1. 生产许可证

生产许可制度是由国家质量技术监督局为保证国家或地方需要控制的危及人体健康和人身、财产安全方面的产品质量、重要生产资料及影响国计民生的工业产品质量，经过对生产企业的质量体系检查和产品检验，确认企业是否具备生产该产品的能力，以颁发证书的形式，准许其生产，并对产品和企业实施监督的一种许可制度。

实施生产许可证的产品目录由国家质量技术监督局发布。企业取证后，具有法规赋予的权利，可以从事取证产品的生产、销售。否则，属于违法行为。根据《工业产品生产许可证管理办法》第十四条规定，凡取得生产许可证的产品，企业必须在该产品、包装或者说明书上标明生产许可证标记和编号。

凡是实行生产许可证管理的产品，在产品或者销售包装上应当标注生产许可证编号。许可证编号应与标注的生产者名称、地址保持一致。例如，产品标识上标注的生产者名称、地址是总公司的名称、地址，而产品是生产基地生产的，那么，在该产品或者销售包装上标注的生产许可证编号就只能是总公司的，而不能标注生产基地的生产许可证编号。生产者应当在生产许可证有效期内生产的产品上标注生产许可证号。

2. 生产许可证的标注

生产许可证的标注由九位阿拉伯数字组成。头两位表示产品归属管理部门，中间三位表示产品编号，后四位表示生产许可证编号。

二、标准简介

1. 标准的定义

在一定范围内获得的最佳秩序，对活动或其结果规定共同的和重复使用的规则、导则或特性的文件。该文件将经协商一致并经一个公认机构的批准。目前标准的制定和应用已遍及人们生产和工作的各个领域，特别是危险化学品生产、输送和经营行业，必须执行相关的国家标准和法规。

2. 标准化

标准化是为了在一定范围内获得最佳秩序，对现实问题或潜在问题制定共同使用和重复使用的条款的活动。

3. 国家标准的代号和编号

中华人民共和国标准分为强制性标准和推荐性标准两类性质的标准。强制性国家标准代号为"GB"；推荐性国家标准代号为"GB/T"。"GB"是"国标"二字的汉语拼音缩写。

国家标准的编号由国家标准的代号、标准发布顺序号和标准发布年代号四位数组成，示例如下：

（1）强制性国家标准

（2）推荐性国家标准

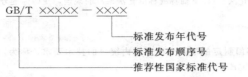

4. 行业标准的代号和编号

行业标准代号由汉字拼音大写字母组成。行业标准的编号由行业标准代号、标准发布顺序及标准发布年代号（四位数）组成，示例如下：

（1）强制性行业标准编号

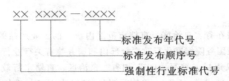

（2）推荐性行业标准编号

（3）行业标准代号　已正式公布的中华人民共和国行业代号如附录表1所示。

附录表1　中华人民共和国行业标准代号表

序号	行业标准	行业标准代号	序号	行业标准名称	行业标准代号
1	教育	JY	30	金融系统	JR
2	医药	YY	31	劳动和劳动安全	LD
3	煤炭	MT	32	兵工民品	WJ
4	新闻出版	CY	33	核工业	EJ
5	测绘	CH	34	土地管理	TD
6	档案	DA	35	稀土	XB
7	海洋	HY	36	环境保护	HJ
8	烟草	YC	37	文化	WH
9	民政	MZ	38	体育	TY
10	地质安全	DZ	39	物资管理	WB
11	公共安全	GA	40	城镇建设	CJ
12	汽车	QC	41	建筑工业	JG
13	建材	JC	42	农业	NY
14	石油化工	SH	43	水产	SC
15	化工	HG	44	水利	SL
16	石油天然气	SY	45	电力	DL
17	纺织	FZ	46	航空	HB
18	有色冶金	YS	47	航天	QJ
19	黑色冶金	YB	48	旅游	LB
20	电子	SJ	49	商业	SB
21	广播电影电视	GY	50	商检	SN
22	铁路运输	TB	51	包装	BB
23	民用航空	MH	52	气象	QX
24	林业	LY	53	卫生	WS
25	交通	JT	54	地震	DB
26	机械	JB	55	外经贸	WM
27	轻工	QB	56	海关	HS
28	船舶	CB	57	邮政	YZ
29	通信	YD			

三、标准的分类

标准化工作是一项复杂的系统工程。从我国标准化法实施中提出以下分类方法。

(一) 根据适用范围分类

根据《中华人民共和国标准化法》(以下简称《标准化法》) 的规定,我国标准分为国家标准、行业标准、地方标准和企业标准四类。

1. 国家标准

由国务院标准化行政主管部门制定的需要全国范围内统一的技术要求,称为国家标准。强制性国家标准代号为"GB"。推荐性国家标准代号为"GB/T"。

2. 行业标准

没有国家标准而又需在全国某个行业范围内统一的技术标准,由国务院有关行政主管部门制定并报国务院标准化行政主管部门备案的标准,称为行业标准。强制性机械行业标准代号为"JB",是"机标"二字的汉语拼音缩写。推荐性机械行业标准代号为"JB/T"。

3. 地方标准

没有国家标准和行业标准而又需在省、自治区、直辖市范围内统一的工业产品的安全、卫生要求,由省、自治区、直辖市标准化行政主管部门制定并报国务院标准化行政主管部门和国务院有关行业行政主管部门备案的标准,称为地方标准。地方标准代号由"地标"的汉语拼音缩写"DB"加省、自治区、直辖市行政区划代码的前两位数加斜线表示。如:DB 13/表示河北省强制性地方标准代号;DB 13/T 表示河北省推荐性地方标准代号。

4. 企业标准

企业生产的产品没有国家标准、行业标准和地方标准,由企业制定的作为组织生产的依据的相应的企业标准,或在企业内制定适用的严于国家标准、行业标准或地方标准的企业(内控)标准,由企业自行组织制定的并按省、自治区、直辖市人民政府的规定备案(不含内控标准)的标准,称为企业标准。企业标准代号中的符号"Q"为"企"字的汉语拼音缩写。企业代号由相应的政府标准化行政主管部门规定。

这四类标准主要是适用范围不同,不是标准技术水平高低的分级。另外,根据国务院印发的《深化标准化工作改革方案》(国发〔2015〕13 号),改革措施中指出,政府主导制定的标准由 6 类整合精简为 4 类,分别是强制性国家标准和推荐性国家标准、推荐性行业标准、推荐性地方标准;市场自主制定的标准分为团体标准和企业标准。政府主导制定的标准侧重于保基本,市场自主制定的标准侧重于提高竞争力。同时建立完善与新型标准体系配套的标准化管理体制。

5. 团体标准

团体标准由团体按照团体确立的标准制定程序自主制定发布,由社会自愿采用的标准。

团体是指具有法人资格,且具备相应专业技术能力、标准化工作能力和组织管理能力的学会、协会、商会、联合会和产业技术联盟等社会团体。

(二) 根据法律的约束性分类

1. 强制性标准

强制标准主要是保障人体健康,人身、财产安全的标准和法律、行政法规规定强制执行的标准。对不符合强制标准的产品禁止生产、销售和进口。根据《标准化法》之规定,企业和有关部门对涉及其经营、生产、服务、管理有关的强制性标准都必须严格执行,任何单位和个人不得擅自更改或降低标准。对违反强制性标准而造成不良后果以至重大事故者由法律、行政法规规定的行政主管部门依法根据情节轻重给予行政处罚,直至由司法机关追究刑事责任。

2. 推荐性标准

推荐性标准是指导性标准,基本上与 WTO/TBT 对标准的定义接轨,即由公认机构批准的,非强制性的,为了通用或反复使用的目的,为产品或相关生产方法提供规则、指南或特性的文件。

3. 标准化指导性技术文件

标准化指导性技术文件是为仍处于技术发展过程中(为变化快的技术领域)的标准化工作提供指南或信息,供科研、设计、生产和管理等有关人员参考使用而制定的标准文件。指导性技术文件编号由指导性技术文件代号、顺序号和年号构成。

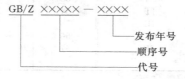

标准分类法的关系如附图 2-1 所示。

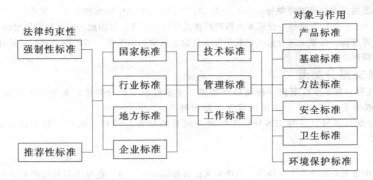

附图 2-1　四种分类法组合关系

四、标准识读方法

（一）标准封面的信息

标准封面提供的信息包括：

1. 标准的标志

　　附图 2-2 所示是 GB/T 21535—2008 国家推荐性标准。在标准封面的右上角是标准的标志——GB。各行业标准的标志分别为由行业标准代号的美术字形成的标志。该标志起到了迅速识别标准的作用。

附图 2-2　国家标准封面信息

2. 国际标准分类号

在标准封面的左上角是国际标准分类号——ICS 01.40；71.100.30 和中国标准文献分类号——A 80。由于从中国标准和国际标准（ISO 标准）的标准编号中分辨不出标准所涉及的行业或专业，因此，国际标准化组织（ISO）特意为标准文献编制了 ICS 号，并在国际标准上进行标识；我国标准封面上也给出 ICS 号，实现我国标准文献分类工作与国际的接轨，满足标准信息的国际交换。

3. 中国标准文献分类号

在国际标准分类号（ICS 号）下面，标注的是按照《中国标准文献分类法》规定的中国标准文献分类号——A 80。中国标准文献分类号更加适合中国的管理体制的特点。

可以通过国际标准分类号（又称 ICS 号）查找同一类目的标准；同样，通过中国标准文献分类号也可以查到相应类目的标准。

4. 标准类别

标准封面上部居中位置是标准类别的说明——中华人民共和国国家标准。也可以是其他类别的标准，如行业标准是"中华人民共和国××行业标准"，地方标准是"××××（地方名称）地方标准"，企业标准是"××××（单位名称）企业标准"。

5. 标准编号

在标准封面中标准类别的右下方是标准编号——GB/T 21535—2008。标准编号由标准代号、顺序号和年号三部分组成。

6. 标准名称

在标准封面的居中位置是标准名称——危险化学品　爆炸品名词术语。标准的名称，宜由标准对象的名称、表明标准用途的术语和标准的类别属名三部分组成。从标准的名称也可分辨出其类别属性，如是产品标准，技术规范或规程等。

7. 标准英文名称

在中文标准名称下方是标准的英文名称——Dangerous chemicals Terms of explosives。

8. 标准的发布和实施日期

在封面的下部左侧是标准的发布日期——2008-04-01；右侧是标准的实施日期——2008-09-01。

9. 标准的发布部门或单位

在封面的最下部是标准的发布部门或单位——中华人民共和国国家质量监督检验检疫总局、中国国家标准化管理委员会。

（二）标准识读方法

1. 发布标准的通知

发布通知是标准的批准部门对标准进行确认的说明，也是标准实施的指令，由标准的批准部门以文件的形式对标准的组织制定和实施作出的有关内容确定。包括下列内容：

（1）标题及文号；

（2）制定标准的任务来源、主编部门或单位以及标准的类别、级别和编号；

（3）标准的施行日期；

（4）标准修订后，被代替标准的名称、编号和废止日期；

（5）批准部门需要说明的事项；

（6）标准的管理部门或单位以及解释单位。

2. 前言

前言是由标准的主编部门或主编单位来阐述有关内容的说明，是为标准的使用者提供标准制定和实施的有关具体信息，一般由标准的编制组代主编部门或主编单位起草。前言可包括下列内容：

（1）制定（修订）标准的依据；

（2）简述标准的主要技术内容；

（3）对修订的标准，应简述主要内容的变更情况；

（4）经授权负责本标准具体解释单位及地址；

（5）标准编制的主编单位和参编单位；

（6）参加标准编制的主要起草人名单。

3. 目次

在我国标准中目次和目录都会看到。较早的标准习惯采用"目录"，现在标准中则称为"目次"，其理由如下：

目次一词中的"目"，指项目、题目、栏目、条目等，源自眼目和网目。"次"指次序、次第等，有排序的意思；而"录"，则是记载。我国辞书"目录"的定义是按一定次序开列出来的以供查考事务的名目。而"目次"是目录的一种，专指文章内容之前所列的标题索引。在标准编制中，单项标准编成"目次"，多项标准汇编成册时编成"目录"。

4. 总则

总则部分可读到下列内容：

(1) 制定标准的目的；

(2) 标准的适用范围；

(3) 标准的共性要求；

(4) 相关标准。

5. 术语和符号

在术语和符号一章中可以读到与本标准相关的词语定义和符号。当国家现行标准中尚无统一规定，且在标准中必须出现相关词语，需要给出定义或涵义时，标准中就会出现术语和符号一章。在标准中同一术语或符号应表达同一概念，同一概念应始终采用同一术语或符号。

标准内容构成框架如下：

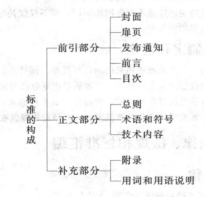

（三）标准查询方法

需要的国家标准可到中国质检出版社网站查阅和订购。网址：ttp：//webstore. spc. net. cn/default. asp。

中国质检出版社是经国家质量监督检验检疫总局（简称国家质检总局）批准，报中央编办和国家新闻出版总署批复同意，原中国标准出版社和中国计量出版社于 2009 年 10 月合并，组建成立中国质检出版社。同时，保留中国标准出版社。

中国质检出版社是国家质检总局直属的中央一级专业出版社，依法享有我国国家标准、部分行业标准、国家计量检定规程和计量技术规范的专有出版权。中国质检出版社立足质检专业，面向大科技市场。主要出版国家标准、行业标准、计量规程和规范、各类重要标准及规程的宣贯图书，计量、标准化、质量、检验检疫、认证认可、特种设备以及遍及各相关科技领域的理论专著、应用技术图书、普及读物、工具书、辞书年鉴、专业教材、培训读物、电子音像和网络出版物，年出版新书约 600 种。多项图书及电子音像制品获得国家级、省部级优秀出版物奖励。中国质检出版社在北京设有两处读者服务部，在全国各地建立了 50 多个代理站，依托远程数字打印系统实现了标准和规程的异地在线即时销售。同时，利用网络出版销售平台实现了标准和规程的网络销售。

五、标准与技术法规的关系

WTO/TBT 协议同时明确提出了技术法规（规程、规则、规范）的概念，对标准和技术法规进行了严格的区分。

按照 WTO/TBT 协议的定义，技术法规是强制执行的规定产品特性或加工和生产方法，包括行政（管理）规定在内的技术文件。

尽管技术法规的制定与标准制定都需要以标准为基础，服务的对象也基本相同，但在实质上却有很大的差别。

（一）标准与技术法规属性不同

在 WTO/TBT 协议中，对标准直接定义为自愿性文件，对技术法规则定义为强制性文件，这是标准和技术法规的本质差别。

同时，标准也不包括技术法规中的行政（管理）和技术管理规定。

（二）标准与技术法规的制定者

标准的制定者可以是国家、社会团体、企业和个人。标准的批准机构可以是国家认可的标准化管理机构，也可以为非政府组织，如协会、企业。

而技术法规的制定者必须是政府或政府委托的机构。

（三）内容重点和属性

技术法规着重制定与其管理目标有关的条款。没有标准仅靠技术法规一般是不能执行的，标准是组织生产的基本依据。

在技术法规中引用标准，即用标准来补充技术法规。技术法规只规定技术管理和管理监察过程中重点的、纲领性要求。其他要求由相应的引用标准提供。没有了引用标准的补充，技术法规就不完整。

（四）强制性标准的作用与问题

过去，我国的强制性标准在客观上和一定程度上确实起到了技术法规的作用，今后一个相当长的过渡时期内可能仍将发挥这种作用。但严格地讲，强制性标准毕竟不是法规，强制性标准在内容、制定、审查、批准、实施和监督方面与技术法规不同，强制实施的主体、实施力度和效果也不可能相同。

如果强制性标准就是技术法规，制定的主体应是政府各职能部门，而不仅仅是标准化主管部门，强制性标准应通过的立项程序、制定的原则和具体步骤等也要相应改变。

（五）标准与技术法规的制定和批准

在市场经济条件下，标准是民间行为，但经政府或相关机构认可批准。而技术法规则是政府的强制性行为，由政府职能部门依据相关法律，通过一定的立法程序而制定和批准。二者的层次划分很明显。

而对于计划经济体制国家或正在向市场经济过渡的国家，大都把二者等同起来，其本质在于计划经济体制国家往往用政府约束来代替民间约束和市场约束。标准属性之争及与技术法规之争的根源就在这里。

六、危险化学品相关法律、法规和标准汇编

（一）危险化学品相关法律

(1)《安全生产法》(2014年版)中华人民共和国主席第13号令。

(2)《中华人民共和国消防法》中华人民共和国主席令第6号令。

(3)《中华人民共和国特种设备安全法》中华人民共和国主席第4号令。

(4)《中华人民共和国突发事件应对法》中华人民共和国主席第69号令。

(5)《中华人民共和国禁毒法》中华人民共和国主席第79号令。

(6)《中华人民共和国环境保护法》中华人民共和国主席第9号令。

(7)《中华人民共和国水污染防治法》中华人民共和国主席第87号令。

(8)《中华人民共和国海洋环境保护法》(2016年修订版)

(9)《中华人民共和国大气污染防治法》中华人民共和国主席第31号令。

(10)《中华人民共和国固体废弃物污染环境防治法》中华人民共和国主席第31号令。

(11)《中华人民共和国劳动法》中华人民共和国主席第28号令。

(12)《中华人民共和国职业病防治法》中华人民共和国主席第52号令。

（二）危险化学品相关法规

1. 安全生产的相关法规

(1)《安全生产许可证条例》国务院令第397号。

(2)《安全生产违法行为行政处罚办法》安监总局15号令。

(3)《建设项目安全设施"三同时"监督管理暂行办法》安监总局36号令。

(4)《安全生产监管监察职责和行政执法责任追究的暂行规定》安监总局24号令。

(5)《安全生产培训管理办法》安监总局44号令。

(6)《生产经营单位安全培训规定》安监总局3号令。

(7)《安全生产领域违法违纪行为政纪处分暂行规定》安监总局11号令。

(8)《企业安全生产费用提取和使用管理办法》安监总局16号令。

2. 安全事故的相关法规

(1)《生产安全事故报告和调查处理条例》国务院令第493号。

(2)《（生产安全事故报告和调查处理条例）罚款处罚暂行规定》安监总局 13 号令。

(3)《国务院关于特大安全事故行政责任追究的规定》国务院令第 302 号。

(4)《生产安全事故应急预案管理办法》安监总局 88 号令。

(5)《生产安全事故信息报告和处置办法》安监总局 21 号令。

3. 危险化学品的综合性相关法规

(1)《危险化学品安全管理条例》国务院令第 591 号。

(2)《危险化学品生产企业安全生产许可证实施办法》安监总局 41 号令。

(3)《化工（危险化学品）企业保障生产安全十条规定》安监总政法〔2017〕15 号。

(4)《危险化学品安全使用许可证实施办法》安监总局 57 号令。

(5)《道路危险货物运输管理规定》（交通运输部令 2013 年第 2 号）。

(6)《危险化学品输送管道安全管理规定》安监总局 43 号令。

(7)《化学品首次进口及有毒化学品进出口环境管理规定》国家环境保护总局令第 41 号。

(8)《危险化学品登记管理办法》安监总局 53 号令。

(9)《危险化学品环境管理登记办法（试行）》环境保护部令 23 号。

(10)《危险化学品重大危险源监督管理暂行规定》安监总局 40 号令。

(11)《使用有毒物品作业场所劳动保护条例》国务院令第 352 号。

(12)《易制毒化学品管理条例》国务院令第 445 号。

(13)《易制毒化学品购销和运输管理办法》（公安部第 87 号令）。

(14)《非药品类易制毒化学品生产、经营许可办法》安监总局 5 号令。

(15)《药品类易制毒化学品生产、经营许可办法》（卫生部令第 72 号）。

(16)《麻醉药品和精神药品管理条例》国务院令第 442 号。

(17)《农药管理条例》国务院令第 677 号。

(18)《农药管理条例实施办法》国务院令第 326 号。

(19)《中华人民共和国监控化学品管理条例》国务院令第 190 号。

(20)《危险化学品建设项目安全许可实施办法》安监总局令第 8 号。

(21)《危险化学品重大危险源监督管理规定》安监总局 40 号令。

(22)《危险化学品生产企业安全生产许可证实施办法》安监总局令第 41 号。

(23)《危险化学品输送管道安全管理规定》安监总局令第 43 号。

(24)《危险化学品建设项目安全监督管理办法》安监总局令第 45 号。

(25)《危险化学品经营许可证管理办法》安监总局令第 55 号。

(26)《国家安全监管总局关于废止和修改危险化学品等领域七部规章的决定》安监督管理总局令〔2015〕第 79 号。

(27)《国家安全监管总局关于公布首批重点监管的危险化学品名录的通知》安监总管三〔2011〕95 号。

(28)《关于危险化学品建设项目安全许可和试生产（使用）方案备案工作的意见》安监总危化〔2007〕121 号。

(29)《危险化学品建设项目安全设施目录》（试行）安监总危化〔2007〕225 号 112。

(30)《剧毒化学品购买和公路运输许可证件管理办法》公安部令第 77 号。

(31)《气瓶安全监察规定》国家质检局通知第 46 号。

(32)《爆炸危险场所安全规定》劳部发通知〔1995〕56 号（注：有效）。

(33)《工作场所安全使用化学品规定》劳部发通知〔1996〕423 号（注：有效）。

(34)《仓库防火安全管理规则》公安部令第 6 号。

(35)《民用爆炸物品安全管理条例》国务院令第 653 号。

(36)《烟花爆竹安全管理条例》国务院令第 455 号。

(37)《烟花爆竹生产企业安全生产许可证实施办法》安监总局令第 54 号。

(38)《烟花爆竹企业保障生产安全十条规定》安监总局令第 61 号。

(39)《烟花爆竹经营许可实施办法》安监总局令第 66 号。

(40)《放射性同位素与射线装置安全和防护条例》国务院令第 449 号。

(41)《放射性同位素与射线装置安全许可管理办法》环境保护部令第 3 号。

(42)《放射性物品运输安全管理条例》国务院令第 562 号。

(43)《放射性废物安全管理条例》国务院令第 612 号。

(44)《废弃危险化学品污染环境防治办法》国家环境保护总局令第 27 号。

(45)《危险废物经营许可证管理办法》国务院令第 408 号。

(46)《放射工作人员职业健康管理办法》中华人民共和国卫生部令第 55 号。

（47）《工业场所安全使用化学品规定》（劳部发 423 号）。

（48）《中华人民共和国尘肺病防治条例》国发 105 号。

（49）《女职工劳动保护特别规定》国务院令第 619 号。

（50）《工伤保险条例》国务院令第 586 号。

（51）《工作场所职业卫生监督管理规定》安监总局令第 47 号。

（52）《用人单位职业健康监护监督管理办法》安监总局令第 49 号。

（53）《建设项目职业卫生"三同时"监督管理暂行办法》安监总局令第 51 号。

（54）《职业病危害项目申报办法》安监总局令第 48 号。

（三）危险化学品规范和标准

（1）《危险化学品目录》（2015 年版）。

（2）《危险化学品目录解读》（2015 年版）。

（3）《危险化学品目录实施指南》（2015 年版）。

（4）《危险化学品建设项目安全设施目录》安监总危化 [2007] 225 号。

（5）《中国严格限制进出口的有毒化学品目录》（2014 年）。

（6）《危险化学品建设项目安全设施设计专篇编制导则》安监总厅管三 [2013] 39 号。

（7）《铁路运输安全保护条例》国务院令第 430 号。

（8）《危险化学品登记管理办法》安监总局令第 53 号。

（9）《化学品物理危险性鉴定与分类管理办法》安监总局令第 60 号。

（10）《关于进一步加强危险化学品建设项目安全设计管理的通知》安监总管三 [2013] 76 号。

（11）《国家安全监管总局关于进一步加强非药品类易制毒化学品监管工作的指导意见》安监总管三 [2012] 79 号。

（12）《国家安全监管总局关于公布首批重点监管的危险化工工艺目录的通知》安监总管三 [2009] 116 号。

（13）《国家安全监管总局办公厅关于印发首批重点监管的危险化学品安全措施和应急处置原则的通知》公安监总厅管三 [2011] 142 号。

（14）《易制爆危险化学品名录》（2011 年版）安部公告。

（15）《危险化学品建设项目安全设施设计专篇编制导则》安监总危化 [2007] 225 号。

（16）《高毒物品目录》卫法监发通知 [2003] 142 号。

（17）《道路危险货物运输管理规定》交通运输部 [2013] 2 号。

（18）《爆炸危险场所安全规定》劳动部 [1995] 56 号（注：有效）。

（19）《电子工业职业安全卫生设计规范》住房和城乡建设部公告第 637 号。

（20）《工业企业总平面设计规范》住房和城乡建设部公告第 1356 号。

（21）《危险废物鉴别标准 通则》GB 5085.7—2007。

（22）《氢气使用安全技术规程》GB 4962—2008。

（23）《涂装作业安全规程 涂漆工艺安全及其通风净化》GB 6514—2008。

（24）《危险货物分类和品名编号》GB 6944—2012。

（25）《涂装作业安全规程 涂漆前处理工艺安全及其通风净化》GB 7692—2012。

（26）《建筑设计防火规范》GB 50016—2014。

（27）《金属和其他无机覆盖层 热喷涂 操作安全》GB 11375—1999。

（28）《氯气安全规程》GB 11984—2008。

（29）《危险货物品名表》GB 12268—2012。

（30）《涂装作业安全规程 静电喷漆工艺安全》GB 12367—2006。

（31）《涂装作业安全规程 有限空间作业安全技术要求》GB 12942—2006。

（32）《道路运输危险货物车辆标志》GB 13392—2005。

（33）《化学品分类和危险性公示 通则》GB 13690—2009。

（34）《永久气体气瓶充装规定》GB 14194—2006。

（35）《涂装作业安全规程 涂层烘干室安全技术规定》GB 14443—2007。

（36）《涂装作业安全规程 喷漆室安全技术规定》GB 14444—2006。

（37）《涂装作业安全规程 静电喷枪及其辅助装置安全技术条件》GB 14773—2007。

（38）《化学品安全标签编写规定》GB 15258—2009。

（39）《可燃气体探测器第 1 部分：测量范围为 0～100％LEL 的点形可燃气体探测器》GB 15322.1—2003。

（40）《可燃气体探测器第 2 部分：测量范围为 0～100％LEL 的独立式可燃气体探测器》GB 15322.2—2003。

（41）《可燃气体探测器第 3 部分：测量范围为 0～100％LEL 的便携式可燃气体探测器》GB 15322.3—2003。

(42)《危险废物储存污染控制标准》GB 18597—2001。

(43)《道路运输爆炸品和剧毒化学品车辆安全技术条件》GB 20300—2006。

(44)《危险货物分类定级基本程序》GB 21175—2007。

(45)《化学品分类和标签规范第 2 部分：爆炸物》GB 30000.2—2013。

(46)《化学品分类和标签规范第 3 部分：易燃气体》GB 30000.3—2013。

(47)《化学品分类和标签规范第 4 部分：气溶胶》GB 30000.4—2013。

(48)《化学品分类和标签规范第 5 部分：氧化性气体》GB 30000.5—2013。

(49)《化学品分类和标签规范第 6 部分：加压气体》GB 30000.6—2013。

(50)《化学品分类和标签规范第 7 部分：易燃液体》GB 30000.7—2013。

(51)《化学品分类和标签规范第 8 部分：易燃固体》GB 30000.8—2013。

(52)《化学品分类和标签规范第 9 部分：自反应物质和混合物》GB 30000.9—2013。

(53)《化学品分类和标签规范第 10 部分：自燃液体》GB 30000.10—2013。

(54)《化学品分类和标签规范第 11 部分：自燃固体》GB 30000.11—2013。

(55)《化学品分类和标签规范第 12 部分：自热物质和混合物》GB 30000.12—2013。

(56)《化学品分类和标签规范第 13 部分：遇水放出易燃气体的物质和混合物》GB 30000.13—2013。

(57)《化学品分类和标签规范第 14 部分：氧化性液体》GB 30000.14—2013。

(58)《化学品分类和标签规范第 15 部分：氧化性固体》GB 30000.15—2013。

(59)《化学品分类和标签规范第 16 部分：有机过氧化物》GB 30000.16—2013。

(60)《化学品分类和标签规范第 17 部分：金属腐蚀物》GB 30000.17—2013。

(61)《化学品分类和标签规范第 18 部分：急性毒性》GB 30000.18—2013。

(62)《化学品分类和标签规范第 19 部分：皮肤腐蚀刺激》GB 30000.19—2013。

(63)《化学品分类和标签规范第 20 部分：严重眼损伤/眼刺激》GB 30000.20—2013。

(64)《化学品分类和标签规范第 21 部分：呼吸道或皮肤致敏》GB 30000.21—2013。

(65)《化学品分类和标签规范第 22 部分：生殖细胞致突变性》GB 30000.22—2013。

(66)《化学品分类和标签规范第 23 部分：致癌性》GB 30000.23—2013。

(67)《化学品分类和标签规范第 24 部分：生殖毒性》GB 30000.24—2013。

(68)《化学品分类和标签规范第 25 部分：特异性靶器官毒性一次接触》GB 30000.25—2013。

(69)《化学品分类和标签规范第 26 部分：特异性靶器官毒性反复接触》GB 30000.26—2013。

(70)《化学品分类和标签规范第 27 部分：吸入危害》GB 30000.27—2013。

(71)《化学品分类和标签规范第 28 部分：对水生环境的危害》GB 30000.28—2013。

(72)《化学品分类和标签规范第 29 部分：对臭氧层的危害》GB 30000.29—2013。

(73)《化学品分类和标签规范第 30 部分：化学品作业场所警示性标志》GB 30000.30—2013。

(74)《危险化学品单位应急救援物资配备要求》GB 30077—2013。

(75)《化学品生产单位特殊作业安全规范》GB 30871—2014。

(76)《氧气站设计规范》GB 50030—2013。

(77)《爆炸危险环境电力装置设计规范》GB 50058—2014。

(78)《洁净厂房设计规范》GB 50073—2013。

(79)《建筑灭火器配置设计规范》GB 50140—2005。

(80)《氢气站设计规范》GB 50177—2005。

(81)《特种气体系统工程技术规范》GB 50646—2011。

(82)《大宗气体纯化及输送系统工程技术规范》GB 50724—2011。

(83)《化学品生产单位吊装作业安全规范》AQ 3021—2008。

(84)《涂料与辅料材料使用安全通则》AQ 5216—2013。

(85)《危险化学品从业单位安全标准化通用规范》AQ 3013—2008。

(86)《氯气捕消器技术要求》AQ 3015—2008。

(87)《化学品生产单位动火作业安全规范》AQ 3022—2008。

(88)《化学品生产单位动土作业安全规范》AQ 3023—2008。

(89)《化学品生产单位高处作业安全规范》AQ 3025—2008。

(90)《化学品生产单位设备检修作业安全规范》AQ 3026—2008。

(91)《化学品生产单位盲板抽堵作业安全规》AQ 3027—2008。

(92)《危险化学品重大危险源安全监控通用技术规范》AQ 3035—2010。

(93)《电镀生产装置安全技术条件》AQ 5203—2008。

（94）《化工建设项目安全设计管理导则》AQ/T 3033—2010。

（95）《危险化学品应急救援管理人员培训及考核要求》AQ/T 3043—2013。

（96）《汽车运输、装卸危险货物作业规程》JT 618—2004。

（97）《汽车运输危险货物规则》JT 617—2004。

（98）《瓶装气体分类》GB/T 16163—2012。

（99）《易燃易爆危险点分级管理要求》GJB 6219—2008。

（100）《危险化学品运输包装类别划分原则》GB/T 15098—2008。

（101）《常用危险化学品储存通则》GB 15603—1995。

（102）《危险化学品重大危险源辨识》GB 18218—2009。

（103）《危险化学品储罐区作业安全通则》AQ 3018—2008。

（104）《电镀化学品运输、储存、使用安全规程》AQ 3019—2008。

参 考 文 献

[1] TSG R6003-2006 压力容器压力管道带压密封作业人员考核大纲.

[2] TSG Z0001—2009 特种设备安全技术规范 制定程序导则.

[3] TSG 21—2016 固定式压力容器安全技术监察规程.

[4] TSG D0001—2009 压力管道安全技术监察规程——工业管道.

[5] TSG R0006—2014 气瓶安全技术监察规程.

[6] TSG R0005—2011 移动式压力容器安全技术监察规程.

[7] GB/T 21535—2008 危险化学品 爆炸品名词术语.

[8] GB/T 21603—2008 化学品 急性经口毒性试验方法.

[9] GB/T 21604—2008 化学品 急性皮肤刺激性/腐蚀性试验方法.

[10] GB/T 21605—2008 化学品 急性吸入毒性试验方法.

[11] GB/T 21606—2008 化学品急性经皮毒性试验方法.

[12] GB 18218—2009 重大危险源辨识.

[13] GB 18598—2001 危险废物填埋污染控制标准.

[14] GB 12268—2012 危险货品名表.

[15] GB 190—2009 危险货物包装标志.

[16] GB 12463—2009 危险货物运输包装通用技术条件.

[17] GB 6944—2012 危险货物分类和品名编号.

[18] GB 13690—2009 常用危险化学品分类及标志.

[19] GB 16483—2008 化学品安全技术说明书内容和项目顺序.

[20] GB 15258—2009 化学品安全标签编写规定.

[21] GB/T 17519—2013 化学品安全技术说明书编写指南.

[22] GB 18265—2000 危险化学品经营企业开业条件和技术要求.

[23] GB 15603—1995 常用危险化学品储存通则.

[24] GBJ16—2014 建筑设计防火规范.

[25] GA 1131—2014 仓储场所消防安全管理通则.

[26] GB 17914—2013 易燃易爆性商品储存养护技术条件.

[27] GB 17916—2013 毒害性商品储存养护技术条件.

[28] GB 17915—2013 腐蚀性商品储存养护技术条件.

[29] JT 617—2004 汽车危险货物运输规则.

[30] AQ/T 9006—2010 企业安全生产标准化基本规范.

[31] GB/T 29639—2013 生产经营单位生产安全事故应急预案编制导则.

[32] GB/T 26467—2011 承压设备带压密封技术规范.

[33] GB/T 26468—2011 承压设备带压密封夹具设计规范.

[34] GB/T 26556—2011 承压设备带压密封剂技术条件.

[35] HG/T 20201—2007 带压密封技术规范（附条文说明）.

[36] 带温带压堵漏工人力资源和社会保障部. 北京：中国劳动社会保障出版社，2010.

[37] 胡忆沩. 注剂式带压密封技术. 北京：机械工业出版社，1998.

[38] 胡忆沩. 实用带压密封夹具图集. 北京：机械工业出版社，1998.

[39] 胡忆沩. 动态密封技术. 北京：国防工业出版社，1998.

[40] 胡忆沩. 危险化学品应急处置. 北京：化学工业出版社，2009.

[41] 胡忆沩等. 化工设备与机器（上册）. 北京：化学工业出版社，2010.

[42] 胡忆沩等编. 化工设备与机器（下册）. 北京：化学工业出版社，2010.

[43] 胡忆沩等. 压力容器压力管道带压密封安全技术. 北京：中国劳动社会保障出版社，2012.

[44] 胡忆沩等. 中高压管道带压堵漏工程. 北京：化学工业出版社，2011.

[45] 胡忆沩等. 带温带压堵漏工（基础知识）. 北京：中国劳动社会保障出版社，2012.

[46] 胡忆沩等. 带温带压堵漏工（初级工）. 北京：中国劳动社会保障出版社，2012.

[47] 胡忆沩等. 带温带压堵漏工（中级工）. 北京：中国劳动社会保障出版社，2012..

[48] 胡忆沩等. 带温带压堵漏工（高级、技师）. 北京：中国劳动社会保障出版社，2013.

[49] 胡忆沩等. 设备管理与维修. 北京：化学工业出版社，2014.

[50] 孙维生，胡建屏，胡忆沩 . 化学事故应急救援 . 北京：化学工业出版社，2008.

[51] 崔克清 . 危险化学品安全总论 . 北京：化学工业出版社，2005.

[52] 王自齐，赵金垣 . 化学事故与应急救援 . 北京：化学工业出版社，1997.

[53] 张广华 . 危险化学品生产安全技术与管理 . 北京：中国石化出版社，2004.

[54] 岳茂兴 . 危险化学品事故急救 . 北京：化学工业出版社，2005.

[55] 刘永海，陈网桦，胡毅亭 . 安全原理与危险化学品测评技术 . 北京：化学工业出版社，2004.

[56] 匡永泰，高维民 . 石油化工安全评价技术 . 北京：中国石化出版社，2005.

[57] 邢娟娟等 . 企业重大事故应急管理与预案编制 . 北京：航空工业出版社，2005.

[58] 胡忆沩 . 带压密封工程安全防护研究 . 润滑与密封，2006 (5)：138-140.

[59] 胡忆沩 . 带压密封工程泄漏现场勘测方法研究 . 润滑与密封，2006 (6)：71-73.

[60] 胡忆沩 . 压力容器和管道的带压焊接密封技术 . 压力容器，2004 (5)：49-53.

[61] 胡忆沩 . 带压密封夹具强度理论计算公式研究 . 化工机械，2005 (1)：18-21.

[62] 胡忆沩 . 丙烯槽车特大泄漏事故的应急处置方法 . 中国安全生产科学技术，2006 (3)：28-32.

[63] 胡忆沩 . 丙烯罐式汽车泄漏带压堵漏实例 . 压力容器，2007 (1)：57-64.

[64] 胡忆沩，孙维生 . 化学品泄漏事故的带压密封技术 . 职业卫生与应急救援，2010 (2)：61-65.

[65] 胡艳菊，李彦海，胡忆沩 . 危险化学品突发泄漏事故应急决策系统的开发与应用 . 中国安全生产科学技术，2010 (8)：154-158.

[66] 杨梅，田驰，胡忆沩 . 压力容器泄漏事故应急决策系统研究 . 压力容器，2012 (1)：58-62.

[67] 杨杰，黄建虾，胡忆沩 . 中高压管道法兰带压密封夹具刚度设计研究 . 吉林化工学院学报，2013 (5)：90-93.

[68] 周家铭，姚峰 . 可移动危险源事故应急救援的响应与启动初探 . 中国安全科学学报，2006，16 (5)：4-10.

[69] 和丽秋 . 危险化学品灾害事故中的洗消 . 安防科技，2004 (12)：28-29.

[70] 陈家强 . 危险化学品泄漏事故及其处置 . 消防科学与技术，2004 (5)：67-69.

[71] 贾尔恒·阿哈提 . 美国危险废物处理处置技术与应用现状简介 . 新疆环境保护，2005 (3)：44-48.

[72] 黄金印 . 公安消防部队在化学事故处置中的应急洗消 . 消防科学与技术，2002 (2)：64-67.

[73] 吴宗之等 . 2006—2010 年我国危险化学品事故统计分析研究 . 中国安全科学学报，2011 (7)：5-9.